내신을 위한 강력한 한 권!

160유형 **2071**문항

4단계 집중 학습 System

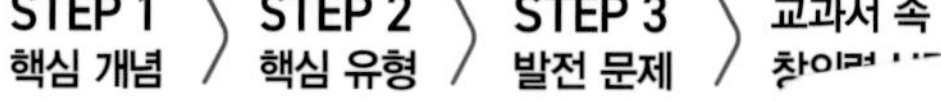

STEP 1 핵심 개념 〉 STEP 2 핵심 유형 〉 STEP 3 발전 문제 〉 교과서 속

KB118648

수매씽

MATHING

유형북

중학 수학 2·1

동아출판

수매씽 중학 수학 2·1

발행일	2022년 10월 10일
인쇄일	2024년 3월 30일
펴낸곳	동아출판㈜
펴낸이	이욱상
등록번호	제300-1951-4호(1951. 9. 19.)
개발총괄	김영지
개발책임	이상민
개발	김기철, 김성일, 장희정, 김성희, 김민주
디자인책임	목진성
표지 디자인	이소연
표지 일러스트	여는
내지 디자인	에딩크
대표번호	1644-0600
주소	서울시 영등포구 은행로 30 (우 07242)

※ 이 책은 저작권법에 의하여 보호받는 저작물이므로 무단 복제, 복사 및 전송을 할 수 없습니다.

중학 수학 2·1

Dual book 구성

유형북 + 워크북

빠른정답

I 수와 식의 계산

01 유리수와 순환소수 9~23쪽

0001 $0.333\cdots$, 무한소수 0002 $-0.571428\cdots$, 무한소수
0003 $0.454545\cdots$, 무한소수 0004 0.4, 유한소수 0005 0.15, 유한소수
0006 0.24, 유한소수 0007 $-0.555\cdots$, 무한소수
0008 $0.291666\cdots$, 무한소수
0009 ㈎ 5^2 ㈏ 5^2 ㈐ 100 ㈑ 0.25
0010 ㈎ 5 ㈏ 5 ㈐ 5^2 ㈑ 35
0011 ㈎ 2^3 ㈏ 2^3 ㈐ 72 ㈑ 0.072
0012 0.125 0013 0.55 0014 0.325 0015 0.036 0016 ○ 0017 ○
0018 × 0019 × 0020 ○ 0021 × 0022 2, $0.\dot{2}$
0023 40, $-1.\dot{4}\dot{0}$ 0024 235, $0.\dot{2}3\dot{5}$ 0025 352, $5.0\dot{3}5\dot{2}$
0026 $0.\dot{4}2857\dot{1}$, 428571 0027 $0.\dot{1}\dot{8}$, 18 0028 $0.1\dot{3}$, 3
0029 $0.\dot{5}$, 5
0030 ㈎ 100 ㈏ 99 ㈐ 23 0031 ㈎ 100 ㈏ 99 ㈐ 99 ㈑ 11
0032 ㈎ 1000 ㈏ 10 ㈐ 990 ㈑ 386 ㈒ 193 0033 $\frac{5}{9}$ 0034 $\frac{8}{45}$
0035 $\frac{97}{333}$ 0036 $\frac{41}{33}$ 0037 $\frac{770}{333}$ 0038 $\frac{1091}{495}$ 0039 $>$ 0040 $<$
0041 ○ 0042 × 0043 ○ 0044 × 0045 ○ 0046 ×
0047 ○ 0048 ○ 0049 × 0050 ×
0051 ② 0052 150 0053 879 0054 7 0055 ②, ⑤ 0056 ②
0057 $\frac{9}{84}$, $\frac{42}{180}$ 0058 $\frac{14}{56}$, $\frac{21}{56}$, $\frac{28}{56}$ 0059 ⑤ 0060 ⑤
0061 4 0062 91 0063 ⑤ 0064 20 0065 113 0066 ④
0067 ④ 0068 ④ 0069 ② 0070 8 0071 (풀이 참조)
0072 ③ 0073 ①, ③ 0074 ③ 0075 ⑤ 0076 16 0077 ②
0078 ⑤ 0079 135 0080 ② 0081 ③
0082 (1) – (ㄴ), (2) – (ㄷ), (3) – (ㄱ) 0083 ③ 0084 ⑤ 0085 25
0086 56 0087 ③ 0088 ②, ④ 0089 3 0090 33 0091 ①
0092 ③ 0093 ③ 0094 ㄱ, ㄷ, ㄴ, ㅁ, ㄹ 0095 ① 0096 ④
0097 4 0098 ① 0099 ⑤ 0100 ② 0101 ④ 0102 71
0103 ④ 0104 ③ 0105 (1) $\frac{71}{99}$ (2) $\frac{31}{90}$ (3) $0.7\dot{8}$ 0106 18
0107 ②, ③ 0108 ⑤ 0109 ⑤
0110 ③ 0111 ③ 0112 ③ 0113 3 0114 $0.\dot{7}$
0115 $4.\dot{2}8571\dot{4}$ 0116 $\frac{35}{33}$ 0117 ①
0118 $\frac{11}{90}$, $\frac{12}{99}$, $\frac{1}{9}$, $0.\dot{1}\dot{0}$, 0.1 0119 8 0120 2 0121 ③
0122 227 0123 330 0124 12, 15
0125 4 0126 ④ 0127 ②
0128 (수직선: 0, 1, $1.1\dot{6}$, 2)

02 단항식의 계산 25~39쪽

0129 a^7 0130 a^6 0131 3^9 0132 a^7b^2 0133 3^8 0134 a^{18}
0135 a^{22} 0136 $-a^5$ 0137 3 0138 4 0139 4 0140 5
0141 a^3 0142 1 0143 $\frac{1}{a^3}$ 0144 3^2 0145 a^8b^{12}
0146 $-27x^6$ 0147 $\frac{a^9}{b^6}$ 0148 $\frac{x^4}{4y^6}$ 0149 8 0150 5 0151 3, 16
0152 3, 12 0153 $20a^4$ 0154 $-8x^3y^2$ 0155 $6a^3b^2$ 0156 $4x^8$
0157 $-6a^4b^3$ 0158 $-12x^3y$ 0159 $\frac{3y^2}{x^2}$ 0160 a^6
0161 $-9a^8b$ 0162 $2x^2$ 0163 $-\frac{2}{a}$ 0164 $2a$ 0165 $\frac{5}{3}a$ 0166 $5x^4$
0167 $-\frac{12}{a}$ 0168 x 0169 $-\frac{a^9}{27b^3}$ 0170 $\frac{4x^3}{y}$ 0171 $\frac{3}{2}a^2b^2$ 0172 $6x^2y^2$
0173 $-\frac{8}{3}a^4$ 0174 $4x^2y$ 0175 $\frac{20b}{a}$ 0176 $\frac{3}{2}a^4b^3$
0177 ① 0178 4 0179 ① 0180 ③ 0181 ② 0182 ③
0183 ③ 0184 ⑤ 0185 ④ 0186 ④ 0187 ③ 0188 8
0189 ④ 0190 ② 0191 ⑤ 0192 (1) $2^3\times3^2$ (2) $2^9\times3^6$ 0193 ⑤
0194 16 0195 $a=4$, $b=3$, $c=9$ 0196 10 0197 ①, ④ 0198 ⑤
0199 ⑤ 0200 11 0201 ② 0202 $A>B$ 0203 ③ 0204 ③
0205 ④ 0206 ② 0207 15000초 0208 5 0209 ①
0210 ② 0211 $\frac{A^3}{27}$ 0212 ⑤ 0213 ③ 0214 ④ 0215 ⑤
0216 ② 0217 ③ 0218 ④ 0219 ① 0220 ③ 0221 ⑤
0222 ② 0223 15 0224 ③ 0225 ④ 0226 4 0227 x^9y^9
0228 ④ 0229 6 0230 (1) $-15x^5y^3$ (2) $6x^2y^2$ (3) $-\frac{5}{2}x^3y$
0231 $\frac{4}{3}a^5b^3$ 0232 ④ 0233 $-27x^4y^2$
0234 $A=-\frac{1}{3}x^2y$, $B=\frac{2}{3}x^3y^5$ 0235 $2x^5y^4$ 0236 ④ 0237 $2xy^2$
0238 $4b$
0239 ③ 0240 11 0241 9 0242 ㄱ, ㄷ 0243 ④ 0244 16
0245 ⑤ 0246 7 0247 11 0248 $16\pi x^3y^2$ 0249 ①
0250 $\left(\frac{2}{3}\right)^n a$ 0251 125^9, 25^{15}, 6^{30}, 36^{16} 0252 ③ 0253 $3ab^4$
0254 B 0255 18 0256 $A=a^3$, $B=a^9$ 0257 $\frac{16a^4}{27b^3}$

03 다항식의 계산 41~51쪽

0258 $5a+6b$ 0259 $-x+3y+5$ 0260 $-\frac{1}{6}x-\frac{5}{6}y$ 0261 ○
0262 × 0263 ○ 0264 $4a^2+2a+2$ 0265 $4x^2+2x-1$
0266 $6x^2-9xy$ 0267 $-10x^2+2xy$ 0268 $4a^2+2ab-a$
0269 $2xy+3y$ 0270 $-\frac{4}{3}x+2y$ 0271 $-4ab+8b^3$
0272 -1 0273 -1 0274 8 0275 $x-8y$ 0276 $4x+3y$
0277 $x=3y-4$ 0278 $x=-\frac{1}{3}y+\frac{5}{3}$ 0279 $x=-3y-2$
0280 4 0281 ③ 0282 ⑤ 0283 $-\frac{5}{6}$ 0284 x^2+5x+2
0285 ① 0286 -1 0287 ⑤ 0288 ④
0289 (1) $5x-6y+9$ (2) $7x-10y+16$ 0290 ⑤ 0291 ③

0824 ③, ⑤ **0825** ② **0826** ② **0827** ② **0828** ③ **0829** ④
0830 ① **0831** ③ **0832** ② **0833** ② **0834** 7 **0835** 1
0836 ③ **0837** 32 **0838** 9
0839 ② 0840 9π 0841 ④ 0842 $\frac{2}{5}$

08 일차함수와 그래프 (2) 131~143쪽

0843 ㄴ, ㄷ **0844** ㄱ, ㄹ **0845** ㄱ, ㄴ, ㄹ **0846** ㄹ **0847** ㄹ
0848 $a>0$, $b>0$ **0849** $a<0$, $b>0$ **0850** $a<0$, $b<0$
0851 ㄱ과 ㅁ, ㄹ과 ㅂ **0852** $y=5x-2$ **0853** $y=-\frac{5}{2}x+1$
0854 $y=2x-5$ **0855** $y=2x+2$ **0856** $y=\frac{1}{2}x-\frac{9}{2}$
0857 $y=-5x-5$ **0858** $y=-x+4$ **0859** $y=-\frac{3}{4}x-3$
0860 $y=\frac{2}{3}x-4$ **0861** $y=200x+3000$ **0862** 9000원 **0863** 10일
0864 ② 0865 ④ 0866 제1사분면 0867 ④ 0868 ③
0869 $-3<a<-\frac{1}{2}$ 0870 4 0871 2 0872 1 0873 -2
0874 ② 0875 -2 0876 -1 0877 ③ 0878 8 0879 0
0880 11 0881 ③ 0882 ③ 0883 ③, ⑤ 0884 1 0885 ③
0886 -5 0887 $-\frac{8}{3}$ 0888 ② 0889 -3 0890 -1 0891 ④
0892 ③ 0893 -9 0894 3 0895 $y=3x+6$
0896 $y=2x-6$ 0897 4 0898 ② 0899 ③
0900 140분 후 0901 ② 0902 (1) $y=36-\frac{1}{15}x$ (2) 31 L
0903 60일 후 0904 ⑤ 0905 149 0906 22개 0907 90 km
0908 75분 후 0909 10분 후 0910 25초 후 0911 33 cm^2
0912 (1) $y=40-2x$ (2) 3 cm 0913 330개 0914 40 ℃ 0915 40초
0916 ④ **0917** $-\frac{4}{3}$ **0918** ④ **0919** ① **0920** 5 **0921** 0
0922 $y=-\frac{2}{3}x-6$ **0923** 27 **0924** 20250원
0925 (1) $y=-2x+75$ (2) 75 cm (3) $\frac{75}{2}$분 **0926** 920
0927 15단계 **0928** (1) $y=-90x+300$ (2) $\frac{10}{3}$시간 **0929** ㄱ, ㄴ
0930 $\left(0, \frac{21}{10}\right)$
0931 (4, 1) 0932 (1) 60 ℃ (2) 18분 후
0933 -2 0934 (1) $y=-6x+120$ (2) 16 cm

09 일차함수와 일차방정식의 관계 145~161쪽

0935 $y=\frac{3}{2}x+3$ **0936** $y=-\frac{1}{3}x+1$ **0937** $y=\frac{4}{3}x+4$
0938 $\frac{3}{2}$, 4, -6 **0939** 2, -6, 12 **0940** $\frac{2}{3}$, 3, -2
0941 ㄱ, ㄴ **0942** ㄷ, ㄹ **0943** ㄱ **0944** ㄱ, ㄷ **0945** ㄷ, ㄹ
0946~0947 (그래프: $2x-y-3=0$, $3x+2y=6$) **0948** ㉡ **0949** ㉣ **0950** ㉠
0951 ㉢ **0952** $x=3$ **0953** $y=-2$ **0954** $y=5$ **0955** $x=-4$
0956 $y=2$ **0957** $x=\frac{4}{3}$ **0958** (2, -1) **0959** $x=2$, $y=-1$
0960 $p=-1$, $q=1$ **0961** $p=3$, $q=4$ **0962** $x=-1$, $y=1$
0963 $x=4$, $y=0$
0964 (그래프: $x+y=5$, $x+y=3$) **0965** 해가 없다. **0966** 해가 없다.
0967 해가 무수히 많다.
0968 (1) $b\neq-3$
(2) $a\neq-3$, $b=-3$
(3) $a=-3$, $b=-3$
0969 ⑤ 0970 ③ 0971 ④ 0972 ④ 0973 ② 0974 ⑤
0975 10 0976 ② 0977 ③ 0978 ⑤ 0979 ② 0980 -3
0981 ④ 0982 -24 0983 ② 0984 ① 0985 $2x+y-4=0$
0986 ③ 0987 ① 0988 $\frac{1}{4}$ 0989 $a=3$, $b>0$ 0990 ③
0991 ② 0992 ② 0993 ① 0994 제2사분면 0995 ③
0996 ③ 0997 ③ 0998 ② 0999 12 1000 ① 1001 1
1002 (2, 1) 1003 1 1004 ② 1005 14 1006 10 1007 $-\frac{27}{25}$
1008 ③ 1009 ③ 1010 ① 1011 ③ 1012 2 1013 5
1014 8 1015 ⑤ 1016 ④ 1017 -3 1018 ④ 1019 ⑤
1020 (1) 점 A를 지날 때 : 6, 점 B를 지날 때 : 0, 점 C를 지날 때 : -1
(2) $-1\le k\le 6$
1021 ④ 1022 ⑤ 1023 18 1024 10 1025 ②
1026 (1) A(-5, 0), B(0, 5), C(-2, 0) (2) 3 1027 ② 1028 ①
1029 2개월 후 1030 200초 후
1031 ① **1032** 제1, 2, 3사분면
1033 (1) $\begin{cases} x-3y-6=0 \\ 3x-2y+3=0 \end{cases}$ (2) (-3, -3) **1034** 6 **1035** ① **1036** ②
1037 -2 **1038** 2 **1039** 30분 후 **1040** $a\ge\frac{2}{3}$ **1041** 4
1042 -1, $\frac{1}{2}$, 1
1043 (1) A(1, 3), B(0, 2), C$\left(\frac{5}{2}, 0\right)$
(2) △ABO의 넓이 : 1, △AOC의 넓이 : $\frac{15}{4}$ (3) $\frac{19}{4}$
1044 32π **1045** (1) 8 (2) $\frac{2}{3}$
1046 2, -2 1047 서쪽으로 1 km, 남쪽으로 1 km 1048 -19 1049 1

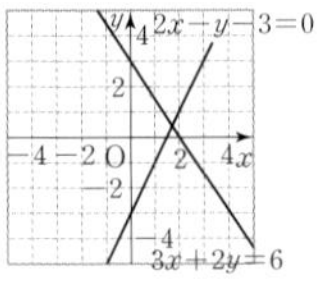

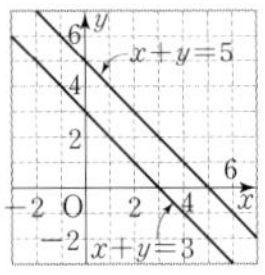

0292 $6x^2+7x+4$ 0293 ④ 0294 ⑤ 0295 ②
0296 $2a^3b^2-3a^2b+4a$ 0297 ② 0298 28 0299 ②
0300 $6x^2y^2+3xy^2+9y$ 0301 ③ 0302 $\frac{3}{4}a^6b-\frac{1}{2}ab^2$ 0303 ④
0304 $5a+b$ 0305 ② 0306 $14x^2y^2-y^2$ 0307 ③
0308 (1) $2\pi x^2y^2+4\pi x^2y-6\pi xy^2$ (2) $2\pi x^3y^2-3\pi x^2y^3$ 0309 $3a-b$
0310 $5x+4y$ 0311 ⑤ 0312 ① 0313 5 0314 $x=4y+3$
0315 ④ 0316 ④ 0317 -45 0318 ② 0319 $16x+26$
0320 ① 0321 $10y+4$ 0322 ⑤ 0323 ③ 0324 ⑤ 0325 -1
0326 ③ 0327 $5x^2-10x-4$
0328 $A=-4x^4y^3+2x^5y$, $B=2x^2y^3-x^3y$ 0329 $6xy+y^2$
0330 $6a^2b-3$ 0331 ④ 0332 $3x+10y$
0333 $10x^3-8x^2-24x-3$ 0334 ② 0335 $A=-2a^2-a+4$, $B=4a^2-3$
0336 $\frac{8}{3}x-\frac{14}{3}y$ 0337 $y=\frac{mx}{20}-3x+m$
0338 (1) $V=6\pi a^2b$ (2) $b=\frac{V}{6\pi a^2}$ 0339 $\frac{29}{4}$
0340 $10a+12b$ 0341 (가) $3a+b$ (나) $3a+3b$
0342 $5a-5b$ 0343 $xy-2x^2$

Ⅱ 부등식

04 일차부등식 55~73쪽

0344 × 0345 ○ 0346 ○ 0347 × 0348 $a\le 3$
0349 $10+2a<25$ 0350 $1500+500a\ge 5000$ 0351 $0.5+0.3a>6$
0352 > 0353 > 0354 > 0355 < 0356 ○ 0357 ×
0358 × 0359 ○
0360 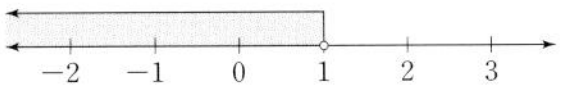

0361 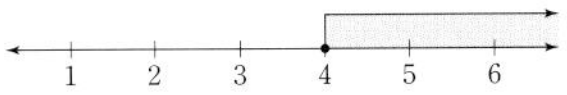

0362 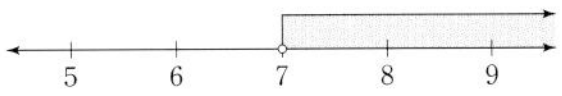

0363 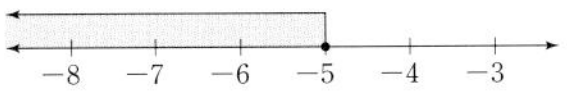

0364 $x<10$ 0365 $x\le -7$ 0366 $x>-6$ 0367 $x\ge 9$ 0368 $x<3$ 0369 $x\le 9$
0370 $x>6$ 0371 $x\le\frac{4}{5}$ 0372 $x-1$, $x+1$ 0373 $x-1$, $x+1$
0374 16 0375 17, 16, 17, 18 0376 x 0377 $2x$, $3(x-1)$
0378 3 0379 1, 2 0380 2, 3 0381 2, 3, 2 0382 $\frac{12}{5}$ 0383 $\frac{12}{5}$
0384 ②, ⑤ 0385 ①, ⑤ 0386 3개 0387 ③ 0388 ② 0389 ④
0390 진섭 0391 ⑤ 0392 2, 3 0393 ① 0394 ⑤ 0395 ⑤
0396 ② 0397 ③ 0398 $-2<A\le 7$ 0399 -2 0400 ①, ②
0401 ㄹ, ㅁ, ㅂ 0402 ④ 0403 ② 0404 ③ 0405 ④
0406 ④ 0407 3 0408 ⑤ 0409 ① 0410 $x\le\frac{7}{2}$ 0411 ②
0412 ① 0413 ④ 0414 ② 0415 ⑤ 0416 1 0417 ①
0418 5 0419 $\frac{8}{3}$ 0420 ② 0421 ④ 0422 ① 0423 ②
0424 -3 0425 ⑤ 0426 -1 0427 5 0428 -1 0429 2, 4
0430 ④ 0431 ③ 0432 7, 8, 9 0433 ② 0434 11초 0435 ④
0436 ③ 0437 6송이 0438 7명 0439 ③ 0440 ② 0441 ③
0442 140분 0443 ② 0444 ③ 0445 4개월 0446 21명
0447 26개월 0448 ③ 0449 ⑤ 0450 18000원 0451 ③
0452 ① 0453 ② 0454 25 cm 0455 3 cm 0456 ⑤ 0457 6분
0458 ② 0459 ② 0460 $\frac{4}{3}$ km 0461 6 km 0462 ② 0463 ③
0464 75 g 0465 ② 0466 ④ 0467 94 0468 200 g
0469 ④ 0470 ⑤ 0471 ⑤ 0472 ③ 0473 3 0474 $\frac{11}{3}$
0475 -2 0476 ② 0477 9명 0478 ④ 0479 4분 0480 ②
0481 ② 0482 ④ 0483 3명
0484 18명 0485 7장 0486 8 0487 17번

Ⅲ 연립방정식

05 미지수가 2개인 연립방정식 77~93쪽

0488 × 0489 ○ 0490 × 0491 ○ 0492 ×
0493 $3x+8y=52$ 0494 $1000x+500y=9500$ 0495 × 0496 ○
0497 ○ 0498 ×

0499

x	9	4	-1	-6	-11
y	1	2	3	4	5

해는 (9, 1), (4, 2)

0500

x	1	2	3	4	5
y	$\frac{10}{3}$	2	$\frac{2}{3}$	$-\frac{2}{3}$	-2

해는 (2, 2)

0501 $\begin{cases} x+y=20 \\ x-y=12 \end{cases}$ 0502 $\begin{cases} x+y=12 \\ 800x+400y=6800 \end{cases}$ 0503 ○ 0504 ×
0505 × 0506 $x=1$, $y=-3$ 0507 $x=3$, $y=2$
0508 $x=1$, $y=4$ 0509 $x=-1$, $y=1$ 0510 $x=2$, $y=-1$
0511 $x=-2$, $y=1$ 0512 (가) $2x+3y$ (나) $7x$ (다) 1 (라) 2
0513 (가) $4x+3y$ (나) $3x-2y$ (다) $3y$ (라) 2
0514 (가) $4x-3y$ (나) $2x+7y$ (다) $4x$ (라) 4 0515 해가 무수히 많다.
0516 해가 없다.
0517 ④ 0518 ③ 0519 $3x+4y=43$ 0520 ③, ⑤ 0521 3
0522 ㄱ, ㄹ 0523 7 0524 ② 0525 ① 0526 5 0527 3
0528 ② 0529 $\begin{cases} x-y=60 \\ x+y=2650 \end{cases}$ 0530 ①, ④ 0531 ⑤
0532 $\begin{cases} 2x-y=5 \\ 4x+7y=1 \end{cases}$ 0533 ④ 0534 ② 0535 -4 0536 6
0537 4 0538 25 0539 ① 0540 ③ 0541 ④ 0542 ④
0543 1 0544 ㄱ, ㄷ 0545 1 0546 ④ 0547 5 0548 ①
0549 ④ 0550 우진 0551 3 0552 5 0553 ⑤ 0554 ③
0555 3 0556 4 0557 -4 0558 9 0559 $x=9$, $y=-3$
0560 ⑤ 0561 $x=2$, $y=3$ 0562 ④ 0563 3 0564 ④
0565 ② 0566 ② 0567 -4 0568 ⑤ 0569 ④ 0570 -1
0571 5 0572 $\frac{1}{4}$ 0573 2 0574 4 0575 6 0576 3

0577 ③ 0578 -3 0579 3 0580 $x=2,\ y=1$ 0581 4

0582 ② 0583 $x=3,\ y=-1$ 0584 ⑤ 0585 ① 0586 9

0587 ① 0588 ⑤ 0589 -6 0590 2

0591 ③ 0592 ④ 0593 ① 0594 ④ 0595 20 0596 ①

0597 2 0598 ① 0599 ② 0600 $-\frac{8}{3}$ 0601 $(-3,\ 7)$

0602 -2 0603 $a=3,\ b=-5,\ c=2$이고, 미소는 c를 3으로 잘못 보았다.

0604 -9

0605 $x=-2,\ y=7$

0606 (1) $\begin{cases} 2X-2Y=1 \\ X+2Y=2 \end{cases}$, $X=1,\ Y=\frac{1}{2}$ (2) $x=1,\ y=2$

0607 긴 변 : 5 cm, 짧은 변 : 2 cm 0608 17

06 연립방정식의 활용 95~109쪽

0609 $\begin{cases} x+y=20 \\ x-y=6 \end{cases}$ 0610 13, 7 0611 13, 7

0612 어머니 : $x+3$, 아들 : $y+3$ 0613 $\begin{cases} x+y=38 \\ x+3=4(y+3)-1 \end{cases}$

0614 32, 6 0615 32, 6 0616 75 km 0617 시속 $\frac{x}{5}$ km

0618 $\frac{x}{45}$시간 0619 10, $\frac{x}{3}$, $\frac{y}{4}$, 3 0620 $\begin{cases} x+y=10 \\ \frac{x}{3}+\frac{y}{4}=3 \end{cases}$ 0621 6, 4

0622 6, 4

0623 ③ 0624 19 0625 23 0626 55 0627 ② 0628 85

0629 36 0630 225 0631 6자루 0632 3000원 0633 1200원 0634 5

0635 9마리 0636 4명씩 탄 보트 : 3대, 5명씩 탄 보트 : 4대 0637 ⑤

0638 9마리 0639 ③ 0640 37살 0641 13살 0642 43살

0643 15 cm 0644 긴 끈 : 26 cm, 짧은 끈 : 10 cm 0645 10 cm

0646 1800 cm^2 0647 15명 0648 27명 0649 ④ 0650 90명

0651 84점 0652 2 0653 82점 0654 ① 0655 ⑤ 0656 ④

0657 30 0658 ④ 0659 3계단 0660 ③ 0661 ①

0662 (1) 150잔 (2) 165잔 0663 384 cm^2 0664 55자루

0665 18000원 0666 ③ 0667 ③ 0668 8시간 0669 ②

0670 4 km 0671 ④ 0672 7 km 0673 2.5 km 0674 1 km

0675 11 km 0676 3 km 0677 8분 0678 ① 0679 30초

0680 분속 300 m 0681 5분 0682 ③ 0683 시속 1 km

0684 8 km 0685 120 m 0686 초속 30 m 0687 ④ 0688 100 g

0689 5 % 0690 300 g 0691 식품 A : 50 g, 식품 B : 200 g 0692 ②

0693 ①

0694 8558 0695 ③ 0696 16살 0697 ⑤ 0698 ① 0699 15분

0700 ④ 0701 민준 : 분속 320 m, 현욱 : 분속 400 m 0702 ①

0703 A 제품 : 1000원, B 제품 : 1500원 0704 24분 0705 ① 0706 3시간

0707 A 그릇 : 7 %, B 그릇 : 1 %

0708 $A=8,\ B=6$ 0709 연수 : 150권, 승원 : 250권

0710 금화 : 3 g, 펜촉 : 6 g 0711 ④

Ⅳ 일차함수

07 일차함수와 그래프 (1) 113~129쪽

0712 × 0713 × 0714 ○ 0715 × 0716 ○ 0717 ○

0718 × 0719 1, -2 0720 -2, 4 0721 12, -6 0722 -3, $\frac{3}{2}$

0723 1, 4 0724 5, -4 0725 1, 10 0726 ○ 0727 × 0728 ×

0729 $y=24-x$, 일차함수이다. 0730 $y=x^2$, 일차함수가 아니다.

0731 $y=\frac{1500}{x}$, 일차함수가 아니다. 0732 $y=-5x+3$

0733 $y=\frac{3}{2}x-2$ 0734 x절편 : 1, y절편 : 3

0735 x절편 : -3, y절편 : -2

0736 -12 0737 4 0738 24 0739 -9 0740 3 0741 -2

0742 $\frac{5}{8}$ 0743 -1

0744 0, 3,

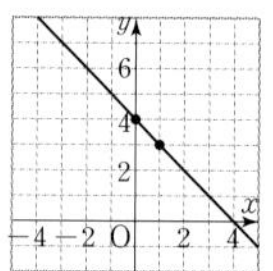

0745 0, 6,

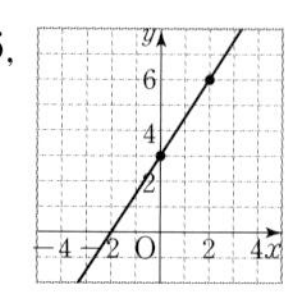

0746 -2, 4,

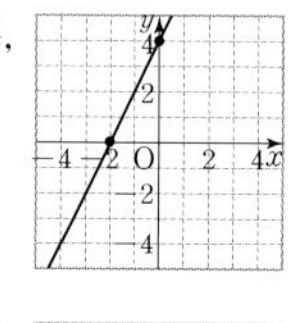

0747 -2, -1,

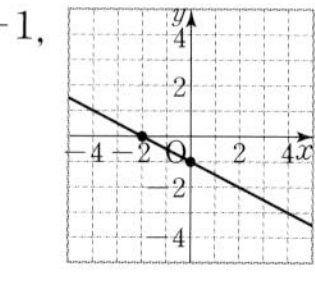

0748 2, -2,

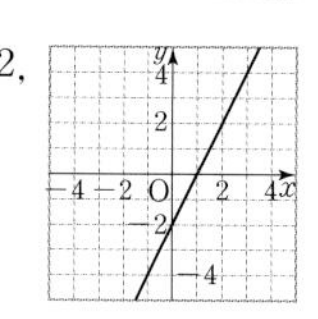

0749 -1, 3,

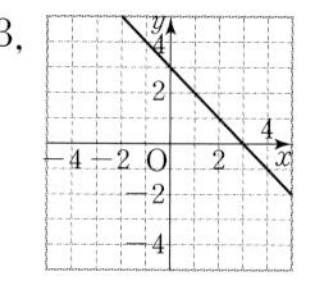

0750 기울기 : 1, y절편 : 2

0751 기울기 : $-\frac{2}{3}$, y절편 : -2

0752 ③ 0753 3개 0754 ⑤ 0755 ④ 0756 ⑤ 0757 ③

0758 6 0759 8 0760 ① 0761 21500 0762 11 0763 ②

0764 ⑤ 0765 -10 0766 10 0767 ③ 0768 ② 0769 0

0770 2 0771 9 0772 -9 0773 ② 0774 7 0775 ③

0776 ③, ④ 0777 ③ 0778 ④ 0779 5 0780 -12 0781 -4

0782 ⑤ 0783 2 0784 $\frac{4}{9}$ 0785 $f(x)=2x-5$ 0786 5

0787 ④ 0788 ② 0789 ③ 0790 ① 0791 ④ 0792 8

0793 -1 0794 $\frac{5}{2}$ 0795 3 0796 -4 0797 ④ 0798 8

0799 ⑤ 0800 ⑤ 0801 ① 0802 ② 0803 $-\frac{4}{3}$ 0804 ③

0805 5 0806 (1) $-\frac{3}{2}$ (2) $-\frac{1}{2}$ 0807 ④ 0808 1 0809 -2

0810 -1 0811 ④ 0812 3 0813 -5 0814 6 0815 ①

0816 ④ 0817 $-\frac{3}{2}$ 0818 ② 0819 ④

0820 (1) 기울기 : $\frac{2}{3}$, y절편 : -3

(2)

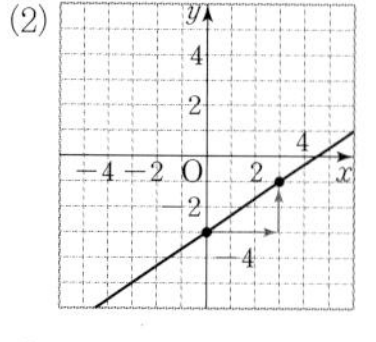

0821 ⑤ 0822 ④ 0823 ③

유형북

중학 수학 2·1

내신과 등업을 위한 강력한 한 권! 수매씽

유형북의 구성과 특징

유형북 4단계 집중 학습 System

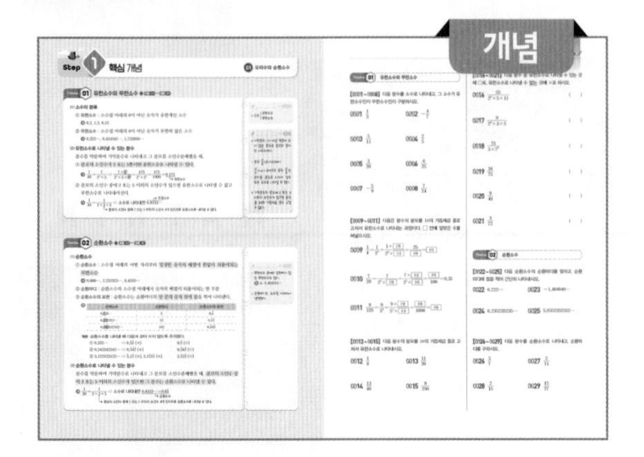

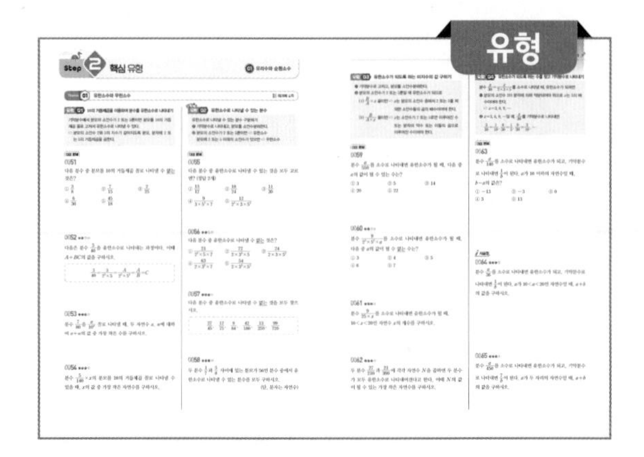

Step 1 핵심 개념

각 THEME별로 반드시 알아야 할 모든 핵심 개념과 원리를 자세한 예시와 함께 수록하였습니다. 핵심을 짚어주는 예, 참고, 주의, 비법 note 등 차별화된 설명을 통해 정확하고 빠르게 개념을 이해할 수 있습니다. 또, THEME별로 반드시 학습해야 하는 기본 문제를 수록하여 기본기를 다질 수 있습니다.

Step 2 핵심 유형

전국의 중학교 기출문제를 분석하여 THEME별 유형으로 세분화하고 각 유형의 전략과 대표 문제를 제시하였습니다. 또, 시험에 자주 등장하는 빈출 유형, 서술형, 신경향 실전 문제를 분석하여 실은 신유형 등 엄선된 문제를 통해 수학 실력이 집중적으로 향상됩니다.

워크북 3단계 반복 학습 System

한번 더 핵심 유형

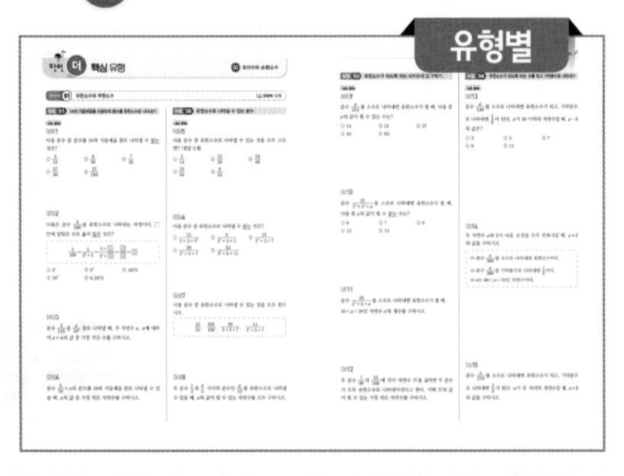

유형모아 Theme 연습하기

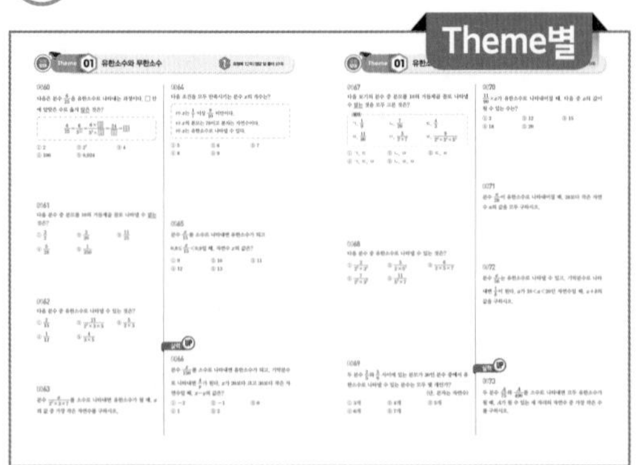

수매씽은 전국 1000개 중학교 기출문제를 체계적으로 분석하여 새로운 수학 학습의 방향을 제시합니다.
꼭 필요한 유형만 모은 유형북과 3단계 반복 학습으로 구성한 워크북의 2권으로 구성된 최고의 문제 기본서!
수매씽을 통해 꼭 필요한 유형과 반복 학습으로 수학의 자신감을 키우세요.

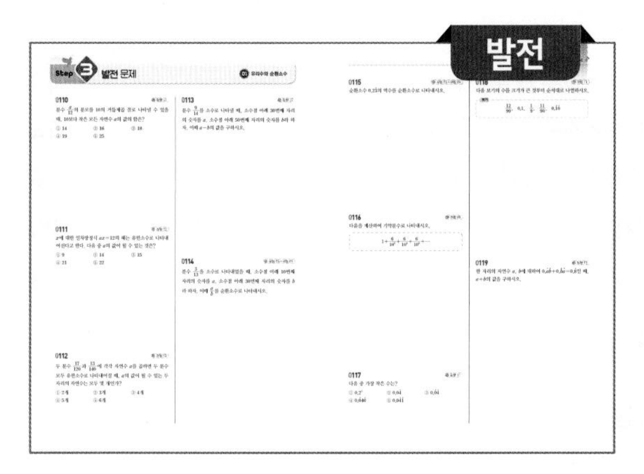

Step 3 발전 문제

학교 시험에 잘 나오는 선별된 발전 문제들을 통해 실력을 향상할 수 있습니다.

교과서 속 창의력 UP!

교과서 속 창의력 문제를 재구성한 문제로 마지막 한 문제까지 해결할 수 있는 힘을 키울 수 있습니다.

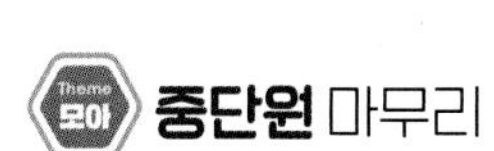

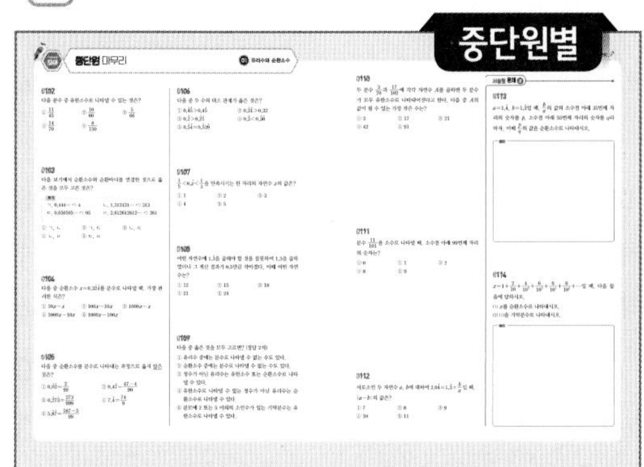

내신과 등업을 위한 강력한 한 권! **수매씽**

유형북의 차례

III
연립
방정식

IV
일차함수

Ⅰ 수와 식의 계산

01 유리수와 순환소수

- Theme 01 유한소수와 무한소수
- Theme 02 순환소수
- Theme 03 유리수와 순환소수

02 단항식의 계산

- Theme 04 지수법칙
- Theme 05 단항식의 계산

03 다항식의 계산

- Theme 06 다항식의 계산 (1)
- Theme 07 다항식의 계산 (2)

Step 1 핵심 개념

Theme 01 유한소수와 무한소수 유형 01 ~ 유형 04

(1) 소수의 분류

① 유한소수 : 소수점 아래의 0이 아닌 숫자가 유한개인 소수

예 0.2, 1.3, 0.15

② 무한소수 : 소수점 아래의 0이 아닌 숫자가 무한히 많은 소수

예 0.222⋯, 0.424242⋯, 1.732050⋯

(2) 유한소수로 나타낼 수 있는 분수

분수를 약분하여 기약분수로 나타내고 그 분모를 소인수분해했을 때,

① 분모의 소인수가 2 또는 5뿐이면 유한소수로 나타낼 수 있다.

예 $\frac{7}{40}=\frac{7}{2^3\times5}$ ⇨ $\frac{7\times5^2}{2^3\times5\times5^2}=\frac{175}{2^3\times5^3}=\frac{175}{1000}=0.175$ → 유한소수

② 분모의 소인수 중에 2 또는 5 이외의 소인수가 있으면 유한소수로 나타낼 수 없고 무한소수로 나타내어진다.

예 $\frac{1}{30}=\frac{1}{2\times3\times5}$ ⇨ 소수로 나타내면 0.0333⋯ → 무한소수

→ 분모의 소인수 중에 2 또는 5 이외의 소인수 3이 있으므로 유한소수로 나타낼 수 없다.

비법 Note

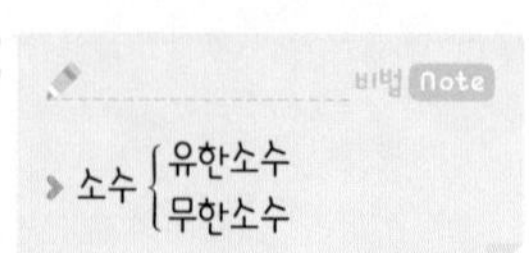

- 기약분수 : 더 이상 약분이 되지 않는 분수로 분모와 분자는 서로소이다.
- 분수 $\frac{a}{b}(b\neq0)$에서 $\frac{a}{b}=a\div b$이므로 분수 $\frac{a}{b}$는 분자를 분모로 나누어 정수 또는 소수로 나타낼 수 있다.
- 기약분수의 분모에 2 또는 5 이외의 소인수가 있으면 분모를 10의 거듭제곱 꼴로 고칠 수 없다.

Theme 02 순환소수 유형 05 ~ 유형 07

(1) 순환소수

① 순환소수 : 소수점 아래의 어떤 자리부터 일정한 숫자의 배열이 한없이 되풀이되는 무한소수

예 0.666⋯, 2.232323⋯, 0.4555⋯

② 순환마디 : 순환소수의 소수점 아래에서 숫자의 배열이 되풀이되는 한 부분

③ 순환소수의 표현 : 순환소수는 순환마디의 양 끝의 숫자 위에 점을 찍어 나타낸다.

예

순환소수	순환마디	순환소수의 표현
0.555⋯	5	$0.\dot{5}$
0.121212⋯	12	$0.\dot{1}\dot{2}$
0.342342342⋯	342	$0.\dot{3}4\dot{2}$

주의 순환소수를 나타낼 때 다음과 같이 쓰지 않도록 주의한다.

① 0.555⋯ ⇨ $0.\dot{5}\dot{5}$ (×) $0.\dot{5}$ (○)

② 0.342342342⋯ ⇨ $0.\dot{3}\dot{4}\dot{2}$ (×) $0.\dot{3}4\dot{2}$ (○)

③ 3.123123123⋯ ⇨ $\dot{3}.1\dot{2}$ (×), $3.1\dot{2}3\dot{1}$ (×) $3.\dot{1}2\dot{3}$ (○)

(2) 순환소수로 나타낼 수 있는 분수

분수를 약분하여 기약분수로 나타내고 그 분모를 소인수분해했을 때, 분모의 소인수 중에 2 또는 5 이외의 소인수가 있으면 그 분수는 순환소수로 나타낼 수 있다.

예 $\frac{1}{30}=\frac{1}{2\times3\times5}$ ⇨ 소수로 나타내면 $0.0333\cdots=0.0\dot{3}$ → 순환소수

→ 분모의 소인수 중에 2 또는 5 이외의 소인수 3이 있으므로 순환소수로 나타낼 수 있다.

비법 Note

- 무한소수 중에는 순환하지 않는 무한소수도 있다.
  예 π, 1.414213⋯
- 순환마디는 소수점 아래에서 생각한다.

Theme 01 유한소수와 무한소수

[0001~0008] 다음 분수를 소수로 나타내고, 그 소수가 유한소수인지 무한소수인지 구분하시오.

0001 $\frac{1}{3}$

0002 $-\frac{4}{7}$

0003 $\frac{5}{11}$

0004 $\frac{2}{5}$

0005 $\frac{3}{20}$

0006 $\frac{6}{25}$

0007 $-\frac{5}{9}$

0008 $\frac{7}{24}$

[0009~0011] 다음은 분수의 분모를 10의 거듭제곱 꼴로 고쳐서 유한소수로 나타내는 과정이다. □ 안에 알맞은 수를 써넣으시오.

0009 $\frac{1}{4}=\frac{1}{2^2}=\frac{1\times\boxed{(가)}}{2^2\times\boxed{(나)}}=\frac{25}{\boxed{(다)}}=\boxed{(라)}$

0010 $\frac{7}{20}=\frac{7}{2^2\times\boxed{(가)}}=\frac{7\times\boxed{(나)}}{2^2\times\boxed{(다)}}=\frac{\boxed{(라)}}{100}=0.35$

0011 $\frac{9}{125}=\frac{9}{5^3}=\frac{9\times\boxed{(가)}}{5^3\times\boxed{(나)}}=\frac{\boxed{(다)}}{1000}=\boxed{(라)}$

[0012~0015] 다음 분수의 분모를 10의 거듭제곱 꼴로 고쳐서 유한소수로 나타내시오.

0012 $\frac{1}{8}$

0013 $\frac{11}{20}$

0014 $\frac{13}{40}$

0015 $\frac{9}{250}$

[0016~0021] 다음 분수 중 유한소수로 나타낼 수 있는 것에 ○표, 유한소수로 나타낼 수 없는 것에 ×표 하시오.

0016 $\frac{55}{2^2\times5\times11}$ ( )

0017 $\frac{9}{2^2\times3\times5}$ ( )

0018 $\frac{21}{3\times7^2}$ ( )

0019 $\frac{16}{75}$ ( )

0020 $\frac{9}{48}$ ( )

0021 $\frac{3}{72}$ ( )

Theme 02 순환소수

[0022~0025] 다음 순환소수의 순환마디를 말하고, 순환마디에 점을 찍어 간단히 나타내시오.

0022 $0.222\cdots$

0023 $-1.404040\cdots$

0024 $0.235235235\cdots$

0025 $5.0352352352\cdots$

[0026~0029] 다음 분수를 순환소수로 나타내고, 순환마디를 구하시오.

0026 $\frac{3}{7}$

0027 $\frac{2}{11}$

0028 $\frac{2}{15}$

0029 $\frac{15}{27}$

Theme 03 유리수와 순환소수 유형 08 ~ 유형 15

(1) 순환소수를 분수로 나타내는 방법

[방법 1]

❶ 순환소수를 x로 놓는다.

❷ 양변에 10의 거듭제곱을 곱하여 소수점 아래 부분이 같아지는 두 식을 만든다.

❸ 두 식을 변끼리 빼서 x의 값을 구한다.

예 순환소수 $0.\dot{7}\dot{6}$을 분수로 나타내어 보자.

❶ $x=0.\dot{7}\dot{6}$이라 하면

$x=0.767676\cdots$ …… ㉠

❷ ㉠의 양변에 100을 곱하면

$100x=76.7676\cdots$ …… ㉡

❸ ㉡−㉠을 하면

$99x=76 \quad \therefore x=\dfrac{76}{99}$

$$\begin{array}{rr} & 100x=76.7676\cdots \\ -) & x=\ \ 0.7676\cdots \\ \hline & 99x=76 \end{array}$$

[방법 2]

❶ 분모에는 순환마디의 숫자의 개수만큼 9를 쓰고, 그 뒤에 소수점 아래 순환마디에 포함되지 않는 숫자의 개수만큼 0을 쓴다.

❷ 분자에는 전체의 수에서 순환하지 않는 부분의 수를 뺀다.

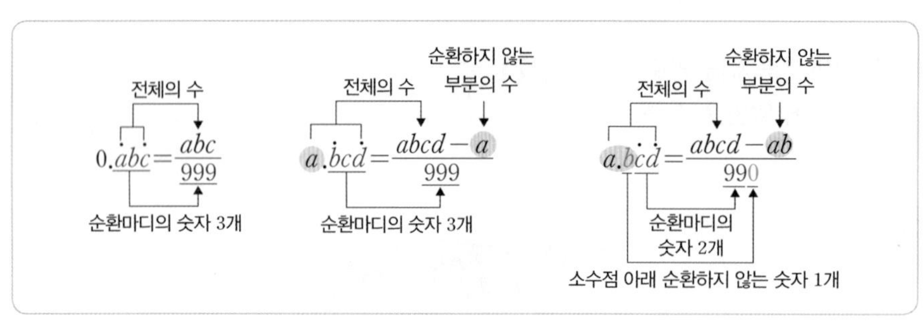

> 비법 Note
>
> › 소수점 아래 부분이 같은 두 수의 차는 정수이다.
> 예의 ❸에서 $99x=76$과 같이 정리하면 순환소수를 분수로 나타낼 수 있게 된다.

> 비법 Note
>
> 예 순환소수 $1.2\dot{5}\dot{4}$를 분수로 나타내어 보자.
>
> ❶ 순환마디의 숫자가 5, 4의 2개이고, 소수점 아래 순환마디에 포함되지 않는 숫자가 2의 1개이므로 분모는 990이다.
>
> ❷ 분자는 (전체의 수)−(순환하지 않는 부분의 수) $=1254-12=1242$
>
> ⇨ $1.2\dot{5}\dot{4}=\dfrac{1242}{990}=\dfrac{69}{55}$
>
> 참고 $0.\dot{a}=\dfrac{a}{9}$
>
> $0.\dot{a}\dot{b}=\dfrac{ab}{99}$
>
> $0.a\dot{b}=\dfrac{ab-a}{90}$
>
> $0.ab\dot{c}=\dfrac{abc-ab}{900}$

(2) 순환소수의 대소 관계

① 분수로 비교 : 순환소수를 분수로 나타낸 후 대소를 비교한다.

예 $0.\dot{5}\dot{4}=\dfrac{54}{99}=\dfrac{54\times10}{99\times10}=\dfrac{540}{990}$, $0.5\dot{4}=\dfrac{54-5}{90}=\dfrac{49}{90}=\dfrac{49\times11}{90\times11}=\dfrac{539}{990}$

$\therefore 0.\dot{5}\dot{4}>0.5\dot{4}$

② 자릿수 비교 : 순환소수를 풀어 쓴 후 각 자리의 숫자를 차례대로 비교한다.

예 $0.\dot{5}\dot{4}=0.545454\cdots$

$0.5\dot{4}=0.544444\cdots$

$\therefore 0.\dot{5}\dot{4}>0.5\dot{4}$

(3) 유리수와 순환소수 사이의 관계

① 유한소수와 순환소수는 모두 유리수이다.

② 정수가 아닌 유리수는 유한소수 또는 순환소수로 나타낼 수 있다.

참고
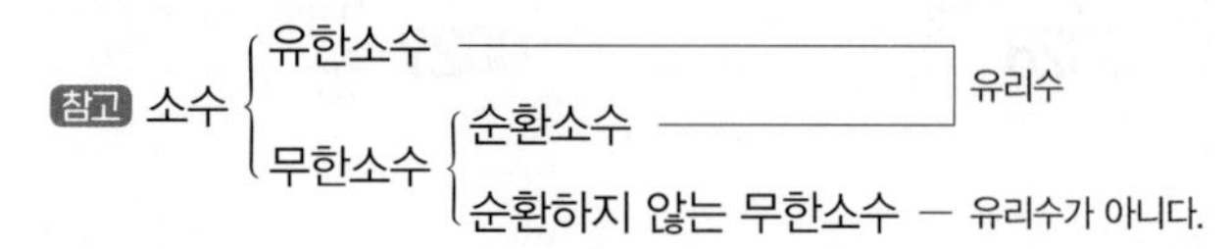

> 비법 Note
>
> › 유한소수와 순환소수는 모두 분수로 나타낼 수 있다.
>
> › 유리수는 두 정수 a, b에 대하여 $\dfrac{a}{b}(b\neq0)$ 꼴로 나타낼 수 있는 수이다.

Theme 03 유리수와 순환소수

[0030~0032] 다음은 순환소수를 분수로 나타내는 과정이다. □ 안에 알맞은 수를 써넣으시오.

0030 $x=0.\dot{2}\dot{3}$

$$\begin{array}{r} \boxed{(가)}\,x=23.2323\cdots \\ -)\quad x=\ \ 0.2323\cdots \\ \hline \boxed{(나)}\,x=23 \end{array}$$

$$\therefore x=\frac{\boxed{(다)}}{99}$$

0031 $x=1.\dot{3}\dot{6}$

$$\begin{array}{r} \boxed{(가)}\,x=136.3636\cdots \\ -)\quad x=\ \ 1.3636\cdots \\ \hline \boxed{(나)}\,x=135 \end{array}$$

$$\therefore x=\frac{135}{\boxed{(다)}}=\frac{15}{\boxed{(라)}}$$

0032 $x=0.3\dot{8}\dot{9}$

$$\begin{array}{r} \boxed{(가)}\,x=389.8989\cdots \\ -)\ \boxed{(나)}\,x=\ \ 3.8989\cdots \\ \hline \boxed{(다)}\,x=386 \end{array}$$

$$\therefore x=\frac{\boxed{(라)}}{990}=\frac{\boxed{(마)}}{495}$$

[0033~0038] 다음 순환소수를 기약분수로 나타내시오.

0033 $0.\dot{5}$

0034 $0.1\dot{7}$

0035 $0.\dot{2}9\dot{1}$

0036 $1.\dot{2}\dot{4}$

0037 $2.\dot{3}1\dot{2}$

0038 $2.2\dot{0}\dot{4}$

[0039~0040] 다음 □ 안에 >, < 중 알맞은 기호를 써넣으시오.

0039 $0.\dot{8}$ □ $0.\dot{8}\dot{7}$

0040 1.23 □ $1.2\dot{3}$

[0041~0045] 다음 중 유리수인 것에 ○표, 유리수가 <u>아닌</u> 것에 ×표 하시오.

0041 -3 ( )

0042 $\pi=3.1415926\cdots$ ( )

0043 $0.5\dot{2}$ ( )

0044 $0.12156437\cdots$ ( )

0045 $\frac{7}{3}$ ( )

[0046~0050] 다음 중 옳은 것에 ○표, 옳지 <u>않은</u> 것에 ×표 하시오.

0046 모든 무한소수는 순환소수이다. ( )

0047 모든 유한소수는 분수로 나타낼 수 있다. ( )

0048 모든 유한소수는 유리수이다. ( )

0049 모든 무한소수는 유리수이다. ( )

0050 정수가 아닌 유리수는 모두 유한소수로 나타낼 수 있다. ( )

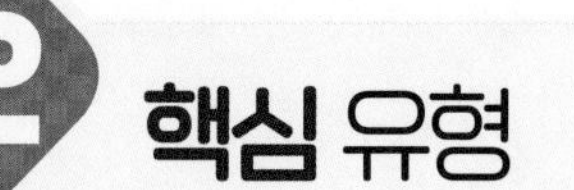

Theme 01 유한소수와 무한소수

워크북 4쪽

유형 01 10의 거듭제곱을 이용하여 분수를 유한소수로 나타내기

기약분수에서 분모의 소인수가 2 또는 5뿐이면 분모를 10의 거듭제곱 꼴로 고쳐서 유한소수로 나타낼 수 있다.

⇨ 분모의 소인수 2와 5의 지수가 같아지도록 분모, 분자에 2 또는 5의 거듭제곱을 곱한다.

대표 문제

0051

다음 분수 중 분모를 10의 거듭제곱 꼴로 나타낼 수 없는 것은?

① $\frac{3}{8}$　② $\frac{7}{15}$　③ $\frac{2}{25}$　④ $\frac{6}{30}$　⑤ $\frac{45}{18}$

0052 ●●○○

다음은 분수 $\frac{3}{40}$을 유한소수로 나타내는 과정이다. 이때 $A+BC$의 값을 구하시오.

$$\frac{3}{40}=\frac{3}{2^3\times5}=\frac{A}{2^3\times5^3}=\frac{A}{B}=C$$

0053 ●●●○

분수 $\frac{7}{80}$을 $\frac{a}{10^n}$ 꼴로 나타낼 때, 두 자연수 a, n에 대하여 $a+n$의 값 중 가장 작은 수를 구하시오.

0054 ●●●○

분수 $\frac{5}{140}\times x$의 분모를 10의 거듭제곱 꼴로 나타낼 수 있을 때, x의 값 중 가장 작은 자연수를 구하시오.

빈출 유형 02 유한소수로 나타낼 수 있는 분수

유한소수로 나타낼 수 있는 분수 구분하기

❶ 기약분수로 나타내고, 분모를 소인수분해한다.

❷ 분모의 소인수가 2 또는 5뿐이면 ⇨ 유한소수

분모에 2 또는 5 이외의 소인수가 있으면 ⇨ 무한소수

대표 문제

0055

다음 분수 중 유한소수로 나타낼 수 있는 것을 모두 고르면? (정답 2개)

① $\frac{13}{12}$　② $\frac{18}{24}$　③ $\frac{11}{30}$　④ $\frac{9}{3\times5^2\times7}$　⑤ $\frac{12}{2^2\times3\times5^2}$

0056 ●●○○

다음 분수 중 유한소수로 나타낼 수 없는 것은?

① $\frac{21}{2^2\times5\times7}$　② $\frac{72}{2\times3^3\times5}$　③ $\frac{24}{2\times3\times5^2}$　④ $\frac{63}{2\times3^2\times7}$　⑤ $\frac{54}{2\times3^3\times5^3}$

0057 ●●●○

다음 분수 중 유한소수로 나타낼 수 없는 것을 모두 찾으시오.

$$\frac{27}{45},\ \frac{12}{75},\ \frac{9}{84},\ \frac{42}{180},\ \frac{13}{250},\ \frac{99}{720}$$

0058 ●●●○

두 분수 $\frac{1}{7}$과 $\frac{5}{8}$ 사이에 있는 분모가 56인 분수 중에서 유한소수로 나타낼 수 있는 분수를 모두 구하시오.

(단, 분자는 자연수)

유형 03 유한소수가 되도록 하는 미지수의 값 구하기

❶ 기약분수로 고치고, 분모를 소인수분해한다.
❷ 분모의 소인수가 2 또는 5뿐일 때 유한소수가 되므로
(i) $\frac{B}{A}\times x$ 꼴이면 ⇨ x는 분모의 소인수 중에서 2 또는 5를 제외한 소인수들의 곱의 배수이어야 한다.
(ii) $\frac{B}{A\times x}$ 꼴이면 ⇨ x는 소인수가 2 또는 5로만 이루어진 수 또는 분자의 약수 또는 이들의 곱으로 이루어진 수이어야 한다.

대표 문제

0059

분수 $\frac{a}{550}$를 소수로 나타내면 유한소수가 될 때, 다음 중 a의 값이 될 수 있는 수는?

① 3 ② 5 ③ 14
④ 20 ⑤ 22

0060 ●●○○

분수 $\frac{9}{2^3\times5^2\times a}$를 소수로 나타내면 유한소수가 될 때, 다음 중 a의 값이 될 수 없는 수는?

① 3 ② 4 ③ 5
④ 6 ⑤ 7

0061 ●●●○

분수 $\frac{9}{25\times x}$를 소수로 나타내면 유한소수가 될 때, $10<x<20$인 자연수 x의 개수를 구하시오.

0062 ●●●○

두 분수 $\frac{27}{210}$과 $\frac{21}{390}$에 각각 자연수 N을 곱하면 두 분수가 모두 유한소수로 나타내어진다고 한다. 이때 N의 값이 될 수 있는 가장 작은 자연수를 구하시오.

유형 04 유한소수가 되도록 하는 수를 찾고 기약분수로 나타내기

분수 $\frac{x}{30}=\frac{x}{2\times3\times5}$를 소수로 나타낼 때, 유한소수가 되려면
❶ 분모의 소인수 3이 분자에 의해 약분되어야 하므로 x는 3의 배수이어야 한다.
⇨ $x=3, 6, 9, \cdots$
❷ $x=3, 6, 9, \cdots$일 때, $\frac{x}{30}$를 기약분수로 나타내면
$\frac{3}{30}=\frac{1}{10}, \frac{6}{30}=\frac{1}{5}, \frac{9}{30}=\frac{3}{10}, \cdots$

대표 문제

0063

분수 $\frac{a}{140}$를 소수로 나타내면 유한소수가 되고, 기약분수로 나타내면 $\frac{1}{b}$이 된다. a가 10 이하의 자연수일 때, $b-a$의 값은?

① -13 ② -3 ③ 0
④ 3 ⑤ 13

서술형

0064 ●●●○

분수 $\frac{a}{36}$를 소수로 나타내면 유한소수가 되고, 기약분수로 나타내면 $\frac{1}{b}$이 된다. a가 $10<a<20$인 자연수일 때, $a+b$의 값을 구하시오.

0065 ●●●○

분수 $\frac{a}{450}$를 소수로 나타내면 유한소수가 되고, 기약분수로 나타내면 $\frac{7}{b}$이 된다. a가 두 자리의 자연수일 때, $a+b$의 값을 구하시오.

Theme 02 순환소수

워크북 6쪽

빈출 유형 05 순환소수의 표현

(1) 순환마디 : 순환소수의 소수점 아래에서 숫자의 배열이 되풀이 되는 한 부분

예 $1.232323\cdots$ ⇨ 순환마디 : 23

(2) 순환소수는 순환마디의 양 끝의 숫자 위에 점을 찍어 나타낸다.

예 $1.232323\cdots=1.\dot{2}\dot{3}$

대표 문제

0066

다음 중 순환소수의 표현이 옳은 것은?

① $0.333\cdots=0.\dot{3}\dot{3}$
② $4.131131131\cdots=4.\dot{1}\dot{3}\dot{1}$
③ $3.838383\cdots=\dot{3}.\dot{8}$
④ $0.457457457\cdots=0.\dot{4}5\dot{7}$
⑤ $3.1636363\cdots=3.\dot{1}6\dot{3}$

0067

다음 중 순환소수와 순환마디가 바르게 연결된 것은?

① $3.151515\cdots$ ⇨ 51
② $0.8757575\cdots$ ⇨ 875
③ $1.212121\cdots$ ⇨ 212
④ $37.37737373\cdots$ ⇨ 73
⑤ $0.090909\cdots$ ⇨ 9

0068

분수 $\frac{4}{55}$를 순환소수로 바르게 나타낸 것은?

① $0.7\dot{2}$　② $0.\dot{7}\dot{2}$　③ $0.07\dot{2}$
④ $0.0\dot{7}\dot{2}$　⑤ $0.\dot{0}7\dot{2}$

0069

다음 분수 중 순환소수로 나타내었을 때, 분수 $\frac{7}{15}$과 순환마디가 같은 것은?

① $\frac{1}{3}$　② $\frac{1}{6}$　③ $\frac{3}{7}$
④ $\frac{4}{9}$　⑤ $\frac{8}{15}$

0070

두 분수 $\frac{4}{13}$와 $\frac{49}{33}$를 소수로 나타낼 때, 순환마디의 숫자의 개수를 각각 x, y라 하자. 이때 $x+y$의 값을 구하시오.

신유형

0071

오른쪽 그림은 분수 $\frac{31}{111}$을 소수로 나타낸 후 주어진 그림에서 그 소수의 소수점 아래 각 자리의 숫자를 차례로 찾아 선으로 연결한 것이다. 분수 $\frac{5}{13}$를 다음 그림에 같은 방법으로 나타내시오.

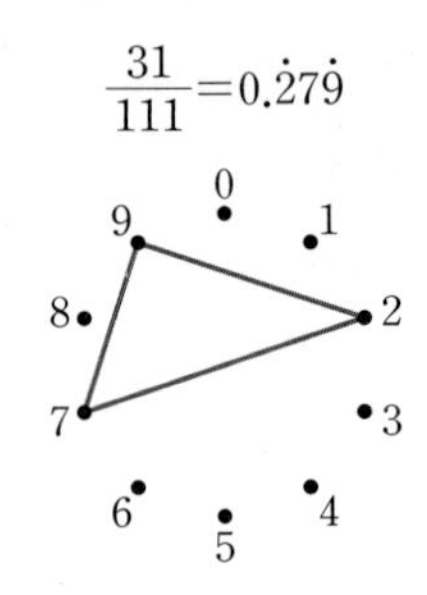

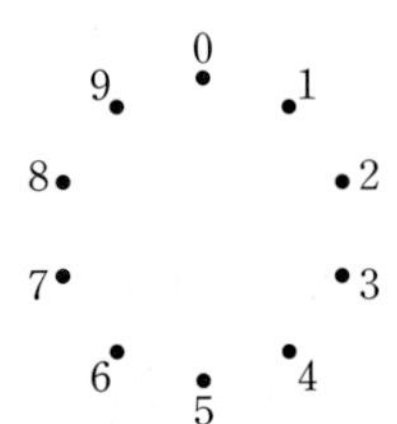

0072

다음 그림은 각 음계에 숫자를 대응시켜 나타낸 것이다.

소수 $0.\dot{4}\dot{5}$의 소수점 아래의 숫자를 위 그림과 같이 음계에 대응시킨 다음, 오선지 위에 차례로 나타내면 (악보)와 같을 때, 다음 중 분수 $\frac{17}{37}$을 나타내는 것은?

유형 06 순환소수가 되도록 하는 자연수 찾기

분수를 기약분수로 나타내고 그 분모를 소인수분해했을 때, 분모의 소인수에 2 또는 5 이외의 수가 있다. ⇨ 순환소수로 나타내어진다.

대표 문제

0073

분수 $\frac{x}{210}$를 소수로 나타내면 순환소수가 될 때, 다음 중 x의 값이 될 수 있는 것을 모두 고르면? (정답 2개)

① 18 ② 21 ③ 28
④ 42 ⑤ 84

0074

분수 $\frac{x}{450}$를 소수로 나타내면 순환소수가 될 때, 다음 중 x의 값이 될 수 <u>없는</u> 것은?

① 6 ② 12 ③ 27
④ 30 ⑤ 35

0075

분수 $\frac{14}{x}$를 소수로 나타내면 순환소수가 될 때, 다음 중 x의 값이 될 수 <u>없는</u> 것은?

① 18 ② 21 ③ 22
④ 24 ⑤ 35

서술형

0076

분수 $\frac{12}{2\times5^2\times a}$를 소수로 나타내었을 때, 순환소수가 되도록 하는 모든 자연수 a의 값의 합을 구하시오.

(단, $1\leq a\leq9$)

유형 07 순환소수의 소수점 아래 n번째 자리의 숫자 구하기

순환소수에서 소수점 아래 n번째 자리의 숫자는

❶ 순환마디의 숫자의 개수를 구한다.
❷ 규칙성을 이용하여 n을 순환마디의 숫자의 개수로 나눈 후, 나머지로부터 순환마디의 순서에 따라 소수점 아래 n번째 자리의 숫자를 구한다.

대표 문제

0077

분수 $\frac{7}{13}$을 소수로 나타낼 때, 소수점 아래 70번째 자리의 숫자는?

① 3 ② 4 ③ 5
④ 6 ⑤ 8

0078

다음 순환소수 중에서 소수점 아래 50번째 자리의 숫자가 가장 큰 것은?

① $0.\dot{5}$ ② $0.\dot{7}\dot{3}$ ③ $0.2\dot{4}\dot{6}$
④ $0.\dot{6}1\dot{4}$ ⑤ $1.\dot{3}8\dot{2}$

0079

분수 $\frac{3}{7}$을 소수로 나타낼 때, 소수점 아래 첫 번째 자리의 숫자부터 소수점 아래 30번째 자리의 숫자까지의 합을 구하시오.

Theme 03 유리수와 순환소수

워크북 8쪽

빈출 유형 08 순환소수를 분수로 나타내기(1)

소수점 아래 부분이 같은 두 순환소수의 차는 정수가 됨을 이용하여 소수점 아래 부분을 같게 한 후 순환하는 부분을 없앤다.

대표 문제

0080

다음 중 순환소수 $x=1.\dot{5}\dot{3}$을 분수로 나타낼 때, 가장 편리한 식은?

① $10x-x$ ② $100x-x$ ③ $1000x-x$
④ $100x-10x$ ⑤ $1000x-100x$

0081 ●●○○

다음은 순환소수 $0.2\dot{6}\dot{7}$을 분수로 나타내는 과정이다. □ 안에 알맞은 수로 옳지 않은 것은?

> $x=0.2\dot{6}\dot{7}$로 놓으면 $x=0.2676767\cdots$ ······ ㉠
> ㉠의 양변에 ① 을 곱하면
> ① $x=267.6767\cdots$ ······ ㉡
> ㉠의 양변에 ② 을 곱하면
> ② $x=2.6767\cdots$ ······ ㉢
> ㉡－㉢을 하면
> ③ $x=$ ④ $\therefore x=$ ⑤

① 1000 ② 10 ③ 900
④ 265 ⑤ $\frac{53}{198}$

0082 ●●○○

다음 순환소수를 분수로 나타내려고 한다. 각 순환소수를 x라 할 때, 가장 편리한 식을 각각 연결하시오.

(1) $0.2\dot{7}\dot{5}$ • • (ㄱ) $1000x-x$
(2) $1.20\dot{3}$ • • (ㄴ) $1000x-10x$
(3) $5.\dot{6}3\dot{7}$ • • (ㄷ) $1000x-100x$

빈출 유형 09 순환소수를 분수로 나타내기(2)

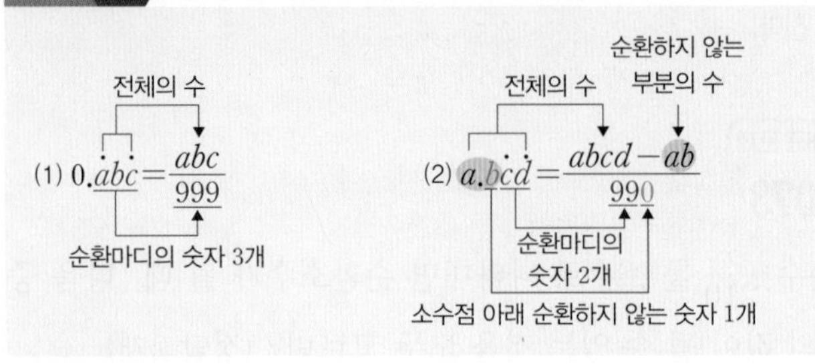

대표 문제

0083

다음 중 순환소수를 분수로 나타낸 것으로 옳은 것은?

① $0.\dot{2}\dot{8}=\frac{3}{11}$ ② $0.5\dot{8}=\frac{29}{45}$ ③ $2.\dot{9}\dot{7}=\frac{295}{99}$
④ $0.\dot{3}4\dot{5}=\frac{115}{303}$ ⑤ $1.2\dot{3}\dot{5}=\frac{617}{495}$

0084 ●●○○

다음 중 순환소수를 분수로 나타내는 과정으로 옳은 것은?

① $2.\dot{3}=\frac{23-2}{90}$ ② $0.6\dot{5}=\frac{65-6}{99}$
③ $4.\dot{3}\dot{7}=\frac{437-4}{90}$ ④ $0.\dot{1}3\dot{4}=\frac{134}{900}$
⑤ $1.2\dot{5}\dot{7}=\frac{1257-12}{990}$

0085 ●●●○

분수 $\frac{a}{18}$를 소수로 나타내면 $1.3\dot{8}$일 때, 자연수 a의 값을 구하시오.

0086 ●●●○

두 순환소수 $2.\dot{3}\dot{6}$, $1.6\dot{3}$을 분수로 나타내면 각각 $\frac{a}{11}$, $\frac{49}{b}$일 때, 두 자연수 a, b에 대하여 $a+b$의 값을 구하시오.

유형 10 순환소수에 적당한 수를 곱하여 유한소수 또는 자연수 만들기

(1) 순환소수에 자연수 x를 곱하여 유한소수가 되도록 하려면
❶ 순환소수를 기약분수로 나타내고, 분모를 소인수분해한다.
❷ x는 분모의 소인수 중 2 또는 5를 제외한 소인수들의 곱의 배수이다.
(2) 순환소수에 자연수 x를 곱하여 자연수가 되도록 하려면
❶ 순환소수를 기약분수로 나타낸다.
❷ x는 분모의 배수이다.

대표 문제
0087
순환소수 $2.\dot{5}\dot{4}$에 자연수 x를 곱하면 자연수가 될 때, x의 값 중 가장 작은 자연수는?

① 6 ② 9 ③ 11
④ 13 ⑤ 15

0088 ●●●●
순환소수 $1.3\dot{5}$에 자연수 x를 곱하면 유한소수가 될 때, 다음 중 x의 값이 될 수 <u>없는</u> 것을 모두 고르면? (정답 2개)

① 9 ② 12 ③ 18
④ 25 ⑤ 27

서술형
0089 ●●●●
순환소수 $0.6\dot{3}$에 자연수 a를 곱한 결과가 유한소수일 때, a의 값 중 가장 작은 자연수를 구하시오.

신유형
0090 ●●●●
두 순환소수 $0.3\dot{6}$, $0.2\dot{2}\dot{7}$에 자연수 a를 곱하면 모두 유한소수가 될 때, a의 값 중 가장 작은 자연수를 구하시오.

유형 11 순환소수의 대소 관계

(1) 순환소수를 분수로 나타낸 후 통분하여 대소를 비교한다.
(2) 순환소수를 풀어 쓴 후 각 자리의 숫자를 차례대로 비교한다.

대표 문제
0091
다음 중 두 수의 대소 관계가 옳은 것은?

① $-0.\dot{1}\dot{0} < -\frac{1}{11}$ ② $-0.3\dot{4}\dot{5} > -0.\dot{3}4\dot{5}$
③ $0.\dot{5} = 0.\dot{5}\dot{0}$ ④ $0.3\dot{8} < \frac{38}{99}$
⑤ $0.7\dot{8} > \frac{4}{5}$

0092 ●●●●
다음 중 가장 큰 수는?

① 0.472 ② $0.47\dot{2}$ ③ $0.4\dot{7}\dot{2}$
④ $0.\dot{4}7\dot{2}$ ⑤ $0.4\dot{7}2\dot{5}$

0093 ●●●●
다음 중 두 수의 대소 관계가 옳지 <u>않은</u> 것은?

① $0.16 < 0.\dot{1}\dot{6}$ ② $0.\dot{7}\dot{2} < 0.\dot{7}$ ③ $0.5\dot{1} > 0.\dot{5}\dot{1}$
④ $1.8\dot{7} < 1.\dot{8}$ ⑤ $2.\dot{3}\dot{4} > 2.\dot{3}$

0094 ●●●●
다음 보기의 수를 크기가 작은 것부터 순서대로 나열하시오.

보기
ㄱ. 1.4713 ㄴ. $1.471\dot{3}$ ㄷ. $1.47\dot{1}\dot{3}$
ㄹ. $1.4\dot{7}1\dot{3}$ ㅁ. $1.\dot{4}71\dot{3}$

01 유리수와 순환소수
Theme 01 02 03

유형 12 순환소수를 포함한 부등식

순환소수가 부등식에 포함된 경우
❶ 순환소수를 분수로 나타낸다.
❷ 주어진 조건에서 분수의 분모를 통분하여 해결한다.

대표 문제

0095

$1 \le x \le 9$인 자연수 x에 대하여 $\frac{1}{6} \le 0.\dot{x} < \frac{2}{3}$일 때, 다음 중 x의 값이 될 수 없는 것은?

① 1 ② 2 ③ 3
④ 4 ⑤ 5

0096 ●●○○

$-4.\dot{8} \le x < \frac{80}{11}$을 만족시키는 모든 정수 x의 값의 합은?

① 15 ② 16 ③ 17
④ 18 ⑤ 19

서술형

0097 ●●●○

$\frac{2}{7} < 0.\dot{x} \le 0.\dot{7}$을 만족시키는 한 자리의 자연수 x의 값 중 가장 작은 수를 a, 가장 큰 수를 b라 할 때, $b-a$의 값을 구하시오.

0098 ●●●○

다음 중 $\frac{1}{6} < 0.0\dot{a} \times 3 < \frac{1}{3}$을 만족시키는 한 자리의 자연수 a의 값이 될 수 없는 것은?

① 5 ② 6 ③ 7
④ 8 ⑤ 9

유형 13 순환소수를 포함한 식의 계산

순환소수를 분수로 나타내어 계산한다.

예 $0.\dot{2}+0.\dot{3}=\frac{2}{9}+\frac{3}{9}=\frac{5}{9}=0.\dot{5}$

$0.\dot{0}\dot{5} \div 0.\dot{1}=\frac{5}{99} \div \frac{1}{9}=\frac{5}{99} \times 9=\frac{45}{99}=0.\dot{4}\dot{5}$

대표 문제

0099

$0.\dot{7}\dot{1}=71 \times x$일 때, x의 값은?

① 0.1 ② 0.01 ③ $0.0\dot{1}$
④ $0.\dot{1}$ ⑤ $0.\dot{0}\dot{1}$

0100 ●●○○

$0.\dot{8}$보다 $0.\dot{4}$만큼 큰 수를 순환소수로 나타내면?

① $1.\dot{2}$ ② $1.\dot{3}$ ③ $1.\dot{3}\dot{2}$
④ $1.\dot{4}$ ⑤ $1.\dot{4}\dot{5}$

0101 ●●●○

$\frac{5}{11}=a+0.\dot{2}\dot{8}$일 때, a의 값을 순환소수로 나타내면?

① $0.\dot{1}$ ② $0.\dot{7}$ ③ $0.1\dot{7}$
④ $0.\dot{1}\dot{7}$ ⑤ $0.\dot{7}\dot{1}$

0102 ●●●○

$2.1\dot{6} \times \frac{b}{a}=1.\dot{7}$일 때, 서로소인 두 자연수 a, b에 대하여 $a+b$의 값을 구하시오.

유형 14 잘못 보고 푼 경우

기약분수를 소수로 나타낼 때
(1) 분모를 잘못 본 경우 ⇨ 분자는 제대로 보았다.
(2) 분자를 잘못 본 경우 ⇨ 분모는 제대로 보았다.

대표 문제

0103

어떤 기약분수를 소수로 나타내는데 세현이는 분모를 잘못 보아서 $0.1\dot{5}$로 나타내었고, 준혁이는 분자를 잘못 보아서 $0.\dot{0}\dot{4}$로 나타내었다. 처음 기약분수를 순환소수로 나타내면?

① $0.0\dot{4}$ ② $0.\dot{4}\dot{0}$ ③ $0.0\dot{7}$
④ $0.\dot{0}\dot{7}$ ⑤ $0.\dot{1}\dot{4}$

0104 ●●●○

어떤 기약분수를 소수로 나타낼 때, 잘못하여 분모를 분자로 나누어 $1.\dot{2}$로 나타내었다. 처음 기약분수를 소수로 나타내면?

① $0.\dot{7}\dot{2}$ ② 0.75 ③ $0.\dot{8}\dot{1}$
④ $0.8\dot{3}$ ⑤ 0.9

서술형

0105 ●●●○

다음은 정민이와 희성이의 대화이다. 물음에 답하시오.

> 정민 : 희성아, 기약분수를 소수로 나타내는 문제 잘 풀었어?
> 희성 : 나는 분모를 잘못 봐서 $0.\dot{7}\dot{1}$이 나왔어.
> 정민 : 나는 분자를 잘못 봐서 $0.3\dot{4}$가 나왔는데….

(1) 희성이가 잘못 본 기약분수를 구하시오.
(2) 정민이가 잘못 본 기약분수를 구하시오.
(3) 처음에 주어진 기약분수를 순환소수로 나타내시오.

0106 ●●●○

어떤 자연수에 $0.\dot{2}$를 곱해야 할 것을 잘못하여 0.2를 곱하였더니 그 계산 결과가 정답보다 0.4만큼 작아졌다. 이때 어떤 자연수를 구하시오.

유형 15 유리수와 순환소수

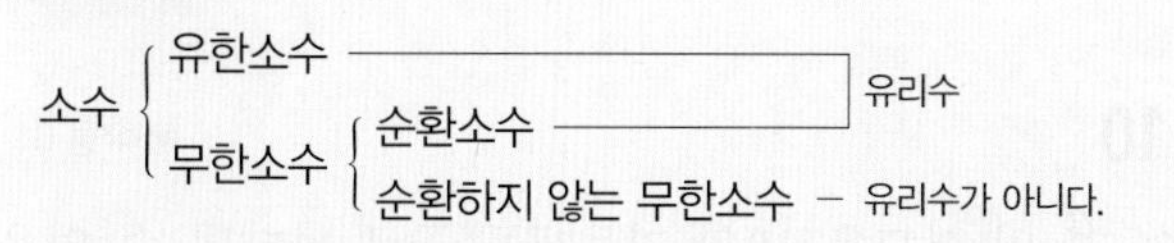

참고 순환하지 않는 무한소수는 분수로 나타낼 수 없다.

대표 문제

0107

다음 중 옳은 것을 모두 고르면? (정답 2개)

① 정수는 유리수가 아니다.
② 순환소수는 모두 유리수이다.
③ 유한소수는 기약분수로 나타낼 수 있다.
④ 유한소수 중에는 유리수가 아닌 수가 있다.
⑤ 무한소수는 모두 순환소수로 나타낼 수 있다.

0108 ●●○○

다음 중 분수 $\frac{a}{b}$ (a, b는 정수, $b \neq 0$) 꼴로 나타낼 수 없는 것은?

① 자연수 ② 정수
③ 유한소수 ④ 순환소수
⑤ 순환하지 않는 무한소수

0109 ●●●○

다음 보기에서 옳은 것을 모두 고른 것은?

> 보기
> ㄱ. 무한소수는 모두 순환소수이다.
> ㄴ. 순환소수는 모두 유리수이다.
> ㄷ. 순환소수가 아닌 무한소수도 있다.
> ㄹ. 정수가 아닌 유리수를 소수로 나타내면 유한소수이거나 순환소수이다.

① ㄱ, ㄴ ② ㄴ, ㄷ ③ ㄷ, ㄹ
④ ㄱ, ㄷ, ㄹ ⑤ ㄴ, ㄷ, ㄹ

0110
유형 01

분수 $\frac{a}{12}$의 분모를 10의 거듭제곱 꼴로 나타낼 수 있을 때, 10보다 작은 모든 자연수 a의 값의 합은?

① 14 ② 16 ③ 18
④ 19 ⑤ 25

0111
유형 02

x에 대한 일차방정식 $ax=12$의 해는 유한소수로 나타내어진다고 한다. 다음 중 a의 값이 될 수 있는 것은?

① 9 ② 14 ③ 15
④ 21 ⑤ 22

0112
유형 03

두 분수 $\frac{17}{120}$과 $\frac{13}{140}$에 각각 자연수 a를 곱하면 두 분수 모두 유한소수로 나타내어질 때, a의 값이 될 수 있는 두 자리의 자연수는 모두 몇 개인가?

① 2개 ② 3개 ③ 4개
④ 5개 ⑤ 6개

0113
유형 07

분수 $\frac{9}{14}$를 소수로 나타낼 때, 소수점 아래 30번째 자리의 숫자를 a, 소수점 아래 50번째 자리의 숫자를 b라 하자. 이때 $a-b$의 값을 구하시오.

0114
유형 05+유형 07

분수 $\frac{3}{13}$을 소수로 나타내었을 때, 소수점 아래 10번째 자리의 숫자를 a, 소수점 아래 30번째 자리의 숫자를 b라 하자. 이때 $\frac{a}{b}$를 순환소수로 나타내시오.

0115

유형 05+유형 09

순환소수 $0.2\dot{3}$의 역수를 순환소수로 나타내시오.

0116

유형 09

다음을 계산하여 기약분수로 나타내시오.

$$1+\frac{6}{10^2}+\frac{6}{10^4}+\frac{6}{10^6}+\cdots$$

0117

유형 11

다음 중 가장 작은 수는?

① 0.2^2 ② $0.0\dot{4}$ ③ $0.\dot{0}\dot{4}$
④ $0.\dot{0}4\dot{0}$ ⑤ $0.0\dot{4}\dot{1}$

0118

유형 11

다음 보기의 수를 크기가 큰 것부터 순서대로 나열하시오.

보기

$\frac{12}{99}$, 0.1, $\frac{1}{9}$, $\frac{11}{90}$, $0.\dot{1}\dot{0}$

0119

유형 13

한 자리의 자연수 a, b에 대하여 $0.\dot{a}\dot{b}+0.\dot{b}\dot{a}=0.\dot{8}$일 때, $a+b$의 값을 구하시오.

0120

유형 04

분수 $\frac{a}{360}$를 소수로 나타내면 유한소수가 되고, 기약분수로 나타내면 $\frac{1}{b}$이 될 때, $b-a$의 값을 구하시오.

(단, a, b는 $0<a<20$, $10\le b\le 20$인 자연수)

0121

유형 07

분수 $\frac{3}{7}$을 소수로 나타내었을 때, 소수점 아래 n번째 자리의 숫자를 $[n]$이라 하자. 다음 보기에서 옳은 것을 모두 고른 것은?

보기

ㄱ. $[100]=1$
ㄴ. $[50]<[60]$
ㄷ. $[10]+[11]+[12]+[13]=17$

① ㄱ　② ㄴ　③ ㄷ
④ ㄱ, ㄴ　⑤ ㄴ, ㄷ

0122

유형 07

$\frac{5}{13}=\frac{x_1}{10}+\frac{x_2}{10^2}+\frac{x_3}{10^3}+\cdots+\frac{x_n}{10^n}+\cdots$이라 할 때,
$x_1+x_2+x_3+\cdots+x_{50}$의 값을 구하시오.

(단, x_1, x_2, x_3, $\cdots$, x_n, $\cdots$은 한 자리의 자연수)

0123

유형 10

순환소수 $1.\dot{2}\dot{1}$에 자연수 a를 곱하여 어떤 자연수의 제곱이 되게 하려고 한다. a의 값이 될 수 있는 가장 작은 자연수를 구하시오.

0124

유형 03+유형 12

분수 $\frac{x}{24}$를 소수로 나타내면 유한소수가 되고,
$0.\dot{4}<\frac{x}{24}<0.7\dot{2}$일 때, 자연수 x의 값을 모두 구하시오.

교과서 속 창의력 UP!

정답 및 풀이 7쪽

0125
유형 02

다음은 어느 해 3월의 달력인데 찢어져 일부만 보인다. 색칠한 부분과 같이 이웃하는 세로의 두 칸을 하나의 분수 $\frac{5}{12}$로 생각할 때, 유한소수로 나타낼 수 있는 분수의 개수를 구하시오.

(단, 달력이 보이는 부분까지만 생각한다.)

0126
유형 02+유형 06

다음 그림은 4개의 분수가 적힌 종이인데 일부가 찢어져 보이지 않는다. 보기에서 옳은 것을 모두 고른 것은?

$\frac{4}{21}$ $\frac{\quad}{30}$ $\frac{\quad}{140}$ $\frac{7}{16}$

보기

ㄱ. 유한소수로 나타낼 수 있는 것은 $\frac{7}{16}$뿐이다.

ㄴ. $\frac{4}{21}$는 순환소수로 나타내어진다.

ㄷ. 분모가 140인 분수는 유한소수로 나타낼 수 없다.

ㄹ. 순환소수로 나타내어지는 것은 최대 3개까지 가능하다.

① ㄱ, ㄴ　② ㄱ, ㄷ　③ ㄴ, ㄷ　④ ㄴ, ㄹ　⑤ ㄷ, ㄹ

0127
유형 03

길이가 2 m인 철사를 남김없이 사용하여 정n각형을 만들려고 한다. 15 이하의 자연수 n 중에서 정n각형의 한 변의 길이를 유한소수로 나타낼 수 있는 것은 모두 몇 개인가?

① 3개　② 4개　③ 5개　④ 6개　⑤ 7개

0128
유형 09

다음은 유한소수 0.3과 순환소수 $0.\dot{3}$을 수직선 위에 나타내는 과정이다.

(1) 0.3을 수직선 위에 나타내면

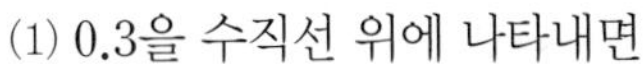

(2) 순환소수 $0.\dot{3}$을 분수로 바꾸면 $0.\dot{3}=\frac{1}{3}$이므로 $0.\dot{3}$을 수직선 위에 나타내면

0　$0.\dot{3}$　1

이와 같이 순환소수를 수직선 위에 나타낼 때는 순환소수를 분수로 바꾸는 것이 편리하다. 이를 이용하여 순환소수 $1.1\dot{6}$을 수직선 위에 나타내시오.

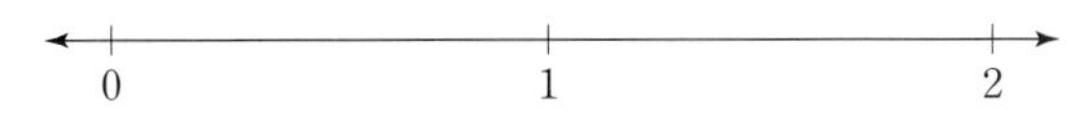

Theme 04 지수법칙 유형 01 ~ 유형 12

(1) 지수법칙 – 지수의 합

m, n이 자연수일 때

$a^m \times a^n = a^{m+n}$ ⇨ 밑이 같을 때 거듭제곱으로 나타낸 수의 곱은 지수끼리 더한다.

예 $a^3 \times a^2 = \underbrace{(a \times a \times a)}_{3개} \times \underbrace{(a \times a)}_{2개}$

$= \underbrace{a \times a \times a \times a \times a}_{5개} = a^5$

지수의 합: $a^3 \times a^2 = a^{3+2} = a^5$

참고 l, m, n이 자연수일 때, $a^l \times a^m \times a^n = a^{l+m+n}$

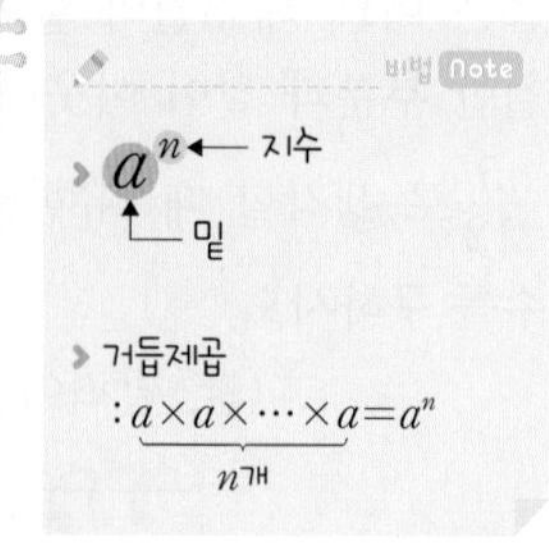

비법 Note
$a \neq 0$일 때, $a = a^1$
예 $a \times a^5 = a^{1+5} = a^6$

(2) 지수법칙 – 지수의 곱

m, n이 자연수일 때

$(a^m)^n = a^{mn}$ ⇨ 거듭제곱으로 나타낸 수의 거듭제곱은 지수끼리 곱한다.

예 $(a^3)^2 = a^3 \times a^3 = a^{3+3} = a^6$

참고 l, m, n이 자연수일 때, $\{(a^l)^m\}^n = a^{lmn}$

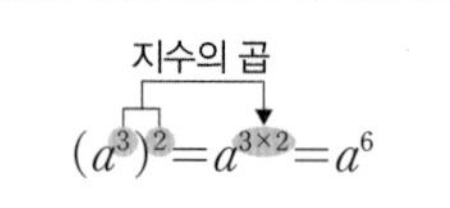

비법 Note
$a^m \div a^n$의 계산
① 먼저 m, n의 크기를 비교한다.
② m, n의 크기가 다르면 (지수)=(큰 수)−(작은 수)이므로 지수는 항상 양수이다.

(3) 지수법칙 – 지수의 차

$a \neq 0$이고 m, n이 자연수일 때

① $m > n$이면 $a^m \div a^n = a^{m-n}$

② $m = n$이면 $a^m \div a^n = 1$

③ $m < n$이면 $a^m \div a^n = \frac{1}{a^{n-m}}$

예 $a^4 \div a^2 = \frac{a^4}{a^2} = \frac{a \times a \times a \times a}{a \times a} = a \times a = a^2$

$a^2 \div a^2 = \frac{a^2}{a^2} = \frac{a \times a}{a \times a} = 1$

$a^2 \div a^4 = \frac{a^2}{a^4} = \frac{a \times a}{a \times a \times a \times a} = \frac{1}{a \times a} = \frac{1}{a^2}$

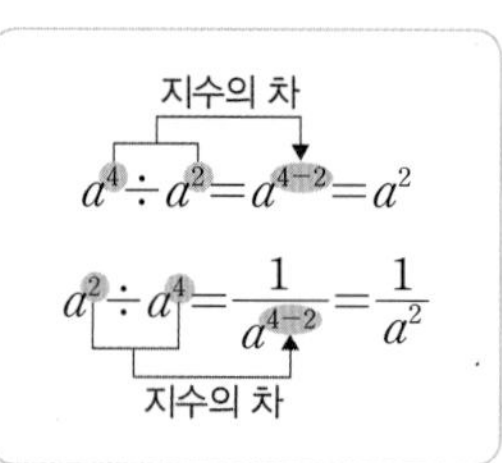

참고 l, m, n이 자연수일 때, $a^l \div a^m \div a^n = a^{l-m-n}$ (단, $l > m+n$)

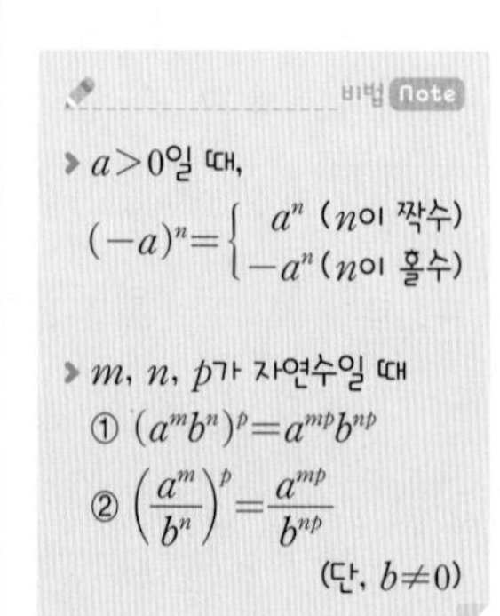

(4) 지수법칙 – 지수의 분배

n이 자연수일 때

① $(ab)^n = a^n b^n$

② $\left(\frac{a}{b}\right)^n = \frac{a^n}{b^n}$ (단, $b \neq 0$)

예 $(ab)^2 = ab \times ab = (a \times a) \times (b \times b) = a^2 b^2$

$\left(\frac{a}{b}\right)^3 = \frac{a}{b} \times \frac{a}{b} \times \frac{a}{b} = \frac{a \times a \times a}{b \times b \times b} = \frac{a^3}{b^3}$

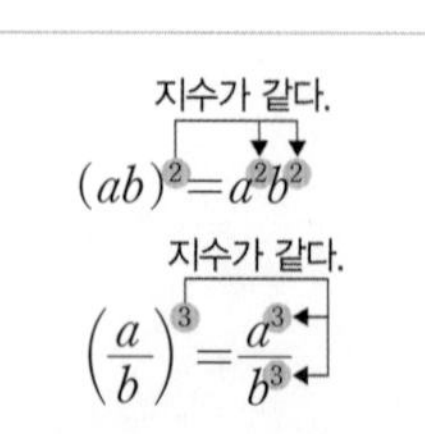

Theme 04 지수법칙

[0129~0132] 다음 식을 간단히 하시오.

0129 $a^3 \times a^4$

0130 $a \times a^2 \times a^3$

0131 $3^2 \times 3^3 \times 3^4$

0132 $a^4 \times b^2 \times a^3$

[0133~0136] 다음 식을 간단히 하시오.

0133 $(3^2)^4$

0134 $(a^2)^3 \times (a^3)^4$

0135 $(a^2)^2 \times (a^3)^2 \times (a^4)^3$

0136 $(-a)^2 \times (-a)^3$

[0137~0140] 다음 □ 안에 알맞은 수를 써넣으시오.

0137 $a^{\square} \times a^2 = a^5$

0138 $y^2 \times y^{\square} \times y^3 = y^9$

0139 $(a^2)^{\square} = a^8$

0140 $x^3 \times (x^2)^{\square} = x^{13}$

[0141~0144] 다음 식을 간단히 하시오.

0141 $a^6 \div a^3$

0142 $2^{10} \div 2^{10}$

0143 $a^4 \div a^7$

0144 $3^7 \div 3^3 \div 3^2$

[0145~0148] 다음 식을 간단히 하시오.

0145 $(a^2b^3)^4$

0146 $(-3x^2)^3$

0147 $\left(\frac{a^3}{b^2}\right)^3$

0148 $\left(-\frac{x^2}{2y^3}\right)^2$

[0149~0152] 다음 □ 안에 알맞은 수를 써넣으시오.

0149 $a^{\square} \div a^5 = a^3$

0150 $b^3 \div b^{\square} = \frac{1}{b^2}$

0151 $(-2xy^{\square})^4 = \square x^4y^{12}$

0152 $\left(\frac{2^{\square}}{3^4}\right)^3 = \frac{2^9}{3^{\square}}$

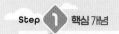

Theme 05 단항식의 계산 유형 13 ~ 유형 17

(1) 단항식의 곱셈

단항식의 곱셈은 다음 순서로 계산한다.

❶ 계수는 계수끼리, 문자는 문자끼리 곱한다.

❷ 같은 문자의 곱셈은 지수법칙을 이용하여 간단히 나타낸다.

예 $(-3x^2y)\times 4xy^2$

$=(-3\times 4)\times(x^2y\times xy^2)$) 계수는 계수끼리, 문자는 문자끼리

$=-12\times(x^2\times x\times y\times y^2)$) 계수의 곱

$=-12x^3y^3$) 지수법칙을 이용한 문자의 곱

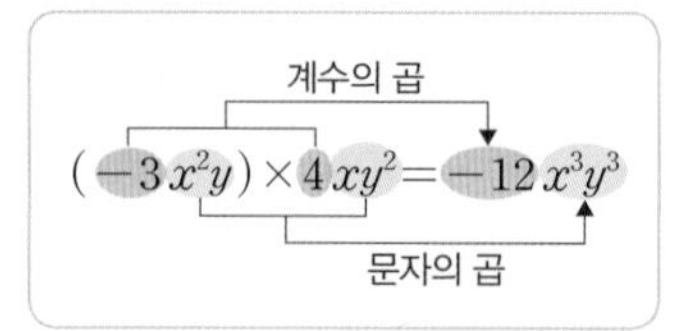

참고 계수끼리의 곱에서 전체 부호를 결정할 때에는

① $(-)$가 홀수 개이면 $(-)$

② $(-)$가 짝수 개이면 $(+)$

> 비법 Note
> - 단항식 : 하나의 항으로 이루어진 다항식
> - 계수 : 문자를 포함한 항에서 문자에 곱해진 수
> - 각 항의 부호를 먼저 정한 후, 전체 부호를 결정한다.

(2) 단항식의 나눗셈

[방법 1] 분수 꼴로 바꾸어 계수는 계수끼리, 문자는 문자끼리 계산한다.

⇨ $A\div B=\dfrac{A}{B}$

예 $8a^4\div 4a^2=\dfrac{8a^4}{4a^2}=2a^2$

[방법 2] 나누는 식의 역수를 곱하여 계산한다.

⇨ $A\div B=A\times\dfrac{1}{B}$ (÷ → 곱셈으로, B → 역수로)

예 $3a\div a^2=3a\times\dfrac{1}{a^2}=\dfrac{3}{a}$

참고 다음의 경우 [방법 2]를 이용하는 것이 편리하다.

① 나누는 식이 분수 꼴인 경우 : $A\div\dfrac{C}{B}=A\times\dfrac{B}{C}=\dfrac{AB}{C}$

② 나눗셈이 2개 이상인 경우 : $A\div B\div C=A\times\dfrac{1}{B}\times\dfrac{1}{C}=\dfrac{A}{BC}$

> 비법 Note
> - 역수 : 어떤 수나 식에 대하여 곱해서 1이 되게 하는 수나 식이다.
> 역수를 구하려면 부호는 그대로 두고 분자, 분모를 서로 바꾼다.
> 예 $-\dfrac{4}{3}a$, 즉 $-\dfrac{4a}{3}$의 역수는 $-\dfrac{3}{4a}$이다.

(3) 단항식의 곱셈과 나눗셈의 혼합 계산

단항식의 곱셈과 나눗셈의 혼합 계산은 다음 순서로 계산한다.

❶ 괄호가 있는 거듭제곱은 지수법칙을 이용하여 푼다.

❷ 나눗셈은 나누는 식의 역수의 곱셈으로 바꾼다.

❸ 계수는 계수끼리, 문자는 문자끼리 계산한다.

예 $(a^3b)^2\div a^2b^3\times 2b^2$

$=a^6b^2\div a^2b^3\times 2b^2$) 괄호 풀기

$=a^6b^2\times\dfrac{1}{a^2b^3}\times 2b^2$) 나눗셈을 곱셈으로

$=2a^4b$) 계수는 계수끼리, 문자는 문자끼리

참고 곱셈과 나눗셈이 혼합된 식은 앞에서부터 순서대로 계산한다.

$A\div B\times C=A\times\dfrac{1}{B}\times C=\dfrac{AC}{B}$

> 비법 Note
> - 혼합 계산 순서

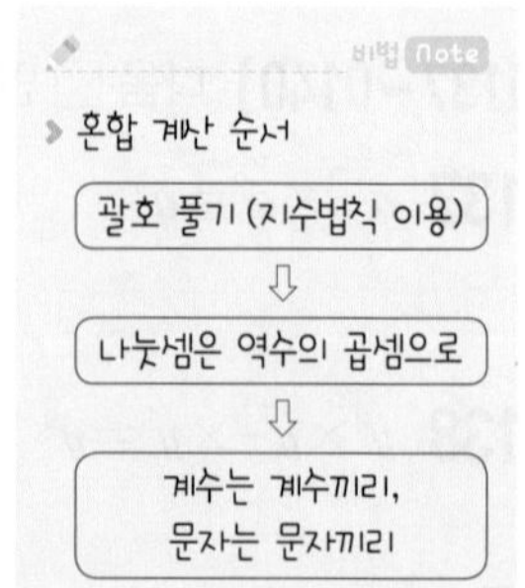

괄호 풀기 (지수법칙 이용)
⇩
나눗셈은 역수의 곱셈으로
⇩
계수는 계수끼리,
문자는 문자끼리

Theme 05 단항식의 계산

[0153~0157] 다음 식을 계산하시오.

0153 $4a\times5a^3$

0154 $-2x^2\times4xy^2$

0155 $-2ab\times(-3a^2b)$

0156 $16x^3\times\frac{1}{4}x^5$

0157 $a^2b\times3a\times(-2ab^2)$

[0158~0161] 다음 식을 계산하시오.

0158 $(-2x)^2\times(-3xy)$

0159 $3x^2\times\left(\frac{y}{x^2}\right)^2$

0160 $(ab^2)^3\times\left(\frac{a}{b^2}\right)^3$

0161 $(-a^2b)^3\times\left(\frac{3a}{b^2}\right)^2\times b^2$

[0162~0166] 다음 식을 계산하시오.

0162 $8x^3\div4x$

0163 $-4ab^2\div2a^2b^2$

0164 $3a^3\div\frac{3}{2}a^2$

0165 $5a^4\div a^2\div3a$

0166 $10x^3\div2x\div\frac{1}{x^2}$

[0167~0170] 다음 식을 계산하시오.

0167 $(-3a)^2\div\left(-\frac{3}{4}a^3\right)$

0168 $(xy^2)^3\div(xy^3)^2$

0169 $(a^2b)^3\div\left(-\frac{3b^2}{a}\right)^3$

0170 $(-2x^3y)^2\div(xy)^3$

[0171~0176] 다음 식을 계산하시오.

0171 $3ab^2\times2a^2b\div4ab$

0172 $2xy\div5x^2y^3\times15x^3y^4$

0173 $-4a^2b\div\frac{3b^2}{a^2}\times2b$

0174 $3x^3y^2\times8xy\div6x^2y^2$

0175 $5a^3b^2\times\left(-\frac{4}{a}\right)^2\div4a^2b$

0176 $(3ab^2)^3\times2a^3b\div(6ab^2)^2$

Theme 04 지수법칙

워크북 20쪽

유형 01 지수법칙 – 지수의 합

자연수 m, n에 대하여

$a^m \times a^n = a^{m+n}$ → 지수의 합

대표 문제

0177

$3 \times 3^2 \times 3^x = 243$일 때, 자연수 x의 값은?

① 2　② 3　③ 4
④ 5　⑤ 6

0178 ●○○○

$a^{10} \times a^x = a^{14}$일 때, 자연수 x의 값을 구하시오.

0179 ●●○○

다음 중 □ 안에 알맞은 수가 가장 작은 것은?

① $a^3 \times a^{\square} = a^5$
② $a^3 \times b^2 \times a \times b^3 = a^{\square}b^5$
③ $x \times x \times x = x^{\square}$
④ $a \times a \times a^{\square} \times a = a^8$
⑤ $x^3 \times y^2 \times x^{\square} \times y = x^6y^3$

0180 ●●●○

$a^x \times b^4 \times a^5 \times b^y = a^9b^{10}$일 때, 자연수 x, y에 대하여 $x+y$의 값은?

① 8　② 9　③ 10
④ 11　⑤ 12

유형 02 지수법칙 – 지수의 곱

자연수 m, n에 대하여

$(a^m)^n = \underbrace{a^m \times a^m \times \cdots \times a^m}_{n\text{개를 곱한다.}} = a^{\overbrace{m+m+\cdots+m}^{n\text{개를 더한다.}}} = a^{m \times n} = a^{mn}$ → 지수의 곱

대표 문제

0181

$(3^2)^3 = 3^a$, $(2^b)^2 = 2^8$일 때, 자연수 a, b에 대하여 $a+b$의 값은?

① 9　② 10　③ 11
④ 12　⑤ 13

0182 ●●○○

$(x^3)^2 \times y^2 \times x \times (y^2)^4$을 간단히 하면?

① x^6y^7　② x^7y^8　③ x^7y^{10}
④ x^9y^{10}　⑤ x^8y^{11}

0183 ●●●○

$8^{x+1} = 2^{12}$일 때, 자연수 x의 값은?

① 1　② 2　③ 3
④ 4　⑤ 5

0184 ●●●○

$8^3 \times 4^2 = 2^x$일 때, 자연수 x의 값은?

① 9　② 10　③ 11
④ 12　⑤ 13

유형 03 지수법칙 – 지수의 차

$a\neq0$일 때, 자연수 m, n에 대하여

$$a^m\div a^n=\begin{cases} a^{m-n} & (m>n) \\ 1 & (m=n) \\ \dfrac{1}{a^{n-m}} & (m<n) \end{cases}$$

(a^{m-n}, a^{n-m} → 지수의 차)

대표 문제

0185

다음 중 옳은 것은?

① $(x^2)^3\div(x^3)^2=0$
② $x\div x^9=\dfrac{1}{x^9}$
③ $x^8\div x^2=x^4$
④ $x^7\div x^3=x^4$
⑤ $x^5\div x^4\div x=x$

0186 ●●○○

다음 중 □ 안에 알맞은 수가 가장 큰 것은?

① $a^4\div a^3=a^{\square}$
② $(a^3)^5\div(a^4)^3=a^{\square}$
③ $a^4\div a^2=a^{\square}$
④ $a^2\times a^6\div a^3=a^{\square}$
⑤ $a^5\div a^4\times a^3=a^{\square}$

0187 ●●●○

다음 중 계산 결과가 $a^{16}\div a^8\div a^4$의 계산 결과와 같은 것은?

① $a^{16}\times(a^8\div a^4)$
② $a^{16}\times(a^8\times a^4)$
③ $a^{16}\div(a^8\times a^4)$
④ $a^{16}\div a^8\times a^4$
⑤ $a^{16}\div(a^8\div a^4)$

서술형

0188 ●●●●

$64^2\div2^x=2^7$, $25^4\div5^{3y}=\dfrac{1}{5}$일 때, 자연수 x, y에 대하여 $x+y$의 값을 구하시오.

유형 04 지수법칙 – 곱의 꼴에서 지수의 분배

(1) 부호는 $(-)$를 홀수 개 곱하면 $(-)$
$(-)$를 짝수 개 곱하면 $(+)$

(2) 자연수 m, n, k에 대하여
$(ab)^n=a^nb^n$, $(a^mb^n)^k=a^{mk}b^{nk}$

대표 문제

0189

$(-2x^2y)^A=-8x^By^C$일 때, 자연수 A, B, C에 대하여 $A+B+C$의 값은?

① 3
② 6
③ 9
④ 12
⑤ 15

0190 ●●○○

다음 보기에서 옳은 것을 모두 고른 것은?

보기

ㄱ. $(4x^2y)^2=16x^4y^2$
ㄴ. $(-2a^2b)^3=8a^6b^3$
ㄷ. $\left(\dfrac{1}{4}ab^3\right)^3=\dfrac{1}{12}a^3b^9$
ㄹ. $(-xy^2z^3)^3=-x^3y^6z^9$

① ㄱ, ㄷ
② ㄱ, ㄹ
③ ㄴ, ㄷ
④ ㄴ, ㄹ
⑤ ㄷ, ㄹ

신유형

0191 ●●○○

오른쪽 그림과 같이 한 모서리의 길이가 $2a^3b^2$인 정육면체의 부피는?

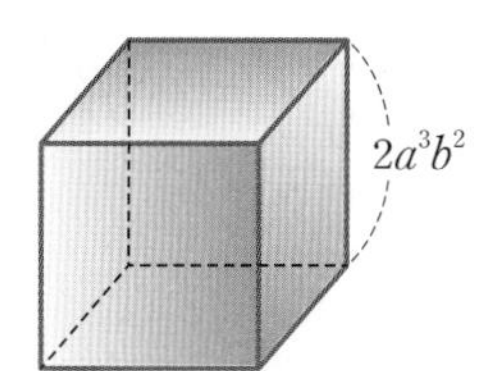

① $8a^6b^4$
② $6a^6b^5$
③ $8a^6b^5$
④ $6a^9b^6$
⑤ $8a^9b^6$

0192 ●●●○

72^3을 소인수분해하려고 한다. 다음 물음에 답하시오.

(1) 72를 소인수분해하시오.

(2) 72^3을 소인수분해하시오.

유형 05 지수법칙 – 분수 꼴에서 지수의 분배

$b\neq0$일 때, 자연수 m, n, k에 대하여

(1) $\left(\frac{a}{b}\right)^n=\frac{a^n}{b^n}$ (2) $\left(\frac{a^m}{b^n}\right)^k=\frac{a^{mk}}{b^{nk}}$

대표 문제

0193

다음 중 옳은 것은?

① $\left(\frac{a^2}{2}\right)^2=\frac{a^4}{2}$ ② $\left(-\frac{3}{ab^3}\right)^2=\frac{9}{a^2b^5}$

③ $\left(\frac{x^4}{y^3}\right)^2=\frac{x^6}{y^5}$ ④ $\left(-\frac{2y}{x}\right)^3=\frac{8y^3}{x^3}$

⑤ $\left(-\frac{x}{y^3}\right)^2=\frac{x^2}{y^6}$

0194

$\left(\frac{x^3}{2}\right)^a=\frac{x^b}{16}$일 때, 자연수 a, b에 대하여 $a+b$의 값을 구하시오.

0195

$\left(-\frac{y^a}{7x^3}\right)^b=-\frac{y^{12}}{343x^c}$일 때, 자연수 a, b, c의 값을 각각 구하시오.

서술형

0196

다음 두 식을 만족시키는 자연수 a, b, c에 대하여 $a+b+c$의 값을 구하시오.

$$(3x^a)^b=9x^6,\qquad \left(\frac{x^c}{y^2}\right)^6=\frac{x^{30}}{y^{12}}$$

빈출

유형 06 지수법칙의 종합

자연수 m, n에 대하여

(1) $a^m\times a^n=a^{m+n}$

(2) $(a^m)^n=a^{mn}$

(3) $a^m\div a^n=\begin{cases}a^{m-n} & (m>n)\\ 1 & (m=n)\\ \frac{1}{a^{n-m}} & (m<n)\end{cases}$ (단, $a\neq0$)

(4) $(ab)^m=a^mb^m$, $\left(\frac{a}{b}\right)^m=\frac{a^m}{b^m}$ (단, $b\neq0$)

대표 문제

0197

다음 중 옳은 것을 모두 고르면? (정답 2개)

① $a^3\times a^2\times a=a^6$ ② $a^6\div a^2=a^3$

③ $(a^2b^3)^3=a^5b^6$ ④ $\left(-\frac{x^2}{yz^3}\right)^3=-\frac{x^6}{y^3z^9}$

⑤ $2^9\div8^3=2$

0198

다음 중 □ 안에 알맞은 수가 나머지 넷과 다른 하나는?

① $a^2\div a^{\square}=\frac{1}{a}$ ② $(a^{\square})^3\div a^5=a^4$

③ $\left(\frac{x^4}{y^{\square}}\right)^2=\frac{x^8}{y^6}$ ④ $(-x^5y^{\square})^2=x^{10}y^6$

⑤ $x^{\square}\times x^2\div x^3=x^5$

0199

다음 중 계산 결과가 $\frac{1}{a}$인 것은?

① $a\times a\times a^2$ ② $a^{10}\div(a^2)^4$

③ $a\times a^2\div a^3$ ④ $a^5\div a^6\times a$

⑤ $(a^3)^3\div a^6\div a^4$

0200

다음을 만족시키는 자연수 m, n에 대하여 $m+n$의 값을 구하시오.

$$5^6\times25^m=5^{10},\qquad 2^n\div8^3=1$$

유형 07 거듭제곱의 대소 비교

밑이 다른 거듭제곱의 대소를 비교할 때에는
❶ 거듭제곱의 지수를 같게 한다.
❷ 밑이 큰 쪽이 크다.

대표 문제
0201

$A=2^{40}$, $B=3^{30}$, $C=5^{20}$일 때, 다음 중 A, B, C의 대소 관계로 옳은 것은?

① $A<B<C$　② $A<C<B$　③ $B<A<C$
④ $B<C<A$　⑤ $C<A<B$

0202 ●●○○

$A=(3^2)^3$, $B=(2^3)^2$일 때, A, B의 대소 관계를 나타내시오.

0203 ●●●○

$4^{10}<x^{20}<3^{30}$을 만족시키는 모든 자연수 x의 값의 합은?

① 8　② 10　③ 12
④ 14　⑤ 16

0204 ●●●○

다음 중 대소 관계가 옳은 것은?

① $2^{60}>90^{10}$　② $3^{40}>6^{30}$　③ $10^{20}>90^{10}$
④ $3^{40}>10^{20}$　⑤ $5^{20}>50^{10}$

유형 08 지수법칙을 이용한 실생활 문제

거듭제곱이 사용되는 단위 환산의 예
(1) $1\,\text{km}=10^3\,\text{m}$, $1\,\text{m}=10^2\,\text{cm}$
⇨ $1\,\text{km}=10^3\,\text{m}=10^3\times10^2\,\text{cm}=10^5\,\text{cm}$
(2) $1\,\text{t}=10^3\,\text{kg}$, $1\,\text{kg}=10^3\,\text{g}$
⇨ $1\,\text{t}=10^3\,\text{kg}=10^3\times10^3\,\text{g}=10^6\,\text{g}$
(3) $1\,\text{L}=10^3\,\text{mL}$

대표 문제
0205

가로의 길이가 $2\,\text{km}$, 세로의 길이가 $3\,\text{km}$인 직사각형 모양의 땅의 넓이는?

① $6\times10^3\,\text{m}^2$　② $6\times10^4\,\text{m}^2$　③ $6\times10^5\,\text{m}^2$
④ $6\times10^6\,\text{m}^2$　⑤ $6\times10^7\,\text{m}^2$

0206 ●●○○

어느 회사에서 만드는 요구르트에는 $1\,\text{mL}$당 10^7마리의 유산균이 들어 있다. 이 회사에서 만든 $100\,\text{mL}$의 요구르트에 들어 있는 유산균은 몇 마리인가?

① 10^8마리　② 10^9마리　③ 10^{10}마리
④ 10^{11}마리　⑤ 10^{12}마리

신유형
0207 ●●●○

태양에서 해왕성까지의 거리는 $4.5\times10^9\,\text{km}$이다. 빛의 속력은 초속 $3\times10^5\,\text{km}$일 때, 태양의 빛이 해왕성까지 가는 데 몇 초가 걸리는지 구하시오.

0208 ●●●○

$2\,\text{L}$의 우유를 컵 4개에 같은 양으로 각각 나누어 담았더니 한 개의 컵에 담긴 우유의 양이 $2^p\times5^q\,\text{mL}$가 되었다. 이때 $p+q$의 값을 구하시오. (단, p, q는 자연수)

유형 09 지수법칙의 응용(1) – 문자를 사용하여 나타내기

❶ 밑을 소인수분해한다.
❷ 지수법칙을 이용하여 정리한다.
❸ 문제에서 주어진 문자로 바꾼다.

대표 문제

0209

$A=3^5$이라 할 때, $(3^3)^5 \div 243$을 A를 사용하여 나타내면?

① A^2 ② A^3 ③ A^4
④ $\frac{1}{A^2}$ ⑤ $\frac{1}{A^3}$

0210 ●●○○

$2^3=A$, $5^3=B$라 할 때, 80^3을 A, B를 사용하여 나타내면?

① AB ② A^4B ③ AB^4
④ A^4B^4 ⑤ A^4B^6

서술형

0211 ●●●○

$A=3^{x+1}$일 때, 27^x을 A를 사용하여 나타내시오.
(단, x는 자연수)

0212 ●●●○

$A=2^{x+1}$, $B=3^{x-1}$일 때, 72^x을 A, B를 사용하여 나타내면? (단, x는 2 이상의 자연수)

① $\frac{A^2B}{8}$ ② $\frac{3A^2B}{4}$ ③ $\frac{9A^2B}{8}$
④ $\frac{A^3B^2}{8}$ ⑤ $\frac{9A^3B^2}{8}$

유형 10 지수법칙의 응용(2) – 같은 수의 덧셈식

같은 수의 덧셈은 곱셈으로 바꿀 수 있다.

$$\underbrace{a^x+a^x+a^x+\cdots+a^x}_{a\text{개}}=a\times a^x=a^{x+1}$$
(지수법칙)

대표 문제

0213

$3^5\times3^5\times3^5=3^a$, $3^5+3^5+3^5=3^b$일 때, 자연수 a, b에 대하여 $a-b$의 값은?

① 3 ② 6 ③ 9
④ 12 ⑤ 15

0214 ●●○○

$4^4+4^4+4^4+4^4=2^a$일 때, 자연수 a의 값은?

① 7 ② 8 ③ 9
④ 10 ⑤ 11

0215 ●●●○

다음 중 계산 결과가 나머지 넷과 다른 하나는?

① $(4^3)^2$ ② $4^2\times4^4$
③ $2^4\times2^4\times2^4$ ④ $4^5+4^5+4^5+4^5$
⑤ $2^{10}+2^{10}$

0216 ●●●○

$\frac{2^4+2^4+2^4+2^4}{4^3+4^3}$을 간단히 하면?

① $\frac{1}{4}$ ② $\frac{1}{2}$ ③ 1
④ 2 ⑤ 4

유형 11 지수법칙의 응용(3) – 지수가 미지수인 수의 덧셈식

밑이 같고 지수가 미지수인 덧셈식은 분배법칙을 이용하여 간단히 한다.

예 $3^{x+1}+3^x=3^x(3+1)=4\times3^x$

대표 문제

0217

$2^{x+1}+2^x=24$일 때, 자연수 x의 값은?

① 1 ② 2 ③ 3 ④ 4 ⑤ 5

0218 ●●●○

$2^{x+1}+2^x+2^{x-1}=224$일 때, 자연수 x의 값은? (단, $x>1$)

① 3 ② 4 ③ 5 ④ 6 ⑤ 7

0219 ●●●○

$3^{3x}(3^x+3^x+3^x)=3^5$일 때, 자연수 x의 값은?

① 1 ② 2 ③ 3 ④ 4 ⑤ 5

유형 12 지수법칙의 응용(4) – 자릿수 구하기

자릿수 문제는 $a\times10^n$ 꼴로 바꾸어 해결한다. (단, a, n은 자연수)

⇨ 소인수분해한 결과에서 2, 5의 지수 중 작은 수를 n으로 하여 10의 거듭제곱 꼴로 만든다.

예 $2^3\times5^2=2\times2^2\times5^2=2\times(2\times5)^2=\underline{2\times10^2}$ (세 자리의 자연수)

대표 문제

0220

$2^{11}\times5^{12}$이 n자리의 자연수일 때, n의 값은?

① 10 ② 11 ③ 12 ④ 13 ⑤ 14

0221 ●●●○

$A=5^8\times20^6$일 때, A는 몇 자리의 자연수인가?

① 10자리 ② 11자리 ③ 12자리 ④ 13자리 ⑤ 14자리

0222 ●●●○

$\dfrac{2^{10}\times3^{10}\times5^{20}}{15^{10}}$이 n자리의 자연수일 때, n의 값은?

① 10 ② 11 ③ 12 ④ 13 ⑤ 14

0223 ●●●●

n자리의 자연수 $3^2\times4^3\times5^4$의 각 자리의 숫자의 합을 m이라 할 때, $m+n$의 값을 구하시오.

Theme 05 단항식의 계산

워크북 26쪽

유형 13 단항식의 곱셈

단항식의 곱셈 계산 순서는 다음과 같다.
거듭제곱 계산 ⇨ 계수끼리 곱하기 ⇨ 문자끼리 곱하기

대표 문제

0224

$\left(-\frac{2}{3}xy\right)^2\times(-3x^2y)^3\times(-xy^2)^2=ax^by^c$일 때, 상수 a, b, c에 대하여 $a+b+c$의 값은?

① -7 ② -5 ③ 7
④ 19 ⑤ 31

0225

$\left(-\frac{3}{5}a^2b\right)^2\times\left(-\frac{a}{b^2}\right)^3\times\left(-\frac{5b^5}{a^2}\right)$을 계산하면?

① $-\frac{9}{5}a^5b$ ② $-\frac{5}{9}a^5b^2$ ③ $\frac{5}{9}a^3b$
④ $\frac{9}{5}a^5b$ ⑤ $\frac{9}{5}a^5b^2$

0226

$Ax^3y^2\times(-xy)^B=-7x^Cy^9$일 때, 자연수 A, B, C에 대하여 $A+B-C$의 값을 구하시오.

서술형

0227

다음 그림은 이웃하는 두 칸의 식을 곱하여 얻은 결과를 바로 아래 칸에 쓴 것이다. 이때 A에 알맞은 식을 구하시오.

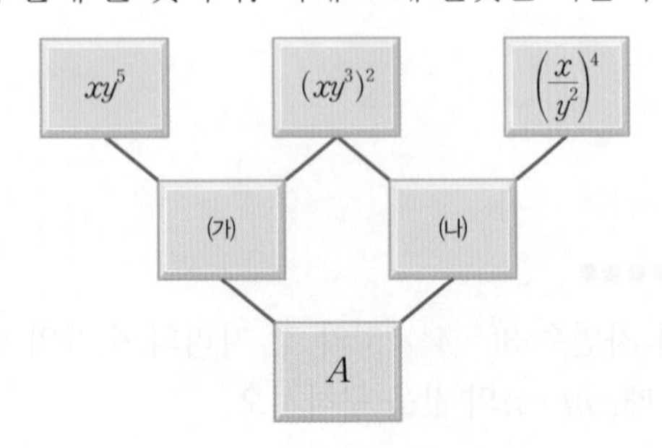

유형 14 단항식의 나눗셈

[방법 1] 분수 꼴로 고친 후 계산한다. ⇨ $A\div B=\frac{A}{B}$

[방법 2] 나눗셈을 곱셈으로 고쳐서 계산한다. ⇨ $A\div B=A\times\frac{1}{B}$

대표 문제

0228

$\frac{9}{2}a^5b^3\div(-3ab^3)^2\div a^2b$를 계산하면?

① $-\frac{a}{2b^4}$ ② $-\frac{27a^9b^{10}}{2}$ ③ $\frac{2b^4}{a}$
④ $\frac{a}{2b^4}$ ⑤ $\frac{27a^9b^{10}}{2}$

0229

$(2x^ay)^3\div(xy^b)^2=\frac{8x^4}{y^3}$일 때, 자연수 a, b에 대하여 ab의 값을 구하시오.

0230

$A=5x^3y^2\times(-3x^2y)$, $B=12x^5y^4\div2x^3y^2$일 때, $A\div B$를 구하려고 한다. 다음 물음에 답하시오.

(1) A를 간단히 하시오.
(2) B를 간단히 하시오.
(3) $A\div B$를 구하시오.

유형 15 단항식의 곱셈과 나눗셈의 혼합 계산

❶ 괄호가 있는 거듭제곱을 푼다. → 지수법칙을 이용
❷ 나눗셈은 역수의 곱셈으로 바꾼다.
❸ 계수는 계수끼리, 문자는 문자끼리 계산한다.

대표 문제

0231

$\left(-\frac{2}{3}ab\right)^2 \div \frac{4}{3}ab \times (-2a^2b)^2$을 계산하시오.

0232 ●●●○

다음 중 옳은 것은?

① $x^2y^4 \div 2x^5y^7 \times 8x^3y^3 = 4x$
② $5x^4 \times (-2x^3) = -10x^{12}$
③ $12x^3 \div \frac{x^2}{3} \div 4x^2 = x^3$
④ $7b^4 \times (-b) \div (-2b^3)^2 = -\frac{7}{4b}$
⑤ $-a^3b \div (-3ab^3) \times (-3ab^2)^2 = \frac{1}{3}a^4b^2$

유형 16 단항식의 계산에서 □ 안의 식 구하기

(1) $A \div \square \times B = C \Rightarrow A \times \frac{1}{\square} \times B = C \Rightarrow \square = \frac{AB}{C}$

(2) $A \times \square \div B = C \Rightarrow A \times \square \times \frac{1}{B} = C \Rightarrow \square = \frac{BC}{A}$

대표 문제

0233

$-12x^3y^2 \div \square \times 18x^3y^3 = 8x^2y^3$일 때, □ 안에 알맞은 식을 구하시오.

0234 ●●●○

다음 계산 과정에서 A, B에 알맞은 식을 각각 구하시오.

$$A \xrightarrow{\times(-2xy^4)} B \xrightarrow{\div\left(\frac{2}{3}xy\right)^2} \frac{3}{2}xy^3$$

서술형

0235 ●●●●

어떤 식에 $-2x^2y$를 곱해야 할 것을 잘못하여 나누었더니 $\frac{1}{2}xy^2$이 되었다. 바르게 계산한 식을 구하시오.

빈출

유형 17 단항식의 곱셈과 나눗셈의 활용

평면도형의 넓이, 입체도형의 부피를 구하는 공식에 단항식을 대입하여 등식을 세운다.

대표 문제

0236

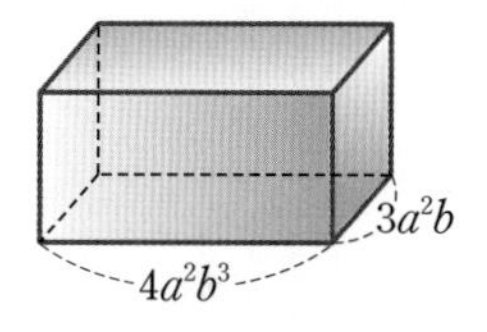

오른쪽 그림과 같이 밑면의 가로의 길이가 $4a^2b^3$, 세로의 길이가 $3a^2b$인 직육면체의 부피가 $24a^6b^4$일 때, 이 직육면체의 높이는?

① a^2 ② a^2b ③ $2ab$
④ $2a^2$ ⑤ $2a^2b$

0237 ●●●○

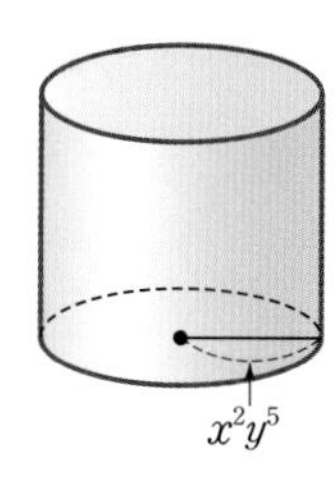

오른쪽 그림과 같이 밑면의 반지름의 길이가 x^2y^5, 부피가 $2\pi x^5y^{12}$인 원기둥의 높이를 구하시오.

0238 ●●●○

다음 그림의 직사각형과 삼각형의 넓이가 서로 같을 때, 삼각형의 높이를 구하시오.

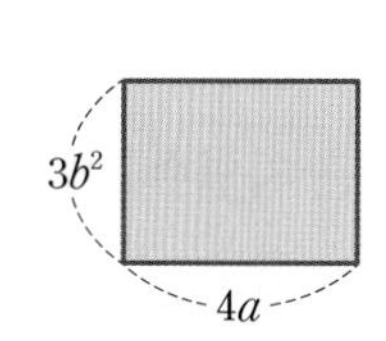

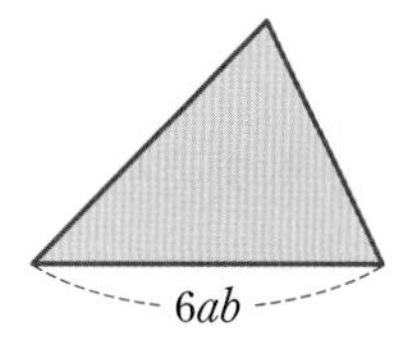

02 단항식의 계산 Theme 04 05

발전 문제

0239

유형 01

$1\times2\times3\times\cdots\times9\times10=2^a\times3^b\times5^c\times7^d$일 때, 자연수 a, b, c, d에 대하여 $a+b+c+d$의 값은?

① 11　② 13　③ 15　④ 17　⑤ 19

0240

유형 03

$64^2\div4^5\times8^3=2^n$일 때, 자연수 n의 값을 구하시오.

0241

유형 05

$\left(\frac{y^b}{x^a}\right)^c=\frac{y^{24}}{x^{30}}$을 만족시키는 가장 큰 자연수 c에 대하여 $a+b$의 값을 구하시오. (단, a, b는 자연수)

0242

유형 06

다음 보기에서 옳은 것을 모두 고르시오. (단, n은 자연수)

보기

ㄱ. $x^{15}\div(x^5)^2=x^5$

ㄴ. $\left(-\frac{2y}{x^2}\right)^3=\frac{8y^3}{x^6}$

ㄷ. $2^{2n}\times4^{n+1}\div16^n=2^2$

ㄹ. $(-1)^n+(-1)^{n+1}=-1$

0243

유형 08

1광년은 빛이 초속 3×10^5km의 빠르기로 1년 동안 간 거리라고 한다. 1년을 3×10^7초라 할 때, 지구와 지구로부터 100광년 떨어진 별까지의 거리는?

① 3×10^{12}km　② 9×10^{12}km　③ 3×10^{14}km　④ 9×10^{14}km　⑤ 9×10^{15}km

0244
유형 11

$2^x+2^x+2^{x+1}+2^{x+2}+2^{x+3}=2^x\times\square$일 때, □ 안에 알맞은 자연수를 구하시오. (단, x는 자연수)

0245
유형 12

$A=7^{20}$이라 할 때, $49A$의 일의 자리의 숫자는?

① 1 ② 3 ③ 5
④ 7 ⑤ 9

0246
유형 14

$(9x^2y^a)^b\div(3x^cy^2)^5=\frac{1}{3xy^2}$일 때, 자연수 a, b, c에 대하여 $a+b+c$의 값을 구하시오.

0247
유형 15

다음을 만족시키는 세 자연수 a, b, c에 대하여 $a-b+c$의 값을 구하시오.

$$(-3x^2y^5)^2\div6x^5y^4\times4x^3y=ax^by^c$$

0248
유형 17

오른쪽 그림과 같이 $\angle C=90°$인 직각삼각형 ABC를 선분 AC를 회전축으로 하여 1회전 시킬 때 생기는 입체도형의 부피를 구하시오.

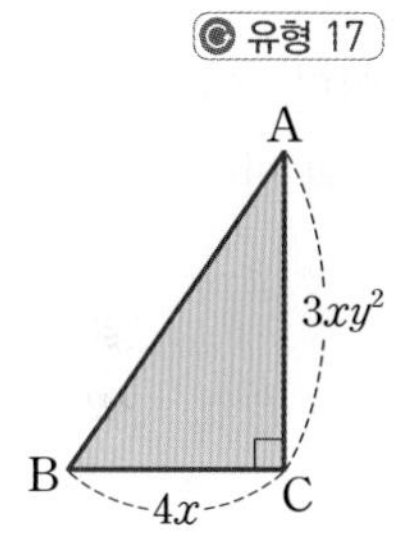

0249

유형 02+유형 03

$\dfrac{27^4+9^2}{27^2+9^7}=\left(\dfrac{1}{3}\right)^m$일 때, 자연수 m의 값은?

① 2 ② 3 ③ 4
④ 8 ⑤ 9

0250

유형 04

오른쪽 그림은 길이가 a인 끈을 3등분 하여 그 중간 부분을 잘라 내는 과정을 반복한 것이다. 이때 잘라 내는 과정을 n회 반복한 후 남은 끈의 길이의 합을 구하시오.

0251

유형 07

다음 네 수를 크기가 작은 것부터 순서대로 나열하시오.

6^{30}, 25^{15}, 36^{16}, 125^9

0252

유형 10+유형 12

$(2^8+2^8+2^8)(5^9+5^9+5^9+5^9)$이 n자리의 자연수일 때, n의 값은?

① 8 ② 9 ③ 10
④ 11 ⑤ 12

0253

유형 17

다음 그림과 같이 반지름의 길이가 $4a^2b^2$인 원을 밑면으로 하는 원기둥 모양의 그릇 A에 물을 가득 채워 반지름의 길이가 $3ab^3$인 원을 밑면으로 하고 높이가 $8a^3b^2$인 원기둥 모양의 그릇 B에 남김없이 옮겨 부었더니 높이가 $\dfrac{2}{3}$만큼 채워졌다. 이때 그릇 A의 높이를 구하시오.

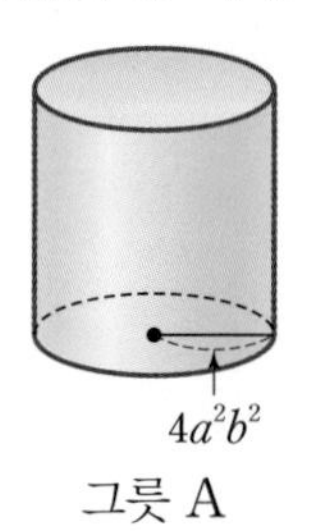

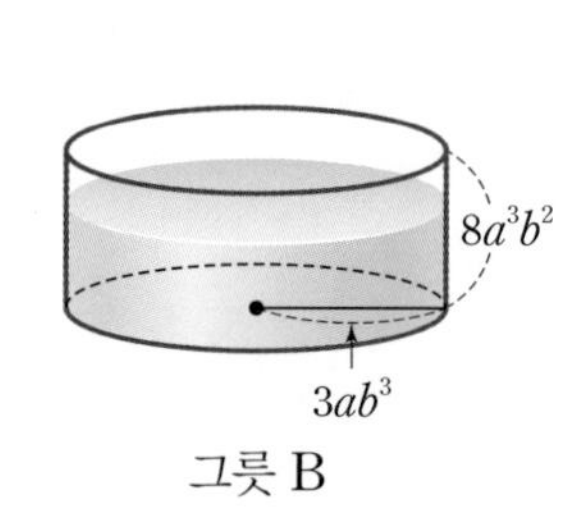

교과서 속 창의력 UP!

정답 및 풀이 12쪽

0254 ⓒ 유형 07

면 요리 대회에서 두 참가자 A, B가 다음과 같은 방법으로 각각 하나의 반죽을 접고 늘여 면 가닥을 만들었다. 이때 어느 참가자가 만든 면의 가닥수가 더 많은지 구하시오.

A : 반죽을 늘여서 반씩 21번 접었다.
B : 반죽을 늘여서 삼등분씩 14번 접었다.

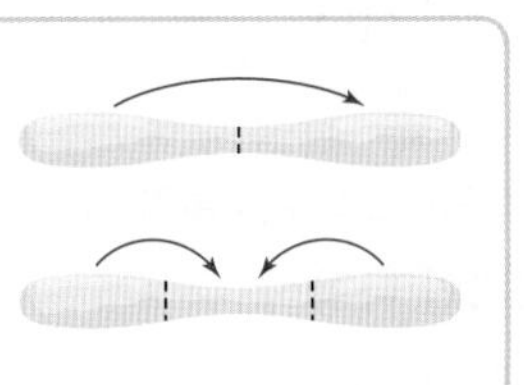

0255 ⓒ 유형 01

$1\times2\times3\times\cdots\times20=2^a\times b$에서 b가 홀수일 때, 자연수 a의 값을 구하시오.

0256 ⓒ 유형 01+유형 03

다음 그림에서 사각형의 각 칸에 a, a^2, $\cdots$, a^9을 각각 한 번씩 써넣어 가로, 세로, 대각선에 있는 세 식의 곱이 모두 같게 하려고 한다. A, B에 알맞은 식을 각각 구하시오.

a^8	a	
A	a^5	
	B	a^2

0257 ⓒ 유형 16

다음 그림에서 ○ 안의 식은 ○에 연결된 바로 아래의 두 식을 곱한 결과이다. 이때 C에 알맞은 식을 구하시오.

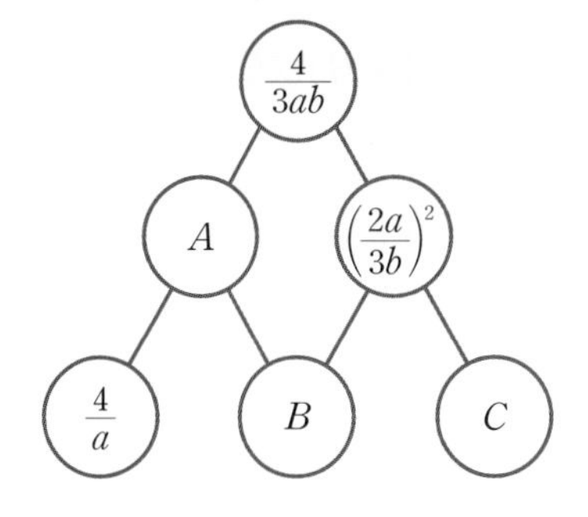

Theme 06 다항식의 계산(1) 유형 01 ~ 유형 08

(1) 다항식의 덧셈과 뺄셈

① 다항식의 덧셈과 뺄셈

분배법칙을 이용하여 괄호를 풀고, 동류항끼리 모아서 간단히 한다.

이때 뺄셈은 빼는 식의 각 항의 부호를 바꾸어 더한다.

참고 여러 가지 괄호가 있는 식은 (소괄호) ⇨ {중괄호} ⇨ [대괄호] 순서로 괄호를 풀어 계산한다.

② 이차식 : 다항식의 각 항의 차수 중 가장 높은 항의 차수가 2인 다항식

예 • $2x^2-3x+1$ ⇨ x에 대한 이차식 (↳ 차수가 가장 높은 항의 차수는 2)
• y^2+3 ⇨ y에 대한 이차식 (↳ 차수가 가장 높은 항의 차수는 2)

③ 이차식의 덧셈과 뺄셈

분배법칙을 이용하여 괄호를 풀고, 동류항끼리 모아서 간단히 한다.

이때 차수가 높은 항부터 낮은 항의 순서로 정리한다.

(2) 단항식과 다항식의 곱셈

① (단항식)×(다항식), (다항식)×(단항식)의 계산

분배법칙을 이용하여 단항식을 다항식의 각 항에 곱하여 계산한다.

② 전개와 전개식

(i) 전개 : 분배법칙을 이용하여 단항식과 다항식 또는 다항식과 단항식의 곱을 하나의 다항식으로 나타내는 것

(ii) 전개식 : 전개하여 얻은 다항식

(3) 다항식과 단항식의 나눗셈

[방법 1] 분수 꼴로 바꾼 후 분자의 각 항을 분모로 나눈다.

$$(A+B)\div C=\frac{A+B}{C}=\frac{A}{C}+\frac{B}{C}$$

[방법 2] 나눗셈을 단항식의 역수의 곱셈으로 바꾸고 분배법칙을 이용하여 계산한다.

$$(A+B)\div C=(A+B)\times\frac{1}{C}=\frac{A}{C}+\frac{B}{C}$$

비법 Note

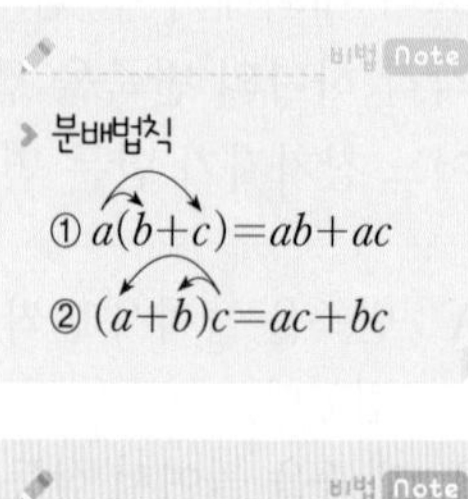

분배법칙
① $a(b+c)=ab+ac$
② $(a+b)c=ac+bc$

비법 Note

동류항 : 문자와 차수가 각각 같은 항

예 $2x+3y+4x+5y$ (동류항: $2x$, $4x$ / 동류항: $3y$, $5y$)

비법 Note

괄호를 풀 때
괄호 앞이 (+)이면 ⇨ 괄호 안의 부호 그대로
괄호 앞이 (−)이면 ⇨ 괄호 안의 부호 반대로

비법 Note

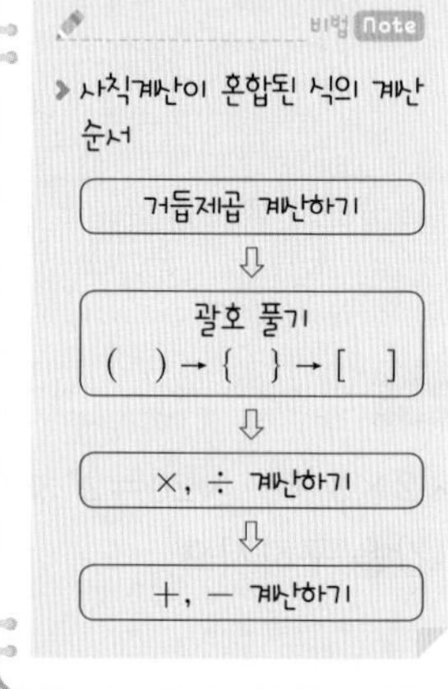

사칙계산이 혼합된 식의 계산 순서
거듭제곱 계산하기
괄호 풀기
( ) → { } → [ ]
×, ÷ 계산하기
+, − 계산하기

Theme 07 다항식의 계산(2) 유형 09 ~ 유형 12

(1) 식의 대입

① 식의 값 : 주어진 식의 문자 대신 수를 대입하여 계산한 값

② 식의 대입 : 주어진 식의 문자 대신 그 문자를 나타내는 다른 식을 대입하는 것

주의 대입하는 식이 다항식인 경우 반드시 괄호로 묶는다.

(2) 등식의 변형 : 두 개 이상의 문자가 있는 등식을 변형하여

(한 문자)=(다른 문자에 대한 식)

꼴로 나타내는 것

비법 Note

등식의 변형은 등식의 성질을 이용한다.
$a=b$일 때
① $a+c=b+c$
② $a-c=b-c$
③ $ac=bc$
④ $\frac{a}{c}=\frac{b}{c}$ (단, $c\neq0$)

Theme 06 다항식의 계산(1)

[0258~0260] 다음 식을 계산하시오.

0258 $(2a+3b)+(3a+3b)$

0259 $(3x+5y+3)-(4x+2y-2)$

0260 $\left(\frac{1}{3}x-\frac{1}{2}y\right)-\left(\frac{1}{2}x+\frac{1}{3}y\right)$

[0261~0263] 다음 식 중 이차식인 것에 ○표, 이차식이 아닌 것에 ×표 하시오.

0261 x^2+3x+4 ( )

0262 $2x^2+3x-2x(x+2)$ ( )

0263 $x^3+x^2+3-(2x^2+x^3)$ ( )

[0264~0265] 다음 식을 계산하시오.

0264 $(a^2+4a-2)+(3a^2-2a+4)$

0265 $(3x^2+5x-3)-(-x^2+3x-2)$

[0266~0268] 다음 식을 계산하시오.

0266 $3x(2x-3y)$

0267 $-2x(5x-y)$

0268 $(12a+6b-3)\times\frac{a}{3}$

[0269~0271] 다음 식을 계산하시오.

0269 $(2x^2y+3xy)\div x$

0270 $(4x^2y-6xy^2)\div(-3xy)$

0271 $\left(\frac{1}{3}a^3b^2-\frac{2}{3}a^2b^4\right)\div\left(-\frac{1}{12}a^2b\right)$

Theme 07 다항식의 계산(2)

[0272~0274] $x=1$, $y=-3$일 때, 다음 식의 값을 구하시오.

0272 $2x+y$

0273 $(x-3y)+(2x+4y-1)$

0274 $x(y-x)-y(x-y)$

[0275~0276] $A=2x-y$, $B=x+2y$일 때, 다음 식을 x, y에 대한 식으로 나타내시오.

0275 $2A-3B$

0276 $2A+B-(A-B)$

[0277~0279] 다음 등식에서 x를 y에 대한 식으로 나타내시오.

0277 $2x-6y+8=0$

0278 $y=-3x+5$

0279 $3(2x-3y)=8x-3y+4$

Theme 06 다항식의 계산(1)

워크북 34쪽

유형 01 다항식의 덧셈과 뺄셈

(1) 다항식의 덧셈 : 괄호를 풀고 동류항끼리 모아서 계산한다.
$A+(B-C+D)=A+B-C+D$

(2) 다항식의 뺄셈 : 빼는 식의 각 항의 부호를 바꾸어 더한다.
$A-(B-C+D)=A-B+C-D$

대표 문제

0280

$(3x^2+2x-1)-(-4x^2-x+5)=ax^2+bx+c$일 때, 상수 a, b, c에 대하여 $a+b+c$의 값을 구하시오.

0281 ●●●●

$2(x-4y+1)-(3x+5y-2)$를 계산하면?

① $-x-13y-4$　② $-x-13y$
③ $-x-13y+4$　④ $-x+13y$
⑤ $x-13y+4$

0282 ●●●●

$\left(\frac{2}{3}x+\frac{1}{4}y\right)-\left(\frac{3}{4}x-\frac{1}{3}y\right)=ax+by$일 때, 상수 a, b에 대하여 $b-a$의 값은?

① $-\frac{2}{3}$　② $-\frac{1}{2}$　③ 0
④ $\frac{1}{2}$　⑤ $\frac{2}{3}$

0283 ●●●●

다음 식을 계산했을 때, x^2의 계수와 x의 계수의 곱을 구하시오.

$$\left(\frac{3}{4}x^2+\frac{1}{3}x-3\right)-\left(-\frac{1}{2}x^2+x-2\right)$$

유형 02 여러 가지 괄호가 있는 식의 계산

(소괄호) ⇨ {중괄호} ⇨ [대괄호]의 순서로 괄호를 푼다.

대표 문제

0284

$-2x^2+3x-6-[-5x^2+3x-\{x-(2x^2-4x)+8\}]$을 계산하시오.

0285 ●●●●

$3a-[2b-\{4a-(9a-b-2)\}]$를 계산하면?

① $-2a-b+2$　② $-a-3b+2$
③ $-a-b-2$　④ $-a+3b-2$
⑤ $a-b+2$

서술형

0286 ●●●●

다음 식을 계산했을 때, x^2의 계수 m, x의 계수 n에 대하여 $m+2n$의 값을 구하시오.

$$9x-4x^2-[7x^2-\{x-(3x^2+2x)-3x^2\}]$$

0287 ●●●●

$2x-[4x-3y+\{y-(-x+\square)\}]=2x+3y$일 때, $\square$ 안에 알맞은 식은?

① $-3x-y$　② $-x+3y$　③ $2x+3y$
④ $3x-y$　⑤ $5x+y$

빈출★★

유형 03 다항식의 덧셈과 뺄셈 – 바르게 계산한 식 구하기

다항식의 덧셈과 뺄셈에서 바르게 계산한 식을 구하는 방법은 다음과 같다.

❶ 어떤 식을 A라 하고 잘못 계산한 식을 세운다.
❷ 등식의 성질을 이용하여 A를 구한다.
❸ 바르게 계산한 식을 구한다.

대표 문제

0288

어떤 식에 $3x^2-x+5$를 더해야 할 것을 잘못하여 빼었더니 $-5x^2+4x+2$가 되었다. 이때 바르게 계산한 식은?

① $-2x^2+2x+7$　② x^2+x-11
③ x^2+2x+7　④ $x^2+2x+12$
⑤ $2x^2+x+2$

0289 ●●●●

어떤 식에서 $-2x+4y-7$을 빼어야 할 것을 잘못하여 더하였더니 $3x-2y+2$가 되었다. 다음 물음에 답하시오.

(1) 어떤 식을 구하시오.
(2) 바르게 계산한 식을 구하시오.

신유형

0290 ●●●●

$4x^2+5x-3$에 어떤 식을 더해야 할 것을 잘못하여 빼었더니 $7x^2+3x-6$이 되었다. 바르게 계산한 식이 ax^2+bx+c일 때, 상수 a, b, c에 대하여 $a+b+c$의 값은?

① -8　② -4　③ 2
④ 6　⑤ 8

유형 04 단항식과 다항식의 곱셈

분배법칙을 이용하여 전개한 후, 동류항끼리 계산한다.

(1) $A(B+C)=AB+AC$
(2) $(A+B)C=AC+BC$

대표 문제

0291

$-3x(5x-2y+3)=ax^2+bxy+cx$일 때, 상수 a, b, c에 대하여 $a+b-c$의 값은?

① -18　② -10　③ 0
④ 10　⑤ 18

0292 ●●●●

$3x(2x+5)+4(-2x+1)$을 계산하시오.

0293 ●●●●

다음 중 옳은 것은?

① $x(4x-3y)=4x^2-3y$
② $(-x-3y-1)\times(-2y)=2x+6y+2$
③ $(-2x+4y+4)\times(-x)=2x^2+4xy+4x$
④ $-2xy(-3x+2y-2)=6x^2y-4xy^2+4xy$
⑤ $-3x(x-2y+2)=-9x+6xy$

0294 ●●●●

$(4x^2-x+5)\times\frac{3}{2}x$의 전개식에서 x^2의 계수와 x의 계수의 합은?

① 4　② $\frac{9}{2}$　③ 5
④ $\frac{11}{2}$　⑤ 6

유형 05 다항식과 단항식의 나눗셈

[방법 1] $(A+B)\div C=\frac{A+B}{C}=\frac{A}{C}+\frac{B}{C}$
분수 꼴로 바꾸기

[방법 2] $(A+B)\div C=(A+B)\times\frac{1}{C}=\frac{A}{C}+\frac{B}{C}$
역수의 곱셈으로 바꾸기

대표 문제

0295

$(15xy^2+6x^2y)\div\left(-\frac{3}{2}xy\right)$를 계산하면?

① $-10x-4y$ ② $-4x-10y$
③ $-4x+5y$ ④ $4x+10y$
⑤ $-\frac{45}{2}x^2y^3-9x^3y^2$

0296 ●●●●

$(6a^5b^3-9a^4b^2+12a^3b)\div3a^2b$를 계산하시오.

0297 ●●●●

다음 중 옳은 것은?

① $(4x^3+12xy-2x)\div2x=2x^2+6y+1$
② $(3x^2-12xy)\div(-3x)=-x+4y$
③ $(a^3-2a^2-a)\div(-a)=-a^2+2a$
④ $(10x^2y-15xy)\div(-5xy)=-2x-3$
⑤ $\{3x(x-2)-x^2+2x\}\div2x=2x-2$

서술형

0298 ●●●●

$(15x^3y^2-6x^2y^2)\div\left(-\frac{3}{4}xy^2\right)=ax^2+bx$일 때, 상수 a, b에 대하여 $b-a$의 값을 구하시오.

유형 06 단항식과 다항식의 곱셈과 나눗셈 – 어떤 식 구하기

어떤 식을 A라 하고 등식의 성질을 이용하여 A를 구한다.
(1) $A\times B=C$ ⇨ $A=C\div B$
(2) $A\div B=C$ ⇨ $A=C\times B$

대표 문제

0299

어떤 식에 $2xy$를 곱하였더니 $-10x^2y+4xy^2$이 되었다. 이때 어떤 식은?

① $-5x-2y$ ② $-5x+2y$
③ $-5x+2y^2$ ④ $2x-5y$
⑤ $5x^2-2y$

0300 ●●●●

$A\div\frac{3}{2}y=4x^2y+2xy+6$일 때, 다항식 A를 구하시오.

0301 ●●●●

어떤 식에 $\frac{1}{2}xy^2$을 곱해야 하는데 잘못하여 나누었더니 $8x^2-4xy$가 되었다. 이때 바르게 계산한 식은?

① $-4x^4+x^3y^5$ ② $x^4y^4-2x^3y^5$
③ $2x^4y^4-x^3y^5$ ④ $2x^4y^4+3x^3y^5$
⑤ $3y^4+2x^3y^5$

0302 ●●●●

어떤 식을 $-4ab^2$으로 나누어야 할 것을 잘못하여 곱하였더니 $12a^8b^5-8a^3b^6$이 되었다. 이때 바르게 계산한 식을 구하시오.

빈출 유형 07 사칙계산이 혼합된 식의 계산

사칙계산이 혼합된 식의 계산 순서
거듭제곱 ⇨ 괄호 풀기 ⇨ 곱셈, 나눗셈 ⇨ 덧셈, 뺄셈

대표 문제

0303

$2xy(2x-3y)-(6x^3y^2-3x^2y^3)\div 3xy$를 계산하면?

① $-6x^2y+7xy^2$　② $-5x^2y+2xy^2$
③ $-2x^2y+5xy^2$　④ $2x^2y-5xy^2$
⑤ $6x^2y-7xy^2$

0304 ●●●●

$(8ab-4b^2)\div 2b-(3a^2+9ab)\div(-3a)$를 계산하시오.

0305 ●●●●

$(-4x^3y+2x^2y^2)\div\frac{2}{3}xy-3x(-x+7y)=ax^2+bxy$일 때, 상수 a, b에 대하여 $a+b$의 값은?

① -23　② -21　③ -15
④ -13　⑤ -5

0306 ●●●●

다음 식을 계산하시오.

$$\{16x^4y^4+(4xy^2)^2\}\div 2x^2y^2-3y(-2x^2y+3y)$$

빈출 유형 08 단항식과 다항식의 곱셈과 나눗셈의 활용

평면도형의 넓이, 입체도형의 부피나 겉넓이를 구하는 공식에 주어진 식을 대입하여 계산한다.

대표 문제

0307

오른쪽 그림과 같이 가로의 길이가 $4x$, 세로의 길이가 $3y$인 직사각형에서 색칠한 부분의 넓이는?

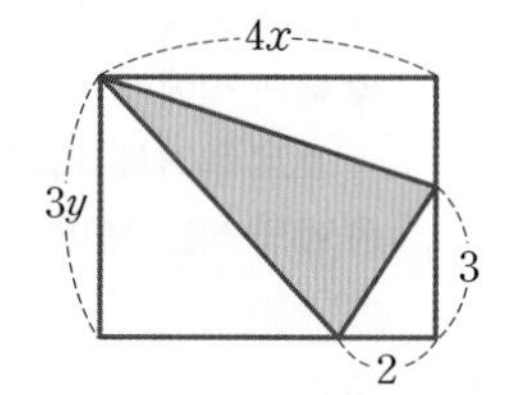

① $3x+y-3$
② $3x+3y+3$
③ $6x+3y-3$
④ $6x+3y+3$
⑤ $12xy-4x-3y-3$

0308 ●●●●

오른쪽 그림과 같이 밑면의 반지름의 길이가 xy이고 높이가 $2x-3y$인 원기둥에 대하여 다음 물음에 답하시오.

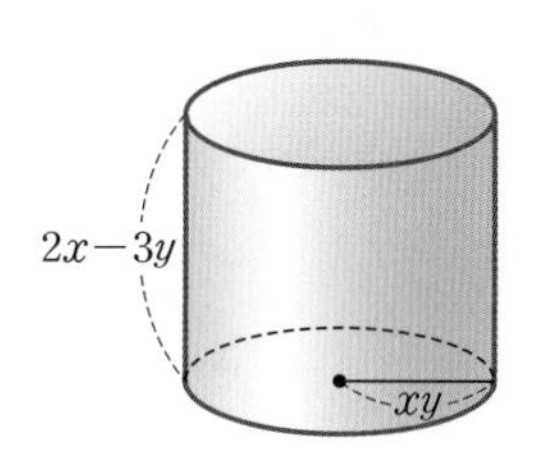

(1) 원기둥의 겉넓이를 구하시오.
(2) 원기둥의 부피를 구하시오.

신유형

0309 ●●●●

오른쪽 그림과 같이 아랫변의 길이가 $2a+3b$이고 높이가 $2a^2b$인 사다리꼴의 넓이가 $5a^3b+2a^2b^2$일 때, 이 사다리꼴의 윗변의 길이를 구하시오.

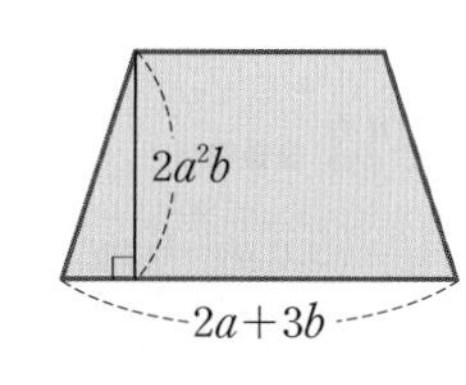

03 다항식의 계산
Theme 06 07

Theme 07 다항식의 계산(2)

워크북 38쪽

유형 09 식의 값과 식의 대입

(1) 식의 값 : 주어진 식을 간단히 한 후 문자에 수를 대입하여 계산한다.
(2) 식의 대입 방법은 다음과 같다.
❶ 주어진 식을 간단히 한다.
❷ ❶의 식에 있는 문자 대신 그 문자를 나타내는 다른 식을 괄호로 묶어서 대입한다.
❸ ❷의 식을 정리한다.

대표 문제

0310

$A=3x-2y$, $B=x+3y$일 때, $3A-2(A-B)$를 x, y에 대한 식으로 나타내시오.

0311 ●●●●

$x=-1$, $y=2$일 때, $(3x^2y^2-2y)\div\frac{y}{2}$의 값은?

① -8　② -4　③ -2
④ 4　⑤ 8

0312 ●●●●

$a=3$, $b=-2$일 때,
$(-ab+a^2)\times(-b)+(12a^3b^2-8a^2b^3)\div 4ab$의 값은?

① -48　② -36　③ -24
④ -12　⑤ -6

0313 ●●●●

$A=(9x^3y-6xy^3)\div(-3xy)$, $B=(x^4y-9x^2y^3)\div x^2y$일 때, $3A+2B=ax^2+by^2$이다. 이때 상수 a, b에 대하여 $a-b$의 값을 구하시오.

유형 10 등식의 변형

등식에서 x를 다른 문자에 대한 식으로 나타내는 방법은 다음과 같다.
❶ x항을 좌변으로, 나머지는 우변으로 이항한다.
❷ x의 계수가 1이 되도록 양변을 x의 계수로 나눈다.

대표 문제

0314

등식 $4x-y=2x+7y+6$에서 x를 y에 대한 식으로 나타내시오.

0315 ●●●●

다음 중 y를 x에 대한 식으로 나타낸 것으로 옳지 않은 것은?

① $2x+y=5$ ⇨ $y=-2x+5$
② $x-2y=-y+3$ ⇨ $y=x-3$
③ $-x+3y=x-3$ ⇨ $y=\frac{2}{3}x-1$
④ $x-3y=2x-2y+4$ ⇨ $y=x+4$
⑤ $6x-4=-2(x+y)$ ⇨ $y=-4x+2$

0316 ●●●●

$S=a(2b-c)$에서 b를 a, c, S에 대한 식으로 나타내면?

① $b=a(2S-c)$　② $b=\frac{S-c}{2a}$　③ $b=\frac{S-ac}{2}$
④ $b=\frac{S+ac}{2a}$　⑤ $b=\frac{2S-c}{a}$

신유형

0317 ●●●●

오른쪽 그림과 같이 $\overline{AB}=\overline{AC}$인 이등변삼각형 ABC에서 $\angle A=x°$, $\angle B=y°$일 때, y를 x에 대한 식으로 나타내면 $y=ax+b$이다. 이때 상수 a, b에 대하여 ab의 값을 구하시오.

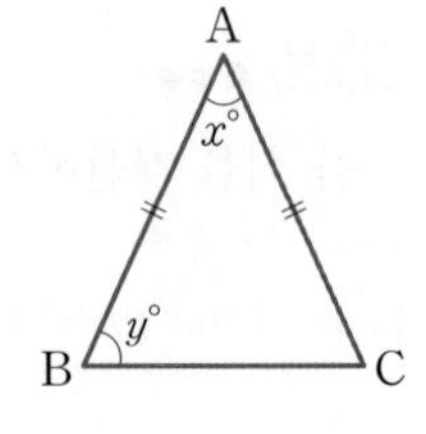

유형 11 등식을 변형하여 다른 식에 대입하기

x, y에 대한 식을 x에 대한 식으로 나타내기
(1) x, y에 대한 등식이 주어진 경우
❶ x, y에 대한 등식을 $y=$(x에 대한 식)으로 변형한다.
❷ 주어진 식의 y에 ❶의 식을 대입하여 정리한다.
(2) x, y에 대한 비례식이 주어진 경우
❶ 비례식을 등식으로 나타낸다.
❷ 등식을 $y=$(x에 대한 식)으로 변형한다.
❸ 주어진 식의 y에 ❷의 식을 대입하여 정리한다.
참고 $a : b=c : d \Rightarrow ad=bc$

대표 문제
0318

$y-2x+1=0$일 때, $-7x+4y-2$를 x에 대한 식으로 나타내면 $px+q$이다. 이때 상수 p, q에 대하여 $p+q$의 값은?

① -7 ② -5 ③ -1
④ 5 ⑤ 7

0319 ●●●●

$3x+6+y=7y-9x$일 때,
$3(2x-y)-4(-2x-y-5)+5$를 x에 대한 식으로 나타내시오.

0320 ●●●●

$(x+y) : (2y-x)=1 : 3$일 때, $3y-\{2x-(y-2x)\}$를 x에 대한 식으로 나타내면?

① $-20x$ ② $-10x-5$ ③ $-10x+10$
④ $10x$ ⑤ $20x-10$

서술형
0321 ●●●●

$\dfrac{2x-1}{x+3y}=\dfrac{3}{2}$일 때, $2x-8y$를 y에 대한 식으로 나타내시오.

빈출 ★★
유형 12 등식을 변형하여 식의 값 구하기

(1) x, y에 대한 등식이 주어진 경우
등식을 한 문자에 대한 식으로 나타낸 후 주어진 식에 대입한다.
(2) x, y에 대한 비례식이 주어진 경우
비례식을 x, y에 대한 등식으로 나타내고, 등식을 한 문자에 대한 식으로 나타낸 후 주어진 식에 대입한다.

대표 문제
0322

$x-2y=0$일 때, $\dfrac{2x-y}{x-y}$의 값은? (단, $x\neq0$, $y\neq0$)

① -1 ② 0 ③ 1
④ 2 ⑤ 3

0323 ●●●●

$(x+y) : (x-y)=3 : 2$일 때, $\dfrac{x+3y}{x-y}$의 값은?

① 1 ② $\dfrac{3}{2}$ ③ 2
④ $\dfrac{5}{2}$ ⑤ 3

0324 ●●●●

$x : y=1 : 2$일 때,
$\dfrac{(2x-3y)\times(-3x)-(8x^2-6xy)}{x^2}$의 값은?

① -16 ② -8 ③ -4
④ 4 ⑤ 16

0325 ●●●●

$\dfrac{4x+3y}{2}=\dfrac{3x+4y}{3}$일 때, $\dfrac{3x-2y}{x+y}-\dfrac{-8x+y}{x-y}$의 값을 구하시오. (단, $x\neq0$, $y\neq0$)

03 다항식의 계산
Theme 06 07

0326
유형 01

$(4x^2-bx-5)-(ax^2-3x-2)$를 간단히 하면 x^2의 계수, x의 계수, 상수항이 모두 같아진다. 이때 상수 a, b에 대하여 $a+b$의 값은?

① 11 ② 12 ③ 13 ④ 14 ⑤ 15

0327
유형 01+유형 03

$3x^2+2x-1$에 어떤 식 A를 더하면 $6x^2-5$이고, $4x^2-3x-7$에서 어떤 식 B를 빼면 $2x^2+5x-7$이다. 이때 $A+B$를 구하시오.

0328
유형 06

다음 계산 과정에서 A, B에 알맞은 식을 각각 구하시오.

$$A \xrightarrow{\div(-2x^2)} B \xrightarrow{\times 2xy^2} 4x^3y^5-2x^4y^3$$

0329
유형 08

오른쪽 그림과 같이 가로의 길이가 $6y$, 세로의 길이가 $3x$인 직사각형에서 색칠한 부분의 넓이를 구하시오.

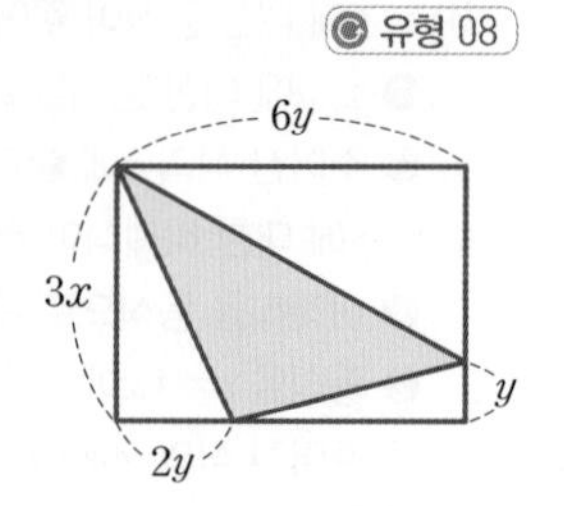

0330
유형 08

오른쪽 그림과 같이 밑면의 반지름의 길이가 $2ab^2$인 원뿔의 부피가 $8\pi a^4b^5-4\pi a^2b^4$일 때, 이 원뿔의 높이를 구하시오.

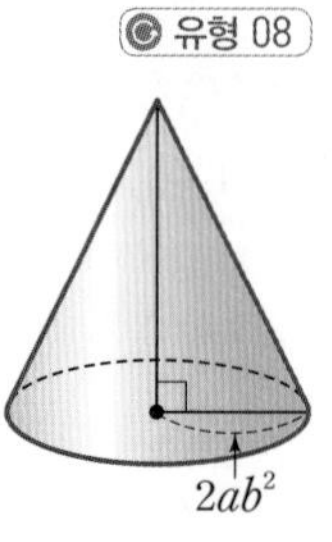

0331
유형 09

$x=-1$, $y=\frac{1}{6}$일 때,
$(6x^2y-14xy^2)\div(-2xy)-(-50xy^2+25y^3)\div(-5y)^2$
의 값은?

① -2　② -1　③ 1
④ 2　⑤ 5

0332
유형 09

$A=2x+3y$, $B=x-4y$일 때,
$4A-\{2B+5A-(3A+B)\}$를 x, y에 대한 식으로 나타내시오.

0333
유형 11

$\frac{3x+6}{8x-2y}=\frac{3}{4}$일 때, $5x^2y+6xy-3$을 x에 대한 식으로 나타내시오.

0334
유형 12

$a+b+c=0$일 때, 다음 식의 값은? (단, $a\neq0$, $b\neq0$, $c\neq0$)

$$\frac{b+c}{3a}+\frac{c+a}{3b}+\frac{a+b}{3c}$$

① -3　② -1　③ 0
④ 1　⑤ 3

0335
유형 01

다음 표에서 가로 방향은 왼쪽 보라색 칸의 식에서 오른쪽 보라색 칸의 식을 빼서 맨 오른쪽 칸에, 세로 방향은 이웃하는 두 보라색 칸의 식을 더하여 맨 아래 칸에 적으려고 한다. 이때 A, B에 알맞은 식을 각각 구하시오.

(가로 방향: ⊖, 세로 방향: ⊕)

$3a^2-2$		a^2-3a+1
A	$2a^2-3a$	
a^2-a+2	B	

0336 ⓒ 유형 07

다음 식을 계산하시오.

$$(1.\dot{2}x^2y-0.1\dot{2}xy^2)\div 0.7\dot{3}xy-3xy^2\left(\frac{3}{2xy}-\frac{1}{3y^2}\right)$$

0337 ⓒ 유형 10

어느 반의 수학 점수를 조사하였더니 남학생 x명의 평균은 60점이고, 여학생 20명의 평균은 y점이었다. 이 반 학생 전체의 수학 점수의 평균을 m점이라 할 때, y를 x, m에 대한 식으로 나타내시오.

0338 ⓒ 유형 10

오른쪽 그림과 같이 색칠한 직사각형을 직선 l을 회전축으로 하여 1회전 시켰을 때 만들어지는 입체도형의 부피를 V라 할 때, 다음 물음에 답하시오.

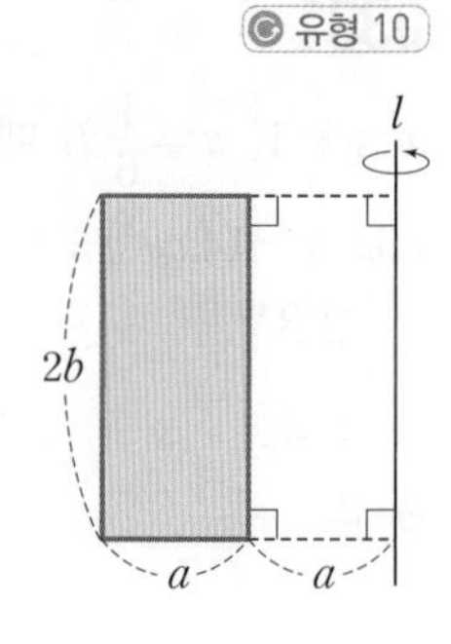

(1) V를 a, b에 대한 식으로 나타내시오.

(2) (1)의 식에서 b를 a, V에 대한 식으로 나타내시오.

0339 ⓒ 유형 12

$x:y:z=1:2:4$일 때, 다음 식의 값을 구하시오.

$$\frac{x(xy+yz)+y(yz+zx)+z(zx+xy)}{xyz}$$

교과서 속 창의력 UP!

정답 및 풀이 18쪽

0340 ⓒ 유형 01

다음 그림과 같은 도형의 둘레의 길이를 구하시오.

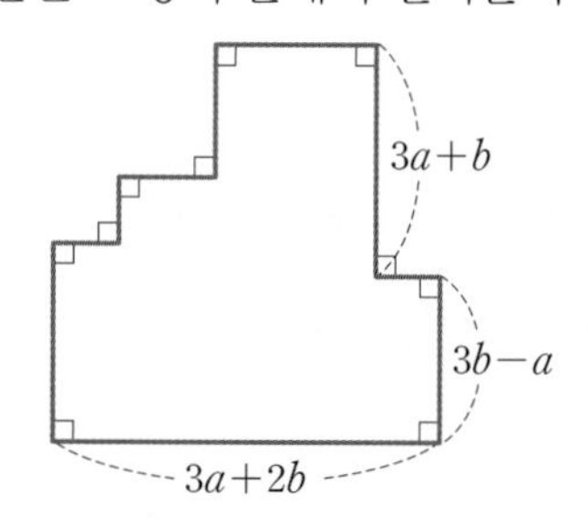

0341 ⓒ 유형 01

다음 그림은 정육각형 안에 일정한 규칙으로 식을 써넣은 것이다. 규칙을 찾아 (가), (나)에 알맞은 식을 각각 구하시오.

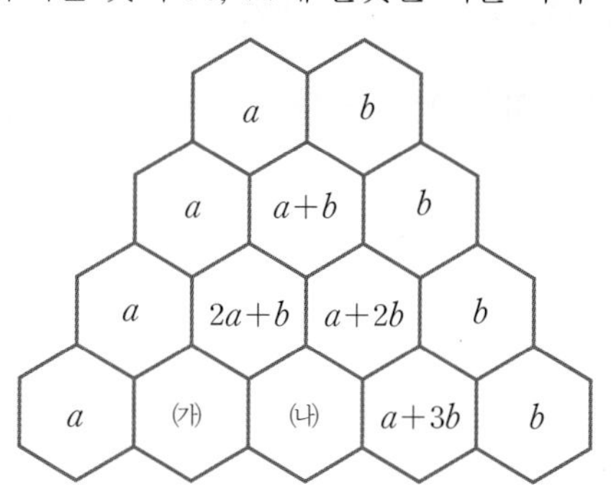

0342 ⓒ 유형 01+유형 03

다음 그림과 같은 전개도를 이용하여 정육면체를 만들었을 때, 평행한 두 면에 적힌 다항식의 합이 모두 같다. 이때 $A-B$를 구하시오.

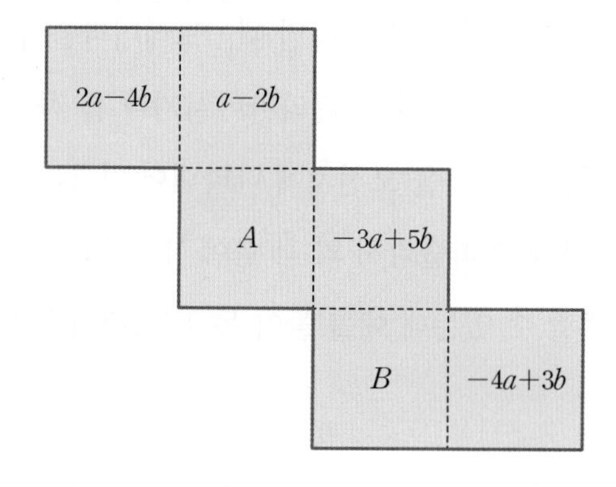

0343 ⓒ 유형 08

가로, 세로의 길이가 각각 $2y-x$, y인 직사각형 모양의 종이를 오른쪽 그림과 같이 $\overline{AE}$가 $\overline{FE}$에, $\overline{ED}$가 $\overline{EG}$에, $\overline{JC}$가 $\overline{JI}$에 겹치도록 접었다. 이때 사각형 GFJI의 넓이를 구하시오.

창의·융합

무한소수가 들려주는 음악

음악에서 음을 나타낼 때, '도레미파솔라시' 또는 'CDEFGAB'를 사용한다. 또, 우리나라에서는 그 외에 '다라마바사가나'를 사용하기도 한다. 작곡가는 이러한 음의 높낮이와 리듬의 변화를 오선지에 나타내어 아름다운 노래를 만든다.

'도레미파솔라시'의 각 음에 '1'은 '도', '2'는 '레', '3'은 '미', … 순으로 정해서 음악을 연주할 수 있는데 예를 들어 동요 '비행기'는 다음과 같이 연주할 수 있다.

이와 같은 방법으로 무한소수를 연주하면 어떻게 들릴까?

예를 들어 $\frac{1}{3}$을 소수로 나타내면 0.333…이므로 소수점 아래의 숫자를 연주하면 '미'가 반복되고, $\frac{5}{11}$를 소수로 나타내면 0.454545…이므로 소수점 아래의 숫자를 연주하면 '파솔'이 이 순서로 반복된다. 그러나 $\pi=3.1415926535\cdots$와 같이 순환하지 않는 무한소수를 연주하면 반복되는 음을 찾을 수 없다.

부등식

04 일차부등식

Theme 08 부등식과 일차부등식 유형 01 ~ 유형 07

(1) 부등식과 그 해

① 부등식 : 부등호($>$, $<$, $\geq$, $\leq$)를 사용하여 수 또는 식의 대소 관계를 나타낸 식

② 부등식의 표현

$a>b$	$a<b$	$a\geq b$	$a\leq b$
• a는 b보다 크다. • a는 b 초과이다.	• a는 b보다 작다. • a는 b 미만이다.	• a는 b보다 크거나 같다. • a는 b보다 작지 않다. • a는 b 이상이다.	• a는 b보다 작거나 같다. • a는 b보다 크지 않다. • a는 b 이하이다.

③ 부등식의 참, 거짓

좌변과 우변의 값의 대소 관계가 부등호의 방향과 ┌ 일치할 때 ⇨ 참 └ 일치하지 않을 때 ⇨ 거짓

④ 부등식의 해 : 부등식을 참이 되게 하는 미지수의 값

⑤ 부등식을 푼다 : 부등식의 해를 모두 구하는 것

(2) 부등식의 성질

① 부등식의 양변에 같은 수를 더하거나 빼어도 부등호의 방향은 바뀌지 않는다.

$a<b$이면 $a+c<b+c$, $a-c<b-c$

② 부등식의 양변에 같은 양수를 곱하거나 나누어도 부등호의 방향은 바뀌지 않는다.

$a<b$, $c>0$이면 $ac<bc$, $\frac{a}{c}<\frac{b}{c}$

③ 부등식의 양변에 같은 음수를 곱하거나 나누면 부등호의 방향이 바뀐다.

$a<b$, $c<0$이면 $ac>bc$, $\frac{a}{c}>\frac{b}{c}$

참고 위의 부등식의 성질은 $>$, $\geq$, $\leq$인 경우에도 마찬가지로 성립한다.

주의 0으로 나누는 경우는 생각하지 않는다.

(3) 일차부등식과 그 해

① 일차부등식 : 부등식의 모든 항을 좌변으로 이항하여 정리하였을 때

(일차식)>0, (일차식)<0, (일차식)≥ 0, (일차식)≤ 0

중 어느 하나의 꼴로 나타내어지는 부등식

② 부등식의 해 구하기

부등식의 성질을 이용하여

$x>$(수), $x<$(수), $x\geq$(수), $x\leq$(수)

중 어느 하나의 꼴로 고쳐서 해를 구한다.

③ 부등식의 해를 수직선 위에 나타내기

(i) $x>a$ (ii) $x<a$ (iii) $x\geq a$ (iv) $x\leq a$

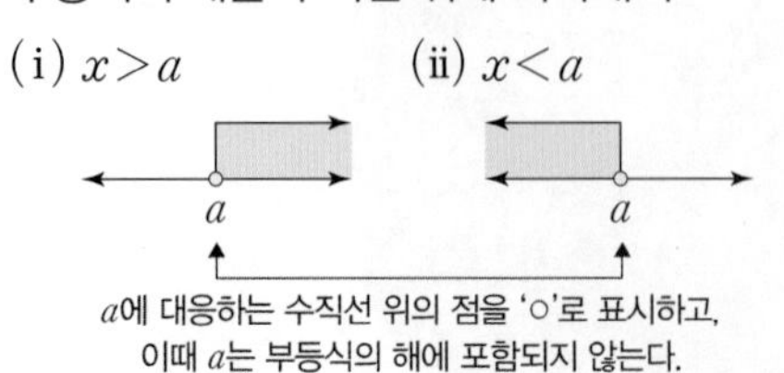

a에 대응하는 수직선 위의 점을 '○'로 표시하고, 이때 a는 부등식의 해에 포함되지 않는다.

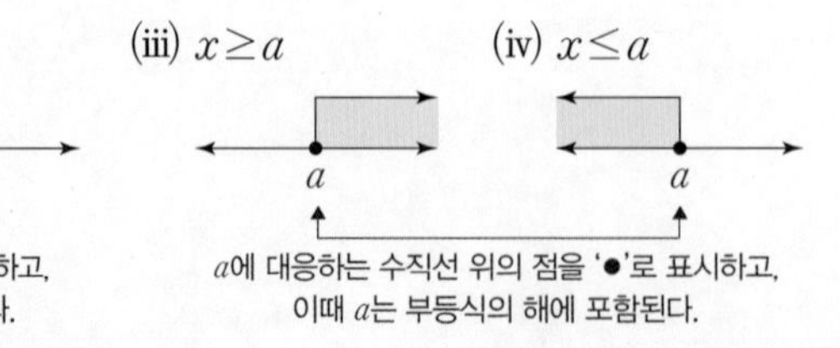

a에 대응하는 수직선 위의 점을 '●'로 표시하고, 이때 a는 부등식의 해에 포함된다.

비법 Note

› 부등호 $\geq$, $\leq$의 의미
$a\geq b$는 $a>b$ 또는 $a=b$
$a\leq b$는 $a<b$ 또는 $a=b$

비법 Note

› 부등식에서 부등호의 왼쪽에 있는 식을 좌변, 오른쪽에 있는 식을 우변이라 하고, 좌변과 우변을 통틀어 양변이라 한다.

비법 Note

예 $a<b$이면
① $a+3<b+3$, $a-3<b-3$
② $3a<3b$, $\frac{a}{3}<\frac{b}{3}$
③ $-3a>-3b$, $-\frac{a}{3}>-\frac{b}{3}$

비법 Note

예 $2x-3>4$에서 4를 이항하면
$2x-3-4>0$
$2x-7>0$ ← 일차부등식

› 이항 : 등식 또는 부등식의 어느 한 변에 있는 항을 부호를 바꾸어 다른 변으로 옮기는 것

› 이항할 때, 부등호의 방향은 바뀌지 않는다.

Theme 08 부등식과 일차부등식

[0344~0347] 다음 중 부등식인 것에 ○표, 부등식이 아닌 것에 ×표 하시오.

0344 $-x+4$ ( )

0345 $3x-2\le 8$ ( )

0346 $5-3>0$ ( )

0347 $3x+2=7x+5$ ( )

[0348~0351] 다음 문장을 부등식으로 나타내시오.

0348 a는 3보다 크지 않다.

0349 10에 a의 2배를 더한 것은 25보다 작다.

0350 300원짜리 연필 5자루와 500원짜리 공책 a권의 가격의 합은 5000원 이상이다.

0351 무게가 0.5 kg인 상자에 한 개에 0.3 kg인 사과 a개를 담으면 전체 무게가 6 kg을 초과한다.

[0352~0355] $a>b$일 때, 다음 □ 안에 알맞은 부등호를 써넣으시오.

0352 $a-\frac{1}{2}$ □ $b-\frac{1}{2}$

0353 $a+\frac{3}{2}$ □ $b+\frac{3}{2}$

0354 $3a-1$ □ $3b-1$

0355 $-2a+5$ □ $-2b+5$

[0356~0359] 다음 중 일차부등식인 것에 ○표, 일차부등식이 아닌 것에 ×표 하시오.

0356 $3x<0$ ( )

0357 $\frac{1}{x}-1\ge 0$ ( )

0358 $-5<3$ ( )

0359 $2x<3x$ ( )

[0360~0363] 다음 부등식의 해를 오른쪽 수직선 위에 나타내시오.

0360 $x<1$

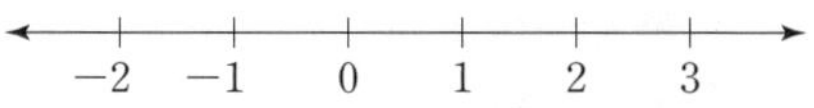

0361 $x\ge 4$

0362 $x>7$

0363 $x\le -5$

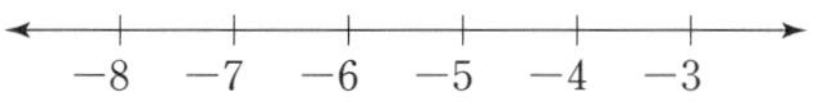

[0364~0367] 다음 일차부등식을 푸시오.

0364 $x-3<7$

0365 $x+4\le -3$

0366 $\frac{1}{3}x>-2$

0367 $-\frac{2}{3}x\le -6$

Theme 09 일차부등식의 풀이 유형 08 ~ 유형 13

(1) 복잡한 일차부등식의 풀이

① 괄호가 있는 경우 : 분배법칙을 이용하여 괄호를 푼 후 동류항끼리 정리하여 푼다.

② 계수가 분수인 경우 : 양변에 분모의 최소공배수를 곱하여 계수를 정수로 고쳐서 푼다.

③ 계수가 소수인 경우 : 양변에 10의 거듭제곱을 곱하여 계수를 정수로 고쳐서 푼다.

주의 부등식의 양변에 분모의 최소공배수를 곱하거나 10의 거듭제곱을 곱할 때에는 계수가 정수인 항을 포함한 모든 항에 곱해야 한다.

비법 note

› 분배법칙

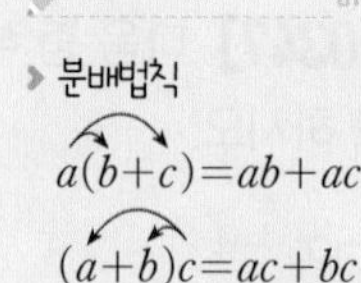

$a(b+c)=ab+ac$

$(a+b)c=ac+bc$

› 분배법칙을 이용할 때, 괄호 앞의 부호에 주의한다.

Theme 10 일차부등식의 활용 유형 14 ~ 유형 25

(1) 일차부등식의 활용 문제 풀이 순서

❶ 미지수 정하기 : 문제의 뜻을 파악하고 구하려는 값을 x로 놓는다.

❷ 부등식 세우기 : x를 이용하여 주어진 조건에 맞는 부등식을 세운다.

❸ 부등식 풀기 : 부등식을 풀어 x의 값의 범위를 구한다.

❹ 확인하기 : 구한 해가 문제의 조건에 맞는지 확인한다.

예 한 개에 300원인 과자와 한 개에 500원인 초코바를 합하여 12개 사려고 한다. 전체 가격이 5000원 이하가 되게 하려면 초코바는 최대 몇 개까지 살 수 있는지 구해 보자.

❶ 미지수 정하기 : 초코바의 수를 x라 하면 과자의 수는 $12-x$이므로

❷ 부등식 세우기 : $300(12-x)+500x\le 5000$

❸ 부등식 풀기 : $3600-300x+500x\le 5000$, $200x\le 1400$ $\therefore x\le 7$

그런데 x는 자연수이므로 부등식의 해는 1, 2, 3, ⋯, 7이다.

따라서 초코바는 최대 7개까지 살 수 있다.

❹ 확인하기 : 초코바를 7개 살 때의 전체 가격은

$300\times(12-7)+500\times 7=1500+3500=5000$(원)이므로

(전체 가격)$\le$5000(원)이고, 초코바를 8개 살 때의 전체 가격은

$300\times(12-8)+500\times 8=1200+4000=5200$(원)이므로

최대로 살 수 있는 초코바의 수는 7임을 확인할 수 있다.

비법 note

› 개수, 횟수, 사람 수, 나이 등은 자연수이다.

(2) 부등식의 활용 문제 (농도에 대한 문제)

① $(\text{소금물의 농도})=\dfrac{(\text{소금의 양})}{(\text{소금물의 양})}\times 100\,(\%)$

② $(\text{소금의 양})=\dfrac{(\text{소금물의 농도})}{100}\times(\text{소금물의 양})$

참고 소금물의 농도가 $x\%$ 이상이면 $\dfrac{(\text{소금의 양})}{(\text{소금물의 양})}\times 100\ge x$

⇨ $(\text{소금의 양})\ge\dfrac{x}{100}\times(\text{소금물의 양})$

비법 note

› 소금물에 물을 더 넣거나 소금물에서 물을 증발시켜도 소금의 양은 변하지 않는다.

(3) 부등식의 활용 문제 (거리, 속력, 시간에 대한 문제)

① $(\text{거리})=(\text{속력})\times(\text{시간})$

② $(\text{속력})=\dfrac{(\text{거리})}{(\text{시간})}$

③ $(\text{시간})=\dfrac{(\text{거리})}{(\text{속력})}$

비법 note

› 거리, 속력, 시간에 대한 문제에서는 단위를 통일해야 한다.

① $1\,\text{km}=1000\,\text{m}$

② 1시간=60분, 1분=$\dfrac{1}{60}$시간

Theme 09 일차부등식의 풀이

[0368~0369] 다음 일차부등식을 푸시오.

0368 $3(x-1)<6$

0369 $2x-(3x-4)\geq -5$

[0370~0371] 다음 일차부등식을 푸시오.

0370 $0.6x-2.1>0.2x+0.3$

0371 $\frac{3x-1}{2}-\frac{2x+1}{3}\leq -\frac{1}{6}$

Theme 10 일차부등식의 활용

[0372~0375] 일차부등식을 활용하여 다음 문제를 해결하는 과정에서 □ 안에 알맞은 것을 써넣으시오.

> 연속하는 세 자연수의 합이 48보다 크다고 할 때, 가장 작은 세 자연수를 구하시오.

0372 미지수 정하기 ⇨ 연속하는 세 자연수 중 가운데 수를 x라 하면 연속하는 세 자연수는 □, x, □이 된다.

0373 일차부등식 세우기 ⇨ □$+x+$□>48

0374 일차부등식 풀기 ⇨ $x>$□

0375 답 구하기 ⇨ 따라서 x의 값 중 가장 작은 자연수는 □이므로 구하는 세 자연수는 □, □, □이다.

[0376~0379] 일차부등식을 활용하여 다음 문제를 해결하는 과정에서 □ 안에 알맞은 것을 써넣으시오.

> 주사위를 던져 나온 눈의 수의 2배는 그 눈의 수에서 1을 뺀 것의 3배보다 크다고 한다. 주사위를 던져 나온 눈의 수를 구하시오.

0376 미지수 정하기 ⇨ 주사위를 던져 나온 눈의 수를 □라 하자.

0377 일차부등식 세우기 ⇨ □$>$□

0378 일차부등식 풀기 ⇨ $x<$□

0379 답 구하기 ⇨ 따라서 주사위를 던져 나온 눈의 수는 □ 또는 □이다.

[0380~0383] 일차부등식을 활용하여 다음 문제를 해결하는 과정에서 □ 안에 알맞은 것을 써넣으시오.

> 등산을 하는데 올라갈 때는 시속 2km, 내려올 때는 같은 길을 시속 3km로 걸어서 전체 걸린 시간을 2시간 이내로 하려고 한다. 이때 최대 몇 km까지 올라갔다가 내려오면 되는지 구하시오.

0380 미지수 정하기
⇨ 올라갈 거리를 $x$km라 하면
올라가는 데 걸리는 시간은 $\frac{x}{\square}$시간,
내려오는 데 걸리는 시간은 $\frac{x}{\square}$시간이다.

0381 일차부등식 세우기 ⇨ $\frac{x}{\square}+\frac{x}{\square}\leq$□

0382 일차부등식 풀기 ⇨ $x\leq$□

0383 답 구하기 ⇨ 따라서 최대 □km까지 올라갔다가 내려오면 된다.

핵심 유형

Theme 08 부등식과 일차부등식

워크북 46쪽

유형 01 부등식의 뜻

부등식 : 부등호(>, <, ≥, ≤)를 사용하여 수 또는 식의 대소 관계를 나타낸 식

대표 문제

0384

다음 중 부등식인 것을 모두 고르면? (정답 2개)

① $1+3=4$ ② $7-2>4$ ③ $x-2=3x+5$
④ $x-1$ ⑤ $3x-2\le 7$

0385

다음 중 부등식이 아닌 것을 모두 고르면? (정답 2개)

① $3x+2=0$ ② $2x+3<4$ ③ $5-3>-1$
④ $-3<3x$ ⑤ $3\times 2+5=11$

0386

다음 보기에서 부등식인 것은 모두 몇 개인지 구하시오.

보기

ㄱ. $2x+1$ ㄴ. $3<-1$
ㄷ. $2x-4\le 3$ ㄹ. $x+3=5$
ㅁ. $-2x+1>x-2$

0387

다음 보기에서 부등식이 아닌 것은 모두 몇 개인가?

보기

ㄱ. $3-1<4$ ㄴ. $x+1=4$
ㄷ. $2-x$ ㄹ. $1+2x=y$
ㅁ. $x-3>1$

① 1개 ② 2개 ③ 3개
④ 4개 ⑤ 5개

유형 02 부등식으로 나타내기

x는 a보다
- 크다. (=초과) ⇨ $x>a$
- 작다. (=미만) ⇨ $x<a$
- 크거나 같다. (=이상) ⇨ $x\ge a$ → 작지 않다.
- 작거나 같다. (=이하) ⇨ $x\le a$ → 크지 않다.

대표 문제

0388

다음 문장을 부등식으로 나타낸 것으로 옳지 않은 것은?

① x는 6보다 크거나 같다. ⇨ $x\ge 6$
② x에 3을 더한 수는 x의 5배보다 크지 않다.
⇨ $x+3<5x$
③ 가로의 길이가 a, 세로의 길이가 5인 직사각형의 넓이는 23 초과이다. ⇨ $5a>23$
④ 한 개에 400원인 과자 x개의 가격은 3000원 미만이다.
⇨ $400x<3000$
⑤ 반지름의 길이가 x인 원의 넓이는 20 이상이다.
⇨ $\pi x^2\ge 20$

0389

'5에 x의 3배를 더한 값은 x에서 2를 뺀 후 3으로 나눈 값보다 크거나 같다.'를 부등식으로 바르게 나타낸 것은?

① $5+3x\le x-2\div 3$ ② $5+3x>(x-2)\div 3$
③ $5+3x\le \frac{x-2}{3}$ ④ $5+3x\ge \frac{x-2}{3}$
⑤ $5x\times 3\ge \frac{x-2}{3}$

신유형

0390

다음 중 부등식 $3x+2>17$로 나타내어지는 상황을 바르게 말한 학생을 고르시오.

기현 : 어떤 수 x를 3배 한 수에 2를 더하면 17이다.
진섭 : x kg인 물건의 무게의 3배에 2 kg을 더하면 17 kg이 넘는다.
나영 : 농구 경기에서 3점짜리 슛을 x개, 2점짜리 슛을 1개 넣으면 전체 득점은 17점 이상이다.

유형 03 부등식의 해

주어진 부등식의 미지수 x에 a를 대입했을 때, 부등식이 성립한다.
⇨ $x=a$일 때 부등식은 참이다.
⇨ $x=a$는 주어진 부등식의 해이다.

대표 문제

0391

다음 중 [ ] 안의 수가 부등식의 해가 아닌 것은?

① $x+1>5$ [5] ② $2x-1>0$ [3]
③ $-2x+9\geq x$ [3] ④ $3x<x$ [-1]
⑤ $-2x+3\leq -7$ [-2]

0392

x의 값이 -1, 0, 1, 2, 3일 때, 부등식 $3x-1\geq x+2$의 해를 모두 구하시오.

0393

다음 중 부등식 $-x+2\leq 3$의 해가 아닌 것은?

① -2 ② -1 ③ 0
④ 1 ⑤ 2

0394

다음 중 방정식 $3x-1=x+1$을 만족시키는 x의 값을 해로 갖는 부등식은?

① $2x+5\geq 9$ ② $x+1>3$
③ $-x+1>x+2$ ④ $-x+2<-3$
⑤ $3x-5\leq x-2$

빈출 ★★

유형 04 부등식의 성질

부등식의
(1) 양변에 같은 수를 더하면
양변에서 같은 수를 빼면
(2) 양변에 같은 양수를 곱하면
양변을 같은 양수로 나누면
⇨ 부등호의 방향이 바뀌지 않는다.
(3) 양변에 같은 음수를 곱하면
양변을 같은 음수로 나누면
⇨ 부등호의 방향이 바뀐다.

대표 문제

0395

$a<b$일 때, 다음 중 옳지 않은 것은?

① $2a+3<2b+3$ ② $-a+1>-b+1$
③ $5(a-1)<5(b-1)$ ④ $\frac{a}{3}-5<\frac{b}{3}-5$
⑤ $1-\frac{2}{3}a<1-\frac{2}{3}b$

0396

$-3a+1<-3b+1$일 때, 다음 중 옳은 것은?

① $a+4<b+4$ ② $-a+2<-b+2$
③ $2a-3<2b-3$ ④ $\frac{a}{2}-5<\frac{b}{2}-5$
⑤ $1-\frac{a}{3}>1-\frac{b}{3}$

0397

$a<b$일 때, 다음 중 □ 안에 들어갈 부등호의 방향이 나머지 넷과 다른 하나는?

① $a+5$ □ $b+5$ ② $a-2$ □ $b-2$
③ $2-3a$ □ $2-3b$ ④ $-\frac{1-a}{2}$ □ $-\frac{1-b}{2}$
⑤ $\frac{1}{3}a-(-3)$ □ $\frac{1}{3}b-(-3)$

빈출★★

유형 05 부등식의 성질을 이용하여 식의 값의 범위 구하기

❶ x의 계수가 같아지도록 부등식의 각 변에 x의 계수만큼 곱한다.
❷ 상수항이 같아지도록 부등식의 각 변에 상수항만큼 더한다.

대표 문제

0398

$-2 \le x < 1$이고 $A=-3x+1$일 때, A의 값의 범위를 구하시오.

서술형

0399 ●●●●

$-2 \le \frac{5-3x}{2} < 1$일 때, x의 값의 범위는 $a < x \le b$이다. 이때 $a-b$의 값을 구하시오.

유형 06 일차부등식의 뜻

일차부등식 : 우변에 있는 모든 항을 좌변으로 이항하여 정리한 식이 다음 중 어느 하나의 꼴로 나타내어지는 부등식
(일차식)>0, (일차식)<0, (일차식)≥ 0, (일차식)≤ 0
→ $ax+b\,(a \ne 0)$ 꼴로 나타내어진다.

대표 문제

0400

다음 중 일차부등식인 것을 모두 고르면? (정답 2개)

① $x^2 \ge x(x-3)$　② $2x < x+2$
③ $3x+5=x-1$　④ $8 \le 13$
⑤ $3x-4 \le 2+3x$

0401 ●●●●

다음 보기에서 일차부등식인 것을 모두 고르시오.

보기
ㄱ. $x > x-2$　ㄴ. $x(x-2)+1 \ge 0$
ㄷ. $6-3 \le 4$　ㄹ. $x(x+3) \le x^2-5$
ㅁ. $-3(x+1) > x+2$　ㅂ. $\frac{3}{4}(x+1) \ge \frac{1}{3}x$

유형 07 일차부등식의 해

❶ x항은 좌변으로, 상수항은 우변으로 이항한다.
❷ $ax>b$, $ax<b$, $ax \ge b$, $ax \le b\,(a \ne 0)$ 꼴로 정리한다.
❸ 양변을 x의 계수 a로 나누어 부등식의 해를 구한다.
→ $a<0$이면 부등호의 방향이 바뀐다.

$x>a$	$x<a$	$x \ge a$	$x \le a$
a	a	a	a

대표 문제

0402

다음 부등식 중 해가 $x \le -1$인 것은?

① $5x \ge 2x-3$　② $3x-2 \ge x-4$
③ $-2x+6 \ge x+3$　④ $x+3 \le -4x-2$
⑤ $3x+4 \le 2x+5$

0403 ●●●●

일차부등식 $x-5 < 4x+7$의 해를 수직선 위에 바르게 나타낸 것은?

①
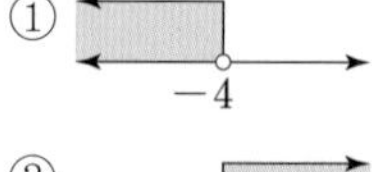

②
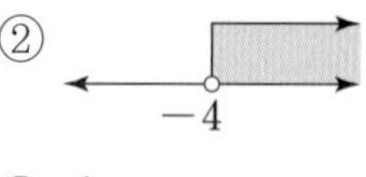

③
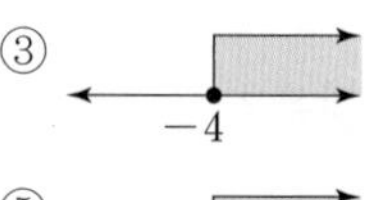

④
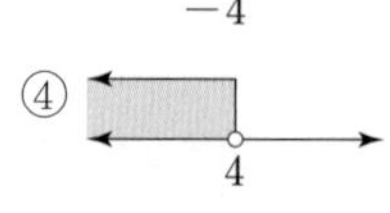

⑤
4

신유형

0404 ●●●●

다음 부등식 중 해를 수직선 위에 나타낸 것이 오른쪽 그림과 같은 것은?

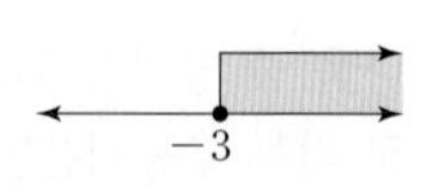

① $5x \ge 2x+3$　② $x-3 \ge 2x+1$
③ $x-1 \le 3x+5$　④ $2x-6 \ge x+1$
⑤ $2-3x \ge 4-2x$

Theme 09 일차부등식의 풀이

워크북 49쪽

유형 08 괄호가 있는 일차부등식의 풀이

괄호가 있는 일차부등식은 분배법칙을 이용하여 괄호를 먼저 푼다.

$a(b+c)=ab+ac$, $(a+b)c=ac+bc$

대표 문제

0405

일차부등식 $x-4(x-3)<9$를 풀면?

① $x<-1$ ② $x>-1$ ③ $x<1$
④ $x>1$ ⑤ $x>2$

0406 ●●○○

일차부등식 $2(x+1)\leq 5x-1$을 풀면?

① $x\leq -1$ ② $x\geq -1$ ③ $x\leq 1$
④ $x\geq 1$ ⑤ $x\leq 2$

서술형

0407 ●●●○

일차부등식 $2(x-3)+5\geq 3(2x-1)-6$을 만족시키는 모든 자연수 x의 값의 합을 구하시오.

0408 ●●●○

일차부등식 $2(x+1)-7>-(x-4)$를 만족시키는 가장 작은 정수 x의 값은?

① -1 ② 1 ③ 2
④ 3 ⑤ 4

빈출

유형 09 계수가 분수 또는 소수인 일차부등식의 풀이

(1) 계수가 분수일 때 ⇨ 양변에 분모의 최소공배수를 곱한다.
(2) 계수가 소수일 때 ⇨ 양변에 10의 거듭제곱을 곱한다.
즉, 계수를 모두 정수로 고쳐서 푼다.

대표 문제

0409

일차부등식 $\frac{2}{3}x+0.4>0.4(x-3)$을 풀면?

① $x>-6$ ② $x<-6$ ③ $x>-5$
④ $x<-5$ ⑤ $x>6$

0410 ●●○○

일차부등식 $0.3(x-1)\geq 0.5x-1$을 푸시오.

0411 ●●●○

일차부등식 $\frac{x}{3}-1\leq -\frac{x-3}{5}$을 만족시키는 자연수 x는 모두 몇 개인가?

① 2개 ② 3개 ③ 4개
④ 5개 ⑤ 6개

0412 ●●●○

다음 중 일차부등식 $\frac{x-1}{5}+0.1x\geq \frac{1}{2}$의 해가 아닌 것은?

① 2 ② 3 ③ 4
④ 5 ⑤ 6

유형 10 x의 계수가 문자인 일차부등식의 풀이

❶ x항은 좌변으로, 상수항은 우변으로 이항하여 $ax>b$ 꼴로 정리한다.

❷ $a>0$이면 $x>\frac{b}{a}$, $a<0$이면 $x<\frac{b}{a}$

참고 $<$, $\geq$, $\leq$인 경우에도 마찬가지 방법으로 푼다.

대표 문제

0413

$a>0$일 때, x에 대한 일차부등식 $a-ax\leq 0$의 해는?

① $x\leq -a$ ② $x\leq -\frac{1}{a}$ ③ $x\geq -1$
④ $x\geq 1$ ⑤ $x\leq 1$

0414 ●●●●

$a<0$일 때, x에 대한 일차부등식 $-2(1+ax)>2$의 해는?

① $x<-\frac{2}{a}$ ② $x>-\frac{2}{a}$ ③ $x<\frac{2}{a}$
④ $x>\frac{2}{a}$ ⑤ $x>0$

0415 ●●●●

$a>2$일 때, x에 대한 일차부등식 $ax-2a\geq 2(x-2)$의 해는?

① $x\leq -2$ ② $x\geq -2$ ③ $x\geq -1$
④ $x\leq 2$ ⑤ $x\geq 2$

0416 ●●●●

$a<1$일 때, x에 대한 일차부등식 $ax-2a>-2+x$를 만족시키는 가장 큰 정수 x의 값을 구하시오.

유형 11 부등식의 해가 주어진 경우 미지수 구하기

부등식 $ax>b$의 해가

(1) $x>k$이면 ⇨ $a>0$, $\frac{b}{a}=k$ ← 부등호의 방향이 그대로이므로

(2) $x<k$이면 ⇨ $a<0$, $\frac{b}{a}=k$ ← 부등호의 방향이 바뀌었으므로

대표 문제

0417

일차부등식 $3ax-2<7$의 해가 $x>-1$일 때, 상수 a의 값은?

① -3 ② -2 ③ 1
④ 2 ⑤ 3

0418 ●●●●

일차부등식 $2x-a>5$의 해가 $x>5$일 때, 상수 a의 값을 구하시오.

0419 ●●●●

일차부등식 $\frac{5}{6}x-a\leq -1$의 해를 수직선 위에 나타내면 오른쪽 그림과 같을 때, 상수 a의 값을 구하시오.

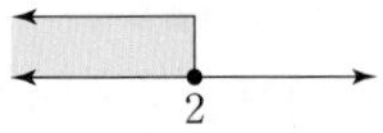

0420 ●●●●

일차부등식 $5-ax\geq -3$을 만족시키는 x의 값 중 최댓값이 4일 때, 상수 a의 값은?

① 1 ② 2 ③ 3
④ 4 ⑤ 5

빈출

유형 12 두 일차부등식의 해가 서로 같을 때 미지수 구하기

❶ 미지수가 없는 부등식의 해를 먼저 구한다.
❷ ❶에서 구한 해가 나머지 부등식의 해와 같음을 이용하여 미지수의 값을 구한다.

대표 문제

0421

두 일차부등식 $3x+11>-2(x+2)$와 $7-4x<a-2x$의 해가 서로 같을 때, 상수 a의 값은?

① 10 ② 11 ③ 12
④ 13 ⑤ 14

0422 ●●●

두 일차부등식 $3(x-1)+a<4$와 $0.5x-\frac{4-x}{5}<2$의 해가 서로 같을 때, 상수 a의 값은?

① -5 ② -3 ③ -1
④ 3 ⑤ 4

0423 ●●●

두 일차부등식 $0.5x+3>0.3x+1.2$와 $ax<9$의 해가 서로 같을 때, 상수 a의 값은?

① -4 ② -1 ③ 1
④ 4 ⑤ 7

신유형

0424 ●●●

두 일차부등식 $\frac{x+1}{2}+\frac{x}{3}<-\frac{1}{3}$과 $ax-9>4x-2$의 해가 서로 같을 때, 상수 a의 값을 구하시오.

유형 13 자연수인 해의 개수가 주어진 경우 미지수 구하기

부등식을 만족시키는 자연수인 해가 n개일 때, 부등식의 해가
(1) $x<k$이면 (2) $x\le k$이면

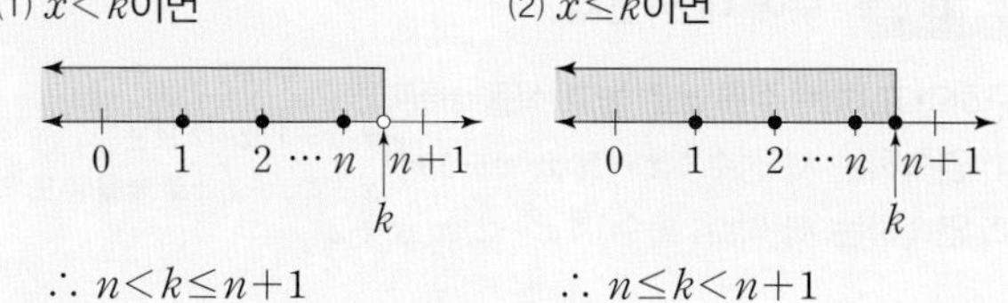

$\therefore n<k\le n+1$ $\therefore n\le k<n+1$

대표 문제

0425

일차부등식 $x+a>2x$를 만족시키는 자연수 x가 2개일 때, 상수 a의 값의 범위는?

① $1<a<2$ ② $1\le a<2$ ③ $2<a<3$
④ $2\le a<3$ ⑤ $2<a\le 3$

0426 ●●●

일차부등식 $3x-2\le 2x+k$를 만족시키는 자연수 x가 1뿐일 때, 상수 k의 최솟값을 구하시오.

서술형

0427 ●●●●

일차부등식 $2x-1>3(x+k)$를 만족시키는 자연수 x가 5개일 때, 상수 k의 값의 범위는 $m\le k<n$이다. 이때 $n-3m$의 값을 구하시오.

0428 ●●●●

일차부등식 $x-3a>4x$를 만족시키는 자연수 x의 값이 존재하지 않을 때, 상수 a의 최솟값을 구하시오.

Theme 10 일차부등식의 활용

워크북 52쪽

빈출 유형 14 수에 대한 문제

구하려고 하는 수를 x로 놓고 식을 세운다.
(1) 연속하는 세 정수 : $x-1$, x, $x+1$ ← x, $x+1$, $x+2$ 또는 $x-2$, $x-1$, x로 놓을 수도 있다.
(2) 연속하는 세 짝수(홀수) : $x-2$, x, $x+2$

대표 문제

0429

연속하는 두 짝수가 있다. 작은 수의 5배에 2를 더한 것은 큰 수의 3배 이상일 때, 가장 작은 두 짝수를 구하시오.

0430 ●●○○

어떤 자연수의 2배에 5를 더한 것은 그 수의 3배에서 4를 뺀 것보다 작다고 할 때, 어떤 자연수 중 가장 작은 수는?

① 7　② 8　③ 9
④ 10　⑤ 11

0431 ●●●○

연속하는 세 자연수의 합이 33보다 크거나 같을 때, 이를 만족시키는 가장 작은 세 자연수 중 가장 큰 수는?

① 10　② 11　③ 12
④ 13　⑤ 14

0432 ●●●○

연속하는 세 자연수 중 작은 두 수의 합에서 큰 수를 뺀 것이 5보다 크다고 한다. 이와 같은 수 중 가장 작은 세 자연수를 구하시오.

유형 15 평균에 대한 문제

(1) 두 수 a, b의 평균 ⇨ $\dfrac{a+b}{2}$

(2) 세 수 a, b, c의 평균 ⇨ $\dfrac{a+b+c}{3}$

대표 문제

0433

지유는 세 과목의 시험에서 각각 76점, 87점, 85점을 받았다. 네 과목의 평균 점수가 80점 이상이 되려면 네 번째 과목 시험에서 몇 점 이상을 받아야 하는가?

① 71점　② 72점　③ 73점
④ 74점　⑤ 75점

0434 ●●○○

은솔이는 세 번의 50 m 달리기에서 각각 12초, 16초, 13초를 기록하였다. 네 번째 달리기까지의 평균 기록이 13초 이내가 되려면 네 번째 달리기에서 몇 초 이내로 들어와야 하는지 구하시오.

0435 ●●●●

준혁이네 반에 남학생 20명, 여학생 15명이 있다. 여학생의 몸무게의 평균은 48 kg이고, 반 전체의 몸무게의 평균은 52 kg 이상일 때, 남학생의 몸무게의 평균은 몇 kg 이상인가?

① 52 kg　② 53 kg　③ 54 kg
④ 55 kg　⑤ 56 kg

유형 16 최대 개수에 대한 문제

(1) 한 개에 a원인 물건 x개를 사고 포장비가 b원일 때의 가격
⇨ $(ax+b)$원
(2) 한 개에 a원인 물건 A와 한 개에 b원인 물건 B를 합하여 n개를 살 때
⇨ ① A가 x개이면 B는 $(n-x)$개
② 가격은 $\{ax+b(n-x)\}$원

대표 문제

0436

한 개에 500원인 크림빵과 한 개에 700원인 팥빵을 합하여 18개를 사고 그 가격은 12000원 이하가 되게 하려고 한다. 이때 팥빵을 최대 몇 개까지 살 수 있는가?

① 13개 ② 14개 ③ 15개
④ 16개 ⑤ 17개

0437 ●●●●

한 송이에 3000원인 장미를 포장하여 전체 가격이 20000원을 넘지 않게 사려고 한다. 포장비가 2000원일 때, 장미를 최대 몇 송이까지 살 수 있는지 구하시오.

0438 ●●●●

어느 박물관의 1인당 입장료가 어른은 2000원, 어린이는 800원이라고 한다. 어른과 어린이를 합하여 20명이 25000원 이하로 박물관에 입장하려면 어른은 최대 몇 명까지 입장할 수 있는지 구하시오.

0439 ●●●●

한 개에 500원인 사탕과 한 개에 800원인 과자를 합하여 10개를 사서 2000원짜리 바구니에 담아 전체 금액이 9000원 이하가 되게 하려고 한다. 이때 과자는 최대 몇 개까지 살 수 있는가?

① 4개 ② 5개 ③ 6개
④ 7개 ⑤ 8개

유형 17 추가 요금에 대한 문제

기본 요금과 추가 요금이 주어질 때
⇨ (기본 요금)+(추가 요금) ◯ (총금액)
└ 문제의 뜻에 맞는 부등호를 넣는다.

대표 문제

0440

어느 자연 휴양림 펜션의 이용 요금은 4명까지는 1인당 16000원이고, 4명을 초과하면 초과한 인원에 대하여 1인당 12000원의 요금이 추가된다고 한다. 100000원 이하로 이 펜션을 이용하려고 할 때, 최대 몇 명까지 이용할 수 있는가?

① 6명 ② 7명 ③ 8명
④ 9명 ⑤ 10명

0441 ●●●●

어느 공영 주차장의 주차 요금은 처음 30분까지는 2000원이고, 30분을 초과하면 1분에 100원씩 추가 요금이 부과된다고 한다. 주차 요금이 10000원 이하가 되게 하려면 최대 몇 분 동안 주차할 수 있는가?

① 100분 ② 105분 ③ 110분
④ 115분 ⑤ 120분

서술형

0442 ●●●●

어느 스터디 카페의 이용 요금은 1시간까지는 2000원이고 1시간이 지나면 1분마다 50원씩 요금이 추가된다고 한다. 이용 요금이 6000원 이하가 되게 하려면 최대 몇 분 동안 이용할 수 있는지 구하시오.

유형 18 예금액에 대한 문제

현재 예금액이 a원이고 매달 b원씩 예금할 때, x개월 후의 예금액
⇨ $(a+bx)$원

대표 문제

0443

현재까지 형은 15000원, 동생은 10000원을 예금하였다. 다음 달부터 형은 매월 2000원씩, 동생은 매월 3000원씩 예금한다면 동생의 예금액이 형의 예금액보다 많아지는 것은 몇 개월 후부터인가?

① 5개월 ② 6개월 ③ 7개월
④ 8개월 ⑤ 9개월

0444

현재 수아의 저금통에는 15000원이 들어 있다. 매일 같은 금액을 25일 동안 저금하여 저금통에 있는 금액이 30000원 이상이 되게 하려고 한다. 매일 저금해야 하는 최소 금액은?

① 400원 ② 500원 ③ 600원
④ 700원 ⑤ 800원

0445

현재 혜수의 통장에는 30000원, 진호의 통장에는 9000원이 예금되어 있다. 다음 달부터 혜수는 매달 2000원씩, 진호는 매달 3000원씩 예금한다면 혜수의 예금액이 진호의 예금액의 2배보다 적어지는 것은 몇 개월 후부터인지 구하시오.

빈출

유형 19 유리한 방법을 선택하는 문제

(1) 두 가지 방법에 대하여 각각의 비용을 계산한 후, 문제의 뜻에 맞게 부등식을 세워서 푼다.
이때 총비용이 적게 들수록 유리하다.
(2) x명이 입장하려고 할 때, a명의 단체 입장권을 사는 것이 유리한 경우 (단, $x<a$)
⇨ (a명의 단체 입장료)$<$(x명의 입장료)

대표 문제

0446

어느 체험관의 입장료는 한 사람당 3000원이고 25명 이상 단체인 경우 한 사람당 입장료의 20%를 할인해 준다고 한다. 25명 미만의 단체는 몇 명 이상부터 25명의 단체 입장권을 사는 것이 유리한지 구하시오.

0447

유미네 어머니께서 공기청정기를 장만하려고 한다. 공기청정기를 구입할 경우에는 50만 원의 구입 비용과 매달 10000원의 유지비가 들고, 공기청정기를 대여받을 경우에는 매달 30000원의 대여비만 든다고 한다. 공기청정기를 구입해서 몇 개월 이상 사용해야 대여받는 것보다 유리한지 구하시오.

신유형

0448

두 자동차 A, B의 가격과 휘발유 1L당 주행 거리는 다음 표와 같다. 휘발유 가격이 1L당 2000원으로 일정하다고 가정하고 자동차 가격과 주유 비용만을 고려하여 자동차를 구입하려고 할 때, 자동차를 구입한 후 최소 몇 km를 초과하여 주행해야 B 자동차를 구입하는 것이 A 자동차를 구입하는 것보다 유리한가?

자동차	가격(만 원)	1L당 주행 거리(km)
A	1700	10
B	2300	16

① 70000 km ② 75000 km ③ 80000 km
④ 83000 km ⑤ 85000 km

유형 20 정가, 원가에 대한 문제

(1) (할인된 판매 가격)=(정가)×{1−(할인율)}

즉, 정가 x원에서 a % 할인된 판매 가격 ⇨ $x\left(1-\frac{a}{100}\right)$원

(2) (이익)=(이익을 붙인 판매 가격)−(원가)=(원가)×(이익률)

(3) (이익을 붙인 판매 가격)=(원가)×{1+(이익률)}

즉, 원가 y원에 b %의 이익을 붙인 판매 가격

⇨ $y\left(1+\frac{b}{100}\right)$원

대표 문제

0449

원가가 6000원인 물건을 정가의 20 %를 할인하여 팔아서 원가의 15 % 이상의 이익을 얻으려고 한다. 다음 중 이 물건의 정가가 될 수 있는 것은?

① 8300원 ② 8400원 ③ 8500원
④ 8600원 ⑤ 8700원

0450

어떤 신발에 원가의 30 %의 이익을 붙여서 정가를 정하였다. 이 신발을 정가에서 1800원을 할인하여 팔아도 원가의 20 % 이상의 이익을 얻으려고 할 때, 신발의 원가는 얼마 이상이어야 하는지 구하시오.

0451

어떤 티셔츠에 원가의 25 %의 이익을 붙여서 정가를 정한 후 정가에서 x % 할인하여 판매하려고 한다. 손해를 보지 않고 판매하려고 할 때, x의 값이 될 수 있는 가장 큰 수는?

① 15 ② 17 ③ 20
④ 23 ⑤ 25

빈출

유형 21 도형에 대한 문제

(1) 삼각형의 세 변의 길이가 주어질 때, 삼각형이 되는 조건

⇨ (가장 긴 변의 길이)<(나머지 두 변의 길이의 합)

(2) (사다리꼴의 넓이)

$=\frac{1}{2}$×{(윗변의 길이)+(아랫변의 길이)}×(높이)

대표 문제

0452

삼각형의 세 변의 길이가 $(x+2)$ cm, $(x+4)$ cm, $(x+9)$ cm일 때, 다음 중 x의 값이 될 수 없는 것은?

① 3 ② 4 ③ 5
④ 6 ⑤ 7

0453

오른쪽 그림과 같이 윗변의 길이가 4 cm, 높이가 5 cm인 사다리꼴의 넓이가 30 cm^2 이하일 때, 이 사다리꼴의 아랫변의 길이는 몇 cm 이하이어야 하는가?

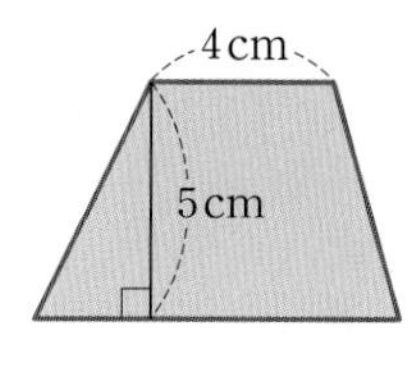

① 7 cm ② 8 cm ③ 9 cm
④ 10 cm ⑤ 11 cm

서술형

0454

가로의 길이가 세로의 길이보다 10 cm 긴 직사각형을 만들려고 한다. 이 직사각형의 둘레의 길이가 120 cm 이상이 되게 하려면 세로의 길이는 몇 cm 이상이어야 하는지 구하시오.

0455

밑면의 반지름의 길이가 3 cm인 원기둥의 겉넓이가 36π cm^2 이상일 때, 원기둥의 높이는 몇 cm 이상이어야 하는지 구하시오.

유형 22 거리, 속력, 시간에 대한 문제(1)

(1) 속력이 바뀌는 경우

(시속 $a$km로 갈 때 걸린 시간) + (시속 $b$km로 갈 때 걸린 시간) = (전체 걸린 시간)

(2) A, B 두 사람이 동시에 반대 방향으로 출발하는 경우

⇨ (A와 B 사이의 거리)
=(A가 이동한 거리)+(B가 이동한 거리)

대표 문제

0456

정훈이가 집에서 6km 떨어진 도서관에 가는데 처음에는 시속 5km로 걷다가 도중에 시속 3km로 걸어서 도서관에 도착했다. 전체 걸린 시간이 1시간 40분 이내였다고 할 때, 다음 중 시속 3km로 걸은 거리가 될 수 없는 것은?

① 0.5km ② 1km ③ 2km
④ 3km ⑤ 4km

0457 ●●●○

민수와 준희가 같은 지점에서 동시에 출발하여 서로 반대 방향으로 직선 도로를 따라 자전거를 타고 가고 있다. 민수는 분속 370m로, 준희는 분속 430m로 갈 때, 민수와 준희 사이의 거리가 4.8km 이상이 되려면 두 사람이 몇 분 이상 자전거를 타야 하는지 구하시오.

0458 ●●●●

준영이와 혜진이가 서로 3.6km 떨어진 곳에서 동시에 출발하여 마주 보고 오고 있다. 준영이는 분속 230m로, 혜진이는 분속 170m로 달린다면 두 사람 사이의 거리가 800m 이하가 되는 것은 출발한 지 몇 분 후부터인가?

① 6분 ② 7분 ③ 8분
④ 9분 ⑤ 10분

빈출 유형 23 거리, 속력, 시간에 대한 문제(2)

왕복하는 경우

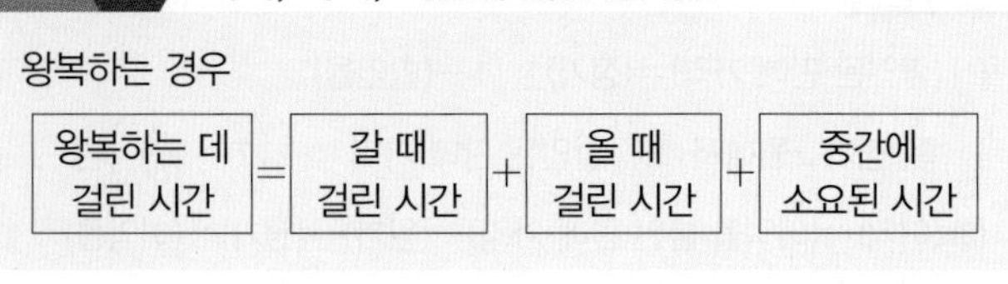

왕복하는 데 걸린 시간
=
갈 때 걸린 시간
+
올 때 걸린 시간
+
중간에 소요된 시간

대표 문제

0459

수빈이가 산책을 하는데 갈 때는 시속 2km로 걷고, 올 때는 갈 때보다 1km 더 먼 길을 시속 4km로 걸었다. 산책하는 데 걸린 시간이 1시간 이내일 때, 수빈이가 걸은 거리는 최대 몇 km인가?

① 2km ② 3km ③ 4km
④ 5km ⑤ 6km

서술형

0460 ●●●○

재호가 기차역에서 기차 출발 시각까지 1시간의 여유가 있어서 상점에 가서 물건을 사 오려고 한다. 상점에서 물건을 사는 데 20분이 걸리고, 시속 4km로 걷는다고 할 때, 기차역에서 몇 km 이내에 있는 상점을 이용해야 하는지 구하시오.

0461 ●●●○

시우가 집에서 12km 떨어진 도서관까지 가는데 처음에는 자전거를 타고 시속 12km로 달리다가 도중에 자전거가 고장이 나서 그 지점에서부터 시속 4km로 걸어갔더니 2시간 이내에 도착하였다. 자전거가 고장 난 지점은 집에서 몇 km 이상 떨어진 곳인지 구하시오.

유형 24 농도에 대한 문제

(소금물의 농도)$=\frac{\text{(소금의 양)}}{\text{(소금물의 양)}}\times 100\,(\%)$임을 이용하여 부등식을 세운다.

참고 소금물에 물을 넣거나 증발시켜도 소금의 양은 변하지 않는다.

대표 문제

0462

8 %의 소금물과 12 %의 소금물을 섞어서 9 % 이상의 소금물 200 g을 만들려고 할 때, 12 %의 소금물은 최소 몇 g 섞어야 하는가?

① 40 g ② 50 g ③ 60 g
④ 70 g ⑤ 80 g

0463 ●●●

6 %의 소금물 300 g에서 물을 증발시켜 9 % 이상의 소금물을 만들려고 한다. 이때 물을 최소 몇 g 증발시켜야 하는가?

① 80 g ② 90 g ③ 100 g
④ 110 g ⑤ 120 g

0464 ●●●

5 %의 소금물 400 g에 소금을 더 넣어 농도가 20 % 이상인 소금물을 만들려고 한다. 이때 소금은 최소 몇 g을 더 넣어야 하는지 구하시오.

유형 25 여러 가지 부등식의 활용

미지수 x 정하기 ⇨ 부등식 세우기 ⇨ 부등식 풀기 ⇨ 확인하기

대표 문제

0465

70000원을 형과 동생에게 나누어 주려고 하는데 형의 몫의 2배가 동생의 몫의 3배보다 크지 않게 하려면 형에게 최대 얼마를 줄 수 있는가?

① 41000원 ② 42000원 ③ 43000원
④ 44000원 ⑤ 45000원

0466 ●●

현재 아버지의 나이는 46살, 딸의 나이는 15살이다. 몇 년 후부터 아버지의 나이가 딸의 나이의 2배 이하가 되겠는가?

① 13년 ② 14년 ③ 15년
④ 16년 ⑤ 17년

0467 ●●●

각 자리의 숫자의 합이 13인 두 자리의 자연수가 있다. 이 수의 일의 자리의 숫자의 2배가 십의 자리의 숫자보다 작을 때, 이 자연수를 구하시오.

신유형

0468 ●●●

오른쪽 표는 두 식품 A, B의 1 g당 단백질의 양을 나타낸 것이다. A, B를 합하여 300 g을 먹으려고 할 때, 단백질을 70 g 이상 얻기 위해 먹어야 하는 식품 A의 양은 최소 몇 g인지 구하시오.

식품	단백질(g)
A	0.3
B	0.1

0469 유형 05

$x+2y=-2$이고 $-1<x\le 4$일 때, 정수 y는 모두 몇 개인가?

① 0개 ② 1개 ③ 2개
④ 3개 ⑤ 4개

0470 유형 04+유형 05

$-5\le x\le 7$일 때, $\frac{1}{2}+ax$의 최댓값은 13, 최솟값은 b이다. $a<0$일 때, 상수 a, b에 대하여 $a-b$의 값은?

① $\frac{25}{2}$ ② 13 ③ $\frac{27}{2}$
④ 14 ⑤ $\frac{29}{2}$

0471 유형 10

부등식 $ax+5>bx+3$의 해에 대한 다음 설명 중 옳지 않은 것은? (단, a, b는 상수)

① $a=b$이면 항상 성립한다.
② $a>b$이면 $x>-\frac{2}{a-b}$
③ $a<b$이면 $x<-\frac{2}{a-b}$
④ $a=0$, $b>0$이면 $x<\frac{2}{b}$
⑤ $a<0$, $b=0$이면 $x>-\frac{2}{a}$

0472 유형 10+유형 11

일차부등식 $ax+b>0$의 해가 $x<-1$일 때, 일차부등식 $(a+b)x-4b>0$의 해는? (단, a, b는 상수)

① $x<-4$ ② $x>-2$ ③ $x<2$
④ $x>2$ ⑤ $x>4$

0473 유형 10+유형 11

일차부등식 $ax+4>4x-2$의 해를 수직선 위에 나타내면 오른쪽 그림과 같을 때, 상수 a의 값을 구하시오.

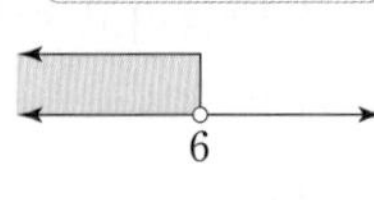

0474

유형 09+유형 12

두 일차부등식 $\frac{x+2}{3}-\frac{x-a}{2}>2$와 $0.5x-\frac{2-x}{2}<2$의 해가 서로 같을 때, 상수 a의 값을 구하시오.

0475

유형 03+유형 09

x는 절댓값이 2 이하인 정수일 때, 일차부등식 $1.6+\frac{4}{5}x\le\frac{1}{2}(x+4)$를 참이 되게 하는 모든 x의 값의 합을 구하시오.

0476

유형 13

일차부등식 $\frac{2x-3}{5}+\frac{x-a}{2}<0$을 만족시키는 자연수 x가 1뿐일 때, 정수 a는 모두 몇 개인가?

① 1개　② 2개　③ 3개　④ 4개　⑤ 5개

0477

유형 19

어느 패밀리 레스토랑의 1인당 식사 비용은 12000원이고 다음과 같은 할인 혜택이 있다. 이때 몇 명 이상부터 통신사 제휴 카드로 할인받는 것이 생일 이벤트로 할인받는 것보다 유리한지 구하시오.

(단, 하나의 할인 혜택만 받을 수 있다.)

구분	통신사 제휴 카드 할인	생일 이벤트 할인
요금 혜택	전체 이용 요금의 20 % 할인	생일자 포함 동반 4인까지 40 % 할인

0478

유형 21

오른쪽 그림과 같이 가로의 길이, 세로의 길이, 높이가 각각 x cm, 3 cm, 4 cm인 직육면체의 겉넓이가 90 cm^2 이하가 되도록 하는 자연수 x는 모두 몇 개인가?

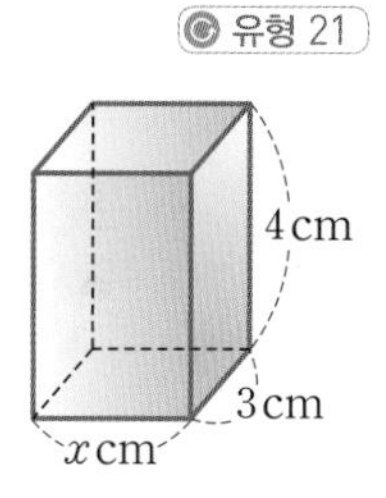

① 1개　② 2개　③ 3개　④ 4개　⑤ 5개

0479
유형 22

준규와 화정이가 일직선상의 산책로의 한 지점에서 동시에 출발하여 준규는 동쪽으로 분속 150 m로, 화정이는 서쪽으로 분속 100 m로 달려가고 있다. 준규와 화정이가 1 km 이상 떨어지는 것은 출발한 지 몇 분 후부터인지 구하시오.

0480
유형 24

15 %의 소금물 500 g이 있다. 이 소금물의 농도를 6 % 이하가 되게 하려면 물을 최소 몇 g 더 넣어야 하는가?

① 710 g ② 750 g ③ 790 g
④ 830 g ⑤ 870 g

0481
유형 23

집으로부터 20 km 떨어져 있는 바다까지 가는데 처음에는 시속 12 km로 자전거를 타고 가다가 자전거가 고장 나서 20분을 고치다 포기하고, 그 후에는 시속 6 km로 뛰어서 전체 걸린 시간이 2시간 30분 이내였다고 한다. 이때 시속 6 km로 뛰어간 거리는 최대 몇 km인가?

① 5 km ② 6 km ③ 7 km
④ 8 km ⑤ 9 km

0482
유형 20

어느 휴대폰 대리점에서는 원가에 30 %의 이익을 붙여 휴대폰의 정가를 정하였다. 이 휴대폰의 정가에서 x % 할인하여 판매하려고 한다. 손해를 보지 않고 판매하려고 할 때, x의 값이 될 수 있는 가장 큰 자연수는?

① 20 ② 21 ③ 22
④ 23 ⑤ 24

0483
유형 25

남자 1명이 5일, 여자 1명이 7일 걸려서 할 수 있는 일을 남녀 6명이 한 조가 되어 하루 안에 끝내려고 한다. 이 조에는 여자가 최대 몇 명까지 들어갈 수 있는지 구하시오.

교과서 속 창의력 UP!

정답 및 풀이 26쪽

0484 유형 19

전시회장의 입장료가 1인당 3000원이고 단체 입장 시 할인율은 다음 표와 같다. 15명 이상 20명 미만의 인원이 단체 입장을 하려고 할 때, 몇 명 이상부터 20명의 단체 입장권을 사는 것이 유리한지 구하시오.

인원수	할인율
15 이상 20 미만	입장료의 10 % 할인
20 이상	입장료의 20 % 할인

0485 유형 21

한 변의 길이가 8 cm인 정사각형 모양의 종이를 다음 그림과 같이 이어 붙여서 직사각형 모양의 띠를 만들려고 한다. 이웃하는 종이끼리 1 cm의 폭으로 겹쳐서 붙이고 직사각형 모양의 띠의 둘레의 길이가 116 cm 이상이 되도록 할 때, 종이를 최소 몇 장 붙여야 하는지 구하시오.

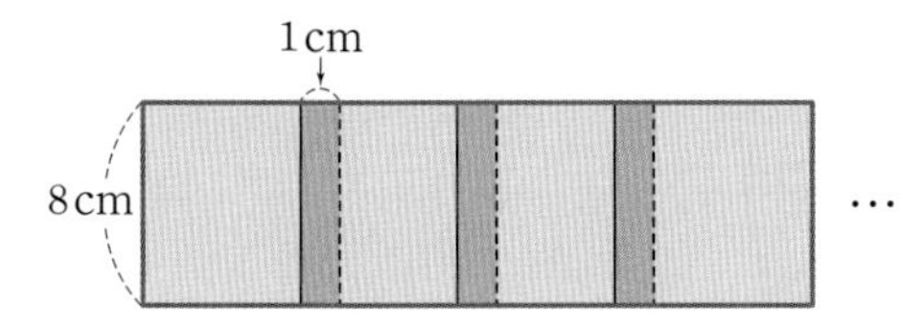

0486 유형 25

깊이가 20 m인 우물 바닥에 있는 달팽이가 하루 동안 낮에 x m 올라간 후, 밤에 4 m 미끄러져 내려온다. 바닥에 있던 달팽이가 올라가기 시작한 지 4일째에 낮 동안 우물 꼭대기에 도착하려고 할 때, x의 최솟값을 구하시오.

0487 유형 25

1부터 100까지의 자연수가 각각 적힌 100장의 카드가 들어 있는 상자에서 A, B 두 사람이 각각 한 장씩 카드를 꺼내 적힌 수를 비교하여 큰 수가 나오는 사람은 5점, 작은 수가 나오는 사람은 2점을 득점한다고 한다. A, B 두 사람이 각각 30회에 걸쳐서 카드를 뽑아 비교하여 점수를 받을 때, A의 득점의 합이 B의 득점의 합보다 10점 이상 많으려면 A가 B보다 큰 수를 몇 번 이상 뽑아야 하는지 구하시오.

부등식을 이용한 가격 결정

상품을 제작하여 판매할 때에는 수요와 공급을 고려해야 한다. 수요란 상품을 살 수 있는 사람들이 가지고 있는 욕구를 말하며, 공급은 상품을 판매하고자 하는 의도를 말한다. 즉, 상품 가격이 높을수록 상품의 수요는 줄어들고 공급에도 영향을 미친다. 일반적으로 수요와 공급이 균형을 이룰 때 거래가 이루어지고 가격과 거래량이 결정된다고 할 수 있다.

따라서 기업은 한정된 자원으로 최대의 이익을 얻을 수 있게, 가정경제에서는 최소의 비용으로 일정 수준 이상의 효과를 얻고자 노력하며, 이를 수치로 나타내는 데 부등식이 사용된다. 전문적으로 이와 같은 문제의 해법을 찾는 방법을 선형 계획법(linear programming)이라 한다. 이와 같은 선형 계획법은 통계학, 경제학, 경영학에서 많이 쓰이고 있으며, 특히 제2차 세계대전 중 군수품의 관리 및 수송을 위해서 미 군부가 이 부분을 더욱 연구하고 발전시켜 현대적인 학문의 체계로 발전시켰다.

III 연립방정식

05 미지수가 2개인 연립방정식

- Theme 11 미지수가 2개인 연립방정식
- Theme 12 연립방정식의 풀이
- Theme 13 연립방정식의 풀이의 응용

06 연립방정식의 활용

- Theme 14 연립방정식의 활용 (1)
- Theme 15 연립방정식의 활용 (2)

Theme 11 미지수가 2개인 연립방정식 유형 01~유형 06

(1) 미지수가 2개인 일차방정식

미지수가 2개이고 그 차수가 모두 1인 방정식

⇨ 등식의 모든 항을 좌변으로 이항하여 정리하였을 때

$ax+by+c=0$ (단, a, b, c는 상수, $a\neq0$, $b\neq0$)

예 $x+2y=3$ ⇨ 미지수가 2개인 일차방정식이다.

$2x+5=0$ ⇨ 미지수가 x의 1개이므로 미지수가 2개인 일차방정식이 아니다.

$3x^2-2y=1$ ⇨ x의 차수가 2이므로 미지수가 2개인 일차방정식이 아니다.

(2) 미지수가 2개인 일차방정식의 해

① 미지수가 2개인 일차방정식의 해 : 두 미지수 x, y에 대한 일차방정식을 참이 되게 하는 x, y의 값 또는 그 순서쌍 (x, y)

예 두 미지수 x, y에 대한 일차방정식 $2x+y=6$에서

• $2x+y=6$에 $x=1$, $y=4$를 대입하면 $2+4=6$ ⇨ $(1, 4)$는 이 일차방정식의 해이다.

• $2x+y=6$에 $x=2$, $y=5$를 대입하면 $4+5\neq6$ ⇨ $(2, 5)$는 이 일차방정식의 해가 아니다.

② 방정식을 푼다 : 방정식의 해를 모두 구하는 것

예 x, y가 자연수일 때, 일차방정식 $2x+y=6$을 풀어 보자.

x가 자연수이므로 $x=1, 2, 3, \cdots$을 차례로 대입하여 y의 값을 구하면

x	1	2	3	4	5	…
y	4	2	0	−2	−4	…

따라서 x, y가 자연수일 때, 일차방정식 $2x+y=6$의 해는 $(1, 4)$, $(2, 2)$이다.

(3) 미지수가 2개인 연립일차방정식

① 연립방정식 : 두 개 이상의 방정식을 한 쌍으로 묶어 나타낸 것

② 미지수가 2개인 연립일차방정식 : 미지수가 2개인 일차방정식 두 개를 한 쌍으로 묶어 나타낸 것

예 $\begin{cases}3x+y=7\\2x-y=3\end{cases}$, $\begin{cases}\frac{3}{2}x+y=6\\4x-\frac{3}{2}y=3\end{cases}$

(4) 미지수가 2개인 연립일차방정식의 해

① 연립방정식의 해 : 두 미지수 x, y에 대한 연립방정식에서 두 방정식을 동시에 참이 되게 하는 x, y의 값 또는 그 순서쌍 (x, y) → 두 일차방정식의 공통인 해

② 연립방정식을 푼다 : 연립방정식의 해를 구하는 것

예 x, y가 자연수일 때, 연립방정식 $\begin{cases}x+y=6 & \cdots\cdots ㉠\\2x+y=9 & \cdots\cdots ㉡\end{cases}$의 해를 구해 보자.

㉠의 해

x	1	2	3	4	5
y	5	4	3	2	1

㉡의 해

x	1	2	3	4
y	7	5	3	1

따라서 구하는 연립방정식의 해는 ㉠, ㉡의 공통인 해 $(3, 3)$, 즉 $x=3$, $y=3$이다.

비법 Note

› 방정식 : 미지수의 값에 따라 참이 되기도 하고 거짓이 되기도 하는 등식을 그 미지수에 대한 방정식이라 한다.

› 다음과 같은 경우도 x, y에 대한 일차방정식이 아니다.
예 $x+xy+3=0$
$\frac{1}{x}+y+3=0$

비법 Note

› 미지수가 2개인 일차방정식의 해는 미지수의 범위에 따라 달라진다.
예 $x+y=2$의 해는
• x, y가 자연수일 때 ⇨ $(1, 1)$
• x, y가 정수일 때 ⇨ $\cdots$, $(-1, 3)$, $(0, 2)$, $(1, 1)$, $(2, 0)$, $(3, -1)$, $\cdots$

비법 Note

› 연립일차방정식을 간단히 연립방정식이라고도 한다.

비법 Note

› 연립일차방정식의 해는 두 일차방정식을 동시에 만족시키므로 두 일차방정식에 대입하면 모두 참이 된다.

Theme 11 미지수가 2개인 연립방정식

[0488~0492] 다음 중 미지수가 2개인 일차방정식인 것에 ○표, 아닌 것에 ×표 하시오.

0488 $3x+2y-5$ ( )

0489 $4x^2+3y=4x^2+x-1$ ( )

0490 $\frac{1}{x}-2y=4$ ( )

0491 $x(1+2y)-2xy+2y=3$ ( )

0492 $5x+2y+4=3x+2y$ ( )

[0493~0494] 다음 문장을 미지수가 2개인 일차방정식으로 나타내시오.

0493 x의 3배와 y의 8배의 합은 52이다.

방정식 : ____________

0494 1000원짜리 열쇠고리 x개와 500원짜리 스티커 y장을 구입하고 9500원을 지불하였다.

방정식 : ____________

[0495~0498] 주어진 순서쌍이 일차방정식의 해이면 ○표, 해가 아니면 ×표 하시오.

0495 $x+2y=6$ $(4, 2)$ ( )

0496 $2x-3y=7$ $(5, 1)$ ( )

0497 $\frac{3}{4}x-\frac{1}{2}y=3$ $(2, -3)$ ( )

0498 $-3x+2y=1$ $\left(\frac{2}{3}, \frac{1}{2}\right)$ ( )

[0499~0500] 다음 일차방정식에 대하여 표를 완성하고, x, y가 자연수일 때, 일차방정식의 해를 순서쌍 (x, y)로 나타내시오.

0499 $x+5y=14$

x					
y	1	2	3	4	5

0500 $4x+3y=14$

x	1	2	3	4	5
y					

[0501~0502] 다음 문장을 미지수가 2개인 연립방정식으로 나타내시오.

0501 두 정수 x, $y(x>y)$의 합은 20이고, 차는 12이다.

연립방정식 : $\begin{cases} \\ \end{cases}$

0502 800원짜리 과자 x개와 400원짜리 사탕 y개를 합하여 총 12개를 사고 6800원을 지불하였다.

연립방정식 : $\begin{cases} \\ \end{cases}$

[0503~0505] 주어진 순서쌍이 연립방정식의 해이면 ○표, 해가 아니면 ×표 하시오.

0503 $\begin{cases} x+y=5 \\ 4x-y=5 \end{cases}$ $(2, 3)$ ( )

0504 $\begin{cases} 2x+12y=-1 \\ -x-8y=-4 \end{cases}$ $\left(-2, \frac{1}{4}\right)$ ( )

0505 $\begin{cases} x-2y=1 \\ 4x+y=10 \end{cases}$ $(3, -2)$ ( )

Theme 12 연립방정식의 풀이 유형 07 ~ 유형 12

(1) 연립방정식의 풀이 – 대입법 ← 한 일차방정식에서 한 미지수를 다른 미지수에 대한 식으로 나타낸 후 다른 일차방정식에 대입하여 연립방정식의 해를 구하는 방법

❶ 한 방정식을 한 미지수에 대한 식으로 나타낸다. ← $x=(\quad)$ 또는 $y=(\quad)$ 꼴

❷ ❶에서 구한 식을 다른 방정식에 대입하여 일차방정식의 해를 구한다.

❸ ❷에서 구한 해를 ❶의 식에 대입하여 다른 미지수의 값을 구한다.

(2) 연립방정식의 풀이 – 가감법 ← 두 일차방정식을 변끼리 더하거나 빼어서 한 미지수를 소거하여 연립방정식의 해를 구하는 방법

❶ 각 일차방정식의 양변에 적당한 수를 곱하여 소거하려는 미지수의 계수의 절댓값이 같아지도록 한다.

❷ ❶의 두 일차방정식을 변끼리 더하거나 빼어서 한 미지수를 소거한 후 방정식을 푼다.

❸ ❷에서 구한 해를 두 일차방정식 중 간단한 식에 대입하여 다른 미지수의 값을 구한다.

예 연립방정식 $\begin{cases} 3x+2y=1 & \cdots\cdots ㉠ \\ x-3y=4 & \cdots\cdots ㉡ \end{cases}$를 대입법으로 풀어 보자.

❶ ㉡에서 x를 y에 대한 식으로 나타내면
$x=3y+4$ ⋯⋯ ㉢

❷ ㉢을 ㉠에 대입하면 $3(3y+4)+2y=1$
$11y=-11$ $\quad\therefore y=-1$

❸ $y=-1$을 ㉢에 대입하면 $x=1$
따라서 구하는 해는 $x=1$, $y=-1$

예 연립방정식 $\begin{cases} 4x+3y=7 & \cdots\cdots ㉠ \\ 3x-2y=1 & \cdots\cdots ㉡ \end{cases}$을 가감법으로 풀어 보자.

❶ ㉠×2를 하면 $8x+6y=14$ ⋯⋯ ㉢
㉡×3을 하면 $9x-6y=3$ ⋯⋯ ㉣

❷ ㉢+㉣을 하면 $17x=17$ $\quad\therefore x=1$

❸ $x=1$을 ㉡에 대입하면 $y=1$
따라서 구하는 해는 $x=1$, $y=1$

(3) 복잡한 꼴의 연립방정식의 풀이

① 괄호가 있는 연립방정식 : 먼저 괄호를 풀어 간단히 정리한 후 연립방정식을 푼다.

② 계수가 분수인 연립방정식 : 양변에 분모의 최소공배수를 곱하여 계수를 정수로 고친 후 연립방정식을 푼다.

③ 계수가 소수인 연립방정식 : 양변에 10의 거듭제곱을 곱하여 계수를 정수로 고친 후 연립방정식을 푼다.

④ $A=B=C$ 꼴의 방정식 : $\begin{cases} A=B \\ A=C \end{cases}$, $\begin{cases} A=B \\ B=C \end{cases}$, $\begin{cases} A=C \\ B=C \end{cases}$ 중 하나를 선택하여 푼다.

> 비법 Note
> 연립방정식의 두 일차방정식 중 어느 하나가 $x=(y$에 대한 식) 또는 $y=(x$에 대한 식)으로 정리하기 편할 때, 즉 x 또는 y의 계수가 1이나 -1일 때 대입법을 이용한다.

> 비법 Note
> 소거 : 미지수가 2개인 연립방정식에서 한 미지수를 없애는 것
> 소거하려는 미지수의 계수의 절댓값을 같게 한 후
> ① 부호가 같으면 한 방정식에서 다른 방정식을 뺀다.
> ② 부호가 다르면 두 방정식을 더한다.

> 비법 Note
> 세 연립방정식 중 어떤 것을 선택하더라도 그 해는 모두 같다.

Theme 13 연립방정식의 풀이의 응용 유형 13 ~ 유형 18

(1) 해가 특수한 연립방정식

연립방정식의 두 일차방정식 중 하나의 방정식에 적당한 수를 곱하여 다른 방정식과 계수, 상수항을 비교하였을 때

① 두 방정식이 일치하면 ⇨ 해가 무수히 많다.

예 $\begin{cases} 2x+3y=4 & \cdots\cdots ㉠ \\ 4x+6y=8 \end{cases}$ $\xrightarrow[\text{㉠×2를 하면}]{x\text{의 계수가 같아지도록}}$ $\begin{cases} 4x+6y=8 \\ 4x+6y=8 \end{cases}$ ⇨ 해가 무수히 많다.
(계수와 상수항이 각각 같다.)

② 상수항만 다르면 ⇨ 해가 없다.

예 $\begin{cases} 2x+3y=4 & \cdots\cdots ㉠ \\ 4x+6y=6 \end{cases}$ $\xrightarrow[\text{㉠×2를 하면}]{x\text{의 계수가 같아지도록}}$ $\begin{cases} 4x+6y=8 \\ 4x+6y=6 \end{cases}$ ⇨ 해가 없다.
(계수는 같고 상수항만 다르다.)

> 비법 Note
> 해가 무수히 많은 연립방정식
> ⇨ 한 미지수를 소거하면 $0\times x=0$ 또는 $0\times y=0$ 꼴
> 해가 없는 연립방정식
> ⇨ 한 미지수를 소거하면 $0\times x=k$ 또는 $0\times y=k$ 꼴 $(k\neq 0)$

Theme 12 연립방정식의 풀이

[0506~0508] 다음 연립방정식을 푸시오.

0506 $\begin{cases} y=-3x & \cdots\cdots ㉠ \\ 4x+y=1 & \cdots\cdots ㉡ \end{cases}$

0507 $\begin{cases} 2x+3y=12 & \cdots\cdots ㉠ \\ x=2y-1 & \cdots\cdots ㉡ \end{cases}$

0508 $\begin{cases} 5x+3y=17 & \cdots\cdots ㉠ \\ 3y=x+11 & \cdots\cdots ㉡ \end{cases}$

[0509~0511] 다음 연립방정식을 푸시오.

0509 $\begin{cases} 2x+3y=1 & \cdots\cdots ㉠ \\ 4x-3y=-7 & \cdots\cdots ㉡ \end{cases}$

0510 $\begin{cases} 2x-3y=7 & \cdots\cdots ㉠ \\ 3x+y=5 & \cdots\cdots ㉡ \end{cases}$

0511 $\begin{cases} -2x+5y=9 & \cdots\cdots ㉠ \\ 3x+4y=-2 & \cdots\cdots ㉡ \end{cases}$

0512 다음은 연립방정식 $\begin{cases} 3(x-1)+y=2 & \cdots\cdots ㉠ \\ 2x+3(y-3)=-1 & \cdots\cdots ㉡ \end{cases}$ 을 푸는 과정이다. (가)~(라)에 알맞은 것을 써넣으시오.

> ㉠을 정리하면 $3x+y=5$ ······ ㉢
> ㉡을 정리하면 [(가)] $=8$ ······ ㉣
> ㉢×3−㉣을 하면 [(나)] $=7$ ∴ $x=$ [(다)]
> $x=$ [(다)] 을 ㉢에 대입하면 $y=$ [(라)]

0513 다음은 연립방정식 $\begin{cases} \frac{1}{3}x+\frac{1}{4}y=\frac{7}{6} & \cdots\cdots ㉠ \\ \frac{1}{2}x-\frac{1}{3}y=\frac{1}{3} & \cdots\cdots ㉡ \end{cases}$ 을 푸는 과정이다. (가)~(라)에 알맞은 것을 써넣으시오.

> ㉠×12를 하면 [(가)] $=14$ ······ ㉢
> ㉡×6을 하면 [(나)] $=2$ ······ ㉣
> ㉢×2+㉣×3을 하면 $17x=34$ ∴ $x=2$
> $x=2$를 ㉢에 대입하면 [(다)] $=6$
> ∴ $y=$ [(라)]

0514 다음은 연립방정식 $\begin{cases} 0.4x-0.3y=0.7 & \cdots\cdots ㉠ \\ 0.02x+0.07y=0.29 & \cdots\cdots ㉡ \end{cases}$ 를 푸는 과정이다. (가)~(라)에 알맞은 것을 써넣으시오.

> ㉠×10을 하면 [(가)] $=7$ ······ ㉢
> ㉡×100을 하면 [(나)] $=29$ ······ ㉣
> ㉢−㉣×2를 하면 $-17y=-51$ ∴ $y=3$
> $y=3$을 ㉢에 대입하면 [(다)] $=16$
> ∴ $x=$ [(라)]

Theme 13 연립방정식의 풀이의 응용

[0515~0516] 다음 연립방정식을 푸시오.

0515 $\begin{cases} 3x-y=5 \\ -9x+3y=-15 \end{cases}$

0516 $\begin{cases} x-5y=2 \\ 2x-10y=5 \end{cases}$

Theme 11 미지수가 2개인 연립방정식

워크북 66쪽

빈출 유형 01 미지수가 2개인 일차방정식

주어진 식의 모든 항을 좌변으로 이항하여 정리한 식이 다음과 같으면 미지수가 2개인 일차방정식이다.

미지수의 차수가 모두 1

$ax+by+c=0$ (단, a, b, c는 상수, $a\neq0$, $b\neq0$)

미지수가 2개 / 등식

참고 미지수가 2개인 일차방정식이 되는 조건

① 등식 ② 미지수가 2개 ③ 미지수의 차수가 모두 1

대표 문제

0517

다음 보기에서 미지수가 2개인 일차방정식을 모두 고른 것은?

보기

ㄱ. $\frac{1}{x}-y=2$　　ㄴ. $2x+y=3(x-y+1)$

ㄷ. $y=3x-\frac{1}{4}$　　ㄹ. $5(xy+x-3)=0$

① ㄴ　② ㄷ　③ ㄱ, ㄴ
④ ㄴ, ㄷ　⑤ ㄷ, ㄹ

0518 ●●○○

다음 중 $ax-2y=2x-5y+3$이 미지수가 2개인 일차방정식이 되도록 하는 상수 a의 값이 아닌 것은?

① 0　② 1　③ 2
④ 3　⑤ 4

0519 ●●○○

다음을 x, y에 대한 일차방정식으로 나타내시오.

세잎클로버 x개와 네잎클로버 y개의 잎의 개수의 합은 43이다.

유형 02 미지수가 2개인 일차방정식과 그 해

(1) 일차방정식 $ax+by+c=0$의 해가 (p, q)이다.
⇨ $x=p$, $y=q$를 $ax+by+c=0$에 대입하면 등식이 성립한다.
⇨ $ap+bq+c=0$

(2) x, y가 자연수일 때, 일차방정식 $ax+by+c=0$의 해 구하기
⇨ x, y 중 계수가 큰 미지수에 1, 2, 3, …을 차례로 대입하여 자연수의 순서쌍 (x, y)를 찾는다.

대표 문제

0520

다음 중 일차방정식 $5x-2y=10$의 해가 아닌 것을 모두 고르면? (정답 2개)

① $(2, 0)$　② $\left(3, \frac{5}{2}\right)$　③ $(4, -5)$
④ $(6, 10)$　⑤ $\left(-1, \frac{15}{2}\right)$

0521 ●●○○

x, y가 자연수일 때, 일차방정식 $3x+4y=42$의 해의 개수를 구하시오.

0522 ●●○○

다음 보기에서 $x=3$, $y=1$을 해로 갖는 일차방정식을 모두 고르시오.

보기

ㄱ. $x+2y=5$　　ㄴ. $3x-y=7$

ㄷ. $4x+3y=10$　　ㄹ. $x-y-2=0$

0523 ●●●○

x, y가 음이 아닌 정수일 때, 일차방정식 $4x+y=15$의 해의 개수를 a, 일차방정식 $3x+2y=12$의 해의 개수를 b라 하자. 이때 $a+b$의 값을 구하시오.

빈출 유형 03 일차방정식의 해가 주어질 때 미지수 구하기

일차방정식에 주어진 해를 대입하여 미지수의 값을 구한다.

예 일차방정식 $x+ay-3=0$의 한 해가 $(1, 2)$일 때, 상수 a의 값을 구해 보자.
$x=1$, $y=2$를 $x+ay-3=0$에 대입하면
$1+2a-3=0$ $\quad \therefore a=1$

대표 문제

0524

일차방정식 $5x-ay=7$의 한 해가 $(-1, 2)$일 때, 상수 a의 값은?

① -9 ② -6 ③ 1
④ 6 ⑤ 9

0525 ●●●●

일차방정식 $ax+3y-10=0$의 한 해가 $(1, 4)$이다. $y=-2$일 때, x의 값은? (단, a는 상수)

① -8 ② -5 ③ -2
④ 2 ⑤ 5

서술형

0526 ●●●●

두 순서쌍 $(6, a)$, $(b, b+1)$이 일차방정식 $2x-5y=7$의 해일 때, $a-b$의 값을 구하시오.

0527 ●●●●

x, y가 자연수일 때, 일차방정식 $x+3y=5$의 해가 일차방정식 $ax-4y=2$를 만족시킨다. 이때 상수 a의 값을 구하시오.

유형 04 연립방정식 세우기

미지수가 2개인 일차방정식 2개를 세워 한 쌍으로 묶는다.

예 100원짜리 사탕 x개와 500원짜리 껌 y개를 합하여 총 5개를 사고, 전체 금액 900원을 지불하였다.
⇨ $\begin{cases} \text{(사탕과 껌의 개수에 대한 일차방정식)} \\ \text{(전체 금액에 대한 일차방정식)} \end{cases}$
⇨ $\begin{cases} x+y=5 \\ 100x+500y=900 \end{cases}$

대표 문제

0528

1인당 입장료가 어른은 2500원, 청소년은 900원인 미술관에 7000원을 내고 어른과 청소년을 합하여 6명이 입장했다고 한다. 어른 수를 x, 청소년 수를 y라 할 때, x, y에 대한 연립방정식으로 나타내면?

① $\begin{cases} x+y=6 \\ 2500x-900y=7000 \end{cases}$ ② $\begin{cases} x+y=6 \\ 2500x+900y=7000 \end{cases}$
③ $\begin{cases} x+y=6 \\ 900x+2500y=7000 \end{cases}$ ④ $\begin{cases} x-y=6 \\ 2500x-900y=7000 \end{cases}$
⑤ $\begin{cases} x-y=6 \\ 2500x+900y=7000 \end{cases}$

신유형

0529 ●●●●

어느 날 환율을 찾아보니 1유로는 1달러보다 원화로 60원 더 비싸고 1유로와 1달러의 합은 원화로 2650원이었다. 이날 환율이 1유로는 x원, 1달러는 y원이었을 때, x, y에 대한 연립방정식으로 나타내시오.

0530 ●●●●

진혁이는 5 km 단축 마라톤 대회에 참가했는데 처음에는 시속 4 km로 x km만큼 걷다가 중간에 시속 6 km로 y km만큼 뛰어서 출발한 지 1시간 10분 만에 결승점에 도착하였다. 이를 x, y에 대한 연립방정식으로 나타낼 때, 필요한 식을 모두 고르면? (정답 2개)

① $x+y=5$ ② $x-y=5$ ③ $4x+6y=70$
④ $\frac{x}{4}+\frac{y}{6}=\frac{7}{6}$ ⑤ $\frac{x}{4}-\frac{y}{6}=\frac{1}{6}$

유형 05 연립방정식의 해

x, y에 대한 연립방정식의 해
⇨ 두 방정식의 공통인 해
⇨ 두 방정식을 동시에 만족시키는 x, y의 값 또는 순서쌍 (x, y)

대표 문제

0531

다음 보기에서 $x=1$, $y=2$를 해로 갖는 연립방정식을 모두 고른 것은?

보기

ㄱ. $\begin{cases} x+y=3 \\ x-y=2 \end{cases}$　　ㄴ. $\begin{cases} 3x+2y=8 \\ y=x+1 \end{cases}$

ㄷ. $\begin{cases} 2x+y=4 \\ -x+y=1 \end{cases}$　　ㄹ. $\begin{cases} x+2y=5 \\ 2x+3y=8 \end{cases}$

① ㄱ　② ㄱ, ㄷ　③ ㄴ, ㄷ
④ ㄴ, ㄹ　⑤ ㄷ, ㄹ

0532 ●●○○

다음 보기의 일차방정식 중 해가 $x=2$, $y=-1$인 두 방정식을 한 쌍의 연립방정식으로 나타내시오.

보기

ㄱ. $2x-y=5$　　ㄴ. $-3x+5y=-10$
ㄷ. $-x-4y=6$　　ㄹ. $4x+7y=1$

0533 ●●●○

x, y가 자연수일 때, 연립방정식 $\begin{cases} 2x+y=8 \\ x+5y=13 \end{cases}$의 해는?

① $(1, 6)$　② $(2, 3)$　③ $(2, 4)$
④ $(3, 2)$　⑤ $(8, 1)$

빈출

유형 06 연립방정식의 해가 주어질 때 미지수 구하기

x, y에 대한 연립방정식 $\begin{cases} ax+by=c \\ a'x+b'y=c' \end{cases}$의 해가 (p, q)이다.
⇨ $x=p$, $y=q$를 두 일차방정식에 각각 대입하면 등식이 성립한다.
⇨ $ap+bq=c$, $a'p+b'q=c'$

대표 문제

0534

연립방정식 $\begin{cases} -4x+ay=-2 \\ bx-y=5 \end{cases}$의 해가 $(2, -1)$일 때, 상수 a, b의 값은?

① $a=-6$, $b=-2$　② $a=-6$, $b=2$
③ $a=-2$, $b=-6$　④ $a=-2$, $b=6$
⑤ $a=2$, $b=6$

0535 ●●○○

연립방정식 $\begin{cases} 3x-y=2 \\ ax+2y=6 \end{cases}$의 해가 $x=2$, $y=b$일 때, 상수 a에 대하여 ab의 값을 구하시오.

0536 ●●○○

연립방정식 $\begin{cases} 2x-y=12 \\ 3x+2y=b \end{cases}$의 해가 $(a, -6)$일 때, 상수 b에 대하여 $a-b$의 값을 구하시오.

서술형

0537 ●●●○

연립방정식 $\begin{cases} x+2y=10 \\ ax-y=5 \end{cases}$의 해가 $(2b, b+1)$일 때, 상수 a에 대하여 $a+b$의 값을 구하시오.

Theme 12 연립방정식의 풀이

워크북 69쪽

빈출 유형 07 연립방정식의 풀이 − 대입법

x, y에 대한 연립방정식에서 한 일차방정식을

$x=$(y에 대한 식) 또는 $y=$(x에 대한 식)

의 꼴로 나타낸다.

⇨ 이 식을 다른 일차방정식의 x 또는 y에 대입하여 해를 구한다.

대표 문제

0538

연립방정식 $\begin{cases} y=3x-5 \\ y=-x+7 \end{cases}$의 해가 $(a,\ b)$일 때, a^2+b^2의 값을 구하시오.

0539 ●●●●

다음은 연립방정식 $\begin{cases} y=4x-5 & \cdots\cdots ㉠ \\ 3x+y=9 & \cdots\cdots ㉡ \end{cases}$의 해를 구하는 과정이다. (가)~(마)에 알맞은 것으로 옳지 않은 것은?

> ㉠을 ㉡에 대입하여 (가) 를 소거하면
> $3x+($ (나) $)=9$
> $7x=$ (다) $\therefore x=$ (라)
> $x=$ (라) 를 ㉠에 대입하면 $y=$ (마)

① (가) : x　② (나) : $4x-5$　③ (다) : 14
④ (라) : 2　⑤ (마) : 3

0540 ●●●●

연립방정식 $\begin{cases} y=8+2x & \cdots\cdots ㉠ \\ -x+2y=1 & \cdots\cdots ㉡ \end{cases}$에서 ㉠을 ㉡에 대입하여 y를 소거하면 $kx=-15$이다. 이때 상수 k의 값은?

① 1　② 2　③ 3
④ 4　⑤ 5

0541 ●●●●

연립방정식 $\begin{cases} 2x=3y-1 \\ 2x+y=11 \end{cases}$의 해가 $(a,\ b)$일 때, $a+b$의 값은?

① 1　② 3　③ 5
④ 7　⑤ 9

0542 ●●●●

두 일차방정식 $y=-2x+1$, $3x-y=-11$을 모두 만족시키는 x, y에 대하여 $y-x$의 값은?

① -7　② -5　③ 5
④ 7　⑤ 9

서술형

0543 ●●●●

연립방정식 $\begin{cases} x=2y+7 \\ 3x-2y=1 \end{cases}$의 해가 일차방정식 $x+ky+8=0$을 만족시킬 때, 상수 k의 값을 구하시오.

0544 ●●●●

다음 보기의 일차방정식 중 연립방정식 $\begin{cases} x=-y+3 \\ 2x-3y=-4 \end{cases}$의 해를 한 해로 갖는 것을 모두 고르시오.

보기

ㄱ. $x-y=-1$　ㄴ. $x-2y=5$
ㄷ. $3x+2y=7$　ㄹ. $-2x+3y=-4$

빈출 유형 08 연립방정식의 풀이 – 가감법

가감법을 이용하여 미지수를 소거하는 순서
❶ 소거하려는 미지수의 계수의 절댓값이 같아지도록 한다.
❷ 계수의 부호가 같으면 ⇨ 한 방정식에서 다른 방정식을 뺀다.
다르면 ⇨ 두 방정식을 더한다.

대표 문제

0545

연립방정식 $\begin{cases} 5x+2y=-1 \\ 2x-3y=-8 \end{cases}$의 해가 (a, b)일 때, $a+b$의 값을 구하시오.

0546

연립방정식 $\begin{cases} 5x+3y=4 & \cdots\cdots ㉠ \\ 3x+4y=9 & \cdots\cdots ㉡ \end{cases}$에서 y를 소거하여 가감법으로 풀려고 한다. 이때 필요한 식은?

① ㉠×3+㉡×5 ② ㉠×3−㉡×5
③ ㉠×4+㉡×3 ④ ㉠×4−㉡×3
⑤ ㉠×6−㉡×5

0547

연립방정식 $\begin{cases} -3x+4y=2 \\ 9x-7y=4 \end{cases}$를 풀기 위해 x를 소거하였더니 $ay=10$이 되었다. 이때 상수 a의 값을 구하시오.

0548

연립방정식 $\begin{cases} 2x+3y=-3 & \cdots\cdots ㉠ \\ ax-8y=7 & \cdots\cdots ㉡ \end{cases}$에서 ㉠×5+㉡×2를 하였더니 x가 소거되었을 때, 상수 a의 값은?

① -5 ② -3 ③ -1
④ 3 ⑤ 5

0549

다음 연립방정식의 해가 나머지 넷과 다른 하나는?

① $\begin{cases} x+y=4 \\ x-y=2 \end{cases}$ ② $\begin{cases} x-2y=1 \\ 3x-2y=7 \end{cases}$

③ $\begin{cases} 2x+y=7 \\ 4x-3y=9 \end{cases}$ ④ $\begin{cases} x-4y=7 \\ 3x+4y=5 \end{cases}$

⑤ $\begin{cases} 3x-y=8 \\ x+3y=6 \end{cases}$

신유형

0550

다음 학생들의 대화를 보고, 주어진 연립방정식을 잘못 푼 학생을 찾으시오.

$\begin{cases} 2x-5y=2 & \cdots\cdots ㉠ \\ -6x-2y=-6 & \cdots\cdots ㉡ \end{cases}$

지은 : ㉠을 3배 한 식과 ㉡을 변끼리 더하면 x를 소거하여 풀 수 있어.
우진 : ㉠을 2배 한 식과 ㉡을 5배 한 식을 변끼리 더하면 y를 소거하여 풀 수 있어.
한별 : ㉡을 $y=-3x+3$으로 변형한 후 ㉠에 대입하여 풀면 해는 $x=1$, $y=0$이야.
소미 : ㉡의 양변을 -2로 나누고 다시 5배 한 식과 ㉠을 변끼리 더하면 x의 값을 구할 수 있어.

서술형

0551

연립방정식 $\begin{cases} x-2y=4 \\ 3x+4y=2 \end{cases}$의 해가 일차방정식 $2x+y=a$를 만족시킬 때, 상수 a의 값을 구하시오.

유형 09 괄호가 있는 연립방정식의 풀이

분배법칙을 이용하여 괄호를 풀고, 동류항끼리 정리한다.

⇨ $a(x+y)=ax+ay$, $a(x-y)=ax-ay$

예 $\begin{cases} 2(x-y)-3y=1 \\ 2x-(-x+3y)=6 \end{cases}$ ⇨ $\begin{cases} 2x-5y=1 \\ 3x-3y=6 \end{cases}$

대표 문제

0552

연립방정식 $\begin{cases} x-4y=-5 \\ 2(x-1)+3y=10 \end{cases}$ 의 해가 일차방정식 $ax-3y=9$를 만족시킬 때, 상수 a의 값을 구하시오.

0553 ●●●●

연립방정식 $\begin{cases} x+3(y+1)=2 \\ 4(x-2)+y=-1 \end{cases}$ 을 풀면?

① $x=-2$, $y=1$　② $x=-1$, $y=0$
③ $x=0$, $y=2$　④ $x=1$, $y=3$
⑤ $x=2$, $y=-1$

0554 ●●●●

연립방정식 $\begin{cases} 2(x+1)-y=0 \\ 4x+3(y-a)=33 \end{cases}$ 의 해가 $(3, b)$일 때, 상수 a에 대하여 $b-a$의 값은?

① 3　② 5　③ 7
④ 9　⑤ 11

0555 ●●●●

연립방정식 $\begin{cases} 2(x-3y)=3(1-y) \\ 5-\{2x-(4x-5y)+2\}=4 \end{cases}$ 의 해가 (a, b)일 때, ab의 값을 구하시오.

빈출 유형 10 계수가 분수 또는 소수인 연립방정식의 풀이

(1) 계수가 분수 ⇨ 양변에 분모의 최소공배수를 곱하여 계수를 모두 정수로 바꾼다.

(2) 계수가 소수 ⇨ 양변에 10의 거듭제곱을 곱하여 계수를 모두 정수로 바꾼다.

대표 문제

0556

연립방정식 $\begin{cases} x-\dfrac{y-3}{2}=5 \\ \dfrac{x}{4}+\dfrac{y}{3}=\dfrac{5}{12} \end{cases}$ 의 해가 $x=a$, $y=b$일 때, $a-b$의 값을 구하시오.

0557 ●●●●

연립방정식 $\begin{cases} 0.4x-0.3y=1.4 \\ 0.01x+0.04y=-0.06 \end{cases}$ 의 해가 $x=a$, $y=b$일 때, ab의 값을 구하시오.

0558 ●●●●

순서쌍 $(a-1, b)$가 연립방정식 $\begin{cases} 0.5x-0.1y=0.4 \\ \dfrac{x-3}{4}+\dfrac{y}{8}=\dfrac{1}{2} \end{cases}$ 의 해일 때, $a+b$의 값을 구하시오.

0559 ●●●●

연립방정식 $\begin{cases} 0.1x+0.5y=-0.6 \\ 0.\dot{1}x-1.\dot{6}y=6 \end{cases}$ 을 푸시오.

유형 11 비례식을 포함한 연립방정식의 풀이

비례식에서
(내항의 곱)=(외항의 곱)
임을 이용하여 비례식을 일차방정식으로 바꾼다.

대표 문제

0560

연립방정식 $\begin{cases}(x+y):(x-y)=3:1\\2x+y=15\end{cases}$의 해가 (a, b)일 때, ab의 값은?

① 6 ② 9 ③ 12
④ 15 ⑤ 18

0561 ●●●●

연립방정식 $\begin{cases}(2y-x):(2x+y+1)=1:2\\4x-y=5\end{cases}$를 푸시오.

0562 ●●●●

연립방정식 $\begin{cases}3(2x-y)=2(x+y-10)\\3x:5y=1:2\end{cases}$를 만족시키는 x, y에 대하여 $x-y$의 값은?

① -5 ② -4 ③ -3
④ -2 ⑤ -1

서술형

0563 ●●●●

연립방정식 $\begin{cases}(x+3):5=(y+5):2\\\dfrac{3(x-2)}{5}-\dfrac{y}{3}=1\end{cases}$의 해가 일차방정식 $x-ky=11$을 만족시킬 때, 상수 k의 값을 구하시오.

빈출 유형 12 $A=B=C$ 꼴의 방정식의 풀이

$A=B=C$ 꼴의 방정식 ⇨ $\begin{cases}A=B\\A=C\end{cases}$, $\begin{cases}A=B\\B=C\end{cases}$, $\begin{cases}A=C\\B=C\end{cases}$
의 세 가지 연립방정식 중 간단한 것을 선택하여 푼다.

참고 C가 상수일 때는 $\begin{cases}A=C\\B=C\end{cases}$로 놓고 풀면 간단하다.

대표 문제

0564

다음 방정식을 풀면?

$$2x+3y-6=3x-2y=4x-5y+2$$

① $x=1$, $y=5$ ② $x=2$, $y=4$
③ $x=3$, $y=4$ ④ $x=4$, $y=2$
⑤ $x=5$, $y=1$

0565 ●●●●

방정식 $3x-y=\frac{3}{2}x+y=-9$의 해가 (a, b)일 때, $a-b$의 값은?

① -2 ② -1 ③ 0
④ 1 ⑤ 2

0566 ●●●●

방정식 $\frac{x-y}{2}=\frac{5x-2y}{5}=3$의 해가 $x=a$, $y=b$일 때, $a+b$의 값은?

① -6 ② -4 ③ 0
④ 4 ⑤ 6

0567 ●●●●

방정식 $0.2x+0.5y=-1=\frac{2}{3}x+\frac{1}{2}y$의 해가 일차방정식 $3x+2y-k=0$을 만족시킬 때, 상수 k의 값을 구하시오.

Theme 13 연립방정식의 풀이의 응용

워크북 73쪽

유형 13 연립방정식의 해가 주어질 때 미지수 구하기

주어진 연립방정식의 해를 두 일차방정식에 각각 대입하여 미지수에 대한 연립방정식을 세운 후 풀어 미지수의 값을 구한다.

예 x, y에 대한 연립방정식 $\begin{cases} ax+by=1 \\ 2ax+3by=4 \end{cases}$의 해가 $x=1$, $y=1$

이면 ⇨ $\begin{cases} a+b=1 \\ 2a+3b=4 \end{cases}$

대표 문제

0568

연립방정식 $\begin{cases} ax+by=1 \\ bx-ay=8 \end{cases}$의 해가 $x=2$, $y=-1$일 때, 상수 a, b의 값은?

① $a=-2$, $b=1$ ② $a=-2$, $b=3$
③ $a=1$, $b=3$ ④ $a=2$, $b=1$
⑤ $a=2$, $b=3$

0569 ●●●

연립방정식 $\begin{cases} ax+by=7 \\ 2ax-by=2 \end{cases}$의 해가 $(-3,\ 2)$일 때, 상수 a, b에 대하여 $a+b$의 값은?

① -2 ② -1 ③ 0
④ 1 ⑤ 2

0570 ●●●

순서쌍 $(1,\ -2)$가 연립방정식 $\begin{cases} 4ax-by=8 \\ bx+ay=2 \end{cases}$의 해일 때, 상수 a, b에 대하여 $4a-b$의 값을 구하시오.

0571 ●●●

연립방정식 $\begin{cases} (x-y):(x+1)=2a:b \\ ax+by=1 \end{cases}$의 해가 $x=5$, $y=-3$일 때, 상수 a, b에 대하여 $a+b$의 값을 구하시오.

유형 14 연립방정식의 해와 일차방정식의 해가 같을 때 미지수 구하기

연립방정식의 해를 한 해로 갖는 일차방정식이 주어질 때
❶ 세 일차방정식 중에서 미지수가 없는 두 일차방정식으로 연립방정식을 세워 해를 구한다.
❷ ❶에서 구한 해를 나머지 일차방정식에 대입하여 미지수를 구한다.

대표 문제

0572

연립방정식 $\begin{cases} 5x-2y=2 \\ 2x-ay=3 \end{cases}$의 해가 일차방정식 $3x+y=10$을 만족시킬 때, 상수 a의 값을 구하시오.

0573 ●●●

연립방정식 $\begin{cases} x-5y=12 \\ ax+(a+5)y=7 \end{cases}$의 해가 일차방정식 $3x+10y=11$을 만족시킬 때, 상수 a의 값을 구하시오.

0574 ●●●

연립방정식 $\begin{cases} 3x+4y=1 \\ x-ky=3k \end{cases}$의 해 $x=p$, $y=q$가 일차방정식 $2x+y=4$의 한 해일 때, 상수 k에 대하여 $p+q+k$의 값을 구하시오.

신유형

0575 ●●●●

방정식 $3x+y=ax-y=2y+3$의 해가 일차방정식 $\frac{3}{2}x-\frac{1}{3}y=2$를 만족시킬 때, 상수 a의 값을 구하시오.

빈출 유형 15 해에 대한 조건이 주어진 경우 미지수 구하기

x, y에 대한 조건이 주어지면 다음과 같이 식으로 나타낸다.
(1) y의 값이 x의 값보다 k만큼 크다. ⇨ $y=x+k$
(2) y의 값이 x의 값의 k배이다. ⇨ $y=kx$
(3) x와 y의 값의 비가 $m:n$이다. ⇨ $x:y=m:n$, 즉 $my=nx$

대표 문제

0576

연립방정식 $\begin{cases} x-y=4 \\ 2x-ky=6 \end{cases}$을 만족시키는 x의 값이 y의 값의 3배일 때, 상수 k의 값을 구하시오.

0577 ●●●●

연립방정식 $\begin{cases} 5x+y=2 \\ x-3y=2a \end{cases}$를 만족시키는 x의 값이 y의 값보다 4만큼 클 때, 상수 a의 값은?

① 1 ② 3 ③ 5
④ 7 ⑤ 9

서술형

0578 ●●●●

연립방정식 $\begin{cases} 2x-4(y+2x-5)=-4 \\ y-3x=a \end{cases}$를 만족시키는 x와 y의 값의 비가 $2:3$일 때, 상수 a의 값을 구하시오.

신유형

0579 ●●●●

연립방정식 $\begin{cases} 2x-y=a \\ x+2y=7-a \end{cases}$를 만족시키는 x의 값이 y의 값의 2배일 때, 상수 a의 값을 구하시오.

유형 16 잘못 보고 구한 해

(1) 계수 a와 b를 바꾸어 놓고 구한 해가 주어졌을 때
❶ a는 b로, b는 a로 바꾼 새로운 연립방정식에 잘못 구한 해를 대입하여 a, b의 값을 구한다.
❷ a, b의 값을 처음 연립방정식에 대입하여 해를 구한다.
(2) 계수나 상수항을 잘못 보고 구한 해가 주어졌을 때
⇨ 제대로 본 방정식에 해를 대입하여 계수나 상수항을 구한다.

대표 문제

0580

연립방정식 $\begin{cases} ax+by=1 \\ bx+ay=5 \end{cases}$에서 잘못하여 상수 a와 b를 바꾸어 놓고 풀었더니 $x=1$, $y=2$이었다. 이때 처음 연립방정식의 해를 구하시오.

0581 ●●●●

연립방정식 $\begin{cases} 2x+3y=5 \\ x+2y=7 \end{cases}$을 풀 때, 방정식 $x+2y=7$의 상수항 7을 잘못 보고 풀어서 $y=3$이 되었다. 이때 상수항 7을 어떤 수로 잘못 보고 풀었는지 구하시오.

0582 ●●●●

연립방정식 $\begin{cases} 3x+ay=2 \\ bx+3y=-4 \end{cases}$에서 a를 잘못 보고 구한 해는 $x=-4$, $y=4$이고, b를 잘못 보고 구한 해는 $x=2$, $y=-2$이었다. 이때 상수 a, b에 대하여 $a+b$의 값은?

① 5 ② 6 ③ 7
④ 8 ⑤ 9

0583 ●●●●

연립방정식 $\begin{cases} ax+y=2 \\ 2x-y=7 \end{cases}$에서 a를 b로 잘못 보고 풀어서 $x=1$을 얻었다. b의 값이 a의 값보다 6만큼 클 때, 처음 연립방정식의 해를 구하시오. (단, a, b는 상수)

유형 17 두 연립방정식의 해가 서로 같은 경우 미지수 구하기

두 연립방정식의 해가 같으면
⇨ 미지수가 없는 두 일차방정식을 연립하여 해를 구한다.
⇨ 구한 해를 나머지 일차방정식에 대입하여 미지수의 값을 구한다.

대표 문제

0584

두 연립방정식 $\begin{cases} 4x-ay=9 \\ x+2y=5 \end{cases}$, $\begin{cases} 5x-6y=9 \\ bx-3y=3 \end{cases}$의 해가 같을 때, 상수 a, b의 값은?

① $a=-3$, $b=2$ ② $a=-1$, $b=2$
③ $a=1$, $b=2$ ④ $a=2$, $b=3$
⑤ $a=3$, $b=2$

0585 ●●●●

다음 두 연립방정식의 해가 같을 때, 상수 a, b에 대하여 $a+b$의 값은?

$\begin{cases} ax+by=-2 \\ 2x+5y=26 \end{cases}$ $\begin{cases} x-3y=-9 \\ 4x+ay=20 \end{cases}$

① 0 ② 1 ③ 2
④ 5 ⑤ 7

0586 ●●●●

다음 네 일차방정식이 한 쌍의 공통인 해를 가질 때, 상수 a, b에 대하여 $a-b$의 값을 구하시오.

$x-y=1$ $ax-3y=9$
$ax+by=3-b$ $3x-2y=5$

유형 18 해가 특수한 연립방정식

연립방정식 $\begin{cases} ax+by=c \\ a'x+b'y=c' \end{cases}$에서

(1) $\dfrac{a}{a'}=\dfrac{b}{b'}=\dfrac{c}{c'}$이면 ⇨ 해가 무수히 많다.

(2) $\dfrac{a}{a'}=\dfrac{b}{b'}\neq\dfrac{c}{c'}$이면 ⇨ 해가 없다.

참고 $\dfrac{a}{a'}\neq\dfrac{b}{b'}$이면 해가 1개이다.

대표 문제

0587

연립방정식 $\begin{cases} ax-6y=2 \\ 4x+by=-1 \end{cases}$의 해가 무수히 많을 때, 상수 a, b에 대하여 $a+b$의 값은?

① -5 ② -3 ③ 1
④ 3 ⑤ 5

0588 ●●●●

다음 연립방정식 중 해가 <u>없는</u> 것은?

① $\begin{cases} x-y=2 \\ -2x+2y=-4 \end{cases}$ ② $\begin{cases} x+3y=0 \\ 3x+y=0 \end{cases}$

③ $\begin{cases} -x+2y=-1 \\ 4x-8y=4 \end{cases}$ ④ $\begin{cases} x+8y=-6 \\ -x-4y=3 \end{cases}$

⑤ $\begin{cases} 3x-2y=4 \\ 4(x-y)=6-2x \end{cases}$

0589 ●●●●

연립방정식 $\begin{cases} 4x+ay=5 \\ -2x+3y=6 \end{cases}$의 해가 없을 때, 상수 a의 값을 구하시오.

0590 ●●●●

연립방정식 $\begin{cases} -x+ay=4 \\ 3x-9y=2b \end{cases}$의 해가 무수히 많고, 연립방정식 $\begin{cases} 5x-2cy=6 \\ -x+2y=3 \end{cases}$의 해가 없을 때, 상수 a, b, c에 대하여 $a+b+c$의 값을 구하시오.

0591

유형 01

등식 $x^2-by-2+3x=ax^2-2y-cx-1$이 미지수가 2개인 일차방정식이 되기 위한 상수 a, b, c의 조건은?

① $a\neq1$, $b=2$, $c=-3$
② $a\neq1$, $b\neq2$, $c=-3$
③ $a=1$, $b\neq2$, $c\neq-3$
④ $a=1$, $b\neq2$, $c=-3$
⑤ $a=1$, $b=2$, $c\neq-3$

0592

유형 02

x, y가 자연수일 때, 다음 일차방정식 중 해가 <u>없는</u> 것은?

① $2x+y=6$
② $x+y=15$
③ $x+3y=11$
④ $5x+3y=12$
⑤ $2x+3y=19$

0593

유형 03

일차방정식 $0.\dot{3}x+1.\dot{3}y=1.\dot{1}$의 한 해가 $(2,\ k)$일 때, k의 값은?

① $\frac{1}{3}$
② 1
③ $\frac{5}{3}$
④ $\frac{7}{3}$
⑤ 3

0594

유형 08

연립방정식 $\begin{cases} x-2y=11 \\ 2x+3y=-6 \end{cases}$의 해가 $x=a$, $y=b$일 때, 연립방정식 $\begin{cases} ax+by=-5 \\ bx+ay=2 \end{cases}$의 해는?

① $(-2,\ 1)$
② $(-1,\ 2)$
③ $(1,\ -2)$
④ $(1,\ 2)$
⑤ $(2,\ 3)$

0595

유형 09+유형 10

연립방정식 $\begin{cases} 0.\dot{2}(x-1)+1.\dot{3}y=0.\dot{8} \\ 0.0\dot{1}x+0.0\dot{2}(y-7)=0.0\dot{3} \end{cases}$의 해가 $(a,\ b)$일 때, $a+b$의 값을 구하시오.

0596

유형 10

연립방정식 $\begin{cases} \frac{y-x}{5}+0.3x=-\frac{1}{5} \\ \frac{x+2y}{10}-\frac{6}{5}y=2.2 \end{cases}$ 의 해가 $x=a$, $y=b$일 때, ab의 값은?

① -4　② -2　③ -1　④ 2　⑤ 4

0597

유형 13

연립방정식 $\begin{cases} ax+by=1 \\ bx-ay=3 \end{cases}$ 의 해가 $x=1$, $y=2$일 때, 상수 a, b에 대하여 a^2+b^2의 값을 구하시오.

0598

유형 12

방정식 $3x+y+2=-x-y=2x+2y+1$의 해가 (a, b)일 때, $\frac{a}{b}$의 값은?

① -2　② -1　③ $-\frac{1}{2}$　④ 1　⑤ 2

0599

유형 15

연립방정식 $\begin{cases} ax+y=1 \\ x-ay=-1 \end{cases}$ 을 만족시키는 x, y에 대하여 y의 값이 x의 값의 2배일 때, 상수 a의 값은?

① 1　② 3　③ 5　④ 7　⑤ 9

0600

유형 03+유형 18

연립방정식 $\begin{cases} 4x+3y=9 & \cdots\cdots ㉠ \\ ax-y=b & \cdots\cdots ㉡ \end{cases}$ 의 해가 없고, 일차방정식 ㉡의 한 해가 $(6, -10)$일 때, 상수 a, b에 대하여 ab의 값을 구하시오.

0601 유형 13

다음 그림에서 타원 안의 순서쌍은 선으로 연결된 이웃한 두 일차방정식을 동시에 만족시키는 해를 나타낸 것이다. 이때 A에 알맞은 순서쌍을 구하시오. (단, a, b, c는 상수)

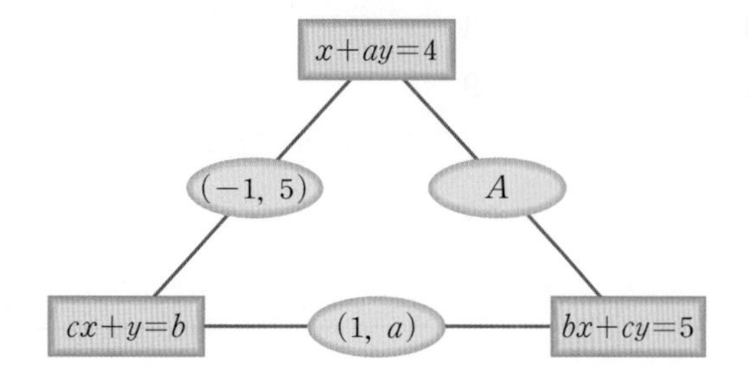

0602 유형 15

연립방정식 $\begin{cases} 4x-y=4 \\ -bx+ay=10 \end{cases}$ 을 만족시키는 x, y의 값이 연립방정식 $\begin{cases} ax-by=4 \\ 3x-2y=-1 \end{cases}$ 을 만족시키는 x, y의 값의 각각 2배이다. 상수 a, b에 대하여 ab의 값을 구하시오.

0603 유형 16

연립방정식 $\begin{cases} ax+by=8 \\ cx-3y=6 \end{cases}$ 을 푸는데 정훈이는 바르게 풀어서 $x=6$, $y=2$를 얻었고, 미소는 c를 잘못 보고 풀어서 $x=1$, $y=-1$을 얻었다고 한다. 상수 a, b, c의 값을 구하고, 미소는 c를 어떤 수로 잘못 보고 풀었는지 구하시오.

0604 유형 11+유형 17

연립방정식 $\begin{cases} (x-1):(y+3)=1:2 \\ x+2y=-5 \end{cases}$ 의 해와 연립방정식 $\begin{cases} ax+by=4 \\ 3bx-ay=8 \end{cases}$ 의 해가 서로 같을 때, 상수 a, b에 대하여 $\frac{a}{b}$의 값을 구하시오.

교과서 속 창의력 UP!

정답 및 풀이 34쪽

0605 유형 04+유형 08

다음 그림과 같이 두 수를 합하거나 곱하는 연산 장치가 있다. 차례대로 주어진 연산을 통하여 5와 8을 얻었을 때, 두 수 x, y의 값을 각각 구하시오.

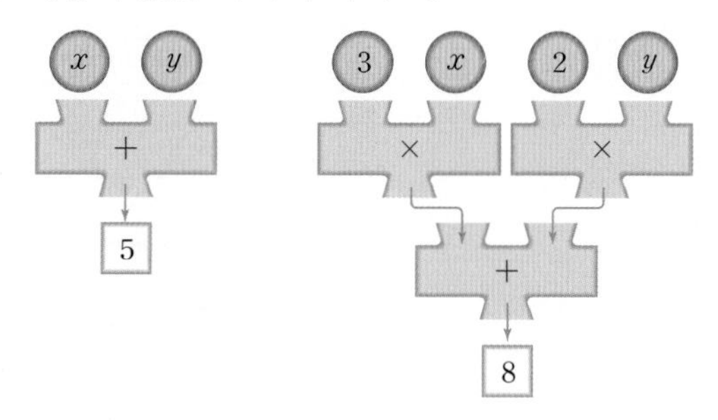

0606 유형 08

연립방정식 $\begin{cases} \dfrac{2}{x}-\dfrac{2}{y}=1 \\ \dfrac{1}{x}+\dfrac{2}{y}=2 \end{cases}$ 에 대하여 다음 물음에 답하시오.

(1) $\dfrac{1}{x}=X$, $\dfrac{1}{y}=Y$라 할 때, 주어진 연립방정식을 X, Y에 대한 연립방정식으로 나타내고, X, Y의 값을 각각 구하시오.

(2) 연립방정식 $\begin{cases} \dfrac{2}{x}-\dfrac{2}{y}=1 \\ \dfrac{1}{x}+\dfrac{2}{y}=2 \end{cases}$ 의 해를 구하시오.

0607 유형 04+유형 08

다음 [그림 1]과 [그림 2]는 모두 합동인 직사각형을 이용하여 만든 것이다. 직사각형의 긴 변과 짧은 변의 길이를 각각 구하시오.

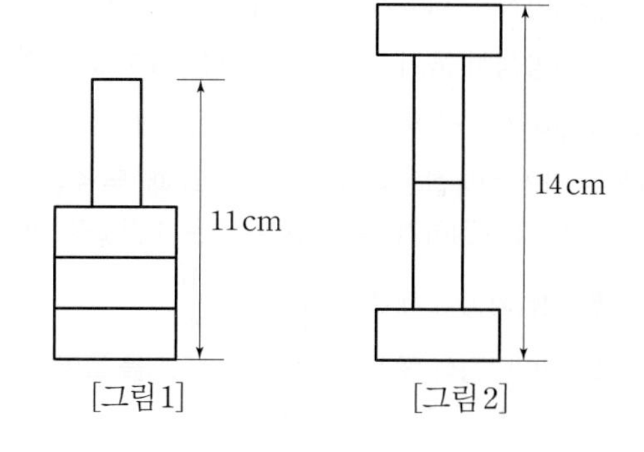

0608 유형 04+유형 08

오른쪽 표의 수는 0에서부터 가로, 세로 방향으로 한 칸씩 이동할 때마다 각각 일정한 수만큼 늘어난다. A에 알맞은 수를 구하시오.

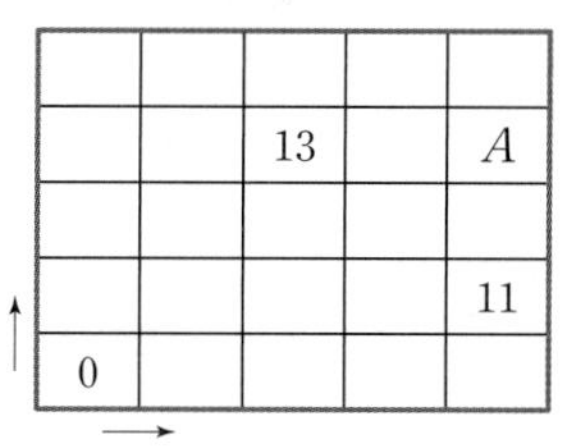

Theme 14 연립방정식의 활용 (1) 유형 01 ~ 유형 10

(1) 연립방정식의 활용 문제 풀이 순서

❶ 미지수 정하기 : 문제의 뜻을 파악하고 구하려는 값을 x, y로 놓는다.

❷ 연립방정식 세우기 : 문제의 뜻에 맞게 x, y에 대한 연립방정식을 세운다.

❸ 연립방정식 풀기 : 연립방정식을 풀어 x, y의 값을 구한다.

❹ 확인하기 : 구한 해가 문제의 조건에 맞는지 확인한다.

예 두 자연수의 합은 40이고, 차는 8일 때, 두 수를 구해 보자.

❶ 미지수 정하기 : 큰 수를 x, 작은 수를 y라 하면

❷ 연립방정식 세우기 : $\begin{cases} x+y=40 \\ x-y=8 \end{cases}$

❸ 연립방정식 풀기 : ❷의 연립방정식을 풀면 $x=24$, $y=16$
따라서 두 자연수는 24와 16이다.

❹ 확인하기 : 두 자연수 24와 16의 합은 $24+16=40$이고, 차는 $24-16=8$이므로 구한 해가 문제의 조건에 맞는다.

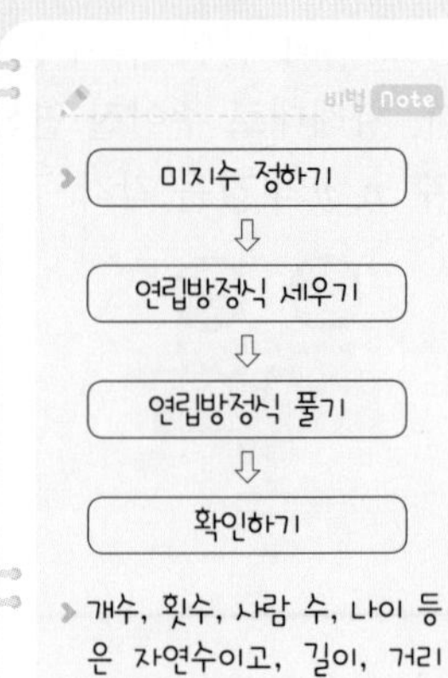

> 개수, 횟수, 사람 수, 나이 등은 자연수이고, 길이, 거리 등은 양수이다.

(2) 두 자리의 자연수에 대한 문제

두 자리의 자연수에서 십의 자리의 숫자를 x, 일의 자리의 숫자를 y라 하면 이 자연수는 $10x+y$이다.

예 어떤 두 자리의 자연수의 각 자리의 숫자의 합은 9이고, 십의 자리의 숫자와 일의 자리의 숫자를 바꾼 수는 처음 수보다 9만큼 클 때, 처음 수를 구해 보자.

처음 수의 십의 자리의 숫자를 x, 일의 자리의 숫자를 y라 하면 $\begin{cases} x+y=9 \\ 10y+x=(10x+y)+9 \end{cases}$

연립방정식을 풀면 $x=4$, $y=5$
따라서 구하는 처음 수는 45이다.

> 비법 note
> 처음 자연수 ⇨ $10x+y$
> 십의 자리의 숫자와 일의 자리의 숫자를 바꾼 자연수 ⇨ $10y+x$

Theme 15 연립방정식의 활용 (2) 유형 11 ~ 유형 21

(1) 증가, 감소에 대한 문제

증가하거나 감소하기 전의 수 또는 양을 x, y로 놓고 식을 세운다.

예 어느 중학교의 올해 남학생 수는 작년보다 5 % 증가하였다.

⇨ 작년 남학생 수를 x명이라 하면 올해 남학생 수는 $\left(1+\frac{5}{100}\right)x$명

> 비법 note
> x가 a % 증가한 후의 양 ⇨ $\left(1+\frac{a}{100}\right)x$
> x가 b % 감소한 후의 양 ⇨ $\left(1-\frac{b}{100}\right)x$

(2) 거리, 속력, 시간에 대한 문제

① (거리)=(속력)×(시간)　② (속력)$=\frac{(\text{거리})}{(\text{시간})}$　③ (시간)$=\frac{(\text{거리})}{(\text{속력})}$

예 ① 시속 60 km로 x시간 동안 간 거리 ⇨ $60x$ km

② 3시간 동안 x km를 갈 때의 속력 ⇨ 시속 $\frac{x}{3}$ km

③ 시속 100 km로 x km를 갈 때 걸리는 시간 ⇨ $\frac{x}{100}$시간

> 비법 note
> 거리, 속력, 시간에 대한 문제에서는 단위를 통일해야 한다.
> 1 km=1000 m
> 1시간=60분, 1분$=\frac{1}{60}$시간

Theme 14 연립방정식의 활용(1)

[0609~0611] 다음은 연립방정식을 활용하여 문제를 해결하는 과정이다. 빈칸에 알맞은 것을 써넣으시오.

> 합은 20이고, 차는 6인 두 자연수를 구하시오.

0609 큰 수를 x, 작은 수를 y라 할 때, x, y에 대한 연립방정식을 세우시오.

⇨ $\begin{cases} \\ \end{cases}$

0610 연립방정식을 푸시오. ⇨ $x=\square$, $y=\square$

0611 두 자연수를 구하시오.

⇨ 두 자연수는 $\square$, $\square$이다.

[0612~0615] 다음은 연립방정식을 활용하여 문제를 해결하는 과정이다. 빈칸에 알맞은 것을 써넣으시오.

> 현재 어머니와 아들의 나이의 합은 38살이고, 3년 후에 어머니의 나이는 아들의 나이의 4배보다 1살 더 적을 때, 현재 어머니의 나이와 아들의 나이를 각각 구하시오.

0612 현재 어머니의 나이를 x살, 아들의 나이를 y살이라 할 때, 다음 표의 빈칸을 채우시오.

	현재 나이(살)	3년 후 나이(살)
어머니	x	
아들	y	

0613 x, y에 대한 연립방정식을 세우시오.

⇨ 

0614 연립방정식을 푸시오. ⇨ $x=\square$, $y=\square$

0615 현재 어머니의 나이와 아들의 나이를 구하시오.

⇨ 현재 어머니의 나이는 $\square$살, 아들의 나이는 $\square$살이다.

Theme 15 연립방정식의 활용(2)

[0616~0618] 다음 물음에 답하시오.

0616 시속 30 km로 2시간 30분 동안 간 거리를 구하시오.

0617 5시간 동안 x km를 갔을 때의 속력을 x에 대한 식으로 나타내시오.

0618 시속 45 km로 x km를 가는 데 걸리는 시간을 x에 대한 식으로 나타내시오.

[0619~0622] 다음은 연립방정식을 활용하여 문제를 해결하는 과정이다. 빈칸에 알맞은 것을 써넣으시오.

> 집에서 서점을 거쳐 학교까지의 거리는 10 km이다. 동준이는 집에서 서점까지 시속 3 km로 걷고, 서점에서 학교까지 시속 4 km로 걸어서 3시간이 걸렸다. 집에서 서점까지의 거리와 서점에서 학교까지의 거리를 각각 구하시오.

0619 집에서 서점까지의 거리를 x km, 서점에서 학교까지의 거리를 y km라 할 때, 다음 그림의 빈칸을 채우시오.

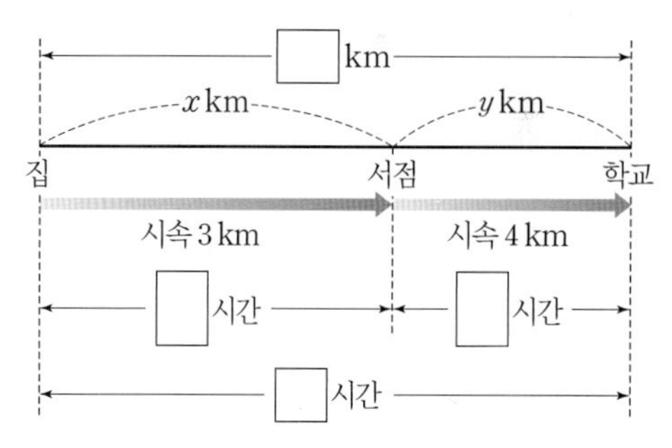

0620 x, y에 대한 연립방정식을 세우시오.

⇨ $\begin{cases} \\ \end{cases}$

0621 연립방정식을 푸시오. ⇨ $x=\square$, $y=\square$

0622 집에서 서점까지의 거리와 서점에서 학교까지의 거리를 구하시오.

⇨ 집에서 서점까지의 거리는 $\square$ km이고, 서점에서 학교까지의 거리는 $\square$ km이다.

06 연립방정식의 활용

핵심 유형

Theme 14 연립방정식의 활용 (1)

워크북 84쪽

유형 01 수의 연산에 대한 문제

두 수를 x, y로 놓고 문제의 뜻에 맞게 연립방정식을 세운다.

참고 a를 b로 나누면 몫이 q이고 나머지가 r일 때
⇨ $a=bq+r$ (단, $0\le r<b$)

대표 문제

0623

두 수의 합이 50이고, 큰 수의 2배는 작은 수의 3배와 같을 때, 두 수의 차는?

① 8 ② 9 ③ 10
④ 11 ⑤ 12

0624 ●●●●

두 수의 합이 72이고, 두 수의 차가 34일 때, 두 수 중 작은 수를 구하시오.

0625 ●●●●

두 수의 차는 11이고, 큰 수를 작은 수로 나누면 몫은 2이고 나머지는 5이다. 이때 두 수의 합을 구하시오.

서술형

0626 ●●●●

서로 다른 두 자연수가 있다. 큰 수를 작은 수로 나누면 몫이 4이고 나머지는 4이다. 또, 작은 수의 9배를 큰 수로 나누면 몫이 2이고 나머지는 9이다. 이때 두 수의 차를 구하시오.

빈출

유형 02 자연수에 대한 문제

두 자리의 자연수에서 십의 자리의 숫자를 x, 일의 자리의 숫자를 y라 하면
(1) 처음 수는 ⇨ $10x+y$
(2) 십의 자리의 숫자와 일의 자리의 숫자를 바꾼 수는 ⇨ $10y+x$

대표 문제

0627

두 자리의 자연수가 있다. 이 수는 각 자리의 숫자의 합이 11이고, 십의 자리의 숫자와 일의 자리의 숫자를 바꾼 수는 처음 수보다 45만큼 크다. 이때 처음 수는?

① 29 ② 38 ③ 47
④ 56 ⑤ 65

0628 ●●●●

두 자리의 자연수가 있다. 이 수는 각 자리의 숫자의 합이 13이고, 일의 자리의 숫자는 십의 자리의 숫자보다 3만큼 작다. 두 자리의 자연수를 구하시오.

0629 ●●●●

두 자리의 자연수가 있다. 이 수는 각 자리의 숫자의 합이 9이고, 십의 자리의 숫자와 일의 자리의 숫자를 바꾼 수는 처음 수의 2배보다 9만큼 작다. 이때 처음 수를 구하시오.

0630 ●●●●

백의 자리의 숫자와 십의 자리의 숫자가 서로 같은 세 자리의 자연수가 있다. 이 수의 각 자리의 숫자의 합은 9이고, 백의 자리의 숫자와 십의 자리의 숫자의 합은 일의 자리의 숫자보다 1만큼 작다. 세 자리의 자연수를 구하시오.

유형 03 가격, 개수에 대한 문제

(1) A, B의 한 개의 가격을 알고, 전체 개수와 전체 가격이 주어질 때
⇨ A, B의 개수를 각각 x, y로 놓고 연립방정식을 세운다.
(2) A, B의 가격 사이의 관계가 주어질 때
⇨ A, B의 한 개의 가격을 각각 x원, y원으로 놓고 연립방정식을 세운다.

대표 문제

0631

500원짜리 연필과 700원짜리 볼펜을 합하여 16자루를 사고 10000원을 지불하였다. 이때 연필은 몇 자루를 샀는지 구하시오.

0632 ●●●●

민서는 참치김밥 2줄과 치즈김밥 3줄을 사고 13500원을 지불하였다. 참치김밥 한 줄이 치즈김밥 한 줄보다 500원 더 비싸다고 할 때, 참치김밥 한 줄의 가격을 구하시오.

0633 ●●●●

어느 박물관에 입장하는데 어른 4명과 어린이 2명의 총입장료는 10400원이고, 어른 2명과 어린이 3명의 총입장료는 7600원이었다. 이때 어린이 한 명의 입장료를 구하시오.

0634 ●●●●

다음은 민아가 편의점에서 물건을 사고 받은 영수증인데 일부가 찢어져 보이지 않는다. 민아가 산 초콜릿의 개수를 구하시오.

영수증

상품	단가(원)	수량(개)	가격(원)
과자	1000	3	3000
자몽주스	800		
초콜릿	600		
합계		10	7600

유형 04 여러 가지 개수에 대한 문제

다리가 a개인 동물이 x마리, 다리가 b개인 동물이 y마리이면

⇨ $\begin{cases} x+y=(\text{전체 동물의 수}) \\ ax+by=(\text{전체 동물의 다리의 수}) \end{cases}$

대표 문제

0635

어느 농장에 오리와 염소가 합하여 16마리 있고, 오리와 염소의 다리의 수의 합이 46일 때, 오리는 몇 마리인지 구하시오.

신유형

0636 ●●●●

동아리 회원 32명이 4명씩 또는 5명씩 7대의 바나나 보트에 나누어 탑승하였다. 4명씩 탄 보트와 5명씩 탄 보트는 각각 몇 대인지 구하시오.

0637 ●●●●

어느 강당에 3인용 의자와 4인용 의자를 합하여 모두 20개가 있다. 모든 의자에 빈자리 없이 앉으면 모두 68명이 앉을 수 있다고 할 때, 3인용 의자는 몇 개 있는가?

① 8개 ② 9개 ③ 10개
④ 11개 ⑤ 12개

0638 ●●●●

다음은 중국 명나라 시대의 수학책인 『산법통종』에 있는 문제이다. 구미호는 몇 마리인지 구하시오.

> 구미호는 머리가 하나에 꼬리가 아홉 개 달려 있고, 붕조는 머리가 아홉 개에 꼬리가 하나 달려 있다. 이 두 동물들을 우리 안에 넣었더니 머리가 72개이고 꼬리가 88개였다.

빈출 **유형 05 나이에 대한 문제**

두 사람의 나이를 각각 x살, y살로 놓고 연립방정식을 세운다.
현재 나이가 x살이면
⇨ a년 전의 나이는 $(x-a)$살
b년 후의 나이는 $(x+b)$살

대표 문제

0639

현재 어머니와 아들의 나이의 합은 59살이고, 4년 후에는 어머니의 나이가 아들의 나이의 2배보다 10살이 더 많다고 한다. 현재 아들의 나이는?

① 13살 ② 14살 ③ 15살
④ 16살 ⑤ 17살

0640 ●●○○

현재 고모와 혜주의 나이의 합은 47살이고, 고모의 나이는 혜주의 나이의 3배보다 7살이 더 많다. 현재 고모의 나이를 구하시오.

0641 ●●●○

현재 민호와 아버지의 나이의 차는 32살이고, 5년 전에는 민호의 나이의 6배가 아버지의 나이보다 8살이 더 많았다고 한다. 현재 민호의 나이를 구하시오.

0642 ●●●○

현재 지수와 어머니의 나이의 차는 31살이고, 할머니의 나이는 65살이다. 10년 후에는 지수와 어머니의 나이의 합이 할머니의 나이와 같아진다고 한다. 현재 어머니의 나이를 구하시오.

유형 06 길이에 대한 문제

(1) 직사각형의 가로의 길이를 x, 세로의 길이를 y라 하면
⇨ 직사각형의 둘레의 길이는 $2x+2y$
(2) 전체 길이가 a인 끈을 둘로 나누어 그 길이를 각각 x, y라 하면
⇨ $x+y=a$

대표 문제

0643

둘레의 길이가 48 cm인 직사각형이 있다. 이 직사각형의 가로의 길이가 세로의 길이의 2배보다 3 cm 더 짧다고 할 때, 가로의 길이를 구하시오.

0644 ●●○○

길이가 36 cm인 끈을 긴 끈과 짧은 끈으로 나누었다. 긴 끈의 길이가 짧은 끈의 길이의 3배보다 4 cm 더 짧다고 할 때, 긴 끈과 짧은 끈의 길이를 각각 구하시오.

0645 ●●●○

둘레의 길이가 32 cm인 직사각형이 있다. 이 직사각형의 가로의 길이를 2배로 늘이고, 세로의 길이를 3 cm 늘였더니 둘레의 길이가 50 cm가 되었다. 처음 직사각형의 세로의 길이를 구하시오.

서술형

0646 ●●●○

길이가 180 cm인 철사를 모두 사용하여 겹치는 부분 없이 직사각형을 만들었더니 가로의 길이가 세로의 길이의 2배가 되었다. 이 직사각형의 넓이를 구하시오.

유형 07 비율에 대한 문제

(1) 전체의 $\frac{b}{a}$ ⇨ $\frac{b}{a}\times$(전체 수)

(2) 전체의 $a\%$ ⇨ $\frac{a}{100}\times$(전체 수)

대표 문제

0647

전체 학생이 27명인 학급에서 남학생의 $\frac{1}{4}$과 여학생의 $\frac{1}{3}$의 합이 8명일 때, 여학생은 몇 명인지 구하시오.

0648 ●●○○

45명의 학생 중에서 남학생의 $\frac{1}{3}$과 여학생의 $\frac{1}{2}$이 봉사 활동에 참여하였다. 봉사 활동에 참여한 학생이 전체 학생의 $\frac{2}{5}$일 때, 남학생은 몇 명인지 구하시오.

0649 ●●●○

농구 동아리에서 주말 경기 개최에 대한 찬반 투표를 하였다. 찬성표가 반대표보다 16표 더 많았고, 찬성표는 전체 투표 수의 $\frac{3}{4}$이 되었다. 무효표나 기권은 없다고 할 때, 농구 동아리의 전체 인원수는?

① 20 ② 24 ③ 28
④ 32 ⑤ 36

0650 ●●●○

서현이네 중학교 2학년 전체 학생은 300명이고, 이 중 남학생의 45 %와 여학생의 30 %가 안경을 썼다. 2학년 전체 학생 중 안경을 쓴 학생이 40 %일 때, 안경을 쓴 남학생은 몇 명인지 구하시오.

유형 08 평균에 대한 문제

(1) 두 수 a, b의 평균 ⇨ $\frac{a+b}{2}$

(2) 세 수 a, b, c의 평균 ⇨ $\frac{a+b+c}{3}$

대표 문제

0651

지혜와 수호의 수학 점수의 평균은 81점이고, 수호의 점수가 지혜의 점수보다 6점 더 높다고 한다. 이때 수호의 수학 점수를 구하시오.

0652 ●●○○

세 수 a, b, 10의 평균은 8이고, 네 수 $2a$, $a+b$, $3b$, 20의 평균은 17이다. 이때 $a-b$의 값을 구하시오.

0653 ●●●○

다음 표는 현주의 국어, 영어, 수학 점수와 이 세 점수의 평균을 나타낸 것이다. 평균이 수학 점수보다 2점 더 높다고 할 때, 평균은 몇 점인지 구하시오.

국어(점)	영어(점)	수학(점)	평균(점)
81	85	x	y

신유형

0654 ●●●●

어느 무용 오디션에 전공자들과 비전공자들이 합하여 90명이 참가하였다. 100점 만점인 이 오디션에서 전체 평균은 70점, 전공자들의 평균은 80점, 비전공자들의 평균은 50점이었다. 이 오디션에 참가한 비전공자는 모두 몇 명인가?

① 30명 ② 40명 ③ 50명
④ 60명 ⑤ 70명

유형 09 득점, 감점에 대한 문제

맞힌 문제의 점수를 +, 틀린 문제의 점수를 −로 생각한다.

예 한 문제를 맞히면 a점을 얻고, 틀리면 b점이 감점되는 시험에서 x문제를 맞히고 y문제를 틀렸을 때 받을 수 있는 점수
⇨ $(ax-by)$점

대표 문제

0655

어느 퀴즈 프로그램에서 다영이는 총 15문제를 풀어 총점은 72점이 되었다. 문제를 맞힌 경우 7점을 얻고 틀린 경우 4점이 감점된다고 할 때, 다영이가 맞힌 문제의 개수는?

① 8 ② 9 ③ 10
④ 11 ⑤ 12

0656

어느 공장에서 제품을 생산하는데 합격품은 한 개당 1000원의 이익이 생기고, 불량품은 한 개당 10000원의 손해가 생긴다고 한다. 제품을 150개 생산하여 95000원의 이익을 얻었을 때, 불량품의 개수는?

① 2 ② 3 ③ 4
④ 5 ⑤ 6

0657

어느 퀴즈 프로그램에서 한 문제를 맞히면 50점을 얻고, 틀리면 20점이 감점된다고 한다. 재훈이가 틀린 문제의 개수는 맞힌 문제의 개수의 $\frac{1}{2}$이고, 재훈이의 점수가 800점일 때, 출제된 전체 문제의 개수를 구하시오.

유형 10 계단에 대한 문제

(1) 계단을 올라가는 것을 +, 내려가는 것을 −로 생각한다.
(2) A, B 두 사람이 가위바위보를 할 때 (단, 비기는 경우는 없다.)
A가 이긴 횟수를 x, 진 횟수를 y라 하면
⇨ B가 이긴 횟수는 y, 진 횟수는 x

대표 문제

0658

민지와 상준이가 가위바위보를 하여 이긴 사람은 2계단을 올라가고, 진 사람은 1계단을 내려가기로 하였다. 가위바위보를 총 20회 하여 민지가 처음보다 16계단 위에 올라가 있었을 때, 민지가 이긴 횟수는?

(단, 비기는 경우는 없다.)

① 9 ② 10 ③ 11
④ 12 ⑤ 13

0659

소민이와 준석이는 계단에서 가위바위보를 하여 이긴 사람은 3계단을 올라가고, 진 사람은 2계단을 내려가기로 하였다. 가위바위보를 11회 하였더니 소민이는 처음보다 8계단 올라간 위치에 있었다. 이때 준석이는 처음보다 몇 계단 올라간 위치에 있는지 구하시오.

(단, 비기는 경우는 없다.)

0660

수빈이와 서준이가 가위바위보를 하여 이긴 사람은 3계단을 올라가고, 진 사람은 1계단을 올라가기로 하였다. 얼마 후 수빈이는 처음보다 33계단을, 서준이는 처음보다 35계단을 올라가 있었다. 두 사람이 가위바위보를 한 횟수는? (단, 비기는 경우는 없다.)

① 15 ② 16 ③ 17
④ 18 ⑤ 19

Theme 15 연립방정식의 활용 (2)

워크북 89쪽

유형 11 증가, 감소에 대한 문제

(1) x가 $a\%$ 증가하였을 때

⇨ 증가량은 $\frac{a}{100}x$, 전체 양은 $x+\frac{a}{100}x=\left(1+\frac{a}{100}\right)x$

(2) x가 $b\%$ 감소하였을 때

⇨ 감소량은 $\frac{b}{100}x$, 전체 양은 $x-\frac{b}{100}x=\left(1-\frac{b}{100}\right)x$

대표 문제

0661

어느 중학교의 작년 전체 학생은 650명이었다. 올해는 작년에 비해 남학생이 3 % 줄고, 여학생이 2 % 늘어서 전체 학생이 648명이 되었다. 올해의 남학생 수는?

① 291 ② 300 ③ 309
④ 318 ⑤ 327

0662 ●●●○

두 종류의 주스 A, B만 판매하는 가게가 있다. 이 가게의 지난달 전체 판매량은 350잔이었고, 이번 달에는 판매량이 A 주스는 10 % 늘고, B 주스는 5 % 감소하여 전체 판매량이 355잔이 되었다. 다음을 구하시오.

(1) 지난달 A 주스의 판매량
(2) 이번 달 A 주스의 판매량

서술형

0663 ●●●●

둘레의 길이가 80 cm인 직사각형에서 가로의 길이는 15 % 늘이고, 세로의 길이는 10 % 줄였더니 전체 둘레의 길이가 5 % 늘었다. 처음 직사각형의 넓이를 구하시오.

유형 12 이익, 할인에 대한 문제

(1) (정가)=(원가)+(이익)

(2) x원에 $a\%$의 이익을 붙인 가격 ⇨ $\left(1+\frac{a}{100}\right)x$원

(3) x원에서 $a\%$를 할인한 가격 ⇨ $\left(1-\frac{a}{100}\right)x$원

대표 문제

0664

어느 가게에서 구매 금액이 500원인 연필은 10 %의 이익을 붙이고, 구매 금액이 800원인 볼펜은 20 %의 이익을 붙여서 모두 판매하였더니 9950원의 이익이 발생하였다. 연필과 볼펜을 합하여 100자루를 판매하였을 때, 판매한 연필은 몇 자루인지 구하시오.

0665 ●●●○

두 제품 A, B를 합하여 30000원에 구입하여 A 제품은 구입가의 5 %, B 제품은 구입가의 10 %의 이익을 붙여서 모두 판매하였더니 2400원의 이익이 발생하였다. B 제품의 구입가를 구하시오.

신유형

0666 ●●●●

어느 청바지 제조 회사에서 새로 만든 두 종류의 청바지의 원가에 각각 10 %의 이익을 붙여 정가를 정하였더니 정가의 합이 60500원이었다. 두 청바지의 원가의 차가 5000원일 때, 더 싼 청바지의 정가는?

① 26500원 ② 27000원 ③ 27500원
④ 28000원 ⑤ 28500원

06 연립방정식의 활용
Theme 14 15

빈출★★ 유형 13 일에 대한 문제

❶ 전체 일의 양을 1로 놓는다.
❷ 한 사람이 단위 시간 동안에 할 수 있는 일의 양을 미지수 x, y로 놓는다.
참고 단위 시간 : 1분, 1시간, 1일, …

대표 문제

0667

준이와 동생이 같이 하면 3분 만에 끝낼 수 있는 방 청소를 동생이 6분 동안 한 후 나머지를 준이가 2분 동안 하면 끝낼 수 있다고 한다. 방 청소를 동생이 혼자 하면 몇 분이 걸리는가?

① 8분　② 10분　③ 12분
④ 14분　⑤ 16분

0668 ●●●●

어떤 물탱크에 물을 채우는데 A 호스로 2시간 동안 넣은 후 나머지를 B 호스로 3시간 동안 넣으면 가득 찬다. 또, 이 물탱크에 A 호스로 4시간 동안 넣은 후 나머지를 B 호스로 2시간 동안 넣으면 가득 찬다. A 호스로만 이 물탱크를 가득 채울 때, 걸리는 시간을 구하시오.

0669 ●●●●

어떤 일을 형이 3일 동안 한 후에 동생이 6일 동안 하면 마칠 수 있고, 형이 5일 동안 한 후에 동생이 2일 동안 하면 마칠 수 있다고 한다. 형과 동생이 함께 일을 하면 며칠이 걸리는가?

① 3일　② 4일　③ 5일
④ 6일　⑤ 7일

빈출★★ 유형 14 도중에 속력이 바뀌는 문제

(1) (거리)=(속력)×(시간), $(\text{속력})=\frac{(\text{거리})}{(\text{시간})}$, $(\text{시간})=\frac{(\text{거리})}{(\text{속력})}$

(2)
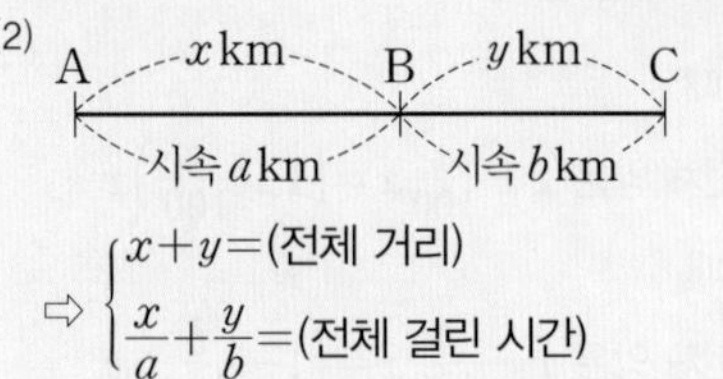

⇨ $\begin{cases} x+y=(\text{전체 거리}) \\ \frac{x}{a}+\frac{y}{b}=(\text{전체 걸린 시간}) \end{cases}$

주의 거리, 속력, 시간의 각 단위를 통일한 후에 방정식을 세운다.

대표 문제

0670

민규네 집에서 학교까지의 거리는 10 km이다. 민규가 집에서 학교까지 자전거를 타고 시속 8 km로 가다가 자전거가 고장 나서 시속 4 km로 걸어서 도착해 보니 총 2시간이 걸렸다. 민규가 자전거를 타고 간 거리를 구하시오.

신유형

0671 ●●●●

A 도시에서 360 km 떨어진 B 도시까지 자동차를 타고 이동하려고 한다. 유료 도로에서는 시속 x km로 2시간 동안 이동하고, 무료 도로에서는 시속 y km로 3시간 동안 이동하였다. 유료 도로에서의 속력은 무료 도로에서의 속력보다 시속 30 km만큼 더 빠르다고 할 때, $x+y$의 값은?

① 135　② 140　③ 145
④ 150　⑤ 155

서술형

0672 ●●●●

우주가 집에서 공원을 향해 시속 4 km로 가다가 서점에 들러서 1시간 동안 책을 보고, 시속 6 km로 뛰어 공원까지 가는 데 총 2시간 30분이 걸렸다. 집에서 서점까지의 거리가 서점에서 공원까지의 거리보다 1 km 더 멀 때, 우주네 집에서 서점을 지나 공원까지의 거리를 구하시오.

유형 15 등산하거나 왕복하는 문제

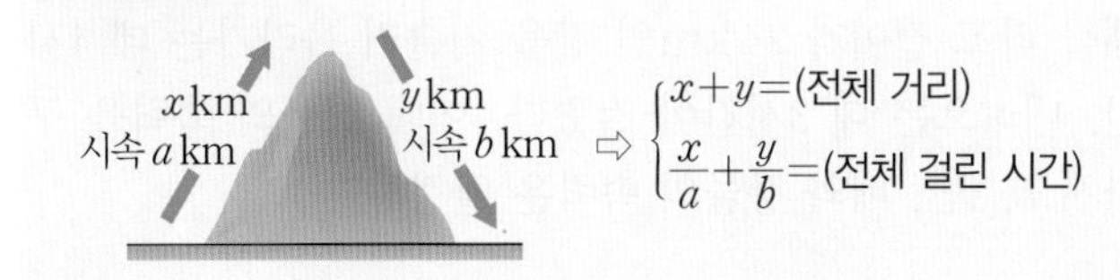

$\Rightarrow \begin{cases} x+y=(\text{전체 거리}) \\ \dfrac{x}{a}+\dfrac{y}{b}=(\text{전체 걸린 시간}) \end{cases}$

대표 문제

0673

등산을 하는데 시속 2 km로 올라갔다가 내려올 때는 다른 길로 시속 3 km로 내려왔더니 총 2시간 30분이 걸렸다. 등산한 총거리가 6500 m일 때, 올라간 거리와 내려온 거리의 차를 구하시오.

0674

소정이는 가족과 함께 등산을 하였다. 올라갈 때는 시속 2 km로 걷고, 내려올 때는 올라갈 때보다 1 km 더 짧은 길을 시속 4 km로 걸어 모두 1시간 15분이 걸렸다. 내려온 거리를 구하시오.

0675

어느 등산객이 A 코스를 따라 시속 3 km로 올라가서 정상에서 30분 휴식 후 B 코스를 따라 시속 4 km로 내려왔더니, 총 3시간 40분이 걸렸다. B 코스가 A 코스보다 1 km 더 길 때, 등산한 총거리를 구하시오.

0676

준수는 집에서 오후 2시에 출발하여 도서관에 다녀오는데 갈 때는 시속 4 km로 걷고, 도서관에서 30분 동안 머문 다음 돌아올 때는 다른 길을 택하여 시속 3 km로 걸어서 집에 오후 4시에 도착하였다. 준수가 걸은 총거리가 5 km일 때, 돌아올 때 걸은 거리를 구하시오.

유형 16 만나는 경우에 대한 문제

(1) A, B 두 사람이 시간 차를 두고 출발한 경우

$\Rightarrow \begin{cases} (\text{시간 차에 대한 식}) \\ (\text{A가 이동한 거리})=(\text{B가 이동한 거리}) \end{cases}$

(2) A, B 두 사람이 거리 차를 두고 출발한 경우

$\Rightarrow \begin{cases} (\text{거리 차에 대한 식}) \\ (\text{A가 걸린 시간})=(\text{B가 걸린 시간}) \end{cases}$

(3) A, B 두 사람이 마주 보고 출발한 경우

$\Rightarrow \begin{cases} (\text{A가 이동한 거리})+(\text{B가 이동한 거리})=(\text{전체 거리}) \\ (\text{A가 걸린 시간})=(\text{B가 걸린 시간}) \end{cases}$

대표 문제

0677

동생이 집에서 학교로 출발한 지 10분 후에 누나가 동생이 놓고 간 준비물을 주려고 집에서 출발하여 같은 길을 따라갔다. 동생은 분속 80 m로 걸어갔고, 누나는 분속 180 m로 뛰어갔을 때, 두 사람이 만나는 것은 누나가 출발한 지 몇 분 후인지 구하시오.

0678

16 km 떨어진 두 지점에서 재민이와 진아가 동시에 마주 보고 출발하여 도중에 만났다. 재민이는 시속 3 km, 진아는 시속 5 km로 걸었을 때, 재민이가 걸은 거리는?

① 6 km ② 7 km ③ 8 km
④ 9 km ⑤ 10 km

0679

혜린이와 진우가 달리기를 하는데 혜린이는 출발 지점에서 초속 6 m로, 진우는 혜린이보다 30 m 앞에서 초속 5 m로 동시에 출발하였다. 혜린이와 진우가 만나는 것은 출발한 지 몇 초 후인지 구하시오.

유형 17 둘레를 도는 문제

두 사람이 같은 지점에서 출발하여 호수의 둘레를 각각 분속 xm, 분속 ym로 걸어서 a분 후에 만난다고 하면 (단, $x>y$)

⇨ 같은 방향으로 돌 때 : $ax-ay=$(둘레의 길이)
반대 방향으로 돌 때 : $ax+ay=$(둘레의 길이)

대표 문제

0680

지은이와 영주가 둘레의 길이가 1000 m인 호수 공원의 둘레를 도는데 같은 지점에서 동시에 출발하여 같은 방향으로 돌면 10분 후에 처음 만나고, 반대 방향으로 돌면 2분 후에 처음 만난다. 영주가 지은이보다 빠르다고 할 때, 영주의 속력을 구하시오.

0681 ●●●○

둘레의 길이가 0.5 km인 트랙을 현우와 은지가 같은 지점에서 동시에 서로 반대 방향으로 출발하였다. 현우는 분속 40 m, 은지는 분속 60 m로 걸을 때, 두 사람이 처음 만나는 때는 출발한 지 몇 분 후인지 구하시오.

유형 18 강물에 대한 문제

(1) 강을 거슬러 올라갈 때의 속력 ⇨ (배의 속력)−(강물의 속력)
(2) 강을 따라 내려올 때의 속력 ⇨ (배의 속력)+(강물의 속력)

대표 문제

0682

배를 타고 길이가 15 km인 강을 거슬러 올라가는 데 3시간, 내려오는 데 1시간 40분이 걸렸다. 정지한 물에서의 배의 속력은? (단, 배와 강물의 속력은 일정하다.)

① 시속 5 km ② 시속 6 km ③ 시속 7 km
④ 시속 8 km ⑤ 시속 9 km

0683 ●●●○

배를 타고 길이가 24 km인 강을 거슬러 올라가는 데 4시간, 내려오는 데 3시간이 걸렸다. 이때 강물의 속력을 구하시오. (단, 배와 강물의 속력은 일정하다.)

신유형

0684 ●●●●

상류 선착장에서 하류 선착장까지 유람선을 타고 강을 따라 내려오는 데 30분, 강을 거슬러 올라가는 데 1시간이 걸렸다. 정지한 물에서 유람선은 분속 200 m로 일정하게 움직일 때, 두 선착장 사이의 거리는 몇 km인지 구하시오. (단, 강물의 속력은 일정하다.)

유형 19 기차에 대한 문제

기차가 일정한 속력으로 터널 또는 다리를 완전히 통과할 때
⇨ (기차가 이동한 거리)=(터널 또는 다리의 길이)+(기차의 길이)

대표 문제

0685

일정한 속력으로 달리는 기차가 300 m 길이의 터널을 완전히 통과하는 데 14초가 걸리고, 450 m 길이의 다리를 완전히 지나는 데 19초가 걸린다. 이 기차의 길이는 몇 m인지 구하시오.

0686 ●●●○

일정한 속력으로 달리는 기차가 1200 m 길이의 다리를 완전히 지나는 데 50초가 걸리고, 900 m 길이의 터널을 완전히 통과하는 데 40초가 걸린다. 이 기차의 속력을 구하시오.

유형 20 농도에 대한 문제

(1) $(\text{소금물의 농도})=\dfrac{(\text{소금의 양})}{(\text{소금물의 양})}\times 100(\%)$

⇨ $(\text{소금의 양})=\dfrac{(\text{소금물의 농도})}{100}\times(\text{소금물의 양})$

(2) 농도가 다른 두 소금물 A, B를 섞었을 때

⇨ $\begin{cases}(\text{소금물 A의 양})+(\text{소금물 B의 양})=(\text{전체 소금물의 양})\\(\text{A의 소금의 양})+(\text{B의 소금의 양})=(\text{전체 소금의 양})\end{cases}$

(3) 물을 더 넣거나 증발시킬 때 소금의 양은 변하지 않는다.

대표 문제

0687

3 %의 소금물과 8 %의 소금물을 섞어서 5 %의 소금물 250 g을 만들었다. 3 %의 소금물은 몇 g을 섞었는가?

① 90 g ② 110 g ③ 130 g
④ 150 g ⑤ 170 g

0688 ●●●

6 %의 설탕물 300 g에 2 %의 설탕물을 넣어서 5 %의 설탕물을 만들려고 한다. 이때 2 %의 설탕물을 몇 g 넣어야 하는지 구하시오.

서술형

0689 ●●●

농도가 다른 두 소금물 A, B가 있다. 소금물 A를 400 g, 소금물 B를 100 g 섞으면 6 %의 소금물이 되고, 소금물 A를 200 g, 소금물 B를 300 g 섞으면 8 %의 소금물이 된다. 이때 두 소금물 A, B의 농도 차를 구하시오.

0690 ●●●●

8 %의 소금물과 12 %의 소금물을 섞은 후 40 g의 물을 더 넣었더니 10 %의 소금물 440 g이 만들어졌다. 이때 12 %의 소금물의 양을 구하시오.

유형 21 식품(합금)에 대한 문제

(1) (영양소의 양)=(영양소의 비율)×(식품의 양)

(2) (금속의 양)=(금속의 비율)×(합금의 양)

(3) 식품 100 g의 열량이 a kcal이면

⇨ 식품 1 g의 열량은 $\dfrac{a}{100}$ kcal

식품 x g의 열량은 $\dfrac{a}{100}x$ kcal

대표 문제

0691

오른쪽 표는 두 식품 A, B에 들어 있는 단백질과 지방의 함유 비율을 백분율로 나타낸 것이다. 두 식품을 먹어서 단백질 36 g, 지방 16 g을 얻으려면 두 식품 A, B를 각각 몇 g씩 먹어야 하는지 구하시오.

식품	단백질(%)	지방(%)
A	8	12
B	16	5

0692 ●●●

구리를 20 %, 주석을 30 % 포함한 합금 A와 구리를 10 %, 주석을 20 % 포함한 합금 B를 녹여서 구리 100 g, 주석 170 g을 얻으려고 한다. 합금 A는 몇 g이 필요한가?

① 250 g ② 300 g ③ 350 g
④ 400 g ⑤ 450 g

0693 ●●●●

오른쪽 표는 두 식품 A, B를 각각 100 g씩 섭취하였을 때 얻을 수 있는 단백질과 열량을 나타낸 것이다. 두 식품 A, B에서 단백질 58 g, 열량 650 kcal를 얻으려면 식품 B를 몇 g 섭취해야 하는가?

식품	단백질(g)	열량(kcal)
A	12	140
B	8	80

① 200 g ② 250 g ③ 300 g
④ 350 g ⑤ 400 g

0694 유형 01

자동차의 번호는 네 개의 숫자로 되어 있고, 각 숫자는 0 또는 한 자리의 자연수이다. 다음 조건을 모두 만족시키는 자동차의 번호를 구하시오.

> (가) 4114, 3003과 같이 좌우대칭이다.
> (나) 네 개의 숫자의 합은 26이다.
> (다) 첫 번째 숫자에서 두 번째 숫자를 뺀 값은 3이다.

0695 유형 03

성현이가 800원짜리 볼펜과 600원짜리 형광펜을 몇 자루 사고 스스로 계산하여 6400원을 내려고 했는데, 실제 금액은 6200원이었다. 성현이가 계산한 6400원은 볼펜의 가격과 형광펜의 가격을 서로 바꿔서 잘못 계산한 것이었다. 성현이가 산 형광펜은 몇 자루인가?

① 3자루 ② 4자루 ③ 5자루
④ 6자루 ⑤ 7자루

0696 유형 05

승연이에게는 쌍둥이 동생이 2명 있다. 승연이는 동생보다 4살 더 많고, 올해 승연이와 동생들의 나이의 합은 40살이다. 올해 승연이의 나이는 몇 살인지 구하시오.

0697 유형 04

현준이와 윤서가 각각 귤을 가지고 있다. 현준이가 윤서에게 4개의 귤을 주면 윤서의 귤의 개수는 현준이의 귤의 개수의 2배가 되고, 윤서가 현준이에게 3개의 귤을 주면 두 사람이 가진 귤의 개수는 같아진다. 이때 현준이와 윤서가 가지고 있는 귤은 모두 몇 개인가?

① 38개 ② 39개 ③ 40개
④ 41개 ⑤ 42개

0698 유형 14

승재는 집에서 서점을 거쳐 학교까지 가는데 집에서 서점까지는 분속 100 m로 뛰었고, 서점에서 20분 동안 책을 고른 후 학교까지는 분속 150 m로 뛰었다. 집에서 서점을 거쳐 학교까지의 거리는 3 km이고 총 44분이 걸렸을 때, 집에서 서점까지의 거리는?

① 1200 m ② 1400 m ③ 1600 m
④ 1800 m ⑤ 2000 m

0699 ⓒ 유형 16

원혁이가 공원 입구에서 출발한 지 10분 후에 같은 지점에서 병규가 출발하여 원혁이가 간 길을 따라갔다. 원혁이는 분속 300 m로 달렸고, 병규는 자전거를 타고 분속 500 m로 달렸을 때, 두 사람이 만나는 때는 병규가 출발한 지 몇 분 후인지 구하시오.

0700 ⓒ 유형 11

지난달 은서와 민준이의 휴대 전화 요금은 합하여 8만 원이었다. 이번 달 은서의 요금은 지난달보다 20 % 감소하고, 민준이의 요금은 지난달 요금의 $\frac{1}{3}$만큼 감소하여 은서와 민준이의 휴대 전화 요금의 합은 지난달 요금보다 25 % 감소하였다. 이번 달 은서의 휴대 전화 요금은?

① 2만 원 ② 3만 원 ③ 3만 5천 원
④ 4만 원 ⑤ 5만 원

0701 ⓒ 유형 17

민준이와 현욱이가 각각 자전거를 타고 일정한 속력으로 일직선 방향으로 달릴 때, 같은 지점에서 동시에 출발하여 서로 같은 방향으로 달리면 5분 후에 현욱이가 민준이를 400 m 앞서게 되고, 서로 반대 방향으로 달리면 5분 후에 두 사람은 서로 3600 m 떨어져 있게 된다. 민준이와 현욱이가 자전거를 타고 달리는 속력을 각각 구하시오.

0702 ⓒ 유형 21

주석과 아연을 각각 1 : 3의 비율로 포함한 합금 A와 3 : 2의 비율로 포함한 합금 B를 섞어서 주석과 아연을 1 : 1의 비율로 포함한 합금 420 g을 만들려고 한다. 합금 A는 몇 g이 필요한가?

(단, 두 합금 A, B는 주석과 아연만 포함한다.)

① 120 g ② 140 g ③ 160 g
④ 180 g ⑤ 200 g

0703 ⓒ 유형 12

A 제품의 원가가 B 제품의 원가의 $\frac{2}{3}$인 두 제품 A, B가 있다. A 제품은 잘 팔려서 원가에 20 %의 이익을 붙이고, B 제품은 잘 팔리지 않아서 원가의 30 %를 할인하여 팔았다. A 제품은 5개, B 제품은 2개를 팔았더니 이익이 100원이었을 때, A 제품과 B 제품의 원가를 각각 구하시오.

0704
유형 17

수영이와 상호가 둘레의 길이가 6 km인 원 모양의 산책로를 같은 지점에서 동시에 출발하여 걷는데 수영이는 분속 120 m로 걷고, 상호는 수영이가 출발한 지 10분 후에 반대 방향으로 분속 80 m로 걸어서 둘이 만났다. 두 사람이 처음 만난 것은 상호가 출발한 지 몇 분 후인지 구하시오.

0705
유형 19

일정한 속력으로 달리는 기차가 500 m 길이의 다리를 완전히 지나는 데 15초가 걸리고, 900 m 길이의 터널에 완전히 들어간 후 다시 보이기 시작할 때까지 20초가 걸린다. 이때 기차의 길이는?

① 100 m ② 120 m ③ 140 m
④ 160 m ⑤ 180 m

0706
유형 13

어떤 물통에 물이 가득 찬 상태에서 C 호스로 물을 빼내면 다 빼내는 데 12시간이 걸리고, 이 물통이 비어 있는 상태에서 A, B 두 호스로 물을 채우면 가득 채우는 데 $\frac{12}{7}$시간이 걸린다. 또, 이 물통이 비어 있는 상태에서 B 호스로 물을 채우면서 동시에 C 호스로 물을 빼내면 물통을 가득 채우는 데 6시간이 걸린다. A 호스로만 물을 채울 때, 이 물통을 가득 채우는 데 걸리는 시간을 구하시오.

0707
유형 20

두 그릇 A, B에 농도가 다른 소금물이 각각 300 g씩 들어 있다. 각 그릇에서 소금물을 100 g씩 덜어 내어 서로 교환하여 섞었더니 A 그릇의 소금물의 농도는 5 %, B 그릇의 소금물의 농도는 3 %가 되었다. 처음 두 그릇 A, B에 들어 있던 소금물의 농도를 각각 구하시오.

0708

ⓒ 유형 02

오른쪽 덧셈식을 만족시키는 한 자리의 자연수 A, B의 값을 각각 구하시오.

$$\begin{array}{rcccc} & B & 5 & 3 & A \\ +) & 2 & 1 & B & A \\ \hline & A & 7 & 0 & B \end{array}$$

0709

ⓒ 유형 07

연수와 승원이가 각자 집에 있는 책을 조사해 보았더니 연수의 집에 있는 책 중에서 12 %가 소설책이었고, 승원이의 집에 있는 책 중에서 20 %가 소설책이었다. 또, 연수와 승원이의 집에 있는 책을 모두 모으면 400권이고, 그중에서 17 %가 소설책이었다. 연수와 승원이의 집에 있는 책은 각각 몇 권인지 구하시오.

0710

ⓒ 유형 21

순금은 보통 다른 금속을 섞어 합금으로 사용한다. 순도가 각각 90 %인 금화와 75 %인 펜촉을 녹여 80 %의 순도를 갖는 9 g의 반지를 만들려고 한다. 필요한 금화와 펜촉의 양을 각각 구하시오.

0711

ⓒ 유형 03

A 지점에서 B 지점을 거쳐 C 지점까지 운행하는 광역 버스의 구간별 요금은 다음과 같다.

A ⇨ B : 3000원
B ⇨ C : 2000원
A ⇨ C : 4000원

이 버스가 A 지점을 출발할 때 버스에 탄 승객은 50명이고, C 지점에 도착하여 내린 승객은 45명이다. 이 버스의 운행 요금이 총 207000원일 때, B 지점에서 탄 승객 수와 내린 승객 수의 합은?

① 23　② 25　③ 27
④ 29　⑤ 31

창의·융합

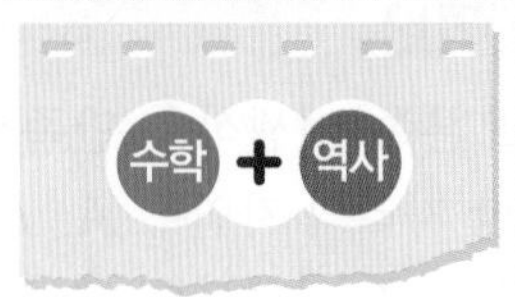

우리 조상들의 연립방정식

역사 속의 여러 가지 수학책에서도 연립방정식 문제를 찾아볼 수 있다. 조선 후기의 실학자 황윤석(黃胤錫, 1729~1791)이 쓴 백과사전 형태의 수학책인 『이수신편(理藪新編)』의 '난법가(難法歌)'에는 다음과 같은 문제가 있다.

> 만두가 백 개이고 스님이 백 명인데 큰 스님에게는 세 개씩 나누어 주고, 작은 스님에게는 세 사람당 한 개씩 나누어 줄 수 있다. 큰 스님은 몇 명이고 작은 스님은 몇 명일까?

위의 문제에서 큰 스님과 작은 스님은 각각 몇 명일까?

큰 스님의 수를 x, 작은 스님의 수를 y라 하면

$$\begin{cases} x+y=100 \\ 3x+\frac{1}{3}y=100 \end{cases}$$

과 같은 연립방정식을 세울 수 있고, 이를 이용하여 큰 스님은 25명, 작은 스님은 75명이라는 것을 구할 수 있다.

그런데 이 책에서는 다음과 같은 방법으로 큰 스님과 작은 스님의 수를 구한다.

> 만두가 100개, 스님이 100명으로 그 수가 같으므로 큰 스님 1명이 받는 만두 3개와 작은 스님 3명이 받는 만두 1개를 묶어 만두 4개를 한 묶음으로 생각한다. 그러면 만두 4개를 스님 4명이 받게 되므로 이 묶음이 25개 있는 것이다. 따라서 큰 스님은 25명, 작은 스님은 75명이 된다.

이와 같이 우리 선조들은 실생활에서 일어나는 복잡한 문제를 해결하기 위해 식을 세우지 않고 다양한 방법으로 연립방정식의 해를 구하였으나, 이제는 연립방정식을 이용하여 더 쉽게 문제를 해결할 수 있다.

IV

일차함수

07 일차함수와 그래프 (1)

Theme 16 함수와 함숫값
Theme 17 일차함수의 뜻과 그래프
Theme 18 일차함수의 그래프

08 일차함수와 그래프 (2)

Theme 19 일차함수의 그래프의 성질
Theme 20 일차함수의 식 구하기
Theme 21 일차함수의 활용

09 일차함수와 일차방정식의 관계

Theme 22 일차함수와 일차방정식
Theme 23 연립방정식의 해와 일차함수의 그래프

Theme 16 함수와 함숫값 유형 01 ~ 유형 05

(1) 함수

① 변수 : x, y와 같이 여러 가지로 변하는 값을 나타내는 문자

② 두 변수 x, y에 대하여 x의 값이 변함에 따라 y의 값이 하나씩 정해지는 관계가 있을 때, y를 x의 함수라 한다. 기호 $y=f(x)$ → f는 영어로 함수를 의미하는 function의 첫 글자이다.

예 • 자연수 x의 약수의 개수 y ⇨

x	1	2	3	⋯
y	1	2	2	⋯

⇨ y는 x의 함수이다.

• 자연수 x의 약수 y ⇨

x	1	2	3	⋯
y	1	1, 2	1, 3	⋯

⇨ y는 x의 함수가 아니다.

y의 값이 2개 이상이다.

주의 x의 값 하나에 y의 값이 정해지지 않거나 두 개 이상 정해지면 y는 x의 함수가 아니다.

(2) 함숫값

함수 $y=f(x)$에서 x의 값에 따라 하나로 정해지는 y의 값 기호 $f(x)$

예 함수 $f(x)=2x$에서 $x=1$일 때 함숫값은 $f(1)=2\times1=2$

비법 Note

› 두 변수 x와 y가 정비례하거나 반비례하면 y는 x의 함수이다.

› 함수 $y=5x$를 $f(x)=5x$와 같이 나타내기도 한다.

비법 Note

› 함숫값을 구할 때에는 함수 $y=f(x)$에 x 대신 수를 대입하면 된다.

Theme 17 일차함수의 뜻과 그래프 유형 06 ~ 유형 12

(1) 일차함수

함수 $y=f(x)$에서 $y=ax+b$(a, b는 상수, $a\neq0$)와 같이 y가 x에 대한 일차식으로 나타내어질 때, 이 함수를 x의 일차함수라 한다.

예 • $y=x$, $y=-2x+1$, $y=\frac{1}{3}x$ ⇨ x의 일차함수이다.

• $y=5$, $y=2x^2$, $y=\frac{1}{x}$ ⇨ x의 일차함수가 아니다.

(2) 일차함수 $y=ax+b$의 그래프

① 평행이동 : 한 도형을 일정한 방향으로 일정한 거리만큼 평행하게 이동하는 것

② 일차함수 $y=ax+b(a\neq0)$의 그래프는 일차함수 $y=ax$의 그래프를 y축의 방향으로 b만큼 평행이동한 직선이다.

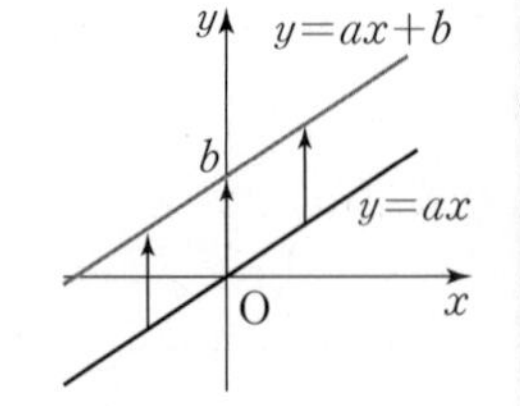

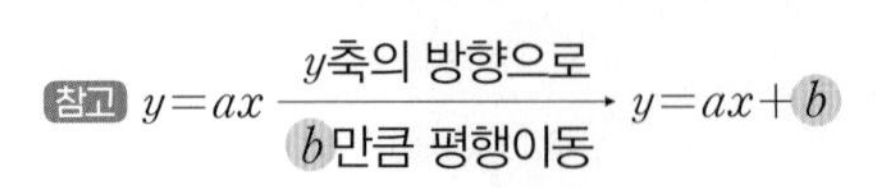

(3) 일차함수의 그래프의 x절편, y절편

① x절편 : 함수의 그래프가 x축과 만나는 점의 x좌표
즉, $y=0$일 때의 x의 값

② y절편 : 함수의 그래프가 y축과 만나는 점의 y좌표
즉, $x=0$일 때의 y의 값

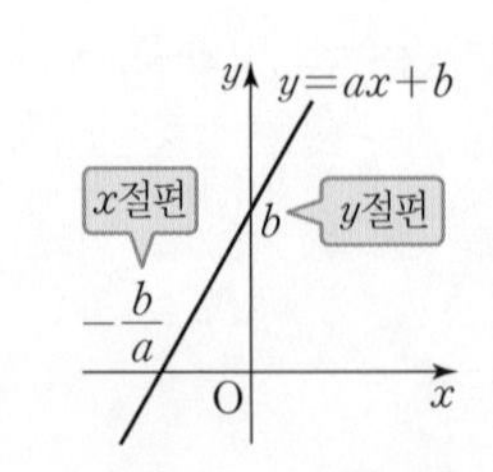

비법 Note

› a, b는 상수이고, $a\neq0$일 때
① $ax+b$ ⇨ 일차식
② $ax+b=0$ ⇨ 일차방정식
③ $ax+b>0$ ⇨ 일차부등식
④ $y=ax+b$ ⇨ 일차함수

비법 Note

› 함수 $y=f(x)$에서 일차함수 $y=ax+b$를 $f(x)=ax+b$로 나타내기도 한다.

› 함수 $y=f(x)$에서 x의 값에 따라 정해지는 y의 값의 순서쌍 (x, y)를 좌표평면 위에 모두 나타낸 것을 그 함수의 그래프라 한다.

비법 Note

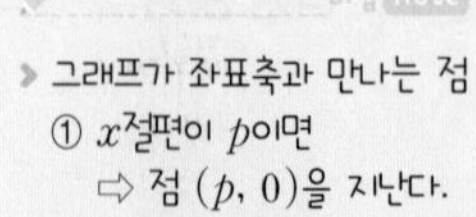

› 그래프가 좌표축과 만나는 점
① x절편이 p이면 ⇨ 점 $(p, 0)$을 지난다.
② y절편이 q이면 ⇨ 점 $(0, q)$를 지난다.

Theme 16 함수와 함숫값

[0712~0718] 다음 중 y가 x의 함수인 것에 ○표, 함수가 아닌 것에 ×표 하시오.

0712 자연수 x의 약수 y ( )

0713 자연수 x의 배수 y ( )

0714 x의 절댓값 y ( )

0715 자연수 x보다 큰 자연수 y ( )

0716 1개에 5 g인 추 x개의 무게 y g ( )

0717 시속 x km로 3시간 동안 이동한 거리 y km ( )

0718 우리 반 학생 25명 중 x일에 태어난 학생의 번호 y ( )

[0719~0725] 다음 함수에 대하여 $f(1)$, $f(-2)$의 값을 차례대로 구하시오.

0719 $f(x)=x$

0720 $f(x)=-2x$

0721 $f(x)=\frac{12}{x}$

0722 $f(x)=-\frac{3}{x}$

0723 $f(x)=2-x$

0724 $f(x)=3x+2$

0725 $f(x)=4-3x$

Theme 17 일차함수의 뜻과 그래프

[0726~0728] 다음 중 일차함수인 것에 ○표, 아닌 것에 ×표 하시오.

0726 $y=x+2$ ( )

0727 $y=\frac{4}{x}$ ( )

0728 $y=6x+2(1-3x)$ ( )

[0729~0731] 다음 문장에서 y를 x에 대한 식으로 나타내고, y가 x의 일차함수인지 판별하시오.

0729 하루 중 낮의 길이가 x시간, 밤의 길이가 y시간이다.

0730 한 변의 길이가 x cm인 정사각형의 넓이는 $y\text{ cm}^2$이다.

0731 음료수 1500 mL를 x명이 똑같이 나누어 마실 때, 한 사람이 마시게 되는 음료수의 양은 y mL이다.

[0732~0733] 다음 함수의 그래프를 y축의 방향으로 [ ] 안의 수만큼 평행이동한 그래프가 나타내는 일차함수의 식을 구하시오.

0732 $y=-5x$ [3]

0733 $y=\frac{3}{2}x$ [−2]

[0734~0735] 다음 일차함수의 그래프에서 x절편과 y절편을 각각 구하시오.

0734 $y=-3x+3$

0735 $y=-\frac{2}{3}x-2$

Theme 18 일차함수의 그래프 유형 13 ~ 유형 18

(1) 일차함수의 그래프의 기울기

일차함수 $y=ax+b$에서 x의 값의 증가량에 대한 y의 값의 증가량의 비율은 항상 일정하며, 그 비율은 x의 계수 a와 같다. 이 증가량의 비율 a를 일차함수 $y=ax+b$의 그래프의 기울기라 한다.

$y=ax+b$ (a: 기울기, b: y절편)

$$(\text{기울기})=\frac{(y\text{의 값의 증가량})}{(x\text{의 값의 증가량})}=a$$

예 일차함수의 그래프에서 x의 값이 1에서 3까지 증가할 때, y의 값이 2에서 8까지 증가하면

⇨ $(\text{기울기})=\frac{(y\text{의 값의 증가량})}{(x\text{의 값의 증가량})}=\frac{8-2}{3-1}=\frac{6}{2}=3$

(2) 일차함수의 그래프 그리기

① 두 점을 이용하여 그래프 그리기

(i) 일차함수의 식을 만족시키는 두 점의 좌표를 찾아 두 점을 좌표평면 위에 나타낸다.

(ii) 두 점을 직선으로 연결한다.

② x절편과 y절편을 이용하여 그래프 그리기

(i) x절편과 y절편을 구하여 두 점 (x절편, 0), (0, y절편)을 좌표평면 위에 나타낸다.

(ii) 두 점을 직선으로 연결한다.

예 일차함수 $y=2x-3$의 그래프를 그려 보자.

(i) $y=0$일 때, $0=2x-3$ $\quad\therefore x=\frac{3}{2}$

$x=0$일 때, $y=2\times0-3=-3$

(ii) 일차함수 $y=2x-3$의 그래프는 두 점 $\left(\frac{3}{2}, 0\right)$, $(0, -3)$을 지나므로 오른쪽 그림과 같다.

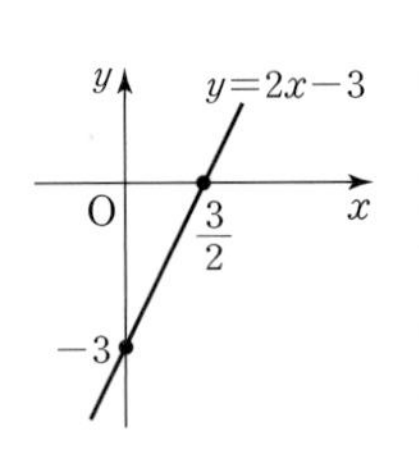

③ 기울기와 y절편을 이용하여 그래프 그리기

(i) 좌표평면 위에 점 (0, y절편)을 나타낸다.

(ii) 기울기를 이용하여 그래프가 지나는 다른 한 점을 찾아 좌표평면 위에 나타낸다.

(iii) 두 점을 직선으로 연결한다.

예 일차함수 $y=\frac{4}{3}x-1$의 그래프를 그려 보자.

(i) y절편은 -1이므로 점 $(0, -1)$을 지난다.

(ii) 그래프의 기울기가 $\frac{4}{3}$이므로 점 $(0, -1)$에서 x축의 방향으로 3만큼, y축의 방향으로 4만큼 증가한 점 $(3, 3)$을 지난다.

(iii) 일차함수 $y=\frac{4}{3}x-1$의 그래프는 두 점 $(0, -1)$, $(3, 3)$을 지나므로 오른쪽 그림과 같다.

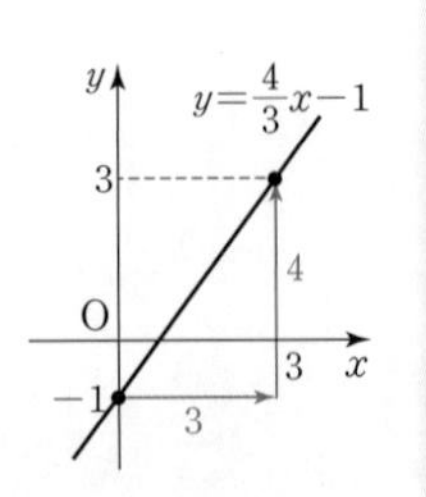

비법 Note
▸ 일차함수의 그래프의 기울기 구하기
① 그래프 위의 두 점 (a, b), (c, d)가 주어질 때
⇨ $(\text{기울기})=\frac{b-d}{a-c}=\frac{d-b}{c-a}$
② x절편, y절편이 주어질 때
⇨ $(\text{기울기})=-\frac{(y\text{절편})}{(x\text{절편})}$

비법 Note
▸ x축 위의 점의 y좌표는 항상 0이고, y축 위의 점의 x좌표는 항상 0이다.

Theme 18 일차함수의 그래프

[0736~0739] 다음 일차함수의 그래프에서 x의 값의 증가량이 6일 때, y의 값의 증가량을 구하시오.

0736 $y=-2x+1$

0737 $y=\frac{2}{3}x+6$

0738 $y=4x+\frac{1}{2}$

0739 $y=-\frac{3}{2}x-1$

[0740~0743] 다음 두 점을 지나는 일차함수의 그래프의 기울기를 구하시오.

0740 $(2,\ 0)$, $(0,\ -6)$

0741 $(-1,\ 3)$, $(-3,\ 7)$

0742 $(2,\ 3)$, $(10,\ 8)$

0743 $(3,\ -4)$, $(-4,\ 3)$

[0744~0745] 다음 □ 안에 알맞은 수를 써넣고, 일차함수의 그래프를 그리시오.

0744 $y=-x+4$

⇨ 두 점 (□, 4), (1, □)을 지난다.

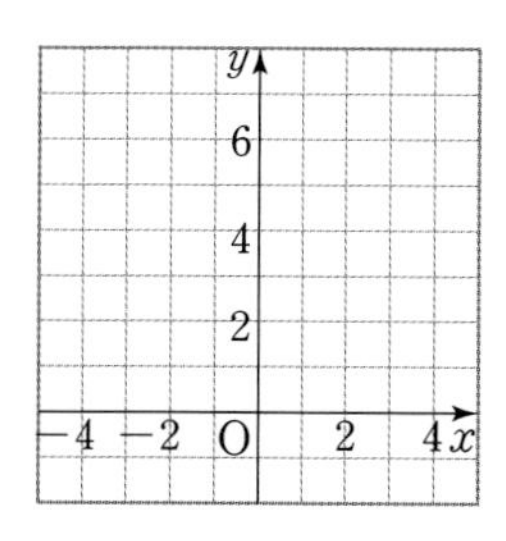

0745 $y=\frac{3}{2}x+3$

⇨ 두 점 (□, 3), (2, □)을 지난다.

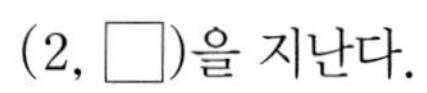

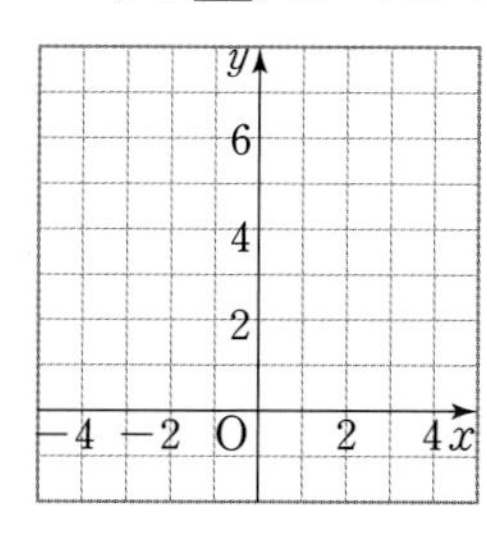

[0746~0747] 다음 □ 안에 알맞은 수를 써넣고, 일차함수의 그래프를 그리시오.

0746 $y=2x+4$

⇨ x절편 : □, y절편 : □

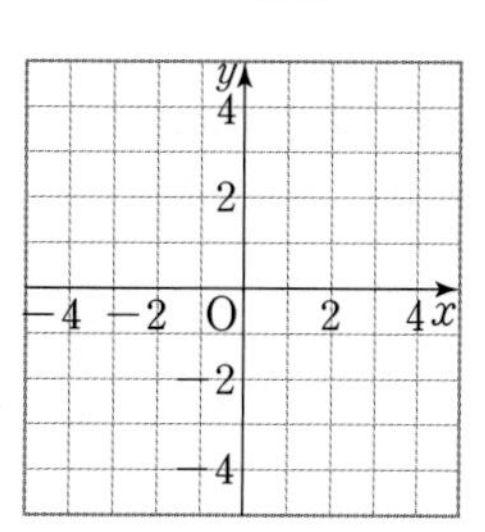

0747 $y=-\frac{1}{2}x-1$

⇨ x절편 : □, y절편 : □

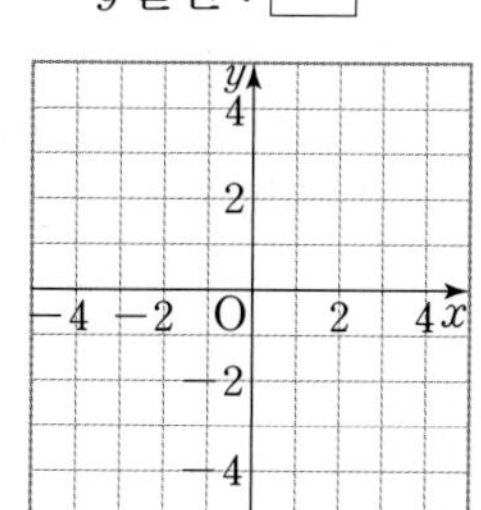

[0748~0749] 다음 □ 안에 알맞은 수를 써넣고, 일차함수의 그래프를 그리시오.

0748 $y=2x-2$

⇨ 기울기 : □, y절편 : □

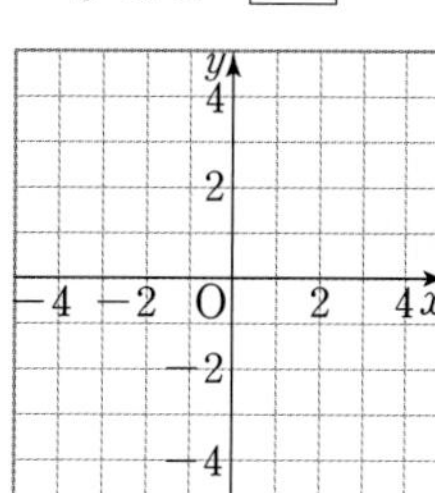

0749 $y=-x+3$

⇨ 기울기 : □, y절편 : □

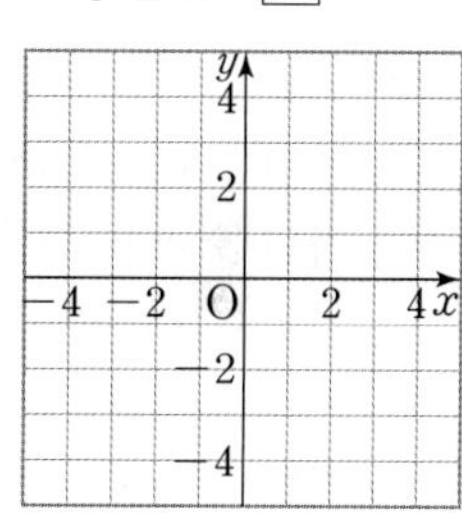

[0750~0751] 오른쪽 그림과 같은 두 일차함수의 그래프 l, m의 기울기와 y절편을 구하시오.

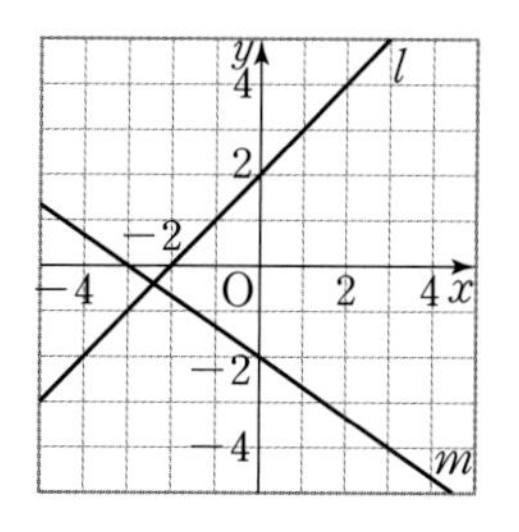

0750 그래프 l

0751 그래프 m

Theme 16 함수와 함숫값

워크북 100쪽

유형 01 함수

x의 값 하나에 대하여
(1) y의 값이 하나로 정해질 때 ⇨ y는 x의 함수이다.
(2) y의 값이 정해지지 않거나 두 개 이상 정해질 때
⇨ y는 x의 함수가 아니다.

대표 문제

0752

다음 중 y가 x의 함수가 아닌 것은?

① 한 변의 길이가 x cm인 정사각형의 둘레의 길이 y cm
② x에 3을 더한 수 y
③ 둘레의 길이가 x cm인 직사각형의 넓이 $y\,\text{cm}^2$
④ 시속 3 km로 x시간 동안 이동한 거리 y km
⑤ 한 자루에 500원 하는 연필 x자루의 값 y원

0753 ●●●●

다음 보기에서 y가 x의 함수인 것은 모두 몇 개인지 구하시오.

보기
ㄱ. 자연수 x보다 작은 짝수의 개수 y
ㄴ. 자연수 x와 서로소인 자연수 y
ㄷ. 자연수 x의 약수의 개수 y
ㄹ. 키가 x cm인 사람의 몸무게 y kg
ㅁ. 자연수 x를 4로 나눈 나머지 y

0754 ●●●●

다음 보기에서 y가 x의 함수가 아닌 것을 모두 고른 것은?

보기
ㄱ. 길이가 1 m인 막대를 x cm 사용하고 남은 막대의 길이 y cm
ㄴ. 자연수 x의 2배보다 큰 자연수 y
ㄷ. x g의 소금이 들어 있는 소금물 200 g의 농도 y %
ㄹ. 어떤 수 x에 가장 가까운 정수 y

① ㄱ, ㄴ　② ㄱ, ㄷ　③ ㄱ, ㄹ
④ ㄴ, ㄷ　⑤ ㄴ, ㄹ

빈출 유형 02 함숫값 구하기

함수 $y=f(x)$에 대하여
$f(a)$ ⇨ $\left[\begin{array}{l} x=a\text{일 때 } y\text{의 값} \\ x=a\text{일 때 함숫값} \end{array}\right.$ ⇨ $f(x)$에 x 대신 a를 대입한 값

대표 문제

0755

함수 $f(x)=-3x$에 대하여 $f(-2)+\frac{1}{3}f(2)$의 값은?

① -8　② -4　③ 0
④ 4　⑤ 8

0756 ●●●●

함수 $f(x)=-2x+1$에 대하여 $f(-2)$의 값은?

① -5　② -3　③ -1
④ 2　⑤ 5

0757 ●●●●

다음 중 $f(-1)=2$인 것은?

① $f(x)=\frac{1}{2}x$　② $f(x)=2x$
③ $f(x)=-2x$　④ $f(x)=\frac{2}{x}$
⑤ $f(x)=-\frac{1}{2}x$

0758 ●●●●

함수 $f(x)=\frac{2}{x}$에 대하여 $f\left(\frac{1}{2}\right)+f(1)$의 값을 구하시오.

0759

함수 $f(x)=\frac{12}{x}$에 대하여 $\frac{1}{2}f(3)-3f(-6)$의 값을 구하시오.

0760

두 함수 $f(x)=2x$, $g(x)=-\frac{3}{x}$에 대하여 $f(-2)-\frac{1}{3}g(1)$의 값은?

① -3　② -1　③ 0
④ 1　⑤ 3

0761

오른쪽 표는 타 지역으로 보내는 물건의 무게에 따른 택배 요금을 나타낸 것이다. 물건의 무게가 $x$kg일 때, 택배 요금을 y원이라 하면 함수 $y=f(x)$에 대하여 $f(1)+f(15)+f(6.5)$의 값을 구하시오.
(단, x는 30 미만이다.)

무게(kg)	요금(원)
0이상 ~ 2미만	5000
2 ~ 5	6000
5 ~ 10	7500
10 ~ 20	9000
20 ~ 30	10500

신유형

0762

함수 $f(x)=$(자연수 x를 8로 나눈 나머지)라 할 때, $f(22)+f(50)+f(99)$의 값을 구하시오.

빈출 유형 03 **함숫값을 이용하여 미지수 구하기**

함수 $f(x)=2x$에 대하여 $f(a)=2$일 때, a의 값
⇨ x 대신 a를 대입한다.
⇨ $f(a)=2a=2$　$\therefore a=1$

대표 문제

0763

함수 $f(x)=-2x$에 대하여 $f(a)=6$일 때, a의 값은?

① -4　② -3　③ -2
④ 2　⑤ 3

0764

함수 $f(x)=-\frac{18}{x}$에 대하여 $f(a)=6$이고 $f(-2)=b$일 때, $a+b$의 값은?

① -6　② -3　③ 0
④ 3　⑤ 6

0765

함수 $f(x)=3x$에 대하여 $f(a)=-5$이고 $f(2)=b$일 때, ab의 값을 구하시오.

서술형

0766

함수 $f(x)=2x+1$에 대하여 $a-b=5$일 때, $f(a)-f(b)$의 값을 구하시오.

유형 04 함숫값이 주어질 때 함수의 식 구하기

함수 $y=f(x)$에서 $f(a)=b$
⇨ x 대신 a, y 대신 b를 대입한다.
⇨ $x=a$일 때 $y=b$

대표 문제

0767

함수 $f(x)=ax+1$에 대하여 $f(2)=5$일 때, $f(3)$의 값은? (단, a는 상수)

① 3 ② 5 ③ 7
④ 9 ⑤ 11

0768 ●●●●

함수 $f(x)=\dfrac{a}{x}$에 대하여 $f(2)=4$일 때, $f(-4)+f(-2)$의 값은? (단, a는 상수)

① -8 ② -6 ③ -4
④ 2 ⑤ 4

0769 ●●●●

함수 $f(x)=ax$에 대하여 $f(2)=6$, $f(b)=9$일 때, $a-b$의 값을 구하시오. (단, a는 상수)

0770 ●●●●

함수 $f(x)=2x-3a$에 대하여 $f(a)=-2$일 때, 상수 a의 값을 구하시오.

유형 05 정비례, 반비례 관계인 함수

❶ y가 x에 $\left[\begin{array}{l}\text{정비례하면 } y=ax \\ \text{반비례하면 } y=\dfrac{a}{x}\end{array}\right]$로 놓는다.
❷ 주어진 x, y의 값을 대입하여 상수 a의 값을 구한다.
❸ 구한 함수의 식을 이용하여 답을 구한다.

대표 문제

0771

y가 x에 정비례하고, $x=2$일 때 $y=3$이다. $x=6$일 때, y의 값을 구하시오.

0772 ●●●●

y가 x에 반비례하고, $x=-3$일 때 $y=6$이다. $x=2$일 때, y의 값을 구하시오.

0773 ●●●●

y가 x에 정비례하고 x, y 사이의 관계가 다음 표와 같을 때, $A-B$의 값은?

x	2	4	B	$\cdots$
y	5	A	15	$\cdots$

① 2 ② 4 ③ 6
④ 8 ⑤ 10

신유형

0774 ●●●●

y가 x에 반비례하고 x, y 사이의 관계가 다음 표와 같을 때, $a+b+c$의 값을 구하시오.

x	1	a	b	20	$\cdots$
y	60	40	24	c	$\cdots$

Theme 17 일차함수의 뜻과 그래프

워크북 103쪽

빈출 유형 06 일차함수의 뜻

일차함수는 $y=ax+b$(a, b는 상수, $a\neq0$) 꼴이므로
⇨ y를 포함한 항은 좌변으로, 나머지 항은 우변으로 이항한 후 정리하여 $y=$(x에 대한 일차식)인 것을 찾는다.

대표 문제

0775

다음 중 y가 x의 일차함수인 것은?

① $y=-4$ ② $y=x^2$ ③ $y=3x-5$
④ $y=\frac{2}{x}$ ⑤ $y=2x(1-x)$

0776

다음 중 y가 x의 일차함수가 아닌 것을 모두 고르면? (정답 2개)

① 한 개에 700원인 아이스크림 x개의 값은 y원
② 한 변의 길이가 $x$cm인 정사각형의 둘레의 길이는 $y$cm
③ 반지름의 길이가 $2x$cm인 원의 넓이는 $y\text{cm}^2$
④ 넓이가 20cm^2인 직사각형의 가로의 길이가 $x$cm일 때, 세로의 길이는 $y$cm
⑤ 시속 80km로 달리는 자동차가 x시간 동안 간 거리는 $y$km

0777

$y=x(ax-2)+bx-7$이 x의 일차함수가 되도록 하는 상수 a, b의 조건은?

① $a=0$, $b\neq0$ ② $a\neq0$, $b=0$
③ $a=0$, $b\neq2$ ④ $a\neq0$, $b=2$
⑤ $a\neq0$, $b\neq2$

유형 07 일차함수의 함숫값 구하기

일차함수 $f(x)=ax+b$에서 $x=k$일 때의 함숫값을 구하려면 $f(x)$에 $x=k$를 대입한다. ⇨ $f(k)=ak+b$
예 $f(x)=3x-1$일 때, $f(4)=3\times4-1=11$

대표 문제

0778

일차함수 $f(x)=ax+10$에 대하여 $f(5)=-5$일 때, $f(-2)$의 값은? (단, a는 상수)

① 4 ② 8 ③ 12
④ 16 ⑤ 20

0779

일차함수 $f(x)=-2x+1$에 대하여 $f(-1)=a$, $f(b)=5$일 때, $a-b$의 값을 구하시오.

0780

두 일차함수 $f(x)=\frac{3}{2}x+a$, $g(x)=bx-5$에 대하여 $f(2)=7$, $g(-4)=3$일 때, $f(-2)+g(4)$의 값을 구하시오. (단, a, b는 상수)

서술형

0781

일차함수 $f(x)=ax+b$에 대하여 $f(k)=-1$, $f(k-2)=7$일 때, a의 값을 구하시오. (단, a, b는 상수)

유형 08 일차함수의 그래프 위의 점

점 (p, q)가 일차함수 $y=ax+b$의 그래프 위에 있다.
⇨ 일차함수 $y=ax+b$의 그래프가 점 (p, q)를 지난다.
⇨ $y=ax+b$에 $x=p$, $y=q$를 대입하면 등식이 성립한다.
⇨ $q=ap+b$

대표 문제

0782

다음 중 일차함수 $y=-4x+1$의 그래프 위의 점이 아닌 것은?

① $(2, -7)$ ② $\left(-\frac{1}{2}, 3\right)$ ③ $\left(\frac{5}{4}, -4\right)$
④ $(1, -3)$ ⑤ $(-3, -11)$

0783 ●●●●

일차함수 $y=-2x+8$의 그래프가 점 $(a, 2a)$를 지날 때, a의 값을 구하시오.

0784 ●●●●

일차함수 $y=ax+b$의 그래프가 두 점 $(-1, -1)$, $(2, -2)$를 지날 때, ab의 값을 구하시오.
(단, a, b는 상수)

신유형

0785 ●●●●

다음 조건을 모두 만족시키는 일차함수 $f(x)$를 구하시오.

> (가) $y=f(x)$의 그래프가 점 $(3, 1)$을 지난다.
> (나) $f(1)+f(3)=-2$

유형 09 일차함수의 그래프의 평행이동

$y=ax$ $\xrightarrow[b\text{만큼 평행이동}]{y\text{축의 방향으로}}$ $y=ax+b$ $\xrightarrow[p\text{만큼 평행이동}]{y\text{축의 방향으로}}$ $y=ax+b+p$

대표 문제

0786

일차함수 $y=2x+1$의 그래프를 y축의 방향으로 -4만큼 평행이동하였더니 $y=ax+b$의 그래프가 되었다. 이때 상수 a, b에 대하여 $a-b$의 값을 구하시오.

0787 ●●●●

다음 중 일차함수 $y=\frac{2}{3}x$의 그래프를 이용하여 일차함수 $y=\frac{2}{3}x-2$의 그래프를 바르게 그린 것은?

①
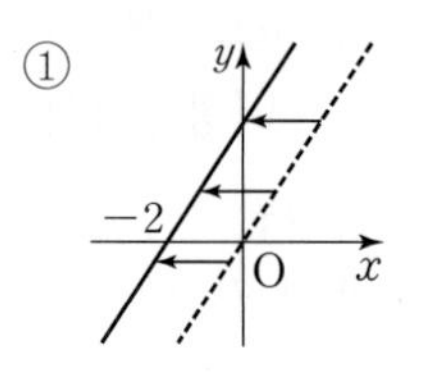

②
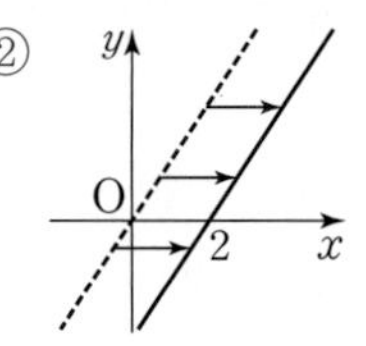

③
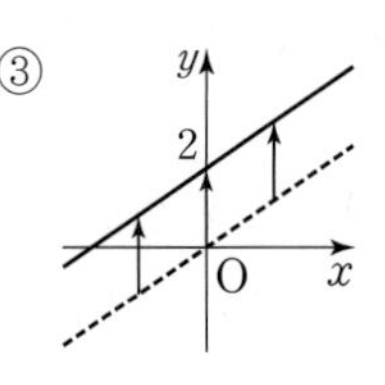

④
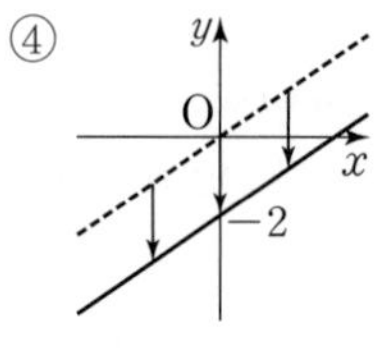

⑤
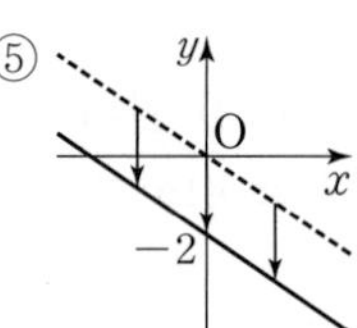

0788 ●●●●

다음 일차함수의 그래프 중 일차함수 $y=-\frac{1}{3}x$의 그래프를 평행이동한 그래프와 겹쳐지는 것은?

① $y=-3x+1$ ② $y=\frac{2-x}{3}$ ③ $y=\frac{1}{3}(x-1)$
④ $y=x-\frac{1}{3}$ ⑤ $y=3x-1$

빈출 유형 10 **평행이동한 그래프 위의 점**

일차함수 $y=f(x)$의 그래프를 y축의 방향으로 b만큼 평행이동한 그래프가 점 (p, q)를 지난다.
⇨ $y=f(x)+b$에 $x=p$, $y=q$를 대입하면 등식이 성립한다.
⇨ $q=f(p)+b$

대표 문제

0789

일차함수 $y=3x$의 그래프를 y축의 방향으로 -2만큼 평행이동한 그래프가 점 $(p, 0)$을 지난다. 이때 p의 값은?

① $-\frac{3}{2}$ ② $-\frac{2}{3}$ ③ $\frac{2}{3}$
④ $\frac{3}{2}$ ⑤ 2

0790

다음 중 일차함수 $y=-\frac{3}{2}x$의 그래프를 y축의 방향으로 4만큼 평행이동한 그래프 위의 점이 아닌 것은?

① $(-6, 10)$ ② $(-2, 7)$ ③ $(0, 4)$
④ $(2, 1)$ ⑤ $(4, -2)$

0791

일차함수 $y=x-3$의 그래프를 y축의 방향으로 m만큼 평행이동한 그래프가 점 $(2, 5)$를 지날 때, m의 값은?

① -4 ② 2 ③ 4
④ 6 ⑤ 8

0792

일차함수 $y=-3x+a$의 그래프를 y축의 방향으로 b만큼 평행이동한 그래프가 점 $(1, 5)$를 지날 때, $a+b$의 값을 구하시오. (단, a는 상수)

0793

일차함수 $y=-2x+b$의 그래프는 점 $(3, -4)$를 지난다. 이 그래프를 y축의 방향으로 -3만큼 평행이동한 그래프가 점 $(k, 3k+4)$를 지날 때, k의 값을 구하시오.
(단, b는 상수)

서술형

0794

점 $(m, -m)$을 지나는 일차함수 $y=-5x+2$의 그래프를 y축의 방향으로 $2m$만큼 평행이동한 그래프가 점 $(a, -7)$을 지난다. 이때 $a+m$의 값을 구하시오.

0795

일차함수 $y=ax+b$의 그래프를 y축의 방향으로 4만큼 평행이동한 그래프가 두 점 $(-2, 1)$, $(3, 11)$을 지날 때, 상수 a, b에 대하여 $a+b$의 값을 구하시오.

빈출 유형 11 일차함수의 그래프의 x절편, y절편

일차함수 $y=ax+b$의 그래프에서

(1) x절편 ⇨ $y=0$일 때의 x의 값 : $-\frac{b}{a}$

(2) y절편 ⇨ $x=0$일 때의 y의 값 : b

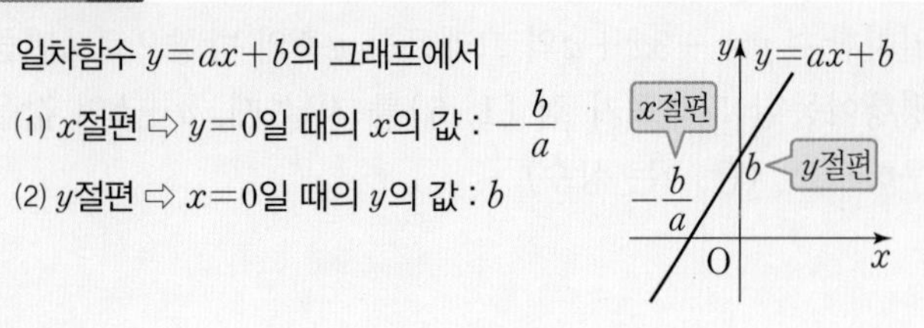

대표 문제

0796

일차함수 $y=3x-6$의 그래프에서 x절편을 a, y절편을 b라 할 때, $a+b$의 값을 구하시오.

0797

다음 일차함수의 그래프 중 x절편이 나머지 넷과 다른 하나는?

① $y=-3x+6$ ② $y=-\frac{1}{2}x+1$
③ $y=\frac{1}{3}x-\frac{2}{3}$ ④ $y=\frac{1}{2}x-4$
⑤ $y=2x-4$

0798

일차함수 $y=5x+3$의 그래프를 y축의 방향으로 7만큼 평행이동한 그래프의 x절편을 a, y절편을 b라 할 때, $a+b$의 값을 구하시오.

0799

다음 일차함수의 그래프 중 일차함수 $y=\frac{1}{3}x-1$의 그래프와 x축 위에서 만나는 것은?

① $y=-\frac{1}{2}x+6$ ② $y=\frac{1}{2}x+3$
③ $y=2x-4$ ④ $y=-2x-6$
⑤ $y=-2x+6$

빈출 유형 12 x절편과 y절편을 이용하여 미지수 구하기

일차함수 $y=ax+b$의 그래프의 x절편이 m, y절편이 n이다.
⇨ 그래프가 두 점 $(m, 0)$, $(0, n)$을 지난다.
⇨ $0=am+b$, $n=b$ $\therefore m=-\frac{b}{a}$, $n=b$

대표 문제

0800

일차함수 $y=-\frac{3}{2}x+b$의 그래프의 x절편이 4일 때, y절편은? (단, b는 상수)

① -3 ② -1 ③ 1
④ 3 ⑤ 6

0801

일차함수 $y=\frac{2}{5}x-4$의 그래프의 x절편과 일차함수 $y=-\frac{2}{3}x+4+3k$의 그래프의 y절편이 서로 같을 때, 상수 k의 값은?

① 2 ② 3 ③ 4
④ 5 ⑤ 6

0802

일차함수 $y=ax-2$의 그래프를 y축의 방향으로 5만큼 평행이동한 그래프의 x절편이 4, y절편이 b일 때, $a+b$의 값은? (단, a는 상수)

① $\frac{5}{4}$ ② $\frac{9}{4}$ ③ $\frac{13}{4}$
④ $\frac{17}{4}$ ⑤ $\frac{21}{4}$

Theme 18 일차함수의 그래프

워크북 107쪽

유형 13 일차함수의 그래프의 기울기

일차함수 $y=ax+b$의 그래프에서

⇨ $(\text{기울기})=\dfrac{(y\text{의 값의 증가량})}{(x\text{의 값의 증가량})}=a$

대표 문제

0803

두 일차함수의 그래프 l, m이 오른쪽 그림과 같을 때, l, m의 기울기의 합을 구하시오.

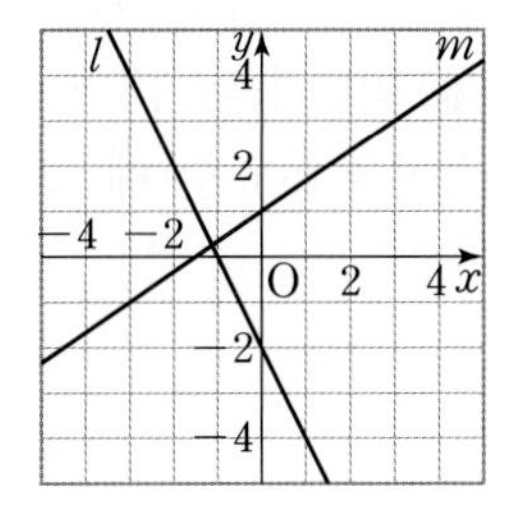

0804 ●●●●

다음 일차함수의 그래프 중 x의 값이 6만큼 증가할 때, y의 값이 2만큼 감소하는 것은?

① $y=-12x+6$
② $y=-\frac{1}{2}x+3$
③ $y=-\frac{1}{3}x+1$
④ $y=2x-6$
⑤ $y=6x-2$

0805 ●●●●

일차함수 $y=\frac{1}{2}x+2$의 그래프에서 x의 값이 -3에서 a까지 증가할 때, y의 값은 0에서 4까지 증가한다. 이때 a의 값을 구하시오.

서술형

0806 ●●●●

일차함수 $y=ax+1$의 그래프에서 x의 값이 2만큼 증가할 때, y의 값은 3만큼 감소한다. 다음 물음에 답하시오.

(단, a는 상수)

(1) a의 값을 구하시오.

(2) 이 그래프가 점 $(1,\ b)$를 지날 때, b의 값을 구하시오.

유형 14 두 점을 지나는 일차함수의 그래프의 기울기

두 점 $(a,\ b)$, $(c,\ d)$를 지나는 일차함수의 그래프에서

⇨ $(\text{기울기})=\dfrac{b-d}{a-c}=\dfrac{d-b}{c-a}$

대표 문제

0807

두 점 $(-4,\ a)$, $(3,\ 6)$을 지나는 일차함수의 그래프의 기울기가 3일 때, a의 값은?

① -6
② -9
③ -12
④ -15
⑤ -18

0808 ●●●●

오른쪽 그림은 일차함수의 그래프이다. 이 그래프에서 x의 값이 2만큼 감소할 때, y의 값의 증가량을 구하시오.

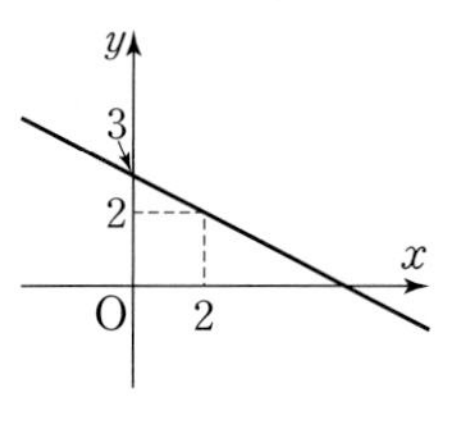

0809 ●●●●

일차함수 $y=f(x)$에 대하여 $f(3)-f(-1)=-8$일 때, 이 일차함수의 그래프의 기울기를 구하시오.

0810 ●●●●

오른쪽 그림과 같은 두 일차함수 $y=f(x)$, $y=g(x)$의 그래프의 기울기를 각각 m, n이라 할 때, mn의 값을 구하시오.

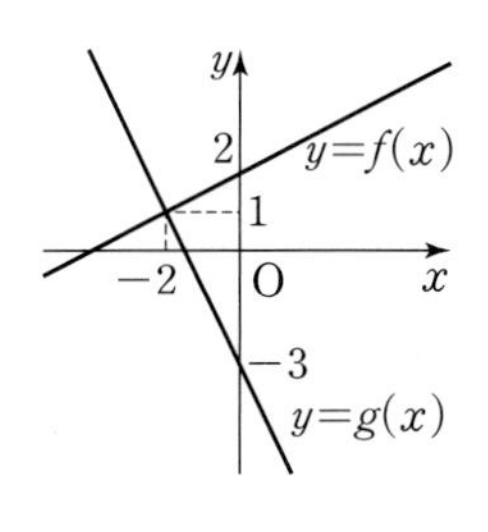

유형 15 세 점이 한 직선 위에 있을 조건

서로 다른 세 점 A, B, C가 한 직선 위에 있으면
⇨ (직선 AB의 기울기)
=(직선 BC의 기울기)
=(직선 AC의 기울기)

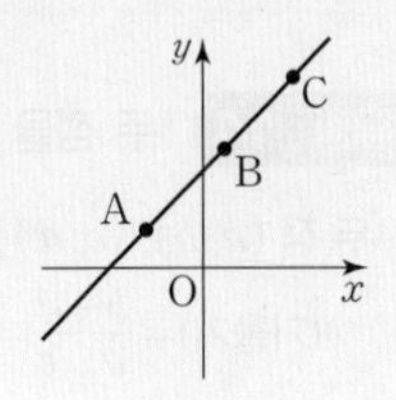

대표 문제

0811

세 점 A(2, 1), B(3, 6), C(4, a)가 한 직선 위에 있을 때, a의 값은?

① 8 ② 9 ③ 10
④ 11 ⑤ 12

0812

두 점 $(3m+3, m+1)$, $(-2, -3)$을 지나는 직선 위에 점 $(2, -1)$이 있을 때, m의 값을 구하시오.

0813

오른쪽 그림과 같이 세 점이 한 직선 위에 있을 때, a의 값을 구하시오.

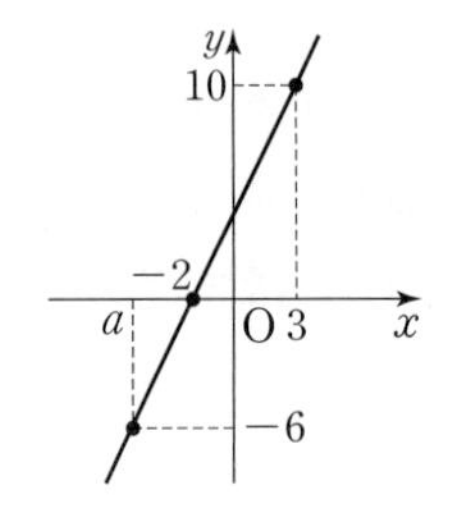

서술형

0814

세 점 A$(-3, 2)$, B$(-2, m)$, C$(2, m+8)$이 한 직선 위에 있고 그 직선의 기울기를 a라 할 때, $a+m$의 값을 구하시오.

빈출

유형 16 일차함수의 그래프의 기울기와 x절편, y절편

일차함수 $y=ax+b$의 그래프에서
(1) 기울기 : a
(2) x절편 : $-\frac{b}{a}$
(3) y절편 : b

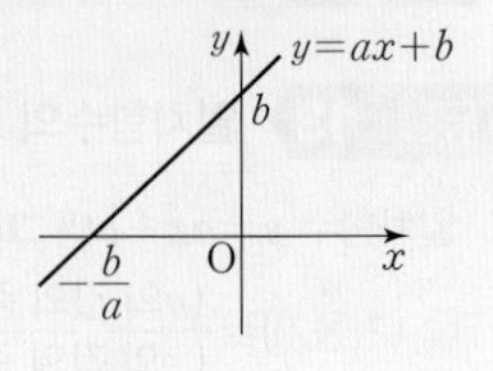

대표 문제

0815

오른쪽 그림과 같은 일차함수의 그래프의 기울기를 a, x절편을 b, y절편을 c라 할 때, $2a+b+c$의 값은?

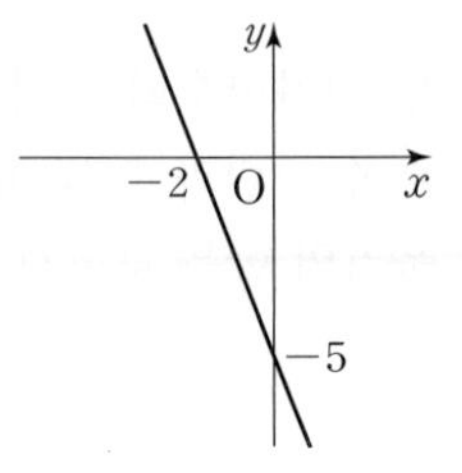

① -12 ② -7
③ -2 ④ 7
⑤ 12

0816

다음 조건을 모두 만족시키는 일차함수는?

(가) x의 값이 2만큼 증가할 때, y의 값은 4만큼 감소하는 직선이다.
(나) 일차함수 $y=-3x+3$의 그래프와 y절편이 같다.

① $y=-\frac{1}{2}x+6$ ② $y=-\frac{1}{2}x+3$
③ $y=2x+6$ ④ $y=-2x+3$
⑤ $y=-2x+6$

0817

일차함수 $y=ax+b$의 그래프는 일차함수 $y=\frac{2}{3}x-4$의 그래프와 x축 위에서 만나고, 일차함수 $y=\frac{9-x}{3}$의 그래프와 y축 위에서 만난다. 이때 상수 a, b에 대하여 ab의 값을 구하시오.

유형 17 일차함수의 그래프 그리기

[방법 1] 일차함수의 식을 만족시키는 두 점을 찾아 직선으로 연결한다.
[방법 2] 두 점 (x절편, 0), (0, y절편)을 직선으로 연결한다.
[방법 3] 두 점 (0, y절편), (1, (y절편)+(기울기))를 직선으로 연결한다.

대표 문제

0818

다음 일차함수 중 그 그래프가 제1사분면을 지나지 않는 것은?

① $y=\frac{1}{3}x+4$ ② $y=-\frac{2}{3}x-2$
③ $y=-x+1$ ④ $y=2x-3$
⑤ $y=x-7$

0819

일차함수 $y=ax+b$의 그래프의 x절편이 -2, y절편이 -3일 때, 다음 중 일차함수 $y=bx+a$의 그래프는? (단, a, b는 상수)

①
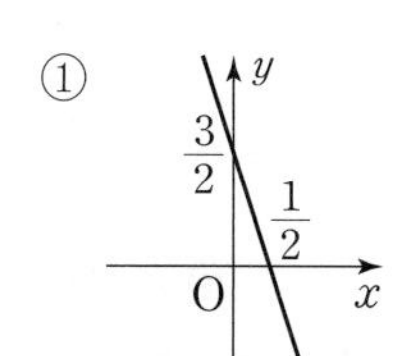

②
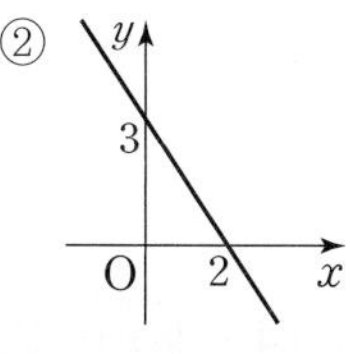

③
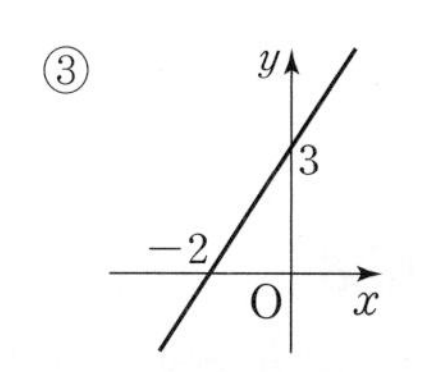

④
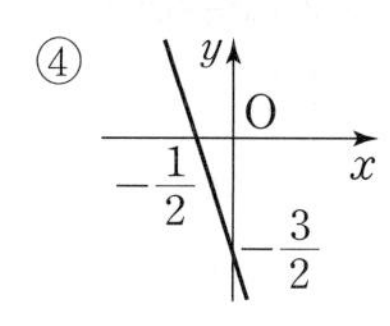

⑤
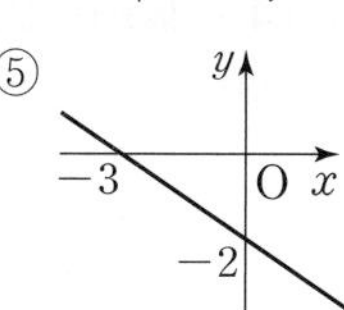

신유형

0820

일차함수 $y=\frac{2}{3}x-3$에 대하여 다음 물음에 답하시오.

(1) 그래프의 기울기와 y절편을 각각 구하시오.
(2) 기울기와 y절편을 이용하여 일차함수 $y=\frac{2}{3}x-3$의 그래프를 그리시오.

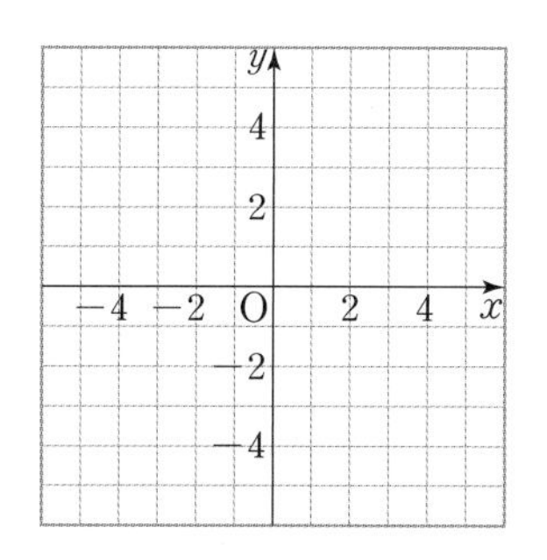

빈출

유형 18 일차함수의 그래프와 좌표축으로 둘러싸인 도형의 넓이

일차함수의 그래프와 x축 및 y축으로 둘러싸인 도형의 넓이는

$\frac{1}{2}\times\overline{OA}\times\overline{OB}$

↑ |x절편| ↑ |y절편|

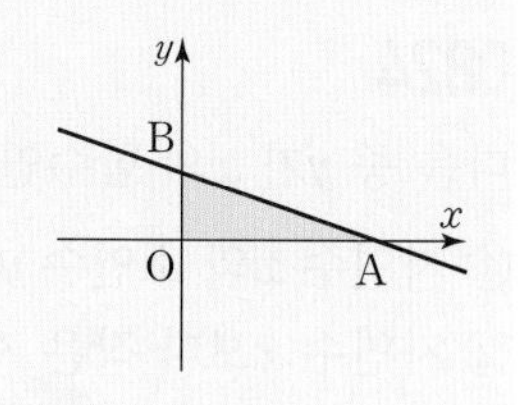

대표 문제

0821

일차함수 $y=\frac{1}{3}x-4$의 그래프와 x축 및 y축으로 둘러싸인 도형의 넓이는?

① 16 ② 18 ③ 20
④ 22 ⑤ 24

0822

오른쪽 그림과 같이 일차함수 $y=ax+2$의 그래프와 x축 및 y축으로 둘러싸인 도형의 넓이가 4일 때, 양수 a의 값은?

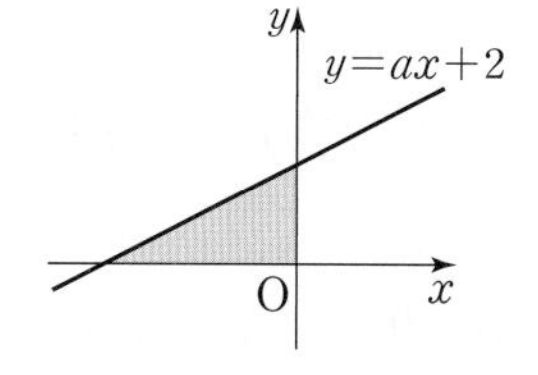

① $\frac{1}{8}$ ② $\frac{1}{4}$
③ $\frac{3}{8}$ ④ $\frac{1}{2}$ ⑤ $\frac{5}{8}$

0823

오른쪽 그림과 같이 두 일차함수 $y=-2x+6$, $y=\frac{1}{2}x+6$의 그래프와 x축으로 둘러싸인 도형의 넓이는?

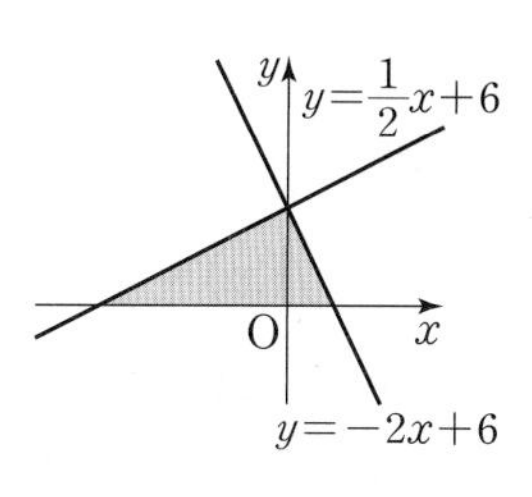

① 24 ② 36
③ 45 ④ 54 ⑤ 60

0824 유형 01

다음 중 y가 x의 함수인 것을 모두 고르면? (정답 2개)

① 자연수 x의 소인수 y
② 자연수 x보다 작은 자연수 y
③ 자연수 x보다 작은 홀수의 개수 y
④ 키가 $x$cm인 학생의 발의 크기 $y$mm
⑤ x와의 합이 5인 수 y

0825 유형 02

함수 $f(x)=$(자연수 x를 5로 나누었을 때의 나머지)라 할 때, $f(1)+f(2)+f(3)+\cdots+f(20)$의 값은?

① 30 ② 40 ③ 50
④ 60 ⑤ 70

0826 유형 03

두 함수 $f(x)=-\frac{3}{4}x$, $g(x)=\frac{12}{x}$에 대하여 $g(3)=a$일 때, $f(a)=g(b)$를 만족시키는 b의 값은?

① -6 ② -4 ③ -3
④ -2 ⑤ -1

0827 유형 04 + 유형 05

함수 $y=\frac{a}{x}$에서 x, y 사이의 관계가 다음 표와 같을 때, $A+B$의 값은? (단, a는 상수)

x	1	2	3	B	$\cdots$
y	36	A	12	9	$\cdots$

① 21 ② 22 ③ 23
④ 24 ⑤ 25

0828 유형 06

상수 a, b, c에 대하여 $3x(4-2cx)-2ax-by+5=0$이 x의 일차함수가 되도록 하는 a, b, c의 조건은?

① $a=6$, $b=0$, $c=0$
② $a\neq6$, $b=0$, $c=0$
③ $a\neq6$, $b\neq0$, $c=0$
④ $a\neq6$, $b=0$, $c\neq0$
⑤ $a\neq6$, $b\neq0$, $c\neq0$

0829 유형 07

일차함수 $f(x)=ax+3$에 대하여
$f(-1)+f(0)+f(1)+f(2)=22$일 때, 상수 a의 값은?

① 2 ② 3 ③ 4
④ 5 ⑤ 6

0830 유형 09+유형 12

일차함수 $y=2x+6$의 그래프를 y축의 방향으로 k만큼 평행이동하면 x절편이 4만큼 커진다. 이때 k의 값은?

① -8 ② -6 ③ -2
④ 6 ⑤ 8

0831 유형 13+유형 14

일차함수 $f(x)=ax+3$의 그래프 위의 두 점 $(p, f(p))$, $(q, f(q))$에 대하여 $\dfrac{f(q)-f(p)}{q-p}=2$일 때, $f(2)$의 값은? (단, a는 상수)

① 5 ② 6 ③ 7
④ 8 ⑤ 9

0832 유형 13

일차함수 $f(x)=ax+b$에서 x의 값의 증가량에 대한 y의 값의 증가량의 비가 $\dfrac{3}{4}$이고, $f(0)=2$이다. $f(k)=4$, $f(4)=m$을 만족시키는 k, m에 대하여 $k+m$의 값은?
(단, a, b는 상수)

① $\dfrac{16}{3}$ ② $\dfrac{23}{3}$ ③ $\dfrac{26}{3}$
④ $\dfrac{32}{3}$ ⑤ $\dfrac{35}{3}$

0833 유형 07+유형 08

일차함수 $f(x)=ax+15$에 대하여 $f(8)$은 음수이다. 이를 만족시키는 일차함수 중 상수 a는 가장 큰 정수일 때, 다음 중 일차함수 $y=f(x)$의 그래프가 지나는 점은?

① $(1, 16)$ ② $(2, 11)$ ③ $(3, 10)$
④ $(4, 9)$ ⑤ $(5, 0)$

0834 유형 12

오른쪽 그림과 같이 두 일차함수 $y=-x+b$, $y=\frac{1}{2}x-a$의 그래프가 y축과 만나는 점을 각각 A, B, x축과 만나는 점을 각각 C, D라 하자. $\overline{AO}:\overline{BO}=4:3$이고 $\overline{CD}=2$일 때, 상수 a, b에 대하여 $a+b$의 값을 구하시오.

(단, $a>0$, $b>0$이고, O는 원점이다.)

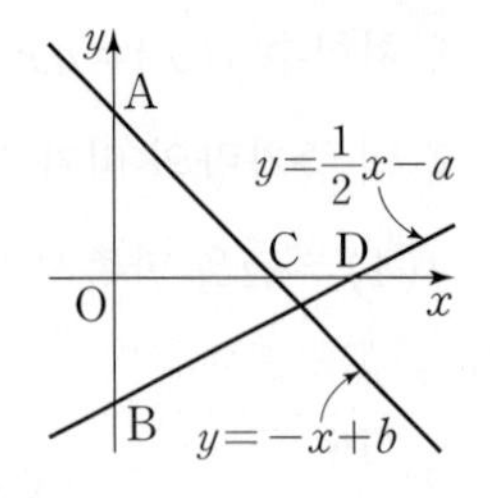

0835 유형 09+유형 16

일차함수 $y=-4x-n$의 그래프가 x축과 만나는 점을 A라 하고, $y=-4x-n$의 그래프를 y축의 방향으로 4만큼 평행이동하였을 때 x축과 만나는 점을 B라 한다. 이때 $\overline{AB}$의 길이를 구하시오. (단, n은 상수)

0836 유형 09+유형 16

일차함수 $y=3x-3$의 그래프를 y축의 방향으로 평행이동하였더니 일차함수 $y=ax+b$의 그래프가 되었다. $y=3x-3$, $y=ax+b$의 그래프가 x축과 만나는 점을 각각 A, B라 할 때, $\overline{AB}=4$이다. $y=ax+b$의 그래프는 제2사분면을 지나지 않는다고 할 때, $a-b$의 값은?

(단, a, b는 상수)

① 12 ② 15 ③ 18
④ 21 ⑤ 24

0837 유형 17+유형 18

네 일차함수 $y=-x+4$, $y=x+4$, $y=x-4$, $y=-x-4$의 그래프로 둘러싸인 도형의 넓이를 구하시오.

0838 유형 18

오른쪽 그림과 같이 두 일차함수 $y=\frac{1}{2}x+4$, $y=ax+b$의 그래프가 x축 위에서 만난다. $\triangle ABC$의 넓이가 16일 때, 상수 a, b에 대하여 $a+b$의 값을 구하시오.

(단, $b>4$)

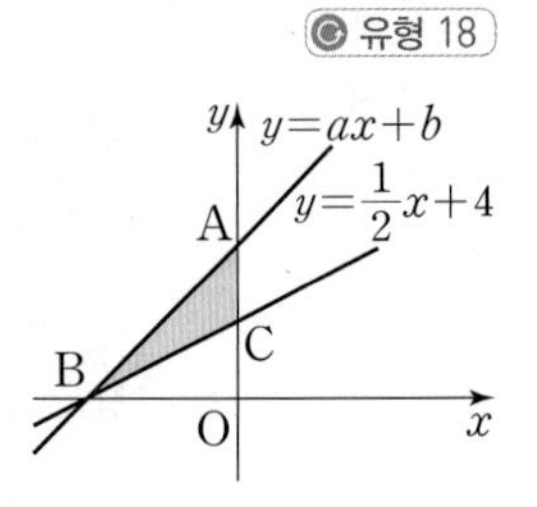

정답 및 풀이 49쪽

0839 유형 03

$f(x)=$(자연수 x 이하의 소수의 개수),
$M(a,\ b)=$(두 수 a, b 중 작지 않은 수)라 할 때,
$M(f(x),\ 2)=2$를 만족시키는 모든 자연수 x의 값의 합은?

① 9　② 10　③ 11　④ 12　⑤ 13

0840 유형 08+유형 17

점 $(-1,\ 2)$를 지나는 일차함수 $y=ax+3$의 그래프와 x축 및 y축으로 둘러싸인 도형을 y축을 회전축으로 하여 1회전 시킬 때 생기는 입체도형의 부피를 구하시오. (단, a는 상수)

0841 유형 16+유형 18

어떤 일차함수의 그래프의 기울기는 $\frac{1}{a}$, y절편은 4이다. 그런데 기울기를 a로 잘못 보고 그래프를 그렸더니 x축, y축으로 둘러싸인 도형이 제2사분면에 나타났고 그 넓이는 6이었다. 이때 원래 일차함수의 그래프와 x축, y축으로 둘러싸인 도형의 넓이는?

① $\frac{8}{3}$　② $\frac{16}{3}$　③ 8　④ $\frac{32}{3}$　⑤ $\frac{40}{3}$

0842 유형 18

오른쪽 그림과 같이 일차함수 $y=ax+2$의 그래프가 정사각형 OABC의 변 OC, 변 AB와 만나는 점을 각각 D, E라 하자. 사각형 OAED와 사각형 CDEB의 넓이의 비가 3 : 2일 때, 상수 a의 값을 구하시오. (단, O는 원점)

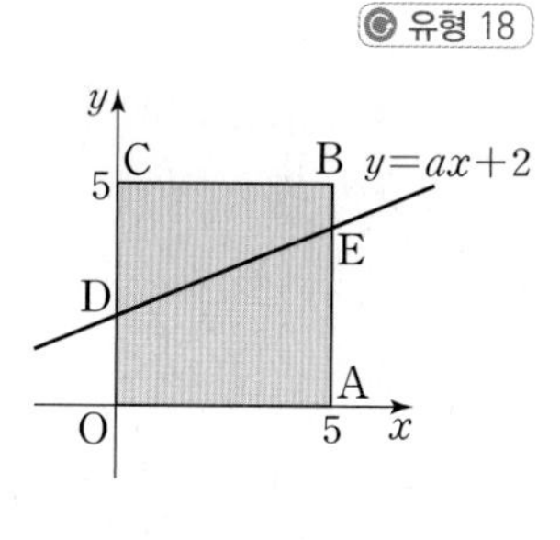

Theme 19 일차함수의 그래프의 성질 유형 01 ~ 유형 06

(1) 일차함수 $y=ax+b$의 그래프의 성질

① a의 부호 ⇨ 그래프의 방향 결정

(i) $a>0$일 때, x의 값이 증가하면 y의 값도 증가 ⇨ 오른쪽 위로 향하는 직선

(ii) $a<0$일 때, x의 값이 증가하면 y의 값은 감소 ⇨ 오른쪽 아래로 향하는 직선

② b의 부호 ⇨ 그래프가 y축과 만나는 부분 결정 → $b=0$이면 그래프는 원점을 지난다.

(i) $b>0$일 때, y축과 양의 부분에서 만난다. ⇨ y절편이 양수

(ii) $b<0$일 때, y축과 음의 부분에서 만난다. ⇨ y절편이 음수

참고

a, b의 부호	$a>0$, $b>0$	$a>0$, $b<0$	$a<0$, $b>0$	$a<0$, $b<0$
$y=ax+b$의 그래프의 모양	y, O, x, 증가, 증가	y, O, x, 증가, 증가	y, O, x, 증가, 감소	y, O, x, 증가, 감소

(2) 두 일차함수 $y=ax+b$, $y=cx+d$의 그래프의 평행, 일치

① $a=c$, $b\neq d$ ⇨ 두 그래프는 평행 (→ 기울기가 같고 y절편은 다르다.)

② $a=c$, $b=d$ ⇨ 두 그래프는 일치 (→ 기울기가 같고 y절편도 같다.)

비법 Note

> 일차함수 $y=ax+b$의 그래프에서 $|a|$가 클수록 그래프는 y축에 가깝고, $|a|$가 작을수록 그래프는 x축에 가깝다.

비법 Note

> 기울기와 평행, 일치
① 기울기가 같은 두 일차함수의 그래프는 서로 평행하거나 일치한다.
② 서로 평행한 두 일차함수의 그래프의 기울기는 같고 y절편은 다르다.

> 두 일차함수의 그래프에서 기울기가 서로 다르면 두 그래프는 한 점에서 만난다.

Theme 20 일차함수의 식 구하기 유형 07 ~ 유형 10

(1) 기울기가 a, y절편이 b인 직선을 그래프로 하는 일차함수의 식은 $y=ax+b$이다.

(2) 기울기가 a이고 한 점 (x_1, y_1)을 지나는 직선을 그래프로 하는 일차함수의 식 구하기

❶ 일차함수의 식을 $y=ax+b$로 놓는다.

❷ $y=ax+b$에 $x=x_1$, $y=y_1$을 대입하여 b의 값을 구한다.

(3) 두 점 (x_1, y_1), (x_2, y_2)를 지나는 직선을 그래프로 하는 일차함수의 식 구하기

❶ 두 점을 지나는 직선의 기울기 a를 구한다. ⇨ $a=\dfrac{y_2-y_1}{x_2-x_1}=\dfrac{y_1-y_2}{x_1-x_2}$ (단, $x_1\neq x_2$)

❷ 일차함수의 식을 $y=ax+b$로 놓고 한 점의 좌표를 대입하여 b의 값을 구한다.

(4) x절편이 m, y절편이 n인 직선을 그래프로 하는 일차함수의 식 구하기

❶ 두 점 $(m, 0)$, $(0, n)$을 지나는 직선의 기울기 a를 구한다. ⇨ $a=\dfrac{n-0}{0-m}=-\dfrac{n}{m}$

❷ y절편은 n이므로 $y=-\dfrac{n}{m}x+n$이다.

비법 Note

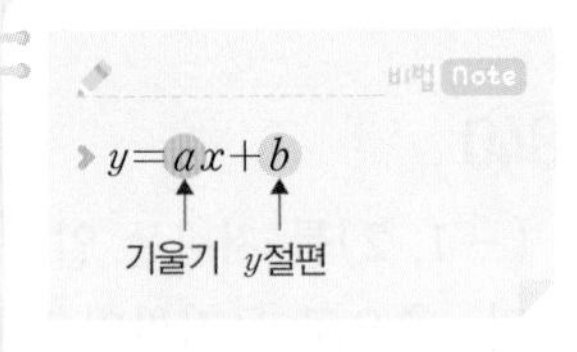

비법 Note

> 일차함수의 그래프의 x절편, y절편
① x절편이 m이다.
⇨ x축과의 교점의 x좌표가 m이다.
⇨ 점 $(m, 0)$을 지난다.
② y절편이 n이다.
⇨ y축과의 교점의 y좌표가 n이다.
⇨ 점 $(0, n)$을 지난다.

Theme 21 일차함수의 활용 유형 11 ~ 유형 16

일차함수를 활용한 문제는 다음과 같은 순서로 풀면 편리하다.

❶ 변수 정하기 : 변하는 두 양을 x, y로 정한다.

❷ 함수 구하기 : x와 y 사이의 관계를 일차함수 $y=ax+b$로 나타낸다.

❸ 답 구하기 : 함수의 식이나 그래프를 이용하여 문제를 푸는 데 필요한 함숫값을 구한다.

❹ 확인하기 : 구한 답이 문제의 뜻에 맞는지 확인한다.

비법 Note

> 미지수 x, y를 정하는 방법
⇨ 주어진 두 변량에서 먼저 변하는 것을 x로 놓고, 그에 따라 변하는 것을 y로 정한다.

Theme 19 일차함수의 그래프의 성질

[0843~0847] 다음 조건을 만족시키는 일차함수를 보기에서 모두 고르시오.

보기
ㄱ. $y=2x+7$　　ㄴ. $y=-x-8$
ㄷ. $y=-\frac{3}{4}x+2$　　ㄹ. $y=4x-5$

0843 x의 값이 증가할 때 y의 값은 감소하는 일차함수

0844 그래프가 오른쪽 위로 향하는 일차함수

0845 그래프가 제3사분면을 지나는 일차함수

0846 그래프가 y축에 가장 가까운 일차함수

0847 그래프가 제2사분면을 지나지 않는 일차함수

[0848~0850] 오른쪽 그림에서 일차함수 $y=ax+b$의 그래프가 다음 직선과 같을 때, a, b의 부호를 구하시오.

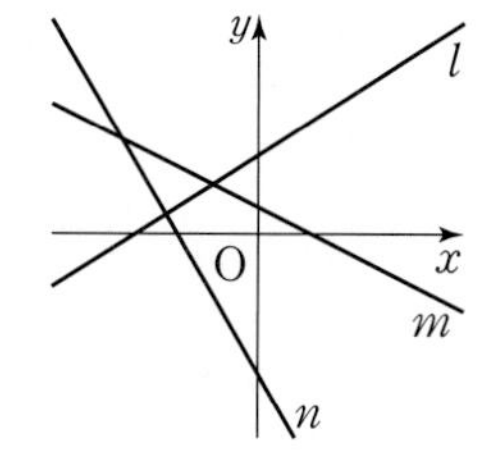

0848 직선 l

0849 직선 m

0850 직선 n

0851 보기의 일차함수에서 그 그래프가 서로 평행한 것끼리 짝 지으시오.

보기
ㄱ. $y=2x+4$　　ㄴ. $y=3x+1$
ㄷ. $y=-3x-2$　　ㄹ. $y=-\frac{2}{3}x+1$
ㅁ. $y=2x-2$　　ㅂ. $y=-\frac{2}{3}x-3$

Theme 20 일차함수의 식 구하기

[0852~0860] 다음 직선을 그래프로 하는 일차함수의 식을 구하시오.

0852 기울기가 5이고 y절편이 -2인 직선

0853 x의 값이 2만큼 증가할 때 y의 값은 5만큼 감소하고 y절편이 1인 직선

0854 기울기가 2이고 점 $(1,\ -3)$을 지나는 직선

0855 기울기가 2이고 x절편이 -1인 직선

0856 일차함수 $y=\frac{1}{2}x+3$의 그래프와 평행하고 점 $(1,\ -4)$를 지나는 직선

0857 두 점 $(-3,\ 10)$, $(-2,\ 5)$를 지나는 직선

0858 두 점 $(3,\ 1)$, $(6,\ -2)$를 지나는 직선

0859 x절편이 -4, y절편이 -3인 직선

0860 두 점 $(6,\ 0)$, $(0,\ -4)$를 지나는 직선

Theme 21 일차함수의 활용

[0861~0863] 3000원이 들어 있는 돼지 저금통에 매일 200원씩 저금을 하려고 한다. 저금한 지 x일이 지난 후 돼지 저금통에 들어 있는 금액을 y원이라 할 때, 다음 물음에 답하시오.

0861 y를 x에 대한 식으로 나타내시오.

0862 30일 후 돼지 저금통에 들어 있는 금액을 구하시오.

0863 돼지 저금통에 들어 있는 금액이 5000원이 되는 것은 저금한 지 며칠이 지난 후인지 구하시오.

Theme 19 일차함수의 그래프의 성질

워크북 118쪽

빈출 유형 01 일차함수 $y=ax+b$의 그래프에서 a, b의 부호

일차함수 $y=ax+b$의 그래프가
(1) 오른쪽 위로 향하면 $a>0$
오른쪽 아래로 향하면 $a<0$
(2) y축과 양의 부분에서 만나면 $b>0$
y축과 음의 부분에서 만나면 $b<0$

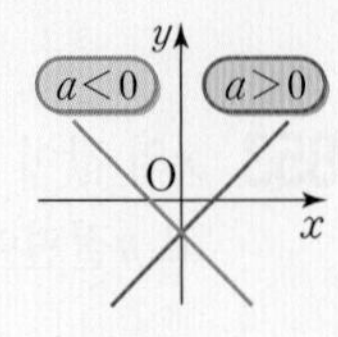

대표 문제

0864

$a>0$, $b<0$일 때, 일차함수 $y=-bx-a$의 그래프가 지나지 않는 사분면은?

① 제1사분면 ② 제2사분면
③ 제3사분면 ④ 제4사분면
⑤ 제1, 2사분면

0865 ●●●●

일차함수 $y=-ax+b$의 그래프가 오른쪽 그림과 같을 때, 다음 중 옳은 것은? (단, a, b는 상수)

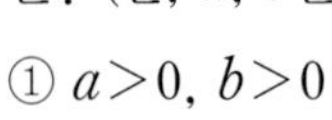

① $a>0$, $b>0$ ② $a>0$, $b<0$
③ $a<0$, $b>0$ ④ $a<0$, $b<0$
⑤ $ab<0$

0866 ●●●●

일차함수 $y=ax+b$의 그래프가 제1, 2, 4사분면을 지날 때, 일차함수 $y=abx-\frac{1}{b}$의 그래프가 지나지 않는 사분면을 구하시오. (단, a, b는 상수)

유형 02 일차함수 $y=ax+b$의 그래프에서 $|a|$의 의미

일차함수 $y=ax+b$의 그래프는
(1) $|a|$가 클수록 y축에 가깝다.
(2) $|a|$가 작을수록 x축에 가깝다.

대표 문제

0867

다음 일차함수 중 그 그래프가 y축에 가장 가까운 것은?

① $y=\frac{1}{2}x+7$ ② $y=-x-2$
③ $y=2x-5$ ④ $y=-\frac{5}{2}x-1$
⑤ $y=-\frac{8}{5}x+\frac{1}{2}$

신유형

0868 ●●●●

보기에서 그 그래프가 x축에 가까운 순서대로 나열한 것은?

보기
ㄱ. $y=-\frac{3}{5}x+3$ ㄴ. $y=-\frac{2}{3}x+3$
ㄷ. $y=x+3$ ㄹ. $y=\frac{1}{3}x+3$
ㅁ. $y=\frac{4}{5}x+3$

① ㄷ－ㅁ－ㄱ－ㄴ－ㄹ ② ㄷ－ㅁ－ㄴ－ㄱ－ㄹ
③ ㄹ－ㄱ－ㄴ－ㅁ－ㄷ ④ ㄹ－ㄴ－ㄱ－ㅁ－ㄷ
⑤ ㄹ－ㄴ－ㄷ－ㅁ－ㄱ

0869 ●●●●

일차함수 $y=-ax+b$의 그래프가 오른쪽 그림과 같을 때, 상수 a의 값의 범위를 구하시오. (단, b는 상수)

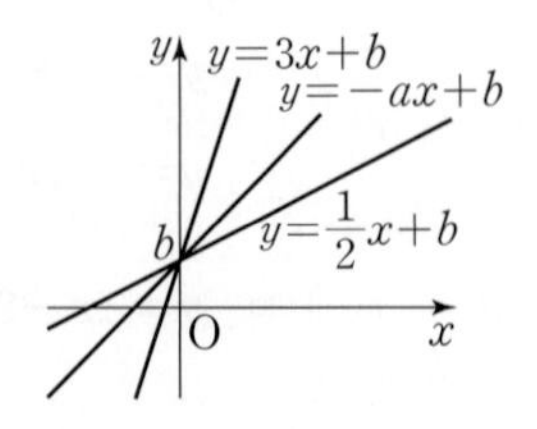

유형 03 일차함수의 그래프의 평행(1)

두 일차함수 $y=ax+b$와 $y=cx+d$의 그래프가 평행하다.
⇨ 두 일차함수의 그래프가 만나지 않는다.
⇨ 기울기는 같고 y절편은 다르다.
⇨ $a=c$, $b\neq d$

대표 문제

0870

일차함수 $y=ax+2$의 그래프는 일차함수 $y=3x-\frac{4}{5}$의 그래프와 평행하고, 점 $(-1,\ b)$를 지난다. 이때 $a-b$의 값을 구하시오. (단, a는 상수)

0871 ●●○○

두 일차함수 $y=(k-1)x+5$와 $y=(3-k)x-4$의 그래프가 평행할 때, 상수 k의 값을 구하시오.

서술형

0872 ●●●○

서로 만나지 않는 두 일차함수 $y=-\frac{1}{2}x+1$, $y=ax+b$의 그래프가 y축과 만나는 점을 각각 A, B라 하자. $\overline{\mathrm{AB}}=3$일 때, 상수 a, b에 대하여 ab의 값을 구하시오. (단, $a>b$)

0873 ●●●○

일차함수 $y=-ax+2$의 그래프는 일차함수 $y=2x-5$의 그래프와 평행하고, 일차함수 $y=bx+1$의 그래프와 x축 위에서 만난다. 이때 상수 a, b에 대하여 ab의 값을 구하시오.

유형 04 일차함수의 그래프의 평행(2)

일차함수 $y=ax+b$의 그래프가 오른쪽 그림의 직선 l과 평행하다.
⇨ $a=-\frac{n}{m}$, $b\neq n$

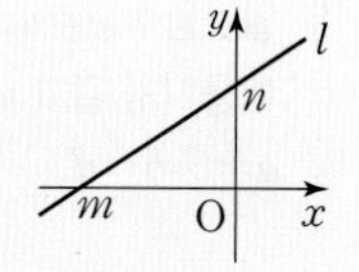

대표 문제

0874

다음 일차함수 중 그 그래프가 오른쪽 그림의 그래프와 평행한 것은?

① $y=\frac{3}{2}x+2$ ② $y=\frac{2}{3}x-2$
③ $y=\frac{2}{3}x+2$ ④ $y=-\frac{2}{3}x-2$
⑤ $y=-\frac{2}{3}x+2$

0875 ●●●○

오른쪽 그림과 같이 두 일차함수의 그래프가 평행할 때, a의 값을 구하시오.

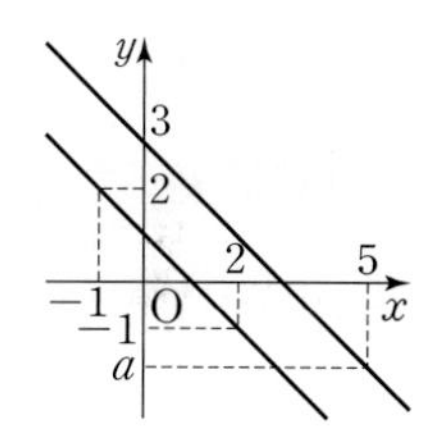

0876 ●●●○

일차함수 $y=ax-1$의 그래프는 오른쪽 그림의 그래프와 평행하고, 점 $(-2,\ b)$를 지난다. 이때 $2a+b$의 값을 구하시오. (단, a는 상수)

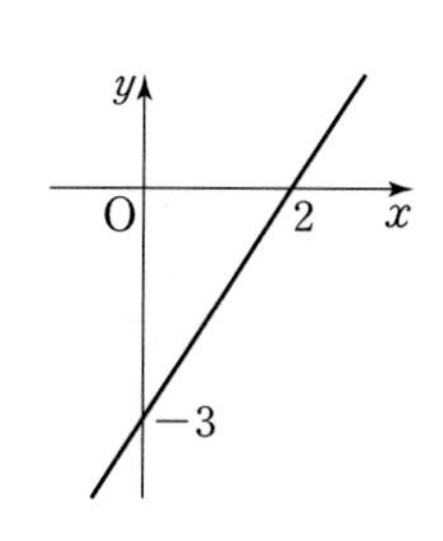

유형 05 일차함수의 그래프의 일치

두 일차함수 $y=ax+b$와 $y=cx+d$의 그래프가 일치한다.
⇨ 기울기가 같고 y절편도 같다.
⇨ $a=c$, $b=d$

대표 문제

0877

두 일차함수 $y=ax+3$과 $y=-\frac{1}{2}x+\frac{b}{4}$의 그래프가 일치할 때, 상수 a, b에 대하여 ab의 값은?

① 2　② -2　③ -6
④ -8　⑤ -10

0878 ●●●●

점 (4, 6)을 지나는 일차함수 $y=x+a-2$의 그래프와 $y=bx+c$의 그래프가 일치할 때, 상수 a, b, c에 대하여 abc의 값을 구하시오.

0879 ●●●●

일차함수 $y=-\frac{1}{3}x+1$의 그래프를 y축의 방향으로 a만큼 평행이동하면 $y=-\frac{1}{3}x+3$의 그래프와 일치하고, y축의 방향으로 b만큼 평행이동하면 $y=-\frac{1}{3}x-1$의 그래프와 일치한다. $a+b$의 값을 구하시오.

0880 ●●●●

다음 조건을 모두 만족시키는 상수 a, b, c에 대하여 $a+b+c$의 값을 구하시오.

> (가) 두 일차함수 $y=(a+1)x-2a$와 $y=-2x+b$의 그래프는 일치한다.
> (나) 두 일차함수 $y=5x-a-3$과 $y=(c+a)x+c$의 그래프는 평행하다.

유형 06 일차함수 $y=ax+b$의 그래프의 성질

(1) a의 부호 ⇨ 그래프의 방향 결정
　① $a>0$: 오른쪽 위로 향하는 직선 (↗) ⇨ 기울기가 양수
　② $a<0$: 오른쪽 아래로 향하는 직선 (↘) ⇨ 기울기가 음수
(2) b의 부호 ⇨ 그래프가 y축과 만나는 부분 결정
　① $b>0$: y축과 양의 부분에서 만난다. ⇨ y절편이 양수
　② $b<0$: y축과 음의 부분에서 만난다. ⇨ y절편이 음수

대표 문제

0881

다음 중 일차함수 $y=-3x+2$의 그래프에 대한 설명으로 옳지 않은 것은?

① 오른쪽 아래로 향하는 직선이다.
② x절편은 $\frac{2}{3}$, y절편은 2이다.
③ 제4사분면을 지나지 않는다.
④ x의 값이 2만큼 증가할 때, y의 값은 6만큼 감소한다.
⑤ $y=-3x$의 그래프를 y축의 방향으로 2만큼 평행이동한 것이다.

신유형

0882 ●●●●

일차함수 $y=ax+b$의 그래프가 오른쪽 그림과 같을 때, 다음 중 그래프에 대한 설명으로 옳은 것은? (단, a, b는 상수)

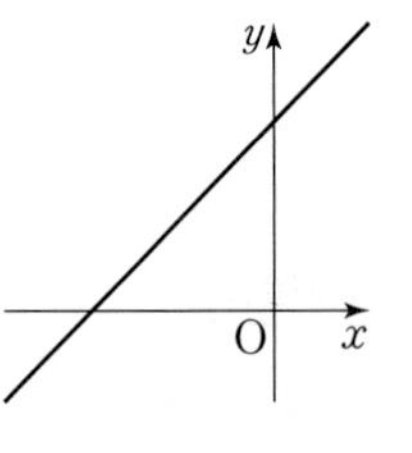

① $ab<0$
② x절편은 $\frac{b}{a}$이다.
③ 점 $(-1, -a+b)$를 지난다.
④ $y=ax$의 그래프와 한 점에서 만난다.
⑤ x의 값이 증가할 때, y의 값은 감소한다.

0883 ●●●●

다음 중 일차함수 $y=ax+b$의 그래프에 대한 설명으로 옳은 것을 모두 고르면? (단, a, b는 상수) (정답 2개)

① $b=0$이면 $y=ax$의 그래프와 평행하다.
② y축과 만나는 점의 좌표는 $(0, a)$이다.
③ $a<0$이면 오른쪽 아래로 향하는 직선이다.
④ $a<0$, $b>0$이면 제3사분면을 지난다.
⑤ x의 값이 a만큼 증가하면 y의 값은 a^2만큼 증가한다.

Theme 20 일차함수의 식 구하기

워크북 121쪽

유형 07 기울기와 y절편이 주어질 때, 일차함수의 식 구하기

기울기가 a이고 y절편이 b인 직선을 그래프로 하는 일차함수의 식

⇨ $y=ax+b$

대표 문제

0884

두 점 $(-1, 0)$, $(2, 1)$을 지나는 직선과 평행하고, y절편이 3인 직선을 그래프로 하는 일차함수의 식이 $y=ax+b$일 때, ab의 값을 구하시오. (단, a, b는 상수)

0885 ●●○○

오른쪽 그림의 직선과 평행하고, 일차함수 $y=2x+4$의 그래프와 y축 위에서 만나는 직선을 그래프로 하는 일차함수의 식은?

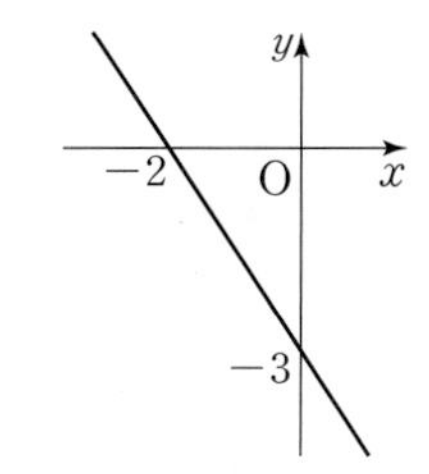

① $y=-2x+4$ ② $y=-\frac{3}{2}x-4$ ③ $y=-\frac{3}{2}x+4$ ④ $y=-\frac{2}{3}x-4$ ⑤ $y=-\frac{2}{3}x+4$

서술형

0886 ●●●○

점 $(0, -7)$을 지나고, 기울기가 $-\frac{1}{2}$인 직선이 점 $(4a, a+8)$을 지날 때, a의 값을 구하시오.

0887 ●●●○

일차함수 $y=f(x)$에서 x의 값이 4만큼 증가할 때, y의 값은 3만큼 감소한다. $f(0)=2$일 때, $f(k)=4$를 만족시키는 k의 값을 구하시오.

빈출 유형 08 기울기와 한 점이 주어질 때, 일차함수의 식 구하기

기울기가 2이고 점 $(1, 6)$을 지나는 직선이 주어진 경우

❶ 기울기가 2이므로 일차함수의 식을 $y=2x+b$로 놓는다.

❷ $y=2x+b$에 $x=1$, $y=6$을 대입한다.

$6=2+b$ $\quad\therefore b=4$

⇨ $y=2x+4$

대표 문제

0888

일차함수 $y=-x+6$의 그래프와 평행하고 점 $(2, 1)$을 지나는 직선을 그래프로 하는 일차함수의 식은?

① $y=-x+2$ ② $y=-x+3$ ③ $y=x-1$ ④ $y=2x+1$ ⑤ $y=x+2$

0889 ●●○○

기울기가 $\frac{2}{3}$이고, 점 $\left(-\frac{3}{2}, 1\right)$을 지나는 일차함수의 그래프의 x절편을 구하시오.

0890 ●●●○

x의 값이 -3에서 5까지 증가할 때, y의 값은 4만큼 감소하는 일차함수 $y=ax+b$의 그래프가 점 $(2, 1)$을 지난다. 상수 a, b에 대하여 ab의 값을 구하시오.

08 일차함수와 그래프 (2) Theme 19 20 21

빈출★★

유형 09 서로 다른 두 점이 주어질 때, 일차함수의 식 구하기

두 점 $(-1, 2)$, $(1, 6)$을 지나는 직선이 주어진 경우

❶ 두 점 $(-1, 2)$, $(1, 6)$을 지나는 직선의 기울기를 구한다.

⇨ $\dfrac{6-2}{1-(-1)}=2$

❷ $y=2x+b$에 $x=-1$, $y=2$를 대입한다. (→ $x=1$, $y=6$을 대입해도 된다.)

$2=-2+b$ $\quad\therefore b=4$

⇨ $y=2x+4$

대표 문제

0891

두 점 $(-1,\ 2)$, $(3,\ 5)$를 지나는 직선을 그래프로 하는 일차함수의 식은?

① $y=-\dfrac{3}{4}x+\dfrac{5}{4}$ ② $y=-\dfrac{3}{4}x+\dfrac{29}{4}$

③ $y=\dfrac{3}{4}x+\dfrac{5}{4}$ ④ $y=\dfrac{3}{4}x+\dfrac{11}{4}$

⑤ $y=3x+5$

0892 ●●●●

오른쪽 그림과 같은 직선에서 k의 값은?

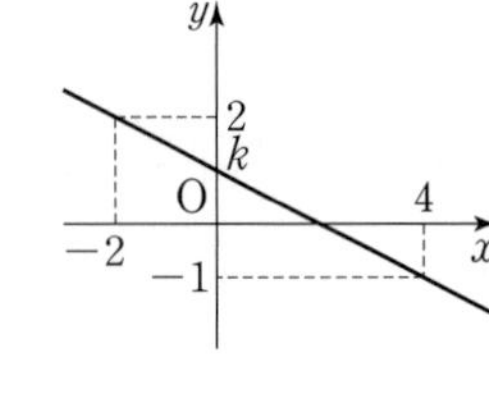

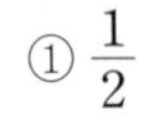

① $\dfrac{1}{2}$ ② $\dfrac{3}{4}$

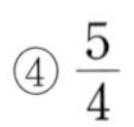

③ 1 ④ $\dfrac{5}{4}$

⑤ $\dfrac{3}{2}$

서술형

0893 ●●●●

두 점 $(k+1,\ 2k-3)$, $(-1,\ -3)$을 지나는 직선 위에 점 $(1,\ 0)$이 있다. 이 직선이 y축과 만나는 점의 좌표를 $(0,\ b)$라 할 때, bk의 값을 구하시오.

유형 10 x절편과 y절편이 주어질 때, 일차함수의 식 구하기

x절편이 -2, y절편이 4인 직선이 주어진 경우

❶ 두 점 $(-2, 0)$, $(0, 4)$를 지나는 직선의 기울기를 구한다.

⇨ $\dfrac{4-0}{0-(-2)}=2$

❷ 기울기가 2이고 y절편이 4이다.

⇨ $y=2x+4$

대표 문제

0894

오른쪽 그림과 같은 직선이 점 $\left(\dfrac{4}{5},\ k\right)$를 지날 때, k의 값을 구하시오.

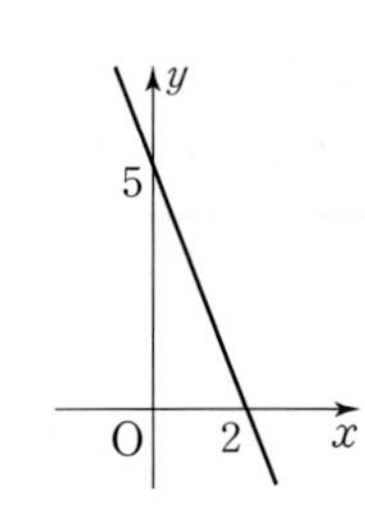

0895 ●●●●

다음 조건을 모두 만족시키는 직선을 그래프로 하는 일차함수의 식을 구하시오.

> (가) $y=x+2$의 그래프와 x축 위에서 만난다.
> (나) $y=-\dfrac{3}{4}x+6$의 그래프와 y축 위에서 만난다.

신유형

0896 ●●●●

x축과 만나는 점의 좌표가 $(a,\ a-3)$이고 y축과 만나는 점의 좌표가 $(b+6,\ b)$인 직선을 그래프로 하는 일차함수의 식을 구하시오.

0897 ●●●●

오른쪽 그림은 일차함수 $y=ax-4$의 그래프를 y축의 방향으로 b만큼 평행이동한 것이다. ab의 값을 구하시오. (단, a는 상수)

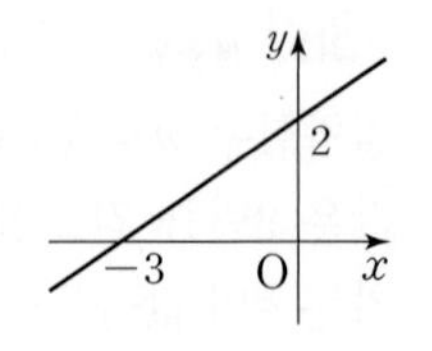

Theme 21 일차함수의 활용

워크북 123쪽

유형 11 일차함수의 활용 – 온도, 길이

(1) 처음 온도가 m℃, 1분 동안의 온도 변화가 n℃일 때, x분 후의 온도를 y℃라 하면
⇨ $y=m+nx$
온도가 올라가면 $n>0$
온도가 내려가면 $n<0$

(2) 처음 길이가 $m$cm, 1분 동안의 길이 변화가 $n$cm일 때, x분 후의 길이를 $y$cm라 하면
⇨ $y=m+nx$
길이가 늘어나면 $n>0$
길이가 줄어들면 $n<0$

대표 문제

0898

기온이 0℃일 때, 소리의 속력은 초속 331 m이고 기온이 1℃ 올라갈 때마다 속력이 초속 0.6 m씩 빨라진다고 한다. 소리의 속력이 초속 337 m일 때의 기온은?

① 5℃ ② 10℃ ③ 15℃
④ 20℃ ⑤ 25℃

0899 ●●○○

길이가 20 cm인 용수철 저울이 있다. 이 용수철 저울에 추를 1개 매달 때마다 용수철의 길이가 4 cm씩 늘어난다고 한다. 용수철의 길이가 52 cm가 되었을 때, 매달린 추는 몇 개인가?

① 6개 ② 7개 ③ 8개
④ 9개 ⑤ 10개

0900 ●●●○

길이가 45 cm인 양초에 불을 붙이면 일정한 속력으로 길이가 줄어들어서 모두 타는 데 180분이 걸린다고 한다. 남은 양초의 길이가 10 cm가 되는 것은 양초에 불을 붙인 지 몇 분 후인지 구하시오.

유형 12 일차함수의 활용 – 물의 양, 기타

처음 물의 양이 mL, 1분 동안의 물의 양의 변화가 nL일 때, x분 후의 물의 양을 yL라 하면
⇨ $y=m+nx$
물의 양이 늘어나면 $n>0$
물의 양이 줄어들면 $n<0$

대표 문제

0901

300 L의 물이 들어 있는 물통에서 3분마다 60 L의 비율로 물이 흘러나온다. 물통에 남은 물의 양이 140 L가 되는 것은 물이 흘러나오기 시작한 지 몇 분 후인가?

① 7분 후 ② 8분 후 ③ 9분 후
④ 10분 후 ⑤ 11분 후

0902 ●●●○

자동차의 연비란 1 L의 연료로 달릴 수 있는 거리를 말한다. 연비가 15 km인 어떤 자동차에 36 L의 휘발유를 넣고 $x$km를 달린 후에 남아 있는 휘발유의 양을 yL라 할 때, 다음 물음에 답하시오.

(1) x와 y 사이의 관계를 식으로 나타내시오.
(2) 75 km를 달린 후에 남아 있는 휘발유의 양을 구하시오.

0903 ●●●○

용량이 35 mL인 방향제를 개봉한 지 140일 후 모두 사용하였다. 같은 제품을 사서 개봉 후 남아 있는 방향제의 양이 20 mL가 되는 것은 개봉한 지 며칠 후인지 구하시오.

유형 13 일차함수의 활용 – 개수

[1단계]의 막대가 m개이고, 한 단계 늘어날 때마다 개수의 변화가 n개일 때, [x단계]의 막대를 y개라 하면
⇨ $y=m+n(x-1)$

대표 문제

0904

길이와 모양이 같은 성냥개비로 다음 그림과 같이 정사각형을 이어 붙여서 직사각형 모양을 만들 때, 10번째에 필요한 성냥개비는 몇 개인가?

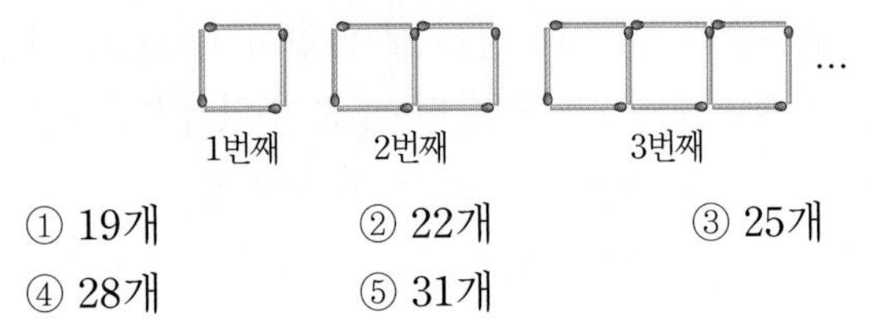

1번째 2번째 3번째

① 19개 ② 22개 ③ 25개
④ 28개 ⑤ 31개

0905

다음 그림과 같이 바둑돌을 규칙적으로 배열하여 그 순서에 따라 일정한 도형을 이루도록 배열하였다. 50번째의 도형을 이루는 바둑돌의 개수를 구하시오.

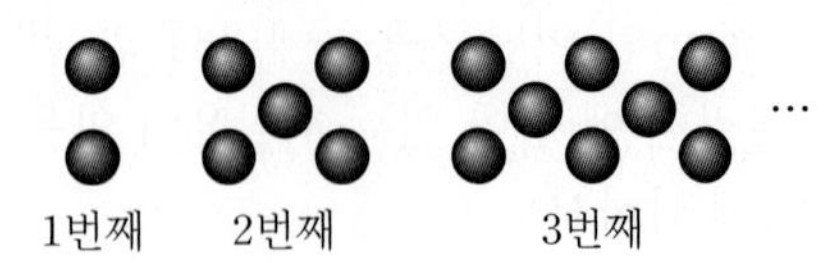

1번째 2번째 3번째

0906

한 변의 길이가 1인 정육각형을 다음 그림과 같이 한 변에 한 개씩 이어 붙여서 새로운 도형을 만들려고 한다. 도형의 둘레의 길이가 90이 되는 것은 정육각형을 몇 개 이어 붙여 만든 것인지 구하시오.

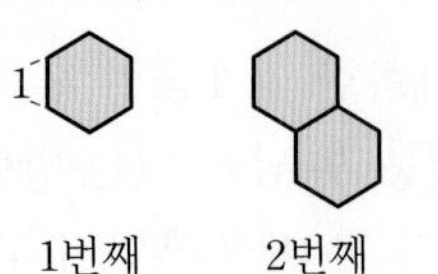

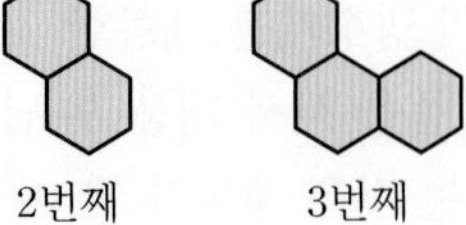

1번째 2번째 3번째

유형 14 일차함수의 활용 – 속력

(거리)=(속력)×(시간)임을 이용하여 x와 y 사이의 관계를 식으로 나타낸다.

대표 문제

0907

집으로부터 250 km 떨어진 할머니 댁까지 자동차를 타고 시속 80 km로 가고 있다. 출발한 지 2시간 후의 남은 거리는 몇 km인지 구하시오.

0908

소윤이가 집에서 6 km 떨어진 도서관에 걸어서 가려고 한다. 집에서 출발한 지 50분 후 도서관까지 남은 거리는 2 km라 할 때, 소윤이가 도서관에 도착하는 것은 집에서 출발한지 몇 분 후인지 구하시오.

(단, 소윤이가 걷는 속도는 일정하다.)

0909

현경이와 희재가 단축 마라톤 연습을 하는데 희재는 출발선에서 출발하고 현경이는 희재보다 1 km 앞에서 동시에 출발하였다. 희재는 분속 300 m의 속력으로, 현경이는 분속 200 m의 속력으로 달릴 때, 희재가 현경이를 따라잡는 것은 몇 분 후인지 구하시오.

빈출★★
유형 15 일차함수의 활용 – 도형의 넓이

x의 값에 따라 변하는 것을 y로 정한다.
⇨ 변의 길이를 x, 넓이를 y라 한다.

대표 문제
0910

오른쪽 그림과 같은 직사각형 ABCD에서 점 P가 꼭짓점 A를 출발하여 변 AB를 따라 꼭짓점 B까지 매초 0.4 cm의 속력으로 움직인다. 사다리꼴 PBCD의 넓이가 $70\,\text{cm}^2$가 되는 것은 점 P가 꼭짓점 A를 출발한 지 몇 초 후인지 구하시오.

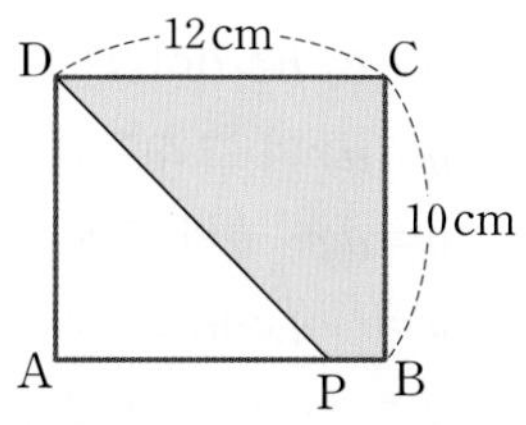

0911 ●●●●

오른쪽 그림과 같은 직사각형 ABCD에서 점 P가 꼭짓점 B를 출발하여 변 BC를 따라 꼭짓점 C까지 2초에 3 cm씩 움직인다고 할 때, 7초 후 삼각형 APC의 넓이를 구하시오.

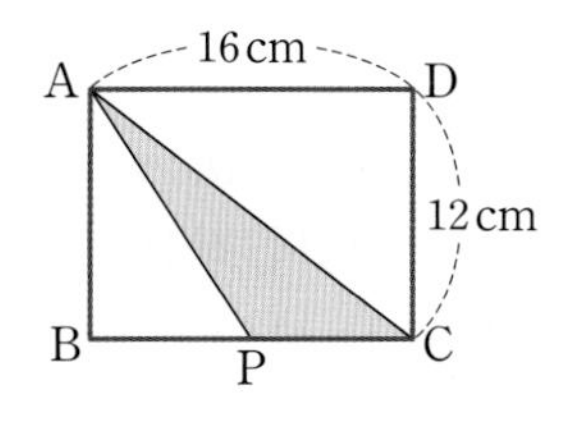

서술형
0912 ●●●●

오른쪽 그림과 같이 선분 BC 위의 점 P에 대하여 $\overline{BP}=x\,\text{cm}$일 때, 두 직각삼각형 ABP와 PCD의 넓이의 합을 $y\,\text{cm}^2$라 하자. 다음 물음에 답하시오.

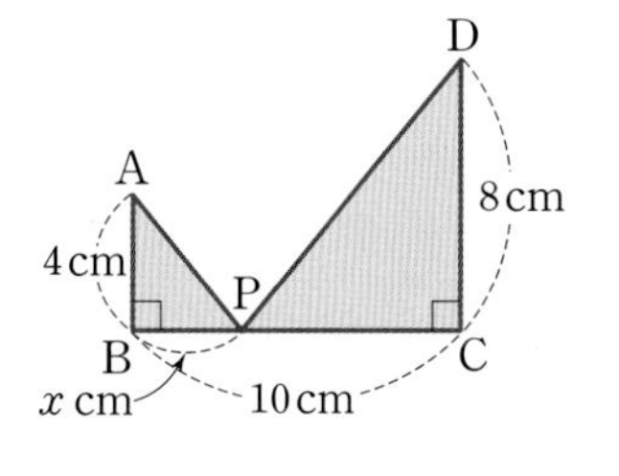

(1) x와 y 사이의 관계를 식으로 나타내시오.
(2) 삼각형 ABP와 삼각형 PCD의 넓이의 합이 $34\,\text{cm}^2$일 때, $\overline{BP}$의 길이를 구하시오.

유형 16 그래프를 이용한 일차함수의 활용

x절편과 y절편 또는 그래프가 지나는 서로 다른 두 점을 이용하여 주어진 그래프를 나타내는 일차함수의 식을 먼저 구한다.

대표 문제
0913

오른쪽 그래프는 이번 달 초부터 x개월 후의 어떤 제품의 판매량을 y개라 할 때, x와 y 사이의 관계를 나타낸 것이다. 이번 달 초부터 10개월 후의 이 제품의 판매량을 구하시오.

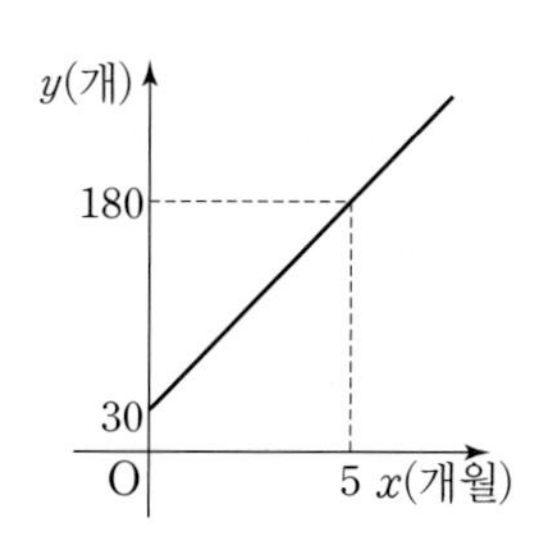

0914 ●●●●

오른쪽 그래프는 온도가 100 °C인 물을 냉동실에 넣고 x분이 지난 후의 물의 온도를 y °C라 할 때, x와 y 사이의 관계를 나타낸 것이다. 물을 냉동실에 넣은 지 42분 후의 물의 온도를 구하시오.

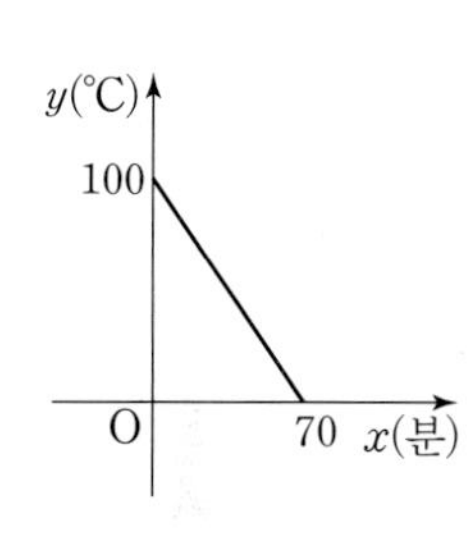

신유형
0915 ●●●●

오른쪽 그래프는 파일 크기가 4 GB인 어떤 자료를 전송하기 시작한 지 x초가 지난 후 남은 자료의 크기를 y GB라 할 때, x와 y 사이의 관계를 나타낸 것이다. 자료를 모두 전송하는 데 걸리는 시간을 구하시오.

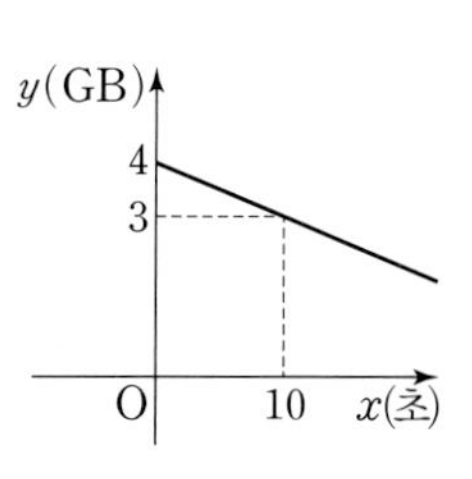

0916

유형 01

일차함수 $y=abx+ac$의 그래프가 오른쪽 그림과 같을 때, 다음 중 일차함수 $y=\frac{b}{a}x+\frac{c}{b}$의 그래프로 알맞은 것은? (단, a, b, c는 상수)

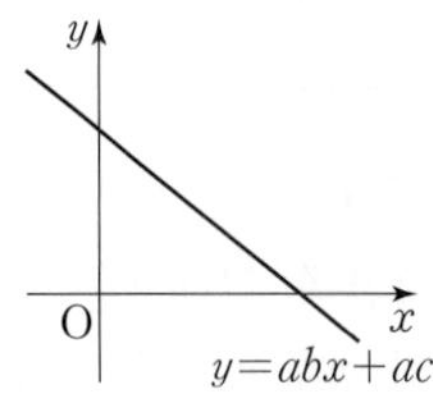

① 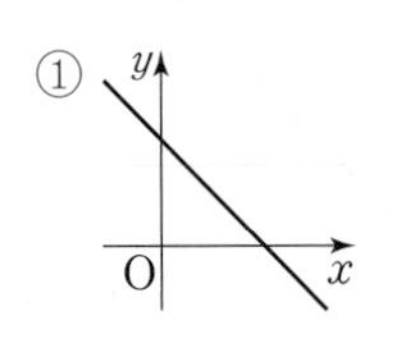
② 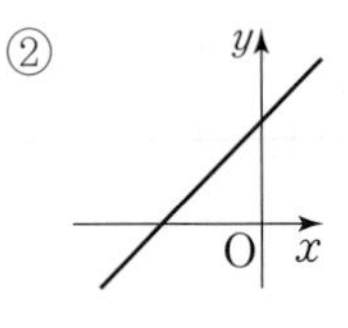
③ 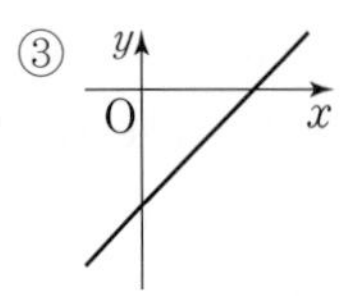
④
⑤ 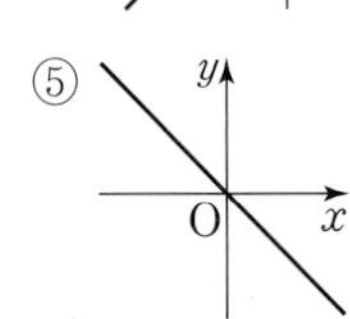

0917

유형 03

평행한 두 일차함수 $y=-\frac{1}{3}x+4$와 $y=ax+b$의 그래프가 x축과 만나는 점을 각각 P, Q라 하자. $\overline{PQ}=15$일 때, 상수 a, b에 대하여 $a+b$의 값을 구하시오. (단, $b<0$)

0918

유형 06

일차함수 $y=ax+b$의 그래프가 오른쪽 그림과 같을 때, 다음 중 옳지 않은 것은? (단, a, b는 상수)

y, O, x, $y=ax+b$

① $a<0$, $b>0$이다.
② $y=ax$의 그래프와 평행하다.
③ $y=ax-b$의 그래프는 제2, 3, 4사분면을 지난다.
④ $y=-ax+b$의 그래프는 제2사분면을 지나지 않는다.
⑤ $y=-ax-b$의 그래프와 x축 위에서 만난다.

0919

유형 04+유형 08

일차함수 $y=ax+b$의 그래프는 오른쪽 그림의 직선 l과 평행하고 두 점 $(-1,\ c)$, $(2,\ 3)$을 지난다고 한다. 이때 $b+c$의 값은?

(단, a, b는 상수)

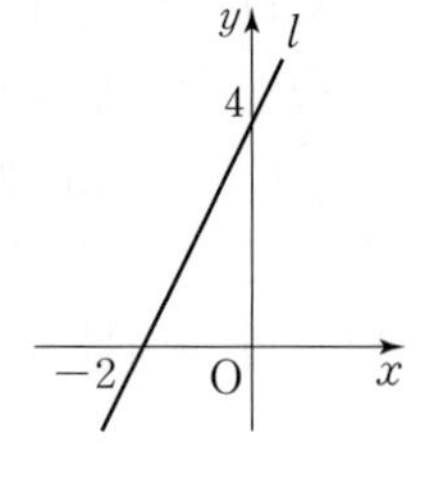

① -4　　② -2
③ 0　　④ 2
⑤ 4

0920

유형 08

일차함수 $y=f(x)$가 $\frac{f(b)-f(a)}{b-a}=-3$을 만족시키고, 그래프가 점 $(2,\ -4)$를 지날 때, $f(-1)$의 값을 구하시오.

0921 ⓒ 유형 03

일차함수 $y=ax-2$의 그래프는 일차함수 $y=3x+1$의 그래프와 평행하고, 일차함수 $y=bx+2$의 그래프와 x축 위에서 만난다. 이때 상수 a, b에 대하여 $a+b$의 값을 구하시오.

0922 ⓒ 유형 04+유형 10

오른쪽 그림의 직선 ㉠과 평행하면서 직선 ㉡과 x절편이 같은 직선을 그래프로 하는 일차함수의 식을 구하시오.

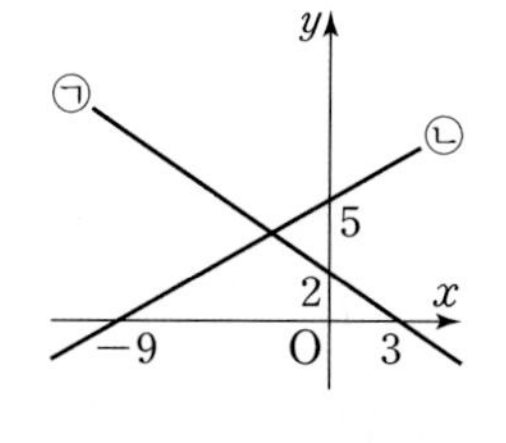

0923 ⓒ 유형 09

세 점 $(-1,\ -3k)$, $(2,\ -6)$, $(5,\ k+4)$를 지나는 직선과 x축 및 y축으로 둘러싸인 도형의 넓이를 구하시오.

0924 ⓒ 유형 12

어느 도시의 수도 요금 체계는 사용량을 xt, 수도 요금을 y원이라 할 때, 사용량이 10t에서 30t까지는 y가 x의 일차함수가 된다고 한다. 이 도시에 사는 태희네 집의 수도 요금은 6월에 18t을 사용하여 19500원이었고, 8월에 26t을 사용하여 21500원이었다. 10월의 사용량이 21t일 때, 수도 요금을 구하시오.

0925 ⓒ 유형 12

물이 들어 있는 직육면체 모양의 물통에서 매분 일정한 비율로 물을 빼내고 있다. 물을 빼내기 시작한 지 10분 후와 20분 후에 수면의 높이를 재었더니 각각 55cm, 35cm이었다. 물을 x분 동안 빼낸 후의 수면의 높이를 $y$cm라 할 때, 다음 물음에 답하시오.

(1) x와 y 사이의 관계를 식으로 나타내시오.
(2) 물통에 처음 들어 있던 물의 높이를 구하시오.
(3) 물통을 다 비우는 데 걸리는 시간은 몇 분인지 구하시오.

0926

유형 12

어떤 환자가 1분에 2 mL씩 일정하게 들어가는 링거 주사를 맞고 있다. 주사를 40분 동안 맞은 후 남아 있는 주사약의 양을 보았더니 a mL였다. 이후 20분 동안 더 맞은 후 남아 있는 주사약의 양은 380 mL였다. 처음 주사약의 양을 b mL라 할 때, $a+b$의 값을 구하시오.

0927

유형 13

길이와 모양이 같은 나무젓가락을 이용하여 다음 그림과 같이 정오각형을 만들어 이어 붙일 때, 61개의 나무젓가락이 이용되는 단계는 몇 단계인지 구하시오.

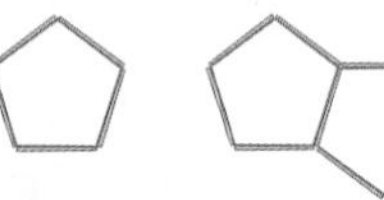
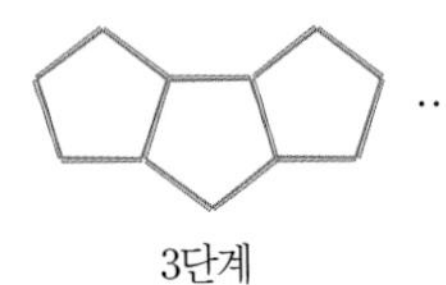
1단계 2단계 3단계

0928

유형 16

일정한 속력으로 이동하고 있는 버스가 있다. 오른쪽 그래프는 버스가 출발한 지 x시간 후 도착 지점까지 남은 거리를 y km라 할 때, x와 y 사이의 관계를 나타낸 것이다. 다음 물음에 답하시오.

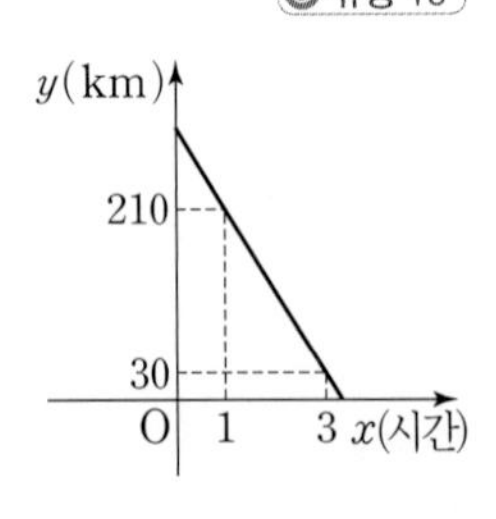

(1) x와 y 사이의 관계를 식으로 나타내시오.

(2) 버스가 출발하여 도착 지점까지 가는 데 걸리는 시간을 구하시오.

0929

유형 04+유형 08

일차함수 $y=\frac{2}{5}ax+\frac{1}{5}b$의 그래프는 오른쪽 그림의 직선 l과 평행하고, 점 $(1, -1)$을 지난다. 이를 만족시키는 상수 a, b에 대하여 일차함수 $y=ax+b$의 그래프와 평행한 직선을 보기에서 모두 고르시오.

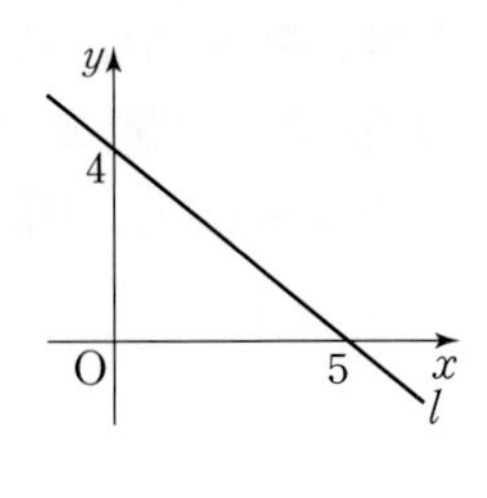

보기

ㄱ. 기울기가 -2이고 점 $(0, 2)$를 지나는 직선

ㄴ. 두 점 $(0, 7)$, $(2, 3)$을 지나는 직선

ㄷ. x절편이 4, y절편이 -2인 직선

ㄹ. x의 값이 2만큼 증가할 때 y의 값은 4만큼 감소하고, y절편이 -1인 직선

0930

유형 07

오른쪽 그림에서 사각형 ABCD는 직사각형이고, 두 점 P, Q를 지나는 직선의 기울기가 $\frac{1}{3}$이다. 사각형 ABQP와 사각형 PQCD의 넓이의 비가 $3:2$일 때, 두 점 P, Q를 지나는 직선이 y축과 만나는 점 E의 좌표를 구하시오.

(단, 두 점 P, Q는 각각 두 변 AD, BC 위의 점이다.)

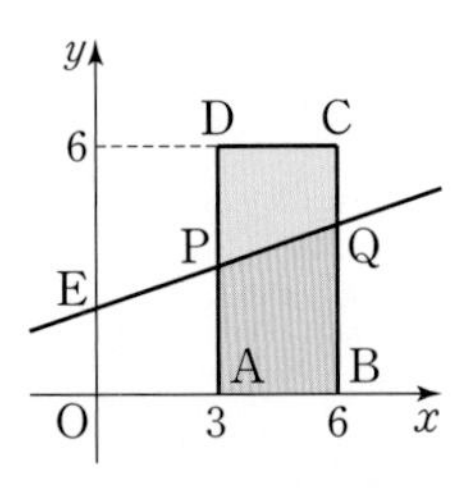

0931 유형 04

다음 그림의 세 점 A(5, 3), B(1, 4), C(0, 2)와 점 P(a, b)를 꼭짓점으로 하는 사각형 ABCP가 평행사변형일 때, 점 P의 좌표를 구하시오. (단, $a>0$, $b<2$)

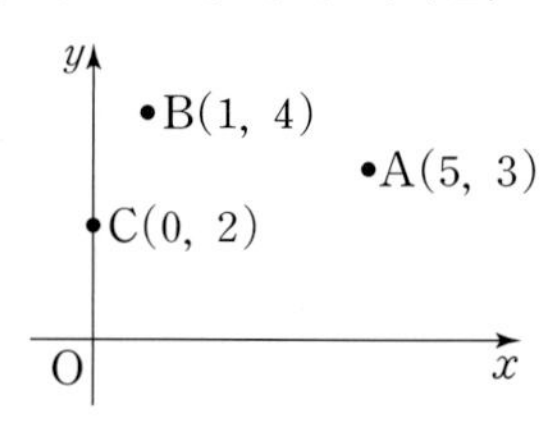

0932 유형 16

과학실에서 비커에 담긴 물을 가열하면서 물의 온도를 측정하였더니 시간이 지남에 따라 물의 온도가 일정하게 올라갔다고 한다. 아래 그래프는 가열한 지 x분 후의 물의 온도를 y°C라 할 때, x와 y 사이의 관계를 나타낸 것이다. 다음 물음에 답하시오.

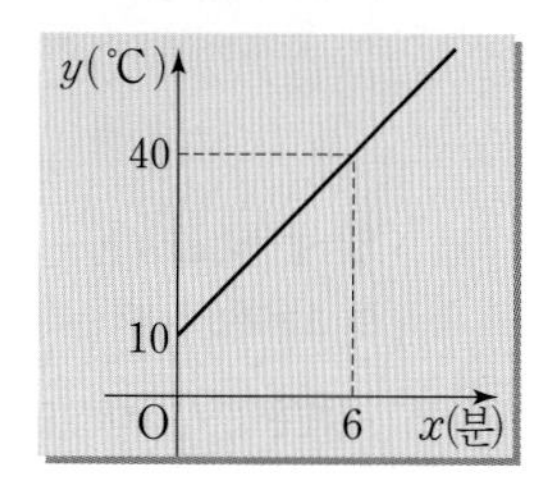

(1) 가열한 지 10분 후의 물의 온도를 구하시오.

(2) 가열한 지 몇 분 후에 물이 끓기 시작하는지 구하시오. (단, 물은 100°C에서 끓는다.)

0933 유형 09

일차함수 $y=ax+b$의 그래프를 그리는데 민수는 x의 계수를 잘못 보고 그려서 오른쪽 그림의 그래프 ㉠과 같이 그렸고, 준서는 상수항을 잘못 보고 그려서 그래프 ㉡과 같이 그렸다. 바르게 그린 일차함수의 그래프의 x절편을 구하시오. (단, a, b는 상수)

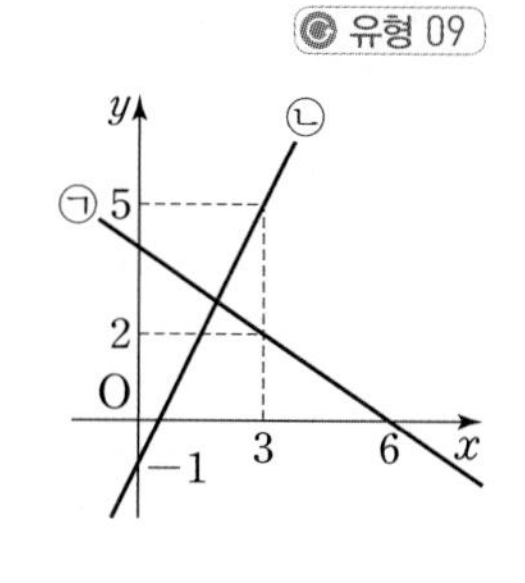

0934 유형 15

오른쪽 그림의 사다리꼴 ABCD에서 점 P는 점 A를 출발하여 매초 3 cm의 속력으로 $\overline{AD}$를 따라 점 D까지 움직이고, 점 Q는 점 B를 출발하여 매초 4 cm의 속력으로 $\overline{BC}$를 따라 점 C까지 움직인다. 다음 물음에 답하시오.

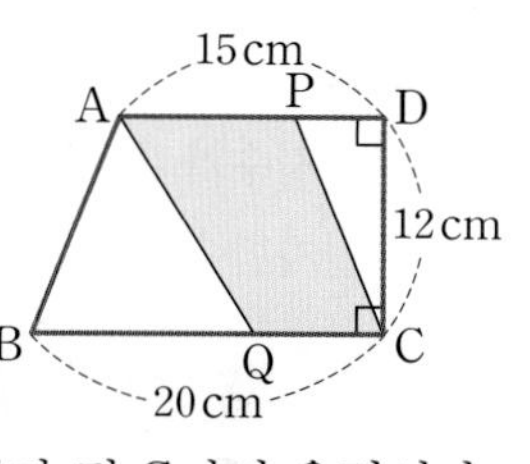

(1) 두 점 P, Q가 동시에 출발한 지 x초 후의 사각형 AQCP의 넓이를 $y\text{ cm}^2$라 할 때, x와 y 사이의 관계를 식으로 나타내시오.

(2) 사각형 AQCP의 넓이가 96 cm^2가 될 때, $\overline{BQ}$의 길이를 구하시오.

Theme 22 일차함수와 일차방정식 유형 01 ~ 유형 09

(1) 미지수가 2개인 일차방정식의 그래프

미지수가 2개인 일차방정식의 해의 순서쌍 (x, y)를 좌표평면 위에 나타낸 것을 일차방정식의 그래프라 한다.

① x, y의 값이 정수일 때 ⇨ 점

② x, y의 값의 범위가 수 전체일 때 ⇨ 직선

예 일차방정식 $2x-y-1=0$의 그래프

① x, y의 값이 정수일 때

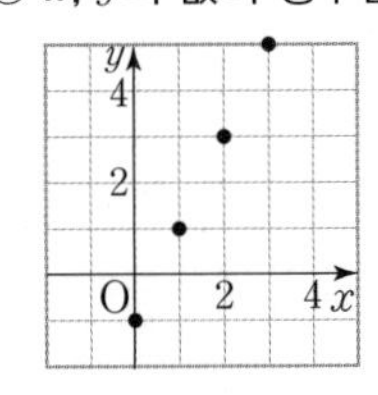

② x, y의 값의 범위가 수 전체일 때

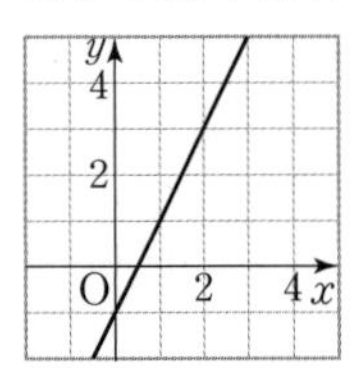

> 비법 Note
> 특별한 조건이 없으면 x, y의 값의 범위는 수 전체로 생각한다.

(2) 직선의 방정식

미지수 x, y의 값의 범위가 수 전체일 때, 일차방정식

$ax+by+c=0$ (a, b, c는 상수, $a\neq0$ 또는 $b\neq0$)

의 해는 무수히 많고, 이것을 좌표평면 위에 나타내면 직선이 된다.

이때 이 일차방정식을 직선의 방정식이라 한다.

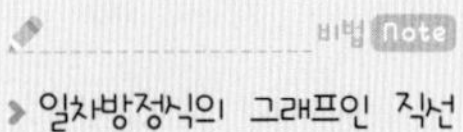

> 비법 Note
> 일차방정식의 그래프인 직선 위의 모든 점의 순서쌍 (x, y)는 일차방정식의 해이다.

(3) 일차방정식과 일차함수의 그래프

미지수가 2개인 일차방정식 $ax+by+c=0$ (a, b, c는 상수, $a\neq0$, $b\neq0$)의 그래프는 일차함수

$y=-\frac{a}{b}x-\frac{c}{b}$ (a, b, c는 상수, $a\neq0$, $b\neq0$) → y를 x에 대한 식으로 나타낸다.

의 그래프와 같은 직선이다.

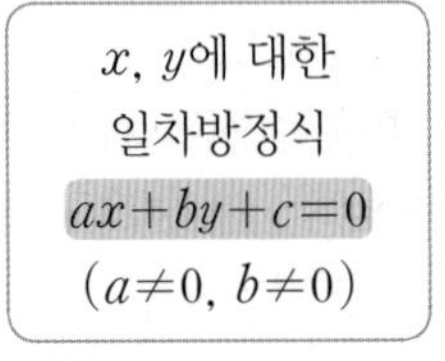

x, y에 대한
일차방정식
$ax+by+c=0$
$(a\neq0,\ b\neq0)$

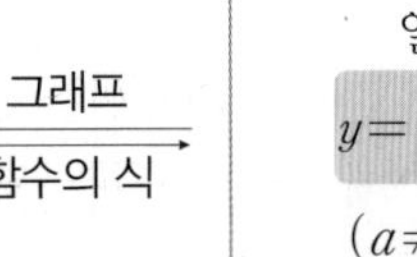

일차함수 $y=-\frac{a}{b}x-\frac{c}{b}$ $(a\neq0,\ b\neq0)$

예 일차방정식 $2x-y+4=0$의 그래프는 일차함수 $y=2x+4$의 그래프와 같은 직선이다.

> 비법 Note
> 일차방정식을 일차함수의 식으로 나타낼 때에는 일차방정식에서 y를 x에 대한 식으로 나타낸다.
> ⇨ $y=$(x에 대한 식)

> 비법 Note
> 일차방정식 $ax+by+c=0$의 그래프의 기울기는 $-\frac{a}{b}$, y절편은 $-\frac{c}{b}$이다. (단, a, b, c는 상수, $a\neq0$, $b\neq0$)

(4) 좌표축에 평행한 직선의 방정식

① 방정식 $x=p(p\neq0)$의 그래프

점 $(p, 0)$을 지나고, y축에 평행한 직선 → x축에 수직

② 방정식 $y=q(q\neq0)$의 그래프

점 $(0, q)$를 지나고, x축에 평행한 직선 → y축에 수직

참고 직선의 방정식 $ax+by+c=0$에서

① $a\neq0$, $b\neq0$이면 $y=-\frac{a}{b}x-\frac{c}{b}$ ⇨ 일차함수

② $a\neq0$, $b=0$이면 $x=-\frac{c}{a}$ ⇨ 함수가 아니다. → x의 값 $-\frac{c}{a}$ 하나에 대응하는 y의 값이 무수히 많다.

③ $a=0$, $b\neq0$이면 $y=-\frac{c}{b}$ ⇨ 함수이지만 일차함수가 아니다. → x의 값 각각에 대한 y의 값은 $-\frac{c}{b}$이다.

> 비법 Note
> 방정식 $x=0$의 그래프는 y축을, 방정식 $y=0$의 그래프는 x축을 나타낸다.

Theme 22 일차함수와 일차방정식

[0935~0937] 다음 일차방정식을 $y=ax+b$ 꼴로 나타내시오.

0935 $3x-2y+6=0$

0936 $x+3y-3=0$

0937 $\frac{x}{3}-\frac{y}{4}+1=0$

[0938~0940] 다음 일차방정식의 그래프의 기울기, x절편, y절편을 차례대로 구하시오.

0938 $3x-2y-12=0$

0939 $-2x+y-12=0$

0940 $\frac{x}{3}-\frac{y}{2}=1$

[0941~0945] 다음 보기에서 그 그래프가 주어진 조건을 만족시키는 일차방정식을 모두 고르시오.

보기
ㄱ. $x+4y-8=0$　　ㄴ. $x+2y+6=0$
ㄷ. $-x+2y-4=0$　　ㄹ. $2x-4y-6=0$

0941 오른쪽 아래로 향하는 그래프

0942 x의 값이 증가할 때, y의 값도 증가하는 그래프

0943 제3사분면을 지나지 않는 그래프

0944 y축 위에서 만나는 두 그래프

0945 서로 평행한 두 그래프

[0946~0947] 다음 일차방정식의 그래프를 오른쪽 좌표평면 위에 그리시오.

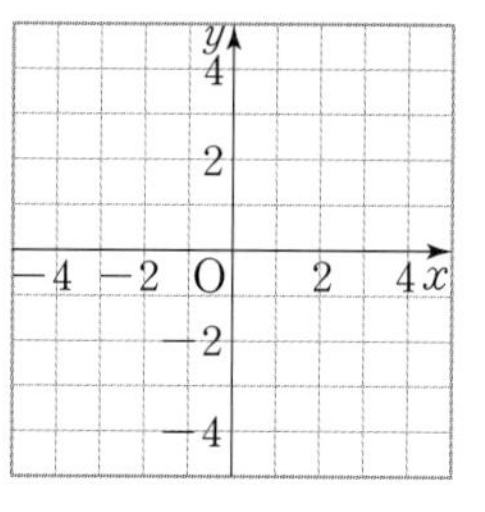

0946 $2x-y-3=0$

0947 $3x+2y=6$

[0948~0951] 다음 방정식의 그래프를 오른쪽 그림에서 고르시오.

0948 $x=2$

0949 $y=-3$

0950 $2x=-6$

0951 $3y-6=0$

[0952~0957] 다음 직선의 방정식을 구하시오.

0952 점 $(3, -2)$를 지나고, y축에 평행한 직선

0953 점 $(3, -2)$를 지나고, x축에 평행한 직선

0954 점 $(-4, 5)$를 지나고, y축에 수직인 직선

0955 점 $(-4, 5)$를 지나고, x축에 수직인 직선

0956 두 점 $(-5, 2)$, $(11, 2)$를 지나는 직선

0957 두 점 $\left(\frac{4}{3}, -3\right)$, $\left(\frac{4}{3}, 6\right)$을 지나는 직선

Theme 23 연립방정식의 해와 일차함수의 그래프 유형 10 ~ 유형 18

(1) 연립방정식의 해와 일차함수의 그래프

연립방정식 $\begin{cases} ax+by+c=0 \\ a'x+b'y+c'=0 \end{cases}$의 해가 $x=p$, $y=q$이면

두 일차방정식의 그래프의 교점의 좌표는 (p, q)이다.

연립방정식의 해 $x=p$, $y=q$	⇄	두 그래프의 교점의 좌표 (p, q)

예 연립방정식 $\begin{cases} x+y+1=0 \\ x-2y+4=0 \end{cases}$은 두 일차방정식 $x+y+1=0$과 ($y=-x-1$) $x-2y+4=0$으로 이루어져 있고, 두 일차함수 $y=-x-1$과 ($y=\frac{1}{2}x+2$) $y=\frac{1}{2}x+2$의 그래프 위의 점의 좌표는 각 일차방정식의 해와 같으므로 두 직선의 교점의 좌표는 두 일차방정식의 공통인 해이다. 이때 두 일차방정식의 그래프는 오른쪽 그림과 같고, 교점의 좌표는 $(-2, 1)$이다.

⇨ 연립방정식의 해는 $x=-2$, $y=1$이다.

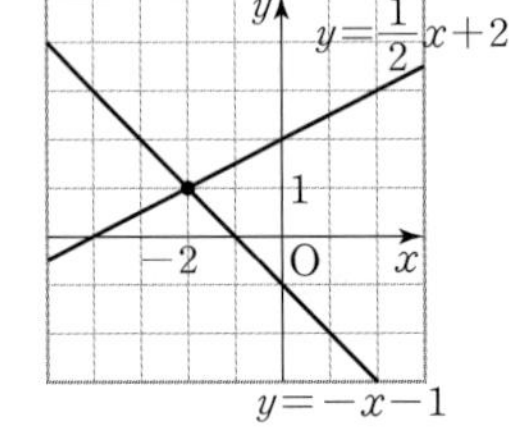

> 비법 Note
> 연립방정식의 해
> ⇨ 두 일차방정식의 공통인 해
> ⇨ 두 직선의 교점의 좌표

> 비법 Note
> 연립방정식의 해를 구할 때, 두 일차방정식의 그래프를 각각 그려 그 교점을 찾기보다는 가감법이나 대입법을 이용하는 것이 편리하다.

> 비법 Note
> 두 일차방정식의 그래프가 주어진 경우에는 그래프의 교점의 좌표를 찾는다.

(2) 두 그래프의 위치 관계와 연립방정식의 해의 개수

연립방정식 $\begin{cases} ax+by+c=0 \\ a'x+b'y+c'=0 \end{cases}$의 해의 개수는 두 일차방정식 $ax+by+c=0$과 $a'x+b'y+c'=0$의 그래프의 교점의 개수와 같다.

두 일차방정식의 그래프의 위치 관계	(한 점) 두 직선이 한 점에서 만난다.	(평행) 두 직선이 평행하다.	(일치) 두 직선이 일치한다.
두 그래프의 교점	1개	없다.	무수히 많다.
연립방정식의 해	한 쌍이다.	없다.	무수히 많다.
기울기와 y절편	기울기가 다르다.	기울기는 같고, y절편은 다르다.	기울기와 y절편이 각각 같다.

참고 연립방정식 $\begin{cases} ax+by+c=0 \\ a'x+b'y+c'=0 \end{cases}$에서

① $\frac{a}{a'} \neq \frac{b}{b'}$ ⇨ 한 쌍의 해를 갖는다.

② $\frac{a}{a'} = \frac{b}{b'} \neq \frac{c}{c'}$ ⇨ 해가 없다.

③ $\frac{a}{a'} = \frac{b}{b'} = \frac{c}{c'}$ ⇨ 해가 무수히 많다.

> 비법 Note
> 두 직선 $y=ax+b$와 $y=a'x+b'$의 위치 관계
> ① $a \neq a'$
> ⇨ 한 점에서 만난다.
> ② $a=a'$, $b \neq b'$
> ⇨ 평행하다.
> ③ $a=a'$, $b=b'$
> ⇨ 일치한다.

Theme 23 연립방정식의 해와 일차함수의 그래프

[0958~0959] 오른쪽 그림은 두 일차방정식 $x+y=1$, $x-2y=4$의 그래프이다. 다음 물음에 답하시오.

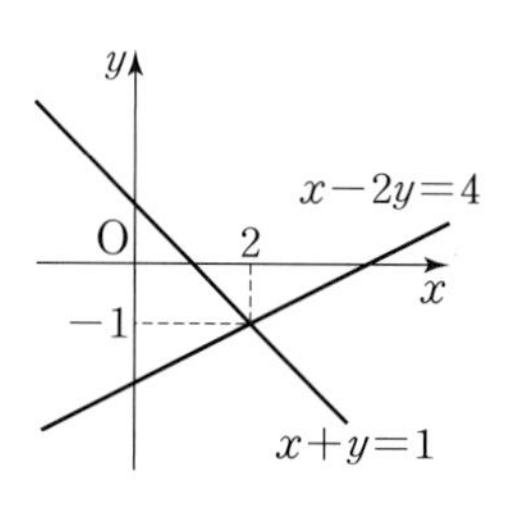

0958 두 그래프의 교점의 좌표를 구하시오.

0959 그래프를 이용하여 연립방정식 $\begin{cases} x+y=1 \\ x-2y=4 \end{cases}$의 해를 구하시오.

[0960~0961] 다음 연립방정식을 이루는 두 일차방정식의 그래프가 그림과 같을 때, p, q의 값을 각각 구하시오.

0960 $\begin{cases} x+y=0 & \cdots\cdots ㉠ \\ 2x+y=-1 & \cdots\cdots ㉡ \end{cases}$

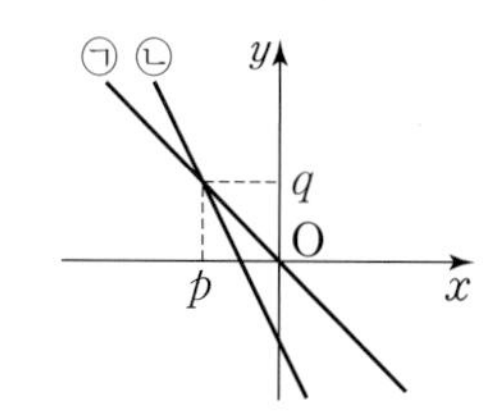

0961 $\begin{cases} x+y=7 & \cdots\cdots ㉠ \\ 2x-y=2 & \cdots\cdots ㉡ \end{cases}$

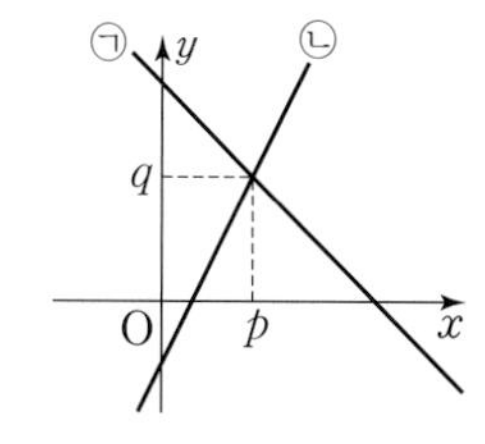

[0962~0963] 그래프를 이용하여 다음 연립방정식을 푸시오.

0962 $\begin{cases} 2x+y=-1 \\ x-y=-2 \end{cases}$

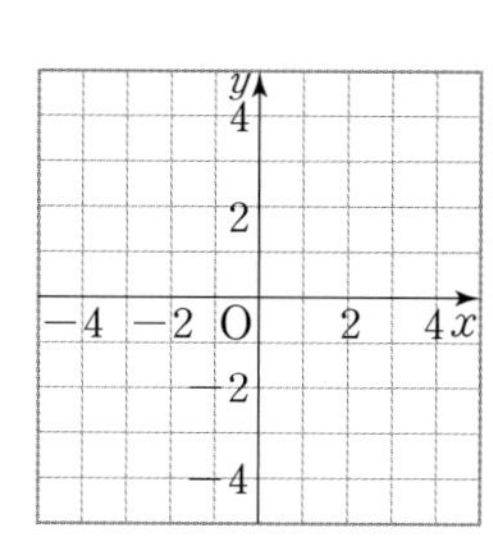

0963 $\begin{cases} x-y=4 \\ x+2y=4 \end{cases}$

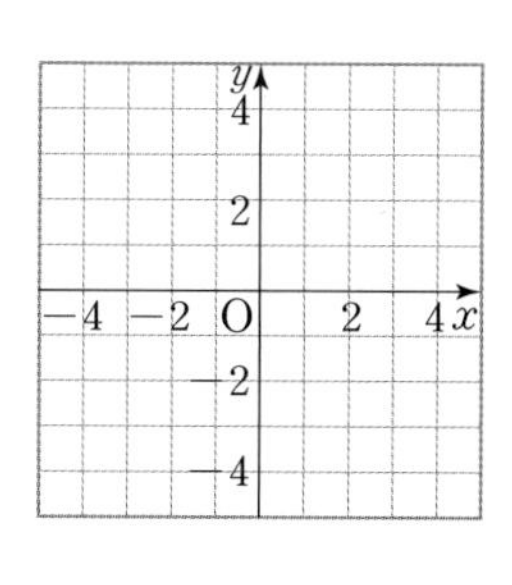

[0964~0965] 다음 물음에 답하시오.

0964 두 일차방정식 $x+y=5$, $x+y=3$의 그래프를 그리시오.

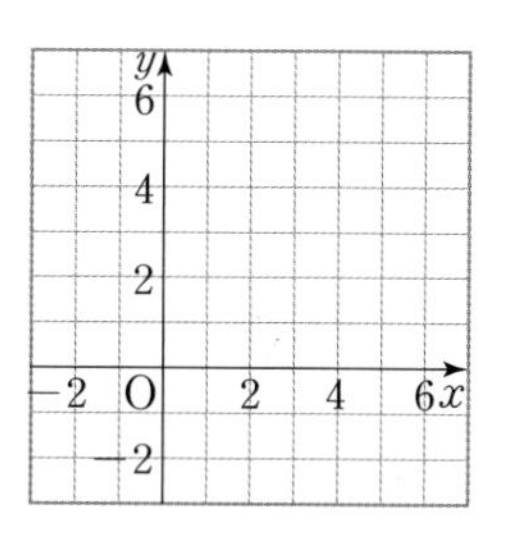

0965 **0964**의 그래프를 이용하여 연립방정식 $\begin{cases} x+y=5 \\ x+y=3 \end{cases}$의 해를 구하시오.

[0966~0967] 그래프를 이용하여 다음 연립방정식을 푸시오.

0966 $\begin{cases} 3x+y=1 \\ -3x-y=2 \end{cases}$

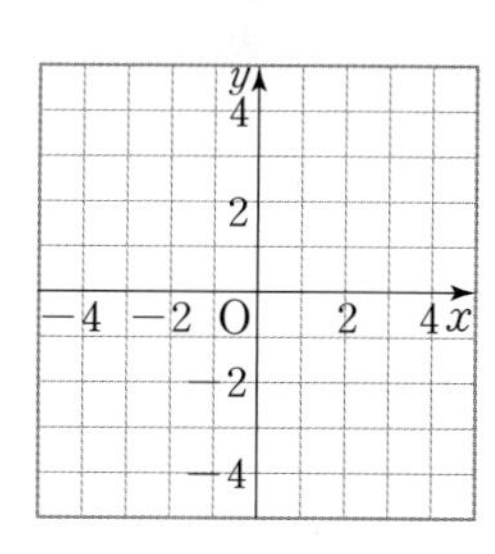

0967 $\begin{cases} 2x-y=2 \\ 4x-2y=4 \end{cases}$

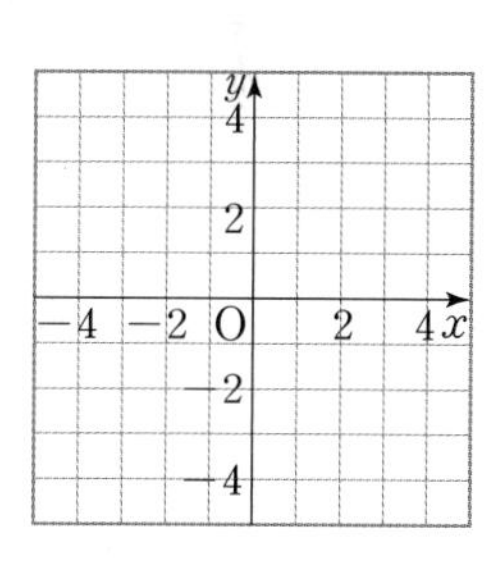

0968 연립방정식 $\begin{cases} x+y-a=0 \\ bx-3y-9=0 \end{cases}$에 대하여 다음을 만족시키는 상수 a, b의 조건을 구하시오.

(1) 해가 한 쌍이다.

(2) 해가 없다.

(3) 해가 무수히 많다.

Theme 22 일차함수와 일차방정식

워크북 134쪽

빈출 유형 01 일차함수와 일차방정식의 관계

a, b, c가 상수이고 $a\neq0$, $b\neq0$일 때,
일차방정식 $ax+by+c=0$의 그래프와
일차함수 $y=-\frac{a}{b}x-\frac{c}{b}$의 그래프는 같다.
(기울기: $-\frac{a}{b}$, y절편: $-\frac{c}{b}$)

⇨ $ax+by+c=0$ —(y를 x에 대한 식으로 나타내면)→ $y=-\frac{a}{b}x-\frac{c}{b}$

대표문제

0969

다음 중 일차방정식 $2x-y+5=0$의 그래프에 대한 설명으로 옳지 않은 것은?

① y절편은 5이다. ② x절편은 $-\frac{5}{2}$이다.
③ 제3사분면을 지난다. ④ 기울기는 2이다.
⑤ x의 값이 증가할 때, y의 값은 감소한다.

0970

일차방정식 $2x+3y-3=0$의 그래프가 지나지 않는 사분면은?

① 제1사분면 ② 제2사분면 ③ 제3사분면
④ 제4사분면 ⑤ 제1, 3사분면

0971

다음 중 일차방정식 $-\frac{x}{3}+\frac{y}{4}=1$의 그래프는?

①
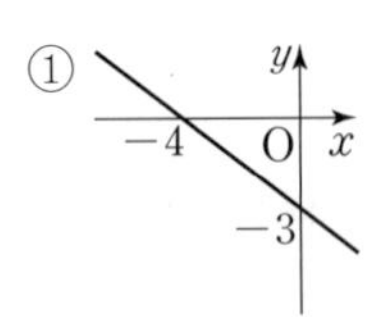
②
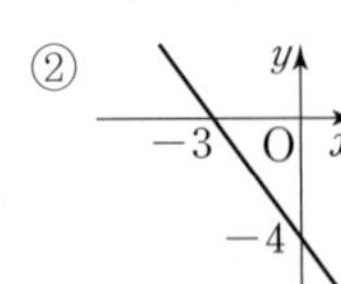
③
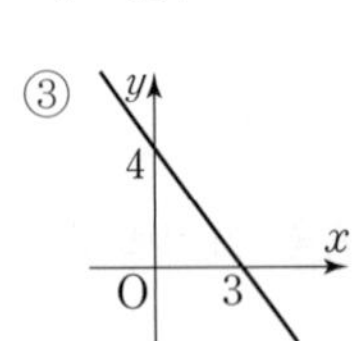
④
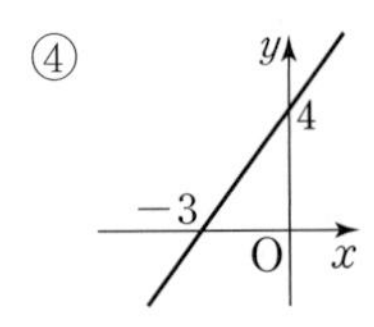
⑤
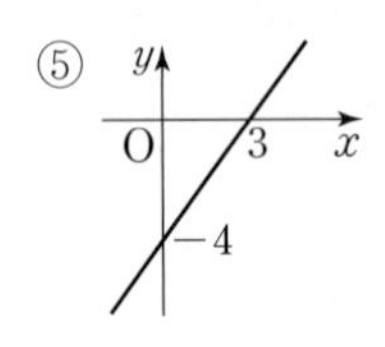

유형 02 일차방정식의 그래프 위의 점

일차방정식 $ax+by+c=0$의 그래프가 점 (p, q)를 지난다.
⇨ $x=p$, $y=q$를 $ax+by+c=0$에 대입하면 등식이 성립한다.
⇨ $ap+bq+c=0$

대표문제

0972

일차방정식 $3x-y-2=0$의 그래프가 점 $(a, a+2)$를 지날 때, a의 값은?

① -4 ② -2 ③ 0
④ 2 ⑤ 4

0973

일차방정식 $2x+y-8=0$의 그래프가 오른쪽 그림과 같을 때, a의 값은?

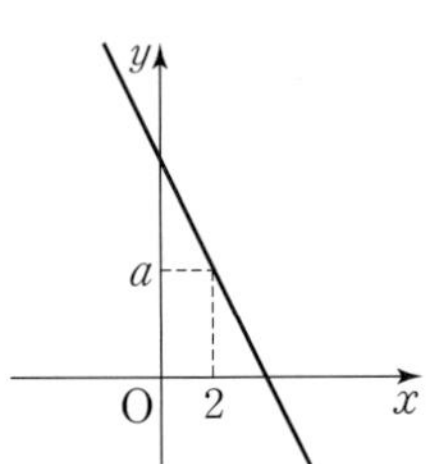

① 2 ② 4
③ 6 ④ 7
⑤ 8

0974

다음 중 일차방정식 $4x-5y=2$의 그래프가 지나지 않는 점은?

① $(-2, -2)$ ② $(3, 2)$ ③ $\left(1, \frac{2}{5}\right)$
④ $\left(-3, -\frac{14}{5}\right)$ ⑤ $\left(-1, \frac{6}{5}\right)$

0975

두 점 $(a, 3)$, $(-1, b)$가 일차방정식 $3x-4y=9$의 그래프 위의 점일 때, $a-b$의 값을 구하시오.

유형 03 일차방정식의 미지수 구하기(1)

일차방정식의 그래프 위의 점의 좌표가 주어지면
⇨ 일차방정식에 점의 좌표를 대입하여 미지수를 구한다.

대표 문제

0976

일차방정식 $6x+ay-3=0$의 그래프가 점 $(-2,\ 5)$를 지날 때, 이 그래프의 기울기는? (단, a는 상수)

① $-\frac{5}{2}$　② -2　③ -1
④ $\frac{1}{2}$　⑤ 2

신유형

0977 ●●○○

일차방정식 $ax+2y+6=0$의 그래프가 점 $(2,\ -6)$을 지날 때, 다음 중 이 그래프 위의 점인 것은?
(단, a는 상수)

① $(-3,\ 4)$　② $(-2,\ 1)$　③ $\left(-\frac{2}{3},\ -2\right)$
④ $\left(\frac{2}{3},\ -3\right)$　⑤ $(4,\ -8)$

0978 ●●○○

두 점 $(-3,\ 7)$, $(3,\ a)$가 일차방정식 $4x+by-9=0$의 그래프 위에 있을 때, $a+b$의 값은? (단, b는 상수)

① -2　② -1　③ 0
④ 1　⑤ 2

유형 04 일차방정식의 미지수 구하기(2)

일차방정식의 그래프의 기울기와 y절편이 주어지면
⇨ $ax+by+c=0$을 $y=-\frac{a}{b}x-\frac{c}{b}$ 꼴로 고친다.
⇨ 계수를 비교하여 미지수를 구한다.

대표 문제

0979

일차방정식 $(a-1)x+y+2b=0$의 그래프의 기울기가 -3, y절편이 4일 때, 상수 a, b에 대하여 ab의 값은?

① -10　② -8　③ -6
④ 4　⑤ 6

0980 ●●○○

두 점 $(2,\ 2)$, $(-2,\ 4)$를 지나는 직선과 일차방정식 $kx-6y+12=0$의 그래프가 평행할 때, 상수 k의 값을 구하시오.

0981 ●●●○

일차방정식 $x+ay+b=0$의 그래프가 오른쪽 그림과 같을 때, 상수 a, b에 대하여 $a+b$의 값은?

① $-\frac{8}{3}$　② $-\frac{4}{3}$
③ $\frac{4}{3}$　④ $\frac{8}{3}$
⑤ 3

서술형

0982 ●●●○

일차방정식 $ax+(b-1)y-6=0$의 그래프의 기울기가 2, y절편이 3일 때, 상수 a, b에 대하여 $2ab$의 값을 구하시오.

유형 05 직선의 방정식 구하기

$y=mx+n$ 꼴로 나타낸 후 $ax+by+c=0$ 꼴로 고친다.

대표 문제

0983

두 점 A(1, 6), B(2, 8)을 지나는 직선의 방정식은?

① $2x-y-4=0$　② $2x-y+4=0$
③ $2x+y-4=0$　④ $2x+y+4=0$
⑤ $x-2y-4=0$

0984 ●●●○

일차방정식 $2x-y-6=0$의 그래프와 x절편이 같고, 일차방정식 $x-2y-4=0$의 그래프와 y절편이 같은 직선의 방정식은?

① $2x-3y-6=0$　② $2x-3y+4=0$
③ $3x-2y-6=0$　④ $3x-2y+4=0$
⑤ $3x+2y-6=0$

서술형

0985 ●●●○

두 점 $(-3,\ 5)$, $(2,\ -5)$를 지나는 직선과 평행하고, 점 $(0,\ 4)$를 지나는 직선의 방정식을 구하시오.

빈출

유형 06 좌표축에 평행한(수직인) 직선의 방정식

0이 아닌 상수 m, n에 대하여
(1) $x=m$의 그래프 : y축에 평행한 직선 → x축에 수직
(2) $y=m$의 그래프 : x축에 평행한 직선 → y축에 수직
(3) 두 점 $(m,\ y_1)$, $(m,\ y_2)$를 지나는 직선의 방정식 ⇨ $x=m$
(4) 두 점 $(x_1,\ n)$, $(x_2,\ n)$을 지나는 직선의 방정식 ⇨ $y=n$

대표 문제

0986

두 점 $(2,\ 2a-3)$, $(-1,\ 5a+6)$을 지나는 직선이 x축에 평행할 때, a의 값은?

① -5　② -4　③ -3
④ -2　⑤ -1

0987 ●●○○

직선 $y=3x+5$ 위의 점 $(k,\ 2)$를 지나고, x축에 수직인 직선의 방정식은?

① $x=-1$　② $x=1$　③ $x=2$
④ $y=-1$　⑤ $y=1$

0988 ●●●○

방정식 $ax+by+1=0$의 그래프가 오른쪽 그림과 같을 때, 상수 a, b에 대하여 $a-b$의 값을 구하시오.

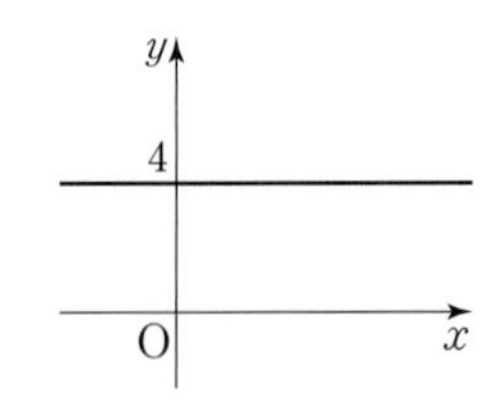

신유형

0989 ●●●●

방정식 $(a-3)x+by+1=0$의 그래프가 y축에 수직이고, 제3사분면과 제4사분면을 지나도록 하는 상수 a, b의 조건을 구하시오.

유형 07 좌표축에 평행한 직선으로 둘러싸인 도형의 넓이

네 직선 $x=a$, $x=b$, $y=c$, $y=d$로 둘러싸인 도형의 넓이 (단, $a<b$, $c<d$)
⇨ $(b-a)\times(d-c)$

대표 문제

0990

네 직선 $x=-1$, $2x-6=0$, $y=-1$, $y=3$으로 둘러싸인 도형의 넓이는?

① 12 ② 14 ③ 16
④ 18 ⑤ 20

0991 ●●○○

네 직선 $x-3=0$, $5y-10=0$, $x=0$, $y=0$으로 둘러싸인 도형의 넓이는?

① 4 ② 6 ③ 8
④ 10 ⑤ 12

0992 ●●●○

오른쪽 그림과 같이 네 직선으로 둘러싸인 도형의 넓이가 28일 때, a의 값은? (단, $a>0$)

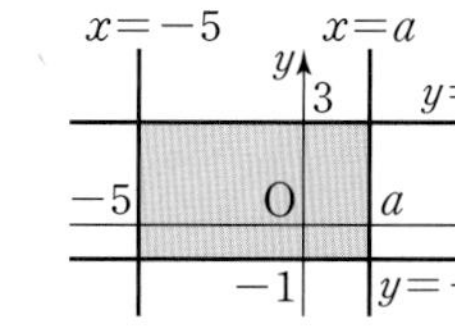

① 1 ② 2
③ 3 ④ 4
⑤ 5

유형 08 일차방정식 $ax+by+c=0$의 그래프

일차방정식 $ax+by+c=0$, 즉 $y=-\frac{a}{b}x-\frac{c}{b}$의 그래프가

(1) 오른쪽 위로 향하면 $\xrightarrow{\text{기울기가 양수}}$ $-\frac{a}{b}>0$

오른쪽 아래로 향하면 $\xrightarrow{\text{기울기가 음수}}$ $-\frac{a}{b}<0$

(2) y축과 양의 부분에서 만나면 $\xrightarrow{y\text{절편이 양수}}$ $-\frac{c}{b}>0$

y축과 음의 부분에서 만나면 $\xrightarrow{y\text{절편이 음수}}$ $-\frac{c}{b}<0$

참고 방정식 $ax+by+c=0$의 그래프가 x축에 평행하면 $a=0$, y축에 평행하면 $b=0$

대표 문제

0993

일차방정식 $ax+y-b=0$의 그래프가 오른쪽 그림과 같을 때, 다음 중 옳은 것은? (단, a, b는 상수)

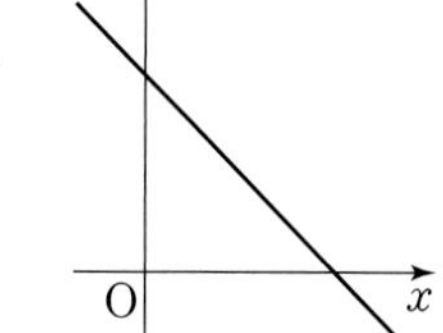

① $a>0$, $b>0$ ② $a>0$, $b<0$
③ $a<0$, $b>0$ ④ $a<0$, $b<0$
⑤ $a=0$, $b>0$

0994 ●●○○

$a>0$, $b<0$, $c<0$일 때, 일차방정식 $ax+by+c=0$의 그래프가 지나지 않는 사분면을 구하시오.

0995 ●●●○

일차방정식 $ax+by+1=0$의 그래프가 오른쪽 그림과 같을 때, 다음 중 일차함수 $y=abx+b$의 그래프로 알맞은 것은? (단, a, b는 상수)

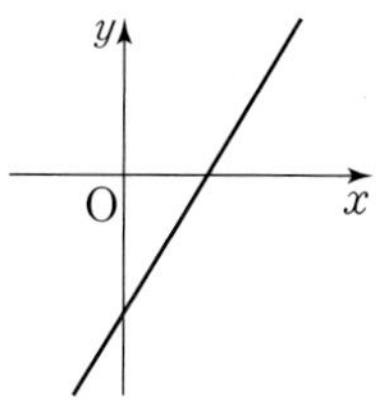

①
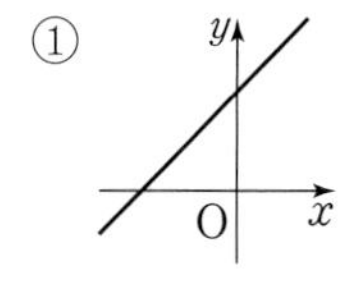

②
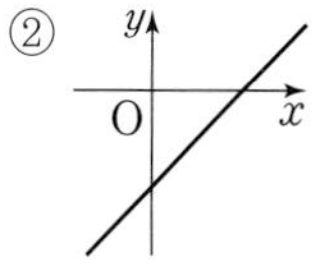

③
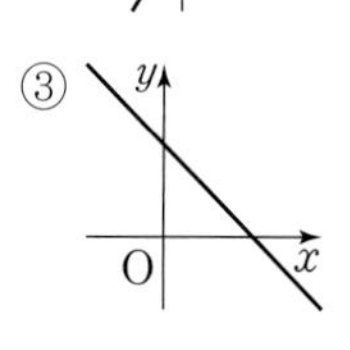

④

⑤
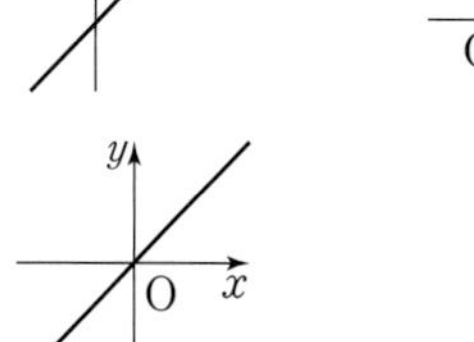

09 일차함수와 일차방정식의 관계

Theme 22 23

유형 09 직선으로 둘러싸인 도형의 넓이(1)

(1) 직선 $x=p$와 직선 $y=ax+b$의 교점
⇨ $A(p,\ ap+b)$

(2) 직선 $y=q$와 직선 $y=ax+b$의 교점
⇨ $B\left(\frac{q-b}{a},\ q\right)$

(3) 직선 $x=p$와 직선 $y=q$의 교점
⇨ $C(p,\ q)$

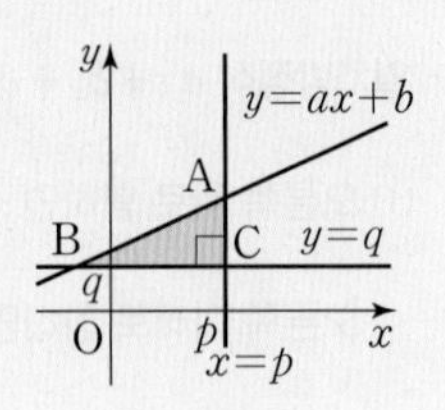

대표 문제

0996

오른쪽 그림과 같이 세 직선 $y=x$, $x=3$, $y=-1$로 둘러싸인 도형의 넓이는?

① 4　② 6

③ 8　④ 10

⑤ 12

0997

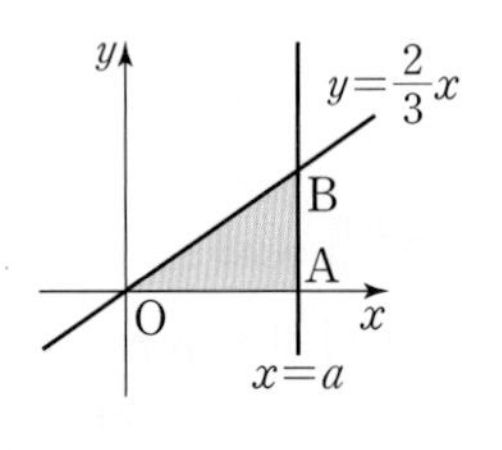

오른쪽 그림과 같이 직선 $x=a$가 x축과 만나는 점을 A, 직선 $y=\frac{2}{3}x$와 만나는 점을 B라 하자. $\overline{AB}=6$일 때, 삼각형 OAB의 넓이는? (단, a는 상수이고, O는 원점)

① 12　② 24　③ 27
④ 36　⑤ 54

0998

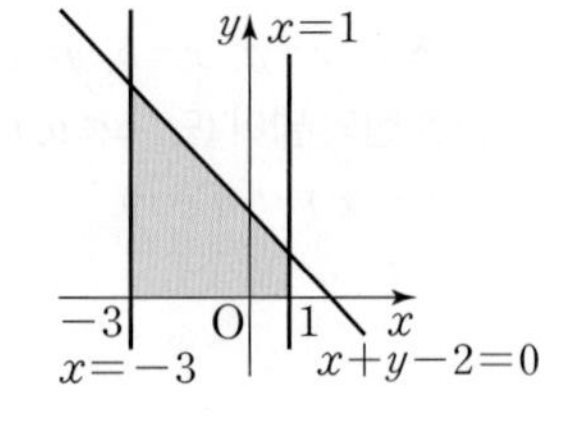

오른쪽 그림과 같이 세 직선 $x+y-2=0$, $x=1$, $x=-3$ 및 x축으로 둘러싸인 도형의 넓이는?

① 10　② 12
③ 14　④ 15
⑤ 16

서술형

0999

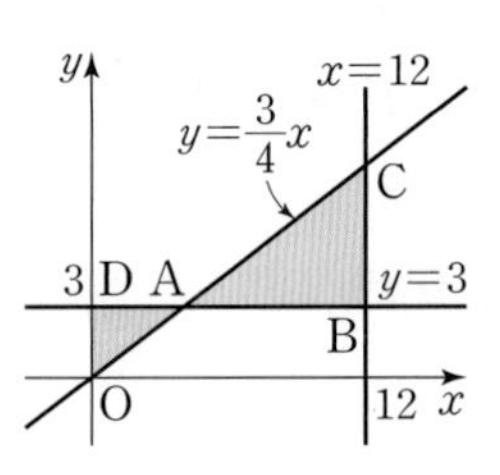

오른쪽 그림과 같이 세 직선 $y=\frac{3}{4}x$, $x=12$, $y=3$으로 둘러싸인 삼각형 ABC의 넓이를 a라 하고 세 직선 $y=\frac{3}{4}x$, $y=3$, $x=0$으로 둘러싸인 삼각형 OAD의 넓이를 b라 하자. 이때 $a-2b$의 값을 구하시오. (단, O는 원점)

Theme 23 연립방정식의 해와 일차함수의 그래프

워크북 139쪽

유형 10 연립방정식의 해와 그래프

연립방정식 $\begin{cases} ax+by+c=0 \\ a'x+b'y+c'=0 \end{cases}$ 의 해가 $x=p$, $y=q$이면

⇨ 두 일차방정식 $ax+by+c=0$, $a'x+b'y+c'=0$의 그래프의 교점의 좌표가 (p, q)이다.

대표 문제

1000

두 일차방정식 $x-y+2=0$, $-3x+y-8=0$의 그래프의 교점이 직선 $y=ax-10$ 위의 점일 때, 상수 a의 값은?

① -3 ② -1 ③ 1
④ 2 ⑤ 3

1001

두 일차방정식 $3x+y+1=0$, $x-2y+5=0$의 그래프의 교점의 좌표가 (a, b)일 때, $a+b$의 값을 구하시오.

신유형

1002

일차방정식 $2x+y=2$의 그래프와 평행하고, 점 $(1, 3)$을 지나는 직선이 일차방정식 $y=2x-3$의 그래프와 한 점에서 만날 때, 그 교점의 좌표를 구하시오.

1003

오른쪽 그림의 두 직선 l, m의 교점의 좌표를 (a, b)라 할 때, $a-b$의 값을 구하시오.

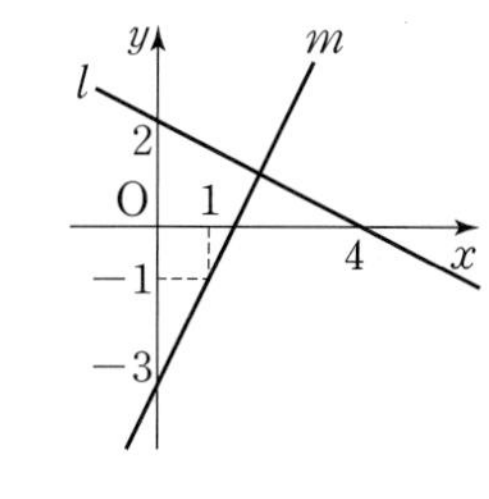

빈출 유형 11 두 직선의 교점의 좌표를 이용하여 미지수 구하기

두 직선 $ax+by+c=0$, $a'x+b'y+c'=0$의 교점의 좌표가 (p, q)

⇨ 연립방정식 $\begin{cases} ax+by+c=0 \\ a'x+b'y+c'=0 \end{cases}$ 의 해가 $x=p$, $y=q$

⇨ 두 일차방정식에 $x=p$, $y=q$를 대입하면 등식이 성립한다.

대표 문제

1004

연립방정식 $\begin{cases} x+by=4 \\ ax-y=2 \end{cases}$ 의 두 일차방정식의 그래프가 오른쪽 그림과 같을 때, 상수 a, b에 대하여 $a+b$의 값은?

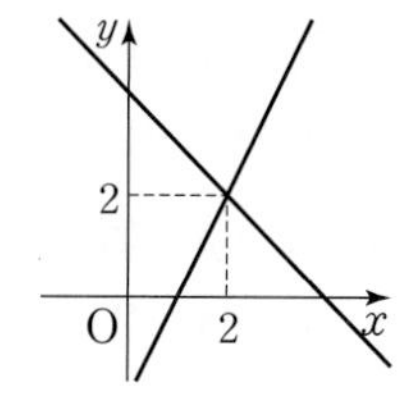

① 2 ② 3
③ 4 ④ 5
⑤ 6

1005

두 직선 $3x-y=5$, $2x+y=a$의 교점의 좌표가 $(3, b)$일 때, $a+b$의 값을 구하시오. (단, a는 상수)

1006

두 직선 $3x-y+6=0$, $2x+y-a=0$의 교점이 x축 위에 있을 때, 두 직선이 각각 y축과 만나는 두 점 사이의 거리를 구하시오. (단, a는 상수)

1007

두 직선 $x+2y-4=0$, $2x-y-3=0$의 교점과 점 $(1, -2)$를 지나는 직선의 방정식이 $ax+by-3=0$일 때, 상수 a, b에 대하여 ab의 값을 구하시오.

유형 12 두 직선의 교점을 지나는 직선의 방정식

두 직선의 교점을 지나는 직선의 방정식 구하기
❶ 연립방정식의 해를 구하여 두 직선의 교점의 좌표를 구한다.
❷ (1) 기울기가 주어진 경우
⇨ 기울기와 교점을 이용하여 직선의 방정식을 구한다.
(2) 다른 한 점이 주어진 경우
⇨ 교점과 주어진 점을 이용하여 기울기를 구한 후 직선의 방정식을 구한다.

대표 문제
1008
두 직선 $2x+y-16=0$, $x-y-11=0$의 교점을 지나고, 직선 $3x+y=1$과 평행한 직선의 방정식은?

① $3x-y-25=0$ ② $3x-y-50=0$
③ $3x+y-25=0$ ④ $3x+y-50=0$
⑤ $6x+2y-25=0$

1009
두 일차방정식 $x+2y-5=0$, $2x+y+5=0$의 그래프의 교점을 지나고, y절편이 1인 직선의 x절편은?

① $-\frac{5}{2}$ ② $-\frac{5}{4}$ ③ $\frac{5}{4}$
④ $\frac{5}{2}$ ⑤ 3

1010
두 일차방정식 $-4x+y+13=0$, $-3x+2y+16=0$의 그래프의 교점을 지나고, x축에 평행한 직선 위의 한 점 $(-8, a)$에 대하여 a의 값은?

① -5 ② -3 ③ -1
④ 0 ⑤ 1

유형 13 한 점에서 만나는 세 직선

세 직선이 한 점에서 만날 때 미지수 구하기
❶ 미지수를 포함하지 않은 두 직선의 교점의 좌표를 구한다.
❷ 미지수를 포함한 직선의 방정식에 ❶에서 구한 교점의 좌표를 대입하여 미지수를 구한다.

대표 문제
1011
세 직선 $x+y=2$, $2x+3y=1$, $ax+2ay=3$이 한 점에서 만날 때, 상수 a의 값은?

① -5 ② -4 ③ -3
④ -2 ⑤ -1

1012
오른쪽 그림의 직선 $y=ax-2$가 두 직선 l, m의 교점을 지날 때, 상수 a의 값을 구하시오.

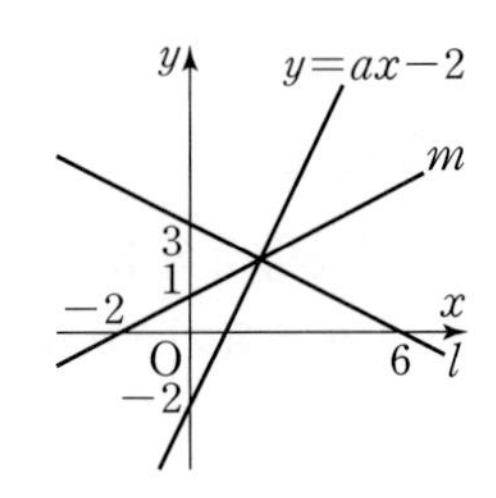

서술형
1013
다음 네 직선이 한 점에서 만날 때, 상수 a, b에 대하여 $a+b$의 값을 구하시오.

$$3x-2y=12,\quad ax-y=5$$
$$bx-3ay=17,\quad 7x+5y=-1$$

1014
세 직선 $x-y=-1$, $x+2y=a$, $2x+y=7$에 의해 삼각형이 만들어지지 않을 때, 상수 a의 값을 구하시오.

유형 14 연립방정식의 해의 개수와 두 직선의 위치 관계

연립방정식 $\begin{cases} ax+by+c=0 \\ a'x+b'y+c'=0 \end{cases}$, 즉 $\begin{cases} y=-\frac{a}{b}x-\frac{c}{b} \\ y=-\frac{a'}{b'}x-\frac{c'}{b'} \end{cases}$ 에 대하여

(1) 연립방정식의 해가 없으면 두 일차방정식의 그래프는 평행하다.

⇨ $-\frac{a}{b}=-\frac{a'}{b'}$, $-\frac{c}{b}\neq-\frac{c'}{b'}$ 기울기는 같고, y절편은 다르다.

(2) 연립방정식의 해가 무수히 많으면 두 일차방정식의 그래프는 일치한다. → 기울기와 y절편이 각각 같다.

⇨ $-\frac{a}{b}=-\frac{a'}{b'}$, $-\frac{c}{b}=-\frac{c'}{b'}$

대표 문제

1015

연립방정식 $\begin{cases} 2x+y-4=0 \\ ax+2y-b=0 \end{cases}$ 의 해가 무수히 많을 때, 상수 a, b에 대하여 $b-a$의 값은?

① -4 ② -2 ③ 0
④ 2 ⑤ 4

1016 ●●○○

두 직선 $ax-y-5=0$, $-2x+y-b=0$의 교점이 오직 한 개 존재하기 위한 상수 a의 조건은? (단, b는 상수)

① $a\neq-2$ ② $a=-2$ ③ $a=0$
④ $a\neq2$ ⑤ $a=2$

신유형

1017 ●●●○

연립방정식 $\begin{cases} x-2y=4 \\ 2ax+8y=3 \end{cases}$ 의 해가 없을 때, 직선 $y=ax+b$는 점 $(2, -5)$를 지난다고 한다. 이때 상수 a, b에 대하여 $a+b$의 값을 구하시오.

유형 15 직선과 선분이 만날 조건

직선 $y=ax+b$가 선분 AB와 만날 때, 상수 a의 값의 범위

⇨ (직선 BC의 기울기)$\leq a$ $\leq$(직선 AC의 기울기)

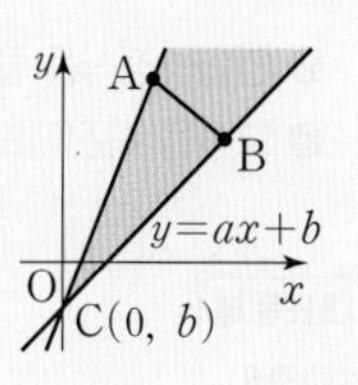

대표 문제

1018

오른쪽 그림과 같이 일차함수 $y=ax-1$의 그래프가 두 점 A(1, 3), B(4, 1)을 이은 선분 AB와 만날 때, 상수 a의 값의 범위는?

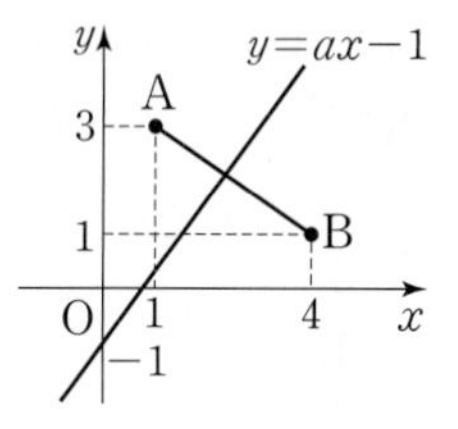

① $-4\leq a\leq-2$ ② $-2\leq a\leq\frac{1}{2}$ ③ $-\frac{1}{2}\leq a\leq4$
④ $\frac{1}{2}\leq a\leq4$ ⑤ $\frac{1}{2}\leq a\leq6$

1019 ●●●○

다음 중 직선 $y=-x+b$가 두 점 A(1, -2), B(4, 2)를 이은 선분 AB와 만나도록 하는 상수 b의 값이 될 수 없는 것은?

① -1 ② 1 ③ 3
④ 5 ⑤ 7

1020 ●●●○

오른쪽 그림과 같이 세 점 A(-2, 4), B(-1, -1), C(2, 1)을 꼭짓점으로 하는 삼각형 ABC가 있다. 다음 물음에 답하시오.

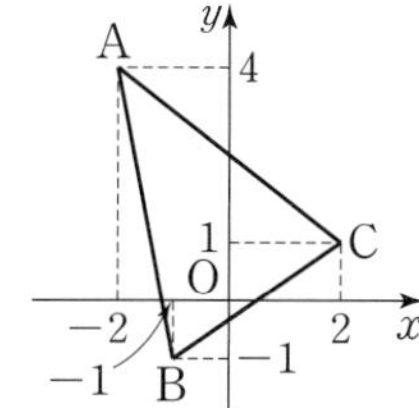

(1) 직선 $y=x+k$가 꼭짓점 A, B, C를 지날 때의 상수 k의 값을 각각 구하시오.

(2) 직선 $y=x+k$가 삼각형 ABC와 만나도록 하는 상수 k의 값의 범위를 구하시오.

빈출 유형 16 직선으로 둘러싸인 도형의 넓이 (2)

❶ 연립방정식을 풀어 두 직선의 교점의 좌표를 구한다.
❷ 교점을 꼭짓점으로 하는 도형의 넓이를 구한다.

대표 문제

1021

오른쪽 그림과 같이 두 일차방정식 $x-y+2=0$, $3x+2y-9=0$의 그래프와 x축으로 둘러싸인 도형의 넓이는?

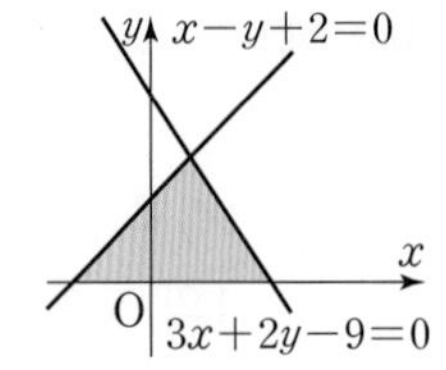

① $\frac{9}{2}$　② $\frac{11}{2}$　③ $\frac{13}{2}$　④ $\frac{15}{2}$　⑤ $\frac{17}{2}$

1022 ●●●

세 직선 $x+y=4$, $2x-y=2$, $y=-4$로 둘러싸인 도형의 넓이는?

① 15　② 18　③ 21　④ 24　⑤ 27

1023 ●●●

다음 네 직선으로 둘러싸인 도형의 넓이를 구하시오.

$y=x$, $y=-x$, $y=x+6$, $y=-x-6$

서술형

1024 ●●●

오른쪽 그림과 같이 교점의 y좌표가 1인 두 직선 $y=-\frac{1}{4}x+2$, $y=x-a$와 y축으로 둘러싸인 도형의 넓이를 구하시오. (단, a는 상수)

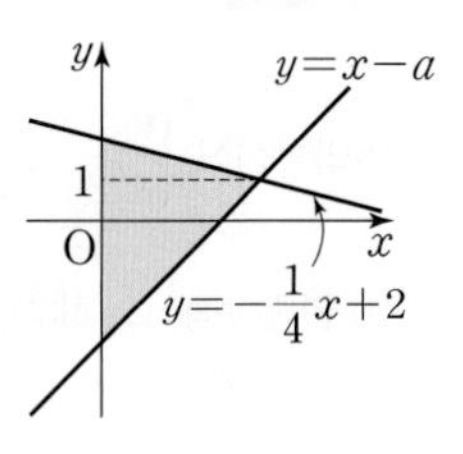

1025 ●●●●

오른쪽 그림과 같이 y축 위에서 만나는 두 직선 $y=x-4$, $y=ax-4$와 x축으로 둘러싸인 도형의 넓이가 12일 때, 상수 a의 값은?

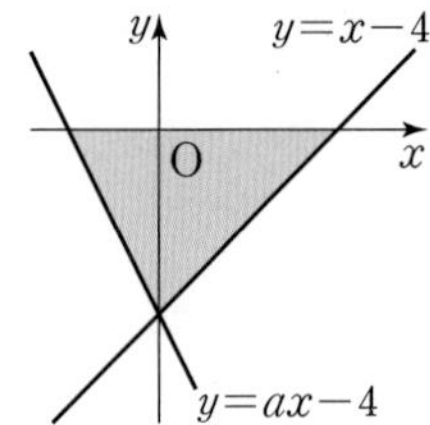
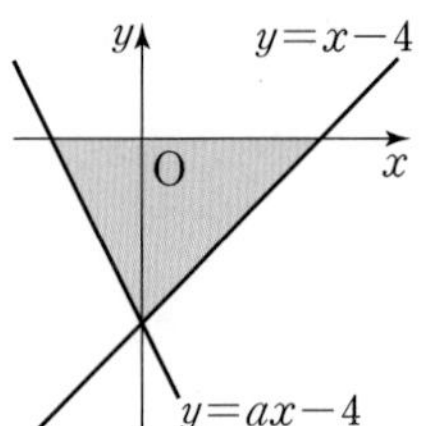

① -3　② -2　③ -1　④ 1　⑤ 2

1026 ●●●●

오른쪽 그림과 같이 일차방정식 $y=x+5$의 그래프가 x축, y축과 만나는 점을 각각 A, B라 하자. 점 B를 지나는 직선이 x축과 만나는 점을 C라 할 때, 삼각형 ACB의 넓이는 $\frac{15}{2}$이다. 점 A의 x좌표가 점 C의 x좌표보다 작을 때, 다음 물음에 답하시오.

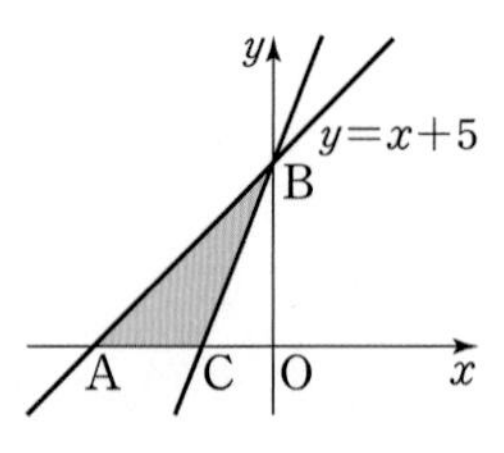

(1) 세 점 A, B, C의 좌표를 구하시오.
(2) 두 점 B, C를 지나는 직선의 방정식을 $ax+by+10=0$이라 할 때, $a+b$의 값을 구하시오. (단, a, b는 상수)

유형 17 넓이를 이등분하는 직선의 방정식

△AOB의 넓이를 이등분하는 직선 $y=mx$에서 상수 m의 값 구하기

❶ 점 C의 y좌표를 k라 하면

$\triangle COB=\frac{1}{2}\triangle AOB$에서

$\frac{1}{2}\times\left(-\frac{b}{a}\right)\times k=\frac{1}{2}\times\left\{\frac{1}{2}\times\left(-\frac{b}{a}\right)\times b\right\}$ $\therefore k=\frac{b}{2}$

❷ $y=ax+b$에 점 C의 y좌표를 대입하여 x좌표를 구한다.

❸ $y=mx$에 점 C의 좌표를 대입하여 m의 값을 구한다.

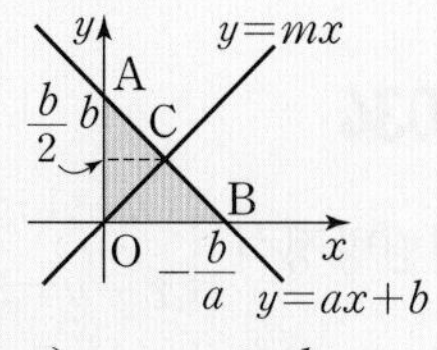

대표 문제

1027

오른쪽 그림과 같이 일차방정식 $3x+2y-12=0$의 그래프와 x축 및 y축으로 둘러싸인 도형의 넓이를 직선 $y=ax$가 이등분할 때, 상수 a의 값은?

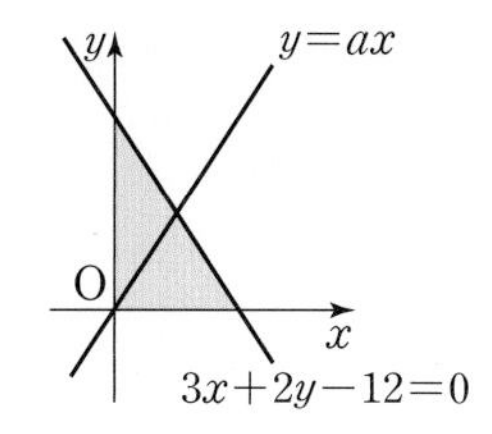

① $\frac{1}{2}$ ② $\frac{3}{2}$ ③ $\frac{5}{2}$
④ $\frac{7}{2}$ ⑤ $\frac{9}{2}$

신유형

1028 ●●●●

오른쪽 그림과 같이 두 직선 $x+y-6=0$, $2x-3y+8=0$과 x축으로 둘러싸인 도형의 넓이를 두 직선의 교점을 지나는 직선 $y=ax+b$가 이등분한다. 상수 a, b에 대하여 ab의 값은?

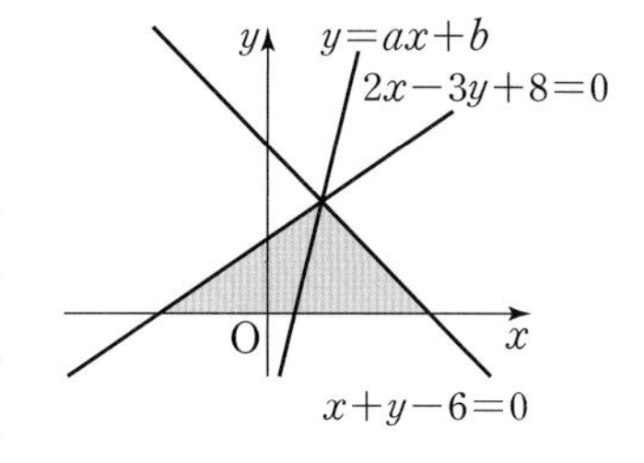

① -16 ② -8 ③ -4
④ 8 ⑤ 16

유형 18 직선의 방정식의 활용

두 일차함수의 그래프가 주어지면

❶ 그래프가 지나는 두 점 또는 조건을 이용하여 두 직선의 방정식을 구한다.

❷ 두 직선의 방정식을 연립하여 교점의 좌표를 구하고 문제를 해결한다.

대표 문제

1029

어떤 회사의 A 공장에서는 1월 1일부터, B 공장에서는 4월 1일부터 제품을 만들기 시작하였다. 4월 1일로부터 x개월 후의 두 공장 A, B에서 만들어 낸 제품의 총개수를 y개라 할 때, x와 y 사이의 관계를 각각 그래프로 나타내면 위의 그림과 같다. 두 공장 A, B에서 만들어 낸 제품의 총개수가 같아지는 것은 4월 1일로부터 몇 개월 후인지 구하시오.

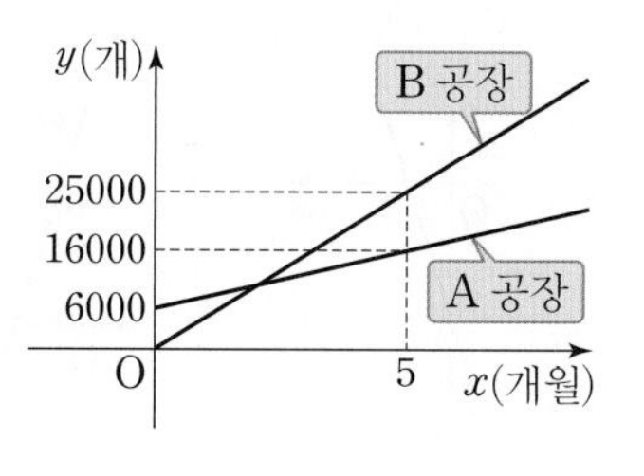

1030 ●●●○

지상으로부터 각각 600 m, 400 m인 높이에서 동시에 출발한 두 열기구 A, B가 내려오고 있다. 오른쪽 그래프는 출발한 지 x초 후 지상으로부터의 높이를 y m라 할 때, x와 y 사이의 관계를 나타낸 것이다. 두 열기구의 높이가 처음으로 같을 때는 출발한 지 몇 초 후인지 구하시오.

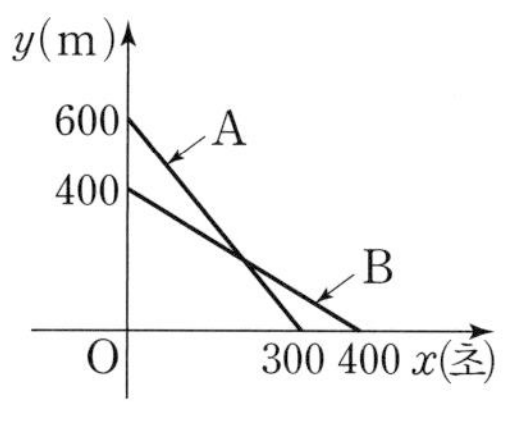

1031

유형 01

두 직선 $x-y=-3$, $ax+2y=b$가 일치할 때, 일차방정식 $ax-y+b=0$의 그래프는? (단, a, b는 상수)

①
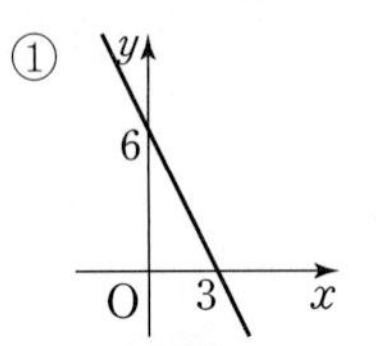

②
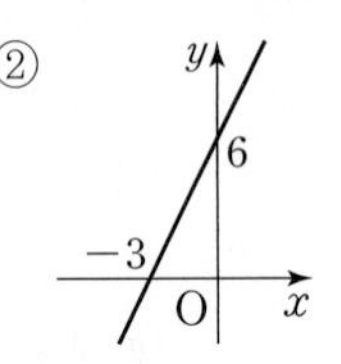

③
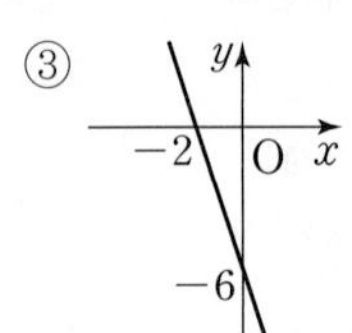

④
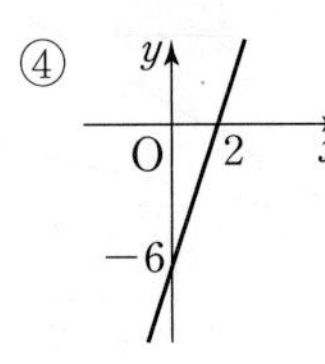

⑤
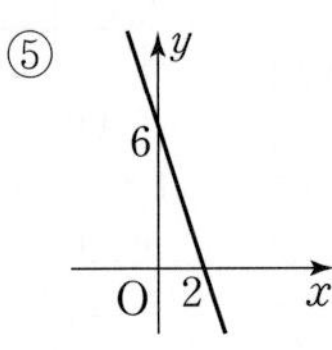

1032

유형 08

점 $(ab,\ a-b)$가 제2사분면 위의 점일 때, 일차방정식 $x-ay-b=0$의 그래프가 지나는 사분면을 모두 구하시오.

1033

유형 10

오른쪽 그림은 두 일차방정식의 그래프이다. 다음 물음에 답하시오.

(1) 두 일차방정식을 한 쌍으로 하는 연립방정식을 구하시오.

(2) 두 일차방정식의 그래프의 교점의 좌표를 구하시오.

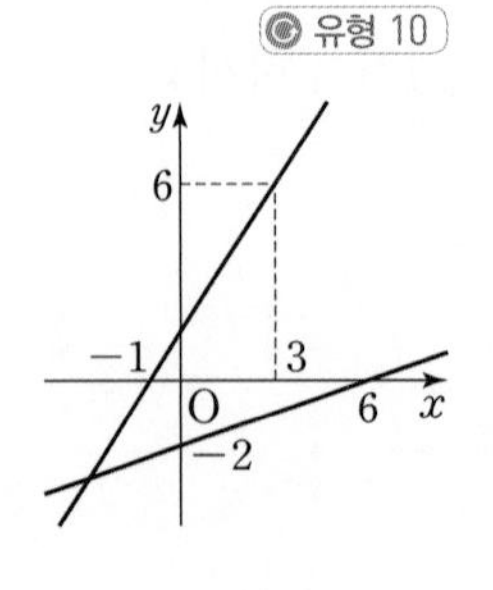

1034

유형 11

연립방정식 $\begin{cases}(a-1)x-y=2\\x-y=5\end{cases}$ 의 두 일차방정식의 그래프가 오른쪽 그림과 같을 때, 직선 $y=ax+b$의 x절편을 구하시오. (단, a, b는 상수)

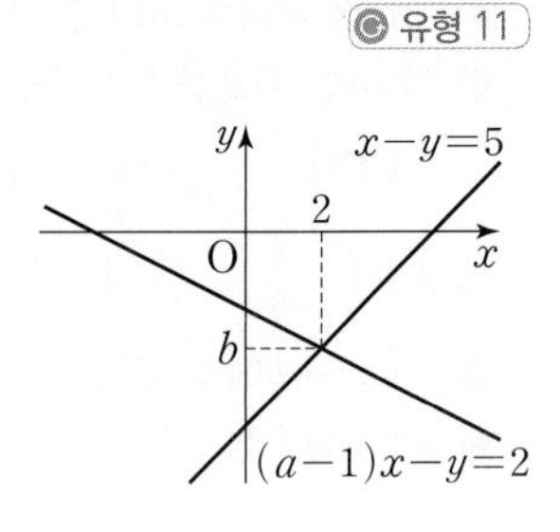

1035

유형 13

세 직선 $x+y=1$, $2x-3y=1$, $(a+2)x-ay=4$가 한 점에서 만날 때, 다음 중 직선 $(a+2)x-ay=4$ 위에 있는 점은? (단, a는 상수)

① $(2,\ 2)$ ② $(2,\ 3)$ ③ $(3,\ 2)$
④ $(3,\ 3)$ ⑤ $(4,\ 6)$

1036

유형 12+유형 13

기울기가 3이고, 점 $(1,\ -6)$을 지나는 직선이 두 일차방정식 $3x-2y-12=0$, $2x+ky-7=0$의 그래프의 교점을 지날 때, 상수 k의 값은?

① -2　② -1　③ 0
④ 1　⑤ 2

1037

유형 14

연립방정식 $\begin{cases} 3x-2y+2=0 \\ ax-4y+b=0 \end{cases}$의 해가 존재하지 않고, 일차방정식 $ax-4y+b=0$의 그래프가 점 $(4,\ 3)$을 지날 때, 상수 a, b에 대하여 $\dfrac{b}{a}$의 값을 구하시오.

1038

유형 16

오른쪽 그림과 같이 두 직선 $y=ax+4$, $y=-x+b$가 y축 위의 점 A에서 만나고, 두 직선과 x축으로 둘러싸인 삼각형 ABC의 넓이가 24일 때, 상수 a, b에 대하여 ab의 값을 구하시오.

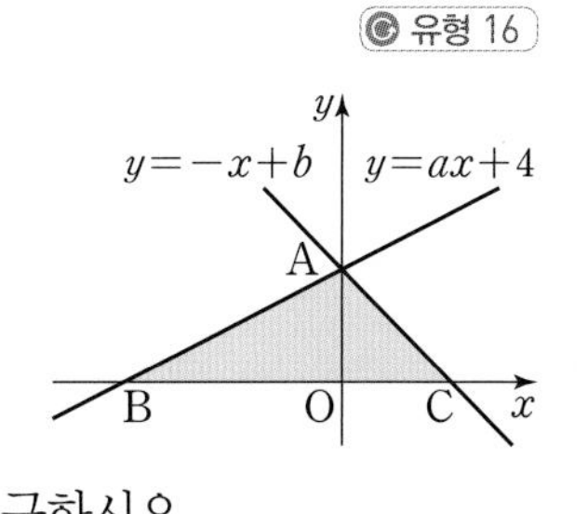

1039

유형 18

두 물통 A, B에 각각 $360\,\text{cm}^3$, $120\,\text{cm}^3$의 물이 들어 있다. 두 물통에서 동시에 일정한 속력으로 물을 빼낼 때, 물을 빼내기 시작한 지 x분 후에 남아 있는 물의 양을 $y\,\text{cm}^3$라 하자. x와 y 사이의 관계를 각각 그래프로 나타내면 위의 그림과 같을 때, 물을 빼내기 시작한 지 몇 분 후에 두 물통에 남아 있는 물의 양이 같아지는지 구하시오.

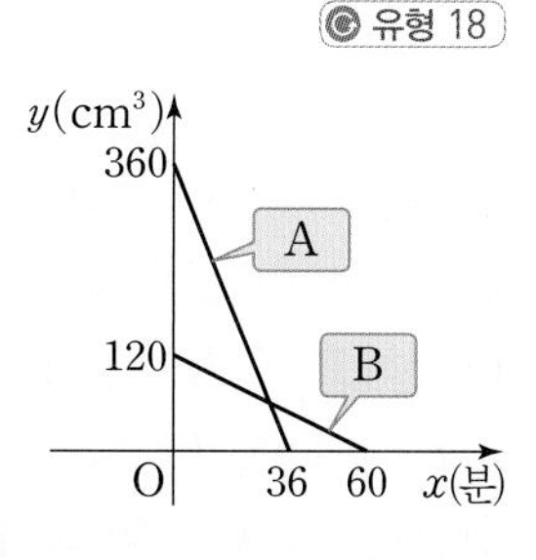

1040

유형 01+유형 03

점 $(-3,\ 2)$를 지나는 일차방정식 $ax+y+b=0$의 그래프가 제1사분면을 지나지 않도록 하는 상수 a의 값의 범위를 구하시오. (단, b는 상수)

1041

유형 09

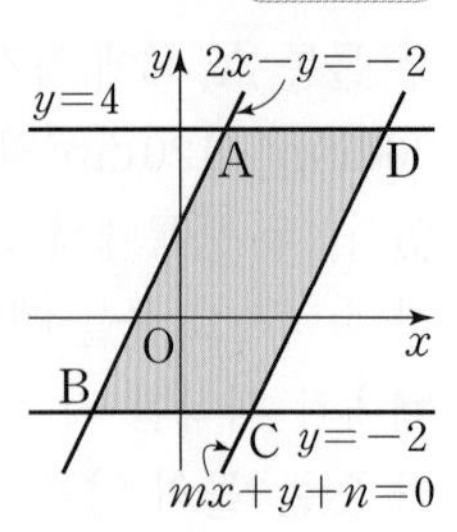

오른쪽 그림과 같이 일차방정식 $2x-y=-2$의 그래프와 두 직선 $y=4$, $y=-2$의 교점을 각각 A, B라 하고, 일차방정식 $mx+y+n=0$의 그래프와 두 직선 $y=-2$, $y=4$의 교점을 각각 C, D라 할 때, 사각형 ABCD는 넓이가 24인 평행사변형이 된다. 이때 상수 m, n에 대하여 $m+n$의 값을 구하시오. (단, $n>0$)

1042

유형 13

세 직선 $y=x+1$, $y=-x+3$, $y=k(x+3)$에 의해 삼각형이 만들어지지 않을 때, 상수 k의 값을 모두 구하시오.

1043

유형 16

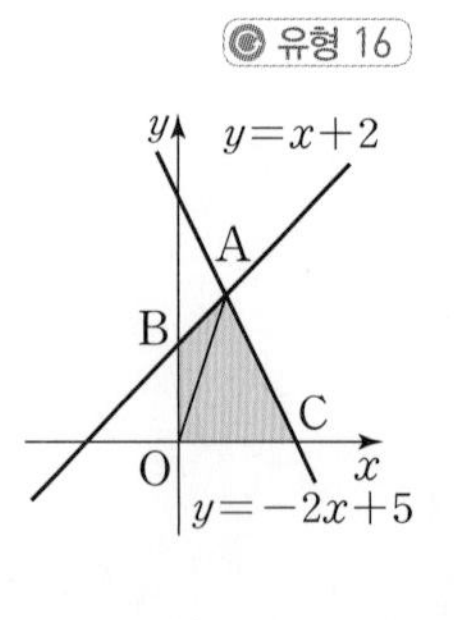

오른쪽 그림과 같이 두 직선 $y=x+2$와 $y=-2x+5$의 교점을 A, 직선 $y=x+2$와 y축의 교점을 B, 직선 $y=-2x+5$와 x축의 교점을 C라 할 때, 다음 물음에 답하시오. (단, O는 원점)

(1) 세 점 A, B, C의 좌표를 구하시오.
(2) 삼각형 ABO와 삼각형 AOC의 넓이를 구하시오.
(3) 사각형 ABOC의 넓이를 구하시오.

1044

유형 16

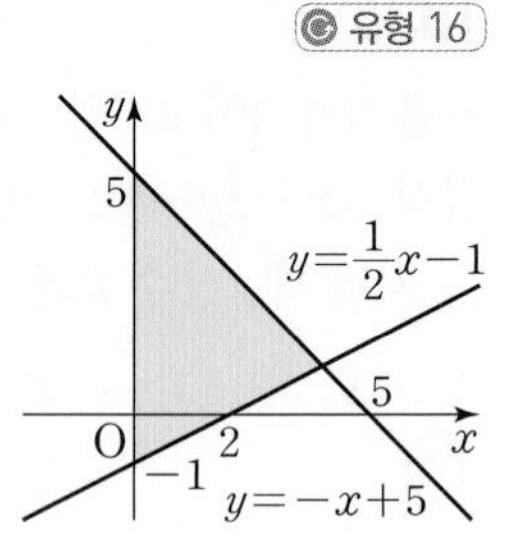

오른쪽 그림과 같이 두 직선 $y=-x+5$, $y=\frac{1}{2}x-1$과 y축으로 둘러싸인 부분을 y축을 회전축으로 하여 1회전 시킬 때 생기는 입체도형의 부피를 구하시오.

1045

유형 17

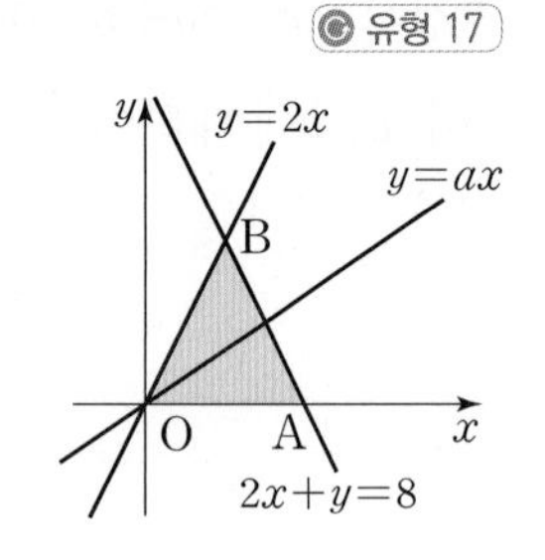

오른쪽 그림과 같이 두 직선 $y=2x$, $2x+y=8$과 x축으로 둘러싸인 삼각형 OAB의 넓이를 직선 $y=ax$가 이등분할 때, 다음 물음에 답하시오. (단, O는 원점)

(1) 삼각형 OAB의 넓이를 구하시오.
(2) 상수 a의 값을 구하시오.

1046 유형 07

다음 네 직선으로 둘러싸인 도형의 넓이가 28일 때, 상수 k의 값을 모두 구하시오.

$$y-k=0,\ \ y=3k,\ \ x+2=0,\ \ x=5$$

1047 유형 10

어느 도시의 도서관, 병원, 서점, 약국의 위치는 학교를 중심으로 다음과 같다. 민서네 집은 도서관과 병원을 이은 직선과 서점과 약국을 이은 직선이 만나는 지점에 위치하고 있을 때, 학교를 중심으로 한 민서네 집의 위치를 구하시오.

도서관 : 동쪽으로 1km, 북쪽으로 3km
병원 : 서쪽으로 2km, 남쪽으로 3km
서점 : 동쪽으로 1km, 남쪽으로 3km
약국 : 서쪽으로 3km, 북쪽으로 1km

1048 유형 16

두 직선 $y=4x+a$, $y=-\frac{1}{2}x+2$와 네 점 A, B, C, D가 오른쪽 그림과 같을 때, $\overline{AD}\,/\!/\,\overline{BC}$이다. 직각삼각형 AOB의 넓이와 사다리꼴 ABCD의 넓이의 비가 2 : 3일 때, 상수 a의 값을 구하시오.

(단, O는 원점)

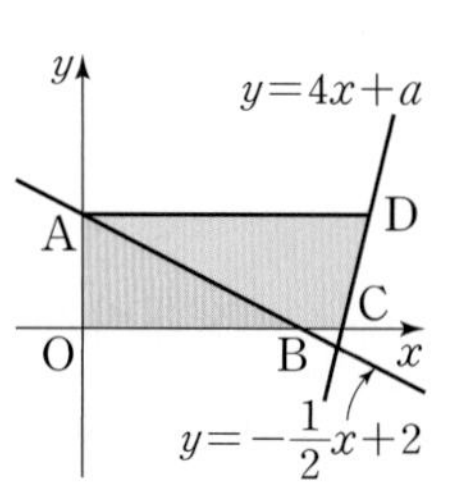

1049 유형 17

오른쪽 그림과 같이 직선 $y=-\frac{2}{3}x+6$과 x축 및 y축으로 둘러싸인 도형의 넓이를 원점을 지나는 두 직선 l, m이 삼등분한다. 이때 두 직선 l, m의 기울기의 차를 구하시오.

왜 천둥보다 번개가 더 빠를까?

장대비가 내리는 날에 천둥과 번개가 칠 때, 번개 치는 것이 먼저 보이고 천둥 치는 소리가 나중에 들린다. 번갯불과 천둥소리는 동시에 생겨난 것이지만 왜 천둥소리보다 번갯불이 먼저 보일까? 이는 빛의 속력이 소리의 속력보다 빠르기 때문이다. 즉, 속력의 차를 이용하면 얼마나 멀리 떨어져 있는 곳에서 번개와 천둥이 쳤는지 대략적으로 알 수 있다.

또한, 소리의 속력은 기온에 따라 달라지기 때문에 기온을 알면 좀 더 정확히 계산할 수 있다. 기온을 t°C, 소리의 속력을 v m/s라 하면 t와 v 사이에 다음과 같은 일차함수의 관계가 있다고 한다.

$$v=331+0.6t$$

예를 들어 기온이 15°C인 날에 번개가 치고 5초 후에 천둥소리를 들었다고 하자.

소리의 속력은 위의 식에 $t=15$를 대입하여

$$331+0.6\times15=331+9=340\text{(m/s)}$$

임을 알 수 있고, 빛은 번개가 치고 거의 동시에 내 눈까지 도착하므로 번개와 천둥이 친 곳은 $5\times340=1700$(m) 떨어진 곳이라고 추측할 수 있다.

MEMO

MEMO

동아출판

이보다 더 강력한 유형서는 없다!

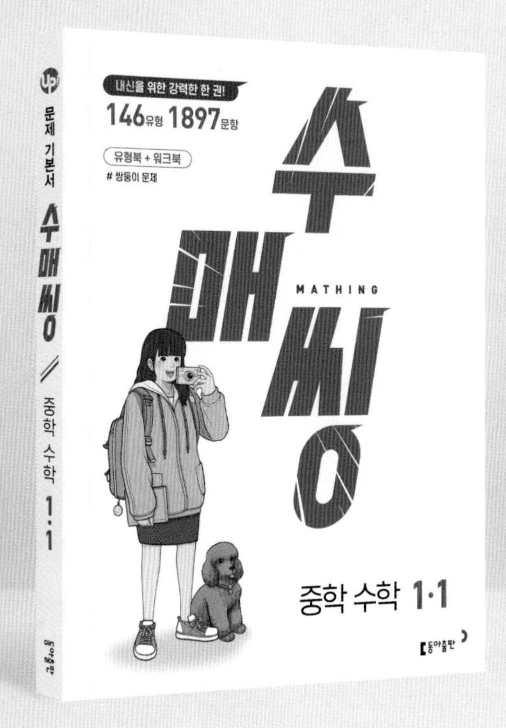

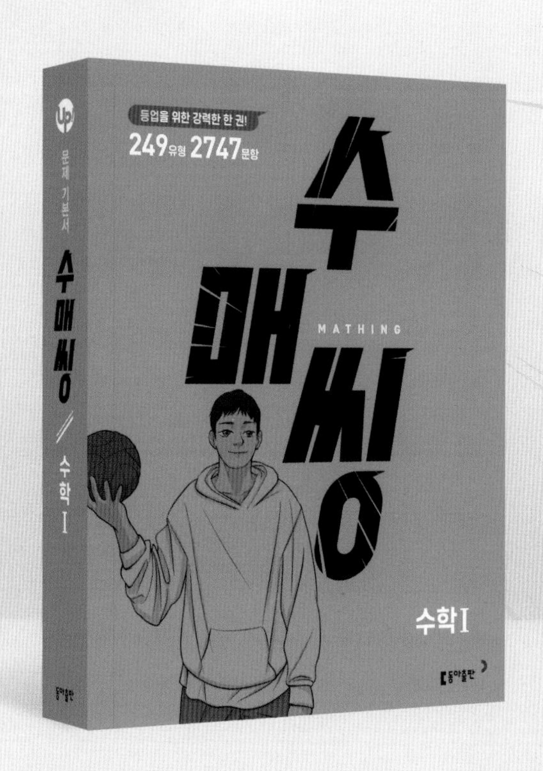

내신과 등업을 위한 강력한 한 권!

중등 수매씽

#중학수학 #듀얼북구성
#쌍둥이문제 #학교기출

중학교 1~3학년 1·2학기

고등 수매씽

#고등수학 #학습자맞춤해설
#최다유형 #최다문항

고등 수학(상) | 고등 수학(하) | 수학 I
수학 II | 확률과 통계 | 미적분

수매씽 MATHING 중학 수학 2·1

내신과 등업을 위한 강력한 한 권!

수매씽 개념연산
중등 : 1~3학년 1·2학기

수매씽 개념
중등 : 1~3학년 1·2학기
고등(22개정) : 공통수학1, 공통수학2, 대수, 미적분I
미적분II, 확률과 통계, 기하 (25년 출간 예정)

수매씽 유형
중등 : 1~3학년 1·2학기
고등(15개정) : 수학(상), 수학(하), 수학I, 수학II, 확률과 통계, 미적분
고등(22개정) : 공통수학1, 공통수학2, 대수, 미적분I
미적분II, 확률과 통계 (25년 출간 예정)

동아출판

Telephone 1644-0600
Homepage www.bookdonga.com
Address 서울시 영등포구 은행로 30 (우 07242)

• 정답 및 풀이는 동아출판 홈페이지 내 학습자료실에서 내려받을 수 있습니다.
• 교재에서 발견된 오류는 동아출판 홈페이지 내 정오표에서 확인 가능하며, 잘못 만들어진 책은 구입처에서 교환해 드립니다.
• 학습 상담, 제안 사항, 오류 신고 등 어떠한 이야기라도 들려주세요.

내신을 위한 강력한 한 권!

160유형 **2071**문항

3단계 반복 학습 System

한번 더 핵심 유형 〉 유형 모아 Theme 연습 〉 Theme 모아 중단원 마무리

워크북

중학 수학 2·1

동아출판

수매씽 중학 수학 2·1

발행일 2022년 10월 10일
인쇄일 2024년 3월 30일
펴낸곳 동아출판㈜
펴낸이 이욱상
등록번호 제300-1951-4호(1951. 9. 19.)
개발총괄 김영지
개발책임 이상민
개발 김기철, 김성일, 장희정, 김성희, 김민주
디자인책임 목진성
표지 디자인 이소연
표지 일러스트 여는
내지 디자인 에딩크
대표번호 1644-0600
주소 서울시 영등포구 은행로 30 (우 07242)

이 책은 저작권법에 의하여 보호받는 저작물이므로 무단 복제, 복사 및 전송을 할 수 없습니다.

08 일차함수와 그래프 (2) 118~133쪽

0817 ③ 0818 ③ 0819 제3사분면 0820 ③ 0821 ①
0822 ⑤ 0823 $\frac{17}{3}$ 0824 2 0825 $\frac{16}{3}$ 0826 12
0827 ④ 0828 -6 0829 2 0830 ④ 0831 -1
0832 3 0833 -3 0834 ④ 0835 ④ 0836 ②, ④
0837 $-\frac{4}{3}$ 0838 ④ 0839 $\frac{2}{3}$ 0840 $\frac{2}{5}$ 0841 ③
0842 $\frac{4}{3}$ 0843 $-\frac{4}{3}$ 0844 ③ 0845 ④ 0846 1
0847 -3 0848 $y=-3x+6$ 0849 $y=-\frac{2}{3}x+2$
0850 $-\frac{15}{2}$ 0851 ④ 0852 ④ 0853 25 cm 0854 ④
0855 (1) $y=40-\frac{1}{12}x$ (2) 34 L 0856 64일 후 0857 ④ 0858 239
0859 20개 0860 160 km 0861 50분 후 0862 20분 후
0863 40초 후 0864 4 cm^2 0865 (1) $y=30-x$ (2) 4 cm 0866 220개
0867 18분 후 0868 90초

0869 (1) ㄴ (2) ㄷ, ㄹ (3) ㄱ, ㅁ, ㅂ 0870 ① 0871 4
0872 ③ 0873 1 0874 3 0875 ③ 0876 ③
0877 ④ 0878 6 0879 ④ 0880 12 0881 ②
0882 ① 0883 ③ 0884 -6 0885 ③ 0886 4
0887 $\frac{1}{2}$ 0888 -9 0889 ① 0890 ④ 0891 2
0892 -7 0893 ② 0894 $-\frac{1}{2}$ 0895 2000 m 0896 ②
0897 (1) $y=-50x+600$ (2) 450 mL 0898 12500원
0899 3초 후 0900 15 km 0901 40분 후 0902 ③
0903 (1) $y=-5x+25$ (2) 3시간 후
0904 (1) $y=-3x+600$ (2) 오후 1시 40분 0905 6초 후 0906 42명

0907 ④ **0908** 8 **0909** ③ **0910** ⑤ **0911** 3
0912 8 **0913** $y=-2x+13$ **0914** ② **0915** ④
0916 200년 후 **0917** ④ **0918** 19550원 **0919** 2초 후

09 일차함수와 일차방정식의 관계 134~149쪽

0920 ③ 0921 ② 0922 ⑤ 0923 ④ 0924 ③
0925 ④ 0926 -1 0927 ② 0928 ③ 0929 ②
0930 ② 0931 ⑤ 0932 ② 0933 -10 0934 ③
0935 ③ 0936 $6x+2y+3=0$ 0937 ④ 0938 ④
0939 $-\frac{1}{3}$ 0940 $a>0$, $b=4$ 0941 ③ 0942 ② 0943 ⑤
0944 ③ 0945 제3사분면 0946 ④ 0947 ④ 0948 ④
0949 ③ 0950 ④ 0951 ① 0952 ④
0953 $(-1, -1)$ 0954 $\frac{22}{5}$ 0955 ③ 0956 16 0957 ⑤
0958 $\frac{27}{25}$ 0959 ④ 0960 ⑤ 0961 ⑤ 0962 ④
0963 ② 0964 15 0965 -11 0966 ① 0967 ④
0968 -11 0969 ④ 0970 ①
0971 (1) 점 A를 지날 때 : 1, 점 B를 지날 때 : -4, 점 C를 지날 때 : 5
(2) $-4\le k\le 5$
0972 ③ 0973 ② 0974 8 0975 24 0976 ③
0977 (1) $A(-6, 0)$, $B(0, 6)$, $C(-1, 0)$ (2) -6 0978 ④ 0979 ⑤
0980 3개월 후 0981 25초 후

0982 ①, ④ 0983 ② 0984 $\frac{4}{3}$ 0985 ④ 0986 16
0987 ① 0988 3 0989 ⑤ 0990 ③ 0991 1
0992 4 0993 ⑤ 0994 ⑤ 0995 ③ 0996 ①
0997 -1 0998 ④ 0999 $-\frac{4}{3}$ 1000 ③ 1001 ④
1002 24만 원 1003 3 1004 -5 1005 ③ 1006 5
1007 ④ 1008 ④ 1009 $(-1, 3)$

1010 ④ **1011** ④ **1012** 12 **1013** ② **1014** ③, ④
1015 $\frac{1}{2}$ **1016** -1 **1017** ② **1018** ③ **1019** 12
1020 240 km **1021** 지훈 **1022** $-\frac{1}{5}$

I 수와 식의 계산

01 유리수와 순환소수 4~19쪽

0001 ② 0002 ⑤ 0003 27 0004 7 0005 ②, ③
0006 ⑤ 0007 $\frac{15}{24}$, $\frac{14}{2^3\times5\times7}$ 0008 6, 9 0009 ⑤
0010 ③ 0011 4 0012 63 0013 ① 0014 69
0015 89 0016 ② 0017 ③ 0018 ② 0019 ①
0020 4 0021 0022 ① 0023 ②, ④
0024 ② 0025 ⑤ 0026 18 0027 ① 0028 ⑤
0029 226 0030 ⑤ 0031 ④
0032 (1) − (ㄱ), (2) − (ㄷ), (3) − (ㄴ) 0033 ② 0034 ④ 0035 5
0036 38 0037 ⑤ 0038 ② 0039 11 0040 99
0041 ② 0042 ⑤ 0043 ① 0044 ㄹ, ㄴ, ㄷ, ㅁ, ㄱ
0045 ⑤ 0046 ① 0047 9 0048 ⑤ 0049 ⑤
0050 ④ 0051 ② 0052 292 0053 ① 0054 ②
0055 (1) $\frac{43}{99}$ (2) $\frac{83}{90}$ (3) $0.4\dot{7}$ 0056 30 0057 ⑤ 0058 ⑤
0059 ②

0060 ⑤ 0061 ④ 0062 ② 0063 21 0064 ③
0065 ④ 0066 ② 0067 ④ 0068 ② 0069 ②
0070 ④ 0071 7, 14, 21 0072 18 0073 147 0074 ③, ⑤
0075 ④ 0076 ③ 0077 27 0078 ④ 0079 ③
0080 ④ 0081 ⑤ 0082 ② 0083 ④ 0084 ⑤
0085 ⑤ 0086 ③ 0087 ④ 0088 ②
0089 ㄱ, ㄴ, ㄹ, ㄷ 0090 ① 0091 ⑤ 0092 41
0093 ④ 0094 ④ 0095 ⑤ 0096 ③ 0097 ②
0098 ③, ④ 0099 $0.08\dot{3}$ 0100 $0.1\dot{4}$ 0101 33

0102 ④ 0103 ② 0104 ④ 0105 ④ 0106 ③
0107 ② 0108 ② 0109 ③, ④ 0110 ③ 0111 ④
0112 ② 0113 $0.\dot{7}$ 0114 (1) $1.24\dot{6}$ (2) $\frac{187}{150}$

02 단항식의 계산 20~33쪽

0115 ② 0116 12 0117 ④ 0118 ③ 0119 ①
0120 ⑤ 0121 ③ 0122 ④ 0123 ① 0124 ④
0125 ④ 0126 6 0127 ③ 0128 ③ 0129 ⑤
0130 (1) $2^4\times3$ (2) $2^{20}\times3^5$ 0131 ③ 0132 9
0133 $a=3$, $b=5$, $c=10$ 0134 6 0135 ⑤ 0136 ①
0137 ② 0138 2 0139 ④ 0140 $A>B$ 0141 ③
0142 ① 0143 ⑤ 0144 ④ 0145 2600초 0146 6
0147 ② 0148 ② 0149 $\frac{A^3}{8}$ 0150 ① 0151 ④
0152 ① 0153 ④ 0154 ③ 0155 ③ 0156 ②
0157 ② 0158 ③ 0159 ⑤ 0160 ② 0161 17
0162 ① 0163 ③ 0164 12 0165 $\frac{x^{20}}{y^2}$ 0166 ③
0167 8 0168 (1) $-8x^7y^4$ (2) $\frac{3}{x^4y}$ (3) $-\frac{8}{3}x^{11}y^5$
0169 $-10a^6b^5$ 0170 ⑤ 0171 $9x^6y^3$
0172 $A=-\frac{4}{xy^3}$, $B=\frac{4}{3x^2y^5}$ 0173 $-12x^{14}y^{11}$ 0174 ② 0175 $3x^4y^3$
0176 $2ab$

0177 ② 0178 ③ 0179 ③ 0180 ② 0181 ④
0182 D, C, B, A 0183 3 0184 ④ 0185 ③
0186 ① 0187 ④ 0188 ⑤ 0189 ④ 0190 4초
0191 -24 0192 ③ 0193 ③ 0194 ③ 0195 ④
0196 ④ 0197 $\frac{6b^2}{a}$ 0198 ① 0199 ① 0200 ②
0201 $-3x^3y^3$ 0202 $5a^2b^2$ 0203 ⑤ 0204 $9a^5b^9$

0205 ② 0206 ⑤ 0207 ① 0208 ② 0209 2
0210 ③ 0211 ① 0212 ④ 0213 ③ 0214 ③
0215 ② 0216 3배 0217 29자리 0218 (1) $\frac{9}{x^2y^3}$ (2) $-\frac{27}{x^5y^5}$

03 다항식의 계산 34~45쪽

0219 -6 0220 ④ 0221 ③ 0222 88
0223 $5x^2-8x$ 0224 ① 0225 14 0226 ④ 0227 ②
0228 (1) $-a-3b-5$ (2) $a-8b-6$ 0229 ③ 0230 ③
0231 $8x^2-17x-5$ 0232 ③ 0233 ④ 0234 ②
0235 $-3ab^3-2b^2+1$ 0236 ⑤ 0237 15 0238 ③
0239 $\frac{2}{3}x^3y-\frac{4}{3}x^2y+2x$ 0240 ⑤ 0241 $\frac{4}{3}x^2y^2-xy^4$
0242 ② 0243 $-2x^2+3xy$ 0244 ③
0245 $5x^3y-x^2y+17xy^2$ 0246 ③
0247 (1) $18\pi x^4y^2+18\pi x^3y-12\pi x^2y^2$ (2) $27\pi x^5y^2-18\pi x^4y^3$

0248 $a+3b$　0249 $5x+14y$　0250 ②　0251 ③　0252 44
0253 $y=\frac{2}{3}x-\frac{5}{3}$　0254 ②　0255 ④　0256 179
0257 ③　0258 $10x-16$　0259 ④　0260 $-16y+6$　0261 ④
0262 ④　0263 ④　0264 3

0265 ②　0266 ⑤　0267 ④　0268 $-6x^2y+15x$
0269 ⑤　0270 ②　0271 $-2a^2+15ab$　0272 ③
0273 ⑤　0274 ②, ⑤　0275 $4x^2y^3-6xy^4$　0276 ④
0277 ①　0278 $-x^2+3x-5$　0279 5　0280 ③
0281 ②　0282 -3　0283 ④　0284 3　0285 ②
0286 ④　0287 ④　0288 ①　0289 $\frac{1}{4}$　0290 5
0291 ⑤　0292 ⑤

0293 ③　**0294** ②　**0295** $2x-2$　**0296** ①　**0297** ②
0298 $A=-x^3+\frac{2}{3}x^2y$, $B=x^4y^2-\frac{2}{3}x^3y^3$　**0299** ⑤　**0300** ②
0301 ③　**0302** ④　**0303** ②　**0304** ④　**0305** 17
0306 (1) $B=\frac{100N}{0.9h-90}$　(2) 100

II 부등식

04 일차부등식　46~65쪽

0307 ③, ④　0308 ①, ④　0309 2개　0310 ③　0311 ②
0312 ③　0313 지연　0314 ③　0315 1, 2　0316 ⑤
0317 ②　0318 ④　0319 ②　0320 ②
0321 $-5\le A<3$　0322 2　0323 ②, ④
0324 ㄷ, ㅁ, ㅂ　0325 ②　0326 ①　0327 ⑤　0328 ②
0329 ②　0330 6　0331 ④　0332 ③　0333 $x\le5$
0334 ①　0335 ①　0336 ⑤　0337 ②　0338 ④
0339 2　0340 ①　0341 13　0342 -3　0343 ④
0344 ④　0345 ①　0346 ⑤　0347 4　0348 ②
0349 -1　0350 10　0351 1　0352 5, 7　0353 ③
0354 ②　0355 5, 6, 7　0356 ④　0357 9초　0358 ②
0359 ③　0360 6송이　0361 5명　0362 ②　0363 ⑤
0364 ①　0365 180분　0366 ④　0367 ③　0368 3개월
0369 17명　0370 ②　0371 ⑤　0372 ⑤
0373 10000원　0374 ④　0375 ①, ②　0376 ②　0377 22 cm
0378 10 cm　0379 ⑤　0380 8분　0381 ④　0382 ③
0383 $\frac{3}{4}$ km　0384 4 km　0385 ③　0386 ①　0387 20 g
0388 ⑤　0389 ①　0390 29　0391 100 g

0392 ②, ④　0393 ④　0394 ③　0395 ②　0396 ②
0397 ⑤　0398 12　0399 ①, ④　0400 ③　0401 ⑤
0402 ③　0403 ①　0404 ①　0405 ③　0406 ④
0407 ③　0408 ③　0409 $x\le-2$　0410 ④　0411 -1
0412 ②　0413 ④　0414 ④　0415 ③　0416 4
0417 ③　0418 $x<-\frac{1}{3}$　0419 ④　0420 ③
0421 15, 18, 21　0422 ④　0423 ③　0424 ③　0425 400 g
0426 10 %　0427 78점　0428 ④　0429 6장　0430 ③
0431 ②　0432 2.2 km　0433 2명

0434 ④　**0435** ④　**0436** 9　**0437** ④　**0438** ④
0439 2　**0440** ③　**0441** ⑤　**0442** ⑤　**0443** 30분
0444 -1　**0445** 7시간

III 연립방정식

05 미지수가 2개인 연립방정식　66~83쪽

0446 ②　0447 ①　0448 $4x+2y=56$　0449 ②, ⑤
0450 (3, 6), (6, 2)　0451 ㄷ, ㄹ　0452 8　0453 ③
0454 ①　0455 2　0456 4　0457 ④
0458 $\begin{cases} x+y=25 \\ 720x+1000y=22200 \end{cases}$　0459 ②, ③　0460 ①
0461 $\begin{cases} x-3y=6 \\ 4x-3y=-12 \end{cases}$　0462 ⑤　0463 ④　0464 -2
0465 -10　0466 8　0467 ④　0468 ①　0469 ①
0470 ③　0471 ②　0472 -2　0473 ㄴ, ㄹ　0474 ①
0475 ④　0476 25　0477 ②　0478 ⑤　0479 재준
0480 4　0481 7　0482 ②　0483 ③　0484 ①
0485 -9　0486 2　0487 5　0488 $x=5$, $y=-4$
0489 ③　0490 $x=3$, $y=5$　0491 ②　0492 -1
0493 ⑤　0494 ①　0495 ⑤　0496 -1　0497 ②
0498 ④　0499 ③　0500 -1　0501 2　0502 2
0503 12　0504 3　0505 -2　0506 ②　0507 2
0508 ⑤　0509 ③　0510 10　0511 -2
0512 $x=5$, $y=6$　0513 ①　0514 ③　0515 1
0516 ②　0517 ④　0518 -15　0519 27

0520 ④　0521 ⑤　0522 ③　0523 2　0524 ②, ⑤
0525 ④　0526 ②　0527 ③　0528 ⑤　0529 ②
0530 ③　0531 ③　0532 0　0533 8　0534 7
0535 ①, ④　0536 ⑤　0537 -1　0538 ③　0539 ②

0540 12　0541 ④　0542 6　0543 ④　0544 ②
0545 ④　0546 ④　0547 ⑤　0548 ③　0549 −2
0550 ③　0551 ②　0552 ⑤　0553 ②　0554 3
0555 ④　0556 ④　0557 −3　0558 ①　0559 2
0560 ③　0561 ②

0562 ③　0563 ③　0564 ①, ④　0565 −4　0566 2
0567 ④　0568 ⑤　0569 ⑤　0570 ③　0571 ③
0572 ③　0573 $x=1$, $y=2$　0574 3　0575 −6

06 연립방정식의 활용 84~99쪽

0576 ⑤　0577 36　0578 32　0579 18　0580 ③
0581 35　0582 48　0583 343　0584 10자루
0585 3000원　0586 1000원　0587 3　0588 14마리
0589 4명씩 탄 보트 : 5대, 5명씩 탄 보트 : 4대　0590 ②
0591 소 : 금 $\frac{34}{21}$냥, 양 : 금 $\frac{20}{21}$냥　0592 ④　0593 36살
0594 50살　0595 ②　0596 ⑤
0597 긴 끈 : 34 cm, 짧은 끈 : 14 cm　0598 5 cm　0599 ③
0600 ③　0601 36명　0602 ①　0603 28명　0604 ④
0605 4　0606 93점　0607 ②　0608 ③　0609 ①
0610 ③　0611 ①　0612 ④　0613 23　0614 ②
0615 (1) 280잔 (2) 322잔　0616 ⑤　0617 ①
0618 30000원　0619 ③　0620 30분　0621 ⑤　0622 6일
0623 1800 m　0624 ③　0625 3300 m　0626 ②　0627 3 km
0628 9 km　0629 2 km　0630 ②　0631 ④　0632 20초
0633 ⑤　0634 5분　0635 ④　0636 시속 2 km
0637 24 km　0638 200 m　0639 초속 40 m　0640 ③　0641 ①
0642 5 %　0643 225 g　0644 식품 A : 300 g, 식품 B : 100 g
0645 ①　0646 ③

0647 4　0648 33　0649 ①　0650 ⑤　0651 ③
0652 7　0653 남자 : 30, 여자 : 40　0654 ③　0655 9개
0656 ②　0657 ②　0658 6　0659 35
0660 6월 11일　0661 남학생 : 360, 여학생 : 240　0662 11000원　0663 ⑤
0664 ②　0665 30분　0666 ③
0667 합금 A : 216 g, 합금 B : 144 g　0668 330　0669 2 km
0670 8 km　0671 ⑤　0672 ④　0673 ①　0674 14분

0675 ④　0676 ③　0677 27　0678 ③
0679 60 cm^2　0680 ②　0681 ④　0682 ④　0683 ④
0684 지민 : 시속 2 km, 민호 : 시속 1 km　0685 ⑤　0686 40 g
0687 12자루　0688 40개

Ⅳ 일차함수

07 일차함수와 그래프 (1) 100~117쪽

0689 ③　0690 3개　0691 ④　0692 ④　0693 ④
0694 ③　0695 ③　0696 −7　0697 ①
0698 18000　0699 5　0700 ①　0701 ③　0702 10
0703 2　0704 ②　0705 −1　0706 2　0707 −5
0708 −4　0709 −4　0710 ④　0711 16　0712 ④
0713 ②, ④　0714 ③　0715 ②　0716 7　0717 −6
0718 2　0719 ④　0720 −12　0721 −2
0722 $f(x)=-x-1$　0723 9　0724 ④　0725 ③, ⑤
0726 ④　0727 ④　0728 ①　0729 6　0730 −2
0731 11　0732 4　0733 ④　0734 ②　0735 −9
0736 ②　0737 ⑤　0738 ①　0739 ④　0740 $\frac{5}{6}$
0741 ②　0742 −4　0743 (1) $-\frac{2}{3}$ (2) $-\frac{5}{3}$　0744 ③
0745 −6　0746 $\frac{1}{2}$　0747 $-\frac{3}{4}$　0748 ②　0749 0
0750 8　0751 5　0752 ⑤　0753 ⑤　0754 8
0755 ②　0756 ③
0757 (1) 기울기 : $-\frac{5}{3}$, y절편 : 2 (2)

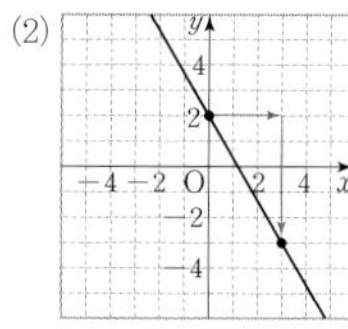

0758 ⑤　0759 ②　0760 ②

0761 ⑤　0762 ④　0763 ①　0764 ②　0765 ①
0766 ④　0767 6　0768 ④　0769 ③　0770 ②
0771 12　0772 ④　0773 1　0774 ②　0775 ④
0776 ④　0777 0　0778 ②　0779 5　0780 15
0781 −3　0782 ③　0783 −1　0784 1　0785 ⑤
0786 ①　0787 −5　0788 $-\frac{1}{2}$　0789 ②　0790 4
0791 ④　0792 2　0793 ③　0794 ⑤　0795 15
0796 ①　0797 6　0798 ①　0799 ③　0800 ⑤
0801 −5　0802 ③

0803 ③, ⑤　0804 ④　0805 ④　0806 ④　0807 ③
0808 ②　0809 ①　0810 ②　0811 ①　0812 −3
0813 ②　0814 ③　0815 (1) −12.8, −18.8 (2) 함수이다.
0816 15

수매씽

MATHING

워크북

중학 수학 2·1

내신과 등업을 위한 강력한 한 권! 수매씽

워크북의 구성과 특징

수매씽은 전국 1000개 중학교 기출문제를 체계적으로 분석하여 새로운 수학 학습의 방향을 제시합니다.
꼭 필요한 유형만 모은 유형북과 3단계 반복 학습으로 구성한 워크북의 2권으로 구성된 최고의 문제 기본서!
수매씽을 통해 꼭 필요한 유형과 반복 학습으로 수학의 자신감을 키우세요.

워크북 3단계 반복 학습 System

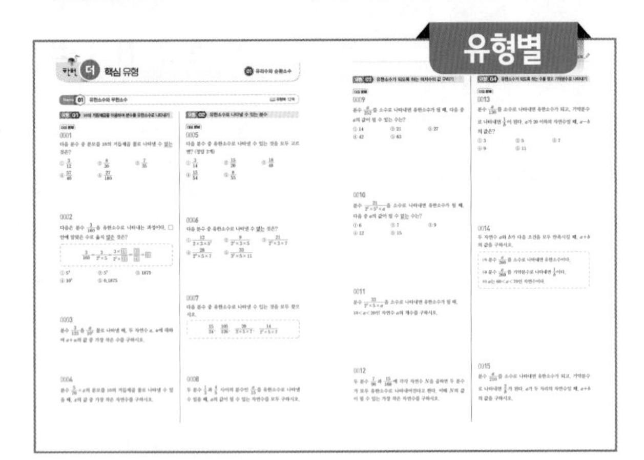

한번 더 핵심 유형

유형북 Step 2 핵심 유형 쌍둥이 문제로 구성하였습니다. 숫자 및 표현을 바꾼 쌍둥이 문제로 유형별 반복 학습을 통해 수학 실력을 향상할 수 있습니다.

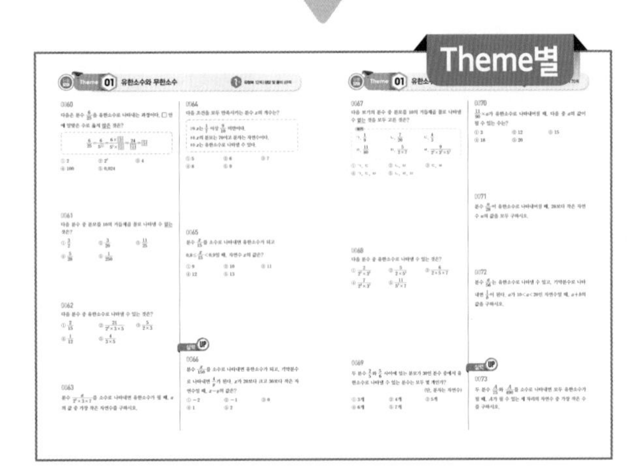

유형 모아 Theme 연습하기

Theme별 연습 문제를 2회씩 구성하였습니다. 유형을 모아 Theme별로 기본 문제부터 실력 UP 문제까지 풀면서 자신감을 향상하고, 실전 감각을 완성할 수 있습니다.

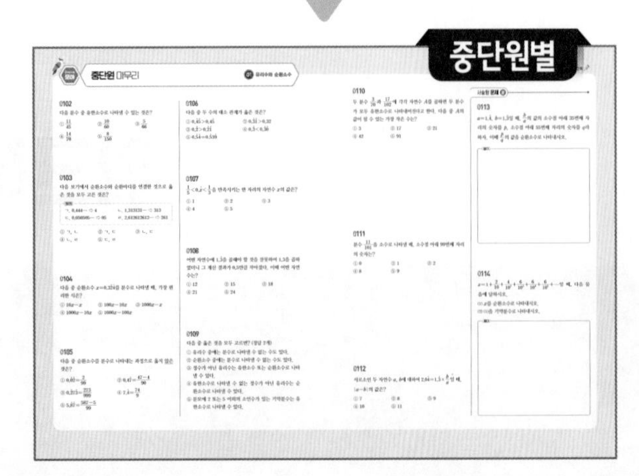

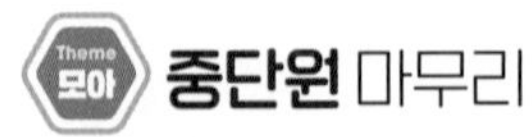

Theme 모아 중단원 마무리

실전에 나오는 문제만을 선별하여 구성하였습니다. Theme를 모아 중단원별로 실제 시험에 출제되는 다양한 문제를 연습하고, 서술형 코너를 통해 보다 집중적으로 학교 시험에 대비할 수 있습니다.

내신과 등업을 위한 강력한 한 권! 수매씽

워크북의 차례

Theme 01 유한소수와 무한소수

유형북 12쪽

유형 01 10의 거듭제곱을 이용하여 분수를 유한소수로 나타내기

대표 문제

0001

다음 분수 중 분모를 10의 거듭제곱 꼴로 나타낼 수 없는 것은?

① $\frac{3}{12}$　② $\frac{8}{30}$　③ $\frac{7}{35}$

④ $\frac{57}{40}$　⑤ $\frac{27}{180}$

0002

다음은 분수 $\frac{3}{160}$을 유한소수로 나타내는 과정이다. □ 안에 알맞은 수로 옳지 않은 것은?

$$\frac{3}{160}=\frac{3}{2^5\times5}=\frac{3\times\boxed{①}}{2^5\times\boxed{②}}=\frac{\boxed{③}}{\boxed{④}}=\boxed{⑤}$$

① 5^4　② 5^5　③ 1875

④ 10^5　⑤ 0.1875

0003

분수 $\frac{3}{125}$을 $\frac{a}{10^n}$ 꼴로 나타낼 때, 두 자연수 a, n에 대하여 $a+n$의 값 중 가장 작은 수를 구하시오.

0004

분수 $\frac{5}{70}\times x$의 분모를 10의 거듭제곱 꼴로 나타낼 수 있을 때, x의 값 중 가장 작은 자연수를 구하시오.

유형 02 유한소수로 나타낼 수 있는 분수

대표 문제

0005

다음 분수 중 유한소수로 나타낼 수 있는 것을 모두 고르면? (정답 2개)

① $\frac{3}{14}$　② $\frac{15}{20}$　③ $\frac{18}{48}$

④ $\frac{15}{54}$　⑤ $\frac{8}{55}$

0006

다음 분수 중 유한소수로 나타낼 수 없는 것은?

① $\frac{12}{2\times3\times5^2}$　② $\frac{9}{2^3\times3\times5}$　③ $\frac{21}{2^2\times3\times7}$

④ $\frac{28}{2^4\times5\times7}$　⑤ $\frac{33}{3^2\times5\times11}$

0007

다음 분수 중 유한소수로 나타낼 수 있는 것을 모두 찾으시오.

$$\frac{15}{24},\ \frac{105}{126},\ \frac{20}{2\times5\times7},\ \frac{14}{2^3\times5\times7}$$

0008

두 분수 $\frac{1}{3}$과 $\frac{4}{5}$ 사이의 분수인 $\frac{a}{15}$를 유한소수로 나타낼 수 있을 때, a의 값이 될 수 있는 자연수를 모두 구하시오.

유형 03 유한소수가 되도록 하는 미지수의 값 구하기

대표 문제

0009

분수 $\frac{a}{252}$를 소수로 나타내면 유한소수가 될 때, 다음 중 a의 값이 될 수 있는 수는?

① 14 ② 21 ③ 27
④ 42 ⑤ 63

0010

분수 $\frac{21}{2^2 \times 5^3 \times a}$을 소수로 나타내면 유한소수가 될 때, 다음 중 a의 값이 될 수 없는 수는?

① 6 ② 7 ③ 9
④ 12 ⑤ 15

0011

분수 $\frac{33}{2^3 \times 5 \times a}$을 소수로 나타내면 유한소수가 될 때, $10<a<20$인 자연수 a의 개수를 구하시오.

0012

두 분수 $\frac{7}{90}$과 $\frac{15}{168}$에 각각 자연수 N을 곱하면 두 분수가 모두 유한소수로 나타내어진다고 한다. 이때 N의 값이 될 수 있는 가장 작은 자연수를 구하시오.

유형 04 유한소수가 되도록 하는 수를 찾고 기약분수로 나타내기

대표 문제

0013

분수 $\frac{a}{130}$를 소수로 나타내면 유한소수가 되고, 기약분수로 나타내면 $\frac{1}{b}$이 된다. a가 20 이하의 자연수일 때, $a-b$의 값은?

① 3 ② 5 ③ 7
④ 9 ⑤ 11

0014

두 자연수 a와 b가 다음 조건을 모두 만족시킬 때, $a+b$의 값을 구하시오.

(가) 분수 $\frac{a}{260}$를 소수로 나타내면 유한소수이다.
(나) 분수 $\frac{a}{260}$를 기약분수로 나타내면 $\frac{1}{b}$이다.
(다) a는 $60<a<70$인 자연수이다.

0015

분수 $\frac{a}{210}$를 소수로 나타내면 유한소수가 되고, 기약분수로 나타내면 $\frac{2}{b}$가 된다. a가 두 자리의 자연수일 때, $a+b$의 값을 구하시오.

Theme 02 순환소수

유형북 14쪽

유형 05 순환소수의 표현

대표 문제

0016

다음 보기 중 순환소수의 표현이 옳은 것을 모두 고른 것은?

보기
ㄱ. $0.3555\cdots=0.3\dot{5}$
ㄴ. $0.0616161\cdots=0.\dot{0}6\dot{1}$
ㄷ. $1.231231231\cdots=1.\dot{2}3\dot{1}$
ㄹ. $8.474747\cdots=8.\dot{4}7\dot{4}$

① ㄱ, ㄴ　　② ㄱ, ㄷ　　③ ㄱ, ㄹ
④ ㄴ, ㄷ　　⑤ ㄷ, ㄹ

0017

다음 중 순환소수와 순환마디가 바르게 연결된 것은?

① $8.414141\cdots$ ⇨ 14
② $0.4787878\cdots$ ⇨ 87
③ $-0.374374374\cdots$ ⇨ 374
④ $0.9656565\cdots$ ⇨ 965
⑤ $2.345234523452\cdots$ ⇨ 2345

0018

분수 $\frac{5}{22}$를 순환소수로 바르게 나타낸 것은?

① $0.\dot{2}2\dot{7}$　　② $0.2\dot{2}\dot{7}$　　③ $0.\dot{2}7\dot{2}$
④ $0.\dot{2}\dot{7}$　　⑤ $0.2\dot{7}$

0019

다음 분수 중 순환소수로 나타내었을 때, 분수 $\frac{1}{12}$과 순환마디가 같은 것은?

① $\frac{5}{6}$　　② $\frac{5}{7}$　　③ $\frac{5}{9}$
④ $\frac{5}{12}$　　⑤ $\frac{7}{15}$

0020

두 분수 $\frac{4}{7}$와 $\frac{35}{44}$를 소수로 나타낼 때, 순환마디의 숫자의 개수를 각각 a, b라 하자. 이때 $a-b$의 값을 구하시오.

0021

오른쪽 그림은 분수 $\frac{5}{14}$를 소수로 나타낸 후 주어진 그림에서 그 소수의 소수점 아래 각 자리의 숫자를 차례로 찾아 선으로 연결한 것이다. 분수 $\frac{96}{185}$을 다음 그림에 같은 방법으로 나타내시오.

$\frac{5}{14}=0.3\dot{5}7142\dot{8}$

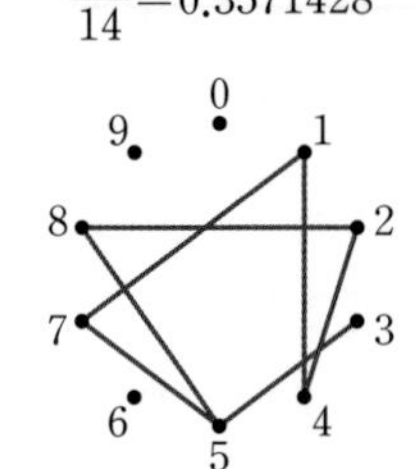

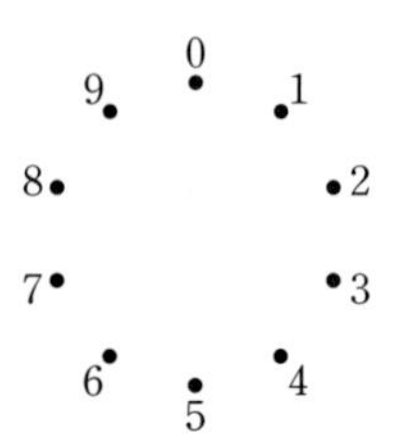

0022

다음 그림은 각 음계에 숫자를 대응시켜 나타낸 것이다.

소수 $0.6\dot{2}4\dot{1}$의 소수점 아래의 숫자를 위 그림과 같이 음계에 대응시킨 다음, 오선지 위에 차례로 나타내면 와 같을 때, 다음 중 분수 $\frac{62}{165}$를 나타내는 것은?

① 
② 
③ 
④ 
⑤ 

유형 06 순환소수가 되도록 하는 자연수 찾기

대표 문제

0023

분수 $\frac{x}{130}$를 소수로 나타내면 순환소수가 될 때, 다음 중 x의 값이 될 수 있는 것을 모두 고르면? (정답 2개)

① 13 ② 21 ③ 26
④ 33 ⑤ 39

0024

분수 $\frac{a}{360}$를 소수로 나타내면 순환소수가 될 때, 다음 중 a의 값이 될 수 없는 것은?

① 12 ② 18 ③ 21
④ 33 ⑤ 48

0025

분수 $\frac{21}{a}$을 소수로 나타내면 순환소수가 될 때, 다음 중 a의 값이 될 수 있는 것은?

① 12 ② 14 ③ 15
④ 16 ⑤ 18

0026

분수 $\frac{14}{2^2 \times 5 \times a}$를 소수로 나타내었을 때, 순환소수가 되도록 하는 10 이하의 모든 자연수 a의 값의 합을 구하시오.

유형 07 순환소수의 소수점 아래 n번째 자리의 숫자 구하기

대표 문제

0027

분수 $\frac{5}{7}$를 소수로 나타낼 때, 소수점 아래 20번째 자리의 숫자는?

① 1 ② 2 ③ 4
④ 5 ⑤ 7

0028

다음 순환소수 중에서 소수점 아래 30번째 자리의 숫자가 가장 작은 것은?

① $0.\dot{4}$ ② $0.2\dot{5}\dot{3}$ ③ $0.01\dot{2}\dot{6}$
④ $0.\dot{8}1\dot{7}$ ⑤ $0.7\dot{9}2\dot{6}$

0029

분수 $\frac{6}{13}$을 소수로 나타낼 때, 소수점 아래 첫 번째 자리의 숫자부터 소수점 아래 50번째 자리의 숫자까지의 합을 구하시오.

01 유리수와 순환소수

Theme 03 유리수와 순환소수

유형북 16쪽

유형 08 순환소수를 분수로 나타내기(1)

대표 문제

0030

다음 중 순환소수 $x=0.3\dot{2}\dot{7}$을 분수로 나타낼 때, 가장 편리한 식은?

① $10x-x$ ② $100x-x$ ③ $1000x-x$
④ $100x-10x$ ⑤ $1000x-10x$

0031

다음은 순환소수 $1.3\dot{4}\dot{5}$를 분수로 나타내는 과정이다. □ 안에 알맞은 수로 옳지 않은 것은?

> $x=1.3\dot{4}\dot{5}$로 놓으면 $x=1.3454545\cdots$ ······ ㉠
> ㉠의 양변에 ① 을 곱하면
> ① $x=1345.4545\cdots$ ······ ㉡
> ㉠의 양변에 ② 을 곱하면
> ② $x=13.4545\cdots$ ······ ㉢
> ㉡−㉢을 하면
> ③ $x=$ ④ $\therefore x=$ ⑤

① 1000 ② 10 ③ 990
④ 1333 ⑤ $\dfrac{74}{55}$

0032

다음 순환소수를 분수로 나타내려고 한다. 각 순환소수를 x라 할 때, 가장 편리한 식을 각각 연결하시오.

(1) $2.\dot{4}\dot{6}$ • • (ㄱ) $100x-x$
(2) $0.1\dot{5}\dot{3}$ • • (ㄴ) $1000x-x$
(3) $0.\dot{3}7\dot{2}$ • • (ㄷ) $1000x-10x$

유형 09 순환소수를 분수로 나타내기(2)

대표 문제

0033

다음 중 순환소수를 분수로 나타낸 것으로 옳은 것은?

① $0.4\dot{8}=\dfrac{8}{15}$ ② $0.\dot{2}\dot{7}=\dfrac{3}{11}$
③ $5.\dot{3}\dot{2}=\dfrac{527}{90}$ ④ $1.\dot{2}5\dot{6}=\dfrac{412}{333}$
⑤ $1.1\dot{3}\dot{4}=\dfrac{1123}{900}$

0034

다음 중 순환소수를 분수로 나타내는 과정으로 옳은 것은?

① $0.1\dot{5}=\dfrac{15-1}{99}$ ② $2.\dot{3}\dot{7}=\dfrac{237-2}{990}$
③ $1.5\dot{7}\dot{2}=\dfrac{1572-5}{990}$ ④ $3.\dot{6}9\dot{2}=\dfrac{3692-3}{999}$
⑤ $4.1\dot{5}\dot{8}=\dfrac{4158-4}{990}$

0035

분수 $\dfrac{a}{22}$를 소수로 나타내면 $0.2\dot{2}\dot{7}$일 때, 자연수 a의 값을 구하시오.

0036

두 순환소수 $0.\dot{2}\dot{1}$, $0.4\dot{8}$을 분수로 나타내면 각각 $\dfrac{a}{33}$, $\dfrac{22}{b}$일 때, 두 자연수 a, b에 대하여 $b-a$의 값을 구하시오.

유형 10 순환소수에 적당한 수를 곱하여 유한소수 또는 자연수 만들기

대표 문제

0037

순환소수 $3.\dot{6}\dot{3}$에 자연수 x를 곱하면 자연수가 될 때, 다음 중 x의 값이 될 수 있는 것은?

① 9　② 15　③ 18
④ 21　⑤ 22

0038

순환소수 $0.18\dot{3}$에 자연수 x를 곱하면 유한소수가 될 때, 다음 중 x의 값이 될 수 없는 것은?

① 6　② 7　③ 9
④ 15　⑤ 21

0039

순환소수 $0.1\dot{7}\dot{2}$에 자연수 a를 곱한 결과가 유한소수일 때, a의 값 중 가장 작은 자연수를 구하시오.

0040

두 순환소수 $0.1\dot{7}$, $1.3\dot{4}\dot{8}$에 자연수 a를 곱하면 모두 유한소수가 될 때, a의 값 중 가장 작은 자연수를 구하시오.

유형 11 순환소수의 대소 관계

대표 문제

0041

다음 중 두 수의 대소 관계가 옳은 것은?

① $0.\dot{1}\dot{0} > \frac{1}{9}$　② $0.2\dot{4}\dot{5} > 0.\dot{2}4\dot{5}$
③ $0.\dot{3}\dot{0} = 0.\dot{3}0\dot{3}$　④ $0.6\dot{7} < \frac{67}{99}$
⑤ $0.8\dot{7} < \frac{4}{5}$

0042

다음 중 가장 큰 수는?

① 0.736　② $0.73\dot{6}$　③ $0.7\dot{3}\dot{6}$
④ $0.\dot{7}3\dot{6}$　⑤ $0.\dot{7}36\dot{7}$

0043

다음 중 두 수의 대소 관계가 옳지 않은 것은?

① $0.3\dot{5} < 0.\dot{3}\dot{5}$　② $0.\dot{8}\dot{5} < 0.\dot{8}$
③ $0.9\dot{2} < 0.\dot{9}\dot{2}$　④ $0.\dot{7}\dot{6} < 0.\dot{7}$
⑤ $0.\dot{2}\dot{3} > 0.\dot{2}$

0044

다음 보기의 수를 크기가 큰 것부터 순서대로 나열하시오.

보기
ㄱ. 1.3845　ㄴ. $1.384\dot{5}$　ㄷ. $1.38\dot{4}\dot{5}$
ㄹ. $1.3\dot{8}4\dot{5}$　ㅁ. $1.\dot{3}84\dot{5}$

유형 12 순환소수를 포함한 부등식

대표 문제

0045

$1 \le a \le 9$인 자연수 a에 대하여 $\frac{1}{6} < 0.\dot{a} < \frac{3}{4}$일 때, 다음 중 a의 값이 될 수 없는 것은?

① 3 ② 4 ③ 5
④ 6 ⑤ 7

0046

$4.\dot{1} \le x < \frac{60}{7}$을 만족시키는 모든 정수 x의 값의 합은?

① 26 ② 31 ③ 36
④ 41 ⑤ 46

0047

$0.\dot{2}\dot{1} \le 0.\dot{x} \le \frac{19}{22}$를 만족시키는 한 자리의 자연수 x의 값 중 가장 작은 수를 a, 가장 큰 수를 b라 할 때, $a+b$의 값을 구하시오.

0048

다음 중 $\frac{1}{5} < 0.0\dot{a} \times 6 < \frac{1}{2}$을 만족시키는 한 자리의 자연수 a의 값이 될 수 없는 것은?

① 4 ② 5 ③ 6
④ 7 ⑤ 8

유형 13 순환소수를 포함한 식의 계산

대표 문제

0049

$0.\dot{0}3\dot{7} = 37 \times x$일 때, x의 값은?

① 0.001 ② $0.00\dot{1}$ ③ $0.0\dot{0}\dot{1}$
④ $0.\dot{0}1\dot{0}$ ⑤ $0.\dot{0}0\dot{1}$

0050

$0.\dot{3}\dot{6}$보다 $0.\dot{7}$만큼 큰 수를 순환소수로 나타내면?

① $1.\dot{0}\dot{6}$ ② $1.0\dot{6}$ ③ $1.\dot{1}\dot{3}$
④ $1.\dot{1}\dot{4}$ ⑤ $1.1\dot{4}$

0051

$\frac{25}{111} = a + 0.\dot{1}6\dot{2}$일 때, a의 값을 순환소수로 나타내면?

① $0.0\dot{6}\dot{3}$ ② $0.\dot{0}6\dot{3}$ ③ $0.0\dot{7}$
④ $0.0\dot{7}\dot{3}$ ⑤ $0.\dot{0}7\dot{3}$

0052

$1.\dot{7}\dot{2} \times \frac{b}{a} = 1.\dot{2}$일 때, 서로소인 두 자연수 a, b에 대하여 $a+b$의 값을 구하시오.

유형 14 잘못 보고 푼 경우

대표 문제

0053

어떤 기약분수를 소수로 나타내는데 민준이는 분모를 잘못 보아서 $0.1\dot{8}$로 나타내었고, 현준이는 분자를 잘못 보아서 $0.\dot{3}\dot{7}$로 나타내었다. 처음 기약분수를 순환소수로 나타내면?

① $0.\dot{1}\dot{7}$　② $0.\dot{2}\dot{7}$　③ $0.30\dot{5}$
④ $0.3\dot{5}$　⑤ $0.4\dot{1}$

0054

어떤 기약분수를 소수로 나타낼 때, 잘못하여 분모를 분자로 나누어 $3.\dot{6}$으로 나타내었다. 처음 기약분수를 소수로 나타내면?

① 0.25　② $0.\dot{2}\dot{7}$　③ $0.2\dot{8}$
④ 0.3　⑤ $0.\dot{3}$

0055

다음은 재우와 대형이의 대화이다. 물음에 답하시오.

재우: 대형아, 기약분수를 소수로 나타내는 문제 잘 풀었어? 나는 분모를 잘못 봐서 $0.\dot{4}\dot{3}$이 나왔어.
대형: 나는 분자를 잘못 봐서 $0.9\dot{2}$가 나왔는데….

(1) 재우가 잘못 본 기약분수를 구하시오.
(2) 대형이가 잘못 본 기약분수를 구하시오.
(3) 처음에 주어진 기약분수를 순환소수로 나타내시오.

0056

어떤 자연수에 $0.\dot{3}$을 곱해야 할 것을 잘못하여 0.3을 곱하였더니 그 계산 결과가 정답보다 1만큼 작아졌다. 이때 어떤 자연수를 구하시오.

유형 15 유리수와 순환소수

대표 문제

0057

다음 중 옳은 것은?

① 모든 무한소수는 유리수이다.
② 순환소수 중에는 유리수가 아닌 것도 있다.
③ 기약분수를 소수로 나타내면 모두 유한소수이다.
④ 정수가 아닌 유리수는 유한소수로 나타낼 수 없다.
⑤ 순환소수가 아닌 무한소수는 모두 유리수가 아니다.

0058

다음 중 분자, 분모가 모두 정수이고, 분모가 0이 아닌 분수 꼴로 나타낼 수 <u>없는</u> 것은?

① 자연수　② 정수
③ 유한소수　④ 순환소수
⑤ 순환하지 않는 무한소수

0059

다음 보기에서 옳은 것을 모두 고른 것은?

보기
ㄱ. 순환소수는 모두 무한소수이다.
ㄴ. 순환하지 않는 무한소수 중에는 유리수가 있다.
ㄷ. 모든 순환소수는 $\frac{b}{a}$ (a, b는 정수, $a \neq 0$) 꼴로 나타낼 수 있다.
ㄹ. 유한소수로 나타낼 수 없는 정수가 아닌 유리수는 순환소수로도 나타낼 수 없다.

① ㄱ, ㄴ　② ㄱ, ㄷ　③ ㄱ, ㄹ
④ ㄴ, ㄷ　⑤ ㄷ, ㄹ

0060

다음은 분수 $\frac{6}{25}$을 유한소수로 나타내는 과정이다. □ 안에 알맞은 수로 옳지 않은 것은?

$$\frac{6}{25}=\frac{6}{5^{①}}=\frac{6\times ③}{5^2\times ②}=\frac{24}{④}=⑤$$

① 2　② 2^2　③ 4
④ 100　⑤ 0.024

0061

다음 분수 중 분모를 10의 거듭제곱 꼴로 나타낼 수 없는 것은?

① $\frac{3}{2}$　② $\frac{3}{20}$　③ $\frac{11}{25}$
④ $\frac{5}{28}$　⑤ $\frac{1}{250}$

0062

다음 분수 중 유한소수로 나타낼 수 있는 것은?

① $\frac{2}{15}$　② $\frac{21}{2^2\times3\times5}$　③ $\frac{5}{2\times3}$
④ $\frac{1}{12}$　⑤ $\frac{4}{3\times5}$

0063

분수 $\frac{a}{2^2\times3\times7}$를 소수로 나타내면 유한소수가 될 때, a의 값 중 가장 작은 자연수를 구하시오.

0064

다음 조건을 모두 만족시키는 분수 x의 개수는?

(가) x는 $\frac{1}{7}$ 이상 $\frac{9}{10}$ 미만이다.
(나) x의 분모는 70이고 분자는 자연수이다.
(다) x는 유한소수로 나타낼 수 있다.

① 5　② 6　③ 7
④ 8　⑤ 9

0065

분수 $\frac{x}{15}$를 소수로 나타내면 유한소수가 되고 $0.8\le\frac{x}{15}<0.9$일 때, 자연수 x의 값은?

① 9　② 10　③ 11
④ 12　⑤ 13

실력 UP

0066

분수 $\frac{x}{150}$를 소수로 나타내면 유한소수가 되고, 기약분수로 나타내면 $\frac{4}{y}$가 된다. x가 20보다 크고 30보다 작은 자연수일 때, $x-y$의 값은?

① -2　② -1　③ 0
④ 1　⑤ 2

0067

다음 보기의 분수 중 분모를 10의 거듭제곱 꼴로 나타낼 수 없는 것을 모두 고른 것은?

보기
ㄱ. $\frac{1}{9}$ ㄴ. $\frac{7}{20}$ ㄷ. $\frac{4}{3}$
ㄹ. $\frac{11}{80}$ ㅁ. $\frac{5}{2\times7}$ ㅂ. $\frac{9}{2^2\times3^2\times5^2}$

① ㄱ, ㄷ ② ㄴ, ㅁ ③ ㄷ, ㅂ
④ ㄱ, ㄷ, ㅁ ⑤ ㄴ, ㄹ, ㅁ

0068

다음 분수 중 유한소수로 나타낼 수 있는 것은?

① $\frac{2}{2^2\times3^3}$ ② $\frac{5}{2\times5^3}$ ③ $\frac{6}{2\times5\times7}$
④ $\frac{7}{2^3\times3^2}$ ⑤ $\frac{11}{5^2\times7}$

0069

두 분수 $\frac{2}{5}$와 $\frac{5}{6}$ 사이에 있는 분모가 30인 분수 중에서 유한소수로 나타낼 수 있는 분수는 모두 몇 개인가?
(단, 분자는 자연수)

① 3개 ② 4개 ③ 5개
④ 6개 ⑤ 7개

0070

$\frac{11}{90}\times a$가 유한소수로 나타내어질 때, 다음 중 a의 값이 될 수 있는 수는?

① 3 ② 12 ③ 15
④ 18 ⑤ 20

0071

분수 $\frac{n}{28}$이 유한소수로 나타내어질 때, 28보다 작은 자연수 n의 값을 모두 구하시오.

0072

분수 $\frac{a}{56}$는 유한소수로 나타낼 수 있고, 기약분수로 나타내면 $\frac{1}{b}$이 된다. a가 $10<a<20$인 자연수일 때, $a+b$의 값을 구하시오.

실력 UP

0073

두 분수 $\frac{A}{75}$와 $\frac{A}{490}$를 소수로 나타내면 모두 유한소수가 될 때, A가 될 수 있는 세 자리의 자연수 중 가장 작은 수를 구하시오.

0074

다음 중 순환소수의 표현이 옳은 것을 모두 고르면? (정답 2개)

① $0.010101\cdots=0.0\dot{1}$
② $0.5555\cdots=0.\dot{5}\dot{5}$
③ $0.003003003\cdots=0.\dot{0}0\dot{3}$
④ $3.023023023\cdots=\dot{3}.0\dot{2}$
⑤ $7.127127127\cdots=7.\dot{1}2\dot{7}$

0075

분수 $\frac{5}{44}$를 소수로 나타낼 때, 순환마디는?

① 4　② 5　③ 27
④ 36　⑤ 63

0076

두 분수 $\frac{2}{55}$와 $\frac{3}{11}$을 소수로 나타낼 때, 순환마디의 숫자의 개수를 각각 x, y라 하자. 이때 $x+y$의 값은?

① 2　② 3　③ 4
④ 5　⑤ 6

0077

분수 $\frac{6}{x}$을 소수로 나타내면 순환소수가 될 때, 12 이하의 모든 자연수 x의 값의 합을 구하시오.

0078

다음 중 순환소수의 소수점 아래 20번째 자리의 숫자가 나머지 넷과 다른 하나는?

① $0.\dot{5}$　② $0.\dot{3}\dot{5}$　③ $3.1\dot{5}$
④ $2.0\dot{6}\dot{5}$　⑤ $1.42\dot{5}$

0079

분수 $\frac{1}{13}$을 소수로 나타낼 때, 소수점 아래 30번째 자리의 숫자는?

① 0　② 2　③ 3
④ 6　⑤ 7

실력 UP

0080

분수 $\frac{7}{2^2\times5\times a}$을 소수로 나타내면 순환소수가 될 때, a의 값이 될 수 있는 한 자리의 자연수들의 합은?

① 12　② 14　③ 16
④ 18　⑤ 20

0081

다음 중 순환소수의 표현이 옳은 것은?

① $0.727272\cdots=0.7\dot{2}$
② $0.030303\cdots=0.0\dot{3}$
③ $0.085085085\cdots=\dot{0}.08\dot{5}$
④ $0.1444\cdots=0.\dot{1}\dot{4}$
⑤ $4.122122122\cdots=4.\dot{1}2\dot{2}$

0082

분수 $\frac{7}{11}$을 소수로 나타내었을 때, 순환마디의 숫자는 모두 몇 개인가?

① 1개 ② 2개 ③ 3개
④ 4개 ⑤ 5개

0083

다음 분수 중 소수로 나타내었을 때, 순환마디가 나머지 넷과 다른 하나는?

① $\frac{1}{3}$ ② $\frac{2}{15}$ ③ $\frac{8}{15}$
④ $\frac{7}{18}$ ⑤ $\frac{7}{30}$

0084

분수 $\frac{x}{2\times3\times5^2}$를 소수로 나타내면 순환소수가 될 때, 다음 중 x의 값이 될 수 있는 것은?

① 6 ② 9 ③ 12
④ 24 ⑤ 28

0085

분수 $\frac{5}{13}$를 소수로 나타낼 때, 소수점 아래 100번째 자리의 숫자는?

① 1 ② 3 ③ 4
④ 5 ⑤ 6

0086

오른쪽 그림은 분수 $\frac{4}{13}$를 소수로 나타내는 과정이다. 다음 중 이 과정을 이용하여 순환마디를 알아낼 수 <u>없는</u> 것은?

```
       0.307692…
13 ) 40
     39
      100
       91
        90
        78
        120
        117
          30
          26
           4
           ⋮
```

① $\frac{1}{13}$ ② $\frac{3}{13}$
③ $\frac{7}{13}$ ④ $\frac{9}{13}$
⑤ $\frac{12}{13}$

실력 UP

0087

분수 $\frac{9}{2^2\times3^2\times5\times a}$를 소수로 나타내면 순환소수가 된다. 이때 a의 값이 될 수 있는 10 미만의 자연수는 모두 몇 개인가?

① 1개 ② 2개 ③ 3개
④ 4개 ⑤ 5개

0088

다음 중 순환소수 $x=0.\dot{8}\dot{5}$를 분수로 나타낼 때, 가장 편리한 식은?

① $10x-x$ ② $100x-x$ ③ $100x-10x$
④ $1000x-x$ ⑤ $1000x-100x$

0089

다음 보기의 수를 크기가 작은 것부터 순서대로 나열하시오.

보기
ㄱ. 0.573 ㄴ. $0.57\dot{3}$
ㄷ. $0.5\dot{7}\dot{3}$ ㄹ. $0.\dot{5}7\dot{3}$

0090

$0.\dot{3}$보다 $0.\dot{3}\dot{1}$만큼 작은 수를 순환소수로 나타내면?

① $0.\dot{0}\dot{2}$ ② $0.0\dot{2}$ ③ $0.\dot{2}$
④ $0.\dot{1}\dot{4}$ ⑤ $0.1\dot{4}$

0091

다음 보기에서 $x=1.3222\cdots$에 대한 설명으로 옳은 것을 모두 고른 것은?

보기
ㄱ. 순환마디는 32이다.
ㄴ. $x=1.3\dot{2}$로 나타낸다.
ㄷ. $x=\frac{132-2}{90}$
ㄹ. x는 유리수이다.

① ㄱ, ㄴ ② ㄱ, ㄷ ③ ㄱ, ㄹ
④ ㄴ, ㄷ ⑤ ㄴ, ㄹ

0092

$\frac{3}{10}+\frac{6}{100}+\frac{6}{1000}+\frac{6}{10000}+\cdots$을 계산하여 기약분수로 나타내면 $\frac{b}{a}$일 때, $a+b$의 값을 구하시오.

(단, a, b는 자연수)

0093

어떤 수 a에 $1.\dot{2}$를 곱해야 할 것을 잘못하여 1.2를 곱하였더니 그 계산 결과가 정답보다 0.2만큼 작아졌다. 이때 a의 값은?

① 3 ② 5 ③ 7
④ 9 ⑤ 11

실력 UP

0094

순환소수 $0.4\dot{6}$에 자연수 x를 곱하면 3보다 크고 5보다 작은 유한소수가 될 때, x의 값은?

① 6 ② 7 ③ 8
④ 9 ⑤ 10

0095

다음은 순환소수 $0.\dot{1}2\dot{7}$을 분수로 나타내는 과정이다. (가), (나)에 알맞은 것은?

> $x=0.127127127\cdots$이라 하면 $\cdots\cdots$ ㉠
> ㉠의 양변에 [(가)]을 곱하면
> [(가)] $x=127.127127\cdots$ $\cdots\cdots$ ㉡
> ㉡−㉠을 하면 [(나)] $x=127$
> $\therefore x=\dfrac{127}{\text{(나)}}$

	(가)	(나)
①	10	9
②	100	90
③	100	99
④	1000	990
⑤	1000	999

0096

다음 중 순환소수를 분수로 나타내는 과정으로 옳지 않은 것은?

① $0.\dot{3}\dot{2}=\dfrac{32}{99}$ ② $0.6\dot{1}=\dfrac{61-6}{90}$

③ $0.0\dot{2}\dot{7}=\dfrac{270-27}{990}$ ④ $0.5\dot{1}\dot{6}=\dfrac{516-5}{990}$

⑤ $1.2\dot{3}\dot{6}=\dfrac{1236-12}{990}$

0097

다음 중 두 수의 대소 관계가 옳은 것은?

① $0.\dot{7}\dot{1}>0.\dot{7}$ ② $0.\dot{2}\dot{3}>0.231$ ③ $0.\dot{3}\dot{2}>0.\dot{3}$

④ $0.\dot{1}\dot{0}<\dfrac{1}{11}$ ⑤ $0.\dot{2}\dot{1}>\dfrac{2}{9}$

0098

다음 설명 중 옳지 않은 것을 모두 고르면? (정답 2개)

① 모든 순환소수는 무한소수이다.
② 모든 유한소수는 유리수이다.
③ 모든 무한소수는 유리수가 아니다.
④ 모든 유리수는 유한소수로 나타낼 수 있다.
⑤ 모든 순환소수는 유리수이다.

0099

$\dfrac{7}{60}=x+0.0\dot{3}$일 때, x의 값을 순환소수로 나타내시오.

0100

어떤 기약분수를 소수로 나타내는데 미현이는 분모를 잘못 보아서 $0.\dot{1}\dot{3}$으로 나타내었고, 진수는 분자를 잘못 보아서 $0.2\dot{5}$로 나타내었다. 이때 처음 기약분수를 순환소수로 나타내시오.

실력 UP

0101

두 순환소수 $0.1\dot{6}$, $0.0\dot{6}\dot{3}$에 자연수 a를 곱하면 모두 유한소수가 될 때, 가장 작은 자연수 a의 값을 구하시오.

0102

다음 분수 중 유한소수로 나타낼 수 있는 것은?

① $\frac{11}{45}$ ② $\frac{10}{60}$ ③ $\frac{5}{66}$
④ $\frac{14}{70}$ ⑤ $\frac{8}{150}$

0103

다음 보기에서 순환소수와 순환마디를 연결한 것으로 옳은 것을 모두 고른 것은?

보기

ㄱ. 0.444… ⇨ 4
ㄴ. 1.313131… ⇨ 313
ㄷ. 0.050505… ⇨ 05
ㄹ. 2.612612612… ⇨ 261

① ㄱ, ㄴ ② ㄱ, ㄷ ③ ㄴ, ㄷ
④ ㄴ, ㄹ ⑤ ㄷ, ㄹ

0104

다음 중 순환소수 $x=0.3\dot{2}\dot{4}$를 분수로 나타낼 때, 가장 편리한 식은?

① $10x-x$ ② $100x-10x$ ③ $1000x-x$
④ $1000x-10x$ ⑤ $1000x-100x$

0105

다음 중 순환소수를 분수로 나타내는 과정으로 옳지 <u>않은</u> 것은?

① $0.\dot{0}\dot{2}=\frac{2}{99}$ ② $0.4\dot{7}=\frac{47-4}{90}$
③ $0.\dot{2}7\dot{3}=\frac{273}{999}$ ④ $7.\dot{4}=\frac{74}{9}$
⑤ $5.\dot{8}\dot{7}=\frac{587-5}{99}$

0106

다음 중 두 수의 대소 관계가 옳은 것은?

① $0.\dot{4}\dot{5}>0.4\dot{5}$ ② $0.\dot{3}\dot{1}>0.32$
③ $0.\dot{2}>0.\dot{2}\dot{1}$ ④ $0.\dot{3}<0.\dot{3}\dot{0}$
⑤ $0.\dot{5}\dot{4}=0.\dot{5}3\dot{9}$

0107

$\frac{1}{5}<0.\dot{x}<\frac{1}{3}$을 만족시키는 한 자리의 자연수 x의 값은?

① 1 ② 2 ③ 3
④ 4 ⑤ 5

0108

어떤 자연수에 $1.\dot{3}$을 곱해야 할 것을 잘못하여 1.3을 곱하였더니 그 계산 결과가 0.5만큼 작아졌다. 이때 어떤 자연수는?

① 12 ② 15 ③ 18
④ 21 ⑤ 24

0109

다음 중 옳은 것을 모두 고르면? (정답 2개)

① 유리수 중에는 분수로 나타낼 수 없는 수도 있다.
② 순환소수 중에는 분수로 나타낼 수 없는 수도 있다.
③ 정수가 아닌 유리수는 유한소수 또는 순환소수로 나타낼 수 있다.
④ 유한소수로 나타낼 수 없는 정수가 아닌 유리수는 순환소수로 나타낼 수 있다.
⑤ 분모에 2 또는 5 이외의 소인수가 있는 기약분수는 유한소수로 나타낼 수 있다.

0110

두 분수 $\frac{3}{70}$과 $\frac{17}{102}$에 각각 자연수 A를 곱하면 두 분수가 모두 유한소수로 나타내어진다고 한다. 다음 중 A의 값이 될 수 있는 가장 작은 수는?

① 3 ② 17 ③ 21
④ 42 ⑤ 91

0111

분수 $\frac{11}{101}$을 소수로 나타낼 때, 소수점 아래 99번째 자리의 숫자는?

① 0 ② 1 ③ 2
④ 8 ⑤ 9

0112

서로소인 두 자연수 a, b에 대하여 $2.0\dot{4}=1.\dot{3}\times\frac{b}{a}$일 때, $|a-b|$의 값은?

① 7 ② 8 ③ 9
④ 10 ⑤ 11

서술형 문제

0113

$a=1.\dot{4}$, $b=1.\dot{3}$일 때, $\frac{b}{a}$의 값의 소수점 아래 35번째 자리의 숫자를 p, 소수점 아래 55번째 자리의 숫자를 q라 하자. 이때 $\frac{p}{q}$의 값을 순환소수로 나타내시오.

〈풀이〉

0114

$x=1+\frac{2}{10}+\frac{4}{10^2}+\frac{6}{10^3}+\frac{6}{10^4}+\frac{6}{10^5}+\cdots$일 때, 다음 물음에 답하시오.

(1) x를 순환소수로 나타내시오.
(2) (1)을 기약분수로 나타내시오.

〈풀이〉

Theme 04 지수법칙

유형북 28쪽

유형 01 지수법칙 – 지수의 합

대표 문제

0115

$2\times2^3\times2^x=256$일 때, 자연수 x의 값은?

① 3 ② 4 ③ 5
④ 6 ⑤ 7

0116

$a^3\times a^x=a^{15}$일 때, 자연수 x의 값을 구하시오.

0117

다음 중 □ 안에 알맞은 수가 가장 큰 것은?

① $a^3\times a^{\square}=a^7$
② $a^{\square}\times a^4=a^6$
③ $a\times a^3\times a=a^{\square}$
④ $a\times a^{\square}\times a=a^8$
⑤ $a\times a^2\times a^{\square}=a^6$

0118

$x^5\times y^a\times x^b\times y^3=x^6y^{11}$일 때, 자연수 a, b에 대하여 $a+b$의 값은?

① 7 ② 8 ③ 9
④ 10 ⑤ 11

유형 02 지수법칙 – 지수의 곱

대표 문제

0119

$(2^2)^a=2^8$, $(3^b)^3=3^9$일 때, 자연수 a, b에 대하여 $a+b$의 값은?

① 7 ② 8 ③ 9
④ 10 ⑤ 12

0120

$x^2\times(y^3)^4\times(x^5)^2\times y$를 간단히 하면?

① x^9y^8 ② x^9y^{13} ③ $x^{12}y^8$
④ $x^{12}y^{12}$ ⑤ $x^{12}y^{13}$

0121

$9^{x+2}=3^{14}$일 때, 자연수 x의 값은?

① 3 ② 4 ③ 5
④ 6 ⑤ 7

0122

$9^3\times27^2=3^x$일 때, 자연수 x의 값은?

① 9 ② 10 ③ 11
④ 12 ⑤ 13

유형 03 지수법칙 – 지수의 차

대표 문제

0123

다음 중 옳은 것은?

① $x^6 \div x^2 = x^4$ ② $x^3 \div x^7 = x^4$
③ $x^{12} \div x^3 = x^4$ ④ $(x^2)^4 \div (x^4)^2 = 0$
⑤ $x \div x^4 = \dfrac{1}{x^4}$

0124

다음 중 □ 안에 알맞은 수가 가장 큰 것은?

① $a^5 \div a^3 = a^{\square}$ ② $a^6 \div a^3 = a^{\square}$
③ $a^3 \times a^6 \div a^5 = a^{\square}$ ④ $a^6 \div a^3 \times a^2 = a^{\square}$
⑤ $(a^3)^3 \div (a^4)^2 = a^{\square}$

0125

다음 중 계산 결과가 $a^9 \div a^3 \div a^2$의 계산 결과와 같은 것은?

① $a^9 \times a^3 \times a^2$ ② $a^9 \times (a^3 \div a^2)$
③ $a^9 \div a^3 \times a^2$ ④ $a^9 \div (a^3 \times a^2)$
⑤ $a^9 \div (a^3 \div a^2)$

0126

$27^4 \div 9^x = 3^4$, $16^3 \div 2^{7y} = \dfrac{1}{4}$일 때, 자연수 x, y에 대하여 $x+y$의 값을 구하시오.

유형 04 지수법칙 – 곱의 꼴에서 지수의 분배

대표 문제

0127

$(-3x^3y^2)^A = -27x^By^C$일 때, 자연수 A, B, C에 대하여 $A+B+C$의 값은?

① 12 ② 15 ③ 18
④ 21 ⑤ 24

0128

다음 보기에서 옳은 것을 모두 고른 것은?

보기
ㄱ. $(3ab^2)^3 = 9a^3b^6$
ㄴ. $(-2a^3b)^3 = -8a^9b^3$
ㄷ. $\left(\dfrac{1}{3}a^2b^6\right)^2 = \dfrac{1}{9}a^4b^{12}$
ㄹ. $(-a^3b^2c)^2 = -a^6b^4c^2$

① ㄱ, ㄴ ② ㄱ, ㄷ ③ ㄴ, ㄷ
④ ㄴ, ㄹ ⑤ ㄷ, ㄹ

0129

오른쪽 그림과 같이 반지름의 길이가 $3a^2b$인 구의 부피는?

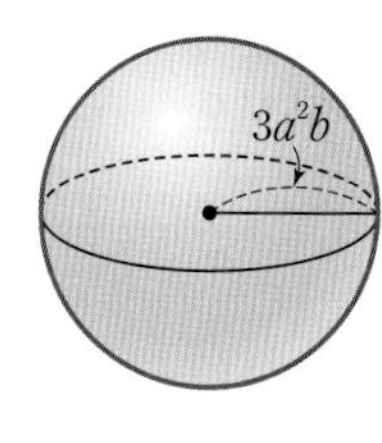

① $12\pi a^6b^3$ ② $24\pi a^5b^4$
③ $24\pi a^6b^3$ ④ $36\pi a^5b^4$
⑤ $36\pi a^6b^3$

0130

48^5을 소인수분해하려고 한다. 다음 물음에 답하시오.

(1) 48을 소인수분해하시오.
(2) 48^5을 소인수분해하시오.

유형 05 지수법칙 – 분수 꼴에서 지수의 분배

대표 문제

0131

다음 중 옳은 것은?

① $\left(\frac{a^2}{3}\right)^2=\frac{a^4}{6}$
② $\left(\frac{b^2}{a^3}\right)^2=\frac{b^4}{a^5}$
③ $\left(-\frac{a}{b^3}\right)^3=-\frac{a^3}{b^9}$
④ $\left(-\frac{2b}{a^2}\right)^2=-\frac{4b^2}{a^4}$
⑤ $\left(-\frac{2}{ab^3}\right)^3=-\frac{8}{a^3b^6}$

0132

$\left(\frac{x^2}{3}\right)^a=\frac{x^b}{27}$일 때, 자연수 a, b에 대하여 $a+b$의 값을 구하시오.

0133

$\left(-\frac{3x^a}{y^2}\right)^b=-\frac{243x^{15}}{y^c}$일 때, 자연수 a, b, c의 값을 각각 구하시오.

0134

다음 두 식을 만족시키는 자연수 a, b, c에 대하여 $a+b-c$의 값을 구하시오.

$$(2x^a)^b=32x^{15},\qquad \left(\frac{x^4}{y^c}\right)^6=\frac{x^{24}}{y^{12}}$$

유형 06 지수법칙의 종합

대표 문제

0135

다음 중 옳은 것은?

① $a\times a^2\times a^4=a^8$
② $a^{12}\div a^4=a^3$
③ $(a^3b^2)^2=a^5b^4$
④ $a^3\div a^5=a^2$
⑤ $\left(-\frac{b^2c}{a^3}\right)^3=-\frac{b^6c^3}{a^9}$

0136

다음 중 □ 안에 알맞은 수가 나머지 넷과 다른 하나는?

① $a\times a^{\square}\times a^2=a^6$
② $a\div a^{\square}=\frac{1}{a^3}$
③ $(a^{\square})^2\div a^4=a^4$
④ $(-a^3b^{\square})^2=a^6b^8$
⑤ $\left(\frac{b}{a^{\square}}\right)^3=\frac{b^3}{a^{12}}$

0137

다음 중 계산 결과가 a인 것은?

① $a\times a^2\div a^3$
② $a^2\div a^4\times a^3$
③ $a^8\div(a^3)^3$
④ $(a^5)^4\div(a^6)^3\times a$
⑤ $(a^3)^2\times(a^2)^3\div(a^4)^3$

0138

다음을 만족시키는 자연수 m, n에 대하여 $m-n$의 값을 구하시오.

$$(2^2)^m\times 4^2=2^{16},\qquad 9^2\div 3^n=1$$

유형 07 거듭제곱의 대소 비교

대표 문제

0139

$A=2^{30}$, $B=3^{20}$, $C=5^{10}$일 때, 다음 중 A, B, C의 대소 관계로 옳은 것은?

① $A<B<C$ ② $A<C<B$ ③ $B<C<A$
④ $C<A<B$ ⑤ $C<B<A$

0140

$A=(9^2)^3$, $B=(8^3)^2$일 때, A, B의 대소 관계를 나타내시오.

0141

$40^{10}<x^{20}<5^{30}$을 만족시키는 모든 자연수 x의 값의 합은?

① 34 ② 40 ③ 45
④ 51 ⑤ 56

0142

다음 중 대소 관계가 옳지 않은 것은?

① $2^{50}>3^{40}$ ② $3^{40}>4^{30}$ ③ $4^{30}>5^{20}$
④ $5^{20}>6^{15}$ ⑤ $4^{30}>6^{15}$

유형 08 지수법칙을 이용한 실생활 문제

대표 문제

0143

가로의 길이가 8 km, 세로의 길이가 5 km인 직사각형 모양의 땅의 넓이는?

① $4\times10^3\,\text{m}^2$ ② $4\times10^4\,\text{m}^2$ ③ $4\times10^5\,\text{m}^2$
④ $4\times10^6\,\text{m}^2$ ⑤ $4\times10^7\,\text{m}^2$

0144

어느 회사에서 만드는 음료수 A에는 1 mL당 10^7마리의 유산균이 들어 있다. 이 회사에서 만든 1 L의 음료수 A에 들어 있는 유산균은 몇 마리인가?

① 10^7마리 ② 10^8마리 ③ 10^9마리
④ 10^{10}마리 ⑤ 10^{11}마리

0145

태양에서 목성까지의 거리는 7.8×10^8 km이다. 빛의 속력은 초속 3×10^5 km일 때, 태양의 빛이 목성까지 가는 데 몇 초가 걸리는지 구하시오.

0146

3 L의 우유를 컵 5개에 같은 양으로 각각 나누어 담았더니 한 개의 컵에 담긴 우유의 양이 $2^a\times3^b\times5^c$ mL가 되었다. 이때 자연수 a, b, c에 대하여 $a+b+c$의 값을 구하시오.

유형 09 지수법칙의 응용(1) – 문자를 사용하여 나타내기

대표 문제

0147

$A=2^4$이라 할 때, $(2^3)^6\div64$를 A를 사용하여 나타내면?

① A^2　② A^3　③ A^4　④ $\frac{1}{A^2}$　⑤ $\frac{1}{A^3}$

0148

$2^6=A$, $3^2=B$라 할 때, 72^4을 A, B를 사용하여 나타내면?

① A^2B^3　② A^2B^4　③ A^3B^2　④ A^3B^4　⑤ A^4B^2

0149

$A=2^{2x+1}$일 때, 64^x을 A를 사용하여 나타내시오. (단, x는 자연수)

0150

$A=2^{x-1}$, $B=3^{x+1}$일 때, 108^x을 A, B를 사용하여 나타내면? (단, x는 2 이상의 자연수)

① $\frac{4A^2B^3}{27}$　② $\frac{4A^2B^4}{81}$　③ $\frac{8A^3B^2}{9}$　④ $\frac{8A^3B^4}{81}$　⑤ $\frac{16A^4B^2}{9}$

유형 10 지수법칙의 응용(2) – 같은 수의 덧셈식

대표 문제

0151

$2^6\times2^6\times2^6\times2^6=2^a$, $2^8+2^8+2^8+2^8=2^b$일 때, 자연수 a, b에 대하여 $a-b$의 값은?

① 8　② 10　③ 12　④ 14　⑤ 16

0152

$9^3+9^3+9^3=3^a$일 때, 자연수 a의 값은?

① 7　② 8　③ 9　④ 10　⑤ 11

0153

다음 중 계산 결과가 나머지 넷과 다른 하나는?

① $(9^3)^2$　② $9^3\times9^3$　③ $(3^3)^2\times(3^2)^3$　④ $9^5+9^5+9^5$　⑤ $3^3\times3^3\times3^3\times3^3$

0154

$\frac{3^5\times3^5\times3^5}{9^7+9^7+9^7}$을 간단히 하면?

① $\frac{1}{9}$　② $\frac{1}{3}$　③ 1　④ 3　⑤ 9

유형 11 지수법칙의 응용(3) – 지수가 미지수인 수의 덧셈식

대표 문제

0155

$3^{x+1}+3^x=108$일 때, 자연수 x의 값은?

① 1　② 2　③ 3
④ 4　⑤ 5

0156

$5^{x+1}+5^x+5^{x-1}=775$일 때, 자연수 x의 값은? (단, $x>1$)

① 2　② 3　③ 4
④ 5　⑤ 6

0157

$2^{2x}(2^x+2^x)=2^7$일 때, 자연수 x의 값은?

① 1　② 2　③ 3
④ 4　⑤ 5

유형 12 지수법칙의 응용(4) – 자릿수 구하기

대표 문제

0158

$2^{15}\times5^{11}$이 n자리의 자연수일 때, n의 값은?

① 11　② 12　③ 13
④ 14　⑤ 15

0159

$A=5^{10}\times12^5$일 때, A는 몇 자리의 자연수인가?

① 9자리　② 10자리　③ 11자리
④ 12자리　⑤ 13자리

0160

$\dfrac{2^{10}\times3^9\times5^8}{18^4}$이 n자리의 자연수일 때, n의 값은?

① 7　② 8　③ 9
④ 10　⑤ 11

0161

n자리의 자연수 $4^2\times5^5\times6^3$의 각 자리의 숫자의 합을 m이라 할 때, $m+n$의 값을 구하시오.

Theme 05 단항식의 계산

유형북 34쪽

유형 13 단항식의 곱셈

대표 문제

0162

$(-2x^2y)^2\times(3xy)^3\times\left(-\frac{1}{3}xy^2\right)^3=ax^by^c$일 때, 상수 a, b, c에 대하여 $a+b+c$의 값은?

① 17 ② 18 ③ 20
④ 21 ⑤ 22

0163

$(4ab^3)^4\times\left(\frac{b}{2a^2}\right)^6\times\left(-\frac{a^3}{b^4}\right)^5$을 계산하면?

① $-4a^7b^2$ ② $-4a^7b$ ③ $-\frac{4a^7}{b^2}$
④ $\frac{4a^7}{b^2}$ ⑤ $4a^7b^2$

0164

$Ax^2y^3\times(-x^2y)^B=-5x^Cy^8$일 때, 자연수 A, B, C에 대하여 $A-B+C$의 값을 구하시오.

0165

다음 그림은 이웃하는 두 칸의 식을 곱하여 얻은 결과를 바로 아래 칸에 쓴 것이다. 이때 A에 알맞은 식을 구하시오.

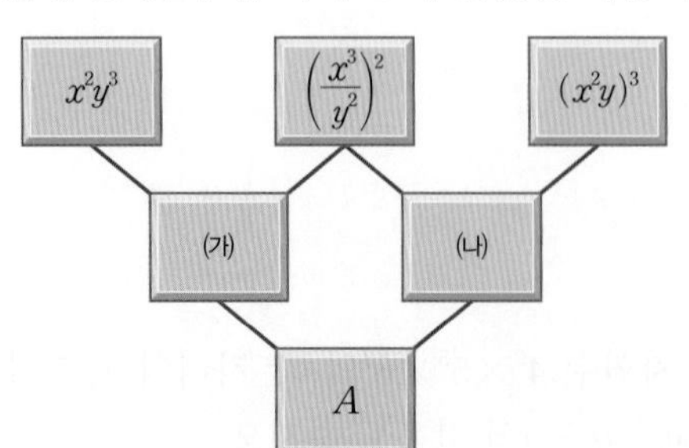

유형 14 단항식의 나눗셈

대표 문제

0166

$\frac{6}{7}x^5y^3\div\frac{3}{49}xy^4\div(-x^2y)$를 계산하면?

① $-\frac{y^2}{14x^2}$ ② $-\frac{x^2}{14y^2}$ ③ $-\frac{14x^2}{y^2}$
④ $\frac{x^2}{14y^2}$ ⑤ $\frac{14x^2}{y^2}$

0167

$(2x^ay)^3\div\left(\frac{x^2y^b}{3}\right)^2=\frac{72x^2}{y^5}$일 때, 자연수 a, b에 대하여 ab의 값을 구하시오.

0168

$A=xy\times(-2x^2y)^3$, $B=27x^2y^3\div(-3x^3y^2)^2$일 때, $A\div B$를 구하려고 한다. 다음 물음에 답하시오.

(1) A를 간단히 하시오.
(2) B를 간단히 하시오.
(3) $A\div B$를 구하시오.

유형 15 단항식의 곱셈과 나눗셈의 혼합 계산

대표 문제

0169

$(-2ab^2)^3 \div 20ab^3 \times (-5a^2b)^2$을 계산하시오.

0170

다음 중 옳지 않은 것은?

① $12a^3b^2 \div 3a^3 \times 2b = 8b^3$

② $a^2b^4 \times 8b^3 \div 4a = 2ab^7$

③ $20ab^3 \div (-10b^4) \times 5ab = -10a^2$

④ $(2a^2b^3)^4 \div \frac{1}{2}a^3b^2 \times (ab)^3 = 32a^8b^{13}$

⑤ $(-2a^2b)^3 \times \frac{2}{3}a^3 \div (-4a^5b^2) = \frac{4}{3}a^3b$

유형 16 단항식의 계산에서 □ 안의 식 구하기

대표 문제

0171

$3x^3y \div \square \times (-6x^3y^2)^2 = 12x^3y^2$일 때, □ 안에 알맞은 식을 구하시오.

0172

다음 계산 과정에서 A, B에 알맞은 식을 각각 구하시오.

$$A \xrightarrow{\div(-3xy^2)} B \xrightarrow{\times\left(\frac{3}{2}x^2y^3\right)^2} 3x^2y$$

0173

어떤 식에 $2x^4y^3$을 곱해야 할 것을 잘못하여 나누었더니 $-3x^6y^5$이 되었다. 바르게 계산한 식을 구하시오.

유형 17 단항식의 곱셈과 나눗셈의 활용

대표 문제

0174

오른쪽 그림과 같이 밑면의 가로의 길이가 $3ab^2$, 세로의 길이가 $2a^2b^3$인 직육면체의 부피가 $42a^5b^6$일 때, 이 직육면체의 높이는?

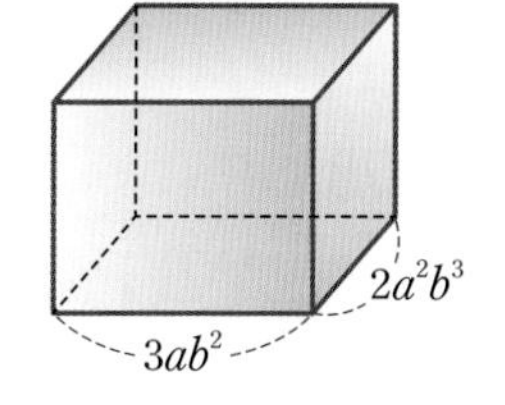

① $7ab^2$ ② $7a^2b$

③ $7a^2b^2$ ④ $7a^3b$

⑤ $7a^3b^2$

0175

오른쪽 그림과 같이 밑면의 반지름의 길이가 $2x^2y^3$, 부피가 $12\pi x^8y^9$인 원기둥의 높이를 구하시오.

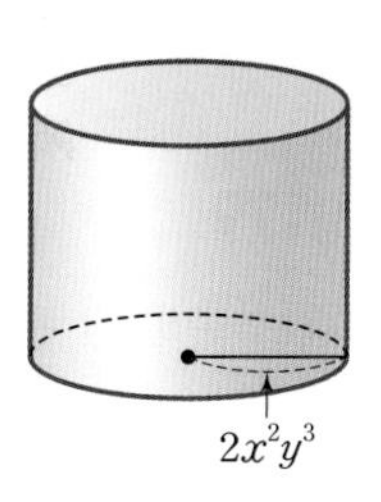

0176

다음 그림의 직사각형과 삼각형의 넓이가 서로 같을 때, 삼각형의 높이를 구하시오.

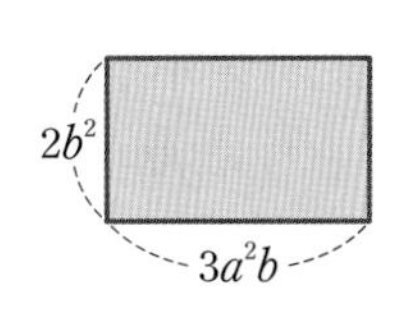

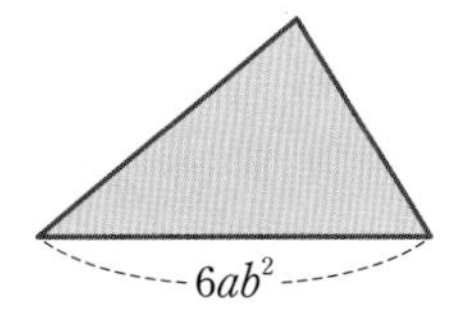

0177

다음 중 □ 안에 알맞은 수가 가장 작은 것은?

① $(x^3)^2 \div x^4 = x^{\square}$
② $x^{12} \div x^{12} = \square$
③ $x^9 \div x^{\square} = x^5$
④ $x^{\square} \div x^6 = \frac{1}{x^3}$
⑤ $x^3 \times x^5 \div x^4 = x^{\square}$

0178

$\left(-\frac{2}{3}x^2y\right)^3 = Ax^By^C$일 때, 상수 A, B, C에 대하여 ABC의 값은?

① -16
② -12
③ $-\frac{16}{3}$
④ $\frac{16}{3}$
⑤ 12

0179

$27^{x+1} = 9^{12}$일 때, 자연수 x의 값은?

① 5
② 6
③ 7
④ 8
⑤ 9

0180

$2^3 = a$, $3^2 = b$라 할 때, 24^2을 a, b를 사용하여 나타내면?

① ab^2
② a^2b
③ a^2b^2
④ a^4b
⑤ a^8b^2

0181

다음 중 계산 결과가 나머지 넷과 다른 하나는?

① 64^2
② $4^3 \times 8^2$
③ $2^{14} \div 2^2$
④ $2^5 \times 2^3 \times 4$
⑤ $(2^6)^3 \div (2^7)^2 \times (4+4+4+4)^2$

0182

A, B, C, D가 다음과 같을 때, 크기가 큰 것부터 순서대로 나열하시오.

$$A = 7^{10} \div 7^5,\ \ B = (2^5)^3$$
$$C = (3^5)^2,\ \ D = (2^5)^2 \times 3^5$$

실력 UP

0183

$2^9 \times 3^a \times 5^7$이 10자리의 자연수라 할 때, 가장 작은 자연수 a의 값을 구하시오.

0184

다음 중 계산 결과가 나머지 넷과 다른 하나는?

① $x^4 \div x$　② $(x^2)^3 \div x^3$
③ $x^4 \div x^2 \times x$　④ $x^9 \div x^3$
⑤ $\{(x^3)^3\}^3 \div (x^6)^4$

0185

$\left(\dfrac{x^2}{y^a}\right)^3 = \dfrac{x^6}{y^{12}}$을 만족시키는 자연수 a의 값은?

① 2　② 3　③ 4
④ 5　⑤ 6

0186

다음 중 옳은 것은?

① $(a^3b)^2 = a^6b^2$　② $a^3 \times a^3 = a^9$
③ $a^8 \div a^4 = a^2$　④ $\left(\dfrac{a^2}{b^3}\right)^3 = \dfrac{a^6}{b^{12}}$
⑤ $a^4 \div a^4 = 0$

0187

$180^2 = (2^2 \times 3^a \times 5)^2 = 2^4 \times 3^b \times 5^c$일 때, 자연수 a, b, c에 대하여 abc의 값은?

① 4　② 8　③ 12
④ 16　⑤ 32

0188

$2^3 \times 2^3 \times 2^3 \times 2^3 = 2^a$, $3^4 + 3^4 + 3^4 = 3^b$일 때, 자연수 a, b에 대하여 $a+b$의 값은?

① 10　② 12　③ 14
④ 15　⑤ 17

0189

$2^{x+2} + 2^x = 80$일 때, 자연수 x의 값은?

① 1　② 2　③ 3
④ 4　⑤ 5

실력 UP

0190

저장 매체의 용량을 나타내는 단위로 B, KB, MB 등이 있고, $1\,\text{KB} = 2^{10}\,\text{B}$, $1\,\text{MB} = 2^{10}\,\text{KB}$이다. 찬혁이가 컴퓨터로 용량이 36 MB인 자료를 내려받으려고 한다. 이 컴퓨터에서 1초당 내려받는 자료의 양이 $9 \times 2^{20}\,\text{B}$일 때, 찬혁이가 자료를 모두 내려받는 데 몇 초가 걸리는지 구하시오.

0191

$(-3x^2y)^3 \div \dfrac{9x^4}{y} = ax^by^c$일 때, 상수 a, b, c에 대하여 abc의 값을 구하시오.

0192

$4x^4y^3 \div \dfrac{3}{2}x^2y \times (-xy^2)$을 계산하면?

① $-\dfrac{8}{3}x^2y^3$　② $-\dfrac{8}{3}x^2y^4$　③ $-\dfrac{8}{3}x^3y^4$
④ $-6x^3y^4$　⑤ $-6x^7y^6$

0193

$(x^3y^2)^2 \times (2x^3)^2 \div \dfrac{1}{2}xy^2 = ax^by^c$일 때, 자연수 a, b, c에 대하여 $a-b+c$의 값은?

① -7　② -4　③ -1
④ 1　⑤ 7

0194

$ab^2 \times \square \div 3a^2b = 2ab^4$일 때, □ 안에 알맞은 식은?

① $6a^2b^2$　② $\dfrac{2}{3}a^2b^3$　③ $6a^2b^3$
④ $\dfrac{2}{3}a^3b^2$　⑤ $6a^3b^2$

0195

오른쪽 그림과 같이 밑면의 가로의 길이가 $2a^2b$, 높이가 $3ab^2$인 직육면체의 부피가 $12a^6b^4$일 때, 이 직육면체의 밑면의 세로의 길이 A는?

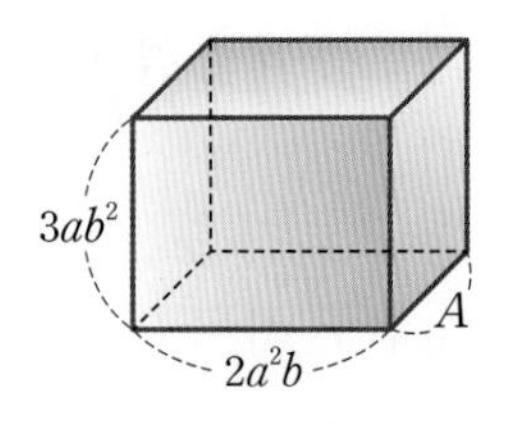

① $2ab^2$　② $2a^2b$　③ $2a^2b^2$
④ $2a^3b$　⑤ $2a^3b^2$

0196

$(-3x^2y)^A \div 9x^By \times 4x^3y^2 = Cx^2y^3$일 때, 자연수 A, B, C에 대하여 $A+B+C$의 값은?

① 5　② 7　③ 9
④ 11　⑤ 13

실력 UP

0197

어떤 식을 $\dfrac{2}{3}a^3b$로 나누어야 하는데 잘못하여 곱하였더니 $\dfrac{8}{3}a^5b^4$이 되었다. 바르게 계산한 식을 구하시오.

0198

$\left(\frac{2}{3}xy^2\right)^2 \times (-9x^2y) = Ax^By^C$일 때, 상수 A, B, C에 대하여 $A+B-C$의 값은?

① -5　② -2　③ 0
④ 2　⑤ 4

0199

$3xy \div 4x^2y \times (-2xy)^2$을 계산하면?

① $3xy^2$　② $3x^2y$　③ $\frac{3}{2}xy^2$
④ $\frac{3}{2}x^2y$　⑤ $-3xy^2$

0200

다음 보기에서 바르게 계산한 것을 모두 고른 것은?

보기
ㄱ. $2a \times (-3b^2)^2 = 18ab^4$
ㄴ. $-16ab \div 2b^2 = -8ab^3$
ㄷ. $\frac{9}{2}a^4b^3 \div (-3ab^3)^2 = \frac{81a^2}{2b^3}$
ㄹ. $(-2a^2b)^2 \div 2ab^4 \times 16a^5b = \frac{32a^8}{b}$

① ㄱ, ㄴ　② ㄱ, ㄹ　③ ㄴ, ㄷ
④ ㄴ, ㄹ　⑤ ㄱ, ㄷ, ㄹ

0201

$6x^5y^4$을 어떤 식으로 나누어야 할 것을 잘못하여 곱하였더니 $-12x^7y^5$이 되었다. 바르게 계산한 식을 구하시오.

0202

한 변의 길이가 $3ab$인 정사각형을 밑면으로 하는 정사각뿔의 부피가 $15a^4b^4$일 때, 이 정사각뿔의 높이를 구하시오.

0203

$(a^2b)^5 \div ab^3 \times \{a^3b \div (ab^2)^2\}^2$을 계산하면?

① a^{13}　② $\frac{a^3}{b}$　③ $\frac{a^{13}}{b}$
④ $\frac{a^8}{b^4}$　⑤ $\frac{a^{11}}{b^4}$

실력 UP

0204

$(ab^3)^3 \div \{\square \div (3a^2b)^2\} \times \frac{1}{4}ab = \frac{1}{4}a^3b^3$일 때, □ 안에 알맞은 식을 구하시오.

0205

$\left(\frac{-3x^2}{y^3}\right)^3=\frac{ax^b}{y^c}$일 때, 상수 a, b, c에 대하여 $a+b+c$의 값은?

① -16　② -12　③ 2
④ 38　⑤ 42

0206

다음 중 옳은 것은?

① $x^3\times x^4=x^{12}$　② $(-2y^2)^3=-6y^6$
③ $x^3\div x^3=0$　④ $\left(\frac{y^2}{x}\right)^3=\frac{y^5}{x^3}$
⑤ $y\times(y^2)^3=y^7$

0207

$9^{x+1}=3^{12}$일 때, 자연수 x의 값은?

① 5　② 6　③ 7
④ 8　⑤ 9

0208

$120^3=2^a\times3^b\times5^c$일 때, 자연수 a, b, c에 대하여 $a+b-c$의 값은?

① 6　② 9　③ 12
④ 13　⑤ 15

0209

$\left(\frac{1}{8}\right)^a\times2^{2a+4}=2^a$을 만족시키는 자연수 a의 값을 구하시오.

0210

$2^{18}\times5^{15}$이 n자리의 자연수일 때, n의 값은?

① 14　② 15　③ 16
④ 17　⑤ 18

0211

$x^2y^3\times(-3xy^2)^3\div9x^2y^3$을 계산하면?

① $-3x^3y^6$　② $-3x^3y^5$　③ $-x^3y^5$
④ $3x^3y^5$　⑤ $3x^3y^6$

0212

다음 중 옳지 <u>않은</u> 것은?

① $(-2x^2)^3\times(3x^3)^2\div(-3x)^3=\frac{8}{3}x^9$
② $(-2x^4)^3\div2x^3\div(-4x)^2=-\frac{1}{4}x^7$
③ $(-3x^2y^3)^2\times\left(\frac{x}{2y^2}\right)^2\div xy=\frac{9}{4}x^5y$
④ $\left(\frac{1}{3}xy\right)^2\times27x^3y^2\div(-3x^4y^3)=-xy^2$
⑤ $-8xy^2\times2x^2y^3\times\left(\frac{1}{2x^3y^2}\right)^3=-\frac{2}{x^6y}$

0213

$10\times15\times20\times25\times30=2^a\times3^b\times5^c$일 때, 자연수 a, b, c에 대하여 $a+b+c$의 값은?

① 10 ② 11 ③ 12
④ 13 ⑤ 14

0214

$2^x=A$, $3^x=B$일 때, $4^{x+1}\div6^{x+1}\times9^x$을 A, B를 사용하여 나타내면? (단, x는 자연수)

① AB ② $\frac{2}{3}A^2B$ ③ $\frac{2}{3}AB$
④ A^3B^2 ⑤ $\frac{2}{3}A^3B^2$

0215

$(-2x^4y)^2\times\frac{x}{y^2}\div\square=2x^3$일 때, □ 안에 알맞은 식은?

① $\frac{x^7}{y^2}$ ② $2x^6$ ③ $\frac{2x^5}{y^2}$
④ $\frac{x^5}{y^5}$ ⑤ $\frac{x^6}{y^4}$

0216

다음 그림과 같이 반지름의 길이가 a^2b^2인 구의 부피는 밑면의 반지름의 길이와 높이가 각각 $2a^2b$, $\frac{1}{3}a^2b^4$인 원뿔의 부피의 몇 배인지 구하시오.

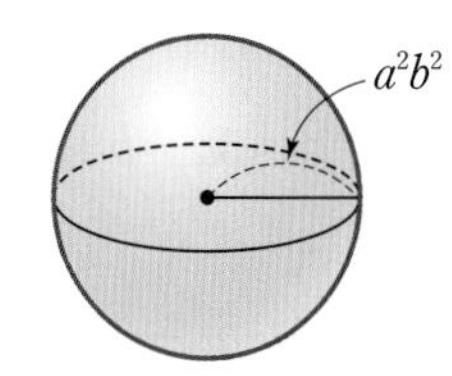

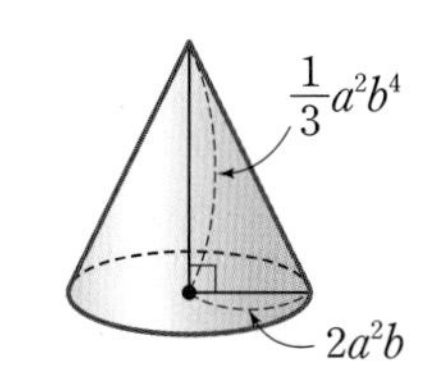

서술형 문제

0217

$3\times8^9\times5^{28}$은 몇 자리의 자연수인지 구하시오.

〈풀이〉

0218

어떤 식을 $-\frac{1}{3}x^3y^2$으로 나누어야 하는데 잘못하여 곱하였더니 $-\frac{3x}{y}$가 되었다. 다음 물음에 답하시오.

(1) 어떤 식을 구하시오.

(2) 바르게 계산한 식을 구하시오.

Theme 06 다항식의 계산(1)

유형북 42쪽

유형 01 다항식의 덧셈과 뺄셈

대표 문제

0219

$(x^2-3x+2)+(-3x^2+2x-5)=ax^2+bx+c$일 때, 상수 a, b, c에 대하여 $a+b+c$의 값을 구하시오.

0220

$(x+2y-5)+3(3x-2y+2)$를 계산하면?

① $8x-3y+5$　② $8x-4y-3$　③ $10x-3y-3$　④ $10x-4y+1$　⑤ $10x-4y+5$

0221

$\left(\frac{1}{3}x+\frac{3}{2}y\right)-\left(-\frac{1}{2}x+\frac{2}{3}y\right)=ax+by$일 때, 상수 a, b에 대하여 $a-b$의 값은?

① $-\frac{5}{3}$　② $-\frac{5}{6}$　③ 0　④ $\frac{5}{6}$　⑤ $\frac{5}{3}$

0222

다음 식을 계산했을 때, x^2의 계수와 상수항의 곱을 구하시오.

$$(5x^2-x+7)-(-3x^2+2x-4)$$

유형 02 여러 가지 괄호가 있는 식의 계산

대표 문제

0223

$5x^2-3x+1-[x^2-2-\{2x^2-4x-(x^2+x+3)\}]$을 계산하시오.

0224

$5a+[3b-\{2a-(-a+6b-4)\}]$를 계산하면?

① $2a+9b-4$　② $2a+9b+4$　③ $4a-3b-4$　④ $4a-3b+4$　⑤ $4a+3b+4$

0225

다음 식을 계산했을 때, x^2의 계수 m, x의 계수 n에 대하여 $2m+n$의 값을 구하시오.

$$2x^2+5x-[3x-2\{4x^2-(3x^2-x)\}-x^2]$$

0226

$3a-[2b-\{4a-3b-(a+\square)\}]=3a-b$일 때, $\square$ 안에 알맞은 식은?

① $-4a+3b$　② $-3a-4b$　③ $-3a+4b$　④ $3a-4b$　⑤ $4a-3b$

유형 03 다항식의 덧셈과 뺄셈－바르게 계산한 식 구하기

대표 문제

0227

어떤 식에 x^2-3x+2를 더해야 할 것을 잘못하여 빼었더니 $2x^2+x-3$이 되었다. 이때 바르게 계산한 식은?

① $4x^2-5x-1$ ② $4x^2-5x+1$
③ $4x^2+5x+1$ ④ $5x^2-3x-2$
⑤ $5x^2-x-2$

0228

$2a-5b-1$에 어떤 식을 더해야 할 것을 잘못하여 빼었더니 $3a-2b+4$가 되었다. 다음 물음에 답하시오.

(1) 어떤 식을 구하시오.
(2) 바르게 계산한 식을 구하시오.

0229

어떤 식에서 $3x^2-4x+2$를 빼어야 할 것을 잘못하여 더하였더니 $5x^2-x-3$이 되었다. 바르게 계산한 식이 ax^2+bx+c일 때, 상수 a, b, c에 대하여 $a+b-c$의 값은?

① -1 ② 1 ③ 13
④ 14 ⑤ 15

유형 04 단항식과 다항식의 곱셈

대표 문제

0230

$-4x(x-2y-3)=ax^2+bxy+cx$일 때, 상수 a, b, c에 대하여 $a-b+c$의 값은?

① -2 ② -1 ③ 0
④ 1 ⑤ 2

0231

$2x(4x-1)-5(3x+1)$을 계산하시오.

0232

다음 중 옳은 것은?

① $x(3x-2y)=3x^2-2y$
② $2x(x-2y+3)=2x^2-4xy-6x$
③ $4x(2x-3y-1)=8x^2-12xy-4x$
④ $-3x(2x+4y-1)=-6x^2+12xy-3x$
⑤ $(x-2y+5)\times(-2x)=-2x^2+2xy-10x$

0233

$(3x^2-5x+2)\times\left(-\frac{2}{3}x\right)$의 전개식에서 x^2의 계수와 x의 계수의 합은?

① $-\frac{14}{3}$ ② -2 ③ $\frac{4}{3}$
④ 2 ⑤ $\frac{14}{3}$

유형 05 다항식과 단항식의 나눗셈

대표 문제

0234

$(2x^2y-6xy^2)\div\left(-\frac{1}{2}xy\right)$를 계산하면?

① $-4x-12y$ ② $-4x+12y$ ③ $-x+3y$
④ $x+3y$ ⑤ $4x-12y$

0235

$(9a^3b^4+6a^2b^3-3a^2b)\div(-3a^2b)$를 계산하시오.

0236

다음 중 옳은 것은?

① $(4x^2+2xy)\div\frac{1}{2}x=2x+y$
② $(9x^2-3xy)\div\frac{3}{2}x=6x^3-2x^2y$
③ $(12x^2-8xy+4x)\div 4x=3x-2y$
④ $(8x^2+6xy-4x)\div(-2x)=-4x+3y-2$
⑤ $\{3x^2y(y+3)-12xy\}\div(-3xy)=-xy-3x+4$

0237

$(2x^3y^2-3x^2y^2)\div\left(-\frac{1}{3}x^2y\right)=axy+by$일 때, 상수 a, b에 대하여 $b-a$의 값을 구하시오.

유형 06 단항식과 다항식의 곱셈과 나눗셈－어떤 식 구하기

대표 문제

0238

어떤 식에 $-3x^2$을 곱하였더니 $3x^3-15x^2y$가 되었다. 이때 어떤 식은?

① $-x-5y$ ② $-x-3y$ ③ $-x+5y$
④ $x-5y$ ⑤ $x+5y$

0239

$A\div\frac{2}{3}x=x^2y-2xy+3$일 때, 다항식 A를 구하시오.

0240

어떤 식에 $-\frac{1}{2}a$를 곱해야 하는데 잘못하여 나누었더니 $8a-16b$가 되었다. 이때 바르게 계산한 식은?

① $-4a^3-8a^2b$ ② $-4a^3+8a^2b$
③ $-2a^3-4a^2b$ ④ $-2a^3+4a^2b$
⑤ $2a^3-4a^2b$

0241

어떤 식을 $-3x^2y$로 나누어야 할 것을 잘못하여 곱하였더니 $12x^6y^4-9x^5y^6$이 되었다. 이때 바르게 계산한 식을 구하시오.

유형 07 사칙계산이 혼합된 식의 계산

대표 문제

0242

$3x(x-2y+3)-(4xy^2-2xy)\div 2y$를 계산하면?

① $x^2-5xy+9$　② $3x^2-8xy+10x$
③ $3x^2-4xy+8x$　④ $5x^2-7xy+9x$
⑤ $5x^2-5xy+9x$

0243

$(2x^2y+4xy^2)\div 2y+(9x^3-3x^2y)\div(-3x)$를 계산하시오.

0244

$(3x-4y)\times(-3x)-(25xy^3-15x^2y^2)\div 5y^2=ax^2+bxy$일 때, 상수 a, b에 대하여 $a+b$의 값은?

① -3　② -1　③ 1
④ 3　⑤ 5

0245

다음 식을 계산하시오.

$$3x(x^2y-2xy+6y^2)$$
$$-\{8x^3y^2+5\times(2xy)^2-4xy^3\}\div(-4y)$$

유형 08 단항식과 다항식의 곱셈과 나눗셈의 활용

대표 문제

0246

오른쪽 그림과 같이 가로의 길이가 $5x$, 세로의 길이가 $2y$인 직사각형에서 색칠한 부분의 넓이는?

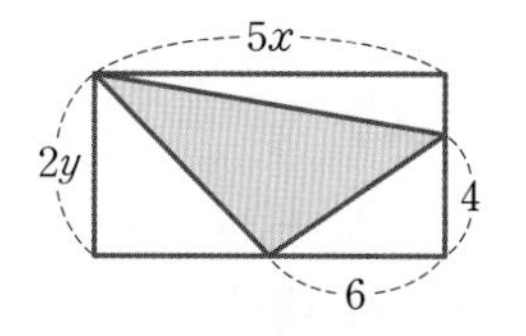

① $5x+3y-6$
② $5x+3y+6$
③ $10x+6y-12$
④ $10x+6y+12$
⑤ $15x+4y-12$

0247

오른쪽 그림과 같이 밑면의 반지름의 길이가 $3x^2y$이고, 높이가 $3x-2y$인 원기둥에 대하여 다음 물음에 답하시오.

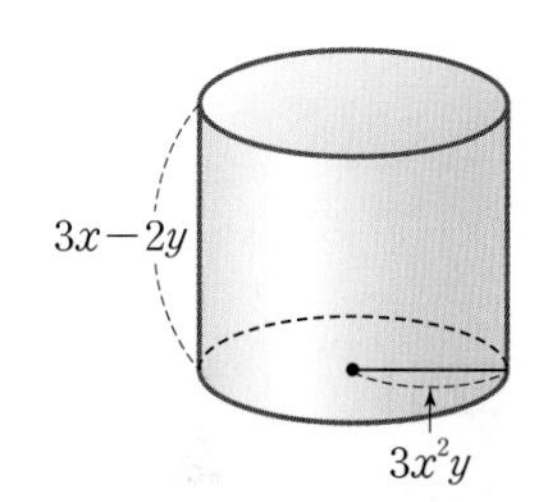

(1) 원기둥의 겉넓이를 구하시오.
(2) 원기둥의 부피를 구하시오.

0248

오른쪽 그림과 같이 아랫변의 길이가 $3a-b$이고 높이가 $3ab^2$인 사다리꼴의 넓이가 $6a^2b^2+3ab^3$일 때, 이 사다리꼴의 윗변의 길이를 구하시오.

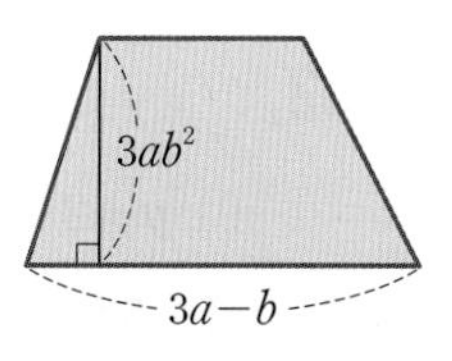

Theme 07 다항식의 계산(2)

유형북 46쪽

유형 09 식의 값과 식의 대입

대표 문제

0249

$A=2x+3y$, $B=x-5y$일 때, $(A+B)+2(A-B)$를 x, y에 대한 식으로 나타내시오.

0250

$a=-5$, $b=13$일 때, $(6a^5b^3-9a^3b^4)\div(-3a^3b^3)$의 값은?

① -89 ② -11 ③ 11 ④ 14 ⑤ 89

0251

$x=2$, $y=-3$일 때,
$(9x^3y+6x^2y^2-3xy)\div(-3xy)+(5x+2y)\times 2x$의 값은?

① 11 ② 13 ③ 17 ④ 21 ⑤ 23

0252

$A=(-9x^2y+21xy^2)\div(-3xy)$, $B=(xy-5y^2)\div\frac{1}{2}y$일 때, $4A-5B=ax+by$이다. 이때 상수 a, b에 대하여 ab의 값을 구하시오.

유형 10 등식의 변형

대표 문제

0253

등식 $3x-y=x+2y+5$에서 y를 x에 대한 식으로 나타내시오.

0254

다음 중 y를 x에 대한 식으로 나타낸 것으로 옳지 않은 것은?

① $3x-y=-10$ ⇨ $y=3x+10$
② $9x-2y=-5y-6$ ⇨ $y=3x-2$
③ $2+y=3x-y$ ⇨ $y=\frac{3}{2}x-1$
④ $5x-6y=2x-3y+9$ ⇨ $y=x-3$
⑤ $2x-3y=2(2x-2y+3)$ ⇨ $y=2x+6$

0255

$S=\frac{h}{2}(a+b)$에서 a를 b, h, S에 대한 식으로 나타내면?

① $a=\frac{S}{2h}-b$ ② $a=\frac{S}{h}-2b$ ③ $a=\frac{S}{h}+2b$ ④ $a=\frac{2S}{h}-b$ ⑤ $a=\frac{2S}{h}+b$

0256

오른쪽 그림과 같은 평행사변형 ABCD에서 $\angle A=x°$, $\angle B=y°$일 때, y를 x에 대한 식으로 나타내면 $y=ax+b$이다. 이때 상수 a, b에 대하여 $a+b$의 값을 구하시오.

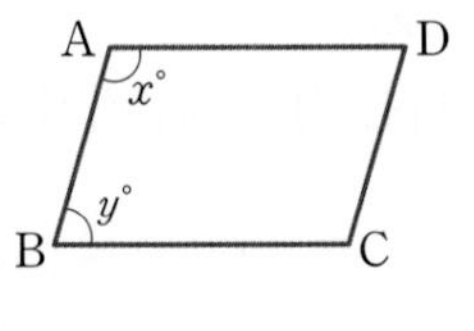

유형 11 등식을 변형하여 다른 식에 대입하기

대표 문제

0257

$y-2x-3=0$일 때, $3x-2y+5$를 x에 대한 식으로 나타내면 $px+q$이다. 이때 상수 p, q에 대하여 $p-q$의 값은?

① -2　② -1　③ 0
④ 1　⑤ 2

0258

$6x-3y+2=2x-y+4$일 때,
$2(x+2y-1)-3(2x-y+5)+8$을 x에 대한 식으로 나타내시오.

0259

$(x-y+2):(3x-2y)=2:3$일 때,
$3y-\{2x-(5x-y)\}$를 x에 대한 식으로 나타내면?

① $3x-6$　② $3x+2$　③ $6x-6$
④ $9x-12$　⑤ $11x-18$

0260

$\frac{3x-1}{x-y}=\frac{5}{2}$일 때, $3x-y$를 y에 대한 식으로 나타내시오.

유형 12 등식을 변형하여 식의 값 구하기

대표 문제

0261

$x-3y=0$일 때, $\frac{2x+6y}{5x-3y}$의 값은? (단, $x\neq0$, $y\neq0$)

① -2　② -1　③ 0
④ 1　⑤ 2

0262

$(3x-2y):(x+y)=5:2$일 때, $\frac{5x+3y}{x-y}$의 값은?

① 3　② 4　③ 5
④ 6　⑤ 7

0263

$x:y=1:3$일 때,
$\frac{x(3x+2y)-(-4y)\times(5x-y)}{xy}$의 값은?

① 5　② 7　③ 9
④ 11　⑤ 13

0264

$\frac{3x-y}{2}=\frac{x-2y}{3}$일 때, $\frac{-2x-8y}{2x-y}-\frac{10x+7y}{x+2y}$의 값을 구하시오. (단, $x\neq0$, $y\neq0$)

0265

다음 중 이차식인 것은?

① $a+2$　② $(2x+3)\times 3x$

③ $2x^2-4x+2(y-x^2)$　④ $(4x^2+2)-4x^2$

⑤ $3x^3+3x^2$

0266

다음 중 옳은 것은?

① $2x-\{y-(x-3y)\}=3x-2y$

② $\left(-\frac{1}{3}a-b\right)-\left(-\frac{1}{2}a+\frac{2}{3}b\right)=\frac{5}{6}a-\frac{1}{3}b$

③ $(x+3y-4)-(2x-4y+2)=-x-7y-6$

④ $(4x^2-2x-3)-(5x^2-7)=x^2-2x+4$

⑤ $x^2+x-\{3x-2-(2x^2+3)\}=3x^2-2x+5$

0267

다음 □ 안에 알맞은 식은?

$$3a(2a+b)-(\square)=2a^2+4ab$$

① $4a-ab$　② $4a+ab$

③ a^2-ab　④ $4a^2-ab$

⑤ $4a^2+ab$

0268

$A\times\frac{1}{3}xy^2=5x^2y^2-2x^3y^3$일 때, 다항식 A를 구하시오.

0269

어떤 식에 $3x^2+3x-5$를 더해야 할 것을 잘못하여 빼었더니 $2x^2+3x+1$이 되었다. 이때 바르게 계산한 식은?

① $2x^2+3x+1$　② $2x^2+9x-10$

③ $5x^2+6x-4$　④ $8x^2-9x+9$

⑤ $8x^2+9x-9$

0270

$-3x(4x-2y+1)-(4x^3+6x^2y-18x^2)\div 2x$를 계산했을 때, x^2의 계수와 x의 계수의 합은?

① -11　② -8　③ -3

④ 9　⑤ 11

실력 UP

0271

오른쪽 그림과 같은 직사각형 ABCD에서 색칠한 부분의 넓이를 구하시오.

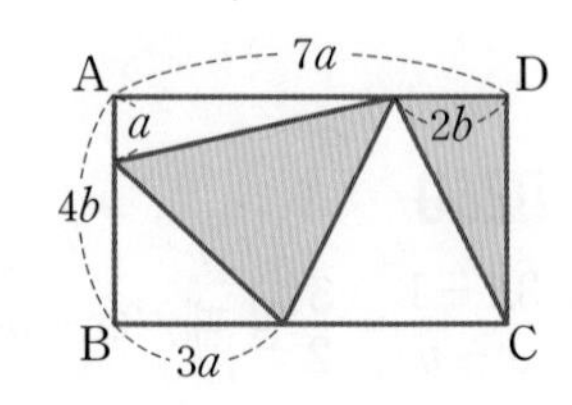

0272

$3(2x-y)-4(x+y-5)$를 계산했을 때, x의 계수와 상수항의 합은?

① 18　② 20　③ 22
④ 24　⑤ 26

0273

다음 보기에서 이차식인 것을 모두 고른 것은?

보기
ㄱ. $3x^2+x-2$
ㄴ. $2x^2-2x(x^2+x)+2x^3+x-4$
ㄷ. $x^3+2(x^2+x+3)-x(x^2+x+1)$
ㄹ. $x^2+2+\frac{1}{2}x(4x-2)$

① ㄱ　② ㄴ, ㄷ　③ ㄴ, ㄹ
④ ㄱ, ㄴ, ㄷ　⑤ ㄱ, ㄷ, ㄹ

0274

다음 중 옳은 것을 모두 고르면? (정답 2개)

① $a(-3a+2)=-3a^2+2$
② $-2x(x-5)=-2x^2+10x$
③ $(8a^2-4a)\div 4a=2a+1$
④ $(12a^3b^2+6ab^2)\div\frac{3}{2}ab=8a^2b+4b^2$
⑤ $(5x^3y-10x^2y^2+15xy)\div\frac{5x}{y}=x^2y^2-2xy^3+3y^2$

0275

어떤 식을 $-2xy^2$으로 나누었더니 $-2xy+3y^2$이 되었다. 이때 어떤 식을 구하시오.

0276

$2x^2-[3x^2-\{2x-(4x^2+3x-2)\}-x]=ax^2+bx+c$일 때, 상수 a, b, c에 대하여 $a+b+c$의 값은?

① -6　② -5　③ -4
④ -3　⑤ -2

0277

$(6a^2b-9ab^2+3b)\div(-3b)+(a^2b-6b)\div\frac{1}{2}b$를 계산하면?

① $3ab-13$　② $2a^2+12$
③ $-2a^2+3ab-1$　④ $-4a^2-2ab-13$
⑤ $-4a^2+3ab+13$

실력 UP

0278

다음 그림과 같은 전개도로 만든 직육면체에서 평행한 두 면에 적힌 다항식의 합이 모두 같다. 이때 다항식 A를 구하시오.

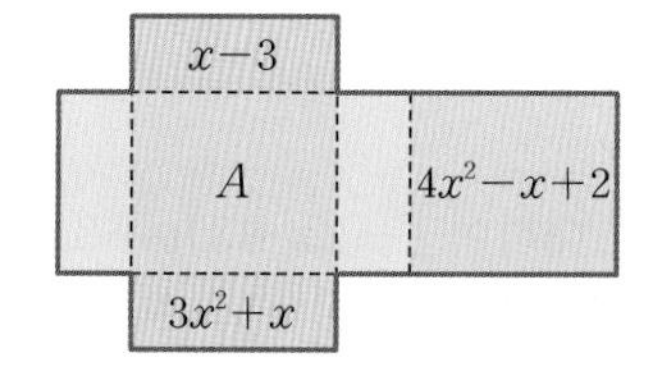

0279

$x=2$, $y=-1$일 때, $(3x-2y+3)-(2x-4y-2)$의 값을 구하시오.

0280

$X=2a+b$, $Y=a-2b$일 때, $2X-3Y$를 a, b에 대한 식으로 나타내면?

① $a+2b$ ② $a+4b$ ③ $a+8b$
④ $4a+2b$ ⑤ $7a+8b$

0281

윗변의 길이가 a, 아랫변의 길이가 b, 높이가 h인 사다리꼴의 넓이를 S라 할 때, h를 S, a, b에 대한 식으로 나타내면?

① $h=\frac{2S}{a-b}$ ② $h=\frac{2S}{a+b}$ ③ $h=\frac{S}{2(a+b)}$
④ $h=\frac{2(a+b)}{S}$ ⑤ $h=\frac{a+b}{2S}$

0282

$y+2x-3=0$에 대하여 $(-2x+3)y+3xy+1$을 x에 대한 식으로 나타내었을 때, x의 계수를 구하시오.

0283

$3(x+2y):2(x-y)=2:1$일 때, $\frac{x+2y}{x-4y}$의 값은?

① -2 ② -1 ③ 1
④ 2 ⑤ 3

0284

$\frac{1}{x}+\frac{1}{y}=2$일 때, $\frac{6xy}{x+y}$의 값을 구하시오.

실력 UP

0285

원가가 P원인 물건을 $x\,\%$의 이익을 붙여서 정가를 정한 후, 정가에서 $10\,\%$를 할인하여 y원에 판매한다고 한다. 이때 P를 x, y에 대한 식으로 나타내면?

① $P=\frac{1000y}{9x}$ ② $P=\frac{1000y}{900+9x}$
③ $P=\frac{900y}{10+x}$ ④ $P=\frac{1000y}{900-9x}$
⑤ $P=\frac{1000y}{100+x}$

0286

$a=3$, $b=1$일 때, $3a(a+3b)-2b(5a-2b)$의 값은?

① 22 ② 24 ③ 26
④ 28 ⑤ 30

0287

$A=x-y$, $B=x+y$일 때, $3A-\{2A-(A-2B)\}$를 x, y에 대한 식으로 나타내면?

① $-2x-4y$ ② $-x-4y$ ③ $-x-3y$
④ $-4y$ ⑤ $2x$

0288

$y-7x-4=7x-y+4$일 때, $3x+y+5$를 x에 대한 식으로 나타내면?

① $10x+9$ ② $12x+10$ ③ $13x+7$
④ $14x-7$ ⑤ $14x+9$

0289

$2x+3y=3x+y$일 때, $\dfrac{2x-3y}{x+2y}$의 값을 구하시오. (단, $x\neq0$, $y\neq0$)

0290

$(a+b):(a-2b)=2:1$일 때, $\dfrac{a}{b}$의 값을 구하시오.

0291

$\dfrac{1}{x}-\dfrac{2}{y}=3$일 때, $(-4x^2y+2xy^2)\div(xy)^2$의 값은?

① -6 ② -3 ③ -2
④ 3 ⑤ 6

실력 UP

0292

오른쪽 그림과 같이 가로의 길이가 $2a$이고, 세로의 길이가 b인 직사각형을 직선 l을 회전축으로 하여 1회전 시켰을 때 만들어지는 입체도형의 겉넓이를 S라 하자. 이때 b를 a, S에 대한 식으로 나타내면?

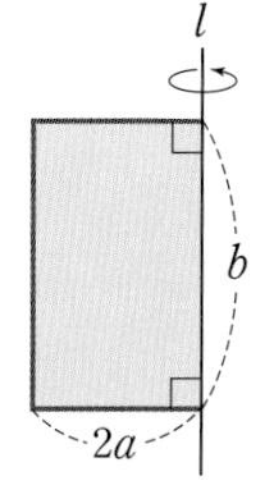

① $b=\dfrac{S}{4\pi a^2}$ ② $b=\dfrac{S}{4\pi a-a}$
③ $b=\dfrac{S}{4\pi a}$ ④ $b=\dfrac{S+2a^2}{4\pi a}$
⑤ $b=\dfrac{S-8\pi a^2}{4\pi a}$

0293

다음 식을 계산하면?

$$\left(\frac{1}{2}a^2-\frac{2}{3}a-\frac{1}{4}\right)+\left(\frac{1}{3}a^2-\frac{1}{2}a+\frac{1}{5}\right)$$

① $\frac{5}{6}a^2-\frac{4}{3}a-\frac{3}{20}$ ② $\frac{5}{6}a^2-\frac{7}{6}a-\frac{3}{20}$
③ $\frac{5}{6}a^2-\frac{7}{6}a-\frac{1}{20}$ ④ $\frac{5}{6}a^2-\frac{5}{6}a+\frac{1}{20}$
⑤ $\frac{7}{6}a^2-\frac{1}{6}a-\frac{1}{20}$

0294

$\frac{3(x-2y)}{5}-\frac{y-2x}{10}=ax+by$일 때, 상수 a, b에 대하여 $a+b$의 값은?

① -1 ② $-\frac{1}{2}$ ③ 0
④ $\frac{1}{2}$ ⑤ 1

0295

$x-3y+2=0$일 때, $4x-6y+2$를 x에 대한 식으로 나타내시오.

0296

$2y-[4x+\{5y-(3x+2)\}]=Ax+By+C$일 때, 상수 A, B, C에 대하여 $A+B+C$의 값은?

① -2 ② -1 ③ 0
④ 1 ⑤ 2

0297

$(2x^2+3x-4)-(\square)=x^2+5x$일 때, $\square$ 안에 알맞은 식은?

① $-x^2+2x+4$ ② x^2-2x-4
③ x^2-2x+4 ④ $3x^2-2x-4$
⑤ $3x^2+8x-4$

0298

다음 계산 과정에서 A, B에 알맞은 식을 각각 구하시오.

$$A \xrightarrow{\times(-xy^2)} B \xrightarrow{\div\frac{1}{3}x^2y} 3x^2y-2xy^2$$

0299

$x=1$, $y=-2$일 때, $(12x^2y+8xy^3)\div 4xy$의 값은?

① 3 ② 5 ③ 7
④ 9 ⑤ 11

0300

$a=\frac{3x-2y}{2}$, $b=\frac{2x-y+3}{3}$일 때, $4a-12b$를 x, y에 대한 식으로 나타내면?

① $-2x-4y-12$ ② $-2x-12$
③ $-2x+12$ ④ $14x-4y+12$
⑤ $14x+4y-12$

0301

어떤 식을 $2xy^2$으로 나누어야 하는데 잘못하여 곱하였더니 $12x^2y^4-16x^3y^5$이 되었다. 이때 바르게 계산한 식은?

① $-3xy$ ② $-4xy$ ③ $3-4xy$
④ $4-3xy$ ⑤ $3+9xy$

0302

오른쪽 그림과 같은 직사각형에서 색칠한 부분의 넓이는?

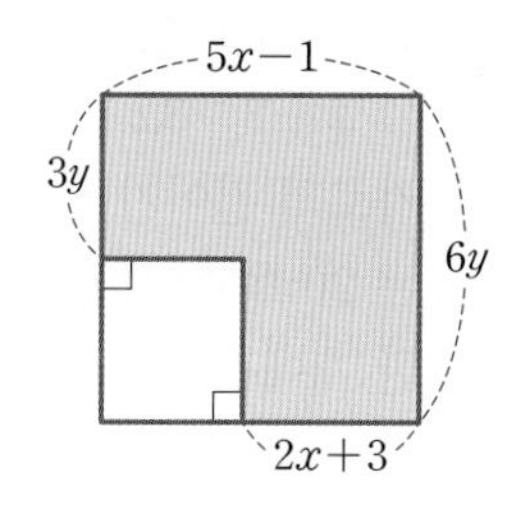

① $12xy+6y$ ② $15xy+6y$
③ $15xy+9y$ ④ $21xy+6y$
⑤ $21xy+12y$

0303

오른쪽 그림과 같이 밑면의 반지름의 길이가 $3z$, 높이가 $x+y$인 원뿔의 부피를 V라 할 때, y를 x, z, V에 대한 식으로 나타내면?

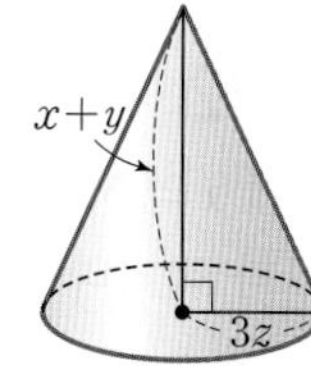

① $y=\frac{V}{3\pi z}-x$ ② $y=\frac{V}{3\pi z^2}-x$
③ $y=\frac{V}{3\pi z^2}+x$ ④ $y=\frac{3V}{\pi z^2}+x$
⑤ $y=\frac{3V}{\pi z^2}-x$

0304

$x:y:z=2:1:3$일 때, 다음 식의 값은?

$$\frac{x^2+2z^2}{xy+yz+zx}$$

① $\frac{6}{11}$ ② 1 ③ $\frac{12}{11}$
④ 2 ⑤ 3

서술형 문제

0305

$a=\frac{1}{2}$, $b=\frac{1}{3}$, $c=\frac{1}{4}$일 때, $\frac{ab+2bc+3ca}{abc}$의 값을 구하시오.

0306

세계보건기구에서 정한 표준 비만도 계산법은 다음과 같다. 물음에 답하시오.

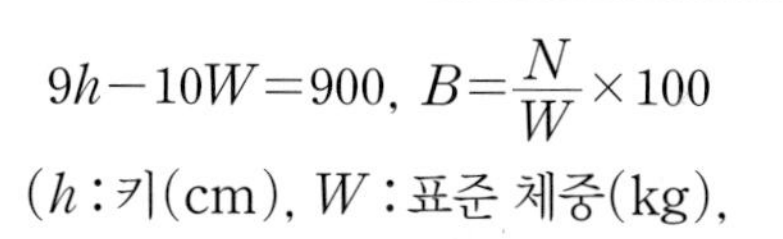

$9h-10W=900$, $B=\frac{N}{W}\times 100$
(h : 키(cm), W : 표준 체중(kg), N : 체중(kg), B : 표준 비만도)

(1) 위의 두 식을 변형하여 B를 h, N에 대한 식으로 나타내시오.
(2) 현재 키가 170 cm, 체중이 63 kg인 사람의 표준 비만도를 구하시오.

풀이

Theme 08 부등식과 일차부등식

유형북 58쪽

유형 01 부등식의 뜻

대표 문제

0307

다음 중 부등식인 것을 모두 고르면? (정답 2개)

① $x-5$ ② $2+4=6$ ③ $2x-3\le 7$
④ $6-3>0$ ⑤ $2x-1=5x+3$

0308

다음 중 부등식이 아닌 것을 모두 고르면? (정답 2개)

① $2\times 3+1=7$ ② $-3<2x$
③ $4x+2<5$ ④ $2x+1=0$
⑤ $4-2>-1$

0309

다음 보기에서 부등식인 것은 모두 몇 개인지 구하시오.

보기
ㄱ. $1>-1$ ㄴ. $5x+4=x$
ㄷ. $2(x+2)-3x$ ㄹ. $3\times 3+1=10$
ㅁ. $2-4x<2x-1$

0310

다음 보기에서 부등식이 아닌 것은 모두 몇 개인가?

보기
ㄱ. $5x-2<4$ ㄴ. $2x-1=3$
ㄷ. $-2x+3$ ㄹ. $\frac{1}{3}+x=2y$
ㅁ. $x-1>3$

① 1개 ② 2개 ③ 3개
④ 4개 ⑤ 5개

유형 02 부등식으로 나타내기

대표 문제

0311

다음 문장을 부등식으로 나타낸 것으로 옳지 않은 것은?

① x는 5보다 작거나 같다. ⇨ $x\le 5$
② x에 2를 더한 수는 x의 3배보다 작지 않다.
⇨ $x+2>3x$
③ 가로의 길이가 x, 세로의 길이가 4인 직사각형의 넓이는 20 초과이다. ⇨ $4x>20$
④ 한 개에 200원인 사탕 x개의 가격은 3000원 미만이다.
⇨ $200x<3000$
⑤ 반지름의 길이가 x인 원의 둘레의 길이는 15 이상이다.
⇨ $2\pi x\ge 15$

0312

'4에 x의 5배를 더한 값은 x에서 1을 뺀 후 3으로 나눈 값보다 작거나 같다.'를 부등식으로 바르게 나타낸 것은?

① $4+5x\le x-1\div 3$ ② $4+5x>(x-1)\div 3$
③ $4+5x\le\frac{x-1}{3}$ ④ $4+5x\ge\frac{x-1}{3}$
⑤ $4x+5\le\frac{x-1}{3}$

0313

다음 중 부등식 $2x+3\ge 15$로 나타내어지는 상황을 바르게 말한 학생을 고르시오.

준희 : 어떤 수 x를 2배 한 수에 3을 더하면 15이다.
은호 : x kg인 물건의 무게의 2배에 3 kg을 더하면 15 kg이 넘는다.
지연 : 농구 경기에서 2점짜리 슛을 x개, 3점짜리 슛을 1개 넣으면 전체 득점은 15점 이상이다.

유형 03 부등식의 해

대표 문제

0314

다음 중 [ ] 안의 수가 부등식의 해가 아닌 것은?

① $-x+1<4$ [3] ② $2x-3\leq0$ [1]
③ $-2x+9\leq x$ [2] ④ $3x-1<x$ [-1]
⑤ $2x+3>-7$ [-2]

0315

x의 값이 -2, -1, 0, 1, 2일 때, 부등식 $2x+1\geq x+2$의 해를 모두 구하시오.

0316

다음 중 부등식 $-x+5\geq3$의 해가 아닌 것은?

① -1 ② 0 ③ 1
④ 2 ⑤ 3

0317

다음 중 방정식 $5x-2=3x+4$를 만족시키는 x의 값을 해로 갖는 부등식은?

① $2x-5\geq9$ ② $x+1>3$
③ $-x+1>x+2$ ④ $-x+2<-3$
⑤ $3x-5\leq x-2$

유형 04 부등식의 성질

대표 문제

0318

$a<b$일 때, 다음 중 옳지 않은 것은?

① $3a+1<3b+1$ ② $-a+2>-b+2$
③ $4(a-1)<4(b-1)$ ④ $1-\frac{3}{4}a<1-\frac{3}{4}b$
⑤ $\frac{a}{2}-3<\frac{b}{2}-3$

0319

$-2a+3<-2b+3$일 때, 다음 중 옳은 것은?

① $a+1<b+1$ ② $-a+3<-b+3$
③ $3a-4<3b-4$ ④ $\frac{a}{5}-2<\frac{b}{5}-2$
⑤ $1-\frac{a}{2}>1-\frac{b}{2}$

0320

$a<b$일 때, 다음 중 □ 안에 들어갈 부등호의 방향이 나머지 넷과 다른 하나는?

① $a+3$ □ $b+3$ ② $-a-1$ □ $-b-1$
③ $2+4a$ □ $2+4b$ ④ $-\frac{1-a}{3}$ □ $-\frac{1-b}{3}$
⑤ $\frac{1}{2}a-(-5)$ □ $\frac{1}{2}b-(-5)$

04 일차부등식

유형 05 부등식의 성질을 이용하여 식의 값의 범위 구하기

대표 문제

0321

$-1<x\leq3$이고 $A=-2x+1$일 때, A의 값의 범위를 구하시오.

0322

$-2\leq\dfrac{3-5x}{4}<1$일 때, x의 값의 범위는 $a<x\leq b$이다. 이때 $a+b$의 값을 구하시오.

유형 06 일차부등식의 뜻

대표 문제

0323

다음 중 일차부등식인 것을 모두 고르면? (정답 2개)

① $4\leq7$
② $2x<3x-1$
③ $x+5=2x-4$
④ $x^2\geq x(x-1)$
⑤ $4+2x\leq2x-1$

0324

다음 보기에서 일차부등식인 것을 모두 고르시오.

보기

ㄱ. $2x>2x-1$
ㄴ. $7-3\leq5$
ㄷ. $1+x(x-2)\leq x^2-7$
ㄹ. $x(x+3)-1\leq0$
ㅁ. $3(x-1)>-x+2$
ㅂ. $\frac{1}{3}(x+1)\geq\frac{1}{2}x$

유형 07 일차부등식의 해

대표 문제

0325

다음 부등식 중 해가 $x\geq-1$인 것은?

① $3x\leq x-2$
② $2x-1\geq x-2$
③ $-2x+5\geq x+2$
④ $4x-2\geq-x+3$
⑤ $2+2x\leq3x+1$

0326

일차부등식 $-3x-5>3x+13$의 해를 수직선 위에 바르게 나타낸 것은?

①
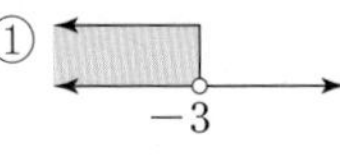

②
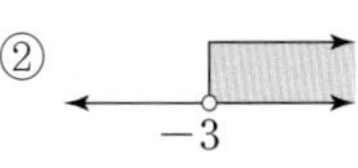

③
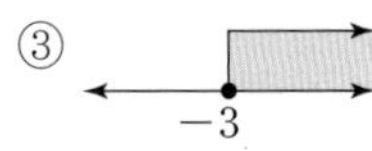

④
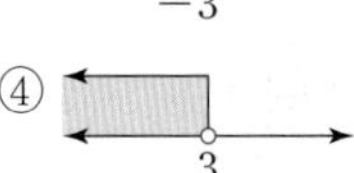

⑤
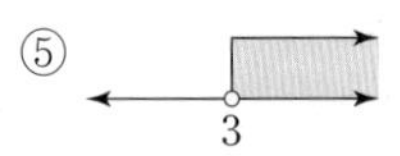

0327

다음 부등식 중 해를 수직선 위에 나타낸 것이 오른쪽 그림과 같은 것은?

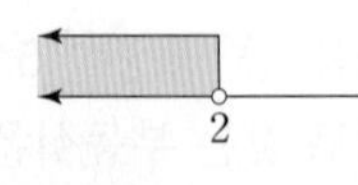

① $5x>x-4$
② $x-3<2x+1$
③ $3x-1<x+7$
④ $2x-5>x+1$
⑤ $-4+3x<6-2x$

Theme 09 일차부등식의 풀이

유형북 61쪽

유형 08 괄호가 있는 일차부등식의 풀이

대표 문제

0328

일차부등식 $2x-5(x-1)<10$을 풀면?

① $x>-\frac{3}{5}$ ② $x>-\frac{5}{3}$ ③ $x<-\frac{5}{3}$
④ $x>\frac{5}{3}$ ⑤ $x>\frac{3}{5}$

0329

일차부등식 $3(x-1)\le 5x+7$을 풀면?

① $x\le -5$ ② $x\ge -5$ ③ $x\le 2$
④ $x\le 5$ ⑤ $x\ge 5$

0330

일차부등식 $3(x-2)+4\ge 2(3x+1)-13$을 만족시키는 모든 자연수 x의 값의 합을 구하시오.

0331

일차부등식 $3(x-1)-5<-2(x-1)$을 만족시키는 가장 큰 정수 x의 값은?

① -2 ② -1 ③ 0
④ 1 ⑤ 2

유형 09 계수가 분수 또는 소수인 일차부등식의 풀이

대표 문제

0332

일차부등식 $\frac{1}{3}x+0.2>0.4(x-1)$을 풀면?

① $x>-9$ ② $x<-9$ ③ $x<9$
④ $x>9$ ⑤ $x>10$

0333

일차부등식 $0.2(x-2)\ge 0.4x-1.4$를 푸시오.

0334

일차부등식 $\frac{2}{3}x-1\le -\frac{x-5}{4}$를 만족시키는 자연수 x는 모두 몇 개인가?

① 2개 ② 3개 ③ 4개
④ 5개 ⑤ 6개

0335

다음 중 일차부등식 $\frac{x+3}{4}+0.2x\ge\frac{1}{5}$의 해가 아닌 것은?

① -2 ② -1 ③ 0
④ 1 ⑤ 2

유형 10 x의 계수가 문자인 일차부등식의 풀이

대표 문제

0336

$a<0$일 때, x에 대한 일차부등식 $a-ax\geq 0$의 해는?

① $x\leq -a$　　② $x\leq -\frac{1}{a}$　　③ $x\geq -1$
④ $x\leq 1$　　⑤ $x\geq 1$

0337

$a<0$일 때, x에 대한 일차부등식 $-(1+ax)>3$의 해는?

① $x<-\frac{4}{a}$　　② $x>-\frac{4}{a}$　　③ $x<\frac{4}{a}$
④ $x>\frac{4}{a}$　　⑤ $x>0$

0338

$a>-2$일 때, x에 대한 일차부등식 $ax-a\leq -2(x-1)$의 해는?

① $x\leq -2$　　② $x\geq -1$　　③ $x\leq -1$
④ $x\leq 1$　　⑤ $x\geq 1$

0339

$a<3$일 때, x에 대한 일차부등식 $ax-3a>3x-9$를 만족시키는 가장 큰 정수 x의 값을 구하시오.

유형 11 부등식의 해가 주어진 경우 미지수 구하기

대표 문제

0340

일차부등식 $2ax-3<5$의 해가 $x>-2$일 때, 상수 a의 값은?

① -2　　② -1　　③ 1
④ 2　　⑤ 3

0341

일차부등식 $5x-a>2$의 해가 $x>3$일 때, 상수 a의 값을 구하시오.

0342

일차부등식 $\frac{5}{3}x-a\geq -2$의 해를 수직선 위에 나타내면 오른쪽 그림과 같을 때, 상수 a의 값을 구하시오.

-3

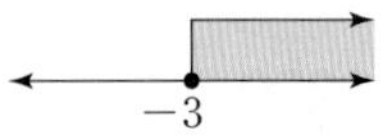

0343

일차부등식 $7-ax\geq 4$를 만족시키는 x의 값 중 최댓값이 3일 때, 상수 a의 값은?

① -2　　② -1　　③ 0
④ 1　　⑤ 2

유형 12 두 일차부등식의 해가 서로 같을 때 미지수 구하기

대표 문제

0344

두 일차부등식 $2x+7>-3(x+1)$과 $5-2x<a-x$의 해가 서로 같을 때, 상수 a의 값은?

① 4 ② 5 ③ 6
④ 7 ⑤ 8

0345

두 일차부등식 $4(x-1)+a<3$과 $0.2x-\frac{3-x}{5}<1$의 해가 서로 같을 때, 상수 a의 값은?

① -9 ② -6 ③ -3
④ 6 ⑤ 9

0346

두 일차부등식 $0.3x+5>1.1x+3$과 $ax<5$의 해가 서로 같을 때, 상수 a의 값은?

① -3 ② -2 ③ -1
④ 1 ⑤ 2

0347

두 일차부등식 $\frac{x+2}{10}+\frac{x}{5}>-\frac{1}{10}$과 $ax-3>2x-5$의 해가 서로 같을 때, 상수 a의 값을 구하시오.

유형 13 자연수인 해의 개수가 주어진 경우 미지수 구하기

대표 문제

0348

일차부등식 $x-a>2x$를 만족시키는 자연수 x가 2개일 때, 상수 a의 값의 범위는?

① $-3<a<-2$ ② $-3\le a<-2$
③ $-3<a\le -2$ ④ $2\le a<3$
⑤ $2<a\le 3$

0349

일차부등식 $5x-3\le 4x+k$를 만족시키는 자연수 x가 1, 2뿐일 때, 상수 k의 최솟값을 구하시오.

0350

일차부등식 $x-2>3(x+k)$를 만족시키는 자연수 x가 5개일 때, 상수 k의 값의 범위는 $m\le k<n$이다. 이때 $n-3m$의 값을 구하시오.

0351

일차부등식 $x+2a>3x$를 만족시키는 자연수 x의 값이 존재하지 않을 때, 상수 a의 최댓값을 구하시오.

Theme 10 일차부등식의 활용

유형북 64쪽

유형 14 수에 대한 문제

대표 문제

0352

연속하는 두 홀수가 있다. 작은 수의 3배에서 1을 뺀 것은 큰 수의 2배 이상일 때, 가장 작은 두 홀수를 구하시오.

0353

어떤 자연수의 4배에서 6을 뺀 것은 그 수의 2배에 4를 더한 것보다 크다고 할 때, 어떤 자연수 중 가장 작은 수는?

① 4 ② 5 ③ 6
④ 7 ⑤ 8

0354

연속하는 세 자연수의 합이 54보다 크거나 같을 때, 이를 만족시키는 가장 작은 세 자연수 중 가장 작은 수는?

① 16 ② 17 ③ 18
④ 19 ⑤ 20

0355

연속하는 세 자연수 중 가장 큰 수의 3배에서 작은 두 수의 합을 뺀 것이 9보다 크다고 한다. 이와 같은 수 중 가장 작은 세 자연수를 구하시오.

유형 15 평균에 대한 문제

대표 문제

0356

지선이는 세 과목의 시험에서 각각 79점, 84점, 88점을 받았다. 네 과목의 평균 점수가 85점 이상이 되려면 네 번째 과목 시험에서 몇 점 이상을 받아야 하는가?

① 86점 ② 87점 ③ 88점
④ 89점 ⑤ 90점

0357

진우는 세 번의 50 m 달리기에서 각각 10초, 9초, 12초를 기록하였다. 네 번째 달리기까지의 평균 기록이 10초 이내가 되려면 네 번째 달리기에서 몇 초 이내로 들어와야 하는지 구하시오.

0358

종희네 반에 남학생 15명, 여학생 10명이 있다. 남학생의 몸무게의 평균은 60 kg이고, 반 전체의 몸무게의 평균은 54 kg 이상일 때, 여학생의 몸무게의 평균은 몇 kg 이상인가?

① 44 kg ② 45 kg ③ 46 kg
④ 47 kg ⑤ 48 kg

유형 16 최대 개수에 대한 문제

대표 문제

0359

한 개에 500원인 도넛과 한 개에 600원인 꽈배기를 합하여 16개를 사고 그 가격은 9000원 이하가 되게 하려고 한다. 이때 꽈배기를 최대 몇 개까지 살 수 있는가?

① 8개 ② 9개 ③ 10개
④ 11개 ⑤ 12개

0360

한 송이에 2000원인 백합을 포장하여 전체 가격이 15000원을 넘지 않게 사려고 한다. 포장비가 1500원일 때, 백합을 최대 몇 송이까지 살 수 있는지 구하시오.

0361

어느 박물관의 1인당 입장료가 어른은 3000원, 어린이는 1200원이라고 한다. 어른과 어린이를 합하여 25명이 40000원 이하로 박물관에 입장하려면 어른은 최대 몇 명까지 입장할 수 있는지 구하시오.

0362

한 개에 500원인 젤리와 한 개에 900원인 크림빵을 합하여 10개를 사서 3000원짜리 바구니에 담아 전체 금액이 10000원 이하가 되게 하려고 한다. 이때 크림빵은 최대 몇 개까지 살 수 있는가?

① 4개 ② 5개 ③ 6개
④ 7개 ⑤ 8개

유형 17 추가 요금에 대한 문제

대표 문제

0363

어느 자연 휴양림 펜션의 이용 요금은 4명까지는 1인당 15000원이고, 4명을 초과하면 초과한 인원에 대하여 1인당 10000원의 요금이 추가된다고 한다. 100000원 이하로 이 펜션을 이용하려고 할 때, 최대 몇 명까지 이용할 수 있는가?

① 4명 ② 5명 ③ 6명
④ 7명 ⑤ 8명

0364

어느 공영 주차장의 주차 요금은 처음 30분까지는 1500원이고, 30분을 초과하면 1분에 150원씩 추가 요금이 부과된다고 한다. 주차 요금이 10000원 이하가 되게 하려면 최대 몇 분 동안 주차할 수 있는가?

(단, 주차는 1분 단위로 한다.)

① 86분 ② 87분 ③ 88분
④ 89분 ⑤ 90분

0365

어느 보드카페의 이용 요금은 1시간까지는 3000원이고 1시간이 지나면 1분마다 50원씩 요금이 추가된다고 한다. 이용 요금이 9000원 이하가 되게 하려면 최대 몇 분 동안 이용할 수 있는지 구하시오.

유형 18 예금액에 대한 문제

대표 문제

0366

현재까지 형은 25000원, 동생은 10000원을 예금하였다. 다음 달부터 형은 매월 2000원씩, 동생은 매월 3000원씩 예금한다면 동생의 예금액이 형의 예금액보다 많아지는 것은 몇 개월 후부터인가?

① 13개월 ② 14개월 ③ 15개월
④ 16개월 ⑤ 17개월

0367

현재 예은이의 저금통에는 20000원이 들어 있다. 매일 같은 금액을 25일 동안 저금하여 저금통에 있는 금액이 40000원 이상이 되게 하려고 한다. 매일 저금해야 하는 최소 금액은?

① 600원 ② 700원 ③ 800원
④ 900원 ⑤ 1000원

0368

현재 수환이의 통장에는 25000원, 진서의 통장에는 5000원이 예금되어 있다. 다음 달부터 수환이는 매달 1000원씩, 진서는 매달 2000원씩 예금한다면 수환이의 예금액이 진서의 예금액의 3배보다 적어지는 것은 몇 개월 후부터인지 구하시오.

유형 19 유리한 방법을 선택하는 문제

대표 문제

0369

어느 체험관의 입장료는 한 사람당 2500원이고 20명 이상 단체인 경우 한 사람당 입장료의 20 %를 할인해 준다고 한다. 20명 미만의 단체는 몇 명 이상부터 20명의 단체 입장권을 사는 것이 유리한지 구하시오.

0370

지선이네 어머니께서는 정수기를 장만하려고 한다. 정수기를 구입할 경우에는 40만 원의 구입 비용과 매달 10000원의 유지비가 들고, 정수기를 대여받을 경우에는 매달 25000원의 대여비만 든다고 한다. 정수기를 구입해서 몇 개월 이상 사용해야 대여받는 것보다 유리한가?

① 26개월 ② 27개월 ③ 28개월
④ 29개월 ⑤ 30개월

0371

두 자동차 A, B의 가격과 휘발유 1L당 주행 거리는 다음 표와 같다. 휘발유 가격이 1L당 2400원으로 일정하다고 가정하고 자동차 가격과 주유 비용만을 고려하여 자동차를 구입하려고 할 때, 자동차를 구입한 후 최소 몇 km를 초과하여 주행해야 B 자동차를 구입하는 것이 A 자동차를 구입하는 것보다 유리한가?

자동차	가격(만 원)	1L당 주행 거리(km)
A	1800	10
B	2500	15

① 75000 km ② 80000 km ③ 83500 km
④ 85500 km ⑤ 87500 km

유형 20 정가, 원가에 대한 문제

대표 문제

0372

원가가 7000원인 물건을 정가의 30%를 할인하여 팔아서 원가의 15% 이상의 이익을 얻으려고 한다. 다음 중 이 물건의 정가가 될 수 있는 것은?

① 10800원 ② 11000원 ③ 11200원
④ 11400원 ⑤ 11600원

0373

어떤 모자에 원가의 25%의 이익을 붙여서 정가를 정하였다. 이 모자를 정가에서 1500원을 할인하여 팔아도 원가의 10% 이상의 이익을 얻으려고 할 때, 모자의 원가는 얼마 이상이어야 하는지 구하시오.

0374

어떤 가방에 원가의 20%의 이익을 붙여서 정가를 정한 후 정가에서 x% 할인하여 판매하려고 한다. 손해를 보지 않고 판매하려고 할 때, x의 값이 될 수 있는 가장 큰 자연수는?

① 13 ② 14 ③ 15
④ 16 ⑤ 17

유형 21 도형에 대한 문제

대표 문제

0375

삼각형의 세 변의 길이가 $(x+1)$cm, $(x+2)$cm, $(x+6)$cm일 때, 다음 중 x의 값이 될 수 없는 것을 모두 고르면? (정답 2개)

① 2 ② 3 ③ 4
④ 5 ⑤ 6

0376

오른쪽 그림과 같이 아랫변의 길이가 7cm, 높이가 5cm인 사다리꼴의 넓이가 25cm^2 이상이 되도록 할 때, 이 사다리꼴의 윗변의 길이는 몇 cm 이상이어야 하는가?

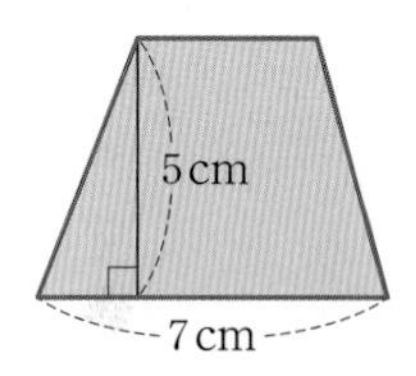

① 2cm ② 3cm ③ 4cm
④ 5cm ⑤ 6cm

0377

가로의 길이가 세로의 길이보다 6cm 짧은 직사각형을 만들려고 한다. 이 직사각형의 둘레의 길이가 100cm 이상이 되게 하려면 가로의 길이는 몇 cm 이상이어야 하는지 구하시오.

0378

밑면의 반지름의 길이가 5cm인 원기둥의 겉넓이가 150π cm^2 이상일 때, 원기둥의 높이는 몇 cm 이상이어야 하는지 구하시오.

유형 22 거리, 속력, 시간에 대한 문제(1)

대표 문제

0379

윤희가 집에서 5km 떨어진 도서관에 가는데 처음에는 시속 4km로 걷다가 도중에 시속 3km로 걸어서 도서관에 도착했다. 전체 걸린 시간이 1시간 30분 이내였다고 할 때, 다음 중 시속 3km로 걸은 거리가 될 수 없는 것은?

① 0.5km ② 1km ③ 2km
④ 3km ⑤ 4km

0380

하민이와 준수가 같은 지점에서 동시에 출발하여 서로 반대 방향으로 직선 도로를 따라 자전거를 타고 가고 있다. 하민이는 분속 320m로, 준수는 분속 380m로 갈 때, 하민이와 준수 사이의 거리가 5.6km 이상이 되려면 두 사람이 몇 분 이상 자전거를 타야 하는지 구하시오.

0381

지은이와 수정이가 서로 4.3km 떨어진 곳에서 동시에 출발하여 마주 보고 오고 있다. 지은이는 분속 240m로, 수정이는 분속 160m로 달린다면 두 사람 사이의 거리가 1.1km 이하가 되는 것은 출발한 지 몇 분 후부터인가?

① 5분 ② 6분 ③ 7분
④ 8분 ⑤ 9분

유형 23 거리, 속력, 시간에 대한 문제(2)

대표 문제

0382

수지가 산책을 하는데 갈 때는 시속 3km로 걷고, 올 때는 갈 때보다 1km 더 먼 길을 시속 4km로 걸었다. 산책하는 데 걸린 시간이 2시간 이내일 때, 수지가 걸은 거리는 최대 몇 km인가?

① 5km ② 6km ③ 7km
④ 8km ⑤ 9km

0383

선아는 기차역에서 기차 출발 시각까지 1시간의 여유가 있어서 서점에 가서 책을 사 오려고 한다. 책을 사는 데 30분이 걸리고 시속 3km로 걷는다고 할 때, 선아는 기차역에서 몇 km 이내에 있는 서점을 이용해야 하는지 구하시오.

0384

지우가 집에서 10km 떨어진 소방서까지 가는데 처음에는 자전거를 타고 시속 8km로 달리다가 도중에 자전거가 고장이 나서 그 지점에서부터 시속 4km로 걸어갔더니 2시간 이내에 도착하였다. 자전거가 고장 난 지점은 집에서 몇 km 이상 떨어진 곳인지 구하시오.

유형 24 농도에 대한 문제

대표 문제

0385

10 %의 설탕물과 20 %의 설탕물을 섞어서 15 % 이상의 설탕물 250 g을 만들려고 할 때, 10 %의 설탕물은 최대 몇 g 섞어야 하는가?

① 115 g ② 120 g ③ 125 g
④ 130 g ⑤ 135 g

0386

8 %의 소금물 350 g에서 물을 증발시켜 10 % 이상의 소금물을 만들려고 한다. 이때 물을 최소 몇 g 증발시켜야 하는가?

① 70 g ② 80 g ③ 90 g
④ 100 g ⑤ 110 g

0387

4 %의 소금물 300 g에 소금을 더 넣어 농도가 10 % 이상인 소금물을 만들려고 한다. 이때 소금은 최소 몇 g을 더 넣어야 하는지 구하시오.

유형 25 여러 가지 부등식의 활용

대표 문제

0388

80000원을 형과 동생에게 나누어 주려고 하는데 형의 몫의 2배가 동생의 몫의 3배보다 크지 않게 하려면 형에게 최대 얼마를 줄 수 있는가?

① 44000원 ② 45000원 ③ 46000원
④ 47000원 ⑤ 48000원

0389

현재 어머니의 나이는 49살, 아들의 나이는 15살이다. 몇 년 후부터 어머니의 나이가 아들의 나이의 3배 이하가 되겠는가?

① 2년 ② 3년 ③ 4년
④ 5년 ⑤ 6년

0390

각 자리의 숫자의 합이 11인 두 자리의 자연수가 있다. 이 수의 십의 자리의 숫자의 3배가 일의 자리의 숫자보다 작을 때, 이 자연수를 구하시오.

0391

오른쪽 표는 두 식품 A, B의 1 g 당 단백질의 양을 나타낸 것이다. A, B를 합하여 400 g을 먹으려고 할 때, 단백질을 100 g 이상 얻기 위해 먹어야 하는 식품 A의 양은 최소 몇 g인지 구하시오.

식품	단백질(g)
A	0.4
B	0.2

0392

다음 중 부등식이 아닌 것을 모두 고르면? (정답 2개)

① $\frac{1}{3}x-2>5$　② $2+3=5$
③ $-5x+1\le0$　④ $4y-7$
⑤ $-5>1$

0393

다음 중 $x=3$일 때, 참인 부등식은?

① $4x-12>0$　② $-3x+1\ge4$
③ $2x-4\le0$　④ $10-3x>0$
⑤ $\frac{-x+4}{3}<0$

0394

$x<-1$일 때, 다음 중 □ 안에 들어갈 부등호의 방향이 나머지 넷과 다른 하나는?

① $x+1$ □ 0　② $2x$ □ -2
③ $-4-2x$ □ -2　④ $\frac{x}{2}$ □ $-\frac{1}{2}$
⑤ $-(-x)$ □ -1

0395

다음 중 일차부등식이 아닌 것은?

① $3-2x>7$　② $2x+5>2+2x$
③ $3x-4\le2x-4$　④ $x+2>-x+2$
⑤ $3x^2-2x\le x^2+2(x^2+4)$

0396

다음 중 부등식 $x+7<2x+5$의 해를 수직선 위에 바르게 나타낸 것은?

①
2

②
2

③
-2

④
-2

⑤
-2

0397

$-1\le x\le2$일 때, $a\le\frac{-3x+4}{2}\le b$이다. 이때 $a+2b$의 값은?

① -6　② -4　③ 2
④ 4　⑤ 6

실력 UP

0398

$-2\le x<1$이고 $A=\frac{1}{3}(12-9x)$일 때, A의 값 중에서 가장 큰 정수를 M, 가장 작은 정수를 m이라 하자. 이때 $M+m$의 값을 구하시오.

0399

다음 중 부등식이 아닌 것을 모두 고르면? (정답 2개)

① $-4x+3=5$ ② $0>-5+2$
③ $2x^2+1<x-2$ ④ $-x+2(x-2)$
⑤ $3(x+1)\geq 2x-4$

0400

'어떤 수 x의 3배에 5를 더한 수는 x에서 2를 뺀 것의 4배보다 작지 않다.'를 부등식으로 바르게 나타낸 것은?

① $3x+5\geq 4x-2$ ② $3x+5>4(x-2)$
③ $3x+5\geq 4(x-2)$ ④ $3x+5\leq 4(x-2)$
⑤ $3(x+5)\geq 4x-2$

0401

다음 중 [ ] 안의 수가 주어진 부등식의 해가 아닌 것은?

① $3x-1\leq 5$ [0] ② $10-3x\geq x$ [2]
③ $x-6<2x$ [−3] ④ $2x+3<7$ [1]
⑤ $2(x+1)<x$ [1]

0402

$a>b$일 때, 다음 중 옳은 것은?

① $a+2<b+2$ ② $ac>bc$
③ $\frac{a}{2}-1>\frac{b}{2}-1$ ④ $c-a>c-b$
⑤ $-\frac{1}{3}+a<-\frac{1}{3}+b$

0403

$-3<x\leq 1$일 때, $a<2x-3\leq b$이다. 이때 $a+b$의 값은?

① −10 ② −9 ③ −4
④ 9 ⑤ 10

0404

다음 보기에서 $3x+4=x$를 만족시키는 x의 값을 해로 갖는 부등식을 모두 고른 것은?

보기

ㄱ. $2(x+4)\geq 4$ ㄴ. $\frac{x}{4}+3\geq 1$
ㄷ. $2x+3<\frac{x}{4}-1$ ㄹ. $0.5x+3<-x-1$

① ㄱ, ㄴ ② ㄱ, ㄷ ③ ㄴ, ㄹ
④ ㄱ, ㄴ, ㄷ ⑤ ㄱ, ㄴ, ㄹ

실력 UP

0405

부등식 $26-3x\geq 3+2x$를 만족시키는 모든 자연수 x의 값의 합은?

① 3 ② 6 ③ 10
④ 15 ⑤ 21

0406

일차부등식 $2(x-3) \le 3(x-5)$의 해가 $x \ge a$일 때, 상수 a의 값은?

① 6　② 7　③ 8　④ 9　⑤ 10

0407

일차부등식 $4+\frac{3x-1}{6} \ge \frac{2x+1}{3}+3$의 해를 수직선 위에 바르게 나타낸 것은?

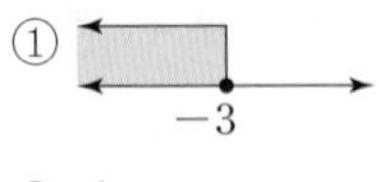

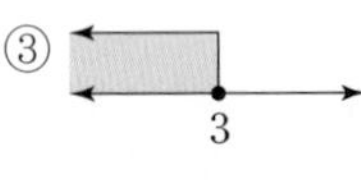

⑤ 5

0408

일차부등식 $\frac{x}{4}-1.2 < \frac{3}{10}x-0.9$의 해는?

① $x > -9$　② $x < -9$　③ $x > -6$　④ $x < -6$　⑤ $x > 6$

0409

$a > 4$일 때, x에 대한 일차부등식 $(4-a)x \ge 2a-8$을 푸시오.

0410

두 일차부등식 $4x-3 < -6$과 $-3x+a > 3-x$의 해가 서로 같을 때, 상수 a의 값은?

① $-\frac{3}{2}$　② $-\frac{1}{2}$　③ $\frac{1}{2}$　④ $\frac{3}{2}$　⑤ 2

0411

일차부등식 $\frac{3x-1}{2}-a \ge x+2$를 만족시키는 x의 값 중 최솟값이 3일 때, 상수 a의 값을 구하시오.

실력 UP

0412

일차부등식 $2(3x-a) > 7x-1$을 만족시키는 자연수 x가 5개일 때, 상수 a의 값의 범위는?

① $-5 < a \le -3$　② $-\frac{5}{2} \le a < -2$　③ $-\frac{5}{2} \le a < 0$　④ $-\frac{3}{2} \le a < 0$　⑤ $-\frac{3}{2} \le a < 2$

0413

다음은 일차부등식 $4(x-3)\le 7(x+2)-23$을 풀고, 그 해를 수직선 위에 나타내는 과정이다. 처음으로 틀린 곳은?

$4(x-3)\le 7(x+2)-23$에서 ①
$4x-12\le 7x-9$ ②
$4x-7x\le -9+12$ ③
$-3x\le 3$ ④
$\therefore x\le -1$
이를 수직선 위에 나타내면 다음 그림과 같다. ⑤

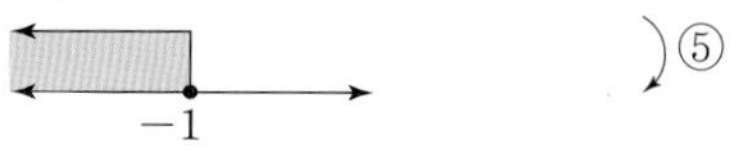

0414

일차부등식 $\frac{1}{2}x+1.5>\frac{2}{3}x$를 만족시키는 자연수 x는 모두 몇 개인가?

① 5개 ② 6개 ③ 7개
④ 8개 ⑤ 9개

0415

다음 부등식을 만족시키는 모든 자연수 x의 값의 합은?

$$0.1(x-4)-0.3(x+1)>-\frac{3}{2}$$

① 1 ② 3 ③ 6
④ 10 ⑤ 15

0416

일차부등식 $a-3x>-2x-1$의 해가 $x<5$일 때, 상수 a의 값을 구하시오.

0417

두 일차부등식 $\frac{x+2}{3}-\frac{x-1}{2}\ge 1$과 $2x\le 1+a$의 해가 서로 같을 때, 상수 a의 값은?

① -2 ② -1 ③ 1
④ 2 ⑤ 3

0418

$4-2a<a+1$일 때, x에 대한 일차부등식 $3ax+a<3x+1$을 푸시오.

실력 UP

0419

일차부등식 $1+\frac{x+a}{2}\le\frac{2}{3}x+1.5$의 해를 수직선 위에 나타내면 오른쪽 그림과 같을 때, 상수 a의 값은?

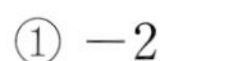

① -2 ② -1 ③ 1
④ 2 ⑤ 3

0420

4명의 학생에게 200원짜리 지우개 1개와 300원짜리 연필 몇 자루로 구성된 문구 세트를 1개씩 나누어 주려고 한다. 나누어 주는 문구 세트 전체의 가격이 10000원을 넘지 않게 할 때, 문구 세트 1개에 넣을 수 있는 연필은 최대 몇 자루인가?

① 5자루　② 6자루　③ 7자루　④ 8자루　⑤ 9자루

0421

연속하는 세 개의 3의 배수의 합이 50보다 작지 않다고 한다. 이와 같은 수 중 가장 작은 세 자연수를 구하시오.

0422

현재 정우의 저축액은 50000원, 수진이의 저축액은 70000원이다. 다음 달부터 매달 정우는 15000원씩, 수진이는 5000원씩 저축한다면 정우의 저축액이 수진이의 저축액의 2배보다 많아지는 것은 몇 개월 후부터인가?

① 16개월　② 17개월　③ 18개월　④ 19개월　⑤ 20개월

0423

밑면인 원의 반지름의 길이가 5 cm인 원뿔이 있다. 이 원뿔의 부피가 $100\pi\,\text{cm}^3$ 이상이 되려면 원뿔의 높이는 최소 몇 cm이어야 하는가?

① 8 cm　② 10 cm　③ 12 cm　④ 14 cm　⑤ 16 cm

0424

상점에 물건을 사러 갔다 오는데 갈 때는 분속 30 m로 걷고, 올 때는 같은 길을 분속 60 m로 걸었다고 한다. 상점에서 물건을 사는 데 걸린 시간 15분을 포함하여 집으로 50분 이내로 돌아왔다면 집에서 상점까지의 거리는 몇 m 이내인가?

① 500 m　② 600 m　③ 700 m　④ 800 m　⑤ 900 m

0425

20 %의 소금물 600 g에 물을 더 넣어 12 % 이하의 소금물을 만들려고 한다. 이때 물을 최소 몇 g 더 넣어야 하는지 구하시오.

실력 UP

0426

원가가 10000원인 어떤 물건에 30 %의 이익을 붙여서 정가를 정하였는데 팔리지 않아서 할인하여 판매하기로 했다. 원가의 17 % 이상의 이익을 얻으려면 정가에서 최대 몇 %까지 할인하여 판매할 수 있는지 구하시오.

0427

우진이는 국어, 영어 시험에서 각각 74점, 82점을 받았다. 수학 시험 점수가 국어, 영어, 수학 세 과목의 평균 점수 이상이 되려면 수학 시험에서 몇 점 이상을 받아야 하는지 구하시오.

0428

수호는 웹 사이트에서 파일 1개당 다운로드 가격이 2000원인 드라마와 3000원인 영화를 합하여 파일을 10개 다운로드하려고 한다. 전체 비용을 27000원 미만으로 다운로드할 때, 다운로드할 수 있는 영화 파일은 최대 몇 개인가?

① 3개 ② 4개 ③ 5개
④ 6개 ⑤ 7개

0429

어떤 사진관은 증명사진을 찍고 6장을 현상해 주는 데 15000원을 받고, 추가로 현상할 때는 1장에 1500원씩 더 받는다고 한다. 전체 사진의 1장당 가격이 2000원 이하가 되게 하려면 몇 장 이상을 추가로 현상해야 하는지 구하시오.

0430

어느 아쿠아리움의 입장료는 1인당 20000원이고, 30명 이상의 단체는 입장료의 25 %를 할인하여 준다고 한다. 30명 미만의 단체가 입장할 때, 몇 명 이상부터 30명의 단체 입장권을 사는 것이 유리한가?

① 21명 ② 22명 ③ 23명
④ 24명 ⑤ 25명

0431

오른쪽 그림과 같이 높이가 5 cm인 사다리꼴이 있다. 이 사다리꼴의 윗변의 길이가 아랫변의 길이보다 2 cm 짧고 넓이가 45 cm^2 이상일 때, 윗변의 길이는 몇 cm 이상인가?

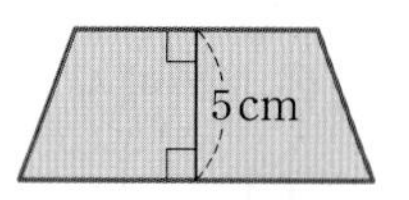

① 7 cm ② 8 cm ③ 9 cm
④ 10 cm ⑤ 11 cm

0432

둘레의 길이가 4 km인 공원 둘레를 처음에는 분속 40 m로 걷다가 나중에는 분속 120 m로 뛰어서 70분 이내에 공원을 한 바퀴 돌려고 한다. 걷는 거리는 최대 몇 km이어야 하는지 구하시오.

실력 UP

0433

어떤 일을 마치는 데 어른 한 명이 혼자 하면 5일이 걸리고, 어린이 한 명이 혼자 하면 8일이 걸린다고 한다. 어른과 어린이를 합하여 7명이 이 일을 하루 안에 마치려고 할 때, 어른은 최소 몇 명이 필요한지 구하시오.

0434

다음 보기에서 부등식인 것을 모두 고른 것은?

보기
ㄱ. $5-3=2$　ㄴ. $x(x+1)=0$
ㄷ. $x+5\geq 0$　ㄹ. $2x-4<-2x$
ㅁ. $4-\frac{1}{3}x$

① ㄱ, ㄴ　② ㄱ, ㄷ　③ ㄴ, ㅁ
④ ㄷ, ㄹ　⑤ ㄱ, ㄷ, ㄹ

0435

다음 문장을 부등식으로 나타낸 것으로 옳지 않은 것은?

① x의 3배는 x에서 6을 뺀 것보다 크다. ⇨ $3x>x-6$
② 한 자루에 a원인 연필 12자루의 가격은 5000원 이하이다. ⇨ $12a\leq 5000$
③ 한 변의 길이가 $x$cm인 정삼각형의 둘레의 길이는 24cm보다 길다. ⇨ $3x>24$
④ 농도가 x%인 설탕물 300g에 들어 있는 설탕의 양은 15g보다 크지 않다. ⇨ $\frac{x}{100}\times 300<15$
⑤ 분속 100m로 x분 동안 걷다가 2km를 뛰어서 갔을 때, 이동한 전체 거리는 2.5km 이상이다.
⇨ $100x+2000\geq 2500$

0436

$-3<x<6$이고 $A=5-\frac{1}{3}x$일 때, $m<A<n$이다. 이때 $m+n$의 값을 구하시오.

0437

부등식 $\frac{1}{2}x\geq ax+5+\frac{3}{4}x$가 일차부등식일 때, 다음 중 상수 a의 값이 될 수 없는 것은?

① -2　② -1　③ $-\frac{1}{2}$
④ $-\frac{1}{4}$　⑤ 1

0438

일차부등식 $(a-3)x+4<1$의 해를 수직선 위에 나타내면 오른쪽 그림과 같을 때, 상수 a의 값은?

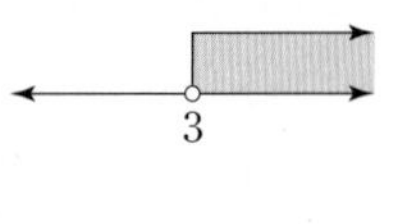

① -4　② -2　③ 0
④ 2　⑤ 4

0439

일차부등식 $0.3(x+a)<\frac{1}{5}x+0.6$을 만족시키는 자연수 x의 값이 존재하지 않도록 하는 정수 a의 최솟값을 구하시오.

0440

한 송이에 800원인 수국과 한 송이에 1200원인 백합을 합하여 20송이를 사려고 한다. 전체 가격이 20000원 이하가 되게 할 때, 백합은 최대 몇 송이까지 살 수 있는가?

① 8송이　② 9송이　③ 10송이
④ 11송이　⑤ 12송이

0441

어느 영화관 주차장의 주차 요금은 처음 1시간 30분까지는 2000원이고, 1시간 30분을 초과하면 10분에 200원씩 추가 요금이 부과된다고 한다. 주차 요금이 5000원 이하가 되게 하려면 최대 몇 시간 몇 분 동안 주차할 수 있는가? (단, 주차는 10분 단위로 한다.)

① 2시간 20분 ② 2시간 40분 ③ 3시간
④ 3시간 20분 ⑤ 4시간

0442

길이가 50 m인 철조망으로 오른쪽 그림과 같이 한쪽 가로가 벽으로 막힌 직사각형 모양의 가축 우리를 만들려고 한다. 가축 우리의 가로의 길이를 세로의 길이보다는 5 m 이상 길게 하려고 할 때, 다음 중 세로의 길이가 될 수 없는 것은?

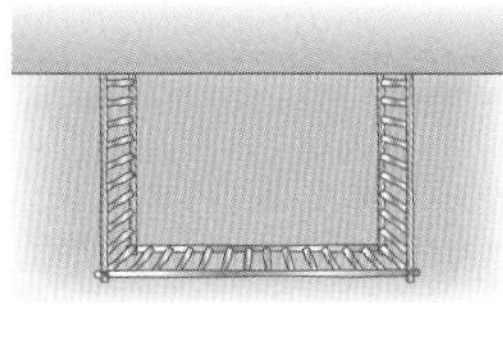

① 12 m ② 13 m ③ 14 m
④ 15 m ⑤ 16 m

0443

지수가 자동차로 집에서 출발하여 박물관에 도착하기까지 시속 150 km로 달리면 시속 90 km로 달릴 때보다 12분 이상의 시간이 단축된다고 한다. 집에서 박물관까지 시속 90 km로 달릴 때, 최소 몇 분이 걸리는지 구하시오.

서술형 문제

0444

부등식 $\frac{2x+1}{4}-\frac{x-5}{3}\le 1$을 만족시키는 가장 큰 정수를 a, 부등식 $0.3x+0.4<0.5x-0.6$을 만족시키는 가장 작은 정수를 b라 할 때, $\frac{a}{b}$의 값을 구하시오.

0445

현재 태풍의 눈이 제주도의 남쪽 520 km 해상에 위치하고 있고, 그 영향권은 반지름의 길이가 100 km인 원 이내의 지역이다. 이 태풍이 시속 60 km로 북쪽으로 이동할 때, 제주도가 태풍의 영향권에 들어가기 시작하는 것은 몇 시간 후부터인지 구하시오. (단, 태풍의 영향권의 범위는 변하지 않는다.)

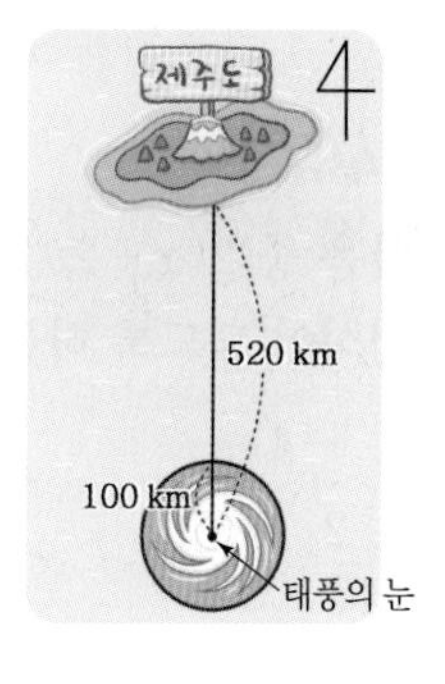

풀이

Theme 11 미지수가 2개인 연립방정식

유형북 80쪽

유형 01 미지수가 2개인 일차방정식

대표 문제

0446

다음 보기에서 미지수가 2개인 일차방정식을 모두 고른 것은?

보기

ㄱ. $x-2y=2(3+y)$ ㄴ. $\frac{3}{x}-\frac{4}{y}=1$

ㄷ. $x^2+5y=4$ ㄹ. $3x+y(y-2)=y^2-2$

① ㄱ, ㄴ ② ㄱ, ㄹ ③ ㄴ, ㄷ
④ ㄴ, ㄹ ⑤ ㄷ, ㄹ

0447

다음 중 $2(x-2y)=x+ay+3$이 미지수가 2개인 일차방정식이 되도록 하는 상수 a의 값이 아닌 것은?

① -4 ② -2 ③ 1
④ 2 ⑤ 4

0448

다음을 x, y에 대한 일차방정식으로 나타내시오.

소 x마리와 오리 y마리의 다리의 수의 합은 56이다.

유형 02 미지수가 2개인 일차방정식과 그 해

대표 문제

0449

다음 중 일차방정식 $2x-3y=11$의 해가 아닌 것을 모두 고르면? (정답 2개)

① $(-2, -5)$ ② $(-1, 3)$ ③ $(1, -3)$
④ $\left(2, -\frac{7}{3}\right)$ ⑤ $(7, 2)$

0450

x, y가 자연수일 때, 일차방정식 $4x+3y=30$의 해를 모두 구하시오.

0451

다음 보기에서 $x=3$, $y=-2$를 해로 갖는 일차방정식을 모두 고르시오.

보기

ㄱ. $-x+y=-1$ ㄴ. $2x+3y=5$

ㄷ. $x+4y=-5$ ㄹ. $4x-3y=18$

0452

x, y가 음이 아닌 정수일 때, 일차방정식 $x+2y=8$의 해의 개수를 a, 일차방정식 $2x+3y=12$의 해의 개수를 b라 하자. 이때 $a+b$의 값을 구하시오.

유형 03 일차방정식의 해가 주어질 때 미지수 구하기

대표 문제

0453

일차방정식 $ax-2y=13$의 한 해가 $(3,\ -2)$일 때, 상수 a의 값은?

① 1 ② 2 ③ 3
④ 4 ⑤ 5

0454

일차방정식 $4x+ay-12=0$의 한 해가 $(4,\ 4)$이다. $x=2$일 때, y의 값은? (단, a는 상수)

① -4 ② -2 ③ 0
④ 2 ⑤ 4

0455

두 순서쌍 $(a,\ 3)$, $(b,\ b-1)$이 일차방정식 $5x-4y=3$의 해일 때, $a+b$의 값을 구하시오.

0456

x, y가 자연수일 때, 일차방정식 $2x+3y=7$의 해가 일차방정식 $ax-2y=6$을 만족시킨다. 이때 상수 a의 값을 구하시오.

유형 04 연립방정식 세우기

대표 문제

0457

가로의 길이가 세로의 길이보다 3 cm 더 긴 직사각형의 둘레의 길이가 42 cm이다. 이 직사각형의 가로의 길이를 x cm, 세로의 길이를 y cm라 할 때, x, y에 대한 연립방정식으로 나타내면?

① $\begin{cases} x=y-3 \\ x+y=21 \end{cases}$ ② $\begin{cases} x=y-3 \\ x+y=42 \end{cases}$ ③ $\begin{cases} x=y+3 \\ x-y=42 \end{cases}$

④ $\begin{cases} x=y+3 \\ x+y=21 \end{cases}$ ⑤ $\begin{cases} x=y+3 \\ x+y=42 \end{cases}$

0458

학생 25명이 체험 학습을 가기 위해 버스를 탔는데 버스 요금의 총액이 22200원이었다. 버스 요금을 교통카드로 지불하면 720원이고, 현금으로 지불하면 1000원이다. 버스 요금을 교통카드로 지불한 학생의 수를 x명, 현금으로 지불한 학생의 수를 y명이라 할 때, x, y에 대한 연립방정식으로 나타내시오.

0459

둘레의 길이가 1500 m인 호수가 있다. 재훈이는 분속 x m로, 은혜는 재훈이보다 느린 분속 y m로 호수의 둘레를 돌 때, 같은 지점에서 동시에 출발하여 같은 방향으로 돌면 30분 후에 처음으로 만나고, 반대 방향으로 돌면 6분 후에 처음으로 만난다고 한다. 이를 x, y에 대한 연립방정식으로 나타낼 때, 필요한 식을 모두 고르면? (정답 2개)

① $6x-6y=1500$ ② $6x+6y=1500$
③ $30x-30y=1500$ ④ $30x+30y=1500$
⑤ $30x+30y=3000$

유형 05 연립방정식의 해

대표 문제

0460

다음 보기에서 $x=2$, $y=3$을 해로 갖는 연립방정식을 모두 고른 것은?

보기

ㄱ. $\begin{cases} x+y=5 \\ x-y=-1 \end{cases}$ ㄴ. $\begin{cases} 2x+y=7 \\ 3x-y=3 \end{cases}$

ㄷ. $\begin{cases} 2x-y=1 \\ x-2y=-1 \end{cases}$ ㄹ. $\begin{cases} 3x-2y=1 \\ y=x+1 \end{cases}$

① ㄱ, ㄴ ② ㄱ, ㄷ ③ ㄴ, ㄷ
④ ㄴ, ㄹ ⑤ ㄷ, ㄹ

0461

다음 보기의 일차방정식 중 해가 $x=-6$, $y=-4$인 두 방정식을 한 쌍의 연립방정식으로 나타내시오.

보기

ㄱ. $x-3y=6$ ㄴ. $2x-5y=7$
ㄷ. $4x-3y=-12$ ㄹ. $5x-4y=-16$

0462

x, y가 자연수일 때, 연립방정식 $\begin{cases} x+2y=5 \\ 4x+y=13 \end{cases}$의 해는?

① $(1, 2)$ ② $(1, 9)$ ③ $(2, 5)$
④ $(2, 7)$ ⑤ $(3, 1)$

유형 06 연립방정식의 해가 주어질 때 미지수 구하기

대표 문제

0463

연립방정식 $\begin{cases} ax+y=2 \\ 2x-by=16 \end{cases}$의 해가 $(-1, 6)$일 때, 상수 a, b의 값은?

① $a=-4$, $b=-3$ ② $a=-4$, $b=3$
③ $a=3$, $b=-4$ ④ $a=4$, $b=-3$
⑤ $a=4$, $b=3$

0464

연립방정식 $\begin{cases} 3x+4y=2 \\ ax+5y=-1 \end{cases}$의 해가 $x=2$, $y=b$일 때, 상수 a에 대하여 ab의 값을 구하시오.

0465

연립방정식 $\begin{cases} x-5y=2 \\ 2x-13y=b \end{cases}$의 해가 $(a, -1)$일 때, 상수 b에 대하여 $a-b$의 값을 구하시오.

0466

연립방정식 $\begin{cases} -3x+y=1 \\ ax-2y=-1 \end{cases}$의 해가 $(b, 2b+2)$일 때, 상수 a에 대하여 $a+b$의 값을 구하시오.

Theme 12 연립방정식의 풀이

유형북 83쪽

유형 07 연립방정식의 풀이 – 대입법

대표 문제

0467

연립방정식 $\begin{cases} y=x+2 \\ 3x+y=10 \end{cases}$의 해가 $(a,\ b)$일 때, a^2+b^2의 값은?

① 8 ② 13 ③ 18
④ 20 ⑤ 25

0468

다음은 연립방정식 $\begin{cases} 4x+y=2 & \cdots\cdots ㉠ \\ 2x+3y=16 & \cdots\cdots ㉡ \end{cases}$의 해를 구하는 과정이다. (가)~(마)에 알맞은 것으로 옳지 않은 것은?

> ㉠에서 y를 x에 대한 식으로 나타내면
> $y=$ (가) $\cdots\cdots$ ㉢
> ㉢을 ㉡에 대입하여 (나) 를 소거하면
> $2x+3($ (가) $)=16$
> $-10x=$ (다) $\therefore x=$ (라)
> $x=$ (라) 를 ㉢에 대입하면 $y=$ (마)

① (가) : $4x+2$ ② (나) : y ③ (다) : 10
④ (라) : -1 ⑤ (마) : 6

0469

연립방정식 $\begin{cases} x=-4y+1 & \cdots\cdots ㉠ \\ 2x+3y=7 & \cdots\cdots ㉡ \end{cases}$에서 ㉠을 ㉡에 대입하여 x를 소거하면 $ky=5$이다. 이때 상수 k의 값은?

① -5 ② -3 ③ -1
④ 1 ⑤ 3

0470

연립방정식 $\begin{cases} 2x=5y+4 \\ 2x-9y=12 \end{cases}$의 해가 $(a,\ b)$일 때, ab의 값은?

① -12 ② -6 ③ 6
④ 12 ⑤ 16

0471

두 일차방정식 $y=3x-1$, $4y-x=7$을 모두 만족시키는 x, y에 대하여 $x+y$의 값은?

① 1 ② 3 ③ 5
④ 7 ⑤ 9

0472

연립방정식 $\begin{cases} y=2x-7 \\ y=4x-3 \end{cases}$의 해가 일차방정식 $6x+ky-10=0$을 만족시킬 때, 상수 k의 값을 구하시오.

0473

다음 보기의 일차방정식 중 연립방정식 $\begin{cases} 3x+2y=11 \\ y=-x+5 \end{cases}$의 해를 한 해로 갖는 것을 모두 고르시오.

> 보기
> ㄱ. $x+2y=5$ ㄴ. $2x+y=6$
> ㄷ. $3x+4y=20$ ㄹ. $5x-3y=-7$

유형 08 연립방정식의 풀이 – 가감법

대표 문제

0474

연립방정식 $\begin{cases} 3x+5y=4 \\ 6x+y=-10 \end{cases}$ 의 해가 (a, b)일 때, $a-b$의 값은?

① -4 ② -2 ③ 0
④ 2 ⑤ 4

0475

연립방정식 $\begin{cases} 3x-2y=13 & \cdots\cdots ㉠ \\ 5x+3y=9 & \cdots\cdots ㉡ \end{cases}$ 에서 x를 소거하여 가감법으로 풀려고 한다. 이때 필요한 식은?

① ㉠$\times3-$㉡$\times2$ ② ㉠$\times3+$㉡$\times2$
③ ㉠$\times3-$㉡$\times5$ ④ ㉠$\times5-$㉡$\times3$
⑤ ㉠$\times5+$㉡$\times3$

0476

연립방정식 $\begin{cases} 3x+4y=6 \\ 4x-3y=-17 \end{cases}$ 을 풀기 위해 y를 소거하였더니 $ax=-50$이 되었다. 이때 상수 a의 값을 구하시오.

0477

연립방정식 $\begin{cases} 2x+3y=7 & \cdots\cdots ㉠ \\ 5x+ay=6 & \cdots\cdots ㉡ \end{cases}$ 에서 ㉠$\times4+$㉡$\times3$을 하였더니 y가 소거되었을 때, 상수 a의 값은?

① -5 ② -4 ③ -3
④ 3 ⑤ 4

0478

다음 연립방정식의 해가 나머지 넷과 다른 하나는?

① $\begin{cases} x-y=2 \\ 2x-3y=5 \end{cases}$ ② $\begin{cases} 3x-y=4 \\ x+3y=-2 \end{cases}$

③ $\begin{cases} x-4y=5 \\ 5x+3y=2 \end{cases}$ ④ $\begin{cases} 2x-5y=7 \\ 3x+2y=1 \end{cases}$

⑤ $\begin{cases} 5x+2y=7 \\ 3x-4y=-1 \end{cases}$

0479

다음 학생들의 대화를 보고, 주어진 연립방정식을 잘못 푼 학생을 찾으시오.

$$\begin{cases} 5x-6y=16 & \cdots\cdots ㉠ \\ 4x+2y=6 & \cdots\cdots ㉡ \end{cases}$$

은주 : ㉡을 3배 한 식과 ㉠을 변끼리 더하면 y를 소거하여 풀 수 있어.
현민 : ㉠을 4배 한 식과 ㉡을 5배 한 식을 변끼리 빼면 x를 소거하여 풀 수 있어.
하은 : ㉡을 $y=3-2x$로 변형한 후 ㉠에 대입하면 y를 소거하여 풀 수 있어.
재준 : ㉡의 양변을 2로 나누고 다시 6배 한 식과 ㉠을 변끼리 빼면 y를 소거하여 풀 수 있어.

0480

연립방정식 $\begin{cases} 3x+4y=2 \\ 2x+5y=-1 \end{cases}$ 의 해가 일차방정식 $x-2y=a$를 만족시킬 때, 상수 a의 값을 구하시오.

유형 09 괄호가 있는 연립방정식의 풀이

대표 문제

0481

연립방정식 $\begin{cases} 2(2x-y)-3=3-2x \\ 3(x-y-1)=-2(x+1) \end{cases}$ 의 해가 일차방정식 $ax-3y=5$를 만족시킬 때, 상수 a의 값을 구하시오.

0482

연립방정식 $\begin{cases} 2x-3(y+1)=3 \\ 4(y-x)-2y=4 \end{cases}$ 를 풀면?

① $x=-4$, $y=-3$
② $x=-3$, $y=-4$
③ $x=-3$, $y=4$
④ $x=3$, $y=4$
⑤ $x=4$, $y=3$

0483

연립방정식 $\begin{cases} 3(x+y+1)+y=5 \\ 2x+5(y-a)=-11 \end{cases}$ 의 해가 $(2,\ b)$일 때, 상수 a에 대하여 $a+b$의 값은?

① -3
② -1
③ 1
④ 3
⑤ 5

0484

연립방정식 $\begin{cases} 3(x-2y-1)=2(9-x) \\ 2-\{x-y-(5x+2y)+6\}=5 \end{cases}$ 의 해가 $(a,\ b)$일 때, ab의 값은?

① -3
② -1
③ 1
④ 3
⑤ 9

유형 10 계수가 분수 또는 소수인 연립방정식의 풀이

대표 문제

0485

연립방정식 $\begin{cases} \dfrac{x}{3}+y=-\dfrac{1}{2} \\ \dfrac{x}{4}-\dfrac{y-1}{2}=2 \end{cases}$ 의 해가 $x=a$, $y=b$일 때, $2ab$의 값을 구하시오.

0486

연립방정식 $\begin{cases} 0.4x+0.5y=2.6 \\ 0.06x-0.07y=0.1 \end{cases}$ 의 해가 $x=a$, $y=b$일 때, $a-b$의 값을 구하시오.

0487

순서쌍 $(a,\ 1-b)$가 연립방정식 $\begin{cases} 0.3x-\dfrac{x-y}{5}=-\dfrac{1}{5} \\ \dfrac{x+2y}{5}-\dfrac{2y+1}{3}=0.6 \end{cases}$ 의 해일 때, $a+b$의 값을 구하시오.

0488

연립방정식 $\begin{cases} 0.6x+0.5y=1 \\ 0.\dot{3}x-0.\dot{4}y=3.\dot{4} \end{cases}$ 를 푸시오.

유형 11 비례식을 포함한 연립방정식의 풀이

대표 문제

0489

연립방정식 $\begin{cases}(x+y):(x-y)=1:3 \\ 4x+3y=10\end{cases}$의 해가 $(a,\ b)$일 때, ab의 값은?

① -12　② -10　③ -8
④ 8　⑤ 12

0490

연립방정식 $\begin{cases}(x+2):(5x-y)=1:2 \\ 3x-2y=-1\end{cases}$을 푸시오.

0491

연립방정식 $\begin{cases}2(3x-y)-1=3(x+y-5) \\ 2x:3y=4:5\end{cases}$를 만족시키는 x, y에 대하여 $x-y$의 값은?

① 1　② 2　③ 3
④ 4　⑤ 5

0492

연립방정식 $\begin{cases}(x-2y):2=(2x-y):3 \\ \dfrac{x}{4}+\dfrac{y+3}{2}=1\end{cases}$의 해가 일차방정식 $kx+3y=7$을 만족시킬 때, 상수 k의 값을 구하시오.

유형 12 $A=B=C$ 꼴의 방정식의 풀이

대표 문제

0493

다음 방정식을 풀면?

$$x+3y-16=-4x+2y=-2x+y-5$$

① $x=-1,\ y=3$　② $x=1,\ y=-3$
③ $x=1,\ y=3$　④ $x=3,\ y=-1$
⑤ $x=3,\ y=1$

0494

방정식 $2x-y=\dfrac{2}{3}x-\dfrac{y}{5}=1$의 해가 $(a,\ b)$일 때, $a-b$의 값은?

① -2　② -1　③ 0
④ 1　⑤ 2

0495

방정식 $\dfrac{2(x-y)}{3}=\dfrac{2x-5y}{6}=2$의 해가 $x=a$, $y=b$일 때, $a+b$의 값은?

① -5　② -4　③ -3
④ -2　⑤ -1

0496

방정식 $\dfrac{x}{2}-\dfrac{y}{4}=0.6x-0.5y=2$의 해가 일차방정식 $-x+2y-k=0$을 만족시킬 때, 상수 k의 값을 구하시오.

Theme 13 연립방정식의 풀이의 응용

유형북 87쪽

유형 13 연립방정식의 해가 주어질 때 미지수 구하기

대표 문제

0497

연립방정식 $\begin{cases} ax+by=8 \\ bx-ay=-1 \end{cases}$ 의 해가 $x=3$, $y=2$일 때, 상수 a, b의 값은?

① $a=1$, $b=2$ ② $a=2$, $b=1$ ③ $a=2$, $b=2$
④ $a=3$, $b=1$ ⑤ $a=3$, $b=2$

0498

연립방정식 $\begin{cases} ax-by=5 \\ 2ax+by=4 \end{cases}$ 의 해가 $(3,\ -2)$일 때, 상수 a, b에 대하여 $a+b$의 값은?

① -2 ② -1 ③ 1
④ 2 ⑤ 3

0499

순서쌍 $(2,\ -1)$이 연립방정식 $\begin{cases} 3ax-2by=22 \\ bx+4ay=-8 \end{cases}$ 의 해일 때, 상수 a, b에 대하여 $2a+b$의 값은?

① 6 ② 7 ③ 8
④ 9 ⑤ 10

0500

연립방정식 $\begin{cases} (x+y):(x-y)=2a:3b \\ ax+3by=6 \end{cases}$ 의 해가 $x=4$, $y=-1$일 때, 상수 a, b에 대하여 $a-b$의 값을 구하시오.

유형 14 연립방정식의 해와 일차방정식의 해가 같을 때 미지수 구하기

대표 문제

0501

연립방정식 $\begin{cases} 3x-y=1 \\ 5x-ay=4 \end{cases}$ 의 해가 일차방정식 $2x-y=3$을 만족시킬 때, 상수 a의 값을 구하시오.

0502

연립방정식 $\begin{cases} 2x+2y=7 \\ 2ax+(a-3)y=9 \end{cases}$ 의 해가 일차방정식 $4x-3y=7$을 만족시킬 때, 상수 a의 값을 구하시오.

0503

연립방정식 $\begin{cases} 5x-2y=2 \\ 3x+ky=5k \end{cases}$ 의 해 $x=m$, $y=n$이 일차방정식 $x+3y=14$의 한 해일 때, 상수 k에 대하여 $m+n+k$의 값을 구하시오.

0504

방정식 $2x+y+1=x+5=ax-2y+1$의 해가 일차방정식 $\frac{2}{3}x-y=1$을 만족시킬 때, 상수 a의 값을 구하시오.

유형 15 해에 대한 조건이 주어진 경우 미지수 구하기

대표 문제

0505

연립방정식 $\begin{cases} 4x+3y=10 \\ x+ky=-3 \end{cases}$을 만족시키는 y의 값이 x의 값의 2배일 때, 상수 k의 값을 구하시오.

0506

연립방정식 $\begin{cases} 4x-3y=-1 \\ 2x+y=a-3 \end{cases}$을 만족시키는 x의 값이 y의 값보다 1만큼 작을 때, 상수 a의 값은?

① 9 ② 10 ③ 11
④ 12 ⑤ 13

0507

연립방정식 $\begin{cases} 3(2x-2y-1)-x=3 \\ \frac{x}{2}-\frac{y}{4}=a \end{cases}$를 만족시키는 x와 y의 값의 비가 3 : 2일 때, 상수 a의 값을 구하시오.

0508

연립방정식 $\begin{cases} x+2y=a \\ 2x+3y=2a-1 \end{cases}$을 만족시키는 x의 값이 y의 값의 3배일 때, 상수 a의 값은?

① 1 ② 2 ③ 3
④ 4 ⑤ 5

유형 16 잘못 보고 구한 해

대표 문제

0509

연립방정식 $\begin{cases} ax+by=4 \\ bx+ay=1 \end{cases}$에서 잘못하여 상수 a와 b를 바꾸어 놓고 풀었더니 $x=2$, $y=-1$이었다. 이때 처음 연립방정식의 해는?

① $x=-2$, $y=-1$ ② $x=-1$, $y=-2$
③ $x=-1$, $y=2$ ④ $x=1$, $y=-2$
⑤ $x=2$, $y=1$

0510

연립방정식 $\begin{cases} 3x+2y=6 \\ 4x-3y=2 \end{cases}$를 풀 때, 방정식 $3x+2y=6$의 상수항 6을 잘못 보고 풀어서 $x=2$가 되었다. 이때 상수항 6을 어떤 수로 잘못 보고 풀었는지 구하시오.

0511

연립방정식 $\begin{cases} ax+3y=4 \\ 3x+by=-11 \end{cases}$에서 a를 잘못 보고 구한 해는 $x=3$, $y=5$이고, b를 잘못 보고 구한 해는 $x=5$, $y=-2$이었다. 이때 상수 a, b에 대하여 $a+b$의 값을 구하시오.

0512

연립방정식 $\begin{cases} ax+5y=40 \\ 3x-5y=-15 \end{cases}$에서 a를 b로 잘못 보고 풀어서 $x=\frac{5}{2}$를 얻었다. b의 값이 a의 값보다 5만큼 클 때, 처음 연립방정식의 해를 구하시오. (단, a, b는 상수)

유형 17 두 연립방정식의 해가 서로 같은 경우 미지수 구하기

대표 문제

0513

두 연립방정식 $\begin{cases} ax+2y=7 \\ 4x-y=-6 \end{cases}$, $\begin{cases} 3x+y=-1 \\ 2x+by=-4 \end{cases}$의 해가 같을 때, 상수 a, b의 값은?

① $a=-3$, $b=-1$ ② $a=-3$, $b=1$
③ $a=1$, $b=3$ ④ $a=3$, $b=-1$
⑤ $a=3$, $b=1$

0514

다음 두 연립방정식의 해가 같을 때, 상수 a, b에 대하여 $a+b$의 값은?

$\begin{cases} ax+by=6 \\ 5x+2y=1 \end{cases}$ $\begin{cases} 2x+3y=-4 \\ bx+2y=-2 \end{cases}$

① 10 ② 11 ③ 12
④ 13 ⑤ 14

0515

다음 네 일차방정식이 한 쌍의 공통인 해를 가질 때, 상수 a, b에 대하여 $a-b$의 값을 구하시오.

$x+2y=5$ $5x-6y=9$
$2x-3y=b$ $ax-by=2a+1$

유형 18 해가 특수한 연립방정식

대표 문제

0516

연립방정식 $\begin{cases} ax+6y=3 \\ 4x+by=-2 \end{cases}$의 해가 무수히 많을 때, 상수 a, b에 대하여 $a-b$의 값은?

① -4 ② -2 ③ -1
④ 2 ⑤ 4

0517

다음 연립방정식 중 해가 없는 것은?

① $\begin{cases} x-y=3 \\ 2x+2y=6 \end{cases}$ ② $\begin{cases} x-2y=3 \\ 3x+6y=9 \end{cases}$
③ $\begin{cases} 2x-3y=4 \\ 3x-2y=4 \end{cases}$ ④ $\begin{cases} -2x+3y=6 \\ 6x-9y=-12 \end{cases}$
⑤ $\begin{cases} 4x-2y=14 \\ 2x-y=7 \end{cases}$

0518

연립방정식 $\begin{cases} x+3y=2 \\ 5x-ay=8 \end{cases}$의 해가 없을 때, 상수 a의 값을 구하시오.

0519

연립방정식 $\begin{cases} 2x-5y=b \\ 8x-ay=12 \end{cases}$의 해가 무수히 많고, 연립방정식 $\begin{cases} 2x-3y=2 \\ cx-6y=6 \end{cases}$의 해가 없을 때, 상수 a, b, c에 대하여 $a+b+c$의 값을 구하시오.

0520

다음 중 미지수가 2개인 일차방정식이 아닌 것은?

① $x+3y-1=0$ ② $2x-3y+5=2y$
③ $\frac{2x}{3}+y=2$ ④ $xy-2x=2$
⑤ $3x-y=x-2y+1$

0521

일차방정식 $-4x+7y=6$의 한 해가 $(3a,\ 2a)$일 때, a의 값은?

① -2 ② -1 ③ 1
④ 2 ⑤ 3

0522

x, y가 음이 아닌 정수일 때, 일차방정식 $2x+3y=18$의 해의 개수는?

① 2 ② 3 ③ 4
④ 5 ⑤ 6

0523

두 순서쌍 $(2,\ a)$, $(2b+1,\ 3)$이 일차방정식 $3x+y=10$의 해일 때, $a-3b$의 값을 구하시오.

0524

현재 아빠와 아들의 나이의 차는 30살이고 4년 후 아빠의 나이는 아들의 나이의 4배가 된다. 현재 아빠의 나이를 x살, 아들의 나이를 y살로 놓고 x, y에 대한 연립방정식을 세울 때, 다음 중 필요한 식을 모두 고르면? (정답 2개)

① $x+y=30$ ② $x-y=30$
③ $-x+y=30$ ④ $x+4=4y$
⑤ $x+4=4(y+4)$

0525

다음 연립방정식 중 순서쌍 $(3,\ -1)$을 해로 갖는 것은?

① $\begin{cases} -x+y=2 \\ 2x-y=-5 \end{cases}$ ② $\begin{cases} x-y=4 \\ 3x-y=-8 \end{cases}$
③ $\begin{cases} 2x-y=7 \\ x+3y=1 \end{cases}$ ④ $\begin{cases} x+2y=1 \\ 2x-3y=9 \end{cases}$
⑤ $\begin{cases} 4x-3y=10 \\ -x+5y=-8 \end{cases}$

실력 UP

0526

순서쌍 $(a+1,\ 2a)$가 연립방정식 $\begin{cases} 3x-y=5 \\ 4x+by=20 \end{cases}$ 의 해일 때, 상수 b에 대하여 $a+b$의 값은?

① 3 ② 4 ③ 5
④ 6 ⑤ 7

0527

다음 중 일차방정식 $4x-3y=20$의 해가 <u>아닌</u> 것은?

① $(-4,\ -12)$ ② $(-1,\ -8)$ ③ $(1,\ -5)$
④ $(2,\ -4)$ ⑤ $(8,\ 4)$

0528

일차방정식 $ax+5y=2$의 한 해가 $(4,\ -2)$일 때, 상수 a의 값은?

① -3 ② -2 ③ 1
④ 2 ⑤ 3

0529

순서쌍 $(a,\ b)$가 일차방정식 $-x+y=-1$의 해일 때, $3a-3b+5$의 값은?

① 6 ② 8 ③ 10
④ 12 ⑤ 14

0530

$ax^2+5y-3=2x^2+x+by+1$이 미지수가 2개인 일차방정식이 되기 위한 상수 $a,\ b$의 조건은?

① $a\neq2,\ b\neq5$ ② $a\neq2,\ b=5$
③ $a=2,\ b\neq5$ ④ $a=2,\ b=5$
⑤ $a\neq5,\ b=2$

0531

농구 경기에서 2점 슛과 3점 슛을 합하여 8개를 넣어 총 20점을 득점하였다. 넣은 2점 슛의 개수를 x, 3점 슛의 개수를 y라 할 때, $x,\ y$에 대한 연립방정식으로 나타내면?

① $\begin{cases} x+y=5 \\ 3x+2y=20 \end{cases}$ ② $\begin{cases} x+y=8 \\ 2x+3y=8 \end{cases}$

③ $\begin{cases} x+y=8 \\ 2x+3y=20 \end{cases}$ ④ $\begin{cases} x+y=8 \\ 3x+2y=20 \end{cases}$

⑤ $\begin{cases} x+y=20 \\ 2x+3y=8 \end{cases}$

0532

연립방정식 $\begin{cases} 4x+y=-9 \\ x-ay=6 \end{cases}$의 해가 $(b,\ 3)$일 때, 상수 a에 대하여 $a-b$의 값을 구하시오.

실력 UP

0533

$x,\ y$가 자연수일 때, 일차방정식 $x+3y=10$의 해의 개수를 a, 일차방정식 $2x+y=10$의 해의 개수를 b, 연립방정식 $\begin{cases} x+3y=10 \\ 2x+y=10 \end{cases}$의 해의 개수를 c라 하자. 이때 $a+b+c$의 값을 구하시오.

0534

연립방정식 $\begin{cases} y=-x+5 \\ 3x-y=7 \end{cases}$의 해가 $(a,\ b)$일 때, $a+2b$의 값을 구하시오.

0535

연립방정식 $\begin{cases} 3x-2y=9 & \cdots\cdots ㉠ \\ 2x+3y=2 & \cdots\cdots ㉡ \end{cases}$에서 x 또는 y를 소거하는 데 필요한 식을 모두 고르면? (정답 2개)

① ㉠$\times 2-$㉡$\times 3$ ② ㉠$\times 2+$㉡$\times 3$
③ ㉠$\times 3-$㉡$\times 2$ ④ ㉠$\times 3+$㉡$\times 2$
⑤ ㉠$\times 3+$㉡$\times 3$

0536

연립방정식 $\begin{cases} 3x-2(x-y)=7 \\ x-2y=-1 \end{cases}$의 해가 $(a,\ b)$일 때, ab의 값은?

① -6 ② -4 ③ -2
④ 3 ⑤ 6

0537

연립방정식 $\begin{cases} 0.3(x-1)-0.1=0.1y+0.5 \\ \frac{2}{3}x+\frac{1}{2}y=-\frac{1}{6} \end{cases}$을 만족시키는 $x,\ y$에 대하여 $x+y$의 값을 구하시오.

0538

일차방정식 $6x-7y=8$을 만족시키는 x와 y의 값의 비가 $5:2$일 때, $x-y$의 값은?

① $\frac{1}{2}$ ② 1 ③ $\frac{3}{2}$
④ 2 ⑤ $\frac{5}{2}$

0539

다음 일차방정식 중 방정식
$4x-2y+4=3x+y+3=5x-2y+2$의 해를 한 해로 갖는 것은?

① $2x+y=3$ ② $3x-2y-4=0$
③ $-2x+y=5$ ④ $x+y=4$
⑤ $5x-3y=-3$

실력 UP

0540

다음 방정식의 해가 $x=a,\ y=b$일 때, ab의 값을 구하시오.

$$\frac{2x+3y}{3}=\frac{5x-3y}{4}=\frac{x+y-4}{2}$$

0541

연립방정식 $\begin{cases} 2y=-x+4 & \cdots\cdots ㉠ \\ x-4y=1 & \cdots\cdots ㉡ \end{cases}$에서 ㉠을 ㉡에 대입하여 y를 소거하면 $kx=9$이다. 이때 상수 k의 값은?

① -4 ② -3 ③ -1
④ 3 ⑤ 5

0542

연립방정식 $\begin{cases} -2x+5y=4 \\ 5x-3y=9 \end{cases}$의 해가 $x=a$, $y=b$일 때, ab의 값을 구하시오.

0543

두 순서쌍 $(2, 3)$, $(-8, 1)$이 일차방정식 $ax+by=13$의 해일 때, 상수 a, b에 대하여 $a+b$의 값은?

① 1 ② 2 ③ 3
④ 4 ⑤ 5

0544

연립방정식 $\begin{cases} 3x-2(x-3y)=4 \\ 5(2x+y)-7x=-1 \end{cases}$의 해가 (a, b)일 때, $a+b$의 값은?

① -2 ② -1 ③ 0
④ 1 ⑤ 2

0545

연립방정식 $\begin{cases} (x-y):2=(x+y+1):3 \\ 3x+2y=6 \end{cases}$을 풀면?

① $x=-2$, $y=0$ ② $x=0$, $y=-2$
③ $x=0$, $y=2$ ④ $x=2$, $y=0$
⑤ $x=2$, $y=2$

0546

방정식 $\frac{x-2y+2}{3}=\frac{3x-5y}{5}=1$의 해가 (a, b)일 때, $a-b$의 값은?

① -3 ② -1 ③ 1
④ 3 ⑤ 5

실력 UP

0547

다음 중 연립방정식 $\begin{cases} \frac{4}{3}x+y=1 \\ 0.4x-0.3y=0.1 \end{cases}$과 해가 같은 것은?

① $\begin{cases} 2x-y=1 \\ x-y=-1 \end{cases}$ ② $\begin{cases} x+y=5 \\ 2x-y=4 \end{cases}$
③ $\begin{cases} 3x+4y=3 \\ 6x+6y=5 \end{cases}$ ④ $\begin{cases} 7x-5y=15 \\ 2x+y=14 \end{cases}$
⑤ $\begin{cases} 2x+3y=2 \\ 8x-3y=3 \end{cases}$

0548

연립방정식 $\begin{cases} ax-by=7 \\ bx+ay=-3 \end{cases}$ 의 해가 $x=1$, $y=-1$일 때, 상수 a, b에 대하여 $2a-b$의 값은?

① 6 ② 7 ③ 8
④ 9 ⑤ 10

0549

연립방정식 $\begin{cases} 4x-(2x-y)=9 \\ kx+3y=3 \end{cases}$ 의 해가 일차방정식 $4x-3y=3$을 만족시킬 때, 상수 k의 값을 구하시오.

0550

연립방정식 $\begin{cases} 2x+y=8 \\ 3x-ay=2a \end{cases}$ 를 만족시키는 y의 값이 x의 값보다 2만큼 클 때, 상수 a의 값은?

① -2 ② -1 ③ 1
④ 2 ⑤ 3

0551

연립방정식 $\begin{cases} 0.2x-0.3y=0.5 \\ 4x+3ay=6 \end{cases}$ 의 해가 없을 때, 상수 a의 값은?

① -3 ② -2 ③ -1
④ 1 ⑤ 2

0552

다음 연립방정식 중 해가 무수히 많은 것은?

① $\begin{cases} 2x-y=2 \\ x+y=2 \end{cases}$ ② $\begin{cases} x+y=1 \\ 2x+2y=3 \end{cases}$

③ $\begin{cases} 2x-6y=2 \\ x-3y=4 \end{cases}$ ④ $\begin{cases} 2x+4y=8 \\ x-2y=8 \end{cases}$

⑤ $\begin{cases} 2x-5y=3 \\ -\frac{1}{2}x+\frac{5}{4}y=-\frac{3}{4} \end{cases}$

0553

두 연립방정식 $\begin{cases} x+2y=-3 \\ ax-3y=5 \end{cases}$, $\begin{cases} x-y=b \\ 2x-y=4 \end{cases}$ 의 해가 서로 같을 때, 상수 a, b에 대하여 ab의 값은?

① -9 ② -3 ③ -1
④ 1 ⑤ 3

실력 UP

0554

연립방정식 $\begin{cases} 2x+3y=12 \\ 4x+y=11 \end{cases}$ 을 푸는데 $2x+3y=12$의 상수항 12를 잘못 보고 풀어서 $x=3$이 되었다. 이때 상수항 12를 어떤 수로 잘못 보고 풀었는지 구하시오.

0555

순서쌍 $(-4,\ 1)$이 연립방정식 $\begin{cases} ax+2by=4 \\ 2ax+3by=2 \end{cases}$의 해일 때, 상수 a, b에 대하여 ab의 값은?

① 3 ② 6 ③ 9
④ 12 ⑤ 15

0556

연립방정식 $\begin{cases} 4x-y=5 \\ ax-2y=-4 \end{cases}$의 해가 일차방정식 $-x+3y=7$을 만족시킬 때, 상수 a의 값은?

① -3 ② -2 ③ -1
④ 1 ⑤ 2

0557

연립방정식 $\begin{cases} 2x-y=2 \\ 4x+ay=-2 \end{cases}$를 만족시키는 x와 y의 값의 비가 2 : 3일 때, 상수 a의 값을 구하시오.

0558

연립방정식 $\begin{cases} 4x-2y=3 \\ ax+3y=-2 \end{cases}$의 해가 없을 때, 상수 a의 값은?

① -6 ② -4 ③ 2
④ 4 ⑤ 6

0559

다음 세 일차방정식이 같은 해를 가질 때, 상수 a의 값을 구하시오.

$$3x-y=3,\quad -2x+3y=5,\quad 2x-ay=-2$$

0560

다음 두 연립방정식의 해가 서로 같을 때, 상수 a, b에 대하여 $a+b$의 값은?

$$\begin{cases} x+3y=15 \\ ax-by=-8 \end{cases}\qquad \begin{cases} 3x-ay=-7 \\ x-2y=-5 \end{cases}$$

① 5 ② 7 ③ 9
④ 11 ⑤ 13

실력 UP

0561

연립방정식 $\begin{cases} ax+by=4 \\ bx+ay=1 \end{cases}$을 푸는데 지혜는 바르게 풀어서 $(3,\ 2)$를 얻었고, 소희는 상수 a와 b를 서로 바꾸어 놓고 잘못 풀어서 $(p,\ q)$를 얻었다. 이때 $p-q$의 값은?

① -3 ② -1 ③ 1
④ 3 ⑤ 5

0562

다음 보기에서 미지수가 2개인 일차방정식인 것의 개수는?

보기

ㄱ. $x+y=3$
ㄴ. $x^2+y=2x+x^2$
ㄷ. $\frac{2}{x}+y=6$
ㄹ. $2xy+y=x+3$
ㅁ. $\frac{x}{2}+\frac{y}{3}=5$
ㅂ. $2x+y+2=2(x+y)$

① 1 ② 2 ③ 3 ④ 4 ⑤ 5

0563

100원짜리 동전과 500원짜리 동전을 모두 합하여 9개를 모았더니 2500원이 되었다. 100원짜리 동전의 개수를 x, 500원짜리 동전의 개수를 y로 놓고 x, y에 대한 연립방정식을 세우면?

① $\begin{cases} x-y=9 \\ 100x+500y=2500 \end{cases}$ ② $\begin{cases} x-y=9 \\ 500x+100y=2500 \end{cases}$

③ $\begin{cases} x+y=9 \\ 100x+500y=2500 \end{cases}$ ④ $\begin{cases} x+y=9 \\ 500x+100y=2500 \end{cases}$

⑤ $\begin{cases} x+y=2500 \\ 100x+500y=9 \end{cases}$

0564

다음 연립방정식 중 순서쌍 $(3, -2)$를 해로 갖는 것을 모두 고르면? (정답 2개)

① $\begin{cases} 2x-y=8 \\ -x+3y=-9 \end{cases}$ ② $\begin{cases} x-5y=-9 \\ 5x+3y=9 \end{cases}$

③ $\begin{cases} 4x+3y=6 \\ -x+2y=7 \end{cases}$ ④ $\begin{cases} x+y=1 \\ 3x+y=7 \end{cases}$

⑤ $\begin{cases} x+2y=9 \\ x-4y=-9 \end{cases}$

0565

두 순서쌍 $(1, a)$, $(b, 6)$이 일차방정식 $4x+7y=18$의 해일 때, $a+b$의 값을 구하시오.

0566

연립방정식 $\begin{cases} x+2y=8 \\ ax-3y=-5 \end{cases}$를 만족시키는 x의 값이 2일 때, 상수 a의 값을 구하시오.

0567

연립방정식 $\begin{cases} y=2x-5 \\ y=4-x \end{cases}$의 해가 (a, b)일 때, $a-b$의 값은?

① -2 ② -1 ③ 1 ④ 2 ⑤ 3

0568

연립방정식 $\begin{cases} 2x-3(y-2)=5 \\ 2(x+y)-3y=3 \end{cases}$을 풀면?

① $(-1, -2)$ ② $\left(\frac{2}{5}, -2\right)$ ③ $(1, -2)$ ④ $(1, 2)$ ⑤ $\left(\frac{5}{2}, 2\right)$

0569

다음 연립방정식 중 해가 없는 것은?

① $\begin{cases} x-y=3 \\ 3x-3y=9 \end{cases}$ ② $\begin{cases} x-2y=4 \\ 2x-4y=8 \end{cases}$

③ $\begin{cases} x-2y=3 \\ \frac{1}{3}x-\frac{2}{3}y=1 \end{cases}$ ④ $\begin{cases} 3x+2y=2 \\ 2x+3y=3 \end{cases}$

⑤ $\begin{cases} -x+2y=3 \\ -2x+4y=9 \end{cases}$

0570

연립방정식 $\begin{cases} 0.3x+0.1y=1.5 \\ \frac{1}{5}x+\frac{y-1}{20}=1 \end{cases}$ 의 해를 $(a,\ b)$라 할 때, $a+b$의 값은?

① 1 ② 2 ③ 3
④ 4 ⑤ 5

0571

방정식 $3x+y-5=ax-y=x+by$의 해가 $x=3,\ y=1$일 때, 상수 $a,\ b$의 값은?

① $a=-2,\ b=-3$ ② $a=2,\ b=-1$
③ $a=2,\ b=2$ ④ $a=4,\ b=-3$
⑤ $a=4,\ b=1$

0572

연립방정식 $\begin{cases} ax+by=-8 \\ bx-ay=4 \end{cases}$ 의 해가 $x=-2,\ y=2$일 때, 상수 $a,\ b$에 대하여 ab의 값은?

① -9 ② -6 ③ -3
④ 6 ⑤ 9

0573

연립방정식 $\begin{cases} ax+by=5 \\ bx+ay=4 \end{cases}$ 를 푸는데 잘못하여 상수 a와 b를 서로 바꾸어 놓고 풀었더니 $x=2,\ y=1$이었다. 이때 처음 연립방정식의 해를 바르게 구하시오.

서술형 문제

0574

연립방정식 $\begin{cases} 3x-(x-y)=8 \\ 2x+ky=12 \end{cases}$ 의 해가 일차방정식 $4x-3y=6$을 만족시킬 때, 상수 k의 값을 구하시오.

0575

다음 두 연립방정식의 해가 서로 같을 때, 상수 $a,\ b$에 대하여 ab의 값을 구하시오.

$\begin{cases} 2x-y=-1 \\ x-by=3(a+1) \end{cases}$ $\begin{cases} ax+b(y-1)=-2 \\ 3(x-4)+2y=4 \end{cases}$

05 연립방정식 미지수가 2개인

Theme 14 연립방정식의 활용 (1)

유형북 96쪽

유형 01 수의 연산에 대한 문제

대표 문제

0576
두 수의 합이 35이고, 큰 수의 2배는 작은 수의 5배와 같을 때, 두 수의 차는?

① 7 ② 9 ③ 11
④ 13 ⑤ 15

0577
두 수의 합이 58이고, 두 수의 차가 14일 때, 두 수 중 큰 수를 구하시오.

0578
두 수의 차가 18이고, 큰 수를 작은 수로 나누면 몫은 3이고 나머지는 4이다. 이때 두 수의 합을 구하시오.

0579
서로 다른 두 자연수가 있다. 큰 수를 작은 수로 나누면 몫이 2이고 나머지는 3이다. 또, 작은 수의 7배를 큰 수로 나누면 몫이 3이고 나머지는 6이다. 이때 두 수의 차를 구하시오.

유형 02 자연수에 대한 문제

대표 문제

0580
두 자리의 자연수가 있다. 이 수는 각 자리의 숫자의 합이 10이고, 십의 자리의 숫자와 일의 자리의 숫자를 바꾼 수는 처음 수보다 36만큼 작다. 이때 처음 수는?

① 55 ② 64 ③ 73
④ 82 ⑤ 91

0581
두 자리의 자연수가 있다. 이 수는 각 자리의 숫자의 합이 8이고, 일의 자리의 숫자는 십의 자리의 숫자보다 2만큼 크다. 두 자리의 자연수를 구하시오.

0582
두 자리의 자연수가 있다. 이 수는 각 자리의 숫자의 합이 12이고, 십의 자리의 숫자와 일의 자리의 숫자를 바꾼 수는 처음 수의 2배보다 12만큼 작다. 이때 처음 수를 구하시오.

0583
백의 자리의 숫자와 일의 자리의 숫자가 서로 같은 세 자리의 자연수가 있다. 이 수의 각 자리의 숫자의 합은 10이고, 백의 자리의 숫자와 일의 자리의 숫자의 합은 십의 자리의 숫자보다 2만큼 크다. 세 자리의 자연수를 구하시오.

유형 03 가격, 개수에 대한 문제

대표 문제

0584

800원짜리 연필과 1000원짜리 볼펜을 합하여 15자루를 사고 13000원을 지불하였다. 이때 연필은 몇 자루를 샀는지 구하시오.

0585

진우는 참치김밥 3줄과 치즈김밥 2줄을 사고 16800원을 지불하였다. 참치김밥 한 줄이 치즈김밥 한 줄보다 600원 더 비싸다고 할 때, 치즈김밥 한 줄의 가격을 구하시오.

0586

어느 박물관에 입장하는데 어른 2명과 청소년 3명의 총입장료는 6000원이고, 어른 3명과 청소년 5명의 총입장료는 9500원이었다. 이때 청소년 한 명의 입장료를 구하시오.

0587

다음은 지후가 편의점에서 물건을 사고 받은 영수증인데 일부가 찢어져 보이지 않는다. 지후가 산 초콜릿의 개수를 구하시오.

영수증

상품	단가(원)	수량(개)	가격(원)
과자	1000	5	5000
자몽주스	500		
초콜릿	700		
합계		12	9100

유형 04 여러 가지 개수에 대한 문제

대표 문제

0588

어느 농장에 닭과 돼지가 합하여 31마리 있고, 닭과 돼지의 다리의 수의 합이 90일 때, 돼지는 몇 마리인지 구하시오.

0589

동아리 회원 40명이 4명씩 또는 5명씩 9대의 바나나 보트에 나누어 탑승하였다. 4명씩 탄 보트와 5명씩 탄 보트는 각각 몇 대인지 구하시오.

0590

어느 강당에 3인용 의자와 4인용 의자를 합하여 모두 35개가 있다. 모든 의자에 빈자리 없이 앉으면 모두 123명이 앉을 수 있다고 할 때, 3인용 의자는 몇 개 있는가?

① 16개 ② 17개 ③ 18개
④ 19개 ⑤ 20개

0591

다음은 중국의 옛 수학책인 『구장산술』에 있는 문제이다. 소 한 마리와 양 한 마리는 각각 금 몇 냥인지 구하시오.

> 소 5마리와 양 2마리는 금 10냥이고, 소 2마리와 양 5마리는 금 8냥이다.

유형 05 나이에 대한 문제

대표 문제

0592

현재 어머니와 딸의 나이의 합은 63살이고, 10년 후에는 어머니의 나이가 딸의 나이의 2배보다 8살이 더 많다고 한다. 현재 딸의 나이는?

① 12살 ② 13살 ③ 14살
④ 15살 ⑤ 16살

0593

현재 삼촌과 주연이의 나이의 합은 49살이고, 삼촌의 나이는 주연이의 나이의 2배보다 10살이 더 많다. 현재 삼촌의 나이를 구하시오.

0594

현재 건우와 아버지의 나이의 차는 35살이고, 4년 전에는 건우의 나이의 4배가 아버지의 나이보다 2살이 더 적었다고 한다. 현재 아버지의 나이를 구하시오.

0595

현재 윤주와 어머니의 나이의 차는 27살이고, 할머니의 나이는 65살이다. 8년 후에는 윤주와 어머니의 나이의 합이 할머니의 나이와 같아진다고 한다. 현재 어머니의 나이는?

① 41살 ② 42살 ③ 43살
④ 44살 ⑤ 45살

유형 06 길이에 대한 문제

대표 문제

0596

둘레의 길이가 80 cm인 직사각형이 있다. 이 직사각형의 가로의 길이가 세로의 길이의 2배보다 5 cm 더 짧다고 할 때, 가로의 길이는?

① 21 cm ② 22 cm ③ 23 cm
④ 24 cm ⑤ 25 cm

0597

길이가 48 cm인 끈을 긴 끈과 짧은 끈으로 나누었다. 긴 끈의 길이가 짧은 끈의 길이의 2배보다 6 cm 더 길다고 할 때, 긴 끈과 짧은 끈의 길이를 각각 구하시오.

0598

둘레의 길이가 28 cm인 직사각형이 있다. 이 직사각형의 가로의 길이를 4 cm 늘이고, 세로의 길이를 2배로 늘였더니 둘레의 길이가 46 cm가 되었다. 처음 직사각형의 세로의 길이를 구하시오.

0599

길이가 160 cm인 철사를 모두 사용하여 겹치는 부분 없이 직사각형을 만들었더니 가로의 길이가 세로의 길이의 3배가 되었다. 이 직사각형의 넓이는?

① 1100 cm^2 ② 1150 cm^2 ③ 1200 cm^2
④ 1250 cm^2 ⑤ 1300 cm^2

유형 07 비율에 대한 문제

대표 문제

0600

전체 학생이 22명인 학급에서 남학생의 $\frac{1}{4}$과 여학생의 $\frac{1}{5}$의 합이 5명일 때, 남학생은 몇 명인가?

① 8명 ② 10명 ③ 12명
④ 14명 ⑤ 16명

0601

60명의 학생 중에서 남학생의 $\frac{1}{2}$과 여학생의 $\frac{2}{3}$가 봉사 활동에 참여하였다. 봉사 활동에 참여한 학생이 전체 학생의 $\frac{3}{5}$일 때, 여학생은 몇 명인지 구하시오.

0602

농구 동아리에서 주말 경기 개최에 대한 찬반 투표를 하였다. 찬성표가 반대표보다 10표 더 많았고, 찬성표는 전체 투표 수의 $\frac{2}{3}$가 되었다. 무효표나 기권은 없다고 할 때, 농구 동아리의 전체 인원수는?

① 30 ② 33 ③ 36
④ 39 ⑤ 42

0603

정우네 중학교 2학년 전체 학생은 150명이고, 이 중 남학생의 50 %와 여학생의 35 %가 안경을 썼다. 2학년 전체 학생 중 안경을 쓴 학생이 42 %일 때, 안경을 쓴 여학생은 몇 명인지 구하시오.

유형 08 평균에 대한 문제

대표 문제

0604

지호와 진규의 수학 점수의 평균은 83점이고, 진규의 점수가 지호의 점수보다 4점 더 높다고 한다. 이때 진규의 수학 점수는?

① 79점 ② 81점 ③ 83점
④ 85점 ⑤ 87점

0605

세 수 a, b, 12의 평균은 10이고, 네 수 $3a$, $2b$, $2b-a$, 14의 평균은 18이다. 이때 $b-a$의 값을 구하시오.

0606

다음 표는 서준이의 국어, 영어, 수학 점수와 이 세 점수의 평균을 나타낸 것이다. 수학 점수가 평균보다 3점 더 높다고 할 때, 수학 점수는 몇 점인지 구하시오.

국어(점)	영어(점)	수학(점)	평균(점)
87	90	x	y

0607

어느 무용 오디션에 전공자들과 비전공자들이 합하여 120명이 참가하였다. 100점 만점인 이 오디션에서 전체 평균은 75점, 전공자들의 평균은 78점, 비전공자들의 평균은 60점이었다. 이 오디션에 참가한 비전공자는 모두 몇 명인가?

① 15명 ② 20명 ③ 25명
④ 30명 ⑤ 35명

유형 09 득점, 감점에 대한 문제

대표 문제

0608

어느 퀴즈 프로그램에서 동우는 총 25문제를 풀어 총점은 109점이 되었다. 문제를 맞힌 경우 8점을 얻고 틀린 경우 5점이 감점된다고 할 때, 동우가 맞힌 문제의 개수는?

① 16　② 17　③ 18
④ 19　⑤ 20

0609

어느 공장에서 제품을 생산하는데 합격품은 한 개당 500원의 이익이 생기고 불량품은 한 개당 5000원의 손해가 생긴다고 한다. 제품을 250개 생산하여 108500원의 이익을 얻었을 때, 불량품의 개수는?

① 3　② 4　③ 5
④ 6　⑤ 7

0610

어느 퀴즈 프로그램에서 한 문제를 맞히면 100점을 얻고, 틀리면 50점이 감점된다고 한다. 영재가 틀린 문제의 개수는 맞힌 문제의 개수의 $\frac{1}{3}$이고, 영재의 점수가 1250점일 때, 출제된 전체 문제의 개수는?

① 18　② 19　③ 20
④ 21　⑤ 22

유형 10 계단에 대한 문제

대표 문제

0611

승기와 지호가 가위바위보를 하여 이긴 사람은 4계단을 올라가고, 진 사람은 1계단을 내려가기로 하였다. 가위바위보를 총 15회 하여 승기는 처음보다 15계단 위에 올라가 있었을 때, 승기가 이긴 횟수는?

(단, 비기는 경우는 없다.)

① 6　② 7　③ 8
④ 9　⑤ 10

0612

준민이와 용준이는 계단에서 가위바위보를 하여 이긴 사람은 2계단을 올라가고, 진 사람은 1계단을 내려가기로 하였다. 가위바위보를 21회 하였더니 준민이는 처음보다 12계단 올라간 위치에 있었다. 이때 용준이는 처음보다 몇 계단 올라간 위치에 있는가? (단, 비기는 경우는 없다.)

① 6계단　② 7계단　③ 8계단
④ 9계단　⑤ 10계단

0613

현빈이와 준희가 가위바위보를 하여 이긴 사람은 3계단을 올라가고, 진 사람은 1계단을 내려가기로 하였다. 얼마 후 현빈이는 처음보다 25계단을, 준희는 처음보다 21계단을 올라가 있었다. 두 사람이 가위바위보를 한 횟수를 구하시오. (단, 비기는 경우는 없다.)

Theme 15 연립방정식의 활용 (2)

유형북 101쪽

유형 11 증가, 감소에 대한 문제

대표 문제

0614

어느 중학교의 작년 신입생은 155명이었다. 올해의 신입생은 작년에 비해 남학생이 10 % 줄고 여학생도 4 % 줄어서 전체 신입생이 144명이었다. 올해의 신입생 중 남학생 수는?

① 70 ② 72 ③ 74
④ 76 ⑤ 78

0615

두 종류의 주스 A, B만 판매하는 가게가 있다. 이 가게의 지난주 전체 판매량은 420잔이었고, 이번 주에는 판매량이 A 주스는 15 % 늘고, B 주스는 10 % 감소하여 전체 판매량이 448잔이 되었다. 다음을 구하시오.

(1) 지난주 A 주스의 판매량
(2) 이번 주 A 주스의 판매량

0616

둘레의 길이가 100 cm인 직사각형에서 가로의 길이는 10 % 늘이고, 세로의 길이는 15 % 줄였더니 전체 둘레의 길이가 4 % 줄었다. 처음 직사각형의 넓이는?

① $600\,cm^2$ ② $604\,cm^2$ ③ $608\,cm^2$
④ $612\,cm^2$ ⑤ $616\,cm^2$

유형 12 이익, 할인에 대한 문제

대표 문제

0617

어느 가게에서 구매 금액이 600원인 연필은 20 %의 이익을 붙이고, 구매 금액이 800원인 볼펜은 25 %의 이익을 붙여서 모두 판매하였더니 15200원의 이익이 발생하였다. 연필과 볼펜을 합하여 100자루를 판매하였을 때, 판매한 볼펜은 몇 자루인가?

① 40자루 ② 45자루 ③ 50자루
④ 55자루 ⑤ 60자루

0618

두 제품 A, B를 합하여 50000원에 구입하여 A 제품은 구입가의 15 %, B 제품은 구입가의 10 %의 이익을 붙여서 모두 판매하였더니 6500원의 이익이 발생하였다. A 제품의 구입가를 구하시오.

0619

어느 청바지 제조 회사에서 새로 만든 두 종류의 청바지의 원가에 각각 20 %의 이익을 붙여 정가를 정하였더니 정가의 합이 84000원이었다. 두 청바지의 원가의 차가 10000원일 때, 더 비싼 청바지의 정가는?

① 46000원 ② 47000원 ③ 48000원
④ 49000원 ⑤ 50000원

유형 13 일에 대한 문제

대표 문제

0620

형과 동생이 같이 하면 10분 만에 끝낼 수 있는 방 청소를 동생이 20분 동안 한 후 나머지를 형이 5분 동안 하면 끝낼 수 있다고 한다. 방 청소를 동생이 혼자 하면 몇 분이 걸리는지 구하시오.

0621

어떤 물탱크에 물을 채우는데 A 호스로 3시간 동안 넣은 후 나머지를 B 호스로 12시간 동안 넣으면 가득 찬다. 또, 이 물탱크에 A 호스로 9시간 동안 넣은 후 나머지를 B 호스로 4시간 동안 넣으면 가득 찬다. B 호스로만 이 물탱크를 가득 채우면 몇 시간이 걸리는가?

① 12시간 ② 13시간 ③ 14시간
④ 15시간 ⑤ 16시간

0622

어떤 일을 형이 3일 동안 한 후에 동생이 15일 동안 하면 마칠 수 있고, 형이 5일 동안 한 후에 동생이 9일 동안 하면 마칠 수 있다고 한다. 형과 동생이 함께 일을 하면 며칠이 걸리는지 구하시오.

유형 14 도중에 속력이 바뀌는 문제

대표 문제

0623

희주네 집에서 학교까지의 거리는 3300 m이다. 희주가 집에서 학교까지 자전거를 타고 분속 150 m로 가다가 자전거가 고장 나서 분속 75 m로 걸어서 도착해 보니 총 32분이 걸렸다. 희주가 자전거를 타고 간 거리를 구하시오.

0624

A 도시에서 250 km 떨어진 B 도시까지 자동차를 타고 이동하려고 한다. 유료 도로에서는 시속 x km로 1시간 동안 이동하고, 무료 도로에서는 시속 y km로 2시간 동안 이동하였다. 유료 도로에서의 속력은 무료 도로에서의 속력보다 시속 25 km만큼 더 빠르다고 할 때, $x+y$의 값은?

① 165 ② 170 ③ 175
④ 180 ⑤ 185

0625

정연이가 집에서 도서관을 향해 분속 60 m로 가다가 서점에 들러서 30분 동안 책을 보고, 분속 150 m로 뛰어 도서관까지 가는 데 총 1시간 10분이 걸렸다. 집에서 서점까지의 거리가 서점에서 도서관까지의 거리보다 300 m 더 멀 때, 정연이네 집에서 서점을 지나 도서관까지의 거리를 구하시오.

유형 15 등산하거나 왕복하는 문제

대표 문제

0626

등산을 하는데 시속 3km로 올라갔다가 내려올 때는 다른 길로 시속 4km로 내려왔더니 총 3시간이 걸렸다. 등산한 총거리가 10km일 때, 올라간 거리와 내려온 거리의 차는?

① 1.5km　② 2km　③ 2.5km
④ 3km　⑤ 3.5km

0627

연아는 가족과 함께 등산을 하였다. 올라갈 때는 시속 4km로 걷고, 내려올 때는 올라갈 때보다 1km 더 짧은 길을 시속 5km로 걸어 모두 1시간 36분이 걸렸다. 내려온 거리를 구하시오.

0628

어느 등산객이 A 코스를 따라 시속 2km로 올라가서 정상에서 20분 휴식 후 B 코스를 따라 시속 3km로 내려왔더니, 총 4시간이 걸렸다. B 코스가 A 코스보다 1km 더 길 때, 등산한 총거리를 구하시오.

0629

시우는 집에서 오후 1시에 출발하여 도서관에 다녀오는데 갈 때는 시속 5km로 걷고, 도서관에서 48분 동안 머문 다음 돌아올 때는 다른 길을 택하여 시속 4km로 걸어서 집에 오후 3시 6분에 도착하였다. 시우가 걸은 총거리가 6km일 때, 돌아올 때 걸은 거리를 구하시오.

유형 16 만나는 경우에 대한 문제

대표 문제

0630

민서가 집에서 학교로 출발한 지 15분 후에 어머니는 민서가 놓고 간 준비물을 주려고 집에서 출발하여 같은 길을 따라갔다. 민서는 분속 75m로 걸어갔고, 어머니는 분속 200m로 자전거를 타고 갔을 때, 두 사람이 만나는 것은 어머니가 출발한 지 몇 분 후인가?

① 8분　② 9분　③ 10분
④ 11분　⑤ 12분

0631

18km 떨어진 두 지점에서 정호와 현우는 동시에 마주 보고 출발하여 도중에 만났다. 정호는 시속 4km, 현우는 시속 5km로 걸었을 때, 현우가 걸은 거리는?

① 7km　② 8km　③ 9km
④ 10km　⑤ 11km

0632

민수와 동생이 달리기를 하는데 민수는 출발 지점에서 초속 5m로, 동생은 민수보다 20m 앞에서 초속 4m로 동시에 출발하였다. 민수와 동생이 만나는 것은 출발한 지 몇 초 후인지 구하시오.

유형 17 둘레를 도는 문제

대표 문제

0633

세민이와 연주가 둘레의 길이가 1500 m인 호수 공원의 둘레를 도는데 같은 지점에서 동시에 출발하여 같은 방향으로 돌면 1시간 15분 후에 처음 만나고, 반대 방향으로 돌면 10분 후에 처음 만난다. 세민이가 연주보다 빠르다고 할 때, 세민이의 속력은?

① 분속 65 m ② 분속 70 m ③ 분속 75 m
④ 분속 80 m ⑤ 분속 85 m

0634

둘레의 길이가 800 m인 트랙을 현석이와 민영이가 같은 지점에서 동시에 서로 반대 방향으로 출발하였다. 현석이는 분속 90 m, 민영이는 분속 70 m로 걸을 때, 두 사람이 처음 만나는 때는 출발한 지 몇 분 후인지 구하시오.

유형 18 강물에 대한 문제

대표 문제

0635

배를 타고 길이가 12 km인 강을 거슬러 올라가는 데 4시간, 내려오는 데 1시간 20분이 걸린다. 정지한 물에서의 배의 속력은? (단, 배와 강물의 속력은 일정하다.)

① 시속 3 km ② 시속 4 km ③ 시속 5 km
④ 시속 6 km ⑤ 시속 7 km

0636

배를 타고 길이가 30 km인 강을 거슬러 올라가는 데 5시간, 내려오는 데 3시간이 걸렸다. 이때 강물의 속력을 구하시오. (단, 배와 강물의 속력은 일정하다.)

0637

상류 선착장에서 하류 선착장까지 유람선을 타고 강을 따라 내려오는 데 2시간, 강을 거슬러 올라가는 데 3시간이 걸렸다. 정지한 물에서 유람선은 시속 10 km로 일정하게 움직일 때, 두 선착장 사이의 거리를 구하시오.

(단, 강물의 속력은 일정하다.)

유형 19 기차에 대한 문제

대표 문제

0638

일정한 속력으로 달리는 기차가 1500 m 길이의 터널을 완전히 통과하는 데 34초가 걸리고, 1200 m 길이의 다리를 완전히 지나는 데 28초가 걸린다. 이 기차의 길이는 몇 m인지 구하시오.

0639

일정한 속력으로 달리는 기차가 1480 m 길이의 다리를 완전히 지나는 데 40초가 걸리고, 1200 m 길이의 터널을 완전히 통과하는 데 33초가 걸린다. 이 기차의 속력을 구하시오.

유형 20 농도에 대한 문제

대표 문제

0640

5 %의 소금물과 11 %의 소금물을 섞어서 7 %의 소금물 360 g을 만들었다. 5 %의 소금물은 몇 g을 섞었는가?

① 220 g ② 230 g ③ 240 g
④ 250 g ⑤ 260 g

0641

4 %의 설탕물 240 g에 10 %의 설탕물을 넣어서 6 %의 설탕물을 만들려고 한다. 이때 10 %의 설탕물을 몇 g 넣어야 하는가?

① 120 g ② 140 g ③ 160 g
④ 180 g ⑤ 200 g

0642

농도가 다른 두 소금물 A, B가 있다. 소금물 A를 200 g, 소금물 B를 300 g 섞으면 7 %의 소금물이 되고, 소금물 A를 50 g, 소금물 B를 200 g 섞으면 8 %의 소금물이 된다. 이때 두 소금물 A, B의 농도 차를 구하시오.

0643

6 %의 소금물과 14 %의 소금물을 섞은 후 60 g의 물을 더 넣었더니 10 %의 소금물 360 g이 만들어졌다. 이때 14 %의 소금물의 양을 구하시오.

유형 21 식품(합금)에 대한 문제

대표 문제

0644

오른쪽 표는 두 식품 A, B에 들어 있는 단백질과 지방의 함유 비율을 백분율로 나타낸 것이다. 두 식품을 먹어서 단백질 30 g, 지방 54 g을 얻으려면 두 식품 A, B를 각각 몇 g씩 먹어야 하는지 구하시오.

식품	단백질(%)	지방(%)
A	6	15
B	12	9

0645

구리를 15 %, 주석을 30 % 포함한 합금 A와 구리를 25 %, 주석을 40 % 포함한 합금 B를 녹여서 구리 150 g, 주석 270 g을 얻으려고 한다. 합금 B는 몇 g이 필요한가?

① 300 g ② 350 g ③ 400 g
④ 450 g ⑤ 500 g

0646

오른쪽 표는 두 식품 A, B를 각각 100 g씩 섭취하였을 때 얻을 수 있는 단백질과 열량을 나타낸 것이다. 두 식품 A, B에서 단백질 78 g, 열량 900 kcal를 얻으려면 식품 A를 몇 g 섭취해야 하는가?

식품	단백질(g)	열량(kcal)
A	15	180
B	9	90

① 300 g ② 350 g ③ 400 g
④ 450 g ⑤ 500 g

0647

모양과 길이가 각각 같은 성냥개비 40개를 모두 사용하여 성냥개비 1개를 한 변으로 하는 정삼각형과 정사각형을 만들려고 한다. 정삼각형과 정사각형을 모두 합하여 11개를 만들 때, 정삼각형의 개수를 구하시오.
(단, 모든 도형은 서로 떨어져 있다.)

0648

서로 다른 두 자연수가 있다. 큰 수를 작은 수로 나누면 몫이 4이고 나머지는 6이다. 큰 수의 2배를 작은 수로 나누면 몫이 9이고 나머지는 3이다. 이때 두 수의 차를 구하시오.

0649

오리배를 타는 요금은 어른 요금과 어린이 요금으로 되어 있는데 준수네 가족의 요금은 3000원, 소민이네 가족의 요금은 4800원이다. 준수네 가족은 어른 2명, 어린이 2명이고, 소민이네 가족은 어른 3명, 어린이 4명이다. 이때 어린이 한 명의 요금은?

① 300원 ② 500원 ③ 800원
④ 1000원 ⑤ 1200원

0650

둘레의 길이가 48 cm인 직사각형이 있다. 이 직사각형의 가로의 길이가 세로의 길이보다 4 cm 더 길 때, 직사각형의 넓이는?

① $72\,\text{cm}^2$ ② $96\,\text{cm}^2$ ③ $116\,\text{cm}^2$
④ $120\,\text{cm}^2$ ⑤ $140\,\text{cm}^2$

0651

어느 공장에서 제품을 생산하는데 합격품은 한 개당 100원의 이익이 생기고, 불량품은 한 개당 200원의 손해가 생긴다고 한다. 제품을 100개 생산하여 7000원의 이익이 생겼을 때, 불량품의 개수는?

① 5 ② 7 ③ 10
④ 15 ⑤ 20

0652

소정이와 유진이가 가위바위보를 하여 이긴 사람은 2계단을 올라가고, 진 사람은 1계단을 내려가기로 하였다. 얼마 후 소정이는 처음보다 19계단을, 유진이는 처음보다 1계단을 올라가 있었을 때, 유진이가 이긴 횟수를 구하시오. (단, 비기는 경우는 없다.)

실력 UP

0653

어느 여객선은 A 항구에서 출발하여 두 항구 B, C를 차례로 거쳐 D 항구에 도착하였다. B 항구에서 남자만 10명 내리자 남은 승객은 여자의 수가 남자의 수의 2배가 되었고, C 항구에서 남자, 여자가 각각 10명씩 내리자 남은 승객은 남자의 수가 여자의 수의 $\frac{1}{3}$이 되었다. A 항구에서 이 여객선에 탄 남자와 여자의 수를 각각 구하시오.

0654

두 수의 합은 20이고, 두 수의 차는 6이다. 두 수 중 작은 수는?

① 5 ② 6 ③ 7
④ 8 ⑤ 9

0655

어떤 농구 선수가 한 경기에서 2점 슛과 3점 슛을 합하여 13개를 성공하고, 30점을 얻었다. 이 선수가 성공한 2점 슛은 몇 개인지 구하시오.

0656

현재 아버지와 아들의 나이의 합은 56살이고, 8년 후 아버지의 나이는 아들의 나이의 2배가 된다고 한다. 이때 8년 후 아버지의 나이는?

① 46살 ② 48살 ③ 50살
④ 52살 ⑤ 54살

0657

효진이의 수학 점수와 영어 점수의 평균은 91점이고, 영어 점수가 수학 점수보다 6점 더 높다고 한다. 이때 효진이의 수학 점수는?

① 87점 ② 88점 ③ 89점
④ 90점 ⑤ 91점

0658

민아네 중학교 2학년 전체 학생은 120명이다. 이 중 남학생의 $\frac{3}{11}$과 여학생의 $\frac{1}{9}$이 봉사 활동에 참여하여 2학년 전체 학생의 $\frac{1}{5}$이 참여하였다. 이때 봉사 활동에 참여한 여학생 수를 구하시오.

0659

두 자리의 자연수가 있다. 이 수의 각 자리의 숫자의 합은 십의 자리의 숫자의 3배보다 1만큼 작고, 십의 자리의 숫자와 일의 자리의 숫자를 바꾼 수는 처음 수보다 18만큼 크다고 할 때, 처음 수를 구하시오.

실력 UP

0660

지우는 6월 한 달 동안 매일 우유를 한 개씩 구입하여 먹었고, 우유 값으로 총 23000원을 지불하였다. 그런데 우유의 가격이 6월 초반에는 한 개에 700원이었으나 중간에 800원으로 올랐다. 이때 800원짜리 우유를 먹기 시작한 날짜를 구하시오.

0661

어느 중학교의 작년 전체 학생은 600명이었고, 올해는 작년에 비해 남학생이 5 % 증가하고, 여학생이 10 % 감소하여 전체적으로 6명이 감소하였다. 작년의 남학생 수와 여학생 수를 각각 구하시오.

0662

두 상품 A, B를 합하여 23000원에 사서 A 상품은 10 %, B 상품은 20 %의 이익을 붙여 모두 팔았더니 3600원의 이익을 얻었다. A 상품의 판매 가격을 구하시오.

0663

별이와 준이가 청소를 하려고 한다. 별이와 준이가 함께 청소하면 5시간이 걸리고, 별이가 2시간 동안 청소를 한 후 준이가 6시간 동안 청소를 하면 끝낼 수 있다고 한다. 이때 별이가 혼자 청소를 하면 몇 시간이 걸리는가?

① 16시간 ② 17시간 ③ 18시간
④ 19시간 ⑤ 20시간

0664

세민이가 집에서 16 km 떨어진 놀이공원까지 가는데 처음에는 자전거를 타고 시속 16 km로 달리다가 도중에 자전거가 고장 나서 시속 4 km로 걸었더니 총 1시간 45분이 걸렸다. 세민이가 걸어서 간 거리는?

① 3 km ② 4 km ③ 5 km
④ 6 km ⑤ 7 km

0665

10 km 떨어진 두 지점에서 서준이와 현서가 동시에 마주 보고 출발하여 도중에 만났다. 서준이는 시속 6 km로 뛰고, 현서는 자전거를 타고 시속 14 km로 달렸을 때, 두 사람이 만날 때까지 걸린 시간은 몇 분인지 구하시오.

0666

일정한 속력으로 달리는 기차가 800 m 길이의 터널을 완전히 통과하는 데 30초가 걸리고, 500 m 길이의 다리를 완전히 지나는 데 20초가 걸린다. 이 기차의 길이는 몇 m인가?

① 96 m ② 98 m ③ 100 m
④ 102 m ⑤ 104 m

실력 UP

0667

구리와 아연을 1 : 2의 비율로 섞은 합금 A와 구리와 아연을 같은 비율로 섞은 합금 B가 있다. 두 합금 A, B를 녹여 구리와 아연을 2 : 3의 비율로 섞은 합금 360 g을 만들려고 한다. 필요한 두 합금 A, B의 양을 각각 구하시오.

(단, 두 합금 A, B는 구리와 아연만 포함한다.)

0668

A 중학교의 올해 학생 수는 작년보다 남학생은 10% 늘고, 여학생은 15% 줄어 전체 학생 수는 작년보다 30명이 줄어든 670명이 되었다. 올해의 남학생 수를 구하시오.

0669

서연이는 러닝머신에서 시속 6km로 걷다가 시속 8km로 속도를 높여서 달렸다. 50분 동안 러닝머신을 한 거리의 합이 6km일 때, 서연이가 걸은 거리는 몇 km인지 구하시오.

0670

정상까지의 등반 코스로 A, B의 두 코스가 있다. A 코스를 시속 2km로 올라가서 정상에서 30분간 휴식 후 B 코스를 시속 4km로 내려오는 데 총 5시간이 걸렸다. 등산을 한 거리가 13km일 때, B 코스의 거리는 몇 km인지 구하시오.

0671

둘레의 길이가 240m인 트랙을 준이와 혁민이가 같은 지점에서 동시에 출발하여 서로 반대 방향으로 달리면 30초 후에 처음으로 만나고, 같은 방향으로 달리면 2분 후에 처음으로 만난다고 한다. 준이의 속력이 혁민이의 속력보다 빠르다고 할 때, 준이의 속력은?

① 초속 1m ② 초속 2m ③ 초속 3m
④ 초속 4m ⑤ 초속 5m

0672

배를 타고 길이가 12km인 강을 거슬러 올라가는 데 1시간 30분, 강을 따라 내려오는 데 1시간이 걸렸다. 정지한 물에서의 배의 속력은?

(단, 배와 강물의 속력은 일정하다.)

① 시속 6km ② 시속 8km ③ 시속 9km
④ 시속 10km ⑤ 시속 11km

0673

6%의 소금물과 11%의 소금물을 섞어서 8%의 소금물 400g을 만들었다. 이때 11%의 소금물의 양은?

① 160g ② 180g ③ 200g
④ 220g ⑤ 240g

0674

어떤 물탱크에 물을 A 호스로 2분 동안 채운 후 B 호스로 10분 동안 채웠더니 물탱크가 가득 찼다. 또, 같은 물탱크에 물을 A 호스로 5분 동안 채운 후 B 호스로 4분 동안 채웠더니 물탱크가 가득 찼다. 이 물탱크에 물을 B 호스로만 가득 채우려면 몇 분이 걸리는지 구하시오.

0675

지호는 중간고사 수학 시험에서 3점짜리 문제와 5점짜리 문제를 합하여 18문제를 맞혀 68점을 받았다. 지호가 맞힌 3점짜리 문제의 개수는?

① 8　② 9　③ 10
④ 11　⑤ 12

0676

현재 아버지와 아들의 나이의 차가 40살이고, 14년 후에 아버지의 나이가 아들의 나이의 3배가 된다고 한다. 현재 아들의 나이는?

① 4살　② 5살　③ 6살
④ 7살　⑤ 8살

0677

두 자리의 자연수가 있다. 이 수는 각 자리의 숫자의 합의 3배이고, 십의 자리의 숫자와 일의 자리의 숫자를 바꾼 수는 처음 수의 2배보다 18만큼 크다. 이때 처음 수를 구하시오.

0678

카네이션 한 송이의 가격은 장미 한 송이의 가격보다 500원이 더 비싸다고 한다. 카네이션 5송이와 장미 7송이의 가격이 14500원일 때, 카네이션 4송이와 장미 3송이의 가격은?

① 8000원　② 8500원　③ 9000원
④ 9500원　⑤ 10000원

0679

둘레의 길이가 34 cm인 직사각형의 가로의 길이는 세로의 길이의 2배보다 2 cm 더 길다. 이 직사각형의 넓이를 구하시오.

0680

회원 수가 50명인 봉사 활동 단체에서 남자 회원의 $\frac{1}{3}$과 여자 회원의 $\frac{1}{4}$이 봉사 활동을 가서 전체의 $\frac{3}{10}$이 갔다고 한다. 이 단체의 여자 회원 수는?

① 16　② 20　③ 24
④ 28　⑤ 30

0681

등산을 하는데 올라갈 때는 시속 3 km로 걷고, 내려올 때는 올라간 길보다 4 km 더 긴 길을 시속 4 km로 걸어서 총 8시간이 걸렸다. 이때 올라갔다가 내려온 전체 거리는?

① 22 km　② 24 km　③ 26 km
④ 28 km　⑤ 30 km

0682

어느 중학교의 올해 학생 수는 작년보다 남학생은 10 % 늘고 여학생은 5 % 줄어 전체 학생 수가 30명이 늘었다. 올해 전체 학생 수가 930명일 때, 올해의 남학생 수는?

① 400　② 450　③ 500
④ 550　⑤ 600

0683

경진이와 수영이가 어떤 일을 하는데 둘이서 같이 하면 3시간이 걸리고, 경진이가 2시간 동안 일을 한 후 나머지를 둘이서 같이 하면 1시간 30분이 걸린다고 한다. 이 일을 수영이가 혼자 하면 몇 시간이 걸리는가?

① 6시간 ② 8시간 ③ 10시간
④ 12시간 ⑤ 14시간

0684

지민이와 민호가 둘레의 길이가 2km인 호수의 둘레를 따라 일정한 속력으로 걷고 있다. 두 사람이 같은 지점에서 동시에 출발하여 같은 방향으로 돌면 2시간 후에 처음 만나고, 반대 방향으로 돌면 40분 후에 처음 만난다. 지민이가 민호보다 빠르다고 할 때, 두 사람의 속력을 각각 구하시오.

0685

4%의 소금물과 7%의 소금물을 섞어서 6%의 소금물 300g을 만들려고 할 때, 필요한 7%의 소금물의 양은?

① 120g ② 140g ③ 160g
④ 180g ⑤ 200g

0686

구리가 50% 포함된 합금 A와 구리가 80% 포함된 합금 B를 녹여서 구리가 60% 포함된 합금 60g을 만들려고 한다. 이때 필요한 합금 A의 양을 구하시오.

서술형 문제

0687

다음은『그리스 시화집』에 있는 시이다.

노새와 당나귀가 터벅터벅 자루를 운반하고 있었다.
너무도 짐이 무거워 당나귀가 한탄하였다.
노새가 당나귀에게 말했다.
"연약한 소녀가 울듯이 어째서 너는 한탄하고 있니?
네가 진 짐에서 한 자루를 내 등에 옮기면
내 짐은 네 짐의 두 배가 되는 걸.
내가 진 짐에서 한 자루를 네 등에 옮기면
네 짐의 수는 내 짐의 수와 같게 되지."

이 시에서 노새와 당나귀의 짐의 수의 합은 몇 자루인지 구하시오.

〈풀이〉

0688

두 제품 A, B의 한 개당 원가는 각각 1000원, 2000원이다. 두 제품 A, B를 합하여 80000원어치를 구입한 후 A 제품은 20%의 이익을 붙이고, B 제품은 30%의 이익을 붙여서 모두 팔았더니 20000원의 이익을 얻었다. A 제품은 몇 개인지 구하시오.

〈풀이〉

Theme 16 함수와 함숫값

유형북 116쪽

유형 01 함수

대표 문제

0689

다음 중 y가 x의 함수가 아닌 것은?

① 한 변의 길이가 x cm인 정삼각형의 둘레의 길이 y cm
② 양수 x와의 곱이 5인 수 y
③ 둘레의 길이가 x cm인 사각형의 넓이 $y\,\text{cm}^2$
④ 시속 4 km로 x시간 동안 걸은 거리 y km
⑤ 한 개에 2000원인 배 x개의 가격 y원

0690

다음 보기에서 y가 x의 함수인 것은 모두 몇 개인지 구하시오.

보기
ㄱ. 자연수 x보다 작은 자연수의 개수 y
ㄴ. 자연수 x의 역수 y
ㄷ. 약수의 개수가 x인 자연수 y
ㄹ. 몸무게 x kg인 사람의 허리둘레 y cm
ㅁ. 자연수 x를 5로 나눈 나머지 y

0691

다음 보기에서 y가 x의 함수가 아닌 것을 모두 고른 것은?

보기
ㄱ. 길이가 30 cm인 끈을 x cm 사용하고 남은 끈의 길이 y cm
ㄴ. 자연수 x의 3배보다 작은 자연수 y
ㄷ. x g의 설탕이 들어 있는 설탕물 100 g의 농도 y %
ㄹ. 자연수 x보다 작은 소수 y

① ㄱ, ㄴ　② ㄱ, ㄷ　③ ㄴ, ㄷ
④ ㄴ, ㄹ　⑤ ㄷ, ㄹ

유형 02 함숫값 구하기

대표 문제

0692

함수 $f(x)=-2x$에 대하여 $f(-2)+\frac{1}{2}f(3)$의 값은?

① -2　② -1　③ 0
④ 1　⑤ 2

0693

함수 $f(x)=-3x+2$에 대하여 $f(-3)$의 값은?

① 5　② 7　③ 9
④ 11　⑤ 13

0694

다음 중 $f(-1)=3$인 것은?

① $f(x)=\frac{1}{3}x$　② $f(x)=3x$
③ $f(x)=-3x$　④ $f(x)=-\frac{1}{3}x$
⑤ $f(x)=\frac{3}{x}$

0695

함수 $f(x)=-\frac{1}{x}$에 대하여 $f\left(-\frac{1}{2}\right)-f(1)$의 값은?

① 1　② 2　③ 3
④ 4　⑤ 5

0696

함수 $f(x)=-\frac{12}{x}$에 대하여 $\frac{1}{2}f(2)-f(-3)$의 값을 구하시오.

0697

두 함수 $f(x)=3x$, $g(x)=-\frac{2}{x}$에 대하여

$f(-3)-\frac{1}{2}g(1)$의 값은?

① -8 ② -4 ③ -2
④ 1 ⑤ 2

0698

오른쪽 표는 타 지역으로 보내는 물건의 무게에 따른 택배 요금을 나타낸 것이다. 물건의 무게가 $x$kg일 때, 택배 요금을 y원이라 하면 함수 $y=f(x)$에 대하여 $f(3)+f(7.5)+f(14)$의 값을 구하시오.

(단, x는 30 미만이다.)

무게(kg)	요금(원)
0이상 ~ 2미만	3500
2 ~ 5	4500
5 ~ 10	6000
10 ~ 20	7500
20 ~ 30	9000

0699

함수 $f(x)=$(자연수 x를 4로 나눈 나머지)라 할 때, $f(18)+f(27)+f(48)$의 값을 구하시오.

유형 03 함숫값을 이용하여 미지수 구하기

대표 문제

0700

함수 $f(x)=-3x$에 대하여 $f(a)=9$일 때, a의 값은?

① -3 ② -1 ③ 0
④ 1 ⑤ 3

0701

함수 $f(x)=\frac{15}{x}$에 대하여 $f(a)=5$이고 $f(-5)=b$일 때, $a+b$의 값은?

① -2 ② -1 ③ 0
④ 1 ⑤ 2

0702

함수 $f(x)=4x$에 대하여 $f(a)=-10$이고 $f(-1)=b$일 때, ab의 값을 구하시오.

0703

함수 $f(x)=-2x+3$에 대하여 $a-b=-1$일 때, $f(a)-f(b)$의 값을 구하시오.

유형 04 함숫값이 주어질 때 함수의 식 구하기

대표 문제

0704

함수 $f(x)=ax-1$에 대하여 $f(3)=8$일 때, $f(2)$의 값은? (단, a는 상수)

① 3 ② 5 ③ 7
④ 9 ⑤ 11

0705

함수 $f(x)=-\frac{a}{x}$에 대하여 $f(-2)=3$일 때, $f(-3)+f(2)$의 값을 구하시오. (단, a는 상수)

0706

함수 $f(x)=ax$에 대하여 $f(-2)=4$, $f(b)=-8$일 때, $a+b$의 값을 구하시오. (단, a는 상수)

0707

함수 $f(x)=3x-4a$에 대하여 $f(a)=5$일 때, 상수 a의 값을 구하시오.

유형 05 정비례, 반비례 관계인 함수

대표 문제

0708

y가 x에 정비례하고, $x=3$일 때 $y=2$이다. $x=-6$일 때, y의 값을 구하시오.

0709

y가 x에 반비례하고, $x=-2$일 때 $y=8$이다. $x=4$일 때, y의 값을 구하시오.

0710

y가 x에 정비례하고 x, y 사이의 관계가 다음 표와 같을 때, $A+B$의 값은?

x	3	6	B	$\cdots$
y	4	A	12	$\cdots$

① 11 ② 13 ③ 15
④ 17 ⑤ 19

0711

y가 x에 반비례하고 x, y 사이의 관계가 다음 표와 같을 때, $a+b+c$의 값을 구하시오.

x	1	a	5	c	$\cdots$
y	20	10	b	2	$\cdots$

Theme 17 일차함수의 뜻과 그래프

유형북 119쪽

유형 06 일차함수의 뜻

대표 문제

0712

다음 중 y가 x의 일차함수인 것은?

① $y=2$ ② $y=\frac{3}{x}$ ③ $y=x^2+x$

④ $y=\frac{x+3}{2}$ ⑤ $y=x+(1-x)$

0713

다음 중 y가 x의 일차함수가 아닌 것을 모두 고르면? (정답 2개)

① 시속 7 km로 x시간 동안 달린 거리 y km

② 반지름의 길이가 x cm인 원의 넓이 $y\,\text{cm}^2$

③ 500원짜리 사과를 x개 사고 10000원을 냈을 때 거스름돈 y원

④ 사탕 20개를 x명이 똑같이 나누어 먹을 때, 한 사람이 먹는 사탕 y개

⑤ 전체 학생이 25명이고 남학생이 x명일 때 여학생 y명

0714

$y=2x(ax+1)+bx+2$가 x의 일차함수가 되도록 하는 상수 a, b의 조건은?

① $a=0$, $b\neq0$ ② $a\neq0$, $b=0$

③ $a=0$, $b\neq-2$ ④ $a\neq0$, $b=-2$

⑤ $a\neq0$, $b\neq-2$

유형 07 일차함수의 함숫값 구하기

대표 문제

0715

일차함수 $f(x)=ax-8$에 대하여 $f(3)=1$일 때, $f(-3)$의 값은? (단, a는 상수)

① -21 ② -17 ③ -13

④ -9 ⑤ -5

0716

일차함수 $f(x)=-3x+2$에 대하여 $f(-2)=a$, $f(b)=-1$일 때, $a-b$의 값을 구하시오.

0717

두 일차함수 $f(x)=\frac{1}{3}x+a$, $g(x)=bx-3$에 대하여 $f(3)=-2$, $g(3)=3$일 때, $f(-6)+g(1)$의 값을 구하시오. (단, a, b는 상수)

0718

일차함수 $f(x)=ax+b$에 대하여 $f(k)=2$, $f(k+2)=6$일 때, a의 값을 구하시오. (단, a, b는 상수)

유형 08 일차함수의 그래프 위의 점

대표 문제

0719

다음 중 일차함수 $y=-\frac{2}{3}x+3$의 그래프 위의 점이 아닌 것은?

① $(0,\ 3)$ ② $\left(1,\ \frac{7}{3}\right)$ ③ $\left(2,\ \frac{5}{3}\right)$

④ $(3,\ 5)$ ⑤ $\left(4,\ \frac{1}{3}\right)$

0720

일차함수 $y=3x-12$의 그래프가 점 $(a,\ 4a)$를 지날 때, a의 값을 구하시오.

0721

일차함수 $y=ax+b$의 그래프가 두 점 $(-2,\ 1)$, $(3,\ -4)$를 지날 때, $a+b$의 값을 구하시오.

(단, a, b는 상수)

0722

다음 조건을 모두 만족시키는 일차함수 $f(x)$를 구하시오.

> (가) $y=f(x)$의 그래프가 점 $(2,\ -3)$을 지난다.
> (나) $f(-1)+f(2)=-3$

유형 09 일차함수의 그래프의 평행이동

대표 문제

0723

일차함수 $y=3x-2$의 그래프를 y축의 방향으로 5만큼 평행이동하였더니 $y=ax+b$의 그래프가 되었다. 이때 상수 a, b에 대하여 ab의 값을 구하시오.

0724

다음 중 일차함수 $y=-\frac{2}{3}x$의 그래프를 이용하여 일차함수 $y=-\frac{2}{3}x+2$의 그래프를 바르게 그린 것은?

①
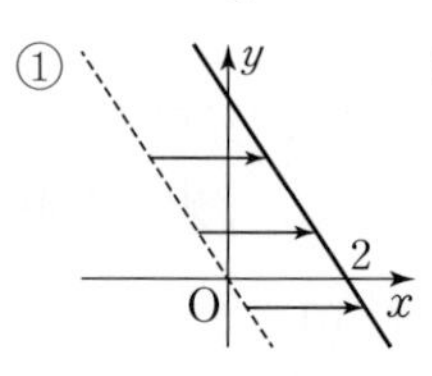

②
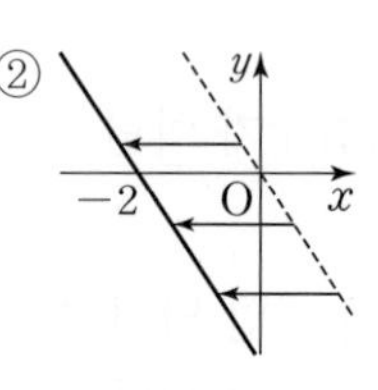

③
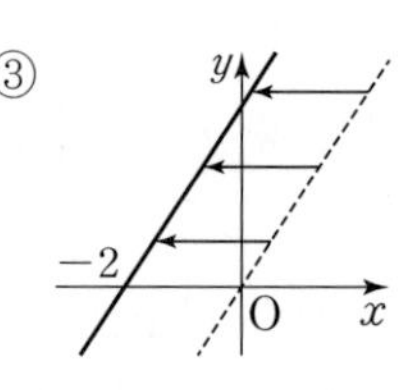

④
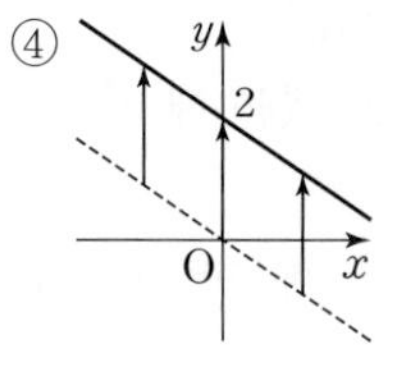

⑤
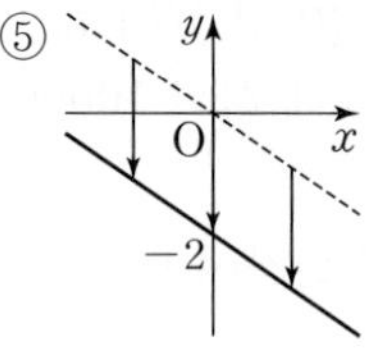

0725

다음 일차함수의 그래프 중 일차함수 $y=-2x$의 그래프를 평행이동한 그래프와 겹쳐지는 것을 모두 고르면?

(정답 2개)

① $y=-x+1$ ② $y=2(x+1)$

③ $y=\frac{3-4x}{2}$ ④ $y=x+2$

⑤ $y=-2x-\frac{2}{5}$

유형 10 평행이동한 그래프 위의 점

대표 문제

0726

일차함수 $y=-2x$의 그래프를 y축의 방향으로 5만큼 평행이동한 그래프가 점 $(p,\ 0)$을 지난다. 이때 p의 값은?

① $-\frac{5}{2}$ ② $-\frac{2}{5}$ ③ $\frac{2}{5}$
④ $\frac{5}{2}$ ⑤ 3

0727

다음 중 일차함수 $y=-\frac{4}{3}x$의 그래프를 y축의 방향으로 -3만큼 평행이동한 그래프 위의 점이 아닌 것은?

① $(-6,\ 5)$ ② $(-3,\ 1)$ ③ $(0,\ -3)$
④ $(3,\ -5)$ ⑤ $(6,\ -11)$

0728

일차함수 $y=2x-1$의 그래프를 y축의 방향으로 m만큼 평행이동한 그래프가 점 $(3,\ -1)$을 지날 때, m의 값은?

① -6 ② -3 ③ -1
④ 3 ⑤ 6

0729

일차함수 $y=2x-a$의 그래프를 y축의 방향으로 b만큼 평행이동한 그래프가 점 $(2,\ -2)$를 지날 때, $a-b$의 값을 구하시오. (단, a는 상수)

0730

일차함수 $y=-3x+b$의 그래프는 점 $(1,\ -2)$를 지난다. 이 그래프를 y축의 방향으로 2만큼 평행이동한 그래프가 점 $(-k,\ 2k+1)$을 지날 때, k의 값을 구하시오.
(단, b는 상수)

0731

점 $(k,\ k-1)$을 지나는 일차함수 $y=2x-3$의 그래프를 y축의 방향으로 $3k$만큼 평행이동한 그래프가 점 $(3,\ b)$를 지난다. 이때 $b+k$의 값을 구하시오.

0732

일차함수 $y=ax+b$의 그래프를 y축의 방향으로 -2만큼 평행이동한 그래프가 두 점 $(-1,\ -4)$, $(2,\ 5)$를 지날 때, 상수 a, b에 대하여 $a+b$의 값을 구하시오.

유형 11 일차함수의 그래프의 x절편, y절편

대표 문제

0733

일차함수 $y=2x+6$의 그래프에서 x절편을 a, y절편을 b라 할 때, $a+b$의 값은?

① -6 ② -3 ③ -1
④ 3 ⑤ 6

0734

다음 일차함수의 그래프 중 x절편이 나머지 넷과 다른 하나는?

① $y=-x+2$ ② $y=2(x-1)$
③ $y=\frac{3}{2}x-3$ ④ $y=3x-6$
⑤ $y=-\frac{1}{3}x+\frac{2}{3}$

0735

일차함수 $y=4x-2$의 그래프를 y축의 방향으로 8만큼 평행이동한 그래프의 x절편을 a, y절편을 b라 할 때, ab의 값을 구하시오.

0736

다음 일차함수의 그래프 중 일차함수 $y=\frac{1}{2}x-4$의 그래프와 x축 위에서 만나는 것은?

① $y=2x+8$ ② $y=-2x+16$
③ $y=\frac{1}{3}x-12$ ④ $y=-\frac{1}{2}x+16$
⑤ $y=2x-8$

유형 12 x절편과 y절편을 이용하여 미지수 구하기

대표 문제

0737

일차함수 $y=-\frac{4}{3}x+b$의 그래프의 x절편이 3일 때, y절편은? (단, b는 상수)

① -4 ② -3 ③ 1
④ 3 ⑤ 4

0738

일차함수 $y=\frac{5}{3}x-5$의 그래프의 x절편과 일차함수 $y=-\frac{3}{2}x+7-2k$의 그래프의 y절편이 서로 같을 때, 상수 k의 값은?

① 2 ② 3 ③ 4
④ 5 ⑤ 6

0739

일차함수 $y=ax+5$의 그래프를 y축의 방향으로 -7만큼 평행이동한 그래프의 x절편이 4, y절편이 b일 때, $a+b$의 값은? (단, a는 상수)

① -3 ② $-\frac{5}{2}$ ③ -2
④ $-\frac{3}{2}$ ⑤ -1

Theme 18 일차함수의 그래프

유형북 123쪽

유형 13 일차함수의 그래프의 기울기

대표 문제

0740

두 일차함수의 그래프 l, m이 오른쪽 그림과 같을 때, l, m의 기울기의 합을 구하시오.

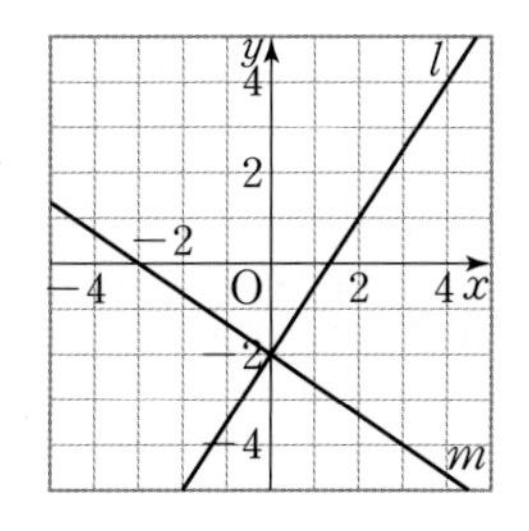

0741

다음 일차함수의 그래프 중 x의 값이 3만큼 감소할 때, y의 값이 5만큼 증가하는 것은?

① $y=-\frac{5}{2}x-1$　② $y=-\frac{5}{3}x+\frac{3}{2}$

③ $y=-\frac{3}{5}x+2$　④ $y=\frac{3}{5}x+8$

⑤ $y=\frac{5}{3}x-6$

0742

일차함수 $y=-\frac{2}{3}x-4$의 그래프에서 x의 값이 2에서 a까지 감소할 때, y의 값은 -2에서 2까지 증가한다. 이때 a의 값을 구하시오.

0743

일차함수 $y=ax-3$의 그래프에서 x의 값이 3만큼 증가할 때, y의 값은 2만큼 감소한다. 다음 물음에 답하시오.

(단, a는 상수)

(1) a의 값을 구하시오.

(2) 이 그래프가 점 $(-3, b)$를 지날 때, $a+b$의 값을 구하시오.

유형 14 두 점을 지나는 일차함수의 그래프의 기울기

대표 문제

0744

두 점 $(-3, a)$, $(2, 4)$를 지나는 일차함수의 그래프의 기울기가 2일 때, a의 값은?

① -12　② -9　③ -6

④ -3　⑤ -1

0745

오른쪽 그림은 일차함수의 그래프이다. 이 그래프에서 x의 값이 2만큼 증가할 때, y의 값의 증가량을 구하시오.

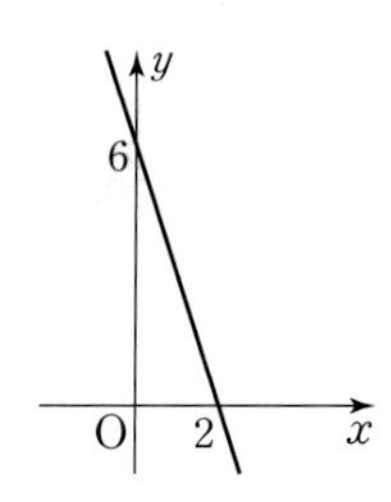

0746

일차함수 $y=f(x)$에 대하여 $f(2)-f(-4)=3$일 때, 이 일차함수의 그래프의 기울기를 구하시오.

0747

오른쪽 그림과 같은 두 일차함수 $y=f(x)$, $y=g(x)$의 그래프의 기울기를 각각 m, n이라 할 때, mn의 값을 구하시오.

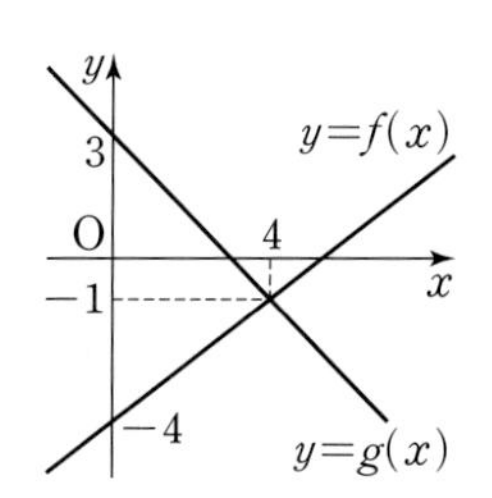

유형 15 세 점이 한 직선 위에 있을 조건

대표 문제

0748

세 점 $A(1, 2)$, $B(2, 4)$, $C(-2, a)$가 한 직선 위에 있을 때, a의 값은?

① -6 ② -4 ③ -2
④ 2 ⑤ 4

0749

두 점 $(2m-1, -3m+2)$, $(3, -2)$를 지나는 직선 위에 점 $(1, 0)$이 있을 때, m의 값을 구하시오.

0750

오른쪽 그림과 같이 세 점이 한 직선 위에 있을 때, a의 값을 구하시오.

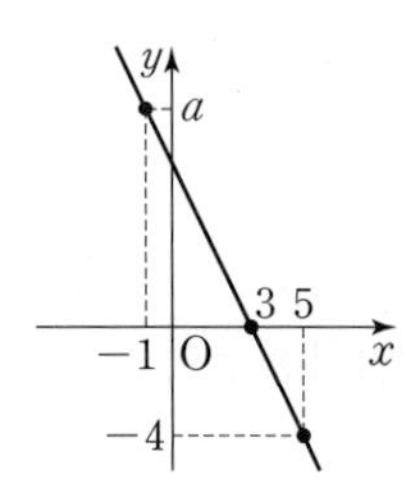

0751

세 점 $A(2, -3)$, $B(-3, m)$, $C(1, m-8)$이 한 직선 위에 있고 그 직선의 기울기를 a라 할 때, $a+m$의 값을 구하시오.

유형 16 일차함수의 그래프의 기울기와 x절편, y절편

대표 문제

0752

오른쪽 그림과 같은 일차함수의 그래프의 기울기를 a, x절편을 b, y절편을 c라 할 때, $2a+b+c$의 값은?

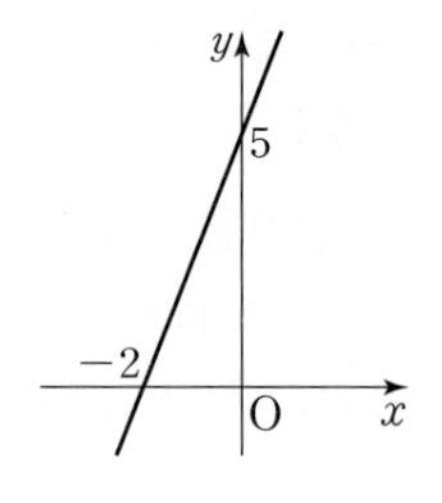

① -8 ② -2
③ 0 ④ 2
⑤ 8

0753

다음 조건을 모두 만족시키는 일차함수는?

> (가) x의 값이 3만큼 증가할 때, y의 값은 2만큼 감소하는 직선이다.
> (나) 일차함수 $y=-2x-4$의 그래프와 y절편이 같다.

① $y=-\frac{3}{2}x-4$ ② $y=\frac{2}{3}x-4$
③ $y=\frac{2}{3}x+6$ ④ $y=-\frac{2}{3}x-2$
⑤ $y=-\frac{2}{3}x-4$

0754

일차함수 $y=ax+b$의 그래프는 일차함수 $y=-\frac{3}{2}x-3$의 그래프와 x축 위에서 만나고, 일차함수 $y=-\frac{x+8}{2}$의 그래프와 y축 위에서 만난다. 이때 상수 a, b에 대하여 ab의 값을 구하시오.

유형 17 일차함수의 그래프 그리기

대표 문제

0755

다음 일차함수 중 그 그래프가 제3사분면을 지나지 않는 것은?

① $y=2x+8$　　② $y=-\frac{2}{3}x+2$

③ $y=\frac{1}{3}x-2$　　④ $y=-\frac{3}{2}x-4$

⑤ $y=2x-3$

0756

일차함수 $y=ax+b$의 그래프의 x절편이 2, y절편이 -4일 때, 다음 중 일차함수 $y=bx-a$의 그래프는?

(단, a, b는 상수)

①
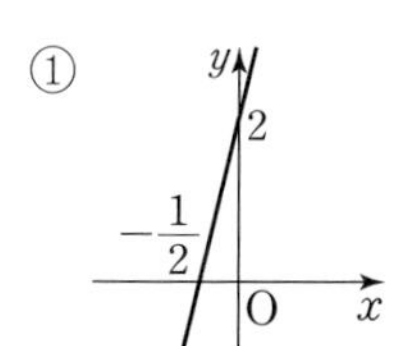

②
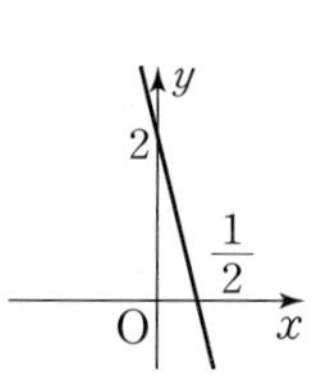

③
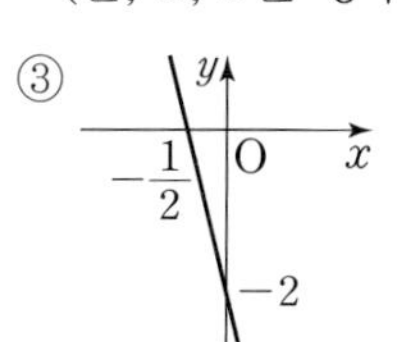

④
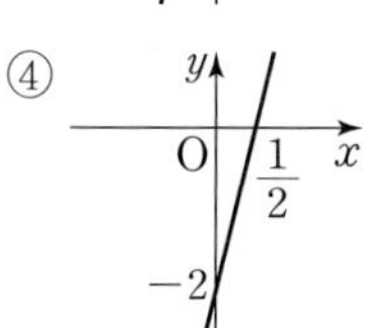

⑤
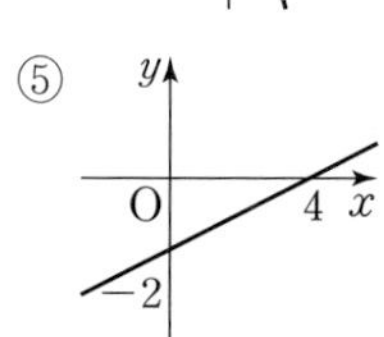

0757

일차함수 $y=-\frac{5}{3}x+2$에 대하여 다음 물음에 답하시오.

(1) 그래프의 기울기와 y절편을 각각 구하시오.

(2) 기울기와 y절편을 이용하여 일차함수 $y=-\frac{5}{3}x+2$의 그래프를 그리시오.

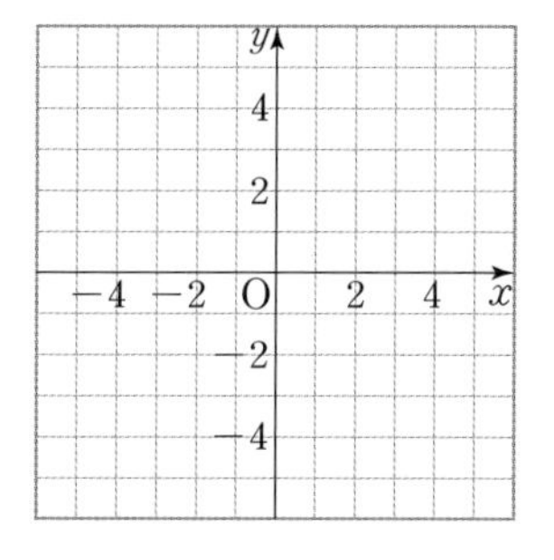

유형 18 일차함수의 그래프와 좌표축으로 둘러싸인 도형의 넓이

대표 문제

0758

일차함수 $y=\frac{2}{3}x+6$의 그래프와 x축 및 y축으로 둘러싸인 도형의 넓이는?

① 3　　② 9　　③ 15

④ 21　　⑤ 27

0759

오른쪽 그림과 같이 일차함수 $y=ax-3$의 그래프와 x축 및 y축으로 둘러싸인 도형의 넓이가 6일 때, 양수 a의 값은?

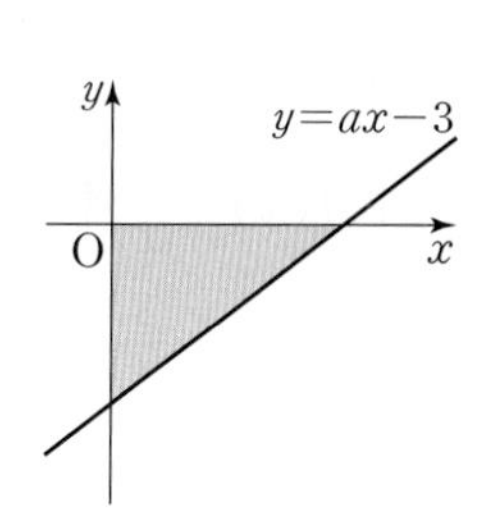

① 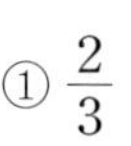 $\frac{2}{3}$　　② $\frac{3}{4}$

③ 1　　④ $\frac{4}{3}$

⑤ $\frac{3}{2}$

0760

오른쪽 그림과 같이 두 일차함수 $y=-x+3$, $y=\frac{3}{5}x+3$의 그래프와 x축으로 둘러싸인 도형의 넓이는?

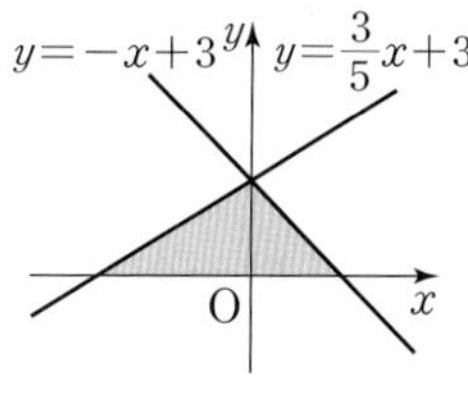

① 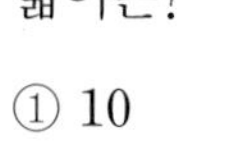 10　　② 12　　③ 14

④ 16　　⑤ 18

0761

다음 보기에서 y가 x의 함수인 것을 모두 고른 것은?

보기

ㄱ. 유리수 x의 절댓값 y
ㄴ. 200쪽인 책을 x쪽 읽고 남은 y쪽
ㄷ. 가로의 길이와 세로의 길이가 각각 3cm, $x\text{cm}$인 직사각형의 넓이 $y\text{cm}^2$
ㄹ. 키가 $x\text{cm}$인 사람의 머리 둘레 $y\text{cm}$

① ㄱ ② ㄱ, ㄴ ③ ㄴ, ㄷ
④ ㄴ, ㄹ ⑤ ㄱ, ㄴ, ㄷ

0762

함수 $f(x)=\frac{6}{x}$에 대하여 $\frac{1}{3}f(1)+4f(2)$의 값은?

① 8 ② 10 ③ 12
④ 14 ⑤ 16

0763

함수 $f(x)=-2x$에 대하여 $f(a)=4$, $f(3)=b$일 때, $a+b$의 값은?

① -8 ② -6 ③ -4
④ 2 ⑤ 4

0764

함수 $f(x)=2x-a$에 대하여 $f(2)=-3$일 때, $f(5)$의 값은? (단, a는 상수)

① 2 ② 3 ③ 4
④ 5 ⑤ 6

0765

y가 x에 정비례하고, $x=-2$일 때 $y=6$이다. $x=6$일 때, y의 값은?

① -18 ② -12 ③ -2
④ 2 ⑤ 18

0766

자연수 x에 대하여 함수 $f(x)=(x$의 약수의 개수$)$일 때, $f(8)\times f(12)$의 값은?

① 8 ② 12 ③ 20
④ 24 ⑤ 48

실력 UP

0767

함수 $f(x)=ax+b$에 대하여 $f(2)=-3$이고 서로 다른 두 수 m, n에 대하여 $\frac{f(m)-f(n)}{m-n}=-2$일 때, $f\left(-\frac{5}{2}\right)$의 값을 구하시오. (단, a, b는 상수)

0768

다음 중 y가 x의 함수가 아닌 것은?

① 시속 60 km로 x시간 동안 이동한 거리 y km
② 1달러에 대한 환율이 1200원일 때, x달러에 해당하는 원화 y원
③ 두께가 3 cm인 책을 x권 쌓았을 때, 쌓인 책의 높이 y cm
④ 자연수 x보다 작은 짝수 y
⑤ 둘레의 길이가 x cm인 정삼각형의 한 변의 길이 y cm

0769

자연수 x보다 작은 소수의 개수를 y라 하고 이 함수를 $y=f(x)$로 나타낼 때, $f(10)$의 값은?

① 2 ② 3 ③ 4
④ 5 ⑤ 6

0770

함수 $f(x)=3-\frac{1}{2}x$일 때, 다음 중 옳은 것은?

① $f(-4)=6$ ② $f(-2)=4$ ③ $f(0)=2$
④ $f(2)=1$ ⑤ $f(4)=-1$

0771

함수 $f(x)=\frac{a}{x}$에 대하여 $f(-2)=-6$일 때, 상수 a의 값을 구하시오.

0772

y가 x에 반비례하고, $x=4$일 때 $y=\frac{1}{2}$이다. x와 y 사이의 관계를 식으로 나타내면?

① $y=2x$ ② $y=\frac{1}{2x}$ ③ $y=4x$
④ $y=\frac{2}{x}$ ⑤ $y=\frac{4}{x}$

0773

함수 $f(x)=ax+5$에 대하여 $f(2)=-7$이고 $f(k)=-1$일 때, k의 값을 구하시오. (단, a는 상수)

실력 UP

0774

함수 $f(x)=3x+2$에 대하여 $f(2)=a$, $f(b)=-7$일 때, $f(a+b)$의 값은?

① 14 ② 17 ③ 20
④ 23 ⑤ 26

0775

다음 보기에서 y가 x의 일차함수인 것을 모두 고른 것은?

보기

ㄱ. $x-2y=5x-1$ ㄴ. $2x-y+1=0$
ㄷ. $y=x(x+3)$ ㄹ. $2x+y=2y+x$
ㅁ. $2(x-y)+3=3x-(x-y)$

① ㄱ, ㄴ ② ㄱ, ㄹ ③ ㄱ, ㄴ, ㄷ
④ ㄱ, ㄴ, ㄹ ⑤ ㄴ, ㄹ, ㅁ

0776

다음 중 일차함수 $y=-\frac{1}{2}x+3$의 그래프 위의 점이 아닌 것은?

① $(0, 3)$ ② $\left(\frac{3}{2}, \frac{9}{4}\right)$ ③ $\left(1, \frac{5}{2}\right)$
④ $\left(3, -\frac{3}{2}\right)$ ⑤ $(6, 0)$

0777

일차함수 $y=-\frac{2}{3}x$의 그래프를 y축의 방향으로 2만큼 평행이동한 그래프가 점 $(3, a)$를 지날 때, a의 값을 구하시오.

0778

일차함수 $y=\frac{3}{2}x+3$의 그래프에서 x절편을 a, y절편을 b라 할 때, ab의 값은?

① -9 ② -6 ③ -3
④ 3 ⑤ 6

0779

일차함수 $y=2x+b$의 그래프를 y축의 방향으로 -3만큼 평행이동한 그래프의 x절편과 y절편의 합이 1일 때, 상수 b의 값을 구하시오.

0780

오른쪽 그림은 일차함수 $y=-\frac{3}{5}x+1$의 그래프를 y축의 방향으로 m만큼 평행이동한 것이다. 이 그래프의 x절편, y절편을 각각 a, b라 할 때, ab의 값을 구하시오.

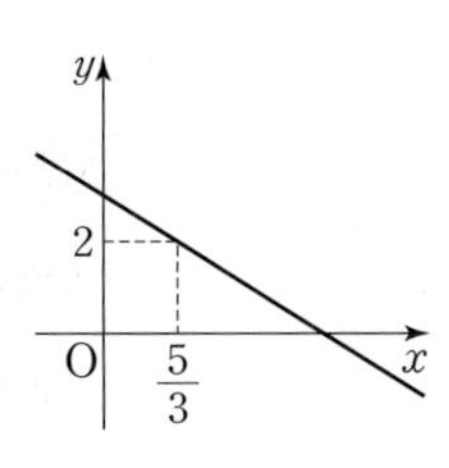

실력 UP

0781

일차함수 $y=ax+4$의 그래프는 점 $(-2, 6)$을 지나고 일차함수 $y=\frac{1}{2}x+b$의 그래프와 x축 위에서 만난다. 상수 a, b에 대하여 $a+b$의 값을 구하시오.

0782
다음 중 y가 x의 일차함수인 것은?
① x각형의 외각의 크기의 합은 $y°$이다.
② 자전거를 타고 시속 $y$km로 x시간 동안 35km를 달렸다.
③ 길이가 150mm인 초가 1분에 0.6mm씩 길이가 줄어들면 x분 후의 남은 초의 길이는 $y$mm이다.
④ 가로의 길이가 $x$cm, 세로의 길이가 $y$cm인 직사각형의 넓이가 12cm²이다.
⑤ 넓이가 10cm²이고 밑변의 길이가 $x$cm인 삼각형의 높이는 $y$cm이다.

0783
일차함수 $f(x)=ax-5$에 대하여 $f(1)=-3$일 때, $f(2)$의 값을 구하시오. (단, a는 상수)

0784
점 $(a,\ -2a)$가 일차함수 $y=3x-5$의 그래프 위에 있을 때, a의 값을 구하시오.

0785
일차함수 $y=ax+5$의 그래프를 y축의 방향으로 4만큼 평행이동하였더니 일차함수 $y=-x+b$의 그래프와 일치하였다. 상수 a, b에 대하여 $a+b$의 값은?
① -4　② -2　③ 2
④ 4　⑤ 8

0786
다음 일차함수의 그래프 중 일차함수 $y=x-\frac{1}{4}$의 그래프와 x축 위에서 만나는 것은?
① $y=4x-1$　② $y=-\frac{1}{4}x+4$
③ $y=-4x-1$　④ $y=4x+1$
⑤ $y=\frac{1}{4}x-1$

0787
일차함수 $y=ax-6$의 그래프를 y축의 방향으로 b만큼 평행이동한 그래프가 두 점 $(-6,\ -11)$, $(2,\ 5)$를 지날 때, $a-b$의 값을 구하시오. (단, a는 상수)

실력 UP

0788
오른쪽 그림은 일차함수 $y=ax+b$의 그래프를 y축의 방향으로 2만큼 평행이동한 것이다. 이 그래프의 x절편을 c라 할 때, $a+b+c$의 값을 구하시오.
(단, a, b는 상수)

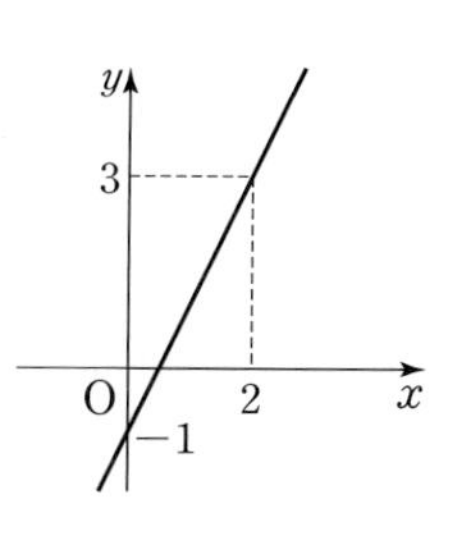

0789

일차함수 $y=\frac{1}{3}x+5$의 그래프에서 x의 값이 -2에서 4까지 증가할 때, y의 값의 증가량은?

① 1　② 2　③ 3　④ 4　⑤ 5

0790

세 점 $(3, 2)$, $(4, k)$, $(1, -2)$가 한 직선 위에 있을 때, k의 값을 구하시오.

0791

다음 보기에서 오른쪽 그림과 같은 일차함수 $y=ax+b$의 그래프에 대한 설명으로 옳은 것을 모두 고른 것은? (단, a, b는 상수)

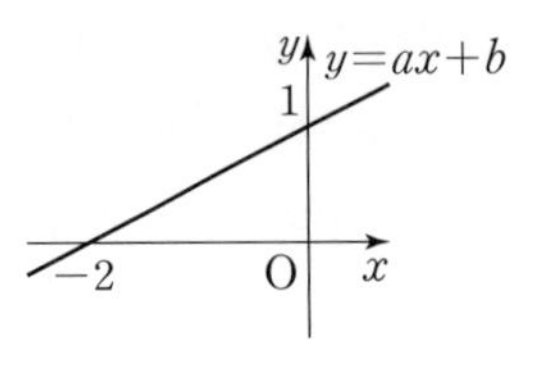

보기

ㄱ. $-2a+b=0$
ㄴ. 기울기는 2이다.
ㄷ. x절편은 -2이고 y절편은 1이다.

① ㄱ　② ㄴ　③ ㄷ　④ ㄱ, ㄷ　⑤ ㄴ, ㄷ

0792

오른쪽 그림과 같은 일차함수의 그래프의 기울기를 a, x절편을 b라 할 때, $4a-2b$의 값을 구하시오.

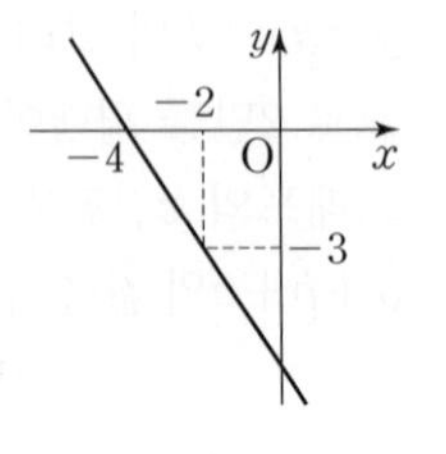

0793

일차함수 $y=3x-3$의 그래프가 x축과 만나는 점의 좌표를 $(a, 0)$, 일차함수 $y=-2x+3$의 그래프가 y축과 만나는 점의 좌표를 $(0, b)$라 할 때, 다음 중 일차함수 $y=-bx-a$의 그래프는?

①
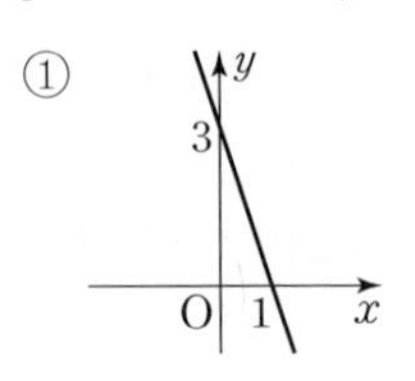

②
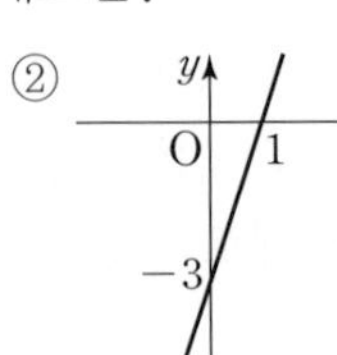

③
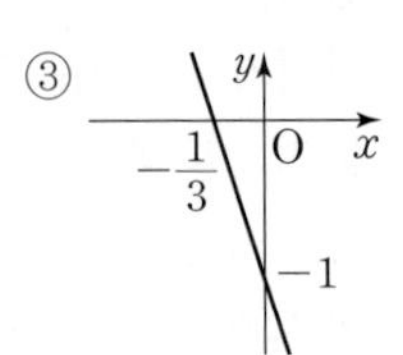

④
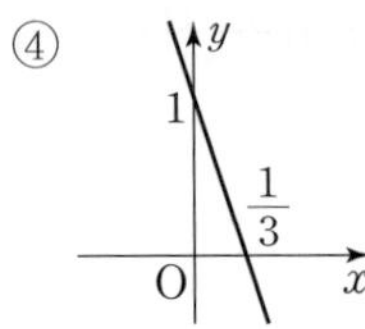

⑤
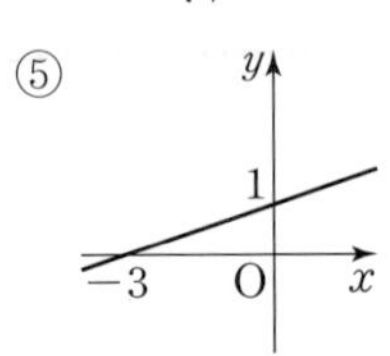

0794

오른쪽 그림과 같이 두 일차함수 $y=\frac{3}{2}x+3$과 $y=ax+b$의 그래프가 x축 위의 점 A에서 만난다. $\overline{OC}=\overline{OB}$일 때, 상수 a, b에 대하여 $a+b$의 값은? (단, O는 원점)

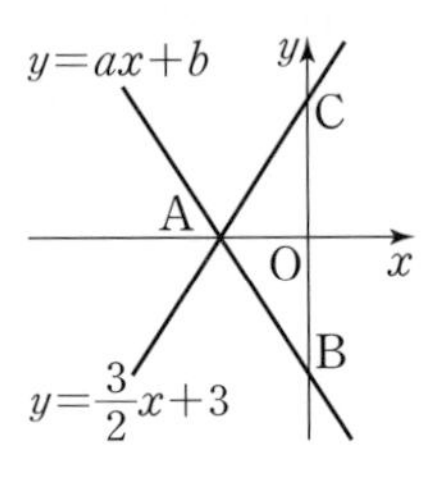

① $-\frac{5}{2}$　② -3　③ $-\frac{7}{2}$　④ -4　⑤ $-\frac{9}{2}$

실력 UP

0795

오른쪽 그림과 같이 두 일차함수 $y=\frac{2}{5}x+2$, $y=-\frac{4}{5}x-4$의 그래프와 y축으로 둘러싸인 도형의 넓이를 구하시오.

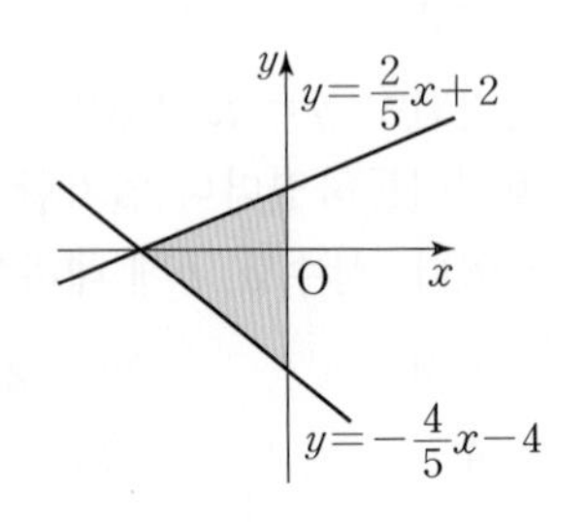

0796

일차함수 $y=-2x$의 그래프를 y축의 방향으로 3만큼 평행이동한 그래프에서 x의 값이 2만큼 증가할 때, y의 값의 증가량은?

① -4 ② -2 ③ -1
④ 0 ⑤ 1

0797

오른쪽 그림과 같은 일차함수의 그래프가 점 $(b, 6)$을 지날 때, $4a-3b$의 값을 구하시오.

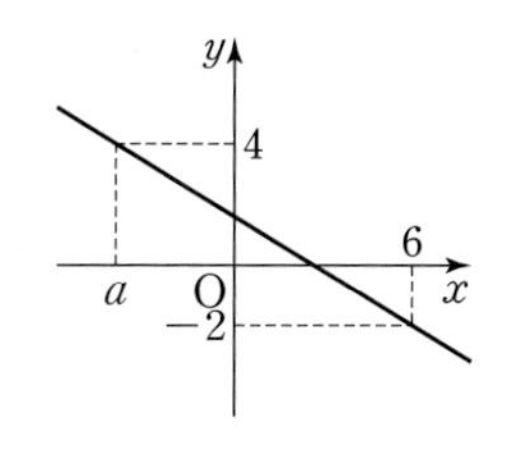

0798

오른쪽 그림과 같은 일차함수의 그래프에서 x절편을 a, y절편을 b, 기울기를 c라 할 때, abc의 값은?

① -9 ② -3
③ 3 ④ 9
⑤ 18

0799

다음 일차함수의 그래프 중 제1사분면을 지나지 않는 것은?

① $y=3x-3$ ② $y=2x+\frac{1}{2}$
③ $y=-2x-2$ ④ $y=\frac{x}{2}$
⑤ $y=x+1$

0800

다음 중 일차함수 $y=3x+2$의 그래프에 대한 설명으로 옳지 않은 것은?

① x의 값이 2만큼 증가할 때, y의 값은 6만큼 증가한다.
② 일차함수 $y=3x-1$의 그래프를 y축의 방향으로 3만큼 평행이동한 것이다.
③ 그래프는 제4사분면을 지나지 않는다.
④ 점 $(-1, -1)$을 지난다.
⑤ x절편은 2이다.

0801

오른쪽 그림은 일차함수 $y=ax+3$의 그래프를 y축의 방향으로 b만큼 평행이동한 것이다. 이때 ab의 값을 구하시오. (단, a는 상수)

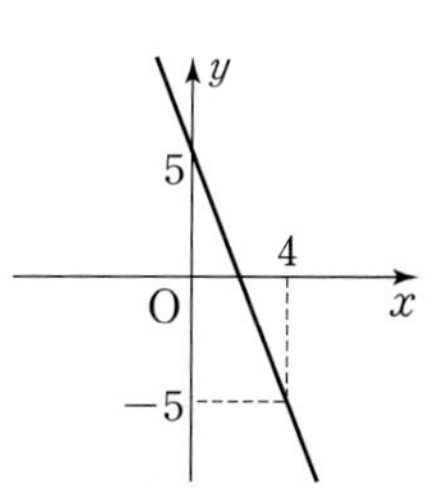

실력 UP

0802

일차함수 $y=ax-2$의 그래프와 x축 및 y축으로 둘러싸인 도형의 넓이가 12일 때, 양수 a의 값은?

① $\frac{1}{12}$ ② $\frac{1}{8}$ ③ $\frac{1}{6}$
④ 1 ⑤ 6

0803

다음 중 y가 x의 함수인 것을 모두 고르면? (정답 2개)

① 자연수 x의 약수 y
② 자연수 x와 서로소인 자연수 y
③ 자연수 x보다 작은 홀수의 개수 y
④ 넓이가 $x\,\text{cm}^2$인 직사각형의 둘레의 길이 $y\,\text{cm}$
⑤ 300원짜리 사탕 x개의 가격 y원

0804

함수 $f(x)=$(자연수 x를 3으로 나눈 나머지)일 때, $f(5)+f(16)+f(32)$의 값은?

① 2 ② 3 ③ 4
④ 5 ⑤ 6

0805

다음 중 함수 $f(x)=\frac{1}{2}x$에 대한 설명으로 옳지 않은 것은?

① $f(2)=1$이다.
② $f(0)$의 값은 0이다.
③ $f(a)=2$이면 $a=4$이다.
④ $f(-3)=b$이면 $b=-6$이다.
⑤ $x=1$일 때의 함숫값은 $\frac{1}{2}$이다.

0806

두 함수 $f(x)=-\frac{12}{x}$, $g(x)=-2x$에 대하여 $f(3)=a$일 때, $g(b)=a$를 만족시키는 b의 값은?

① -3 ② -2 ③ -1
④ 2 ⑤ 3

0807

y가 x에 정비례하고, $x=-3$일 때 $y=-12$이다. $x=2$일 때, y의 값은?

① 4 ② 6 ③ 8
④ 10 ⑤ 12

0808

다음 보기에서 일차함수인 것의 개수는?

보기

ㄱ. $y=x+(3-x)$ ㄴ. $y=x$
ㄷ. $y=2-5x$ ㄹ. $y=\frac{1}{x}$
ㅁ. $y=\frac{4}{3}x-1$ ㅂ. $xy=3$

① 2 ② 3 ③ 4
④ 5 ⑤ 6

0809

다음 중 일차함수 $y=2x-5$의 그래프 위의 점이 아닌 것은?

① $(2, 1)$ ② $(-1, -7)$ ③ $\left(\frac{5}{2}, 0\right)$
④ $(1, -3)$ ⑤ $(-2, -9)$

0810

일차함수 $y=2x-6$의 그래프를 y축의 방향으로 4만큼 평행이동한 그래프가 점 $(a, -2)$를 지날 때, a의 값은?

① -2 ② 0 ③ 2
④ 4 ⑤ 6

0811

일차함수 $y=ax-4$의 그래프의 x절편이 4이고, 그 그래프가 점 $(2, m)$을 지날 때, m의 값은? (단, a는 상수)

① -2 ② -1 ③ 0
④ 1 ⑤ 2

0812

세 점 A(2, 4), B(5, 1), C(k, 9)가 한 직선 위에 있을 때, k의 값을 구하시오.

0813

일차함수 $y=ax+1$의 그래프가 점 $(-2, 5)$를 지나고, 일차함수 $y=\frac{1}{2}x+b$의 그래프와 y축 위에서 만날 때, 상수 a, b에 대하여 $a+b$의 값은?

① -2 ② -1 ③ 0
④ 1 ⑤ 2

0814

두 일차함수 $y=3x+6$, $y=ax+6$의 그래프와 x축으로 둘러싸인 도형의 넓이가 15일 때, 상수 a의 값은?

(단, $a<0$)

① -3 ② $-\frac{5}{2}$ ③ -2
④ $-\frac{3}{2}$ ⑤ -1

서술형 문제

0815

다음 글을 읽고, 물음에 답하시오.

> 어느 등반대는 해발 8.8km 높이인 에베레스트산을 오를 때, 해발 5km 지점에 베이스캠프를 설치하기로 계획하였다. 이는 일반적으로 지면으로부터 높이가 1km씩 올라갈수록 기온은 6°C씩 낮아지기 때문에 영하 24.8°C인 정상에서의 저온과 고산증에 대비하기 위함이다.

(1) 에베레스트산에서 해발 $x$km 높이의 기온을 y°C라 할 때, 다음 표를 완성하시오.

x(km)	…	5.8	6.8	7.8	8.8
y(°C)	…	-6.8			-24.8

(2) y는 x의 함수인지 판별하시오.

풀이

0816

일차함수 $y=-\frac{3}{2}x+6$의 그래프와 이 그래프를 y축의 방향으로 3만큼 평행이동한 그래프가 있다. 이 두 그래프와 x축 및 y축으로 둘러싸인 도형의 넓이를 구하시오.

풀이

Theme 19 일차함수의 그래프의 성질

유형북 132쪽

유형 01 일차함수 $y=ax+b$의 그래프에서 a, b의 부호

대표 문제

0817

$a<0$, $b<0$일 때, 일차함수 $y=bx-a$의 그래프가 지나지 않는 사분면은?

① 제1사분면 ② 제2사분면
③ 제3사분면 ④ 제4사분면
⑤ 제1, 2사분면

0818

일차함수 $y=ax-b$의 그래프가 오른쪽 그림과 같을 때, 다음 중 옳은 것은? (단, a, b는 상수)

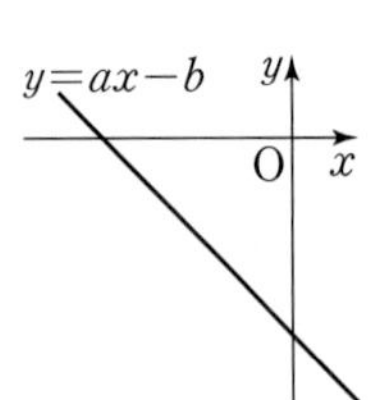

① $a>0$, $b>0$ ② $a>0$, $b<0$
③ $a<0$, $b>0$ ④ $a<0$, $b<0$
⑤ $ab>0$

0819

일차함수 $y=ax+b$의 그래프가 제1, 3, 4사분면을 지날 때, 일차함수 $y=\frac{b}{a}x-\frac{1}{b}$의 그래프가 지나지 않는 사분면을 구하시오. (단, a, b는 상수)

유형 02 일차함수 $y=ax+b$의 그래프에서 $|a|$의 의미

대표 문제

0820

다음 일차함수 중 그 그래프가 y축에 가장 가까운 것은?

① $y=\frac{2}{3}x+7$ ② $y=x-2$
③ $y=-2x+5$ ④ $y=-\frac{5}{3}x+3$
⑤ $y=-\frac{3}{4}x+4$

0821

보기에서 그 그래프가 x축에 가까운 순서대로 나열한 것은?

보기
ㄱ. $y=-x+1$ ㄴ. $y=\frac{3}{2}x+5$
ㄷ. $y=-\frac{1}{5}x+1$ ㄹ. $y=-3x+2$
ㅁ. $y=\frac{2}{3}x-2$

① ㄷ－ㅁ－ㄱ－ㄴ－ㄹ ② ㄷ－ㅁ－ㄴ－ㄱ－ㄹ
③ ㄹ－ㄱ－ㄴ－ㅁ－ㄷ ④ ㄹ－ㄴ－ㄱ－ㅁ－ㄷ
⑤ ㄹ－ㄴ－ㄷ－ㅁ－ㄱ

0822

일차함수 $y=ax+b$의 그래프가 오른쪽 그림과 같을 때, 다음 중 상수 a의 값으로 옳지 않은 것은? (단, b는 상수)

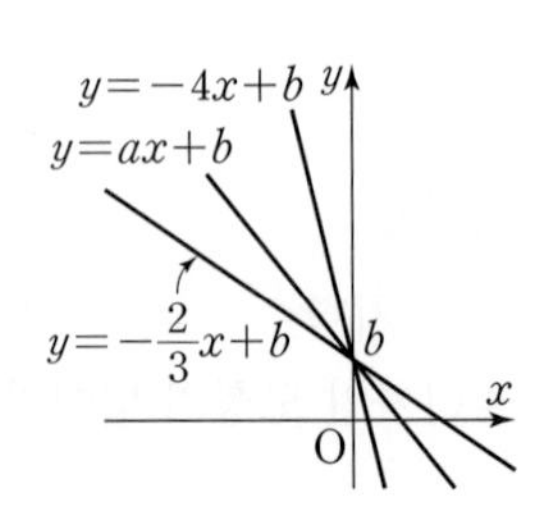

① $-\frac{7}{2}$ ② -3
③ $-\frac{9}{4}$ ④ $-\frac{4}{5}$
⑤ $-\frac{7}{12}$

유형 03 일차함수의 그래프의 평행(1)

대표 문제

0823

일차함수 $y=ax-3$의 그래프는 일차함수 $y=\frac{2}{3}x+4$의 그래프와 평행하고, 점 $(-3, b)$를 지난다. 이때 $a-b$의 값을 구하시오. (단, a는 상수)

0824

두 일차함수 $y=(2k+1)x-3$과 $y=(7-k)x-\frac{2}{5}$의 그래프가 평행할 때, 상수 k의 값을 구하시오.

0825

서로 만나지 않는 두 일차함수 $y=-\frac{2}{3}x+2$, $y=ax+b$의 그래프가 y축과 만나는 점을 각각 A, B라 하자. $\overline{AB}=4$일 때, 상수 a, b에 대하여 $a+b$의 값을 구하시오. (단, $a<b$)

0826

일차함수 $y=ax-3$의 그래프는 일차함수 $y=-3x+2$의 그래프와 평행하고, 일차함수 $y=bx-4$의 그래프와 x축 위에서 만난다. 이때 상수 a, b에 대하여 ab의 값을 구하시오.

유형 04 일차함수의 그래프의 평행(2)

대표 문제

0827

다음 일차함수 중 그 그래프가 오른쪽 그림의 그래프와 평행한 것은?

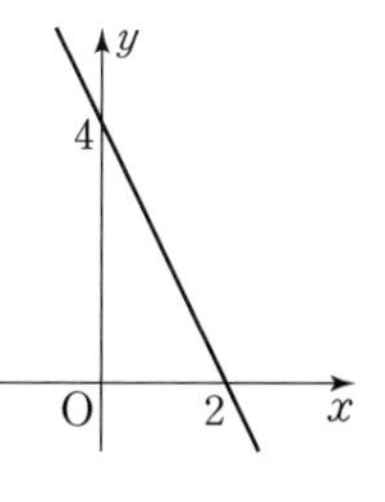

① $y=-\frac{1}{2}x+4$ ② $y=\frac{1}{2}x+6$

③ $y=-\frac{1}{2}x-4$ ④ $y=-2x+6$

⑤ $y=2x-4$

0828

오른쪽 그림과 같이 두 일차함수의 그래프가 평행할 때, a의 값을 구하시오.

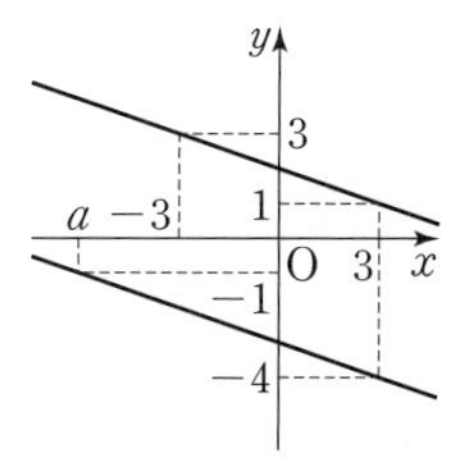

0829

일차함수 $y=ax+8$의 그래프는 오른쪽 그림의 그래프와 평행하고, 점 $(6, b)$를 지난다. 이때 $3a+b$의 값을 구하시오. (단, a는 상수)

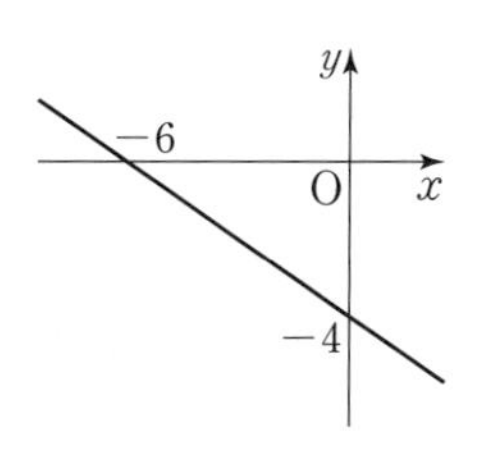

유형 05 일차함수의 그래프의 일치

대표 문제

0830

두 일차함수 $y=\frac{a}{2}x-3$과 $y=-\frac{2}{3}x+\frac{b}{2}$의 그래프가 일치할 때, 상수 a, b에 대하여 ab의 값은?

① -8　② -2　③ 2
④ 8　⑤ 10

0831

점 $(2,\ -3)$을 지나는 일차함수 $y=x-2a+1$의 그래프와 $y=bx+c$의 그래프가 일치할 때, 상수 a, b, c에 대하여 $a+b+c$의 값을 구하시오.

0832

일차함수 $y=-2x+\frac{2}{3}$의 그래프를 y축의 방향으로 a만큼 평행이동하면 $y=-2x+2$의 그래프와 일치하고, y축의 방향으로 b만큼 평행이동하면 $y=-2x-1$의 그래프와 일치한다. $a-b$의 값을 구하시오.

0833

다음 조건을 모두 만족시키는 상수 a, b, c에 대하여 $a+b+c$의 값을 구하시오.

(가) 두 일차함수 $y=(a-1)x-3a$와 $y=-3x-2b$의 그래프는 일치한다.
(나) 두 일차함수 $y=4x-2a+1$과 $y=(c-a)x-3c$의 그래프는 평행하다.

유형 06 일차함수 $y=ax+b$의 그래프의 성질

대표 문제

0834

다음 중 일차함수 $y=2x-3$의 그래프에 대한 설명으로 옳지 않은 것은?

① 오른쪽 위로 향하는 직선이다.
② x절편은 $\frac{3}{2}$, y절편은 -3이다.
③ 제2사분면을 지나지 않는다.
④ x의 값이 3만큼 증가할 때, y의 값은 6만큼 감소한다.
⑤ $y=2x$의 그래프를 y축의 방향으로 -3만큼 평행이동한 것이다.

0835

일차함수 $y=ax+b$의 그래프가 오른쪽 그림과 같을 때, 다음 중 그래프에 대한 설명으로 옳은 것은? (단, a, b는 상수)

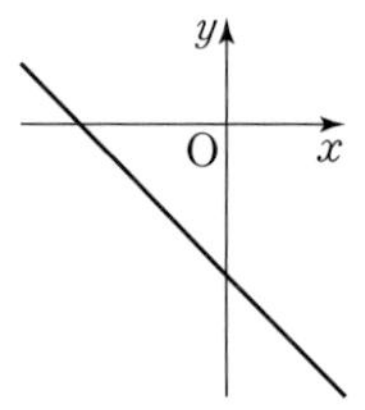

① $ab<0$
② x절편은 $\frac{b}{a}$이다.
③ 점 $(1,\ a-b)$를 지난다.
④ $y=ax$의 그래프와 만나지 않는다.
⑤ x의 값이 증가할 때, y의 값도 증가한다.

0836

다음 중 일차함수 $y=ax+b$의 그래프에 대한 설명으로 옳지 않은 것을 모두 고르면? (단, a, b는 상수) (정답 2개)

① y절편은 b이다.
② x축과 만나는 점의 좌표는 $\left(\frac{b}{a},\ 0\right)$이다.
③ $a>0$이면 오른쪽 위로 향하는 직선이다.
④ $a>0$, $b<0$이면 제2사분면을 지난다.
⑤ $y=ax$의 그래프를 y축의 방향으로 b만큼 평행이동한 것이다.

Theme 20 일차함수의 식 구하기

유형북 135쪽

유형 07 기울기와 y절편이 주어질 때, 일차함수의 식 구하기

대표 문제

0837

두 점 $(-2, 1)$, $(1, 3)$을 지나는 직선과 평행하고, y절편이 -2인 직선을 그래프로 하는 일차함수의 식이 $y=ax+b$일 때, ab의 값을 구하시오. (단, a, b는 상수)

0838

오른쪽 그림의 직선과 평행하고, 일차함수 $y=2x-4$의 그래프와 y축 위에서 만나는 직선을 그래프로 하는 일차함수의 식은?

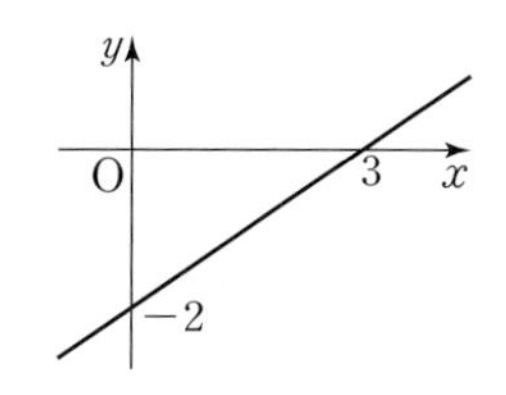

① $y=2x+4$ ② $y=-\frac{3}{2}x-4$
③ $y=\frac{3}{2}x+4$ ④ $y=\frac{2}{3}x-4$
⑤ $y=-\frac{2}{3}x-4$

0839

점 $(0, -3)$을 지나고, 기울기가 $-\frac{2}{3}$인 직선이 점 $(3a, a-5)$를 지날 때, a의 값을 구하시오.

0840

일차함수 $y=f(x)$에서 x의 값이 2만큼 증가할 때, y의 값은 5만큼 감소한다. $f(0)=-1$일 때, $f(k)=-2$를 만족시키는 k의 값을 구하시오.

유형 08 기울기와 한 점이 주어질 때, 일차함수의 식 구하기

대표 문제

0841

일차함수 $y=2x-3$의 그래프와 평행하고 점 $(2, -1)$을 지나는 직선을 그래프로 하는 일차함수의 식은?

① $y=-2x+1$ ② $y=-2x+3$ ③ $y=2x-5$
④ $y=2x+4$ ⑤ $y=x-3$

0842

기울기가 $-\frac{3}{4}$이고, 점 $\left(-\frac{8}{3}, 3\right)$을 지나는 일차함수의 그래프의 x절편을 구하시오.

0843

x의 값이 2에서 5까지 증가할 때, y의 값은 2만큼 감소하는 일차함수 $y=ax+b$의 그래프가 점 $(-3, 4)$를 지난다. 상수 a, b에 대하여 ab의 값을 구하시오.

유형 09 서로 다른 두 점이 주어질 때, 일차함수의 식 구하기

대표 문제

0844

두 점 $(-2,\ 1)$, $(2,\ 4)$를 지나는 직선을 그래프로 하는 일차함수의 식은?

① $y=-\frac{3}{4}x+\frac{5}{2}$　　② $y=-\frac{3}{4}x+\frac{11}{2}$

③ $y=\frac{3}{4}x+\frac{5}{2}$　　④ $y=\frac{3}{4}x+\frac{11}{4}$

⑤ $y=2x+5$

0845

오른쪽 그림과 같은 직선에서 k의 값은?

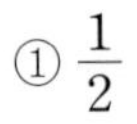
① $\frac{1}{2}$　　② 1

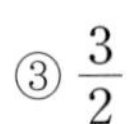
③ $\frac{3}{2}$　　④ 2

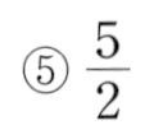
⑤ $\frac{5}{2}$

0846

두 점 $(2k-1,\ k+3)$, $(-2,\ 5)$를 지나는 직선 위에 점 $(1,\ -1)$이 있다. 이 직선이 y축과 만나는 점의 좌표를 $(0,\ b)$라 할 때, $b+k$의 값을 구하시오.

유형 10 x절편과 y절편이 주어질 때, 일차함수의 식 구하기

대표 문제

0847

오른쪽 그림과 같은 직선이 점 $\left(-\frac{7}{2},\ k\right)$를 지날 때, k의 값을 구하시오.

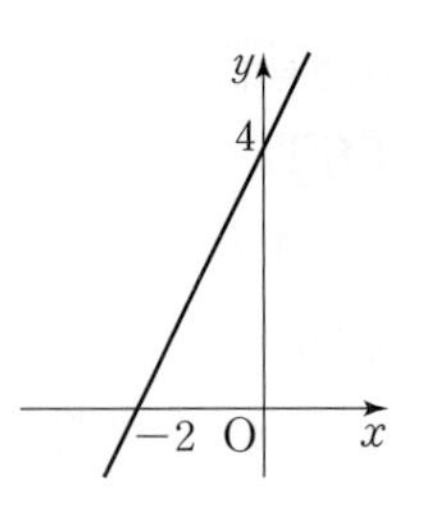

0848

다음 조건을 모두 만족시키는 직선을 그래프로 하는 일차함수의 식을 구하시오.

> (가) $y=-2x+4$의 그래프와 x축 위에서 만난다.
> (나) $y=\frac{7}{8}x+6$의 그래프와 y축 위에서 만난다.

0849

x축과 만나는 점의 좌표가 $\left(-\frac{3}{2}a,\ a+2\right)$이고 y축과 만나는 점의 좌표가 $\left(b-3,\ \frac{2}{3}b\right)$인 직선을 그래프로 하는 일차함수의 식을 구하시오.

0850

오른쪽 그림은 일차함수 $y=ax-2$의 그래프를 y축의 방향으로 b만큼 평행이동한 것이다. ab의 값을 구하시오. (단, a는 상수)

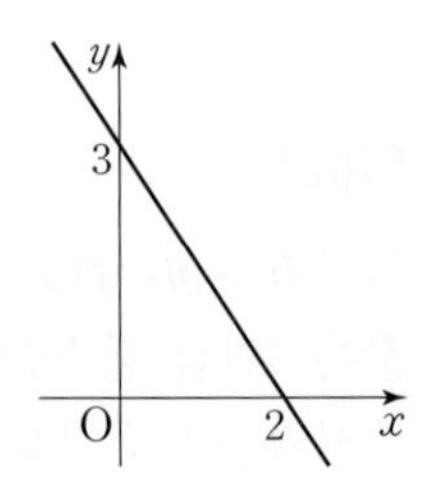

Theme 21 일차함수의 활용

유형북 137쪽

유형 11 일차함수의 활용 – 온도, 길이

대표 문제

0851

기온이 0℃일 때, 소리의 속력은 초속 331 m이고 기온이 1℃ 올라갈 때마다 속력이 초속 0.6 m씩 빨라진다고 한다. 소리의 속력이 초속 343 m일 때의 기온은?

① 5℃ ② 10℃ ③ 15℃
④ 20℃ ⑤ 25℃

0852

길이가 10 cm인 용수철 저울이 있다. 이 용수철 저울에 추를 1개 매달 때마다 용수철의 길이가 2 cm씩 늘어난다고 한다. 용수철의 길이가 28 cm가 되었을 때, 매달린 추는 몇 개인가?

① 6개 ② 7개 ③ 8개
④ 9개 ⑤ 10개

0853

길이가 30 cm인 양초에 불을 붙이면 일정한 속력으로 길이가 줄어들어서 모두 타는 데 240분이 걸린다고 한다. 불을 붙인 지 40분 후에 남은 양초의 길이는 얼마인지 구하시오.

유형 12 일차함수의 활용 – 물의 양, 기타

대표 문제

0854

200 L의 물이 들어 있는 물통에서 4분마다 32 L의 비율로 물이 흘러나온다. 물통에 남은 물의 양이 120 L가 되는 것은 물이 흘러나오기 시작한 지 몇 분 후인가?

① 7분 후 ② 8분 후 ③ 9분 후
④ 10분 후 ⑤ 11분 후

0855

자동차의 연비란 1 L의 연료로 달릴 수 있는 거리를 말한다. 연비가 12 km인 어떤 자동차에 40 L의 휘발유를 넣고 x km를 달린 후에 남아 있는 휘발유의 양을 y L라 할 때, 다음 물음에 답하시오.

(1) x와 y 사이의 관계를 식으로 나타내시오.
(2) 72 km를 달린 후에 남아 있는 휘발유의 양을 구하시오.

0856

용량이 50 mL인 방향제를 개봉한 지 80일 후 모두 사용하였다. 같은 제품을 사서 개봉 후 남아 있는 방향제의 양이 10 mL가 되는 것은 개봉한 지 며칠 후인지 구하시오.

유형 13 일차함수의 활용 – 개수

대표 문제

0857

길이와 모양이 같은 성냥개비로 다음 그림과 같이 정사각형을 이어 붙여서 직사각형 모양을 만들 때, 9번째에 필요한 성냥개비는 몇 개인가?

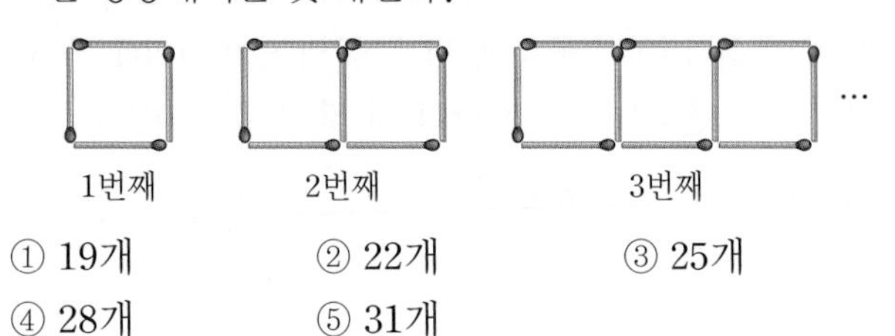

① 19개　② 22개　③ 25개
④ 28개　⑤ 31개

0858

다음 그림과 같이 바둑돌을 규칙적으로 배열하여 그 순서에 따라 일정한 도형을 이루도록 배열하였다. 80번째의 도형을 이루는 바둑돌의 개수를 구하시오.

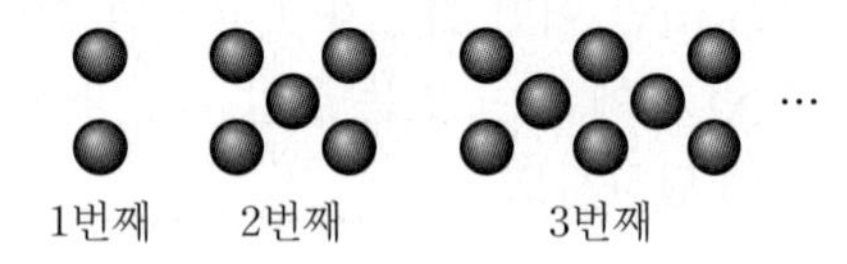

0859

한 변의 길이가 2인 정육각형을 다음 그림과 같이 한 변에 한 개씩 이어 붙여서 새로운 도형을 만들려고 한다. 도형의 둘레의 길이가 164가 되는 것은 정육각형을 몇 개 이어 붙여 만든 것인지 구하시오.

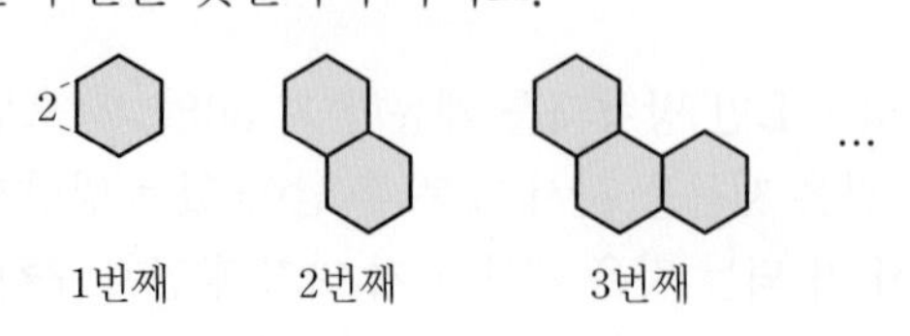

유형 14 일차함수의 활용 – 속력

대표 문제

0860

집으로부터 300 km 떨어진 할머니 댁까지 자동차를 타고 시속 70 km로 가고 있다. 출발한 지 2시간 후의 남은 거리는 몇 km인지 구하시오.

0861

지훈이가 집에서 5 km 떨어진 학교에 걸어서 가려고 한다. 집에서 출발한 지 20분 후 학교까지 남은 거리는 3 km라 할 때, 지훈이가 학교에 도착하는 것은 집에서 출발한 지 몇 분 후인지 구하시오.

(단, 지훈이가 걷는 속도는 일정하다.)

0862

윤아와 소민이가 단축 마라톤 연습을 하는데 윤아는 출발선에서 출발하고 소민이는 윤아보다 1.4 km 앞에서 동시에 출발하였다. 윤아는 분속 280 m의 속력으로, 소민이는 분속 210 m의 속력으로 달릴 때, 윤아가 소민이를 따라잡는 것은 몇 분 후인지 구하시오.

유형 15 일차함수의 활용 – 도형의 넓이

대표 문제

0863

오른쪽 그림과 같은 직사각형 ABCD에서 점 P가 꼭짓점 A를 출발하여 변 AB를 따라 꼭짓점 B까지 매초 0.3cm의 속력으로 움직인다. 사다리꼴 PBCD의 넓이가 $80\,\text{cm}^2$가 되는 것은 점 P가 꼭짓점 A를 출발한 지 몇 초 후인지 구하시오.

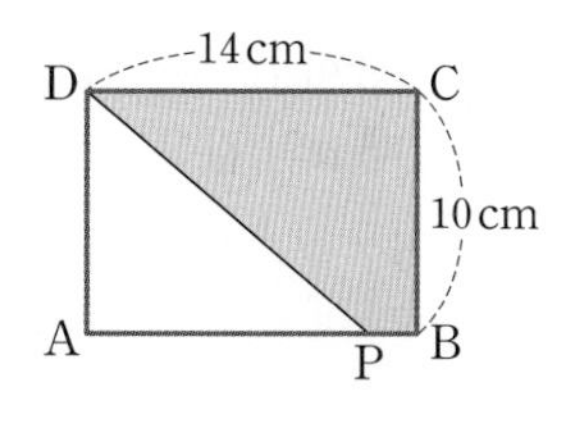

0864

오른쪽 그림과 같은 직사각형 ABCD에서 점 P가 꼭짓점 B를 출발하여 변 BC를 따라 꼭짓점 C까지 3초에 4cm씩 움직인다고 할 때, 5초 후 삼각형 APC의 넓이를 구하시오.

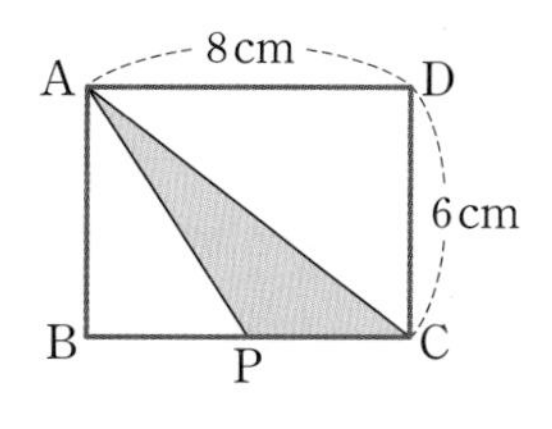

0865

오른쪽 그림과 같이 선분 BC 위의 점 P에 대하여 $\overline{BP}=x\,\text{cm}$일 때, 두 직각삼각형 ABP와 PCD의 넓이의 합을 $y\,\text{cm}^2$라 하자. 다음 물음에 답하시오.

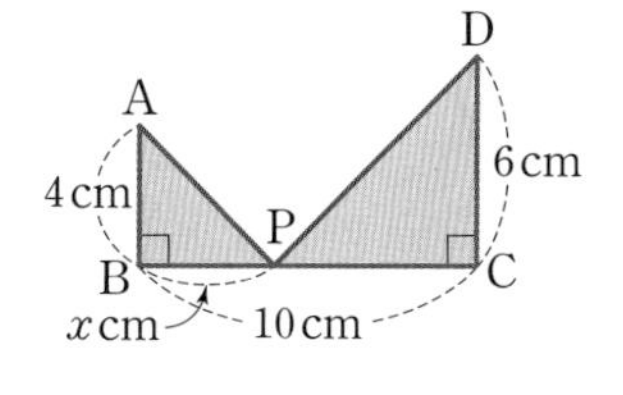

(1) x와 y 사이의 관계를 식으로 나타내시오.

(2) 삼각형 ABP와 삼각형 PCD의 넓이의 합이 $26\,\text{cm}^2$일 때, $\overline{BP}$의 길이를 구하시오.

유형 16 그래프를 이용한 일차함수의 활용

대표 문제

0866

오른쪽 그래프는 이번 달 초부터 x개월 후의 어떤 제품의 판매량을 y개라 할 때, x와 y 사이의 관계를 나타낸 것이다. 이번 달 초부터 9개월 후의 이 제품의 판매량을 구하시오.

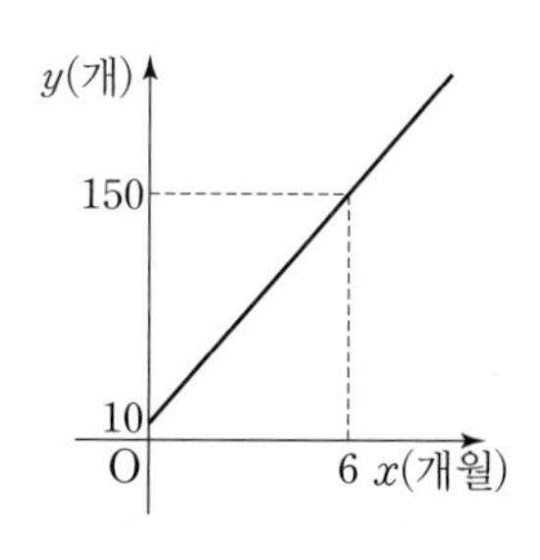

0867

오른쪽 그래프는 온도가 100°C인 물을 냉동실에 넣고 x분이 지난 후의 물의 온도를 y°C라 할 때, x와 y 사이의 관계를 나타낸 것이다. 물의 온도가 70°C가 되는 것은 물을 냉동실에 넣은 지 몇 분 후인지 구하시오.

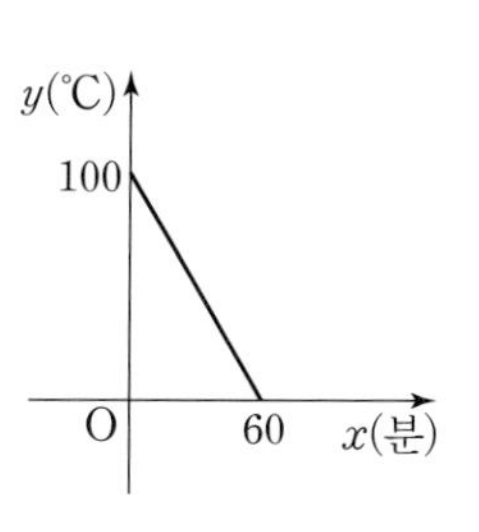

0868

오른쪽 그래프는 파일 크기가 6GB인 어떤 자료를 전송하기 시작한 지 x초가 지난 후 남은 자료의 크기를 yGB라 할 때, x와 y 사이의 관계를 나타낸 것이다. 자료를 모두 전송하는 데 걸리는 시간을 구하시오.

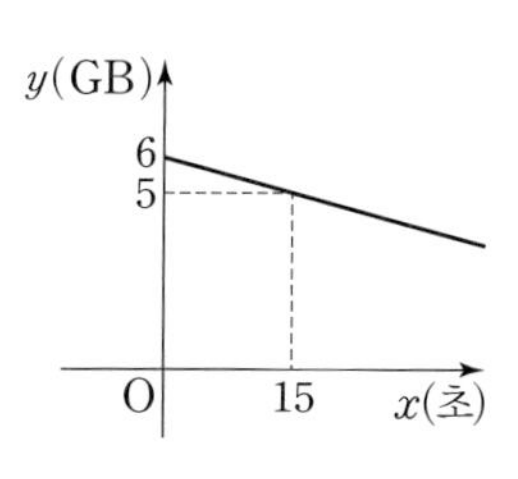

0869

다음 조건을 만족시키는 일차함수를 보기에서 모두 고르시오.

보기
ㄱ. $y=\frac{3}{2}x-1$ ㄴ. $y=-x+1$ ㄷ. $y=-3x-3$
ㄹ. $y=-3x$ ㅁ. $y=5x+1$ ㅂ. $y=2x+3$

(1) 그래프가 x축에 가장 가까운 일차함수
(2) 그래프가 제1사분면을 지나지 않는 일차함수
(3) x의 값이 증가할 때, y의 값도 증가하는 일차함수

0870

$a<0$, $b>0$일 때, 다음 중 일차함수 $y=-ax+b$의 그래프로 알맞은 것은?

①
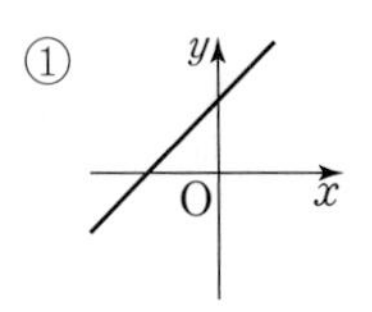
②
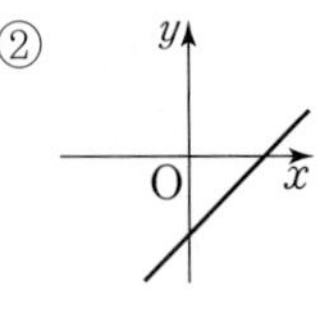
③
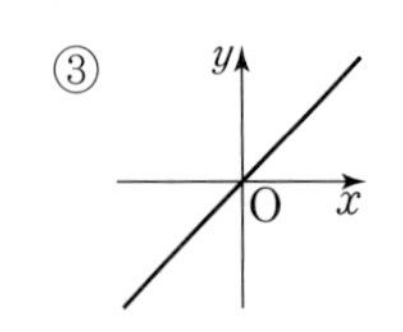
④
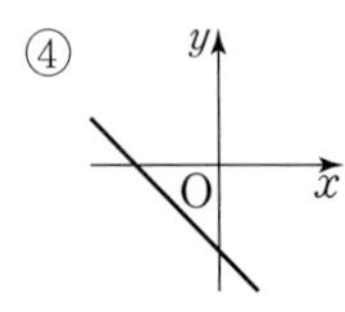
⑤
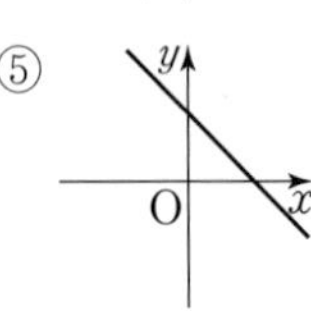

0871

오른쪽 그림과 같이 두 일차함수의 그래프가 평행할 때, a의 값을 구하시오.

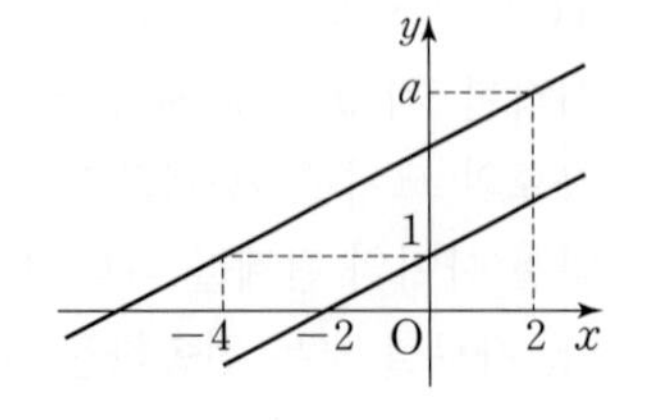

0872

일차함수 $y=-3x+1$의 그래프를 y축의 방향으로 a만큼 평행이동하면 일차함수 $y=-3x-2$의 그래프와 일치한다. 이때 a의 값은?

① -6 ② -5 ③ -3
④ 3 ⑤ 5

0873

일차함수 $y=ax-2$의 그래프는 일차함수 $y=3x+5$의 그래프와 평행하고, $y=-\frac{1}{2}x+b$의 그래프와 x축 위에서 만난다. 이때 상수 a, b에 대하여 ab의 값을 구하시오.

실력 UP

0874

일차함수 $y=ax+b$의 그래프가 오른쪽 그림과 같고 $y=ax+b$의 그래프를 y축의 방향으로 -3만큼 평행이동하였더니 $y=cx+d$의 그래프와 일치하였다. $a+b+c+d$의 값을 구하시오. (단, a는 자연수, b, c, d는 상수)

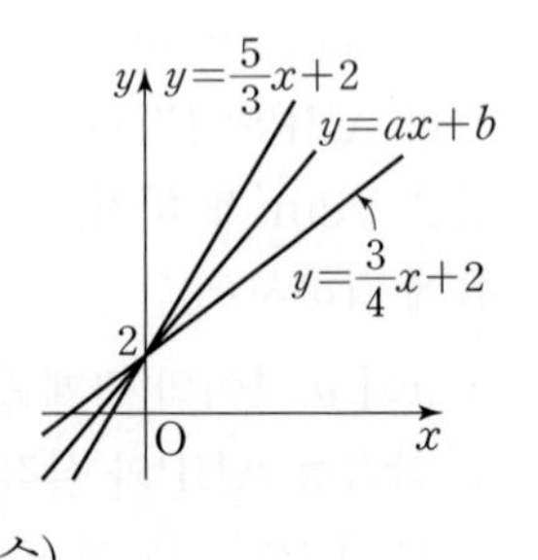

0875

오른쪽 그림과 같은 일차함수의 그래프의 x절편을 m, y절편을 n이라 할 때, 일차함수 $y=mx+n$의 그래프가 지나지 않는 사분면은?

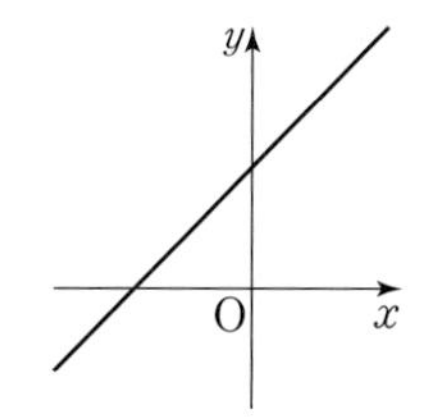

① 제1사분면 ② 제2사분면
③ 제3사분면 ④ 제4사분면
⑤ 제1, 2사분면

0876

다음 일차함수 중 그 그래프가 아래 조건을 모두 만족시키는 것은?

> (가) 오른쪽 아래로 향하는 직선이다.
> (나) $y=-\frac{5}{3}x+7$의 그래프보다 y축에 가깝다.

① $y=x-1$ ② $y=5x+2$ ③ $y=-4x+3$
④ $y=-\frac{1}{2}x+8$ ⑤ $y=-\frac{4}{5}x-3$

0877

다음 중 일차함수 $y=-5x+4$의 그래프에 대한 설명으로 옳지 않은 것은?

① 점 $(-3, 19)$를 지난다.
② x절편은 $\frac{4}{5}$, y절편은 4이다.
③ 오른쪽 아래로 향하는 직선이다.
④ 제2사분면을 지나지 않는다.
⑤ x의 값의 증가량에 대한 y의 값의 증가량의 비율은 -5이다.

0878

두 일차함수 $y=ax+3$과 $y=2x-b$의 그래프가 평행하고, 두 그래프가 x축과 만나는 점을 각각 A, B라 할 때, $\overline{AB}=3$이다. 이때 상수 a, b에 대하여 ab의 값을 구하시오. (단, $b>0$)

0879

일차함수 $y=abx+b$의 그래프가 오른쪽 그림과 같을 때, 다음 중 옳은 것은? (단, a, b는 상수)

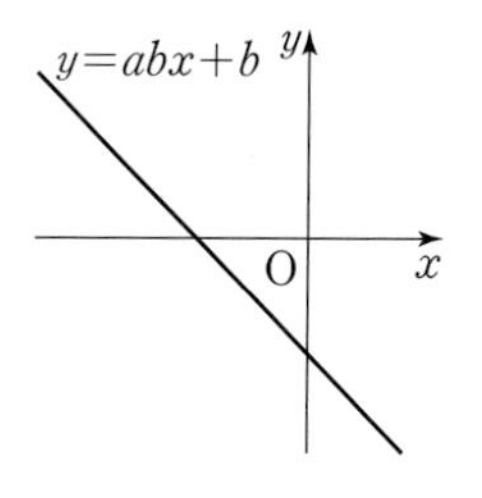

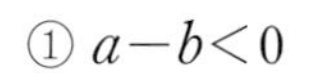

① $a-b<0$ ② $a+b^2<0$
③ $ab>0$ ④ $a^2-b>0$
⑤ $ab^2<0$

실력 UP

0880

일차함수 $y=ax+b$의 그래프는 오른쪽 그림의 직선과 평행하고 점 $(3, -2)$를 지난다. $y=ax+b$의 그래프와 x축 및 y축으로 둘러싸인 도형의 넓이를 구하시오.
(단, a, b는 상수)

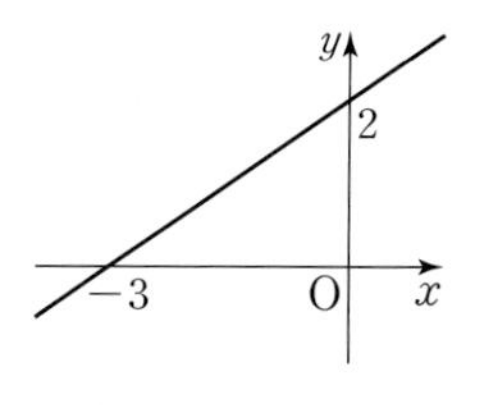

0881

기울기가 $\frac{5}{3}$이고, y절편이 -1인 직선이 점 $(p,\ -2)$를 지날 때, p의 값은?

① -1 ② $-\frac{3}{5}$ ③ $-\frac{1}{5}$
④ $\frac{3}{5}$ ⑤ 1

0882

오른쪽 그림의 직선과 평행하고 점 $(3,\ 1)$을 지나는 직선을 그래프로 하는 일차함수의 식은?

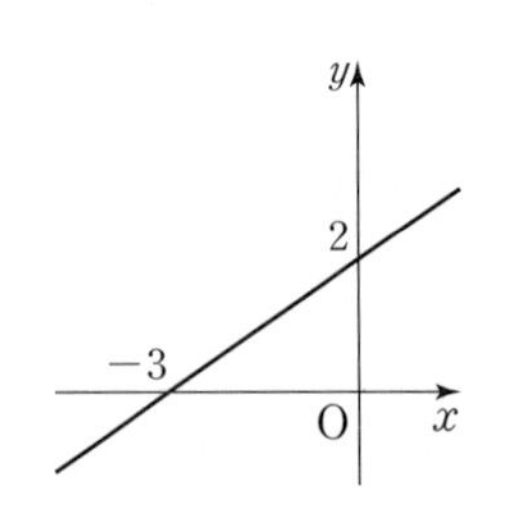

① $y=\frac{2}{3}x-1$ ② $y=\frac{2}{3}x+1$
③ $y=2x-1$ ④ $y=2x+1$
⑤ $y=2x-5$

0883

다음 일차함수의 그래프 중 두 점 $(1,\ 2)$, $(3,\ -6)$을 지나는 일차함수의 그래프와 y축 위에서 만나는 것은?

① $y=-\frac{1}{3}x+1$ ② $y=x-2$
③ $y=2x+6$ ④ $y=-4x-3$
⑤ $y=3x-\frac{1}{2}$

0884

x절편이 -5, y절편이 -10인 일차함수의 그래프가 점 $(a,\ 2)$를 지날 때, a의 값을 구하시오.

0885

일차함수 $y=ax+b$의 그래프가 오른쪽 그림과 같을 때, 다음 중 일차함수 $y=\frac{1}{b}x+a$의 그래프로 알맞은 것은? (단, a, b는 상수)

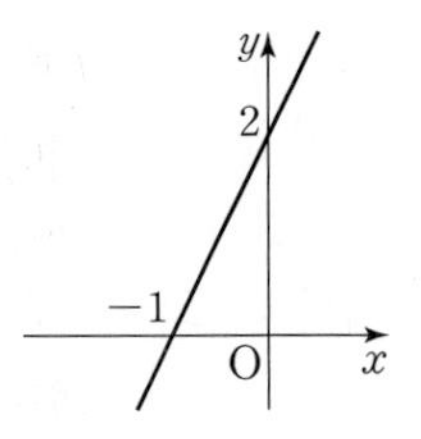

①
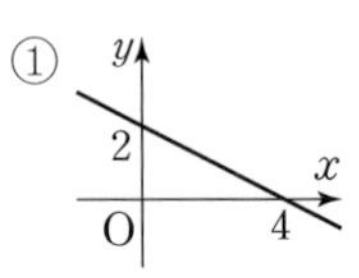

②
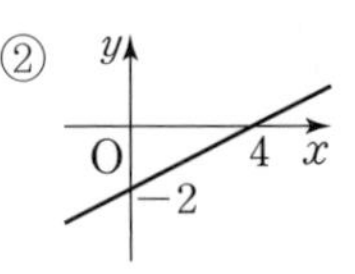

③
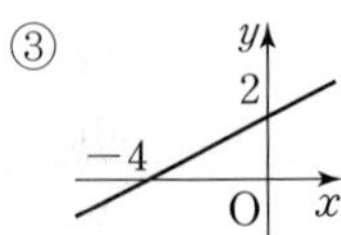

④
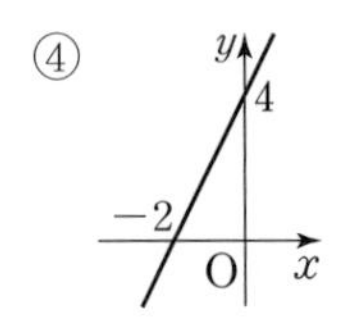

⑤
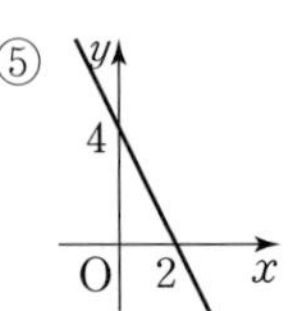

0886

두 점 $(-2,\ -3)$, $(2,\ 5)$를 지나는 일차함수의 그래프를 y축의 방향으로 -6만큼 평행이동하면 점 $(k,\ 3)$을 지난다. 이때 k의 값을 구하시오.

실력 UP

0887

일차함수 $y=-\frac{1}{2}x+4$의 그래프와 평행하고 점 $(4a,\ -3a+2)$를 지나는 일차함수의 그래프의 x절편이 3일 때, a의 값을 구하시오.

0888

일차함수 $y=ax+b$의 그래프는 일차함수 $y=-4x+3$의 그래프와 평행하고, 일차함수 $y=2x-5$의 그래프와 y축 위에서 만난다. 상수 a, b에 대하여 $a+b$의 값을 구하시오.

0889

일차함수 $y=\frac{3}{2}x-4$의 그래프와 평행하고 점 $(2, -2)$를 지나는 일차함수의 그래프의 y절편은?

① -5 ② -3 ③ -1
④ 2 ⑤ 3

0890

오른쪽 그림과 같은 직선을 그래프로 하는 일차함수의 식은?

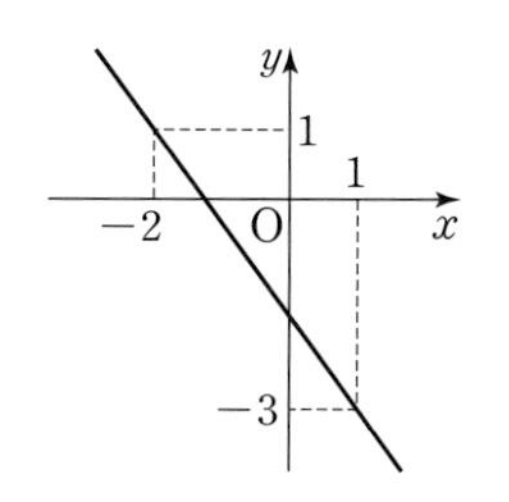

① $y=-\frac{3}{2}x-\frac{2}{3}$

② $y=-\frac{3}{2}x-\frac{3}{2}$

③ $y=-\frac{4}{3}x-\frac{4}{3}$

④ $y=-\frac{4}{3}x-\frac{5}{3}$

⑤ $y=-\frac{4}{3}x-\frac{7}{3}$

0891

오른쪽 그림과 같은 일차함수의 그래프가 점 $(3, k)$를 지날 때, k의 값을 구하시오.

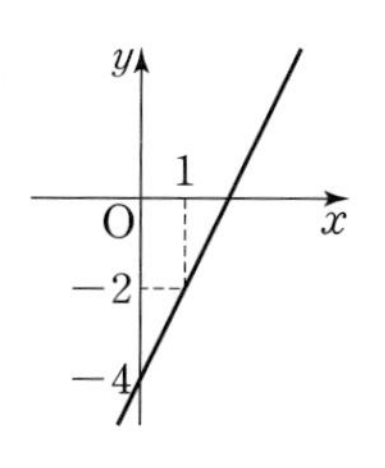

0892

오른쪽 그림은 일차함수 $y=ax+1$의 그래프를 y축의 방향으로 b만큼 평행이동한 것이다. $a+b$의 값을 구하시오. (단, a는 상수)

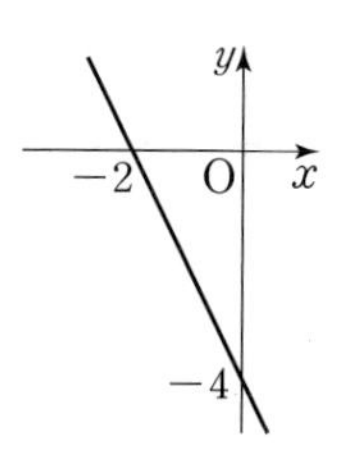

0893

두 점 $(-2, 3k)$, $(1, 3-k)$를 지나는 직선이 일차함수 $y=-3x+5$의 그래프와 평행할 때, 이 두 점을 지나는 직선을 그래프로 하는 일차함수의 식은?

① $y=-3x+1$ ② $y=-3x+3$
③ $y=-3x+5$ ④ $y=3x+1$
⑤ $y=3x+3$

실력 UP

0894

일차함수 $y=ax+b$의 그래프는 일차함수 $y=x-3$의 그래프와 y축 위에서 만나고, 일차함수 $y=-\frac{3}{2}x+3$의 그래프와 x축 위에서 만난다. 일차함수 $y=bx-a$의 그래프의 x절편을 구하시오. (단, a, b는 상수)

0895

지면에서 10 km까지는 높이가 100 m 높아질 때마다 기온이 0.6 ℃씩 내려간다고 한다. 지면의 기온이 15 ℃일 때, 기온이 3 ℃인 지점의 지면으로부터의 높이는 몇 m인지 구하시오.

0896

높이가 20 cm인 물통에 물이 가득 채워져 있다. 이 물통에 구멍이 있어 1초에 0.2 cm씩 물의 높이가 줄어든다. 물이 빠져나가기 시작한 지 45초 후의 물의 높이는?

① 10 cm ② 11 cm ③ 12 cm
④ 13 cm ⑤ 14 cm

0897

오른쪽 그래프는 600 mL의 물이 들어 있는 가습기를 x시간 동안 틀고 남아 있는 물의 양을 y mL라 할 때, x와 y 사이의 관계를 나타낸 것이다. 다음 물음에 답하시오.

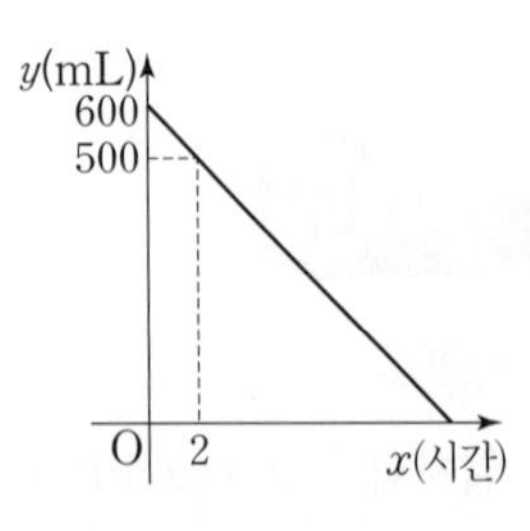

(1) x와 y 사이의 관계를 식으로 나타내시오.
(2) 3시간 동안 가습기를 튼 후 남아 있는 물의 양은 몇 mL인지 구하시오.

0898

어느 택배 회사에서 배달하는 물건의 무게와 택배비 사이의 관계를 일차함수의 식으로 나타낼 수 있다고 한다. 무게가 1 kg인 물건에 대한 택배비는 5000원이고 무게가 5 kg인 물건에 대한 택배비는 17000원이다. 무게가 3.5 kg인 물건에 대한 택배비를 구하시오.

0899

오른쪽 그림과 같은 직사각형 ABCD에서 점 P는 점 B를 출발하여 점 C까지 $\overline{BC}$를 따라 매초 4 cm씩 움직인다. 사각형 APCD의 넓이가 180 cm^{2}가 되는 것은 점 P가 점 B를 출발한 지 몇 초 후인지 구하시오.

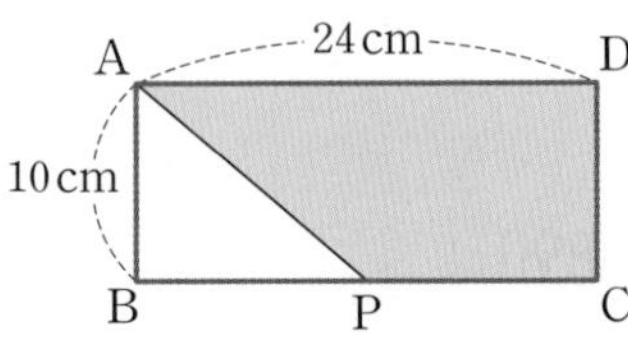

실력 UP

0900

재호와 민수가 자전거 여행을 하기로 하였다. 재호는 출발선에서 출발하고 민수는 재호보다 5 km 앞에서 동시에 출발하였다. 재호는 분속 600 m, 민수는 분속 400 m의 속력으로 달릴 때, 재호와 민수가 만나는 것은 재호가 몇 km를 달렸을 때인지 구하시오.

0901

주전자에 온도가 100℃인 물이 들어 있다. 이 주전자를 실온에 두었더니 10분이 지날 때마다 5℃씩 온도가 내려간다고 할 때, 물의 온도가 80℃가 되는 것은 주전자를 실온에 둔 지 몇 분 후인지 구하시오.

0902

어느 고속 전철이 A 역을 출발하여 50 km 떨어진 B 역을 향하여 분속 5 km의 속력으로 달리고 있다. 고속 전철이 A 역을 출발한 지 7분 후의 고속 전철과 B 역 사이의 거리는?

① 5 km ② 10 km ③ 15 km
④ 20 km ⑤ 25 km

0903

오른쪽 그래프는 길이가 25 cm인 양초에 불을 붙인 지 x시간 후에 남은 양초의 길이를 y cm라 할 때, x와 y 사이의 관계를 나타낸 것이다. 다음 물음에 답하시오.

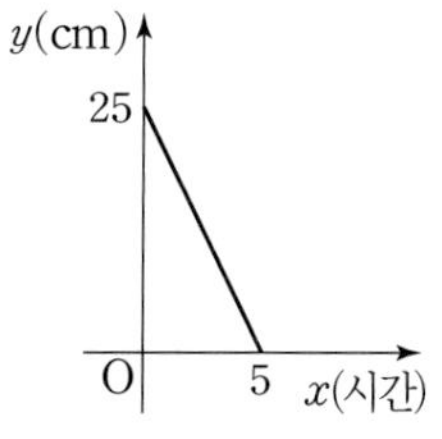

(1) x와 y 사이의 관계를 식으로 나타내시오.
(2) 남은 양초의 길이가 10 cm가 되는 것은 불을 붙인 지 몇 시간 후인지 구하시오.

0904

어떤 환자가 1분에 3 mL씩 들어가는 링거 주사를 맞고 있다. 주사를 1시간 동안 맞은 후 남아 있는 주사약의 양을 보았더니 420 mL였다. 주사를 x분 동안 맞았을 때, 링거 병에 남아 있는 주사약의 양을 y mL라 하자. 다음 물음에 답하시오.

(1) x와 y 사이의 관계를 식으로 나타내시오.
(2) 주사를 다 맞은 시각이 오후 5시일 때, 주사를 맞기 시작한 시각을 구하시오.

0905

다음 그림에서 점 P는 점 B를 출발하여 점 C까지 매초 2 cm의 속력으로 $\overline{BC}$ 위를 움직인다. 점 P가 점 B를 출발한 지 몇 초 후에 두 직각삼각형 ABP와 PCD의 넓이의 합이 60 cm²가 되는지 구하시오.

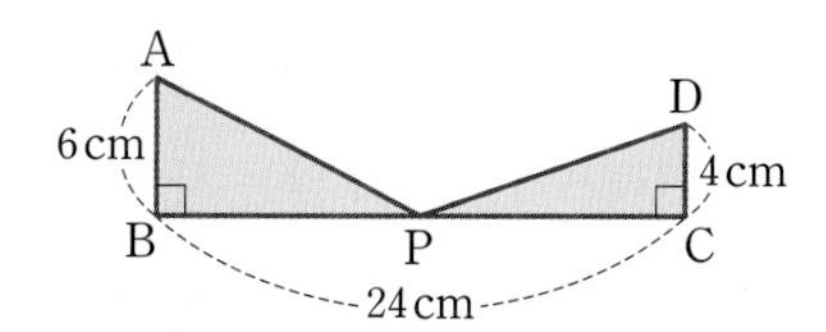

실력 UP

0906

다음 그림과 같이 여섯 명이 앉을 수 있는 직사각형 모양의 탁자를 이어 붙여 여러 사람이 앉게 하려고 한다. 10개의 탁자를 이어 붙일 때, 앉을 수 있는 사람은 몇 명인지 구하시오.

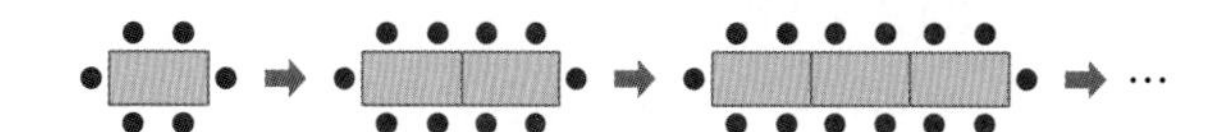

0907

다음 일차함수 중 그 그래프가 y축에 가장 가까운 것은?

① $y=-3x+1$ ② $y=2x+7$
③ $y=-\frac{1}{2}x-3$ ④ $y=-7x+4$
⑤ $y=\frac{1}{7}x+12$

0908

기울기가 $-\frac{1}{2}$이고 y절편이 4인 일차함수의 그래프의 x절편을 구하시오.

0909

점 (a, b)가 제2사분면 위의 점일 때, 일차함수 $y=\frac{1}{a}x-ab$의 그래프가 지나지 않는 사분면은?

① 제1사분면 ② 제2사분면 ③ 제3사분면
④ 제4사분면 ⑤ 제1, 3사분면

0910

다음 중 오른쪽 그림의 일차함수의 그래프에 대한 설명으로 옳지 않은 것은?

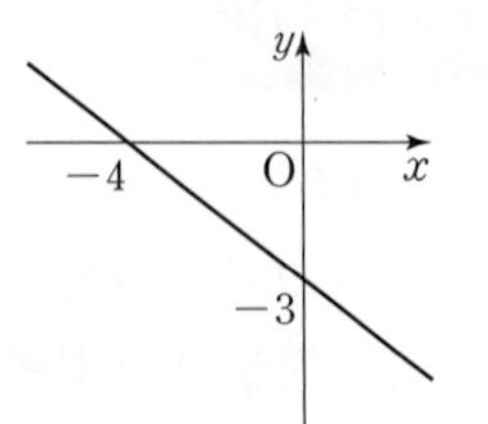

① x절편은 -4이다.
② 기울기는 음수이다.
③ 일차함수의 식은 $y=-\frac{3}{4}x-3$이다.
④ 점 $(-8, 3)$을 지난다.
⑤ x의 값이 4만큼 증가하면 y의 값은 3만큼 증가한다.

0911

오른쪽 그림의 직선과 평행하고 y절편이 1인 일차함수의 그래프가 점 $(-4, k)$를 지날 때, k의 값을 구하시오.

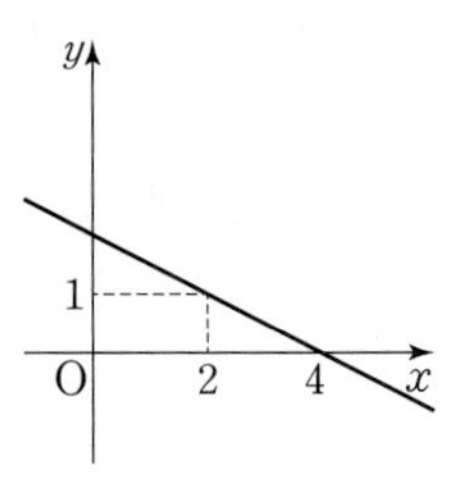

0912

일차함수 $y=ax+5$의 그래프는 $y=3x-2$의 그래프와 평행하고, 일차함수 $y=ax+5$의 그래프를 y축의 방향으로 -3만큼 평행이동하면 $y=bx+c$의 그래프와 일치한다. 이때 $a+b+c$의 값을 구하시오. (단, a, b, c는 상수)

0913

y가 x의 일차함수이고 다음 두 조건을 모두 만족시킬 때, 이 일차함수의 식을 구하시오.

> (가) $x=3$일 때, $y=7$이다.
> (나) x의 값이 2만큼 감소할 때, y의 값은 4만큼 증가한다.

0914

두 점 $(-1, -6)$, $(3, 2)$를 지나는 직선을 y축의 방향으로 7만큼 평행이동한 그래프가 점 $(4, k)$를 지날 때, k의 값은?

① 10 ② 11 ③ 12
④ 13 ⑤ 14

0915

주전자에 15°C의 물이 들어 있다. 이 물에 열을 가하면 온도가 매분 6°C씩 올라간다고 한다. 물의 온도가 93°C가 되는 것은 열을 가한 지 몇 분 후인가?

① 10분 후 ② 11분 후 ③ 12분 후
④ 13분 후 ⑤ 14분 후

0916

지질학자는 동굴의 천장에 매달려서 자라는 종유석의 성장 속도를 보고 그 종유석의 탄생 연도를 추측한다. 100년에 3 cm씩 일정한 속도로 자라는 어떤 종유석의 현재 길이가 30 cm일 때, 이 종유석의 길이가 36 cm가 되는 것은 몇 년 후인지 구하시오.

0917

오른쪽 그림은 5개의 일차함수의 그래프를 한 좌표평면 위에 그린 것인데 일부가 얼룩져 보이지 않는다. 각 그래프와 그 그래프가 나타내는 일차함수의 식이 바르게 연결된 것은?

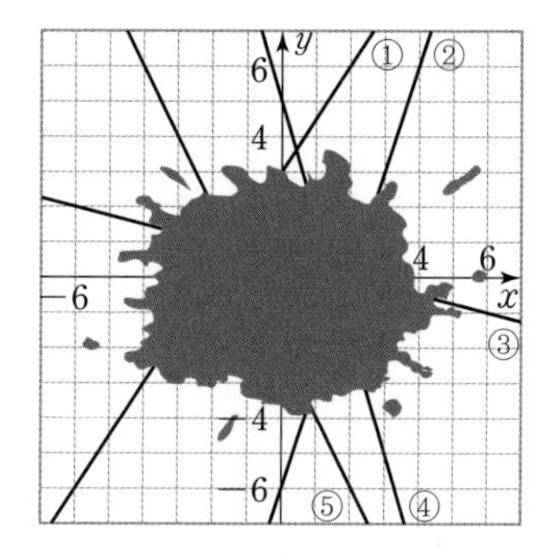

① $y=2x+3$
② $y=\frac{14}{3}x-6$
③ $y=-\frac{1}{3}x+\frac{1}{2}$
④ $y=-\frac{10}{3}x+5$
⑤ $y=-2x-3$

서술형 문제

0918

가정에서 사용한 전력량이 200 kWh 이하인 경우, 전기 요금은 아래와 같이 계산한다. 사용한 전력량이 200 kWh일 때, 전기 요금을 구하시오.

기본 요금	1 kWh당 전력량 요금
910원	93.2원

⇨ (전기 요금)=(기본 요금)+(전력량 요금)

〈풀이〉

0919

오른쪽 그림과 같이 한 변의 길이가 12 cm인 정사각형 ABCD에서 점 P는 점 B를 출발하여 점 C까지 변 BC 위를 매초 2 cm씩 움직인다. 삼각형 APC의 넓이가 48 cm²가 되는 것은 점 P가 점 B를 출발한 지 몇 초 후인지 구하시오.

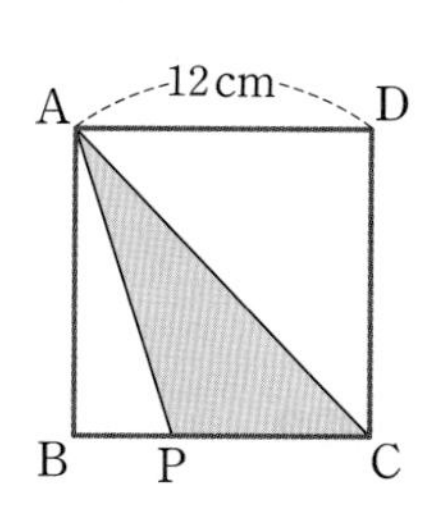

〈풀이〉

Theme 22 일차함수와 일차방정식

유형북 148쪽

유형 01 일차함수와 일차방정식의 관계

대표 문제

0920

다음 중 일차방정식 $3x-y-5=0$의 그래프에 대한 설명으로 옳지 않은 것은?

① x절편은 $\frac{5}{3}$이다.
② y절편은 -5이다.
③ 제2사분면을 지난다.
④ 기울기는 3이다.
⑤ x의 값이 증가할 때, y의 값도 증가한다.

0921

일차방정식 $3x-4y-2=0$의 그래프가 지나지 않는 사분면은?

① 제1사분면 ② 제2사분면 ③ 제3사분면
④ 제4사분면 ⑤ 제2, 3사분면

0922

다음 중 일차방정식 $\frac{x}{3}-\frac{y}{4}=1$의 그래프는?

①
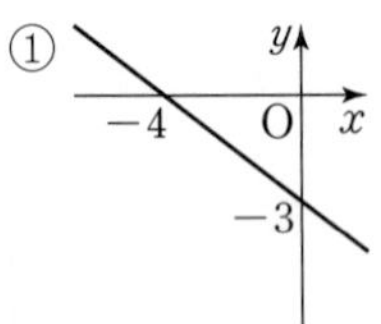

②
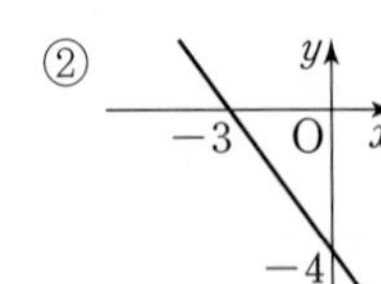

③
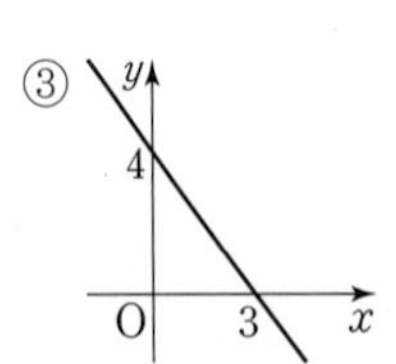

④ ⑤
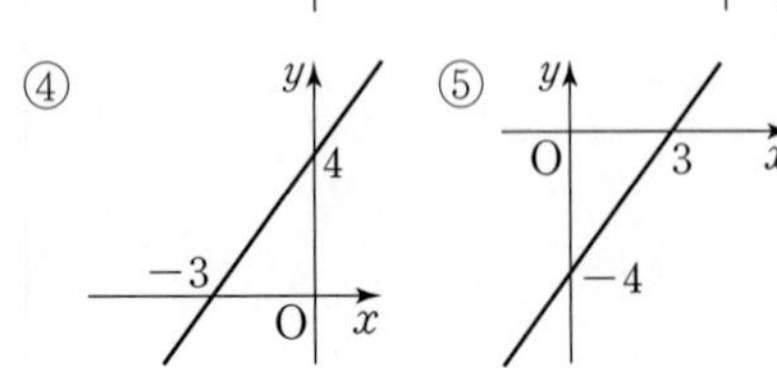

유형 02 일차방정식의 그래프 위의 점

대표 문제

0923

일차방정식 $2x+y-1=0$의 그래프가 점 $(a,\ a-2)$를 지날 때, a의 값은?

① -2 ② -1 ③ 0
④ 1 ⑤ 2

0924

일차방정식 $4x+3y-24=0$의 그래프가 오른쪽 그림과 같을 때, p의 값은?

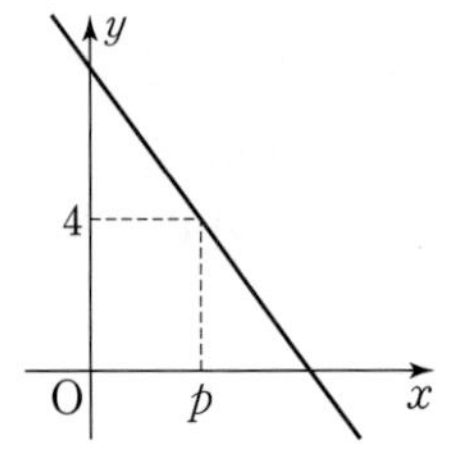

① 2 ② $\frac{5}{2}$
③ 3 ④ $\frac{7}{2}$
⑤ 4

0925

다음 중 일차방정식 $3x-y=10$의 그래프가 지나지 않는 점은?

① $(-3,\ -19)$ ② $(0,\ -10)$ ③ $(2,\ -4)$
④ $(4,\ -2)$ ⑤ $(5,\ 5)$

0926

두 점 $(a,\ -2)$, $(3,\ b)$가 일차방정식 $2x-3y=5$의 그래프 위의 점일 때, $6ab$의 값을 구하시오.

유형 03 일차방정식의 미지수 구하기(1)

대표 문제

0927

일차방정식 $4x+ay-2=0$의 그래프가 점 $(-3,\ 7)$을 지날 때, 이 그래프의 기울기는? (단, a는 상수)

① $-\frac{5}{2}$ ② -2 ③ -1

④ $\frac{1}{2}$ ⑤ 2

0928

일차방정식 $ax+3y+13=0$의 그래프가 점 $(-2,\ -1)$을 지날 때, 다음 중 이 그래프 위의 점인 것은? (단, a는 상수)

① $(-3,\ 1)$ ② $(-1,\ -3)$ ③ $\left(-\frac{4}{5},\ -3\right)$

④ $\left(-\frac{2}{5},\ -4\right)$ ⑤ $(1,\ -5)$

0929

두 점 $(2,\ -5)$, $(4,\ a)$가 일차방정식 $3x-by+9=0$의 그래프 위에 있을 때, $a-b$의 값은? (단, b는 상수)

① -10 ② -4 ③ 0

④ 4 ⑤ 10

유형 04 일차방정식의 미지수 구하기(2)

대표 문제

0930

일차방정식 $(a+2)x-y+3b=0$의 그래프의 기울기가 -2, y절편이 -6일 때, 상수 a, b에 대하여 $a+b$의 값은?

① -8 ② -6 ③ 4

④ 6 ⑤ 8

0931

두 점 $(1,\ -2)$, $(-1,\ 4)$를 지나는 직선과 일차방정식 $kx+2y-6=0$의 그래프가 평행할 때, 상수 k의 값은?

① -6 ② -3 ③ -2

④ 3 ⑤ 6

0932

일차방정식 $x+ay-b=0$의 그래프가 오른쪽 그림과 같을 때, 상수 a, b에 대하여 $b-a$의 값은?

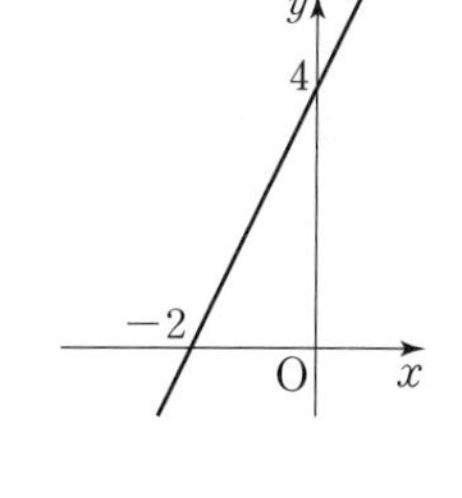

① $-\frac{5}{2}$ ② $-\frac{3}{2}$

③ $-\frac{1}{2}$ ④ $\frac{3}{2}$

⑤ $\frac{5}{2}$

0933

일차방정식 $ax+(b+1)y-3=0$의 그래프의 기울기가 $\frac{1}{3}$, y절편이 $\frac{1}{2}$일 때, 상수 a, b에 대하여 ab의 값을 구하시오.

유형 05 직선의 방정식 구하기

대표 문제

0934

두 점 A(1, 2), B(−1, 6)을 지나는 직선의 방정식은?

① $2x-y-4=0$ ② $2x-y+4=0$
③ $2x+y-4=0$ ④ $2x+y+4=0$
⑤ $x-2y-4=0$

0935

일차방정식 $-3x-4y+6=0$의 그래프와 x절편이 같고, 일차방정식 $5x-4y-12=0$의 그래프와 y절편이 같은 직선의 방정식은?

① $3x+2y-6=0$ ② $3x-2y+6=0$
③ $3x-2y-6=0$ ④ $2x-3y+6=0$
⑤ $2x+3y-6=0$

0936

두 점 (2, −3), (−2, 9)를 지나는 직선과 평행하고, 점 $\left(0,\ -\frac{3}{2}\right)$을 지나는 직선의 방정식을 구하시오.

유형 06 좌표축에 평행한(수직인) 직선의 방정식

대표 문제

0937

두 점 $(2,\ -2a+3)$, $(-1,\ 3a-7)$을 지나는 직선이 y축에 수직일 때, a의 값은?

① −2 ② −1 ③ 1
④ 2 ⑤ 3

0938

직선 $y=-2x+5$ 위의 점 $(3,\ k)$를 지나고, x축에 평행한 직선의 방정식은?

① $x=-1$ ② $x=1$ ③ $x=2$
④ $y=-1$ ⑤ $y=1$

0939

방정식 $ax+by+1=0$의 그래프가 오른쪽 그림과 같을 때, 상수 a, b에 대하여 $a+b$의 값을 구하시오.

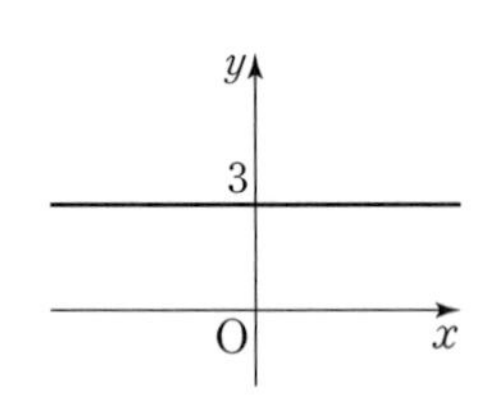

0940

방정식 $ax-(b-4)y+5=0$의 그래프가 x축에 수직이고, 제2사분면과 제3사분면을 지나도록 하는 상수 a, b의 조건을 구하시오.

유형 07 좌표축에 평행한 직선으로 둘러싸인 도형의 넓이

대표 문제

0941

네 직선 $x=-2$, $3x-6=0$, $y=-3$, $y=1$로 둘러싸인 도형의 넓이는?

① 12　　② 14　　③ 16
④ 18　　⑤ 20

0942

네 직선 $x+3=0$, $4y-8=0$, $x=0$, $y=0$으로 둘러싸인 도형의 넓이는?

① 4　　② 6　　③ 8
④ 10　　⑤ 12

0943

오른쪽 그림과 같이 네 직선으로 둘러싸인 도형의 넓이가 48일 때, a의 값은? (단, $a>3$)

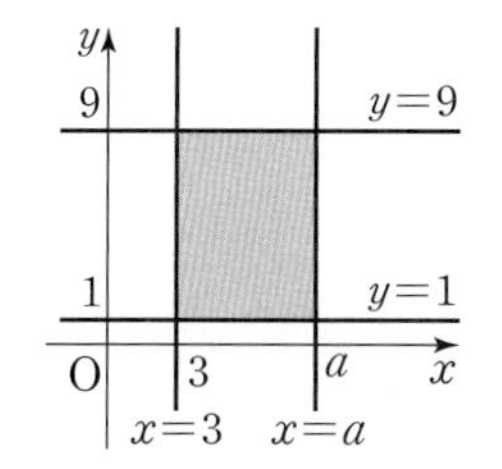

① 5　　② 6
③ 7　　④ 8
⑤ 9

유형 08 일차방정식 $ax+by+c=0$의 그래프

대표 문제

0944

일차방정식 $ax-y-b=0$의 그래프가 오른쪽 그림과 같을 때, 다음 중 옳은 것은? (단, a, b는 상수)

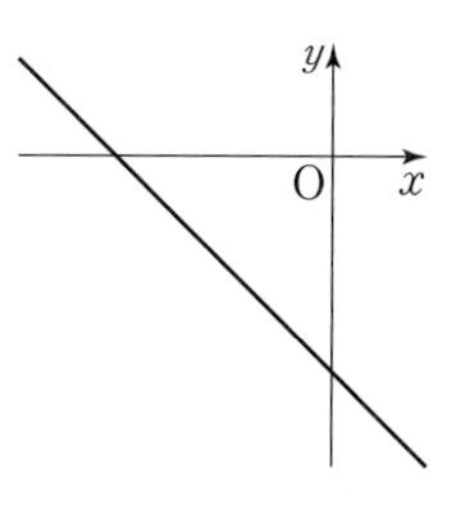

① $a>0$, $b>0$　　② $a>0$, $b<0$
③ $a<0$, $b>0$　　④ $a<0$, $b<0$
⑤ $a=0$, $b>0$

0945

$a<0$, $b>0$, $c>0$일 때, 일차방정식 $ax-by+c=0$의 그래프가 지나지 않는 사분면을 구하시오.

0946

일차방정식 $ax-by+1=0$의 그래프가 오른쪽 그림과 같을 때, 다음 중 일차함수 $y=abx-b$의 그래프로 알맞은 것은? (단, a, b는 상수)

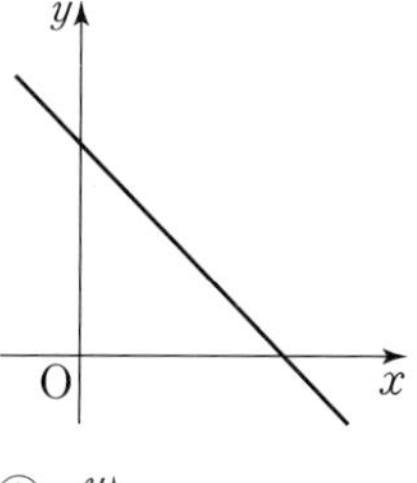

①
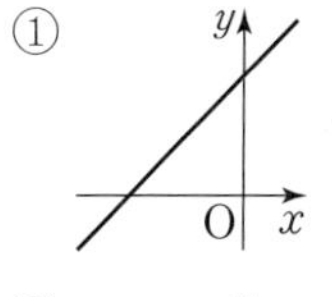

②
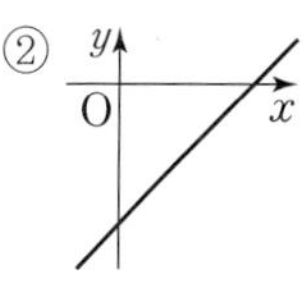

③
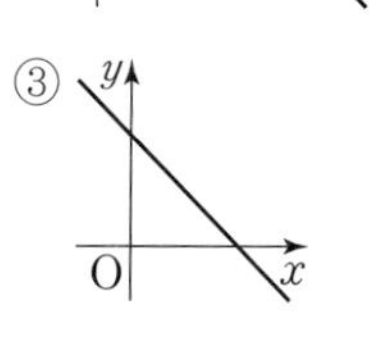

④
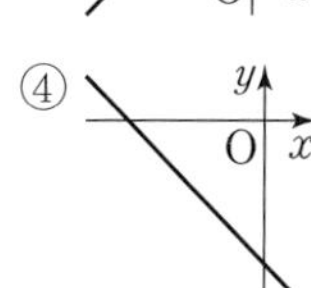

⑤
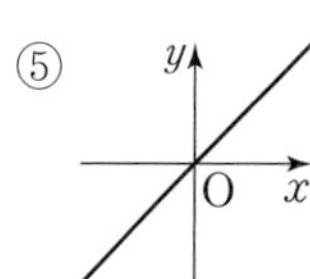

유형 09 직선으로 둘러싸인 도형의 넓이(1)

대표 문제

0947

오른쪽 그림과 같이 세 직선 $y=x$, $x=2$, $y=-1$로 둘러싸인 도형의 넓이는?

① 3　② $\frac{7}{2}$　③ 4　④ $\frac{9}{2}$　⑤ 5

0948

오른쪽 그림과 같이 직선 $x=a$가 x축과 만나는 점을 A, 직선 $y=\frac{3}{4}x$와 만나는 점을 B라 하자. $\overline{AB}=12$일 때, 삼각형 OAB의 넓이는?
(단, a는 상수이고, O는 원점)

① 54　② 72　③ 80　④ 96　⑤ 108

0949

오른쪽 그림과 같이 세 직선 $x+y-3=0$, $x=1$, $x=-4$ 및 x축으로 둘러싸인 도형의 넓이는?

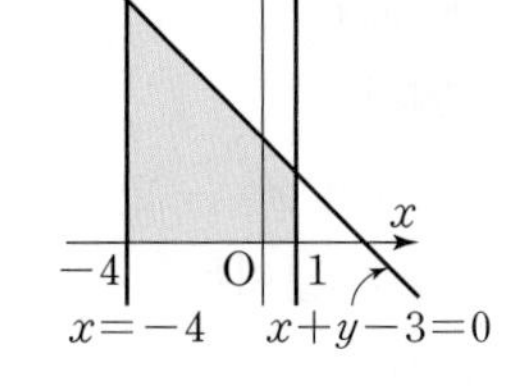

① $\frac{35}{2}$　② 20　③ $\frac{45}{2}$　④ 25　⑤ $\frac{55}{2}$

0950

오른쪽 그림과 같이 세 직선 $y=\frac{2}{3}x$, $x=9$, $y=4$로 둘러싸인 삼각형 ABC의 넓이를 a라 하고 세 직선 $y=\frac{2}{3}x$, $y=4$, $x=0$으로 둘러싸인 삼각형 OAD의 넓이를 b라 하자. 이때 $b-a$의 값은? (단, O는 원점)

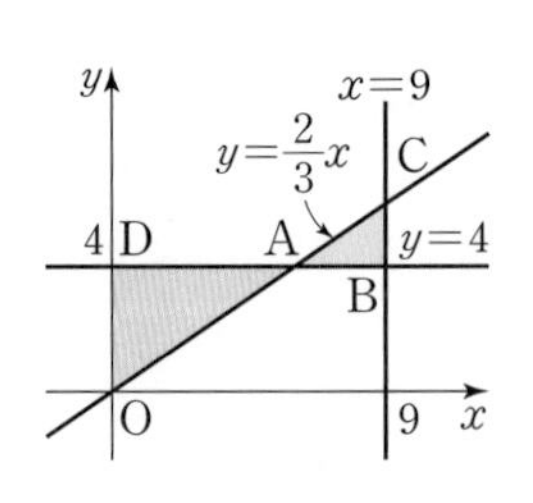

① 6　② 7　③ 8　④ 9　⑤ 10

Theme 23 연립방정식의 해와 일차함수의 그래프

유형북 153쪽

유형 10 연립방정식의 해와 그래프

대표 문제

0951

두 일차방정식 $x-2y+5=0$, $2x+3y-4=0$의 그래프의 교점이 직선 $y=ax-1$ 위의 점일 때, 상수 a의 값은?

① -3 ② -1 ③ 1
④ 2 ⑤ 3

0952

두 일차방정식 $3x-y-5=0$, $-2x+y+3=0$의 그래프의 교점의 좌표가 (a, b)일 때, $a-b$의 값은?

① -2 ② -1 ③ 0
④ 1 ⑤ 2

0953

일차방정식 $3x-y=8$의 그래프와 평행하고, 점 $(-2, -4)$를 지나는 직선이 일차방정식 $y=-x-2$의 그래프와 한 점에서 만날 때, 그 교점의 좌표를 구하시오.

0954

오른쪽 그림의 두 직선 l, m의 교점의 좌표를 (a, b)라 할 때, $a+b$의 값을 구하시오.

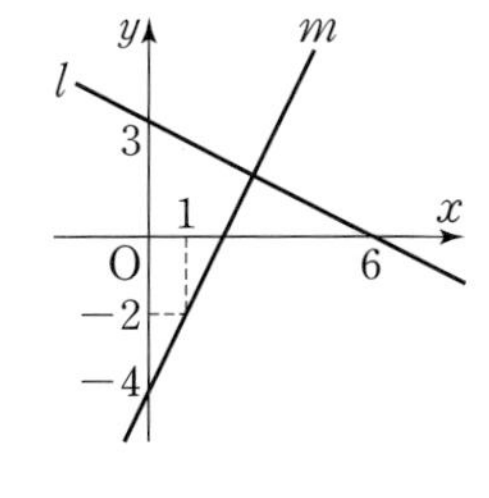

유형 11 두 직선의 교점의 좌표를 이용하여 미지수 구하기

대표 문제

0955

연립방정식 $\begin{cases} ax+2y=2 \\ x-by=7 \end{cases}$의 두 일차방정식의 그래프가 오른쪽 그림과 같을 때, 상수 a, b에 대하여 $b-a$의 값은?

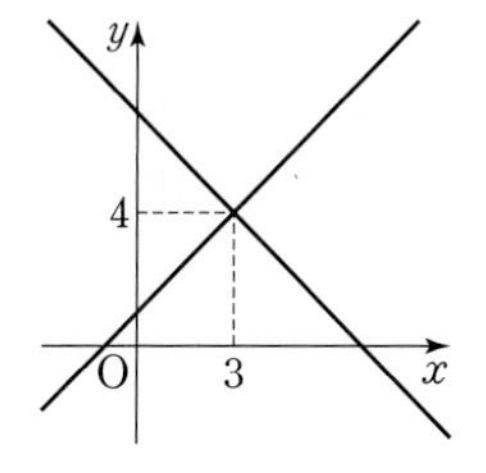

① -3 ② -1
③ 1 ④ 3
⑤ 5

0956

두 직선 $(a+1)x-2y=2$, $x-y=6$의 교점의 좌표가 $(2, b)$일 때, ab의 값을 구하시오. (단, a는 상수)

0957

두 직선 $2x-3y+6=0$, $3x+y-a=0$의 교점이 x축 위에 있을 때, 두 직선이 각각 y축과 만나는 두 점 사이의 거리는? (단, a는 상수)

① 7 ② 8 ③ 9
④ 10 ⑤ 11

0958

두 직선 $x-2y+2=0$, $2x-y-2=0$의 교점과 점 $(4, -1)$을 지나는 직선의 방정식이 $ax+by-3=0$일 때, 상수 a, b에 대하여 $2ab$의 값을 구하시오.

유형 12 두 직선의 교점을 지나는 직선의 방정식

대표 문제

0959

두 직선 $2x+y-4=0$, $3x-2y-13=0$의 교점을 지나고, 직선 $4x+y=3$과 평행한 직선의 방정식은?

① $4x-y-20=0$　② $4x-y-10=0$
③ $4x+y-20=0$　④ $4x+y-10=0$
⑤ $4x+y+10=0$

0960

두 일차방정식 $x+2y-5=0$, $2x+y+2=0$의 그래프의 교점을 지나고, y절편이 3인 직선의 x절편은?

① -9　② -5　③ 3
④ 5　⑤ 9

0961

두 일차방정식 $-5x+y-8=0$, $3x+y-16=0$의 그래프의 교점을 지나고, x축에 평행한 직선 위의 한 점 $(-10,\ a)$에 대하여 a의 값은?

① -13　② -5　③ 0
④ 5　⑤ 13

유형 13 한점에서 만나는 세 직선

대표 문제

0962

세 직선 $-x-2y=5$, $3x+2y=1$, $2ax-ay=-20$이 한 점에서 만날 때, 상수 a의 값은?

① -5　② -4　③ -3
④ -2　⑤ -1

0963

오른쪽 그림의 직선 $y=ax-6$이 두 직선 l, m의 교점을 지날 때, 상수 a의 값은?

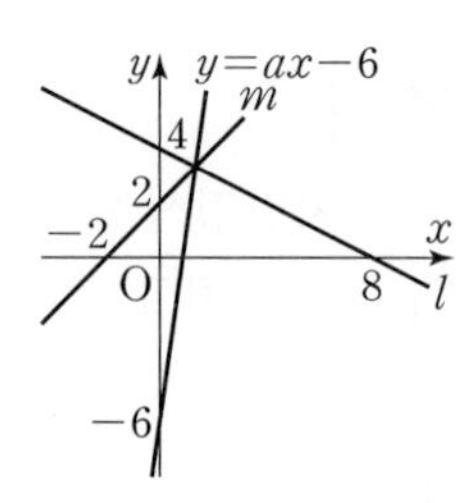

① 6　② 7
③ 8　④ 9
⑤ 10

0964

다음 네 직선이 한 점에서 만날 때, 상수 a, b에 대하여 ab의 값을 구하시오.

$$3x-2y=13,\quad ax+y=7$$
$$bx+2ay=3,\quad 5x+4y=7$$

0965

세 직선 $2x-y=-7$, $x-3y=a$, $3x+y=-3$에 의해 삼각형이 만들어지지 않을 때, 상수 a의 값을 구하시오.

유형 14 연립방정식의 해의 개수와 두 직선의 위치 관계

대표 문제

0966

연립방정식 $\begin{cases} 2x-y-5=0 \\ ax-2y+b=0 \end{cases}$의 해가 무수히 많을 때, 상수 a, b에 대하여 $a+b$의 값은?

① -6　② -4　③ 0
④ 4　⑤ 6

0967

두 직선 $ax-2y+1=0$, $-3x+y+b=0$의 교점이 오직 한 개 존재하기 위한 상수 a의 조건은? (단, b는 상수)

① $a=0$　② $a\neq3$　③ $a=3$
④ $a\neq6$　⑤ $a=6$

0968

연립방정식 $\begin{cases} 2x-y=3 \\ ax+4y=8 \end{cases}$의 해가 없을 때, 직선 $y=ax+b$는 점 $(1, -5)$를 지난다고 한다. 이때 상수 a, b에 대하여 $a-b$의 값을 구하시오.

유형 15 직선과 선분이 만날 조건

대표 문제

0969

오른쪽 그림과 같이 일차함수 $y=ax+2$의 그래프가 두 점 A$(3, 5)$ B$(6, 3)$을 이은 선분 AB와 만날 때, 상수 a의 값의 범위는?

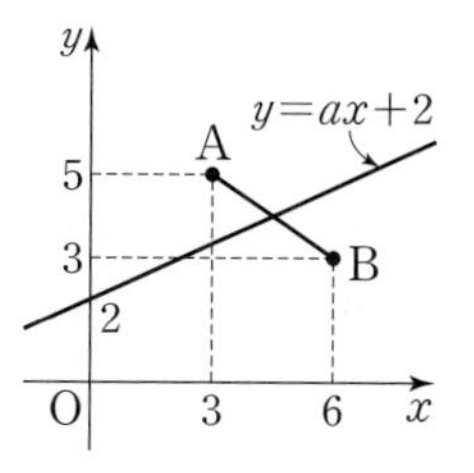

① $-1\le a\le -\frac{1}{6}$　② $-\frac{1}{2}\le a\le -\frac{1}{6}$
③ $\frac{1}{12}\le a\le \frac{1}{2}$　④ $\frac{1}{6}\le a\le 1$
⑤ $\frac{1}{3}\le a\le 2$

0970

다음 중 직선 $y=-2x+b$가 두 점 A$(1, -3)$, B$(4, 1)$을 이은 선분 AB와 만나도록 하는 상수 b의 값이 될 수 없는 것은?

① -3　② -1　③ 2
④ 5　⑤ 8

0971

오른쪽 그림과 같이 세 점 A$(2, 5)$, B$(3, 2)$, C$(-2, 1)$을 꼭짓점으로 하는 삼각형 ABC가 있다. 다음 물음에 답하시오.

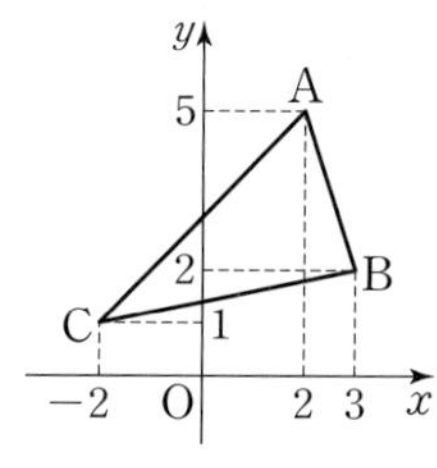

(1) 직선 $y=2x+k$가 꼭짓점 A, B, C를 지날 때의 상수 k의 값을 각각 구하시오.

(2) 직선 $y=2x+k$가 삼각형 ABC와 만나도록 하는 상수 k의 값의 범위를 구하시오.

유형 16 직선으로 둘러싸인 도형의 넓이(2)

대표 문제

0972

오른쪽 그림과 같이 두 일차방정식 $x-2y+1=0$, $2x+3y-12=0$의 그래프와 x축으로 둘러싸인 도형의 넓이는?

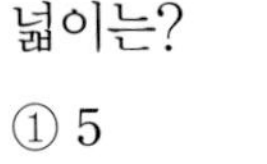

① 5　　② 6
③ 7　　④ 8
⑤ 9

0973

세 직선 $x+y=4$, $2x-y=2$, $y=-2$로 둘러싸인 도형의 넓이는?

① 8　　② 12　　③ 16
④ 20　　⑤ 24

0974

다음 네 직선으로 둘러싸인 도형의 넓이를 구하시오.

$y=x$, $y=-x$, $y=x+4$, $y=-x-4$

0975

오른쪽 그림과 같이 교점의 y좌표가 2인 두 직선 $y=-\frac{1}{3}x+4$, $y=x-a$와 y축으로 둘러싸인 도형의 넓이를 구하시오.

(단, a는 상수)

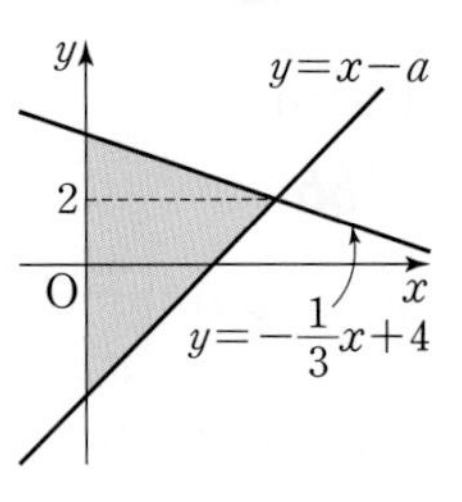

0976

오른쪽 그림과 같이 y축 위에서 만나는 두 직선 $y=x-6$, $y=ax-6$과 x축으로 둘러싸인 도형의 넓이가 27일 때, 상수 a의 값은?

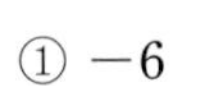

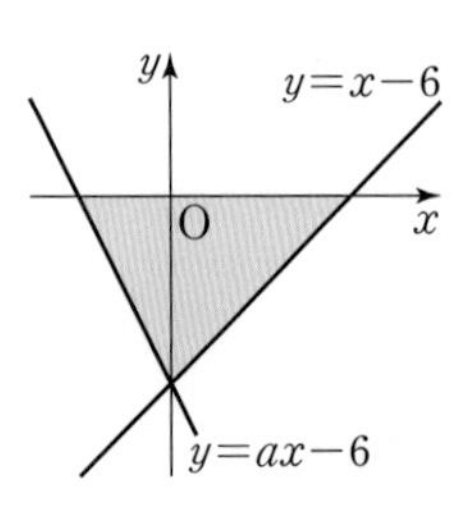

① -6　　② -4
③ -2　　④ 2
⑤ 4

0977

오른쪽 그림과 같이 일차방정식 $y=x+6$의 그래프가 x축, y축과 만나는 점을 각각 A, B라 하자. 점 B를 지나는 직선이 x축과 만나는 점을 C라 할 때, 삼각형 ACB의 넓이는 15이다. 점 A의 x좌표가 점 C의 x좌표보다 작을 때, 다음 물음에 답하시오.

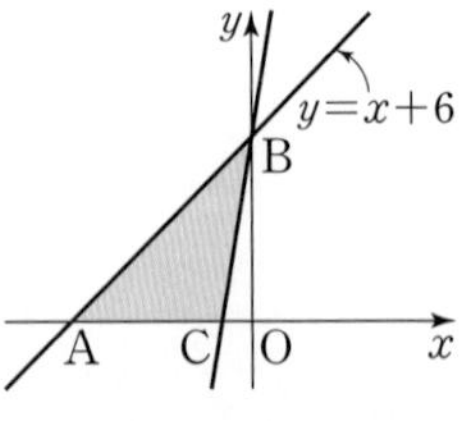

(1) 세 점 A, B, C의 좌표를 구하시오.

(2) 두 점 B, C를 지나는 직선의 방정식을 $ax+by+6=0$이라 할 때, ab의 값을 구하시오. (단, a, b는 상수)

유형 17 넓이를 이등분하는 직선의 방정식

대표 문제

0978

오른쪽 그림과 같이 일차방정식 $4x+3y-12=0$의 그래프와 x축 및 y축으로 둘러싸인 도형의 넓이를 직선 $y=ax$가 이등분할 때, 상수 a의 값은?

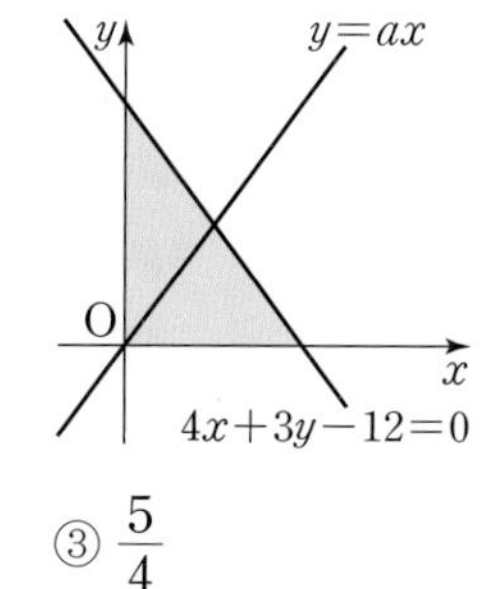

① $\frac{2}{3}$　② $\frac{3}{4}$　③ $\frac{5}{4}$
④ $\frac{4}{3}$　⑤ $\frac{3}{2}$

0979

오른쪽 그림과 같이 두 직선 $2x-y+2=0$, $2x+3y-14=0$과 x축으로 둘러싸인 도형의 넓이를 두 직선의 교점을 지나는 직선 $y=ax+b$가 이등분한다. 상수 a, b에 대하여 $b-a$의 값은?

① -2　② 2　③ 4
④ 6　⑤ 8

유형 18 직선의 방정식의 활용

대표 문제

0980

어떤 회사의 A 공장에서는 1월 1일부터, B 공장에서는 3월 1일부터 제품을 만들기 시작하였다. 3월 1일로부터 x개월 후의 두 공장 A, B에서 만들어 낸 제품의 총개수를 y개라 할 때, x와 y 사이의 관계를 각각 그래프로 나타내면 위의 그림과 같다. 두 공장 A, B에서 만들어 낸 제품의 총개수가 같아지는 것은 3월 1일로부터 몇 개월 후인지 구하시오.

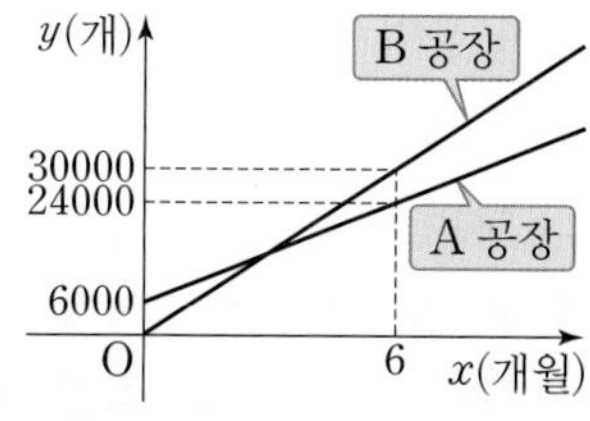

0981

지상으로부터 각각 800 m, 600 m인 높이에서 동시에 출발한 두 물체 A, B가 내려오고 있다. 오른쪽 그래프는 출발한 지 x초 후 지상으로부터의 높이를 y m라 할 때, x와 y 사이의 관계를 나타낸 것이다. 두 물체의 높이가 처음으로 같을 때는 출발한 지 몇 초 후인지 구하시오.

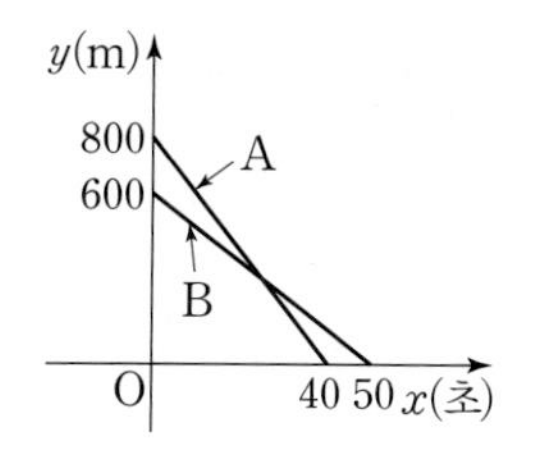

0982

다음 중 x, y가 자연수일 때, 일차방정식 $x+2y=10$에 대한 설명으로 옳지 않은 것을 모두 고르면? (정답 2개)

① 순서쌍 $(4, 1)$은 일차방정식의 해이다.
② 해는 모두 4쌍이다.
③ $x=6$일 때, $y=2$이다.
④ 그래프의 모양은 직선이다.
⑤ 그래프는 좌표평면의 제1사분면 위에 있다.

0983

일차방정식 $ax-3y+2=0$의 그래프가 점 $(-2, 4)$를 지날 때, 이 그래프의 기울기는? (단, a는 상수)

① -2 ② $-\frac{5}{3}$ ③ $-\frac{4}{3}$
④ -1 ⑤ $-\frac{2}{3}$

0984

일차방정식 $2x+my-5=0$의 그래프가 오른쪽 그림의 직선과 평행할 때, 상수 m의 값을 구하시오.

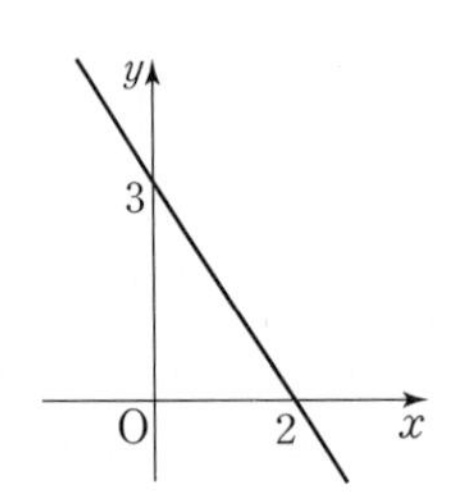

0985

두 점 $(-3, 2a)$, $(6, -2a+8)$을 지나는 직선이 y축에 수직일 때, a의 값은?

① -4 ② -2 ③ 0
④ 2 ⑤ 4

0986

다음 네 직선으로 둘러싸인 도형의 넓이를 구하시오.

$x+1=0$, $x-7=0$, $y-5=0$, $y-3=0$

0987

일차방정식 $ax+by+6=0$의 그래프가 오른쪽 그림과 같을 때, 다음 중 옳은 것은? (단, a, b는 상수)

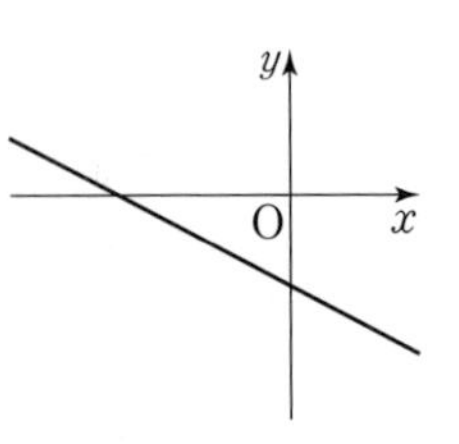

① $a>0$, $b>0$
② $a>0$, $b<0$
③ $a<0$, $b>0$
④ $a<0$, $b<0$
⑤ $a=0$, $b>0$

실력 UP

0988

두 점 $(-7, 3)$, $(-3, 1)$을 지나는 직선과 평행하고, 점 $(-4, 6)$을 지나는 직선의 방정식이 $ax+by-8=0$일 때, 상수 a, b에 대하여 $a+b$의 값을 구하시오.

0989

다음 일차방정식 중 그 그래프가 일차함수 $y=\frac{1}{2}x-2$의 그래프와 같은 것은?

① $x+2y+4=0$　② $x-2y+4=0$
③ $-2x+y-4=0$　④ $-2x+y+4=0$
⑤ $x-2y-4=0$

0990

일차방정식 $4x-2y=3$의 그래프가 점 $(a,\ 3a+3)$을 지날 때, a의 값은?

① $-\frac{11}{2}$　② -5　③ $-\frac{9}{2}$
④ -4　⑤ $-\frac{7}{2}$

0991

일차방정식 $2x-3y+3a=0$의 그래프가 오른쪽 그림과 같을 때, 상수 a의 값을 구하시오.

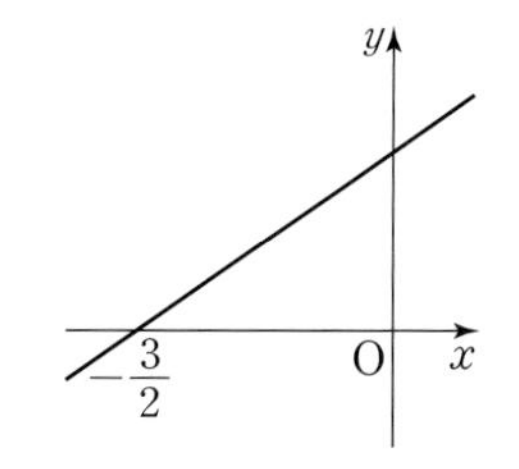

0992

일차방정식 $(b-2)x+y+a=3$의 그래프의 기울기가 -2, y절편이 -5일 때, 상수 a, b에 대하여 $a-b$의 값을 구하시오.

0993

다음 보기에서 방정식 $3x=-6$의 그래프에 대한 설명으로 옳은 것을 모두 고른 것은?

보기
ㄱ. x축에 평행한 직선이다.
ㄴ. y축에 수직인 직선이다.
ㄷ. 점 $(-2,\ 8)$을 지난다.
ㄹ. 제1, 4사분면을 지난다.
ㅁ. 직선 $y=-3$과 수직으로 만난다.

① ㄱ, ㄷ　② ㄴ, ㄹ　③ ㄴ, ㅁ
④ ㄷ, ㄹ　⑤ ㄷ, ㅁ

0994

세 직선 $2x+y+2=0$, $y=2$, $x-1=0$으로 둘러싸인 도형의 넓이는?

① 2　② 4　③ 6
④ 8　⑤ 9

실력 UP

0995

점 $(a+b,\ ab)$가 제2사분면 위의 점일 때, 일차방정식 $ax+by+1=0$의 그래프로 알맞은 것은?

①
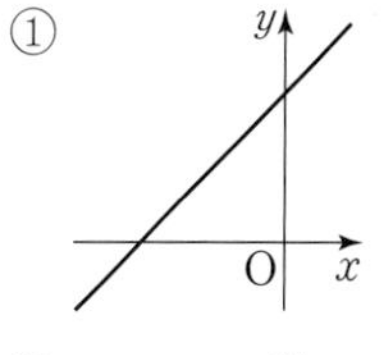

②
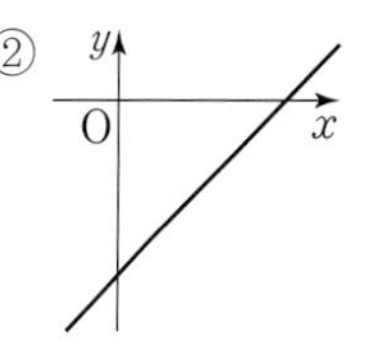

③
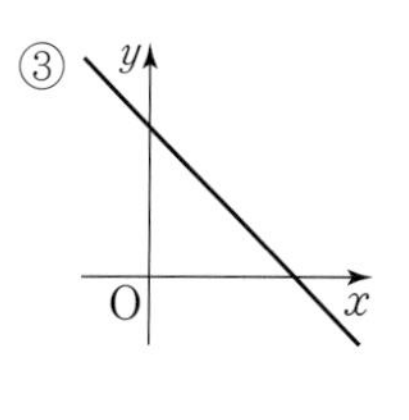

④
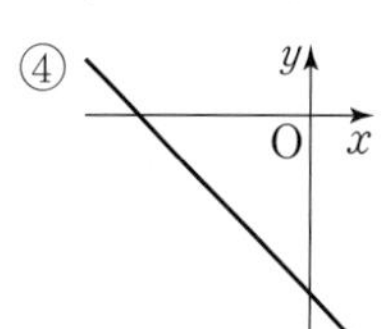

⑤
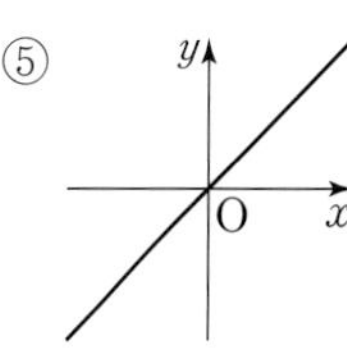

0996

오른쪽 그림에서 연립방정식 $\begin{cases} x+y=-1 \\ 3y-x=1 \end{cases}$의 해를 나타내는 점은?

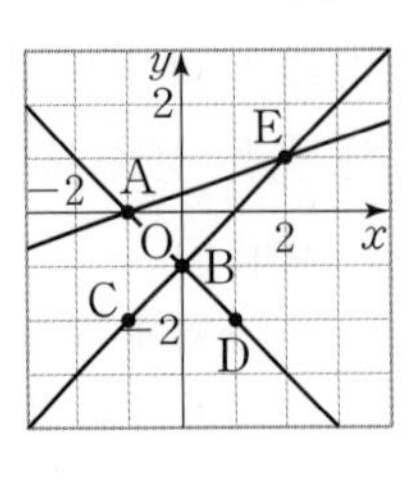

① 점 A ② 점 B
③ 점 C ④ 점 D
⑤ 점 E

0997

연립방정식 $\begin{cases} x-2y-11=0 \\ ax+2y-4=0 \end{cases}$의 두 일차방정식의 그래프가 오른쪽 그림과 같을 때, $a+b$의 값을 구하시오. (단, a는 상수)

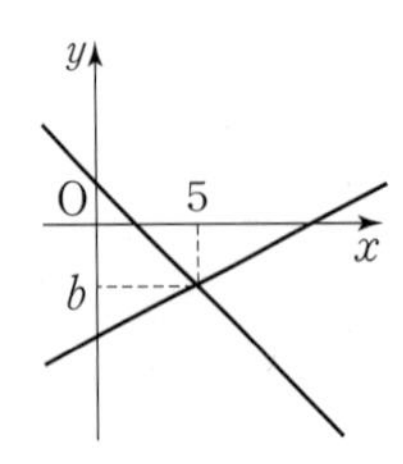

0998

세 직선 $ax-2y=8$, $-x+y=-2$, $3x+4y=6$이 한 점에서 만날 때, 상수 a의 값은?

① 1 ② 2 ③ 3
④ 4 ⑤ 5

0999

두 직선 $x+ay=2$, $3x-4y=-3$의 교점이 없을 때, 상수 a의 값을 구하시오.

1000

오른쪽 그림과 같이 두 점 A(1, 5), B(3, 2)에 대하여 일차함수 $y=ax-2$의 그래프가 선분 AB와 만나도록 하는 상수 a의 값의 범위는?

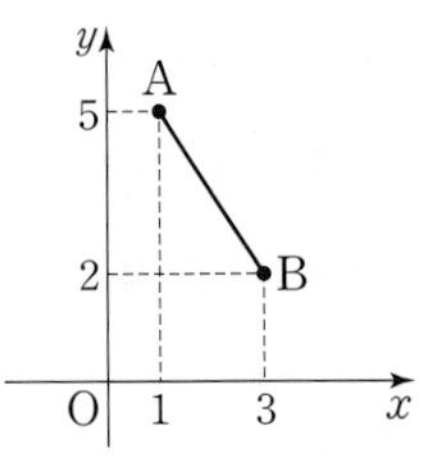

① $-\frac{4}{3}\leq a\leq -1$ ② $-1\leq a\leq 1$
③ $\frac{4}{3}\leq a\leq 7$ ④ $\frac{5}{3}\leq a\leq 8$
⑤ $3\leq a\leq 9$

1001

오른쪽 그림과 같이 두 직선 $x+y-1=0$, $x-y+5=0$과 x축으로 둘러싸인 도형의 넓이는?

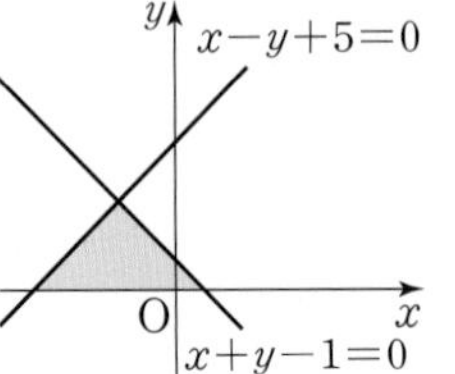

① 6 ② 7
③ 8 ④ 9
⑤ 10

1002

매출액과 매출로 인하여 발생한 비용이 일치하는 지점을 손익 분기점이라 한다. 오른쪽 그림은 어느 과일주스 가게에서 주스를 판매할 때의 매출액과 주스를 만드는 데 드는 비용을 그래프로 나타낸 것이다. 이 가게에서 손익 분기점을 달성하기 위한 매출액을 구하시오.

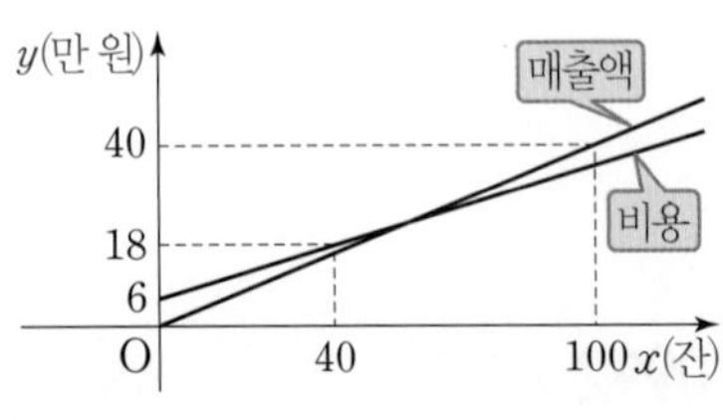

1003

연립방정식 $\begin{cases} 2x-y=5 \\ x-2y=1 \end{cases}$의 두 일차방정식의 그래프가 오른쪽 그림과 같을 때, ab의 값을 구하시오.

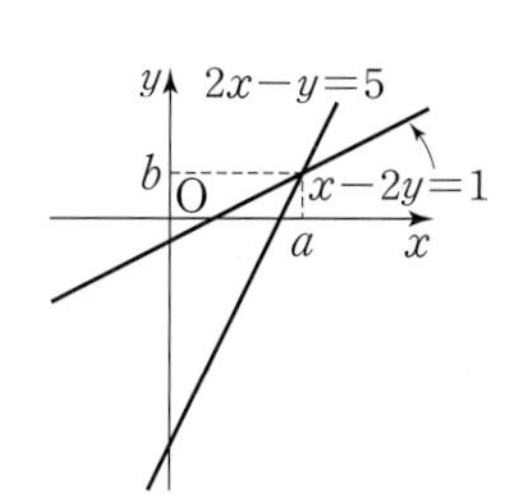

1004

두 직선 $x-y=-a$, $x+y=2$의 교점의 좌표가 $(3, b)$일 때, $a+b$의 값을 구하시오. (단, a는 상수)

1005

두 직선 $2x+3y-3=0$, $x-y+1=0$의 교점을 지나고, 오른쪽 그림의 직선과 평행한 직선의 방정식은?

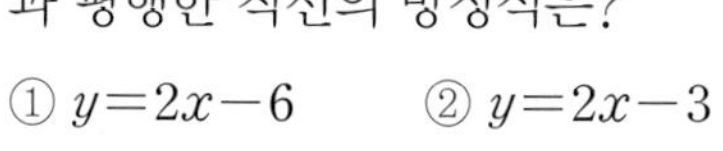

① $y=2x-6$ ② $y=2x-3$
③ $y=2x+1$ ④ $y=-2x-6$
⑤ $y=-2x+1$

1006

일차함수 $y=2x-b$의 그래프가 두 직선 $x-2y=4$, $-x-4y=2$의 교점을 지날 때, 상수 b의 값을 구하시오.

1007

세 직선 $2x-y+4=0$, $3x+y+1=0$, $x-5y+a=0$에 의해 삼각형이 만들어지지 않을 때, 상수 a의 값은?

① 5 ② 7 ③ 9
④ 11 ⑤ 13

1008

다음 연립방정식 중 해가 무수히 많은 것은?

① $\begin{cases} 2x-y=1 \\ 4x-2y=-2 \end{cases}$ ② $\begin{cases} x+2y=-5 \\ 2x+y=-5 \end{cases}$

③ $\begin{cases} x+y=0 \\ x-y=0 \end{cases}$ ④ $\begin{cases} -3x+y=-1 \\ 6x-2y=2 \end{cases}$

⑤ $\begin{cases} x+3y=2 \\ 2x-6y=4 \end{cases}$

실력 UP

1009

오른쪽 그림과 같이 일차방정식 $3x-y+6=0$의 그래프와 x축 및 y축으로 둘러싸인 도형의 넓이를 직선 $y=ax$가 이등분할 때, 직선 $y=ax$와 일차방정식 $3x-y+6=0$의 그래프의 교점의 좌표를 구하시오. (단, a는 상수)

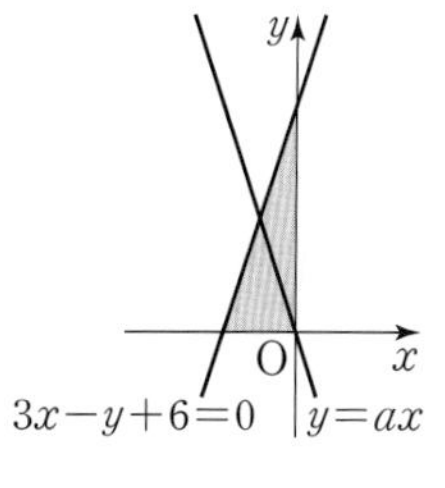

1010

다음 중 일차방정식 $x-3y-12=0$의 그래프에 대한 설명으로 옳은 것은?

① x절편은 4이다.
② y절편은 12이다.
③ 점 $(3,\ 3)$을 지난다.
④ 제1, 3, 4사분면을 지난다.
⑤ 일차방정식 $-2x-6y+2=0$의 그래프와 평행하다.

1011

일차방정식 $3x-2y=4$의 그래프와 평행하고, x절편이 4인 직선의 방정식은?

① $3x+2y+4=0$ ② $3x-2y+4=0$
③ $3x-2y+12=0$ ④ $3x-2y-12=0$
⑤ $3x+2y-12=0$

1012

일차방정식 $x+(a+2)y+2=0$의 그래프가 두 점 $(-1,\ 1)$, $(b,\ -2)$를 지날 때, ab의 값을 구하시오. (단, a는 상수)

1013

일차방정식 $ax+by=-2$의 그래프가 오른쪽 그림과 같을 때, 상수 a, b에 대하여 $a+b$의 값은?

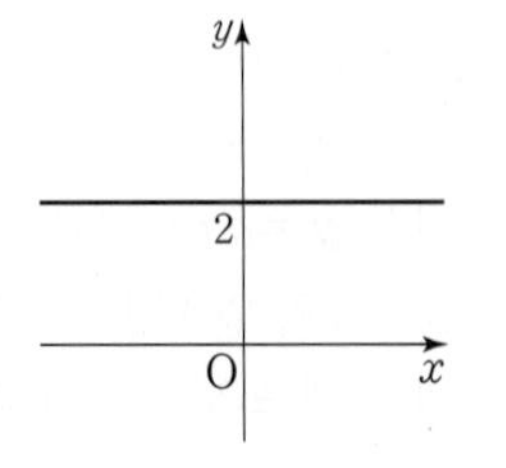

① -2 ② -1
③ 0 ④ 1
⑤ 2

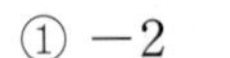

1014

$a>0$, $b=0$, $c<0$일 때, 다음 중 일차방정식 $ax+by+c=0$의 그래프에 대한 설명으로 옳은 것을 모두 고르면? (정답 2개)

① 원점을 지난다. ② y축에 수직인 직선이다.
③ 점 $\left(-\frac{c}{a},\ 0\right)$을 지난다. ④ 제1, 4사분면을 지난다.
⑤ x축에 평행한 직선이다.

1015

연립방정식 $\begin{cases} x+y=5 \\ ax-y=-2 \end{cases}$의 두 일차방정식의 그래프가 오른쪽 그림과 같을 때, 상수 a의 값을 구하시오.

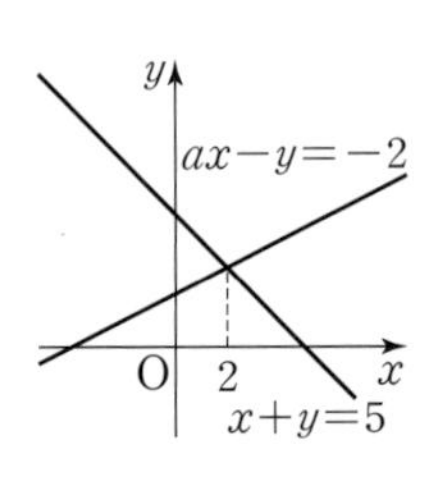

1016

두 직선 $3x+y-10=0$, $x+3y-15=a$의 교점이 직선 $y=2x$ 위의 점일 때, 상수 a의 값을 구하시오.

1017

두 일차방정식 $ax-y=3$, $2x+y=b$의 그래프가 서로 만나지 않을 때, 상수 a, b의 조건은?

① $a=-2$, $b=-3$ ② $a=-2$, $b\neq-3$
③ $a=-3$, $b\neq-2$ ④ $a\neq-3$, $b=-2$
⑤ $a=-3$, $b=-2$

1018

일차방정식 $ax+by+c=0$의 그래프가 오른쪽 그림과 같을 때, 다음 중 옳지 않은 것은?

(단, a, b, c는 상수)

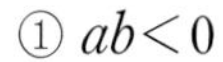

① $ab<0$　② $ac>0$

③ $bc>0$　④ $\dfrac{b}{a}<0$

⑤ $a>0$이면 $b<0$

1019

오른쪽 그림과 같이 두 일차방정식 $x+y-3=0$, $x-2y-6=0$의 그래프와 y축으로 둘러싸인 도형의 넓이를 구하시오.

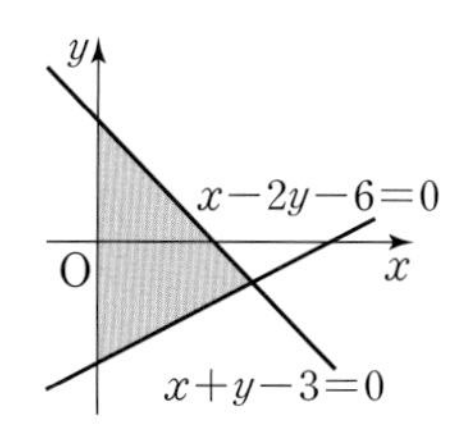

1020

오른쪽 그림은 1 L당 주행거리가 다른 두 자동차 A, B가 동시에 출발하여 x km를 주행한 후 남아 있는 휘발유의 양을 y L라 할 때, x와 y 사이의 관계를 그래프로 나타낸 것이다. 남아 있는 휘발유의 양이 같아지는 때의 주행거리는 몇 km인지 구하시오.

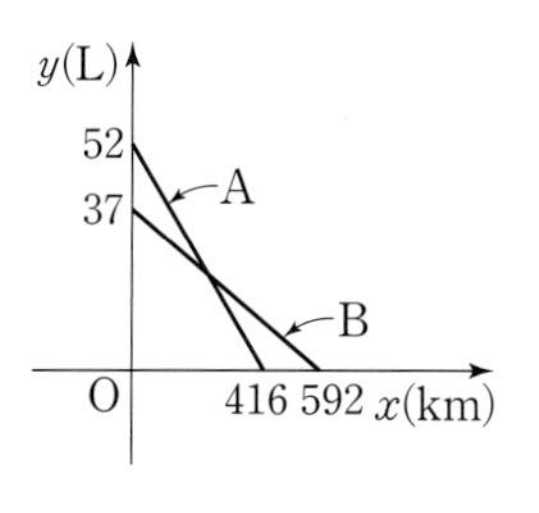

서술형 문제

1021

다음 단서를 보고 보물 A, B를 모두 가지고 있는 사람을 찾으시오.

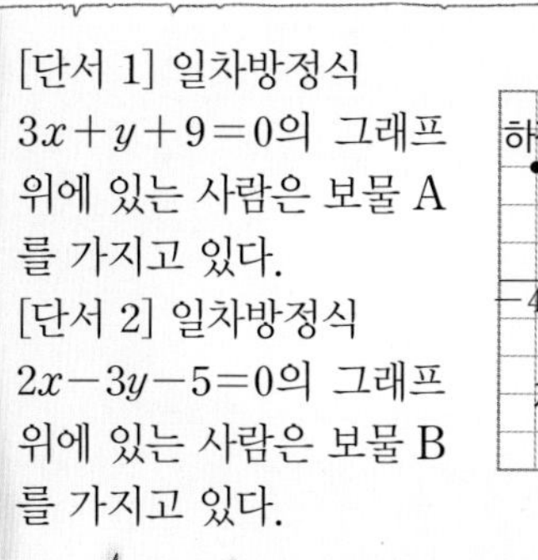

[단서 1] 일차방정식 $3x+y+9=0$의 그래프 위에 있는 사람은 보물 A를 가지고 있다.

[단서 2] 일차방정식 $2x-3y-5=0$의 그래프 위에 있는 사람은 보물 B를 가지고 있다.

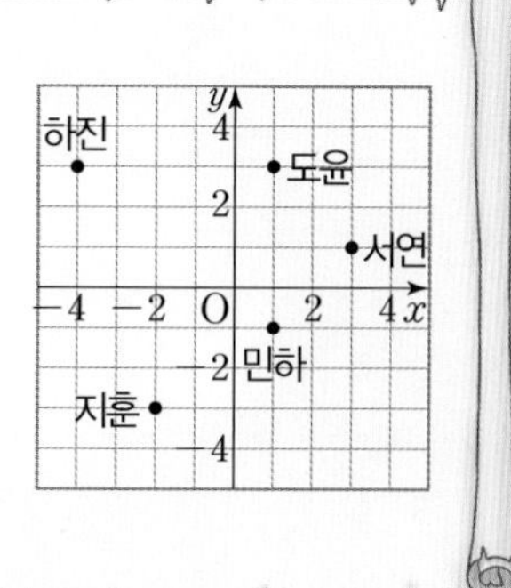

〈풀이〉

1022

연립방정식 $\begin{cases} 2x+ay=4 \\ y=-\dfrac{2}{5}x+b \end{cases}$의 해가 무수히 많고, 일차방정식 $ax+y-b=0$의 그래프는 $x-ky=4$의 그래프와 평행하다. 이때 k의 값을 구하시오. (단, a, b, k는 상수)

〈풀이〉

MEMO

MEMO

MEMO

동아출판

내신과 등업을 위한 강력한 한 권!

2022 개정 교육과정 완벽 반영

수매씽 시리즈

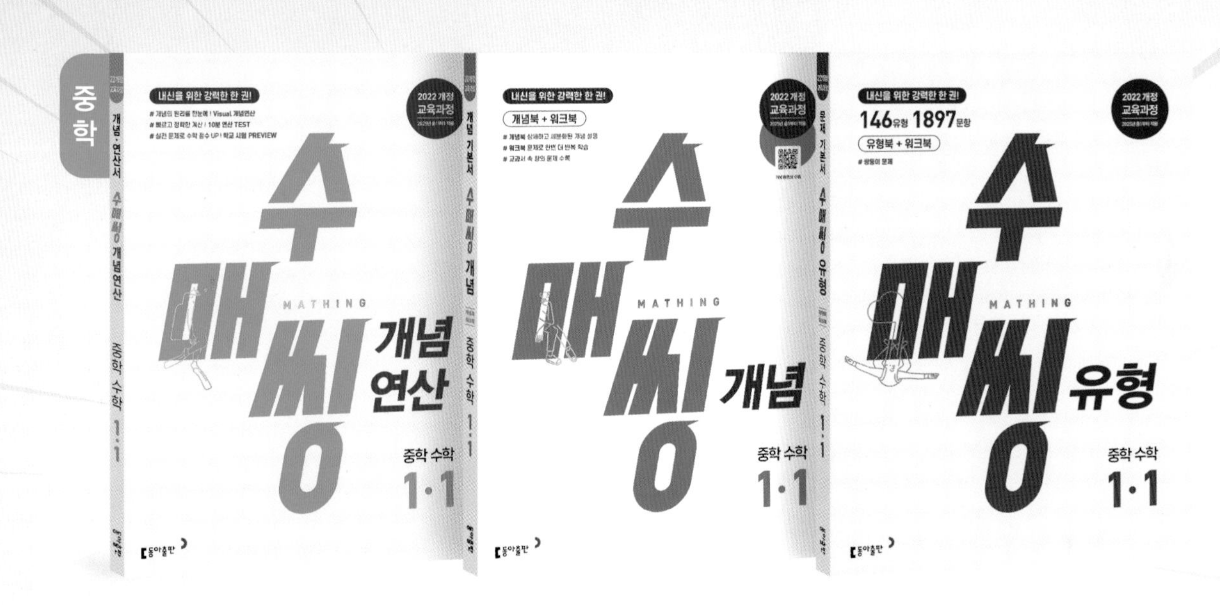

중학 수학	개념 연산서	1학년 1·2학기 출간 완료
	개념 기본서	2~3학년 1·2학기 출간 예정
	유형 기본서	1~3학년 1·2학기 출간 예정

고등 수학	개념 기본서	공통수학 1·2 출간 완료 대수·미적분Ⅰ·미적분Ⅱ·확률과 통계·기하 출간 예정
	유형 기본서	공통수학 1·2 출간 완료 대수·미적분Ⅰ·미적분Ⅱ·확률과 통계 출간 예정

수매씽 MATHING 중학 수학 2·1

내신과 등업을 위한 강력한 한 권!

개념 연산서

수매씽 개념연산

중등 : 1~3학년 1·2학기

개념 기본서

수매씽 개념

중등 : 1~3학년 1·2학기

고등(22개정) : 공통수학1, 공통수학2, 대수, 미적분Ⅰ
미적분Ⅱ, 확률과 통계, 기하 (25년 출간 예정)

유형 기본서

수매씽 유형

중등 : 1~3학년 1·2학기

고등(15개정) : 수학(상), 수학(하), 수학Ⅰ, 수학Ⅱ, 확률과 통계, 미적분

고등(22개정) : 공통수학1, 공통수학2, 대수, 미적분Ⅰ
미적분Ⅱ, 확률과 통계 (25년 출간 예정)

동아출판

Telephone 1644-0600
Homepage www.bookdonga.com
Address 서울시 영등포구 은행로 30 (우 07242)

• 정답 및 풀이는 동아출판 홈페이지 내 학습자료실에서 내려받을 수 있습니다.
• 교재에서 발견된 오류는 동아출판 홈페이지 내 정오표에서 확인 가능하며, 잘못 만들어진 책은 구입처에서 교환해 드립니다.
• 학습 상담, 제안 사항, 오류 신고 등 어떠한 이야기라도 들려주세요.

내신을 위한 강력한 한 권!

160유형 2071문항

모바일 빠른 정답

MATHING

수매씽

정답 및 풀이

중학 수학 2·1

동아출판

수매씽 빠른 정답 안내

QR 코드를 찍으면 정답을 쉽고 빠르게 확인할 수 있습니다.

유형북

01. 유리수와 순환소수

Step 1 핵심 개념 9, 11쪽

0001 답 0.333…, 무한소수

0002 답 −0.571428…, 무한소수

0003 답 0.454545…, 무한소수

0004 답 0.4, 유한소수

0005 답 0.15, 유한소수

0006 답 0.24, 유한소수

0007 답 −0.555…, 무한소수

0008 답 0.291666…, 무한소수

0009 답 (가) 5^2 (나) 5^2 (다) 100 (라) 0.25

0010 답 (가) 5 (나) 5 (다) 5^2 (라) 35

0011 답 (가) 2^3 (나) 2^3 (다) 72 (라) 0.072

0012 $\frac{1}{8}=\frac{1}{2^3}=\frac{5^3}{2^3\times5^3}=\frac{125}{1000}=0.125$ 답 0.125

0013 $\frac{11}{20}=\frac{11}{2^2\times5}=\frac{11\times5}{2^2\times5^2}=\frac{55}{100}=0.55$ 답 0.55

0014 $\frac{13}{40}=\frac{13}{2^3\times5}=\frac{13\times5^2}{2^3\times5^3}=\frac{325}{1000}=0.325$ 답 0.325

0015 $\frac{9}{250}=\frac{9}{2\times5^3}=\frac{2^2\times9}{2^3\times5^3}=\frac{36}{1000}=0.036$ 답 0.036

0016 $\frac{55}{2^2\times5\times11}=\frac{1}{2^2}$ 답 ○

0017 $\frac{9}{2^2\times3\times5}=\frac{3}{2^2\times5}$ 답 ○

0018 $\frac{21}{3\times7^2}=\frac{1}{7}$ 답 ×

0019 $\frac{16}{75}=\frac{16}{3\times5^2}$ 답 ×

0020 $\frac{9}{48}=\frac{3}{16}=\frac{3}{2^4}$ 답 ○

0021 $\frac{3}{72}=\frac{1}{24}=\frac{1}{2^3\times3}$ 답 ×

0022 답 2, $0.\dot{2}$

0023 답 40, $-1.\dot{4}\dot{0}$

0024 답 235, $0.\dot{2}3\dot{5}$

0025 답 352, $5.0\dot{3}5\dot{2}$

0026 답 $0.\dot{4}2857\dot{1}$, 428571

0027 답 $0.\dot{1}\dot{8}$, 18

0028 답 $0.1\dot{3}$, 3

0029 답 $0.\dot{5}$, 5

0030 답 (가) 100 (나) 99 (다) 23

0031 답 (가) 100 (나) 99 (다) 99 (라) 11

0032 답 (가) 1000 (나) 10 (다) 990 (라) 386 (마) 193

0033 답 $\frac{5}{9}$

0034 $\frac{16}{90}=\frac{8}{45}$ 답 $\frac{8}{45}$

0035 $\frac{291}{999}=\frac{97}{333}$ 답 $\frac{97}{333}$

0036 $\frac{123}{99}=\frac{41}{33}$ 답 $\frac{41}{33}$

0037 $\frac{2310}{999}=\frac{770}{333}$ 답 $\frac{770}{333}$

0038 $\frac{2182}{990}=\frac{1091}{495}$ 답 $\frac{1091}{495}$

0039 답 >

0040 답 <

0041 답 ○

0042 답 ×

0043 답 ○

0044 답 ×

0045 답 ○

0046 무한소수 중에는 순환하지 않는 무한소수도 있다. 답 ×

0047 답 ○

0048 답 ○

0049 순환하지 않는 무한소수는 유리수가 아니다. 답 ×

0050 정수가 아닌 유리수는 유한소수 또는 순환소수로 나타낼 수 있다. 답 ×

Step 2 핵심 유형 12~19쪽

Theme 01 유한소수와 무한소수 12~13쪽

0051 ① $\frac{3}{8}=\frac{3}{2^3}=\frac{3\times5^3}{2^3\times5^3}=\frac{375}{10^3}$

② $\frac{7}{15}=\frac{7}{3\times5}$

③ $\frac{2}{25}=\frac{2}{5^2}=\frac{2\times2^2}{5^2\times2^2}=\frac{8}{10^2}$

④ $\frac{6}{30}=\frac{1}{5}=\frac{1\times2}{5\times2}=\frac{2}{10}$

⑤ $\frac{45}{18}=\frac{5}{2}=\frac{5\times5}{2\times5}=\frac{25}{10}$ 답 ②

0052 $\frac{3}{40}=\frac{3}{2^3\times5}=\frac{3\times5^2}{2^3\times5^3}=\frac{75}{1000}=0.075$이므로

$A=75$, $B=1000$, $C=0.075$

$\therefore A+BC=75+1000\times0.075=150$ 답 150

0053 $\frac{7}{80}=\frac{7}{2^4\times5}=\frac{7\times5^3}{2^4\times5^4}=\frac{875}{10^4}$이므로

$a=875$, $n=4$

$\therefore a+n=879$ 답 879

0054 $\frac{5}{140}\times x=\frac{1}{28}\times x=\frac{x}{2^2\times7}$이므로 x가 7의 배수이어야 분모를 10의 거듭제곱 꼴로 나타낼 수 있다.

$x=7n$ (n은 자연수)이라 하면

$\frac{5}{140}\times7n=\frac{7n}{2^2\times7}=\frac{n}{2^2}=\frac{n\times5^2}{2^2\times5^2}=\frac{n\times5^2}{10^2}$

따라서 x의 값 중 가장 작은 자연수는 7이다. 답 7

0055 ① $\frac{13}{12}=\frac{13}{2^2\times3}$ (무한소수)

② $\frac{18}{24}=\frac{3}{4}=\frac{3}{2^2}$ (유한소수)

③ $\frac{11}{30}=\frac{11}{2\times3\times5}$ (무한소수)

④ $\frac{9}{3\times5^2\times7}=\frac{3}{5^2\times7}$ (무한소수)

⑤ $\frac{12}{2^2\times3\times5^2}=\frac{1}{5^2}$ (유한소수)　　답 ②, ⑤

0056 ① $\frac{21}{2^2\times5\times7}=\frac{3}{2^2\times5}$ (유한소수)

② $\frac{72}{2\times3^3\times5}=\frac{4}{3\times5}$ (무한소수)

③ $\frac{24}{2\times3\times5^2}=\frac{4}{5^2}$ (유한소수)

④ $\frac{63}{2\times3^2\times7}=\frac{1}{2}$ (유한소수)

⑤ $\frac{54}{2\times3^3\times5^3}=\frac{1}{5^3}$ (유한소수)　　답 ②

0057 $\frac{27}{45}=\frac{3}{5}$ (유한소수),

$\frac{12}{75}=\frac{4}{25}=\frac{4}{5^2}$ (유한소수),

$\frac{9}{84}=\frac{3}{28}=\frac{3}{2^2\times7}$ (무한소수),

$\frac{42}{180}=\frac{7}{30}=\frac{7}{2\times3\times5}$ (무한소수),

$\frac{13}{250}=\frac{13}{2\times5^3}$ (유한소수),

$\frac{99}{720}=\frac{11}{80}=\frac{11}{2^4\times5}$ (유한소수)　　답 $\frac{9}{84}$, $\frac{42}{180}$

0058 구하는 분수를 $\frac{a}{56}$라 할 때, $\frac{a}{56}=\frac{a}{2^3\times7}$가 유한소수로 나타내어지려면 a는 7의 배수이어야 한다.

이때 $\frac{1}{7}=\frac{8}{56}$, $\frac{5}{8}=\frac{35}{56}$이므로

구하는 분수는 $\frac{14}{56}$, $\frac{21}{56}$, $\frac{28}{56}$이다.　　답 $\frac{14}{56}$, $\frac{21}{56}$, $\frac{28}{56}$

0059 $\frac{a}{550}=\frac{a}{2\times5^2\times11}$가 유한소수가 되려면 기약분수의 분모의 소인수가 2 또는 5뿐이어야 하므로 a는 11의 배수이어야 한다. 따라서 a의 값이 될 수 있는 수는 ⑤ 22이다.　　답 ⑤

0060 $\frac{9}{2^3\times5^2\times a}$가 유한소수가 되려면 a는 소인수가 2 또는 5로만 이루어진 수 또는 9의 약수 또는 이들의 곱으로 이루어진 수이어야 한다.

따라서 a의 값이 될 수 없는 수는 ⑤ 7이다.　　답 ⑤

0061 $\frac{9}{25\times x}=\frac{9}{5^2\times x}$가 유한소수가 되려면 x는 소인수가 2 또는 5로만 이루어진 수 또는 9의 약수 또는 이들의 곱으로 이루어진 수이어야 한다.

$10<x<20$이므로 자연수 x는 12, 15, 16, 18의 4개이다.

답 4

0062 $\frac{27}{210}=\frac{9}{70}=\frac{9}{2\times5\times7}$, $\frac{21}{390}=\frac{7}{130}=\frac{7}{2\times5\times13}$

이므로 두 분수가 유한소수가 되려면 N은 7과 13의 공배수, 즉 91의 배수이어야 한다.

따라서 N의 값이 될 수 있는 가장 작은 자연수는 91이다.

답 91

0063 $\frac{a}{140}=\frac{a}{2^2\times5\times7}$가 유한소수가 되려면 a는 7의 배수이어야 하고, 10 이하의 자연수이므로 $a=7$

$\frac{7}{140}=\frac{1}{20}$이므로 $b=20$

$\therefore b-a=20-7=13$　　답 ⑤

0064 $\frac{a}{36}=\frac{a}{2^2\times3^2}$가 유한소수가 되려면 a는 9의 배수이어야 하고, $10<a<20$이므로 $a=18$　…❶

$\frac{18}{36}=\frac{1}{2}$이므로 $b=2$　…❷

$\therefore a+b=18+2=20$　…❸

답 20

채점 기준	배점
❶ a의 값 구하기	50 %
❷ b의 값 구하기	30 %
❸ $a+b$의 값 구하기	20 %

0065 $\frac{a}{450}=\frac{a}{2\times3^2\times5^2}$가 유한소수가 되려면 a는 9의 배수이어야 한다.

또, 기약분수로 나타내면 $\frac{7}{b}$이므로 a는 7의 배수이어야 한다. 즉, a는 9와 7의 공배수이어야 한다.

따라서 a는 63의 배수인 두 자리의 자연수이므로 $a=63$

$\frac{63}{450}=\frac{7}{50}$이므로 $b=50$

$\therefore a+b=63+50=113$　　답 113

Theme 02 순환소수　14~15쪽

0066 ① $0.333\cdots=0.\dot{3}$

② $4.131131131\cdots=4.\dot{1}3\dot{1}$

③ $3.838383\cdots=3.\dot{8}\dot{3}$

⑤ $3.1636363\cdots=3.1\dot{6}\dot{3}$　　답 ④

주의 순환마디는 소수점 아래에서만 생각하므로 소수점 아래에서만 점을 찍어 나타내도록 한다.

0067 ① 15　② 75　③ 21　⑤ 09　　답 ④

0068 $\frac{4}{55}=0.0727272\cdots=0.0\dot{7}\dot{2}$　　답 ④

0069 $\frac{7}{15}=0.4\dot{6}$이므로 순환마디는 6

① $\frac{1}{3}=0.\dot{3}$이므로 순환마디는 3

② $\frac{1}{6}=0.1\dot{6}$이므로 순환마디는 6

③ $\frac{3}{7}=0.\dot{4}2857\dot{1}$이므로 순환마디는 428571

④ $\frac{4}{9}=0.\dot{4}$이므로 순환마디는 4

⑤ $\frac{8}{15}=0.5\dot{3}$이므로 순환마디는 3

따라서 분수 $\frac{7}{15}$과 순환마디가 같은 것은 ②이다. 답 ②

0070 $\frac{4}{13}=0.\dot{3}0769\dot{2}$이므로 $x=6$

$\frac{49}{33}=1.\dot{4}\dot{8}$이므로 $y=2$

$\therefore\ x+y=6+2=8$ 답 8

0071 $\frac{5}{13}=0.384615384615384615\cdots$

$=0.\dot{3}8461\dot{5}$

이므로 소수점 아래 각 자리의 숫자를 차례로 찾아 선으로 연결하면 오른쪽 그림과 같다.

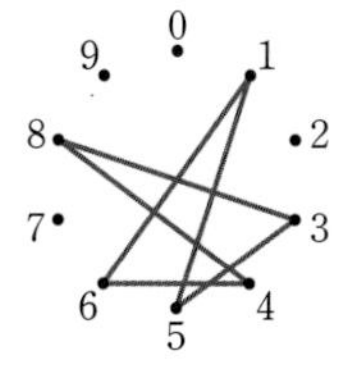

답 풀이 참조

0072 $\frac{17}{37}=0.459459459\cdots=0.\dot{4}5\dot{9}$이므로 음계에 대응시키면 '솔라미'의 순으로 반복하여 나타난다.

따라서 분수 $\frac{17}{37}$을 나타내는 것은 ③이다. 답 ③

0073 $\frac{x}{210}=\frac{x}{2\times3\times5\times7}$가 순환소수가 되려면 약분하여 기약분수로 나타낼 때, 분모의 소인수에 2 또는 5 이외의 수가 있어야 한다. 즉, x는 21의 배수가 아니어야 한다.

따라서 x의 값이 될 수 있는 것은 ① 18, ③ 28이다.

답 ①, ③

0074 $\frac{x}{450}=\frac{x}{2\times3^2\times5^2}$가 순환소수가 되려면 약분하여 기약분수로 나타낼 때, 분모의 소인수에 2 또는 5 이외의 수가 있어야 한다.

③ $x=27$이면 $\frac{27}{2\times3^2\times5^2}=\frac{3}{2\times5^2}$ (유한소수)

따라서 x의 값이 될 수 없는 것은 ③ 27이다. 답 ③

참고 소수로 나타낼 때 순환소수가 되는 분수는 유한소수로 나타낼 수 없는 분수를 뜻한다.

0075 $\frac{14}{x}$가 순환소수가 되려면 약분하여 기약분수로 나타낼 때, 분모의 소인수에 2 또는 5 이외의 수가 있어야 한다.

⑤ $x=35$이면 $\frac{14}{35}=\frac{2}{5}$ (유한소수)

따라서 x의 값이 될 수 없는 것은 ⑤ 35이다. 답 ⑤

0076 $\frac{12}{2\times5^2\times a}$가 순환소수가 되려면 약분하여 기약분수로 나타낼 때, 분모의 소인수에 2 또는 5 이외의 수가 있어야 한다.

이때 a는 $1\le a\le9$이므로 $a=3,\ 6,\ 7,\ 9$ …❶

$a=3$이면 $\frac{12}{2\times3\times5^2}=\frac{2}{5^2}$ (유한소수)

$a=6$이면 $\frac{12}{2^2\times3\times5^2}=\frac{1}{5^2}$ (유한소수)

$a=7$이면 $\frac{12}{2\times5^2\times7}=\frac{6}{5^2\times7}$ (순환소수)

$a=9$이면 $\frac{12}{2\times3^2\times5^2}=\frac{2}{3\times5^2}$ (순환소수)

따라서 구하는 자연수 a의 값은 7, 9이므로 …❷

그 합은 $7+9=16$ …❸

답 16

채점 기준	배점
❶ 가능한 a의 값 구하기	30 %
❷ 순환소수가 되도록 하는 a의 값 구하기	50 %
❸ a의 값의 합 구하기	20 %

0077 $\frac{7}{13}=0.\dot{5}3846\dot{1}$이므로 순환마디의 숫자가 6개이다.

$70=6\times11+4$이므로 소수점 아래 70번째 자리의 숫자는 순환마디의 4번째 숫자인 4이다. 답 ②

0078 ① $0.\dot{5}=0.555\cdots$이므로 소수점 아래 50번째 자리의 숫자는 5이다.

② $0.\dot{7}\dot{3}$에서 순환마디의 숫자가 2개이고 $50=2\times25$이므로 소수점 아래 50번째 자리의 숫자는 순환마디의 2번째 숫자인 3이다.

③ $0.2\dot{4}\dot{6}$에서 순환마디의 숫자가 2개이고 소수점 아래 첫째 자리의 숫자 2는 순환하지 않는다.
$50-1=2\times24+1$이므로 소수점 아래 50번째 자리의 숫자는 순환마디의 1번째 숫자인 4이다.

④ $0.\dot{6}1\dot{4}$에서 순환마디의 숫자가 3개이고 $50=3\times16+2$이므로 소수점 아래 50번째 자리의 숫자는 순환마디의 2번째 숫자인 1이다.

⑤ $1.\dot{3}8\dot{2}$에서 순환마디의 숫자가 3개이고 $50=3\times16+2$이므로 소수점 아래 50번째 자리의 숫자는 순환마디의 2번째 숫자인 8이다.

따라서 소수점 아래 50번째 자리의 숫자가 가장 큰 것은 ⑤이다. 답 ⑤

0079 $\frac{3}{7}=0.\dot{4}2857\dot{1}$이므로 순환마디는 428571이고, 순환마디의 숫자가 6개이다.

이때 $30=6\times5$이므로 소수점 아래 30번째 자리까지 순환마디가 5번 반복된다.

따라서 구하는 합은

$(4+2+8+5+7+1)\times5=135$ 답 135

Theme 03 유리수와 순환소수 16~19쪽

0080 $x=1.\dot{5}\dot{3}=1.535353\cdots$이므로 $100x=153.5353\cdots$

따라서 가장 편리한 식은 $100x-x$ 답 ②

참고 $x=1.535353\cdots$ …… ㉠

㉠의 양변에 100을 곱하면

$100x=153.5353\cdots$ …… ㉡

㉡−㉠을 하면 $99x=152$ $\therefore\ x=\frac{152}{99}$

0081 ③ 990 답 ③

0082 (1) $x=0.\dot{2}7\dot{5}$이므로 $x=0.2757575\cdots$
$10x=2.7575\cdots$, $1000x=275.7575\cdots$
따라서 가장 편리한 식은 (ㄴ) $1000x-10x$
(2) $x=1.20\dot{3}$이므로 $x=1.20333\cdots$
$100x=120.333\cdots$, $1000x=1203.333\cdots$
따라서 가장 편리한 식은 (ㄷ) $1000x-100x$
(3) $x=5.\dot{6}3\dot{7}$이므로 $x=5.637637637\cdots$
$1000x=5637.637637\cdots$
따라서 가장 편리한 식은 (ㄱ) $1000x-x$
답 (1) − (ㄴ), (2) − (ㄷ), (3) − (ㄱ)

0083 ① $0.\dot{2}\dot{8}=\frac{28}{99}$
② $0.5\dot{8}=\frac{58-5}{90}=\frac{53}{90}$
③ $2.\dot{9}\dot{7}=\frac{297-2}{99}=\frac{295}{99}$
④ $0.\dot{3}4\dot{5}=\frac{345}{999}=\frac{115}{333}$
⑤ $1.2\dot{3}\dot{5}=\frac{1235-12}{990}=\frac{1223}{990}$ 답 ③

0084 ① $2.\dot{3}=\frac{23-2}{9}$
② $0.6\dot{5}=\frac{65-6}{90}$
③ $4.\dot{3}\dot{7}=\frac{437-4}{99}$
④ $0.\dot{1}3\dot{4}=\frac{134}{999}$ 답 ⑤

0085 $1.3\dot{8}=\frac{138-13}{90}=\frac{125}{90}=\frac{25}{18}$
$\therefore a=25$ 답 25

0086 $2.\dot{3}\dot{6}=\frac{236-2}{99}=\frac{234}{99}=\frac{26}{11}$이므로 $a=26$
$1.6\dot{3}=\frac{163-16}{90}=\frac{147}{90}=\frac{49}{30}$이므로 $b=30$
$\therefore a+b=26+30=56$ 답 56

0087 $2.\dot{5}\dot{4}=\frac{254-2}{99}=\frac{252}{99}=\frac{28}{11}$이므로 $2.\dot{5}\dot{4}\times x$가 자연수가 되려면 x는 11의 배수이어야 한다.
따라서 x의 값 중 가장 작은 자연수는 11이다. 답 ③

0088 $1.3\dot{5}=\frac{135-13}{90}=\frac{122}{90}=\frac{61}{45}=\frac{61}{3^2\times5}$이므로 $1.3\dot{5}\times x$가 유한소수가 되려면 x는 9의 배수이어야 한다.
따라서 x의 값이 될 수 없는 것은 ② 12, ④ 25이다.
답 ②, ④

0089 $0.6\dot{3}=\frac{63-6}{90}=\frac{57}{90}=\frac{19}{30}=\frac{19}{2\times3\times5}$이므로 …❶
$0.6\dot{3}\times a$가 유한소수가 되려면 a는 3의 배수이어야 한다. …❷
따라서 a의 값 중 가장 작은 자연수는 3이다. …❸
답 3

채점 기준	배점
❶ $0.6\dot{3}$을 기약분수로 나타내기	50 %
❷ a가 3의 배수임을 알기	30 %
❸ a의 값 중 가장 작은 자연수 구하기	20 %

0090 $0.3\dot{6}=\frac{36-3}{90}=\frac{33}{90}=\frac{11}{30}=\frac{11}{2\times3\times5}$이므로
$0.3\dot{6}\times a$가 유한소수가 되려면 a는 3의 배수이어야 한다.
또, $0.2\dot{2}\dot{7}=\frac{227-2}{990}=\frac{225}{990}=\frac{5}{22}=\frac{5}{2\times11}$이므로
$0.2\dot{2}\dot{7}\times a$가 유한소수가 되려면 a는 11의 배수이어야 한다.
따라서 a는 3과 11의 공배수, 즉 33의 배수이어야 하므로 a의 값 중 가장 작은 자연수는 33이다. 답 33

0091 ① $-0.\dot{1}\dot{0}=-\frac{10}{99}$, $-\frac{1}{11}=-\frac{9}{99}$
$\therefore -0.\dot{1}\dot{0}<-\frac{1}{11}$
② $-0.3\dot{4}\dot{5}=-0.3454545\cdots$, $-0.\dot{3}4\dot{5}=-0.345345\cdots$
$\therefore -0.3\dot{4}\dot{5}<-0.\dot{3}4\dot{5}$
③ $0.\dot{5}=0.555\cdots$, $0.\dot{5}\dot{0}=0.505050\cdots$
$\therefore 0.\dot{5}>0.\dot{5}\dot{0}$
④ $0.3\dot{8}=0.3888\cdots$, $\frac{38}{99}=0.383838\cdots$
$\therefore 0.3\dot{8}>\frac{38}{99}$
⑤ $0.7\dot{8}=0.7888\cdots$, $\frac{4}{5}=0.8$ $\therefore 0.7\dot{8}<\frac{4}{5}$ 답 ①

0092 ① 0.472
② $0.47\dot{2}=0.47222\cdots$
③ $0.4\dot{7}\dot{2}=0.4727272\cdots$
④ $0.\dot{4}7\dot{2}=0.472472472\cdots$
⑤ $0.\dot{4}72\dot{5}=0.4725725725\cdots$
따라서 가장 큰 수는 ③ $0.4\dot{7}\dot{2}$이다. 답 ③

0093 ③ $0.5\dot{1}=0.5111\cdots$, $0.\dot{5}\dot{1}=0.515151\cdots$
$\therefore 0.5\dot{1}<0.\dot{5}\dot{1}$ 답 ③

0094 ㄱ. 1.4713
ㄴ. $1.471\dot{3}=1.471333\cdots$
ㄷ. $1.47\dot{1}\dot{3}=1.47131313\cdots$
ㄹ. $1.4\dot{7}1\dot{3}=1.4713713713\cdots$
ㅁ. $1.\dot{4}71\dot{3}=1.471347134713\cdots$
따라서 크기가 작은 것부터 순서대로 나열하면
ㄱ, ㄷ, ㄴ, ㅁ, ㄹ 답 ㄱ, ㄷ, ㄴ, ㅁ, ㄹ

0095 $\frac{1}{6}\le\frac{x}{9}<\frac{2}{3}$이므로 $\frac{3}{18}\le\frac{2x}{18}<\frac{12}{18}$
따라서 자연수 x는 2, 3, 4, 5이므로 x의 값이 될 수 없는 것은 ① 1이다. 답 ①

0096 $\frac{80}{11}=7.\dot{2}\dot{7}$이므로 $-4.\dot{8}\le x<7.\dot{2}\dot{7}$
따라서 정수 x는 −4, −3, −2, −1, 0, 1, 2, 3, 4, 5, 6, 7이므로 그 합은
$(-4)+(-3)+(-2)+(-1)+0+1+2+3+4+5+6+7=18$ 답 ④

0097 $\frac{2}{7}<\frac{x}{9}\le\frac{7}{9}$이므로 $\frac{18}{63}<\frac{7x}{63}\le\frac{49}{63}$ …❶

따라서 자연수 x는 3, 4, 5, 6, 7이므로

$a=3$, $b=7$ …❷

$\therefore b-a=7-3=4$ …❸

답 4

채점 기준	배점
❶ 순환소수를 분수로 나타내고 분모 통분하기	40 %
❷ a, b의 값 구하기	각 20 %
❸ $b-a$의 값 구하기	20 %

0098 $\frac{1}{6}<\frac{a}{90}\times3<\frac{1}{3}$이므로 $\frac{5}{30}<\frac{a}{30}<\frac{10}{30}$

따라서 자연수 a는 6, 7, 8, 9이므로 a의 값이 될 수 없는 것은 ① 5이다. 답 ①

0099 $0.\dot{7}\dot{1}=\frac{71}{99}=71\times\frac{1}{99}$이므로 $x=\frac{1}{99}=0.\dot{0}\dot{1}$ 답 ⑤

0100 $0.\dot{8}+0.\dot{4}=\frac{8}{9}+\frac{4}{9}=\frac{12}{9}=1.\dot{3}$ 답 ②

0101 $0.\dot{2}\dot{8}=\frac{28}{99}$이므로

$a=\frac{5}{11}-\frac{28}{99}=\frac{45}{99}-\frac{28}{99}=\frac{17}{99}=0.\dot{1}\dot{7}$ 답 ④

0102 $2.1\dot{6}=\frac{216-21}{90}=\frac{195}{90}=\frac{13}{6}$, $1.\dot{7}=\frac{17-1}{9}=\frac{16}{9}$이므로

$\frac{13}{6}\times\frac{b}{a}=\frac{16}{9}$, $\frac{b}{a}=\frac{16}{9}\times\frac{6}{13}=\frac{32}{39}$

따라서 $a=39$, $b=32$이므로

$a+b=39+32=71$ 답 71

0103 $0.1\dot{5}=\frac{15-1}{90}=\frac{14}{90}=\frac{7}{45}$이므로 처음 기약분수의 분자는 7이다.

$0.\dot{0}\dot{4}=\frac{4}{99}$이므로 처음 기약분수의 분모는 99이다.

따라서 처음 기약분수는 $\frac{7}{99}$이므로 순환소수로 나타내면 $0.\dot{0}\dot{7}$이다. 답 ④

0104 $1.\dot{2}=\frac{12-1}{9}=\frac{11}{9}$이므로 처음 기약분수는 $\frac{9}{11}$이다.

따라서 소수로 나타내면 $\frac{9}{11}=0.\dot{8}\dot{1}$ 답 ③

0105 (1) $0.\dot{7}\dot{1}=\frac{71}{99}$ …❶

(2) $0.3\dot{4}=\frac{34-3}{90}=\frac{31}{90}$ …❷

(3) 희성이는 분모를 잘못 보고 분자는 제대로 봤으므로 처음에 주어진 기약분수의 분자는 71이고, 정민이는 분자를 잘못 보고 분모는 제대로 봤으므로 처음에 주어진 기약분수의 분모는 90이다.

따라서 처음에 주어진 기약분수는 $\frac{71}{90}$이므로 …❸

순환소수로 나타내면 $0.7\dot{8}$이다. …❹

답 (1) $\frac{71}{99}$ (2) $\frac{31}{90}$ (3) $0.7\dot{8}$

채점 기준	배점
❶ 희성이가 잘못 본 기약분수 구하기	25 %
❷ 정민이가 잘못 본 기약분수 구하기	25 %
❸ 처음에 주어진 기약분수 구하기	25 %
❹ 처음에 주어진 기약분수를 순환소수로 나타내기	25 %

0106 어떤 자연수를 x라 하면

$0.\dot{2}\times x-0.2\times x=0.4$이므로

$\frac{2}{9}x-\frac{1}{5}x=\frac{2}{5}$, $10x-9x=18$

$\therefore x=18$ 답 18

0107 ① 정수는 모두 유리수이다.

④ 유한소수는 모두 유리수이다.

⑤ 무한소수 중에는 순환하지 않는 무한소수도 있다.

답 ②, ③

0108 ⑤ 순환하지 않는 무한소수는 유리수가 아니므로 분수 꼴로 나타낼 수 없다. 답 ⑤

참고 $\frac{a}{b}$ (a, b는 정수, $b\neq0$)는 유리수를 의미한다.

0109 ㄱ. 무한소수 중에는 순환하지 않는 무한소수도 있다.

따라서 옳은 것은 ㄴ, ㄷ, ㄹ이다. 답 ⑤

Step 3 발전 문제 20~22쪽

0110 $\frac{a}{12}=\frac{a}{2^2\times3}$를 기약분수로 나타낼 때, 분모의 소인수가 2 또는 5뿐이어야 하므로 a는 3의 배수이다.

따라서 10보다 작은 3의 배수는 3, 6, 9이므로 구하는 합은

$3+6+9=18$ 답 ③

0111 $x=\frac{12}{a}$이므로

① $x=\frac{12}{9}=\frac{4}{3}$ (무한소수)

② $x=\frac{12}{14}=\frac{6}{7}$ (무한소수)

③ $x=\frac{12}{15}=\frac{4}{5}$ (유한소수)

④ $x=\frac{12}{21}=\frac{4}{7}$ (무한소수)

⑤ $x=\frac{12}{22}=\frac{6}{11}$ (무한소수) 답 ③

0112 $\frac{17}{120}\times a=\frac{17}{2^3\times3\times5}\times a$가 유한소수가 되려면 a는 3의 배수이어야 한다.

$\frac{13}{140}\times a=\frac{13}{2^2\times5\times7}\times a$가 유한소수가 되려면 a는 7의 배수이어야 한다.

따라서 a는 3과 7의 공배수, 즉 21의 배수이어야 한다.

이때 a는 두 자리의 자연수이므로 21, 42, 63, 84의 4개이다. 답 ③

0113 $\frac{9}{14}=0.6428571428571\cdots=0.6\dot{4}2857\dot{1}$이므로 순환마디의 숫자가 6개이고 소수점 아래 첫째 자리의 숫자 6은 순환하지 않는다.

$30-1=6\times4+5$이므로 소수점 아래 30번째 자리의 숫자는 순환마디의 5번째 숫자인 7이다.

$\therefore a=7$

$50-1=6\times8+1$이므로 소수점 아래 50번째 자리의 숫자는 순환마디의 첫 번째 숫자인 4이다.

$\therefore b=4$

$\therefore a-b=7-4=3$ 답 3

0114 $\frac{3}{13}=0.\dot{2}3076\dot{9}$이므로 순환마디의 숫자가 6개이다.

$10=6\times1+4$이므로 소수점 아래 10번째 자리의 숫자는 순환마디의 4번째 숫자인 7이다.

$\therefore a=7$

$30=6\times5$이므로 소수점 아래 30번째 자리의 숫자는 순환마디의 6번째 숫자인 9이다.

$\therefore b=9$

$\therefore \frac{a}{b}=\frac{7}{9}=0.\dot{7}$ 답 $0.\dot{7}$

0115 $0.2\dot{3}=\frac{23-2}{90}=\frac{21}{90}=\frac{7}{30}$

이므로 $0.2\dot{3}$의 역수는 $\frac{30}{7}$

$\therefore \frac{30}{7}=4.\dot{2}8571\dot{4}$ 답 $4.\dot{2}8571\dot{4}$

0116 $1+\frac{6}{10^2}+\frac{6}{10^4}+\frac{6}{10^6}+\cdots$

$=1+0.06+0.0006+0.000006+\cdots$

$=1.060606\cdots=1.\dot{0}\dot{6}$

$=\frac{106-1}{99}=\frac{105}{99}$

$=\frac{35}{33}$ 답 $\frac{35}{33}$

0117 ① $0.2^2=0.04$

② $0.0\dot{4}=0.0444\cdots$

③ $0.\dot{0}\dot{4}=0.040404\cdots$

④ $0.\dot{0}4\dot{0}=0.040040040\cdots$

⑤ $0.0\dot{4}\dot{1}=0.0414141\cdots$

따라서 가장 작은 수는 ① 0.2^2이다. 답 ①

0118 분수를 소수로 나타내고 순환소수를 풀어 쓰면

$\frac{12}{99}=0.\dot{1}\dot{2}=0.121212\cdots$

$\frac{1}{9}=0.\dot{1}=0.111\cdots$

$\frac{11}{90}=0.1\dot{2}=0.1222\cdots$

$0.\dot{1}\dot{0}=0.101010\cdots$

따라서 크기가 큰 것부터 순서대로 나열하면

$\frac{11}{90}$, $\frac{12}{99}$, $\frac{1}{9}$, $0.\dot{1}\dot{0}$, 0.1 답 $\frac{11}{90}$, $\frac{12}{99}$, $\frac{1}{9}$, $0.\dot{1}\dot{0}$, 0.1

0119 $0.\dot{a}\dot{b}+0.\dot{b}\dot{a}=0.\dot{8}$을 분수로 나타내면

$\frac{10a+b}{99}+\frac{10b+a}{99}=\frac{8}{9}$

$10a+b+10b+a=8\times11$

$11(a+b)=11\times8$

$\therefore a+b=8$ 답 8

0120 $\frac{a}{360}=\frac{a}{2^3\times3^2\times5}$가 유한소수가 되려면 a는 9의 배수이어야 한다. 이때 $0<a<20$이므로 $a=9$ 또는 $a=18$

(i) $a=9$일 때, $\frac{a}{360}=\frac{9}{360}=\frac{1}{40}$

$\therefore b=40$

그런데 $10\le b\le20$이므로 조건에 맞지 않는다.

(ii) $a=18$일 때, $\frac{a}{360}=\frac{18}{360}=\frac{1}{20}$

$\therefore b=20$

(i), (ii)에서 $a=18$, $b=20$이므로

$b-a=20-18=2$ 답 2

0121 $\frac{3}{7}=0.\dot{4}2857\dot{1}$이므로 순환마디의 숫자가 6개이다.

ㄱ. $100=6\times16+4$이므로 $[100]=5$

ㄴ. $50=6\times8+2$이므로 $[50]=2$

$60=6\times10$이므로 $[60]=1$

$\therefore [50]>[60]$

ㄷ. $10=6\times1+4$이므로 $[10]=5$

$11=6\times1+5$이므로 $[11]=7$

$12=6\times2$이므로 $[12]=1$

$13=6\times2+1$이므로 $[13]=4$

$\therefore [10]+[11]+[12]+[13]$

$=5+7+1+4$

$=17$

따라서 옳은 것은 ㄷ뿐이다. 답 ③

0122 $\frac{5}{13}=0.\dot{3}8461\dot{5}$이므로 순환마디의 숫자가 6개이다.

x_n은 $0.\dot{3}8461\dot{5}$의 소수점 아래 n번째 자리의 숫자이고,

$50=6\times8+2$이므로

$x_1+x_2+x_3+\cdots+x_{50}$

$=(3+8+4+6+1+5)\times8+3+8$

$=216+11$

$=227$ 답 227

0123 $1.\dot{2}\dot{1}=\frac{121-1}{99}=\frac{120}{99}=\frac{40}{33}=\frac{2^3\times5}{3\times11}$

따라서 자연수 a는 $(3\times11)\times(2\times5)\times(\text{자연수})^2$ 꼴이어야 하므로 가장 작은 자연수는

$(3\times11)\times(2\times5)\times1^2=330$ 답 330

참고 어떤 자연수의 제곱이 되려면 소인수분해했을 때 모든 소인수의 지수가 짝수이어야 한다.

0124 $\frac{x}{24}=\frac{x}{2^3\times3}$가 유한소수가 되려면 x는 3의 배수이어야 한다.

이때 $0.\dot{4}<\frac{x}{24}<0.7\dot{2}$에서

$\frac{4}{9}<\frac{x}{24}<\frac{65}{90}$, $\frac{4}{9}<\frac{x}{24}<\frac{13}{18}$

$\frac{32}{72}<\frac{3x}{72}<\frac{52}{72}$

따라서 이를 만족시키는 3의 배수인 자연수 x의 값은 12, 15이다. 답 12, 15

교과서 속 창의력 UP! 23쪽

0125 주어진 달력에서 찾을 수 있는 분수는

$\frac{1}{8}$, $\frac{2}{9}$, $\frac{3}{10}$, $\frac{4}{11}$, $\frac{5}{12}$, $\frac{6}{13}$, $\frac{7}{14}$, $\frac{8}{15}$, $\frac{9}{16}$

이때 $\frac{1}{8}=\frac{1}{2^3}$, $\frac{2}{9}=\frac{2}{3^2}$, $\frac{3}{10}=\frac{3}{2\times5}$, $\frac{4}{11}$, $\frac{5}{12}=\frac{5}{2^2\times3}$,

$\frac{6}{13}$, $\frac{7}{14}=\frac{1}{2}$, $\frac{8}{15}=\frac{8}{3\times5}$, $\frac{9}{16}=\frac{9}{2^4}$이므로

유한소수로 나타낼 수 있는 분수는

$\frac{1}{8}$, $\frac{3}{10}$, $\frac{7}{14}$, $\frac{9}{16}$의 4개이다. 답 4

0126 ㄱ, ㄷ. $\frac{7}{16}=\frac{7}{2^4}$이므로 유한소수로 나타낼 수 있다.

$30=2\times3\times5$이므로 분모가 30인 분수의 분자가 3의 배수이면 유한소수로 나타낼 수 있다.

$140=2^2\times5\times7$이므로 분모가 140인 분수의 분자가 7의 배수이면 유한소수로 나타낼 수 있다.

ㄴ. $\frac{4}{21}=\frac{4}{3\times7}$이므로 순환소수로 나타내어진다.

ㄹ. 분모가 30인 분수의 분자가 3의 배수가 아니면 순환소수로 나타내어지고, 분모가 140인 분수의 분자가 7의 배수가 아니면 순환소수로 나타내어지므로 순환소수로 나타내어지는 것은 $\frac{4}{21}$, $\frac{\square}{30}$, $\frac{\square}{140}$의 최대 3개까지 가능하다.

따라서 옳은 것은 ㄴ, ㄹ이다. 답 ④

0127 정n각형의 한 변의 길이는 $\frac{2}{n}$ m이다. $(n\geq3)$

따라서 $\frac{2}{n}$가 유한소수가 되려면 n의 소인수는 2 또는 5뿐이어야 하므로 n은 4, 5, 8, 10의 4개이다. 답 ②

주의 정n각형이므로 $n\geq3$임에 주의한다.

0128 $1.1\dot{6}=\frac{116-11}{90}=\frac{105}{90}=\frac{7}{6}=1\frac{1}{6}$이므로 수직선 위에 나타내면 다음 그림과 같다.

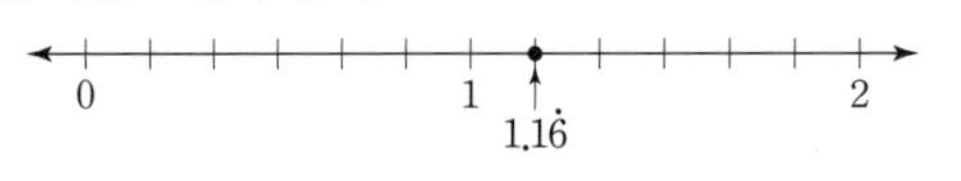

답 풀이 참조

02. 단항식의 계산

Step 1 핵심 개념 25, 27쪽

0129 답 a^7

0130 답 a^6

0131 답 3^9

0132 답 a^7b^2

0133 답 3^8

0134 답 a^{18}

0135 답 a^{22}

0136 답 $-a^5$

0137 답 3

0138 답 4

0139 답 4

0140 답 5

0141 답 a^3

0142 답 1

0143 답 $\frac{1}{a^3}$

0144 답 3^2

0145 답 a^8b^{12}

0146 답 $-27x^6$

0147 답 $\frac{a^9}{b^6}$

0148 답 $\frac{x^4}{4y^6}$

0149 답 8

0150 답 5

0151 답 3, 16

0152 답 3, 12

0153 답 $20a^4$

0154 답 $-8x^3y^2$

0155 답 $6a^3b^2$

0156 답 $4x^8$

0157 답 $-6a^4b^3$

0158 (주어진 식)$=4x^2\times(-3xy)=-12x^3y$ 답 $-12x^3y$

0159 (주어진 식)$=3x^2\times\frac{y^2}{x^4}=\frac{3y^2}{x^2}$ 답 $\frac{3y^2}{x^2}$

0160 (주어진 식)$=a^3b^6\times\frac{a^3}{b^6}=a^6$ 답 a^6

0161 (주어진 식)$=-a^6b^3\times\frac{9a^2}{b^4}\times b^2$

$=-9\times(a^6\times a^2)\times\left(b^3\times\frac{1}{b^4}\times b^2\right)$

$=-9a^8b$ 답 $-9a^8b$

0162 (주어진 식)$=\frac{8x^3}{4x}=2x^2$ 답 $2x^2$

0163 (주어진 식)$=-\frac{4ab^2}{2a^2b^2}=-\frac{2}{a}$ 답 $-\frac{2}{a}$

0164 (주어진 식)$=3a^3\times\frac{2}{3a^2}=2a$ 답 $2a$

0165 (주어진 식)$=5a^4\times\frac{1}{a^2}\times\frac{1}{3a}=\frac{5}{3}a$ 답 $\frac{5}{3}a$

0166 (주어진 식)$=10x^3\times\frac{1}{2x}\times x^2=5x^4$ 답 $5x^4$

0167 (주어진 식)$=9a^2\times\left(-\frac{4}{3a^3}\right)=-\frac{12}{a}$ 답 $-\frac{12}{a}$

0168 (주어진 식)$=x^3y^6\div x^2y^6=x^3y^6\times\frac{1}{x^2y^6}=x$ 답 x

0169 (주어진 식)$=a^6b^3\div\left(-\frac{27b^6}{a^3}\right)$

$=a^6b^3\times\left(-\frac{a^3}{27b^6}\right)=-\frac{a^9}{27b^3}$ 답 $-\frac{a^9}{27b^3}$

0170 (주어진 식)$=4x^6y^2\div x^3y^3=4x^6y^2\times\frac{1}{x^3y^3}=\frac{4x^3}{y}$ 답 $\frac{4x^3}{y}$

0171 (주어진 식)$=3ab^2\times 2a^2b\times\frac{1}{4ab}$
$=\left(3\times 2\times\frac{1}{4}\right)\times\left(a\times a^2\times\frac{1}{a}\right)\times\left(b^2\times b\times\frac{1}{b}\right)$
$=\frac{3}{2}a^2b^2$ 답 $\frac{3}{2}a^2b^2$

0172 (주어진 식)$=2xy\times\frac{1}{5x^2y^3}\times 15x^3y^4$
$=\left(2\times\frac{1}{5}\times 15\right)\times\left(x\times\frac{1}{x^2}\times x^3\right)\times\left(y\times\frac{1}{y^3}\times y^4\right)$
$=6x^2y^2$ 답 $6x^2y^2$

0173 (주어진 식)$=-4a^2b\times\frac{a^2}{3b^2}\times 2b$
$=\left(-4\times\frac{1}{3}\times 2\right)\times(a^2\times a^2)\times\left(b\times\frac{1}{b^2}\times b\right)$
$=-\frac{8}{3}a^4$ 답 $-\frac{8}{3}a^4$

0174 (주어진 식)$=3x^3y^2\times 8xy\times\frac{1}{6x^2y^2}$
$=\left(3\times 8\times\frac{1}{6}\right)\times\left(x^3\times x\times\frac{1}{x^2}\right)\times\left(y^2\times y\times\frac{1}{y^2}\right)$
$=4x^2y$ 답 $4x^2y$

0175 (주어진 식)$=5a^3b^2\times\frac{16}{a^2}\times\frac{1}{4a^2b}$
$=\left(5\times 16\times\frac{1}{4}\right)\times\left(a^3\times\frac{1}{a^2}\times\frac{1}{a^2}\right)\times\left(b^2\times\frac{1}{b}\right)$
$=\frac{20b}{a}$ 답 $\frac{20b}{a}$

0176 (주어진 식)
$=27a^3b^6\times 2a^3b\times\frac{1}{36a^2b^4}$
$=\left(27\times 2\times\frac{1}{36}\right)\times\left(a^3\times a^3\times\frac{1}{a^2}\right)\times\left(b^6\times b\times\frac{1}{b^4}\right)$
$=\frac{3}{2}a^4b^3$ 답 $\frac{3}{2}a^4b^3$

Step 2 핵심 유형 28~35쪽

Theme 04 지수법칙 28~33쪽

0177 $3\times 3^2\times 3^x=3^{1+2+x}=3^{3+x}$, $243=3^5$이므로
$3^{3+x}=3^5$에서 $3+x=5$ $\therefore x=2$ 답 ①

0178 $a^{10}\times a^x=a^{10+x}=a^{14}$이므로
$10+x=14$ $\therefore x=4$ 답 4

0179 □ 안에 알맞은 수를 각각 구하면
① 2 ② 4 ③ 3 ④ 5 ⑤ 3 답 ①

0180 $a^x\times b^4\times a^5\times b^y=a^{x+5}b^{4+y}=a^9b^{10}$이므로
$x+5=9$ $\therefore x=4$
$4+y=10$ $\therefore y=6$
$\therefore x+y=4+6=10$ 답 ③

0181 $(3^2)^3=3^{2\times 3}=3^a$이므로 $a=6$
$(2^b)^2=2^{2b}=2^8$이므로 $2b=8$ $\therefore b=4$
$\therefore a+b=6+4=10$ 답 ②

0182 $(x^3)^2\times y^2\times x\times(y^2)^4=x^6\times y^2\times x\times y^8$
$=x^{6+1}y^{2+8}$
$=x^7y^{10}$ 답 ③

0183 $8^{x+1}=(2^3)^{x+1}=2^{3x+3}=2^{12}$이므로
$3x+3=12$, $3x=9$ $\therefore x=3$ 답 ③

0184 $8^3\times 4^2=(2^3)^3\times(2^2)^2=2^9\times 2^4=2^{9+4}=2^{13}=2^x$
$\therefore x=13$ 답 ⑤

0185 ① $(x^2)^3\div(x^3)^2=x^6\div x^6=1$
② $x\div x^9=\frac{1}{x^{9-1}}=\frac{1}{x^8}$
③ $x^8\div x^2=x^{8-2}=x^6$
⑤ $x^5\div x^4\div x=x^{5-4}\div x=x\div x=1$ 답 ④

0186 □ 안에 알맞은 수를 각각 구하면
① 1 ② 3 ③ 2 ④ 5 ⑤ 4 답 ④

주의 다음과 같이 실수하지 않도록 주의한다.
$a^9\div a^3=a^{9\div 3}=a^3$ (×)
$a^3\div a^3=a^{3-3}=a^0=0$ (×)

0187 $a^{16}\div a^8\div a^4=a^{16-8-4}=a^4$
① $a^{16}\times(a^8\div a^4)=a^{16}\times a^{8-4}=a^{16+4}=a^{20}$
② $a^{16}\times(a^8\times a^4)=a^{16}\times a^{8+4}=a^{16+12}=a^{28}$
③ $a^{16}\div(a^8\times a^4)=a^{16}\div a^{8+4}=a^{16-12}=a^4$
④ $a^{16}\div a^8\times a^4=a^{16-8}\times a^4=a^{8+4}=a^{12}$
⑤ $a^{16}\div(a^8\div a^4)=a^{16}\div a^{8-4}=a^{16-4}=a^{12}$ 답 ③

0188 $64^2\div 2^x=(2^6)^2\div 2^x=2^{12}\div 2^x=2^{12-x}=2^7$이므로
$12-x=7$ $\therefore x=5$ …❶
$25^4\div 5^{3y}=(5^2)^4\div 5^{3y}=5^8\div 5^{3y}=\frac{1}{5}$이므로
$3y-8=1$, $3y=9$ $\therefore y=3$ …❷
$\therefore x+y=5+3=8$ …❸
답 8

채점 기준	배점
❶ x의 값 구하기	40 %
❷ y의 값 구하기	40 %
❸ $x+y$의 값 구하기	20 %

0189 $(-2x^2y)^A=-8x^By^C$에서
$(-2)^Ax^{2A}y^A=-8x^By^C$이므로
$(-2)^A=-8=(-2)^3$ $\therefore A=3$
$2A=B$ $\therefore B=6$
$A=C$ $\therefore C=3$
$\therefore A+B+C=3+6+3=12$ 답 ④

0190 ㄴ. $(-2a^2b)^3=-8a^6b^3$
ㄷ. $\left(\frac{1}{4}ab^3\right)^3=\frac{1}{64}a^3b^9$
따라서 옳은 것은 ㄱ, ㄹ이다. 답 ②

0191 한 모서리의 길이가 $2a^3b^2$인 정육면체의 부피는
$(2a^3b^2)^3=8a^9b^6$ 답 ⑤

0192 (1) $72=2^3\times3^2$
(2) $72^3=(2^3\times3^2)^3=2^9\times3^6$
답 (1) $2^3\times3^2$ (2) $2^9\times3^6$

0193 ① $\left(\frac{a^2}{2}\right)^2=\frac{a^4}{4}$ ② $\left(-\frac{3}{ab^3}\right)^2=\frac{9}{a^2b^6}$
③ $\left(\frac{x^4}{y^3}\right)^2=\frac{x^8}{y^6}$ ④ $\left(-\frac{2y}{x}\right)^3=-\frac{8y^3}{x^3}$ 답 ⑤

0194 $\left(\frac{x^3}{2}\right)^a=\frac{x^{3a}}{2^a}=\frac{x^b}{16}$이므로 $2^a=16=2^4$ $\therefore a=4$
또, $x^{3a}=x^b$이므로 $3a=b$ $\therefore b=12$
$\therefore a+b=4+12=16$ 답 16

0195 $\left(-\frac{y^a}{7x^3}\right)^b=\frac{y^{ab}}{(-7)^bx^{3b}}=-\frac{y^{12}}{343x^c}$이므로
$(-7)^b=-343=(-7)^3$ $\therefore b=3$
또, $x^{3b}=x^9=x^c$이므로 $c=9$
$y^{ab}=y^{3a}=y^{12}$이므로 $3a=12$ $\therefore a=4$
답 $a=4$, $b=3$, $c=9$

0196 $(3x^a)^b=3^bx^{ab}=9x^6$이므로
$3^b=9=3^2$, $ab=6$ $\therefore b=2$, $a=3$ …❶
$\left(\frac{x^c}{y^2}\right)^6=\frac{x^{6c}}{y^{12}}=\frac{x^{30}}{y^{12}}$이므로
$6c=30$ $\therefore c=5$ …❷
$\therefore a+b+c=3+2+5=10$ …❸
답 10

채점 기준	배점
❶ a, b의 값 구하기	50 %
❷ c의 값 구하기	30 %
❸ $a+b+c$의 값 구하기	20 %

0197 ② $a^6\div a^2=a^{6-2}=a^4$
③ $(a^2b^3)^3=a^6b^9$
⑤ $2^9\div8^3=2^9\div(2^3)^3=2^9\div2^9=1$ 답 ①, ④

0198 □ 안에 알맞은 수를 각각 구하면
① 3 ② 3 ③ 3 ④ 3 ⑤ 6 답 ⑤

0199 ① $a\times a\times a^2=a^4$
② $a^{10}\div(a^2)^4=a^{10}\div a^8=a^2$
③ $a\times a^2\div a^3=a^3\div a^3=1$
④ $a^5\div a^6\times a=\frac{1}{a}\times a=1$
⑤ $(a^3)^3\div a^6\div a^4=a^9\div a^6\div a^4=a^3\div a^4=\frac{1}{a}$ 답 ⑤

0200 $5^6\times25^m=5^6\times(5^2)^m=5^{6+2m}=5^{10}$이므로
$6+2m=10$, $2m=4$ $\therefore m=2$
$2^n\div8^3=2^n\div(2^3)^3=2^n\div2^9=1$이므로
$n=9$
$\therefore m+n=2+9=11$ 답 11

0201 $A=(2^4)^{10}=16^{10}$, $B=(3^3)^{10}=27^{10}$, $C=(5^2)^{10}=25^{10}$
$16<25<27$이므로 $A<C<B$ 답 ②

0202 $A=3^6$, $B=2^6$이므로 $A>B$ 답 $A>B$

0203 $x^{20}=(x^2)^{10}$, $3^{30}=(3^3)^{10}=27^{10}$이므로
$4^{10}<(x^2)^{10}<27^{10}$ $\therefore 4<x^2<27$
따라서 자연수 x는 3, 4, 5이므로 구하는 합은
$3+4+5=12$ 답 ③

0204 ① $2^{60}=(2^6)^{10}=64^{10}<90^{10}$
② $3^{40}=(3^4)^{10}=81^{10}<6^{30}=(6^3)^{10}=216^{10}$
③ $10^{20}=(10^2)^{10}=100^{10}>90^{10}$
④ $3^{40}=(3^2)^{20}=9^{20}<10^{20}$
⑤ $5^{20}=(5^2)^{10}=25^{10}<50^{10}$ 답 ③

0205 $2\text{km}=2\times10^3\text{m}$, $3\text{km}=3\times10^3\text{m}$
$\therefore$ (땅의 넓이)$=(2\times10^3)\times(3\times10^3)$
$=6\times10^6(\text{m}^2)$ 답 ④

0206 $100\times10^7=10^2\times10^7=10^9$(마리) 답 ②

0207 (걸린 시간)=(태양에서 해왕성까지의 거리)÷(빛의 속력)
$=(4.5\times10^9)\div(3\times10^5)=\frac{4.5\times10^9}{3\times10^5}$
$=1.5\times10^4=15000$(초) 답 15000초

참고 (거리)=(속력)×(시간), (속력)=$\frac{(\text{거리})}{(\text{시간})}$, (시간)=$\frac{(\text{거리})}{(\text{속력})}$

0208 $2\text{L}=2\times10^3\text{mL}$이므로 한 개의 컵에 담긴 우유의 양은
$2\times10^3\div4=2\times(2\times5)^3\div2^2$
$=2\times2^3\times5^3\div2^2$
$=2^2\times5^3(\text{mL})$
따라서 $p=2$, $q=3$이므로 $p+q=5$ 답 5

0209 $(3^3)^5\div243=3^{15}\div3^5=3^{10}=(3^5)^2=A^2$ 답 ①

0210 $80^3=(2^4\times5)^3=2^{12}\times5^3=(2^3)^4\times5^3=A^4B$ 답 ②

0211 $A=3^{x+1}=3^x\times3$이므로 $3^x=\frac{A}{3}$ …❶
$\therefore 27^x=(3^3)^x=(3^x)^3=\left(\frac{A}{3}\right)^3=\frac{A^3}{27}$ …❷
답 $\frac{A^3}{27}$

채점 기준	배점
❶ 3^x을 A를 사용하여 나타내기	50 %
❷ 27^x을 A를 사용하여 나타내기	50 %

0212 $A=2^{x+1}=2^x\times2$이므로 $2^x=\frac{A}{2}$
$B=3^{x-1}=3^x\div3=\frac{3^x}{3}$이므로 $3^x=3B$
$\therefore 72^x=(2^3\times3^2)^x=2^{3x}\times3^{2x}=(2^x)^3\times(3^x)^2$
$=\left(\frac{A}{2}\right)^3\times(3B)^2=\frac{9A^3B^2}{8}$ 답 ⑤

0213 $3^5\times3^5\times3^5=3^{5+5+5}=3^{15}=3^a$ $\therefore a=15$
$3^5+3^5+3^5=3\times3^5=3^6=3^b$ $\therefore b=6$
$\therefore a-b=15-6=9$ 답 ③

0214 $4^4+4^4+4^4+4^4=4\times4^4=4^5=(2^2)^5=2^{10}=2^a$

$\therefore a=10$ 답 ④

0215 ① $(4^3)^2=4^6$

② $4^2\times4^4=4^6$

③ $2^4\times2^4\times2^4=2^{12}=4^6$

④ $4^5+4^5+4^5+4^5=4\times4^5=4^6$

⑤ $2^{10}+2^{10}=2\times2^{10}=2\times4^5$ 답 ⑤

0216 $\dfrac{2^4+2^4+2^4+2^4}{4^3+4^3}=\dfrac{4\times2^4}{2\times4^3}=\dfrac{2^2\times2^4}{2\times(2^2)^3}$

$=\dfrac{2^6}{2^7}=\dfrac{1}{2}$ 답 ②

0217 $2^{x+1}+2^x=2^x\times2+2^x=2^x(2+1)=3\times2^x=24$이므로

$2^x=8=2^3 \quad \therefore x=3$ 답 ③

0218 $2^{x+1}+2^x+2^{x-1}=4\times2^{x-1}+2\times2^{x-1}+2^{x-1}$

$=2^{x-1}(4+2+1)$

$=7\times2^{x-1}=224$

이므로 $2^{x-1}=32=2^5$, $x-1=5 \quad \therefore x=6$ 답 ④

0219 $3^{3x}(3^x+3^x+3^x)=3^{3x}(3\times3^x)=3^{3x}\times3^{x+1}$

$=3^{4x+1}=3^5$

이므로 $4x+1=5 \quad \therefore x=1$ 답 ①

0220 $2^{11}\times5^{12}=2^{11}\times5^{11}\times5$

$=5\times(2\times5)^{11}=5\times10^{11}$

$=5\underbrace{00\cdots0}_{11개}$

따라서 $2^{11}\times5^{12}$은 12자리의 자연수이다.

$\therefore n=12$ 답 ③

0221 $5^8\times20^6=5^8\times(2^2\times5)^6=5^8\times2^{12}\times5^6$

$=2^{12}\times5^{14}=5^2\times(2\times5)^{12}=5^2\times10^{12}$

$=25\times10^{12}=25\underbrace{00\cdots0}_{12개}$

따라서 A는 14자리의 자연수이다. 답 ⑤

0222 $\dfrac{2^{10}\times3^{10}\times5^{20}}{15^{10}}=\dfrac{2^{10}\times3^{10}\times5^{20}}{(3\times5)^{10}}=\dfrac{2^{10}\times3^{10}\times5^{20}}{3^{10}\times5^{10}}$

$=2^{10}\times5^{10}=(2\times5)^{10}=10^{10}=1\underbrace{00\cdots0}_{10개}$

따라서 주어진 수는 11자리의 자연수이다.

$\therefore n=11$ 답 ②

0223 $3^2\times4^3\times5^4=3^2\times2^6\times5^4=3^2\times2^2\times(2\times5)^4$

$=36\times10^4=360000$

따라서 $m=3+6=9$, $n=6$이므로 $m+n=15$ 답 15

Theme 05 단항식의 계산 34~35쪽

0224 $\left(-\dfrac{2}{3}xy\right)^2\times(-3x^2y)^3\times(-xy^2)^2$

$=\dfrac{4}{9}x^2y^2\times(-27x^6y^3)\times x^2y^4$

$=-12x^{10}y^9=ax^by^c$

이므로 $a=-12$, $b=10$, $c=9$

$\therefore a+b+c=7$ 답 ③

참고 부호의 결정

① $(-)$가 홀수 개이면 $(-)$

② $(-)$가 짝수 개이면 $(+)$

0225 $\left(-\dfrac{3}{5}a^2b\right)^2\times\left(-\dfrac{a}{b^2}\right)^3\times\left(-\dfrac{5b^5}{a^2}\right)$

$=\dfrac{9}{25}a^4b^2\times\left(-\dfrac{a^3}{b^6}\right)\times\left(-\dfrac{5b^5}{a^2}\right)$

$=\dfrac{9}{5}a^5b$ 답 ④

0226 $Ax^3y^2\times(-xy)^B=Ax^3y^2\times(-1)^B\times x^By^B$

$=(-1)^B\times A\times x^{3+B}y^{2+B}$

$=-7x^Cy^9$

이므로 $(-1)^BA=-7$, $3+B=C$, $2+B=9$

$\therefore A=7,\ B=7,\ C=10$

$\therefore A+B-C=4$ 답 4

0227 (가)$=xy^5\times(xy^3)^2=xy^5\times x^2y^6=x^3y^{11}$ …❶

(나)$=(xy^3)^2\times\left(\dfrac{x}{y^2}\right)^4=x^2y^6\times\dfrac{x^4}{y^8}=\dfrac{x^6}{y^2}$ …❷

$\therefore A=x^3y^{11}\times\dfrac{x^6}{y^2}=x^9y^9$ …❸

답 x^9y^9

채점 기준	배점
❶ (가)에 알맞은 식 구하기	30 %
❷ (나)에 알맞은 식 구하기	30 %
❸ A에 알맞은 식 구하기	40 %

0228 $\dfrac{9}{2}a^5b^3\div(-3ab^3)^2\div a^2b=\dfrac{9}{2}a^5b^3\div9a^2b^6\div a^2b$

$=\dfrac{9}{2}a^5b^3\times\dfrac{1}{9a^2b^6}\times\dfrac{1}{a^2b}$

$=\dfrac{a}{2b^4}$ 답 ④

0229 $(2x^ay)^3\div(xy^b)^2=8x^{3a}y^3\div x^2y^{2b}=\dfrac{8x^{3a}y^3}{x^2y^{2b}}=\dfrac{8x^4}{y^3}$

이므로 $3a-2=4$, $2b-3=3$

$\therefore a=2,\ b=3 \quad \therefore ab=6$ 답 6

0230 (1) $A=5x^3y^2\times(-3x^2y)=-15x^5y^3$

(2) $B=12x^5y^4\div2x^3y^2=12x^5y^4\times\dfrac{1}{2x^3y^2}=6x^2y^2$

(3) $A\div B=-15x^5y^3\div6x^2y^2$

$=-15x^5y^3\times\dfrac{1}{6x^2y^2}=-\dfrac{5}{2}x^3y$

답 (1) $-15x^5y^3$ (2) $6x^2y^2$ (3) $-\dfrac{5}{2}x^3y$

0231 $\left(-\dfrac{2}{3}ab\right)^2\div\dfrac{4}{3}ab\times(-2a^2b)^2$

$=\dfrac{4}{9}a^2b^2\times\dfrac{3}{4ab}\times4a^4b^2=\dfrac{4}{3}a^5b^3$ 답 $\dfrac{4}{3}a^5b^3$

0232 ① $x^2y^4\div2x^5y^7\times8x^3y^3=x^2y^4\times\dfrac{1}{2x^5y^7}\times8x^3y^3=4$

② $5x^4\times(-2x^3)=-10x^7$

③ $12x^3\div\frac{x^2}{3}\div4x^2=12x^3\times\frac{3}{x^2}\times\frac{1}{4x^2}=\frac{9}{x}$

④ $7b^4\times(-b)\div(-2b^3)^2=7b^4\times(-b)\div4b^6$
$=-7b^5\times\frac{1}{4b^6}=-\frac{7}{4b}$

⑤ $-a^3b\div(-3ab^3)\times(-3ab^2)^2$
$=-a^3b\times\left(-\frac{1}{3ab^3}\right)\times9a^2b^4$
$=3a^4b^2$ 답 ④

0233 $-12x^3y^2\times\frac{1}{\square}\times18x^3y^3=8x^2y^3$
$\therefore\ \square=-12x^3y^2\times18x^3y^3\div8x^2y^3$
$=-12x^3y^2\times18x^3y^3\times\frac{1}{8x^2y^3}$
$=-27x^4y^2$ 답 $-27x^4y^2$

0234 $A\times(-2xy^4)=B$, $B\div\left(\frac{2}{3}xy\right)^2=\frac{3}{2}xy^3$이므로
$B=\frac{3}{2}xy^3\times\left(\frac{2}{3}xy\right)^2=\frac{3}{2}xy^3\times\frac{4}{9}x^2y^2=\frac{2}{3}x^3y^5$
$A=\frac{2}{3}x^3y^5\div(-2xy^4)=\frac{2}{3}x^3y^5\times\frac{-1}{2xy^4}=-\frac{1}{3}x^2y$
답 $A=-\frac{1}{3}x^2y$, $B=\frac{2}{3}x^3y^5$

0235 어떤 식을 A라 하면 $A\div(-2x^2y)=\frac{1}{2}xy^2$이므로
$A=\frac{1}{2}xy^2\times(-2x^2y)=-x^3y^3$ …❶
따라서 바르게 계산한 식은
$-x^3y^3\times(-2x^2y)=2x^5y^4$ …❷
답 $2x^5y^4$

채점 기준	배점
❶ 어떤 식 구하기	50 %
❷ 바르게 계산한 식 구하기	50 %

0236 (직육면체의 부피)=(밑넓이)×(높이)이므로
$24a^6b^4=(4a^2b^3\times3a^2b)\times$(높이)$=12a^4b^4\times$(높이)
∴ (높이)$=24a^6b^4\div12a^4b^4$
$=24a^6b^4\times\frac{1}{12a^4b^4}=2a^2$ 답 ④

0237 (원기둥의 부피)=(밑넓이)×(높이)이므로
$2\pi x^5y^{12}=\pi\times(x^2y^5)^2\times$(높이)$=\pi x^4y^{10}\times$(높이)
∴ (높이)$=2\pi x^5y^{12}\div\pi x^4y^{10}$
$=2\pi x^5y^{12}\times\frac{1}{\pi x^4y^{10}}=2xy^2$ 답 $2xy^2$

0238 직사각형의 넓이가 $4a\times3b^2=12ab^2$이고,
(삼각형의 넓이)$=\frac{1}{2}\times$(밑변의 길이)×(높이)이므로
$12ab^2=\frac{1}{2}\times6ab\times$(높이)$=3ab\times$(높이)
∴ (높이)$=12ab^2\div3ab=12ab^2\times\frac{1}{3ab}=4b$ 답 $4b$

Step 3 발전 문제 36~38쪽

0239 $4=2^2$, $6=2\times3$, $8=2^3$, $9=3^2$, $10=2\times5$이므로
$1\times2\times3\times\cdots\times9\times10$
$=2\times3\times2^2\times5\times(2\times3)\times7\times2^3\times3^2\times(2\times5)$
$=2^8\times3^4\times5^2\times7=2^a\times3^b\times5^c\times7^d$
따라서 $a=8$, $b=4$, $c=2$, $d=1$이므로
$a+b+c+d=15$ 답 ③

0240 $64^2\div4^5\times8^3=(2^6)^2\div(2^2)^5\times(2^3)^3=2^{12}\div2^{10}\times2^9$
$=2^{12-10}\times2^9=2^{2+9}=2^{11}=2^n$
$\therefore\ n=11$ 답 11

0241 $\left(\frac{y^b}{x^a}\right)^c=\frac{y^{bc}}{x^{ac}}=\frac{y^{24}}{x^{30}}$이므로 $ac=30$, $bc=24$
a, b, c가 모두 자연수이므로 가장 큰 자연수 c는 24와 30의 최대공약수이다. $\therefore\ c=6$
따라서 $a=5$, $b=4$이므로 $a+b=9$ 답 9

0242 ㄱ. $x^{15}\div(x^5)^2=x^{15}\div x^{10}=x^5$
ㄴ. $\left(-\frac{2y}{x^2}\right)^3=-\frac{8y^3}{x^6}$
ㄷ. $2^{2n}\times4^{n+1}\div16^n=2^{2n}\times2^{2n+2}\div2^{4n}=2^{2n+(2n+2)}\div2^{4n}$
$=2^{4n+2}\div2^{4n}=2^2$
ㄹ. (i) n이 홀수일 때, $n+1$은 짝수이므로
$(-1)^n+(-1)^{n+1}=-1+1=0$
(ii) n이 짝수일 때, $n+1$은 홀수이므로
$(-1)^n+(-1)^{n+1}=1+(-1)=0$
$\therefore\ (-1)^n+(-1)^{n+1}=0$
따라서 옳은 것은 ㄱ, ㄷ이다. 답 ㄱ, ㄷ

0243 $100=10^2$이므로
지구와 지구로부터 100광년 떨어진 별까지의 거리는
$(3\times10^5)\times(3\times10^7)\times10^2=3\times3\times10^5\times10^7\times10^2$
$=9\times10^{14}$ (km) 답 ④

0244 $2^x+2^x+2^{x+1}+2^{x+2}+2^{x+3}$
$=2^x+2^x+2^x\times2+2^x\times2^2+2^x\times2^3$
$=2^x(1+1+2+4+8)=2^x\times16$
∴ □=16 답 16

0245 $49A=7^2\times7^{20}=7^{22}$
7의 거듭제곱의 일의 자리의 숫자는 7, 9, 3, 1이 반복적으로 나타난다. 이때 $22=4\times5+2$이므로 7^{22}의 일의 자리의 숫자는 9이다. 답 ⑤

0246 $(9x^2y^a)^b\div(3x^cy^2)^5=9^bx^{2b}y^{ab}\div3^5x^{5c}y^{10}$
$=\frac{3^{2b}x^{2b}y^{ab}}{3^5x^{5c}y^{10}}$
$=\frac{1}{3^{5-2b}x^{5c-2b}y^{10-ab}}$
$=\frac{1}{3xy^2}$
이므로 $5-2b=1$ $\therefore\ b=2$

$5c-2b=1$, $5c-4=1$ $\therefore c=1$

$10-ab=2$, $10-2a=2$ $\therefore a=4$

$\therefore a+b+c=7$ 답 7

0247 $(-3x^2y^5)^2 \div 6x^5y^4 \times 4x^3y = 9x^4y^{10} \times \frac{1}{6x^5y^4} \times 4x^3y$

$= 6x^2y^7 = ax^by^c$

따라서 $a=6$, $b=2$, $c=7$이므로

$a-b+c=6-2+7=11$ 답 11

0248 직각삼각형 ABC를 $\overline{AC}$를 회전축으로 하여 1회전 시킬 때 생기는 입체도형은 오른쪽 그림과 같이 밑면의 반지름의 길이가 $4x$, 높이가 $3xy^2$인 원뿔이므로 구하는 부피는

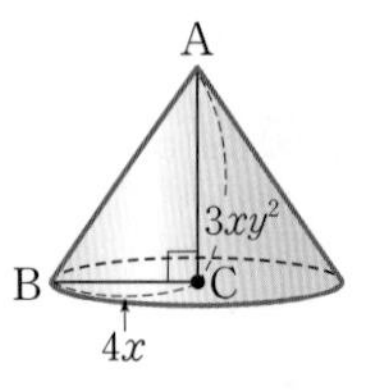

$\frac{1}{3} \times \pi \times (4x)^2 \times 3xy^2 = \frac{\pi}{3} \times 16x^2 \times 3xy^2$

$= 16\pi x^3y^2$ 답 $16\pi x^3y^2$

0249 $\frac{27^4+9^2}{27^2+9^7} = \frac{(3^3)^4+(3^2)^2}{(3^3)^2+(3^2)^7} = \frac{3^{12}+3^4}{3^6+3^{14}}$

$= \frac{3^8 \times 3^4 + 3^4}{3^6+3^8 \times 3^6} = \frac{3^4(3^8+1)}{3^6(1+3^8)}$

$= \frac{1}{3^2} = \left(\frac{1}{3}\right)^2$

$\therefore m=2$ 답 ①

0250 끈을 3등분 하여 그 중간 부분을 잘라 낸 후 남은 끈의 개수는

1회 : $2=2^1$(개), 2회 : $4=2^2$(개), 3회 : $8=2^3$(개)이므로

n회 : 2^n개

남은 끈 한 개의 길이는 1회 : $\frac{1}{3}a$, 2회 : $\frac{1}{3} \times \frac{1}{3}a = \left(\frac{1}{3}\right)^2 a$,

3회 : $\frac{1}{3} \times \left(\frac{1}{3}\right)^2 a = \left(\frac{1}{3}\right)^3 a$이므로 n회 : $\left(\frac{1}{3}\right)^n a$

따라서 n회 반복한 후 남은 끈의 길이의 합은

$2^n \times \left(\frac{1}{3}\right)^n a = \left(\frac{2}{3}\right)^n a$ 답 $\left(\frac{2}{3}\right)^n a$

다른 풀이 1회 반복할 때마다 끈의 길이는 $\frac{1}{3}$씩 감소하므로 $\frac{2}{3}$가 남는다. 따라서 n회 반복하면 남은 끈의 길이는 $\left(\frac{2}{3}\right)^n a$가 된다.

0251 $25^{15}=(5^2)^{15}=5^{30}$, $36^{16}=(6^2)^{16}=6^{32}$, $125^9=(5^3)^9=5^{27}$

이때 $5^{27}<5^{30}<6^{30}<6^{32}$이므로

$125^9<25^{15}<6^{30}<36^{16}$ 답 125^9, 25^{15}, 6^{30}, 36^{16}

0252 $(2^8+2^8+2^8)(5^9+5^9+5^9+5^9)$

$=3 \times 2^8 \times 4 \times 5^9 = 3 \times 2^8 \times 2^2 \times 5^9$

$=3 \times 2^{10} \times 5^9 = 3 \times 2 \times (2 \times 5)^9$

$=6 \times 10^9 = 6\underbrace{00\cdots0}_{9\text{개}}$

따라서 주어진 수는 10자리의 자연수이다.

$\therefore n=10$ 답 ③

0253 그릇 B의 부피는

$\pi \times (3ab^3)^2 \times 8a^3b^2 = \pi \times 9a^2b^6 \times 8a^3b^2 = 72\pi a^5b^8$

그릇 A의 부피는 그릇 B에 들어 있는 물의 부피와 같으므로

$\frac{2}{3} \times 72\pi a^5b^8 = 48\pi a^5b^8$

따라서 그릇 A의 높이를 h라 하면

$48\pi a^5b^8 = \pi \times (4a^2b^2)^2 \times h$

$\therefore h = \frac{48\pi a^5b^8}{16\pi a^4b^4} = 3ab^4$ 답 $3ab^4$

교과서 속 창의력 UP! 39쪽

0254 참가자 A가 만든 면의 가닥수는 2^{21}

참가자 B가 만든 면의 가닥수는 3^{14}

이때 $2^{21}=(2^3)^7=8^7$, $3^{14}=(3^2)^7=9^7$이므로 $2^{21}<3^{14}$

따라서 참가자 B가 만든 면의 가닥수가 더 많다. 답 B

0255 $1 \times 2 \times 3 \times \cdots \times 20$

$=2 \times 4 \times 6 \times 8 \times 10 \times 12 \times 14 \times 16 \times 18 \times 20 \times (1 \times 3 \times \cdots \times 19)$

$=2 \times 2^2 \times (2 \times 3) \times 2^3 \times (2 \times 5) \times (2^2 \times 3) \times (2 \times 7) \times 2^4 \times (2 \times 9) \times (2^2 \times 5) \times (1 \times 3 \times \cdots \times 19)$

$=2^{1+2+1+3+1+2+1+4+1+2} \times b = 2^{18} \times b$

$\therefore a=18$ 답 18

다른 풀이 1에서 20까지의 짝수 중에서 2의 배수는 10개, $2^2=4$의 배수는 5개, $2^3=8$의 배수는 2개, $2^4=16$의 배수는 1개이므로

$1 \times 2 \times 3 \times \cdots \times 20 = 2^{10+5+2+1} \times b = 2^{18} \times b$

$\therefore a=18$

0256 대각선의 세 식의 곱은 $a^8 \times a^5 \times a^2 = a^{15}$

$a \times a^5 \times B = a^{15}$이므로 $B = a^{15} \div a \div a^5 = a^9$

a^8	a	
A	a^5	
(가)	B	a^2

(가)$\times B \times a^2 = a^{15}$이므로 (가)$= a^{15} \div a^9 \div a^2 = a^4$

$a^8 \times A \times a^4 = a^{15}$이므로 $A = a^{15} \div a^8 \div a^4 = a^3$

답 $A=a^3$, $B=a^9$

0257 $\frac{4}{3ab} = A \times \left(\frac{2a}{3b}\right)^2$이므로

$A = \frac{4}{3ab} \div \frac{4a^2}{9b^2} = \frac{4}{3ab} \times \frac{9b^2}{4a^2} = \frac{3b}{a^3}$

$\frac{3b}{a^3} = \frac{4}{a} \times B$이므로

$B = \frac{3b}{a^3} \div \frac{4}{a} = \frac{3b}{a^3} \times \frac{a}{4} = \frac{3b}{4a^2}$

$\left(\frac{2a}{3b}\right)^2 = \frac{3b}{4a^2} \times C$이므로

$C = \frac{4a^2}{9b^2} \div \frac{3b}{4a^2} = \frac{4a^2}{9b^2} \times \frac{4a^2}{3b} = \frac{16a^4}{27b^3}$ 답 $\frac{16a^4}{27b^3}$

03. 다항식의 계산

Step 1 핵심 개념 41쪽

0258 (주어진 식)$=(2+3)a+(3+3)b$
$=5a+6b$ 답 $5a+6b$

0259 (주어진 식)$=3x+5y+3-4x-2y+2$
$=(3-4)x+(5-2)y+(3+2)$
$=-x+3y+5$ 답 $-x+3y+5$

0260 (주어진 식)$=\frac{1}{3}x-\frac{1}{2}y-\frac{1}{2}x-\frac{1}{3}y$
$=\left(\frac{1}{3}-\frac{1}{2}\right)x-\left(\frac{1}{2}+\frac{1}{3}\right)y$
$=-\frac{1}{6}x-\frac{5}{6}y$ 답 $-\frac{1}{6}x-\frac{5}{6}y$

0261 이차항의 계수가 1인 이차식이다. 답 ○

0262 (주어진 식)$=2x^2+3x-2x^2-4x=-x$
이므로 이차식이 아니다. 답 ×

0263 (주어진 식)$=x^3+x^2+3-2x^2-x^3=-x^2+3$
이므로 이차항의 계수가 -1인 이차식이다. 답 ○

0264 (주어진 식)$=(1+3)a^2+(4-2)a+(-2+4)$
$=4a^2+2a+2$ 답 $4a^2+2a+2$

0265 (주어진 식)$=3x^2+5x-3+x^2-3x+2$
$=(3+1)x^2+(5-3)x+(-3+2)$
$=4x^2+2x-1$ 답 $4x^2+2x-1$

0266 답 $6x^2-9xy$

0267 답 $-10x^2+2xy$

0268 (주어진 식)$=12a\times\frac{a}{3}+6b\times\frac{a}{3}-3\times\frac{a}{3}$
$=4a^2+2ab-a$ 답 $4a^2+2ab-a$

0269 (주어진 식)$=\frac{2x^2y+3xy}{x}=\frac{2x^2y}{x}+\frac{3xy}{x}$
$=2xy+3y$ 답 $2xy+3y$

다른 풀이 (주어진 식)$=(2x^2y+3xy)\times\frac{1}{x}$
$=2x^2y\times\frac{1}{x}+3xy\times\frac{1}{x}$
$=2xy+3y$

0270 (주어진 식)$=\frac{4x^2y-6xy^2}{-3xy}=\frac{4x^2y}{-3xy}+\frac{6xy^2}{3xy}$
$=-\frac{4}{3}x+2y$ 답 $-\frac{4}{3}x+2y$

0271 (주어진 식)$=\left(\frac{1}{3}a^3b^2-\frac{2}{3}a^2b^4\right)\times\left(-\frac{12}{a^2b}\right)$
$=\frac{1}{3}a^3b^2\times\left(-\frac{12}{a^2b}\right)-\frac{2}{3}a^2b^4\times\left(-\frac{12}{a^2b}\right)$
$=-4ab+8b^3$ 답 $-4ab+8b^3$

0272 $2x+y=2\times1+(-3)=-1$ 답 -1

0273 $(x-3y)+(2x+4y-1)$
$=3x+y-1$
$=3\times1+(-3)-1$
$=-1$ 답 -1

0274 $x(y-x)-y(x-y)$
$=xy-x^2-xy+y^2$
$=-x^2+y^2$
$=-1^2+(-3)^2=8$ 답 8

0275 $2A-3B=2(2x-y)-3(x+2y)$
$=4x-2y-3x-6y$
$=x-8y$ 답 $x-8y$

0276 $2A+B-(A-B)$
$=2A+B-A+B=A+2B$
$=2x-y+2(x+2y)$
$=2x-y+2x+4y$
$=4x+3y$ 답 $4x+3y$

0277 $2x-6y+8=0$에서 $2x=6y-8$이므로
$x=3y-4$ 답 $x=3y-4$

0278 $y=-3x+5$에서 $3x=-y+5$이므로
$x=-\frac{1}{3}y+\frac{5}{3}$ 답 $x=-\frac{1}{3}y+\frac{5}{3}$

0279 $3(2x-3y)=8x-3y+4$에서
$6x-9y=8x-3y+4$, $-2x=6y+4$
$\therefore x=-3y-2$ 답 $x=-3y-2$

Step 2 핵심 유형 42~47쪽

Theme 06 다항식의 계산(1) 42~45쪽

0280 $(3x^2+2x-1)-(-4x^2-x+5)$
$=3x^2+2x-1+4x^2+x-5$
$=7x^2+3x-6$
따라서 $a=7$, $b=3$, $c=-6$이므로
$a+b+c=7+3+(-6)=4$ 답 4

0281 $2(x-4y+1)-(3x+5y-2)$
$=2x-8y+2-3x-5y+2$
$=-x-13y+4$ 답 ③

0282 $\left(\frac{2}{3}x+\frac{1}{4}y\right)-\left(\frac{3}{4}x-\frac{1}{3}y\right)=\frac{2}{3}x+\frac{1}{4}y-\frac{3}{4}x+\frac{1}{3}y$
$=\frac{2}{3}x-\frac{3}{4}x+\frac{1}{4}y+\frac{1}{3}y$
$=-\frac{1}{12}x+\frac{7}{12}y$

따라서 $a=-\frac{1}{12}$, $b=\frac{7}{12}$이므로
$b-a=\frac{7}{12}-\left(-\frac{1}{12}\right)=\frac{2}{3}$ 답 ⑤

0283 $\left(\frac{3}{4}x^2+\frac{1}{3}x-3\right)-\left(-\frac{1}{2}x^2+x-2\right)$

$=\frac{3}{4}x^2+\frac{1}{3}x-3+\frac{1}{2}x^2-x+2$

$=\frac{5}{4}x^2-\frac{2}{3}x-1$

이때 x^2의 계수는 $\frac{5}{4}$, x의 계수는 $-\frac{2}{3}$이므로 그 곱은

$\frac{5}{4}\times\left(-\frac{2}{3}\right)=-\frac{5}{6}$ 답 $-\frac{5}{6}$

0284 $-2x^2+3x-6-[-5x^2+3x-\{x-(2x^2-4x)+8\}]$

$=-2x^2+3x-6-\{-5x^2+3x-(x-2x^2+4x+8)\}$

$=-2x^2+3x-6-\{-5x^2+3x-(-2x^2+5x+8)\}$

$=-2x^2+3x-6-(-5x^2+3x+2x^2-5x-8)$

$=-2x^2+3x-6-(-3x^2-2x-8)$

$=-2x^2+3x-6+3x^2+2x+8$

$=x^2+5x+2$ 답 x^2+5x+2

0285 $3a-[2b-\{4a-(9a-b-2)\}]$

$=3a-\{2b-(4a-9a+b+2)\}$

$=3a-\{2b-(-5a+b+2)\}$

$=3a-(2b+5a-b-2)$

$=3a-(5a+b-2)$

$=3a-5a-b+2$

$=-2a-b+2$ 답 ①

0286 $9x-4x^2-[7x^2-\{x-(3x^2+2x)-3x^2\}]$

$=9x-4x^2-\{7x^2-(x-3x^2-2x-3x^2)\}$

$=9x-4x^2-\{7x^2-(-6x^2-x)\}$

$=9x-4x^2-(7x^2+6x^2+x)$

$=9x-4x^2-(13x^2+x)$

$=9x-4x^2-13x^2-x$

$=-17x^2+8x$ …❶

따라서 $m=-17$, $n=8$이므로 …❷

$m+2n=-17+2\times8=-1$ …❸

답 -1

채점 기준	배점
❶ 주어진 식을 간단히 하기	70 %
❷ m, n의 값 구하기	10 %
❸ $m+2n$의 값 구하기	20 %

0287 (좌변)$=2x-\{4x-3y+(y+x-\square)\}$

$=2x-(4x-3y+y+x-\square)$

$=2x-(5x-2y-\square)$

$=2x-5x+2y+\square$

$=-3x+2y+\square$

이므로 $-3x+2y+\square=2x+3y$

$\therefore \square=(2x+3y)-(-3x+2y)$

$=2x+3y+3x-2y$

$=5x+y$ 답 ⑤

0288 어떤 식을 A라 하면

$A-(3x^2-x+5)=-5x^2+4x+2$

$\therefore A=(-5x^2+4x+2)+(3x^2-x+5)$

$=-2x^2+3x+7$

따라서 바르게 계산한 식은

$(-2x^2+3x+7)+(3x^2-x+5)=x^2+2x+12$ 답 ④

0289 (1) 어떤 식을 A라 하면

$A+(-2x+4y-7)=3x-2y+2$

$\therefore A=(3x-2y+2)-(-2x+4y-7)$

$=3x-2y+2+2x-4y+7=5x-6y+9$

(2) $(5x-6y+9)-(-2x+4y-7)$

$=5x-6y+9+2x-4y+7=7x-10y+16$

답 (1) $5x-6y+9$ (2) $7x-10y+16$

0290 어떤 식을 A라 하면

$(4x^2+5x-3)-A=7x^2+3x-6$

$\therefore A=(4x^2+5x-3)-(7x^2+3x-6)$

$=4x^2+5x-3-7x^2-3x+6$

$=-3x^2+2x+3$

따라서 바르게 계산한 식은

$(4x^2+5x-3)+(-3x^2+2x+3)=x^2+7x$

즉, $a=1$, $b=7$, $c=0$이므로

$a+b+c=1+7+0=8$ 답 ⑤

0291 $-3x(5x-2y+3)=-15x^2+6xy-9x$이므로

$a=-15$, $b=6$, $c=-9$

$\therefore a+b-c=-15+6-(-9)=0$ 답 ③

0292 $3x(2x+5)+4(-2x+1)$

$=6x^2+15x-8x+4$

$=6x^2+7x+4$ 답 $6x^2+7x+4$

0293 ① $x(4x-3y)=4x^2-3xy$

② $(-x-3y-1)\times(-2y)=2xy+6y^2+2y$

③ $(-2x+4y+4)\times(-x)=2x^2-4xy-4x$

⑤ $-3x(x-2y+2)=-3x^2+6xy-6x$ 답 ④

주의 분배법칙을 이용할 때 다항식의 맨 앞의 항에만 단항식을 곱하면 안 된다.

0294 $(4x^2-x+5)\times\frac{3}{2}x=4x^2\times\frac{3}{2}x+(-x)\times\frac{3}{2}x+5\times\frac{3}{2}x$

$=6x^3-\frac{3}{2}x^2+\frac{15}{2}x$

이때 x^2의 계수는 $-\frac{3}{2}$, x의 계수는 $\frac{15}{2}$이므로 그 합은

$-\frac{3}{2}+\frac{15}{2}=6$ 답 ⑤

0295 $(15xy^2+6x^2y)\div\left(-\frac{3}{2}xy\right)$

$=(15xy^2+6x^2y)\times\left(-\frac{2}{3xy}\right)$

$=15xy^2\times\left(-\frac{2}{3xy}\right)+6x^2y\times\left(-\frac{2}{3xy}\right)$

$=-10y-4x$ 답 ②

0296 $(6a^5b^3-9a^4b^2+12a^3b)\div 3a^2b$

$=\dfrac{6a^5b^3-9a^4b^2+12a^3b}{3a^2b}$

$=\dfrac{6a^5b^3}{3a^2b}-\dfrac{9a^4b^2}{3a^2b}+\dfrac{12a^3b}{3a^2b}$

$=2a^3b^2-3a^2b+4a$ 답 $2a^3b^2-3a^2b+4a$

0297 ① $(4x^3+12xy-2x)\div 2x=2x^2+6y-1$

③ $(a^3-2a^2-a)\div(-a)=-a^2+2a+1$

④ $(10x^2y-15xy)\div(-5xy)=-2x+3$

⑤ $\{3x(x-2)-x^2+2x\}\div 2x$

$=(3x^2-6x-x^2+2x)\div 2x$

$=(2x^2-4x)\times\dfrac{1}{2x}=x-2$ 답 ②

0298 $(15x^3y^2-6x^2y^2)\div\left(-\dfrac{3}{4}xy^2\right)$

$=(15x^3y^2-6x^2y^2)\times\left(-\dfrac{4}{3xy^2}\right)$

$=15x^3y^2\times\left(-\dfrac{4}{3xy^2}\right)-6x^2y^2\times\left(-\dfrac{4}{3xy^2}\right)$

$=-20x^2+8x$ …❶

따라서 $a=-20$, $b=8$이므로 …❷

$b-a=8-(-20)=28$ …❸

답 28

채점 기준	배점
❶ 좌변 계산하기	60 %
❷ a, b의 값 구하기	20 %
❸ $b-a$의 값 구하기	20 %

0299 어떤 식을 A라 하면

$A\times 2xy=-10x^2y+4xy^2$

$\therefore A=(-10x^2y+4xy^2)\div 2xy$

$=\dfrac{-10x^2y+4xy^2}{2xy}=-5x+2y$ 답 ②

0300 $A\div\dfrac{3}{2}y=4x^2y+2xy+6$에서

$A=(4x^2y+2xy+6)\times\dfrac{3}{2}y$

$=6x^2y^2+3xy^2+9y$ 답 $6x^2y^2+3xy^2+9y$

0301 어떤 식을 A라 하면

$A\div\dfrac{1}{2}xy^2=8x^2-4xy$이므로

$A=(8x^2-4xy)\times\dfrac{1}{2}xy^2=4x^3y^2-2x^2y^3$

따라서 바르게 계산한 식은

$(4x^3y^2-2x^2y^3)\times\dfrac{1}{2}xy^2=2x^4y^4-x^3y^5$ 답 ③

0302 어떤 식을 A라 하면

$A\times(-4ab^2)=12a^8b^5-8a^3b^6$이므로

$A=(12a^8b^5-8a^3b^6)\div(-4ab^2)$

$=\dfrac{12a^8b^5-8a^3b^6}{-4ab^2}$

$=-3a^7b^3+2a^2b^4$

따라서 바르게 계산한 식은

$(-3a^7b^3+2a^2b^4)\div(-4ab^2)$

$=\dfrac{-3a^7b^3+2a^2b^4}{-4ab^2}$

$=\dfrac{3}{4}a^6b-\dfrac{1}{2}ab^2$ 답 $\dfrac{3}{4}a^6b-\dfrac{1}{2}ab^2$

0303 $2xy(2x-3y)-(6x^3y^2-3x^2y^3)\div 3xy$

$=4x^2y-6xy^2-\dfrac{6x^3y^2-3x^2y^3}{3xy}$

$=4x^2y-6xy^2-2x^2y+xy^2$

$=2x^2y-5xy^2$ 답 ④

0304 $(8ab-4b^2)\div 2b-(3a^2+9ab)\div(-3a)$

$=\dfrac{8ab-4b^2}{2b}-\dfrac{3a^2+9ab}{-3a}$

$=4a-2b+a+3b=5a+b$ 답 $5a+b$

0305 $(-4x^3y+2x^2y^2)\div\dfrac{2}{3}xy-3x(-x+7y)$

$=(-4x^3y+2x^2y^2)\times\dfrac{3}{2xy}+3x^2-21xy$

$=-6x^2+3xy+3x^2-21xy$

$=-3x^2-18xy$

따라서 $a=-3$, $b=-18$이므로

$a+b=-3+(-18)=-21$ 답 ②

0306 $\{16x^4y^4+(4xy^2)^2\}\div 2x^2y^2-3y(-2x^2y+3y)$

$=(16x^4y^4+16x^2y^4)\div 2x^2y^2+6x^2y^2-9y^2$

$=\dfrac{16x^4y^4+16x^2y^4}{2x^2y^2}+6x^2y^2-9y^2$

$=8x^2y^2+8y^2+6x^2y^2-9y^2$

$=14x^2y^2-y^2$ 답 $14x^2y^2-y^2$

0307 오른쪽 그림에서 색칠한 부분의 넓이는

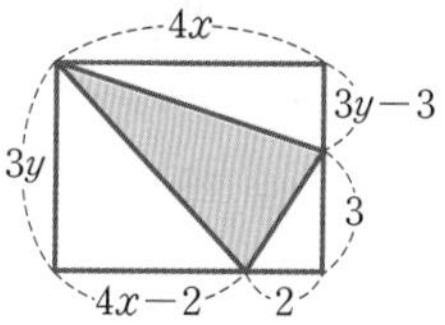

$4x\times 3y-\left\{\dfrac{1}{2}\times(4x-2)\times 3y\right.$

$+\dfrac{1}{2}\times 2\times 3$

$\left.+\dfrac{1}{2}\times 4x\times(3y-3)\right\}$

$=12xy-(6xy-3y+3+6xy-6x)$

$=12xy-(12xy-6x-3y+3)$

$=12xy-12xy+6x+3y-3$

$=6x+3y-3$ 답 ③

0308 (1) (원기둥의 겉넓이)

$=2\times\pi\times(xy)^2+2\pi\times xy\times(2x-3y)$

$=2\pi x^2y^2+4\pi x^2y-6\pi xy^2$

(2) (원기둥의 부피)$=\pi\times(xy)^2\times(2x-3y)$

$=\pi\times x^2y^2\times(2x-3y)$

$=2\pi x^3y^2-3\pi x^2y^3$

답 (1) $2\pi x^2y^2+4\pi x^2y-6\pi xy^2$ (2) $2\pi x^3y^2-3\pi x^2y^3$

참고 ① (원기둥의 겉넓이)=(밑넓이)×2+(옆넓이)
② (원기둥의 부피)=(밑넓이)×(높이)

0309 $\frac{1}{2}\times\{(\text{윗변의 길이})+(2a+3b)\}\times 2a^2b=5a^3b+2a^2b^2$
이므로
$\{(\text{윗변의 길이})+(2a+3b)\}\times a^2b=5a^3b+2a^2b^2$
$(\text{윗변의 길이})+(2a+3b)=(5a^3b+2a^2b^2)\div a^2b$
$=\frac{5a^3b+2a^2b^2}{a^2b}$
$=5a+2b$
$\therefore$ $(\text{윗변의 길이})=(5a+2b)-(2a+3b)$
$=3a-b$ 답 $3a-b$

Theme 07 다항식의 계산(2) 46~47쪽

0310 $3A-2(A-B)=3A-2A+2B=A+2B$
$=(3x-2y)+2(x+3y)$
$=3x-2y+2x+6y$
$=5x+4y$ 답 $5x+4y$

0311 $(3x^2y^2-2y)\div\frac{y}{2}=(3x^2y^2-2y)\times\frac{2}{y}$
$=6x^2y-4$
$=6\times(-1)^2\times 2-4$
$=12-4=8$ 답 ⑤

0312 $(-ab+a^2)\times(-b)+(12a^3b^2-8a^2b^3)\div 4ab$
$=(-ab+a^2)\times(-b)+\frac{12a^3b^2-8a^2b^3}{4ab}$
$=ab^2-a^2b+3a^2b-2ab^2$
$=2a^2b-ab^2$
$=2\times 3^2\times(-2)-3\times(-2)^2$
$=-36-12=-48$ 답 ①

0313 $A=(9x^3y-6xy^3)\div(-3xy)$
$=\frac{9x^3y-6xy^3}{-3xy}=-3x^2+2y^2$
$B=(x^4y-9x^2y^3)\div x^2y$
$=\frac{x^4y-9x^2y^3}{x^2y}=x^2-9y^2$
$\therefore 3A+2B=3(-3x^2+2y^2)+2(x^2-9y^2)$
$=-9x^2+6y^2+2x^2-18y^2$
$=-7x^2-12y^2$
따라서 $a=-7$, $b=-12$이므로
$a-b=-7-(-12)=5$ 답 5

0314 $4x-y=2x+7y+6$에서
$4x-2x=7y+6+y$, $2x=8y+6$
$\therefore x=4y+3$ 답 $x=4y+3$

0315 ② $x-2y=-y+3$에서 $-2y+y=-x+3$
$-y=-x+3$ $\therefore y=x-3$
③ $-x+3y=x-3$에서 $3y=2x-3$ $\therefore y=\frac{2}{3}x-1$
④ $x-3y=2x-2y+4$에서 $-3y+2y=2x+4-x$
$-y=x+4$ $\therefore y=-x-4$
⑤ $6x-4=-2(x+y)$에서 $6x-4=-2x-2y$
$2y=-8x+4$
$\therefore y=-4x+2$ 답 ④

0316 $S=a(2b-c)$에서 $2b-c=\frac{S}{a}$
$2b=\frac{S}{a}+c=\frac{S+ac}{a}$
$\therefore b=\frac{S+ac}{2a}$ 답 ④

0317 $\overline{AB}=\overline{AC}$이므로 $\angle C=\angle B=y°$
$x+2y=180$이므로
$2y=-x+180$ $\therefore y=-\frac{1}{2}x+90$
따라서 $a=-\frac{1}{2}$, $b=90$이므로
$ab=\left(-\frac{1}{2}\right)\times 90=-45$ 답 -45

0318 $y-2x+1=0$에서 $y=2x-1$이므로
$-7x+4y-2=-7x+4(2x-1)-2$
$=-7x+8x-4-2$
$=x-6$
따라서 $p=1$, $q=-6$이므로
$p+q=1+(-6)=-5$ 답 ②

0319 $3x+6+y=7y-9x$에서
$y-7y=-9x-3x-6$, $-6y=-12x-6$
$\therefore y=2x+1$
$\therefore 3(2x-y)-4(-2x-y-5)+5$
$=6x-3y+8x+4y+20+5$
$=14x+y+25$
$=14x+(2x+1)+25$
$=16x+26$ 답 $16x+26$

0320 $(x+y):(2y-x)=1:3$에서
$3(x+y)=2y-x$, $3x+3y=2y-x$
$\therefore y=-4x$
$\therefore 3y-\{2x-(y-2x)\}=3y-(2x-y+2x)$
$=3y-(-y+4x)$
$=3y+y-4x=4y-4x$
$=4\times(-4x)-4x$
$=-16x-4x=-20x$ 답 ①

0321 $\frac{2x-1}{x+3y}=\frac{3}{2}$에서
$2(2x-1)=3(x+3y)$, $4x-2=3x+9y$
$\therefore x=9y+2$ …❶
$\therefore 2x-8y=2(9y+2)-8y$
$=18y+4-8y=10y+4$ …❷
답 $10y+4$

채점 기준	배점
❶ 주어진 식에서 x를 y에 대한 식으로 나타내기	50 %
❷ $2x-8y$를 y에 대한 식으로 나타내기	50 %

0322 $x-2y=0$에서 $x=2y$

$\therefore \frac{2x-y}{x-y}=\frac{2\times 2y-y}{2y-y}=\frac{3y}{y}=3$ 답 ⑤

0323 $(x+y):(x-y)=3:2$에서

$2(x+y)=3(x-y)$, $2x+2y=3x-3y$ $\therefore x=5y$

$\therefore \frac{x+3y}{x-y}=\frac{5y+3y}{5y-y}=\frac{8y}{4y}=2$ 답 ③

0324 $x:y=1:2$에서 $y=2x$

$\therefore \frac{(2x-3y)\times(-3x)-(8x^2-6xy)}{x^2}$

$=\frac{-6x^2+9xy-8x^2+6xy}{x^2}=\frac{-14x^2+15xy}{x^2}$

$=\frac{-14x^2+15x\times 2x}{x^2}$

$=\frac{16x^2}{x^2}=16$ 답 ⑤

0325 $\frac{4x+3y}{2}=\frac{3x+4y}{3}$에서

$3(4x+3y)=2(3x+4y)$, $12x+9y=6x+8y$

$9y-8y=6x-12x$ $\therefore y=-6x$

$\therefore \frac{3x-2y}{x+y}-\frac{-8x+y}{x-y}$

$=\frac{3x-2\times(-6x)}{x+(-6x)}-\frac{-8x+(-6x)}{x-(-6x)}$

$=\frac{3x+12x}{x-6x}-\frac{-8x-6x}{x+6x}=\frac{15x}{-5x}-\frac{-14x}{7x}$

$=-3-(-2)=-1$ 답 -1

Step 3 발전 문제 48~50쪽

0326 $(4x^2-bx-5)-(ax^2-3x-2)$

$=4x^2-bx-5-ax^2+3x+2$

$=(4-a)x^2+(-b+3)x-3$

즉, $4-a=-3$, $-b+3=-3$이므로 $a=7$, $b=6$

$\therefore a+b=7+6=13$ 답 ③

0327 $(3x^2+2x-1)+A=6x^2-5$이므로

$A=(6x^2-5)-(3x^2+2x-1)$

$=6x^2-5-3x^2-2x+1=3x^2-2x-4$

$(4x^2-3x-7)-B=2x^2+5x-7$이므로

$B=(4x^2-3x-7)-(2x^2+5x-7)$

$=4x^2-3x-7-2x^2-5x+7=2x^2-8x$

$\therefore A+B=(3x^2-2x-4)+(2x^2-8x)$

$=5x^2-10x-4$ 답 $5x^2-10x-4$

0328 $B\times 2xy^2=4x^3y^5-2x^4y^3$이므로

$B=(4x^3y^5-2x^4y^3)\div 2xy^2$

$=\frac{4x^3y^5-2x^4y^3}{2xy^2}=2x^2y^3-x^3y$

$A\div(-2x^2)=2x^2y^3-x^3y$이므로

$A=(2x^2y^3-x^3y)\times(-2x^2)=-4x^4y^3+2x^5y$

답 $A=-4x^4y^3+2x^5y$, $B=2x^2y^3-x^3y$

0329 오른쪽 그림에서 색칠한 부분의 넓이는

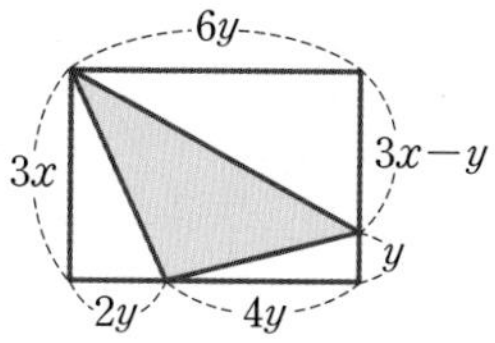

$6y\times 3x-\left\{\frac{1}{2}\times 2y\times 3x+\frac{1}{2}\times 4y\times y+\frac{1}{2}\times 6y\times(3x-y)\right\}$

$=18xy-(3xy+2y^2+9xy-3y^2)$

$=18xy-(12xy-y^2)=6xy+y^2$ 답 $6xy+y^2$

0330 $\frac{1}{3}\times\pi\times(2ab^2)^2\times(\text{높이})=8\pi a^4b^5-4\pi a^2b^4$이므로

$\frac{\pi}{3}\times 4a^2b^4\times(\text{높이})=8\pi a^4b^5-4\pi a^2b^4$

$\therefore (\text{높이})=(8\pi a^4b^5-4\pi a^2b^4)\div\frac{4}{3}\pi a^2b^4$

$=(8\pi a^4b^5-4\pi a^2b^4)\times\frac{3}{4\pi a^2b^4}$

$=6a^2b-3$ 답 $6a^2b-3$

0331 $(6x^2y-14xy^2)\div(-2xy)-(-50xy^2+25y^3)\div(-5y)^2$

$=\frac{6x^2y-14xy^2}{-2xy}-\frac{-50xy^2+25y^3}{(-5y)^2}$

$=-3x+7y+2x-y$

$=-x+6y$

$=-(-1)+6\times\frac{1}{6}=2$ 답 ④

0332 $4A-\{2B+5A-(3A+B)\}$

$=4A-(2B+5A-3A-B)$

$=4A-(2A+B)$

$=4A-2A-B=2A-B$

$=2(2x+3y)-(x-4y)$

$=4x+6y-x+4y$

$=3x+10y$ 답 $3x+10y$

0333 $\frac{3x+6}{8x-2y}=\frac{3}{4}$에서 $4(3x+6)=3(8x-2y)$

$12x+24=24x-6y$, $6y=12x-24$

$\therefore y=2x-4$

$\therefore 5x^2y+6xy-3$

$=5x^2(2x-4)+6x(2x-4)-3$

$=10x^3-20x^2+12x^2-24x-3$

$=10x^3-8x^2-24x-3$ 답 $10x^3-8x^2-24x-3$

0334 $a+b+c=0$에서

$b+c=-a$, $c+a=-b$, $a+b=-c$

$\therefore \frac{b+c}{3a}+\frac{c+a}{3b}+\frac{a+b}{3c}$

$=\frac{-a}{3a}+\frac{-b}{3b}+\frac{-c}{3c}$

$=-\frac{1}{3}-\frac{1}{3}-\frac{1}{3}=-1$ 답 ②

0335 $(3a^2-2)+A=a^2-a+2$이므로

$A=(a^2-a+2)-(3a^2-2)$

$=a^2-a+2-3a^2+2=-2a^2-a+4$

$(3a^2-2)-$ ▢ $=a^2-3a+1$이므로
▢ $=(3a^2-2)-(a^2-3a+1)$
$=3a^2-2-a^2+3a-1$
$=2a^2+3a-3$
▢ $+(2a^2-3a)=B$이므로
$B=(2a^2+3a-3)+(2a^2-3a)$
$=4a^2-3$ 답 $A=-2a^2-a+4,\ B=4a^2-3$

0336 $(1.\dot{2}x^2y-0.1\dot{2}xy^2)\div 0.7\dot{3}xy-3xy^2\left(\frac{3}{2xy}-\frac{1}{3y^2}\right)$
$=\left(\frac{11}{9}x^2y-\frac{11}{90}xy^2\right)\div\frac{66}{90}xy-\frac{9}{2}y+x$
$=\left(\frac{11}{9}x^2y-\frac{11}{90}xy^2\right)\times\frac{15}{11xy}-\frac{9}{2}y+x$
$=\frac{5}{3}x-\frac{1}{6}y-\frac{9}{2}y+x$
$=\frac{8}{3}x-\frac{14}{3}y$ 답 $\frac{8}{3}x-\frac{14}{3}y$

0337 남학생의 수학 점수의 총점은 $60x$점, 여학생의 수학 점수의 총점은 $20y$점이므로 반 학생 전체의 총점은 $(60x+20y)$점이다.
따라서 이 반 학생 전체의 수학 점수의 평균은
$\frac{60x+20y}{x+20}$점이므로 $m=\frac{60x+20y}{x+20}$
$mx+20m=60x+20y$
$20y=mx-60x+20m$
$\therefore\ y=\frac{mx}{20}-3x+m$ 답 $y=\frac{mx}{20}-3x+m$

참고 남학생과 여학생의 수학 점수의 총점을 각각 식으로 나타낸 후, 반 학생 전체의 수학 점수의 평균을 식으로 나타낸다.

0338 (1) 만들어지는 입체도형은 오른쪽 그림과 같이 큰 원기둥에서 작은 원기둥을 뺀 도형이므로 부피 V는

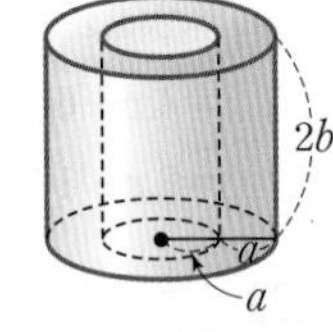

$V=\pi\times(2a)^2\times 2b-\pi\times a^2\times 2b$
$=\pi\times 4a^2\times 2b-2\pi a^2b$
$=8\pi a^2b-2\pi a^2b=6\pi a^2b$
(2) $V=6\pi a^2b$에서 $b=\frac{V}{6\pi a^2}$
답 (1) $V=6\pi a^2b$ (2) $b=\frac{V}{6\pi a^2}$

0339 $x:y:z=1:2:4$이므로
$x=k,\ y=2k,\ z=4k\ (k\neq 0)$라 하면
$\frac{x(xy+yz)+y(yz+zx)+z(zx+xy)}{xyz}$
$=\frac{x(xy+yz)}{xyz}+\frac{y(yz+zx)}{xyz}+\frac{z(zx+xy)}{xyz}$
$=\left(\frac{x}{z}+1\right)+\left(\frac{y}{x}+1\right)+\left(\frac{z}{y}+1\right)$
$=\frac{x}{z}+\frac{y}{x}+\frac{z}{y}+3$
$=\frac{k}{4k}+\frac{2k}{k}+\frac{4k}{2k}+3$
$=\frac{1}{4}+2+2+3=\frac{29}{4}$ 답 $\frac{29}{4}$

교과서 속 창의력 UP!

51쪽

0340 주어진 도형의 둘레의 길이는 가로의 길이가 $3a+2b$이고, 세로의 길이가
$(3a+b)+(3b-a)=2a+4b$
인 직사각형의 둘레의 길이와 같으므로

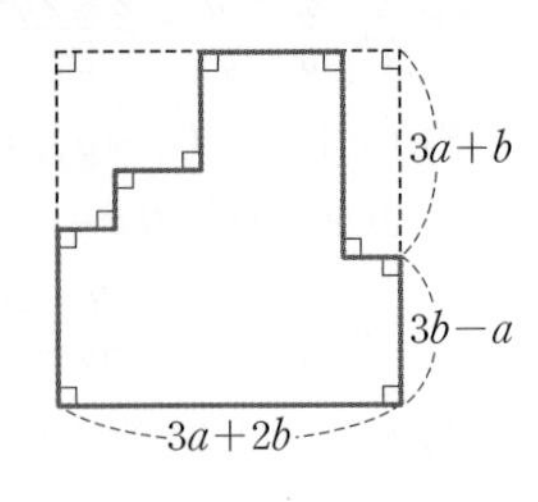

$2\times\{(3a+2b)+(2a+4b)\}=2\times(5a+6b)$
$=10a+12b$ 답 $10a+12b$

0341 오른쪽 그림과 같이 위의 이웃한 두 식을 더한 결과를 아래에 써넣으면 된다.
따라서 (가)에 알맞은 식은
$a+(2a+b)=3a+b$
(나)에 알맞은 식은
$(2a+b)+(a+2b)=3a+3b$

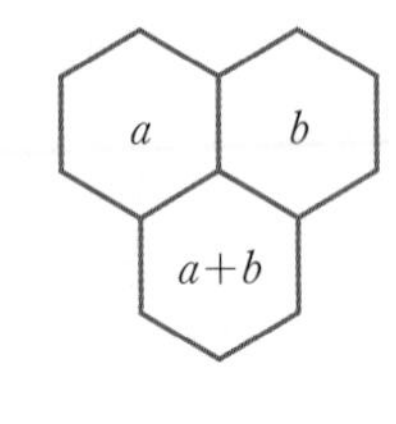

답 (가) $3a+b$ (나) $3a+3b$

0342 전개도를 이용하여 정육면체를 만들면
$2a-4b$와 $-3a+5b$, $a-2b$와 B, A와 $-4a+3b$가 적힌 면이 평행하다.
$(2a-4b)+(-3a+5b)=-a+b$이므로
$(a-2b)+B=-a+b$
$\therefore\ B=(-a+b)-(a-2b)$
$=-a+b-a+2b$
$=-2a+3b$
$A+(-4a+3b)=-a+b$
$\therefore\ A=(-a+b)-(-4a+3b)$
$=-a+b+4a-3b$
$=3a-2b$
$\therefore\ A-B=(3a-2b)-(-2a+3b)$
$=3a-2b+2a-3b$
$=5a-5b$ 답 $5a-5b$

0343 $\overline{AE}=\overline{AB}=y$이므로
$\overline{DE}=\overline{AD}-\overline{AE}$
$=(2y-x)-y=y-x$
$\overline{DH}=\overline{DE}=y-x$이므로
$\overline{HC}=\overline{CD}-\overline{DH}$
$=y-(y-x)=x$
$\overline{JC}=\overline{HC}=x$이므로
$\overline{FJ}=\overline{FC}-\overline{JC}=\overline{ED}-\overline{JC}$
$=(y-x)-x$
$=y-2x$
$\therefore$ (사각형 GFJI의 넓이)
$=\overline{FJ}\times\overline{IJ}=\overline{FJ}\times\overline{HC}$
$=(y-2x)\times x$
$=xy-2x^2$ 답 $xy-2x^2$

04. 일차부등식

Step 1 핵심 개념 55, 57쪽

0344 답 ×

0345 답 ○

0346 답 ○

0347 답 ×

0348 답 $a\le 3$

0349 답 $10+2a<25$

0350 답 $1500+500a\ge 5000$

0351 답 $0.5+0.3a>6$

0352 답 $>$

0353 답 $>$

0354 $a>b$에서 $3a>3b$ $\quad\therefore 3a-1>3b-1$ 답 $>$

0355 $a>b$에서 $-2a<-2b$ $\quad\therefore -2a+5<-2b+5$ 답 $<$

0356 답 ○

0357 답 ×

0358 답 ×

0359 답 ○

0360 답 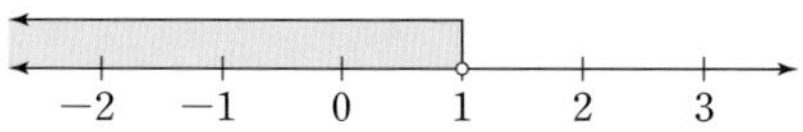

0361 답 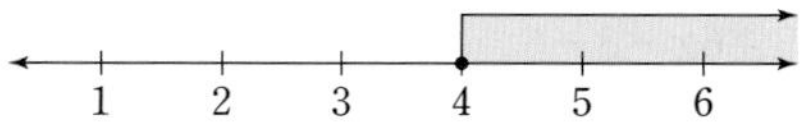

0362 답 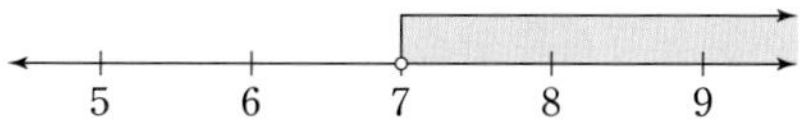

0363 답 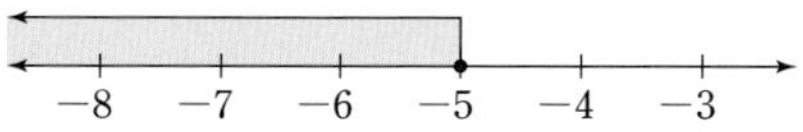

0364 -3을 이항하면 $x<10$ 답 $x<10$

0365 4를 이항하면 $x\le -7$ 답 $x\le -7$

0366 양변에 3을 곱하면 $x>-6$ 답 $x>-6$

0367 양변에 $-\frac{3}{2}$을 곱하면 $x\ge 9$ 답 $x\ge 9$

0368 $3(x-1)<6$에서 $3x<9$
$\therefore x<3$ 답 $x<3$

0369 $2x-(3x-4)\ge -5$에서 $-x\ge -9$ $\quad\therefore x\le 9$ 답 $x\le 9$

0370 $0.6x-2.1>0.2x+0.3$의 양변에 10을 곱하면
$6x-21>2x+3$, $4x>24$ $\quad\therefore x>6$ 답 $x>6$

0371 $\frac{3x-1}{2}-\frac{2x+1}{3}\le -\frac{1}{6}$의 양변에 6을 곱하면
$3(3x-1)-2(2x+1)\le -1$, $5x\le 4$
$\therefore x\le \frac{4}{5}$ 답 $x\le \frac{4}{5}$

0372 답 $x-1$, $x+1$

0373 답 $x-1$, $x+1$

0374 $3x>48$ $\quad\therefore x>16$ 답 16

0375 답 17, 16, 17, 18

0376 답 x

0377 답 $2x$, $3(x-1)$

0378 $2x>3x-3$, $-x>-3$ $\quad\therefore x<3$ 답 3

0379 답 1, 2

0380 답 2, 3

0381 답 2, 3, 2

0382 $3x+2x\le 12$, $5x\le 12$ $\quad\therefore x\le \frac{12}{5}$ 답 $\frac{12}{5}$

0383 답 $\frac{12}{5}$

Step 2 핵심 유형 58~69쪽

Theme 08 부등식과 일차부등식 58~60쪽

0384 ①, ③은 등식, ④는 다항식이다. 답 ②, ⑤

0385 ①, ⑤는 등식이다. 답 ①, ⑤

0386 ㄱ은 다항식, ㄹ은 등식이다.
따라서 부등식인 것은 ㄴ, ㄷ, ㅁ의 3개이다. 답 3개

0387 ㄴ, ㄹ은 등식, ㄷ은 다항식이다.
따라서 부등식이 아닌 것은 ㄴ, ㄷ, ㄹ의 3개이다. 답 ③

0388 ② '크지 않다.'는 '작거나 같다.'이므로 $x+3\le 5x$ 답 ②

0389 답 ④

0390 기현 : $3x+2=17$
나영 : $3x+2\ge 17$ 답 진섭

0391 ① $5+1>5$ (참)
② $2\times 3-1>0$ (참)
③ $-2\times 3+9\ge 3$ (참)
④ $3\times(-1)<-1$ (참)
⑤ $-2\times(-2)+3\le -7$ (거짓) 답 ⑤

0392 $x=-1$일 때, $3\times(-1)-1\ge -1+2$ (거짓)
$x=0$일 때, $3\times 0-1\ge 0+2$ (거짓)
$x=1$일 때, $3\times 1-1\ge 1+2$ (거짓)
$x=2$일 때, $3\times 2-1\ge 2+2$ (참)
$x=3$일 때, $3\times 3-1\ge 3+2$ (참)
따라서 주어진 부등식의 해는 2, 3이다. 답 2, 3

0393 ① $-(-2)+2\le 3$ (거짓)
② $-(-1)+2\le 3$ (참)
③ $0+2\le 3$ (참)
④ $-1+2\le 3$ (참)
⑤ $-2+2\le 3$ (참) 답 ①

0394 $3x-1=x+1$에서 $2x=2$ $\quad\therefore x=1$
$x=1$을 부등식에 대입하면
① $2\times 1+5\ge 9$ (거짓) ② $1+1>3$ (거짓)
③ $-1+1>1+2$ (거짓) ④ $-1+2<-3$ (거짓)
⑤ $3\times 1-5\le 1-2$ (참) 답 ⑤

0395 $a<b$이면
① $2a<2b$ $\quad\therefore 2a+3<2b+3$
② $-a>-b$ $\quad\therefore -a+1>-b+1$

③ $a-1<b-1$ $\therefore 5(a-1)<5(b-1)$

④ $\frac{a}{3}<\frac{b}{3}$ $\therefore \frac{a}{3}-5<\frac{b}{3}-5$

⑤ $-\frac{2}{3}a>-\frac{2}{3}b$ $\therefore 1-\frac{2}{3}a>1-\frac{2}{3}b$ 답 ⑤

0396 $-3a+1<-3b+1$에서 $-3a<-3b$ $\therefore a>b$

① $a+4>b+4$

② $-a<-b$ $\therefore -a+2<-b+2$

③ $2a>2b$ $\therefore 2a-3>2b-3$

④ $\frac{a}{2}>\frac{b}{2}$ $\therefore \frac{a}{2}-5>\frac{b}{2}-5$

⑤ $-\frac{a}{3}<-\frac{b}{3}$ $\therefore 1-\frac{a}{3}<1-\frac{b}{3}$ 답 ②

0397 $a<b$일 때

① $a+5 \boxed{<} b+5$

② $a-2 \boxed{<} b-2$

③ $-3a>-3b$ $\therefore 2-3a \boxed{>} 2-3b$

④ $-a>-b$, $1-a>1-b$ $\therefore -\frac{1-a}{2} \boxed{<} -\frac{1-b}{2}$

⑤ $\frac{1}{3}a<\frac{1}{3}b$ $\therefore \frac{1}{3}a-(-3) \boxed{<} \frac{1}{3}b-(-3)$ 답 ③

0398 $-2\le x<1$에서 $-3<-3x\le 6$

$-2<-3x+1\le 7$ $\therefore -2<A\le 7$ 답 $-2<A\le 7$

0399 $-2\le\frac{5-3x}{2}<1$에서 $-4\le 5-3x<2$

$-9\le -3x<-3$ $\therefore 1<x\le 3$ …❶

$\therefore a=1,\ b=3$ …❷

$\therefore a-b=-2$ …❸

답 -2

채점 기준	배점
❶ x의 값의 범위 구하기	60 %
❷ a, b의 값 각각 구하기	20 %
❸ $a-b$의 값 구하기	20 %

0400 ① $x^2\ge x^2-3x$에서 $3x\ge 0$이므로 일차부등식이다.

② $2x<x+2$에서 $x-2<0$이므로 일차부등식이다.

③은 일차방정식, ④, ⑤는 부등식이다. 답 ①, ②

0401 ㄱ. $2>0$

ㄴ. $x^2-2x+1\ge 0$

ㄷ. $-1\le 0$

ㄹ. $x^2+3x\le x^2-5$, $3x+5\le 0$

ㅁ. $-3x-3>x+2$, $-4x-5>0$

ㅂ. $\frac{3}{4}x+\frac{3}{4}\ge\frac{1}{3}x$, $\frac{5}{12}x+\frac{3}{4}\ge 0$

따라서 일차부등식인 것은 ㄹ, ㅁ, ㅂ이다. 답 ㄹ, ㅁ, ㅂ

0402 ① $5x\ge 2x-3$에서 $3x\ge -3$ $\therefore x\ge -1$

② $3x-2\ge x-4$에서 $2x\ge -2$ $\therefore x\ge -1$

③ $-2x+6\ge x+3$에서 $-3x\ge -3$ $\therefore x\le 1$

④ $x+3\le -4x-2$에서 $5x\le -5$ $\therefore x\le -1$

⑤ $3x+4\le 2x+5$에서 $x\le 1$ 답 ④

0403 $x-5<4x+7$에서 $-3x<12$ $\therefore x>-4$

따라서 해를 수직선 위에 바르게 나타낸 것은 ②이다. 답 ②

0404 수직선 위에 나타낸 해는 $x\ge -3$이다.

① $5x\ge 2x+3$에서 $3x\ge 3$ $\therefore x\ge 1$

② $x-3\ge 2x+1$에서 $-x\ge 4$ $\therefore x\le -4$

③ $x-1\le 3x+5$에서 $-2x\le 6$ $\therefore x\ge -3$

④ $2x-6\ge x+1$에서 $x\ge 7$

⑤ $2-3x\ge 4-2x$에서 $-x\ge 2$ $\therefore x\le -2$ 답 ③

Theme 09 일차부등식의 풀이 61~63쪽

0405 $x-4(x-3)<9$에서 $x-4x+12<9$

$-3x<-3$ $\therefore x>1$ 답 ④

0406 $2(x+1)\le 5x-1$에서 $2x+2\le 5x-1$

$-3x\le -3$ $\therefore x\ge 1$ 답 ④

0407 $2(x-3)+5\ge 3(2x-1)-6$에서

$2x-6+5\ge 6x-3-6$

$-4x\ge -8$ $\therefore x\le 2$ …❶

따라서 주어진 부등식을 만족시키는 자연수는

1, 2이므로 …❷

그 합은 $1+2=3$ …❸

답 3

채점 기준	배점
❶ 부등식 풀기	50 %
❷ 부등식을 만족시키는 자연수 구하기	30 %
❸ 부등식을 만족시키는 자연수의 합 구하기	20 %

0408 $2(x+1)-7>-(x-4)$에서

$2x+2-7>-x+4$, $3x>9$ $\therefore x>3$

따라서 부등식을 만족시키는 가장 작은 정수 x의 값은 4이다. 답 ⑤

0409 양변에 30을 곱하면 $20x+12>12(x-3)$

$20x+12>12x-36$, $8x>-48$

$\therefore x>-6$ 답 ①

0410 양변에 10을 곱하면 $3(x-1)\ge 5x-10$

$3x-3\ge 5x-10$, $-2x\ge -7$

$\therefore x\le\frac{7}{2}$ 답 $x\le\frac{7}{2}$

0411 양변에 15를 곱하면 $5x-15\le -3(x-3)$

$5x-15\le -3x+9$, $8x\le 24$

$\therefore x\le 3$

따라서 주어진 부등식을 만족시키는 자연수는 1, 2, 3의 3개이다. 답 ②

0412 양변에 10을 곱하면 $2(x-1)+x\ge 5$

$2x-2+x\ge 5$, $3x\ge 7$ $\therefore x\ge\frac{7}{3}$

따라서 해가 아닌 것은 ①이다. 답 ①

0413 $a-ax\le0$에서 $-ax\le-a$
이때 $a>0$이므로 $-a<0$
따라서 주어진 부등식의 해는 $x\ge1$ 답 ④

0414 $-2(1+ax)>2$에서 $-2-2ax>2$, $-2ax>4$
이때 $a<0$이므로 $-2a>0$
즉, $x>-\frac{4}{2a}$ $\therefore x>-\frac{2}{a}$ 답 ②

0415 $ax-2a\ge2(x-2)$에서 $ax-2a\ge2x-4$
$ax-2x\ge2a-4$, $(a-2)x\ge2(a-2)$
이때 $a>2$이므로 $a-2>0$
따라서 주어진 부등식의 해는 $x\ge2$ 답 ⑤

0416 $ax-2a>-2+x$에서 $ax-x>2a-2$
$(a-1)x>2(a-1)$
이때 $a<1$이므로 $a-1<0$ $\therefore x<2$
따라서 부등식을 만족시키는 가장 큰 정수 x의 값은 1이다.
답 1

0417 $3ax-2<7$에서 $3ax<9$, $ax<3$
이 부등식의 해가 $x>-1$이므로 $a<0$
따라서 $x>\frac{3}{a}$이므로 $\frac{3}{a}=-1$, $-a=3$
$\therefore a=-3$ 답 ①

0418 $2x-a>5$에서 $2x>5+a$ $\therefore x>\frac{5+a}{2}$
이 부등식의 해가 $x>5$이므로
$\frac{5+a}{2}=5$, $5+a=10$ $\therefore a=5$ 답 5

0419 양변에 6을 곱하면 $5x-6a\le-6$
$5x\le6a-6$ $\therefore x\le\frac{6a-6}{5}$
이 부등식의 해가 $x\le2$이므로
$\frac{6a-6}{5}=2$, $6a=16$ $\therefore a=\frac{8}{3}$ 답 $\frac{8}{3}$

0420 $5-ax\ge-3$에서 $-ax\ge-8$
이 부등식의 해가 $x\le4$이므로 $-a<0$
따라서 $x\le\frac{8}{a}$이므로 $\frac{8}{a}=4$ $\therefore a=2$ 답 ②

0421 $3x+11>-2(x+2)$에서 $3x+11>-2x-4$
$5x>-15$ $\therefore x>-3$
$7-4x<a-2x$에서 $-2x<a-7$ $\therefore x>\frac{7-a}{2}$
두 부등식의 해가 같으므로 $\frac{7-a}{2}=-3$
$7-a=-6$ $\therefore a=13$ 답 ④

0422 $3(x-1)+a<4$에서 $3x-3+a<4$
$3x<-a+7$ $\therefore x<\frac{-a+7}{3}$
$0.5x-\frac{4-x}{5}<2$의 양변에 10을 곱하면
$5x-2(4-x)<20$, $7x<28$ $\therefore x<4$
두 부등식의 해가 같으므로 $\frac{-a+7}{3}=4$
$-a+7=12$ $\therefore a=-5$ 답 ①

0423 $0.5x+3>0.3x+1.2$의 양변에 10을 곱하면
$5x+30>3x+12$, $2x>-18$
$\therefore x>-9$
$ax<9$의 해가 $x>-9$이므로 $a<0$ $\therefore x>\frac{9}{a}$
두 부등식의 해가 같으므로 $\frac{9}{a}=-9$
$-9a=9$ $\therefore a=-1$ 답 ②

0424 $\frac{x+1}{2}+\frac{x}{3}<-\frac{1}{3}$의 양변에 6을 곱하면
$3(x+1)+2x<-2$, $5x<-5$
$\therefore x<-1$
$ax-9>4x-2$에서 $(a-4)x>7$
이 부등식의 해가 $x<-1$이므로 $a-4<0$
$\therefore x<\frac{7}{a-4}$
두 부등식의 해가 같으므로 $\frac{7}{a-4}=-1$
$7=-a+4$ $\therefore a=-3$ 답 -3

0425 $x+a>2x$에서 $-x>-a$ $\therefore x<a$
이 부등식을 만족시키는 자연수 x가 2개이려면 오른쪽 그림과 같아야 하므로

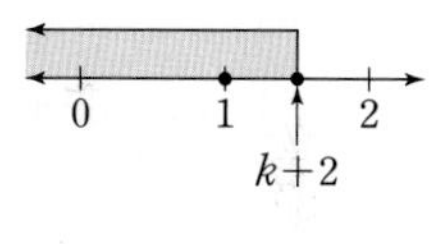

$2<a\le3$ 답 ⑤

0426 $3x-2\le2x+k$에서 $x\le k+2$
이 부등식을 만족시키는 자연수 x가 1뿐이려면 오른쪽 그림과 같아야 하므로

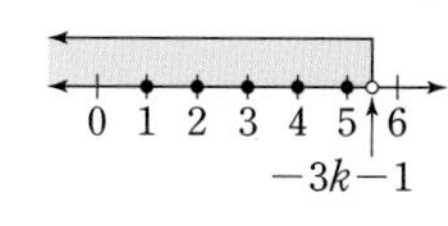

$1\le k+2<2$ $\therefore -1\le k<0$
따라서 k의 최솟값은 -1이다. 답 -1

0427 $2x-1>3(x+k)$에서 $2x-1>3x+3k$
$\therefore x<-3k-1$ …❶
이 부등식을 만족시키는 자연수 x가 5개이려면 오른쪽 그림과 같아야 하므로

0 1 2 3 4 5 6
$-3k-1$

$5<-3k-1\le6$, $6<-3k\le7$
$\therefore -\frac{7}{3}\le k<-2$ …❷
따라서 $m=-\frac{7}{3}$, $n=-2$이므로
$n-3m=-2+7=5$ …❸
답 5

채점 기준	배점
❶ 일차부등식 풀기	30 %
❷ k의 값의 범위 구하기	50 %
❸ $n-3m$의 값 구하기	20 %

0428 $x-3a>4x$에서 $-3x>3a$ $\therefore x<-a$

이 부등식을 만족시키는 자연수 x의 값이 존재하지 않으려면 오른쪽 그림과 같아야 하므로 $-a\le 1$ $\quad\therefore a\ge -1$

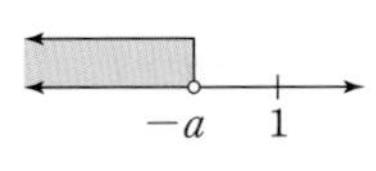

따라서 a의 최솟값은 -1이다. 답 -1

Theme 10 일차부등식의 활용 64~69쪽

0429 연속하는 두 짝수를 x, $x+2$라 하면
$5x+2\ge 3(x+2)$, $2x\ge 4$ $\quad\therefore x\ge 2$
따라서 x의 값 중에서 가장 작은 짝수는 2이므로 구하는 두 짝수는 2, 4이다. 답 2, 4

0430 어떤 자연수를 x라 하면
$2x+5<3x-4$ $\quad\therefore x>9$
따라서 가장 작은 자연수는 10이다. 답 ④

0431 연속하는 세 자연수를 $x-1$, x, $x+1$이라 하면
$(x-1)+x+(x+1)\ge 33$
$3x\ge 33$ $\quad\therefore x\ge 11$
따라서 x의 값 중에서 가장 작은 자연수는 11이므로 세 자연수는 10, 11, 12이고, 구하는 가장 큰 수는 12이다. 답 ③

0432 연속하는 세 자연수를 $x-1$, x, $x+1$이라 하면
$\{(x-1)+x\}-(x+1)>5$
$x-2>5$ $\quad\therefore x>7$
따라서 x의 값 중에서 가장 작은 자연수는 8이므로 연속하는 세 자연수는 7, 8, 9이다. 답 7, 8, 9

0433 지유의 네 번째 과목 시험 점수를 x점이라 하면
$\frac{76+87+85+x}{4}\ge 80$, $\frac{248+x}{4}\ge 80$
$248+x\ge 320$ $\quad\therefore x\ge 72$
따라서 네 번째 과목 시험에서 72점 이상을 받아야 한다.
답 ②

0434 네 번째 달리기의 기록을 x초라 하면
$\frac{12+16+13+x}{4}\le 13$, $\frac{41+x}{4}\le 13$
$41+x\le 52$ $\quad\therefore x\le 11$
따라서 네 번째 달리기는 11초 이내로 들어와야 한다.
답 11초

0435 남학생의 몸무게의 평균을 x kg이라 하면 이 반 전체의 학생 수는 $20+15=35$이므로
$\frac{20x+15\times 48}{35}\ge 52$, $20x+720\ge 1820$
$20x\ge 1100$ $\quad\therefore x\ge 55$
따라서 남학생의 몸무게의 평균은 55 kg 이상이다. 답 ④

0436 팥빵의 수를 x라 하면 크림빵의 수는 $18-x$이므로
$500(18-x)+700x\le 12000$
$5(18-x)+7x\le 120$, $90+2x\le 120$
$2x\le 30$ $\quad\therefore x\le 15$
따라서 팥빵은 최대 15개까지 살 수 있다. 답 ③

0437 장미의 수를 x라 하면
$3000x+2000\le 20000$, $3000x\le 18000$ $\quad\therefore x\le 6$
따라서 장미를 최대 6송이까지 살 수 있다. 답 6송이

0438 어른의 수를 x라 하면 어린이의 수는 $20-x$이므로
$2000x+800(20-x)\le 25000$
$20x+8(20-x)\le 250$, $12x+160\le 250$
$12x\le 90$ $\quad\therefore x\le\frac{15}{2}=7.5$
따라서 어른은 최대 7명까지 입장할 수 있다. 답 7명

0439 과자의 수를 x라 하면 사탕의 수는 $10-x$이므로
$500(10-x)+800x+2000\le 9000$
$300x+7000\le 9000$, $300x\le 2000$
$\therefore x\le\frac{20}{3}=6.\times\times\times$
이때 x는 자연수이므로 과자는 최대 6개까지 살 수 있다.
답 ③

0440 이용할 수 있는 인원수를 x라 하면
$16000\times 4+12000(x-4)\le 100000$
$16\times 4+12(x-4)\le 100$
$12x+16\le 100$, $12x\le 84$ $\quad\therefore x\le 7$
따라서 최대 7명까지 이용할 수 있다. 답 ②

0441 주차하는 시간을 x분이라 하면
$2000+100(x-30)\le 10000$
$20+(x-30)\le 100$, $x-10\le 100$ $\quad\therefore x\le 110$
따라서 최대 110분 동안 주차할 수 있다. 답 ③
다른 풀이 처음 30분 이후의 초과된 시간을 x분이라 하면
$2000+100x\le 10000$, $100x\le 8000$ $\quad\therefore x\le 80$
따라서 최대 $30+80=110$(분) 동안 주차할 수 있다.

0442 스터디 카페를 x분 동안 이용한다고 하면
$2000+50(x-60)\le 6000$ …❶
$2000+50x-3000\le 6000$, $50x\le 7000$
$\therefore x\le 140$ …❷
따라서 최대 140분 동안 이용할 수 있다. …❸
답 140분

채점 기준	배점
❶ 부등식 세우기	40 %
❷ 부등식 풀기	40 %
❸ 스터디 카페를 최대 몇 분 동안 이용할 수 있는지 구하기	20 %

0443 예금한 개월 수를 x라 하면
$15000+2000x<10000+3000x$
$-1000x<-5000$ $\quad\therefore x>5$
따라서 동생의 예금액이 형의 예금액보다 많아지는 것은 6개월 후부터이다. 답 ②

0444 매일 저금하는 금액을 x원이라 하면
$15000+25x\ge 30000$
$25x\ge 15000$ $\quad\therefore x\ge 600$
따라서 매일 저금해야 하는 최소 금액은 600원이다. 답 ③

0445 예금한 개월 수를 x라 하면
$30000+2000x<2(9000+3000x)$
$30+2x<18+6x$, $-4x<-12$
$\therefore x>3$
따라서 혜수의 예금액이 진호의 예금액의 2배보다 적어지는 것은 4개월 후부터이다. 답 4개월

0446 입장하는 사람 수를 x라 하면 입장료가 한 사람당 3000원이므로 총입장료는 $3000x$원
25명의 단체 입장권을 사면 총입장료는
$\left\{3000\times\left(1-\frac{20}{100}\right)\right\}\times 25=60000$(원)이므로
$3000x>60000 \quad \therefore x>20$
따라서 21명 이상부터 25명의 단체 입장권을 사는 것이 유리하다. 답 21명

0447 공기청정기를 구입하여 x개월 동안 사용한다고 하면
$500000+10000x<30000x$
$20000x>500000 \quad \therefore x>25$
따라서 공기청정기를 구입해서 26개월 이상 사용해야 대여받는 것보다 유리하다. 답 26개월

0448 자동차를 구입하여 x km 주행한다고 하면
(A 자동차에 드는 비용)$=17000000+\frac{1}{10}x\times 2000$(원),
(B 자동차에 드는 비용)$=23000000+\frac{1}{16}x\times 2000$(원)
이므로
$17000000+\frac{1}{10}x\times 2000>23000000+\frac{1}{16}x\times 2000$
$75x>6000000 \quad \therefore x>80000$
따라서 최소 80000 km를 초과하여 주행해야 B 자동차를 구입하는 것이 A 자동차를 구입하는 것보다 유리하다.
답 ③

참고 휘발유 가격이 1 L당 2000원이고, 휘발유 1 L당 주행 거리가 a km일 때
① 1 km 주행 시 드는 주유 비용 ⇨ $\frac{1}{a}\times 2000$(원)
② x km 주행 시 드는 주유 비용 ⇨ $\frac{1}{a}\times 2000\times x$(원)

0449 정가를 x원이라 하면
$x\times\left(1-\frac{20}{100}\right)\geq 6000\times\left(1+\frac{15}{100}\right)$
$\frac{80}{100}x\geq 6900 \quad \therefore x\geq 8625$
따라서 정가는 8625원 이상이므로 정가가 될 수 있는 것은 ⑤ 8700원이다. 답 ⑤

0450 원가를 x원이라 하면
$x\times\left(1+\frac{30}{100}\right)-1800\geq x\times\left(1+\frac{20}{100}\right)$
$\frac{10}{100}x\geq 1800 \quad \therefore x\geq 18000$
따라서 신발의 원가는 18000원 이상이어야 한다.
답 18000원

0451 원가를 a원이라 하면 정가는
$a\times\left(1+\frac{25}{100}\right)=1.25a$(원)
정가에서 x% 할인하여 판매하므로
$1.25a\times\left(1-\frac{x}{100}\right)\geq a$
$a>0$이므로 양변을 a로 나누면
$1.25\times\left(1-\frac{x}{100}\right)\geq 1$
$1-\frac{x}{100}\geq\frac{4}{5}$, $-\frac{x}{100}\geq-\frac{1}{5} \quad \therefore x\leq 20$
따라서 x의 값이 될 수 있는 가장 큰 수는 20이다. 답 ③

0452 가장 긴 변의 길이가 $(x+9)$ cm이므로
$(x+2)+(x+4)>x+9$
$2x+6>x+9 \quad \therefore x>3$
따라서 x의 값이 될 수 없는 것은 3이다. 답 ①

0453 사다리꼴의 아랫변의 길이를 x cm라 하면
$\frac{1}{2}\times(4+x)\times 5\leq 30$
$4+x\leq 12 \quad \therefore x\leq 8$
따라서 사다리꼴의 아랫변의 길이는 8 cm 이하이어야 한다.
답 ②

0454 직사각형의 세로의 길이를 x cm라 하면 가로의 길이는 $(x+10)$ cm이다.
직사각형의 둘레의 길이가 120 cm 이상이므로
$2\{x+(x+10)\}\geq 120$ …❶
$2(2x+10)\geq 120$, $4x+20\geq 120$
$4x\geq 100 \quad \therefore x\geq 25$ …❷
따라서 세로의 길이는 25 cm 이상이어야 한다. …❸
답 25 cm

채점 기준	배점
❶ 부등식 세우기	40 %
❷ 부등식 풀기	40 %
❸ 세로의 길이가 몇 cm 이상이어야 하는지 구하기	20 %

0455 원기둥의 높이를 h cm라 하면
$\pi\times 3^2\times 2+2\pi\times 3\times h\geq 36\pi$, $18\pi+6\pi h\geq 36\pi$
$6\pi h\geq 18\pi \quad \therefore h\geq 3$
따라서 원기둥의 높이는 3 cm 이상이어야 한다. 답 3 cm

참고 원기둥의 밑면의 반지름의 길이를 r, 원기둥의 높이를 h라 할 때
(원기둥의 겉넓이)=(밑넓이)×2+(옆넓이)$=\pi r^2\times 2+2\pi r\times h$

0456 시속 3 km로 걸은 거리를 x km라 하면 시속 5 km로 걸은 거리는 $(6-x)$ km이다.
전체 걸린 시간이 1시간 40분, 즉 $1\frac{40}{60}=\frac{5}{3}$(시간) 이내이므로
$\frac{6-x}{5}+\frac{x}{3}\leq\frac{5}{3}$, $3(6-x)+5x\leq 25$
$2x+18\leq 25$, $2x\leq 7 \quad \therefore x\leq\frac{7}{2}$

따라서 시속 3 km로 걸은 거리는 $\frac{7}{2}$ km 이하이므로 시속 3 km로 걸은 거리가 될 수 없는 것은 ⑤ 4 km이다. 답 ⑤

0457 x분 동안 자전거를 탄다고 하면
$370x+430x\geq 4800$, $800x\geq 4800$ $\quad\therefore x\geq 6$
따라서 6분 이상 자전거를 타야 한다. 답 6분

0458 출발한 지 x분이 지났다고 하면
$3600-(230x+170x)\leq 800$
$3600-400x\leq 800$, $-400x\leq -2800$ $\quad\therefore x\geq 7$
따라서 두 사람 사이의 거리가 800 m 이하가 되는 것은 출발한 지 7분 후부터이다. 답 ②

0459 갈 때 걸은 거리를 x km라 하면 올 때 걸은 거리는 $(x+1)$ km이므로
$\frac{x}{2}+\frac{x+1}{4}\leq 1$, $2x+(x+1)\leq 4$
$3x\leq 3$ $\quad\therefore x\leq 1$
따라서 수빈이가 걸은 거리는 최대 $1+2=3$ (km)이다.
답 ②

0460 상점까지의 거리를 x km라 하면 상점에서 물건을 사는 데 걸리는 시간은 20분, 즉 $\frac{20}{60}=\frac{1}{3}$ (시간)이고, 1시간 이내로 돌아와야 하므로
$\frac{x}{4}+\frac{1}{3}+\frac{x}{4}\leq 1$ …❶
$\frac{1}{2}x\leq\frac{2}{3}$ $\quad\therefore x\leq\frac{4}{3}$ …❷
따라서 기차역에서 $\frac{4}{3}$ km 이내에 있는 상점을 이용해야 한다. …❸
답 $\frac{4}{3}$ km

채점 기준	배점
❶ 부등식 세우기	40 %
❷ 부등식 풀기	40 %
❸ 기차역에서 몇 km 이내에 있는 상점을 이용해야 하는지 구하기	20 %

0461 자전거가 고장 난 지점을 집에서 x km 떨어진 곳이라 하면 그 지점에서 도서관까지의 거리는 $(12-x)$ km이므로
$\frac{x}{12}+\frac{12-x}{4}\leq 2$
$x+3(12-x)\leq 24$, $-2x+36\leq 24$
$-2x\leq -12$ $\quad\therefore x\geq 6$
따라서 자전거가 고장 난 지점은 집에서 6 km 이상 떨어진 곳이다. 답 6 km

0462 12 %의 소금물을 x g 섞는다고 하면 8 %의 소금물은 $(200-x)$ g 섞어야 하므로
$\frac{8}{100}\times(200-x)+\frac{12}{100}\times x\geq\frac{9}{100}\times 200$
$1600-8x+12x\geq 1800$, $4x\geq 200$ $\quad\therefore x\geq 50$
따라서 12 %의 소금물은 최소 50 g 섞어야 한다. 답 ②

0463 증발시킬 물의 양을 x g이라 하면 6 %의 소금물 300 g에 녹아 있는 소금의 양은 $\frac{6}{100}\times 300=18$(g)이므로
$18\geq\frac{9}{100}\times(300-x)$, $1800\geq 9(300-x)$
$1800\geq 2700-9x$, $9x\geq 900$ $\quad\therefore x\geq 100$
따라서 물을 최소 100 g 증발시켜야 한다. 답 ③

0464 소금을 x g 더 넣는다고 하면
$\frac{5}{100}\times 400+x\geq\frac{20}{100}\times(400+x)$
$2000+100x\geq 8000+20x$, $80x\geq 6000$
$\therefore x\geq 75$
따라서 소금은 최소 75 g을 더 넣어야 한다. 답 75 g

0465 형의 몫을 x원이라 하면 동생의 몫은 $(70000-x)$원이므로
$2x\leq 3(70000-x)$, $2x\leq 210000-3x$, $5x\leq 210000$
$\therefore x\leq 42000$
따라서 형에게 최대 42000원을 줄 수 있다. 답 ②

0466 x년 후 아버지의 나이가 딸의 나이의 2배 이하가 된다고 하면
$46+x\leq 2(15+x)$, $46+x\leq 30+2x$ $\quad\therefore x\geq 16$
따라서 아버지의 나이가 딸의 나이의 2배 이하가 되는 것은 16년 후부터이다. 답 ④

0467 십의 자리의 숫자를 x라 하면 일의 자리의 숫자는 $13-x$이므로 $2(13-x)<x$, $26-2x<x$
$-3x<-26$ $\quad\therefore x>\frac{26}{3}=8.\times\times\times$
이때 x는 한 자리의 자연수이므로 9이다.
따라서 구하는 자연수는 94이다. 답 94

0468 먹어야 하는 식품 A의 양을 x g이라 하면 식품 B의 양은 $(300-x)$ g이므로
$0.3x+0.1\times(300-x)\geq 70$
$3x+(300-x)\geq 700$, $2x\geq 400$
$\therefore x\geq 200$
따라서 먹어야 하는 식품 A의 양은 최소 200 g이다.
답 200 g

Step 3 발전 문제
70~72쪽

0469 $x+2y=-2$에서 $2y=-x-2$ $\quad\therefore y=-\frac{1}{2}x-1$
$-1<x\leq 4$에서
$-2\leq -\frac{1}{2}x<\frac{1}{2}$, $-3\leq -\frac{1}{2}x-1<-\frac{1}{2}$
$\therefore -3\leq y<-\frac{1}{2}$
따라서 정수 y는 -3, -2, -1의 3개이다. 답 ④

0470 $-5\leq x\leq 7$에서 $a<0$이므로 $7a\leq ax\leq -5a$
$\therefore \frac{1}{2}+7a\leq\frac{1}{2}+ax\leq\frac{1}{2}-5a$

이때 $\frac{1}{2}+ax$의 최댓값은 13, 최솟값은 b이므로

$\frac{1}{2}-5a=13$, $\frac{1}{2}+7a=b$

따라서 $a=-\frac{5}{2}$, $b=-17$이므로 $a-b=\frac{29}{2}$ 답 ⑤

0471 $ax+5>bx+3$에서 $(a-b)x>-2$

① $a=b$이면 $0>-2$이므로 항상 성립한다.

② $a>b$이면 $a-b>0$이므로 $x>-\frac{2}{a-b}$

③ $a<b$이면 $a-b<0$이므로 $x<-\frac{2}{a-b}$

④ $a=0$, $b>0$이면 $-bx>-2$ $\quad\therefore x<\frac{2}{b}$

⑤ $a<0$, $b=0$이면 $ax>-2$ $\quad\therefore x<-\frac{2}{a}$ 답 ⑤

0472 $ax+b>0$에서 $ax>-b$

이 부등식의 해가 $x<-1$이므로 $a<0$ $\quad\therefore x<-\frac{b}{a}$

$-\frac{b}{a}=-1$에서 $b=a$

따라서 $b=a$를 $(a+b)x-4b>0$에 대입하면

$2ax-4a>0$, $2ax>4a$ $\quad\therefore x<2$ ($\because a<0$) 답 ③

0473 $ax+4>4x-2$에서 $(a-4)x>-6$

이 부등식의 해가 $x<6$이므로 $a-4<0$

$\therefore x<-\frac{6}{a-4}$

$-\frac{6}{a-4}=6$이므로 $-6=6(a-4)$, $a-4=-1$

$\therefore a=3$ 답 3

0474 $\frac{x+2}{3}-\frac{x-a}{2}>2$에서

$2(x+2)-3(x-a)>12$, $2x+4-3x+3a>12$

$-x>-3a+8$ $\quad\therefore x<3a-8$ ...... ㉠

$0.5x-\frac{2-x}{2}<2$에서

$5x-5(2-x)<20$, $5x-10+5x<20$

$10x<30$ $\quad\therefore x<3$ ...... ㉡

㉠과 ㉡의 해가 같으므로 $3a-8=3$, $3a=11$

$\therefore a=\frac{11}{3}$ 답 $\frac{11}{3}$

0475 절댓값이 2 이하인 정수는 -2, -1, 0, 1, 2이고

$1.6+\frac{4}{5}x\le\frac{1}{2}(x+4)$에서

$16+8x\le5(x+4)$, $16+8x\le5x+20$

$3x\le4$ $\quad\therefore x\le\frac{4}{3}$

따라서 x는 -2, -1, 0, 1이므로 모든 x의 값의 합은 -2이다. 답 -2

0476 $\frac{2x-3}{5}+\frac{x-a}{2}<0$에서 $2(2x-3)+5(x-a)<0$

$4x-6+5x-5a<0$, $9x<5a+6$ $\quad\therefore x<\frac{5a+6}{9}$

주어진 부등식을 만족시키는 자연수가 1뿐이므로 오른쪽 그림에서

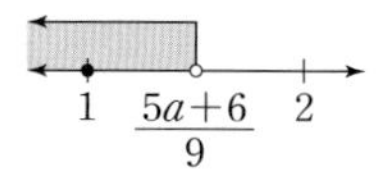

$1<\frac{5a+6}{9}\le2$, $9<5a+6\le18$

$3<5a\le12$ $\quad\therefore \frac{3}{5}<a\le\frac{12}{5}$

따라서 정수 a는 1, 2의 2개이다. 답 ②

0477 패밀리 레스토랑에 x명이 간다고 하면

$12000\times x\times\frac{80}{100}<12000\times4\times\frac{60}{100}+12000\times(x-4)$

$8x<24+10x-40$, $-2x<-16$ $\quad\therefore x>8$

이때 x는 자연수이므로 9명 이상부터 통신사 제휴 카드로 할인받는 것이 유리하다. 답 9명

0478 (직육면체의 겉넓이)$=$(밑넓이)$\times2+$(옆넓이)이므로

(겉넓이)$=3x\times2+(x+3+x+3)\times4=14x+24(\text{cm}^2)$

$14x+24\le90$, $14x\le66$ $\quad\therefore x\le\frac{33}{7}=4.\times\times\times$

따라서 직육면체의 겉넓이가 $90\,\text{cm}^2$ 이하가 되는 자연수 x는 1, 2, 3, 4의 4개이다. 답 ④

0479 준규와 화정이가 동시에 출발한 지 x분이 지났다고 하면

$150x+100x\ge1000$, $250x\ge1000$ $\quad\therefore x\ge4$

따라서 준규와 화정이가 1km 이상 떨어지는 것은 출발한 지 4분 후부터이다. 답 4분

0480 더 넣을 물의 양을 xg이라 하면 15%의 소금물 500g에 녹아 있는 소금의 양은

$\frac{15}{100}\times500=75$ (g)이므로

$75\le\frac{6}{100}\times(500+x)$, $7500\le3000+6x$

$6x\ge4500$ $\quad\therefore x\ge750$

따라서 물을 최소 750g 더 넣어야 한다. 답 ②

0481 시속 6km로 뛰어간 거리를 $x$km라 하면 시속 12km로 자전거를 타고 간 거리는 $(20-x)$km이다.

자전거를 고치는 데 걸린 시간이 20분, 즉 $\frac{20}{60}=\frac{1}{3}$(시간)이고 전체 걸린 시간은 $2\frac{30}{60}=\frac{5}{2}$(시간) 이내이므로

$\frac{20-x}{12}+\frac{1}{3}+\frac{x}{6}\le\frac{5}{2}$

$20-x+4+2x\le30$, $x+24\le30$ $\quad\therefore x\le6$

따라서 시속 6km로 뛰어간 거리는 최대 6km이다. 답 ②

0482 원가를 a원이라 하면

$\left\{a\times\left(1+\frac{30}{100}\right)\right\}\times\left(1-\frac{x}{100}\right)\ge a$

$a>0$이므로 양변을 a로 나누면

$\frac{130}{100}\times\left(1-\frac{x}{100}\right)\ge1$

$1-\frac{x}{100}\ge\frac{10}{13}$, $-\frac{x}{100}\ge-\frac{3}{13}$ $\quad\therefore x\le\frac{300}{13}=23.\times\times\times$

따라서 x의 값이 될 수 있는 가장 큰 자연수는 23이다.

답 ④

0483 전체 일의 양을 1이라 할 때, 남자 1명, 여자 1명이 하루에 할 수 있는 일의 양은 각각 $\frac{1}{5}$, $\frac{1}{7}$이다.
여자를 x명이라 하면 남자는 $(6-x)$명이므로
$\frac{1}{5}\times(6-x)+\frac{1}{7}\times x\ge 1$
$7(6-x)+5x\ge 35$, $42-7x+5x\ge 35$
$-2x\ge -7$ $\quad\therefore x\le\frac{7}{2}$
따라서 여자가 최대 3명까지 들어갈 수 있다. 답 3명

교과서 속 창의력 UP! 73쪽

0484 인원수를 x라 하면 15명 이상 20명 미만의 단체 입장권을 살 때의 입장료는
$3000\times x\times\left(1-\frac{10}{100}\right)=2700x$(원)
20명의 단체 입장권을 살 때의 입장료는
$3000\times 20\times\left(1-\frac{20}{100}\right)=48000$(원)
$2700x>48000$ $\quad\therefore x>\frac{160}{9}=17.\times\times\times$
따라서 18명 이상부터 20명의 단체 입장권을 사는 것이 유리하다. 답 18명

0485 종이를 x장 붙인다고 하면
$2\times\{8x-(x-1)\}+2\times 8\ge 116$
$14x+2+16\ge 116$, $14x\ge 98$ $\quad\therefore x\ge 7$
따라서 종이를 최소 7장 붙여야 한다. 답 7장
참고 종이를 2장 붙일 때, 가로의 길이는 $8\times 2-1$(cm)
종이를 3장 붙일 때, 가로의 길이는 $8\times 3-2$(cm)
종이를 4장 붙일 때, 가로의 길이는 $8\times 4-3$(cm)
⋮
종이를 x장 붙일 때, 가로의 길이는 $8x-(x-1)$(cm)

0486 $3(x-4)+x\ge 20$이므로
$3x-12+x\ge 20$, $4x\ge 32$
$\therefore x\ge 8$
따라서 x의 최솟값은 8이다. 답 8

0487 A가 큰 수가 나오는 횟수를 x라 할 때, 두 사람의 게임 내용은 다음과 같다.

	A	B
큰 수가 나오는 횟수	x	$30-x$
작은 수가 나오는 횟수	$30-x$	x

A의 득점의 합 : $5x+2(30-x)=3x+60$
B의 득점의 합 : $5(30-x)+2x=150-3x$
A의 득점의 합이 B의 득점의 합보다 10점 이상 많으므로
$3x+60-(150-3x)\ge 10$
$6x-90\ge 10$, $6x\ge 100$
$\therefore x\ge\frac{50}{3}=16.\times\times\times$
따라서 A가 큰 수를 17번 이상 뽑아야 한다. 답 17번

05. 미지수가 2개인 연립방정식

Step 1 핵심 개념 77, 79쪽

0488 답 ×　　0489 답 ○

0490 답 ×

0491 $x(1+2y)-2xy+2y=3$에서
$x+2xy-2xy+2y=3$ $\quad\therefore x+2y-3=0$ 답 ○

0492 $5x+2y+4=3x+2y$에서 $2x+4=0$ 답 ×

0493 답 $3x+8y=52$

0494 답 $1000x+500y=9500$

0495 답 ×　　0496 답 ○

0497 답 ○　　0498 답 ×

0499

x	9	4	-1	-6	-11
y	1	2	3	4	5

따라서 구하는 해는 (9, 1), (4, 2)이다. 답 풀이 참조

0500

x	1	2	3	4	5
y	$\frac{10}{3}$	2	$\frac{2}{3}$	$-\frac{2}{3}$	-2

따라서 구하는 해는 (2, 2)이다. 답 풀이 참조

0501 답 $\begin{cases}x+y=20\\x-y=12\end{cases}$

0502 답 $\begin{cases}x+y=12\\800x+400y=6800\end{cases}$

0503 답 ○　　0504 답 ×

0505 답 ×

0506 ㉠을 ㉡에 대입하면
$4x+(-3x)=1$ $\quad\therefore x=1$
$x=1$을 ㉠에 대입하면 $y=-3$ 답 $x=1$, $y=-3$

0507 ㉡을 ㉠에 대입하면
$2(2y-1)+3y=12$, $7y=14$ $\quad\therefore y=2$
$y=2$를 ㉡에 대입하면 $x=3$ 답 $x=3$, $y=2$

0508 ㉡을 ㉠에 대입하면
$5x+(x+11)=17$, $6x=6$ $\quad\therefore x=1$
$x=1$을 ㉡에 대입하면
$3y=12$ $\quad\therefore y=4$ 답 $x=1$, $y=4$

0509 ㉠+㉡을 하면
$6x=-6$ $\quad\therefore x=-1$
$x=-1$을 ㉠에 대입하면
$-2+3y=1$, $3y=3$ $\quad\therefore y=1$ 답 $x=-1$, $y=1$

0510 ㉠+㉡×3을 하면
$11x=22$ $\quad\therefore x=2$

$x=2$를 ㉡에 대입하면

$6+y=5$ $\quad\therefore y=-1$ 　　답 $x=2,\ y=-1$

0511 ㉠$\times 3+$㉡$\times 2$를 하면

$23y=23$ $\quad\therefore y=1$

$y=1$을 ㉠에 대입하면

$-2x+5=9,\ -2x=4$ $\quad\therefore x=-2$ 　답 $x=-2,\ y=1$

0512 답 (가) $2x+3y$ 　(나) $7x$ 　(다) 1 　(라) 2

0513 답 (가) $4x+3y$ 　(나) $3x-2y$ 　(다) $3y$ 　(라) 2

0514 답 (가) $4x-3y$ 　(나) $2x+7y$ 　(다) $4x$ 　(라) 4

0515 $\begin{cases}3x-y=5\\-9x+3y=-15\end{cases}$에서 $\begin{cases}-9x+3y=-15\\-9x+3y=-15\end{cases}$이므로 해가 무수히 많다. 　답 해가 무수히 많다.

0516 $\begin{cases}x-5y=2\\2x-10y=5\end{cases}$에서 $\begin{cases}2x-10y=4\\2x-10y=5\end{cases}$이므로 해가 없다.

답 해가 없다.

Step 2 핵심 유형 　80~89쪽

Theme 11 미지수가 2개인 연립방정식 　80~82쪽

0517 우변의 모든 항을 좌변으로 이항하여 정리하면

ㄱ. $\frac{1}{x}-y=2$에서 $\frac{1}{x}-y-2=0$

ㄴ. $2x+y=3(x-y+1)$에서 $2x+y=3x-3y+3$

$\therefore -x+4y-3=0$

ㄷ. $y=3x-\frac{1}{4}$에서 $-3x+y+\frac{1}{4}=0$

ㄹ. $5(xy+x-3)=0$에서 $5xy+5x-15=0$

따라서 미지수가 2개인 일차방정식은 ㄴ, ㄷ이다. 　답 ④

0518 $ax-2y=2x-5y+3$에서 $(a-2)x+3y-3=0$

이 식이 미지수가 2개인 일차방정식이 되려면

$a-2\neq 0$ $\quad\therefore a\neq 2$ 　답 ③

0519 세잎클로버의 잎의 개수는 $3x$, 네잎클로버의 잎의 개수는 $4y$이므로 x, y에 대한 일차방정식으로 나타내면

$3x+4y=43$이다. 　답 $3x+4y=43$

0520 ③ $5\times 4-2\times(-5)\neq 10$

⑤ $5\times(-1)-2\times\frac{15}{2}\neq 10$ 　답 ③, ⑤

0521 x, y가 자연수일 때, $3x+4y=42$의 해는 $(2,\ 9)$, $(6,\ 6)$, $(10,\ 3)$의 3개이다. 　답 3

0522 $x=3,\ y=1$을 각 방정식에 대입하면

ㄱ. $3+2\times 1=5$ 　　ㄴ. $3\times 3-1\neq 7$

ㄷ. $4\times 3+3\times 1\neq 10$ 　　ㄹ. $3-1-2=0$

따라서 $x=3,\ y=1$을 해로 갖는 일차방정식은 ㄱ, ㄹ이다.

답 ㄱ, ㄹ

0523 x, y가 음이 아닌 정수일 때, $4x+y=15$의 해는 $(0,\ 15)$, $(1,\ 11)$, $(2,\ 7)$, $(3,\ 3)$의 4개이고

$3x+2y=12$의 해는 $(0,\ 6)$, $(2,\ 3)$, $(4,\ 0)$의 3개이다.

따라서 $a=4,\ b=3$이므로

$a+b=7$ 　답 7

0524 $x=-1,\ y=2$를 $5x-ay=7$에 대입하면

$-5-2a=7,\ -2a=12$ $\quad\therefore a=-6$ 　답 ②

0525 $x=1,\ y=4$를 $ax+3y-10=0$에 대입하면

$a+12-10=0$ $\quad\therefore a=-2$

따라서 $y=-2$를 $-2x+3y-10=0$에 대입하면

$-2x-6-10=0,\ -2x=16$ $\quad\therefore x=-8$ 　답 ①

0526 $x=6,\ y=a$를 $2x-5y=7$에 대입하면

$12-5a=7,\ -5a=-5$ $\quad\therefore a=1$ 　…❶

$x=b,\ y=b+1$을 $2x-5y=7$에 대입하면

$2b-5(b+1)=7,\ -3b=12$ $\quad\therefore b=-4$ 　…❷

$\therefore a-b=5$ 　…❸

답 5

채점 기준	배점
❶ a의 값 구하기	40 %
❷ b의 값 구하기	40 %
❸ $a-b$의 값 구하기	20 %

0527 x, y가 자연수일 때, $x+3y=5$의 해는 $(2,\ 1)$이다.

$x=2,\ y=1$을 $ax-4y=2$에 대입하면

$2a-4=2,\ 2a=6$ $\quad\therefore a=3$ 　답 3

0528 미술관에 입장한 어른 수와 청소년 수가 6명이므로 $x+y=6$

입장료가 총 7000원이므로 $2500x+900y=7000$

$\therefore \begin{cases}x+y=6\\2500x+900y=7000\end{cases}$ 　답 ②

0529 1유로가 1달러보다 60원 더 비싸므로 $x-y=60$

1유로와 1달러의 합이 2650원이므로 $x+y=2650$

$\therefore \begin{cases}x-y=60\\x+y=2650\end{cases}$ 　답 $\begin{cases}x-y=60\\x+y=2650\end{cases}$

0530 걸어간 거리와 뛰어간 거리의 합이 5 km이므로 $x+y=5$

걸어간 시간은 $\frac{x}{4}$시간, 뛰어간 시간은 $\frac{y}{6}$시간, 전체 걸린 시간은 1시간 10분, 즉 $\frac{7}{6}$시간이므로 $\frac{x}{4}+\frac{y}{6}=\frac{7}{6}$

$\therefore \begin{cases}x+y=5\\\frac{x}{4}+\frac{y}{6}=\frac{7}{6}\end{cases}$ 　답 ①, ④

0531 $x=1,\ y=2$를 각 연립방정식에 대입하면

ㄱ. $\begin{cases}1+2=3\\1-2\neq 2\end{cases}$ 　　ㄴ. $\begin{cases}3\times 1+2\times 2\neq 8\\2=1+1\end{cases}$

ㄷ. $\begin{cases}2\times 1+2=4\\-1+2=1\end{cases}$ 　　ㄹ. $\begin{cases}1+2\times 2=5\\2\times 1+3\times 2=8\end{cases}$

따라서 $x=1,\ y=2$를 해로 갖는 연립방정식은 ㄷ, ㄹ이다.

답 ⑤

0532 $x=2$, $y=-1$을 각 일차방정식에 대입하면

ㄱ. $2\times2-(-1)=5$

ㄴ. $-3\times2+5\times(-1)\neq-10$

ㄷ. $-2-4\times(-1)\neq6$

ㄹ. $4\times2+7\times(-1)=1$

$\therefore \begin{cases}2x-y=5\\4x+7y=1\end{cases}$ 답 $\begin{cases}2x-y=5\\4x+7y=1\end{cases}$

0533 x, y가 자연수일 때,

$2x+y=8$의 해는 $(1, 6)$, $(2, 4)$, $(3, 2)$

$x+5y=13$의 해는 $(3, 2)$, $(8, 1)$

따라서 연립방정식 $\begin{cases}2x+y=8\\x+5y=13\end{cases}$의 해는 $(3, 2)$ 답 ④

다른 풀이 보기의 각 순서쌍을 주어진 연립방정식에 대입하였을 때 등식이 성립하는 것을 찾는다.

④ $x=3$, $y=2$를 $2x+y=8$에 대입하면 $2\times3+2=8$

$x=3$, $y=2$를 $x+5y=13$에 대입하면 $3+5\times2=13$

따라서 $(3, 2)$는 주어진 연립방정식의 해이다.

0534 $x=2$, $y=-1$을 $-4x+ay=-2$에 대입하면

$-8-a=-2$ $\therefore a=-6$

$x=2$, $y=-1$을 $bx-y=5$에 대입하면

$2b+1=5$ $\therefore b=2$ 답 ②

0535 $x=2$, $y=b$를 $3x-y=2$에 대입하면

$6-b=2$ $\therefore b=4$

$x=2$, $y=4$를 $ax+2y=6$에 대입하면

$2a+8=6$, $2a=-2$ $\therefore a=-1$

$\therefore ab=-4$ 답 -4

0536 $x=a$, $y=-6$을 $2x-y=12$에 대입하면

$2a+6=12$, $2a=6$ $\therefore a=3$

$x=3$, $y=-6$을 $3x+2y=b$에 대입하면

$9-12=b$ $\therefore b=-3$

$\therefore a-b=6$ 답 6

0537 $x=2b$, $y=b+1$을 $x+2y=10$에 대입하면

$2b+2(b+1)=10$, $4b=8$ $\therefore b=2$ …❶

$x=4$, $y=3$을 $ax-y=5$에 대입하면

$4a-3=5$, $4a=8$ $\therefore a=2$ …❷

$\therefore a+b=4$ …❸

답 4

채점 기준	배점
❶ b의 값 구하기	40 %
❷ a의 값 구하기	40 %
❸ $a+b$의 값 구하기	20 %

Theme 12 연립방정식의 풀이 83~86쪽

0538 $\begin{cases}y=3x-5 & \cdots\cdots ㉠\\y=-x+7 & \cdots\cdots ㉡\end{cases}$

㉠을 ㉡에 대입하면

$3x-5=-x+7$, $4x=12$ $\therefore x=3$

$x=3$을 ㉠에 대입하면 $y=4$

따라서 $a=3$, $b=4$이므로

$a^2+b^2=9+16=25$ 답 25

0539 ① ㈎ : y 답 ①

0540 ㉠을 ㉡에 대입하면

$-x+2(8+2x)=1$, $-x+16+4x=1$, $3x=-15$

$\therefore k=3$ 답 ③

0541 $\begin{cases}2x=3y-1 & \cdots\cdots ㉠\\2x+y=11 & \cdots\cdots ㉡\end{cases}$

㉠을 ㉡에 대입하면

$3y-1+y=11$, $4y=12$ $\therefore y=3$

$y=3$을 ㉠에 대입하면 $2x=8$ $\therefore x=4$

따라서 $a=4$, $b=3$이므로 $a+b=7$ 답 ④

0542 $y=-2x+1$을 $3x-y=-11$에 대입하면

$3x-(-2x+1)=-11$, $5x-1=-11$, $5x=-10$

$\therefore x=-2$

$x=-2$를 $y=-2x+1$에 대입하면 $y=5$

$\therefore y-x=7$ 답 ④

0543 $\begin{cases}x=2y+7 & \cdots\cdots ㉠\\3x-2y=1 & \cdots\cdots ㉡\end{cases}$

㉠을 ㉡에 대입하면

$3(2y+7)-2y=1$, $4y+21=1$, $4y=-20$

$\therefore y=-5$

$y=-5$를 ㉠에 대입하면 $x=-3$ …❶

$x=-3$, $y=-5$를 $x+ky+8=0$에 대입하면

$-3-5k+8=0$, $-5k=-5$ $\therefore k=1$ …❷

답 1

채점 기준	배점
❶ 연립방정식의 해 구하기	60 %
❷ k의 값 구하기	40 %

0544 $\begin{cases}x=-y+3 & \cdots\cdots ㉠\\2x-3y=-4 & \cdots\cdots ㉡\end{cases}$

㉠을 ㉡에 대입하면 $2(-y+3)-3y=-4$

$-5y+6=-4$, $-5y=-10$ $\therefore y=2$

$y=2$를 ㉠에 대입하면 $x=1$

$x=1$, $y=2$를 각각의 일차방정식에 대입하면

ㄱ. $1-2=-1$ ㄴ. $1-2\times2\neq5$

ㄷ. $3\times1+2\times2=7$ ㄹ. $-2\times1+3\times2\neq-4$

따라서 $x=1$, $y=2$를 한 해로 갖는 것은 ㄱ, ㄷ이다.

답 ㄱ, ㄷ

0545 $\begin{cases}5x+2y=-1 & \cdots\cdots ㉠\\2x-3y=-8 & \cdots\cdots ㉡\end{cases}$

㉠$\times3$을 하면 $15x+6y=-3$ $\cdots\cdots$ ㉢

㉡$\times2$를 하면 $4x-6y=-16$ $\cdots\cdots$ ㉣

㉢+㉣을 하면 $19x=-19$ $\therefore x=-1$

$x=-1$을 ㉠에 대입하면 $-5+2y=-1$, $2y=4$

$\therefore y=2$

따라서 $a=-1$, $b=2$이므로 $a+b=1$ 답 1

0546 ㉠×4, ㉡×3을 하면 y의 계수가 12로 같아지므로

㉠×4−㉡×3을 하면 y를 소거할 수 있다. 답 ④

0547 $\begin{cases} -3x+4y=2 & \cdots\cdots ㉠ \\ 9x-7y=4 & \cdots\cdots ㉡ \end{cases}$

㉠×3+㉡을 하면 $5y=10$ $\therefore a=5$ 답 5

0548 ㉠×5를 하면 $10x+15y=-15$ ······ ㉢

㉡×2를 하면 $2ax-16y=14$ ······ ㉣

㉢+㉣을 하면 $(2a+10)x-y=-1$

이때 x가 소거되므로 $2a+10=0$ $\therefore a=-5$ 답 ①

0549 ①, ②, ③, ⑤ $x=3$, $y=1$

④ $\begin{cases} x-4y=7 & \cdots\cdots ㉠ \\ 3x+4y=5 & \cdots\cdots ㉡ \end{cases}$

㉠+㉡을 하면 $4x=12$ $\therefore x=3$

$x=3$을 ㉠에 대입하면

$3-4y=7$, $-4y=4$ $\therefore y=-1$

따라서 해가 나머지 넷과 다른 하나는 ④이다. 답 ④

0550 우진 : ㉠×2를 하면 $4x-10y=4$

㉡×5를 하면 $-30x-10y=-30$

따라서 ㉠×2−㉡×5를 해야 y를 소거할 수 있다.

그러므로 잘못 푼 학생은 우진이다. 답 우진

0551 $\begin{cases} x-2y=4 & \cdots\cdots ㉠ \\ 3x+4y=2 & \cdots\cdots ㉡ \end{cases}$

㉠×3−㉡을 하면 $-10y=10$ $\therefore y=-1$

$y=-1$을 ㉠에 대입하면

$x+2=4$ $\therefore x=2$ ···❶

$x=2$, $y=-1$을 $2x+y=a$에 대입하면

$4-1=a$ $\therefore a=3$ ···❷

답 3

채점 기준	배점
❶ 연립방정식의 해 구하기	60 %
❷ a의 값 구하기	40 %

0552 주어진 연립방정식을 정리하면

$\begin{cases} x-4y=-5 & \cdots\cdots ㉠ \\ 2x+3y=12 & \cdots\cdots ㉡ \end{cases}$

㉠×2−㉡을 하면 $-11y=-22$ $\therefore y=2$

$y=2$를 ㉠에 대입하면 $x-8=-5$ $\therefore x=3$

$x=3$, $y=2$를 $ax-3y=9$에 대입하면

$3a-6=9$, $3a=15$ $\therefore a=5$ 답 5

0553 주어진 연립방정식을 정리하면

$\begin{cases} x+3y=-1 & \cdots\cdots ㉠ \\ 4x+y=7 & \cdots\cdots ㉡ \end{cases}$

㉠−㉡×3을 하면 $-11x=-22$ $\therefore x=2$

$x=2$를 ㉡에 대입하면 $8+y=7$ $\therefore y=-1$ 답 ⑤

0554 주어진 연립방정식을 정리하면

$\begin{cases} 2x-y=-2 & \cdots\cdots ㉠ \\ 4x+3y=33+3a & \cdots\cdots ㉡ \end{cases}$

$x=3$, $y=b$를 ㉠에 대입하면

$6-b=-2$ $\therefore b=8$

$x=3$, $y=8$을 ㉡에 대입하면

$12+24=33+3a$, $3a=3$ $\therefore a=1$

$\therefore b-a=7$ 답 ③

0555 $2(x-3y)=3(1-y)$를 정리하면

$2x-6y=3-3y$

$\therefore 2x-3y=3$ ······ ㉠

$5-\{2x-(4x-5y)+2\}=4$를 정리하면

$5-(2x-4x+5y+2)=4$, $5+2x-5y-2=4$

$\therefore 2x-5y=1$ ······ ㉡

㉠−㉡을 하면 $2y=2$ $\therefore y=1$

$y=1$을 ㉠에 대입하면

$2x-3=3$, $2x=6$ $\therefore x=3$

따라서 $a=3$, $b=1$이므로 $ab=3$ 답 3

0556 $\begin{cases} x-\dfrac{y-3}{2}=5 & \cdots\cdots ㉠ \\ \dfrac{x}{4}+\dfrac{y}{3}=\dfrac{5}{12} & \cdots\cdots ㉡ \end{cases}$

㉠×2를 하면 $2x-y+3=10$

$\therefore 2x-y=7$ ······ ㉢

㉡×12를 하면 $3x+4y=5$ ······ ㉣

㉢×4+㉣을 하면 $11x=33$ $\therefore x=3$

$x=3$을 ㉢에 대입하면

$6-y=7$ $\therefore y=-1$

따라서 $a=3$, $b=-1$이므로 $a-b=4$ 답 4

0557 $\begin{cases} 0.4x-0.3y=1.4 & \cdots\cdots ㉠ \\ 0.01x+0.04y=-0.06 & \cdots\cdots ㉡ \end{cases}$

㉠×10을 하면 $4x-3y=14$ ······ ㉢

㉡×100을 하면 $x+4y=-6$ ······ ㉣

㉢−㉣×4를 하면 $-19y=38$ $\therefore y=-2$

$y=-2$를 ㉣에 대입하면 $x-8=-6$ $\therefore x=2$

따라서 $a=2$, $b=-2$이므로

$ab=-4$ 답 −4

0558 $\begin{cases} 0.5x-0.1y=0.4 & \cdots\cdots ㉠ \\ \dfrac{x-3}{4}+\dfrac{y}{8}=\dfrac{1}{2} & \cdots\cdots ㉡ \end{cases}$

㉠×10을 하면 $5x-y=4$ ······ ㉢

㉡×8을 하면 $2(x-3)+y=4$

$\therefore 2x+y=10$ ······ ㉣

㉢+㉣을 하면 $7x=14$ $\therefore x=2$

$x=2$를 ㉢에 대입하면

$10-y=4$ $\therefore y=6$

따라서 $a-1=2$, $b=6$이므로 $a=3$, $b=6$

$\therefore a+b=9$ 답 9

0559 $\begin{cases} 0.1x+0.5y=-0.6 & \cdots\cdots ㉠ \\ 0.\dot{1}x-1.\dot{6}y=6 & \cdots\cdots ㉡ \end{cases}$

㉠×10을 하면 $x+5y=-6$ ······ ㉢

㉡에서 $0.\dot{1}=\frac{1}{9}$, $1.\dot{6}=\frac{15}{9}=\frac{5}{3}$이므로

$\frac{1}{9}x-\frac{5}{3}y=6$ ∴ $x-15y=54$ ······ ㉣

㉢−㉣을 하면 $20y=-60$ ∴ $y=-3$

$y=-3$을 ㉢에 대입하면

$x-15=-6$ ∴ $x=9$ 답 $x=9$, $y=-3$

참고 $0.\dot{a}=\frac{a}{9}$, $a.\dot{b}=\frac{ab-a}{9}$

0560 $\begin{cases} (x+y):(x-y)=3:1 & \cdots\cdots ㉠ \\ 2x+y=15 & \cdots\cdots ㉡ \end{cases}$

㉠에서 $x+y=3(x-y)$, $x+y=3x-3y$

$2x=4y$ ∴ $x=2y$ ······ ㉢

㉢을 ㉡에 대입하면

$4y+y=15$, $5y=15$ ∴ $y=3$

$y=3$을 ㉢에 대입하면 $x=6$

따라서 $a=6$, $b=3$이므로 $ab=18$ 답 ⑤

0561 $\begin{cases} (2y-x):(2x+y+1)=1:2 & \cdots\cdots ㉠ \\ 4x-y=5 & \cdots\cdots ㉡ \end{cases}$

㉠에서 $2(2y-x)=2x+y+1$

$4y-2x=2x+y+1$ ∴ $-4x+3y=1$ ······ ㉢

㉡+㉢을 하면 $2y=6$ ∴ $y=3$

$y=3$을 ㉡에 대입하면 $4x-3=5$, $4x=8$ ∴ $x=2$

답 $x=2$, $y=3$

0562 $\begin{cases} 3(2x-y)=2(x+y-10) & \cdots\cdots ㉠ \\ 3x:5y=1:2 & \cdots\cdots ㉡ \end{cases}$

㉠에서 $6x-3y=2x+2y-20$

∴ $4x-5y=-20$ ······ ㉢

㉡에서 $5y=6x$ ······ ㉣

㉣을 ㉢에 대입하면

$4x-6x=-20$, $-2x=-20$ ∴ $x=10$

$x=10$을 ㉣에 대입하면 $5y=60$ ∴ $y=12$

∴ $x-y=-2$ 답 ④

0563 $\begin{cases} (x+3):5=(y+5):2 & \cdots\cdots ㉠ \\ \frac{3(x-2)}{5}-\frac{y}{3}=1 & \cdots\cdots ㉡ \end{cases}$

㉠에서 $2x+6=5y+25$

∴ $2x-5y=19$ ······ ㉢

㉡×15를 하면 $9(x-2)-5y=15$, $9x-18-5y=15$

∴ $9x-5y=33$ ······ ㉣ ···❶

㉢−㉣을 하면 $-7x=-14$ ∴ $x=2$

$x=2$를 ㉢에 대입하면

$4-5y=19$, $-5y=15$ ∴ $y=-3$ ···❷

$x=2$, $y=-3$을 $x-ky=11$에 대입하면

$2+3k=11$, $3k=9$ ∴ $k=3$ ···❸

답 3

채점 기준	배점
❶ 주어진 연립방정식 정리하기	40 %
❷ 연립방정식의 해 구하기	40 %
❸ k의 값 구하기	20 %

0564 $\begin{cases} 2x+3y-6=3x-2y \\ 3x-2y=4x-5y+2 \end{cases}$, 즉 $\begin{cases} -x+5y=6 & \cdots\cdots ㉠ \\ -x+3y=2 & \cdots\cdots ㉡ \end{cases}$

㉠−㉡을 하면 $2y=4$ ∴ $y=2$

$y=2$를 ㉠에 대입하면

$-x+10=6$ ∴ $x=4$ 답 ④

0565 $\begin{cases} 3x-y=-9 \\ \frac{3}{2}x+y=-9 \end{cases}$, 즉 $\begin{cases} 3x-y=-9 & \cdots\cdots ㉠ \\ 3x+2y=-18 & \cdots\cdots ㉡ \end{cases}$

㉠−㉡을 하면 $-3y=9$ ∴ $y=-3$

$y=-3$을 ㉠에 대입하면

$3x+3=-9$, $3x=-12$ ∴ $x=-4$

따라서 $a=-4$, $b=-3$이므로 $a-b=-1$ 답 ②

다른 풀이 $\begin{cases} 3x-y=-9 & \cdots\cdots ㉠ \\ \frac{3}{2}x+y=-9 & \cdots\cdots ㉡ \end{cases}$

㉠+㉡을 하면 $\frac{9}{2}x=-18$ ∴ $x=-4$

$x=-4$를 ㉠에 대입하면

$-12-y=-9$ ∴ $y=-3$

0566 $\begin{cases} \frac{x-y}{2}=3 \\ \frac{5x-2y}{5}=3 \end{cases}$, 즉 $\begin{cases} x-y=6 & \cdots\cdots ㉠ \\ 5x-2y=15 & \cdots\cdots ㉡ \end{cases}$

㉠×2−㉡을 하면 $-3x=-3$ ∴ $x=1$

$x=1$을 ㉠에 대입하면 $1-y=6$ ∴ $y=-5$

따라서 $a=1$, $b=-5$이므로 $a+b=-4$ 답 ②

0567 $\begin{cases} 0.2x+0.5y=-1 \\ \frac{2}{3}x+\frac{1}{2}y=-1 \end{cases}$, 즉 $\begin{cases} 2x+5y=-10 & \cdots\cdots ㉠ \\ 4x+3y=-6 & \cdots\cdots ㉡ \end{cases}$

㉠×2−㉡을 하면 $7y=-14$ ∴ $y=-2$

$y=-2$를 ㉠에 대입하면

$2x-10=-10$ ∴ $x=0$

$x=0$, $y=-2$를 $3x+2y-k=0$에 대입하면

$0-4-k=0$ ∴ $k=-4$ 답 −4

Theme 13 연립방정식의 풀이의 응용 87~89쪽

0568 $x=2$, $y=-1$을 주어진 연립방정식에 대입하면

$\begin{cases} 2a-b=1 \\ 2b+a=8 \end{cases}$, 즉 $\begin{cases} 2a-b=1 & \cdots\cdots ㉠ \\ a+2b=8 & \cdots\cdots ㉡ \end{cases}$

㉠×2+㉡을 하면 $5a=10$ ∴ $a=2$

$a=2$를 ㉠에 대입하면 $4-b=1$ ∴ $b=3$ 답 ⑤

0569 $x=-3$, $y=2$를 주어진 연립방정식에 대입하면

$\begin{cases} -3a+2b=7 & \cdots\cdots ㉠ \\ -6a-2b=2 & \cdots\cdots ㉡ \end{cases}$

㉠+㉡을 하면 $-9a=9$ ∴ $a=-1$

$a=-1$을 ㉠에 대입하면 $3+2b=7$

$2b=4 \quad \therefore b=2$

$\therefore a+b=1$

답 ④

0570 $x=1$, $y=-2$를 주어진 연립방정식에 대입하면

$\begin{cases} 4a+2b=8 \\ b-2a=2 \end{cases}$, 즉 $\begin{cases} 2a+b=4 & \cdots\cdots ㉠ \\ -2a+b=2 & \cdots\cdots ㉡ \end{cases}$

㉠+㉡을 하면 $2b=6 \quad \therefore b=3$

$b=3$을 ㉠에 대입하면

$2a+3=4$, $2a=1 \quad \therefore a=\frac{1}{2}$

$\therefore 4a-b=2-3=-1$

답 -1

0571 $x=5$, $y=-3$을 주어진 연립방정식에 대입하면

$\begin{cases} 8:6=2a:b \\ 5a-3b=1 \end{cases}$, 즉 $\begin{cases} a=\frac{2}{3}b & \cdots\cdots ㉠ \\ 5a-3b=1 & \cdots\cdots ㉡ \end{cases}$

㉠을 ㉡에 대입하면

$\frac{10}{3}b-3b=1$, $\frac{b}{3}=1 \quad \therefore b=3$

$b=3$을 ㉠에 대입하면 $a=2$

$\therefore a+b=5$

답 5

0572 주어진 연립방정식의 해는 세 방정식을 모두 만족시키므로

연립방정식 $\begin{cases} 5x-2y=2 & \cdots\cdots ㉠ \\ 3x+y=10 & \cdots\cdots ㉡ \end{cases}$의 해와 같다.

㉠+㉡×2를 하면 $11x=22 \quad \therefore x=2$

$x=2$를 ㉡에 대입하면 $6+y=10 \quad \therefore y=4$

$x=2$, $y=4$를 $2x-ay=3$에 대입하면

$4-4a=3$, $-4a=-1 \quad \therefore a=\frac{1}{4}$

답 $\frac{1}{4}$

0573 주어진 연립방정식의 해는 세 방정식을 모두 만족시키므로

연립방정식 $\begin{cases} x-5y=12 & \cdots\cdots ㉠ \\ 3x+10y=11 & \cdots\cdots ㉡ \end{cases}$의 해와 같다.

㉠×2+㉡을 하면 $5x=35 \quad \therefore x=7$

$x=7$을 ㉠에 대입하면

$7-5y=12$, $-5y=5 \quad \therefore y=-1$

$x=7$, $y=-1$을 $ax+(a+5)y=7$에 대입하면

$7a-a-5=7$, $6a=12 \quad \therefore a=2$

답 2

0574 주어진 연립방정식의 해는 세 방정식을 모두 만족시키므로

연립방정식 $\begin{cases} 3x+4y=1 & \cdots\cdots ㉠ \\ 2x+y=4 & \cdots\cdots ㉡ \end{cases}$의 해와 같다.

㉠−㉡×4를 하면 $-5x=-15 \quad \therefore x=3$

$x=3$을 ㉡에 대입하면 $6+y=4 \quad \therefore y=-2$

$x=3$, $y=-2$를 $x-ky=3k$에 대입하면

$3+2k=3k \quad \therefore k=3$

따라서 $p=3$, $q=-2$, $k=3$이므로

$p+q+k=4$

답 4

0575 $\begin{cases} 3x+y=2y+3 \\ ax-y=2y+3 \end{cases}$으로 놓으면 주어진 방정식의 해는 다음 연립방정식의 해와 같다.

$\begin{cases} 3x+y=2y+3 & \cdots\cdots ㉠ \\ \frac{3}{2}x-\frac{1}{3}y=2 & \cdots\cdots ㉡ \end{cases}$

㉠을 정리하면 $3x-y=3 \quad \cdots\cdots ㉢$

㉡×6을 하면 $9x-2y=12 \quad \cdots\cdots ㉣$

㉢×2−㉣을 하면 $-3x=-6 \quad \therefore x=2$

$x=2$를 ㉢에 대입하면 $6-y=3 \quad \therefore y=3$

$x=2$, $y=3$을 $ax-y=2y+3$에 대입하면

$2a-3=6+3$, $2a=12 \quad \therefore a=6$

답 6

0576 $\begin{cases} x-y=4 & \cdots\cdots ㉠ \\ x=3y & \cdots\cdots ㉡ \end{cases}$

㉡을 ㉠에 대입하면 $3y-y=4$, $2y=4 \quad \therefore y=2$

$y=2$를 ㉡에 대입하면 $x=6$

$x=6$, $y=2$를 $2x-ky=6$에 대입하면

$12-2k=6$, $-2k=-6 \quad \therefore k=3$

답 3

0577 $\begin{cases} 5x+y=2 & \cdots\cdots ㉠ \\ x=y+4 & \cdots\cdots ㉡ \end{cases}$

㉡을 ㉠에 대입하면

$5(y+4)+y=2$, $6y=-18 \quad \therefore y=-3$

$y=-3$을 ㉡에 대입하면 $x=1$

$x=1$, $y=-3$을 $x-3y=2a$에 대입하면

$1+9=2a \quad \therefore a=5$

답 ③

0578 $2x-4(y+2x-5)=-4$에서

$2x-4y-8x+20=-4$, $-6x-4y=-24$

$\therefore 3x+2y=12 \quad \cdots\cdots ㉠$ …❶

x와 y의 값의 비가 $2:3$이므로

$x:y=2:3$에서 $3x=2y \quad \cdots\cdots ㉡$ …❷

㉡을 ㉠에 대입하면

$2y+2y=12$, $4y=12 \quad \therefore y=3$

$y=3$을 ㉡에 대입하면 $3x=6 \quad \therefore x=2$ …❸

$x=2$, $y=3$을 $y-3x=a$에 대입하면

$3-6=a \quad \therefore a=-3$ …❹

답 -3

채점 기준	배점
❶ 괄호가 있는 일차방정식 정리하기	20 %
❷ 비례식을 등식으로 나타내기	20 %
❸ 연립방정식의 해 구하기	40 %
❹ a의 값 구하기	20 %

다른 풀이 $x=2k$, $y=3k\,(k\neq0)$라 하고 이를 $3x+2y=12$에 대입하면

$6k+6k=12$, $12k=12 \quad \therefore k=1$

$\therefore x=2$, $y=3$

$x=2$, $y=3$을 $y-3x=a$에 대입하면

$3-6=a \quad \therefore a=-3$

0579 $\begin{cases} 2x-y=a & \cdots\cdots ㉠ \\ x=2y & \cdots\cdots ㉡ \end{cases}$

㉡을 ㉠에 대입하면 $4y-y=a$, $3y=a \quad \therefore y=\frac{a}{3}$

$y=\frac{a}{3}$를 ㉡에 대입하면 $x=\frac{2a}{3}$

$x=\frac{2a}{3}$, $y=\frac{a}{3}$를 $x+2y=7-a$에 대입하면

$\frac{2a}{3}+\frac{2a}{3}=7-a$, $\frac{7a}{3}=7$ $\therefore a=3$ 답 3

다른 풀이 $\begin{cases} 2x-y=a & \cdots\cdots ㉠ \\ x+2y=7-a & \cdots\cdots ㉡ \end{cases}$

$x=2k$, $y=k\,(k\neq0)$라 하고 이를 ㉠, ㉡에 대입하면

㉠에서 $4k-k=a$ $\therefore a=3k$

㉡에서 $2k+2k=7-3k$, $7k=7$ $\therefore k=1$

$\therefore a=3$

0580 $\begin{cases} bx+ay=1 \\ ax+by=5 \end{cases}$에 $x=1$, $y=2$를 대입하면

$\begin{cases} b+2a=1 \\ a+2b=5 \end{cases}$, 즉 $\begin{cases} 2a+b=1 & \cdots\cdots ㉠ \\ a+2b=5 & \cdots\cdots ㉡ \end{cases}$

㉠×2−㉡을 하면

$3a=-3$ $\therefore a=-1$

$a=-1$을 ㉠에 대입하면 $-2+b=1$ $\therefore b=3$

즉, 처음 연립방정식은 $\begin{cases} -x+3y=1 & \cdots\cdots ㉢ \\ 3x-y=5 & \cdots\cdots ㉣ \end{cases}$

㉢×3+㉣을 하면 $8y=8$ $\therefore y=1$

$y=1$을 ㉢에 대입하면 $-x+3=1$ $\therefore x=2$

따라서 처음 연립방정식의 해는 $x=2$, $y=1$

답 $x=2$, $y=1$

0581 $x+2y=7$에서 상수항 7을 a로 잘못 보았다고 하면

$x+2y=a$ ⋯⋯ ㉠

$y=3$을 $2x+3y=5$에 대입하면

$2x+9=5$, $2x=-4$ $\therefore x=-2$

$x=-2$, $y=3$을 ㉠에 대입하면

$-2+6=a$ $\therefore a=4$

따라서 상수항 7을 4로 잘못 보고 풀었다. 답 4

0582 $x=2$, $y=-2$를 $3x+ay=2$에 대입하면

$6-2a=2$, $-2a=-4$ $\therefore a=2$

$x=-4$, $y=4$를 $bx+3y=-4$에 대입하면

$-4b+12=-4$, $-4b=-16$ $\therefore b=4$

$\therefore a+b=6$ 답 ②

0583 $x=1$을 $2x-y=7$에 대입하면 $2-y=7$ $\therefore y=-5$

즉, 잘못 보고 푼 연립방정식의 해는 $x=1$, $y=-5$

$x=1$, $y=-5$를 $bx+y=2$에 대입하면

$b-5=2$ $\therefore b=7$

이때 $b=a+6$이므로 $7=a+6$ $\therefore a=1$

따라서 처음 연립방정식은 $\begin{cases} x+y=2 & \cdots\cdots ㉠ \\ 2x-y=7 & \cdots\cdots ㉡ \end{cases}$

㉠+㉡을 하면 $3x=9$ $\therefore x=3$

$x=3$을 ㉠에 대입하면 $3+y=2$ $\therefore y=-1$

따라서 처음 연립방정식의 해는 $x=3$, $y=-1$

답 $x=3$, $y=-1$

0584 $\begin{cases} x+2y=5 & \cdots\cdots ㉠ \\ 5x-6y=9 & \cdots\cdots ㉡ \end{cases}$

㉠×3+㉡을 하면 $8x=24$ $\therefore x=3$

$x=3$을 ㉠에 대입하면 $3+2y=5$, $2y=2$ $\therefore y=1$

$x=3$, $y=1$을 $4x-ay=9$에 대입하면

$12-a=9$ $\therefore a=3$

$x=3$, $y=1$을 $bx-3y=3$에 대입하면

$3b-3=3$, $3b=6$ $\therefore b=2$ 답 ⑤

0585 $\begin{cases} 2x+5y=26 & \cdots\cdots ㉠ \\ x-3y=-9 & \cdots\cdots ㉡ \end{cases}$

㉠−㉡×2를 하면 $11y=44$ $\therefore y=4$

$y=4$를 ㉡에 대입하면 $x-12=-9$ $\therefore x=3$

$x=3$, $y=4$를 $4x+ay=20$에 대입하면

$12+4a=20$, $4a=8$ $\therefore a=2$

$x=3$, $y=4$를 $2x+by=-2$에 대입하면

$6+4b=-2$, $4b=-8$ $\therefore b=-2$

$\therefore a+b=0$ 답 ①

0586 $\begin{cases} x-y=1 & \cdots\cdots ㉠ \\ 3x-2y=5 & \cdots\cdots ㉡ \end{cases}$

㉠×2−㉡을 하면 $-x=-3$ $\therefore x=3$

$x=3$을 ㉠에 대입하면 $3-y=1$ $\therefore y=2$

$x=3$, $y=2$를 $ax-3y=9$에 대입하면

$3a-6=9$, $3a=15$ $\therefore a=5$

$x=3$, $y=2$를 $5x+by=3-b$에 대입하면

$15+2b=3-b$, $3b=-12$ $\therefore b=-4$

$\therefore a-b=9$ 답 9

0587 $\begin{cases} ax-6y=2 \\ 4x+by=-1 \end{cases}$, 즉 $\begin{cases} ax-6y=2 \\ -8x-2by=2 \end{cases}$의 해가 무수히 많으므로 $a=-8$, $-6=-2b$

따라서 $a=-8$, $b=3$이므로 $a+b=-5$ 답 ①

다른 풀이 $\frac{a}{4}=\frac{-6}{b}=\frac{2}{-1}$에서 $a=-8$, $b=3$

0588 ①, ③ 해가 무수히 많다.

②, ④ 해가 1개이다.

⑤ $\begin{cases} 3x-2y=4 \\ 6x-4y=6 \end{cases}$, 즉 $\begin{cases} 3x-2y=4 \\ 3x-2y=3 \end{cases}$이므로 해가 없다. 답 ⑤

0589 $\begin{cases} 4x+ay=5 \\ -2x+3y=6 \end{cases}$, 즉 $\begin{cases} 4x+ay=5 \\ 4x-6y=-12 \end{cases}$의 해가 없으므로

$a=-6$ 답 −6

0590 $\begin{cases} -x+ay=4 \\ 3x-9y=2b \end{cases}$, 즉 $\begin{cases} 3x-3ay=-12 \\ 3x-9y=2b \end{cases}$의 해가 무수히 많으므로

$-3a=-9$, $-12=2b$ $\therefore a=3$, $b=-6$

$\begin{cases} 5x-2cy=6 \\ -x+2y=3 \end{cases}$, 즉 $\begin{cases} 5x-2cy=6 \\ 5x-10y=-15 \end{cases}$의 해가 없으므로

$-2c=-10$ $\therefore c=5$

$\therefore a+b+c=2$ 답 2

발전 문제

90~92쪽

0591 $x^2-by-2+3x=ax^2-2y-cx-1$에서

$(1-a)x^2+(2-b)y+(3+c)x-1=0$

이 식이 미지수가 2개인 일차방정식이 되려면

$1-a=0,\ 2-b\neq0,\ 3+c\neq0$

$\therefore a=1,\ b\neq2,\ c\neq-3$ 답 ③

0592 ① $(1,\ 4),\ (2,\ 2)$의 2개이다.

② $(1,\ 14),\ (2,\ 13),\ (3,\ 12),\ \cdots,\ (14,\ 1)$의 14개이다.

③ $(2,\ 3),\ (5,\ 2),\ (8,\ 1)$의 3개이다.

④ x, y가 자연수인 해는 없다.

⑤ $(2,\ 5),\ (5,\ 3),\ (8,\ 1)$의 3개이다. 답 ④

0593 $0.\dot{3}x+1.\dot{3}y=1.\dot{1}$에서

$\frac{3}{9}x+\frac{12}{9}y=\frac{10}{9}\qquad\therefore 3x+12y=10$

$x=2,\ y=k$를 $3x+12y=10$에 대입하면

$6+12k=10,\ 12k=4\qquad\therefore k=\frac{1}{3}$ 답 ①

0594 $\begin{cases}x-2y=11 & \cdots\cdots ㉠\\ 2x+3y=-6 & \cdots\cdots ㉡\end{cases}$

㉠×2−㉡을 하면 $-7y=28\qquad\therefore y=-4$

$y=-4$를 ㉠에 대입하면 $x+8=11\qquad\therefore x=3$

즉, $a=3,\ b=-4$이므로 $\begin{cases}ax+by=-5\\ bx+ay=2\end{cases}$에서

$\begin{cases}3x-4y=-5 & \cdots\cdots ㉢\\ -4x+3y=2 & \cdots\cdots ㉣\end{cases}$

㉢×4+㉣×3을 하면 $-7y=-14\qquad\therefore y=2$

$y=2$를 ㉢에 대입하면

$3x-8=-5,\ 3x=3\qquad\therefore x=1$

따라서 구하는 해는 $(1,\ 2)$이다. 답 ④

0595 $\begin{cases}0.\dot{2}(x-1)+1.\dot{3}y=0.\dot{8}\\ 0.0\dot{1}x+0.0\dot{2}(y-7)=0.0\dot{3}\end{cases}$에서

$\begin{cases}\frac{2}{9}(x-1)+\frac{12}{9}y=\frac{8}{9}\\ \frac{1}{90}x+\frac{2}{90}(y-7)=\frac{3}{90}\end{cases}$, 즉 $\begin{cases}x+6y=5 & \cdots\cdots ㉠\\ x+2y=17 & \cdots\cdots ㉡\end{cases}$

㉠−㉡을 하면 $4y=-12\qquad\therefore y=-3$

$y=-3$을 ㉡에 대입하면 $x-6=17\qquad\therefore x=23$

따라서 $a=23,\ b=-3$이므로 $a+b=20$ 답 20

0596 $\begin{cases}\frac{y-x}{5}+0.3x=-\frac{1}{5} & \cdots\cdots ㉠\\ \frac{x+2y}{10}-\frac{6}{5}y=2.2 & \cdots\cdots ㉡\end{cases}$

㉠×10, ㉡×10을 하면 $\begin{cases}2(y-x)+3x=-2\\ x+2y-12y=22\end{cases}$

즉, $\begin{cases}x+2y=-2 & \cdots\cdots ㉢\\ x-10y=22 & \cdots\cdots ㉣\end{cases}$

㉢−㉣을 하면 $12y=-24\qquad\therefore y=-2$

$y=-2$를 ㉢에 대입하면

$x-4=-2\qquad\therefore x=2$

따라서 $a=2,\ b=-2$이므로 $ab=-4$ 답 ①

0597 $x=1,\ y=2$를 $\begin{cases}ax+by=1\\ bx-ay=3\end{cases}$에 대입하면

$\begin{cases}a+2b=1\\ b-2a=3\end{cases}$, 즉 $\begin{cases}a+2b=1 & \cdots\cdots ㉠\\ -2a+b=3 & \cdots\cdots ㉡\end{cases}$

㉠×2+㉡을 하면 $5b=5\qquad\therefore b=1$

$b=1$을 ㉠에 대입하면 $a+2=1\qquad\therefore a=-1$

$\therefore a^2+b^2=2$ 답 2

0598 $\begin{cases}3x+y+2=-x-y\\ 3x+y+2=2x+2y+1\end{cases}$, 즉 $\begin{cases}2x+y=-1 & \cdots\cdots ㉠\\ x-y=-1 & \cdots\cdots ㉡\end{cases}$

㉠+㉡을 하면 $3x=-2\qquad\therefore x=-\frac{2}{3}$

$x=-\frac{2}{3}$를 ㉡에 대입하면

$-\frac{2}{3}-y=-1\qquad\therefore y=\frac{1}{3}$

따라서 $a=-\frac{2}{3},\ b=\frac{1}{3}$이므로

$\frac{a}{b}=-\frac{2}{3}\div\frac{1}{3}=-\frac{2}{3}\times3=-2$ 답 ①

0599 y의 값이 x의 값의 2배이므로 $y=2x$

$y=2x$를 $ax+y=1$에 대입하면

$ax+2x=1,\ (a+2)x=1$

$\therefore x=\frac{1}{a+2}\qquad\cdots\cdots ㉠$

$y=2x$를 $x-ay=-1$에 대입하면

$x-2ax=-1,\ (1-2a)x=-1$

$\therefore x=\frac{-1}{1-2a}\qquad\cdots\cdots ㉡$

㉠, ㉡에서 $\frac{1}{a+2}=\frac{-1}{1-2a}$

$1-2a=-a-2,\ -a=-3\qquad\therefore a=3$ 답 ②

0600 $\begin{cases}4x+3y=9\\ ax-y=b\end{cases}$, 즉 $\begin{cases}4x+3y=9\\ -3ax+3y=-3b\end{cases}$의 해가 없으므로

$4=-3a,\ 9\neq-3b\qquad\therefore a=-\frac{4}{3},\ b\neq-3$

㉡에서 $x=6,\ y=-10$을 $-\frac{4}{3}x-y=b$에 대입하면

$-8+10=b\qquad\therefore b=2$

$\therefore ab=-\frac{4}{3}\times2=-\frac{8}{3}$ 답 $-\frac{8}{3}$

0601 $x=-1,\ y=5$를 $x+ay=4$에 대입하면

$-1+5a=4,\ 5a=5\qquad\therefore a=1$

즉, 순서쌍 $(1,\ 1)$이 연립방정식 $\begin{cases}cx+y=b\\ bx+cy=5\end{cases}$의 해이므로

$x=1,\ y=1$을 대입하면

$\begin{cases}c+1=b\\ b+c=5\end{cases}$, 즉 $\begin{cases}b-c=1 & \cdots\cdots ㉠\\ b+c=5 & \cdots\cdots ㉡\end{cases}$

㉠+㉡을 하면 $2b=6\qquad\therefore b=3$

$b=3$을 ㉡에 대입하면 $3+c=5$ $\therefore c=2$

$a=1,\ b=3,\ c=2$이므로 $\begin{cases} x+ay=4 \\ bx+cy=5 \end{cases}$에서

$\begin{cases} x+y=4 & \cdots\cdots ㉢ \\ 3x+2y=5 & \cdots\cdots ㉣ \end{cases}$

㉢×2−㉣을 하면 $-x=3$ $\therefore x=-3$

$x=-3$을 ㉢에 대입하면 $-3+y=4$ $\therefore y=7$

따라서 A에 알맞은 순서쌍은 $(-3,\ 7)$이다. 답 $(-3,\ 7)$

0602 $\begin{cases} ax-by=4 \\ 3x-2y=-1 \end{cases}$의 해를 $(p,\ q)$라 하면

$\begin{cases} ap-bq=4 & \cdots\cdots ㉠ \\ 3p-2q=-1 & \cdots\cdots ㉡ \end{cases}$

$\begin{cases} 4x-y=4 \\ -bx+ay=10 \end{cases}$의 해는 $(2p,\ 2q)$이므로

$\begin{cases} 8p-2q=4 & \cdots\cdots ㉢ \\ -2bp+2aq=10 & \cdots\cdots ㉣ \end{cases}$

㉡−㉢을 하면 $-5p=-5$ $\therefore p=1$

$p=1$을 ㉡에 대입하면

$3-2q=-1,\ -2q=-4$ $\therefore q=2$

$p=1,\ q=2$를 ㉠, ㉣에 각각 대입하면

$\begin{cases} a-2b=4 & \cdots\cdots ㉤ \\ 4a-2b=10 & \cdots\cdots ㉥ \end{cases}$

㉤−㉥을 하면 $-3a=-6$ $\therefore a=2$

$a=2$를 ㉤에 대입하면

$2-2b=4,\ -2b=2$ $\therefore b=-1$

$\therefore ab=-2$ 답 -2

0603 $x=6,\ y=2$를 $\begin{cases} ax+by=8 \\ cx-3y=6 \end{cases}$에 대입하면

$\begin{cases} 6a+2b=8 & \cdots\cdots ㉠ \\ 6c-6=6 & \cdots\cdots ㉡ \end{cases}$

㉡에서 $6c=12$ $\therefore c=2$

미소가 잘못 본 c의 값을 c'이라 하고

$x=1,\ y=-1$을 $\begin{cases} ax+by=8 \\ c'x-3y=6 \end{cases}$에 대입하면

$\begin{cases} a-b=8 & \cdots\cdots ㉢ \\ c'+3=6 & \cdots\cdots ㉣ \end{cases}$

㉠, ㉢을 연립하여 풀면 $a=3,\ b=-5$

㉣에서 $c'=3$

따라서 $a=3,\ b=-5,\ c=2$이고, 미소는 c를 3으로 잘못 보았다.

답 $a=3,\ b=-5,\ c=2$이고, 미소는 c를 3으로 잘못 보았다.

0604 $\begin{cases} (x-1):(y+3)=1:2 \\ x+2y=-5 \end{cases}$에서

$\begin{cases} 2x-y=5 & \cdots\cdots ㉠ \\ x+2y=-5 & \cdots\cdots ㉡ \end{cases}$

㉠×2+㉡을 하면 $5x=5$ $\therefore x=1$

$x=1$을 ㉠에 대입하면 $2-y=5$ $\therefore y=-3$

$x=1,\ y=-3$을 $\begin{cases} ax+by=4 \\ 3bx-ay=8 \end{cases}$에 대입하면

$\begin{cases} a-3b=4 & \cdots\cdots ㉢ \\ 3a+3b=8 & \cdots\cdots ㉣ \end{cases}$

㉢+㉣을 하면 $4a=12$ $\therefore a=3$

$a=3$을 ㉢에 대입하면

$3-3b=4,\ -3b=1$ $\therefore b=-\frac{1}{3}$

$\therefore \frac{a}{b}=3\div\left(-\frac{1}{3}\right)=3\times(-3)=-9$ 답 -9

교과서 속 창의력 UP! 93쪽

0605 그림에서 주어진 연산을 식으로 나타내면 다음과 같다.

$\begin{cases} x+y=5 & \cdots\cdots ㉠ \\ 3x+2y=8 & \cdots\cdots ㉡ \end{cases}$

㉠×2−㉡을 하면 $-x=2$ $\therefore x=-2$

$x=-2$를 ㉠에 대입하면

$-2+y=5$ $\therefore y=7$ 답 $x=-2,\ y=7$

0606 (1) $\frac{1}{x}=X,\ \frac{1}{y}=Y$라 하고 주어진 연립방정식을 $X,\ Y$에 대한 연립방정식으로 나타내면

$\begin{cases} 2X-2Y=1 & \cdots\cdots ㉠ \\ X+2Y=2 & \cdots\cdots ㉡ \end{cases}$

㉠+㉡을 하면 $3X=3$ $\therefore X=1$

$X=1$을 ㉡에 대입하면

$1+2Y=2,\ 2Y=1$ $\therefore Y=\frac{1}{2}$

(2) $\frac{1}{x}=1,\ \frac{1}{y}=\frac{1}{2}$이므로 $x=1,\ y=2$

답 (1) $\begin{cases} 2X-2Y=1 \\ X+2Y=2 \end{cases}$, $X=1,\ Y=\frac{1}{2}$ (2) $x=1,\ y=2$

0607 직사각형의 긴 변의 길이를 x cm, 짧은 변의 길이를 y cm라 하면

[그림 1]에서 $x+3y=11$, [그림 2]에서 $2x+2y=14$이므로

$\begin{cases} x+3y=11 \\ 2x+2y=14 \end{cases}$, 즉 $\begin{cases} x+3y=11 & \cdots\cdots ㉠ \\ x+y=7 & \cdots\cdots ㉡ \end{cases}$

㉠−㉡을 하면 $2y=4$ $\therefore y=2$

$y=2$를 ㉡에 대입하면 $x+2=7$ $\therefore x=5$

따라서 긴 변의 길이는 5 cm, 짧은 변의 길이는 2 cm이다.

답 긴 변 : 5 cm, 짧은 변 : 2 cm

0608 가로 방향으로 한 칸씩 이동할 때마다 늘어나는 값을 x, 세로 방향으로 한 칸씩 이동할 때마다 늘어나는 값을 y라 하면

$\begin{cases} 4x+y=11 & \cdots\cdots ㉠ \\ 2x+3y=13 & \cdots\cdots ㉡ \end{cases}$

㉠−㉡×2를 하면 $-5y=-15$ $\therefore y=3$

$y=3$을 ㉠에 대입하면

$4x+3=11,\ 4x=8$ $\therefore x=2$

$\therefore A=4x+3y=4\times2+3\times3=17$ 답 17

06. 연립방정식의 활용

Step 1 핵심 개념 95쪽

0609 답 $\begin{cases} x+y=20 \\ x-y=6 \end{cases}$

0610 답 13, 7

0611 답 13, 7

0612 답 어머니 : $x+3$, 아들 : $y+3$

0613 답 $\begin{cases} x+y=38 \\ x+3=4(y+3)-1 \end{cases}$

0614 답 32, 6

0615 답 32, 6

0616 $30\times\frac{5}{2}=75(\text{km})$ 답 75 km

0617 답 시속 $\frac{x}{5}$km

0618 답 $\frac{x}{45}$시간

0619 답 10, $\frac{x}{3}$, $\frac{y}{4}$, 3

0620 답 $\begin{cases} x+y=10 \\ \frac{x}{3}+\frac{y}{4}=3 \end{cases}$

0621 답 6, 4

0622 답 6, 4

Step 2 핵심 유형 96~105쪽

Theme 14 연립방정식의 활용(1) 96~100쪽

0623 큰 수를 x, 작은 수를 y라 하면

$\begin{cases} x+y=50 \\ 2x=3y \end{cases}$ $\therefore x=30,\ y=20$

따라서 두 수의 차는 $30-20=10$ 답 ③

0624 큰 수를 x, 작은 수를 y라 하면

$\begin{cases} x+y=72 \\ x-y=34 \end{cases}$ $\therefore x=53,\ y=19$

따라서 두 수 중 작은 수는 19이다. 답 19

0625 큰 수를 x, 작은 수를 y라 하면

$\begin{cases} x-y=11 \\ x=2y+5 \end{cases}$ $\therefore x=17,\ y=6$

따라서 두 수의 합은 $17+6=23$ 답 23

0626 큰 수를 x, 작은 수를 y라 하면

$\begin{cases} x=4y+4 & \cdots\cdots ㉠ \\ 9y=2x+9 & \cdots\cdots ㉡ \end{cases}$ …❶

㉠을 ㉡에 대입하면

$9y=2(4y+4)+9$, $9y=8y+17$

$\therefore y=17$

$y=17$을 ㉠에 대입하면 $x=4\times17+4=72$ …❷

따라서 두 수의 차는 $72-17=55$ …❸

답 55

채점 기준	배점
❶ 연립방정식 세우기	40 %
❷ 연립방정식 풀기	40 %
❸ 두 수의 차 구하기	20 %

0627 처음 수의 십의 자리의 숫자를 x, 일의 자리의 숫자를 y라 하면

$\begin{cases} x+y=11 \\ 10y+x=(10x+y)+45 \end{cases}$, 즉 $\begin{cases} x+y=11 \\ x-y=-5 \end{cases}$

$\therefore x=3,\ y=8$

따라서 처음 수는 38이다. 답 ②

0628 십의 자리의 숫자를 x, 일의 자리의 숫자를 y라 하면

$\begin{cases} x+y=13 \\ y=x-3 \end{cases}$ $\therefore x=8,\ y=5$

따라서 두 자리의 자연수는 85이다. 답 85

0629 처음 수의 십의 자리의 숫자를 x, 일의 자리의 숫자를 y라 하면

$\begin{cases} x+y=9 \\ 10y+x=2(10x+y)-9 \end{cases}$, 즉 $\begin{cases} x+y=9 \\ 19x-8y=9 \end{cases}$

$\therefore x=3,\ y=6$

따라서 처음 수는 36이다. 답 36

0630 백의 자리의 숫자와 십의 자리의 숫자를 x, 일의 자리의 숫자를 y라 하면

$\begin{cases} x+x+y=9 \\ x+x=y-1 \end{cases}$, 즉 $\begin{cases} 2x+y=9 \\ 2x-y=-1 \end{cases}$

$\therefore x=2,\ y=5$

따라서 세 자리의 자연수는 225이다. 답 225

0631 연필의 수를 x, 볼펜의 수를 y라 하면

$\begin{cases} x+y=16 \\ 500x+700y=10000 \end{cases}$, 즉 $\begin{cases} x+y=16 \\ 5x+7y=100 \end{cases}$

$\therefore x=6,\ y=10$

따라서 연필은 6자루를 샀다. 답 6자루

0632 참치김밥 한 줄의 가격을 x원, 치즈김밥 한 줄의 가격을 y원이라 하면

$\begin{cases} 2x+3y=13500 \\ x=y+500 \end{cases}$ $\therefore x=3000,\ y=2500$

따라서 참치김밥 한 줄의 가격은 3000원이다. 답 3000원

0633 어른 한 명의 입장료를 x원, 어린이 한 명의 입장료를 y원이라 하면

$\begin{cases} 4x+2y=10400 \\ 2x+3y=7600 \end{cases}$, 즉 $\begin{cases} 2x+y=5200 \\ 2x+3y=7600 \end{cases}$

$\therefore x=2000,\ y=1200$

따라서 어린이 한 명의 입장료는 1200원이다. 답 1200원

0634 민아가 산 자몽주스의 개수를 x, 초콜릿의 개수를 y라 하면

$\begin{cases} 3+x+y=10 \\ 3000+800x+600y=7600 \end{cases}$, 즉 $\begin{cases} x+y=7 \\ 4x+3y=23 \end{cases}$

$\therefore x=2,\ y=5$

따라서 민아가 산 초콜릿의 개수는 5이다. 답 5

0635 오리가 x마리, 염소가 y마리 있다고 하면

$\begin{cases} x+y=16 \\ 2x+4y=46 \end{cases}$, 즉 $\begin{cases} x+y=16 \\ x+2y=23 \end{cases}$

$\therefore x=9,\ y=7$

따라서 오리는 9마리이다. 답 9마리

0636 4명씩 탄 보트의 수를 x, 5명씩 탄 보트의 수를 y라 하면

$\begin{cases} x+y=7 \\ 4x+5y=32 \end{cases}$ $\therefore x=3,\ y=4$

따라서 4명씩 탄 보트는 3대, 5명씩 탄 보트는 4대이다.

답 4명씩 탄 보트 : 3대, 5명씩 탄 보트 : 4대

0637 3인용 의자의 개수를 x, 4인용 의자의 개수를 y라 하면

$\begin{cases} x+y=20 \\ 3x+4y=68 \end{cases}$ $\therefore x=12,\ y=8$

따라서 3인용 의자는 12개 있다. 답 ⑤

0638 구미호가 x마리, 붕조가 y마리 있다고 하면

$\begin{cases} x+9y=72 \\ 9x+y=88 \end{cases}$ $\therefore x=9,\ y=7$

따라서 구미호는 9마리이다. 답 9마리

0639 현재 어머니의 나이를 x살, 아들의 나이를 y살이라 하면

$\begin{cases} x+y=59 \\ x+4=2(y+4)+10 \end{cases}$, 즉 $\begin{cases} x+y=59 \\ x-2y=14 \end{cases}$

$\therefore x=44,\ y=15$

따라서 현재 아들의 나이는 15살이다. 답 ③

0640 현재 고모의 나이를 x살, 혜주의 나이를 y살이라 하면

$\begin{cases} x+y=47 \\ x=3y+7 \end{cases}$ $\therefore x=37,\ y=10$

따라서 현재 고모의 나이는 37살이다. 답 37살

0641 현재 민호의 나이를 x살, 아버지의 나이를 y살이라 하면

$\begin{cases} y-x=32 \\ 6(x-5)=(y-5)+8 \end{cases}$, 즉 $\begin{cases} -x+y=32 \\ 6x-y=33 \end{cases}$

$\therefore x=13,\ y=45$

따라서 현재 민호의 나이는 13살이다. 답 13살

0642 현재 지수의 나이를 x살, 어머니의 나이를 y살이라 하면

$\begin{cases} y-x=31 \\ (x+10)+(y+10)=65+10 \end{cases}$, 즉 $\begin{cases} -x+y=31 \\ x+y=55 \end{cases}$

$\therefore x=12,\ y=43$

따라서 현재 어머니의 나이는 43살이다. 답 43살

0643 직사각형의 가로의 길이를 $x$cm, 세로의 길이를 $y$cm라 하면

$\begin{cases} 2x+2y=48 \\ x=2y-3 \end{cases}$, 즉 $\begin{cases} x+y=24 \\ x=2y-3 \end{cases}$

$\therefore x=15,\ y=9$

따라서 가로의 길이는 15 cm이다. 답 15 cm

0644 긴 끈의 길이를 $x$cm, 짧은 끈의 길이를 $y$cm라 하면

$\begin{cases} x+y=36 \\ x=3y-4 \end{cases}$ $\therefore x=26,\ y=10$

따라서 긴 끈의 길이는 26 cm이고, 짧은 끈의 길이는 10 cm이다. 답 긴 끈 : 26 cm, 짧은 끈 : 10 cm

0645 처음 직사각형의 가로의 길이를 $x$cm, 세로의 길이를 $y$cm라 하면

$\begin{cases} 2x+2y=32 \\ 2\{2x+(y+3)\}=50 \end{cases}$, 즉 $\begin{cases} x+y=16 \\ 2x+y=22 \end{cases}$

$\therefore x=6,\ y=10$

따라서 처음 직사각형의 세로의 길이는 10 cm이다.

답 10 cm

0646 직사각형의 가로의 길이를 $x$cm, 세로의 길이를 $y$cm라 하면

$\begin{cases} 2x+2y=180 \\ x=2y \end{cases}$, 즉 $\begin{cases} x+y=90 & \cdots\cdots ㉠ \\ x=2y & \cdots\cdots ㉡ \end{cases}$ …❶

㉡을 ㉠에 대입하면

$2y+y=90,\ 3y=90$ $\therefore y=30$

$y=30$을 ㉡에 대입하면 $x=60$ …❷

따라서 직사각형의 가로의 길이는 60 cm, 세로의 길이는 30 cm이므로 넓이는 $60\times30=1800\ (\text{cm}^2)$ …❸

답 $1800\ \text{cm}^2$

채점 기준	배점
❶ 연립방정식 세우기	40 %
❷ 연립방정식 풀기	30 %
❸ 직사각형의 넓이 구하기	30 %

0647 남학생 수를 x, 여학생 수를 y라 하면

$\begin{cases} x+y=27 \\ \frac{1}{4}x+\frac{1}{3}y=8 \end{cases}$, 즉 $\begin{cases} x+y=27 \\ 3x+4y=96 \end{cases}$

$\therefore x=12,\ y=15$

따라서 여학생은 15명이다. 답 15명

0648 남학생 수를 x, 여학생 수를 y라 하면

$\begin{cases} x+y=45 \\ \frac{1}{3}x+\frac{1}{2}y=\frac{2}{5}\times45 \end{cases}$, 즉 $\begin{cases} x+y=45 \\ 2x+3y=108 \end{cases}$

$\therefore x=27,\ y=18$

따라서 남학생은 27명이다. 답 27명

0649 찬성한 인원수를 x, 반대한 인원수를 y라 하면

$\begin{cases} x=y+16 \\ x=\frac{3}{4}(x+y) \end{cases}$, 즉 $\begin{cases} x=y+16 \\ x=3y \end{cases}$

$\therefore x=24,\ y=8$

따라서 농구 동아리의 전체 인원수는

$24+8=32$ 답 ④

0650 남학생 수를 x, 여학생 수를 y라 하면

$\begin{cases} x+y=300 \\ \frac{45}{100}x+\frac{30}{100}y=\frac{40}{100}\times 300 \end{cases}$, 즉 $\begin{cases} x+y=300 \\ 3x+2y=800 \end{cases}$

$\therefore x=200,\ y=100$

따라서 안경을 쓴 남학생은

$\frac{45}{100}\times 200=90$(명) 답 90명

0651 지혜의 수학 점수를 x점, 수호의 수학 점수를 y점이라 하면

$\begin{cases} \frac{x+y}{2}=81 \\ y=x+6 \end{cases}$, 즉 $\begin{cases} x+y=162 \\ y=x+6 \end{cases}$

$\therefore x=78,\ y=84$

따라서 수호의 수학 점수는 84점이다. 답 84점

0652 $\begin{cases} \frac{a+b+10}{3}=8 \\ \frac{2a+(a+b)+3b+20}{4}=17 \end{cases}$, 즉 $\begin{cases} a+b=14 \\ 3a+4b=48 \end{cases}$

$\therefore a=8,\ b=6 \quad \therefore a-b=2$ 답 2

0653 수학 점수가 x점, 평균이 y점이므로

$\begin{cases} y=x+2 \\ \frac{81+85+x}{3}=y \end{cases}$, 즉 $\begin{cases} y=x+2 \\ x+166=3y \end{cases}$

$\therefore x=80,\ y=82$

따라서 평균은 82점이다. 답 82점

0654 전공자의 수를 x, 비전공자의 수를 y라 하면 전공자들이 받은 점수의 합은 $80x$점, 비전공자들이 받은 점수의 합은 $50y$점이므로

$\begin{cases} x+y=90 \\ \frac{80x+50y}{90}=70 \end{cases}$, 즉 $\begin{cases} x+y=90 \\ 8x+5y=630 \end{cases}$

$\therefore x=60,\ y=30$

따라서 비전공자는 모두 30명이다. 답 ①

0655 다영이가 맞힌 문제의 개수를 x, 틀린 문제의 개수를 y라 하면

$\begin{cases} x+y=15 \\ 7x-4y=72 \end{cases} \quad \therefore x=12,\ y=3$

따라서 다영이가 맞힌 문제의 개수는 12이다. 답 ⑤

0656 합격품의 개수를 x, 불량품의 개수를 y라 하면

$\begin{cases} x+y=150 \\ 1000x-10000y=95000 \end{cases}$, 즉 $\begin{cases} x+y=150 \\ x-10y=95 \end{cases}$

$\therefore x=145,\ y=5$

따라서 불량품의 개수는 5이다. 답 ④

0657 재훈이가 맞힌 문제의 개수를 x, 틀린 문제의 개수를 y라 하면

$\begin{cases} y=\frac{1}{2}x \\ 50x-20y=800 \end{cases}$, 즉 $\begin{cases} 2y=x \\ 5x-2y=80 \end{cases}$

$\therefore x=20,\ y=10$

따라서 출제된 전체 문제의 개수는

$20+10=30$ 답 30

0658 민지가 이긴 횟수를 x, 진 횟수를 y라 하면

$\begin{cases} x+y=20 \\ 2x-y=16 \end{cases} \quad \therefore x=12,\ y=8$

따라서 민지가 이긴 횟수는 12이다. 답 ④

참고 비기는 경우가 없으므로 상준이가 이긴 횟수는 y, 진 횟수는 x이다.

0659 소민이가 이긴 횟수를 x, 진 횟수를 y라 하면 준석이가 이긴 횟수는 y, 진 횟수는 x이다.

$\begin{cases} x+y=11 \\ 3x-2y=8 \end{cases} \quad \therefore x=6,\ y=5$

따라서 준석이가 이긴 횟수는 5, 진 횟수는 6이므로 처음보다 $3\times 5-2\times 6=3$(계단) 올라간 위치에 있다. 답 3계단

0660 수빈이가 이긴 횟수를 x, 진 횟수를 y라 하면 서준이가 이긴 횟수는 y, 진 횟수는 x이다.

$\begin{cases} 3x+y=33 \\ x+3y=35 \end{cases} \quad \therefore x=8,\ y=9$

따라서 가위바위보를 한 횟수는 $8+9=17$ 답 ③

참고 두 사람이 1회의 가위바위보를 하면 두 사람이 합쳐서 4계단을 올라가게 되므로 두 사람이 올라간 계단 수의 합을 4로 나누면 된다.
$\therefore (33+35)\div 4=17$

Theme 15 연립방정식의 활용 (2) 101~105쪽

0661 작년의 남학생 수를 x, 여학생 수를 y라 하면

$\begin{cases} x+y=650 \\ -\frac{3}{100}x+\frac{2}{100}y=-2 \end{cases}$, 즉 $\begin{cases} x+y=650 \\ -3x+2y=-200 \end{cases}$

$\therefore x=300,\ y=350$

따라서 올해의 남학생 수는

$\frac{97}{100}\times 300=291$ 답 ①

다른 풀이 전체 학생 수로 연립방정식을 세우면

$\begin{cases} x+y=650 \\ \left(1-\frac{3}{100}\right)x+\left(1+\frac{2}{100}\right)y=648 \end{cases}$

즉, $\begin{cases} x+y=650 \\ 97x+102y=64800 \end{cases} \quad \therefore x=300,\ y=350$

0662 (1) 지난달 A 주스의 판매량을 x잔, B 주스의 판매량을 y잔이라 하면

$\begin{cases} x+y=350 \\ \frac{10}{100}x-\frac{5}{100}y=5 \end{cases}$, 즉 $\begin{cases} x+y=350 \\ 2x-y=100 \end{cases}$

$\therefore x=150,\ y=200$

따라서 지난달 A 주스의 판매량은 150잔이다.

(2) $\frac{110}{100}\times 150=165$(잔)

답 (1) 150잔 (2) 165잔

0663 처음 직사각형의 가로의 길이를 $x$cm, 세로의 길이를 $y$cm라 하면

$\begin{cases} 2x+2y=80 \\ 2\left(\frac{15}{100}x-\frac{10}{100}y\right)=\frac{5}{100}\times 80 \end{cases}$

즉, $\begin{cases} x+y=40 & \cdots\cdots ㉠ \\ 3x-2y=40 & \cdots\cdots ㉡ \end{cases}$ …❶

㉠×2+㉡을 하면 $5x=120$ $\quad\therefore x=24$

$x=24$를 ㉠에 대입하면

$24+y=40$ $\quad\therefore y=16$ …❷

따라서 처음 직사각형의 넓이는

$24\times 16=384\,(\text{cm}^2)$ …❸

답 384 cm²

채점 기준	배점
❶ 연립방정식 세우기	40 %
❷ 연립방정식 풀기	40 %
❸ 처음 직사각형의 넓이 구하기	20 %

0664 판매한 연필을 x자루, 볼펜을 y자루라 하면

$\begin{cases} x+y=100 \\ \frac{10}{100}\times 500x+\frac{20}{100}\times 800y=9950 \end{cases}$

즉, $\begin{cases} x+y=100 \\ 5x+16y=995 \end{cases}$ $\quad\therefore x=55,\ y=45$

따라서 판매한 연필은 55자루이다. 답 55자루

0665 A 제품의 구입가를 x원, B 제품의 구입가를 y원이라 하면

$\begin{cases} x+y=30000 \\ \frac{5}{100}x+\frac{10}{100}y=2400 \end{cases}$, 즉 $\begin{cases} x+y=30000 \\ x+2y=48000 \end{cases}$

$\therefore x=12000,\ y=18000$

따라서 B 제품의 구입가는 18000원이다. 답 18000원

0666 두 청바지의 원가를 각각 x원, y원$(x>y)$이라 하면 정가는 $\frac{110}{100}x$원, $\frac{110}{100}y$원이므로

$\begin{cases} x-y=5000 \\ \frac{110}{100}x+\frac{110}{100}y=60500 \end{cases}$, 즉 $\begin{cases} x-y=5000 \\ x+y=55000 \end{cases}$

$\therefore x=30000,\ y=25000$

따라서 더 싼 청바지의 정가는

$\frac{110}{100}\times 25000=27500$(원) 답 ③

0667 전체 청소의 양을 1이라 하고 준이가 1분 동안 청소하는 양을 x, 동생이 1분 동안 청소하는 양을 y라 하면

$\begin{cases} 3(x+y)=1 \\ 2x+6y=1 \end{cases}$, 즉 $\begin{cases} 3x+3y=1 \\ 2x+6y=1 \end{cases}$

$\therefore x=\frac{1}{4},\ y=\frac{1}{12}$

따라서 방 청소를 동생이 혼자 하면 12분이 걸린다. 답 ③

0668 가득 찬 물탱크의 물의 양을 1이라 하고 A 호스로 1시간 동안 넣는 물의 양을 x, B 호스로 1시간 동안 넣는 물의 양을 y라 하면

$\begin{cases} 2x+3y=1 \\ 4x+2y=1 \end{cases}$ $\quad\therefore x=\frac{1}{8},\ y=\frac{1}{4}$

따라서 A 호스로만 물탱크를 가득 채우면 8시간이 걸린다.

답 8시간

0669 전체 일의 양을 1이라 하고 형이 1일 동안 하는 일의 양을 x, 동생이 1일 동안 하는 일의 양을 y라 하면

$\begin{cases} 3x+6y=1 \\ 5x+2y=1 \end{cases}$ $\quad\therefore x=\frac{1}{6},\ y=\frac{1}{12}$

따라서 형과 동생이 함께 일을 하면 1일 동안 하는 일의 양은 $\frac{1}{6}+\frac{1}{12}=\frac{1}{4}$이므로 4일이 걸린다. 답 ②

0670 자전거를 타고 간 거리를 $x$km, 걸어간 거리를 $y$km라 하면

$\begin{cases} x+y=10 \\ \frac{x}{8}+\frac{y}{4}=2 \end{cases}$, 즉 $\begin{cases} x+y=10 \\ x+2y=16 \end{cases}$ $\quad\therefore x=4,\ y=6$

따라서 민규가 자전거를 타고 간 거리는 4km이다. 답 4km

다른 풀이 자전거를 타고 간 시간을 x시간, 걸어간 시간을 y시간이라 하면

$\begin{cases} x+y=2 \\ 8x+4y=10 \end{cases}$ $\quad\therefore x=\frac{1}{2},\ y=\frac{3}{2}$

따라서 민규가 자전거를 타고 간 거리는

$\frac{1}{2}\times 8=4\,(\text{km})$

0671 $\begin{cases} 2x+3y=360 \\ x=y+30 \end{cases}$ $\quad\therefore x=90,\ y=60$

$\therefore x+y=150$ 답 ④

0672 우주네 집에서 서점까지의 거리를 $x$km, 서점에서 공원까지의 거리를 $y$km라 하면

$\begin{cases} x=y+1 \\ \frac{x}{4}+1+\frac{y}{6}=\frac{5}{2} \end{cases}$, 즉 $\begin{cases} x=y+1 & \cdots\cdots ㉠ \\ 3x+2y=18 & \cdots\cdots ㉡ \end{cases}$ …❶

㉠을 ㉡에 대입하면 $3(y+1)+2y=18$

$5y+3=18,\ 5y=15$ $\quad\therefore y=3$

$y=3$을 ㉠에 대입하면 $x=4$

$\therefore x=4,\ y=3$ …❷

따라서 우주네 집에서 서점을 지나 공원까지의 거리는

$4+3=7\,(\text{km})$ …❸

답 7km

참고 2시간 30분은 $2\frac{30}{60}=\frac{5}{2}$(시간)이다.

채점 기준	배점
❶ 연립방정식 세우기	40 %
❷ 연립방정식 풀기	40 %
❸ 우주네 집에서 서점을 지나 공원까지의 거리 구하기	20 %

0673 올라간 거리를 $x$km, 내려온 거리를 $y$km라 하면

$\begin{cases} x+y=6.5 \\ \frac{x}{2}+\frac{y}{3}=\frac{5}{2} \end{cases}$, 즉 $\begin{cases} 2x+2y=13 \\ 3x+2y=15 \end{cases}$ $\quad\therefore x=2,\ y=4.5$

따라서 구하는 거리의 차는

$4.5-2=2.5\,(\text{km})$ 답 2.5km

0674 올라간 거리를 x km, 내려온 거리를 y km라 하면

$\begin{cases} y=x-1 \\ \frac{x}{2}+\frac{y}{4}=\frac{5}{4} \end{cases}$, 즉 $\begin{cases} y=x-1 \\ 2x+y=5 \end{cases}$ $\therefore x=2,\ y=1$

따라서 내려온 거리는 1 km이다. 답 1 km

0675 A 코스의 거리를 x km, B 코스의 거리를 y km라 하면

$\begin{cases} y=x+1 \\ \frac{x}{3}+\frac{1}{2}+\frac{y}{4}=\frac{11}{3} \end{cases}$, 즉 $\begin{cases} y=x+1 \\ 4x+3y=38 \end{cases}$

$\therefore x=5,\ y=6$

따라서 등산한 총거리는 $5+6=11$ (km) 답 11 km

0676 도서관에 갈 때 걸은 거리를 x km, 돌아올 때 걸은 거리를 y km라 하면

$\begin{cases} x+y=5 \\ \frac{x}{4}+\frac{1}{2}+\frac{y}{3}=2 \end{cases}$, 즉 $\begin{cases} x+y=5 \\ 3x+4y=18 \end{cases}$ $\therefore x=2,\ y=3$

따라서 준수가 돌아올 때 걸은 거리는 3 km이다. 답 3 km

0677 두 사람이 만날 때까지 누나가 뛰어간 시간을 x분, 동생이 걸어간 시간을 y분이라 하면

$\begin{cases} y=x+10 \\ 80y=180x \end{cases}$, 즉 $\begin{cases} y=x+10 \\ 4y=9x \end{cases}$ $\therefore x=8,\ y=18$

따라서 두 사람이 만나는 것은 누나가 출발한 지 8분 후이다. 답 8분

0678 재민이가 걸은 거리를 x km, 진아가 걸은 거리를 y km라 하면

$\begin{cases} x+y=16 \\ \frac{x}{3}=\frac{y}{5} \end{cases}$, 즉 $\begin{cases} x+y=16 \\ 5x=3y \end{cases}$ $\therefore x=6,\ y=10$

따라서 재민이가 걸은 거리는 6 km이다. 답 ①

0679 두 사람이 만날 때까지 혜린이가 달린 거리를 x m, 진우가 달린 거리를 y m라 하면

$\begin{cases} x=y+30 \\ \frac{x}{6}=\frac{y}{5} \end{cases}$, 즉 $\begin{cases} x=y+30 \\ 5x=6y \end{cases}$ $\therefore x=180,\ y=150$

따라서 혜린이와 진우가 만나는 것은 출발한 지

$\frac{180}{6}=30$(초) 후이다. 답 30초

0680 지은이의 속력을 분속 x m, 영주의 속력을 분속 y m라 하면

$\begin{cases} 10y-10x=1000 \\ 2x+2y=1000 \end{cases}$, 즉 $\begin{cases} y-x=100 \\ x+y=500 \end{cases}$

$\therefore x=200,\ y=300$

따라서 영주의 속력은 분속 300 m이다. 답 분속 300 m

0681 현우가 걸은 거리를 x m, 은지가 걸은 거리를 y m라 하면

$\begin{cases} x+y=500 \\ \frac{x}{40}=\frac{y}{60} \end{cases}$, 즉 $\begin{cases} x+y=500 \\ 3x=2y \end{cases}$

$\therefore x=200,\ y=300$

따라서 두 사람이 처음 만나는 때는 출발한 지 $\frac{200}{40}=5$(분) 후이다. 답 5분

0682 정지한 물에서의 배의 속력을 시속 x km, 강물의 속력을 시속 y km라 하면

$\begin{cases} 3(x-y)=15 \\ \frac{5}{3}(x+y)=15 \end{cases}$, 즉 $\begin{cases} x-y=5 \\ x+y=9 \end{cases}$ $\therefore x=7,\ y=2$

따라서 정지한 물에서의 배의 속력은 시속 7 km이다. 답 ③

0683 정지한 물에서의 배의 속력을 시속 x km, 강물의 속력을 시속 y km라 하면

$\begin{cases} 4(x-y)=24 \\ 3(x+y)=24 \end{cases}$, 즉 $\begin{cases} x-y=6 \\ x+y=8 \end{cases}$ $\therefore x=7,\ y=1$

따라서 강물의 속력은 시속 1 km이다. 답 시속 1 km

0684 두 선착장 사이의 거리를 x m, 강물의 속력을 분속 y m라 하면

$\begin{cases} 30(200+y)=x \\ 60(200-y)=x \end{cases}$, 즉 $\begin{cases} x-30y=6000 \\ x+60y=12000 \end{cases}$

$\therefore x=8000,\ y=\frac{200}{3}$

따라서 두 선착장 사이의 거리는 8000 m, 즉 8 km이다.

답 8 km

0685 기차의 길이를 x m, 기차의 속력을 초속 y m라 하면

$\begin{cases} 14y=x+300 \\ 19y=x+450 \end{cases}$ $\therefore x=120,\ y=30$

따라서 기차의 길이는 120 m이다. 답 120 m

0686 기차의 길이를 x m, 기차의 속력을 초속 y m라 하면

$\begin{cases} 50y=x+1200 \\ 40y=x+900 \end{cases}$ $\therefore x=300,\ y=30$

따라서 기차의 속력은 초속 30 m이다. 답 초속 30 m

0687 3 %의 소금물의 양을 x g, 8 %의 소금물의 양을 y g이라 하면

$\begin{cases} x+y=250 \\ \frac{3}{100}x+\frac{8}{100}y=\frac{5}{100}\times 250 \end{cases}$, 즉 $\begin{cases} x+y=250 \\ 3x+8y=1250 \end{cases}$

$\therefore x=150,\ y=100$

따라서 3 %의 소금물은 150 g을 섞었다. 답 ④

0688 2 %의 설탕물의 양을 x g, 5 %의 설탕물의 양을 y g이라 하면

$\begin{cases} 300+x=y \\ \frac{6}{100}\times 300+\frac{2}{100}x=\frac{5}{100}y \end{cases}$, 즉 $\begin{cases} 300+x=y \\ 1800+2x=5y \end{cases}$

$\therefore x=100,\ y=400$

따라서 2 %의 설탕물을 100 g 넣어야 한다. 답 100 g

0689 소금물 A의 농도를 x %, 소금물 B의 농도를 y %라 하면

$\begin{cases} \frac{x}{100}\times 400+\frac{y}{100}\times 100=\frac{6}{100}\times 500 \\ \frac{x}{100}\times 200+\frac{y}{100}\times 300=\frac{8}{100}\times 500 \end{cases}$

즉, $\begin{cases} 4x+y=30 & \cdots\cdots ㉠ \\ 2x+3y=40 & \cdots\cdots ㉡ \end{cases}$ …❶

㉠−㉡×2를 하면 $-5y=-50$ ∴ $y=10$

$y=10$을 ㉠에 대입하면

$4x+10=30$, $4x=20$ ∴ $x=5$ …❷

따라서 두 소금물 A, B의 농도 차는 $10-5=5(\%)$ …❸

답 5 %

채점 기준	배점
❶ 연립방정식 세우기	60 %
❷ 연립방정식 풀기	30 %
❸ 두 소금물 A, B의 농도 차 구하기	10 %

0690 8 %의 소금물의 양을 x g, 12 %의 소금물의 양을 y g이라 하면

$\begin{cases} x+y+40=440 \\ \frac{8}{100}x+\frac{12}{100}y=\frac{10}{100}\times 440 \end{cases}$, 즉 $\begin{cases} x+y=400 \\ 2x+3y=1100 \end{cases}$

∴ $x=100$, $y=300$

따라서 12 %의 소금물의 양은 300 g이다. 답 300 g

0691 식품 A의 양을 x g, 식품 B의 양을 y g이라 하면

$\begin{cases} \frac{8}{100}x+\frac{16}{100}y=36 \\ \frac{12}{100}x+\frac{5}{100}y=16 \end{cases}$, 즉 $\begin{cases} x+2y=450 \\ 12x+5y=1600 \end{cases}$

∴ $x=50$, $y=200$

따라서 식품 A는 50 g, 식품 B는 200 g을 먹어야 한다.

답 식품 A : 50 g, 식품 B : 200 g

0692 합금 A의 양을 x g, 합금 B의 양을 y g이라 하면

$\begin{cases} \frac{20}{100}x+\frac{10}{100}y=100 \\ \frac{30}{100}x+\frac{20}{100}y=170 \end{cases}$, 즉 $\begin{cases} 2x+y=1000 \\ 3x+2y=1700 \end{cases}$

∴ $x=300$, $y=400$

따라서 합금 A는 300 g이 필요하다. 답 ②

0693 식품 A의 양을 x g, 식품 B의 양을 y g이라 하면

$\begin{cases} \frac{12}{100}x+\frac{8}{100}y=58 \\ \frac{140}{100}x+\frac{80}{100}y=650 \end{cases}$, 즉 $\begin{cases} 3x+2y=1450 \\ 7x+4y=3250 \end{cases}$

∴ $x=350$, $y=200$

따라서 식품 B를 200 g 섭취해야 한다. 답 ①

참고 두 식품 A, B를 각각 1 g씩 섭취하였을 때 얻을 수 있는 단백질과 열량을 생각한다.

발전 문제 106~108쪽

0694 자동차의 번호를 $xyyx$라 하면

$\begin{cases} x+y+y+x=26 \\ x-y=3 \end{cases}$, 즉 $\begin{cases} x+y=13 \\ x-y=3 \end{cases}$

∴ $x=8$, $y=5$

따라서 자동차의 번호는 8558이다. 답 8558

0695 성현이가 산 볼펜을 x자루, 형광펜을 y자루라 하면

$\begin{cases} 800x+600y=6200 \\ 600x+800y=6400 \end{cases}$, 즉 $\begin{cases} 4x+3y=31 \\ 3x+4y=32 \end{cases}$

∴ $x=4$, $y=5$

따라서 성현이가 산 형광펜은 5자루이다. 답 ③

0696 올해 쌍둥이 동생들의 나이를 x살, 승연이의 나이를 y살이라 하면

$\begin{cases} y=x+4 \\ 2x+y=40 \end{cases}$ ∴ $x=12$, $y=16$

따라서 올해 승연이의 나이는 16살이다. 답 16살

0697 현준이가 가지고 있는 귤을 x개, 윤서가 가지고 있는 귤을 y개라 하면

$\begin{cases} 2(x-4)=y+4 \\ x+3=y-3 \end{cases}$, 즉 $\begin{cases} 2x-y=12 \\ x-y=-6 \end{cases}$

∴ $x=18$, $y=24$

따라서 현준이가 가지고 있는 귤은 18개, 윤서가 가지고 있는 귤은 24개이므로 그 합은

$18+24=42$(개) 답 ⑤

0698 집에서 서점까지의 거리를 x m, 서점에서 학교까지의 거리를 y m라 하면

$\begin{cases} x+y=3000 \\ \frac{x}{100}+20+\frac{y}{150}=44 \end{cases}$, 즉 $\begin{cases} x+y=3000 \\ 3x+2y=7200 \end{cases}$

∴ $x=1200$, $y=1800$

따라서 집에서 서점까지의 거리는 1200 m이다. 답 ①

0699 두 사람이 만날 때까지 원혁이의 이동 시간을 x분, 병규의 이동 시간을 y분이라 하면

$\begin{cases} x=y+10 \\ 300x=500y \end{cases}$ ∴ $x=25$, $y=15$

따라서 두 사람이 만나는 때는 병규가 출발한 지 15분 후이다. 답 15분

0700 지난달 은서의 휴대 전화 요금을 x원, 민준이의 휴대 전화 요금을 y원이라 하면

$\begin{cases} x+y=80000 \\ -\frac{20}{100}x-\frac{1}{3}y=-\frac{25}{100}\times 80000 \end{cases}$

즉, $\begin{cases} x+y=80000 \\ 3x+5y=300000 \end{cases}$

∴ $x=50000$, $y=30000$

따라서 이번 달 은서의 휴대 전화 요금은

$\left(1-\frac{20}{100}\right)\times 50000=40000$(원), 즉 4만 원이다. 답 ④

0701 민준이의 속력을 분속 x m, 현욱이의 속력을 분속 y m라 하면

$\begin{cases} 5y-5x=400 \\ 5x+5y=3600 \end{cases}$, 즉 $\begin{cases} y-x=80 \\ x+y=720 \end{cases}$

∴ $x=320$, $y=400$

따라서 민준이의 속력은 분속 320 m, 현욱이의 속력은 분속 400 m이다. 답 민준 : 분속 320 m, 현욱 : 분속 400 m

0702 합금 A의 양을 x g, 합금 B의 양을 y g이라 하면

$$\begin{cases} \frac{1}{4}x+\frac{3}{5}y=\frac{1}{2}\times 420 \\ \frac{3}{4}x+\frac{2}{5}y=\frac{1}{2}\times 420 \end{cases},\ 즉\ \begin{cases} 5x+12y=4200 \\ 15x+8y=4200 \end{cases}$$

$\therefore x=120,\ y=300$

따라서 합금 A는 120 g이 필요하다. 답 ①

0703 A 제품의 원가를 x원, B 제품의 원가를 y원이라 하면

$$\begin{cases} x=\frac{2}{3}y \\ \frac{20}{100}x\times 5-\frac{30}{100}y\times 2=100 \end{cases},\ 즉\ \begin{cases} 3x=2y \\ 5x-3y=500 \end{cases}$$

$\therefore x=1000,\ y=1500$

따라서 A 제품의 원가는 1000원, B 제품의 원가는 1500원이다. 답 A 제품 : 1000원, B 제품 : 1500원

0704 수영이가 걸은 시간을 x분, 상호가 걸은 시간을 y분이라 하면

$$\begin{cases} 120x+80y=6000 \\ x=y+10 \end{cases},\ 즉\ \begin{cases} 3x+2y=150 \\ x=y+10 \end{cases}$$

$\therefore x=34,\ y=24$

따라서 두 사람이 처음 만난 것은 상호가 출발한 지 24분 후이다. 답 24분

0705 기차의 길이를 x m, 기차의 속력을 초속 y m라 하면

$$\begin{cases} 15y=x+500 \\ 20y=900-x \end{cases}\quad \therefore x=100,\ y=40$$

따라서 기차의 길이는 100 m이다. 답 ①

0706 가득 찬 물통의 물의 양을 1이라 하고 A 호스로 1시간 동안 넣는 물의 양을 x, B 호스로 1시간 동안 넣는 물의 양을 y라 하자.

C 호스로 물을 모두 빼내는 데 12시간이 걸리므로 C 호스로 1시간 동안 빼내는 물의 양은 $\frac{1}{12}$이다.

$$\begin{cases} \frac{12}{7}(x+y)=1 \\ 6\left(y-\frac{1}{12}\right)=1 \end{cases},\ 즉\ \begin{cases} 12x+12y=7 \\ 12y=3 \end{cases}$$

$\therefore x=\frac{1}{3},\ y=\frac{1}{4}$

따라서 A 호스로만 물을 채우면 물통을 가득 채우는 데 3시간이 걸린다. 답 3시간

0707 처음 두 그릇 A, B에 들어 있던 소금물의 농도를 각각 x %, y %라 하면

$$\begin{cases} \frac{x}{100}\times 200+\frac{y}{100}\times 100=\frac{5}{100}\times 300 \\ \frac{x}{100}\times 100+\frac{y}{100}\times 200=\frac{3}{100}\times 300 \end{cases}$$

즉, $\begin{cases} 2x+y=15 \\ x+2y=9 \end{cases}$

$\therefore x=7,\ y=1$

따라서 처음 두 그릇 A, B에 들어 있던 소금물의 농도는 각각 7 %, 1 %이다. 답 A 그릇 : 7 %, B 그릇 : 1 %

교과서 속 창의력 UP! 109쪽

0708 (ⅰ) $A<5$일 때

주어진 식에서 일의 자리의 숫자와 천의 자리의 숫자의 합을 이용하여 연립방정식을 세우면

$$\begin{cases} 2A=B \\ B+2=A \end{cases}$$

$\therefore A=-2,\ B=-4$

따라서 A, B가 한 자리의 자연수라는 조건을 만족시키지 않는다.

(ⅱ) $A\geq 5$일 때

주어진 식에서 일의 자리의 숫자와 천의 자리의 숫자의 합을 이용하여 연립방정식을 세우면

$2A\geq 10$이므로

$$\begin{cases} 2A=10+B \\ B+2=A \end{cases}$$

$\therefore A=8,\ B=6$

(ⅰ), (ⅱ)에서 $A=8,\ B=6$ 답 $A=8,\ B=6$

0709 연수의 집에 있는 책을 x권, 승원이의 집에 있는 책을 y권이라 하면

$$\begin{cases} x+y=400 \\ \frac{12}{100}x+\frac{20}{100}y=\frac{17}{100}\times 400 \end{cases},\ 즉\ \begin{cases} x+y=400 \\ 3x+5y=1700 \end{cases}$$

$\therefore x=150,\ y=250$

따라서 연수의 집에 있는 책은 150권, 승원이의 집에 있는 책은 250권이다. 답 연수 : 150권, 승원 : 250권

0710 금화의 양을 x g, 펜촉의 양을 y g이라 하면

$$\begin{cases} x+y=9 \\ \frac{90}{100}x+\frac{75}{100}y=\frac{80}{100}\times 9 \end{cases},\ 즉\ \begin{cases} x+y=9 \\ 6x+5y=48 \end{cases}$$

$\therefore x=3,\ y=6$

따라서 필요한 금화의 양은 3 g, 펜촉의 양은 6 g이다.

답 금화 : 3 g, 펜촉 : 6 g

0711 B 지점에서 탄 승객 수를 x, 내린 승객 수를 y라 하면

$$\begin{cases} 50+x-y=45 \\ 2000x+3000y+4000(50-y)=207000 \end{cases}$$

즉, $\begin{cases} x-y=-5 \\ 2x-y=7 \end{cases}$

$\therefore x=12,\ y=17$

따라서 B 지점에서 탄 승객 수와 내린 승객 수의 합은

$12+17=29$ 답 ④

07. 일차함수와 그래프 (1)

Step 1 핵심 개념 113, 115쪽

0712 $x=5$일 때, 5의 약수는 1, 5로 y의 값이 하나로 정해지지 않으므로 함수가 아니다. 답 ×

0713 $x=3$일 때, 3의 배수는 3, 6, 9, …로 y의 값이 하나로 정해지지 않으므로 함수가 아니다. 답 ×

0714 답 ○

0715 $x=3$일 때, 3보다 큰 자연수는 4, 5, 6, …으로 y의 값이 하나로 정해지지 않으므로 함수가 아니다. 답 ×

0716 답 ○

0717 답 ○

0718 답 ×

0719 답 1, -2

0720 $f(1)=-2\times1=-2$, $f(-2)=-2\times(-2)=4$

답 -2, 4

0721 $f(1)=\frac{12}{1}=12$, $f(-2)=\frac{12}{-2}=-6$ 답 12, -6

0722 $f(1)=-\frac{3}{1}=-3$, $f(-2)=-\frac{3}{-2}=\frac{3}{2}$ 답 -3, $\frac{3}{2}$

0723 $f(1)=2-1=1$, $f(-2)=2-(-2)=4$ 답 1, 4

0724 $f(1)=3\times1+2=5$, $f(-2)=3\times(-2)+2=-4$

답 5, -4

0725 $f(1)=4-3\times1=1$, $f(-2)=4-3\times(-2)=10$

답 1, 10

0726 답 ○

0727 답 ×

0728 답 ×

0729 답 $y=24-x$, 일차함수이다.

0730 답 $y=x^2$, 일차함수가 아니다.

0731 답 $y=\frac{1500}{x}$, 일차함수가 아니다.

0732 답 $y=-5x+3$

0733 답 $y=\frac{3}{2}x-2$

0734 $y=-3x+3$에 $y=0$을 대입하면 $x=1$

$y=-3x+3$에 $x=0$을 대입하면 $y=3$

답 x절편 : 1, y절편 : 3

0735 $y=-\frac{2}{3}x-2$에 $y=0$을 대입하면 $x=-3$

$y=-\frac{2}{3}x-2$에 $x=0$을 대입하면 $y=-2$

답 x절편 : -3, y절편 : -2

0736 $-2=\frac{(y\text{의 값의 증가량})}{(x\text{의 값의 증가량})}=\frac{(y\text{의 값의 증가량})}{6}$

$\therefore$ (y의 값의 증가량)$=-12$ 답 -12

0737 $\frac{2}{3}=\frac{(y\text{의 값의 증가량})}{(x\text{의 값의 증가량})}=\frac{(y\text{의 값의 증가량})}{6}$

$\therefore$ (y의 값의 증가량)$=4$ 답 4

0738 $4=\frac{(y\text{의 값의 증가량})}{(x\text{의 값의 증가량})}=\frac{(y\text{의 값의 증가량})}{6}$

$\therefore$ (y의 값의 증가량)$=24$ 답 24

0739 $-\frac{3}{2}=\frac{(y\text{의 값의 증가량})}{(x\text{의 값의 증가량})}=\frac{(y\text{의 값의 증가량})}{6}$

$\therefore$ (y의 값의 증가량)$=-9$ 답 -9

0740 (기울기)$=\frac{-6-0}{0-2}=3$ 답 3

0741 (기울기)$=\frac{7-3}{-3-(-1)}=-2$ 답 -2

0742 (기울기)$=\frac{8-3}{10-2}=\frac{5}{8}$ 답 $\frac{5}{8}$

0743 (기울기)$=\frac{3-(-4)}{-4-3}=-1$ 답 -1

0744 $y=-x+4$에서

$y=4$일 때, $x=0$이고

$x=1$일 때, $y=3$이므로

그래프는 두 점 (0, 4), (1, 3)을 지난다.

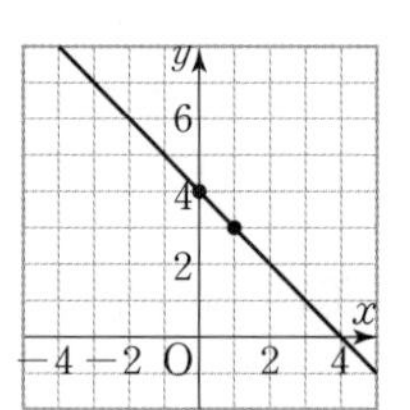

답 0, 3, 풀이 참조

0745 $y=\frac{3}{2}x+3$에서

$y=3$일 때, $x=0$이고

$x=2$일 때, $y=6$이므로

그래프는 두 점 (0, 3), (2, 6)을 지난다.

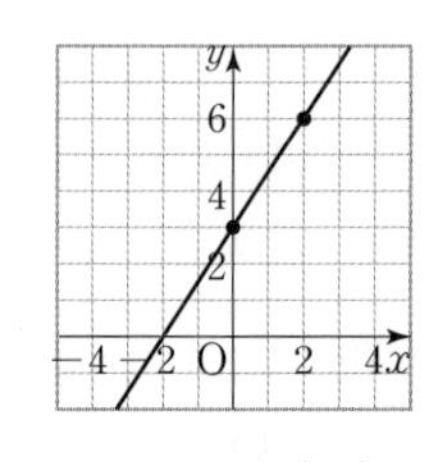

답 0, 6, 풀이 참조

0746 $y=2x+4$에서

$y=0$일 때, $x=-2$이고

$x=0$일 때, $y=4$이므로

x절편은 -2, y절편은 4이다.

답 -2, 4, 풀이 참조

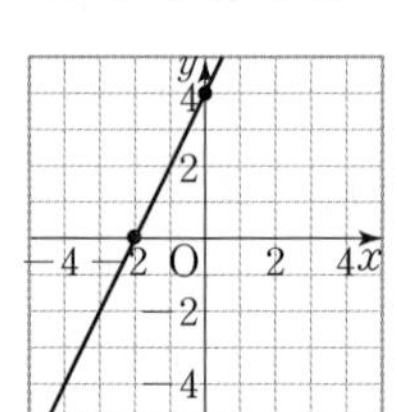

0747 $y=-\frac{1}{2}x-1$에서

$y=0$일 때, $x=-2$이고

$x=0$일 때, $y=-1$이므로

x절편은 -2, y절편은 -1이다.

답 -2, -1, 풀이 참조

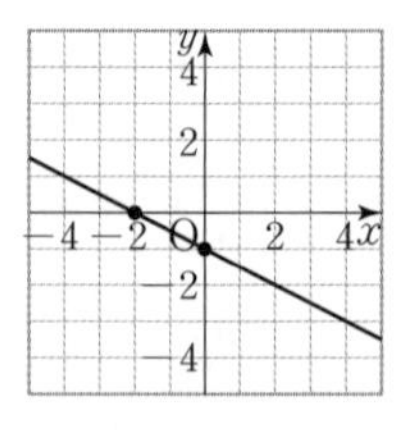

0748 기울기는 2, y절편은 -2인 그래프는 오른쪽 그림과 같다.

답 2, -2, 풀이 참조

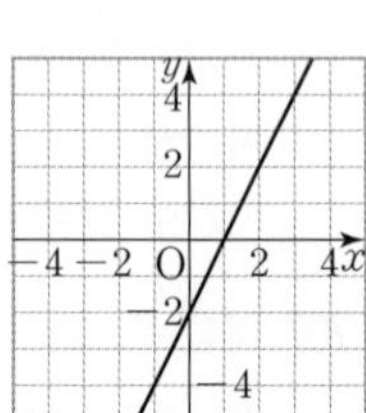

0749 기울기는 -1, y절편은 3인 그래프는 오른쪽 그림과 같다.

답 -1, 3, 풀이 참조

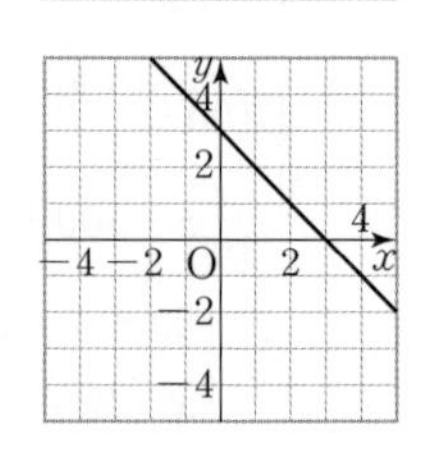

0750 답 기울기 : 1, y절편 : 2

0751 답 기울기 : $-\frac{2}{3}$, y절편 : -2

Step 2 핵심 유형 116~125쪽

Theme 16 함수와 함숫값 116~118쪽

0752 ③ $x=20$일 때, 둘레의 길이가 20 cm인 직사각형에서
(i) 가로의 길이가 4 cm, 세로의 길이가 6 cm이면 넓이는 24 cm^2
(ii) 가로의 길이가 5 cm, 세로의 길이가 5 cm이면 넓이는 25 cm^2
따라서 y의 값이 하나로 정해지지 않으므로 함수가 아니다. 답 ③

0753 ㄴ. $x=2$일 때, 2와 서로소인 자연수는 1, 3, 5, …로 y의 값이 하나로 정해지지 않으므로 함수가 아니다.
ㄹ. $x=170$일 때, 키가 170 cm인 사람의 몸무게는 여러 가지가 있을 수 있으므로 함수가 아니다.
따라서 y가 x의 함수인 것은 ㄱ, ㄷ, ㅁ으로 모두 3개이다. 답 3개

0754 ㄴ. $x=1$일 때, 2보다 큰 자연수는 3, 4, 5, …로 y의 값이 하나로 정해지지 않으므로 함수가 아니다.
ㄹ. $x=1.5$일 때, 가장 가까운 정수는 1, 2로 y의 값이 하나로 정해지지 않으므로 함수가 아니다.
따라서 y가 x의 함수가 아닌 것은 ㄴ, ㄹ이다. 답 ⑤

0755 $f(x)=-3x$에서
$f(-2)=-3\times(-2)=6$, $f(2)=-3\times2=-6$
$\therefore f(-2)+\frac{1}{3}f(2)=6+\frac{1}{3}\times(-6)$
$=6-2=4$ 답 ④

0756 $f(x)=-2x+1$에서
$f(-2)=-2\times(-2)+1=5$ 답 ⑤

0757 ① $f(-1)=\frac{1}{2}\times(-1)=-\frac{1}{2}$
② $f(-1)=2\times(-1)=-2$
③ $f(-1)=-2\times(-1)=2$
④ $f(-1)=\frac{2}{-1}=-2$
⑤ $f(-1)=-\frac{1}{2}\times(-1)=\frac{1}{2}$ 답 ③

0758 $f(x)=\frac{2}{x}$에서
$f\left(\frac{1}{2}\right)=2\div\frac{1}{2}=2\times2=4$, $f(1)=2$
$\therefore f\left(\frac{1}{2}\right)+f(1)=4+2=6$ 답 6

0759 $f(x)=\frac{12}{x}$에서
$f(3)=\frac{12}{3}=4$, $f(-6)=\frac{12}{-6}=-2$
$\therefore \frac{1}{2}f(3)-3f(-6)=\frac{1}{2}\times4-3\times(-2)$
$=2+6=8$ 답 8

0760 $f(-2)=2\times(-2)=-4$, $g(1)=-\frac{3}{1}=-3$
$\therefore f(-2)-\frac{1}{3}g(1)=-4-\frac{1}{3}\times(-3)=-3$ 답 ①

0761 $f(1)=5000$, $f(15)=9000$, $f(6.5)=7500$이므로
$f(1)+f(15)+f(6.5)=5000+9000+7500$
$=21500$ 답 21500

0762 $22=2\times8+6$이므로 $f(22)=6$
$50=6\times8+2$이므로 $f(50)=2$
$99=12\times8+3$이므로 $f(99)=3$
$\therefore f(22)+f(50)+f(99)=6+2+3=11$ 답 11

0763 $f(x)=-2x$에서 $f(a)=-2a=6$
$\therefore a=-3$ 답 ②

0764 $f(x)=-\frac{18}{x}$에서 $f(a)=-\frac{18}{a}=6$ $\therefore a=-3$
$f(-2)=-\frac{18}{-2}=b$이므로 $b=9$
$\therefore a+b=-3+9=6$ 답 ⑤

0765 $f(x)=3x$에서 $f(a)=3a=-5$
$\therefore a=-\frac{5}{3}$
$f(2)=3\times2=b$이므로 $b=6$
$\therefore ab=-\frac{5}{3}\times6=-10$ 답 -10

0766 $f(x)=2x+1$에서
$f(a)-f(b)=2a+1-(2b+1)$
$=2a-2b=2(a-b)$ …❶
$a-b=5$이므로
$f(a)-f(b)=2(a-b)=2\times5=10$ …❷
답 10

채점 기준	배점
❶ $f(a)-f(b)$를 a, b에 대한 식으로 나타내기	60 %
❷ $f(a)-f(b)$의 값 구하기	40 %

0767 $f(x)=ax+1$에서 $f(2)=2a+1=5$
$2a=4$ $\therefore a=2$
따라서 $f(x)=2x+1$이므로
$f(3)=2\times3+1=7$ 답 ③

0768 $f(x)=\frac{a}{x}$에서 $f(2)=\frac{a}{2}=4$ $\therefore a=8$
따라서 $f(x)=\frac{8}{x}$이므로
$f(-4)+f(-2)=\frac{8}{-4}+\frac{8}{-2}=-2-4=-6$ 답 ②

0769 $f(x)=ax$에서 $f(2)=2a=6$ $\therefore a=3$
따라서 $f(x)=3x$이므로
$f(b)=3b=9$ $\therefore b=3$
$\therefore a-b=0$ 답 0

0770 $f(x)=2x-3a$에서 $f(a)=2a-3a=-a$
즉, $-a=-2$이므로 $a=2$ 답 2

0771 y가 x에 정비례하므로 $y=ax$에 $x=2$, $y=3$을 대입하면
$3=2a$ $\therefore a=\frac{3}{2}$
따라서 $y=\frac{3}{2}x$에 $x=6$을 대입하면
$y=\frac{3}{2}\times 6=9$ 답 9

참고 정비례 관계 ⇨ $\frac{y}{x}=a$(일정)
반비례 관계 ⇨ $xy=a$(일정)

0772 y가 x에 반비례하므로 $y=\frac{a}{x}$에 $x=-3$, $y=6$을 대입하면
$6=\frac{a}{-3}$ $\therefore a=-18$
따라서 $y=-\frac{18}{x}$에 $x=2$를 대입하면
$y=-\frac{18}{2}=-9$ 답 -9

0773 y가 x에 정비례하므로 $y=ax$에 $x=2$, $y=5$를 대입하면
$5=2a$ $\therefore a=\frac{5}{2}$
따라서 $y=\frac{5}{2}x$에 $x=4$, $y=A$를 대입하면
$A=\frac{5}{2}\times 4=10$
$y=\frac{5}{2}x$에 $x=B$, $y=15$를 대입하면
$15=\frac{5}{2}\times B$ $\therefore B=6$
$\therefore A-B=4$ 답 ②

0774 y가 x에 반비례하므로 $y=\frac{k}{x}$에 $x=1$, $y=60$을 대입하면
$k=60$
따라서 $y=\frac{60}{x}$에 $x=a$, $y=40$을 대입하면
$40=\frac{60}{a}$ $\therefore a=\frac{3}{2}$
$y=\frac{60}{x}$에 $x=b$, $y=24$를 대입하면
$24=\frac{60}{b}$ $\therefore b=\frac{5}{2}$
$y=\frac{60}{x}$에 $x=20$, $y=c$를 대입하면
$c=\frac{60}{20}=3$
$\therefore a+b+c=\frac{3}{2}+\frac{5}{2}+3=7$ 답 7

Theme 17 일차함수의 뜻과 그래프

119~122쪽

0775 ① $y=-4$에서 -4는 일차식이 아니므로 일차함수가 아니다.
② $y=x^2$은 $y=$(x에 대한 이차식)이므로 일차함수가 아니다.
④ $y=\frac{2}{x}$에서 x가 분모에 있으므로 일차함수가 아니다.
⑤ $y=2x(1-x)=-2x^2+2x$는 $y=$(x에 대한 이차식)이므로 일차함수가 아니다. 답 ③

0776 ① $y=700x$ ⇨ 일차함수
② $y=4x$ ⇨ 일차함수
③ $y=\pi\times(2x)^2=4\pi x^2$ ⇨ 일차함수가 아니다.
④ $y=\frac{20}{x}$ ⇨ 일차함수가 아니다.
⑤ $y=80x$ ⇨ 일차함수 답 ③, ④

0777 $y=x(ax-2)+bx-7$에서
$y=ax^2+(b-2)x-7$
이 함수가 x의 일차함수이려면 $a=0$, $b-2\neq 0$
$\therefore a=0$, $b\neq 2$ 답 ③

0778 $f(5)=5a+10=-5$이므로 $a=-3$
따라서 $f(x)=-3x+10$이므로
$f(-2)=-3\times(-2)+10=16$ 답 ④

0779 $f(x)=-2x+1$에서 $f(-1)=a$이므로
$a=-2\times(-1)+1=3$
$f(b)=5$이므로
$-2b+1=5$ $\therefore b=-2$
$\therefore a-b=3-(-2)=5$ 답 5

0780 $f(2)=\frac{3}{2}\times 2+a=7$이므로 $a=4$
$\therefore f(x)=\frac{3}{2}x+4$
$g(-4)=-4b-5=3$이므로 $b=-2$
$\therefore g(x)=-2x-5$
$f(-2)=\frac{3}{2}\times(-2)+4=1$
$g(4)=-2\times 4-5=-13$
$\therefore f(-2)+g(4)=1+(-13)=-12$ 답 -12

0781 $f(k)=-1$이므로 $f(k)=ak+b=-1$ …❶
$f(k-2)=a(k-2)+b=ak+b-2a=-1-2a$ …❷
이때 $f(k-2)=7$이므로
$-1-2a=7$ $\therefore a=-4$ …❸
답 -4

채점 기준	배점
❶ $f(k)$를 k에 대한 식으로 나타내기	30 %
❷ $f(k)$를 이용하여 $f(k-2)$를 a에 대한 식으로 나타내기	40 %
❸ a의 값 구하기	30 %

0782 ⑤ $y=-4x+1$에 $x=-3$, $y=-11$을 대입하면
$-11\neq -4\times(-3)+1$ 답 ⑤

0783 $y=-2x+8$에 $x=a$, $y=2a$를 대입하면
$2a=-2a+8$, $4a=8$　　$\therefore a=2$　　답 2

0784 $y=ax+b$에 $x=-1$, $y=-1$을 대입하면
$-a+b=-1$　　…… ㉠
$x=2$, $y=-2$를 대입하면
$2a+b=-2$　　…… ㉡
㉠, ㉡을 연립하여 풀면 $a=-\frac{1}{3}$, $b=-\frac{4}{3}$
$\therefore ab=-\frac{1}{3}\times\left(-\frac{4}{3}\right)=\frac{4}{9}$　　답 $\frac{4}{9}$

0785 일차함수를 $y=ax+b$라 하자.
(가)에서 $x=3$, $y=1$을 대입하면
$3a+b=1$　　…… ㉠
(나)에서
$f(1)+f(3)=a+b+(3a+b)=-2$
$\therefore 2a+b=-1$　　…… ㉡
㉠, ㉡을 연립하여 풀면 $a=2$, $b=-5$
$\therefore f(x)=2x-5$　　답 $f(x)=2x-5$

0786 $y=2x+1$의 그래프를 y축의 방향으로 -4만큼 평행이동하면
$y=2x+1-4$　　$\therefore y=2x-3$
$y=2x-3$과 $y=ax+b$가 같으므로
$a=2$, $b=-3$
$\therefore a-b=2-(-3)=5$　　답 5

0787 일차함수 $y=\frac{2}{3}x-2$의 그래프는 일차함수 $y=\frac{2}{3}x$의 그래프를 y축의 방향으로 -2만큼 평행이동한 직선이므로 바르게 그린 것은 ④이다.　　답 ④

0788 ② $y=\frac{2-x}{3}=-\frac{1}{3}x+\frac{2}{3}$이므로 $y=-\frac{1}{3}x$의 그래프를 y축의 방향으로 $\frac{2}{3}$만큼 평행이동하면 $y=\frac{2-x}{3}$의 그래프와 겹쳐진다.　　답 ②

0789 $y=3x$의 그래프를 y축의 방향으로 -2만큼 평행이동하면
$y=3x-2$
$y=3x-2$에 $x=p$, $y=0$을 대입하면
$0=3p-2$　　$\therefore p=\frac{2}{3}$　　답 ③

0790 $y=-\frac{3}{2}x$의 그래프를 y축의 방향으로 4만큼 평행이동하면
$y=-\frac{3}{2}x+4$
① $y=-\frac{3}{2}x+4$에 $x=-6$, $y=10$을 대입하면
$10\neq-\frac{3}{2}\times(-6)+4$　　답 ①

0791 $y=x-3$의 그래프를 y축의 방향으로 m만큼 평행이동하면
$y=x-3+m$
$y=x-3+m$에 $x=2$, $y=5$를 대입하면
$5=2-3+m$　　$\therefore m=6$　　답 ④

0792 $y=-3x+a$의 그래프를 y축의 방향으로 b만큼 평행이동하면
$y=-3x+a+b$
$y=-3x+a+b$에 $x=1$, $y=5$를 대입하면
$5=-3+a+b$
$\therefore a+b=8$　　답 8

0793 $y=-2x+b$에 $x=3$, $y=-4$를 대입하면
$-4=-6+b$　　$\therefore b=2$
$y=-2x+2$의 그래프를 y축의 방향으로 -3만큼 평행이동하면
$y=-2x+2-3$　　$\therefore y=-2x-1$
$y=-2x-1$에 $x=k$, $y=3k+4$를 대입하면
$3k+4=-2k-1$, $5k=-5$　　$\therefore k=-1$　　답 -1

0794 $y=-5x+2$에 $x=m$, $y=-m$을 대입하면
$-m=-5m+2$, $4m=2$　　$\therefore m=\frac{1}{2}$　　…❶
$2m=2\times\frac{1}{2}=1$이므로 $y=-5x+2$의 그래프를 y축의 방향으로 1만큼 평행이동하면
$y=-5x+2+1$　　$\therefore y=-5x+3$　　…❷
$y=-5x+3$에 $x=a$, $y=-7$을 대입하면
$-7=-5a+3$, $5a=10$　　$\therefore a=2$　　…❸
$\therefore a+m=2+\frac{1}{2}=\frac{5}{2}$　　…❹
답 $\frac{5}{2}$

채점 기준	배점
❶ m의 값 구하기	30 %
❷ 평행이동한 그래프의 식 구하기	30 %
❸ a의 값 구하기	20 %
❹ $a+m$의 값 구하기	20 %

0795 $y=ax+b$의 그래프를 y축의 방향으로 4만큼 평행이동하면
$y=ax+b+4$
$y=ax+b+4$에 $x=-2$, $y=1$과 $x=3$, $y=11$을 각각 대입하면
$\begin{cases}1=-2a+b+4\\11=3a+b+4\end{cases}$, 즉 $\begin{cases}-2a+b=-3 & \cdots\cdots ㉠\\3a+b=7 & \cdots\cdots ㉡\end{cases}$
㉡$-$㉠을 하면 $5a=10$　　$\therefore a=2$
$a=2$를 ㉠에 대입하면
$-4+b=-3$　　$\therefore b=1$
$\therefore a+b=3$　　답 3

0796 $y=3x-6$에서
$y=0$일 때, $0=3x-6$　　$\therefore x=2$
$x=0$일 때, $y=-6$
따라서 $a=2$, $b=-6$이므로
$a+b=-4$　　답 -4

0797 ①, ②, ③, ⑤의 x절편은 2이고, ④의 x절편은 8이다.
답 ④

0798 $y=5x+3$의 그래프를 y축의 방향으로 7만큼 평행이동하면
$y=5x+3+7$ $\therefore y=5x+10$
$y=0$일 때, $0=5x+10$ $\therefore x=-2$
$x=0$일 때, $y=10$
따라서 $a=-2$, $b=10$이므로 $a+b=8$ 답 8

0799 $y=\frac{1}{3}x-1$의 그래프와 x축 위에서 만나려면 x절편이 같아야 한다.
$y=\frac{1}{3}x-1$의 그래프의 x절편은 3이고, 각 일차함수의 그래프의 x절편은 다음과 같다.
① 12 ② -6 ③ 2 ④ -3 ⑤ 3 답 ⑤

0800 $y=-\frac{3}{2}x+b$의 그래프의 x절편이 4이면 점 (4, 0)을 지나므로
$0=-\frac{3}{2}\times4+b$ $\therefore b=6$
따라서 $y=-\frac{3}{2}x+6$의 그래프의 y절편은 6이다. 답 ⑤

0801 $y=\frac{2}{5}x-4$에 $y=0$을 대입하면 $0=\frac{2}{5}x-4$ $\therefore x=10$
$y=-\frac{2}{3}x+4+3k$에 $x=0$을 대입하면 $y=4+3k$
따라서 $y=\frac{2}{5}x-4$의 그래프의 x절편은 10,
$y=-\frac{2}{3}x+4+3k$의 그래프의 y절편은 $4+3k$이므로
$10=4+3k$, $3k=6$ $\therefore k=2$ 답 ①

0802 $y=ax-2$의 그래프를 y축의 방향으로 5만큼 평행이동하면
$y=ax-2+5$ $\therefore y=ax+3$
이 그래프의 x절편이 4이므로
$0=4a+3$ $\therefore a=-\frac{3}{4}$
또, y절편이 b이므로 $b=3$
$\therefore a+b=\frac{9}{4}$ 답 ②

Theme 18 일차함수의 그래프

123~125쪽

0803 그래프 l에서 x의 값이 2만큼 증가할 때, y의 값은 4만큼 감소하므로 일차함수의 그래프의 기울기는 -2이다.
그래프 m에서 x의 값이 3만큼 증가할 때, y의 값은 2만큼 증가하므로 일차함수의 그래프의 기울기는 $\frac{2}{3}$이다.
따라서 두 그래프의 기울기의 합은
$-2+\frac{2}{3}=-\frac{4}{3}$ 답 $-\frac{4}{3}$

0804 $(\text{기울기})=\frac{(y\text{의 값의 증가량})}{(x\text{의 값의 증가량})}=\frac{-2}{6}=-\frac{1}{3}$
따라서 그래프의 기울기가 $-\frac{1}{3}$인 것은 ③이다. 답 ③

0805 $\frac{4-0}{a-(-3)}=\frac{1}{2}$이므로 $\frac{4}{a+3}=\frac{1}{2}$
$a+3=8$ $\therefore a=5$ 답 5

0806 (1) x의 값이 2만큼 증가할 때, y의 값이 3만큼 감소하므로 그래프의 기울기는 $-\frac{3}{2}$이다. $\therefore a=-\frac{3}{2}$ …❶
(2) $y=-\frac{3}{2}x+1$의 그래프가 점 $(1, b)$를 지나므로
$b=-\frac{3}{2}+1=-\frac{1}{2}$ …❷
답 (1) $-\frac{3}{2}$ (2) $-\frac{1}{2}$

채점 기준	배점
❶ a의 값 구하기	40 %
❷ b의 값 구하기	60 %

0807 $(\text{기울기})=\frac{6-a}{3-(-4)}=3$이므로
$6-a=21$ $\therefore a=-15$ 답 ④

0808 주어진 그래프가 두 점 (0, 3), (2, 2)를 지나므로
$(\text{기울기})=\frac{2-3}{2-0}=-\frac{1}{2}$
따라서 $-\frac{1}{2}=\frac{(y\text{의 값의 증가량})}{-2}$이므로
$(y\text{의 값의 증가량})=1$ 답 1
주의 x의 값이 2만큼 감소한다는 것은 x의 값이 -2만큼 증가한다는 것과 같다.

0809 $(\text{기울기})=\frac{f(3)-f(-1)}{3-(-1)}=\frac{-8}{4}=-2$ 답 -2

0810 $y=f(x)$의 그래프가 두 점 $(-2, 1)$, $(0, 2)$를 지나므로
$m=\frac{2-1}{0-(-2)}=\frac{1}{2}$
$y=g(x)$의 그래프가 두 점 $(-2, 1)$, $(0, -3)$을 지나므로
$n=\frac{-3-1}{0-(-2)}=-2$
$\therefore mn=\frac{1}{2}\times(-2)=-1$ 답 -1

0811 $(\text{직선 AB의 기울기})=\frac{6-1}{3-2}=5$
$(\text{직선 BC의 기울기})=\frac{a-6}{4-3}=a-6$
$a-6=5$이므로 $a=11$ 답 ④
참고 한 직선 위의 세 점 중 어느 두 점을 잡아도 그 두 점을 지나는 직선의 기울기는 같다.

0812 세 점 $(3m+3, m+1)$, $(-2, -3)$, $(2, -1)$이 한 직선 위에 있으므로
$\frac{-3-(m+1)}{-2-(3m+3)}=\frac{-1-(-3)}{2-(-2)}$
$\frac{-4-m}{-5-3m}=\frac{1}{2}$, $-5-3m=-8-2m$
$\therefore m=3$ 답 3

0813 세 점 $(a, -6)$, $(-2, 0)$, $(3, 10)$이 한 직선 위에 있으므로
$\frac{0-(-6)}{-2-a}=\frac{10-0}{3-(-2)}$

$\frac{6}{-2-a}=2$, $-4-2a=6$

$\therefore a=-5$ 답 -5

0814 직선 BC의 기울기는 $\frac{m+8-m}{2-(-2)}=\frac{8}{4}=2$이므로

$a=2$ …❶

직선 AB의 기울기는 $\frac{m-2}{-2-(-3)}=2$이므로

$m=4$ …❷

$\therefore a+m=6$ …❸

답 6

채점 기준	배점
❶ a의 값 구하기	40 %
❷ m의 값 구하기	40 %
❸ $a+m$의 값 구하기	20 %

0815 기울기가 $-\frac{5}{2}$, x절편이 -2, y절편이 -5이므로

$a=-\frac{5}{2}$, $b=-2$, $c=-5$

$\therefore 2a+b+c=2\times\left(-\frac{5}{2}\right)+(-2)+(-5)=-12$

답 ①

0816 x의 값이 2만큼 증가할 때, y의 값은 4만큼 감소하는 직선의 기울기는 $\frac{-4}{2}=-2$이고

$y=-3x+3$의 그래프의 y절편은 3이다.

따라서 구하는 일차함수는 $y=-2x+3$ 답 ④

0817 $y=ax+b$의 그래프의 x절편은 $-\frac{b}{a}$, y절편은 b이다.

$y=\frac{9-x}{3}=-\frac{1}{3}x+3$의 그래프의 y절편은 3이므로 $b=3$

$y=\frac{2}{3}x-4$의 그래프의 x절편은 6이므로

$-\frac{b}{a}=6$, 즉 $-\frac{3}{a}=6$ $\therefore a=-\frac{1}{2}$

$\therefore ab=-\frac{1}{2}\times 3=-\frac{3}{2}$ 답 $-\frac{3}{2}$

0818 ② $y=-\frac{2}{3}x-2$의 그래프는 오른쪽 그림과 같으므로 제1사분면을 지나지 않는다. 답 ②

0819 $y=ax+b$의 그래프가 두 점 $(-2, 0)$, $(0, -3)$을 지나므로

$a=\frac{-3-0}{0-(-2)}=-\frac{3}{2}$, $b=-3$

따라서 $y=bx+a$, 즉 $y=-3x-\frac{3}{2}$의 그래프의 x절편은 $-\frac{1}{2}$, y절편은 $-\frac{3}{2}$이므로 그 그래프는 ④와 같다. 답 ④

0820 (1) $y=\frac{2}{3}x-3$의 그래프에서 기울기는 $\frac{2}{3}$, y절편은 -3이다.

(2) 점 $(0, -3)$과 이 점에서 x의 값이 3만큼, y의 값이 2만큼 증가한 점 $(3, -1)$을 직선으로 연결하면 오른쪽 그림과 같다.

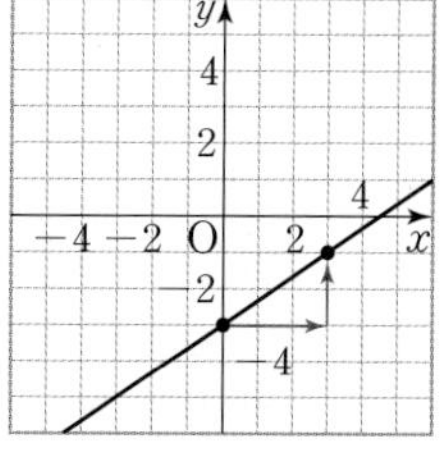

답 (1) 기울기 : $\frac{2}{3}$, y절편 : -3 (2) 풀이 참조

0821 $y=\frac{1}{3}x-4$의 그래프의 x절편은 12, y절편은 -4이므로 그 그래프는 오른쪽 그림과 같다.

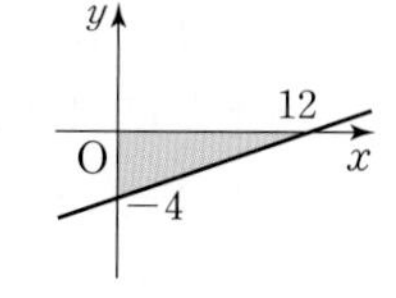

따라서 구하는 넓이는

$\frac{1}{2}\times 12\times 4=24$ 답 ⑤

0822 $y=ax+2$의 그래프의 y절편이 2이므로 x절편을 m이라 하면

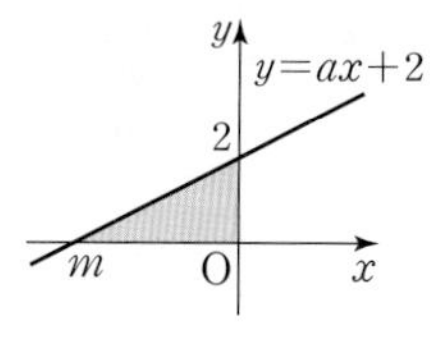

(색칠한 도형의 넓이)

$=\frac{1}{2}\times|m|\times 2=4$

$|m|=4$ $\therefore m=-4$ ($\because m<0$)

$y=ax+2$의 그래프가 점 $(-4, 0)$을 지나므로

$0=-4a+2$

$\therefore a=\frac{1}{2}$ 답 ④

다른 풀이 $y=ax+2$의 그래프의 x절편은 $-\frac{2}{a}$, y절편은 2이고 색칠한 도형의 넓이가 4이므로

$\frac{1}{2}\times\frac{2}{a}\times 2=4$, $\frac{2}{a}=4$ $\therefore a=\frac{1}{2}$

0823 $y=-2x+6$의 그래프의 x절편은 3, y절편은 6이고

$y=\frac{1}{2}x+6$의 그래프의 x절편은 -12, y절편은 6이다.

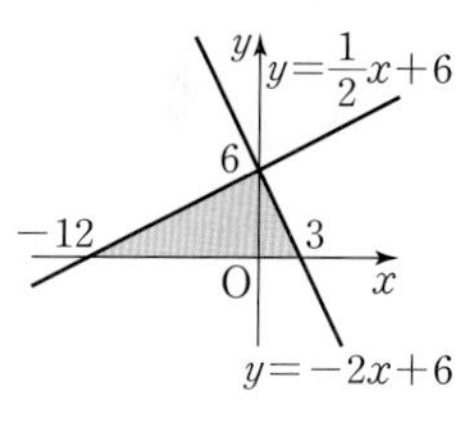

따라서 구하는 넓이는

$\frac{1}{2}\times 15\times 6=45$ 답 ③

Step 3 발전 문제 126~128쪽

0824 ① $x=6$일 때, $6=2\times 3$의 소인수는 2, 3이므로 y의 값이 하나로 정해지지 않으므로 함수가 아니다.

② $x=5$일 때, 5보다 작은 자연수는 1, 2, 3, 4이므로 y의 값이 하나로 정해지지 않으므로 함수가 아니다.

④ $x=150$일 때, 키가 150 cm인 학생의 발의 크기는 여러 가지가 있을 수 있으므로 함수가 아니다.

따라서 y가 x의 함수인 것은 ③, ⑤이다. 답 ③, ⑤

0825 5로 나누었을 때의 나머지 0, 1, 2, 3, 4 중에서

나머지가 0인 것은 5, 10, 15, 20이므로

$f(5)=f(10)=f(15)=f(20)=0$

나머지가 1인 것은 1, 6, 11, 16이므로

$f(1)=f(6)=f(11)=f(16)=1$

나머지가 2인 것은 2, 7, 12, 17이므로

$f(2)=f(7)=f(12)=f(17)=2$

나머지가 3인 것은 3, 8, 13, 18이므로

$f(3)=f(8)=f(13)=f(18)=3$

나머지가 4인 것은 4, 9, 14, 19이므로

$f(4)=f(9)=f(14)=f(19)=4$

$\therefore f(1)+f(2)+f(3)+\cdots+f(20)$

$=4\times(1+2+3+4)=40$

답 ②

0826 $g(x)=\frac{12}{x}$에서

$g(3)=\frac{12}{3}=a \quad \therefore a=4$

$f(x)=-\frac{3}{4}x$에서

$f(4)=-\frac{3}{4}\times4=-3$

$f(a)=g(b)$, 즉 $f(4)=g(b)$이므로

$-3=\frac{12}{b} \quad \therefore b=-4$

답 ②

0827 $y=\frac{a}{x}$에 $x=1$, $y=36$을 대입하면 $a=36$

따라서 $y=\frac{36}{x}$에 $x=2$, $y=A$를 대입하면

$A=\frac{36}{2}=18$

또, $y=\frac{36}{x}$에 $x=B$, $y=9$를 대입하면

$9=\frac{36}{B} \quad \therefore B=4$

$\therefore A+B=22$

답 ②

0828 $3x(4-2cx)-2ax-by+5=0$에서

$by=-6cx^2+(12-2a)x+5$

이 함수가 x의 일차함수이려면

$-6c=0$, $12-2a\neq0$, $b\neq0$

$\therefore a\neq6$, $b\neq0$, $c=0$

답 ③

0829 $f(x)=ax+3$에서

$f(-1)=-a+3$,

$f(0)=3$,

$f(1)=a+3$,

$f(2)=2a+3$이므로

$f(-1)+f(0)+f(1)+f(2)$

$=(-a+3)+3+(a+3)+(2a+3)$

$=2a+12$

$2a+12=22$에서 $2a=10$

$\therefore a=5$

답 ④

0830 $y=2x+6$의 그래프를 y축의 방향으로 k만큼 평행이동하면

$y=2x+6+k$

이때 $y=2x+6$의 그래프의 x절편이 -3이므로

$y=2x+6+k$의 그래프의 x절편은 $-3+4=1$이다.

즉, $y=2x+6+k$의 그래프가 점 $(1, 0)$을 지나므로

$0=2+6+k \quad \therefore k=-8$

답 ①

0831 두 점 $(p, f(p))$, $(q, f(q))$를 지나는 일차함수의 그래프의 기울기는 $\frac{f(q)-f(p)}{q-p}$이므로 $a=2$

따라서 $f(x)=2x+3$이므로

$f(2)=2\times2+3=7$

답 ③

0832 기울기가 $\frac{3}{4}$이므로 $a=\frac{3}{4}$

$f(0)=2$이므로 $b=2$

$\therefore f(x)=\frac{3}{4}x+2$

$f(k)=4$이므로 $\frac{3}{4}k+2=4 \quad \therefore k=\frac{8}{3}$

$f(4)=m$이므로 $m=\frac{3}{4}\times4+2=5$

$\therefore k+m=\frac{8}{3}+5=\frac{23}{3}$

답 ②

0833 $f(8)=8a+15<0$이므로 $a<-\frac{15}{8}$

이때 a는 가장 큰 정수이므로 $a=-2 \quad \therefore y=-2x+15$

② $y=-2x+15$에 $x=2$, $y=11$을 대입하면

$11=-2\times2+15$

답 ②

0834 $y=-x+b$의 그래프의 x절편은 b, y절편은 b이므로

$A(0, b)$, $C(b, 0)$

$y=\frac{1}{2}x-a$의 그래프의 x절편은 $2a$, y절편은 $-a$이므로

$B(0, -a)$, $D(2a, 0)$

$\overline{AO}=b$, $\overline{BO}=a$이므로

$\overline{AO}:\overline{BO}=4:3$에서 $b:a=4:3$

$\therefore a=\frac{3}{4}b$ ...... ㉠

$\overline{CD}=2$이므로 $2a-b=2$ ...... ㉡

㉠, ㉡을 연립하여 풀면 $a=3$, $b=4$

$\therefore a+b=7$

답 7

다른 풀이 $\overline{AO}:\overline{BO}=4:3$에서 $b:a=4:3$

즉, $a=3k$, $b=4k\,(k>0)$라 하면

$C(4k, 0)$, $D(6k, 0)$

$\overline{CD}=2$이므로 $6k-4k=2$, $2k=2 \quad \therefore k=1$

따라서 $a=3$, $b=4$이므로 $a+b=7$

0835 $y=-4x-n$의 그래프를 y축의 방향으로 4만큼 평행이동하면

$y=-4x-n+4$

$y=-4x-n$의 그래프의 x절편은 $-\frac{n}{4}$이므로

$A\left(-\frac{n}{4}, 0\right)$

$y=-4x-n+4$의 그래프의 x절편은 $-\frac{n}{4}+1$이므로

$\mathrm{B}\left(-\frac{n}{4}+1,\ 0\right)$

$\therefore\ \overline{\mathrm{AB}}=-\frac{n}{4}+1-\left(-\frac{n}{4}\right)=1$ 답 1

0836 $y=3x-3$의 그래프를 y축의 방향으로 평행이동하였을 때, 기울기는 변하지 않으므로

$a=3$

또, $y=3x-3$의 그래프의 x절편은 1이므로

$\mathrm{A}(1,\ 0)$

$\overline{\mathrm{AB}}=4$이므로 $\mathrm{B}(-3,\ 0)$ 또는 $\mathrm{B}(5,\ 0)$이다.

이때 $y=ax+b$의 그래프는 제2사분면을 지나지 않으므로

$\mathrm{B}(5,\ 0)$

따라서 $y=3x+b$의 그래프가 점 $(5,\ 0)$을 지나므로

$0=15+b\quad\therefore\ b=-15$

$\therefore\ a-b=3-(-15)=18$ 답 ③

0837 네 일차함수 $y=-x+4$, $y=x+4$, $y=x-4$, $y=-x-4$의 그래프는 오른쪽 그림과 같다.

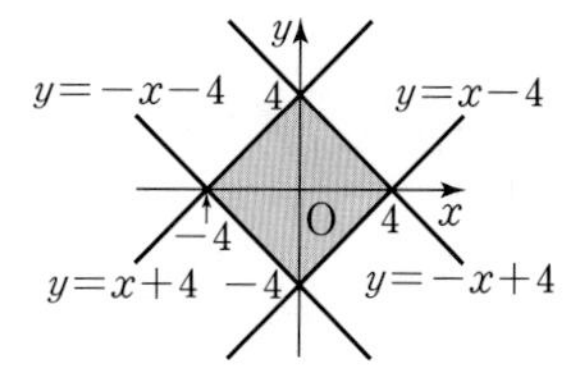

따라서 색칠한 도형의 넓이는

$4\times\left(\frac{1}{2}\times4\times4\right)=32$ 답 32

다른 풀이 색칠한 도형은 두 대각선의 길이가 각각 8, 8인 마름모이므로 넓이는

$\frac{1}{2}\times8\times8=32$

0838 $y=\frac{1}{2}x+4$의 그래프의 x절편은 -8이고 y절편은 4이므로

$\mathrm{B}(-8,\ 0)$, $\mathrm{C}(0,\ 4)$

$y=ax+b$의 그래프의 y절편은 b이므로 $\mathrm{A}(0,\ b)$

$\triangle\mathrm{ABC}$의 넓이가 16이므로

$\frac{1}{2}\times(b-4)\times8=16,\ b-4=4\quad\therefore\ b=8$

따라서 $y=ax+8$의 그래프가 두 점 $\mathrm{A}(0,\ 8)$, $\mathrm{B}(-8,\ 0)$을 지나므로

$a=\frac{0-8}{-8-0}=1$

$\therefore\ a+b=9$ 답 9

교과서 속 창의력 UP! 129쪽

0839 $M(f(x),\ 2)=2$이므로 $f(x)$와 2 중 작지 않은 수, 즉 크거나 같은 수가 2이다.

즉, $f(x)\le2$이므로 $f(x)=0$ 또는 $f(x)=1$ 또는 $f(x)=2$이다.

(i) $f(x)=0$일 때, $x=1$

(ii) $f(x)=1$일 때, $x=2$

(iii) $f(x)=2$일 때, $x=3,\ 4$

따라서 $M(f(x),\ 2)=2$를 만족시키는 모든 자연수 x의 값은 1, 2, 3, 4이므로 그 합은

$1+2+3+4=10$ 답 ②

0840 $y=ax+3$의 그래프가 점 $(-1,\ 2)$를 지나므로

$2=-a+3\quad\therefore\ a=1$

$y=x+3$의 그래프의 x절편은 -3, y절편은 3이므로 그래프는 오른쪽 그림과 같다.

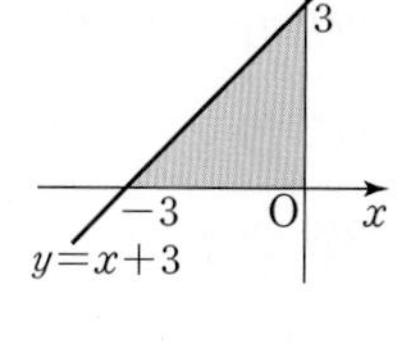

따라서 색칠한 도형을 y축을 회전축으로 하여 1회전 시킬 때 생기는 입체도형은 밑면의 반지름의 길이가 3, 높이가 3인 원뿔이므로 구하는 부피는

$\frac{1}{3}\times(\pi\times3^2)\times3=9\pi$ 답 9π

0841 기울기를 a로 잘못 보았으므로 $y=ax+4$의 그래프의 x절편은 $-\frac{4}{a}$, y절편은 4이다.

이때 잘못 보고 그린 그래프와 x축, y축으로 둘러싸인 도형의 넓이는

$\frac{1}{2}\times\frac{4}{a}\times4=6,\ \frac{8}{a}=6\quad\therefore\ a=\frac{4}{3}$

즉, 처음 일차함수는 $y=\frac{3}{4}x+4$이므로 그래프의 x절편은 $-\frac{16}{3}$, y절편은 4이다.

따라서 원래 일차함수의 그래프와 x축, y축으로 둘러싸인 도형의 넓이는

$\frac{1}{2}\times\frac{16}{3}\times4=\frac{32}{3}$ 답 ④

0842 정사각형 OABC의 넓이가 $5\times5=25$이므로

사각형 OAED의 넓이는 $25\times\frac{3}{5}=15$

이때 $y=ax+2$의 그래프의 y절편은 2이므로 $\mathrm{D}(0,\ 2)$

$\overline{\mathrm{AE}}=k$라 하면 사각형 OAED의 넓이가 15이므로

$\frac{1}{2}\times(2+k)\times5=15$

$2+k=6\quad\therefore\ k=4$

$\therefore\ \mathrm{E}(5,\ 4)$

따라서 $y=ax+2$의 그래프가 점 $\mathrm{E}(5,\ 4)$를 지나므로

$4=5a+2\quad\therefore\ a=\frac{2}{5}$ 답 $\frac{2}{5}$

다른 풀이 $y=ax+2$에서 $x=5$일 때 $y=5a+2$이므로

$\mathrm{E}(5,\ 5a+2)$

이때 사각형 OAED의 넓이는 15이므로

$\frac{1}{2}\times\{2+(5a+2)\}\times5=15$

$5a+4=6\quad\therefore\ a=\frac{2}{5}$

08. 일차함수와 그래프 (2)

Step 1 핵심 개념 131쪽

0843 답 ㄴ, ㄷ

0844 답 ㄱ, ㄹ

0845 답 ㄱ, ㄴ, ㄹ

0846 기울기의 절댓값이 가장 큰 것은 ㄹ이다. 답 ㄹ

0847 답 ㄹ

0848 답 $a>0$, $b>0$

0849 답 $a<0$, $b>0$

0850 답 $a<0$, $b<0$

0851 답 ㄱ과 ㅁ, ㄹ과 ㅂ

참고 기울기가 같고, y절편이 다르면 두 그래프는 평행하다.

0852 답 $y=5x-2$

0853 $(\text{기울기})=\frac{-5}{2}=-\frac{5}{2}$이고 y절편이 1이므로

$y=-\frac{5}{2}x+1$ 답 $y=-\frac{5}{2}x+1$

0854 기울기가 2이므로 일차함수의 식을 $y=2x+b$라 하자.

이 그래프가 점 $(1,\ -3)$을 지나므로

$-3=2+b$ $\quad\therefore b=-5$

$\therefore y=2x-5$ 답 $y=2x-5$

0855 기울기가 2이므로 일차함수의 식을 $y=2x+b$라 하자.

이 그래프가 점 $(-1,\ 0)$을 지나므로

$0=-2+b$ $\quad\therefore b=2$

$\therefore y=2x+2$ 답 $y=2x+2$

0856 기울기가 $\frac{1}{2}$이므로 일차함수의 식을 $y=\frac{1}{2}x+b$라 하자.

이 그래프가 점 $(1,\ -4)$를 지나므로

$-4=\frac{1}{2}+b$ $\quad\therefore b=-\frac{9}{2}$

$\therefore y=\frac{1}{2}x-\frac{9}{2}$ 답 $y=\frac{1}{2}x-\frac{9}{2}$

0857 $(\text{기울기})=\frac{5-10}{-2-(-3)}=-5$이므로 일차함수의 식을 $y=-5x+b$라 하자.

이 그래프가 점 $(-3,\ 10)$을 지나므로

$10=15+b$ $\quad\therefore b=-5$

$\therefore y=-5x-5$ 답 $y=-5x-5$

0858 $(\text{기울기})=\frac{-2-1}{6-3}=-1$이므로 일차함수의 식을 $y=-x+b$라 하자.

이 그래프가 점 $(3,\ 1)$을 지나므로

$1=-3+b$ $\quad\therefore b=4$

$\therefore y=-x+4$ 답 $y=-x+4$

0859 $(\text{기울기})=-\frac{-3}{-4}=-\frac{3}{4}$이고 y절편이 -3이므로

$y=-\frac{3}{4}x-3$ 답 $y=-\frac{3}{4}x-3$

0860 x절편이 6, y절편이 -4이므로

$(\text{기울기})=-\frac{-4}{6}=\frac{2}{3}$

$\therefore y=\frac{2}{3}x-4$ 답 $y=\frac{2}{3}x-4$

0861 답 $y=200x+3000$

0862 $y=200x+3000$에서

$x=30$일 때, $y=200\times30+3000=9000$

따라서 30일 후 돼지 저금통에 들어 있는 금액은 9000원이다. 답 9000원

0863 $y=200x+3000$에서 $y=5000$일 때,

$5000=200x+3000$, $200x=2000$

$\therefore x=10$

따라서 돼지 저금통에 들어 있는 금액이 5000원이 되는 것은 저금한 지 10일이 지난 후이다. 답 10일

Step 2 핵심 유형 132~139쪽

Theme 19 일차함수의 그래프의 성질 132~134쪽

0864 $-b>0$, $-a<0$이므로 $y=-bx-a$의 그래프는 오른쪽 그림과 같다.

따라서 그래프가 지나지 않는 사분면은 제2사분면이다. 답 ②

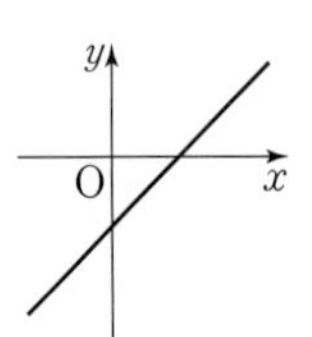

0865 주어진 그래프가 오른쪽 위로 향하므로

$-a>0$ $\quad\therefore a<0$

또, y축과 음의 부분에서 만나므로 $b<0$ 답 ④

0866 $y=ax+b$의 그래프가 제1, 2, 4사분면을 지나므로

$a<0$, $b>0$

즉, $ab<0$, $-\frac{1}{b}<0$이므로 $y=abx-\frac{1}{b}$의 그래프는 오른쪽 그림과 같다.

따라서 그래프가 지나지 않는 사분면은 제1사분면이다. 답 제1사분면

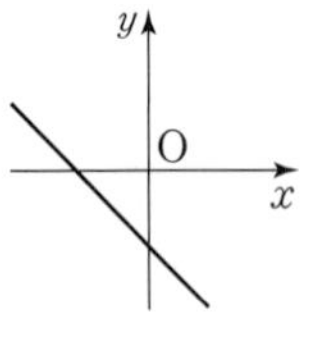

0867 기울기의 절댓값이 클수록 y축에 가깝다.

$\left|\frac{1}{2}\right|<|-1|<\left|-\frac{8}{5}\right|<|2|<\left|-\frac{5}{2}\right|$이므로 그래프가 y축에 가장 가까운 것은 ④이다. 답 ④

0868 기울기의 절댓값이 작을수록 x축에 가깝다.

$\left|\frac{1}{3}\right|<\left|-\frac{3}{5}\right|<\left|-\frac{2}{3}\right|<\left|\frac{4}{5}\right|<|1|$이므로 그래프가 x축에 가까운 순서대로 나열하면

③ ㄹ－ㄱ－ㄴ－ㅁ－ㄷ이다. 답 ③

0869 기울기 $-a$의 값의 범위가 $\frac{1}{2}<-a<3$이므로

$-3<a<-\frac{1}{2}$ 답 $-3<a<-\frac{1}{2}$

0870 $y=ax+2$와 $y=3x-\frac{4}{5}$의 그래프가 평행하므로 $a=3$
즉, $y=3x+2$의 그래프가 점 $(-1, b)$를 지나므로
$b=-3+2=-1$
$\therefore a-b=3-(-1)=4$ 답 4

0871 $y=(k-1)x+5$와 $y=(3-k)x-4$의 그래프가 평행하면 기울기가 같으므로
$k-1=3-k$, $2k=4$ $\therefore k=2$ 답 2

0872 $y=-\frac{1}{2}x+1$과 $y=ax+b$의 그래프가 서로 만나지 않으므로 평행하고 기울기가 같다.
$\therefore a=-\frac{1}{2}$ …❶
$y=-\frac{1}{2}x+1$의 그래프의 y절편은 1, $y=ax+b$의 그래프의 y절편은 b이므로 $A(0, 1)$, $B(0, b)$
$\overline{AB}=3$이므로 $b=-2$ 또는 $b=4$
이때 $a>b$이므로 $b=-2$ …❷
$\therefore ab=-\frac{1}{2}\times(-2)=1$ …❸
답 1

채점 기준	배점
❶ a의 값 구하기	30 %
❷ b의 값 구하기	50 %
❸ ab의 값 구하기	20 %

참고 • 두 일차함수의 그래프가 만나지 않는다.
⇨ 두 그래프는 평행하다.
⇨ 기울기가 같고 y절편이 다르다.
• 두 일차함수의 그래프가 만난다.
⇨ 두 그래프는 한 점에서 만나거나 일치한다.

0873 그래프가 평행하면 기울기가 같으므로
$-a=2$ $\therefore a=-2$
$y=2x+2$의 그래프의 x절편이 -1이므로 $y=bx+1$의 그래프의 x절편도 -1이다.
즉, $y=bx+1$의 그래프가 점 $(-1, 0)$을 지나므로
$x=-1$, $y=0$을 $y=bx+1$에 대입하면
$0=-b+1$ $\therefore b=1$
$\therefore ab=-2\times1=-2$ 답 -2

0874 두 점 $(-3, 0)$, $(0, 2)$를 지나는 일차함수의 그래프는 기울기가 $\frac{2-0}{0-(-3)}=\frac{2}{3}$이고 y절편이 2이다.
따라서 주어진 그래프와 평행한 것은 ②이다. 답 ②
참고 ③의 그래프는 주어진 그래프와 일치한다.

0875 두 점 $(-1, 2)$, $(2, -1)$을 지나는 일차함수의 그래프의 기울기는 $\frac{-1-2}{2-(-1)}=-1$
따라서 두 점 $(0, 3)$, $(5, a)$를 지나는 일차함수의 그래프의 기울기도 -1이므로
$\frac{a-3}{5-0}=-1$, $a-3=-5$
$\therefore a=-2$ 답 -2

0876 두 점 $(0, -3)$, $(2, 0)$을 지나는 그래프의 기울기는
$\frac{0-(-3)}{2-0}=\frac{3}{2}$ $\therefore a=\frac{3}{2}$
$y=\frac{3}{2}x-1$의 그래프가 점 $(-2, b)$를 지나므로
$b=\frac{3}{2}\times(-2)-1=-4$
$\therefore 2a+b=2\times\frac{3}{2}+(-4)=-1$ 답 -1

0877 $y=ax+3$과 $y=-\frac{1}{2}x+\frac{b}{4}$의 그래프가 일치하므로
$a=-\frac{1}{2}$, $\frac{b}{4}=3$
$\therefore a=-\frac{1}{2}$, $b=12$
$\therefore ab=-\frac{1}{2}\times12=-6$ 답 ③

0878 $y=x+a-2$의 그래프가 점 $(4, 6)$을 지나므로
$6=4+a-2$ $\therefore a=4$
즉, $y=bx+c$와 $y=x+2$의 그래프가 일치하므로
$b=1$, $c=2$
$\therefore abc=4\times1\times2=8$ 답 8

0879 $y=-\frac{1}{3}x+1+a$와 $y=-\frac{1}{3}x+3$의 그래프가 일치하므로
$1+a=3$ $\therefore a=2$
$y=-\frac{1}{3}x+1+b$와 $y=-\frac{1}{3}x-1$의 그래프가 일치하므로
$1+b=-1$ $\therefore b=-2$
$\therefore a+b=2+(-2)=0$ 답 0

0880 (가)에서 $a+1=-2$, $-2a=b$
$\therefore a=-3$, $b=6$
(나)에서 $5=c+a$, 즉 $5=c-3$ $\therefore c=8$
$\therefore a+b+c=-3+6+8=11$ 답 11

0881 ③ 제3사분면을 지나지 않는다. 답 ③

0882 ① 주어진 그래프에서 $a>0$, $b>0$이므로 $ab>0$
② x절편은 $-\frac{b}{a}$이다.
④ $y=ax$의 그래프와 평행하므로 만나지 않는다.
⑤ x의 값이 증가할 때, y의 값도 증가한다. 답 ③

0883 ① $b=0$이면 $y=ax$의 그래프와 일치한다.
② y축과 만나는 점의 좌표는 $(0, b)$이다.
④ $a<0$, $b>0$이면 제3사분면을 지나지 않는다. 답 ③, ⑤

Theme 20 일차함수의 식 구하기

135~136쪽

0884 (기울기)$=\frac{1-0}{2-(-1)}=\frac{1}{3}$이고 y절편이 3이므로
$y=\frac{1}{3}x+3$
$\therefore a=\frac{1}{3}$, $b=3$ $\therefore ab=1$ 답 1

0885 주어진 그래프가 두 점 $(-2, 0)$, $(0, -3)$을 지나므로

$(기울기)=\frac{-3-0}{0-(-2)}=-\frac{3}{2}$

또, $y=2x+4$의 그래프와 y축 위에서 만나므로 y절편은 4이다.

따라서 구하는 일차함수의 식은 $y=-\frac{3}{2}x+4$ 답 ③

0886 점 $(0, -7)$을 지나므로 y절편이 -7이다. …❶

기울기가 $-\frac{1}{2}$이고 y절편이 -7인 직선을 그래프로 하는 일차함수의 식은 $y=-\frac{1}{2}x-7$ …❷

이 그래프가 점 $(4a, a+8)$을 지나므로

$a+8=-2a-7$, $3a=-15$ $\therefore a=-5$ …❸

답 -5

채점 기준	배점
❶ y절편 구하기	30 %
❷ 일차함수의 식 구하기	30 %
❸ a의 값 구하기	40 %

0887 x의 값이 4만큼 증가할 때, y의 값은 3만큼 감소하므로 기울기는 $-\frac{3}{4}$이다.

$f(0)=2$이므로 $f(x)=-\frac{3}{4}x+2$

$f(k)=4$이므로 $4=-\frac{3}{4}k+2$, $\frac{3}{4}k=-2$

$\therefore k=-\frac{8}{3}$ 답 $-\frac{8}{3}$

0888 $y=-x+6$의 그래프와 평행하므로 기울기가 -1이다.

$y=-x+b$라 하면 이 그래프가 점 $(2, 1)$을 지나므로

$1=-2+b$ $\therefore b=3$

$\therefore y=-x+3$ 답 ②

0889 기울기가 $\frac{2}{3}$이므로 $y=\frac{2}{3}x+b$라 하자.

이 그래프가 점 $\left(-\frac{3}{2}, 1\right)$을 지나므로

$1=\frac{2}{3}\times\left(-\frac{3}{2}\right)+b$, $1=-1+b$

$\therefore b=2$

따라서 $y=\frac{2}{3}x+2$의 그래프의 x절편은 -3이다. 답 -3

0890 x의 값이 8만큼 증가할 때, y의 값은 4만큼 감소하므로 기울기는 $-\frac{1}{2}$이다. $\therefore a=-\frac{1}{2}$

$y=-\frac{1}{2}x+b$라 하면 이 그래프가 점 $(2, 1)$을 지나므로

$1=-\frac{1}{2}\times2+b$ $\therefore b=2$

$\therefore ab=-\frac{1}{2}\times2=-1$ 답 -1

0891 $(기울기)=\frac{5-2}{3-(-1)}=\frac{3}{4}$이므로 $y=\frac{3}{4}x+b$라 하자.

이 그래프가 점 $(-1, 2)$를 지나므로

$2=\frac{3}{4}\times(-1)+b$, $2=-\frac{3}{4}+b$

$\therefore b=\frac{11}{4}$

$\therefore y=\frac{3}{4}x+\frac{11}{4}$ 답 ④

0892 주어진 그래프가 두 점 $(-2, 2)$, $(4, -1)$을 지나므로

$(기울기)=\frac{-1-2}{4-(-2)}=-\frac{1}{2}$

$y=-\frac{1}{2}x+k$의 그래프가 점 $(-2, 2)$를 지나므로

$2=-\frac{1}{2}\times(-2)+k$, $2=1+k$

$\therefore k=1$ 답 ③

0893 세 점 $(k+1, 2k-3)$, $(-1, -3)$, $(1, 0)$이 한 직선 위에 있으므로

$\frac{2k-3-(-3)}{k+1-(-1)}=\frac{0-(-3)}{1-(-1)}$, $\frac{2k}{k+2}=\frac{3}{2}$

$3k+6=4k$ $\therefore k=6$ …❶

일차함수의 식을 $y=\frac{3}{2}x+b$라 하면 이 그래프가 점 $(1, 0)$을 지나므로

$0=\frac{3}{2}\times1+b$ $\therefore b=-\frac{3}{2}$ …❷

$\therefore bk=-\frac{3}{2}\times6=-9$ …❸

답 -9

채점 기준	배점
❶ k의 값 구하기	50 %
❷ b의 값 구하기	30 %
❸ bk의 값 구하기	20 %

0894 두 점 $(2, 0)$, $(0, 5)$를 지나므로

$(기울기)=\frac{0-5}{2-0}=-\frac{5}{2}$ $\therefore y=-\frac{5}{2}x+5$

$y=-\frac{5}{2}x+5$의 그래프가 점 $\left(\frac{4}{5}, k\right)$를 지나므로

$k=-\frac{5}{2}\times\frac{4}{5}+5=3$ 답 3

0895 (가)에서 $y=x+2$의 그래프의 x절편은 -2이고,

(나)에서 $y=-\frac{3}{4}x+6$의 그래프의 y절편은 6이다.

따라서 두 점 $(-2, 0)$, $(0, 6)$을 지나므로

$(기울기)=\frac{6-0}{0-(-2)}=3$

$\therefore y=3x+6$ 답 $y=3x+6$

0896 x축과 만나는 점의 좌표가 $(a, a-3)$이므로

$a-3=0$ $\therefore a=3$

y축과 만나는 점의 좌표가 $(b+6, b)$이므로

$b+6=0$ $\therefore b=-6$

두 점 $(3, 0)$, $(0, -6)$을 지나므로

$(기울기)=\frac{-6-0}{0-3}=2$

따라서 구하는 일차함수의 식은 $y=2x-6$ 답 $y=2x-6$

0897 $y=ax-4$의 그래프를 y축의 방향으로 b만큼 평행이동하면
$y=ax-4+b$
주어진 그래프가 두 점 $(-3, 0)$, $(0, 2)$를 지나므로
$(\text{기울기})=\frac{2-0}{0-(-3)}=\frac{2}{3}$ $\therefore y=\frac{2}{3}x+2$
$y=ax-4+b$와 $y=\frac{2}{3}x+2$가 같으므로
$a=\frac{2}{3}$, $-4+b=2$ $\therefore a=\frac{2}{3}$, $b=6$
$\therefore ab=\frac{2}{3}\times 6=4$ 답 4

Theme 21 일차함수의 활용 137~139쪽

0898 기온이 x°C일 때 소리의 속력을 초속 y m라 하면
$y=331+0.6x$
$y=337$일 때, $337=331+0.6x$ $\therefore x=10$
따라서 소리의 속력이 초속 337 m일 때의 기온은 10°C이다.
답 ②

0899 추를 1개 매달 때마다 용수철의 길이가 4 cm씩 늘어나므로 추를 x개 매달면 $4x$ cm가 늘어난다.
추를 x개 매달았을 때의 용수철의 길이를 y cm라 하면
$y=4x+20$
$y=52$일 때, $52=4x+20$ $\therefore x=8$
따라서 용수철 저울에 매달린 추는 8개이다. 답 ③

0900 45 cm의 양초가 모두 타는 데 180분이 걸리므로 1분에
$\frac{45}{180}=\frac{1}{4}$ (cm)씩 탄다.
불을 붙인 지 x분 후에 남은 양초의 길이를 y cm라 하면
$y=45-\frac{1}{4}x$
$y=10$일 때, $10=45-\frac{1}{4}x$ $\therefore x=140$
따라서 남은 양초의 길이가 10 cm가 되는 것은 양초에 불을 붙인 지 140분 후이다. 답 140분 후

0901 3분마다 60 L의 비율로 물이 흘러나오므로 1분마다 20 L씩 흘러나온다.
물이 흘러나온 지 x분 후에 남아 있는 물의 양을 y L라 하면
$y=300-20x$
$y=140$일 때, $140=300-20x$ $\therefore x=8$
따라서 남은 물의 양이 140 L가 되는 것은 물이 흘러나오기 시작한 지 8분 후이다. 답 ②

0902 (1) 1 km를 달리는 데 $\frac{1}{15}$ L의 휘발유가 소모되므로
$y=36-\frac{1}{15}x$
(2) $x=75$일 때, $y=36-\frac{1}{15}\times 75=31$
따라서 75 km를 달린 후에 남아 있는 휘발유의 양은 31 L이다. 답 (1) $y=36-\frac{1}{15}x$ (2) 31 L

0903 140일에 35 mL를 모두 사용하였으므로 하루에
$\frac{35}{140}=\frac{1}{4}$ (mL)씩 소모된다.
개봉한 지 x일 후에 남아 있는 방향제의 양을 y mL라 하면
$y=35-\frac{1}{4}x$
$y=20$일 때, $20=35-\frac{1}{4}x$ $\therefore x=60$
따라서 남아 있는 방향제의 양이 20 mL가 되는 것은 개봉한 지 60일 후이다. 답 60일 후

0904 1번째에 필요한 성냥개비는 4개이고 다음 모양을 만들 때마다 성냥개비는 3개씩 늘어나므로 x번째에 필요한 성냥개비의 수를 y라 하면
$y=4+3\times(x-1)$, 즉 $y=3x+1$
$x=10$일 때, $y=3\times 10+1=31$
따라서 10번째에 필요한 성냥개비는 31개이다. 답 ⑤

0905 1번째에 필요한 바둑돌은 2개이고 다음 모양을 만들 때마다 바둑돌은 3개씩 늘어나므로 x번째에 필요한 바둑돌의 수를 y라 하면
$y=2+3\times(x-1)$, 즉 $y=3x-1$
$x=50$일 때, $y=3\times 50-1=149$
따라서 50번째의 도형을 이루는 바둑돌의 개수는 149이다.
답 149

0906 정육각형 1개로 만든 도형의 둘레의 길이는 6이고 정육각형이 1개 늘어날 때마다 생기는 도형의 둘레의 길이는 4씩 늘어난다.
정육각형 x개를 이어 붙일 때 만들어지는 도형의 둘레의 길이를 y라 하면
$y=6+4\times(x-1)$, 즉 $y=4x+2$
$y=90$일 때, $90=4x+2$ $\therefore x=22$
따라서 도형의 둘레의 길이가 90이 되는 것은 정육각형 22개를 이어 붙여 만든 것이다. 답 22개

0907 출발한 지 x시간 후의 남은 거리를 y km라 하면 x시간 동안 간 거리는 $80x$ km이므로
$y=250-80x$
$x=2$일 때, $y=250-80\times 2=90$
따라서 출발한 지 2시간 후의 남은 거리는 90 km이다.
답 90 km

0908 출발한 지 50분 후 도서관까지 남은 거리는 2 km이므로 50분 동안 4 km를 걸었다. 즉, 1분 동안 걸은 거리는
$\frac{4}{50}=\frac{2}{25}$ (km)이므로 출발한 지 x분 후 도서관까지 남은 거리를 y km라 하면
$y=6-\frac{2}{25}x$
$y=0$일 때, $0=6-\frac{2}{25}x$ $\therefore x=75$
따라서 소윤이가 도서관에 도착하는 것은 집에서 출발한 지 75분 후이다. 답 75분 후

0909 출발한 지 x분 후의 출발선에서부터 현경이까지의 거리는 $(200x+1000)$ m, 희재까지의 거리는 $300x$ m이므로 희재가 현경이를 따라잡을 때까지 두 사람 사이의 거리를 y m라 하면

$y=(200x+1000)-300x$, 즉 $y=1000-100x$

$y=0$일 때, $0=1000-100x$ $\quad\therefore x=10$

따라서 희재가 현경이를 따라잡는 것은 10분 후이다.

답 10분 후

주의 속력에 대한 일차함수의 활용 문제를 풀 때에는 단위를 같게 맞춰야 한다.

0910 x초 후의 사다리꼴 PBCD의 넓이를 $y\text{ cm}^2$라 하면 $\overline{AP}=0.4x$ cm이므로

$y=12\times10-\frac{1}{2}\times0.4x\times10$, 즉 $y=120-2x$

$y=70$일 때, $70=120-2x$ $\quad\therefore x=25$

따라서 넓이가 70 cm^2가 되는 것은 점 P가 꼭짓점 A를 출발한 지 25초 후이다.

답 25초 후

다른 풀이 사다리꼴의 넓이 공식을 이용하면

$y=\frac{1}{2}\times\{12+(12-0.4x)\}\times10$

즉, $y=120-2x$

0911 x초 후의 △APC의 넓이를 $y\text{ cm}^2$라 하면

$\overline{BP}=\frac{3}{2}x$ cm, $\overline{PC}=\left(16-\frac{3}{2}x\right)$ cm이므로

$y=\frac{1}{2}\times\left(16-\frac{3}{2}x\right)\times12$, 즉 $y=96-9x$

$x=7$일 때, $y=96-63=33$

따라서 7초 후 △APC의 넓이는 33 cm^2이다.

답 33 cm^2

0912 (1) $\triangle ABP=\frac{1}{2}\times x\times4=2x\,(\text{cm}^2)$

$\triangle PCD=\frac{1}{2}\times(10-x)\times8=40-4x\,(\text{cm}^2)$

$\therefore y=2x+(40-4x)$, 즉 $y=40-2x$ $\quad$ …❶

(2) $y=34$일 때, $34=40-2x$ $\quad\therefore x=3$

따라서 △ABP와 △PCD의 넓이의 합이 34 cm^2일 때, $\overline{BP}=3$ cm이다. $\quad$ …❷

답 (1) $y=40-2x$ (2) 3 cm

채점 기준	배점
❶ x와 y 사이의 관계를 식으로 나타내기	60 %
❷ $\overline{BP}$의 길이 구하기	40 %

0913 그래프가 두 점 (0, 30), (5, 180)을 지나므로

(기울기)$=\frac{180-30}{5-0}=30$

y절편이 30이므로 $y=30x+30$

$x=10$일 때, $y=30\times10+30=330$

따라서 이번 달 초부터 10개월 후의 이 제품의 판매량은 330개이다.

답 330개

0914 그래프가 두 점 (0, 100), (70, 0)을 지나므로

(기울기)$=\frac{0-100}{70-0}=-\frac{10}{7}$

y절편이 100이므로 $y=-\frac{10}{7}x+100$

$x=42$일 때, $y=-\frac{10}{7}\times42+100=40$

따라서 42분 후의 물의 온도는 40 °C이다.

답 40 °C

다른 풀이 70분 동안 100 °C가 내려가므로 1분에 $\frac{10}{7}$ °C씩 내려간다.

따라서 x와 y 사이의 관계를 식으로 나타내면

$y=-\frac{10}{7}x+100$

0915 그래프가 두 점 (0, 4), (10, 3)을 지나므로

(기울기)$=\frac{3-4}{10-0}=-\frac{1}{10}$

y절편이 4이므로 $y=-\frac{1}{10}x+4$

자료를 모두 전송하려면 $y=0$일 때,

$0=-\frac{1}{10}x+4$ $\quad\therefore x=40$

따라서 자료를 모두 전송하는 데 걸리는 시간은 40초이다.

답 40초

0916 주어진 그래프에서 $ab<0$, $ac>0$이므로

(i) $a<0$일 때, $b>0$, $c<0$

(ii) $a>0$일 때, $b<0$, $c>0$

따라서 $\frac{b}{a}<0$, $\frac{c}{b}<0$이므로 $y=\frac{b}{a}x+\frac{c}{b}$의 그래프로 알맞은 것은 ④이다.

답 ④

0917 $y=-\frac{1}{3}x+4$와 $y=ax+b$의 그래프가 평행하므로

$a=-\frac{1}{3}$

$y=-\frac{1}{3}x+4$의 그래프의 x절편은 $0=-\frac{1}{3}x+4$에서 12이므로 P(12, 0)

$y=-\frac{1}{3}x+b$의 그래프의 x절편은 $0=-\frac{1}{3}x+b$에서 $3b$이므로 Q($3b$, 0)

이때 $\overline{PQ}=15$이고 $b<0$이므로 두 일차함수의 그래프는 다음 그림과 같다.

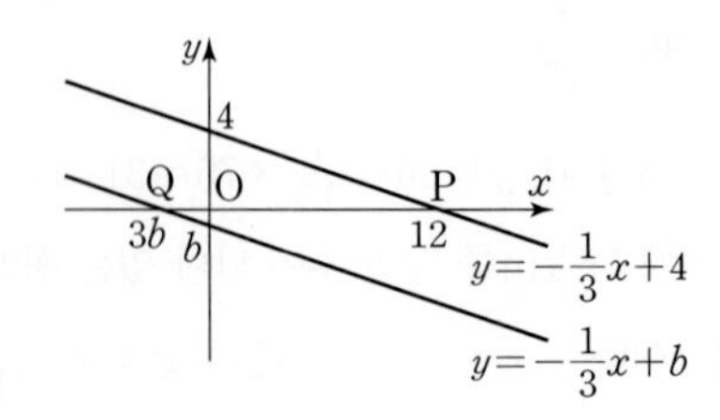

따라서 $\overline{PQ}=12-3b=15$이므로

$-3b=3 \quad \therefore b=-1$

$\therefore a+b=-\frac{1}{3}+(-1)=-\frac{4}{3}$ 답 $-\frac{4}{3}$

0918 ④ $y=-ax+b$에서 $-a>0$, $b>0$이므로 그래프는 제4사분면을 지나지 않는다. 답 ④

0919 직선 l은 두 점 $(-2, 0)$, $(0, 4)$를 지나므로 직선 l의 기울기는 $\frac{4-0}{0-(-2)}=2$

$y=ax+b$의 그래프는 직선 l과 평행하므로 $a=2$

이때 $y=2x+b$의 그래프가 점 $(2, 3)$을 지나므로

$3=4+b \quad \therefore b=-1$

따라서 $y=2x-1$의 그래프가 점 $(-1, c)$를 지나므로

$c=-2-1=-3$

$\therefore b+c=-1+(-3)=-4$ 답 ①

0920 기울기가 -3이므로 $y=-3x+k$라 하자.

이 그래프가 점 $(2, -4)$를 지나므로

$-4=-3\times2+k \quad \therefore k=2$

따라서 $f(x)=-3x+2$이므로

$f(-1)=-3\times(-1)+2=5$ 답 5

참고 두 점 $(a, f(a))$, $(b, f(b))$는 일차함수 $y=f(x)$의 그래프 위의 점이므로 $\frac{f(b)-f(a)}{b-a}$는 이 그래프의 기울기이다.

0921 $y=ax-2$와 $y=3x+1$의 그래프가 평행하므로 $a=3$

이때 $y=3x-2$의 그래프의 x절편이 $\frac{2}{3}$이므로 $y=bx+2$의 그래프의 x절편은 $\frac{2}{3}$이다.

즉, $y=bx+2$의 그래프가 점 $\left(\frac{2}{3}, 0\right)$을 지나므로

$0=b\times\frac{2}{3}+2 \quad \therefore b=-3$

$\therefore a+b=3+(-3)=0$ 답 0

0922 직선 ㉠은 두 점 $(3, 0)$, $(0, 2)$를 지나므로

(기울기)$=\frac{2-0}{0-3}=-\frac{2}{3}$

이때 직선 ㉠과 평행한 그래프의 일차함수의 식을 $y=-\frac{2}{3}x+b$라 하자.

직선 ㉡의 x절편이 -9이므로

$0=-\frac{2}{3}\times(-9)+b \quad \therefore b=-6$

따라서 구하는 일차함수의 식은 $y=-\frac{2}{3}x-6$

답 $y=-\frac{2}{3}x-6$

0923 세 점 중 어느 두 점을 지나는 직선의 기울기는 서로 같으므로

$\frac{-6-(-3k)}{2-(-1)}=\frac{k+4-(-6)}{5-2}$

$\frac{-6+3k}{3}=\frac{k+10}{3}$, $-6+3k=k+10$

$2k=16 \quad \therefore k=8$

$\frac{k+10}{3}$에 $k=8$을 대입하면 직선의 기울기가 $\frac{8+10}{3}=6$이므로 이 직선을 그래프로 하는 일차함수의 식을 $y=6x+b$라 하자.

이 그래프가 점 $(2, -6)$을 지나므로

$-6=12+b \quad \therefore b=-18$

$\therefore y=6x-18$

따라서 일차함수 $y=6x-18$의 그래프의 x절편은 3, y절편은 -18이므로 오른쪽 그림에서 구하는 도형의 넓이는

$\frac{1}{2}\times3\times18=27$

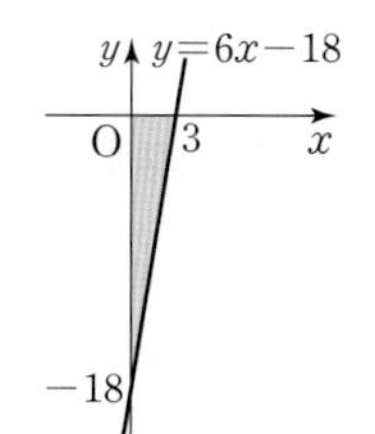

답 27

0924 일차함수의 식을 $y=ax+b$라 하자.

$x=18$일 때 $y=19500$이므로

$19500=18a+b$ …… ㉠

$x=26$일 때 $y=21500$이므로

$21500=26a+b$ …… ㉡

㉠, ㉡을 연립하여 풀면 $a=250$, $b=15000$

$\therefore y=250x+15000$

$x=21$일 때, $y=250\times21+15000=20250$

따라서 10월의 수도 요금은 20250원이다. 답 20250원

0925 (1) 일정한 비율로 물을 빼내고 있으므로 y는 x의 일차함수이다. $y=ax+b$라 하면

$x=10$일 때 $y=55$이므로 $55=10a+b$ …… ㉠

$x=20$일 때 $y=35$이므로 $35=20a+b$ …… ㉡

㉠, ㉡을 연립하여 풀면 $a=-2$, $b=75$

$\therefore y=-2x+75$

(2) $x=0$일 때, $y=75$

따라서 물통에 처음 들어 있던 물의 높이는 75 cm이다.

(3) $y=0$일 때, $-2x+75=0 \quad \therefore x=\frac{75}{2}$

따라서 물통을 다 비우는 데 걸리는 시간은 $\frac{75}{2}$분이다.

답 (1) $y=-2x+75$ (2) 75 cm (3) $\frac{75}{2}$분

참고 직육면체 모양의 물통에서 매분 일정한 비율로 물을 빼내므로 물의 높이가 매분 일정한 비율로 줄어든다.

0926 주사약이 1분에 2 mL씩 들어가므로 x분 동안 $2x$ mL가 들어간다. 주사를 맞기 시작한 지 x분 후 남아 있는 주사약의 양을 y mL라 하면

$y=b-2x$

$x=40$일 때 $y=a$이므로 $a=b-80$ …… ㉠

$x=40+20=60$일 때, $y=380$이므로

$380=b-120 \quad \therefore b=500$

$b=500$을 ㉠에 대입하면 $a=420$

$\therefore a+b=420+500=920$ 답 920

0927 1단계에서 필요한 나무젓가락은 5개이고, 한 단계 늘어날 때마다 나무젓가락은 4개씩 늘어나므로 x단계에서 이용되는 나무젓가락의 수를 y라 하면

$y=5+4(x-1)$, 즉 $y=4x+1$

$y=61$일 때, $61=4x+1$ $\quad\therefore x=15$

따라서 61개의 나무젓가락이 이용되는 단계는 15단계이다.

답 15단계

0928 (1) 그래프가 두 점 $(1,\ 210)$, $(3,\ 30)$을 지나므로

$(\text{기울기})=\dfrac{30-210}{3-1}=-90$

$y=-90x+b$라 하면 이 그래프는 점 $(1,\ 210)$을 지나므로

$210=-90+b$ $\quad\therefore b=300$

$\therefore y=-90x+300$

(2) 도착 지점까지 가는 데 걸리는 시간은 $y=0$일 때,

$0=-90x+300$ $\quad\therefore x=\dfrac{10}{3}$

따라서 도착 지점까지 가는 데 $\dfrac{10}{3}$시간이 걸린다.

답 (1) $y=-90x+300$ (2) $\dfrac{10}{3}$시간

0929 직선 l은 두 점 $(5,\ 0)$, $(0,\ 4)$를 지나므로 직선 l의 기울기는 $\dfrac{4-0}{0-5}=-\dfrac{4}{5}$

$y=\dfrac{2}{5}ax+\dfrac{1}{5}b$의 그래프는 직선 l과 평행하므로

$\dfrac{2}{5}a=-\dfrac{4}{5}$ $\quad\therefore a=-2$

이때 $y=-\dfrac{4}{5}x+\dfrac{1}{5}b$의 그래프가 점 $(1,\ -1)$을 지나므로

$-1=-\dfrac{4}{5}+\dfrac{1}{5}b$ $\quad\therefore b=-1$

따라서 $y=-2x-1$의 그래프와 평행한 직선을 찾는다.

ㄱ. $y=-2x+2$ (평행)

ㄴ. $y=-2x+7$ (평행)

ㄷ. $y=\dfrac{1}{2}x-2$

ㄹ. $y=-2x-1$ (일치)

답 ㄱ, ㄴ

0930 $E(0,\ b)$라 할 때, 두 점 P, Q를 지나는 직선을 그래프로 하는 일차함수의 식을 $y=\dfrac{1}{3}x+b$라 하면 두 점 P, Q의 좌표는 각각 $P(3,\ 1+b)$, $Q(6,\ 2+b)$이다.

사각형 ABCD의 넓이가 $3\times6=18$이므로 사각형 ABQP의 넓이는 $18\times\dfrac{3}{5}=\dfrac{54}{5}$

즉, $\dfrac{1}{2}\times\{(1+b)+(2+b)\}\times3=\dfrac{54}{5}$

$2b+3=\dfrac{36}{5}$ $\quad\therefore b=\dfrac{21}{10}$

따라서 두 점 P, Q를 지나는 직선이 y축과 만나는 점 E의 좌표는 $\left(0,\ \dfrac{21}{10}\right)$이다.

답 $\left(0,\ \dfrac{21}{10}\right)$

교과서 속 창의력 UP!

143쪽

0931 (직선 AP의 기울기)$=$(직선 BC의 기울기)에서

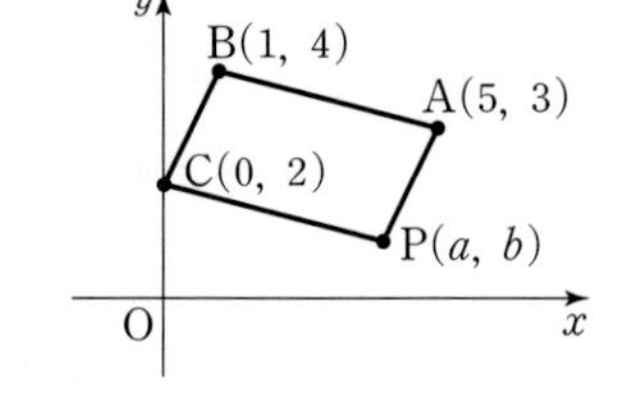

$\dfrac{b-3}{a-5}=\dfrac{2-4}{0-1}$이므로

$2a-10=b-3$

$\therefore 2a-b=7$ $\quad\cdots\cdots$ ㉠

(직선 PC의 기울기)$=$(직선 AB의 기울기)에서

$\dfrac{2-b}{0-a}=\dfrac{4-3}{1-5}$이므로 $8-4b=a$

$\therefore a+4b=8$ $\quad\cdots\cdots$ ㉡

㉠, ㉡을 연립하여 풀면 $a=4$, $b=1$

따라서 구하는 점 P의 좌표는 $(4,\ 1)$이다.

답 $(4,\ 1)$

0932 그래프가 두 점 $(0,\ 10)$, $(6,\ 40)$을 지나므로

$(\text{기울기})=\dfrac{10-40}{0-6}=5$

y절편이 10이므로 $y=5x+10$

(1) $x=10$일 때, $y=5\times10+10=60$

따라서 가열한 지 10분 후의 물의 온도는 60 °C이다.

(2) 물이 끓기 시작하는 온도가 100 °C이므로

$y=100$일 때, $100=5x+10$, $5x=90$ $\quad\therefore x=18$

따라서 가열한 지 18분 후에 물이 끓기 시작한다.

답 (1) 60 °C (2) 18분 후

0933 민수는 x의 계수를 잘못 보고 그래프를 그렸으므로 y절편인 b는 바르게 보았다.

그래프 ㉠은 두 점 $(3,\ 2)$, $(6,\ 0)$을 지나므로 기울기는

$\dfrac{0-2}{6-3}=-\dfrac{2}{3}$

그래프 ㉠의 일차함수의 식을 $y=-\dfrac{2}{3}x+b$라 하면 점 $(6,\ 0)$을 지나므로

$0=-\dfrac{2}{3}\times6+b$ $\quad\therefore b=4$

준서는 상수항을 잘못 보고 그래프를 그렸으므로 기울기 a는 바르게 보았다.

그래프 ㉡은 두 점 $(0,\ -1)$, $(3,\ 5)$를 지나므로 기울기는

$\dfrac{5-(-1)}{3-0}=2$ $\quad\therefore a=2$

따라서 일차함수의 식은 $y=2x+4$이므로 이 그래프의 x절편은 -2이다.

답 -2

0934 (1) x초 후에 $\overline{AP}=3x\,\text{cm}$, $\overline{BQ}=4x\,\text{cm}$이므로

$y=\dfrac{1}{2}\times\{3x+(20-4x)\}\times12$

즉, $y=-6x+120$

(2) $y=96$일 때, $96=-6x+120$

$6x=24$ $\quad\therefore x=4$

$\therefore \overline{BQ}=4\times4=16(\text{cm})$

답 (1) $y=-6x+120$ (2) 16 cm

09. 일차함수와 일차방정식의 관계

Step 1 핵심 개념 145, 147쪽

0935 답 $y=\frac{3}{2}x+3$

0936 답 $y=-\frac{1}{3}x+1$

0937 $\frac{x}{3}-\frac{y}{4}+1=0$에서 $4x-3y+12=0$

$\therefore y=\frac{4}{3}x+4$ 답 $y=\frac{4}{3}x+4$

0938 $y=\frac{3}{2}x-6$이므로 기울기는 $\frac{3}{2}$, x절편은 4, y절편은 -6이다.

답 $\frac{3}{2}$, 4, -6

0939 $y=2x+12$이므로 기울기는 2, x절편은 -6, y절편은 12이다. 답 2, -6, 12

0940 $y=\frac{2}{3}x-2$이므로 기울기는 $\frac{2}{3}$, x절편은 3, y절편은 -2이다.

답 $\frac{2}{3}$, 3, -2

0941 ㄱ. $y=-\frac{1}{4}x+2$ ㄴ. $y=-\frac{1}{2}x-3$

ㄷ. $y=\frac{1}{2}x+2$ ㄹ. $y=\frac{1}{2}x-\frac{3}{2}$

기울기가 음수인 것은 ㄱ, ㄴ이다. 답 ㄱ, ㄴ

0942 기울기가 양수인 것은 ㄷ, ㄹ이다. 답 ㄷ, ㄹ

0943 기울기가 음수이고, y절편이 양수인 것은 ㄱ이다. 답 ㄱ

0944 y절편이 같은 것은 ㄱ, ㄷ이다. 답 ㄱ, ㄷ

0945 기울기가 같고, y절편이 다른 것은 ㄷ, ㄹ이다. 답 ㄷ, ㄹ

0946~0947 답

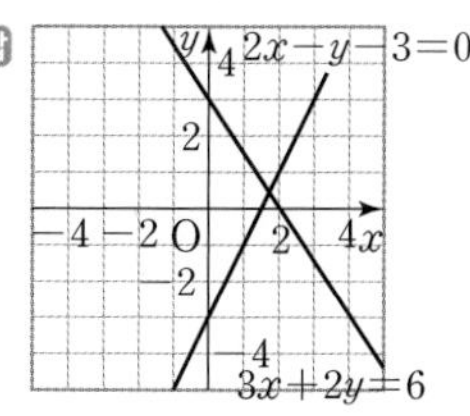

참고 $2x-y-3=0$에서 y를 x에 대한 식으로 나타내면 $y=2x-3$이고, $3x+2y=6$에서 y를 x에 대한 식으로 나타내면 $y=-\frac{3}{2}x+3$이다.

0948 답 ㉡

0949 답 ㉣

0950 $2x=-6$에서 $x=-3$ 답 ㉠

0951 $3y-6=0$에서 $y=2$ 답 ㉢

0952 답 $x=3$

0953 답 $y=-2$

0954 답 $y=5$

0955 답 $x=-4$

0956 두 점의 y좌표가 같으므로 x축에 평행한 직선이다.

$\therefore y=2$ 답 $y=2$

0957 두 점의 x좌표가 같으므로 y축에 평행한 직선이다.

$\therefore x=\frac{4}{3}$ 답 $x=\frac{4}{3}$

0958 답 $(2, -1)$

0959 답 $x=2, y=-1$

0960 $\begin{cases} x+y=0 & \cdots\cdots ㉠ \\ 2x+y=-1 & \cdots\cdots ㉡ \end{cases}$을 풀면 $x=-1, y=1$

$\therefore p=-1, q=1$ 답 $p=-1, q=1$

0961 $\begin{cases} x+y=7 & \cdots\cdots ㉠ \\ 2x-y=2 & \cdots\cdots ㉡ \end{cases}$를 풀면 $x=3, y=4$

$\therefore p=3, q=4$ 답 $p=3, q=4$

0962 각 일차방정식의 그래프는 오른쪽 그림과 같고, 점 $(-1, 1)$에서 만난다. 따라서 연립방정식의 해는 $x=-1, y=1$이다.

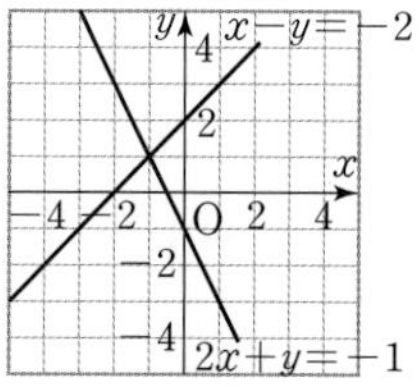

답 $x=-1, y=1$

0963 각 일차방정식의 그래프는 오른쪽 그림과 같고, 점 $(4, 0)$에서 만난다. 따라서 연립방정식의 해는 $x=4, y=0$이다.

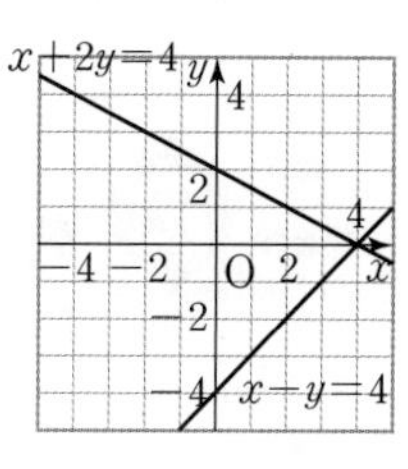

답 $x=4, y=0$

0964 답

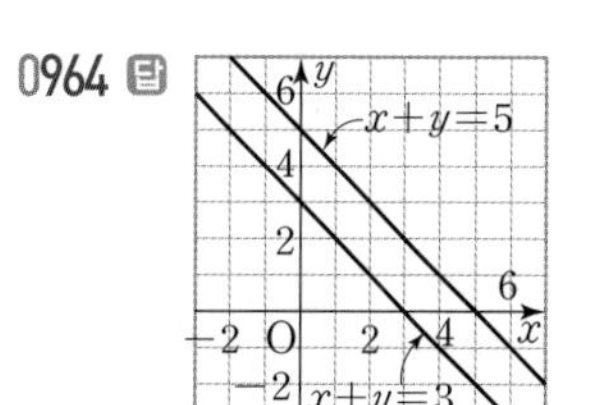

0965 답 해가 없다.

0966 각 일차방정식의 그래프는 오른쪽 그림과 같이 평행하다. 따라서 연립방정식의 해가 없다.

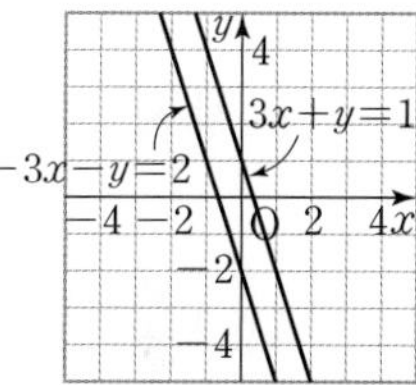

답 해가 없다.

0967 각 일차방정식의 그래프는 오른쪽 그림과 같이 일치한다. 따라서 연립방정식의 해가 무수히 많다.

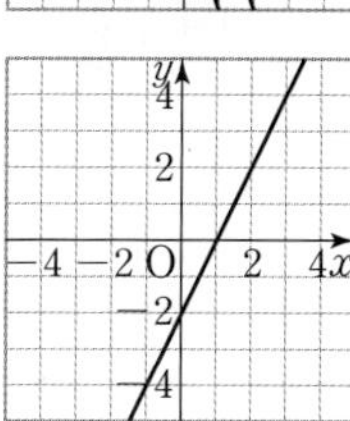

답 해가 무수히 많다.

0968 $x+y-a=0$에서 $y=-x+a$

$bx-3y-9=0$에서 $y=\frac{b}{3}x-3$

(1) 해가 한 쌍이려면 두 그래프가 한 점에서 만나야 하므로

$\frac{b}{3}\neq-1 \quad \therefore b\neq-3$

(2) 해가 없으려면 두 그래프가 평행해야 하므로

$\frac{b}{3}=-1, a\neq-3 \quad \therefore a\neq-3, b=-3$

(3) 해가 무수히 많으려면 두 그래프가 일치해야 하므로

$\frac{b}{3}=-1, a=-3 \quad \therefore a=-3, b=-3$

답 (1) $b\neq-3$ (2) $a\neq-3, b=-3$ (3) $a=-3, b=-3$

다른 풀이 $\begin{cases} x+y-a=0 \\ bx-3y-9=0 \end{cases}$에서

(1) $\frac{1}{b}\neq\frac{1}{-3} \quad \therefore b\neq-3$

(2) $\frac{1}{b}=\frac{1}{-3}\neq\frac{-a}{-9}$

$\frac{1}{b}=\frac{1}{-3}$ $\quad\therefore b=-3$

$\frac{1}{-3}\neq\frac{-a}{-9}$ $\quad\therefore a\neq-3$

(3) $\frac{1}{b}=\frac{1}{-3}=\frac{-a}{-9}$

$\frac{1}{b}=\frac{1}{-3}$ $\quad\therefore b=-3$

$\frac{1}{-3}=\frac{-a}{-9}$ $\quad\therefore a=-3$

Step 2 핵심 유형 148~157쪽

Theme 22 일차함수와 일차방정식 148~152쪽

0969 $2x-y+5=0$에서 $y=2x+5$이므로 그래프는 오른쪽 그림과 같다.
⑤ x의 값이 증가할 때, y의 값도 증가한다. 답 ⑤

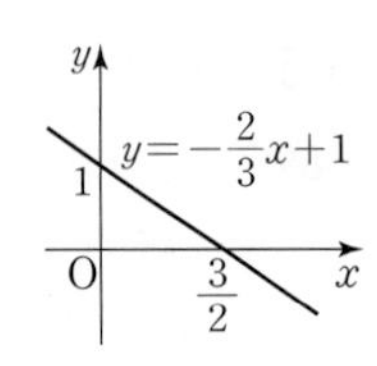

0970 $2x+3y-3=0$에서 $y=-\frac{2}{3}x+1$이므로 그래프는 오른쪽 그림과 같다.
따라서 제3사분면을 지나지 않는다. 답 ③

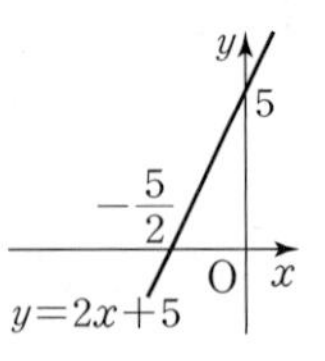

0971 $-\frac{x}{3}+\frac{y}{4}=1$, 즉 $y=\frac{4}{3}x+4$의 그래프는 x절편이 -3, y절편이 4인 직선이므로 ④이다. 답 ④

0972 $3x-y-2=0$의 그래프가 점 $(a,\ a+2)$를 지나므로
$3a-(a+2)-2=0$, $2a-4=0$ $\quad\therefore a=2$ 답 ④

0973 $2x+y-8=0$의 그래프가 점 $(2,\ a)$를 지나므로
$4+a-8=0$ $\quad\therefore a=4$ 답 ②

0974 ⑤ $x=-1$, $y=\frac{6}{5}$을 $4x-5y=2$에 대입하면
$4\times(-1)-5\times\frac{6}{5}=-10\neq2$ 답 ⑤

0975 $3x-4y=9$의 그래프가 점 $(a,\ 3)$을 지나므로
$3a-12=9$, $3a=21$ $\quad\therefore a=7$
$3x-4y=9$의 그래프가 점 $(-1,\ b)$를 지나므로
$-3-4b=9$, $-4b=12$ $\quad\therefore b=-3$
$\therefore a-b=7-(-3)=10$ 답 10

0976 $6x+ay-3=0$의 그래프가 점 $(-2,\ 5)$를 지나므로
$6\times(-2)+5a-3=0$, $5a=15$ $\quad\therefore a=3$
따라서 $6x+3y-3=0$, 즉 $y=-2x+1$의 그래프의 기울기는 -2이다. 답 ②

0977 $ax+2y+6=0$의 그래프가 점 $(2,\ -6)$을 지나므로
$2a+2\times(-6)+6=0$, $2a=6$ $\quad\therefore a=3$
① $x=-3$, $y=4$를 $3x+2y+6=0$에 대입하면
$3\times(-3)+2\times4+6\neq0$
② $x=-2$, $y=1$을 $3x+2y+6=0$에 대입하면
$3\times(-2)+2\times1+6\neq0$
④ $x=\frac{2}{3}$, $y=-3$을 $3x+2y+6=0$에 대입하면
$3\times\frac{2}{3}+2\times(-3)+6\neq0$
⑤ $x=4$, $y=-8$을 $3x+2y+6=0$에 대입하면
$3\times4+2\times(-8)+6\neq0$ 답 ③

0978 $4x+by-9=0$의 그래프가 점 $(-3,\ 7)$을 지나므로
$4\times(-3)+7b-9=0$, $7b=21$ $\quad\therefore b=3$
따라서 $4x+3y-9=0$의 그래프가 점 $(3,\ a)$를 지나므로
$12+3a-9=0$, $3a=-3$ $\quad\therefore a=-1$
$\therefore a+b=-1+3=2$ 답 ⑤

0979 $(a-1)x+y+2b=0$에서 $y=-(a-1)x-2b$
이 그래프의 기울기가 -3, y절편이 4이므로
$-(a-1)=-3$, $-2b=4$ $\quad\therefore a=4,\ b=-2$
$\therefore ab=4\times(-2)=-8$ 답 ②

0980 두 점 $(2,\ 2)$, $(-2,\ 4)$를 지나므로
$(\text{기울기})=\frac{4-2}{-2-2}=-\frac{1}{2}$
$kx-6y+12=0$에서 $y=\frac{k}{6}x+2$
이때 두 점을 지나는 직선과 일차방정식의 그래프가 평행하므로 $-\frac{1}{2}=\frac{k}{6}$, $2k=-6$
$\therefore k=-3$ 답 -3

0981 $x+ay+b=0$에서 $y=-\frac{1}{a}x-\frac{b}{a}$
주어진 직선의 기울기는 $\frac{3}{4}$이고, y절편은 3이므로
$-\frac{1}{a}=\frac{3}{4}$, $-\frac{b}{a}=3$ $\quad\therefore a=-\frac{4}{3},\ b=4$
$\therefore a+b=-\frac{4}{3}+4=\frac{8}{3}$ 답 ④

다른 풀이 $x+ay+b=0$의 그래프가 점 $(-4,\ 0)$을 지나므로 $-4+b=0$ $\quad\therefore b=4$
$x+ay+4=0$의 그래프가 점 $(0,\ 3)$을 지나므로
$3a+4=0$ $\quad\therefore a=-\frac{4}{3}$
$\therefore a+b=-\frac{4}{3}+4=\frac{8}{3}$

0982 $ax+(b-1)y-6=0$에서
$y=-\frac{a}{b-1}x+\frac{6}{b-1}$
이 그래프의 기울기가 2, y절편이 3이므로
$-\frac{a}{b-1}=2$, $\frac{6}{b-1}=3$ …❶
$\frac{6}{b-1}=3$에서 $b-1=2$ $\quad\therefore b=3$
$-\frac{a}{b-1}=2$에서 $-\frac{a}{3-1}=2$ $\quad\therefore a=-4$ …❷

$\therefore 2ab=2\times(-4)\times3=-24$ …❸

답 -24

채점 기준	배점
❶ 일차방정식을 변형하여 기울기와 y절편 구하기	40 %
❷ a, b의 값 구하기	40 %
❸ $2ab$의 값 구하기	20 %

다른 풀이 기울기가 2, y절편이 3인 일차함수의 식은

$y=2x+3 \quad \therefore 2x-y+3=0$

$2x-y+3=0$의 양변에 -2를 곱하면

$-4x+2y-6=0$

따라서 $a=-4$, $b-1=2$이므로 $a=-4$, $b=3$

$\therefore 2ab=2\times(-4)\times3=-24$

0983 (기울기)$=\dfrac{8-6}{2-1}=2$이므로 구하는 직선의 방정식을 $y=2x+b$라 하자.

이 직선이 점 $(1, 6)$을 지나므로

$6=2+b \quad \therefore b=4$

따라서 구하는 직선의 방정식은

$y=2x+4$, 즉 $2x-y+4=0$ 답 ②

0984 $2x-y-6=0$의 그래프의 x절편은 3,

$x-2y-4=0$의 그래프의 y절편은 -2이다.

즉, 두 점 $(3, 0)$, $(0, -2)$를 지나므로

(기울기)$=\dfrac{-2-0}{0-3}=\dfrac{2}{3}$, y절편은 -2이다.

따라서 구하는 직선의 방정식은

$y=\dfrac{2}{3}x-2$, 즉 $2x-3y-6=0$ 답 ①

참고 x절편이 m, y절편이 n인 직선을 그래프로 하는 일차함수의 식은

$y=-\dfrac{n}{m}x+n$ (단, $m\neq0$)

0985 두 점 $(-3, 5)$, $(2, -5)$를 지나므로

(기울기)$=\dfrac{-5-5}{2-(-3)}=-2$ …❶

이 직선과 평행한 직선의 기울기는 -2이다.

이때 구하는 직선이 점 $(0, 4)$를 지나므로

y절편은 4이다. …❷

따라서 구하는 직선의 방정식은

$y=-2x+4$, 즉 $2x+y-4=0$ …❸

답 $2x+y-4=0$

채점 기준	배점
❶ 기울기 구하기	40 %
❷ y절편 구하기	40 %
❸ 직선의 방정식 구하기	20 %

0986 x축에 평행한 직선 위의 두 점은 y좌표가 같으므로

$2a-3=5a+6$, $-3a=9 \quad \therefore a=-3$ 답 ③

0987 $y=3x+5$에 $x=k$, $y=2$를 대입하면

$2=3k+5$에서 $k=-1$

따라서 점 $(-1, 2)$를 지나고, x축에 수직인 직선의 방정식은 $x=-1$ 답 ①

0988 주어진 직선의 방정식은 $y=4$

즉, $-\dfrac{1}{4}y+1=0$이므로 $a=0$, $b=-\dfrac{1}{4}$

$\therefore a-b=0-\left(-\dfrac{1}{4}\right)=\dfrac{1}{4}$ 답 $\dfrac{1}{4}$

0989 $(a-3)x+by+1=0$의 그래프가 y축에 수직이므로

$a-3=0 \quad \therefore a=3$

따라서 $by+1=0$, 즉 $y=-\dfrac{1}{b}$의 그래프가 제3사분면과 제4사분면을 지나므로

$-\dfrac{1}{b}<0 \quad \therefore b>0$

$\therefore a=3$, $b>0$ 답 $a=3$, $b>0$

주의 직선 $y=k$가 제3사분면과 제4사분면을 지나면 $k<0$이다.

0990 네 직선 $x=-1$, $x=3$, $y=-1$, $y=3$으로 둘러싸인 도형은 오른쪽 그림과 같으므로 구하는 넓이는

$4\times4=16$ 답 ③

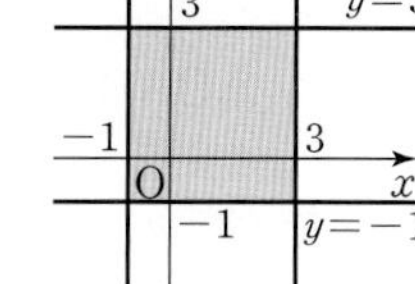

0991 네 직선 $x=0$, $x=3$, $y=0$, $y=2$로 둘러싸인 도형은 오른쪽 그림과 같으므로 구하는 넓이는

$3\times2=6$ 답 ②

0992 $\{a-(-5)\}\times\{3-(-1)\}=28$이므로

$a+5=7 \quad \therefore a=2$ 답 ②

0993 $ax+y-b=0$에서 $y=-ax+b$

주어진 그래프에서 $-a<0$, $b>0$

$\therefore a>0$, $b>0$ 답 ①

0994 $ax+by+c=0$에서 $y=-\dfrac{a}{b}x-\dfrac{c}{b}$

$-\dfrac{a}{b}>0$, $-\dfrac{c}{b}<0$이므로 $ax+by+c=0$의 그래프는 제2사분면을 지나지 않는다. 답 제2사분면

0995 $ax+by+1=0$에서 $y=-\dfrac{a}{b}x-\dfrac{1}{b}$

주어진 그래프에서 $-\dfrac{a}{b}>0$, $-\dfrac{1}{b}<0$

$\therefore a<0$, $b>0$

$y=abx+b$에서 $ab<0$, $b>0$이므로 그래프로 알맞은 것은 ③이다. 답 ③

0996 두 직선 $y=x$와 $x=3$의 교점의 좌표는 $(3, 3)$

두 직선 $y=x$와 $y=-1$의 교점의 좌표는 $(-1, -1)$

따라서 구하는 넓이는

$\dfrac{1}{2}\times\{3-(-1)\}\times\{3-(-1)\}$

$=\dfrac{1}{2}\times4\times4=8$ 답 ③

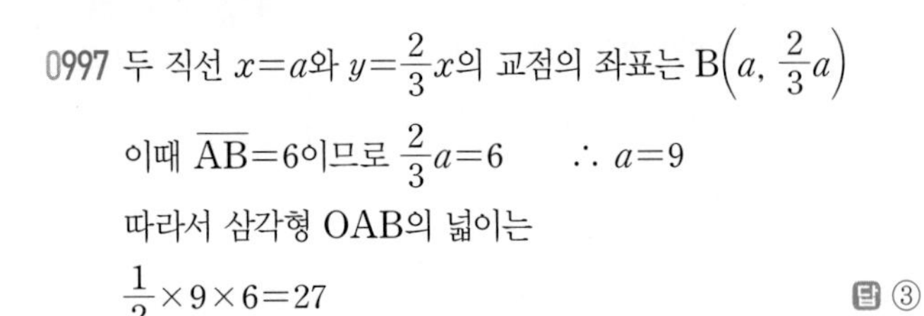

0997 두 직선 $x=a$와 $y=\frac{2}{3}x$의 교점의 좌표는 $B\left(a, \frac{2}{3}a\right)$

이때 $\overline{AB}=6$이므로 $\frac{2}{3}a=6$ $\quad\therefore a=9$

따라서 삼각형 OAB의 넓이는

$\frac{1}{2}\times 9\times 6=27$ 답 ③

0998 두 직선 $x+y-2=0$과 $x=1$의 교점의 좌표는 $(1, 1)$

두 직선 $x+y-2=0$과 $x=-3$의 교점의 좌표는 $(-3, 5)$

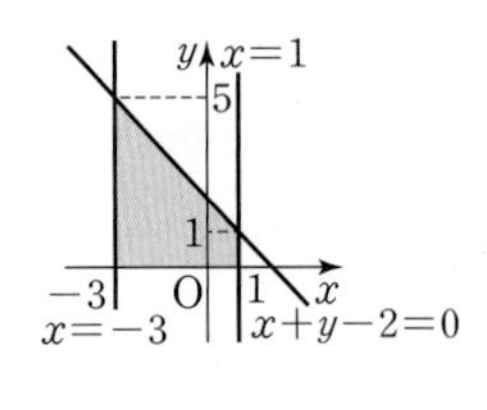

따라서 구하는 넓이는

$\frac{1}{2}\times(1+5)\times\{1-(-3)\}=\frac{1}{2}\times 6\times 4=12$ 답 ②

0999 두 직선 $y=\frac{3}{4}x$와 $y=3$의 교점의 좌표는 $A(4, 3)$

$\therefore \triangle OAD=\frac{1}{2}\times 4\times 3=6$ …❶

두 직선 $y=\frac{3}{4}x$와 $x=12$의 교점의 좌표는 $C(12, 9)$

또, $B(12, 3)$이므로

$\triangle ABC=\frac{1}{2}\times(12-4)\times(9-3)$

$=\frac{1}{2}\times 8\times 6=24$ …❷

따라서 $a=24$, $b=6$이므로

$a-2b=24-2\times 6=12$ …❸

답 12

채점 기준	배점
❶ 삼각형 OAD의 넓이 구하기	30 %
❷ 삼각형 ABC의 넓이 구하기	50 %
❸ $a-2b$의 값 구하기	20 %

Theme 23 연립방정식의 해와 일차함수의 그래프 153~157쪽

1000 연립방정식 $\begin{cases} x-y+2=0 \\ -3x+y-8=0 \end{cases}$을 풀면 $x=-3$, $y=-1$

따라서 두 그래프의 교점의 좌표는 $(-3, -1)$이고, 이 점이 직선 $y=ax-10$ 위의 점이므로

$-1=-3a-10$, $3a=-9$ $\quad\therefore a=-3$ 답 ①

1001 연립방정식 $\begin{cases} 3x+y+1=0 \\ x-2y+5=0 \end{cases}$을 풀면 $x=-1$, $y=2$

따라서 $a=-1$, $b=2$이므로

$a+b=-1+2=1$ 답 1

1002 $2x+y=2$에서 $y=-2x+2$

이 그래프와 평행한 직선의 방정식을 $y=-2x+b$라 하자.

이 직선이 점 $(1, 3)$을 지나므로 $3=-2+b$ $\quad\therefore b=5$

$\therefore y=-2x+5$

따라서 연립방정식 $\begin{cases} y=2x-3 \\ y=-2x+5 \end{cases}$를 풀면 $x=2$, $y=1$이므로 교점의 좌표는 $(2, 1)$ 답 $(2, 1)$

1003 직선 l은 두 점 $(0, 2)$, $(4, 0)$을 지나므로

(기울기)$=\frac{0-2}{4-0}=-\frac{1}{2}$

$\therefore y=-\frac{1}{2}x+2$, 즉 $x+2y=4$

직선 m은 두 점 $(1, -1)$, $(0, -3)$을 지나므로

(기울기)$=\frac{-3-(-1)}{0-1}=2$

$\therefore y=2x-3$, 즉 $2x-y=3$

연립방정식 $\begin{cases} x+2y=4 \\ 2x-y=3 \end{cases}$을 풀면 $x=2$, $y=1$이므로 두 직선의 교점의 좌표는 $(2, 1)$

따라서 $a=2$, $b=1$이므로 $a-b=2-1=1$ 답 1

1004 주어진 두 그래프의 교점의 좌표가 $(2, 2)$이므로 연립방정식의 해는 $x=2$, $y=2$

$x+by=4$에 $x=2$, $y=2$를 대입하면

$2+2b=4$ $\quad\therefore b=1$

$ax-y=2$에 $x=2$, $y=2$를 대입하면

$2a-2=2$ $\quad\therefore a=2$

$\therefore a+b=2+1=3$ 답 ②

1005 $3x-y=5$에 $x=3$, $y=b$를 대입하면

$9-b=5$ $\quad\therefore b=4$

$2x+y=a$에 $x=3$, $y=4$를 대입하면

$6+4=a$ $\quad\therefore a=10$

$\therefore a+b=10+4=14$ 답 14

1006 직선 $3x-y+6=0$, 즉 $y=3x+6$의 x절편은

$0=3x+6$에서 $x=-2$이므로 -2이다.

이때 두 직선의 교점의 좌표가 $(-2, 0)$이므로

$2x+y-a=0$, 즉 $y=-2x+a$에 $x=-2$, $y=0$을 대입하면 $0=-2\times(-2)+a$, $0=4+a$ $\quad\therefore a=-4$

따라서 두 직선 $y=3x+6$, $y=-2x-4$가 y축과 만나는 점의 좌표는 각각 $(0, 6)$, $(0, -4)$이므로 두 점 사이의 거리는 $6-(-4)=10$ 답 10

1007 연립방정식 $\begin{cases} x+2y-4=0 \\ 2x-y-3=0 \end{cases}$을 풀면 $x=2$, $y=1$

직선 $ax+by-3=0$이 두 점 $(2, 1)$, $(1, -2)$를 지나므로

$\begin{cases} 2a+b-3=0 \\ a-2b-3=0 \end{cases}$을 풀면 $a=\frac{9}{5}$, $b=-\frac{3}{5}$

$\therefore ab=\frac{9}{5}\times\left(-\frac{3}{5}\right)=-\frac{27}{25}$ 답 $-\frac{27}{25}$

1008 연립방정식 $\begin{cases} 2x+y-16=0 \\ x-y-11=0 \end{cases}$의 해는 $x=9$, $y=-2$이므로

두 직선의 교점의 좌표는 $(9, -2)$이다.

또, 직선 $3x+y=1$, 즉 $y=-3x+1$과 평행하므로 구하는 직선은 기울기가 -3이고, 점 $(9, -2)$를 지난다.

따라서 구하는 직선의 방정식을 $y=-3x+b$라 하고

$x=9$, $y=-2$를 대입하면

$-2=-27+b$ $\quad\therefore b=25$

$\therefore y=-3x+25$, 즉 $3x+y-25=0$ 답 ③

1009 연립방정식 $\begin{cases} x+2y-5=0 \\ 2x+y+5=0 \end{cases}$의 해는 $x=-5$, $y=5$

따라서 두 점 $(-5, 5)$, $(0, 1)$을 지나는 직선의 기울기는

$\frac{1-5}{0-(-5)}=-\frac{4}{5}$ $\quad\therefore y=-\frac{4}{5}x+1$

$0=-\frac{4}{5}x+1$에서 $x=\frac{5}{4}$이므로 이 직선의 x절편은 $\frac{5}{4}$이다.

답 ③

1010 연립방정식 $\begin{cases} -4x+y+13=0 \\ -3x+2y+16=0 \end{cases}$의 해는 $x=2$, $y=-5$이므로 점 $(2, -5)$를 지나고, x축에 평행한 직선의 방정식은 $y=-5$

따라서 이 직선 위의 점의 y좌표는 -5이므로 $a=-5$

답 ①

1011 연립방정식 $\begin{cases} x+y=2 \\ 2x+3y=1 \end{cases}$의 해는 $x=5$, $y=-3$이므로

직선 $ax+2ay=3$도 점 $(5, -3)$을 지난다.

$5a-6a=3$ $\quad\therefore a=-3$

답 ③

1012 직선 l은 두 점 $(6, 0)$, $(0, 3)$을 지나므로

(기울기)$=\frac{3-0}{0-6}=-\frac{1}{2}$, ($y$절편)$=3$

즉, 직선 l의 방정식은 $y=-\frac{1}{2}x+3$

직선 m은 두 점 $(-2, 0)$, $(0, 1)$을 지나므로

(기울기)$=\frac{1-0}{0-(-2)}=\frac{1}{2}$, ($y$절편)$=1$

즉, 직선 m의 방정식은 $y=\frac{1}{2}x+1$

연립방정식 $\begin{cases} y=-\frac{1}{2}x+3 \\ y=\frac{1}{2}x+1 \end{cases}$의 해는 $x=2$, $y=2$이므로

직선 $y=ax-2$도 점 $(2, 2)$를 지난다.

$2=2a-2$ $\quad\therefore a=2$

답 2

1013 연립방정식 $\begin{cases} 3x-2y=12 \\ 7x+5y=-1 \end{cases}$의 해는 $x=2$, $y=-3$ …❶

직선 $ax-y=5$도 점 $(2, -3)$을 지나므로

$2a+3=5$ $\quad\therefore a=1$ …❷

또, 직선 $bx-3ay=17$, 즉 $bx-3y=17$도 점 $(2, -3)$을 지나므로

$2b+9=17$ $\quad\therefore b=4$ …❸

$\therefore a+b=1+4=5$ …❹

답 5

채점 기준	배점
❶ 연립방정식의 해 구하기	50 %
❷ a의 값 구하기	20 %
❸ b의 값 구하기	20 %
❹ $a+b$의 값 구하기	10 %

1014 세 직선 중 어느 두 직선도 평행하지 않으므로 세 직선에 의해 삼각형이 만들어지지 않으려면 세 직선이 한 점에서 만나야 한다.

이때 연립방정식 $\begin{cases} x-y=-1 \\ 2x+y=7 \end{cases}$의 해는 $x=2$, $y=3$이므로

직선 $x+2y=a$도 점 $(2, 3)$을 지난다.

$\therefore a=2+6=8$

답 8

참고 세 직선에 의하여 삼각형이 만들어지지 않는 경우는 다음과 같다.
① 어느 두 직선이 평행한 경우
② 세 직선이 한 점에서 만나는 경우

1015 $2x+y-4=0$에서 $y=-2x+4$

$ax+2y-b=0$에서 $y=-\frac{a}{2}x+\frac{b}{2}$

연립방정식의 해가 무수히 많으려면 두 그래프가 일치해야 하므로

$-2=-\frac{a}{2}$, $4=\frac{b}{2}$ $\quad\therefore a=4$, $b=8$

$\therefore b-a=8-4=4$

답 ⑤

다른 풀이 연립방정식의 해가 무수히 많으려면

$\frac{2}{a}=\frac{1}{2}=\frac{-4}{-b}$ $\quad\therefore a=4$, $b=8$

$\therefore b-a=8-4=4$

1016 $ax-y-5=0$에서 $y=ax-5$

$-2x+y-b=0$에서 $y=2x+b$

두 직선의 교점이 오직 한 개 존재하려면 두 직선의 기울기가 달라야 하므로

$a\neq 2$

답 ④

1017 $x-2y=4$에서 $y=\frac{1}{2}x-2$

$2ax+8y=3$에서 $y=-\frac{a}{4}x+\frac{3}{8}$

연립방정식의 해가 없으려면 두 그래프가 평행해야 하므로

$\frac{1}{2}=-\frac{a}{4}$ $\quad\therefore a=-2$

직선 $y=-2x+b$가 점 $(2, -5)$를 지나므로

$-5=-4+b$ $\quad\therefore b=-1$

$\therefore a+b=-2+(-1)=-3$

답 -3

1018 (i) 직선 $y=ax-1$이 점 A$(1, 3)$을 지날 때,

$3=a-1$ $\quad\therefore a=4$

(ii) 직선 $y=ax-1$이 점 B$(4, 1)$을 지날 때,

$1=4a-1$ $\quad\therefore a=\frac{1}{2}$

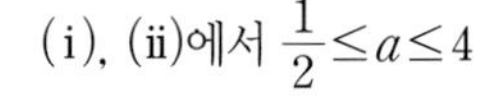

(i), (ii)에서 $\frac{1}{2}\le a\le 4$

답 ④

1019 (i) 직선 $y=-x+b$가 점 A$(1, -2)$를 지날 때,

$-2=-1+b$ $\quad\therefore b=-1$

(ii) 직선 $y=-x+b$가 점 B$(4, 2)$를 지날 때,

$2=-4+b$ $\quad\therefore b=6$

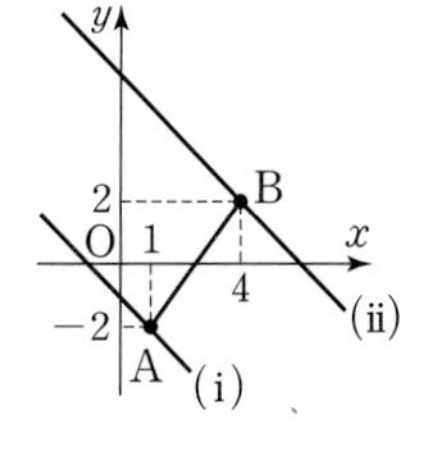

(i), (ii)에서 $-1\le b\le 6$

따라서 b의 값이 될 수 없는 것은 ⑤ 7이다.

답 ⑤

1020 (1) (i) 직선 $y=x+k$가 점 $A(-2, 4)$를 지날 때,
$4=-2+k \quad \therefore k=6$

(ii) 직선 $y=x+k$가 점 $B(-1, -1)$을 지날 때,
$-1=-1+k \quad \therefore k=0$

(iii) 직선 $y=x+k$가 점 $C(2, 1)$을 지날 때,
$1=2+k \quad \therefore k=-1$

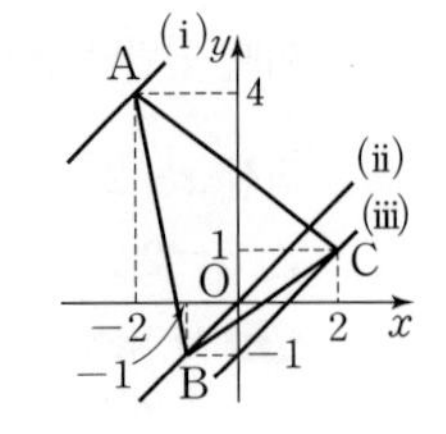

(2) (i), (ii), (iii)에서 $-1 \le k \le 6$

답 (1) 점 A를 지날 때 : 6, 점 B를 지날 때 : 0, 점 C를 지날 때 : -1
(2) $-1 \le k \le 6$

1021 연립방정식 $\begin{cases} x-y+2=0 \\ 3x+2y-9=0 \end{cases}$의 해는 $x=1$, $y=3$이고
직선 $x-y+2=0$의 x절편은 -2, $3x+2y-9=0$의 x절편은 3이므로 구하는 도형의 넓이는
$\frac{1}{2}\times5\times3=\frac{15}{2}$ 답 ④

1022 두 직선 $x+y=4$, $y=-4$의 교점의 좌표는 $(8, -4)$
두 직선 $2x-y=2$, $y=-4$의 교점의 좌표는 $(-1, -4)$

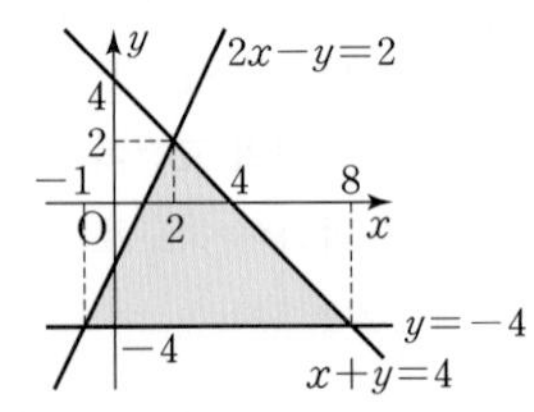

연립방정식 $\begin{cases} x+y=4 \\ 2x-y=2 \end{cases}$의 해는 $x=2$, $y=2$이므로 두 직선 $x+y=4$, $2x-y=2$의 교점의 좌표는 $(2, 2)$
따라서 구하는 도형의 넓이는
$\frac{1}{2}\times9\times6=27$ 답 ⑤

1023 네 직선은 오른쪽 그림과 같고, 두 직선 $y=x$, $y=-x-6$의 교점의 좌표는 $(-3, -3)$
두 직선 $y=-x$, $y=x+6$의 교점의 좌표는 $(-3, 3)$
따라서 구하는 도형의 넓이는
$\left(\frac{1}{2}\times6\times3\right)\times2=18$ 답 18

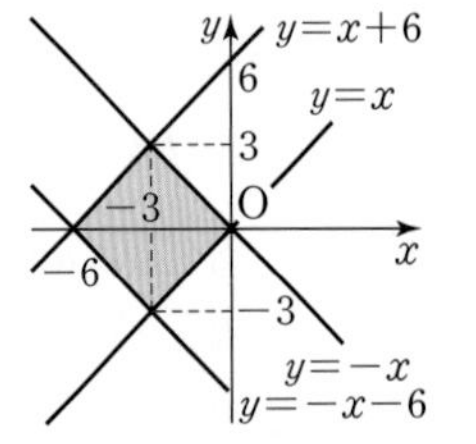

1024 두 직선 $y=-\frac{1}{4}x+2$, $y=x-a$의 교점의 y좌표가 1이므로
$1=-\frac{1}{4}x+2 \quad \therefore x=4$
즉, 두 직선의 교점의 좌표는 $(4, 1)$이다. …❶
이때 직선 $y=x-a$가 점 $(4, 1)$을 지나므로
$1=4-a \quad \therefore a=3$ …❷
따라서 직선 $y=-\frac{1}{4}x+2$의 y절편은 2, 직선 $y=x-3$의 y절편은 -3이므로 구하는 도형의 넓이는
$\frac{1}{2}\times5\times4=10$ …❸
답 10

채점 기준	배점
❶ 교점의 좌표 구하기	30 %
❷ a의 값 구하기	30 %
❸ 도형의 넓이 구하기	40 %

1025 x축과 두 직선 $y=x-4$, $y=ax-4$의 교점을 각각 A, B라 하고, 두 직선 $y=x-4$와 $y=ax-4$의 교점을 C라 하면
$A(4, 0)$, $C(0, -4)$
$\triangle ABC$의 넓이가 12이므로
$\frac{1}{2}\times\overline{AB}\times4=12 \quad \therefore \overline{AB}=6$
$4-6=-2$이므로 $B(-2, 0)$
$x=-2$, $y=0$을 $y=ax-4$에 대입하면
$0=-2a-4$, $2a=-4$
$\therefore a=-2$ 답 ②

1026 (1) 일차방정식 $y=x+5$의 그래프의 x절편은 -5, y절편은 5이므로
$A(-5, 0)$, $B(0, 5)$
$\triangle ACB$의 넓이가 $\frac{15}{2}$이므로
$\triangle ACB=\frac{1}{2}\times\overline{AC}\times5=\frac{15}{2}$
$\therefore \overline{AC}=3$
$-5+3=-2$이므로 $C(-2, 0)$

(2) 두 점 $B(0, 5)$, $C(-2, 0)$을 지나는 직선의 방정식은
$y=\frac{5}{2}x+5$, 즉 $5x-2y+10=0$
$\therefore a=5$, $b=-2$
$\therefore a+b=5+(-2)=3$

답 (1) $A(-5, 0)$, $B(0, 5)$, $C(-2, 0)$ (2) 3

1027 오른쪽 그림과 같이 일차방정식 $3x+2y-12=0$의 그래프와 y축, x축의 교점을 각각 A, B라 하면 일차방정식 $3x+2y-12=0$의 그래프의 x절편은 4, y절편은 6이므로 $A(0, 6)$, $B(4, 0)$

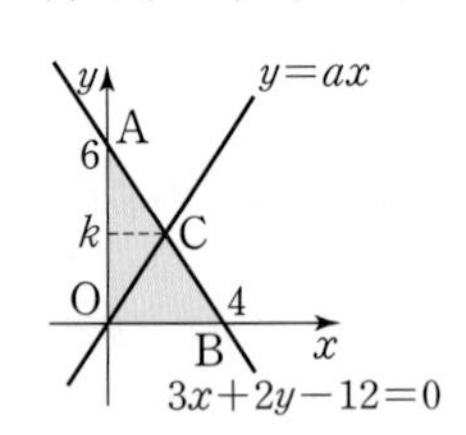

$\therefore \triangle AOB=\frac{1}{2}\times4\times6=12$
또, 일차방정식 $3x+2y-12=0$의 그래프와 직선 $y=ax$의 교점을 C라 하면
$\triangle COB=\frac{1}{2}\triangle AOB=6$
이때 점 C의 y좌표를 k라 하면
$\frac{1}{2}\times4\times k=6 \quad \therefore k=3$
$y=3$을 $3x+2y-12=0$에 대입하면
$3x=6 \quad \therefore x=2$
따라서 직선 $y=ax$는 점 $C(2, 3)$을 지나므로
$3=2a \quad \therefore a=\frac{3}{2}$ 답 ②

1028 두 직선 $x+y-6=0$, $2x-3y+8=0$의 교점을 A라 하고, 세 직선 $2x-3y+8=0$, $x+y-6=0$, $y=ax+b$가 x축과 만나는 점을 각각 B, C, D라 하자.

연립방정식 $\begin{cases} x+y-6=0 \\ 2x-3y+8=0 \end{cases}$의 해는 $x=2$, $y=4$

$\therefore$ A$(2, 4)$

직선 $2x-3y+8=0$과 x축의 교점의 좌표는 B$(-4, 0)$

직선 $x+y-6=0$과 x축의 교점의 좌표는 C$(6, 0)$

$\therefore \triangle ABC=\frac{1}{2}\times 10\times 4=20$

$\therefore \triangle ADC=\frac{1}{2}\triangle ABC=10$

이때 점 D의 x좌표를 k라 하면

$\frac{1}{2}\times(6-k)\times 4=10$ $\quad\therefore k=1$

즉, 직선 $y=ax+b$가 두 점 $(1, 0)$, $(2, 4)$를 지나므로

$0=a+b$, $4=2a+b$

두 식을 연립하여 풀면 $a=4$, $b=-4$

$\therefore ab=4\times(-4)=-16$ 답 ①

1029 A 공장의 제품의 총개수를 나타낸 직선의 방정식을 $y=ax+6000$이라 하면 이 직선이 점 $(5, 16000)$을 지나므로

$16000=5a+6000$ $\quad\therefore a=2000$

$\therefore y=2000x+6000$ ······ ㉠

B 공장의 제품의 총개수를 나타낸 직선의 방정식을 $y=bx$라 하면 이 직선이 점 $(5, 25000)$을 지나므로

$25000=5b$ $\quad\therefore b=5000$

$\therefore y=5000x$ ······ ㉡

㉠, ㉡을 연립하여 풀면 $x=2$, $y=10000$

따라서 두 공장에서 만들어 낸 제품의 총개수가 같아지는 것은 4월 1일로부터 2개월 후이다. 답 2개월 후

1030 열기구 A의 그래프는 두 점 $(0, 600)$, $(300, 0)$을 지나므로

$y=-2x+600$, 즉 $2x+y-600=0$

열기구 B의 그래프는 두 점 $(0, 400)$, $(400, 0)$을 지나므로

$y=-x+400$, 즉 $x+y-400=0$

연립방정식 $\begin{cases} 2x+y-600=0 \\ x+y-400=0 \end{cases}$을 풀면 $x=200$, $y=200$

따라서 두 열기구의 높이가 처음으로 같을 때는 출발한 지 200초 후이다. 답 200초 후

1031 $x-y=-3$에서 $y=x+3$

$ax+2y=b$에서 $y=-\frac{a}{2}x+\frac{b}{2}$

두 직선 $y=x+3$과 $y=-\frac{a}{2}x+\frac{b}{2}$가 일치해야 하므로

$-\frac{a}{2}=1$, $\frac{b}{2}=3$ $\quad\therefore a=-2$, $b=6$

따라서 $ax-y+b=0$, 즉 $y=-2x+6$의 그래프는 x절편이 3, y절편이 6이므로 ①과 같다. 답 ①

1032 점 $(ab, a-b)$가 제2사분면 위의 점이므로

$ab<0$, $a-b>0$ $\quad\therefore a>0$, $b<0$

$x-ay-b=0$에서 $y=\frac{1}{a}x-\frac{b}{a}$

이때 (기울기)$=\frac{1}{a}>0$이고,

(y절편)$=-\frac{b}{a}>0$이므로

그래프는 오른쪽 그림과 같다.

따라서 제1, 2, 3사분면을 지난다.

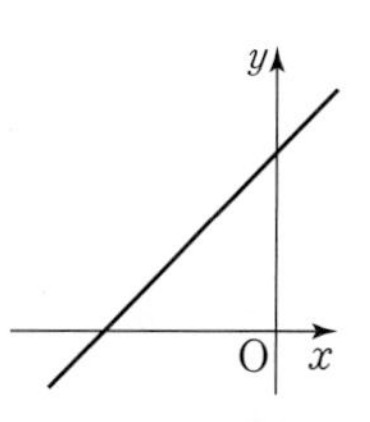

답 제1, 2, 3사분면

1033 (1) 두 점 $(0, -2)$, $(6, 0)$을 지나는 직선의 방정식은

$y=\frac{1}{3}x-2$, 즉 $x-3y-6=0$

또, 두 점 $(3, 6)$, $(-1, 0)$을 지나는 직선의 방정식은

$y=\frac{3}{2}x+\frac{3}{2}$, 즉 $3x-2y+3=0$

따라서 두 일차방정식을 한 쌍으로 하는 연립방정식은

$\begin{cases} x-3y-6=0 \\ 3x-2y+3=0 \end{cases}$이다.

(2) 연립방정식 $\begin{cases} x-3y-6=0 \\ 3x-2y+3=0 \end{cases}$의 해는 $x=-3$, $y=-3$이다. 따라서 구하는 교점의 좌표는 $(-3, -3)$이다.

답 (1) $\begin{cases} x-3y-6=0 \\ 3x-2y+3=0 \end{cases}$ (2) $(-3, -3)$

1034 직선 $x-y=5$가 점 $(2, b)$를 지나므로

$2-b=5$ $\quad\therefore b=-3$

직선 $(a-1)x-y=2$가 점 $(2, -3)$을 지나므로

$(a-1)\times 2-(-3)=2$, $2a+1=2$ $\quad\therefore a=\frac{1}{2}$

즉, $y=ax+b$에서 $y=\frac{1}{2}x-3$이므로 x절편은 6이다. 답 6

1035 연립방정식 $\begin{cases} x+y=1 \\ 2x-3y=1 \end{cases}$의 해는 $x=\frac{4}{5}$, $y=\frac{1}{5}$이므로

직선 $(a+2)x-ay=4$도 점 $\left(\frac{4}{5}, \frac{1}{5}\right)$을 지난다.

$\frac{4(a+2)}{5}-\frac{a}{5}=4$ $\quad\therefore a=4$

따라서 직선 $6x-4y=4$, 즉 $3x-2y=2$ 위에 있는 점은 ① $(2, 2)$이다. 답 ①

1036 기울기가 3인 직선의 방정식을 $y=3x+b$라 하면 이 직선이 점 $(1, -6)$을 지나므로

$-6=3+b$ $\quad\therefore b=-9$

연립방정식 $\begin{cases} y=3x-9 \\ 3x-2y-12=0 \end{cases}$의 해는 $x=2$, $y=-3$

따라서 직선 $2x+ky-7=0$이 점 $(2, -3)$을 지나므로
$4-3k-7=0 \quad \therefore k=-1$ 답 ②

1037 $3x-2y+2=0$에서 $y=\frac{3}{2}x+1$
$ax-4y+b=0$에서 $y=\frac{a}{4}x+\frac{b}{4}$
연립방정식의 해가 존재하지 않으려면 두 그래프가 평행해야 하므로
$\frac{3}{2}=\frac{a}{4}, 1\neq\frac{b}{4} \quad \therefore a=6, b\neq4$
따라서 $ax-4y+b=0$, 즉 $6x-4y+b=0$의 그래프가 점 $(4, 3)$을 지나므로
$24-12+b=0 \quad \therefore b=-12$
$\therefore \frac{b}{a}=-2$ 답 -2

1038 직선 $y=ax+4$와 y축이 만나는 점은 $A(0, 4)$
직선 $y=-x+b$도 y축과 점 A에서 만나므로 $b=4$
직선 $y=-x+4$와 x축의 교점은 $C(4, 0)$
△ABC의 넓이가 24이므로
$\triangle ABC=\frac{1}{2}\times\overline{BC}\times4=24 \quad \therefore \overline{BC}=12$
$4-12=-8$에서 점 B의 좌표는 $(-8, 0)$이고, 직선 $y=ax+4$가 점 $(-8, 0)$을 지나므로
$0=-8a+4 \quad \therefore a=\frac{1}{2}$
$\therefore ab=\frac{1}{2}\times4=2$ 답 2

1039 A 물통의 물의 양을 나타내는 그래프는 두 점 $(36, 0)$, $(0, 360)$을 지나므로 $y=360-10x$
B 물통의 물의 양을 나타내는 그래프는 두 점 $(60, 0)$, $(0, 120)$을 지나므로 $y=120-2x$
이때 두 물통에 남아 있는 물의 양이 같아지려면
$360-10x=120-2x \quad \therefore x=30$
따라서 30분 후에 두 물통에 남아 있는 물의 양이 같아진다.
답 30분 후

1040 $ax+y+b=0$의 그래프가 점 $(-3, 2)$를 지나므로
$-3a+2+b=0 \quad \therefore b=3a-2$
즉, $ax+y+3a-2=0$에서
$y=-ax-3a+2$

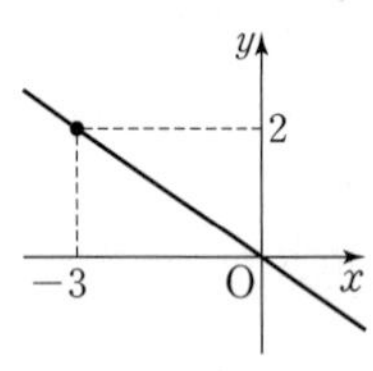

이 직선이 제1사분면을 지나지 않으려면 (y절편)≤0이어야 하므로
$-3a+2\leq0 \quad \therefore a\geq\frac{2}{3}$ 답 $a\geq\frac{2}{3}$

1041 사각형 ABCD는 평행사변형이므로 직선 $2x-y=-2$와 직선 $mx+y+n=0$의 기울기는 서로 같다.
$2x-y=-2$에서 $y=2x+2$
$mx+y+n=0$에서 $y=-mx-n \quad \therefore m=-2$
점 B는 두 직선 $2x-y=-2$와 $y=-2$의 교점이므로
$B(-2, -2)$
사각형 ABCD는 넓이가 24이므로
$\overline{BC}\times\{4-(-2)\}=\overline{BC}\times6=24$
$\therefore \overline{BC}=4$
따라서 점 C의 좌표는 $(2, -2)$이고, 직선 $y=2x-n$이 점 $C(2, -2)$를 지나므로
$-2=4-n \quad \therefore n=6$
$\therefore m+n=-2+6=4$ 답 4

1042 (i) 세 직선 중 두 직선 $y=x+1$과 $y=k(x+3)=kx+3k$가 평행할 때
$k=1, 3k\neq1 \quad \therefore k=1$
두 직선 $y=-x+3$과 $y=k(x+3)=kx+3k$가 평행할 때
$k=-1, 3k\neq3 \quad \therefore k=-1$
(ii) 세 직선이 한 점에서 만날 때
두 직선 $y=x+1$, $y=-x+3$의 교점이 점 $(1, 2)$이므로 직선 $y=k(x+3)$도 점 $(1, 2)$를 지난다.
$2=k(1+3) \quad \therefore k=\frac{1}{2}$
(i), (ii)에서 구하는 k의 값은 $-1, \frac{1}{2}, 1$이다.
답 $-1, \frac{1}{2}, 1$

1043 (1) 연립방정식 $\begin{cases} y=x+2 \\ y=-2x+5 \end{cases}$의 해는 $x=1, y=3$이므로
$A(1, 3)$
직선 $y=x+2$의 y절편은 2이므로 $B(0, 2)$
직선 $y=-2x+5$의 x절편은 $\frac{5}{2}$이므로 $C\left(\frac{5}{2}, 0\right)$
(2) $\triangle ABO=\frac{1}{2}\times2\times1=1$
$\triangle AOC=\frac{1}{2}\times\frac{5}{2}\times3=\frac{15}{4}$
(3) (사각형 ABOC의 넓이)$=\triangle ABO+\triangle AOC$
$=1+\frac{15}{4}=\frac{19}{4}$
답 (1) $A(1, 3)$, $B(0, 2)$, $C\left(\frac{5}{2}, 0\right)$
(2) △ABO의 넓이 : 1, △AOC의 넓이 : $\frac{15}{4}$ (3) $\frac{19}{4}$

1044 직선 $y=-x+5$와 y축의 교점의 좌표는 $(0, 5)$
직선 $y=\frac{1}{2}x-1$과 y축의 교점의 좌표는 $(0, -1)$
두 직선 $y=-x+5$, $y=\frac{1}{2}x-1$의 교점의 좌표는 $(4, 1)$
따라서 y축을 회전축으로 하여 1회전시킬 때 생기는 입체도형의 부피는
① : $\frac{1}{3}\pi\times4^2\times4=\frac{64}{3}\pi$
② : $\frac{1}{3}\pi\times4^2\times2=\frac{32}{3}\pi$
따라서 구하는 부피는
$\frac{64}{3}\pi+\frac{32}{3}\pi=32\pi$ 답 32π

1045 (1) 직선 $2x+y=8$의 x절편은 4이므로 A(4, 0)

연립방정식 $\begin{cases} y=2x \\ 2x+y=8 \end{cases}$의 해는 $x=2$, $y=4$이므로

B(2, 4)

$\therefore \triangle OAB=\frac{1}{2}\times4\times4=8$

(2) 두 직선 $y=ax$, $2x+y=8$의 교점을 C라 하면 $\triangle OAC=4$이므로 점 C의 y좌표는 2이다.

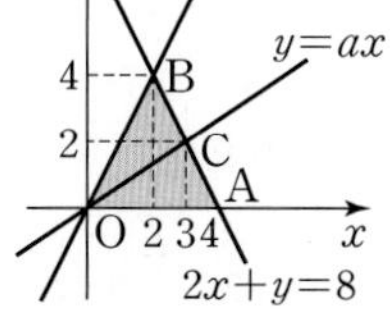

$y=2$를 $2x+y=8$에 대입하면

$x=3$ $\quad\therefore$ C(3, 2)

따라서 직선 $y=ax$가 점 (3, 2)를 지나므로

$2=3a$ $\quad\therefore a=\frac{2}{3}$

답 (1) 8 (2) $\frac{2}{3}$

교과서 속 창의력 UP!

161쪽

1046 네 직선 $x=-2$, $x=5$, $y=k$, $y=3k$로 둘러싸인 도형은 다음 그림과 같다.

(i) $k>0$일 때

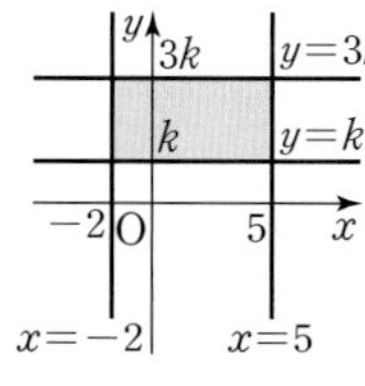

(넓이)$=7\times2k=14k$

에서 $14k=28$

$\therefore k=2$

(ii) $k<0$일 때

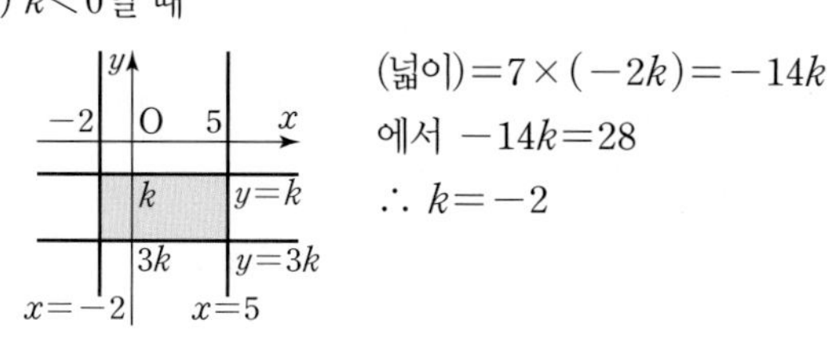

(넓이)$=7\times(-2k)=-14k$

에서 $-14k=28$

$\therefore k=-2$

(i), (ii)에서 구하는 k의 값은 2, -2이다.

답 2, -2

1047 학교를 원점으로 하여 각 지점의 위치를 좌표평면 위에 나타내면 도서관 (1, 3), 병원 (-2, -3), 서점 (1, -3), 약국 (-3, 1)이다.

(i) 도서관 (1, 3)과 병원 (-2, -3)을 이은 직선의

(기울기)$=\frac{3-(-3)}{1-(-2)}=2$

$y=2x+b$에 $x=1$, $y=3$을 대입하면 $b=1$

$\therefore y=2x+1$

(ii) 서점 (1, -3)과 약국 (-3, 1)을 이은 직선의

(기울기)$=\frac{-3-1}{1-(-3)}=-1$

$y=-x+c$에 $x=1$, $y=-3$을 대입하면 $c=-2$

$\therefore y=-x-2$

(i), (ii)에서 연립방정식 $\begin{cases} y=2x+1 \\ y=-x-2 \end{cases}$의 해는

$x=-1$, $y=-1$

따라서 민서네 집의 위치는 서쪽으로 1km, 남쪽으로 1km인 곳이다.

답 서쪽으로 1km, 남쪽으로 1km

1048 $y=-\frac{1}{2}x+2$의 그래프의 x절편은 4, y절편은 2이므로

A(0, 2), B(4, 0)

또, $y=4x+a$의 그래프의 x절편은 $-\frac{a}{4}$이므로

$C\left(-\frac{a}{4},\ 0\right)$

$\overline{AD}\,/\!/\,\overline{BC}$이므로 점 D의 y좌표는 2이고, $y=2$를 $y=4x+a$에 대입하면

$x=\frac{2-a}{4}$, 즉 $D\left(\frac{2-a}{4},\ 2\right)$

$\triangle AOB=\frac{1}{2}\times4\times2=4$이므로 사다리꼴 ABCD의 넓이를 k라 하면

$4 : k=2 : 3$, $2k=12$ $\quad\therefore k=6$

사다리꼴 ABCD의 넓이는

$\frac{1}{2}\times(\overline{AD}+\overline{BC})\times2=\frac{2-a}{4}+\left(-\frac{a}{4}-4\right)$

$=\frac{-2a-14}{4}$

따라서 $\frac{-2a-14}{4}=6$이므로

$-2a-14=24$, $-2a=38$

$\therefore a=-19$

답 -19

1049 $y=-\frac{2}{3}x+6$에서

A(0, 6), B(9, 0)

$\therefore \triangle AOB=\frac{1}{2}\times9\times6$

$=27$

$\therefore \triangle AOC=\triangle COD$

$=\triangle DOB$

$=\frac{1}{3}\times27=9$

점 C의 x좌표를 a라 하면 $\triangle AOC=9$이므로

$\frac{1}{2}\times6\times a=9$ $\quad\therefore a=3$

$x=3$을 $y=-\frac{2}{3}x+6$에 대입하면 $y=4$

$\therefore$ C(3, 4)

점 D의 y좌표를 b라 하면 $\triangle DOB=9$이므로

$\frac{1}{2}\times9\times b=9$ $\quad\therefore b=2$

$y=2$를 $y=-\frac{2}{3}x+6$에 대입하면

$2=-\frac{2}{3}x+6$, $\frac{2}{3}x=4$ $\quad\therefore x=6$

$\therefore$ D(6, 2)

따라서 직선 l의 기울기는 $\frac{4}{3}$, 직선 m의 기울기는 $\frac{2}{6}=\frac{1}{3}$이므로 기울기의 차는

$\frac{4}{3}-\frac{1}{3}=1$

답 1

01. 유리수와 순환소수

한번 더 핵심 유형 4~11쪽

Theme 01 유한소수와 무한소수 4~5쪽

0001 ① $\frac{3}{12}=\frac{1}{4}=\frac{1}{2^2}=\frac{5^2}{2^2\times5^2}=\frac{25}{10^2}$

② $\frac{8}{30}=\frac{4}{15}=\frac{4}{3\times5}$

③ $\frac{7}{35}=\frac{1}{5}=\frac{2}{2\times5}=\frac{2}{10}$

④ $\frac{57}{40}=\frac{57}{2^3\times5}=\frac{57\times5^2}{2^3\times5^3}=\frac{1425}{10^3}$

⑤ $\frac{27}{180}=\frac{3}{20}=\frac{3}{2^2\times5}=\frac{3\times5}{2^2\times5^2}=\frac{15}{10^2}$ 답 ②

0002 ⑤ 0.01875 답 ⑤

0003 $\frac{3}{125}=\frac{3}{5^3}=\frac{3\times2^3}{2^3\times5^3}=\frac{24}{10^3}$이므로 $a=24$, $n=3$

$\therefore a+n=24+3=27$ 답 27

0004 $\frac{5}{70}\times x=\frac{1}{14}\times x=\frac{x}{2\times7}$이므로 x가 7의 배수이어야 분모를 10의 거듭제곱 꼴로 나타낼 수 있다.

$x=7n$ (n은 자연수)이라 하면

$\frac{5}{70}\times7n=\frac{7n}{2\times7}=\frac{n}{2}=\frac{n\times5}{2\times5}=\frac{n\times5}{10}$

따라서 x의 값 중 가장 작은 자연수는 7이다. 답 7

0005 ① $\frac{3}{14}=\frac{3}{2\times7}$ (무한소수)

② $\frac{15}{20}=\frac{3}{4}=\frac{3}{2^2}$ (유한소수)

③ $\frac{18}{48}=\frac{3}{8}=\frac{3}{2^3}$ (유한소수)

④ $\frac{15}{54}=\frac{5}{18}=\frac{5}{2\times3^2}$ (무한소수)

⑤ $\frac{8}{55}=\frac{8}{5\times11}$ (무한소수) 답 ②, ③

0006 ① $\frac{12}{2\times3\times5^2}=\frac{2}{5^2}$ (유한소수)

② $\frac{9}{2^3\times3\times5}=\frac{3}{2^3\times5}$ (유한소수)

③ $\frac{21}{2^2\times3\times7}=\frac{1}{2^2}$ (유한소수)

④ $\frac{28}{2^4\times5\times7}=\frac{1}{2^2\times5}$ (유한소수)

⑤ $\frac{33}{3^2\times5\times11}=\frac{1}{3\times5}$ (무한소수) 답 ⑤

0007 $\frac{15}{24}=\frac{5}{8}=\frac{5}{2^3}$ (유한소수),

$\frac{105}{126}=\frac{5}{6}=\frac{5}{2\times3}$ (무한소수),

$\frac{20}{2\times5\times7}=\frac{2}{7}$ (무한소수),

$\frac{14}{2^3\times5\times7}=\frac{1}{2^2\times5}$ (유한소수) 답 $\frac{15}{24}$, $\frac{14}{2^3\times5\times7}$

0008 $\frac{a}{15}=\frac{a}{3\times5}$가 유한소수로 나타내어지려면 a는 3의 배수이어야 한다.

$\frac{1}{3}=\frac{5}{15}$, $\frac{4}{5}=\frac{12}{15}$이므로 a의 값이 될 수 있는 자연수는 6, 9이다. 답 6, 9

0009 $\frac{a}{252}=\frac{a}{2^2\times3^2\times7}$가 유한소수가 되려면 기약분수의 분모의 소인수가 2 또는 5뿐이어야 하므로 a는 $3^2\times7=63$의 배수이어야 한다.

따라서 a의 값이 될 수 있는 수는 ⑤ 63이다. 답 ⑤

0010 $\frac{21}{2^2\times5^3\times a}$이 유한소수가 되려면 a는 소인수가 2 또는 5로만 이루어진 수 또는 21의 약수 또는 이들의 곱으로 이루어진 수이어야 한다.

따라서 a의 값이 될 없는 수는 ③ 9이다. 답 ③

0011 $\frac{33}{2^3\times5\times a}$이 유한소수가 되려면 a는 소인수가 2 또는 5로만 이루어진 수 또는 33의 약수 또는 이들의 곱으로 이루어진 수이어야 한다.

$10<a<20$이므로 자연수 a는 11, 12, 15, 16의 4개이다. 답 4

0012 $\frac{7}{90}=\frac{7}{2\times3^2\times5}$, $\frac{15}{168}=\frac{5}{56}=\frac{5}{2^3\times7}$이므로 두 분수가 유한소수가 되려면 N은 9와 7의 공배수, 즉 63의 배수이어야 한다.

따라서 N의 값이 될 수 있는 가장 작은 자연수는 63이다. 답 63

0013 $\frac{a}{130}=\frac{a}{2\times5\times13}$가 유한소수가 되려면 a는 13의 배수이어야 하고, 20 이하의 자연수이므로 $a=13$

$\frac{13}{130}=\frac{1}{10}$이므로 $b=10$

$\therefore a-b=13-10=3$ 답 ①

0014 $\frac{a}{260}=\frac{a}{2^2\times5\times13}$가 유한소수가 되려면 a는 13의 배수이어야 하고, $60<a<70$이므로 $a=65$

$\frac{65}{260}=\frac{1}{4}$이므로 $b=4$

$\therefore a+b=65+4=69$ 답 69

0015 $\frac{a}{210}=\frac{a}{2\times3\times5\times7}$가 유한소수가 되려면 a는 21의 배수이어야 하고, 기약분수로 나타내면 $\frac{2}{b}$이므로 a는 4의 배수이어야 한다.

따라서 a는 21과 4의 공배수, 즉 84의 배수이고 두 자리의 자연수이므로 $a=84$

$\frac{84}{210}=\frac{2}{5}$이므로 $b=5$

$\therefore a+b=84+5=89$ 답 89

Theme 02 순환소수 6~7쪽

0016 ㄴ. $0.0616161\cdots=0.0\dot{6}\dot{1}$

ㄹ. $8.474747\cdots=8.\dot{4}\dot{7}$

따라서 옳은 것은 ㄱ, ㄷ이다. 답 ②

0017 ① 41 ② 78 ④ 65 ⑤ 3452 답 ③

0018 $\frac{5}{22}=0.2272727\cdots=0.2\dot{2}\dot{7}$ 답 ②

0019 $\frac{1}{12}=0.08\dot{3}$이므로 순환마디는 3

① $\frac{5}{6}=0.8\dot{3}$이므로 순환마디는 3

② $\frac{5}{7}=0.\dot{7}1428\dot{5}$이므로 순환마디는 714285

③ $\frac{5}{9}=0.\dot{5}$이므로 순환마디는 5

④ $\frac{5}{12}=0.41\dot{6}$이므로 순환마디는 6

⑤ $\frac{7}{15}=0.4\dot{6}$이므로 순환마디는 6

따라서 분수 $\frac{1}{12}$과 순환마디가 같은 것은 ①이다. 답 ①

0020 $\frac{4}{7}=0.\dot{5}7142\dot{8}$이므로 $a=6$

$\frac{35}{44}=0.79\dot{5}\dot{4}$이므로 $b=2$

$\therefore a-b=6-2=4$ 답 4

0021 $\frac{96}{185}=0.5189189189\cdots$

$=0.5\dot{1}8\dot{9}$

이므로 소수점 아래 각 자리의 숫자를 차례로 찾아 선으로 연결하면 오른쪽 그림과 같다.

답 풀이 참조

0022 $\frac{62}{165}=0.3757575\cdots=0.3\dot{7}\dot{5}$이므로 음계에 대응시키면 '파도라도라도라⋯'이다.

따라서 분수 $\frac{62}{165}$를 나타내는 것은 ①이다. 답 ①

0023 $\frac{x}{130}=\frac{x}{2\times5\times13}$가 순환소수가 되려면 약분하여 기약분수로 나타낼 때, 분모의 소인수에 2 또는 5 이외의 수가 있어야 한다. 즉, x는 13의 배수가 아니어야 한다.

따라서 x의 값이 될 수 있는 것은 ② 21, ④ 33이다.

답 ②, ④

0024 $\frac{a}{360}=\frac{a}{2^3\times3^2\times5}$가 순환소수가 되려면 약분하여 기약분수로 나타낼 때, 분모의 소인수에 2 또는 5 이외의 수가 있어야 한다.

① $a=12$이면 $\frac{12}{2^3\times3^2\times5}=\frac{1}{2\times3\times5}$ (순환소수)

② $a=18$이면 $\frac{18}{2^3\times3^2\times5}=\frac{1}{2^2\times5}$ (유한소수)

③ $a=21$이면 $\frac{21}{2^3\times3^2\times5}=\frac{7}{2^3\times3\times5}$ (순환소수)

④ $a=33$이면 $\frac{33}{2^3\times3^2\times5}=\frac{11}{2^3\times3\times5}$ (순환소수)

⑤ $a=48$이면 $\frac{48}{2^3\times3^2\times5}=\frac{2}{3\times5}$ (순환소수)

따라서 a의 값이 될 수 없는 것은 ② 18이다. 답 ②

0025 $\frac{21}{a}$이 순환소수가 되려면 약분하여 기약분수로 나타낼 때, 분모의 소인수에 2 또는 5 이외의 수가 있어야 한다.

⑤ $a=18$이면 $\frac{21}{18}=\frac{7}{6}=\frac{7}{2\times3}$ (순환소수)

따라서 a의 값이 될 수 있는 것은 ⑤ 18이다. 답 ⑤

0026 $\frac{14}{2^2\times5\times a}$가 순환소수가 되려면 약분하여 기약분수로 나타낼 때, 분모의 소인수에 2 또는 5 이외의 수가 있어야 한다.

이때 a는 10 이하의 자연수이므로 $a=3, 6, 7, 9$

$a=3$이면 $\frac{14}{2^2\times3\times5}=\frac{7}{2\times3\times5}$ (순환소수)

$a=6$이면 $\frac{14}{2^3\times3\times5}=\frac{7}{2^2\times3\times5}$ (순환소수)

$a=7$이면 $\frac{14}{2^2\times5\times7}=\frac{1}{2\times5}$ (유한소수)

$a=9$이면 $\frac{14}{2^2\times3^2\times5}=\frac{7}{2\times3^2\times5}$ (순환소수)

따라서 구하는 자연수 a의 값은 3, 6, 9이므로 그 합은

$3+6+9=18$ 답 18

0027 $\frac{5}{7}=0.\dot{7}1428\dot{5}$이므로 순환마디의 숫자가 6개이다.

$20=6\times3+2$이므로 소수점 아래 20번째 자리의 숫자는 순환마디의 2번째 숫자인 1이다. 답 ①

0028 ① $0.\dot{4}=0.444\cdots$이므로 소수점 아래 30번째 자리의 숫자는 4이다.

② $0.2\dot{5}\dot{3}$에서 순환마디의 숫자가 2개이고 소수점 아래 첫째 자리의 숫자 2는 순환하지 않는다.

$30-1=2\times14+1$이므로 소수점 아래 30번째 자리의 숫자는 순환마디의 첫 번째 숫자인 5이다.

③ $0.01\dot{2}\dot{6}$에서 순환마디의 숫자가 2개이고 소수점 아래 첫째 자리의 숫자 0과 소수점 아래 둘째 자리의 숫자 1은 순환하지 않는다.

$30-2=2\times14$이므로 소수점 아래 30번째 자리의 숫자는 순환마디의 2번째 숫자인 6이다.

④ $0.\dot{8}1\dot{7}$에서 순환마디의 숫자가 3개이고 $30=3\times10$이므로 소수점 아래 30번째 자리의 숫자는 순환마디의 3번째 숫자인 7이다.

⑤ $0.7\dot{9}2\dot{6}$에서 순환마디의 숫자가 3개이고 소수점 아래 첫째 자리의 숫자 7은 순환하지 않는다.

$30-1=3\times9+2$이므로 소수점 아래 30번째 자리의 숫자는 순환마디의 2번째 숫자인 2이다.

따라서 소수점 아래 30번째 자리의 숫자가 가장 작은 것은 ⑤이다. 답 ⑤

0029 $\frac{6}{13}=0.\dot{4}6153\dot{8}$이므로 순환마디는 461538이고, 순환마디의 숫자가 6개이다.

이때 $50=6\times8+2$이므로 구하는 합은
$(4+6+1+5+3+8)\times8+4+6=226$ 답 226

Theme 03 유리수와 순환소수 8~11쪽

0030 $x=0.3\dot{2}\dot{7}=0.3272727\cdots$이므로
$10x=3.2727\cdots$, $1000x=327.2727\cdots$
따라서 가장 편리한 식은 $1000x-10x$ 답 ⑤

0031 ④ 1332 답 ④

0032 (1) $x=2.\dot{4}\dot{6}$이므로 $x=2.464646\cdots$
$100x=246.4646\cdots$
따라서 가장 편리한 식은 (ㄱ) $100x-x$
(2) $x=0.1\dot{5}\dot{3}$이므로 $x=0.1535353\cdots$
$10x=1.5353\cdots$, $1000x=153.5353\cdots$
따라서 가장 편리한 식은 (ㄷ) $1000x-10x$
(3) $x=0.\dot{3}7\dot{2}$이므로 $x=0.372372372\cdots$
$1000x=372.372372\cdots$
따라서 가장 편리한 식은 (ㄴ) $1000x-x$
답 (1) − (ㄱ), (2) − (ㄷ), (3) − (ㄴ)

0033 ① $0.4\dot{8}=\frac{48-4}{90}=\frac{44}{90}=\frac{22}{45}$
③ $5.\dot{3}\dot{2}=\frac{532-5}{99}=\frac{527}{99}$
④ $1.\dot{2}5\dot{6}=\frac{1256-1}{999}=\frac{1255}{999}$
⑤ $1.1\dot{3}\dot{4}=\frac{1134-11}{990}=\frac{1123}{990}$ 답 ②

0034 ① $0.1\dot{5}=\frac{15-1}{90}$
② $2.\dot{3}\dot{7}=\frac{237-2}{99}$
③ $1.5\dot{7}\dot{2}=\frac{1572-15}{990}$
⑤ $4.1\dot{5}\dot{8}=\frac{4158-41}{990}$ 답 ④

0035 $0.2\dot{2}\dot{7}=\frac{227-2}{990}=\frac{225}{990}=\frac{5}{22}$ $\therefore a=5$ 답 5

0036 $0.\dot{2}\dot{1}=\frac{21}{99}=\frac{7}{33}$이므로 $a=7$
$0.4\dot{8}=\frac{48-4}{90}=\frac{44}{90}=\frac{22}{45}$이므로 $b=45$
$\therefore b-a=45-7=38$ 답 38

0037 $3.\dot{6}\dot{3}=\frac{363-3}{99}=\frac{360}{99}=\frac{40}{11}$이므로 $3.\dot{6}\dot{3}\times x$가 자연수가 되려면 x는 11의 배수이어야 한다.
따라서 x의 값이 될 수 있는 것은 ⑤ 22이다. 답 ⑤

0038 $0.18\dot{3}=\frac{183-18}{900}=\frac{165}{900}=\frac{11}{60}=\frac{11}{2^2\times3\times5}$이므로
$0.18\dot{3}\times x$가 유한소수가 되려면 x는 3의 배수이어야 한다.
따라서 x의 값이 될 수 없는 것은 ② 7이다. 답 ②

0039 $0.1\dot{7}\dot{2}=\frac{172-1}{990}=\frac{171}{990}=\frac{19}{110}=\frac{19}{2\times5\times11}$이므로
$0.1\dot{7}\dot{2}\times a$가 유한소수가 되려면 a는 11의 배수이어야 한다.
따라서 a의 값 중 가장 작은 자연수는 11이다. 답 11

0040 $0.1\dot{7}=\frac{17-1}{90}=\frac{16}{90}=\frac{8}{45}=\frac{8}{3^2\times5}$이므로
$0.1\dot{7}\times a$가 유한소수가 되려면 a는 9의 배수이어야 한다.
또, $1.3\dot{4}\dot{8}=\frac{1348-13}{990}=\frac{1335}{990}=\frac{89}{66}=\frac{89}{2\times3\times11}$이므로
$1.3\dot{4}\dot{8}\times a$가 유한소수가 되려면 a는 33의 배수이어야 한다.
따라서 a는 9와 33의 공배수, 즉 99의 배수이어야 하므로 a의 값 중 가장 작은 자연수는 99이다. 답 99

0041 ① $0.\dot{1}\dot{0}=\frac{10}{99}$, $\frac{1}{9}=\frac{11}{99}$ $\therefore 0.\dot{1}\dot{0}<\frac{1}{9}$
② $0.2\dot{4}\dot{5}=0.2454545\cdots$, $0.\dot{2}4\dot{5}=0.245245\cdots$
$\therefore 0.2\dot{4}\dot{5}>0.\dot{2}4\dot{5}$
③ $0.\dot{3}\dot{0}=0.303030\cdots$, $0.\dot{3}0\dot{3}=0.303303\cdots$
$\therefore 0.\dot{3}\dot{0}<0.\dot{3}0\dot{3}$
④ $0.6\dot{7}=0.6777\cdots$, $\frac{67}{99}=0.676767\cdots$
$\therefore 0.6\dot{7}>\frac{67}{99}$
⑤ $0.8\dot{7}=0.8777\cdots$, $\frac{4}{5}=0.8$ $\therefore 0.8\dot{7}>\frac{4}{5}$ 답 ②

0042 ① 0.736
② $0.73\dot{6}=0.73666\cdots$
③ $0.7\dot{3}\dot{6}=0.7363636\cdots$
④ $0.\dot{7}3\dot{6}=0.736736736\cdots$
⑤ $0.\dot{7}36\dot{7}=0.736773677367\cdots$
따라서 가장 큰 수는 ⑤ $0.\dot{7}36\dot{7}$이다. 답 ⑤

0043 ① $0.3\dot{5}=0.3555\cdots$, $0.\dot{3}\dot{5}=0.353535\cdots$
$\therefore 0.3\dot{5}>0.\dot{3}\dot{5}$ 답 ①

0044 ㄱ. 1.3845
ㄴ. $1.384\dot{5}=1.384555\cdots$
ㄷ. $1.38\dot{4}\dot{5}=1.38454545\cdots$
ㄹ. $1.3\dot{8}4\dot{5}=1.3845845845\cdots$
ㅁ. $1.\dot{3}84\dot{5}=1.384538453845\cdots$
따라서 크기가 큰 것부터 순서대로 나열하면
ㄹ, ㄴ, ㄷ, ㅁ, ㄱ 답 ㄹ, ㄴ, ㄷ, ㅁ, ㄱ

0045 $\frac{1}{6}<\frac{a}{9}<\frac{3}{4}$이므로 $\frac{6}{36}<\frac{4a}{36}<\frac{27}{36}$
따라서 자연수 a는 2, 3, 4, 5, 6이므로 a의 값이 될 수 없는 것은 ⑤ 7이다. 답 ⑤

0046 $\frac{60}{7}=8.\dot{5}7142\dot{8}$이므로 $4.\dot{1}\le x<8.\dot{5}7142\dot{8}$
따라서 정수 x는 5, 6, 7, 8이므로 그 합은
$5+6+7+8=26$ 답 ①

0047 $0.\dot{2}\dot{1}=\frac{21}{99}=\frac{7}{33}$, $0.\dot{x}=\frac{x}{9}$이고
$\frac{7}{33}\le\frac{x}{9}\le\frac{19}{22}$이므로 $\frac{42}{198}\le\frac{22x}{198}\le\frac{171}{198}$
따라서 자연수 x는 2, 3, 4, 5, 6, 7이므로

$a=2$, $b=7$

$\therefore a+b=2+7=9$ 답 9

0048 $\frac{1}{5}<\frac{a}{90}\times6<\frac{1}{2}$이므로 $\frac{6}{30}<\frac{2a}{30}<\frac{15}{30}$
따라서 자연수 a는 4, 5, 6, 7이므로 a의 값이 될 수 없는 것은 ⑤ 8이다. 답 ⑤

0049 $0.\dot{0}3\dot{7}=\frac{37}{999}=37\times\frac{1}{999}$이므로

$x=\frac{1}{999}=0.\dot{0}0\dot{1}$ 답 ⑤

0050 $0.\dot{3}\dot{6}+0.\dot{7}=\frac{36}{99}+\frac{7}{9}=\frac{36}{99}+\frac{77}{99}=\frac{113}{99}=1.\dot{1}\dot{4}$ 답 ④

0051 $0.\dot{1}6\dot{2}=\frac{162}{999}=\frac{6}{37}$이므로

$a=\frac{25}{111}-\frac{6}{37}=\frac{25}{111}-\frac{18}{111}=\frac{7}{111}=0.\dot{0}6\dot{3}$ 답 ②

0052 $1.\dot{7}\dot{2}=\frac{172-1}{99}=\frac{171}{99}=\frac{19}{11}$, $1.\dot{2}=\frac{12-1}{9}=\frac{11}{9}$이므로

$\frac{19}{11}\times\frac{b}{a}=\frac{11}{9}$, $\frac{b}{a}=\frac{11}{9}\times\frac{11}{19}=\frac{121}{171}$
따라서 $a=171$, $b=121$이므로
$a+b=171+121=292$ 답 292

0053 $0.1\dot{8}=\frac{18-1}{90}=\frac{17}{90}$이므로 처음 기약분수의 분자는 17이다.

$0.\dot{3}\dot{7}=\frac{37}{99}$이므로 처음 기약분수의 분모는 99이다.

따라서 처음 기약분수는 $\frac{17}{99}$이므로 순환소수로 나타내면 $0.\dot{1}\dot{7}$이다. 답 ①

0054 $3.\dot{6}=\frac{36-3}{9}=\frac{33}{9}=\frac{11}{3}$이므로 처음 기약분수는 $\frac{3}{11}$이다.

따라서 소수로 나타내면 $\frac{3}{11}=0.\dot{2}\dot{7}$ 답 ②

0055 (1) $0.\dot{4}\dot{3}=\frac{43}{99}$

(2) $0.9\dot{2}=\frac{92-9}{90}=\frac{83}{90}$

(3) 처음에 주어진 기약분수의 분자는 43, 분모는 90이므로 기약분수는 $\frac{43}{90}$이다.
따라서 순환소수로 나타내면 $0.4\dot{7}$이다.

답 (1) $\frac{43}{99}$ (2) $\frac{83}{90}$ (3) $0.4\dot{7}$

0056 어떤 자연수를 x라 하면
$0.\dot{3}\times x-0.3\times x=1$이므로
$\frac{1}{3}x-\frac{3}{10}x=1$, $10x-9x=30$
$\therefore x=30$ 답 30

0057 ① 순환하지 않는 무한소수는 유리수가 아니다.
② 순환소수는 모두 유리수이다.
③ 기약분수를 소수로 나타내면 유한소수 또는 순환소수이다.
④ 정수가 아닌 유리수는 유한소수 또는 순환소수로 나타낼 수 있다. 답 ⑤

0058 ⑤ 순환하지 않는 무한소수는 분자, 분모(0이 아닌)가 모두 정수인 분수 꼴로 나타낼 수 없다. 답 ⑤

0059 ㄴ. 순환하지 않는 무한소수는 모두 유리수가 아니다.
ㄹ. 유한소수로 나타낼 수 없는 정수가 아닌 유리수는 순환소수로 나타낼 수 있다.
따라서 옳은 것은 ㄱ, ㄷ이다. 답 ②

유형 모아 Theme 01 유한소수와 무한소수 1회 12쪽

0060 ⑤ 0.24 답 ⑤

0061 ① $\frac{3}{2}=\frac{3\times5}{2\times5}=\frac{15}{10}$

② $\frac{3}{20}=\frac{3}{2^2\times5}=\frac{3\times5}{2^2\times5^2}=\frac{15}{10^2}$

③ $\frac{11}{25}=\frac{11}{5^2}=\frac{11\times2^2}{5^2\times2^2}=\frac{44}{10^2}$

④ $\frac{5}{28}=\frac{5}{2^2\times7}$

⑤ $\frac{1}{250}=\frac{1}{2\times5^3}=\frac{2^2}{2^3\times5^3}=\frac{4}{10^3}$

따라서 분모를 10의 거듭제곱 꼴로 나타낼 수 없는 것은 ④이다. 답 ④

0062 ① $\frac{2}{15}=\frac{2}{3\times5}$ (무한소수)

② $\frac{21}{2^2\times3\times5}=\frac{7}{2^2\times5}$ (유한소수)

③ $\frac{5}{2\times3}$ (무한소수)

④ $\frac{1}{12}=\frac{1}{2^2\times3}$ (무한소수)

⑤ $\frac{4}{3\times5}$ (무한소수) 답 ②

0063 $\frac{a}{2^2\times3\times7}$가 유한소수가 되려면 a는 $3\times7=21$의 배수이어야 한다.
따라서 a의 값 중 가장 작은 자연수는 21이다. 답 21

0064 $x=\frac{a}{70}$라 하면 $\frac{a}{70}=\frac{a}{2\times5\times7}$가 유한소수가 되려면 a는 7의 배수이어야 한다.

$\frac{1}{7}=\frac{10}{70}$, $\frac{9}{10}=\frac{63}{70}$이므로 x는 $\frac{14}{70}$, $\frac{21}{70}$, $\frac{28}{70}$, $\frac{35}{70}$, $\frac{42}{70}$, $\frac{49}{70}$, $\frac{56}{70}$의 7개이다. 답 ③

0065 $0.8\le\frac{x}{15}<0.9$에서

$\frac{8}{10}\le\frac{x}{15}<\frac{9}{10}$, $\frac{24}{30}\le\frac{2x}{30}<\frac{27}{30}$
이를 만족시키는 자연수 x의 값은 12, 13이다.

그런데 $\frac{x}{15}=\frac{x}{3\times5}$가 유한소수가 되려면 x는 3의 배수이어야 하므로 x의 값은 12이다. 답 ④

0066 $\frac{x}{150}=\frac{x}{2\times3\times5^2}$가 유한소수가 되려면 x는 3의 배수이어야 하고, $20<x<30$이므로 x는 21, 24, 27이다.

$\frac{21}{150}=\frac{7}{50}$, $\frac{24}{150}=\frac{4}{25}$, $\frac{27}{150}=\frac{9}{50}$이므로

$x=24$, $y=25$

$\therefore x-y=24-25=-1$ 답 ②

유형모아 Theme 01 유한소수와 무한소수 2회 13쪽

0067 ㄱ. $\frac{1}{9}=\frac{1}{3^2}$

ㄴ. $\frac{7}{20}=\frac{7}{2^2\times5}=\frac{7\times5}{2^2\times5^2}=\frac{35}{10^2}$

ㄹ. $\frac{11}{80}=\frac{11}{2^4\times5}=\frac{11\times5^3}{2^4\times5^4}=\frac{1375}{10^4}$

ㅂ. $\frac{9}{2^2\times3^2\times5^2}=\frac{1}{2^2\times5^2}=\frac{1}{10^2}$

따라서 분모를 10의 거듭제곱 꼴로 나타낼 수 없는 것은 ㄱ, ㄷ, ㅁ이다. 답 ④

0068 ① $\frac{2}{2^2\times3^3}=\frac{1}{2\times3^3}$ (무한소수)

② $\frac{5}{2\times5^3}=\frac{1}{2\times5^2}$ (유한소수)

③ $\frac{6}{2\times5\times7}=\frac{3}{5\times7}$ (무한소수)

④ $\frac{7}{2^3\times3^2}$ (무한소수) ⑤ $\frac{11}{5^2\times7}$ (무한소수) 답 ②

0069 구하는 분수를 $\frac{a}{30}$라 할 때, $\frac{a}{30}=\frac{a}{2\times3\times5}$가 유한소수로 나타내어지려면 a는 3의 배수이어야 한다.

이때 $\frac{2}{5}=\frac{12}{30}$, $\frac{5}{6}=\frac{25}{30}$이므로 유한소수로 나타낼 수 있는 분수는 $\frac{15}{30}$, $\frac{18}{30}$, $\frac{21}{30}$, $\frac{24}{30}$의 4개이다. 답 ②

0070 $\frac{11}{90}\times a=\frac{11}{2\times3^2\times5}\times a$가 유한소수로 나타내어지려면 a는 9의 배수이어야 한다.

따라서 a의 값이 될 수 있는 수는 ④ 18이다. 답 ④

0071 $\frac{n}{28}=\frac{n}{2^2\times7}$이 유한소수로 나타내어지려면 n은 7의 배수이어야 한다.

이때 $n<28$이므로 n의 값은 7, 14, 21이다. 답 7, 14, 21

0072 $\frac{a}{56}=\frac{a}{2^3\times7}$가 유한소수로 나타내어지려면 a는 7의 배수이어야 한다.

이때 $10<a<20$이므로 $a=14$

$\frac{14}{56}=\frac{1}{4}$이므로 $b=4$

$\therefore a+b=14+4=18$ 답 18

0073 $\frac{A}{75}=\frac{A}{3\times5^2}$이므로 A는 3의 배수이어야 하고,

$\frac{A}{490}=\frac{A}{2\times5\times7^2}$이므로 A는 49의 배수이어야 한다.

따라서 A는 3과 49의 공배수, 즉 147의 배수이어야 하므로 A가 될 수 있는 가장 작은 세 자리의 자연수는 147이다.

답 147

유형모아 Theme 02 순환소수 1회 14쪽

0074 ① $0.010101\cdots=0.\dot{0}\dot{1}$

② $0.5555\cdots=0.\dot{5}$

④ $3.023023023\cdots=3.\dot{0}2\dot{3}$ 답 ③, ⑤

0075 $\frac{5}{44}=0.11363636\cdots=0.11\dot{3}\dot{6}$이므로 순환마디는 36이다.

답 ④

0076 $\frac{2}{55}=0.0363636\cdots=0.0\dot{3}\dot{6}$이므로 $x=2$

$\frac{3}{11}=0.272727\cdots=0.\dot{2}\dot{7}$이므로 $y=2$

$\therefore x+y=2+2=4$ 답 ③

0077 $\frac{6}{x}$이 순환소수가 되려면 약분하여 기약분수로 나타낼 때, 분모의 소인수에 2 또는 5 이외의 수가 있어야 한다.

따라서 x의 값이 될 수 있는 12 이하의 자연수는 7, 9, 11이므로 그 합은

$7+9+11=27$ 답 27

0078 ①, ②, ③, ⑤ 소수점 아래 20번째 자리의 숫자는 5이다.

④ $2.0\dot{6}\dot{5}=2.0656565\cdots$이므로 소수점 아래 짝수 번째 자리의 숫자는 6이고, 소수점 아래 첫째 자리를 제외한 홀수 번째 자리의 숫자는 5이다. 따라서 $2.0\dot{6}\dot{5}$의 소수점 아래 20번째 자리의 숫자는 6이다. 답 ④

0079 $\frac{1}{13}=0.\dot{0}7692\dot{3}$이므로 순환마디의 숫자가 6개이다.

이때 $30=6\times5$이므로 소수점 아래 30번째 자리의 숫자는 순환마디의 6번째 숫자인 3이다. 답 ③

0080 $\frac{7}{2^2\times5\times a}$을 소수로 나타내면 순환소수이므로 기약분수의 분모에 2 또는 5 이외의 소인수가 있어야 한다.

이때 $a=7$이면 $\frac{7}{2^2\times5\times7}=\frac{1}{2^2\times5}$ (유한소수)이므로 한 자리의 자연수 a의 값은 3, 6, 9이다.

따라서 구하는 합은 $3+6+9=18$ 답 ④

유형모아 Theme 02 순환소수 2회 15쪽

0081 ① $0.727272\cdots=0.\dot{7}\dot{2}$

② $0.030303\cdots=0.\dot{0}\dot{3}$

③ $0.085085085\cdots=0.\dot{0}8\dot{5}$

④ $0.1444\cdots=0.1\dot{4}$ 답 ⑤

0082 $\frac{7}{11}=0.636363\cdots=0.\dot{6}\dot{3}$이므로 순환마디의 숫자는 6, 3의 2개이다. 답 ②

0083 ① $\frac{1}{3}=0.\dot{3}$이므로 순환마디는 3

② $\frac{2}{15}=0.1\dot{3}$이므로 순환마디는 3

③ $\frac{8}{15}=0.5\dot{3}$이므로 순환마디는 3

④ $\frac{7}{18}=0.3\dot{8}$이므로 순환마디는 8

⑤ $\frac{7}{30}=0.2\dot{3}$이므로 순환마디는 3 답 ④

0084 $\frac{x}{2\times3\times5^2}$가 순환소수가 되려면 기약분수의 분모에 2 또는 5 이외의 소인수가 있어야 한다. 즉, x는 3의 배수가 아니어야 한다.

⑤ $x=28$일 때, $\frac{28}{2\times3\times5^2}=\frac{2\times7}{3\times5^2}$이므로 순환소수가 된다.

답 ⑤

0085 $\frac{5}{13}=0.\dot{3}8461\dot{5}$이므로 순환마디의 숫자가 6개이다.

$100=6\times16+4$이므로 소수점 아래 100번째 자리의 숫자는 순환마디의 4번째 숫자인 6이다. 답 ⑤

0086 $4\div13$을 하는 동안에 나타나는 나머지를 보면 4, 1, 10, 9, 12, 3이 반복됨을 알 수 있다.

따라서 $\frac{4}{13}$, $\frac{1}{13}$, $\frac{10}{13}$, $\frac{9}{13}$, $\frac{12}{13}$, $\frac{3}{13}$의 순환마디를 알 수 있다.

$\frac{4}{13}$의 순환마디는 307692, $\frac{1}{13}$의 순환마디는 076923,

$\frac{10}{13}$의 순환마디는 769230, $\frac{9}{13}$의 순환마디는 692307,

$\frac{12}{13}$의 순환마디는 923076, $\frac{3}{13}$의 순환마디는 230769이다.

답 ③

참고 $\frac{7}{13}=0.\dot{5}3846\dot{1}$

0087 $\frac{9}{2^2\times3^2\times5\times a}=\frac{1}{2^2\times5\times a}$이 순환소수가 되려면 a는 2 또는 5 이외의 소인수를 가져야 한다.

따라서 10 미만의 자연수 중 이를 만족시키는 자연수 a의 값은 3, 6, 7, 9의 4개이다. 답 ④

유형모아 Theme 03 유리수와 순환소수 1회 16쪽

0088 $x=0.858585\cdots$이므로 $100x=85.8585\cdots$

따라서 가장 편리한 식은 $100x-x$ 답 ②

0089 ㄱ. 0.573

ㄴ. $0.57\dot{3}=0.57333\cdots$

ㄷ. $0.5\dot{7}\dot{3}=0.5737373\cdots$

ㄹ. $0.\dot{5}7\dot{3}=0.573573573\cdots$

따라서 $0.573<0.57\dot{3}<0.\dot{5}7\dot{3}<0.5\dot{7}\dot{3}$이므로 크기가 작은 것부터 나열하면 ㄱ, ㄴ, ㄹ, ㄷ 답 ㄱ, ㄴ, ㄹ, ㄷ

0090 $0.\dot{3}-0.\dot{3}\dot{1}=\frac{3}{9}-\frac{31}{99}=\frac{33}{99}-\frac{31}{99}=\frac{2}{99}=0.\dot{0}\dot{2}$ 답 ①

0091 ㄱ. 순환마디는 2이다.

ㄴ. $x=1.3222\cdots=1.3\dot{2}$

ㄷ, ㄹ. $x=\frac{132-13}{90}=\frac{119}{90}$ (유리수)

따라서 옳은 것은 ㄴ, ㄹ이다. 답 ⑤

0092 $\frac{3}{10}+\frac{6}{100}+\frac{6}{1000}+\frac{6}{10000}+\cdots$

$=0.3+0.06+0.006+0.0006+\cdots$

$=0.3666\cdots$

$=0.3\dot{6}=\frac{36-3}{90}=\frac{33}{90}=\frac{11}{30}$

따라서 $a=30$, $b=11$이므로

$a+b=30+11=41$ 답 41

0093 $a\times1.\dot{2}-a\times1.2=0.2$

$\frac{11}{9}a-\frac{6}{5}a=\frac{1}{5}$, $55a-54a=9$

$\therefore a=9$ 답 ④

0094 $0.4\dot{6}=\frac{46-4}{90}=\frac{42}{90}=\frac{7}{15}=\frac{7}{3\times5}$이므로

$0.4\dot{6}\times x$가 유한소수가 되려면 x는 3의 배수이어야 한다.

이때 $3<0.4\dot{6}\times x<5$이므로

$3<\frac{7x}{15}<5$, $\frac{45}{15}<\frac{7x}{15}<\frac{75}{15}$

이를 만족시키는 자연수 x의 값은 7, 8, 9, 10이고, x는 3의 배수이므로 x의 값은 9이다. 답 ④

유형모아 Theme 03 유리수와 순환소수 2회 17쪽

0095 $1000x=127.127127\cdots$

$1000x-x=127$이므로 $999x=127$ $\therefore x=\frac{127}{999}$

$\therefore$ (가) 1000 (나) 999 답 ⑤

0096 ③ $0.0\dot{2}\dot{7}=\frac{27}{990}$ 답 ③

0097 ① $0.\dot{7}\dot{1}=0.717171\cdots$, $0.\dot{7}=0.777\cdots$이므로 $0.\dot{7}\dot{1}<0.\dot{7}$

② $0.\dot{2}\dot{3}=0.232323\cdots$이므로 $0.\dot{2}\dot{3}>0.231$

③ $0.\dot{3}\dot{2}=0.323232\cdots$, $0.\dot{3}=0.333\cdots$이므로 $0.\dot{3}\dot{2}<0.\dot{3}$

④ $0.\dot{1}\dot{0}=\frac{10}{99}$, $\frac{1}{11}=\frac{9}{99}$이므로 $0.\dot{1}\dot{0}>\frac{1}{11}$

⑤ $0.\dot{2}\dot{1}=\frac{21}{99}$, $\frac{2}{9}=\frac{22}{99}$이므로 $0.\dot{2}\dot{1}<\frac{2}{9}$ 답 ②

0098 ③ 무한소수 중에서 순환소수는 유리수이다.

④ 유리수 중에는 순환소수로 나타낼 수 있는 것도 있다.

답 ③, ④

0099 $0.0\dot{3}=\frac{3}{90}=\frac{1}{30}$이므로

$x=\frac{7}{60}-\frac{1}{30}=\frac{5}{60}=\frac{1}{12}=0.08\dot{3}$ 답 $0.08\dot{3}$

0100 $0.\dot{1}\dot{3}=\frac{13}{99}$이므로 처음 기약분수의 분자는 13이고,

$0.2\dot{5}=\frac{25-2}{90}=\frac{23}{90}$이므로 처음 기약분수의 분모는 90이다.

따라서 처음 기약분수는 $\frac{13}{90}$이므로 순환소수로 나타내면 $0.1\dot{4}$이다. 답 $0.1\dot{4}$

워크북

0101 $0.1\dot{6}=\frac{16-1}{90}=\frac{15}{90}=\frac{1}{6}=\frac{1}{2\times3}$이므로

$0.1\dot{6}\times a$가 유한소수가 되려면 a는 3의 배수이어야 한다.

$0.0\dot{6}\dot{3}=\frac{63}{990}=\frac{7}{110}=\frac{7}{2\times5\times11}$이므로

$0.0\dot{6}\dot{3}\times a$가 유한소수가 되려면 a는 11의 배수이어야 한다.

따라서 a는 3과 11의 공배수, 즉 33의 배수이어야 하므로 가장 작은 자연수 a의 값은 33이다. 답 33

Theme 모아 중단원 마무리 18~19쪽

0102 ① $\frac{11}{45}=\frac{11}{3^2\times5}$ (무한소수)

② $\frac{10}{60}=\frac{1}{6}=\frac{1}{2\times3}$ (무한소수)

③ $\frac{5}{66}=\frac{5}{2\times3\times11}$ (무한소수)

④ $\frac{14}{70}=\frac{1}{5}$ (유한소수)

⑤ $\frac{8}{150}=\frac{4}{75}=\frac{4}{3\times5^2}$ (무한소수) 답 ④

0103 ㄴ. 31 ㄹ. 612

따라서 옳은 것은 ㄱ, ㄷ이다. 답 ②

0104 $x=0.3242424\cdots$에서

$1000x=324.2424\cdots$, $10x=3.242424\cdots$

따라서 가장 편리한 식은 $1000x-10x$ 답 ④

0105 ④ $7.\dot{4}=\frac{74-7}{9}$ 답 ④

0106 ① $0.\dot{4}\dot{5}=0.454545\cdots$, $0.4\dot{5}=0.4555\cdots$이므로

$0.\dot{4}\dot{5}<0.4\dot{5}$

② $0.\dot{3}\dot{1}=0.313131\cdots$이므로

$0.\dot{3}\dot{1}<0.32$

③ $0.\dot{2}=0.222\cdots$, $0.\dot{2}\dot{1}=0.212121\cdots$이므로

$0.\dot{2}>0.\dot{2}\dot{1}$

④ $0.\dot{3}=0.333\cdots$, $0.\dot{3}\dot{0}=0.303030\cdots$이므로

$0.\dot{3}>0.\dot{3}\dot{0}$

⑤ $0.\dot{5}\dot{4}=0.545454\cdots$, $0.\dot{5}3\dot{9}=0.539539539\cdots$이므로

$0.\dot{5}\dot{4}>0.\dot{5}3\dot{9}$ 답 ③

0107 $\frac{1}{5}<\frac{x}{9}<\frac{1}{3}$에서 $\frac{9}{45}<\frac{5x}{45}<\frac{15}{45}$

따라서 자연수 x의 값은 2이다. 답 ②

0108 $1.\dot{3}=\frac{12}{9}=\frac{4}{3}$이므로 어떤 자연수를 x라 하면

$x\times1.\dot{3}-x\times1.3=0.5$, $\frac{4}{3}x-\frac{13}{10}x=\frac{1}{2}$

$40x-39x=15$ $\therefore x=15$ 답 ②

0109 ① 모든 유리수는 분수로 나타낼 수 있다.

② 모든 순환소수는 분수로 나타낼 수 있다.

⑤ 분모에 2 또는 5 이외의 소인수가 있는 기약분수는 유한소수로 나타낼 수 없다. 답 ③, ④

0110 $\frac{3}{70}=\frac{3}{2\times5\times7}$, $\frac{17}{102}=\frac{1}{6}=\frac{1}{2\times3}$이므로 두 분수가 유한소수가 되려면 A는 7과 3의 공배수, 즉 21의 배수이어야 한다.

따라서 A의 값이 될 수 있는 가장 작은 자연수는 21이다.

답 ③

0111 $\frac{11}{101}=0.\dot{1}08\dot{9}$이므로 순환마디의 숫자가 4개이다.

$99=4\times24+3$이므로 소수점 아래 99번째 자리의 숫자는 순환마디의 3번째 숫자인 8이다. 답 ④

0112 $2.0\dot{4}=\frac{184}{90}=\frac{92}{45}$, $1.\dot{3}=\frac{12}{9}=\frac{4}{3}$이므로

$\frac{92}{45}=\frac{4}{3}\times\frac{b}{a}$ $\therefore \frac{b}{a}=\frac{92}{45}\times\frac{3}{4}=\frac{23}{15}$

따라서 $a=15$, $b=23$이므로

$|a-b|=|15-23|=8$ 답 ②

0113 $a=1.\dot{4}=\frac{14-1}{9}=\frac{13}{9}$

$b=1.\dot{3}=\frac{13-1}{9}=\frac{12}{9}=\frac{4}{3}$ …❶

$\therefore \frac{b}{a}=\frac{4}{3}\div\frac{13}{9}=\frac{4}{3}\times\frac{9}{13}$

$=\frac{12}{13}=0.\dot{9}2307\dot{6}$ …❷

따라서 $\frac{b}{a}$의 값의 순환마디의 숫자는 6개이다.

$35=6\times5+5$에서 p는 순환마디의 5번째 숫자인 7이므로

$p=7$

$55=6\times9+1$에서 q는 순환마디의 첫 번째 숫자인 9이므로

$q=9$ …❸

$\therefore \frac{p}{q}=\frac{7}{9}=0.\dot{7}$ …❹

답 $0.\dot{7}$

채점 기준	배점
❶ a, b를 각각 분수로 나타내기	30 %
❷ $\frac{b}{a}$의 값을 순환소수로 나타내기	20 %
❸ p, q를 각각 구하기	30 %
❹ $\frac{p}{q}$의 값을 순환소수로 나타내기	20 %

0114 (1) $x=1+\frac{2}{10}+\frac{4}{10^2}+\frac{6}{10^3}+\frac{6}{10^4}+\frac{6}{10^5}+\cdots$

$=1+0.2+0.04+0.006+0.0006+0.00006+\cdots$

$=1.24666\cdots$

$=1.24\dot{6}$ …❶

(2) $x=1.24\dot{6}=\frac{1246-124}{900}$

$=\frac{1122}{900}=\frac{187}{150}$ …❷

답 (1) $1.24\dot{6}$ (2) $\frac{187}{150}$

채점 기준	배점
❶ x를 순환소수로 나타내기	50 %
❷ x를 기약분수로 나타내기	50 %

02. 단항식의 계산

20~27쪽

지수법칙 20~25쪽

0115 $2\times2^3\times2^x=2^{1+3+x}=2^{4+x}$, $256=2^8$이므로
$2^{4+x}=2^8$에서 $4+x=8$ $\therefore x=4$ 답 ②

0116 $a^3\times a^x=a^{3+x}=a^{15}$이므로
$3+x=15$ $\therefore x=12$ 답 12

0117 □ 안에 알맞은 수를 각각 구하면
① 4 ② 2 ③ 5 ④ 6 ⑤ 3 답 ④

0118 $x^5\times y^a\times x^b\times y^3=x^{5+b}y^{a+3}=x^6y^{11}$이므로
$5+b=6$ $\therefore b=1$
$a+3=11$ $\therefore a=8$
$\therefore a+b=8+1=9$ 답 ③

0119 $(2^2)^a=2^{2a}=2^8$이므로 $2a=8$ $\therefore a=4$
$(3^b)^3=3^{3b}=3^9$이므로 $3b=9$ $\therefore b=3$
$\therefore a+b=4+3=7$ 답 ①

0120 $x^2\times(y^3)^4\times(x^5)^2\times y=x^2\times y^{12}\times x^{10}\times y$
$=x^{2+10}y^{12+1}=x^{12}y^{13}$ 답 ⑤

0121 $9^{x+2}=(3^2)^{x+2}=3^{2x+4}=3^{14}$이므로
$2x+4=14$, $2x=10$ $\therefore x=5$ 답 ③

0122 $9^3\times27^2=(3^2)^3\times(3^3)^2=3^6\times3^6=3^{6+6}=3^{12}=3^x$
$\therefore x=12$ 답 ④

0123 ① $x^6\div x^2=x^{6-2}=x^4$
② $x^3\div x^7=\frac{1}{x^{7-3}}=\frac{1}{x^4}$
③ $x^{12}\div x^3=x^{12-3}=x^9$
④ $(x^2)^4\div(x^4)^2=x^8\div x^8=1$
⑤ $x\div x^4=\frac{1}{x^{4-1}}=\frac{1}{x^3}$ 답 ①

0124 □ 안에 알맞은 수를 각각 구하면
① 2 ② 3 ③ 4 ④ 5 ⑤ 1 답 ④

0125 $a^9\div a^3\div a^2=a^{9-3-2}=a^4$
① $a^9\times a^3\times a^2=a^{9+3+2}=a^{14}$
② $a^9\times(a^3\div a^2)=a^9\times a^{3-2}=a^{9+1}=a^{10}$
③ $a^9\div a^3\times a^2=a^{9-3}\times a^2=a^{6+2}=a^8$
④ $a^9\div(a^3\times a^2)=a^9\div a^{3+2}=a^{9-5}=a^4$
⑤ $a^9\div(a^3\div a^2)=a^9\div a^{3-2}=a^{9-1}=a^8$ 답 ④

0126 $27^4\div9^x=(3^3)^4\div(3^2)^x=3^{12}\div3^{2x}=3^{12-2x}=3^4$이므로
$12-2x=4$, $2x=8$ $\therefore x=4$
$16^3\div2^{7y}=(2^4)^3\div2^{7y}=2^{12}\div2^{7y}=\frac{1}{2^2}$이므로
$7y-12=2$, $7y=14$ $\therefore y=2$
$\therefore x+y=4+2=6$ 답 6

0127 $(-3x^3y^2)^A=-27x^By^C$에서
$(-3)^Ax^{3A}y^{2A}=-27x^By^C$이므로
$(-3)^A=-27=(-3)^3$ $\therefore A=3$
$3A=B$ $\therefore B=9$
$2A=C$ $\therefore C=6$
$\therefore A+B+C=3+9+6=18$ 답 ③

0128 ㄱ. $(3ab^2)^3=27a^3b^6$
ㄹ. $(-a^3b^2c)^2=a^6b^4c^2$
따라서 옳은 것은 ㄴ, ㄷ이다. 답 ③

0129 반지름의 길이가 $3a^2b$인 구의 부피는
$\frac{4}{3}\pi\times(3a^2b)^3=\frac{4}{3}\pi\times27a^6b^3=36\pi a^6b^3$ 답 ⑤

0130 (1) $48=2^4\times3$
(2) $48^5=(2^4\times3)^5=2^{20}\times3^5$ 답 (1) $2^4\times3$ (2) $2^{20}\times3^5$

0131 ① $\left(\frac{a^2}{3}\right)^2=\frac{a^4}{9}$ ② $\left(\frac{b^2}{a^3}\right)^2=\frac{b^4}{a^6}$
④ $\left(-\frac{2b}{a^2}\right)^2=\frac{4b^2}{a^4}$ ⑤ $\left(-\frac{2}{ab^3}\right)^3=-\frac{8}{a^3b^9}$ 답 ③

0132 $\left(\frac{x^2}{3}\right)^a=\frac{x^{2a}}{3^a}=\frac{x^b}{27}$이므로 $3^a=27=3^3$ $\therefore a=3$
또, $x^{2a}=x^b$이므로 $2a=b$ $\therefore b=6$
$\therefore a+b=3+6=9$ 답 9

0133 $\left(-\frac{3x^a}{y^2}\right)^b=\frac{(-3)^bx^{ab}}{y^{2b}}=-\frac{243x^{15}}{y^c}$이므로
$(-3)^b=-243=(-3)^5$ $\therefore b=5$
또, $x^{ab}=x^{5a}=x^{15}$이므로 $5a=15$ $\therefore a=3$
$y^{2b}=y^{10}=y^c$이므로 $c=10$ 답 $a=3$, $b=5$, $c=10$

0134 $(2x^a)^b=2^bx^{ab}=32x^{15}$이므로
$2^b=32=2^5$, $ab=15$ $\therefore b=5$, $a=3$
$\left(\frac{x^4}{y^c}\right)^6=\frac{x^{24}}{y^{6c}}=\frac{x^{24}}{y^{12}}$이므로 $6c=12$ $\therefore c=2$
$\therefore a+b-c=3+5-2=6$ 답 6

0135 ① $a\times a^2\times a^4=a^{1+2+4}=a^7$
② $a^{12}\div a^4=a^{12-4}=a^8$
③ $(a^3b^2)^2=a^{3\times2}b^{2\times2}=a^6b^4$
④ $a^3\div a^5=\frac{1}{a^{5-3}}=\frac{1}{a^2}$ 답 ⑤

0136 □ 안에 알맞은 수를 각각 구하면
① 3 ② 4 ③ 4 ④ 4 ⑤ 4 답 ①

0137 ① $a\times a^2\div a^3=a^3\div a^3=1$
② $a^2\div a^4\times a^3=\frac{1}{a^2}\times a^3=a$
③ $a^8\div(a^3)^3=a^8\div a^9=\frac{1}{a}$
④ $(a^5)^4\div(a^6)^3\times a=a^{20}\div a^{18}\times a=a^2\times a=a^3$
⑤ $(a^3)^2\times(a^2)^3\div(a^4)^3=a^6\times a^6\div a^{12}=a^{12}\div a^{12}=1$
답 ②

0138 $(2^2)^m\times4^2=2^{2m}\times(2^2)^2=2^{2m+4}=2^{16}$이므로
$2m+4=16$, $2m=12$ $\therefore m=6$

워크북

$9^2 \div 3^n = (3^2)^2 \div 3^n = 3^4 \div 3^n = 1$이므로 $n=4$

$\therefore m-n=6-4=2$ 답 2

0139 $A=2^{30}=(2^3)^{10}=8^{10}$, $B=3^{20}=(3^2)^{10}=9^{10}$, $C=5^{10}$

$5<8<9$이므로 $C<A<B$ 답 ④

0140 $A=(9^2)^3=9^6$, $B=(8^3)^2=8^6$이므로 $A>B$ 답 $A>B$

0141 $x^{20}=(x^2)^{10}$, $5^{30}=(5^3)^{10}=125^{10}$이므로

$40^{10}<(x^2)^{10}<125^{10}$ $\therefore 40<x^2<125$

따라서 자연수 x는 7, 8, 9, 10, 11이므로 구하는 합은

$7+8+9+10+11=45$ 답 ③

0142 ① $2^{50}=(2^5)^{10}=32^{10}<3^{40}=(3^4)^{10}=81^{10}$

② $3^{40}=(3^4)^{10}=81^{10}>4^{30}=(4^3)^{10}=64^{10}$

③ $4^{30}=(4^3)^{10}=64^{10}>5^{20}=(5^2)^{10}=25^{10}$

④ $5^{20}=(5^4)^5=625^5>6^{15}=(6^3)^5=216^5$

⑤ $4^{30}=(4^2)^{15}=16^{15}>6^{15}$ 답 ①

0143 $8\text{km}=8\times10^3\text{m}$, $5\text{km}=5\times10^3\text{m}$

따라서 땅의 넓이는

$(8\times10^3)\times(5\times10^3)=40\times10^6=4\times10\times10^6$

$=4\times10^7(\text{m}^2)$ 답 ⑤

0144 $1\text{L}=10^3\text{mL}$이므로 1L의 음료수 A에 들어 있는 유산균의 수는 $10^3\times10^7=10^{10}$(마리) 답 ④

0145 (걸린 시간)=(태양에서 목성까지의 거리)÷(빛의 속력)

$=(7.8\times10^8)\div(3\times10^5)=\dfrac{7.8\times10^8}{3\times10^5}$

$=2.6\times10^3=2600$(초) 답 2600초

0146 $3\text{L}=3\times10^3\text{mL}$이므로 한 개의 컵에 담긴 우유의 양은

$3\times10^3\div5=3\times(2\times5)^3\div5$

$=3\times2^3\times5^3\div5$

$=2^3\times3\times5^2(\text{mL})$

따라서 $a=3$, $b=1$, $c=2$이므로

$a+b+c=6$ 답 6

0147 $(2^3)^6\div64=2^{18}\div2^6=2^{12}=(2^4)^3=A^3$ 답 ②

0148 $72^4=(2^3\times3^2)^4=2^{12}\times3^8=(2^6)^2\times(3^2)^4=A^2B^4$ 답 ②

0149 $A=2^{2x+1}=2^{2x}\times2$이므로 $2^{2x}=\dfrac{A}{2}$

$\therefore 64^x=(2^6)^x=2^{6x}=(2^{2x})^3=\left(\dfrac{A}{2}\right)^3=\dfrac{A^3}{8}$ 답 $\dfrac{A^3}{8}$

0150 $A=2^{x-1}=2^x\div2=\dfrac{2^x}{2}$이므로 $2^x=2A$

$B=3^{x+1}=3^x\times3$이므로 $3^x=\dfrac{B}{3}$

$\therefore 108^x=(2^2\times3^3)^x=2^{2x}\times3^{3x}=(2^x)^2\times(3^x)^3$

$=(2A)^2\times\left(\dfrac{B}{3}\right)^3=\dfrac{4A^2B^3}{27}$ 답 ①

0151 $2^6\times2^6\times2^6\times2^6=2^{6+6+6+6}=2^{24}=2^a$ $\therefore a=24$

$2^8+2^8+2^8+2^8=4\times2^8=2^2\times2^8=2^{10}=2^b$ $\therefore b=10$

$\therefore a-b=24-10=14$ 답 ④

0152 $9^3+9^3+9^3=3\times9^3=3\times(3^2)^3=3\times3^6=3^7=3^a$

$\therefore a=7$ 답 ①

0153 ① $(9^3)^2=\{(3^2)^3\}^2=(3^6)^2=3^{12}$

② $9^3\times9^3=3^6\times3^6=3^{12}$

③ $(3^3)^2\times(3^2)^3=3^6\times3^6=3^{12}$

④ $9^5+9^5+9^5=3^{10}+3^{10}+3^{10}=3\times3^{10}=3^{11}$

⑤ $3^3\times3^3\times3^3\times3^3=3^{12}$ 답 ④

0154 $\dfrac{3^5\times3^5\times3^5}{9^7+9^7+9^7}=\dfrac{3^{15}}{3\times9^7}=\dfrac{3^{15}}{3\times(3^2)^7}=\dfrac{3^{15}}{3\times3^{14}}=\dfrac{3^{15}}{3^{15}}=1$

답 ③

0155 $3^{x+1}+3^x=3^x\times3+3^x=3^x(3+1)=4\times3^x=108$이므로

$3^x=27=3^3$ $\therefore x=3$ 답 ③

0156 $5^{x+1}+5^x+5^{x-1}=25\times5^{x-1}+5\times5^{x-1}+5^{x-1}$

$=5^{x-1}(25+5+1)$

$=31\times5^{x-1}=775$

이므로 $5^{x-1}=25=5^2$, $x-1=2$ $\therefore x=3$ 답 ②

0157 $2^{2x}(2^x+2^x)=2^{2x}(2\times2^x)=2^{2x}\times2^{x+1}=2^{3x+1}=2^7$

이므로 $3x+1=7$ $\therefore x=2$ 답 ②

0158 $2^{15}\times5^{11}=2^4\times2^{11}\times5^{11}=2^4\times(2\times5)^{11}$

$=16\times10^{11}=16\underbrace{00\cdots0}_{11개}$

따라서 $2^{15}\times5^{11}$은 13자리의 자연수이다.

$\therefore n=13$ 답 ③

0159 $5^{10}\times12^5=5^{10}\times(2^2\times3)^5=5^{10}\times2^{10}\times3^5$

$=3^5\times(2\times5)^{10}=3^5\times10^{10}$

$=243\times10^{10}=243\underbrace{00\cdots0}_{10개}$

따라서 A는 13자리의 자연수이다. 답 ⑤

0160 $\dfrac{2^{10}\times3^9\times5^8}{18^4}=\dfrac{2^{10}\times3^9\times5^8}{(2\times3^2)^4}=\dfrac{2^{10}\times3^9\times5^8}{2^4\times3^8}$

$=2^6\times3\times5^8=3\times5^2\times(2\times5)^6$

$=75\times10^6=75\underbrace{00\cdots0}_{6개}$

따라서 $\dfrac{2^{10}\times3^9\times5^8}{18^4}$은 8자리의 자연수이다.

$\therefore n=8$ 답 ②

0161 $4^2\times5^5\times6^3=(2^2)^2\times5^5\times(2\times3)^3$

$=2^4\times5^5\times2^3\times3^3=2^7\times3^3\times5^5$

$=2^2\times3^3\times(2\times5)^5$

$=108\times10^5=10800000$

따라서 $m=1+8=9$, $n=8$이므로

$m+n=17$ 답 17

Theme 05 단항식의 계산 26~27쪽

0162 $(-2x^2y)^2\times(3xy)^3\times\left(-\dfrac{1}{3}xy^2\right)^3$

$=4x^4y^2\times27x^3y^3\times\left(-\dfrac{1}{27}x^3y^6\right)$

$=-4x^{10}y^{11}=ax^by^c$

이므로 $a=-4$, $b=10$, $c=11$

$\therefore a+b+c=17$ 답 ①

0163 $(4ab^3)^4\times\left(\dfrac{b}{2a^2}\right)^6\times\left(-\dfrac{a^3}{b^4}\right)^5$

$=256a^4b^{12}\times\dfrac{b^6}{64a^{12}}\times\left(-\dfrac{a^{15}}{b^{20}}\right)$

$=-\dfrac{4a^7}{b^2}$ 답 ③

0164 $Ax^2y^3\times(-x^2y)^B=Ax^2y^3\times(-1)^B\times x^{2B}y^B$

$=(-1)^B\times A\times x^{2+2B}y^{3+B}$

$=-5x^Cy^8$

이므로 $(-1)^BA=-5$, $2+2B=C$, $3+B=8$

$\therefore A=5$, $B=5$, $C=12$

$\therefore A-B+C=5-5+12=12$ 답 12

0165 (가)$=x^2y^3\times\left(\dfrac{x^3}{y^2}\right)^2=x^2y^3\times\dfrac{x^6}{y^4}=\dfrac{x^8}{y}$

(나)$=\left(\dfrac{x^3}{y^2}\right)^2\times(x^2y)^3=\dfrac{x^6}{y^4}\times x^6y^3=\dfrac{x^{12}}{y}$

$\therefore A=\dfrac{x^8}{y}\times\dfrac{x^{12}}{y}=\dfrac{x^{20}}{y^2}$ 답 $\dfrac{x^{20}}{y^2}$

0166 $\dfrac{6}{7}x^5y^3\div\dfrac{3}{49}xy^4\div(-x^2y)=\dfrac{6}{7}x^5y^3\times\dfrac{49}{3xy^4}\times\left(-\dfrac{1}{x^2y}\right)$

$=-\dfrac{14x^2}{y^2}$ 답 ③

0167 $(2x^ay)^3\div\left(\dfrac{x^2y^b}{3}\right)^2=8x^{3a}y^3\div\dfrac{x^4y^{2b}}{9}$

$=8x^{3a}y^3\times\dfrac{9}{x^4y^{2b}}=\dfrac{72x^{3a}y^3}{x^4y^{2b}}$

$=\dfrac{72x^2}{y^5}$

이므로 $3a-4=2$, $2b-3=5$ $\quad\therefore a=2$, $b=4$

$\therefore ab=2\times4=8$ 답 8

0168 (1) $A=xy\times(-2x^2y)^3=xy\times(-8x^6y^3)=-8x^7y^4$

(2) $B=27x^2y^3\div(-3x^3y^2)^2=27x^2y^3\div9x^6y^4$

$=27x^2y^3\times\dfrac{1}{9x^6y^4}=\dfrac{3}{x^4y}$

(3) $A\div B=-8x^7y^4\div\dfrac{3}{x^4y}=-8x^7y^4\times\dfrac{x^4y}{3}=-\dfrac{8}{3}x^{11}y^5$

답 (1) $-8x^7y^4$ (2) $\dfrac{3}{x^4y}$ (3) $-\dfrac{8}{3}x^{11}y^5$

0169 $(-2ab^2)^3\div20ab^3\times(-5a^2b)^2$

$=-8a^3b^6\times\dfrac{1}{20ab^3}\times25a^4b^2$

$=-10a^6b^5$ 답 $-10a^6b^5$

0170 ① $12a^3b^2\div3a^3\times2b=12a^3b^2\times\dfrac{1}{3a^3}\times2b=8b^3$

② $a^2b^4\times8b^3\div4a=a^2b^4\times8b^3\times\dfrac{1}{4a}=2ab^7$

③ $20ab^3\div(-10b^4)\times5ab=20ab^3\times\left(-\dfrac{1}{10b^4}\right)\times5ab$

$=-10a^2$

④ $(2a^2b^3)^4\div\dfrac{1}{2}a^3b^2\times(ab)^3=16a^8b^{12}\times\dfrac{2}{a^3b^2}\times a^3b^3$

$=32a^8b^{13}$

⑤ $(-2a^2b)^3\times\dfrac{2}{3}a^3\div(-4a^5b^2)$

$=-8a^6b^3\times\dfrac{2}{3}a^3\times\left(-\dfrac{1}{4a^5b^2}\right)$

$=\dfrac{4}{3}a^4b$ 답 ⑤

0171 $3x^3y\times\dfrac{1}{\square}\times36x^6y^4=12x^3y^2$

$\therefore \square=3x^3y\times36x^6y^4\div12x^3y^2$

$=3x^3y\times36x^6y^4\times\dfrac{1}{12x^3y^2}$

$=9x^6y^3$ 답 $9x^6y^3$

0172 $A\div(-3xy^2)=B$, $B\times\left(\dfrac{3}{2}x^2y^3\right)^2=3x^2y$이므로

$B=3x^2y\div\left(\dfrac{3}{2}x^2y^3\right)^2=3x^2y\div\dfrac{9}{4}x^4y^6$

$=3x^2y\times\dfrac{4}{9x^4y^6}=\dfrac{4}{3x^2y^5}$

$A=\dfrac{4}{3x^2y^5}\times(-3xy^2)=-\dfrac{4}{xy^3}$

답 $A=-\dfrac{4}{xy^3}$, $B=\dfrac{4}{3x^2y^5}$

0173 어떤 식을 A라 하면 $A\div2x^4y^3=-3x^6y^5$이므로

$A=-3x^6y^5\times2x^4y^3=-6x^{10}y^8$

따라서 바르게 계산한 식은

$-6x^{10}y^8\times2x^4y^3=-12x^{14}y^{11}$ 답 $-12x^{14}y^{11}$

0174 (직육면체의 부피)=(밑넓이)×(높이)이므로

$42a^5b^6=3ab^2\times2a^2b^3\times$(높이)$=6a^3b^5\times$(높이)

$\therefore$ (높이)$=42a^5b^6\div6a^3b^5$

$=42a^5b^6\times\dfrac{1}{6a^3b^5}=7a^2b$ 답 ②

0175 (원기둥의 부피)=(밑넓이)×(높이)이므로

$12\pi x^8y^9=\pi\times(2x^2y^3)^2\times$(높이)$=4\pi x^4y^6\times$(높이)

$\therefore$ (높이)$=12\pi x^8y^9\div4\pi x^4y^6$

$=12\pi x^8y^9\times\dfrac{1}{4\pi x^4y^6}=3x^4y^3$ 답 $3x^4y^3$

0176 직사각형의 넓이는 $3a^2b\times2b^2=6a^2b^3$이고,

(삼각형의 넓이)$=\dfrac{1}{2}\times$(밑변의 길이)×(높이)이므로

$6a^2b^3=\dfrac{1}{2}\times6ab^2\times$(높이)$=3ab^2\times$(높이)

$\therefore$ (높이)$=6a^2b^3\div3ab^2=6a^2b^3\times\dfrac{1}{3ab^2}=2ab$ 답 $2ab$

유형모이 Theme 04 지수법칙

1권 28쪽

0177 ① $(x^3)^2\div x^4=x^6\div x^4=x^2$ $\quad\therefore \square=2$

② $x^{12}\div x^{12}=1$ $\quad\therefore \square=1$

③ $x^9\div x^{\square}=x^5$에서 $9-\square=5$ $\quad\therefore \square=4$

④ $x^{\square}\div x^6=\dfrac{1}{x^3}$에서 $6-\square=3$ $\quad\therefore \square=3$

⑤ $x^3\times x^5\div x^4=x^8\div x^4=x^4$ $\quad\therefore \square=4$ 답 ②

0178 $\left(-\frac{2}{3}x^2y\right)^3=\left(-\frac{2}{3}\right)^3\times(x^2)^3\times y^3=-\frac{8}{27}x^6y^3$

$\therefore A=-\frac{8}{27}, B=6, C=3$

$\therefore ABC=-\frac{16}{3}$ 답 ③

0179 $27^{x+1}=9^{12}$에서 $(3^3)^{x+1}=(3^2)^{12}$, $3^{3x+3}=3^{24}$

$3x+3=24$, $3x=21$ $\therefore x=7$ 답 ③

0180 $24^2=(2^3\times3)^2=(2^3)^2\times3^2=a^2\times b=a^2b$ 답 ②

0181 ① $64^2=(2^6)^2=2^{12}$

② $4^3\times8^2=(2^2)^3\times(2^3)^2=2^6\times2^6=2^{12}$

③ $2^{14}\div2^2=2^{12}$

④ $2^5\times2^3\times4=2^5\times2^3\times2^2=2^{5+3+2}=2^{10}$

⑤ $(2^6)^3\div(2^7)^2\times(4+4+4+4)^2$

$=2^{18}\div2^{14}\times(4\times4)^2=2^4\times(2^4)^2$

$=2^4\times2^8=2^{12}$ 답 ④

0182 $A=7^{10}\div7^5=7^5$

$B=(2^5)^3=(2^3)^5=8^5$

$C=(3^5)^2=(3^2)^5=9^5$

$D=(2^5)^2\times3^5=(2^2)^5\times3^5=(2^2\times3)^5=12^5$

지수가 같으므로 밑이 큰 수가 크다.

$\therefore D>C>B>A$ 답 D, C, B, A

0183 $2^9\times3^a\times5^7=2^2\times3^a\times(2^7\times5^7)=4\times3^a\times10^7$이므로

4×3^a은 3자리의 자연수이다.

$a=1$이면 $4\times3^a=4\times3=12$

$a=2$이면 $4\times3^a=4\times3^2=4\times9=36$

$a=3$이면 $4\times3^a=4\times3^3=4\times27=108$

따라서 가장 작은 자연수 a의 값은 3이다. 답 3

유형 모아 Theme 04 지수법칙

29쪽

0184 ① $x^4\div x=x^3$

② $(x^2)^3\div x^3=x^6\div x^3=x^3$

③ $x^4\div x^2\times x=x^2\times x=x^3$

④ $x^9\div x^3=x^6$

⑤ $\{(x^3)^3\}^3\div(x^6)^4=(x^9)^3\div x^{24}=x^{27}\div x^{24}=x^3$ 답 ④

0185 $\left(\frac{x^2}{y^a}\right)^3=\frac{x^6}{y^{3a}}=\frac{x^6}{y^{12}}$이므로 $3a=12$ $\therefore a=4$ 답 ③

0186 ② $a^3\times a^3=a^6$ ③ $a^8\div a^4=a^4$

④ $\left(\frac{a^2}{b^3}\right)^3=\frac{a^6}{b^9}$ ⑤ $a^4\div a^4=1$ 답 ①

0187 180을 소인수분해하면 $180=2^2\times3^2\times5$이므로

$180^2=(2^2\times3^2\times5)^2=2^4\times3^4\times5^2=2^4\times3^b\times5^c$

따라서 $a=2$, $b=4$, $c=2$이므로

$abc=16$ 답 ④

0188 $2^3\times2^3\times2^3\times2^3=2^{3+3+3+3}=2^{12}=2^a$ $\therefore a=12$

$3^4+3^4+3^4=3\times3^4=3^5=3^b$ $\therefore b=5$

$\therefore a+b=12+5=17$ 답 ⑤

0189 $2^{x+2}+2^x=2^x\times2^2+2^x=2^x(2^2+1)=5\times2^x=80$이므로

$2^x=16=2^4$ $\therefore x=4$ 답 ④

0190 $36\,\text{MB}=36\times2^{10}\,\text{KB}=36\times2^{10}\times2^{10}\,\text{B}=36\times2^{20}\,\text{B}$

따라서 구하는 시간은 $\frac{36\times2^{20}}{9\times2^{20}}=4$(초) 답 4초

유형 모아 Theme 05 단항식의 계산

1 30쪽

0191 $(-3x^2y)^3\div\frac{9x^4}{y}=-27x^6y^3\times\frac{y}{9x^4}=-3x^2y^4=ax^by^c$

$\therefore a=-3, b=2, c=4$ $\therefore abc=-24$ 답 -24

0192 $4x^4y^3\div\frac{3}{2}x^2y\times(-xy^2)=4x^4y^3\times\frac{2}{3x^2y}\times(-xy^2)$

$=-\frac{8}{3}x^3y^4$ 답 ③

0193 $(x^3y^2)^2\times(2x^3)^2\div\frac{1}{2}xy^2=x^6y^4\times4x^6\times\frac{2}{xy^2}$

$=8x^{11}y^2=ax^by^c$

$\therefore a=8, b=11, c=2$ $\therefore a-b+c=-1$ 답 ③

0194 $ab^2\times\square\div3a^2b=2ab^4$에서

$ab^2\times\square\times\frac{1}{3a^2b}=2ab^4$

$\therefore \square=2ab^4\times\frac{1}{ab^2}\times3a^2b=6a^2b^3$ 답 ③

0195 (직육면체의 부피)=(밑넓이)×(높이)이므로

$12a^6b^4=2a^2b\times A\times3ab^2=6a^3b^3\times A$

$\therefore A=12a^6b^4\div6a^3b^3=12a^6b^4\times\frac{1}{6a^3b^3}=2a^3b$ 답 ④

0196 $(-3x^2y)^A\div9x^By\times4x^3y^2$

$=(-3)^Ax^{2A}y^A\times\frac{1}{9x^By}\times4x^3y^2$

$=\frac{4}{9}\times(-3)^A\times x^{2A+3-B}y^{A+1}=Cx^2y^3$

$A+1=3$에서 $A=2$

$2A+3-B=2$에서 $7-B=2$ $\therefore B=5$

$C=\frac{4}{9}\times(-3)^A=\frac{4}{9}\times(-3)^2=4$

$\therefore A+B+C=11$ 답 ④

0197 어떤 식을 A라 하면 $A\times\frac{2}{3}a^3b=\frac{8}{3}a^5b^4$이므로

$A=\frac{8}{3}a^5b^4\div\frac{2}{3}a^3b=\frac{8}{3}a^5b^4\times\frac{3}{2a^3b}=4a^2b^3$

따라서 바르게 계산한 식은

$4a^2b^3\div\frac{2}{3}a^3b=4a^2b^3\times\frac{3}{2a^3b}=\frac{6b^2}{a}$ 답 $\frac{6b^2}{a}$

유형 모아 Theme 05 단항식의 계산

31쪽

0198 $\left(\frac{2}{3}xy^2\right)^2\times(-9x^2y)=\frac{4}{9}x^2y^4\times(-9x^2y)$

$=-4x^4y^5=Ax^By^C$

$\therefore A=-4,\ B=4,\ C=5$

$\therefore A+B-C=-5$ 답 ①

0199 $3xy \div 4x^2y \times (-2xy)^2 = 3xy \times \frac{1}{4x^2y} \times 4x^2y^2$

$= 3xy^2$ 답 ①

0200 ㄱ. $2a \times (-3b^2)^2 = 2a \times 9b^4 = 18ab^4$

ㄴ. $-16ab \div 2b^2 = \frac{-16ab}{2b^2} = -\frac{8a}{b}$

ㄷ. $\frac{9}{2}a^4b^3 \div (-3ab^3)^2 = \frac{9}{2}a^4b^3 \div 9a^2b^6$

$= \frac{9}{2}a^4b^3 \times \frac{1}{9a^2b^6} = \frac{a^2}{2b^3}$

ㄹ. $(-2a^2b)^2 \div 2ab^4 \times 16a^5b = 4a^4b^2 \times \frac{1}{2ab^4} \times 16a^5b$

$= \frac{32a^8}{b}$

따라서 바르게 계산한 것은 ㄱ, ㄹ이다. 답 ②

0201 어떤 식을 A라 하면 $6x^5y^4 \times A = -12x^7y^5$이므로

$A = -12x^7y^5 \div 6x^5y^4 = -12x^7y^5 \times \frac{1}{6x^5y^4} = -2x^2y$

따라서 바르게 계산한 식은

$6x^5y^4 \div (-2x^2y) = 6x^5y^4 \times \left(-\frac{1}{2x^2y}\right)$

$= -3x^3y^3$ 답 $-3x^3y^3$

0202 (정사각뿔의 부피)$=\frac{1}{3}\times$(밑넓이)$\times$(높이)이므로

$15a^4b^4 = \frac{1}{3} \times (3ab)^2 \times$(높이)$= 3a^2b^2 \times$(높이)

$\therefore$ (높이)$= 15a^4b^4 \div 3a^2b^2 = \frac{15a^4b^4}{3a^2b^2} = 5a^2b^2$ 답 $5a^2b^2$

0203 $(a^2b)^5 \div ab^3 \times \{a^3b \div (ab^2)^2\}^2$

$= a^{10}b^5 \div ab^3 \times (a^3b \div a^2b^4)^2 = \frac{a^{10}b^5}{ab^3} \times \left(\frac{a^3b}{a^2b^4}\right)^2$

$= a^9b^2 \times \left(\frac{a}{b^3}\right)^2 = a^9b^2 \times \frac{a^2}{b^6} = \frac{a^{11}}{b^4}$ 답 ⑤

0204 $(ab^3)^3 \div \{\square \div (3a^2b)^2\} \times \frac{1}{4}ab = \frac{1}{4}a^3b^3$에서

$a^3b^9 \div \frac{\square}{9a^4b^2} \times \frac{1}{4}ab = \frac{1}{4}a^3b^3$

$a^3b^9 \times \frac{9a^4b^2}{\square} \times \frac{1}{4}ab = \frac{1}{4}a^3b^3$

$\therefore \square = a^3b^9 \times 9a^4b^2 \times \frac{1}{4}ab \div \frac{1}{4}a^3b^3$

$= \frac{9}{4}a^8b^{12} \times \frac{4}{a^3b^3} = 9a^5b^9$ 답 $9a^5b^9$

Theme 모아 **중단원** 마무리 32~33쪽

0205 $\left(\frac{-3x^2}{y^3}\right)^3 = \frac{-27x^6}{y^9} = \frac{ax^b}{y^c}$

$\therefore a=-27,\ b=6,\ c=9 \quad \therefore a+b+c=-12$ 답 ②

0206 ① $x^3 \times x^4 = x^7$ ② $(-2y^2)^3 = -8y^6$

③ $x^3 \div x^3 = 1$ ④ $\left(\frac{y^2}{x}\right)^3 = \frac{y^6}{x^3}$

⑤ $y \times (y^2)^3 = y \times y^6 = y^7$ 답 ⑤

0207 $9^{x+1} = (3^2)^{x+1} = 3^{2x+2} = 3^{12}$이므로

$2x+2=12 \quad \therefore x=5$ 답 ①

0208 $120^3 = (2^3 \times 3 \times 5)^3 = 2^9 \times 3^3 \times 5^3 = 2^a \times 3^b \times 5^c$

$\therefore a=9,\ b=3,\ c=3 \quad \therefore a+b-c=9$ 답 ②

0209 $\left(\frac{1}{8}\right)^a \times 2^{2a+4} = \left(\frac{1}{2^3}\right)^a \times 2^{2a+4} = \frac{1}{2^{3a}} \times 2^{2a+4}$

$= 2^{2a+4-3a} = 2^{4-a} = 2^a$

이므로 $4-a=a,\ 2a=4 \quad \therefore a=2$ 답 2

0210 $2^{18} \times 5^{15} = 2^3 \times 2^{15} \times 5^{15} = 2^3 \times (2\times5)^{15}$

$= 8 \times 10^{15} = 8\underbrace{00\cdots0}_{15개}$

이므로 $2^{18} \times 5^{15}$은 16자리의 자연수이다.

$\therefore n=16$ 답 ③

0211 $x^2y^3 \times (-3xy^2)^3 \div 9x^2y^3 = x^2y^3 \times (-27x^3y^6) \times \frac{1}{9x^2y^3}$

$= -3x^3y^6$ 답 ①

0212 ① $(-2x^2)^3 \times (3x^3)^2 \div (-3x)^3$

$= -8x^6 \times 9x^6 \div (-27x^3)$

$= \frac{-72x^{12}}{-27x^3} = \frac{8}{3}x^9$

② $(-2x^4)^3 \div 2x^3 \div (-4x)^2 = -8x^{12} \div 2x^3 \div 16x^2$

$= -8x^{12} \times \frac{1}{2x^3} \times \frac{1}{16x^2}$

$= -\frac{1}{4}x^7$

③ $(-3x^2y^3)^2 \times \left(\frac{x}{2y^2}\right)^2 \div xy = 9x^4y^6 \times \frac{x^2}{4y^4} \times \frac{1}{xy}$

$= \frac{9}{4}x^5y$

④ $\left(\frac{1}{3}xy\right)^2 \times 27x^3y^2 \div (-3x^4y^3)$

$= \frac{1}{9}x^2y^2 \times 27x^3y^2 \times \left(-\frac{1}{3x^4y^3}\right)$

$= -xy$

⑤ $-8xy^2 \times 2x^2y^3 \times \left(\frac{1}{2x^3y^2}\right)^3 = -16x^3y^5 \times \frac{1}{8x^9y^6}$

$= -\frac{2}{x^6y}$ 답 ④

0213 $10 \times 15 \times 20 \times 25 \times 30$

$= (2\times5) \times (3\times5) \times (2^2\times5) \times 5^2 \times (2\times3\times5)$

$= 2^4 \times 3^2 \times 5^6 = 2^a \times 3^b \times 5^c$

$\therefore a=4,\ b=2,\ c=6 \quad \therefore a+b+c=12$ 답 ③

0214 $4^{x+1} \div 6^{x+1} \times 9^x = (2^2)^{x+1} \div (2\times3)^{x+1} \times (3^2)^x$

$= 2^{2x+2} \div (2^{x+1} \times 3^{x+1}) \times 3^{2x}$

$= 2^{2x+2} \times \frac{1}{2^{x+1} \times 3^{x+1}} \times 3^{2x} = \frac{2^{2x+2} \times 3^{2x}}{2^{x+1} \times 3^{x+1}}$

$= 2^x \times 2 \times 3^x \times \frac{1}{3} = A \times 2 \times B \times \frac{1}{3}$

$= \frac{2}{3}AB$ 답 ③

0215 $(-2x^4y)^2\times\frac{x}{y^2}\div\square=2x^3$

$\therefore \square=(-2x^4y)^2\times\frac{x}{y^2}\div2x^3$

$=4x^8y^2\times\frac{x}{y^2}\times\frac{1}{2x^3}$

$=2x^6$ 답 ②

0216 반지름의 길이가 a^2b^2인 구의 부피는

$\frac{4}{3}\pi\times(a^2b^2)^3=\frac{4}{3}\pi a^6b^6$

밑면의 반지름의 길이가 $2a^2b$이고, 높이가 $\frac{1}{3}a^2b^4$인 원뿔의 부피는

$\frac{1}{3}\times\pi\times(2a^2b)^2\times\frac{1}{3}a^2b^4=\frac{4}{9}\pi a^6b^6$

$\therefore \frac{4}{3}\pi a^6b^6\div\frac{4}{9}\pi a^6b^6=\frac{4}{3}\pi a^6b^6\times\frac{9}{4\pi a^6b^6}$

$=3$

따라서 구의 부피는 원뿔의 부피의 3배이다. 답 3배

0217 $3\times8^9\times5^{28}=3\times(2^3)^9\times5^{28}$

$=3\times2^{27}\times5^{28}$ …❶

$=3\times5\times(2\times5)^{27}$

$=15\times10^{27}$ …❷

$=15\underbrace{00\cdots0}_{27개}$

따라서 주어진 수는 29자리의 자연수이다. …❸

답 29자리

채점 기준	배점
❶ 8을 소인수분해한 후 정리하기	20 %
❷ 주어진 수를 $a\times10^k$ 꼴로 나타내기	50 %
❸ 자연수가 몇 자리의 수인지 구하기	30 %

0218 (1) 어떤 식을 A라 하면

$A\times\left(-\frac{1}{3}x^3y^2\right)=-\frac{3x}{y}$이므로 …❶

$A=-\frac{3x}{y}\div\left(-\frac{1}{3}x^3y^2\right)$

$=-\frac{3x}{y}\times\left(-\frac{3}{x^3y^2}\right)$

$=\frac{9}{x^2y^3}$ …❷

(2) 바르게 계산한 식은

$\frac{9}{x^2y^3}\div\left(-\frac{1}{3}x^3y^2\right)=\frac{9}{x^2y^3}\times\left(-\frac{3}{x^3y^2}\right)$

$=-\frac{27}{x^5y^5}$ …❸

답 (1) $\frac{9}{x^2y^3}$ (2) $-\frac{27}{x^5y^5}$

채점 기준	배점
❶ 어떤 식을 문자를 사용하여 나타내고, 잘못하여 곱한 식 구하기	20 %
❷ 어떤 식 구하기	40 %
❸ 바르게 계산한 식 구하기	40 %

03. 다항식의 계산

한번 더 핵심 유형 34~39쪽

Theme 06 다항식의 계산(1) 34~37쪽

0219 $(x^2-3x+2)+(-3x^2+2x-5)$

$=x^2-3x+2-3x^2+2x-5$

$=-2x^2-x-3$

따라서 $a=-2$, $b=-1$, $c=-3$이므로

$a+b+c=-2+(-1)+(-3)=-6$ 답 -6

0220 $(x+2y-5)+3(3x-2y+2)$

$=x+2y-5+9x-6y+6$

$=10x-4y+1$ 답 ④

0221 $\left(\frac{1}{3}x+\frac{3}{2}y\right)-\left(-\frac{1}{2}x+\frac{2}{3}y\right)=\frac{1}{3}x+\frac{3}{2}y+\frac{1}{2}x-\frac{2}{3}y$

$=\frac{1}{3}x+\frac{1}{2}x+\frac{3}{2}y-\frac{2}{3}y$

$=\frac{5}{6}x+\frac{5}{6}y$

따라서 $a=\frac{5}{6}$, $b=\frac{5}{6}$이므로

$a-b=\frac{5}{6}-\frac{5}{6}=0$ 답 ③

0222 $(5x^2-x+7)-(-3x^2+2x-4)$

$=5x^2-x+7+3x^2-2x+4=8x^2-3x+11$

이때 x^2의 계수는 8, 상수항은 11이므로 그 곱은

$8\times11=88$ 답 88

0223 $5x^2-3x+1-[x^2-2-\{2x^2-4x-(x^2+x+3)\}]$

$=5x^2-3x+1-\{x^2-2-(2x^2-4x-x^2-x-3)\}$

$=5x^2-3x+1-\{x^2-2-(x^2-5x-3)\}$

$=5x^2-3x+1-(x^2-2-x^2+5x+3)$

$=5x^2-3x+1-(5x+1)$

$=5x^2-3x+1-5x-1$

$=5x^2-8x$ 답 $5x^2-8x$

0224 $5a+[3b-\{2a-(-a+6b-4)\}]$

$=5a+\{3b-(2a+a-6b+4)\}$

$=5a+\{3b-(3a-6b+4)\}$

$=5a+(3b-3a+6b-4)$

$=5a+(-3a+9b-4)$

$=5a-3a+9b-4$

$=2a+9b-4$ 답 ①

0225 $2x^2+5x-[3x-2\{4x^2-(3x^2-x)\}-x^2]$

$=2x^2+5x-\{3x-2(4x^2-3x^2+x)-x^2\}$

$=2x^2+5x-\{3x-2(x^2+x)-x^2\}$

$=2x^2+5x-(3x-2x^2-2x-x^2)$

$=2x^2+5x-(-3x^2+x)$

$=2x^2+5x+3x^2-x$

$=5x^2+4x$

따라서 $m=5$, $n=4$이므로

$2m+n=2\times5+4=14$ 답 14

0226 (좌변)$=3a-\{2b-(4a-3b-a-\square)\}$

$=3a-\{2b-(3a-3b-\square)\}$

$=3a-(2b-3a+3b+\square)$

$=3a-(-3a+5b+\square)$

$=3a+3a-5b-\square$

$=6a-5b-\square$

이므로 $6a-5b-\square=3a-b$

$\therefore \square=(6a-5b)-(3a-b)$

$=6a-5b-3a+b$

$=3a-4b$ 답 ④

0227 어떤 식을 A라 하면

$A-(x^2-3x+2)=2x^2+x-3$

$\therefore A=(2x^2+x-3)+(x^2-3x+2)=3x^2-2x-1$

따라서 바르게 계산한 식은

$(3x^2-2x-1)+(x^2-3x+2)=4x^2-5x+1$ 답 ②

주의 어떤 식을 구한 후 한 번 더 계산하여 바르게 계산한 식을 구해야 한다.

0228 (1) 어떤 식을 A라 하면

$(2a-5b-1)-A=3a-2b+4$

$\therefore A=(2a-5b-1)-(3a-2b+4)$

$=2a-5b-1-3a+2b-4$

$=-a-3b-5$

(2) $(2a-5b-1)+(-a-3b-5)=a-8b-6$

답 (1) $-a-3b-5$ (2) $a-8b-6$

0229 어떤 식을 A라 하면

$A+(3x^2-4x+2)=5x^2-x-3$

$\therefore A=(5x^2-x-3)-(3x^2-4x+2)$

$=5x^2-x-3-3x^2+4x-2$

$=2x^2+3x-5$

따라서 바르게 계산한 식은

$(2x^2+3x-5)-(3x^2-4x+2)$

$=2x^2+3x-5-3x^2+4x-2$

$=-x^2+7x-7$

즉, $a=-1$, $b=7$, $c=-7$이므로

$a+b-c=-1+7-(-7)=13$ 답 ③

0230 $-4x(x-2y-3)=-4x^2+8xy+12x$이므로

$a=-4$, $b=8$, $c=12$

$\therefore a-b+c=-4-8+12=0$ 답 ③

0231 $2x(4x-1)-5(3x+1)$

$=8x^2-2x-15x-5$

$=8x^2-17x-5$ 답 $8x^2-17x-5$

0232 ① $x(3x-2y)=3x^2-2xy$

② $2x(x-2y+3)=2x^2-4xy+6x$

④ $-3x(2x+4y-1)=-6x^2-12xy+3x$

⑤ $(x-2y+5)\times(-2x)=-2x^2+4xy-10x$ 답 ③

0233 $(3x^2-5x+2)\times\left(-\frac{2}{3}x\right)$

$=3x^2\times\left(-\frac{2}{3}x\right)+(-5x)\times\left(-\frac{2}{3}x\right)+2\times\left(-\frac{2}{3}x\right)$

$=-2x^3+\frac{10}{3}x^2-\frac{4}{3}x$

이때 x^2의 계수는 $\frac{10}{3}$, x의 계수는 $-\frac{4}{3}$이므로 그 합은

$\frac{10}{3}+\left(-\frac{4}{3}\right)=2$ 답 ④

0234 $(2x^2y-6xy^2)\div\left(-\frac{1}{2}xy\right)$

$=(2x^2y-6xy^2)\times\left(-\frac{2}{xy}\right)$

$=2x^2y\times\left(-\frac{2}{xy}\right)+(-6xy^2)\times\left(-\frac{2}{xy}\right)$

$=-4x+12y$ 답 ②

0235 $(9a^3b^4+6a^2b^3-3a^2b)\div(-3a^2b)$

$=\frac{9a^3b^4+6a^2b^3-3a^2b}{-3a^2b}$

$=\frac{9a^3b^4}{-3a^2b}+\frac{6a^2b^3}{-3a^2b}-\frac{3a^2b}{-3a^2b}$

$=-3ab^3-2b^2+1$ 답 $-3ab^3-2b^2+1$

0236 ① $(4x^2+2xy)\div\frac{1}{2}x=(4x^2+2xy)\times\frac{2}{x}=8x+4y$

② $(9x^2-3xy)\div\frac{3}{2}x=(9x^2-3xy)\times\frac{2}{3x}=6x-2y$

③ $(12x^2-8xy+4x)\div4x=3x-2y+1$

④ $(8x^2+6xy-4x)\div(-2x)=-4x-3y+2$ 답 ⑤

0237 $(2x^3y^2-3x^2y^2)\div\left(-\frac{1}{3}x^2y\right)$

$=(2x^3y^2-3x^2y^2)\times\left(-\frac{3}{x^2y}\right)=-6xy+9y$

따라서 $a=-6$, $b=9$이므로

$b-a=9-(-6)=15$ 답 15

0238 어떤 식을 A라 하면

$A\times(-3x^2)=3x^3-15x^2y$

$\therefore A=(3x^3-15x^2y)\div(-3x^2)$

$=\frac{3x^3-15x^2y}{-3x^2}=-x+5y$ 답 ③

0239 $A\div\frac{2}{3}x=x^2y-2xy+3$에서

$A=(x^2y-2xy+3)\times\frac{2}{3}x$

$=\frac{2}{3}x^3y-\frac{4}{3}x^2y+2x$ 답 $\frac{2}{3}x^3y-\frac{4}{3}x^2y+2x$

0240 어떤 식을 A라 하면

$A\div\left(-\frac{1}{2}a\right)=8a-16b$이므로

$A=(8a-16b)\times\left(-\frac{1}{2}a\right)=-4a^2+8ab$

따라서 바르게 계산한 식은

$(-4a^2+8ab)\times\left(-\frac{1}{2}a\right)=2a^3-4a^2b$ 답 ⑤

0241 어떤 식을 A라 하면

$A\times(-3x^2y)=12x^6y^4-9x^5y^6$이므로

$A=(12x^6y^4-9x^5y^6)\div(-3x^2y)$

$=\dfrac{12x^6y^4-9x^5y^6}{-3x^2y}=-4x^4y^3+3x^3y^5$

따라서 바르게 계산한 식은

$(-4x^4y^3+3x^3y^5)\div(-3x^2y)$

$=\dfrac{-4x^4y^3+3x^3y^5}{-3x^2y}$

$=\dfrac{4}{3}x^2y^2-xy^4$ 답 $\dfrac{4}{3}x^2y^2-xy^4$

0242 $3x(x-2y+3)-(4xy^2-2xy)\div 2y$

$=3x(x-2y+3)-\dfrac{4xy^2-2xy}{2y}$

$=3x^2-6xy+9x-2xy+x$

$=3x^2-8xy+10x$ 답 ②

0243 $(2x^2y+4xy^2)\div 2y+(9x^3-3x^2y)\div(-3x)$

$=\dfrac{2x^2y+4xy^2}{2y}+\dfrac{9x^3-3x^2y}{-3x}$

$=x^2+2xy-3x^2+xy$

$=-2x^2+3xy$ 답 $-2x^2+3xy$

0244 $(3x-4y)\times(-3x)-(25xy^3-15x^2y^2)\div 5y^2$

$=(3x-4y)\times(-3x)-\dfrac{25xy^3-15x^2y^2}{5y^2}$

$=-9x^2+12xy-5xy+3x^2$

$=-6x^2+7xy$

따라서 $a=-6$, $b=7$이므로

$a+b=-6+7=1$ 답 ③

0245 $3x(x^2y-2xy+6y^2)-\{8x^3y^2+5\times(2xy)^2-4xy^3\}$
$\div(-4y)$

$=3x(x^2y-2xy+6y^2)-(8x^3y^2+20x^2y^2-4xy^3)\div(-4y)$

$=3x(x^2y-2xy+6y^2)-\dfrac{8x^3y^2+20x^2y^2-4xy^3}{-4y}$

$=3x^3y-6x^2y+18xy^2+2x^3y+5x^2y-xy^2$

$=5x^3y-x^2y+17xy^2$ 답 $5x^3y-x^2y+17xy^2$

0246 오른쪽 그림에서 색칠한 부분의 넓이는

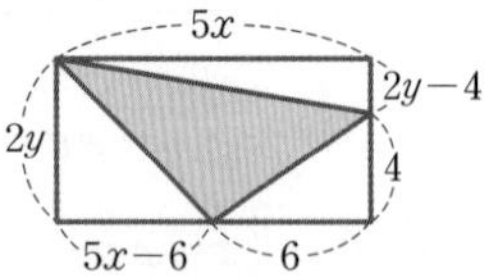

$5x\times 2y-\left\{\dfrac{1}{2}\times(5x-6)\times 2y\right.$

$\left.+\dfrac{1}{2}\times 6\times 4+\dfrac{1}{2}\times 5x\times(2y-4)\right\}$

$=10xy-(5xy-6y+12+5xy-10x)$

$=10xy-(10xy-10x-6y+12)$

$=10x+6y-12$ 답 ③

0247 (1) (원기둥의 겉넓이)

$=2\times\pi\times(3x^2y)^2+2\pi\times 3x^2y\times(3x-2y)$

$=18\pi x^4y^2+18\pi x^3y-12\pi x^2y^2$

(2) (원기둥의 부피)$=\pi\times(3x^2y)^2\times(3x-2y)$

$=\pi\times 9x^4y^2\times(3x-2y)$

$=27\pi x^5y^2-18\pi x^4y^3$

답 (1) $18\pi x^4y^2+18\pi x^3y-12\pi x^2y^2$ (2) $27\pi x^5y^2-18\pi x^4y^3$

0248 $\dfrac{1}{2}\times\{(\text{윗변의 길이})+(3a-b)\}\times 3ab^2=6a^2b^2+3ab^3$
이므로

$\{(\text{윗변의 길이})+(3a-b)\}\times\dfrac{3}{2}ab^2=6a^2b^2+3ab^3$

$(\text{윗변의 길이})+(3a-b)=(6a^2b^2+3ab^3)\div\dfrac{3}{2}ab^2$

$=(6a^2b^2+3ab^3)\times\dfrac{2}{3ab^2}$

$=\dfrac{2\times(6a^2b^2+3ab^3)}{3ab^2}$

$=4a+2b$

$\therefore$ $(\text{윗변의 길이})=(4a+2b)-(3a-b)$

$=a+3b$ 답 $a+3b$

Theme 07 다항식의 계산(2) 38~39쪽

0249 $(A+B)+2(A-B)=A+B+2A-2B=3A-B$

$=3(2x+3y)-(x-5y)$

$=6x+9y-x+5y$

$=5x+14y$ 답 $5x+14y$

0250 $(6a^5b^3-9a^3b^4)\div(-3a^3b^3)$

$=\dfrac{6a^5b^3-9a^3b^4}{-3a^3b^3}$

$=-2a^2+3b$

$=-2\times(-5)^2+3\times 13$

$=-50+39=-11$ 답 ②

0251 $(9x^3y+6x^2y^2-3xy)\div(-3xy)+(5x+2y)\times 2x$

$=\dfrac{9x^3y+6x^2y^2-3xy}{-3xy}+(5x+2y)\times 2x$

$=-3x^2-2xy+1+10x^2+4xy$

$=7x^2+2xy+1$

$=7\times 2^2+2\times 2\times(-3)+1$

$=28+(-12)+1=17$ 답 ③

0252 $A=(-9x^2y+21xy^2)\div(-3xy)$

$=\dfrac{-9x^2y+21xy^2}{-3xy}=3x-7y$

$B=(xy-5y^2)\div\dfrac{1}{2}y=(xy-5y^2)\times\dfrac{2}{y}=2x-10y$

$\therefore$ $4A-5B=4(3x-7y)-5(2x-10y)$

$=12x-28y-10x+50y$

$=2x+22y$

따라서 $a=2$, $b=22$이므로

$ab=2\times 22=44$ 답 44

0253 $3x-y=x+2y+5$에서

$-y-2y=x+5-3x$, $-3y=-2x+5$

$\therefore$ $y=\dfrac{2}{3}x-\dfrac{5}{3}$ 답 $y=\dfrac{2}{3}x-\dfrac{5}{3}$

워크북

0254 ② $9x-2y=-5y-6$에서 $-2y+5y=-6-9x$

$3y=-9x-6 \quad \therefore y=-3x-2$

③ $2+y=3x-y$에서 $2y=3x-2 \quad \therefore y=\frac{3}{2}x-1$

④ $5x-6y=2x-3y+9$에서 $3y=3x-9$

$\therefore y=x-3$

⑤ $2x-3y=2(2x-2y+3)$에서 $2x-3y=4x-4y+6$

$-3y+4y=4x+6-2x \quad \therefore y=2x+6$ 답 ②

0255 $S=\frac{h}{2}(a+b)$에서 $2S=h(a+b)$

$\frac{2S}{h}=a+b \quad \therefore a=\frac{2S}{h}-b$ 답 ④

0256 평행사변형에서 $\overline{AD} /\!/ \overline{BC}$이므로 $\angle A+\angle B=180°$

$x+y=180 \quad \therefore y=-x+180$

따라서 $a=-1$, $b=180$이므로

$a+b=-1+180=179$ 답 179

0257 $y-2x-3=0$에서 $y=2x+3$이므로

$3x-2y+5=3x-2(2x+3)+5$

$=3x-4x-6+5$

$=-x-1$

따라서 $p=-1$, $q=-1$이므로

$p-q=-1-(-1)=0$ 답 ③

0258 $6x-3y+2=2x-y+4$에서

$-3y+y=2x+4-6x-2$, $-2y=-4x+2$

$\therefore y=2x-1$

$\therefore 2(x+2y-1)-3(2x-y+5)+8$

$=2x+4y-2-6x+3y-15+8$

$=-4x+7y-9$

$=-4x+7(2x-1)-9$

$=-4x+14x-7-9$

$=10x-16$ 답 $10x-16$

0259 $(x-y+2):(3x-2y)=2:3$에서

$3(x-y+2)=2(3x-2y)$, $3x-3y+6=6x-4y$

$\therefore y=3x-6$

$\therefore 3y-\{2x-(5x-y)\}$

$=3y-(2x-5x+y)$

$=3y-(-3x+y)$

$=3y+3x-y=3x+2y$

$=3x+2(3x-6)$

$=3x+6x-12$

$=9x-12$ 답 ④

0260 $\frac{3x-1}{x-y}=\frac{5}{2}$에서 $2(3x-1)=5(x-y)$

$6x-2=5x-5y$

$\therefore x=-5y+2$

$\therefore 3x-y=3(-5y+2)-y$

$=-15y+6-y$

$=-16y+6$ 답 $-16y+6$

0261 $x-3y=0$에서 $x=3y$

$\therefore \frac{2x+6y}{5x-3y}=\frac{2\times 3y+6y}{5\times 3y-3y}=\frac{12y}{12y}=1$ 답 ④

0262 $(3x-2y):(x+y)=5:2$에서

$2(3x-2y)=5(x+y)$, $6x-4y=5x+5y$

$\therefore x=9y$

$\therefore \frac{5x+3y}{x-y}=\frac{5\times 9y+3y}{9y-y}=\frac{48y}{8y}=6$ 답 ④

0263 $x:y=1:3$에서 $y=3x$

$\therefore \frac{x(3x+2y)-(-4y)\times(5x-y)}{xy}$

$=\frac{3x^2+2xy+20xy-4y^2}{xy}$

$=\frac{3x^2+22xy-4y^2}{xy}$

$=\frac{3x^2+22x\times 3x-4\times(3x)^2}{x\times 3x}$

$=\frac{3x^2+66x^2-36x^2}{3x^2}=\frac{33x^2}{3x^2}=11$ 답 ④

0264 $\frac{3x-y}{2}=\frac{x-2y}{3}$에서

$3(3x-y)=2(x-2y)$, $9x-3y=2x-4y$

$\therefore y=-7x$

$\therefore \frac{-2x-8y}{2x-y}-\frac{10x+7y}{x+2y}$

$=\frac{-2x-8\times(-7x)}{2x-(-7x)}-\frac{10x+7\times(-7x)}{x+2\times(-7x)}$

$=\frac{54x}{9x}-\frac{-39x}{-13x}$

$=6-3=3$ 답 3

유형모아 Theme 06 다항식의 계산(1)

0265 ① 일차식

② $(2x+3)\times 3x=6x^2+9x$ ⇨ 이차식

③ $2x^2-4x+2(y-x^2)=2x^2-4x+2y-2x^2$

$=-4x+2y$ ⇨ 일차식

④ $(4x^2+2)-4x^2=2$ ⇨ 이차식이 아니다.

⑤ $3x^3+3x^2$ ⇨ 이차식이 아니다. 답 ②

0266 ① $2x-\{y-(x-3y)\}=2x-(y-x+3y)$

$=2x-(-x+4y)$

$=2x+x-4y$

$=3x-4y$

② $\left(-\frac{1}{3}a-b\right)-\left(-\frac{1}{2}a+\frac{2}{3}b\right)$

$=-\frac{1}{3}a-b+\frac{1}{2}a-\frac{2}{3}b$

$=\frac{1}{6}a-\frac{5}{3}b$

③ $(x+3y-4)-(2x-4y+2)$

$=x+3y-4-2x+4y-2$

$=-x+7y-6$

④ $(4x^2-2x-3)-(5x^2-7)=4x^2-2x-3-5x^2+7$
$=-x^2-2x+4$

⑤ $x^2+x-\{3x-2-(2x^2+3)\}$
$=x^2+x-(3x-2-2x^2-3)$
$=x^2+x-(-2x^2+3x-5)$
$=x^2+x+2x^2-3x+5$
$=3x^2-2x+5$ 답 ⑤

0267 $3a(2a+b)-(\square)=2a^2+4ab$에서
$\square=3a(2a+b)-(2a^2+4ab)$
$=6a^2+3ab-2a^2-4ab$
$=4a^2-ab$ 답 ④

0268 $A\times\frac{1}{3}xy^2=5x^2y^2-2x^3y^3$에서
$A=(5x^2y^2-2x^3y^3)\div\frac{1}{3}xy^2$
$=(5x^2y^2-2x^3y^3)\times\frac{3}{xy^2}$
$=15x-6x^2y$ 답 $-6x^2y+15x$

0269 어떤 식을 A라 하면
$A-(3x^2+3x-5)=2x^2+3x+1$
$\therefore A=(2x^2+3x+1)+(3x^2+3x-5)$
$=5x^2+6x-4$
따라서 바르게 계산한 식은
$(5x^2+6x-4)+(3x^2+3x-5)=8x^2+9x-9$ 답 ⑤

0270 $-3x(4x-2y+1)-(4x^3+6x^2y-18x^2)\div2x$
$=-3x(4x-2y+1)-\frac{4x^3+6x^2y-18x^2}{2x}$
$=-12x^2+6xy-3x-2x^2-3xy+9x$
$=-14x^2+3xy+6x$
이때 x^2의 계수는 -14, x의 계수는 6이므로 그 합은
$-14+6=-8$ 답 ②

0271 오른쪽 그림에서 색칠한 부분의 넓이는

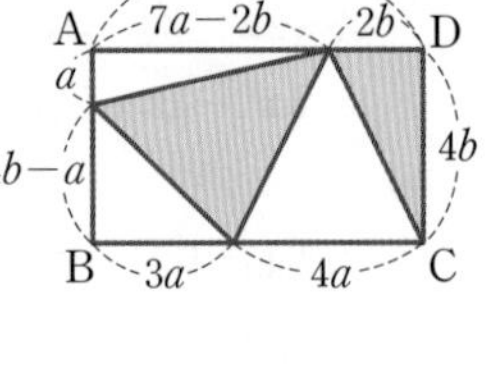

$7a\times4b-\left\{\frac{1}{2}\times(7a-2b)\times a+\frac{1}{2}\times3a\times(4b-a)+\frac{1}{2}\times4a\times4b\right\}$
$=28ab-\left(\frac{7}{2}a^2-ab+6ab-\frac{3}{2}a^2+8ab\right)$
$=28ab-(2a^2+13ab)$
$=-2a^2+15ab$ 답 $-2a^2+15ab$

유형모아 Theme 06 다항식의 계산(1)  41쪽

0272 $3(2x-y)-4(x+y-5)=6x-3y-4x-4y+20$
$=2x-7y+20$
이때 x의 계수는 2, 상수항은 20이므로 그 합은
$2+20=22$ 답 ③

0273 ㄱ. 이차식
ㄴ. $2x^2-2x(x^2+x)+2x^3+x-4$
$=2x^2-2x^3-2x^2+2x^3+x-4$
$=x-4$ ⇨ 일차식
ㄷ. $x^3+2(x^2+x+3)-x(x^2+x+1)$
$=x^3+2x^2+2x+6-x^3-x^2-x$
$=x^2+x+6$ ⇨ 이차식
ㄹ. $x^2+2+\frac{1}{2}x(4x-2)=x^2+2+2x^2-x$
$=3x^2-x+2$ ⇨ 이차식
따라서 이차식인 것은 ㄱ, ㄷ, ㄹ이다. 답 ⑤
참고 식을 정리한 후, 차수를 확인해야 한다.

0274 ① $a(-3a+2)=-3a^2+2a$
③ $(8a^2-4a)\div4a=2a-1$
④ $(12a^3b^2+6ab^2)\div\frac{3}{2}ab=(12a^3b^2+6ab^2)\times\frac{2}{3ab}$
$=8a^2b+4b$
⑤ $(5x^3y-10x^2y^2+15xy)\div\frac{5x}{y}$
$=(5x^3y-10x^2y^2+15xy)\times\frac{y}{5x}$
$=x^2y^2-2xy^3+3y^2$ 답 ②, ⑤

0275 어떤 식을 A라 하면 $A\div(-2xy^2)=-2xy+3y^2$
$\therefore A=(-2xy+3y^2)\times(-2xy^2)$
$=4x^2y^3-6xy^4$ 답 $4x^2y^3-6xy^4$

0276 $2x^2-[3x^2-\{2x-(4x^2+3x-2)\}-x]$
$=2x^2-\{3x^2-(2x-4x^2-3x+2)-x\}$
$=2x^2-\{3x^2-(-4x^2-x+2)-x\}$
$=2x^2-(3x^2+4x^2+x-2-x)$
$=2x^2-(7x^2-2)$
$=2x^2-7x^2+2=-5x^2+2$
따라서 $a=-5$, $b=0$, $c=2$이므로
$a+b+c=-5+0+2=-3$ 답 ④

0277 $(6a^2b-9ab^2+3b)\div(-3b)+(a^2b-6b)\div\frac{1}{2}b$
$=\frac{6a^2b-9ab^2+3b}{-3b}+(a^2b-6b)\times\frac{2}{b}$
$=-2a^2+3ab-1+2a^2-12$
$=3ab-13$ 답 ①

0278 주어진 전개도를 이용하여 직육면체를 만들면
$x-3$과 $3x^2+x$, A와 $4x^2-x+2$가 적힌 면이 평행하다.
$(x-3)+(3x^2+x)=3x^2+2x-3$이므로
$A+(4x^2-x+2)=3x^2+2x-3$
$\therefore A=(3x^2+2x-3)-(4x^2-x+2)$
$=3x^2+2x-3-4x^2+x-2$
$=-x^2+3x-5$ 답 $-x^2+3x-5$

유형모아 Theme 07 다항식의 계산(2) 1회 42쪽

0279 $(3x-2y+3)-(2x-4y-2)$
$=3x-2y+3-2x+4y+2$
$=x+2y+5$
$=2+2\times(-1)+5=5$ 답 5

0280 $2X-3Y=2(2a+b)-3(a-2b)$
$=4a+2b-3a+6b=a+8b$ 답 ③

0281 $S=\frac{1}{2}(a+b)h$이므로

$2S=(a+b)h \quad \therefore h=\frac{2S}{a+b}$ 답 ②

0282 $y+2x-3=0$에서 $y=-2x+3$이므로
$(-2x+3)y+3xy+1=-2xy+3y+3xy+1$
$=xy+3y+1$
$=x(-2x+3)+3(-2x+3)+1$
$=-2x^2+3x-6x+9+1$
$=-2x^2-3x+10$
따라서 x의 계수는 -3이다. 답 -3

0283 $3(x+2y):2(x-y)=2:1$에서
$3(x+2y)=4(x-y)$, $3x+6y=4x-4y$
$\therefore x=10y$
$\therefore \frac{x+2y}{x-4y}=\frac{10y+2y}{10y-4y}=\frac{12y}{6y}=2$ 답 ④

0284 $\frac{1}{x}+\frac{1}{y}=2$에서 $\frac{x+y}{xy}=2$이므로 $\frac{xy}{x+y}=\frac{1}{2}$
$\therefore \frac{6xy}{x+y}=6\times\frac{1}{2}=3$ 답 3

0285 정가는 $P\left(1+\frac{x}{100}\right)$원이므로 정가에서 10 %를 할인하면

$y=P\left(1+\frac{x}{100}\right)\left(1-\frac{10}{100}\right)=P\times\frac{100+x}{100}\times\frac{90}{100}$
$=P\times\frac{9(100+x)}{1000}$
$\therefore P=y\times\frac{1000}{9(100+x)}=\frac{1000y}{900+9x}$ 답 ②

유형모아 Theme 07 다항식의 계산(2)  2회 43쪽

0286 $3a(a+3b)-2b(5a-2b)=3a^2+9ab-10ab+4b^2$
$=3a^2-ab+4b^2$
$=3\times3^2-3\times1+4\times1^2$
$=27-3+4=28$ 답 ④

0287 $3A-\{2A-(A-2B)\}=3A-(2A-A+2B)$
$=3A-(A+2B)$
$=3A-A-2B=2A-2B$
$=2(x-y)-2(x+y)$
$=2x-2y-2x-2y$
$=-4y$ 답 ④

0288 $y-7x-4=7x-y+4$에서 $2y=14x+8$
$\therefore y=7x+4$
$\therefore 3x+y+5=3x+(7x+4)+5=10x+9$ 답 ①

0289 $2x+3y=3x+y$에서 $3y-y=3x-2x$
$\therefore x=2y$
$\therefore \frac{2x-3y}{x+2y}=\frac{2\times2y-3y}{2y+2y}=\frac{y}{4y}=\frac{1}{4}$ 답 $\frac{1}{4}$

0290 $(a+b):(a-2b)=2:1$에서
$a+b=2(a-2b)$, $a+b=2a-4b$
$\therefore a=5b$
$\therefore \frac{a}{b}=\frac{5b}{b}=5$ 답 5

0291 $\frac{1}{x}-\frac{2}{y}=3$에서 $\frac{y-2x}{xy}=3$
$\therefore (-4x^2y+2xy^2)\div(xy)^2$
$=\frac{-4x^2y+2xy^2}{x^2y^2}$
$=\frac{-4x+2y}{xy}=\frac{2(y-2x)}{xy}$
$=2\times3=6$ 답 ⑤

0292 만들어지는 입체도형은 오른쪽 그림과 같은 원기둥이다.
이때 두 밑넓이의 합은
$2\times\pi\times(2a)^2=2\pi\times4a^2=8\pi a^2$
옆넓이는 $2\pi\times2a\times b=4\pi ab$
따라서 원기둥의 겉넓이 S는
$S=8\pi a^2+4\pi ab$, $4\pi ab=S-8\pi a^2$
$\therefore b=\frac{S-8\pi a^2}{4\pi a}$ 답 ⑤

Theme 모아 중단원 마무리 44~45쪽

0293 $\left(\frac{1}{2}a^2-\frac{2}{3}a-\frac{1}{4}\right)+\left(\frac{1}{3}a^2-\frac{1}{2}a+\frac{1}{5}\right)$
$=\frac{1}{2}a^2+\frac{1}{3}a^2-\frac{2}{3}a-\frac{1}{2}a-\frac{1}{4}+\frac{1}{5}$
$=\frac{5}{6}a^2-\frac{7}{6}a-\frac{1}{20}$ 답 ③

0294 $\frac{3(x-2y)}{5}-\frac{y-2x}{10}=\frac{6(x-2y)-(y-2x)}{10}$
$=\frac{6x-12y-y+2x}{10}$
$=\frac{8x-13y}{10}=\frac{4}{5}x-\frac{13}{10}y$

따라서 $a=\frac{4}{5}$, $b=-\frac{13}{10}$이므로

$a+b=\frac{4}{5}+\left(-\frac{13}{10}\right)=-\frac{1}{2}$ 답 ②

0295 $x-3y+2=0$에서 $3y=x+2$
$\therefore y=\frac{1}{3}x+\frac{2}{3}$

$\therefore\ 4x-6y+2=4x-6\left(\frac{1}{3}x+\frac{2}{3}\right)+2$
$=4x-2x-4+2$
$=2x-2$ 답 $2x-2$

0296 $2y-[4x+\{5y-(3x+2)\}]$
$=2y-\{4x+(5y-3x-2)\}$
$=2y-(4x+5y-3x-2)$
$=2y-(x+5y-2)$
$=2y-x-5y+2$
$=-x-3y+2$
따라서 $A=-1$, $B=-3$, $C=2$이므로
$A+B+C=-1+(-3)+2=-2$ 답 ①

0297 $(2x^2+3x-4)-(\boxed{\quad})=x^2+5x$에서
$\boxed{\quad}=(2x^2+3x-4)-(x^2+5x)$
$=2x^2+3x-4-x^2-5x$
$=x^2-2x-4$ 답 ②

0298 $B\div\frac{1}{3}x^2y=3x^2y-2xy^2$이므로
$B=(3x^2y-2xy^2)\times\frac{1}{3}x^2y=x^4y^2-\frac{2}{3}x^3y^3$
$A\times(-xy^2)=x^4y^2-\frac{2}{3}x^3y^3$이므로
$A=\left(x^4y^2-\frac{2}{3}x^3y^3\right)\div(-xy^2)$
$=\left(x^4y^2-\frac{2}{3}x^3y^3\right)\times\left(-\frac{1}{xy^2}\right)$
$=-x^3+\frac{2}{3}x^2y$
답 $A=-x^3+\frac{2}{3}x^2y$, $B=x^4y^2-\frac{2}{3}x^3y^3$

0299 $(12x^2y+8xy^3)\div4xy=(12x^2y+8xy^3)\times\frac{1}{4xy}$
$=3x+2y^2$
$=3\times1+2\times(-2)^2=11$ 답 ⑤

0300 $4a-12b=4\times\frac{3x-2y}{2}-12\times\frac{2x-y+3}{3}$
$=2(3x-2y)-4(2x-y+3)$
$=6x-4y-8x+4y-12$
$=-2x-12$ 답 ②

0301 어떤 식을 A라 하면
$A\times2xy^2=12x^2y^4-16x^3y^5$
$\therefore\ A=(12x^2y^4-16x^3y^5)\div2xy^2$
$=(12x^2y^4-16x^3y^5)\times\frac{1}{2xy^2}$
$=6xy^2-8x^2y^3$
따라서 바르게 계산한 식은
$(6xy^2-8x^2y^3)\div2xy^2=(6xy^2-8x^2y^3)\times\frac{1}{2xy^2}$
$=3-4xy$ 답 ③

0302 오른쪽 그림에서 색칠한 부분의 넓이는
$(5x-1)\times6y-(3x-4)\times3y$
$=30xy-6y-9xy+12y$
$=21xy+6y$ 답 ④

0303 원뿔의 부피 V는
$V=\frac{1}{3}\times\pi\times(3z)^2\times(x+y)$
$=\frac{1}{3}\times\pi\times9z^2\times(x+y)$
$=3\pi z^2(x+y)$
$x+y=\frac{V}{3\pi z^2}$ $\quad\therefore\ y=\frac{V}{3\pi z^2}-x$ 답 ②

0304 $x:y:z=2:1:3$이므로 $x=2k$, $y=k$, $z=3k\,(k\neq0)$라 하면
$\frac{x^2+2z^2}{xy+yz+zx}=\frac{(2k)^2+2\times(3k)^2}{2k\times k+k\times3k+3k\times2k}$
$=\frac{4k^2+18k^2}{2k^2+3k^2+6k^2}$
$=\frac{22k^2}{11k^2}=2$ 답 ④

0305 $\frac{ab+2bc+3ca}{abc}=\frac{ab}{abc}+\frac{2bc}{abc}+\frac{3ca}{abc}$
$=\frac{1}{c}+\frac{2}{a}+\frac{3}{b}$ …❶
$a=\frac{1}{2}$이므로 $\frac{1}{a}=2$, $b=\frac{1}{3}$이므로 $\frac{1}{b}=3$,
$c=\frac{1}{4}$이므로 $\frac{1}{c}=4$ …❷
$\therefore\ \frac{ab+2bc+3ca}{abc}=\frac{1}{c}+\frac{2}{a}+\frac{3}{b}$
$=4+2\times2+3\times3=17$ …❸
답 17

채점 기준	배점
❶ 주어진 식을 간단히 하기	40 %
❷ $\frac{1}{a}$, $\frac{1}{b}$, $\frac{1}{c}$의 값 구하기	20 %
❸ 주어진 식의 값 구하기	40 %

0306 (1) $9h-10W=900$에서 $10W=9h-900$
$\therefore\ W=0.9h-90$ …❶
$B=\frac{N}{W}\times100=\frac{100N}{0.9h-90}$
$\therefore\ B=\frac{100N}{0.9h-90}$ …❷
(2) (1)에서 구한 식에 $h=170$, $N=63$을 대입하면
$B=\frac{100\times63}{0.9\times170-90}=\frac{6300}{63}=100$
따라서 표준 비만도는 100이다. …❸
답 (1) $B=\frac{100N}{0.9h-90}$ (2) 100

채점 기준	배점
❶ W를 h에 대한 식으로 나타내기	20 %
❷ B를 h, N에 대한 식으로 나타내기	40 %
❸ 표준 비만도 구하기	40 %

04. 일차부등식

핵심 유형 46~57쪽

Theme 08 부등식과 일차부등식 46~48쪽

0307 ①은 다항식, ②, ⑤는 등식이다. 답 ③, ④

0308 ①, ④는 등식이다. 답 ①, ④

0309 ㄴ, ㄹ은 등식, ㄷ은 다항식이다.
따라서 부등식인 것은 ㄱ, ㅁ의 2개이다. 답 2개

0310 ㄴ, ㄹ은 등식, ㄷ은 다항식이다.
따라서 부등식이 아닌 것은 ㄴ, ㄷ, ㄹ의 3개이다. 답 ③

0311 ② '작지 않다.'는 '크거나 같다.'이므로 $x+2\geq 3x$ 답 ②

0312 답 ③

0313 준희 : $2x+3=15$
은호 : $2x+3>15$ 답 지연

0314 ① $-3+1<4$ (참) ② $2\times1-3\leq0$ (참)
③ $-2\times2+9\leq2$ (거짓) ④ $3\times(-1)-1<-1$ (참)
⑤ $2\times(-2)+3>-7$ (참) 답 ③

0315 $x=-2$일 때, $2\times(-2)+1\geq-2+2$ (거짓)
$x=-1$일 때, $2\times(-1)+1\geq-1+2$ (거짓)
$x=0$일 때, $2\times0+1\geq0+2$ (거짓)
$x=1$일 때, $2\times1+1\geq1+2$ (참)
$x=2$일 때, $2\times2+1\geq2+2$ (참)
따라서 주어진 부등식의 해는 1, 2이다. 답 1, 2

0316 ① $-(-1)+5\geq3$ (참) ② $0+5\geq3$ (참)
③ $-1+5\geq3$ (참) ④ $-2+5\geq3$ (참)
⑤ $-3+5\geq3$ (거짓) 답 ⑤

0317 $5x-2=3x+4$에서 $2x=6$ $\therefore x=3$
$x=3$을 부등식에 대입하면
① $2\times3-5\geq9$ (거짓) ② $3+1>3$ (참)
③ $-3+1>3+2$ (거짓) ④ $-3+2<-3$ (거짓)
⑤ $3\times3-5\leq3-2$ (거짓) 답 ②

0318 $a<b$이면
① $3a<3b$ $\therefore 3a+1<3b+1$
② $-a>-b$ $\therefore -a+2>-b+2$
③ $a-1<b-1$ $\therefore 4(a-1)<4(b-1)$
④ $-\frac{3}{4}a>-\frac{3}{4}b$ $\therefore 1-\frac{3}{4}a>1-\frac{3}{4}b$
⑤ $\frac{a}{2}<\frac{b}{2}$ $\therefore \frac{a}{2}-3<\frac{b}{2}-3$ 답 ④

0319 $-2a+3<-2b+3$에서 $-2a<-2b$ $\therefore a>b$
① $a+1>b+1$
② $-a<-b$ $\therefore -a+3<-b+3$
③ $3a>3b$ $\therefore 3a-4>3b-4$
④ $\frac{a}{5}>\frac{b}{5}$ $\therefore \frac{a}{5}-2>\frac{b}{5}-2$
⑤ $-\frac{a}{2}<-\frac{b}{2}$ $\therefore 1-\frac{a}{2}<1-\frac{b}{2}$ 답 ②

0320 $a<b$일 때
① $a+3\boxed{<}b+3$
② $-a>-b$ $\therefore -a-1\boxed{>}-b-1$
③ $4a<4b$ $\therefore 2+4a\boxed{<}2+4b$
④ $-a>-b$, $1-a>1-b$ $\therefore -\frac{1-a}{3}\boxed{<}-\frac{1-b}{3}$
⑤ $\frac{1}{2}a<\frac{1}{2}b$ $\therefore \frac{1}{2}a-(-5)\boxed{<}\frac{1}{2}b-(-5)$
답 ②

0321 $-1<x\leq3$에서 $-6\leq-2x<2$
$-5\leq-2x+1<3$ $\therefore -5\leq A<3$ 답 $-5\leq A<3$

0322 $-2\leq\frac{3-5x}{4}<1$에서 $-8\leq3-5x<4$
$-11\leq-5x<1$
$\therefore -\frac{1}{5}<x\leq\frac{11}{5}$
$\therefore a=-\frac{1}{5}$, $b=\frac{11}{5}$
$\therefore a+b=2$ 답 2

0323 ② $2x<3x-1$에서 $-x+1<0$이므로 일차부등식이다.
④ $x^2\geq x(x-1)$에서 $x\geq0$이므로 일차부등식이다.
③은 일차방정식, ①, ⑤는 부등식이다. 답 ②, ④

0324 ㄱ. $1>0$
ㄴ. $-1\leq0$
ㄷ. $1+x^2-2x\leq x^2-7$, $-2x+8\leq0$
ㄹ. $x^2+3x-1\leq0$
ㅁ. $3x-3>-x+2$, $4x-5>0$
ㅂ. $\frac{1}{3}x+\frac{1}{3}\geq\frac{1}{2}x$, $-\frac{1}{6}x+\frac{1}{3}\geq0$
따라서 일차부등식인 것은 ㄷ, ㅁ, ㅂ이다. 답 ㄷ, ㅁ, ㅂ

0325 ① $3x\leq x-2$에서 $2x\leq-2$ $\therefore x\leq-1$
② $2x-1\geq x-2$에서 $x\geq-1$
③ $-2x+5\geq x+2$에서 $-3x\geq-3$ $\therefore x\leq1$
④ $4x-2\geq-x+3$에서 $5x\geq5$ $\therefore x\geq1$
⑤ $2+2x\leq3x+1$에서 $-x\leq-1$ $\therefore x\geq1$ 답 ②

0326 $-3x-5>3x+13$에서 $-6x>18$
$\therefore x<-3$
따라서 해를 수직선 위에 바르게 나타낸 것은 ①이다. 답 ①

0327 수직선 위에 나타낸 해는 $x<2$이다.
① $5x>x-4$에서 $4x>-4$ $\therefore x>-1$
② $x-3<2x+1$에서 $-x<4$ $\therefore x>-4$
③ $3x-1<x+7$에서 $2x<8$ $\therefore x<4$
④ $2x-5>x+1$에서 $x>6$
⑤ $-4+3x<6-2x$에서 $5x<10$ $\therefore x<2$ 답 ⑤

Theme 09 일차부등식의 풀이

49~51쪽

0328 $2x-5(x-1)<10$에서 $2x-5x+5<10$

$-3x<5$ $\quad\therefore x>-\frac{5}{3}$ 답 ②

0329 $3(x-1)\le 5x+7$에서 $3x-3\le 5x+7$

$-2x\le 10$ $\quad\therefore x\ge -5$ 답 ②

0330 $3(x-2)+4\ge 2(3x+1)-13$에서

$3x-6+4\ge 6x+2-13$, $-3x\ge -9$

$\therefore x\le 3$

따라서 주어진 부등식을 만족시키는 자연수는 1, 2, 3이므로 그 합은 $1+2+3=6$ 답 6

0331 $3(x-1)-5<-2(x-1)$에서

$3x-3-5<-2x+2$, $5x<10$ $\quad\therefore x<2$

따라서 부등식을 만족시키는 x의 값 중 가장 큰 정수는 1이다. 답 ④

0332 양변에 30을 곱하면 $10x+6>12(x-1)$

$10x+6>12x-12$, $-2x>-18$ $\quad\therefore x<9$ 답 ③

0333 양변에 10을 곱하면 $2(x-2)\ge 4x-14$

$2x-4\ge 4x-14$, $-2x\ge -10$

$\therefore x\le 5$ 답 $x\le 5$

0334 양변에 12를 곱하면 $8x-12\le -3(x-5)$

$8x-12\le -3x+15$, $11x\le 27$ $\quad\therefore x\le\frac{27}{11}$

따라서 주어진 부등식을 만족시키는 자연수는 1, 2의 2개이다. 답 ①

0335 양변에 20을 곱하면 $5(x+3)+4x\ge 4$

$5x+15+4x\ge 4$, $9x\ge -11$ $\quad\therefore x\ge -\frac{11}{9}$

따라서 해가 아닌 것은 ①이다. 답 ①

0336 $a-ax\ge 0$에서 $-ax\ge -a$

이때 $a<0$이므로 $-a>0$

따라서 주어진 부등식의 해는 $x\ge 1$ 답 ⑤

0337 $-(1+ax)>3$에서 $-1-ax>3$, $-ax>4$

이때 $a<0$이므로 $-a>0$

따라서 주어진 부등식의 해는 $x>-\frac{4}{a}$ 답 ②

0338 $ax-a\le -2(x-1)$에서

$ax-a\le -2x+2$, $(a+2)x\le a+2$

이때 $a>-2$이므로 $a+2>0$

따라서 주어진 부등식의 해는 $x\le 1$ 답 ④

0339 $ax-3a>3x-9$에서

$ax-3x>3a-9$, $(a-3)x>3(a-3)$

이때 $a<3$이므로 $a-3<0$ $\quad\therefore x<3$

따라서 부등식을 만족시키는 가장 큰 정수 x의 값은 2이다. 답 2

0340 $2ax-3<5$에서 $2ax<8$, $ax<4$

이 부등식의 해가 $x>-2$이므로 $a<0$

따라서 $x>\frac{4}{a}$이므로 $\frac{4}{a}=-2$, $-2a=4$ $\quad\therefore a=-2$

답 ①

0341 $5x-a>2$에서 $5x>a+2$ $\quad\therefore x>\frac{a+2}{5}$

이 부등식의 해가 $x>3$이므로

$\frac{a+2}{5}=3$, $a+2=15$ $\quad\therefore a=13$ 답 13

0342 양변에 3을 곱하면 $5x-3a\ge -6$

$5x\ge 3a-6$ $\quad\therefore x\ge\frac{3a-6}{5}$

이 부등식의 해가 $x\ge -3$이므로

$\frac{3a-6}{5}=-3$, $3a-6=-15$

$3a=-9$ $\quad\therefore a=-3$ 답 -3

0343 $7-ax\ge 4$에서 $-ax\ge -3$

이 부등식의 해가 $x\le 3$이므로 $-a<0$

따라서 $x\le\frac{3}{a}$이므로 $\frac{3}{a}=3$ $\quad\therefore a=1$ 답 ④

0344 $2x+7>-3(x+1)$에서 $2x+7>-3x-3$

$5x>-10$ $\quad\therefore x>-2$

$5-2x<a-x$에서 $-x<a-5$ $\quad\therefore x>-a+5$

두 부등식의 해가 같으므로 $-2=-a+5$ $\quad\therefore a=7$

답 ④

0345 $4(x-1)+a<3$에서 $4x-4+a<3$

$4x<7-a$ $\quad\therefore x<\frac{7-a}{4}$

$0.2x-\frac{3-x}{5}<1$의 양변에 10을 곱하면

$2x-2(3-x)<10$, $2x-6+2x<10$

$4x<16$ $\quad\therefore x<4$

두 부등식의 해가 같으므로 $\frac{7-a}{4}=4$

$7-a=16$ $\quad\therefore a=-9$ 답 ①

0346 $0.3x+5>1.1x+3$의 양변에 10을 곱하면

$3x+50>11x+30$, $-8x>-20$ $\quad\therefore x<\frac{5}{2}$

$ax<5$의 해가 $x<\frac{5}{2}$이므로 $a>0$ $\quad\therefore x<\frac{5}{a}$

두 부등식의 해가 같으므로 $\frac{5}{a}=\frac{5}{2}$

$\therefore a=2$ 답 ⑤

0347 $\frac{x+2}{10}+\frac{x}{5}>-\frac{1}{10}$의 양변에 10을 곱하면

$x+2+2x>-1$, $3x>-3$ $\quad\therefore x>-1$

$ax-3>2x-5$에서 $(a-2)x>-2$

이 부등식의 해가 $x>-1$이므로 $a-2>0$

$\therefore x>-\frac{2}{a-2}$

두 부등식의 해가 같으므로 $-\frac{2}{a-2}=-1$

$a-2=2$ $\quad\therefore a=4$ 답 4

0348 $x-a>2x$에서 $-x>a$ $\quad\therefore x<-a$

이 부등식을 만족시키는 자연수 x가 2개이려면 오른쪽 그림과 같아야 하므로

$2<-a\le 3$ $\quad\therefore -3\le a<-2$ 답 ②

0349 $5x-3\le 4x+k$에서 $x\le k+3$

이 부등식을 만족시키는 자연수 x가 1, 2뿐이려면 오른쪽 그림과 같아야 하므로

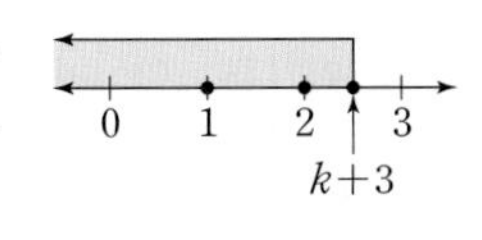

$2\le k+3<3$ $\quad\therefore -1\le k<0$

따라서 k의 최솟값은 -1이다. 답 -1

0350 $x-2>3(x+k)$에서 $x-2>3x+3k$

$-2x>3k+2$ $\quad\therefore x<-\dfrac{3k+2}{2}$

이 부등식을 만족시키는 자연수 x가 5개이려면 오른쪽 그림과 같아야 하므로

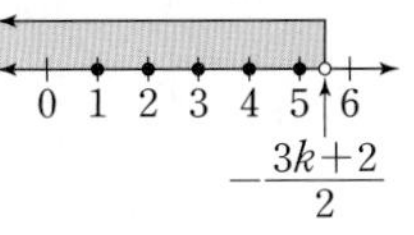

$5<-\dfrac{3k+2}{2}\le 6$, $10<-3k-2\le 12$

$12<-3k\le 14$ $\quad\therefore -\dfrac{14}{3}\le k<-4$

따라서 $m=-\dfrac{14}{3}$, $n=-4$이므로

$n-3m=-4+14=10$ 답 10

0351 $x+2a>3x$에서 $-2x>-2a$ $\quad\therefore x<a$

이 부등식을 만족시키는 자연수 x가 존재하지 않으려면 오른쪽 그림과 같아야 하므로 $a\le 1$

따라서 a의 최댓값은 1이다. 답 1

Theme 10 일차부등식의 활용 52~57쪽

0352 연속하는 두 홀수를 x, $x+2$라 하면

$3x-1\ge 2(x+2)$, $3x-1\ge 2x+4$ $\quad\therefore x\ge 5$

따라서 x의 값 중에서 가장 작은 홀수는 5이므로 구하는 두 홀수는 5, 7이다. 답 5, 7

0353 어떤 자연수를 x라 하면

$4x-6>2x+4$, $2x>10$ $\quad\therefore x>5$

따라서 가장 작은 자연수는 6이다. 답 ③

0354 연속하는 세 자연수를 $x-1$, x, $x+1$이라 하면

$(x-1)+x+(x+1)\ge 54$, $3x\ge 54$ $\quad\therefore x\ge 18$

따라서 x의 값 중에서 가장 작은 자연수는 18이므로 세 자연수는 17, 18, 19이고, 구하는 가장 작은 수는 17이다.

답 ②

0355 연속하는 세 자연수를 $x-1$, x, $x+1$이라 하면

$3(x+1)-\{(x-1)+x\}>9$

$3x+3-(2x-1)>9$, $x+4>9$ $\quad\therefore x>5$

따라서 x의 값 중에서 가장 작은 자연수는 6이므로 연속하는 세 자연수는 5, 6, 7이다. 답 5, 6, 7

0356 지선이의 네 번째 과목 시험 점수를 x점이라 하면

$\dfrac{79+84+88+x}{4}\ge 85$, $\dfrac{251+x}{4}\ge 85$

$251+x\ge 340$ $\quad\therefore x\ge 89$

따라서 네 번째 과목 시험에서 89점 이상을 받아야 한다.

답 ④

0357 네 번째 달리기의 기록을 x초라 하면

$\dfrac{10+9+12+x}{4}\le 10$, $\dfrac{31+x}{4}\le 10$

$31+x\le 40$ $\quad\therefore x\le 9$

따라서 네 번째 달리기에서 9초 이내로 들어와야 한다.

답 9초

0358 여학생의 몸무게의 평균을 x kg이라 하면 이 반 전체의 학생 수는 $15+10=25$이므로

$\dfrac{15\times 60+10x}{25}\ge 54$, $900+10x\ge 1350$

$10x\ge 450$ $\quad\therefore x\ge 45$

따라서 여학생의 몸무게의 평균은 45 kg 이상이다. 답 ②

0359 꽈배기의 수를 x라 하면 도넛의 수는 $16-x$이므로

$500(16-x)+600x\le 9000$, $5(16-x)+6x\le 90$

$80-5x+6x\le 90$ $\quad\therefore x\le 10$

따라서 꽈배기는 최대 10개까지 살 수 있다. 답 ③

0360 백합의 수를 x라 하면

$2000x+1500\le 15000$

$2000x\le 13500$ $\quad\therefore x\le \dfrac{27}{4}=6.75$

따라서 백합은 최대 6송이까지 살 수 있다. 답 6송이

0361 어른의 수를 x라 하면 어린이의 수는 $25-x$이므로

$3000x+1200(25-x)\le 40000$

$30x+300-12x\le 400$, $18x\le 100$

$\therefore x\le \dfrac{50}{9}=5.\times\times\times$

따라서 어른은 최대 5명까지 입장할 수 있다. 답 5명

0362 크림빵의 수를 x라 하면 젤리의 수는 $10-x$이므로

$500(10-x)+900x+3000\le 10000$

$400x+8000\le 10000$, $400x\le 2000$ $\quad\therefore x\le 5$

따라서 크림빵은 최대 5개까지 살 수 있다. 답 ②

0363 이용할 수 있는 인원수를 x라 하면

$15000\times 4+10000(x-4)\le 100000$

$15\times 4+10(x-4)\le 100$, $10x\le 80$ $\quad\therefore x\le 8$

따라서 최대 8명까지 이용할 수 있다. 답 ⑤

0364 주차하는 시간을 x분이라 하면

$1500+150(x-30)\le 10000$

$150+15x-450\le 1000$

$15x\le 1300$ $\quad\therefore x\le \dfrac{260}{3}=86.\times\times\times$

따라서 주차는 1분 단위로 하므로 최대 86분 동안 주차할 수 있다. 답 ①

0365 보드카페를 x분 동안 이용한다고 하면

$3000+50(x-60)\le 9000$, $50x\le 9000$ $\therefore x\le 180$

따라서 최대 180분 동안 이용할 수 있다. 답 180분

0366 예금한 개월 수를 x라 하면

$10000+3000x>25000+2000x$

$1000x>15000$ $\therefore x>15$

따라서 동생의 예금액이 형의 예금액보다 많아지는 것은 16개월 후부터이다. 답 ④

0367 매일 저금하는 금액을 x원이라 하면

$20000+25x\ge 40000$, $25x\ge 20000$ $\therefore x\ge 800$

따라서 매일 저금해야 하는 최소 금액은 800원이다. 답 ③

0368 예금한 개월 수를 x라 하면

$25000+1000x<3(5000+2000x)$, $25+x<15+6x$

$-5x<-10$ $\therefore x>2$

따라서 수환이의 예금액이 진서의 예금액의 3배보다 적어지는 것은 3개월 후부터이다. 답 3개월

0369 입장하는 사람 수를 x라 하면 입장료가 한 사람당 2500원이므로 총입장료는 $2500x$원

20명의 단체 입장권을 사면 총입장료는

$\left\{2500\times\left(1-\frac{20}{100}\right)\right\}\times 20=40000$(원)이므로

$2500x>40000$ $\therefore x>16$

따라서 17명 이상부터 20명의 단체 입장권을 사는 것이 유리하다. 답 17명

0370 정수기를 구입하여 x개월 동안 사용한다고 하면

$400000+10000x<25000x$, $400+10x<25x$

$15x>400$ $\therefore x>\frac{80}{3}=26.\times\times\times$

따라서 정수기를 구입해서 27개월 이상 사용해야 대여받는 것보다 유리하다. 답 ②

0371 자동차를 구입하여 x km 주행한다고 하면

(A 자동차에 드는 비용)$=18000000+\frac{1}{10}x\times 2400$(원),

(B 자동차에 드는 비용)$=25000000+\frac{1}{15}x\times 2400$(원)

이므로

$18000000+\frac{1}{10}x\times 2400>25000000+\frac{1}{15}x\times 2400$

$80x>7000000$ $\therefore x>87500$

따라서 최소 87500 km를 초과하여 주행해야 B 자동차를 구입하는 것이 A 자동차를 구입하는 것보다 유리하다.

답 ⑤

0372 정가를 x원이라 하면

$x\times\left(1-\frac{30}{100}\right)\ge 7000\times\left(1+\frac{15}{100}\right)$

$\frac{70}{100}x\ge 8050$ $\therefore x\ge 11500$

따라서 정가는 11500원 이상이므로 정가가 될 수 있는 것은 ⑤ 11600원이다. 답 ⑤

0373 원가를 x원이라 하면

$x\times\left(1+\frac{25}{100}\right)-1500\ge x\times\left(1+\frac{10}{100}\right)$

$\frac{15}{100}x\ge 1500$ $\therefore x\ge 10000$

따라서 모자의 원가는 10000원 이상이어야 한다.

답 10000원

0374 원가를 a원이라 하면 정가는

$a\times\left(1+\frac{20}{100}\right)=1.2a$(원)

정가에서 x% 할인하여 판매하므로

$1.2a\times\left(1-\frac{x}{100}\right)\ge a$

$a>0$이므로 양변을 a로 나누면

$1.2\times\left(1-\frac{x}{100}\right)\ge 1$

$1-\frac{x}{100}\ge\frac{5}{6}$, $-\frac{x}{100}\ge-\frac{1}{6}$ $\therefore x\le\frac{50}{3}=16.\times\times\times$

따라서 x의 값이 될 수 있는 가장 큰 자연수는 16이다.

답 ④

0375 가장 긴 변의 길이가 $(x+6)$ cm이므로

$(x+1)+(x+2)>x+6$

$2x+3>x+6$ $\therefore x>3$

따라서 x의 값이 될 수 없는 것은 ① 2, ② 3이다. 답 ①, ②

0376 사다리꼴의 윗변의 길이를 x cm라 하면

$\frac{1}{2}\times(x+7)\times 5\ge 25$, $x+7\ge 10$ $\therefore x\ge 3$

따라서 사다리꼴의 윗변의 길이는 3 cm 이상이어야 한다.

답 ②

0377 직사각형의 가로의 길이를 x cm라 하면 세로의 길이는 $(x+6)$ cm이다.

직사각형의 둘레의 길이가 100 cm 이상이므로

$2\{x+(x+6)\}\ge 100$

$2(2x+6)\ge 100$, $4x+12\ge 100$

$4x\ge 88$ $\therefore x\ge 22$

따라서 가로의 길이는 22 cm 이상이어야 한다. 답 22 cm

0378 원기둥의 높이를 h cm라 하면

$\pi\times 5^2\times 2+2\pi\times 5\times h\ge 150\pi$

$50\pi+10\pi h\ge 150\pi$, $10\pi h\ge 100\pi$ $\therefore h\ge 10$

따라서 원기둥의 높이는 10 cm 이상이어야 한다. 답 10 cm

0379 시속 3 km로 걸은 거리를 x km라 하면 시속 4 km로 걸은 거리는 $(5-x)$ km이다.

전체 걸린 시간이 1시간 30분, 즉 $1\frac{30}{60}=\frac{3}{2}$(시간) 이내이므로

$\frac{5-x}{4}+\frac{x}{3}\le\frac{3}{2}$, $3(5-x)+4x\le 18$

$15-3x+4x\le 18$ $\therefore x\le 3$

따라서 시속 3 km로 걸어간 거리는 3 km 이하이므로 시속 3 km로 걸은 거리가 될 수 없는 것은 ⑤ 4 km이다. 답 ⑤

0380 x분 동안 자전거를 탄다고 하면
$320x+380x\geq5600$, $700x\geq5600$ $\therefore x\geq8$
따라서 8분 이상 자전거를 타야 한다. 답 8분

0381 출발한 지 x분이 지났다고 하면
$4300-(240x+160x)\leq1100$
$4300-400x\leq1100$, $-400x\leq-3200$ $\therefore x\geq8$
따라서 두 사람 사이의 거리가 1.1 km 이하가 되는 것은 출발한 지 8분 후부터이다. 답 ④

0382 갈 때 걸은 거리를 x km라 하면 올 때 걸은 거리는 $(x+1)$ km이므로
$\frac{x}{3}+\frac{x+1}{4}\leq2$, $4x+3(x+1)\leq24$
$7x\leq21$ $\therefore x\leq3$
따라서 수지가 걸은 거리는 최대 $3+4=7$ (km)이다. 답 ③

0383 서점까지의 거리를 x km라 하면 서점에서 책을 사는 데 걸리는 시간은 30분, 즉 $\frac{30}{60}=\frac{1}{2}$(시간)이고, 1시간 이내로 돌아와야 하므로
$\frac{x}{3}+\frac{1}{2}+\frac{x}{3}\leq1$
$\frac{2}{3}x\leq\frac{1}{2}$ $\therefore x\leq\frac{3}{4}$
따라서 기차역에서 $\frac{3}{4}$ km 이내에 있는 서점을 이용해야 한다.
답 $\frac{3}{4}$ km

0384 자전거가 고장 난 지점을 집에서 x km 떨어진 곳이라 하면 그 지점에서 소방서까지의 거리는 $(10-x)$ km이므로
$\frac{x}{8}+\frac{10-x}{4}\leq2$
$x+2(10-x)\leq16$, $-x+20\leq16$
$-x\leq-4$ $\therefore x\geq4$
따라서 자전거가 고장 난 지점은 집에서 4 km 이상 떨어진 곳이다. 답 4 km

0385 10 %의 설탕물을 x g 섞는다고 하면 20 %의 설탕물은 $(250-x)$ g 섞어야 하므로
$\frac{10}{100}\times x+\frac{20}{100}\times(250-x)\geq\frac{15}{100}\times250$
$10x+5000-20x\geq3750$
$-10x\geq-1250$ $\therefore x\leq125$
따라서 10 %의 설탕물은 최대 125 g 섞어야 한다. 답 ③

0386 증발시킬 물의 양을 x g이라 하면 8 %의 소금물 350 g에 녹아 있는 소금의 양은 $\frac{8}{100}\times350=28$ (g)이므로
$28\geq\frac{10}{100}\times(350-x)$, $280\geq350-x$
$\therefore x\geq70$
따라서 물을 최소 70 g 증발시켜야 한다. 답 ①

0387 소금을 x g 더 넣는다고 하면
$\frac{4}{100}\times300+x\geq\frac{10}{100}\times(300+x)$
$1200+100x\geq3000+10x$, $90x\geq1800$ $\therefore x\geq20$
따라서 소금은 최소 20 g을 더 넣어야 한다. 답 20 g

0388 형의 몫을 x원이라 하면 동생의 몫은 $(80000-x)$원이므로
$2x\leq3(80000-x)$, $2x\leq240000-3x$
$5x\leq240000$ $\therefore x\leq48000$
따라서 형에게 최대 48000원을 줄 수 있다. 답 ⑤

0389 x년 후 어머니의 나이가 아들의 나이의 3배 이하가 된다고 하면
$49+x\leq3(15+x)$, $49+x\leq45+3x$
$-2x\leq-4$ $\therefore x\geq2$
따라서 어머니의 나이가 아들의 나이의 3배 이하가 되는 것은 2년 후부터이다. 답 ①

0390 일의 자리의 숫자를 x라 하면 십의 자리의 숫자는 $11-x$이므로
$3(11-x)<x$, $33-3x<x$, $-4x<-33$
$\therefore x>\frac{33}{4}=8.25$
이때 x는 한 자리의 자연수이므로 9이다.
따라서 구하는 자연수는 29이다. 답 29

0391 먹어야 하는 식품 A의 양을 x g이라 하면 식품 B의 양은 $(400-x)$ g이므로
$0.4x+0.2\times(400-x)\geq100$, $4x+(800-2x)\geq1000$
$2x\geq200$ $\therefore x\geq100$
따라서 먹어야 하는 식품 A의 양은 최소 100 g이다.
답 100 g

유형모아 Theme 08 부등식과 일차부등식 1차 58쪽

0392 ②는 등식, ④는 다항식이다. 답 ②, ④

0393 ① $4\times3-12>0$ (거짓) ② $-3\times3+1\geq4$ (거짓)
③ $2\times3-4\leq0$ (거짓) ④ $10-3\times3>0$ (참)
⑤ $\frac{-3+4}{3}<0$ (거짓) 답 ④

0394 $x<-1$일 때
① $x+1 \boxed{<} 0$
② $2x \boxed{<} -2$
③ $-2x>2$ $\therefore -4-2x \boxed{>} -2$
④ $\frac{x}{2} \boxed{<} -\frac{1}{2}$
⑤ $-x>1$ $\therefore -(-x) \boxed{<} -1$ 답 ③

0395 ① $3-2x>7$에서 $-2x-4>0$이므로 일차부등식이다.
② $2x+5>2+2x$에서 $3>0$이므로 일차부등식이 아니다.
③ $3x-4\leq2x-4$에서 $x\leq0$이므로 일차부등식이다.
④ $x+2>-x+2$에서 $2x>0$이므로 일차부등식이다.
⑤ $3x^2-2x\leq x^2+2(x^2+4)$에서
$3x^2-2x\leq3x^2+8$ $\therefore -2x-8\leq0$
따라서 일차부등식이다. 답 ②

0396 $x+7<2x+5$에서 $-x<-2$ $\quad\therefore x>2$
따라서 해를 수직선 위에 나타내면 ②와 같다. 답 ②

0397 $-1\le x\le 2$이므로 $-6\le -3x\le 3$
$-2\le -3x+4\le 7$
$\therefore -1\le \dfrac{-3x+4}{2}\le \dfrac{7}{2}$
따라서 $a=-1$, $b=\dfrac{7}{2}$이므로 $a+2b=6$ 답 ⑤

0398 $A=\dfrac{1}{3}(12-9x)=4-3x$
$-2\le x<1$에서 $-3<-3x\le 6$
$\therefore 1<-3x+4\le 10$, 즉 $1<A\le 10$
따라서 $M=10$, $m=2$이므로 $M+m=12$ 답 12

유형모아 Theme 08 부등식과 일차부등식 2회 59쪽

0399 ①은 등식, ④는 다항식이다. 답 ①, ④

0400 '작지 않다.'는 '크거나 같다.'이므로 $3x+5\ge 4(x-2)$ 답 ③

0401 ① $3\times 0-1\le 5$ (참) ② $10-3\times 2\ge 2$ (참)
③ $-3-6<2\times(-3)$ (참) ④ $2\times 1+3<7$ (참)
⑤ $2\times(1+1)<1$ (거짓) 답 ⑤

0402 $a>b$일 때
① $a+2>b+2$
② $c<0$이면 $ac<bc$
③ $\dfrac{a}{2}>\dfrac{b}{2}$ $\quad\therefore \dfrac{a}{2}-1>\dfrac{b}{2}-1$
④ $-a<-b$ $\quad\therefore c-a<c-b$
⑤ $-\dfrac{1}{3}+a>-\dfrac{1}{3}+b$ 답 ③

0403 $-3<x\le 1$에서 $-6<2x\le 2$
$\therefore -9<2x-3\le -1$
따라서 $a=-9$, $b=-1$이므로 $a+b=-10$ 답 ①

0404 $3x+4=x$에서 $2x=-4$ $\quad\therefore x=-2$
$x=-2$일 때 참인 부등식을 고른다.
ㄱ. $4\ge 4$ (참) ㄴ. $\dfrac{5}{2}\ge 1$ (참)
ㄷ. $-1<-\dfrac{3}{2}$ (거짓) ㄹ. $2<1$ (거짓)
따라서 구하는 부등식은 ㄱ, ㄴ이다. 답 ①

0405 $26-3x\ge 3+2x$에서 $-5x\ge -23$
$\therefore x\le \dfrac{23}{5}=4.6$
따라서 주어진 부등식을 만족시키는 자연수 x는 1, 2, 3, 4이므로 그 합은 $1+2+3+4=10$ 답 ③

유형모아 Theme 09 일차부등식의 풀이 1회 60쪽

0406 $2(x-3)\le 3(x-5)$에서 $2x-6\le 3x-15$
$-x\le -9$ $\quad\therefore x\ge 9$ $\quad\therefore a=9$ 답 ④

0407 양변에 6을 곱하면 $24+(3x-1)\ge 2(2x+1)+18$
$3x+23\ge 4x+20$, $-x\ge -3$ $\quad\therefore x\le 3$
따라서 해를 수직선 위에 바르게 나타낸 것은 ③이다. 답 ③

0408 양변에 20을 곱하면 $5x-24<6x-18$
$-x<6$ $\quad\therefore x>-6$ 답 ③

0409 $(4-a)x\ge 2a-8$에서 $(4-a)x\ge -2(4-a)$
$a>4$이므로 $4-a<0$ $\quad\therefore x\le -2$ 답 $x\le -2$

0410 $4x-3<-6$에서 $4x<-3$ $\quad\therefore x<-\dfrac{3}{4}$
$-3x+a>3-x$에서 $-2x>-a+3$ $\quad\therefore x<\dfrac{a-3}{2}$
두 부등식의 해가 같으므로 $\dfrac{a-3}{2}=-\dfrac{3}{4}$
$a-3=-\dfrac{3}{2}$ $\quad\therefore a=\dfrac{3}{2}$ 답 ④

0411 양변에 2를 곱하면 $3x-1-2a\ge 2x+4$
$\therefore x\ge 2a+5$
이 부등식의 해가 $x\ge 3$이므로
$2a+5=3$, $2a=-2$ $\quad\therefore a=-1$ 답 -1

0412 $2(3x-a)>7x-1$에서 $6x-2a>7x-1$
$-x>2a-1$ $\quad\therefore x<-2a+1$
이 부등식을 만족시키는 자연수 x가 5개이려면 오른쪽 그림과 같아야 하므로
$5<-2a+1\le 6$, $4<-2a\le 5$
$\therefore -\dfrac{5}{2}\le a<-2$ 답 ②

유형모아 Theme 09 일차부등식의 풀이 2회 61쪽

0413 ① 분배법칙을 이용하여 괄호를 푼다.
② x항을 좌변으로, 상수항을 우변으로 이항한다.
③ 동류항을 정리한다.
④ 부등식의 양변을 같은 음수로 나누면 부등호의 방향이 바뀐다. $\quad\therefore x\ge -1$
⑤ 수직선 위에 부등식의 해를 나타내면 오른쪽 그림과 같다.

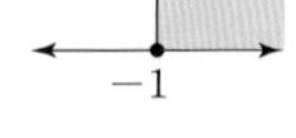

따라서 처음으로 틀린 곳은 ④이다. 답 ④

0414 양변에 6을 곱하면 $3x+9>4x$
$-x>-9$ $\quad\therefore x<9$
따라서 자연수 x는 1, 2, 3, ⋯, 8의 8개이다. 답 ④

0415 양변에 10을 곱하면 $(x-4)-3(x+1)>-15$
$x-4-3x-3>-15$, $-2x-7>-15$
$-2x>-8$ $\quad\therefore x<4$
따라서 자연수 x는 1, 2, 3이므로 그 합은
$1+2+3=6$ 답 ③

0416 $a-3x>-2x-1$에서 $-x>-a-1$ $\quad\therefore x<a+1$
이 부등식의 해가 $x<5$이므로 $a+1=5$ $\quad\therefore a=4$ 답 4

0417 $\frac{x+2}{3}-\frac{x-1}{2}\geq 1$의 양변에 6을 곱하면
$2(x+2)-3(x-1)\geq 6$, $2x+4-3x+3\geq 6$
$-x\geq -1 \quad \therefore x\leq 1$
$2x\leq 1+a$에서 $x\leq \frac{1+a}{2}$
두 부등식의 해가 같으므로 $\frac{1+a}{2}=1$
$1+a=2 \quad \therefore a=1$ 답 ③

0418 $4-2a<a+1$에서 $-3a<-3 \quad \therefore a>1$
$3ax+a<3x+1$에서 $3ax-3x<-a+1$
$3(a-1)x<-(a-1)$
$a>1$이므로 $a-1>0 \quad \therefore x<-\frac{1}{3}$ 답 $x<-\frac{1}{3}$

0419 양변에 6을 곱하면 $6+3(x+a)\leq 4x+9$
$6+3x+3a\leq 4x+9$, $-x\leq 3-3a \quad \therefore x\geq 3a-3$
이 부등식의 해가 $x\geq 3$이므로
$3a-3=3$, $3a=6 \quad \therefore a=2$ 답 ④

유형모아 Theme 10 일차부등식의 활용 1회 62쪽

0420 문구 세트 1개에 넣을 수 있는 연필의 수를 x라 하면 문구 세트 1개의 가격은 $(200+300x)$원이므로
$4(200+300x)\leq 10000$, $200+300x\leq 2500$
$300x\leq 2300 \quad \therefore x\leq \frac{23}{3}=7.\times\times\times$
따라서 연필은 최대 7자루까지 넣을 수 있다. 답 ③

0421 연속하는 세 개의 3의 배수를 x, $x+3$, $x+6$이라 하면
$x+(x+3)+(x+6)\geq 50$
$3x+9\geq 50 \quad \therefore x\geq \frac{41}{3}=13.\times\times\times$
x는 3의 배수이므로 가장 작은 x는 15이다.
따라서 가장 작은 세 자연수는 15, 18, 21이다.
답 15, 18, 21

0422 저축한 개월 수를 x라 하면
$50000+15000x>2(70000+5000x)$
$50000+15000x>140000+10000x$
$5000x>90000 \quad \therefore x>18$
따라서 정우의 저축액이 수진이의 저축액의 2배보다 많아지는 것은 19개월 후부터이다. 답 ④

0423 원뿔의 높이를 x cm라 하면
$\frac{1}{3}\times 25\pi\times x\geq 100\pi$, $\frac{1}{3}x\geq 4 \quad \therefore x\geq 12$
따라서 원뿔의 높이는 최소 12 cm이어야 한다. 답 ③

0424 집에서 상점까지의 거리를 x m라 하면
$\frac{x}{30}+15+\frac{x}{60}\leq 50$, $2x+900+x\leq 3000$
$3x\leq 2100 \quad \therefore x\leq 700$
따라서 집에서 상점까지의 거리는 700 m 이내이다. 답 ③

0425 더 넣을 물의 양을 x g이라 하면 20 %의 소금물 600 g에 녹아 있는 소금의 양은 $\frac{20}{100}\times 600=120$ (g)이므로
$120\leq \frac{12}{100}\times(600+x)$, $12000\leq 7200+12x$
$12x\geq 4800 \quad \therefore x\geq 400$
따라서 물을 최소 400 g 더 넣어야 한다. 답 400 g

0426 (정가)$=10000\times\left(1+\frac{30}{100}\right)=13000$(원)
정가에서 x % 할인하여 판매한다고 하면
$13000\times\left(1-\frac{x}{100}\right)\geq 10000\times\left(1+\frac{17}{100}\right)$
$13000-130x\geq 11700$, $-130x\geq -1300$
$\therefore x\leq 10$
따라서 최대 10 %까지 할인하여 판매할 수 있다. 답 10 %

유형모아 Theme 10 일차부등식의 활용 2회 63쪽

0427 수학 시험 점수를 x점이라 하면
$x\geq \frac{74+82+x}{3}$, $3x\geq 156+x$
$2x\geq 156 \quad \therefore x\geq 78$
따라서 수학 시험에서 78점 이상을 받아야 한다. 답 78점

0428 다운로드할 수 있는 영화 파일의 수를 x라 하면 드라마 파일의 수는 $10-x$이므로
$2000(10-x)+3000x<27000$
$20000-2000x+3000x<27000$
$1000x<7000 \quad \therefore x<7$
따라서 다운로드할 수 있는 영화 파일은 최대 6개이다.
답 ④

0429 추가로 현상하는 사진을 x장이라 하면 현상하는 사진은 $(6+x)$장이므로
$15000+1500x\leq 2000(6+x)$
$15000+1500x\leq 12000+2000x$
$-500x\leq -3000 \quad \therefore x\geq 6$
따라서 6장 이상을 추가로 현상해야 한다. 답 6장

0430 입장하는 사람 수를 x라 하면
$20000x>20000\times\left(1-\frac{25}{100}\right)\times 30 \quad \therefore x>\frac{45}{2}=22.5$
따라서 23명 이상부터 30명의 단체 입장권을 사는 것이 유리하다. 답 ③

0431 윗변의 길이를 x cm, 아랫변의 길이를 $(x+2)$ cm라 하면
$\frac{1}{2}\times\{x+(x+2)\}\times 5\geq 45$
$5(x+1)\geq 45$, $x+1\geq 9 \quad \therefore x\geq 8$
따라서 윗변의 길이는 8 cm 이상이다. 답 ②

0432 걷는 거리를 x m라 하면 뛰는 거리는 $(4000-x)$ m이므로
$\frac{x}{40}+\frac{4000-x}{120}\leq 70$, $3x+(4000-x)\leq 8400$

$2x \le 4400$ $\therefore x \le 2200$

따라서 걷는 거리는 최대 2200 m, 즉 2.2 km이어야 한다.

답 2.2 km

0433 전체 일의 양을 1이라 하면 어른 한 명이 하루 동안 할 수 있는 일의 양은 $\frac{1}{5}$이고, 어린이 한 명이 하루 동안 할 수 있는 일의 양은 $\frac{1}{8}$이다.

어른을 x명이라 하면 어린이는 $(7-x)$명이므로

$\frac{1}{5}x+\frac{1}{8}\times(7-x)\ge1$, $8x+5(7-x)\ge40$

$8x+35-5x\ge40$, $3x\ge5$ $\therefore x\ge\frac{5}{3}$

이때 x는 자연수이므로 어른은 최소 2명이 필요하다.

답 2명

중단원 마무리 64~65쪽

0434 ㄱ, ㄴ은 등식, ㅁ은 다항식이다. 답 ④

0435 ④ $\frac{x}{100}\times300\le15$ 답 ④

0436 $-3<x<6$에서 $-2<-\frac{1}{3}x<1$, $3<5-\frac{1}{3}x<6$

$\therefore 3<A<6$

따라서 $m=3$, $n=6$이므로 $m+n=9$ 답 9

0437 양변에 4를 곱하면 $2x\ge4ax+20+3x$

$(4a+1)x+20\le0$

일차부등식이 되려면 $4a+1\ne0$

$\therefore a\ne-\frac{1}{4}$ 답 ④

0438 $(a-3)x+4<1$에서 $(a-3)x<-3$

이 부등식의 해가 $x>3$이므로 $a-3<0$

따라서 $x>-\frac{3}{a-3}$이므로

$-\frac{3}{a-3}=3$, $3(a-3)=-3$, $a-3=-1$

$\therefore a=2$ 답 ④

0439 양변에 10을 곱하면 $3(x+a)<2x+6$

$3x+3a<2x+6$ $\therefore x<-3a+6$

이 부등식을 만족시키는 자연수가 존재하지 않으려면 오른쪽 그림과 같아야 하므로

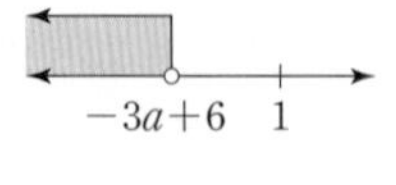

$-3a+6\le1$, $-3a\le-5$ $\therefore a\ge\frac{5}{3}$

따라서 정수 a의 최솟값은 2이다. 답 2

0440 백합을 x송이 산다면 수국은 $(20-x)$송이 살 수 있으므로

$800(20-x)+1200x\le20000$

$400x+16000\le20000$, $400x\le4000$ $\therefore x\le10$

따라서 백합은 최대 10송이까지 살 수 있다. 답 ③

0441 주차한 시간을 x분이라 하면 1시간 30분을 초과한 시간은 $(x-90)$분이므로

$2000+200\times\frac{x-90}{10}\le5000$

$2000+20(x-90)\le5000$

$20x+200\le5000$, $20x\le4800$ $\therefore x\le240$

따라서 최대 240분, 즉 4시간 동안 주차할 수 있다. 답 ⑤

0442 세로의 길이를 x m라 하면 가로의 길이는 $(50-2x)$ m이므로

$50-2x\ge x+5$, $-3x\ge-45$

$\therefore x\le15$

따라서 세로의 길이는 15 m 이하이므로 세로의 길이가 될 수 없는 것은 ⑤ 16 m이다. 답 ⑤

0443 집에서 박물관까지의 거리를 x km라 하면

$\frac{x}{90}-\frac{x}{150}\ge\frac{12}{60}$, $5x-3x\ge90$ $\therefore x\ge45$

따라서 시속 90 km로 달리면 최소 $\frac{45}{90}=\frac{1}{2}$(시간), 즉 30분이 걸린다. 답 30분

0444 $\frac{2x+1}{4}-\frac{x-5}{3}\le1$에서

$3(2x+1)-4(x-5)\le12$

$6x+3-4x+20\le12$, $2x\le-11$

$\therefore x\le-\frac{11}{2}$

이를 만족시키는 가장 큰 정수는 -6이므로

$a=-6$ …❶

$0.3x+0.4<0.5x-0.6$에서

$3x+4<5x-6$, $-2x<-10$ $\therefore x>5$

이를 만족시키는 가장 작은 정수는 6이므로 $b=6$ …❷

$\therefore \frac{a}{b}=\frac{-6}{6}=-1$ …❸

답 -1

채점 기준	배점
❶ a의 값 구하기	40 %
❷ b의 값 구하기	40 %
❸ $\frac{a}{b}$의 값 구하기	20 %

0445 x시간 후에 제주도가 태풍의 영향권에 들어간다고 하면

$60x+100\ge520$ …❶

$60x\ge420$ $\therefore x\ge7$ …❷

따라서 7시간 후부터 태풍의 영향권에 들어간다. …❸

답 7시간

채점 기준	배점
❶ 부등식 세우기	50 %
❷ 부등식 풀기	30 %
❸ 태풍의 영향권에 들어가기 시작하는 것은 몇 시간 후부터인지 구하기	20 %

05. 미지수가 2개인 연립방정식

핵심 유형 66~75쪽

Theme 11 미지수가 2개인 연립방정식 66~68쪽

0446 우변의 모든 항을 좌변으로 이항하여 정리하면

ㄱ. $x-2y=2(3+y)$에서 $x-4y-6=0$

ㄴ. $\frac{3}{x}-\frac{4}{y}=1$에서 $\frac{3}{x}-\frac{4}{y}-1=0$

ㄷ. $x^2+5y=4$에서 $x^2+5y-4=0$

ㄹ. $3x+y(y-2)=y^2-2$에서 $3x-2y+2=0$

따라서 미지수가 2개인 일차방정식은 ㄱ, ㄹ이다. 답 ②

0447 $2(x-2y)=x+ay+3$에서

$2x-4y=x+ay+3$, $x+(-4-a)y-3=0$

이 식이 미지수가 2개인 일차방정식이 되려면

$-4-a\neq0$ $\therefore a\neq-4$ 답 ①

0448 소 x마리의 다리의 수는 $4x$, 오리 y마리의 다리의 수는 $2y$이므로 $4x+2y=56$ 답 $4x+2y=56$

0449 ② $2\times(-1)-3\times3\neq11$

⑤ $2\times7-3\times2\neq11$ 답 ②, ⑤

0450 x, y가 자연수일 때, $4x+3y=30$의 해는 $(3, 6)$, $(6, 2)$이다. 답 $(3, 6)$, $(6, 2)$

0451 $x=3$, $y=-2$를 각 방정식에 대입하면

ㄱ. $-3+(-2)\neq-1$ ㄴ. $2\times3+3\times(-2)\neq5$

ㄷ. $3+4\times(-2)=-5$ ㄹ. $4\times3-3\times(-2)=18$

따라서 $x=3$, $y=-2$를 해로 갖는 일차방정식은 ㄷ, ㄹ이다. 답 ㄷ, ㄹ

0452 x, y가 음이 아닌 정수일 때, $x+2y=8$의 해는 $(0, 4)$, $(2, 3)$, $(4, 2)$, $(6, 1)$, $(8, 0)$의 5개이고 $2x+3y=12$의 해는 $(0, 4)$, $(3, 2)$, $(6, 0)$의 3개이다.

따라서 $a=5$, $b=3$이므로 $a+b=8$ 답 8

0453 $x=3$, $y=-2$를 $ax-2y=13$에 대입하면

$3a+4=13$, $3a=9$ $\therefore a=3$ 답 ③

0454 $x=4$, $y=4$를 $4x+ay-12=0$에 대입하면

$16+4a-12=0$, $4a=-4$ $\therefore a=-1$

따라서 $x=2$를 $4x-y-12=0$에 대입하면

$8-y-12=0$ $\therefore y=-4$ 답 ①

0455 $x=a$, $y=3$을 $5x-4y=3$에 대입하면

$5a-12=3$, $5a=15$ $\therefore a=3$

$x=b$, $y=b-1$을 $5x-4y=3$에 대입하면

$5b-4(b-1)=3$, $b+4=3$ $\therefore b=-1$

$\therefore a+b=2$ 답 2

0456 x, y가 자연수일 때, $2x+3y=7$의 해는 $(2, 1)$이다.

$x=2$, $y=1$을 $ax-2y=6$에 대입하면

$2a-2=6$, $2a=8$ $\therefore a=4$ 답 4

0457 가로의 길이가 세로의 길이보다 3 cm 더 길므로 $x=y+3$

직사각형의 둘레의 길이가 42 cm이므로 $x+y=21$

$\therefore \begin{cases} x=y+3 \\ x+y=21 \end{cases}$ 답 ④

0458 체험 학습을 가기 위해 버스를 탄 학생이 25명이므로

$x+y=25$

버스 요금의 총액이 22200원이므로 $720x+1000y=22200$

$\therefore \begin{cases} x+y=25 \\ 720x+1000y=22200 \end{cases}$ 답 $\begin{cases} x+y=25 \\ 720x+1000y=22200 \end{cases}$

0459 같은 방향으로 돌면 30분 후에 처음으로 만나므로

$30x-30y=1500$

반대 방향으로 돌면 6분 후에 처음으로 만나므로

$6x+6y=1500$ 답 ②, ③

0460 $x=2$, $y=3$을 각 연립방정식에 대입하면

ㄱ. $\begin{cases} 2+3=5 \\ 2-3=-1 \end{cases}$ ㄴ. $\begin{cases} 2\times2+3=7 \\ 3\times2-3=3 \end{cases}$

ㄷ. $\begin{cases} 2\times2-3=1 \\ 2-2\times3\neq-1 \end{cases}$ ㄹ. $\begin{cases} 3\times2-2\times3\neq1 \\ 3=2+1 \end{cases}$

따라서 $x=2$, $y=3$을 해로 갖는 연립방정식은 ㄱ, ㄴ이다. 답 ①

0461 $x=-6$, $y=-4$를 각 일차방정식에 대입하면

ㄱ. $-6-3\times(-4)=6$

ㄴ. $2\times(-6)-5\times(-4)\neq7$

ㄷ. $4\times(-6)-3\times(-4)=-12$

ㄹ. $5\times(-6)-4\times(-4)\neq-16$

$\therefore \begin{cases} x-3y=6 \\ 4x-3y=-12 \end{cases}$ 답 $\begin{cases} x-3y=6 \\ 4x-3y=-12 \end{cases}$

0462 x, y가 자연수일 때,

$x+2y=5$의 해는 $(1, 2)$, $(3, 1)$

$4x+y=13$의 해는 $(1, 9)$, $(2, 5)$, $(3, 1)$

따라서 연립방정식의 해는 $(3, 1)$ 답 ⑤

0463 $x=-1$, $y=6$을 $ax+y=2$에 대입하면

$-a+6=2$ $\therefore a=4$

$x=-1$, $y=6$을 $2x-by=16$에 대입하면

$-2-6b=16$, $-6b=18$ $\therefore b=-3$ 답 ④

0464 $x=2$, $y=b$를 $3x+4y=2$에 대입하면

$6+4b=2$, $4b=-4$ $\therefore b=-1$

$x=2$, $y=-1$을 $ax+5y=-1$에 대입하면

$2a-5=-1$, $2a=4$ $\therefore a=2$

$\therefore ab=-2$ 답 -2

0465 $x=a$, $y=-1$을 $x-5y=2$에 대입하면

$a+5=2$ $\therefore a=-3$

$x=-3$, $y=-1$을 $2x-13y=b$에 대입하면

$-6+13=b$ $\therefore b=7$

$\therefore a-b=-10$ 답 -10

워크북

0466 $x=b$, $y=2b+2$를 $-3x+y=1$에 대입하면
$-3b+2b+2=1$, $-b=-1$ $\therefore b=1$
$x=1$, $y=4$를 $ax-2y=-1$에 대입하면
$a-8=-1$ $\therefore a=7$ $\therefore a+b=8$ 답 8

Theme 12 연립방정식의 풀이 69~72쪽

0467 $\begin{cases} y=x+2 & \cdots\cdots ㉠ \\ 3x+y=10 & \cdots\cdots ㉡ \end{cases}$
㉠을 ㉡에 대입하면
$3x+(x+2)=10$, $4x=8$ $\therefore x=2$
$x=2$를 ㉠에 대입하면 $y=4$
따라서 $a=2$, $b=4$이므로 $a^2+b^2=4+16=20$ 답 ④

0468 ① ㈎ : $-4x+2$ 답 ①

0469 ㉠을 ㉡에 대입하면
$2(-4y+1)+3y=7$, $-5y=5$
$\therefore k=-5$ 답 ①

0470 $\begin{cases} 2x=5y+4 & \cdots\cdots ㉠ \\ 2x-9y=12 & \cdots\cdots ㉡ \end{cases}$
㉠을 ㉡에 대입하면
$5y+4-9y=12$, $-4y=8$ $\therefore y=-2$
$y=-2$를 ㉠에 대입하면
$2x=-10+4$ $\therefore x=-3$
따라서 $a=-3$, $b=-2$이므로 $ab=6$ 답 ③

0471 $y=3x-1$을 $4y-x=7$에 대입하면
$4(3x-1)-x=7$, $12x-4-x=7$, $11x=11$
$\therefore x=1$
$x=1$을 $y=3x-1$에 대입하면 $y=2$
$\therefore x+y=3$ 답 ②

0472 $\begin{cases} y=2x-7 & \cdots\cdots ㉠ \\ y=4x-3 & \cdots\cdots ㉡ \end{cases}$
㉠을 ㉡에 대입하면
$2x-7=4x-3$, $-2x=4$ $\therefore x=-2$
$x=-2$를 ㉠에 대입하면 $y=-11$
$x=-2$, $y=-11$을 $6x+ky-10=0$에 대입하면
$-12-11k-10=0$, $-11k=22$
$\therefore k=-2$ 답 -2

0473 $\begin{cases} 3x+2y=11 & \cdots\cdots ㉠ \\ y=-x+5 & \cdots\cdots ㉡ \end{cases}$
㉡을 ㉠에 대입하면
$3x+2(-x+5)=11$, $3x-2x+10=11$ $\therefore x=1$
$x=1$을 ㉡에 대입하면 $y=4$
$x=1$, $y=4$를 각각의 일차방정식에 대입하면
ㄱ. $1+2\times4\neq5$ ㄴ. $2\times1+4=6$
ㄷ. $3\times1+4\times4\neq20$ ㄹ. $5\times1-3\times4=-7$
따라서 $x=1$, $y=4$를 한 해로 갖는 것은 ㄴ, ㄹ이다.
답 ㄴ, ㄹ

0474 $\begin{cases} 3x+5y=4 & \cdots\cdots ㉠ \\ 6x+y=-10 & \cdots\cdots ㉡ \end{cases}$
㉠$\times2-$㉡을 하면 $9y=18$ $\therefore y=2$
$y=2$를 ㉠에 대입하면
$3x+10=4$, $3x=-6$ $\therefore x=-2$
따라서 $a=-2$, $b=2$이므로 $a-b=-4$ 답 ①

0475 ㉠$\times5$, ㉡$\times3$을 하면 x의 계수가 15로 같아지므로
㉠$\times5-$㉡$\times3$을 하면 x를 소거할 수 있다. 답 ④

0476 $\begin{cases} 3x+4y=6 & \cdots\cdots ㉠ \\ 4x-3y=-17 & \cdots\cdots ㉡ \end{cases}$
㉠$\times3+$㉡$\times4$를 하면 $25x=-50$ $\therefore a=25$ 답 25

0477 ㉠$\times4$를 하면 $8x+12y=28$ $\cdots\cdots$ ㉢
㉡$\times3$을 하면 $15x+3ay=18$ $\cdots\cdots$ ㉣
㉢$+$㉣을 하면 $23x+(12+3a)y=46$
이때 y가 소거되므로
$12+3a=0$, $3a=-12$ $\therefore a=-4$ 답 ②

0478 ①, ②, ③, ④ $x=1$, $y=-1$
⑤ $\begin{cases} 5x+2y=7 & \cdots\cdots ㉠ \\ 3x-4y=-1 & \cdots\cdots ㉡ \end{cases}$
㉠$\times2+$㉡을 하면 $13x=13$ $\therefore x=1$
$x=1$을 ㉠에 대입하면
$5+2y=7$, $2y=2$ $\therefore y=1$
따라서 해가 나머지 넷과 다른 하나는 ⑤이다. 답 ⑤

0479 재준 : ㉡의 양변을 2로 나누면 $2x+y=3$
이 식을 다시 6배 한 식은 $12x+6y=18$
이 식과 ㉠을 변끼리 더하면 $17x=34$이므로 y를 소거하여 풀 수 있다.
따라서 연립방정식을 잘못 푼 학생은 재준이다. 답 재준

0480 $\begin{cases} 3x+4y=2 & \cdots\cdots ㉠ \\ 2x+5y=-1 & \cdots\cdots ㉡ \end{cases}$
㉠$\times2-$㉡$\times3$을 하면 $-7y=7$ $\therefore y=-1$
$y=-1$을 ㉠에 대입하면
$3x-4=2$, $3x=6$ $\therefore x=2$
$x=2$, $y=-1$을 $x-2y=a$에 대입하면
$2+2=a$ $\therefore a=4$ 답 4

0481 $\begin{cases} 2(2x-y)-3=3-2x \\ 3(x-y-1)=-2(x+1) \end{cases}$을 정리하면
$\begin{cases} 3x-y=3 & \cdots\cdots ㉠ \\ 5x-3y=1 & \cdots\cdots ㉡ \end{cases}$
㉠$\times3-$㉡을 하면 $4x=8$ $\therefore x=2$
$x=2$를 ㉠에 대입하면 $6-y=3$ $\therefore y=3$
$x=2$, $y=3$을 $ax-3y=5$에 대입하면
$2a-9=5$, $2a=14$ $\therefore a=7$ 답 7

0482 $\begin{cases} 2x-3(y+1)=3 \\ 4(y-x)-2y=4 \end{cases}$를 정리하면
$\begin{cases} 2x-3y=6 & \cdots\cdots ㉠ \\ -2x+y=2 & \cdots\cdots ㉡ \end{cases}$

㉠+㉡을 하면 $-2y=8$ $\therefore y=-4$

$y=-4$를 ㉡에 대입하면

$-2x-4=2,\ -2x=6$ $\therefore x=-3$ 답 ②

0483 $\begin{cases} 3(x+y+1)+y=5 \\ 2x+5(y-a)=-11 \end{cases}$을 정리하면

$\begin{cases} 3x+4y=2 & \cdots\cdots ㉠ \\ 2x+5y=5a-11 & \cdots\cdots ㉡ \end{cases}$

$x=2,\ y=b$를 ㉠에 대입하면

$6+4b=2,\ 4b=-4$ $\therefore b=-1$

$x=2,\ y=-1$을 ㉡에 대입하면

$4-5=5a-11,\ 5a=10$ $\therefore a=2$

$\therefore a+b=1$ 답 ③

0484 $2-\{x-y-(5x+2y)+6\}=5$에서

$2-(x-y-5x-2y+6)=5,\ 2+4x+3y-6=5$

$\therefore 4x+3y=9$

즉, $\begin{cases} 3(x-2y-1)=2(9-x) \\ 2-\{x-y-(5x+2y)+6\}=5 \end{cases}$를 정리하면

$\begin{cases} 5x-6y=21 & \cdots\cdots ㉠ \\ 4x+3y=9 & \cdots\cdots ㉡ \end{cases}$

㉠+㉡×2를 하면 $13x=39$ $\therefore x=3$

$x=3$을 ㉠에 대입하면

$15-6y=21,\ -6y=6$ $\therefore y=-1$

따라서 $a=3,\ b=-1$이므로 $ab=-3$ 답 ①

0485 $\begin{cases} \dfrac{x}{3}+y=-\dfrac{1}{2} & \cdots\cdots ㉠ \\ \dfrac{x}{4}-\dfrac{y-1}{2}=2 & \cdots\cdots ㉡ \end{cases}$

㉠×6을 하면 $2x+6y=-3$ ······ ㉢

㉡×4를 하면 $x-2(y-1)=8$

$\therefore x-2y=6$ ······ ㉣

㉢−㉣×2를 하면 $10y=-15$ $\therefore y=-\dfrac{3}{2}$

$y=-\dfrac{3}{2}$을 ㉣에 대입하면 $x+3=6$ $\therefore x=3$

따라서 $a=3,\ b=-\dfrac{3}{2}$이므로

$2ab=2\times3\times\left(-\dfrac{3}{2}\right)=-9$ 답 -9

0486 $\begin{cases} 0.4x+0.5y=2.6 & \cdots\cdots ㉠ \\ 0.06x-0.07y=0.1 & \cdots\cdots ㉡ \end{cases}$

㉠×10을 하면 $4x+5y=26$ ······ ㉢

㉡×100을 하면 $6x-7y=10$ ······ ㉣

㉢×3−㉣×2를 하면 $29y=58$ $\therefore y=2$

$y=2$를 ㉣에 대입하면 $6x-14=10,\ 6x=24$ $\therefore x=4$

따라서 $a=4,\ b=2$이므로 $a-b=2$ 답 2

0487 $\begin{cases} 0.3x-\dfrac{x-y}{5}=-\dfrac{1}{5} & \cdots\cdots ㉠ \\ \dfrac{x+2y}{5}-\dfrac{2y+1}{3}=0.6 & \cdots\cdots ㉡ \end{cases}$

㉠×10을 하면 $3x-2(x-y)=-2$

$\therefore x+2y=-2$ ······ ㉢

㉡×30을 하면 $6(x+2y)-10(2y+1)=18$

$6x+12y-20y-10=18$

$\therefore 3x-4y=14$ ······ ㉣

㉢×2+㉣을 하면 $5x=10$ $\therefore x=2$

$x=2$를 ㉢에 대입하면

$2+2y=-2,\ 2y=-4$ $\therefore y=-2$

따라서 $a=2,\ 1-b=-2$이므로 $b=3$

$\therefore a+b=5$ 답 5

0488 $\begin{cases} 0.6x+0.5y=1 & \cdots\cdots ㉠ \\ 0.\dot{3}x-0.\dot{4}y=3.\dot{4} & \cdots\cdots ㉡ \end{cases}$

㉠×10을 하면 $6x+5y=10$ ······ ㉢

㉡에서 $\dfrac{3}{9}x-\dfrac{4}{9}y=\dfrac{31}{9}$

$\therefore 3x-4y=31$ ······ ㉣

㉢−㉣×2를 하면 $13y=-52$ $\therefore y=-4$

$y=-4$를 ㉢에 대입하면

$6x-20=10,\ 6x=30$ $\therefore x=5$ 답 $x=5,\ y=-4$

0489 $\begin{cases} (x+y):(x-y)=1:3 & \cdots\cdots ㉠ \\ 4x+3y=10 & \cdots\cdots ㉡ \end{cases}$

㉠에서 $x-y=3(x+y),\ x-y=3x+3y$

$2x=-4y$ $\therefore x=-2y$ ······ ㉢

㉢을 ㉡에 대입하면

$-8y+3y=10,\ -5y=10$ $\therefore y=-2$

$y=-2$를 ㉢에 대입하면 $x=4$

따라서 $a=4,\ b=-2$이므로 $ab=-8$ 답 ③

0490 $\begin{cases} (x+2):(5x-y)=1:2 & \cdots\cdots ㉠ \\ 3x-2y=-1 & \cdots\cdots ㉡ \end{cases}$

㉠에서 $5x-y=2(x+2),\ 5x-y=2x+4$

$\therefore 3x-y=4$ ······ ㉢

㉡−㉢을 하면 $-y=-5$ $\therefore y=5$

$y=5$를 ㉢에 대입하면

$3x-5=4,\ 3x=9$ $\therefore x=3$ 답 $x=3,\ y=5$

0491 $\begin{cases} 2(3x-y)-1=3(x+y-5) & \cdots\cdots ㉠ \\ 2x:3y=4:5 & \cdots\cdots ㉡ \end{cases}$

㉠에서 $6x-2y-1=3x+3y-15$

$\therefore 3x-5y=-14$ ······ ㉢

㉡에서 $10x=12y$ $\therefore x=\dfrac{6}{5}y$ ······ ㉣

㉣을 ㉢에 대입하면

$\dfrac{18}{5}y-5y=-14,\ -\dfrac{7}{5}y=-14$ $\therefore y=10$

$y=10$을 ㉣에 대입하면 $x=12$ $\therefore x-y=2$ 답 ②

0492 $\begin{cases} (x-2y):2=(2x-y):3 & \cdots\cdots ㉠ \\ \dfrac{x}{4}+\dfrac{y+3}{2}=1 & \cdots\cdots ㉡ \end{cases}$

㉠에서 $2(2x-y)=3(x-2y),\ 4x-2y=3x-6y$

$\therefore x=-4y$ ······ ㉢

㉡×4를 하면 $x+2(y+3)=4$

$\therefore x+2y=-2$ ······ ㉣

㉢을 ㉣에 대입하면

$-4y+2y=-2$, $-2y=-2$ $\therefore y=1$

$y=1$을 ㉢에 대입하면 $x=-4$

$x=-4$, $y=1$을 $kx+3y=7$에 대입하면

$-4k+3=7$, $-4k=4$ $\therefore k=-1$ 답 -1

0493 $x+3y-16=-4x+2y=-2x+y-5$에서

$\begin{cases} x+3y-16=-4x+2y \\ -4x+2y=-2x+y-5 \end{cases}$

즉, $\begin{cases} 5x+y=16 & \cdots\cdots ㉠ \\ -2x+y=-5 & \cdots\cdots ㉡ \end{cases}$

㉠－㉡을 하면 $7x=21$ $\therefore x=3$

$x=3$을 ㉠에 대입하면

$15+y=16$ $\therefore y=1$ 답 ⑤

0494 $2x-y=\frac{2}{3}x-\frac{y}{5}=1$에서

$\begin{cases} 2x-y=1 \\ \frac{2}{3}x-\frac{y}{5}=1 \end{cases}$, 즉 $\begin{cases} 2x-y=1 & \cdots\cdots ㉠ \\ 10x-3y=15 & \cdots\cdots ㉡ \end{cases}$

㉠×3－㉡을 하면 $-4x=-12$ $\therefore x=3$

$x=3$을 ㉠에 대입하면 $6-y=1$ $\therefore y=5$

따라서 $a=3$, $b=5$이므로 $a-b=-2$ 답 ①

0495 $\frac{2(x-y)}{3}=\frac{2x-5y}{6}=2$에서

$\begin{cases} \frac{2(x-y)}{3}=2 \\ \frac{2x-5y}{6}=2 \end{cases}$, 즉 $\begin{cases} 2x-2y=6 & \cdots\cdots ㉠ \\ 2x-5y=12 & \cdots\cdots ㉡ \end{cases}$

㉠－㉡을 하면 $3y=-6$ $\therefore y=-2$

$y=-2$를 ㉠에 대입하면

$2x+4=6$ $\therefore x=1$

따라서 $a=1$, $b=-2$이므로 $a+b=-1$ 답 ⑤

0496 $\begin{cases} \frac{x}{2}-\frac{y}{4}=2 \\ 0.6x-0.5y=2 \end{cases}$, 즉 $\begin{cases} 2x-y=8 & \cdots\cdots ㉠ \\ 6x-5y=20 & \cdots\cdots ㉡ \end{cases}$

㉠×3－㉡을 하면 $2y=4$ $\therefore y=2$

$y=2$를 ㉠에 대입하면

$2x-2=8$, $2x=10$ $\therefore x=5$

$x=5$, $y=2$를 $-x+2y-k=0$에 대입하면

$-5+4-k=0$ $\therefore k=-1$ 답 -1

Theme 13 연립방정식의 풀이의 응용 73~75쪽

0497 $x=3$, $y=2$를 주어진 연립방정식에 대입하면

$\begin{cases} 3a+2b=8 \\ 3b-2a=-1 \end{cases}$, 즉 $\begin{cases} 3a+2b=8 & \cdots\cdots ㉠ \\ -2a+3b=-1 & \cdots\cdots ㉡ \end{cases}$

㉠×2＋㉡×3을 하면 $13b=13$ $\therefore b=1$

$b=1$을 ㉠에 대입하면

$3a+2=8$, $3a=6$ $\therefore a=2$ 답 ②

0498 $x=3$, $y=-2$를 주어진 연립방정식에 대입하면

$\begin{cases} 3a+2b=5 & \cdots\cdots ㉠ \\ 6a-2b=4 & \cdots\cdots ㉡ \end{cases}$

㉠＋㉡을 하면 $9a=9$ $\therefore a=1$

$a=1$을 ㉠에 대입하면 $3+2b=5$, $2b=2$ $\therefore b=1$

$\therefore a+b=2$ 답 ④

0499 $x=2$, $y=-1$을 주어진 연립방정식에 대입하면

$\begin{cases} 6a+2b=22 \\ 2b-4a=-8 \end{cases}$, 즉 $\begin{cases} 3a+b=11 & \cdots\cdots ㉠ \\ -2a+b=-4 & \cdots\cdots ㉡ \end{cases}$

㉠－㉡을 하면 $5a=15$ $\therefore a=3$

$a=3$을 ㉠에 대입하면 $9+b=11$ $\therefore b=2$

$\therefore 2a+b=8$ 답 ③

0500 $x=4$, $y=-1$을 주어진 연립방정식에 대입하면

$\begin{cases} 3:5=2a:3b \\ 4a-3b=6 \end{cases}$, 즉 $\begin{cases} 10a=9b & \cdots\cdots ㉠ \\ 4a-3b=6 & \cdots\cdots ㉡ \end{cases}$

㉠에서 $a=\frac{9}{10}b$를 ㉡에 대입하면

$\frac{18}{5}b-3b=6$, $\frac{3}{5}b=6$ $\therefore b=10$

$b=10$을 ㉠에 대입하면 $a=9$

$\therefore a-b=-1$ 답 -1

0501 주어진 연립방정식의 해는 세 방정식을 모두 만족시키므로

연립방정식 $\begin{cases} 3x-y=1 & \cdots\cdots ㉠ \\ 2x-y=3 & \cdots\cdots ㉡ \end{cases}$의 해와 같다.

㉠－㉡을 하면 $x=-2$

$x=-2$를 ㉠에 대입하면

$-6-y=1$ $\therefore y=-7$

$x=-2$, $y=-7$을 $5x-ay=4$에 대입하면

$-10+7a=4$, $7a=14$ $\therefore a=2$ 답 2

0502 주어진 연립방정식의 해는 세 방정식을 모두 만족시키므로

연립방정식 $\begin{cases} 2x+2y=7 & \cdots\cdots ㉠ \\ 4x-3y=7 & \cdots\cdots ㉡ \end{cases}$의 해와 같다.

㉠×2－㉡을 하면 $7y=7$ $\therefore y=1$

$y=1$을 ㉠에 대입하면 $2x+2=7$ $\therefore x=\frac{5}{2}$

$x=\frac{5}{2}$, $y=1$을 $2ax+(a-3)y=9$에 대입하면

$5a+a-3=9$, $6a=12$ $\therefore a=2$ 답 2

0503 주어진 연립방정식의 해는 세 방정식을 모두 만족시키므로

연립방정식 $\begin{cases} 5x-2y=2 & \cdots\cdots ㉠ \\ x+3y=14 & \cdots\cdots ㉡ \end{cases}$의 해와 같다.

㉠×3＋㉡×2를 하면 $17x=34$ $\therefore x=2$

$x=2$를 ㉠에 대입하면

$10-2y=2$, $-2y=-8$ $\therefore y=4$

$x=2$, $y=4$를 $3x+ky=5k$에 대입하면

$6+4k=5k$ $\therefore k=6$

따라서 $m=2$, $n=4$, $k=6$이므로

$m+n+k=12$ 답 12

0504 $\begin{cases} 2x+y+1=x+5 \\ x+5=ax-2y+1 \end{cases}$ 로 놓으면 주어진 방정식의 해는 다음 연립방정식의 해와 같다.

$\begin{cases} 2x+y+1=x+5 \\ \frac{2}{3}x-y=1 \end{cases}$, 즉 $\begin{cases} x+y=4 & \cdots\cdots ㉠ \\ 2x-3y=3 & \cdots\cdots ㉡ \end{cases}$

㉠×3+㉡을 하면 $5x=15$ $\quad \therefore x=3$

$x=3$을 ㉠에 대입하면 $3+y=4$ $\quad \therefore y=1$

$x=3$, $y=1$을 $x+5=ax-2y+1$에 대입하면

$3+5=3a-2+1$, $3a=9$ $\quad \therefore a=3$ 답 3

0505 $\begin{cases} 4x+3y=10 & \cdots\cdots ㉠ \\ y=2x & \cdots\cdots ㉡ \end{cases}$

㉡을 ㉠에 대입하면 $4x+6x=10$, $10x=10$ $\quad \therefore x=1$

$x=1$을 ㉡에 대입하면 $y=2$

$x=1$, $y=2$를 $x+ky=-3$에 대입하면

$1+2k=-3$, $2k=-4$ $\quad \therefore k=-2$ 답 -2

0506 $\begin{cases} 4x-3y=-1 & \cdots\cdots ㉠ \\ x=y-1 & \cdots\cdots ㉡ \end{cases}$

㉡을 ㉠에 대입하면

$4(y-1)-3y=-1$, $y-4=-1$ $\quad \therefore y=3$

$y=3$을 ㉡에 대입하면 $x=2$

$x=2$, $y=3$을 $2x+y=a-3$에 대입하면

$4+3=a-3$ $\quad \therefore a=10$ 답 ②

0507 $3(2x-2y-1)-x=3$에서 $6x-6y-3-x=3$

$\therefore 5x-6y=6$ $\cdots\cdots ㉠$

x와 y의 값의 비가 3 : 2이므로

$x:y=3:2$에서 $3y=2x$ $\cdots\cdots ㉡$

㉡에서 $y=\frac{2}{3}x$를 ㉠에 대입하면

$5x-4x=6$ $\quad \therefore x=6$

$x=6$을 ㉡에 대입하면 $3y=12$ $\quad \therefore y=4$

$x=6$, $y=4$를 $\frac{x}{2}-\frac{y}{4}=a$에 대입하면

$3-1=a$ $\quad \therefore a=2$ 답 2

0508 $\begin{cases} x+2y=a & \cdots\cdots ㉠ \\ x=3y & \cdots\cdots ㉡ \end{cases}$

㉡을 ㉠에 대입하면 $3y+2y=a$, $5y=a$ $\quad \therefore y=\frac{a}{5}$

$y=\frac{a}{5}$를 ㉡에 대입하면 $x=\frac{3}{5}a$

$x=\frac{3}{5}a$, $y=\frac{a}{5}$를 $2x+3y=2a-1$에 대입하면

$\frac{6}{5}a+\frac{3}{5}a=2a-1$, $-\frac{a}{5}=-1$ $\quad \therefore a=5$ 답 ⑤

다른 풀이 $\begin{cases} x+2y=a & \cdots\cdots ㉠ \\ 2x+3y=2a-1 & \cdots\cdots ㉡ \end{cases}$

$x=3k$, $y=k$ $(k\neq0)$라 하고 이를 ㉠, ㉡에 대입하면

㉠에서 $3k+2k=a$ $\quad \therefore a=5k$

㉡에서 $6k+3k=10k-1$ $\quad \therefore k=1$

$\therefore a=5$

0509 $\begin{cases} bx+ay=4 \\ ax+by=1 \end{cases}$에 $x=2$, $y=-1$을 대입하면

$\begin{cases} 2b-a=4 \\ 2a-b=1 \end{cases}$, 즉 $\begin{cases} -a+2b=4 & \cdots\cdots ㉠ \\ 2a-b=1 & \cdots\cdots ㉡ \end{cases}$

㉠×2+㉡을 하면 $3b=9$ $\quad \therefore b=3$

$b=3$을 ㉠에 대입하면 $-a+6=4$ $\quad \therefore a=2$

따라서 처음 연립방정식은 $\begin{cases} 2x+3y=4 & \cdots\cdots ㉢ \\ 3x+2y=1 & \cdots\cdots ㉣ \end{cases}$

㉢×3−㉣×2를 하면 $5y=10$ $\quad \therefore y=2$

$y=2$를 ㉢에 대입하면

$2x+6=4$, $2x=-2$ $\quad \therefore x=-1$ 답 ③

0510 $3x+2y=6$에서 상수항 6을 a로 잘못 보았다고 하면

$3x+2y=a$ $\cdots\cdots ㉠$

$x=2$를 $4x-3y=2$에 대입하면

$8-3y=2$, $-3y=-6$ $\quad \therefore y=2$

$x=2$, $y=2$를 ㉠에 대입하면

$6+4=a$ $\quad \therefore a=10$

따라서 상수항 6을 10으로 잘못 보고 풀었다. 답 10

0511 $x=5$, $y=-2$를 $ax+3y=4$에 대입하면

$5a-6=4$, $5a=10$ $\quad \therefore a=2$

$x=3$, $y=5$를 $3x+by=-11$에 대입하면

$9+5b=-11$, $5b=-20$ $\quad \therefore b=-4$

$\therefore a+b=-2$ 답 -2

0512 $x=\frac{5}{2}$를 $3x-5y=-15$에 대입하면

$\frac{15}{2}-5y=-15$, $-5y=-\frac{45}{2}$ $\quad \therefore y=\frac{9}{2}$

$x=\frac{5}{2}$, $y=\frac{9}{2}$를 $bx+5y=40$에 대입하면

$\frac{5}{2}b+\frac{45}{2}=40$, $5b+45=80$, $5b=35$ $\quad \therefore b=7$

이때 $b=a+5$이므로 $7=a+5$ $\quad \therefore a=2$

따라서 처음 연립방정식은 $\begin{cases} 2x+5y=40 & \cdots\cdots ㉠ \\ 3x-5y=-15 & \cdots\cdots ㉡ \end{cases}$

㉠+㉡을 하면 $5x=25$ $\quad \therefore x=5$

$x=5$를 ㉠에 대입하면 $10+5y=40$, $5y=30$

$\therefore y=6$ 답 $x=5$, $y=6$

0513 $\begin{cases} 4x-y=-6 & \cdots\cdots ㉠ \\ 3x+y=-1 & \cdots\cdots ㉡ \end{cases}$

㉠+㉡을 하면 $7x=-7$ $\quad \therefore x=-1$

$x=-1$을 ㉠에 대입하면 $-4-y=-6$ $\quad \therefore y=2$

$x=-1$, $y=2$를 $ax+2y=7$에 대입하면

$-a+4=7$ $\quad \therefore a=-3$

$x=-1$, $y=2$를 $2x+by=-4$에 대입하면

$-2+2b=-4$, $2b=-2$ $\quad \therefore b=-1$ 답 ①

0514 $\begin{cases} 5x+2y=1 & \cdots\cdots ㉠ \\ 2x+3y=-4 & \cdots\cdots ㉡ \end{cases}$

㉠×3−㉡×2를 하면 $11x=11$ $\quad \therefore x=1$

$x=1$을 ㉡에 대입하면

워크북

$2+3y=-4$, $3y=-6$ $\therefore y=-2$
$x=1$, $y=-2$를 $bx+2y=-2$에 대입하면
$b-4=-2$ $\therefore b=2$
$x=1$, $y=-2$를 $ax+2y=6$에 대입하면
$a-4=6$ $\therefore a=10$ $\therefore a+b=12$ 답 ③

0515 $\begin{cases} x+2y=5 & \cdots\cdots ㉠ \\ 5x-6y=9 & \cdots\cdots ㉡ \end{cases}$
㉠×3+㉡을 하면 $8x=24$ $\therefore x=3$
$x=3$을 ㉠에 대입하면 $3+2y=5$, $2y=2$ $\therefore y=1$
$x=3$, $y=1$을 $2x-3y=b$에 대입하면
$6-3=b$ $\therefore b=3$
$x=3$, $y=1$을 $ax-3y=2a+1$에 대입하면
$3a-3=2a+1$ $\therefore a=4$ $\therefore a-b=1$ 답 1

0516 $\begin{cases} ax+6y=3 \\ 4x+by=-2 \end{cases}$, 즉 $\begin{cases} 2ax+12y=6 \\ -12x-3by=6 \end{cases}$의 해가 무수히 많으므로
$2a=-12$, $12=-3b$ $\therefore a=-6$, $b=-4$
$\therefore a-b=-2$ 답 ②

0517 ①, ②, ③ 해가 1개이다.
④ $\begin{cases} -2x+3y=6 \\ 6x-9y=-12 \end{cases}$, 즉 $\begin{cases} 6x-9y=-18 \\ 6x-9y=-12 \end{cases}$이므로 해가 없다.
⑤ 해가 무수히 많다. 답 ④

0518 $\begin{cases} x+3y=2 \\ 5x-ay=8 \end{cases}$, 즉 $\begin{cases} 5x+15y=10 \\ 5x-ay=8 \end{cases}$의 해가 없으므로
$15=-a$ $\therefore a=-15$ 답 -15

0519 $\begin{cases} 2x-5y=b \\ 8x-ay=12 \end{cases}$, 즉 $\begin{cases} 8x-20y=4b \\ 8x-ay=12 \end{cases}$의 해가 무수히 많으므로
$-20=-a$, $4b=12$ $\therefore a=20$, $b=3$
$\begin{cases} 2x-3y=2 \\ cx-6y=6 \end{cases}$, 즉 $\begin{cases} 4x-6y=4 \\ cx-6y=6 \end{cases}$의 해가 없으므로 $c=4$
$\therefore a+b+c=20+3+4=27$ 답 27

유형 모아 Theme 11 미지수가 2개인 연립방정식 1회 76쪽

0520 ② $2x-5y+5=0$ ⇨ 미지수가 2개인 일차방정식
④ xy의 차수가 1이 아니므로 일차방정식이 아니다.
⑤ $2x+y-1=0$ ⇨ 미지수가 2개인 일차방정식
따라서 미지수가 2개인 일차방정식이 아닌 것은 ④이다.
답 ④

0521 $x=3a$, $y=2a$를 $-4x+7y=6$에 대입하면
$-12a+14a=6$, $2a=6$ $\therefore a=3$ 답 ⑤

0522 x, y가 음이 아닌 정수일 때, $2x+3y=18$의 해는 $(0, 6)$, $(3, 4)$, $(6, 2)$, $(9, 0)$의 4개이다. 답 ③

0523 $x=2$, $y=a$를 $3x+y=10$에 대입하면
$6+a=10$ $\therefore a=4$
$x=2b+1$, $y=3$을 $3x+y=10$에 대입하면
$3(2b+1)+3=10$, $6b=4$ $\therefore b=\frac{2}{3}$
$\therefore a-3b=4-3\times\frac{2}{3}=2$ 답 2

0524 아빠와 아들의 나이의 차가 30살이므로 $x-y=30$
4년 후 아빠의 나이는 아들의 나이의 4배가 되므로
$x+4=4(y+4)$ 답 ②, ⑤

0525 $x=3$, $y=-1$을 각 연립방정식에 대입하여 등식이 모두 성립하는 것을 찾는다.
④ $\begin{cases} 3+2\times(-1)=1 \\ 2\times3-3\times(-1)=9 \end{cases}$ 답 ④

0526 $x=a+1$, $y=2a$를 $3x-y=5$에 대입하면
$3(a+1)-2a=5$, $3a+3-2a=5$ $\therefore a=2$
$x=3$, $y=4$를 $4x+by=20$에 대입하면
$12+4b=20$, $4b=8$ $\therefore b=2$
$\therefore a+b=4$ 답 ②

유형 모아 Theme 11 미지수가 2개인 연립방정식 2회 77쪽

0527 각 순서쌍을 $4x-3y=20$에 대입하여 등식이 성립하지 않는 것을 찾는다.
③ $4\times1-3\times(-5)\neq20$ 답 ③

0528 $x=4$, $y=-2$를 $ax+5y=2$에 대입하면
$4a-10=2$, $4a=12$ $\therefore a=3$ 답 ⑤

0529 $x=a$, $y=b$를 $-x+y=-1$에 대입하면
$-a+b=-1$ $\therefore a-b=1$
$\therefore 3a-3b+5=3(a-b)+5=3\times1+5=8$ 답 ②

0530 $ax^2+5y-3=2x^2+x+by+1$에서
$(a-2)x^2-x+(5-b)y-4=0$
이 식이 미지수가 2개인 일차방정식이 되려면
$a-2=0$, $5-b\neq0$ $\therefore a=2$, $b\neq5$ 답 ③

0531 2점 슛과 3점 슛을 합하여 8개를 넣었으므로 $x+y=8$
총 20점을 득점하였으므로 $2x+3y=20$
$\therefore \begin{cases} x+y=8 \\ 2x+3y=20 \end{cases}$ 답 ③

0532 $x=b$, $y=3$을 $4x+y=-9$에 대입하면
$4b+3=-9$, $4b=-12$ $\therefore b=-3$
$x=-3$, $y=3$을 $x-ay=6$에 대입하면
$-3-3a=6$, $-3a=9$ $\therefore a=-3$
$\therefore a-b=0$ 답 0

0533 $x+3y=10$의 해는 $(1, 3)$, $(4, 2)$, $(7, 1)$의 3개이므로
$a=3$
$2x+y=10$의 해는 $(1, 8)$, $(2, 6)$, $(3, 4)$, $(4, 2)$의 4개이므로 $b=4$
따라서 $\begin{cases} x+3y=10 \\ 2x+y=10 \end{cases}$의 해는 $(4, 2)$의 1개이므로 $c=1$
$\therefore a+b+c=8$ 답 8

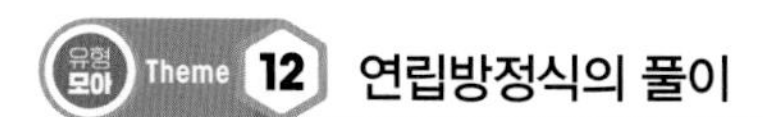

Theme 12 연립방정식의 풀이 1회 78쪽

0534 $\begin{cases} y=-x+5 & \cdots\cdots ㉠ \\ 3x-y=7 & \cdots\cdots ㉡ \end{cases}$

㉠을 ㉡에 대입하면

$3x-(-x+5)=7$, $4x-5=7$, $4x=12$ $\therefore x=3$

$x=3$을 ㉠에 대입하면 $y=2$

따라서 $a=3$, $b=2$이므로 $a+2b=3+4=7$ 답 7

0535 ㉠×2, ㉡×3을 하면 x의 계수가 6으로 같아지므로

㉠×2−㉡×3을 하면 x를 소거할 수 있다.

㉠×3, ㉡×2를 하면 y의 계수의 절댓값이 6으로 같아지므로 ㉠×3+㉡×2를 하면 y를 소거할 수 있다. 답 ①, ④

0536 $\begin{cases} 3x-2(x-y)=7 \\ x-2y=-1 \end{cases}$을 정리하면

$\begin{cases} x+2y=7 & \cdots\cdots ㉠ \\ x-2y=-1 & \cdots\cdots ㉡ \end{cases}$

㉠+㉡을 하면 $2x=6$ $\therefore x=3$

$x=3$을 ㉠에 대입하면

$3+2y=7$, $2y=4$ $\therefore y=2$

따라서 $a=3$, $b=2$이므로 $ab=6$ 답 ⑤

0537 $\begin{cases} 0.3(x-1)-0.1=0.1y+0.5 & \cdots\cdots ㉠ \\ \frac{2}{3}x+\frac{1}{2}y=-\frac{1}{6} & \cdots\cdots ㉡ \end{cases}$

㉠×10을 하면 $3(x-1)-1=y+5$

$\therefore 3x-y=9$ ⋯⋯ ㉢

㉡×6을 하면 $4x+3y=-1$ ⋯⋯ ㉣

㉢×3+㉣을 하면 $13x=26$ $\therefore x=2$

$x=2$를 ㉢에 대입하면 $6-y=9$ $\therefore y=-3$

$\therefore x+y=-1$ 답 −1

0538 $x:y=5:2$이므로 $2x=5y$

$\begin{cases} 6x-7y=8 & \cdots\cdots ㉠ \\ 2x=5y & \cdots\cdots ㉡ \end{cases}$

㉡에서 $x=\frac{5}{2}y$를 ㉠에 대입하면

$15y-7y=8$, $8y=8$ $\therefore y=1$

$y=1$을 ㉡에 대입하면

$x=\frac{5}{2}$ $\therefore x-y=\frac{3}{2}$ 답 ③

0539 $\begin{cases} 4x-2y+4=3x+y+3 \\ 4x-2y+4=5x-2y+2 \end{cases}$, 즉 $\begin{cases} x-3y=-1 & \cdots\cdots ㉠ \\ x=2 & \cdots\cdots ㉡ \end{cases}$

㉡을 ㉠에 대입하면

$2-3y=-1$, $-3y=-3$ $\therefore y=1$

따라서 $x=2$, $y=1$을 각각의 일차방정식에 대입하여 등식이 성립하는 것을 찾는다.

② $3\times2-2\times1-4=0$ 답 ②

0540 $\begin{cases} \frac{2x+3y}{3}=\frac{5x-3y}{4} & \cdots\cdots ㉠ \\ \frac{5x-3y}{4}=\frac{x+y-4}{2} & \cdots\cdots ㉡ \end{cases}$

㉠×12를 하면 $4(2x+3y)=3(5x-3y)$

$8x+12y=15x-9y$ $\therefore x-3y=0$ ⋯⋯ ㉢

㉡×4를 하면 $5x-3y=2(x+y-4)$

$5x-3y=2x+2y-8$ $\therefore 3x-5y=-8$ ⋯⋯ ㉣

㉢×3−㉣을 하면 $-4y=8$ $\therefore y=-2$

$y=-2$를 ㉢에 대입하면 $x+6=0$ $\therefore x=-6$

따라서 $a=-6$, $b=-2$이므로 $ab=12$ 답 12

Theme 12 연립방정식의 풀이 2회 79쪽

0541 ㉠을 ㉡에 대입하면 $x-2(-x+4)=1$이므로

$x+2x-8=1$, $3x=9$ $\therefore k=3$ 답 ④

0542 $\begin{cases} -2x+5y=4 & \cdots\cdots ㉠ \\ 5x-3y=9 & \cdots\cdots ㉡ \end{cases}$

㉠×5+㉡×2를 하면 $19y=38$ $\therefore y=2$

$y=2$를 ㉠에 대입하면

$-2x+10=4$, $-2x=-6$ $\therefore x=3$

따라서 $a=3$, $b=2$이므로 $ab=6$ 답 6

0543 $x=2$, $y=3$을 $ax+by=13$에 대입하면

$2a+3b=13$ ⋯⋯ ㉠

$x=-8$, $y=1$을 $ax+by=13$에 대입하면

$-8a+b=13$ ⋯⋯ ㉡

㉠×4+㉡을 하면 $13b=65$ $\therefore b=5$

$b=5$를 ㉠에 대입하면

$2a+15=13$, $2a=-2$ $\therefore a=-1$

$\therefore a+b=4$ 답 ④

0544 $\begin{cases} 3x-2(x-3y)=4 \\ 5(2x+y)-7x=-1 \end{cases}$을 정리하면

$\begin{cases} x+6y=4 & \cdots\cdots ㉠ \\ 3x+5y=-1 & \cdots\cdots ㉡ \end{cases}$

㉠×3−㉡을 하면 $13y=13$ $\therefore y=1$

$y=1$을 ㉠에 대입하면 $x+6=4$ $\therefore x=-2$

따라서 $a=-2$, $b=1$이므로 $a+b=-1$ 답 ②

0545 $(x-y):2=(x+y+1):3$에서

$3(x-y)=2(x+y+1)$, $3x-3y=2x+2y+2$

$\therefore x-5y=2$

$\begin{cases} x-5y=2 & \cdots\cdots ㉠ \\ 3x+2y=6 & \cdots\cdots ㉡ \end{cases}$

㉠×3−㉡을 하면 $-17y=0$ $\therefore y=0$

$y=0$을 ㉠에 대입하면 $x=2$ 답 ④

0546 $\begin{cases} \frac{x-2y+2}{3}=1 \\ \frac{3x-5y}{5}=1 \end{cases}$, 즉 $\begin{cases} x-2y=1 & \cdots\cdots ㉠ \\ 3x-5y=5 & \cdots\cdots ㉡ \end{cases}$

㉠×3−㉡을 하면 $-y=-2$ $\therefore y=2$

$y=2$를 ㉠에 대입하면 $x-4=1$ $\therefore x=5$

따라서 $a=5$, $b=2$이므로 $a-b=3$ 답 ④

0547 $\begin{cases} \frac{4}{3}x+y=1 & \cdots\cdots ㉠ \\ 0.4x-0.3y=0.1 & \cdots\cdots ㉡ \end{cases}$

㉠×3을 하면 $4x+3y=3$ …… ㉢

㉡×10을 하면 $4x-3y=1$ …… ㉣

㉢+㉣을 하면 $8x=4$ $\therefore x=\frac{1}{2}$

$x=\frac{1}{2}$을 ㉢에 대입하면 $2+3y=3$, $3y=1$ $\therefore y=\frac{1}{3}$

각 연립방정식의 해를 구하면 다음과 같다.

① $x=2$, $y=3$ ② $x=3$, $y=2$ ③ $x=\frac{1}{3}$, $y=\frac{1}{2}$

④ $x=5$, $y=4$ ⑤ $x=\frac{1}{2}$, $y=\frac{1}{3}$

따라서 주어진 연립방정식과 해가 같은 것은 ⑤이다. 답 ⑤

유형모아 Theme 13 연립방정식의 풀이의 응용  80쪽

0548 $x=1$, $y=-1$을 주어진 연립방정식에 대입하면

$\begin{cases} a+b=7 \\ b-a=-3 \end{cases}$, 즉 $\begin{cases} a+b=7 & \cdots\cdots ㉠ \\ -a+b=-3 & \cdots\cdots ㉡ \end{cases}$

㉠+㉡을 하면 $2b=4$ $\therefore b=2$

$b=2$를 ㉠에 대입하면 $a+2=7$ $\therefore a=5$

$\therefore 2a-b=10-2=8$ 답 ③

0549 $4x-(2x-y)=9$에서 $2x+y=9$

$\begin{cases} 2x+y=9 & \cdots\cdots ㉠ \\ 4x-3y=3 & \cdots\cdots ㉡ \end{cases}$

㉠×2−㉡을 하면 $5y=15$ $\therefore y=3$

$y=3$을 ㉠에 대입하면 $2x+3=9$, $2x=6$ $\therefore x=3$

$x=3$, $y=3$을 $kx+3y=3$에 대입하면

$3k+9=3$, $3k=-6$ $\therefore k=-2$ 답 -2

0550 y의 값이 x의 값보다 2만큼 크므로 $y=x+2$

$\begin{cases} 2x+y=8 & \cdots\cdots ㉠ \\ y=x+2 & \cdots\cdots ㉡ \end{cases}$

㉡을 ㉠에 대입하면

$2x+x+2=8$, $3x=6$ $\therefore x=2$

$x=2$를 ㉡에 대입하면 $y=4$

$x=2$, $y=4$를 $3x-ay=2a$에 대입하면

$6-4a=2a$, $6a=6$ $\therefore a=1$ 답 ③

0551 $\begin{cases} 0.2x-0.3y=0.5 \\ 4x+3ay=6 \end{cases}$에서 $\begin{cases} 2x-3y=5 \\ 4x+3ay=6 \end{cases}$

즉, $\begin{cases} 4x-6y=10 \\ 4x+3ay=6 \end{cases}$의 해가 없으므로

$-6=3a$ $\therefore a=-2$ 답 ②

0552 ①, ④ 해가 1개이다.

② $\begin{cases} x+y=1 \\ 2x+2y=3 \end{cases}$에서 $\begin{cases} 2x+2y=2 \\ 2x+2y=3 \end{cases}$이므로 해가 없다.

③ $\begin{cases} 2x-6y=2 \\ x-3y=4 \end{cases}$에서 $\begin{cases} 2x-6y=2 \\ 2x-6y=8 \end{cases}$이므로 해가 없다.

⑤ $\begin{cases} 2x-5y=3 \\ -\frac{1}{2}x+\frac{5}{4}y=-\frac{3}{4} \end{cases}$에서 $\begin{cases} 2x-5y=3 \\ 2x-5y=3 \end{cases}$이므로 해가 무수히 많다. 답 ⑤

0553 $\begin{cases} x+2y=-3 & \cdots\cdots ㉠ \\ 2x-y=4 & \cdots\cdots ㉡ \end{cases}$

㉠×2−㉡을 하면 $5y=-10$ $\therefore y=-2$

$y=-2$를 ㉠에 대입하면 $x-4=-3$ $\therefore x=1$

$x=1$, $y=-2$를 $ax-3y=5$에 대입하면

$a+6=5$ $\therefore a=-1$

$x=1$, $y=-2$를 $x-y=b$에 대입하면

$1+2=b$ $\therefore b=3$ $\therefore ab=-3$ 답 ②

0554 $2x+3y=12$에서 12를 a로 잘못 보았다고 하면

$2x+3y=a$ …… ㉠

$x=3$을 $4x+y=11$에 대입하면

$12+y=11$ $\therefore y=-1$

$x=3$, $y=-1$을 ㉠에 대입하면

$6-3=a$ $\therefore a=3$

따라서 12를 3으로 잘못 보고 풀었다. 답 3

유형모아 Theme 13 연립방정식의 풀이의 응용  81쪽

0555 $x=-4$, $y=1$을 $\begin{cases} ax+2by=4 \\ 2ax+3by=2 \end{cases}$에 대입하면

$\begin{cases} -4a+2b=4 & \cdots\cdots ㉠ \\ -8a+3b=2 & \cdots\cdots ㉡ \end{cases}$

㉠×2−㉡을 하면 $b=6$

$b=6$을 ㉠에 대입하면

$-4a+12=4$, $-4a=-8$ $\therefore a=2$

$\therefore ab=12$ 답 ④

0556 $\begin{cases} 4x-y=5 & \cdots\cdots ㉠ \\ -x+3y=7 & \cdots\cdots ㉡ \end{cases}$

㉠×3+㉡을 하면 $11x=22$ $\therefore x=2$

$x=2$를 ㉠에 대입하면 $8-y=5$ $\therefore y=3$

$x=2$, $y=3$을 $ax-2y=-4$에 대입하면

$2a-6=-4$, $2a=2$ $\therefore a=1$ 답 ④

0557 $x:y=2:3$에서 $2y=3x$ $\therefore 3x-2y=0$

$\begin{cases} 2x-y=2 & \cdots\cdots ㉠ \\ 3x-2y=0 & \cdots\cdots ㉡ \end{cases}$

㉠×2−㉡을 하면 $x=4$

$x=4$를 ㉠에 대입하면 $8-y=2$ $\therefore y=6$

$x=4$, $y=6$을 $4x+ay=-2$에 대입하면

$16+6a=-2$, $6a=-18$ $\therefore a=-3$ 답 -3

0558 $\begin{cases} 4x-2y=3 \\ ax+3y=-2 \end{cases}$, 즉 $\begin{cases} -12x+6y=-9 \\ 2ax+6y=-4 \end{cases}$의 해가 없으므로

$-12=2a$ $\therefore a=-6$ 답 ①

0559 $\begin{cases} 3x-y=3 & \cdots\cdots ㉠ \\ -2x+3y=5 & \cdots\cdots ㉡ \end{cases}$

㉠×3+㉡을 하면 $7x=14$ ∴ $x=2$

$x=2$를 ㉠에 대입하면 $6-y=3$ ∴ $y=3$

$x=2$, $y=3$을 $2x-ay=-2$에 대입하면

$4-3a=-2$, $-3a=-6$ ∴ $a=2$ 답 2

0560 $\begin{cases} x+3y=15 & \cdots\cdots ㉠ \\ x-2y=-5 & \cdots\cdots ㉡ \end{cases}$

㉠−㉡을 하면 $5y=20$ ∴ $y=4$

$y=4$를 ㉠에 대입하면 $x+12=15$ ∴ $x=3$

$x=3$, $y=4$를 $3x-ay=-7$에 대입하면

$9-4a=-7$, $-4a=-16$ ∴ $a=4$

$x=3$, $y=4$를 $4x-by=-8$에 대입하면

$12-4b=-8$, $-4b=-20$ ∴ $b=5$

∴ $a+b=9$ 답 ③

0561 $x=3$, $y=2$를 $\begin{cases} ax+by=4 \\ bx+ay=1 \end{cases}$에 대입하면

$\begin{cases} 3a+2b=4 & \cdots\cdots ㉠ \\ 2a+3b=1 & \cdots\cdots ㉡ \end{cases}$

㉠×2−㉡×3을 하면 $-5b=5$ ∴ $b=-1$

$b=-1$을 ㉠에 대입하면

$3a-2=4$, $3a=6$ ∴ $a=2$

소희가 잘못 푼 연립방정식은

$\begin{cases} bx+ay=4 \\ ax+by=1 \end{cases}$이므로 $\begin{cases} -x+2y=4 & \cdots\cdots ㉢ \\ 2x-y=1 & \cdots\cdots ㉣ \end{cases}$

㉢×2+㉣을 하면 $3y=9$ ∴ $y=3$

$y=3$을 ㉢에 대입하면 $-x+6=4$ ∴ $x=2$

따라서 $p=2$, $q=3$이므로 $p-q=-1$ 답 ②

Theme 모아 중단원 마무리 82~83쪽

0562 우변의 모든 항을 좌변으로 이항하여 정리하면

ㄱ. $x+y=3$에서 $x+y-3=0$

ㄴ. $x^2+y=2x+x^2$에서 $-2x+y=0$

ㄷ. $\frac{2}{x}+y=6$에서 $\frac{2}{x}+y-6=0$

ㄹ. $2xy+y=x+3$에서 $2xy-x+y-3=0$

ㅁ. $\frac{x}{2}+\frac{y}{3}=5$에서 $\frac{1}{2}x+\frac{1}{3}y-5=0$

ㅂ. $2x+y+2=2(x+y)$에서 $-y+2=0$

따라서 미지수가 2개인 일차방정식인 것은 ㄱ, ㄴ, ㅁ의 3개이다. 답 ③

0563 동전의 개수가 모두 9개이므로 $x+y=9$

전체 금액이 2500원이므로 $100x+500y=2500$

∴ $\begin{cases} x+y=9 \\ 100x+500y=2500 \end{cases}$ 답 ③

0564 각 연립방정식의 두 일차방정식에 $x=3$, $y=-2$를 대입하여 등식이 성립하는 것을 찾는다.

① $\begin{cases} 2\times3-(-2)=8 \\ -3+3\times(-2)=-9 \end{cases}$

④ $\begin{cases} 3+(-2)=1 \\ 3\times3+(-2)=7 \end{cases}$ 답 ①, ④

0565 $x=1$, $y=a$를 $4x+7y=18$에 대입하면

$4+7a=18$, $7a=14$ ∴ $a=2$

$x=b$, $y=6$을 $4x+7y=18$에 대입하면

$4b+42=18$, $4b=-24$ ∴ $b=-6$

∴ $a+b=-4$ 답 −4

0566 $x=2$를 $x+2y=8$에 대입하면

$2+2y=8$, $2y=6$ ∴ $y=3$

$x=2$, $y=3$을 $ax-3y=-5$에 대입하면

$2a-9=-5$, $2a=4$ ∴ $a=2$ 답 2

0567 $y=2x-5$를 $y=4-x$에 대입하면

$2x-5=4-x$, $3x=9$ ∴ $x=3$

$x=3$을 $y=4-x$에 대입하면 $y=1$

따라서 $a=3$, $b=1$이므로 $a-b=2$ 답 ④

0568 주어진 연립방정식을 정리하면

$\begin{cases} 2x-3y=-1 & \cdots\cdots ㉠ \\ 2x-y=3 & \cdots\cdots ㉡ \end{cases}$

㉠−㉡을 하면 $-2y=-4$ ∴ $y=2$

$y=2$를 ㉡에 대입하면

$2x-2=3$, $2x=5$ ∴ $x=\frac{5}{2}$ 답 ⑤

0569 ① $\begin{cases} x-y=3 \\ 3x-3y=9 \end{cases}$에서 $\begin{cases} 3x-3y=9 \\ 3x-3y=9 \end{cases}$이므로 해가 무수히 많다.

② $\begin{cases} x-2y=4 \\ 2x-4y=8 \end{cases}$에서 $\begin{cases} 2x-4y=8 \\ 2x-4y=8 \end{cases}$이므로 해가 무수히 많다.

③ $\begin{cases} x-2y=3 \\ \frac{1}{3}x-\frac{2}{3}y=1 \end{cases}$에서 $\begin{cases} x-2y=3 \\ x-2y=3 \end{cases}$이므로 해가 무수히 많다.

④ 해가 1개이다.

⑤ $\begin{cases} -x+2y=3 \\ -2x+4y=9 \end{cases}$에서 $\begin{cases} -2x+4y=6 \\ -2x+4y=9 \end{cases}$이므로 해가 없다.

답 ⑤

0570 $\begin{cases} 0.3x+0.1y=1.5 & \cdots\cdots ㉠ \\ \frac{1}{5}x+\frac{y-1}{20}=1 & \cdots\cdots ㉡ \end{cases}$

㉠×10을 하면 $3x+y=15$ ⋯⋯ ㉢

㉡×20을 하면 $4x+y-1=20$

∴ $4x+y=21$ ⋯⋯ ㉣

㉣−㉢을 하면 $x=6$

$x=6$을 ㉢에 대입하면 $18+y=15$ ∴ $y=-3$

따라서 $a=6$, $b=-3$이므로 $a+b=3$ 답 ③

0571 $\begin{cases} 3x+y-5=ax-y & \cdots\cdots ㉠ \\ 3x+y-5=x+by & \cdots\cdots ㉡ \end{cases}$

$x=3$, $y=1$을 ㉠에 대입하면

$5=3a-1$, $3a=6$ ∴ $a=2$

$x=3$, $y=1$을 ㉡에 대입하면

$5=3+b$ ∴ $b=2$ 답 ③

0572 $x=-2$, $y=2$를 $\begin{cases} ax+by=-8 \\ bx-ay=4 \end{cases}$에 대입하면

$\begin{cases} -2a+2b=-8 \\ -2b-2a=4 \end{cases}$, 즉 $\begin{cases} a-b=4 & \cdots\cdots ㉠ \\ a+b=-2 & \cdots\cdots ㉡ \end{cases}$

㉠+㉡을 하면 $2a=2$ $\quad\therefore a=1$

$a=1$을 ㉡에 대입하면 $1+b=-2$ $\quad\therefore b=-3$

$\therefore ab=-3$ 답 ③

0573 $\begin{cases} bx+ay=5 \\ ax+by=4 \end{cases}$에 $x=2$, $y=1$을 대입하면

$\begin{cases} a+2b=5 & \cdots\cdots ㉠ \\ 2a+b=4 & \cdots\cdots ㉡ \end{cases}$

㉠−㉡×2를 하면 $-3a=-3$ $\quad\therefore a=1$

$a=1$을 ㉡에 대입하면 $2+b=4$ $\quad\therefore b=2$

즉, 처음 연립방정식은 $\begin{cases} x+2y=5 & \cdots\cdots ㉢ \\ 2x+y=4 & \cdots\cdots ㉣ \end{cases}$

㉢−㉣×2를 하면 $-3x=-3$ $\quad\therefore x=1$

$x=1$을 ㉣에 대입하면 $2+y=4$ $\quad\therefore y=2$

따라서 처음 연립방정식의 해는 $x=1$, $y=2$

답 $x=1$, $y=2$

0574 $\begin{cases} 3x-(x-y)=8 \\ 4x-3y=6 \end{cases}$, 즉 $\begin{cases} 2x+y=8 & \cdots\cdots ㉠ \\ 4x-3y=6 & \cdots\cdots ㉡ \end{cases}$ …❶

㉠×3+㉡을 하면 $10x=30$ $\quad\therefore x=3$

$x=3$을 ㉠에 대입하면 $6+y=8$ $\quad\therefore y=2$ …❷

$x=3$, $y=2$를 $2x+ky=12$에 대입하면

$6+2k=12$, $2k=6$ $\quad\therefore k=3$ …❸

답 3

채점 기준	배점
❶ 해를 구할 수 있는 연립방정식 세우기	30 %
❷ 연립방정식의 해 구하기	40 %
❸ k의 값 구하기	30 %

0575 $\begin{cases} 2x-y=-1 \\ 3(x-4)+2y=4 \end{cases}$, 즉 $\begin{cases} 2x-y=-1 & \cdots\cdots ㉠ \\ 3x+2y=16 & \cdots\cdots ㉡ \end{cases}$ …❶

㉠×2+㉡을 하면 $7x=14$ $\quad\therefore x=2$

$x=2$를 ㉠에 대입하면 $4-y=-1$ $\quad\therefore y=5$ …❷

$x=2$, $y=5$를 $ax+b(y-1)=-2$에 대입하면

$2a+4b=-2$ $\quad\therefore a+2b=-1$ $\cdots\cdots$ ㉢

$x=2$, $y=5$를 $x-by=3(a+1)$에 대입하면

$2-5b=3a+3$ $\quad\therefore 3a+5b=-1$ $\cdots\cdots$ ㉣ …❸

㉢×3−㉣을 하면 $b=-2$

$b=-2$를 ㉢에 대입하면 $a-4=-1$ $\quad\therefore a=3$

$\therefore ab=-6$ …❹

답 −6

채점 기준	배점
❶ 해를 구할 수 있는 연립방정식 세우기	20 %
❷ 연립방정식의 해 구하기	30 %
❸ 구한 해를 나머지 일차방정식에 대입하여 a, b에 대한 연립방정식 세우기	20 %
❹ ab의 값 구하기	30 %

06. 연립방정식의 활용

한번 더 핵심 유형 84~93쪽

Theme 14 연립방정식의 활용 (1) 84~88쪽

0576 큰 수를 x, 작은 수를 y라 하면

$\begin{cases} x+y=35 \\ 2x=5y \end{cases}$ $\quad\therefore x=25$, $y=10$

따라서 두 수의 차는 $25-10=15$ 답 ⑤

0577 큰 수를 x, 작은 수를 y라 하면

$\begin{cases} x+y=58 \\ x-y=14 \end{cases}$ $\quad\therefore x=36$, $y=22$

따라서 큰 수는 36이다. 답 36

0578 큰 수를 x, 작은 수를 y라 하면

$\begin{cases} x-y=18 \\ x=3y+4 \end{cases}$ $\quad\therefore x=25$, $y=7$

따라서 두 수의 합은 $25+7=32$ 답 32

0579 큰 수를 x, 작은 수를 y라 하면

$\begin{cases} x=2y+3 \\ 7y=3x+6 \end{cases}$ $\quad\therefore x=33$, $y=15$

따라서 두 수의 차는 $33-15=18$ 답 18

0580 처음 수의 십의 자리의 숫자를 x, 일의 자리의 숫자를 y라 하면

$\begin{cases} x+y=10 \\ 10y+x=(10x+y)-36 \end{cases}$, 즉 $\begin{cases} x+y=10 \\ x-y=4 \end{cases}$

$\therefore x=7$, $y=3$

따라서 처음 수는 73이다. 답 ③

0581 십의 자리의 숫자를 x, 일의 자리의 숫자를 y라 하면

$\begin{cases} x+y=8 \\ y=x+2 \end{cases}$ $\quad\therefore x=3$, $y=5$

따라서 두 자리의 자연수는 35이다. 답 35

0582 처음 수의 십의 자리의 숫자를 x, 일의 자리의 숫자를 y라 하면

$\begin{cases} x+y=12 \\ 10y+x=2(10x+y)-12 \end{cases}$, 즉 $\begin{cases} x+y=12 \\ 19x-8y=12 \end{cases}$

$\therefore x=4$, $y=8$

따라서 처음 수는 48이다. 답 48

0583 백의 자리의 숫자와 일의 자리의 숫자를 x, 십의 자리의 숫자를 y라 하면

$\begin{cases} x+y+x=10 \\ x+x=y+2 \end{cases}$, 즉 $\begin{cases} 2x+y=10 \\ 2x-y=2 \end{cases}$

$\therefore x=3$, $y=4$

따라서 세 자리의 자연수는 343이다. 답 343

0584 연필의 수를 x, 볼펜의 수를 y라 하면

$\begin{cases} x+y=15 \\ 800x+1000y=13000 \end{cases}$, 즉 $\begin{cases} x+y=15 \\ 4x+5y=65 \end{cases}$

$\therefore x=10,\ y=5$

따라서 연필은 10자루를 샀다. 답 10자루

0585 참치김밥 한 줄의 가격을 x원, 치즈김밥 한 줄의 가격을 y원이라 하면

$\begin{cases} 3x+2y=16800 \\ x=y+600 \end{cases}$ $\therefore x=3600,\ y=3000$

따라서 치즈김밥 한 줄의 가격은 3000원이다. 답 3000원

0586 어른 한 명의 입장료를 x원, 청소년 한 명의 입장료를 y원이라 하면

$\begin{cases} 2x+3y=6000 \\ 3x+5y=9500 \end{cases}$ $\therefore x=1500,\ y=1000$

따라서 청소년 한 명의 입장료는 1000원이다. 답 1000원

0587 지후가 산 자몽주스의 개수를 x, 초콜릿의 개수를 y라 하면

$\begin{cases} 5+x+y=12 \\ 5000+500x+700y=9100 \end{cases}$, 즉 $\begin{cases} x+y=7 \\ 5x+7y=41 \end{cases}$

$\therefore x=4,\ y=3$

따라서 지후가 산 초콜릿의 개수는 3이다. 답 3

0588 닭이 x마리, 돼지가 y마리 있다고 하면

$\begin{cases} x+y=31 \\ 2x+4y=90 \end{cases}$, 즉 $\begin{cases} x+y=31 \\ x+2y=45 \end{cases}$

$\therefore x=17,\ y=14$

따라서 돼지는 14마리이다. 답 14마리

0589 4명씩 탄 보트의 수를 x, 5명씩 탄 보트의 수를 y라 하면

$\begin{cases} x+y=9 \\ 4x+5y=40 \end{cases}$ $\therefore x=5,\ y=4$

따라서 4명씩 탄 보트는 5대, 5명씩 탄 보트는 4대이다.

답 4명씩 탄 보트 : 5대, 5명씩 탄 보트 : 4대

0590 3인용 의자의 개수를 x, 4인용 의자의 개수를 y라 하면

$\begin{cases} x+y=35 \\ 3x+4y=123 \end{cases}$ $\therefore x=17,\ y=18$

따라서 3인용 의자는 17개 있다. 답 ②

0591 소 한 마리의 가격을 금 x냥, 양 한 마리의 가격을 금 y냥이라 하면

$\begin{cases} 5x+2y=10 \\ 2x+5y=8 \end{cases}$ $\therefore x=\frac{34}{21},\ y=\frac{20}{21}$

따라서 소 한 마리는 금 $\frac{34}{21}$냥, 양 한 마리는 금 $\frac{20}{21}$냥이다.

답 소 : 금 $\frac{34}{21}$냥, 양 : 금 $\frac{20}{21}$냥

0592 현재 어머니의 나이를 x살, 딸의 나이를 y살이라 하면

$\begin{cases} x+y=63 \\ x+10=2(y+10)+8 \end{cases}$, 즉 $\begin{cases} x+y=63 \\ x-2y=18 \end{cases}$

$\therefore x=48,\ y=15$

따라서 현재 딸의 나이는 15살이다. 답 ④

0593 현재 삼촌의 나이를 x살, 주연이의 나이를 y살이라 하면

$\begin{cases} x+y=49 \\ x=2y+10 \end{cases}$ $\therefore x=36,\ y=13$

따라서 현재 삼촌의 나이는 36살이다. 답 36살

0594 현재 건우의 나이를 x살, 아버지의 나이를 y살이라 하면

$\begin{cases} y-x=35 \\ 4(x-4)=(y-4)-2 \end{cases}$, 즉 $\begin{cases} -x+y=35 \\ 4x-y=10 \end{cases}$

$\therefore x=15,\ y=50$

따라서 현재 아버지의 나이는 50살이다. 답 50살

0595 현재 윤주의 나이를 x살, 어머니의 나이를 y살이라 하면

$\begin{cases} y-x=27 \\ (x+8)+(y+8)=65+8 \end{cases}$, 즉 $\begin{cases} -x+y=27 \\ x+y=57 \end{cases}$

$\therefore x=15,\ y=42$

따라서 현재 어머니의 나이는 42살이다. 답 ②

0596 직사각형의 가로의 길이를 $x$cm, 세로의 길이를 $y$cm라 하면

$\begin{cases} 2x+2y=80 \\ x=2y-5 \end{cases}$, 즉 $\begin{cases} x+y=40 \\ x-2y=-5 \end{cases}$

$\therefore x=25,\ y=15$

따라서 가로의 길이는 25cm이다. 답 ⑤

0597 긴 끈의 길이를 $x$cm, 짧은 끈의 길이를 $y$cm라 하면

$\begin{cases} x+y=48 \\ x=2y+6 \end{cases}$ $\therefore x=34,\ y=14$

따라서 긴 끈의 길이는 34cm, 짧은 끈의 길이는 14cm이다. 답 긴 끈 : 34cm, 짧은 끈 : 14cm

0598 처음 직사각형의 가로의 길이를 $x$cm, 세로의 길이를 $y$cm라 하면

$\begin{cases} 2x+2y=28 \\ 2\{(x+4)+2y\}=46 \end{cases}$, 즉 $\begin{cases} x+y=14 \\ x+2y=19 \end{cases}$

$\therefore x=9,\ y=5$

따라서 처음 직사각형의 세로의 길이는 5cm이다. 답 5cm

0599 직사각형의 가로의 길이를 $x$cm, 세로의 길이를 $y$cm라 하면

$\begin{cases} 2x+2y=160 \\ x=3y \end{cases}$, 즉 $\begin{cases} x+y=80 \\ x=3y \end{cases}$

$\therefore x=60,\ y=20$

따라서 직사각형의 넓이는

$60\times20=1200\ (\text{cm}^2)$ 답 ③

0600 남학생 수를 x, 여학생 수를 y라 하면

$\begin{cases} x+y=22 \\ \frac{1}{4}x+\frac{1}{5}y=5 \end{cases}$, 즉 $\begin{cases} x+y=22 \\ 5x+4y=100 \end{cases}$

$\therefore x=12,\ y=10$

따라서 남학생은 12명이다. 답 ③

워크북

0601 남학생 수를 x, 여학생 수를 y라 하면

$\begin{cases} x+y=60 \\ \frac{1}{2}x+\frac{2}{3}y=\frac{3}{5}\times 60 \end{cases}$, 즉 $\begin{cases} x+y=60 \\ 3x+4y=216 \end{cases}$

$\therefore x=24,\ y=36$

따라서 여학생은 36명이다. 답 36명

0602 찬성한 인원수를 x, 반대한 인원수를 y라 하면

$\begin{cases} x=y+10 \\ x=\frac{2}{3}(x+y) \end{cases}$, 즉 $\begin{cases} x=y+10 \\ x=2y \end{cases}$

$\therefore x=20,\ y=10$

따라서 농구 동아리의 전체 인원수는 $10+20=30$ 답 ①

0603 남학생 수를 x, 여학생 수를 y라 하면

$\begin{cases} x+y=150 \\ \frac{50}{100}x+\frac{35}{100}y=\frac{42}{100}\times 150 \end{cases}$, 즉 $\begin{cases} x+y=150 \\ 10x+7y=1260 \end{cases}$

$\therefore x=70,\ y=80$

따라서 안경을 쓴 여학생은

$80\times\frac{35}{100}=28$(명) 답 28명

0604 지호의 수학 점수를 x점, 진규의 수학 점수를 y점이라 하면

$\begin{cases} \frac{x+y}{2}=83 \\ y=x+4 \end{cases}$, 즉 $\begin{cases} x+y=166 \\ y=x+4 \end{cases}$

$\therefore x=81,\ y=85$

따라서 진규의 수학 점수는 85점이다. 답 ④

0605 $\begin{cases} \frac{a+b+12}{3}=10 \\ \frac{3a+2b+(2b-a)+14}{4}=18 \end{cases}$, 즉 $\begin{cases} a+b=18 \\ a+2b=29 \end{cases}$

$\therefore a=7,\ b=11$

$\therefore b-a=4$ 답 4

0606 수학 점수가 x점, 평균이 y점이므로

$\begin{cases} x=y+3 \\ \frac{87+90+x}{3}=y \end{cases}$, 즉 $\begin{cases} x=y+3 \\ x+177=3y \end{cases}$

$\therefore x=93,\ y=90$

따라서 수학 점수는 93점이다. 답 93점

0607 이 오디션에 참가한 전공자의 수를 x, 비전공자의 수를 y라 하면 전공자들이 받은 점수의 합은 $78x$점, 비전공자들이 받은 점수의 합은 $60y$점이므로

$\begin{cases} x+y=120 \\ \frac{78x+60y}{120}=75 \end{cases}$, 즉 $\begin{cases} x+y=120 \\ 13x+10y=1500 \end{cases}$

$\therefore x=100,\ y=20$

따라서 이 오디션에 참가한 비전공자는 20명이다. 답 ②

0608 동우가 맞힌 문제의 개수를 x, 틀린 문제의 개수를 y라 하면

$\begin{cases} x+y=25 \\ 8x-5y=109 \end{cases}$ $\therefore x=18,\ y=7$

따라서 동우가 맞힌 문제의 개수는 18이다. 답 ③

0609 합격품의 개수를 x, 불량품의 개수를 y라 하면

$\begin{cases} x+y=250 \\ 500x-5000y=108500 \end{cases}$, 즉 $\begin{cases} x+y=250 \\ x-10y=217 \end{cases}$

$\therefore x=247,\ y=3$

따라서 불량품의 개수는 3이다. 답 ①

0610 영재가 맞힌 문제의 개수를 x, 틀린 문제의 개수를 y라 하면

$\begin{cases} y=\frac{1}{3}x \\ 100x-50y=1250 \end{cases}$, 즉 $\begin{cases} 3y=x \\ 2x-y=25 \end{cases}$

$\therefore x=15,\ y=5$

따라서 출제된 전체 문제의 개수는 $15+5=20$ 답 ③

0611 승기가 이긴 횟수를 x, 진 횟수를 y라 하면

$\begin{cases} x+y=15 \\ 4x-y=15 \end{cases}$ $\therefore x=6,\ y=9$

따라서 승기가 이긴 횟수는 6이다. 답 ①

0612 준민이가 이긴 횟수를 x, 진 횟수를 y라 하면 용준이가 이긴 횟수는 y, 진 횟수는 x이다.

$\begin{cases} x+y=21 \\ 2x-y=12 \end{cases}$ $\therefore x=11,\ y=10$

따라서 용준이가 이긴 횟수는 10, 진 횟수는 11이므로 용준이는 처음보다 $2\times 10-11=9$(계단) 올라간 위치에 있다. 답 ④

0613 현빈이가 이긴 횟수를 x, 진 횟수를 y라 하면 준희가 이긴 횟수는 y, 진 횟수는 x이다.

$\begin{cases} 3x-y=25 \\ -x+3y=21 \end{cases}$ $\therefore x=12,\ y=11$

따라서 가위바위보를 한 횟수는 $12+11=23$ 답 23

Theme 15 연립방정식의 활용(2) 89~93쪽

0614 작년 신입생 중 남학생 수를 x, 여학생 수를 y라 하면

$\begin{cases} x+y=155 \\ -\frac{10}{100}x-\frac{4}{100}y=-11 \end{cases}$, 즉 $\begin{cases} x+y=155 \\ 5x+2y=550 \end{cases}$

$\therefore x=80,\ y=75$

따라서 올해의 신입생 중 남학생 수는

$\frac{90}{100}\times 80=72$ 답 ②

0615 (1) 지난주 A 주스의 판매량을 x잔, B 주스의 판매량을 y잔이라 하면

$\begin{cases} x+y=420 \\ \frac{15}{100}x-\frac{10}{100}y=28 \end{cases}$, 즉 $\begin{cases} x+y=420 \\ 3x-2y=560 \end{cases}$

$\therefore x=280,\ y=140$

따라서 지난주 A 주스의 판매량은 280잔이다.

(2) $\frac{115}{100}\times 280=322$(잔)

답 (1) 280잔 (2) 322잔

0616 처음 직사각형의 가로의 길이를 $x$cm, 세로의 길이를 $y$cm 라 하면

$\begin{cases} 2x+2y=100 \\ 2\left(\frac{10}{100}x-\frac{15}{100}y\right)=-\frac{4}{100}\times100 \end{cases}$, 즉 $\begin{cases} x+y=50 \\ 2x-3y=-40 \end{cases}$

$\therefore x=22,\ y=28$

따라서 처음 직사각형의 넓이는

$22\times28=616\,(\text{cm}^2)$ 답 ⑤

0617 판매한 연필을 x자루, 볼펜을 y자루라 하면

$\begin{cases} x+y=100 \\ \frac{20}{100}\times600x+\frac{25}{100}\times800y=15200 \end{cases}$, 즉 $\begin{cases} x+y=100 \\ 3x+5y=380 \end{cases}$

$\therefore x=60,\ y=40$

따라서 판매한 볼펜은 40자루이다. 답 ①

0618 A 제품의 구입가를 x원, B 제품의 구입가를 y원이라 하면

$\begin{cases} x+y=50000 \\ \frac{15}{100}x+\frac{10}{100}y=6500 \end{cases}$, 즉 $\begin{cases} x+y=50000 \\ 3x+2y=130000 \end{cases}$

$\therefore x=30000,\ y=20000$

따라서 A 제품의 구입가는 30000원이다. 답 30000원

0619 두 청바지의 원가를 각각 x원, y원 $(x>y)$이라 하면 정가는 $\frac{120}{100}x$원, $\frac{120}{100}y$원이므로

$\begin{cases} x-y=10000 \\ \frac{120}{100}x+\frac{120}{100}y=84000 \end{cases}$, 즉 $\begin{cases} x-y=10000 \\ x+y=70000 \end{cases}$

$\therefore x=40000,\ y=30000$

따라서 더 비싼 청바지의 정가는

$\frac{120}{100}\times40000=48000$(원) 답 ③

0620 전체 일의 양을 1이라 하고 형이 1분 동안 청소하는 양을 x, 동생이 1분 동안 청소하는 양을 y라 하면

$\begin{cases} 10(x+y)=1 \\ 5x+20y=1 \end{cases}$, 즉 $\begin{cases} 10x+10y=1 \\ 5x+20y=1 \end{cases}$

$\therefore x=\frac{1}{15},\ y=\frac{1}{30}$

따라서 방 청소를 동생이 혼자 하면 30분이 걸린다.

답 30분

0621 가득 찬 물탱크의 물의 양을 1이라 하고 A 호스로 1시간 동안 넣는 물의 양을 x, B 호스로 1시간 동안 넣는 물의 양을 y라 하면

$\begin{cases} 3x+12y=1 \\ 9x+4y=1 \end{cases}$ $\therefore x=\frac{1}{12},\ y=\frac{1}{16}$

따라서 B 호스로만 물탱크를 가득 채우면 16시간이 걸린다.

답 ⑤

0622 전체 일의 양을 1이라 하고 형이 1일 동안 하는 일의 양을 x, 동생이 1일 동안 하는 일의 양을 y라 하면

$\begin{cases} 3x+15y=1 \\ 5x+9y=1 \end{cases}$ $\therefore x=\frac{1}{8},\ y=\frac{1}{24}$

따라서 형과 동생이 함께 일을 하면 1일 동안 하는 일의 양은 $\frac{1}{8}+\frac{1}{24}=\frac{1}{6}$이므로 6일이 걸린다. 답 6일

0623 자전거를 타고 간 거리를 xm, 걸어간 거리를 ym라 하면

$\begin{cases} x+y=3300 \\ \frac{x}{150}+\frac{y}{75}=32 \end{cases}$, 즉 $\begin{cases} x+y=3300 \\ x+2y=4800 \end{cases}$

$\therefore x=1800,\ y=1500$

따라서 희주가 자전거를 타고 간 거리는 1800 m이다.

답 1800 m

0624 $\begin{cases} x+2y=250 \\ x=y+25 \end{cases}$ $\therefore x=100,\ y=75$

$\therefore x+y=175$ 답 ③

0625 정연이네 집에서 서점까지의 거리를 xm, 서점에서 도서관까지의 거리를 ym라 하면

$\begin{cases} x=y+300 \\ \frac{x}{60}+30+\frac{y}{150}=70 \end{cases}$, 즉 $\begin{cases} x=y+300 \\ 5x+2y=12000 \end{cases}$

$\therefore x=1800,\ y=1500$

따라서 정연이네 집에서 서점을 지나 도서관까지의 거리는

$1800+1500=3300\,(\text{m})$ 답 3300 m

0626 올라간 거리를 $x$km, 내려온 거리를 $y$km라 하면

$\begin{cases} x+y=10 \\ \frac{x}{3}+\frac{y}{4}=3 \end{cases}$, 즉 $\begin{cases} x+y=10 \\ 4x+3y=36 \end{cases}$

$\therefore x=6,\ y=4$

따라서 올라간 거리와 내려온 거리의 차는

$6-4=2\,(\text{km})$ 답 ②

0627 올라간 거리를 $x$km, 내려온 거리를 $y$km라 하면

$\begin{cases} y=x-1 \\ \frac{x}{4}+\frac{y}{5}=\frac{8}{5} \end{cases}$, 즉 $\begin{cases} y=x-1 \\ 5x+4y=32 \end{cases}$

$\therefore x=4,\ y=3$

따라서 내려온 거리는 3km이다. 답 3km

참고 1시간 36분은 $1\frac{36}{60}=\frac{8}{5}$(시간)이다.

0628 A 코스의 거리를 $x$km, B 코스의 거리를 $y$km라 하면

$\begin{cases} y=x+1 \\ \frac{x}{2}+\frac{20}{60}+\frac{y}{3}=4 \end{cases}$, 즉 $\begin{cases} y=x+1 \\ 3x+2y=22 \end{cases}$

$\therefore x=4,\ y=5$

따라서 등산한 총거리는 $4+5=9\,(\text{km})$ 답 9km

0629 갈 때 걸은 거리를 $x$km, 올 때 걸은 거리를 $y$km라 하면

$\begin{cases} x+y=6 \\ \frac{x}{5}+\frac{48}{60}+\frac{y}{4}=\frac{126}{60} \end{cases}$, 즉 $\begin{cases} x+y=6 \\ 4x+5y=26 \end{cases}$

$\therefore x=4,\ y=2$

따라서 시우가 돌아올 때 걸은 거리는 2km이다. 답 2km

참고 2시간 6분은 $2\frac{6}{60}=\frac{126}{60}$(시간)이다.

0630 두 사람이 만날 때까지 어머니가 자전거를 탄 시간을 x분, 민서가 걸어간 시간을 y분이라 하면

$\begin{cases} y=x+15 \\ 75y=200x \end{cases}$, 즉 $\begin{cases} y=x+15 \\ 3y=8x \end{cases}$

$\therefore x=9,\ y=24$

따라서 두 사람이 만나는 것은 어머니가 출발한 지 9분 후이다. 답 ②

0631 정호가 걸은 거리를 $x$km, 현우가 걸은 거리를 $y$km라 하면

$\begin{cases} x+y=18 \\ \frac{x}{4}=\frac{y}{5} \end{cases}$, 즉 $\begin{cases} x+y=18 \\ 5x=4y \end{cases}$

$\therefore x=8,\ y=10$

따라서 현우가 걸은 거리는 10km이다. 답 ④

0632 두 사람이 만날 때까지 민수가 이동한 거리를 xm, 동생이 이동한 거리를 ym라 하면

$\begin{cases} x=y+20 \\ \frac{x}{5}=\frac{y}{4} \end{cases}$, 즉 $\begin{cases} x=y+20 \\ 4x=5y \end{cases}$

$\therefore x=100,\ y=80$

따라서 민수와 동생이 만나는 것은 출발한 지 $\frac{100}{5}=20$(초) 후이다. 답 20초

0633 세민이의 속력을 분속 xm, 연주의 속력을 분속 ym라 하면

$\begin{cases} 75x-75y=1500 \\ 10x+10y=1500 \end{cases}$, 즉 $\begin{cases} x-y=20 \\ x+y=150 \end{cases}$

$\therefore x=85,\ y=65$

따라서 세민이의 속력은 분속 85m이다. 답 ⑤

0634 현석이가 걸은 거리를 xm, 민영이가 걸은 거리를 ym라 하면

$\begin{cases} x+y=800 \\ \frac{x}{90}=\frac{y}{70} \end{cases}$, 즉 $\begin{cases} x+y=800 \\ 7x=9y \end{cases}$

$\therefore x=450,\ y=350$

따라서 두 사람이 처음 만나는 때는 출발한 지 $\frac{450}{90}=5$(분) 후이다. 답 5분

0635 정지한 물에서의 배의 속력을 시속 $x$km, 강물의 속력을 시속 $y$km라 하면

$\begin{cases} 4(x-y)=12 \\ \frac{4}{3}(x+y)=12 \end{cases}$, 즉 $\begin{cases} x-y=3 \\ x+y=9 \end{cases}$

$\therefore x=6,\ y=3$

따라서 정지한 물에서의 배의 속력은 시속 6km이다. 답 ④

0636 정지한 물에서의 배의 속력을 시속 $x$km, 강물의 속력을 시속 $y$km라 하면

$\begin{cases} 5(x-y)=30 \\ 3(x+y)=30 \end{cases}$, 즉 $\begin{cases} x-y=6 \\ x+y=10 \end{cases}$

$\therefore x=8,\ y=2$

따라서 강물의 속력은 시속 2km이다. 답 시속 2km

0637 두 선착장 사이의 거리를 $x$km, 강물의 속력을 시속 $y$km라 하면

$\begin{cases} 2(10+y)=x \\ 3(10-y)=x \end{cases}$, 즉 $\begin{cases} x-2y=20 \\ x+3y=30 \end{cases}$

$\therefore x=24,\ y=2$

따라서 두 선착장 사이의 거리는 24km이다. 답 24km

0638 기차의 길이를 xm, 기차의 속력을 초속 ym라 하면

$\begin{cases} 34y=x+1500 \\ 28y=x+1200 \end{cases}$

$\therefore x=200,\ y=50$

따라서 기차의 길이는 200m이다. 답 200m

0639 기차의 길이를 xm, 기차의 속력을 초속 ym라 하면

$\begin{cases} 40y=x+1480 \\ 33y=x+1200 \end{cases}$

$\therefore x=120,\ y=40$

따라서 기차의 속력은 초속 40m이다. 답 초속 40m

0640 5%의 소금물의 양을 xg, 11%의 소금물의 양을 yg이라 하면

$\begin{cases} x+y=360 \\ \frac{5}{100}x+\frac{11}{100}y=\frac{7}{100}\times 360 \end{cases}$, 즉 $\begin{cases} x+y=360 \\ 5x+11y=2520 \end{cases}$

$\therefore x=240,\ y=120$

따라서 5%의 소금물은 240g을 섞었다. 답 ③

0641 10%의 설탕물의 양을 xg, 6%의 설탕물의 양을 yg이라 하면

$\begin{cases} 240+x=y \\ \frac{4}{100}\times 240+\frac{10}{100}x=\frac{6}{100}y \end{cases}$, 즉 $\begin{cases} 240+x=y \\ 480+5x=3y \end{cases}$

$\therefore x=120,\ y=360$

따라서 10%의 설탕물을 120g 넣어야 한다. 답 ①

0642 소금물 A의 농도를 x%, 소금물 B의 농도를 y%라 하면

$\begin{cases} \frac{x}{100}\times 200+\frac{y}{100}\times 300=\frac{7}{100}\times 500 \\ \frac{x}{100}\times 50+\frac{y}{100}\times 200=\frac{8}{100}\times 250 \end{cases}$

즉, $\begin{cases} 2x+3y=35 \\ x+4y=40 \end{cases}$

$\therefore x=4,\ y=9$

따라서 두 소금물 A, B의 농도 차는

$9-4=5(\%)$ 답 5%

0643 6%의 소금물의 양을 xg, 14%의 소금물의 양을 yg이라 하면

$\begin{cases} x+y+60=360 \\ \frac{6}{100}x+\frac{14}{100}y=\frac{10}{100}\times 360 \end{cases}$, 즉 $\begin{cases} x+y=300 \\ 3x+7y=1800 \end{cases}$

$\therefore x=75,\ y=225$

따라서 14%의 소금물의 양은 225g이다. 답 225g

0644 식품 A의 양을 xg, 식품 B의 양을 yg이라 하면

$\begin{cases} \frac{6}{100}x+\frac{12}{100}y=30 \\ \frac{15}{100}x+\frac{9}{100}y=54 \end{cases}$, 즉 $\begin{cases} x+2y=500 \\ 5x+3y=1800 \end{cases}$

$\therefore x=300,\ y=100$

따라서 식품 A는 300g, 식품 B는 100g을 먹어야 한다.

답 식품 A : 300g, 식품 B : 100g

0645 합금 A의 양을 xg, 합금 B의 양을 yg이라 하면

$\begin{cases} \frac{15}{100}x+\frac{25}{100}y=150 \\ \frac{30}{100}x+\frac{40}{100}y=270 \end{cases}$, 즉 $\begin{cases} 3x+5y=3000 \\ 3x+4y=2700 \end{cases}$

$\therefore x=500,\ y=300$

따라서 합금 B는 300g이 필요하다. 답 ①

0646 식품 A의 양을 xg, 식품 B의 양을 yg이라 하면

$\begin{cases} \frac{15}{100}x+\frac{9}{100}y=78 \\ \frac{180}{100}x+\frac{90}{100}y=900 \end{cases}$, 즉 $\begin{cases} 5x+3y=2600 \\ 2x+y=1000 \end{cases}$

$\therefore x=400,\ y=200$

따라서 식품 A는 400g을 섭취해야 한다. 답 ③

유형모아 Theme 14 연립방정식의 활용(1)  94쪽

0647 정삼각형의 개수를 x, 정사각형의 개수를 y라 하면

$\begin{cases} x+y=11 \\ 3x+4y=40 \end{cases}$

$\therefore x=4,\ y=7$

따라서 정삼각형의 개수는 4이다. 답 4

0648 큰 수를 x, 작은 수를 y라 하면

$\begin{cases} x=4y+6 \\ 2x=9y+3 \end{cases}$

$\therefore x=42,\ y=9$

따라서 두 수의 차는 $42-9=33$ 답 33

0649 어른 한 명의 요금을 x원, 어린이 한 명의 요금을 y원이라 하면

$\begin{cases} 2x+2y=3000 \\ 3x+4y=4800 \end{cases}$, 즉 $\begin{cases} x+y=1500 \\ 3x+4y=4800 \end{cases}$

$\therefore x=1200,\ y=300$

따라서 어린이 한 명의 요금은 300원이다. 답 ①

0650 가로의 길이를 $x$cm, 세로의 길이를 $y$cm라 하면

$\begin{cases} 2x+2y=48 \\ x=y+4 \end{cases}$, 즉 $\begin{cases} x+y=24 \\ x=y+4 \end{cases}$

$\therefore x=14,\ y=10$

따라서 직사각형의 넓이는

$14\times10=140\,(\text{cm}^2)$ 답 ⑤

0651 합격품의 개수를 x, 불량품의 개수를 y라 하면

$\begin{cases} x+y=100 \\ 100x-200y=7000 \end{cases}$, 즉 $\begin{cases} x+y=100 \\ x-2y=70 \end{cases}$

$\therefore x=90,\ y=10$

따라서 불량품의 개수는 10이다. 답 ③

0652 소정이가 이긴 횟수를 x, 진 횟수를 y라 하면 유진이가 이긴 횟수는 y, 진 횟수는 x이다.

$\begin{cases} 2x-y=19 \\ -x+2y=1 \end{cases}$ $\therefore x=13,\ y=7$

따라서 유진이가 이긴 횟수는 7이다. 답 7

0653 A 항구에서 탄 남자의 수를 x, 여자의 수를 y라 하면

$\begin{cases} y=2(x-10) \\ x-20=\frac{1}{3}(y-10) \end{cases}$, 즉 $\begin{cases} y=2x-20 \\ 3x-y=50 \end{cases}$

$\therefore x=30,\ y=40$

따라서 A 항구에서 탄 남자의 수는 30, 여자의 수는 40이다. 답 남자 : 30, 여자 : 40

유형모아 Theme 14 연립방정식의 활용(1)  95쪽

0654 큰 수를 x, 작은 수를 y라 하면

$\begin{cases} x+y=20 \\ x-y=6 \end{cases}$ $\therefore x=13,\ y=7$

따라서 두 수 중 작은 수는 7이다. 답 ③

0655 성공한 2점 슛을 x개, 3점 슛을 y개라 하면

$\begin{cases} x+y=13 \\ 2x+3y=30 \end{cases}$ $\therefore x=9,\ y=4$

따라서 성공한 2점 슛은 9개이다. 답 9개

0656 현재 아버지의 나이를 x살, 아들의 나이를 y살이라 하면

$\begin{cases} x+y=56 \\ x+8=2(y+8) \end{cases}$, 즉 $\begin{cases} x+y=56 \\ x-2y=8 \end{cases}$

$\therefore x=40,\ y=16$

따라서 현재 아버지의 나이는 40살이므로 8년 후 아버지의 나이는 48살이다. 답 ②

0657 수학 점수를 x점, 영어 점수를 y점이라 하면

$\begin{cases} \frac{x+y}{2}=91 \\ y=x+6 \end{cases}$, 즉 $\begin{cases} x+y=182 \\ y=x+6 \end{cases}$

$\therefore x=88,\ y=94$

따라서 효진이의 수학 점수는 88점이다. 답 ②

0658 남학생 수를 x, 여학생 수를 y라 하면

$\begin{cases} x+y=120 \\ \frac{3}{11}x+\frac{1}{9}y=\frac{1}{5}\times120 \end{cases}$, 즉 $\begin{cases} x+y=120 \\ 27x+11y=2376 \end{cases}$

$\therefore x=66,\ y=54$

따라서 봉사 활동에 참여한 여학생 수는

$\frac{1}{9}\times54=6$ 답 6

0659 처음 수의 십의 자리의 숫자를 x, 일의 자리의 숫자를 y라 하면

$\begin{cases} x+y=3x-1 \\ 10y+x=(10x+y)+18 \end{cases}$, 즉 $\begin{cases} 2x-y=1 \\ x-y=-2 \end{cases}$

$\therefore x=3,\ y=5$

따라서 처음 수는 35이다. 답 35

0660 우유 한 개의 가격이 700원인 날수를 x, 800원인 날수를 y라 하면

$\begin{cases} x+y=30 \\ 700x+800y=23000 \end{cases}$, 즉 $\begin{cases} x+y=30 \\ 7x+8y=230 \end{cases}$

$\therefore x=10,\ y=20$

따라서 800원짜리 우유를 먹기 시작한 날짜는 6월 11일이다. 답 6월 11일

유형모아 Theme 15 연립방정식의 활용(2) 1회 96쪽

0661 작년의 남학생 수를 x, 여학생 수를 y라 하면

$\begin{cases} x+y=600 \\ \frac{5}{100}x-\frac{10}{100}y=-6 \end{cases}$, 즉 $\begin{cases} x+y=600 \\ x-2y=-120 \end{cases}$

$\therefore x=360,\ y=240$

따라서 작년의 남학생 수는 360, 여학생 수는 240이다.

답 남학생 : 360, 여학생 : 240

참고 올해의 남학생 수는 $\left(1+\frac{5}{100}\right)x=\frac{105}{100}\times360=378$

올해의 여학생 수는 $\left(1-\frac{10}{100}\right)y=\frac{90}{100}\times240=216$

0662 A 상품의 구입가를 x원, B 상품의 구입가를 y원이라 하면

$\begin{cases} x+y=23000 \\ \frac{10}{100}x+\frac{20}{100}y=3600 \end{cases}$, 즉 $\begin{cases} x+y=23000 \\ x+2y=36000 \end{cases}$

$\therefore x=10000,\ y=13000$

따라서 A 상품의 판매 가격은

$\frac{110}{100}\times10000=11000$(원) 답 11000원

0663 전체 청소의 양을 1이라 하고 별이가 1시간 동안 청소하는 양을 x, 준이가 1시간 동안 청소하는 양을 y라 하면

$\begin{cases} 5(x+y)=1 \\ 2x+6y=1 \end{cases}$, 즉 $\begin{cases} 5x+5y=1 \\ 2x+6y=1 \end{cases}$

$\therefore x=\frac{1}{20},\ y=\frac{3}{20}$

따라서 별이가 혼자 청소를 하면 20시간이 걸린다. 답 ⑤

0664 자전거를 타고 간 거리를 x km, 걸어서 간 거리를 y km라 하면

$\begin{cases} x+y=16 \\ \frac{x}{16}+\frac{y}{4}=\frac{7}{4} \end{cases}$, 즉 $\begin{cases} x+y=16 \\ x+4y=28 \end{cases}$

$\therefore x=12,\ y=4$

따라서 세민이가 걸어서 간 거리는 4 km이다. 답 ②

0665 서준이가 뛰어간 거리를 x km, 현서가 자전거를 타고 간 거리를 y km라 하면

$\begin{cases} x+y=10 \\ \frac{x}{6}=\frac{y}{14} \end{cases}$, 즉 $\begin{cases} x+y=10 \\ 7x=3y \end{cases}$

$\therefore x=3,\ y=7$

따라서 두 사람이 만날 때까지 걸린 시간은 $\frac{3}{6}$시간, 즉 30분이다. 답 30분

0666 기차의 길이를 x m, 기차의 속력을 초속 y m라 하면

$\begin{cases} 30y=x+800 \\ 20y=x+500 \end{cases}$

$\therefore x=100,\ y=30$

따라서 기차의 길이는 100 m이다. 답 ③

0667 합금 A의 양을 x g, 합금 B의 양을 y g이라 하면

$\begin{cases} x+y=360 \\ \frac{1}{3}x+\frac{1}{2}y=\frac{2}{5}\times360 \end{cases}$, 즉 $\begin{cases} x+y=360 \\ 2x+3y=864 \end{cases}$

$\therefore x=216,\ y=144$

따라서 필요한 합금 A의 양은 216 g, 합금 B의 양은 144 g이다. 답 합금 A : 216 g, 합금 B : 144 g

다른 풀이 합금 A의 양을 x g, 합금 B의 양을 y g이라 하면

$\begin{cases} x+y=360 \\ \frac{2}{3}x+\frac{1}{2}y=\frac{3}{5}\times360 \end{cases}$, 즉 $\begin{cases} x+y=360 \\ 4x+3y=1296 \end{cases}$

$\therefore x=216,\ y=144$

유형모아 Theme 15 연립방정식의 활용(2) 2회 97쪽

0668 작년의 남학생 수를 x, 여학생 수를 y라 하면

$\begin{cases} x+y=670+30 \\ \frac{10}{100}x-\frac{15}{100}y=-30 \end{cases}$, 즉 $\begin{cases} x+y=700 \\ 2x-3y=-600 \end{cases}$

$\therefore x=300,\ y=400$

따라서 올해의 남학생 수는

$\frac{110}{100}\times300=330$ 답 330

0669 시속 6 km로 걸은 거리를 x km, 시속 8 km로 달린 거리를 y km라 하면

$\begin{cases} x+y=6 \\ \frac{x}{6}+\frac{y}{8}=\frac{5}{6} \end{cases}$, 즉 $\begin{cases} x+y=6 \\ 4x+3y=20 \end{cases}$

$\therefore x=2,\ y=4$

따라서 서연이가 걸은 거리는 2 km이다. 답 2 km

0670 A 코스의 거리를 x km, B 코스의 거리를 y km라 하면

$\begin{cases} x+y=13 \\ \frac{x}{2}+\frac{1}{2}+\frac{y}{4}=5 \end{cases}$, 즉 $\begin{cases} x+y=13 \\ 2x+y=18 \end{cases}$

$\therefore x=5,\ y=8$

따라서 B 코스의 거리는 8 km이다. 답 8 km

0671 준이의 속력을 초속 xm, 혁민이의 속력을 초속 ym라 하면

$\begin{cases} 30x+30y=240 \\ 120x-120y=240 \end{cases}$, 즉 $\begin{cases} x+y=8 \\ x-y=2 \end{cases}$

$\therefore x=5,\ y=3$

따라서 준이의 속력은 초속 5m이다. 답 ⑤

0672 정지한 물에서의 배의 속력을 시속 $x$km, 강물의 속력을 시속 $y$km라 하면

$\begin{cases} \frac{3}{2}(x-y)=12 \\ x+y=12 \end{cases}$, 즉 $\begin{cases} x-y=8 \\ x+y=12 \end{cases}$

$\therefore x=10,\ y=2$

따라서 정지한 물에서의 배의 속력은 시속 10km이다.

답 ④

0673 6%의 소금물의 양을 xg, 11%의 소금물의 양을 yg이라 하면

$\begin{cases} x+y=400 \\ \frac{6}{100}x+\frac{11}{100}y=\frac{8}{100}\times 400 \end{cases}$, 즉 $\begin{cases} x+y=400 \\ 6x+11y=3200 \end{cases}$

$\therefore x=240,\ y=160$

따라서 11%의 소금물의 양은 160g이다. 답 ①

0674 가득 찬 물탱크의 물의 양을 1이라 하고 A 호스로 1분 동안 채울 수 있는 물의 양을 x, B 호스로 1분 동안 채울 수 있는 물의 양을 y라 하면

$\begin{cases} 2x+10y=1 \\ 5x+4y=1 \end{cases}$ $\therefore x=\frac{1}{7},\ y=\frac{1}{14}$

따라서 B 호스로만 가득 채우려면 14분이 걸린다. 답 14분

Theme 모아 중단원 마무리 98~99쪽

0675 지호가 맞힌 3점짜리 문제의 개수를 x, 5점짜리 문제의 개수를 y라 하면

$\begin{cases} x+y=18 \\ 3x+5y=68 \end{cases}$ $\therefore x=11,\ y=7$

따라서 지호가 맞힌 3점짜리 문제의 개수는 11이다. 답 ④

0676 현재 아버지의 나이를 x살, 아들의 나이를 y살이라 하면

$\begin{cases} x-y=40 \\ x+14=3(y+14) \end{cases}$, 즉 $\begin{cases} x-y=40 \\ x-3y=28 \end{cases}$

$\therefore x=46,\ y=6$

따라서 현재 아들의 나이는 6살이다. 답 ③

0677 처음 수의 십의 자리의 숫자를 x, 일의 자리의 숫자를 y라 하면

$\begin{cases} 10x+y=3(x+y) \\ 10y+x=2(10x+y)+18 \end{cases}$, 즉 $\begin{cases} 7x-2y=0 \\ 19x-8y=-18 \end{cases}$

$\therefore x=2,\ y=7$

따라서 처음 수는 27이다. 답 27

0678 카네이션 한 송이의 가격을 x원, 장미 한 송이의 가격을 y원이라 하면

$\begin{cases} x=y+500 \\ 5x+7y=14500 \end{cases}$

$\therefore x=1500,\ y=1000$

따라서 카네이션 한 송이의 가격은 1500원, 장미 한 송이의 가격은 1000원이므로 카네이션 4송이와 장미 3송이의 가격은 $1500\times 4+1000\times 3=9000$(원) 답 ③

0679 가로의 길이를 $x$cm, 세로의 길이를 $y$cm라 하면

$\begin{cases} 2x+2y=34 \\ x=2y+2 \end{cases}$, 즉 $\begin{cases} x+y=17 \\ x=2y+2 \end{cases}$

$\therefore x=12,\ y=5$

따라서 직사각형의 넓이는

$12\times 5=60\,(\text{cm}^2)$ 답 $60\,\text{cm}^2$

0680 남자 회원 수를 x, 여자 회원 수를 y라 하면

$\begin{cases} x+y=50 \\ \frac{1}{3}x+\frac{1}{4}y=\frac{3}{10}\times 50 \end{cases}$, 즉 $\begin{cases} x+y=50 \\ 4x+3y=180 \end{cases}$

$\therefore x=30,\ y=20$

따라서 여자 회원 수는 20이다. 답 ②

0681 올라간 거리를 $x$km, 내려온 거리를 $y$km라 하면

$\begin{cases} y=x+4 \\ \frac{x}{3}+\frac{y}{4}=8 \end{cases}$, 즉 $\begin{cases} y=x+4 \\ 4x+3y=96 \end{cases}$

$\therefore x=12,\ y=16$

따라서 전체 거리는

$12+16=28\,(\text{km})$ 답 ④

0682 작년의 남학생 수를 x, 여학생 수를 y라 하면

$\begin{cases} x+y=930-30 \\ \frac{10}{100}x-\frac{5}{100}y=30 \end{cases}$, 즉 $\begin{cases} x+y=900 \\ 2x-y=600 \end{cases}$

$\therefore x=500,\ y=400$

따라서 올해의 남학생 수는

$\frac{110}{100}\times 500=550$ 답 ④

0683 전체 일의 양을 1이라 하고 경진이가 1시간 동안 하는 일의 양을 x, 수영이가 1시간 동안 하는 일의 양을 y라 하면

$\begin{cases} 3(x+y)=1 \\ 2x+\frac{3}{2}(x+y)=1 \end{cases}$, 즉 $\begin{cases} 3x+3y=1 \\ 7x+3y=2 \end{cases}$

$\therefore x=\frac{1}{4},\ y=\frac{1}{12}$

따라서 이 일을 수영이가 혼자 하면 12시간이 걸린다. 답 ④

0684 지민이의 속력을 시속 $x$km, 민호의 속력을 시속 $y$km라 하면

$\begin{cases} 2x-2y=2 \\ \frac{2}{3}x+\frac{2}{3}y=2 \end{cases}$, 즉 $\begin{cases} x-y=1 \\ x+y=3 \end{cases}$

$\therefore x=2,\ y=1$

따라서 지민이의 속력은 시속 2 km, 민호의 속력은 시속 1 km이다. 답 지민 : 시속 2 km, 민호 : 시속 1 km

0685 4 %의 소금물의 양을 x g, 7 %의 소금물의 양을 y g이라 하면

$\begin{cases} x+y=300 \\ \frac{4}{100}x+\frac{7}{100}y=\frac{6}{100}\times 300 \end{cases}$, 즉 $\begin{cases} x+y=300 \\ 4x+7y=1800 \end{cases}$

$\therefore x=100,\ y=200$

따라서 필요한 7 %의 소금물의 양은 200 g이다. 답 ⑤

0686 합금 A의 양을 x g, 합금 B의 양을 y g이라 하면

$\begin{cases} x+y=60 \\ \frac{50}{100}x+\frac{80}{100}y=\frac{60}{100}\times 60 \end{cases}$, 즉 $\begin{cases} x+y=60 \\ 5x+8y=360 \end{cases}$

$\therefore x=40,\ y=20$

따라서 필요한 합금 A의 양은 40 g이다. 답 40 g

0687 노새의 짐을 x자루, 당나귀의 짐을 y자루라 하면

$\begin{cases} x+1=2(y-1) \\ x-1=y+1 \end{cases}$

즉, $\begin{cases} x-2y=-3 & \cdots\cdots ㉠ \\ x-y=2 & \cdots\cdots ㉡ \end{cases}$ …❶

㉠－㉡을 하면

$-y=-5 \quad \therefore y=5$

$y=5$를 ㉡에 대입하면

$x-5=2 \quad \therefore x=7$ …❷

따라서 노새와 당나귀의 짐의 수의 합은

$7+5=12$ (자루) …❸

답 12자루

채점 기준	배점
❶ 연립방정식 세우기	50 %
❷ 연립방정식 풀기	30 %
❸ 노새와 당나귀의 짐의 수의 합 구하기	20 %

0688 A 제품의 수를 x, B 제품의 수를 y라 하면

$\begin{cases} 1000x+2000y=80000 \\ \frac{20}{100}\times 1000x+\frac{30}{100}\times 2000y=20000 \end{cases}$

즉, $\begin{cases} x+2y=80 & \cdots\cdots ㉠ \\ x+3y=100 & \cdots\cdots ㉡ \end{cases}$ …❶

㉠－㉡을 하면

$-y=-20 \quad \therefore y=20$

$y=20$을 ㉠에 대입하면

$x+40=80 \quad \therefore x=40$ …❷

따라서 A 제품은 40개이다. …❸

답 40개

채점 기준	배점
❶ 연립방정식 세우기	50 %
❷ 연립방정식 풀기	30 %
❸ A 제품의 개수 구하기	20 %

07. 일차함수와 그래프 (1)

한번 더 핵심 유형 100~109쪽

Theme 16 함수와 함숫값 100~102쪽

0689 ③ $x=100$일 때, 둘레의 길이가 100 cm인 사각형의 넓이는 여러 가지가 있을 수 있으므로 y는 x의 함수가 아니다. 답 ③

0690 ㄷ. $x=2$일 때, 약수의 개수가 2인 자연수는 2, 3, 5, …로 y의 값이 하나로 정해지지 않으므로 함수가 아니다.
ㄹ. $x=50$일 때, 몸무게가 50 kg인 사람의 허리둘레는 여러 가지가 있을 수 있으므로 함수가 아니다.
따라서 y가 x의 함수인 것은 ㄱ, ㄴ, ㅁ으로 모두 3개이다.
답 3개

0691 ㄴ. $x=1$일 때, 3보다 작은 자연수는 1, 2로 y의 값이 하나로 정해지지 않으므로 함수가 아니다.
ㄹ. $x=5$일 때, 5보다 작은 소수는 2, 3으로 y의 값이 하나로 정해지지 않으므로 함수가 아니다.
따라서 y가 x의 함수가 아닌 것은 ㄴ, ㄹ이다. 답 ④

0692 $f(-2)=-2\times(-2)=4,\ f(3)=-2\times 3=-6$

$\therefore f(-2)+\frac{1}{2}f(3)=4+\frac{1}{2}\times(-6)=1$ 답 ④

0693 $f(-3)=-3\times(-3)+2=11$ 답 ④

0694 ① $f(-1)=-\frac{1}{3}$ ② $f(-1)=-3$ ③ $f(-1)=3$

④ $f(-1)=\frac{1}{3}$ ⑤ $f(-1)=-3$ 답 ③

0695 $f\left(-\frac{1}{2}\right)=(-1)\div\left(-\frac{1}{2}\right)=(-1)\times(-2)=2$

$f(1)=-\frac{1}{1}=-1$

$\therefore f\left(-\frac{1}{2}\right)-f(1)=2-(-1)=3$ 답 ③

0696 $f(2)=-\frac{12}{2}=-6,\ f(-3)=-\frac{12}{-3}=4$

$\therefore \frac{1}{2}f(2)-f(-3)=\frac{1}{2}\times(-6)-4=-7$ 답 -7

0697 $f(-3)=3\times(-3)=-9,\ g(1)=-\frac{2}{1}=-2$이므로

$f(-3)-\frac{1}{2}g(1)=-9-\frac{1}{2}\times(-2)=-8$ 답 ①

0698 $f(3)=4500,\ f(7.5)=6000,\ f(14)=7500$이므로

$f(3)+f(7.5)+f(14)=4500+6000+7500=18000$

답 18000

0699 $18=4\times 4+2$이므로 $f(18)=2$

$27=6\times 4+3$이므로 $f(27)=3$

$48=12\times 4+0$이므로 $f(48)=0$

$\therefore f(18)+f(27)+f(48)=2+3+0=5$ 답 5

0700 $f(a)=-3a=9$ $\quad\therefore a=-3$ 답 ①

0701 $f(x)=\frac{15}{x}$에서 $f(a)=\frac{15}{a}=5$
$\therefore a=3$
$f(-5)=\frac{15}{-5}=b$ $\quad\therefore b=-3$
$\therefore a+b=0$ 답 ③

0702 $f(a)=4a=-10$ $\quad\therefore a=-\frac{5}{2}$
$f(-1)=4\times(-1)=b$ $\quad\therefore b=-4$
$\therefore ab=\left(-\frac{5}{2}\right)\times(-4)=10$ 답 10

0703 $f(a)-f(b)=-2a+3-(-2b+3)$
$=-2a+2b=-2(a-b)$
$a-b=-1$이므로
$f(a)-f(b)=-2(a-b)=-2\times(-1)=2$ 답 2

0704 $f(x)=ax-1$에서 $f(3)=3a-1=8$ $\quad\therefore a=3$
따라서 $f(x)=3x-1$이므로
$f(2)=3\times2-1=5$ 답 ②

0705 $f(x)=-\frac{a}{x}$에서 $f(-2)=-\frac{a}{-2}=3$ $\quad\therefore a=6$
따라서 $f(x)=-\frac{6}{x}$이므로
$f(-3)+f(2)=-\frac{6}{-3}+\left(-\frac{6}{2}\right)=2-3=-1$ 답 -1

0706 $f(x)=ax$에서 $f(-2)=-2a=4$ $\quad\therefore a=-2$
따라서 $f(x)=-2x$이므로
$f(b)=-2b=-8$ $\quad\therefore b=4$
$\therefore a+b=2$ 답 2

0707 $f(x)=3x-4a$에서 $f(a)=3a-4a=-a$
즉, $-a=5$이므로 $a=-5$ 답 -5

0708 y가 x에 정비례하므로 $y=ax$에 $x=3$, $y=2$를 대입하면
$2=3a$ $\quad\therefore a=\frac{2}{3}$
따라서 $y=\frac{2}{3}x$에 $x=-6$을 대입하면
$y=\frac{2}{3}\times(-6)=-4$ 답 -4

0709 y가 x에 반비례하므로 $y=\frac{a}{x}$에 $x=-2$, $y=8$을 대입하면
$8=\frac{a}{-2}$ $\quad\therefore a=-16$
따라서 $y=-\frac{16}{x}$에 $x=4$를 대입하면
$y=-\frac{16}{4}=-4$ 답 -4

0710 y가 x에 정비례하므로 $y=ax$에 $x=3$, $y=4$를 대입하면
$4=3a$ $\quad\therefore a=\frac{4}{3}$
따라서 $y=\frac{4}{3}x$에 $x=6$, $y=A$를 대입하면
$A=\frac{4}{3}\times6=8$
$y=\frac{4}{3}x$에 $x=B$, $y=12$를 대입하면
$12=\frac{4}{3}\times B$ $\quad\therefore B=9$
$\therefore A+B=17$ 답 ④

0711 y가 x에 반비례하므로 $y=\frac{k}{x}$에 $x=1$, $y=20$을 대입하면
$k=20$
따라서 $y=\frac{20}{x}$에 $x=a$, $y=10$을 대입하면
$10=\frac{20}{a}$ $\quad\therefore a=2$
$y=\frac{20}{x}$에 $x=5$, $y=b$를 대입하면 $b=\frac{20}{5}=4$
$y=\frac{20}{x}$에 $x=c$, $y=2$를 대입하면
$2=\frac{20}{c}$ $\quad\therefore c=10$
$\therefore a+b+c=2+4+10=16$ 답 16

Theme 17 일차함수의 뜻과 그래프 103~106쪽

0712 ④ $y=\frac{x+3}{2}=\frac{1}{2}x+\frac{3}{2}$은 일차함수이다.
⑤ $y=1$이므로 일차함수가 아니다. 답 ④

0713 ① $y=7x$, ③ $y=10000-500x$, ⑤ $y=25-x$
⇨ 일차함수
② $y=\pi x^2$, ④ $y=\frac{20}{x}$ ⇨ 일차함수가 아니다. 답 ②, ④

0714 $y=2x(ax+1)+bx+2$에서
$y=2ax^2+(b+2)x+2$
이 함수가 x의 일차함수이려면 $a=0$, $b+2\neq0$
$\therefore a=0$, $b\neq-2$ 답 ③

0715 $f(x)=ax-8$에서 $f(3)=3a-8=1$ $\quad\therefore a=3$
따라서 $f(x)=3x-8$이므로
$f(-3)=3\times(-3)-8=-17$ 답 ②

0716 $f(-2)=a$이므로 $a=-3\times(-2)+2=8$
$f(b)=-1$이므로 $-3b+2=-1$ $\quad\therefore b=1$
$\therefore a-b=8-1=7$ 답 7

0717 $f(3)=\frac{1}{3}\times3+a=-2$이므로 $a=-3$
$\therefore f(x)=\frac{1}{3}x-3$
$g(3)=3b-3=3$이므로 $b=2$
$\therefore g(x)=2x-3$
$\therefore f(-6)+g(1)=-5+(-1)=-6$ 답 -6

0718 $f(k)=ak+b=2$
$f(k+2)=a(k+2)+b=ak+b+2a=2+2a$
즉, $2+2a=6$이므로 $2a=4$
$\therefore a=2$ 답 2

0719 ④ $y=-\frac{2}{3}x+3$에 $x=3$, $y=5$를 대입하면

$5\neq-\frac{2}{3}\times3+3$ 답 ④

0720 $y=3x-12$에 $x=a$, $y=4a$를 대입하면

$4a=3a-12$ $\therefore a=-12$ 답 -12

0721 $y=ax+b$에 $x=-2$, $y=1$을 대입하면

$-2a+b=1$ ······ ㉠

$x=3$, $y=-4$를 대입하면

$3a+b=-4$ ······ ㉡

㉠, ㉡을 연립하여 풀면 $a=-1$, $b=-1$

$\therefore a+b=-1+(-1)=-2$ 답 -2

0722 일차함수를 $y=ax+b$라 하자.

(가)에서 $x=2$, $y=-3$을 대입하면

$2a+b=-3$ ······ ㉠

(나)에서

$f(-1)+f(2)=-a+b+(2a+b)$

$=a+2b=-3$ ······ ㉡

㉠, ㉡을 연립하여 풀면 $a=-1$, $b=-1$

$\therefore f(x)=-x-1$ 답 $f(x)=-x-1$

0723 일차함수 $y=3x-2$의 그래프를 y축의 방향으로 5만큼 평행이동하면

$y=3x-2+5$ $\therefore y=3x+3$

$y=3x+3$과 $y=ax+b$가 같으므로 $a=3$, $b=3$

$\therefore ab=9$ 답 9

0724 일차함수 $y=-\frac{2}{3}x+2$의 그래프는 일차함수 $y=-\frac{2}{3}x$의 그래프를 y축의 방향으로 2만큼 평행이동한 직선이므로 바르게 그린 것은 ④이다. 답 ④

0725 ③ $y=\frac{3-4x}{2}=-2x+\frac{3}{2}$이므로 $y=-2x$의 그래프를 y축의 방향으로 $\frac{3}{2}$만큼 평행이동하면 $y=\frac{3-4x}{2}$의 그래프와 겹쳐진다.

⑤ $y=-2x$의 그래프를 y축의 방향으로 $-\frac{2}{5}$만큼 평행이동하면 $y=-2x-\frac{2}{5}$의 그래프와 겹쳐진다. 답 ③, ⑤

0726 $y=-2x$의 그래프를 y축의 방향으로 5만큼 평행이동하면 $y=-2x+5$이고 $x=p$, $y=0$을 대입하면

$0=-2p+5$ $\therefore p=\frac{5}{2}$ 답 ④

0727 $y=-\frac{4}{3}x$의 그래프를 y축의 방향으로 -3만큼 평행이동하면 $y=-\frac{4}{3}x-3$

④ $-5\neq-\frac{4}{3}\times3-3$ 답 ④

0728 $y=2x-1$의 그래프를 y축의 방향으로 m만큼 평행이동하면 $y=2x-1+m$이고 $x=3$, $y=-1$을 대입하면

$-1=5+m$ $\therefore m=-6$ 답 ①

0729 $y=2x-a$의 그래프를 y축의 방향으로 b만큼 평행이동하면

$y=2x-a+b$

$y=2x-a+b$에 $x=2$, $y=-2$를 대입하면

$-2=4-a+b$ $\therefore a-b=6$ 답 6

0730 $y=-3x+b$에 $x=1$, $y=-2$를 대입하면

$-2=-3+b$ $\therefore b=1$

$y=-3x+1$의 그래프를 y축의 방향으로 2만큼 평행이동하면 $y=-3x+3$

$y=-3x+3$에 $x=-k$, $y=2k+1$을 대입하면

$2k+1=3k+3$ $\therefore k=-2$ 답 -2

0731 $y=2x-3$에 $x=k$, $y=k-1$을 대입하면

$k-1=2k-3$ $\therefore k=2$

$3k=3\times2=6$이므로 $y=2x-3$의 그래프를 y축의 방향으로 6만큼 평행이동하면 $y=2x+3$

$y=2x+3$에 $x=3$, $y=b$를 대입하면

$b=2\times3+3=9$

$\therefore b+k=9+2=11$ 답 11

0732 $y=ax+b$의 그래프를 y축의 방향으로 -2만큼 평행이동하면 $y=ax+b-2$

$y=ax+b-2$에 $x=-1$, $y=-4$와 $x=2$, $y=5$를 각각 대입하면

$\begin{cases}-4=-a+b-2\\5=2a+b-2\end{cases}$, 즉 $\begin{cases}-a+b=-2\\2a+b=7\end{cases}$

위의 연립방정식을 풀면

$a=3$, $b=1$ $\therefore a+b=4$ 답 4

0733 $y=2x+6$에서

$y=0$일 때, $0=2x+6$ $\therefore x=-3$

$x=0$일 때, $y=6$

따라서 $a=-3$, $b=6$이므로 $a+b=3$ 답 ④

0734 ①, ③, ④, ⑤의 x절편은 2이고, ②의 x절편은 1이다.

답 ②

0735 $y=4x-2$의 그래프를 y축의 방향으로 8만큼 평행이동하면

$y=4x-2+8$ $\therefore y=4x+6$

$y=0$일 때, $0=4x+6$ $\therefore x=-\frac{3}{2}$

$x=0$일 때, $y=6$

따라서 $a=-\frac{3}{2}$, $b=6$이므로

$ab=-\frac{3}{2}\times6=-9$ 답 -9

0736 $y=\frac{1}{2}x-4$의 그래프의 x절편은 8이고, 각 일차함수의 그래프의 x절편은 다음과 같다.

① -4 ② 8 ③ 36 ④ 32 ⑤ 4 답 ②

0737 $y=-\frac{4}{3}x+b$의 그래프의 x절편이 3이면 점 (3, 0)을 지나므로

$0=-\frac{4}{3}\times 3+b \quad \therefore b=4$

따라서 $y=-\frac{4}{3}x+4$의 그래프의 y절편은 4이다. 답 ⑤

0738 $y=\frac{5}{3}x-5$의 그래프의 x절편은 3,

$y=-\frac{3}{2}x+7-2k$의 그래프의 y절편은 $7-2k$이므로

$7-2k=3 \quad \therefore k=2$ 답 ①

0739 $y=ax+5$의 그래프를 y축의 방향으로 -7만큼 평행이동하면

$y=ax+5-7 \quad \therefore y=ax-2$

이 그래프의 x절편이 4이므로

$0=4a-2 \quad \therefore a=\frac{1}{2}$

또, y절편은 b이므로 $b=-2$

$\therefore a+b=\frac{1}{2}+(-2)=-\frac{3}{2}$ 답 ④

Theme 18 일차함수의 그래프 107~109쪽

0740 그래프 l에서 x의 값이 2만큼 증가할 때, y의 값은 3만큼 증가하므로 일차함수의 그래프의 기울기는 $\frac{3}{2}$이다.

그래프 m에서 x의 값이 3만큼 증가할 때, y의 값은 2만큼 감소하므로 일차함수의 그래프의 기울기는 $-\frac{2}{3}$이다.

따라서 두 그래프의 기울기의 합은

$\frac{3}{2}+\left(-\frac{2}{3}\right)=\frac{5}{6}$ 답 $\frac{5}{6}$

0741 $(\text{기울기})=\frac{(y\text{의 값의 증가량})}{(x\text{의 값의 증가량})}=\frac{5}{-3}=-\frac{5}{3}$

따라서 그래프의 기울기가 $-\frac{5}{3}$인 것은 ②이다. 답 ②

0742 $\frac{2-(-2)}{a-2}=-\frac{2}{3}$이므로 $\frac{4}{a-2}=-\frac{2}{3}$

$2a-4=-12,\ 2a=-8$

$\therefore a=-4$ 답 -4

0743 (1) x의 값이 3만큼 증가할 때, y의 값이 2만큼 감소하므로 그래프의 기울기는 $-\frac{2}{3}$이다.

$\therefore a=-\frac{2}{3}$

(2) $y=-\frac{2}{3}x-3$의 그래프가 점 $(-3, b)$를 지나므로

$b=2-3=-1$

$\therefore a+b=-\frac{2}{3}+(-1)=-\frac{5}{3}$ 답 (1) $-\frac{2}{3}$ (2) $-\frac{5}{3}$

0744 $(\text{기울기})=\frac{4-a}{2-(-3)}=2$이므로 $4-a=10$

$\therefore a=-6$ 답 ③

0745 주어진 그래프가 두 점 (0, 6), (2, 0)을 지나므로

$(\text{기울기})=\frac{0-6}{2-0}=-3$

따라서 $-3=\frac{(y\text{의 값의 증가량})}{2}$이므로

$(y\text{의 값의 증가량})=-6$ 답 -6

0746 $(\text{기울기})=\frac{f(2)-f(-4)}{2-(-4)}=\frac{3}{6}=\frac{1}{2}$ 답 $\frac{1}{2}$

0747 $y=f(x)$의 그래프가 두 점 $(0, -4)$, $(4, -1)$을 지나므로

$m=\frac{-1-(-4)}{4-0}=\frac{3}{4}$

$y=g(x)$의 그래프가 두 점 $(0, 3)$, $(4, -1)$을 지나므로

$n=\frac{-1-3}{4-0}=-1$

$\therefore mn=\frac{3}{4}\times(-1)=-\frac{3}{4}$ 답 $-\frac{3}{4}$

0748 $(\text{직선 AB의 기울기})=\frac{4-2}{2-1}=2$

$(\text{직선 BC의 기울기})=\frac{a-4}{-2-2}=\frac{a-4}{-4}$

$\frac{a-4}{-4}=2$이므로 $a=-4$ 답 ②

0749 세 점 $(2m-1, -3m+2)$, $(3, -2)$, $(1, 0)$이 한 직선 위에 있으므로

$\frac{-2-(-3m+2)}{3-(2m-1)}=\frac{0-(-2)}{1-3}$

$\frac{3m-4}{4-2m}=-1,\ 2m-4=3m-4$

$\therefore m=0$ 답 0

0750 세 점 $(-1, a)$, $(3, 0)$, $(5, -4)$가 한 직선 위에 있으므로

$\frac{0-a}{3-(-1)}=\frac{-4-0}{5-3}$

$\frac{-a}{4}=-2 \quad \therefore a=8$ 답 8

0751 직선 BC의 기울기는 $\frac{m-8-m}{1-(-3)}=\frac{-8}{4}=-2$이므로

$a=-2$

직선 AB의 기울기는 $\frac{m-(-3)}{-3-2}=-2$이므로

$m+3=10 \quad \therefore m=7$

$\therefore a+m=5$ 답 5

0752 기울기가 $\frac{5}{2}$, x절편이 -2, y절편이 5이므로

$a=\frac{5}{2},\ b=-2,\ c=5$

$\therefore 2a+b+c=2\times\frac{5}{2}+(-2)+5=8$ 답 ⑤

0753 x의 값이 3만큼 증가할 때, y의 값은 2만큼 감소하는 직선의 기울기는 $\frac{-2}{3}=-\frac{2}{3}$이고

$y=-2x-4$의 그래프의 y절편은 -4이다.

따라서 구하는 일차함수는 $y=-\frac{2}{3}x-4$ 답 ⑤

0754 $y=ax+b$의 그래프의 x절편은 $-\frac{b}{a}$, y절편은 b이다.

$y=-\frac{x+8}{2}=-\frac{1}{2}x-4$의 그래프의 y절편은 -4이므로

$b=-4$

$y=-\frac{3}{2}x-3$의 그래프의 x절편은 -2이므로

$-\frac{b}{a}=-\frac{-4}{a}=-2 \quad \therefore a=-2$

$\therefore ab=-2\times(-4)=8$ 답 8

0755 ② $y=-\frac{2}{3}x+2$의 그래프는 오른쪽 그림과 같으므로 제3사분면을 지나지 않는다. 답 ②

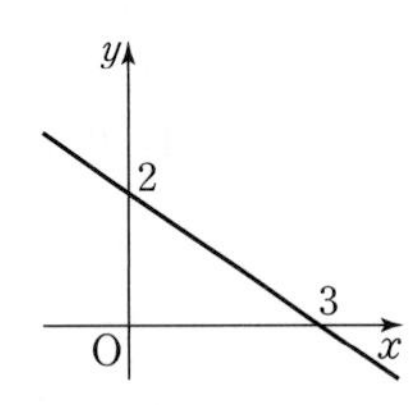

0756 $y=ax+b$의 그래프가 두 점 (2, 0), (0, -4)를 지나므로

$a=\frac{-4-0}{0-2}=2$, $b=-4$

따라서 $y=bx-a$, 즉 $y=-4x-2$의 그래프의 x절편은 $-\frac{1}{2}$, y절편은 -2이므로 그 그래프는 ③과 같다. 답 ③

0757 (2) 점 (0, 2)와 이 점에서 x의 값이 3만큼 증가할 때 y의 값이 5만큼 감소한 점 (3, -3)을 직선으로 연결하면 오른쪽 그림과 같다.

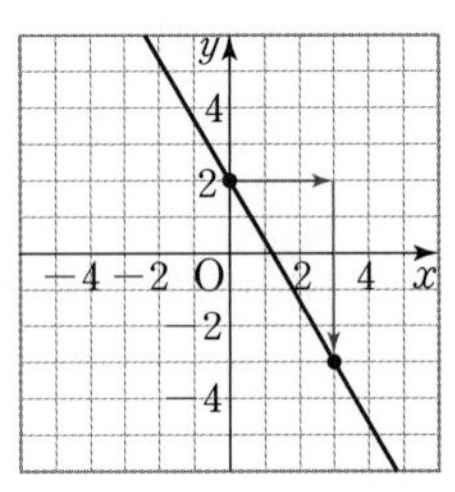

답 (1) 기울기 : $-\frac{5}{3}$, y절편 : 2 (2) 풀이 참조

0758 $y=\frac{2}{3}x+6$의 그래프의 x절편은 -9, y절편은 6이므로 그 그래프는 오른쪽 그림과 같다.

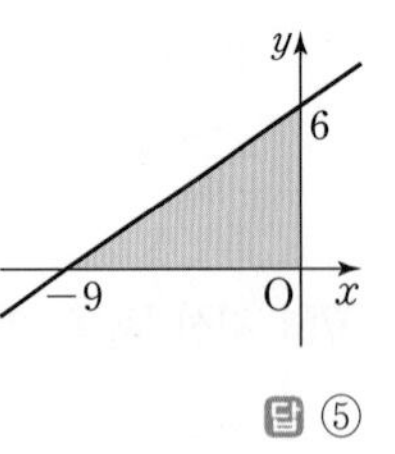

따라서 구하는 넓이는

$\frac{1}{2}\times9\times6=27$ 답 ⑤

0759 $y=ax-3$의 그래프의 x절편은 $\frac{3}{a}$, y절편은 -3이므로

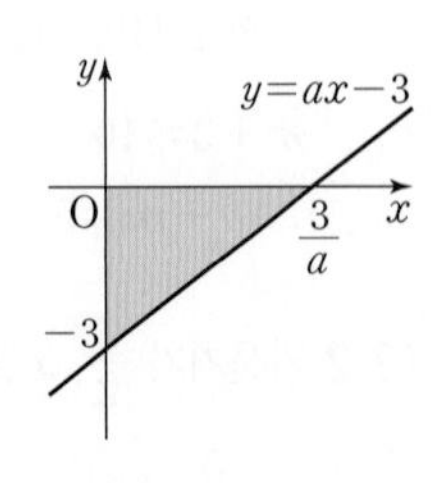

(색칠한 도형의 넓이)

$=\frac{1}{2}\times\frac{3}{a}\times3=6$

$\frac{9}{2a}=6$, $12a=9$

$\therefore a=\frac{3}{4}$ 답 ②

0760 $y=-x+3$의 그래프의 x절편은 3, y절편은 3이고

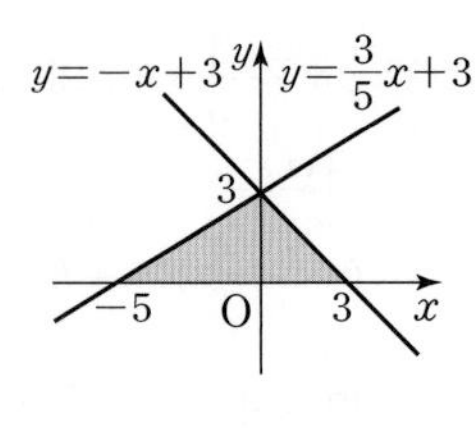

$y=\frac{3}{5}x+3$의 그래프의 x절편은 -5, y절편은 3이다.

따라서 구하는 넓이는

$\frac{1}{2}\times8\times3=12$ 답 ②

유형모아 Theme 16 함수와 함숫값 1회 110쪽

0761 ㄹ. $x=160$일 때, 키가 160 cm인 사람의 머리 둘레는 여러 가지가 있을 수 있으므로 함수가 아니다.

따라서 y가 x의 함수인 것은 ㄱ, ㄴ, ㄷ이다. 답 ⑤

0762 $f(x)=\frac{6}{x}$에서 $f(1)=\frac{6}{1}=6$, $f(2)=\frac{6}{2}=3$

$\therefore \frac{1}{3}f(1)+4f(2)=\frac{1}{3}\times6+4\times3$

$=2+12=14$ 답 ④

0763 $f(x)=-2x$에서 $f(a)=-2a=4 \quad \therefore a=-2$

$f(x)=-2x$에서 $f(3)=-2\times3=b \quad \therefore b=-6$

$\therefore a+b=-8$ 답 ①

0764 $f(x)=2x-a$에서 $f(2)=2\times2-a=-3$이므로

$4-a=-3 \quad \therefore a=7$

따라서 $f(x)=2x-7$이므로

$f(5)=2\times5-7=3$ 답 ②

0765 y가 x에 정비례하므로 $y=ax$에 $x=-2$, $y=6$을 대입하면

$6=-2a \quad \therefore a=-3$

따라서 $y=-3x$에 $x=6$을 대입하면

$y=-3\times6=-18$ 답 ①

0766 8의 약수는 1, 2, 4, 8의 4개이므로 $f(8)=4$

12의 약수는 1, 2, 3, 4, 6, 12의 6개이므로 $f(12)=6$

$\therefore f(8)\times f(12)=4\times6=24$ 답 ④

0767 $\frac{f(m)-f(n)}{m-n}=\frac{am+b-(an+b)}{m-n}=\frac{a(m-n)}{m-n}=a$

이므로 $a=-2$

$f(x)=-2x+b$에서

$f(2)=-4+b=-3 \quad \therefore b=1$

따라서 $f(x)=-2x+1$이므로

$f\left(-\frac{5}{2}\right)=-2\times\left(-\frac{5}{2}\right)+1=6$ 답 6

유형모아 Theme 16 함수와 함숫값 2회 111쪽

0768 ④ $x=5$일 때, 5보다 작은 짝수는 2, 4로 y의 값이 하나로 정해지지 않으므로 함수가 아니다. 답 ④

0769 10보다 작은 소수는 2, 3, 5, 7의 4개이므로
$f(10)=4$ 답 ③

0770 ① $f(-4)=3-\frac{1}{2}\times(-4)=3+2=5$
② $f(-2)=3-\frac{1}{2}\times(-2)=3+1=4$
③ $f(0)=3-\frac{1}{2}\times0=3$
④ $f(2)=3-\frac{1}{2}\times2=3-1=2$
⑤ $f(4)=3-\frac{1}{2}\times4=3-2=1$
따라서 옳은 것은 ②이다. 답 ②

0771 $f(x)=\frac{a}{x}$에서
$f(-2)=\frac{a}{-2}=-6 \quad \therefore a=12$ 답 12

0772 y가 x에 반비례하므로 $y=\frac{a}{x}$에 $x=4$, $y=\frac{1}{2}$을 대입하면
$\frac{1}{2}=\frac{a}{4} \quad \therefore a=2$
따라서 x와 y 사이의 관계를 식으로 나타내면 $y=\frac{2}{x}$이다.
답 ④

0773 $f(x)=ax+5$에서 $f(2)=2a+5=-7 \quad \therefore a=-6$
$f(x)=-6x+5$이므로
$f(k)=-6k+5=-1 \quad \therefore k=1$ 답 1

0774 $f(x)=3x+2$에서 $f(2)=3\times2+2=a$
$\therefore a=8$
$f(x)=3x+2$에서 $f(b)=3b+2=-7$
$3b=-9 \quad \therefore b=-3$
따라서 $a+b=8+(-3)=5$이므로
$f(5)=3\times5+2=17$ 답 ②

유형모아 Theme 17 일차함수의 뜻과 그래프 1회 112쪽

0775 ㄱ. $y=-2x+\frac{1}{2}$ ㄴ. $y=2x+1$
ㄷ. $y=x^2+3x$ ㄹ. $y=x$
ㅁ. $y=1$
따라서 일차함수인 것은 ㄱ, ㄴ, ㄹ이다. 답 ④

0776 ④ $y=-\frac{1}{2}x+3$에 $x=3$, $y=-\frac{3}{2}$을 대입하면
$-\frac{3}{2}\neq-\frac{1}{2}\times3+3$ 답 ④

0777 $y=-\frac{2}{3}x$의 그래프를 y축의 방향으로 2만큼 평행이동하면
$y=-\frac{2}{3}x+2$
이 그래프가 점 $(3, a)$를 지나므로
$a=-\frac{2}{3}\times3+2=0$ 답 0

0778 $y=\frac{3}{2}x+3$에서
$y=0$일 때, $0=\frac{3}{2}x+3 \quad \therefore x=-2$
$x=0$일 때, $y=\frac{3}{2}\times0+3 \quad \therefore y=3$
따라서 $a=-2$, $b=3$이므로 $ab=-6$ 답 ②

0779 $y=2x+b$의 그래프를 y축의 방향으로 -3만큼 평행이동하면 $y=2x+b-3$
$y=2x+b-3$에서
$y=0$일 때, $0=2x+b-3 \quad \therefore x=\frac{3-b}{2}$
$x=0$일 때, $y=b-3$
따라서 x절편은 $\frac{3-b}{2}$, y절편은 $b-3$이므로
$\frac{3-b}{2}+b-3=1$, $\frac{b-3}{2}=1 \quad \therefore b=5$ 답 5

0780 $y=-\frac{3}{5}x+1$의 그래프를 y축의 방향으로 m만큼 평행이동하면
$y=-\frac{3}{5}x+1+m$
이 그래프가 점 $\left(\frac{5}{3}, 2\right)$를 지나므로
$2=-\frac{3}{5}\times\frac{5}{3}+1+m \quad \therefore m=2$
따라서 $y=-\frac{3}{5}x+3$의 그래프의 x절편은 5이고 y절편은 3이므로 $a=5$, $b=3$
$\therefore ab=15$ 답 15

0781 $y=ax+4$의 그래프가 점 $(-2, 6)$을 지나므로
$6=-2a+4 \quad \therefore a=-1$
즉, $y=-x+4$의 그래프가 x축과 만나는 점의 좌표는 $(4, 0)$이고,
$y=\frac{1}{2}x+b$의 그래프가 점 $(4, 0)$을 지나므로
$0=\frac{1}{2}\times4+b \quad \therefore b=-2$
$\therefore a+b=-3$ 답 -3

유형모아 Theme 17 일차함수의 뜻과 그래프 2회 113쪽

0782 ① $y=360$ ② $y=\frac{35}{x}$ ③ $y=150-0.6x$
④ $y=\frac{12}{x}$ ⑤ $y=\frac{20}{x}$
따라서 일차함수인 것은 ③이다. 답 ③

0783 $f(1)=-3$이므로 $a-5=-3 \quad \therefore a=2$
따라서 $f(x)=2x-5$이므로
$f(2)=2\times2-5=-1$ 답 -1

0784 $y=3x-5$에 $x=a$, $y=-2a$를 대입하면
$-2a=3a-5 \quad \therefore a=1$ 답 1

0785 $y=ax+5$의 그래프를 y축의 방향으로 4만큼 평행이동하면
$y=ax+5+4$　$\therefore y=ax+9$
$y=ax+9$와 $y=-x+b$가 같으므로
$a=-1$, $b=9$　$\therefore a+b=8$　답 ⑤

0786 $y=x-\frac{1}{4}$의 그래프의 x절편은 $\frac{1}{4}$이고, 각각의 그래프의 x절편을 구하면 다음과 같다.
① $\frac{1}{4}$　② 16　③ $-\frac{1}{4}$　④ $-\frac{1}{4}$　⑤ 4
따라서 $y=x-\frac{1}{4}$의 그래프와 x축 위에서 만나는 것은 x절편이 같은 ①이다.　답 ①

0787 $y=ax-6$의 그래프를 y축의 방향으로 b만큼 평행이동하면
$y=ax-6+b$
이 그래프가 두 점 $(-6, -11)$, $(2, 5)$를 지나므로
$\begin{cases} -11=-6a-6+b \\ 5=2a-6+b \end{cases}$, 즉 $\begin{cases} -6a+b=-5 \\ 2a+b=11 \end{cases}$
위의 연립방정식을 풀면 $a=2$, $b=7$
$\therefore a-b=-5$　답 -5

0788 $y=ax+b$의 그래프를 y축의 방향으로 2만큼 평행이동하면
$y=ax+b+2$
y절편이 -1이므로
$b+2=-1$　$\therefore b=-3$
또, $y=ax-1$의 그래프가 점 $(2, 3)$을 지나므로
$3=2a-1$　$\therefore a=2$
따라서 $y=2x-1$의 그래프의 x절편은 $\frac{1}{2}$이므로 $c=\frac{1}{2}$
$\therefore a+b+c=2+(-3)+\frac{1}{2}=-\frac{1}{2}$　답 $-\frac{1}{2}$

유형모아 Theme 18 일차함수의 그래프 1회 114쪽

0789 $(\text{기울기})=\frac{(y\text{의 값의 증가량})}{4-(-2)}=\frac{1}{3}$
$\therefore (y\text{의 값의 증가량})=2$　답 ②

0790 $\frac{k-2}{4-3}=\frac{2-(-2)}{3-1}$이므로 $k-2=2$
$\therefore k=4$　답 4

0791 ㄱ. 그래프가 점 $(-2, 0)$을 지나므로 $-2a+b=0$
ㄴ. x의 값이 2만큼 증가할 때, y의 값은 1만큼 증가하므로 기울기는 $\frac{1}{2}$이다.
따라서 옳은 것은 ㄱ, ㄷ이다.　답 ④

0792 주어진 그래프는 두 점 $(-4, 0)$, $(-2, -3)$을 지나므로
$a=\frac{-3-0}{-2-(-4)}=-\frac{3}{2}$
x절편이 -4이므로 $b=-4$
$\therefore 4a-2b=4\times\left(-\frac{3}{2}\right)-2\times(-4)=2$　답 2

0793 $y=3x-3$의 그래프의 x절편은 a이므로
$a=1$
$y=-2x+3$의 그래프의 y절편은 b이므로
$b=3$
따라서 $y=-3x-1$의 그래프의 x절편은 $-\frac{1}{3}$, y절편은 -1이므로 그 그래프는 ③이다.　답 ③

0794 $y=\frac{3}{2}x+3$의 그래프의 x절편은 -2, y절편은 3이므로
$\mathrm{A}(-2, 0)$, $\mathrm{C}(0, 3)$
또, $\overline{\mathrm{OC}}=\overline{\mathrm{OB}}$이므로 $\mathrm{B}(0, -3)$
따라서 $y=ax+b$의 그래프는 두 점 $\mathrm{A}(-2, 0)$, $\mathrm{B}(0, -3)$을 지나므로
$a=\frac{-3-0}{0-(-2)}=-\frac{3}{2}$, $b=-3$
$\therefore a+b=-\frac{9}{2}$　답 ⑤

0795 $y=\frac{2}{5}x+2$의 그래프의 x절편은 -5, y절편은 2이고 $y=-\frac{4}{5}x-4$의 그래프의 x절편은 -5, y절편은 -4이므로 그 그래프는 오른쪽 그림과 같다.

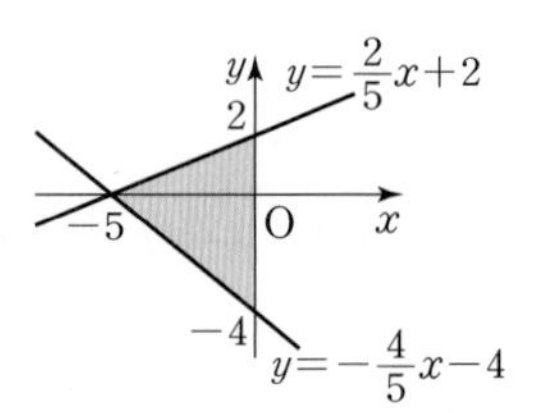

따라서 구하는 넓이는
$\frac{1}{2}\times\{2-(-4)\}\times 5=15$　답 15

유형모아 Theme 18 일차함수의 그래프 2회 115쪽

0796 $y=-2x$의 그래프를 y축의 방향으로 3만큼 평행이동하면
$y=-2x+3$
따라서 $(\text{기울기})=\frac{(y\text{의 값의 증가량})}{2}=-2$이므로
$(y\text{의 값의 증가량})=-4$　답 ①

0797 세 점 $(a, 4)$, $(b, 6)$, $(6, -2)$는 한 직선 위에 있으므로
$\frac{-2-4}{6-a}=\frac{-2-6}{6-b}$, $-36+6b=-48+8a$, $8a-6b=12$
$\therefore 4a-3b=6$　답 6

0798 주어진 그래프에서 x절편은 4, y절편은 3, 기울기는 $-\frac{3}{4}$이므로
$a=4$, $b=3$, $c=-\frac{3}{4}$
$\therefore abc=4\times3\times\left(-\frac{3}{4}\right)=-9$　답 ①

0799 ①　②　③

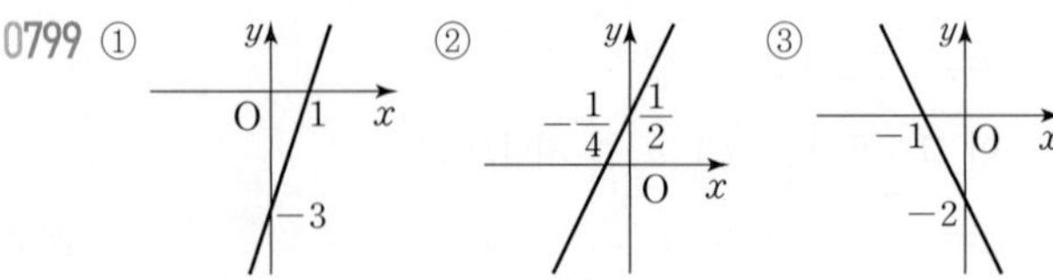

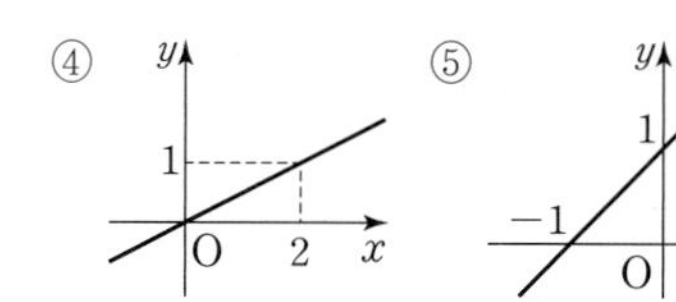

따라서 제1사분면을 지나지 않는 일차함수의 그래프는 ③이다. 답 ③

0800 ⑤ $y=3x+2$에서

$y=0$일 때, $0=3x+2$ $\quad\therefore x=-\dfrac{2}{3}$

따라서 x절편은 $-\dfrac{2}{3}$이다. 답 ⑤

0801 $y=ax+3$의 그래프를 y축의 방향으로 b만큼 평행이동하면

$y=ax+3+b$

$y=ax+3+b$의 그래프는 두 점 $(0,\ 5)$, $(4,\ -5)$를 지나므로

$a=\dfrac{-5-5}{4-0}=-\dfrac{5}{2}$

또, $y=-\dfrac{5}{2}x+3+b$의 그래프의 y절편이 5이므로

$3+b=5$ $\quad\therefore b=2$

$\therefore ab=-\dfrac{5}{2}\times2=-5$ 답 -5

다른 풀이 $y=ax+3+b$의 그래프의 y절편이 5이므로

$3+b=5$ $\quad\therefore b=2$

또, $y=ax+5$의 그래프가 점 $(4,\ -5)$를 지나므로

$-5=4a+5$ $\quad\therefore a=-\dfrac{5}{2}$

$\therefore ab=-5$

0802 $y=ax-2$의 그래프의 x절편은 $\dfrac{2}{a}$, y절편은 -2이다.

그래프와 x축 및 y축으로 둘러싸인 도형의 넓이가 12이므로

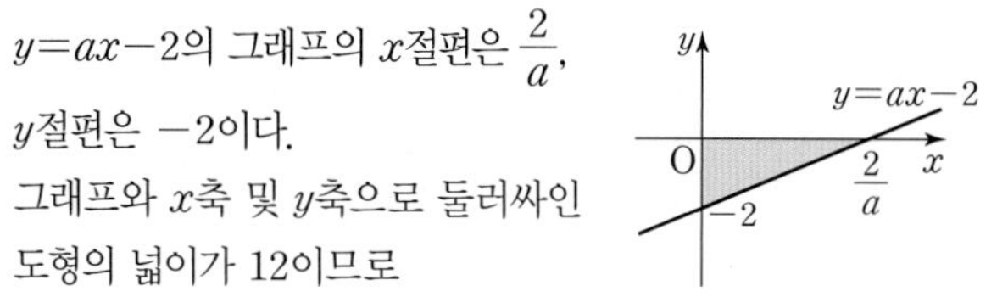

$\dfrac{1}{2}\times\dfrac{2}{a}\times2=12$, $\dfrac{2}{a}=12$

$\therefore a=\dfrac{1}{6}$ 답 ③

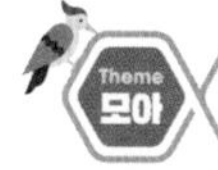

중단원 마무리 116~117쪽

0803 ① $x=3$이면 3의 약수 y는 1, 3으로 y의 값이 하나로 정해지지 않으므로 함수가 아니다.

② $x=7$이면 7과 서로소인 수 y는 1, 2, 3, 4, 5, 6, 8, ⋯로 y의 값이 하나로 정해지지 않으므로 함수가 아니다.

④ 넓이가 $x=24\,(\text{cm}^2)$인 직사각형의 둘레의 길이 $y\,(\text{cm})$는 $2\times(4+6)=20$, $2\times(3+8)=22$, $2\times(2+12)=28$, ⋯로 y의 값이 하나로 정해지지 않으므로 함수가 아니다.

따라서 y가 x의 함수인 것은 ③, ⑤이다. 답 ③, ⑤

0804 5를 3으로 나눈 나머지는 2이므로 $f(5)=2$

16을 3으로 나눈 나머지는 1이므로 $f(16)=1$

32를 3으로 나눈 나머지는 2이므로 $f(32)=2$

$\therefore f(5)+f(16)+f(32)=2+1+2=5$ 답 ④

0805 ④ $f(x)=\dfrac{1}{2}x$에서 $f(-3)=\dfrac{1}{2}\times(-3)=b$

$\therefore b=-\dfrac{3}{2}$ 답 ④

0806 $f(x)=-\dfrac{12}{x}$에서 $f(3)=-\dfrac{12}{3}=-4$ $\quad\therefore a=-4$

즉, $g(x)=-2x$에서 $g(b)=-4$이므로

$g(b)=-2b=-4$ $\quad\therefore b=2$ 답 ④

0807 y가 x에 정비례하므로 $y=ax$에 $x=-3$, $y=-12$를 대입하면 $-12=-3a$ $\quad\therefore a=4$

따라서 $y=4x$에 $x=2$를 대입하면

$y=4\times2=8$ 답 ③

0808 ㄱ. $y=3$ ⇨ 일차함수가 아니다.

ㄹ. $y=\dfrac{1}{x}$ ⇨ 일차함수가 아니다.

ㅂ. $y=\dfrac{3}{x}$ ⇨ 일차함수가 아니다.

따라서 일차함수인 것은 ㄴ, ㄷ, ㅁ의 3개이다. 답 ②

0809 ① $y=2x-5$에 $x=2$, $y=1$을 대입하면

$1\neq2\times2-5$ 답 ①

0810 $y=2x-6$의 그래프를 y축의 방향으로 4만큼 평행이동하면

$y=2x-6+4$ $\quad\therefore y=2x-2$

이 그래프가 점 $(a,\ -2)$를 지나므로

$-2=2a-2$, $2a=0$ $\quad\therefore a=0$ 답 ②

0811 $y=ax-4$의 그래프의 x절편이 4이면 점 $(4,\ 0)$을 지나므로

$4a-4=0$ $\quad\therefore a=1$

따라서 $y=x-4$의 그래프가 점 $(2,\ m)$을 지나므로

$m=2-4=-2$ 답 ①

0812 $\dfrac{1-4}{5-2}=\dfrac{9-4}{k-2}$이므로

$-1=\dfrac{5}{k-2}$, $k-2=-5$

$\therefore k=-3$ 답 -3

0813 $y=ax+1$의 그래프가 점 $(-2,\ 5)$를 지나므로

$5=-2a+1$, $2a=-4$ $\quad\therefore a=-2$

이때 두 일차함수 $y=-2x+1$과 $y=\dfrac{1}{2}x+b$의 그래프가 y축 위에서 만나므로 두 그래프의 y절편이 같다.

$\therefore b=1$

$\therefore a+b=-1$ 답 ②

0814 $y=3x+6$의 그래프의 x절편은 -2, y절편은 6이고, $y=ax+6$의 그래프의 x절편은 $-\dfrac{6}{a}$, y절편은 6이므로 그래프는 오른쪽 그림과 같다.

이때 색칠한 도형의 넓이가 15이므로

$\frac{1}{2}\times\left(-\frac{6}{a}+2\right)\times6=15$

$-\frac{6}{a}+2=5$, $-\frac{6}{a}=3$

$\therefore a=-2$ 답 ③

다른 풀이 두 일차함수의 그래프의 y절편이 모두 6이므로 두 그래프의 x절편의 차를 b라 하면

$\frac{1}{2}\times b\times6=15$

$\therefore b=5$

일차함수 $y=3x+6$의 그래프의 x절편이 -2이므로 일차함수 $y=ax+6\,(a<0)$의 그래프의 x절편은 3이어야 한다.

따라서 일차함수 $y=ax+6$의 그래프가 점 $(3, 0)$을 지나므로 $0=3a+6$

$\therefore a=-2$

0815 (1) 높이가 1 km 올라갈 때마다 기온이 6 ℃씩 낮아지므로

$x=6.8$일 때,

$y=-6.8-6=-12.8$

$x=7.8$일 때,

$y=-12.8-6=-18.8$

따라서 표를 완성하면 다음과 같다.

x(km)	⋯	5.8	6.8	7.8	8.8
y(℃)	⋯	-6.8	-12.8	-18.8	-24.8

⋯❶

(2) x의 값에 y의 값이 하나씩 대응되므로 y는 x의 함수이다. ⋯❷

답 (1) -12.8, -18.8 (2) 함수이다.

채점 기준	배점
❶ 표 완성하기	60 %
❷ y는 x의 함수인지 판별하기	40 %

0816 $y=-\frac{3}{2}x+6$의 그래프의 x절편은 4, y절편은 6이다. ⋯❶

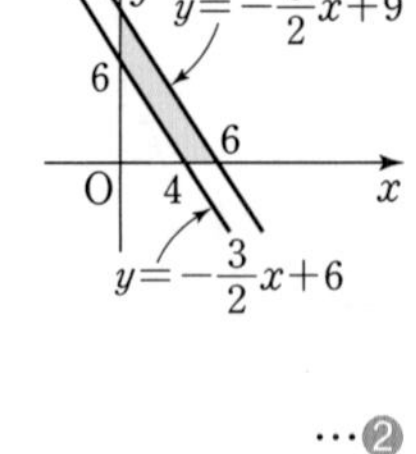

또, $y=-\frac{3}{2}x+6$의 그래프를 y축의 방향으로 3만큼 평행이동하면 $y=-\frac{3}{2}x+9$이고, 이 그래프의 x절편은 6, y절편은 9이다. ⋯❷

따라서 구하는 넓이는

$\frac{1}{2}\times6\times9-\frac{1}{2}\times4\times6=27-12=15$ ⋯❸

답 15

채점 기준	배점
❶ $y=-\frac{3}{2}x+6$의 그래프의 x절편, y절편 구하기	30 %
❷ $y=-\frac{3}{2}x+9$의 그래프의 x절편, y절편 구하기	30 %
❸ 두 그래프와 x축 및 y축으로 둘러싸인 도형의 넓이 구하기	40 %

08. 일차함수와 그래프 (2)

한번 더 핵심 유형 118~125쪽

Theme 19 일차함수의 그래프의 성질 118~120쪽

0817 $b<0$, $-a>0$이므로 $y=bx-a$의 그래프는 오른쪽 그림과 같다.

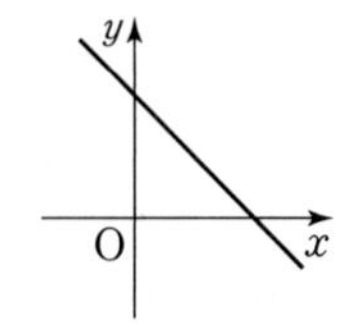

따라서 그래프가 지나지 않는 사분면은 제3사분면이다. 답 ③

0818 주어진 그래프가 오른쪽 아래로 향하므로 $a<0$

또, y축과 음의 부분에서 만나므로

$-b<0$ $\therefore b>0$ 답 ③

0819 $y=ax+b$의 그래프가 제1, 3, 4사분면을 지나므로

$a>0$, $b<0$

즉, $\frac{b}{a}<0$, $-\frac{1}{b}>0$이므로 $y=\frac{b}{a}x-\frac{1}{b}$의 그래프는 오른쪽 그림과 같다.

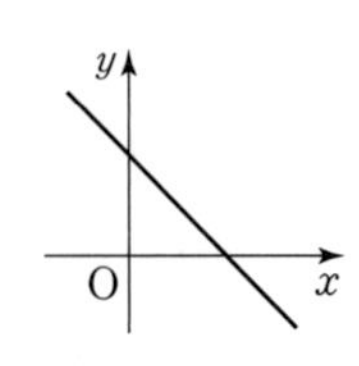

따라서 그래프가 지나지 않는 사분면은 제3사분면이다. 답 제3사분면

0820 기울기의 절댓값이 클수록 y축에 가깝다.

$\left|\frac{2}{3}\right|<\left|-\frac{3}{4}\right|<|1|<\left|-\frac{5}{3}\right|<|-2|$이므로 그래프가 y축에 가장 가까운 것은 ③이다. 답 ③

0821 기울기의 절댓값이 작을수록 x축에 가깝다.

$\left|-\frac{1}{5}\right|<\left|\frac{2}{3}\right|<|-1|<\left|\frac{3}{2}\right|<|-3|$이므로 그래프가 x축에 가까운 순서대로 나열하면

① ㄷ－ㅁ－ㄱ－ㄴ－ㄹ이다. 답 ①

0822 $-4<a<-\frac{2}{3}$이므로 상수 a의 값으로 옳지 않은 것은 ⑤ $-\frac{7}{12}$이다. 답 ⑤

0823 $y=ax-3$과 $y=\frac{2}{3}x+4$의 그래프가 평행하므로

$a=\frac{2}{3}$

즉, $y=\frac{2}{3}x-3$의 그래프가 점 $(-3, b)$를 지나므로

$b=\frac{2}{3}\times(-3)-3=-5$

$\therefore a-b=\frac{2}{3}-(-5)=\frac{17}{3}$ 답 $\frac{17}{3}$

0824 $y=(2k+1)x-3$과 $y=(7-k)x-\frac{2}{5}$의 그래프가 평행하면 기울기가 같으므로

$2k+1=7-k$

$\therefore k=2$ 답 2

0825 $y=-\frac{2}{3}x+2$와 $y=ax+b$의 그래프가 서로 만나지 않으므로

$a=-\frac{2}{3}$

$y=-\frac{2}{3}x+2$의 그래프의 y절편은 2, $y=ax+b$의 그래프의 y절편은 b이므로

$A(0,\ 2)$, $B(0,\ b)$

$\overline{AB}=4$이므로 $b=6$ ($\because a<b$)

$\therefore a+b=-\frac{2}{3}+6=\frac{16}{3}$ 답 $\frac{16}{3}$

0826 그래프가 평행하면 기울기가 같으므로

$a=-3$

$y=-3x-3$의 그래프의 x절편이 -1이므로 $y=bx-4$의 그래프의 x절편도 -1이다.

즉, $y=bx-4$의 그래프가 점 $(-1,\ 0)$을 지나므로

$x=-1$, $y=0$을 $y=bx-4$에 대입하면

$0=-b-4 \quad \therefore b=-4$

$\therefore ab=-3\times(-4)=12$ 답 12

0827 두 점 $(2,\ 0)$, $(0,\ 4)$를 지나는 일차함수의 그래프는 기울기가 $\frac{4-0}{0-2}=-2$이고 y절편이 4이다.

따라서 주어진 그래프와 평행한 것은 ④이다. 답 ④

0828 두 점 $(-3,\ 3)$, $(3,\ 1)$을 지나는 일차함수의 그래프의 기울기는

$\frac{1-3}{3-(-3)}=-\frac{1}{3}$

따라서 두 점 $(3,\ -4)$, $(a,\ -1)$을 지나는 일차함수의 그래프의 기울기도 $-\frac{1}{3}$이므로

$\frac{-1-(-4)}{a-3}=-\frac{1}{3}$, $a-3=-9$

$\therefore a=-6$ 답 -6

0829 두 점 $(-6,\ 0)$, $(0,\ -4)$를 지나는 그래프의 기울기는

$\frac{-4-0}{0-(-6)}=-\frac{2}{3} \quad \therefore a=-\frac{2}{3}$

$y=-\frac{2}{3}x+8$의 그래프가 점 $(6,\ b)$를 지나므로

$b=-\frac{2}{3}\times 6+8=4$

$\therefore 3a+b=3\times\left(-\frac{2}{3}\right)+4=2$ 답 2

0830 $y=\frac{a}{2}x-3$과 $y=-\frac{2}{3}x+\frac{b}{2}$의 그래프가 일치하므로

$\frac{a}{2}=-\frac{2}{3}$, $\frac{b}{2}=-3$

$\therefore a=-\frac{4}{3}$, $b=-6$

$\therefore ab=-\frac{4}{3}\times(-6)=8$ 답 ④

0831 $y=x-2a+1$의 그래프가 점 $(2,\ -3)$을 지나므로

$-3=2-2a+1 \quad \therefore a=3$

즉, $y=bx+c$와 $y=x-5$의 그래프가 일치하므로

$b=1$, $c=-5$

$\therefore a+b+c=3+1+(-5)=-1$ 답 -1

0832 $y=-2x+\frac{2}{3}+a$와 $y=-2x+2$의 그래프가 일치하므로

$\frac{2}{3}+a=2 \quad \therefore a=\frac{4}{3}$

$y=-2x+\frac{2}{3}+b$와 $y=-2x-1$의 그래프가 일치하므로

$\frac{2}{3}+b=-1 \quad \therefore b=-\frac{5}{3}$

$\therefore a-b=\frac{4}{3}-\left(-\frac{5}{3}\right)=3$ 답 3

0833 (가)에서 $a-1=-3$, $-3a=-2b$

$\therefore a=-2$, $b=-3$

(나)에서 $4=c-a$, 즉 $4=c-(-2) \quad \therefore c=2$

$\therefore a+b+c=-2+(-3)+2=-3$ 답 -3

0834 ④ x의 값이 3만큼 증가할 때, y의 값은 6만큼 증가한다.

답 ④

0835 ① 주어진 그래프에서 $a<0$, $b<0$이므로 $ab>0$

② x절편은 $-\frac{b}{a}$이다.

③ 점 $(1,\ a+b)$를 지난다.

⑤ x의 값이 증가할 때, y의 값은 감소한다. 답 ④

0836 ② x축과 만나는 점의 좌표는 $\left(-\frac{b}{a},\ 0\right)$이다.

④ $a>0$, $b<0$이면 제2사분면을 지나지 않는다. 답 ②, ④

Theme 20 일차함수의 식 구하기

121~122쪽

0837 $(\text{기울기})=\frac{3-1}{1-(-2)}=\frac{2}{3}$이고 y절편이 -2이므로

$y=\frac{2}{3}x-2$

$\therefore a=\frac{2}{3}$, $b=-2 \quad \therefore ab=-\frac{4}{3}$ 답 $-\frac{4}{3}$

0838 주어진 그래프가 두 점 $(3,\ 0)$, $(0,\ -2)$를 지나므로

$(\text{기울기})=\frac{-2-0}{0-3}=\frac{2}{3}$

또, $y=2x-4$의 그래프와 y축 위에서 만나므로 y절편은 -4이다.

$\therefore y=\frac{2}{3}x-4$ 답 ④

0839 점 $(0,\ -3)$을 지나므로 y절편이 -3이다.

기울기가 $-\frac{2}{3}$이고 y절편이 -3이므로 $y=-\frac{2}{3}x-3$

이 그래프가 점 $(3a,\ a-5)$를 지나므로

$a-5=-\frac{2}{3}\times 3a-3$

$a-5=-2a-3$, $3a=2 \quad \therefore a=\frac{2}{3}$ 답 $\frac{2}{3}$

0840 x의 값이 2만큼 증가할 때, y의 값은 5만큼 감소하므로 기울기는 $-\frac{5}{2}$이다.

$f(0)=-1$이므로 $f(x)=-\frac{5}{2}x-1$

$f(k)=-2$이므로 $-2=-\frac{5}{2}k-1$

$\frac{5}{2}k=1 \quad \therefore k=\frac{2}{5}$ 답 $\frac{2}{5}$

0841 $y=2x-3$의 그래프와 평행하므로 기울기가 2이다.
$y=2x+b$라 하면 이 그래프가 점 $(2, -1)$을 지나므로
$-1=2\times2+b \quad \therefore b=-5$
$\therefore y=2x-5$ 답 ③

0842 기울기가 $-\frac{3}{4}$이므로 $y=-\frac{3}{4}x+b$라 하자.

이 그래프가 점 $\left(-\frac{8}{3}, 3\right)$을 지나므로

$3=-\frac{3}{4}\times\left(-\frac{8}{3}\right)+b \quad \therefore b=1$

따라서 $y=-\frac{3}{4}x+1$의 그래프의 x절편은 $\frac{4}{3}$이다. 답 $\frac{4}{3}$

0843 x의 값이 3만큼 증가할 때, y의 값은 2만큼 감소하므로 기울기는 $-\frac{2}{3}$이다.

$\therefore a=-\frac{2}{3}$

$y=-\frac{2}{3}x+b$라 하면 이 그래프가 점 $(-3, 4)$를 지나므로

$4=-\frac{2}{3}\times(-3)+b \quad \therefore b=2$

$\therefore ab=-\frac{2}{3}\times2=-\frac{4}{3}$ 답 $-\frac{4}{3}$

0844 (기울기)$=\frac{4-1}{2-(-2)}=\frac{3}{4}$이므로 $y=\frac{3}{4}x+b$라 하자.
이 그래프가 점 $(-2, 1)$을 지나므로

$1=\frac{3}{4}\times(-2)+b \quad \therefore b=\frac{5}{2}$

$\therefore y=\frac{3}{4}x+\frac{5}{2}$ 답 ③

0845 두 점 $(-3, 4)$, $(6, -2)$를 지나므로
(기울기)$=\frac{-2-4}{6-(-3)}=-\frac{2}{3}$

$y=-\frac{2}{3}x+k$의 그래프가 점 $(-3, 4)$를 지나므로

$4=-\frac{2}{3}\times(-3)+k \quad \therefore k=2$ 답 ④

0846 세 점 $(2k-1, k+3)$, $(-2, 5)$, $(1, -1)$이 한 직선 위에 있으므로
$\frac{k+3-5}{2k-1-(-2)}=\frac{-1-5}{1-(-2)}$, $\frac{k-2}{2k+1}=-2$
$-4k-2=k-2 \quad \therefore k=0$
일차함수의 식을 $y=-2x+b$라 하면
이 그래프가 점 $(1, -1)$을 지나므로
$-1=-2\times1+b \quad \therefore b=1$
$\therefore b+k=1+0=1$ 답 1

0847 두 점 $(-2, 0)$, $(0, 4)$를 지나므로
(기울기)$=\frac{0-4}{-2-0}=2 \quad \therefore y=2x+4$

$y=2x+4$의 그래프가 점 $\left(-\frac{7}{2}, k\right)$를 지나므로

$k=2\times\left(-\frac{7}{2}\right)+4=-3$ 답 -3

0848 (가)에서 $y=-2x+4$의 그래프의 x절편은 2이고,
(나)에서 $y=\frac{7}{8}x+6$의 그래프의 y절편은 6이다.
따라서 두 점 $(2, 0)$, $(0, 6)$을 지나므로
(기울기)$=\frac{6-0}{0-2}=-3$
$\therefore y=-3x+6$ 답 $y=-3x+6$

0849 x축과 만나는 점의 좌표가 $\left(-\frac{3}{2}a, a+2\right)$이므로

$a+2=0 \quad \therefore a=-2$

y축과 만나는 점의 좌표가 $\left(b-3, \frac{2}{3}b\right)$이므로

$b-3=0 \quad \therefore b=3$
두 점 $(3, 0)$, $(0, 2)$를 지나므로
(기울기)$=\frac{2-0}{0-3}=-\frac{2}{3}$
따라서 구하는 일차함수의 식은
$y=-\frac{2}{3}x+2$ 답 $y=-\frac{2}{3}x+2$

0850 $y=ax-2$의 그래프를 y축의 방향으로 b만큼 평행이동하면
$y=ax-2+b$
주어진 그래프가 두 점 $(2, 0)$, $(0, 3)$을 지나므로
$y=-\frac{3}{2}x+3$

$y=ax-2+b$와 $y=-\frac{3}{2}x+3$이 같으므로

$a=-\frac{3}{2}$, $-2+b=3 \quad \therefore a=-\frac{3}{2}$, $b=5$

$\therefore ab=-\frac{15}{2}$ 답 $-\frac{15}{2}$

Theme 21 일차함수의 활용

123~125쪽

0851 기온이 x°C일 때 소리의 속력을 초속 y m라 하면
$y=331+0.6x$
$y=343$일 때, $343=331+0.6x \quad \therefore x=20$
따라서 소리의 속력이 초속 343 m일 때의 기온은 20°C이다.
답 ④

0852 추를 1개 매달 때마다 용수철의 길이가 2 cm씩 늘어나므로
추를 x개 매달면 $2x$ cm가 늘어난다.
추를 x개 매달았을 때의 용수철의 길이를 y cm라 하면
$y=2x+10$
$y=28$일 때, $28=2x+10 \quad \therefore x=9$
따라서 용수철 저울에 매달린 추는 9개이다. 답 ④

0853 30 cm의 양초가 모두 타는 데 240분이 걸리므로 1분에

$\frac{30}{240}=\frac{1}{8}$ (cm)씩 탄다.

불을 붙인 지 x분 후에 남은 양초의 길이를 y cm라 하면

$y=30-\frac{1}{8}x$

$x=40$일 때, $y=30-\frac{1}{8}\times40=25$

따라서 불을 붙인 지 40분 후에 남은 양초의 길이는 25 cm이다. 답 25 cm

0854 4분마다 32 L의 비율로 물이 흘러나오므로 1분마다 8 L씩 흘러나온다.

물이 흘러나온 지 x분 후에 남아 있는 물의 양을 y L라 하면

$y=200-8x$

$y=120$일 때, $120=200-8x$ $\therefore x=10$

따라서 남은 물의 양이 120 L가 되는 것은 물이 흘러나오기 시작한 지 10분 후이다. 답 ④

0855 (1) 1 km를 달리는 데 $\frac{1}{12}$ L의 휘발유가 소모되므로

$y=40-\frac{1}{12}x$

(2) $x=72$일 때,

$y=40-\frac{1}{12}\times72=34$

따라서 72 km를 달린 후에 남아 있는 휘발유의 양은 34 L이다. 답 (1) $y=40-\frac{1}{12}x$ (2) 34 L

0856 80일에 50 mL를 모두 사용하였으므로 하루에

$\frac{50}{80}=\frac{5}{8}$ (mL)씩 소모된다.

개봉한 지 x일 후에 남아 있는 방향제의 양을 y mL라 하면

$y=50-\frac{5}{8}x$

$y=10$일 때, $10=50-\frac{5}{8}x$ $\therefore x=64$

따라서 남아 있는 방향제의 양이 10 mL가 되는 것은 개봉한 지 64일 후이다. 답 64일 후

0857 1번째에 필요한 성냥개비는 4개이고 다음 모양을 만들 때마다 성냥개비는 3개씩 늘어나므로 x번째에 필요한 성냥개비의 수를 y라 하면

$y=4+3\times(x-1)$, 즉 $y=3x+1$

$x=9$일 때, $y=3\times9+1=28$

따라서 9번째에 필요한 성냥개비는 28개이다. 답 ④

0858 1번째에 필요한 바둑돌은 2개이고 다음 모양을 만들 때마다 바둑돌은 3개씩 늘어나므로 x번째에 필요한 바둑돌의 수를 y라 하면

$y=2+3\times(x-1)$, 즉 $y=3x-1$

$x=80$일 때, $y=3\times80-1=239$

따라서 80번째의 도형을 이루는 바둑돌의 개수는 239이다.

답 239

0859 정육각형 1개로 만든 도형의 둘레의 길이는 12이고 정육각형이 1개 늘어날 때마다 생기는 도형의 둘레의 길이는 8씩 늘어난다.

정육각형 x개를 이어 붙일 때 만들어지는 도형의 둘레의 길이를 y라 하면

$y=12+8\times(x-1)$, 즉 $y=8x+4$

$y=164$일 때, $164=8x+4$

$8x=160$ $\therefore x=20$

따라서 도형의 둘레의 길이가 164가 되는 것은 정육각형 20개를 이어 붙여 만든 것이다. 답 20개

0860 출발한 지 x시간 후의 남은 거리를 y km라 하면 x시간 동안 간 거리는 $70x$ km이므로

$y=300-70x$

$x=2$일 때, $y=300-70\times2=160$

따라서 출발한 지 2시간 후의 남은 거리는 160 km이다.

답 160 km

0861 출발한 지 20분 후 학교까지 남은 거리는 3 km이므로 20분 동안 2 km를 걸었다. 즉, 1분 동안 걸은 거리는

$\frac{2}{20}=\frac{1}{10}$ (km)이므로 출발한 지 x분 후 학교까지 남은 거리를 y km라 하면

$y=5-\frac{1}{10}x$

$y=0$일 때, $0=5-\frac{1}{10}x$ $\therefore x=50$

따라서 지훈이가 학교에 도착하는 것은 집에서 출발한 지 50분 후이다. 답 50분 후

0862 출발한 지 x분 후의 출발선에서부터 소민이까지의 거리는 $(210x+1400)$ m, 윤아까지의 거리는 $280x$ m이므로 윤아가 소민이를 따라잡을 때까지 두 사람 사이의 거리를 y m라 하면

$y=(210x+1400)-280x$, 즉 $y=1400-70x$

$y=0$일 때, $0=1400-70x$ $\therefore x=20$

따라서 윤아가 소민이를 따라잡는 것은 20분 후이다.

답 20분 후

0863 x초 후의 사다리꼴 PBCD의 넓이를 y cm²라 하면

$\overline{AP}=0.3x$ cm이므로

$y=14\times10-\frac{1}{2}\times0.3x\times10$, 즉 $y=140-\frac{3}{2}x$

$y=80$일 때, $80=140-\frac{3}{2}x$ $\therefore x=40$

따라서 넓이가 80 cm²가 되는 것은 점 P가 꼭짓점 A를 출발한 지 40초 후이다. 답 40초 후

0864 x초 후의 △APC의 넓이를 y cm²라 하면

$\overline{BP}=\frac{4}{3}x$ cm, $\overline{PC}=\left(8-\frac{4}{3}x\right)$ cm이므로

$y=\frac{1}{2}\times\left(8-\frac{4}{3}x\right)\times6$, 즉 $y=24-4x$

$x=5$일 때, $y=24-20=4$

따라서 5초 후 △APC의 넓이는 4 cm²이다. 답 4 cm²

0865 (1) $\triangle ABP=\frac{1}{2}\times x\times 4=2x(\text{cm}^2)$

$\triangle PCD=\frac{1}{2}\times(10-x)\times 6$

$=30-3x(\text{cm}^2)$

$\therefore y=2x+(30-3x)$, 즉 $y=30-x$

(2) $y=26$일 때, $26=30-x$ $\quad\therefore x=4$

따라서 $\triangle ABP$와 $\triangle PCD$의 넓이의 합이 26cm^2일 때, $\overline{BP}=4\text{cm}$이다.

답 (1) $y=30-x$ (2) 4cm

0866 두 점 $(0, 10)$, $(6, 150)$을 지나므로

$(\text{기울기})=\frac{150-10}{6-0}=\frac{70}{3}$

y절편이 10이므로 $y=\frac{70}{3}x+10$

$x=9$일 때, $y=\frac{70}{3}\times 9+10=220$

따라서 이번 달 초부터 9개월 후의 이 제품의 판매량은 220개이다.

답 220개

0867 두 점 $(0, 100)$, $(60, 0)$을 지나므로

$(\text{기울기})=\frac{0-100}{60-0}=-\frac{5}{3}$

y절편이 100이므로 $y=-\frac{5}{3}x+100$

$y=70$일 때, $70=-\frac{5}{3}x+100$ $\quad\therefore x=18$

따라서 물의 온도가 70℃가 되는 것은 물을 냉동실에 넣은 지 18분 후이다.

답 18분 후

0868 두 점 $(0, 6)$, $(15, 5)$를 지나므로

$(\text{기울기})=\frac{5-6}{15-0}=-\frac{1}{15}$

y절편이 6이므로 $y=-\frac{1}{15}x+6$

$y=0$일 때, $0=-\frac{1}{15}x+6$ $\quad\therefore x=90$

따라서 자료를 모두 전송하는 데 걸리는 시간은 90초이다.

답 90초

유형모아 Theme 19 일차함수의 그래프의 성질 1회 126쪽

0869 (1) $y=ax+b$에서 $|a|$가 작을수록 그래프가 x축에 가까우므로 ㄴ이다.

(2) (기울기)<0, (y절편)≤ 0이면 제1사분면을 지나지 않으므로 ㄷ, ㄹ이다.

(3) (기울기)>0이어야 하므로 ㄱ, ㅁ, ㅂ이다.

답 (1) ㄴ (2) ㄷ, ㄹ (3) ㄱ, ㅁ, ㅂ

0870 $a<0$에서 $-a>0$이므로 $-a>0$, $b>0$일 때, $y=-ax+b$의 그래프로 알맞은 것은 ①이다.

답 ①

0871 두 점 $(-2, 0)$, $(0, 1)$을 지나는 일차함수의 그래프의 기울기는

$\frac{1-0}{0-(-2)}=\frac{1}{2}$

따라서 두 점 $(-4, 1)$, $(2, a)$를 지나는 일차함수의 그래프의 기울기도 $\frac{1}{2}$이므로

$\frac{a-1}{2-(-4)}=\frac{1}{2}$, $\frac{a-1}{6}=\frac{1}{2}$

$a-1=3$ $\quad\therefore a=4$

답 4

0872 $y=-3x+1$의 그래프를 y축의 방향으로 a만큼 평행이동하면

$y=-3x+1+a$

즉, $y=-3x+1+a$와 $y=-3x-2$의 그래프가 일치하므로

$1+a=-2$ $\quad\therefore a=-3$

답 ③

0873 $y=ax-2$와 $y=3x+5$의 그래프가 평행하므로 $a=3$

즉, $y=3x-2$의 그래프의 x절편은 $0=3x-2$에서 $\frac{2}{3}$이므로 $y=-\frac{1}{2}x+b$의 그래프의 x절편도 $\frac{2}{3}$이다.

즉, $0=-\frac{1}{2}\times\frac{2}{3}+b$에서 $b=\frac{1}{3}$

$\therefore ab=3\times\frac{1}{3}=1$

답 1

0874 $\frac{3}{4}<a<\frac{5}{3}$이므로 $a=1$

y절편은 2이므로 $y=x+2$

$y=x+2$의 그래프를 y축의 방향으로 -3만큼 평행이동하면

$y=x+2-3$, 즉 $y=x-1$

따라서 $a=1$, $b=2$, $c=1$, $d=-1$이므로

$a+b+c+d=3$

답 3

유형모아 Theme 19 일차함수의 그래프의 성질 2회 127쪽

0875 주어진 그래프에서

(x절편)<0, (y절편)>0이므로

$m<0$, $n>0$

따라서 $y=mx+n$의 그래프는 오른쪽 그림과 같으므로 그래프가 지나지 않는 사분면은 제3사분면이다.

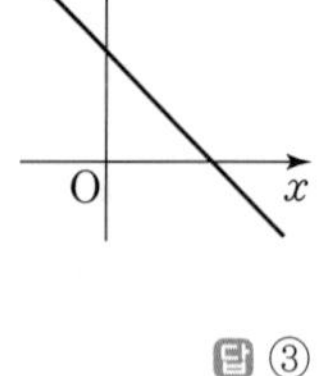

답 ③

0876 (가)에서 기울기가 음수이고, (나)에서 기울기의 절댓값이 $\left|-\frac{5}{3}\right|=\frac{5}{3}$보다 커야 하므로 조건을 모두 만족시키는 일차함수는 ③이다.

답 ③

0877 ④ 제3사분면을 지나지 않는다.

답 ④

0878 $y=ax+3$과 $y=2x-b$의 그래프가 평행하므로

$a=2$

$y=2x+3$의 그래프의 x절편은 $0=2x+3$에서 $-\frac{3}{2}$이므로 $A\left(-\frac{3}{2}, 0\right)$

$y=2x-b$의 그래프의 x절편은 $0=2x-b$에서 $\frac{b}{2}$이므로

$B\left(\frac{b}{2}, 0\right)$

이때 $\overline{AB}=3$이므로 $\frac{b}{2}-\left(-\frac{3}{2}\right)=3$ ($\because b>0$)

$b+3=6$ $\therefore b=3$

$\therefore ab=2\times3=6$ 답 6

0879 주어진 그림에서 $ab<0$, $b<0$ $\therefore a>0$, $b<0$

① $a-b>0$ ② $a+b^2>0$

③ $ab<0$ ⑤ $ab^2>0$ 답 ④

0880 $y=ax+b$의 그래프가 두 점 $(-3, 0)$, $(0, 2)$를 지나는 직선과 평행하므로

$(\text{기울기})=\frac{2-0}{0-(-3)}=\frac{2}{3}$

$y=\frac{2}{3}x+b$의 그래프가 점 $(3, -2)$를 지나므로

$-2=\frac{2}{3}\times3+b$ $\therefore b=-4$

따라서 $y=\frac{2}{3}x-4$의 그래프의 x절편은 6, y절편은 -4이므로 도형의 넓이는 $\frac{1}{2}\times6\times4=12$ 답 12

유형모이 Theme 20 일차함수의 식 구하기 

1회 128쪽

0881 기울기가 $\frac{5}{3}$이고, y절편이 -1이므로 $y=\frac{5}{3}x-1$

이 그래프가 점 $(p, -2)$를 지나므로

$-2=\frac{5}{3}p-1$ $\therefore p=-\frac{3}{5}$ 답 ②

0882 주어진 그래프의 기울기가 $\frac{2}{3}$이므로 구하는 일차함수의 식을 $y=\frac{2}{3}x+b$라 하자.

이 그래프가 점 $(3, 1)$을 지나므로

$1=\frac{2}{3}\times3+b$ $\therefore b=-1$

$\therefore y=\frac{2}{3}x-1$ 답 ①

0883 두 점 $(1, 2)$, $(3, -6)$을 지나므로

$(\text{기울기})=\frac{-6-2}{3-1}=-4$

일차함수의 식을 $y=-4x+b$라 하면 이 그래프가 점 $(1, 2)$를 지나므로

$2=-4+b$ $\therefore b=6$

따라서 $y=-4x+6$의 그래프와 y축 위에서 만나려면 y절편이 6이어야 하므로 ③이다. 답 ③

0884 두 점 $(-5, 0)$, $(0, -10)$을 지나므로

$(\text{기울기})=\frac{-10-0}{0-(-5)}=-2$

$\therefore y=-2x-10$

이 그래프가 점 $(a, 2)$를 지나므로

$2=-2a-10$, $2a=-12$

$\therefore a=-6$ 답 -6

0885 일차함수 $y=ax+b$의 그래프가 두 점 $(-1, 0)$, $(0, 2)$를 지나므로

$a=\frac{2-0}{0-(-1)}=2$, $b=2$

따라서 일차함수 $y=\frac{1}{b}x+a$, 즉 $y=\frac{1}{2}x+2$의 그래프의 x절편은 -4, y절편은 2이므로 그래프로 알맞은 것은 ③이다. 답 ③

0886 두 점 $(-2, -3)$, $(2, 5)$를 지나므로

$(\text{기울기})=\frac{5-(-3)}{2-(-2)}=2$

일차함수의 식을 $y=2x+b$라 하면 이 그래프가 점 $(2, 5)$를 지나므로

$5=4+b$ $\therefore b=1$

$\therefore y=2x+1$

$y=2x+1$의 그래프를 y축의 방향으로 -6만큼 평행이동하면 $y=2x-5$

이 그래프가 점 $(k, 3)$을 지나므로

$3=2k-5$, $2k=8$ $\therefore k=4$ 답 4

0887 $y=-\frac{1}{2}x+4$의 그래프와 평행하므로 기울기가 $-\frac{1}{2}$이다.

일차함수의 식을 $y=-\frac{1}{2}x+b$라 하면 이 그래프의 x절편이 3이므로 점 $(3, 0)$을 지난다.

즉, $0=-\frac{3}{2}+b$에서 $b=\frac{3}{2}$

따라서 $y=-\frac{1}{2}x+\frac{3}{2}$의 그래프가 점 $(4a, -3a+2)$를 지나므로

$-3a+2=-\frac{1}{2}\times4a+\frac{3}{2}$, $-a=-\frac{1}{2}$

$\therefore a=\frac{1}{2}$ 답 $\frac{1}{2}$

유형모이 Theme 20 일차함수의 식 구하기 

2회 129쪽

0888 $y=ax+b$와 $y=-4x+3$의 그래프가 평행하므로 $a=-4$

$y=ax+b$와 $y=2x-5$의 그래프의 y절편이 같으므로

$b=-5$

$\therefore a+b=-9$ 답 -9

0889 기울기가 $\frac{3}{2}$이므로 일차함수의 식을 $y=\frac{3}{2}x+b$라 하자.

이 그래프가 점 $(2, -2)$를 지나므로

$-2=\frac{3}{2}\times2+b$ $\therefore b=-5$

$\therefore y=\frac{3}{2}x-5$

따라서 이 그래프의 y절편은 -5이다. 답 ①

0890 두 점 $(-2,\ 1)$, $(1,\ -3)$을 지나므로

$(\text{기울기})=\dfrac{-3-1}{1-(-2)}=-\dfrac{4}{3}$

일차함수의 식을 $y=-\dfrac{4}{3}x+b$라 하면 이 그래프가 점 $(-2,\ 1)$을 지나므로

$1=-\dfrac{4}{3}\times(-2)+b \qquad \therefore b=-\dfrac{5}{3}$

$\therefore y=-\dfrac{4}{3}x-\dfrac{5}{3}$ 답 ④

0891 주어진 그래프가 두 점 $(0,\ -4)$, $(1,\ -2)$를 지나므로

$(\text{기울기})=\dfrac{-2-(-4)}{1-0}=2$

$\therefore y=2x-4$

이 그래프가 점 $(3,\ k)$를 지나므로

$k=2\times3-4=2$ 답 2

0892 $y=ax+1$의 그래프를 y축의 방향으로 b만큼 평행이동하면

$y=ax+1+b$

주어진 그래프는 두 점 $(-2,\ 0)$, $(0,\ -4)$를 지나므로

$(\text{기울기})=\dfrac{-4-0}{0-(-2)}=-2 \qquad \therefore y=-2x-4$

$y=ax+1+b$와 $y=-2x-4$가 같으므로

$a=-2,\ 1+b=-4 \qquad \therefore a=-2,\ b=-5$

$\therefore a+b=-7$ 답 -7

0893 $(\text{기울기})=\dfrac{3-k-3k}{1-(-2)}=-3$에서 $3-4k=-9$

$\therefore k=3$

기울기가 -3이므로 일차함수의 식을 $y=-3x+b$라 하면 이 그래프는 점 $(1,\ 3-k)$, 즉 점 $(1,\ 0)$을 지나므로

$0=-3\times1+b \qquad \therefore b=3$

$\therefore y=-3x+3$ 답 ②

0894 $y=x-3$의 그래프의 y절편은 -3이고 $y=-\dfrac{3}{2}x+3$의 그래프의 x절편은 2이다.

즉, $y=ax+b$의 그래프가 두 점 $(2,\ 0)$, $(0,\ -3)$을 지나므로

$(\text{기울기})=\dfrac{-3-0}{0-2}=\dfrac{3}{2}$

$\therefore a=\dfrac{3}{2},\ b=-3$

따라서 $y=bx-a$, 즉 $y=-3x-\dfrac{3}{2}$의 그래프의 x절편은 $-\dfrac{1}{2}$이다. 답 $-\dfrac{1}{2}$

유형모아 Theme 21 일차함수의 활용  130쪽

0895 높이가 100 m씩 높아질 때마다 기온이 0.6 ℃씩 내려가므로 1 m 높아질 때, 기온은 0.006 ℃만큼 내려간다.

따라서 지면으로부터 높이가 x m인 지점의 기온을 y ℃라 하면

$y=15-0.006x$

$y=3$일 때, $3=15-0.006x$

$\therefore x=2000$

따라서 기온이 3 ℃인 지점의 지면으로부터의 높이는 2000 m이다. 답 2000 m

0896 물이 빠져나가기 시작한 지 x초 후의 물의 높이를 y cm라 하면

$y=20-0.2x$

$x=45$일 때, $y=20-0.2\times45=11$

따라서 45초 후의 물의 높이는 11 cm이다. 답 ②

0897 (1) 두 점 $(0,\ 600)$, $(2,\ 500)$을 지나므로

$(\text{기울기})=\dfrac{500-600}{2-0}=-50$

$\therefore y=-50x+600$

(2) $x=3$일 때, $y=-50\times3+600=450$

따라서 3시간 후 남아 있는 물의 양은 450 mL이다.

답 (1) $y=-50x+600$ (2) 450 mL

0898 무게가 x kg인 물건에 대한 택배비를 y원이라 하고 $y=ax+b$라 하자.

$x=1$일 때 $y=5000$이므로

$5000=a+b \qquad \cdots\cdots$ ㉠

$x=5$일 때 $y=17000$이므로

$17000=5a+b \qquad \cdots\cdots$ ㉡

㉠, ㉡을 연립하여 풀면 $a=3000,\ b=2000$

$\therefore y=3000x+2000$

$x=3.5$일 때, $y=3000\times3.5+2000=12500$

따라서 무게가 3.5 kg인 물건에 대한 택배비는 12500원이다. 답 12500원

0899 x초 후의 사각형 APCD의 넓이를 $y\text{ cm}^2$라 하면

$\overline{BP}=4x$ cm이므로

$y=24\times10-\dfrac{1}{2}\times4x\times10$, 즉 $y=240-20x$

$y=180$일 때, $180=240-20x \qquad \therefore x=3$

따라서 사각형 APCD의 넓이가 180 cm^2가 되는 것은 점 P가 점 B를 출발한 지 3초 후이다. 답 3초 후

다른 풀이 사다리꼴의 넓이 공식을 이용하면

$y=\dfrac{1}{2}\times\{24+(24-4x)\}\times10$

즉, $y=240-20x$

0900 출발한 지 x분 후의 출발선에서부터 민수까지의 거리는 $(400x+5000)$ m, 재호까지의 거리는 $600x$ m이므로 재호와 민수가 만날 때까지 두 사람 사이의 거리를 y m라 하면

$y=(400x+5000)-600x$, 즉 $y=-200x+5000$

$y=0$일 때, $0=-200x+5000$

$\therefore x=25$

따라서 25분 동안 재호가 달린 거리는

$600\times25=15000\,(\text{m})$, 즉 15 km이다. 답 15 km

0901 10분마다 5°C씩 온도가 내려가므로 1분에 0.5°C씩 내려간다. 실온에 둔 지 x분 후의 온도를 y°C라 하면

$y=100-0.5x$

$y=80$일 때, $80=100-0.5x$ $\quad\therefore x=40$

따라서 물의 온도가 80°C가 되는 것은 주전자를 실온에 둔 지 40분 후이다. 답 40분 후

0902 고속 전철이 A 역을 출발한 지 x분 후의 고속 전철과 B 역 사이의 거리를 y km라 하면 $y=50-5x$

$x=7$일 때, $y=50-5\times7=15$

따라서 고속 전철이 A 역을 출발한 지 7분 후의 고속 전철과 B 역 사이의 거리는 15 km이다. 답 ③

0903 (1) 두 점 (0, 25), (5, 0)을 지나므로

(기울기)$=\dfrac{0-25}{5-0}=-5$ $\quad\therefore y=-5x+25$

(2) $y=10$일 때, $10=-5x+25$ $\quad\therefore x=3$

따라서 남은 양초의 길이가 10 cm가 되는 것은 불을 붙인 지 3시간 후이다. 답 (1) $y=-5x+25$ (2) 3시간 후

다른 풀이 (1) 5시간 동안 25 cm의 길이가 줄어들므로 1시간 동안 5 cm의 길이가 줄어든다.

$\therefore y=-5x+25$

0904 (1) 주사약의 양이 1분에 3 mL씩 줄어들므로 $y=-3x+b$라 하자.

$x=60$일 때 $y=420$이므로

$420=-3\times60+b$ $\quad\therefore b=600$

$\therefore y=-3x+600$

(2) $y=0$일 때, $0=-3x+600$ $\quad\therefore x=200$

즉, 주사를 다 맞는 데 걸리는 시간은 200분, 즉 3시간 20분이다. 따라서 오후 5시에 다 맞았으므로 주사를 맞기 시작한 시각은 오후 1시 40분이다.

답 (1) $y=-3x+600$ (2) 오후 1시 40분

0905 x초 후의 △ABP와 △PCD의 넓이의 합을 $y\text{ cm}^2$라 하면 $\overline{BP}=2x$ cm, $\overline{PC}=(24-2x)$ cm이므로

$y=\dfrac{1}{2}\times2x\times6+\dfrac{1}{2}\times(24-2x)\times4$, 즉 $y=2x+48$

$y=60$일 때, $60=2x+48$ $\quad\therefore x=6$

따라서 두 삼각형의 넓이의 합이 60 cm^2가 되는 것은 점 P가 점 B를 출발한 지 6초 후이다. 답 6초 후

0906 1개의 탁자에 앉을 수 있는 사람은 6명이고, 탁자가 1개 늘어날 때마다 앉을 수 있는 사람은 4명씩 늘어난다.

x개의 탁자를 이어 붙일 때, 앉을 수 있는 사람을 y명이라 하면

$y=6+4\times(x-1)$, 즉 $y=4x+2$

$x=10$일 때, $y=4\times10+2=42$

따라서 10개의 탁자를 이어 붙일 때, 앉을 수 있는 사람은 42명이다. 답 42명

Theme 모아 중단원 마무리 132~133쪽

0907 기울기의 절댓값이 클수록 그래프는 y축에 가깝다.

$\left|\dfrac{1}{7}\right|<\left|-\dfrac{1}{2}\right|<|2|<|-3|<|-7|$이므로 그래프가 y축에 가장 가까운 것은 ④이다. 답 ④

0908 기울기가 $-\dfrac{1}{2}$이고 y절편이 4인 일차함수의 식은

$y=-\dfrac{1}{2}x+4$

$y=0$을 대입하면 $0=-\dfrac{1}{2}x+4$

$\therefore x=8$

따라서 x절편은 8이다. 답 8

0909 $a<0$, $b>0$이므로 $\dfrac{1}{a}<0$, $-ab>0$

따라서 $y=\dfrac{1}{a}x-ab$의 그래프는 오른쪽 그림과 같으므로 제3사분면을 지나지 않는다. 답 ③

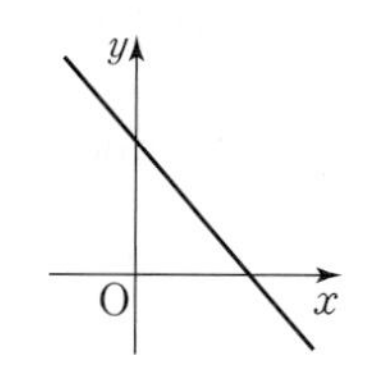

0910 ③ 두 점 (−4, 0), (0, −3)을 지나므로

(기울기)$=\dfrac{-3-0}{0-(-4)}=-\dfrac{3}{4}$ $\quad\therefore y=-\dfrac{3}{4}x-3$

④ $x=-8$, $y=3$을 $y=-\dfrac{3}{4}x-3$에 대입하면

$3=-\dfrac{3}{4}\times(-8)-3$

⑤ x의 값이 4만큼 증가하면 y의 값은 3만큼 감소한다.

답 ⑤

0911 두 점 (2, 1), (4, 0)을 지나므로

(기울기)$=\dfrac{0-1}{4-2}=-\dfrac{1}{2}$

y절편이 1이므로 $y=-\dfrac{1}{2}x+1$

이 그래프가 점 $(-4, k)$를 지나므로

$k=-\dfrac{1}{2}\times(-4)+1=3$ 답 3

0912 $y=ax+5$와 $y=3x-2$의 그래프가 평행하므로 $a=3$

$y=3x+5$의 그래프를 y축의 방향으로 −3만큼 평행이동하면

$y=3x+5-3$, 즉 $y=3x+2$

즉, $y=3x+2$와 $y=bx+c$가 같으므로 $b=3$, $c=2$

$\therefore a+b+c=8$ 답 8

0913 y가 x의 일차함수이므로 $y=ax+b$라 하자.

(나)에서 $a=\dfrac{4}{-2}=-2$

(가)에서 $y=-2x+b$에 $x=3$, $y=7$을 대입하면

$7=-2\times3+b$ $\quad\therefore b=13$

$\therefore y=-2x+13$ 답 $y=-2x+13$

0914 (기울기)$=\dfrac{2-(-6)}{3-(-1)}=2$이므로 $y=2x+b$라 하자.

이 그래프가 점 (3, 2)를 지나므로

워크북

$2=2\times3+b \quad \therefore b=-4$

$\therefore y=2x-4$

$y=2x-4$의 그래프를 y축의 방향으로 7만큼 평행이동하면

$y=2x-4+7$, 즉 $y=2x+3$

따라서 $y=2x+3$의 그래프가 점 $(4, k)$를 지나므로

$k=2\times4+3=11$ 답 ②

0915 x분 후의 물의 온도를 y°C라 하면

$y=6x+15$

$y=93$일 때, $6x+15=93 \quad \therefore x=13$

따라서 물의 온도가 93°C가 되는 것은 열을 가한 지 13분 후이다. 답 ④

0916 100년에 3 cm씩 자라므로 1년에 $\frac{3}{100}$cm씩 자란다.

현재부터 x년 후에 종유석의 길이가 $y$cm가 된다고 하면

$y=\frac{3}{100}x+30$

$y=36$일 때, $36=\frac{3}{100}x+30 \quad \therefore x=200$

따라서 종유석의 길이가 36 cm가 되는 것은 200년 후이다.

답 200년 후

0917 ① 두 점 $(-6, -6)$, $(2, 6)$을 지나므로 $y=\frac{3}{2}x+3$

② 두 점 $(0, -6)$, $(4, 6)$을 지나므로 $y=3x-6$

③ 두 점 $(-6, 2)$, $(6, -1)$을 지나므로 $y=-\frac{1}{4}x+\frac{1}{2}$

④ 두 점 $(0, 5)$, $(3, -5)$를 지나므로 $y=-\frac{10}{3}x+5$

⑤ 두 점 $(-4, 6)$, $(2, -6)$을 지나므로 $y=-2x-2$

답 ④

0918 사용한 전력량이 xkWh일 때의 전기 요금을 y원이라 하면

$y=910+93.2x$ …❶

$x=200$일 때, $y=910+93.2\times200=19550$

따라서 사용한 전력량이 200 kWh일 때, 전기 요금은 19550원이다. …❷

답 19550원

채점 기준	배점
❶ x와 y 사이의 관계를 식으로 나타내기	50 %
❷ 전기 요금 구하기	50 %

0919 x초 후의 △APC의 넓이를 $y\,\text{cm}^2$라 하면

$\overline{\text{PC}}=(12-2x)$cm이므로 …❶

$y=\frac{1}{2}\times(12-2x)\times12$, 즉 $y=72-12x$ …❷

$y=48$일 때, $48=72-12x \quad \therefore x=2$

따라서 △APC의 넓이가 $48\,\text{cm}^2$가 되는 것은 점 P가 점 B를 출발한 지 2초 후이다. …❸

답 2초 후

채점 기준	배점
❶ $\overline{\text{PC}}$의 길이 구하기	20 %
❷ △APC의 넓이를 일차함수의 식으로 나타내기	50 %
❸ △APC의 넓이가 48 cm^2가 되는 시간 구하기	30 %

09. 일차함수와 일차방정식의 관계

한번 더 핵심 유형 134~143쪽

Theme 22 일차함수와 일차방정식 134~138쪽

0920 $3x-y-5=0$에서 $y=3x-5$이므로 그래프는 오른쪽 그림과 같다.

③ 제1, 3, 4사분면을 지난다. 답 ③

(y, O, $\frac{5}{3}$, x, -5, $y=3x-5$)

0921 $3x-4y-2=0$에서 $y=\frac{3}{4}x-\frac{1}{2}$이므로 그래프는 오른쪽 그림과 같다.

따라서 제2사분면을 지나지 않는다. 답 ②

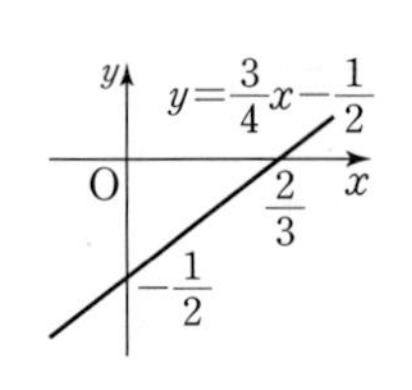

0922 $\frac{x}{3}-\frac{y}{4}=1$, 즉 $y=\frac{4}{3}x-4$의 그래프는 x절편이 3, y절편이 -4인 직선이므로 ⑤이다. 답 ⑤

0923 $2x+y-1=0$의 그래프가 점 $(a, a-2)$를 지나므로

$2a+(a-2)-1=0$, $3a-3=0 \quad \therefore a=1$ 답 ④

0924 $4x+3y-24=0$의 그래프가 점 $(p, 4)$를 지나므로

$4p+12-24=0$, $4p-12=0 \quad \therefore p=3$ 답 ③

0925 ④ $x=4$, $y=-2$를 $3x-y=10$에 대입하면

$3\times4-(-2)=14\neq10$ 답 ④

0926 $2x-3y=5$의 그래프가 점 $(a, -2)$를 지나므로

$2a+6=5 \quad \therefore a=-\frac{1}{2}$

$2x-3y=5$의 그래프가 점 $(3, b)$를 지나므로

$6-3b=5$, $-3b=-1 \quad \therefore b=\frac{1}{3}$

$\therefore 6ab=6\times\left(-\frac{1}{2}\right)\times\frac{1}{3}=-1$ 답 -1

0927 $4x+ay-2=0$의 그래프가 점 $(-3, 7)$을 지나므로

$4\times(-3)+7a-2=0$, $7a=14 \quad \therefore a=2$

따라서 $4x+2y-2=0$, 즉 $y=-2x+1$의 그래프의 기울기는 -2이다. 답 ②

0928 $ax+3y+13=0$의 그래프가 점 $(-2, -1)$을 지나므로

$-2a+3\times(-1)+13=0$, $-2a=-10 \quad \therefore a=5$

① $x=-3$, $y=1$을 $5x+3y+13=0$에 대입하면

$5\times(-3)+3\times1+13\neq0$

② $x=-1$, $y=-3$을 $5x+3y+13=0$에 대입하면

$5\times(-1)+3\times(-3)+13\neq0$

④ $x=-\frac{2}{5}$, $y=-4$를 $5x+3y+13=0$에 대입하면

$5\times\left(-\frac{2}{5}\right)+3\times(-4)+13\neq0$

⑤ $x=1$, $y=-5$를 $5x+3y+13=0$에 대입하면

$5\times1+3\times(-5)+13\neq0$ 답 ③

0929 $3x-by+9=0$의 그래프가 점 $(2,\ -5)$를 지나므로
$3\times2-b\times(-5)+9=0,\ 5b=-15\qquad\therefore\ b=-3$
따라서 $3x+3y+9=0$의 그래프가 점 $(4,\ a)$를 지나므로
$12+3a+9=0,\ 3a=-21\qquad\therefore\ a=-7$
$\therefore\ a-b=-7-(-3)=-4$ 답 ②

0930 $(a+2)x-y+3b=0$에서 $y=(a+2)x+3b$
이 그래프의 기울기가 -2, y절편이 -6이므로
$a+2=-2,\ 3b=-6$
$\therefore\ a=-4,\ b=-2$
$\therefore\ a+b=-4+(-2)=-6$ 답 ②

0931 두 점 $(1,\ -2)$, $(-1,\ 4)$를 지나므로
$(\text{기울기})=\dfrac{4-(-2)}{-1-1}=-3$
$kx+2y-6=0$에서 $y=-\dfrac{k}{2}x+3$
이때 두 점을 지나는 직선과 일차방정식의 그래프가 평행하므로 $-3=-\dfrac{k}{2}\qquad\therefore\ k=6$ 답 ⑤

0932 $x+ay-b=0$에서 $y=-\dfrac{1}{a}x+\dfrac{b}{a}$
주어진 직선의 기울기는 2이고, y절편은 4이므로
$-\dfrac{1}{a}=2,\ \dfrac{b}{a}=4\qquad\therefore\ a=-\dfrac{1}{2},\ b=-2$
$\therefore\ b-a=-2-\left(-\dfrac{1}{2}\right)=-\dfrac{3}{2}$ 답 ②
다른 풀이 $x+ay-b=0$의 그래프가 점 $(-2,\ 0)$을 지나므로 $-2-b=0\qquad\therefore\ b=-2$
$x+ay+2=0$의 그래프가 점 $(0,\ 4)$를 지나므로
$4a+2=0\qquad\therefore\ a=-\dfrac{1}{2}$
$\therefore\ b-a=-2-\left(-\dfrac{1}{2}\right)=-\dfrac{3}{2}$

0933 $ax+(b+1)y-3=0$에서 $y=-\dfrac{a}{b+1}x+\dfrac{3}{b+1}$
이 그래프의 기울기가 $\dfrac{1}{3}$, y절편이 $\dfrac{1}{2}$이므로
$-\dfrac{a}{b+1}=\dfrac{1}{3},\ \dfrac{3}{b+1}=\dfrac{1}{2}$
$\dfrac{3}{b+1}=\dfrac{1}{2}$에서 $b+1=6\qquad\therefore\ b=5$
$-\dfrac{a}{b+1}=\dfrac{1}{3}$에서 $-\dfrac{a}{5+1}=\dfrac{1}{3}\qquad\therefore\ a=-2$
$\therefore\ ab=5\times(-2)=-10$ 답 -10

0934 $(\text{기울기})=\dfrac{6-2}{-1-1}=-2$이므로 구하는 직선의 방정식을 $y=-2x+b$라 하자.
이 직선이 점 $(1,\ 2)$를 지나므로
$2=-2+b\qquad\therefore\ b=4$
따라서 구하는 직선의 방정식은
$y=-2x+4$, 즉 $2x+y-4=0$ 답 ③

0935 $-3x-4y+6=0$의 그래프의 x절편은 2,
$5x-4y-12=0$의 그래프의 y절편은 -3이다.
즉, 두 점 $(2,\ 0)$, $(0,\ -3)$을 지나므로
$(\text{기울기})=\dfrac{-3-0}{0-2}=\dfrac{3}{2}$, y절편은 -3이다.
따라서 구하는 직선의 방정식은
$y=\dfrac{3}{2}x-3$, 즉 $3x-2y-6=0$ 답 ③

0936 두 점 $(2,\ -3)$, $(-2,\ 9)$를 지나므로
$(\text{기울기})=\dfrac{9-(-3)}{-2-2}=-3$
이 직선과 평행한 직선의 기울기는 -3이다.
이때 구하는 직선이 점 $\left(0,\ -\dfrac{3}{2}\right)$을 지나므로 y절편은 $-\dfrac{3}{2}$이다.
따라서 구하는 직선의 방정식은
$y=-3x-\dfrac{3}{2}$, 즉 $6x+2y+3=0$ 답 $6x+2y+3=0$

0937 y축에 수직인 직선 위의 두 점은 y좌표가 같으므로
$-2a+3=3a-7,\ -5a=-10$
$\therefore\ a=2$ 답 ④

0938 $y=-2x+5$에 $x=3,\ y=k$를 대입하면
$k=-2\times3+5=-1$
따라서 점 $(3,\ -1)$을 지나고, x축에 평행한 직선의 방정식은 $y=-1$ 답 ④

0939 주어진 직선의 방정식은 $y=3$
즉, $-\dfrac{1}{3}y+1=0$이므로 $a=0,\ b=-\dfrac{1}{3}$
$\therefore\ a+b=0+\left(-\dfrac{1}{3}\right)=-\dfrac{1}{3}$ 답 $-\dfrac{1}{3}$

0940 $ax-(b-4)y+5=0$의 그래프가 x축에 수직이므로
$b-4=0\qquad\therefore\ b=4$
따라서 $ax+5=0$, 즉 $x=-\dfrac{5}{a}$의 그래프가 제2사분면과 제3사분면을 지나므로
$-\dfrac{5}{a}<0\qquad\therefore\ a>0$
$\therefore\ a>0,\ b=4$ 답 $a>0,\ b=4$

0941 네 직선 $x=-2,\ x=2,\ y=-3,\ y=1$로 둘러싸인 도형은 오른쪽 그림과 같으므로 구하는 넓이는 $4\times4=16$ 답 ③

0942 네 직선 $x=-3,\ x=0,\ y=0,\ y=2$로 둘러싸인 도형은 오른쪽 그림과 같으므로 구하는 넓이는 $3\times2=6$ 답 ②

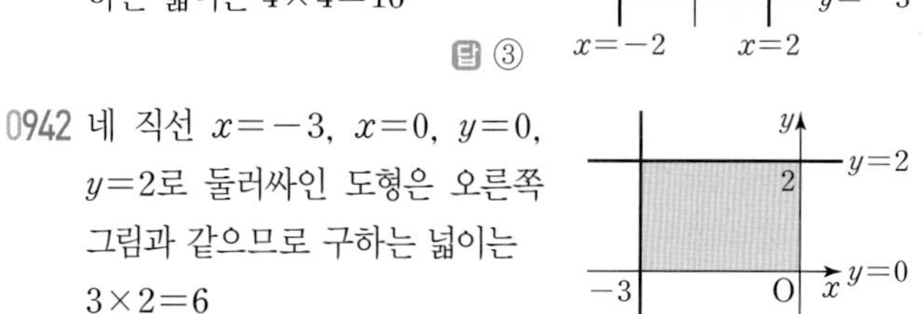

0943 $(a-3)\times(9-1)=48,\ 8(a-3)=48$이므로
$a-3=6\qquad\therefore\ a=9$ 답 ⑤

0944 $ax-y-b=0$에서 $y=ax-b$
주어진 그래프에서 $a<0,\ -b<0$
$\therefore\ a<0,\ b>0$ 답 ③

0945 $ax-by+c=0$에서 $y=\frac{a}{b}x+\frac{c}{b}$

$\frac{a}{b}<0$, $\frac{c}{b}>0$이므로 $ax-by+c=0$의 그래프는 제3사분면을 지나지 않는다. 답 제3사분면

0946 $ax-by+1=0$에서 $y=\frac{a}{b}x+\frac{1}{b}$

주어진 그래프에서 $\frac{a}{b}<0$, $\frac{1}{b}>0$ $\quad\therefore a<0,\ b>0$

$y=abx-b$에서 $ab<0$, $-b<0$이므로 그래프로 알맞은 것은 ④이다. 답 ④

0947 두 직선 $y=x$와 $x=2$의 교점의 좌표는 $(2, 2)$

두 직선 $y=x$와 $y=-1$의 교점의 좌표는 $(-1, -1)$

따라서 구하는 넓이는

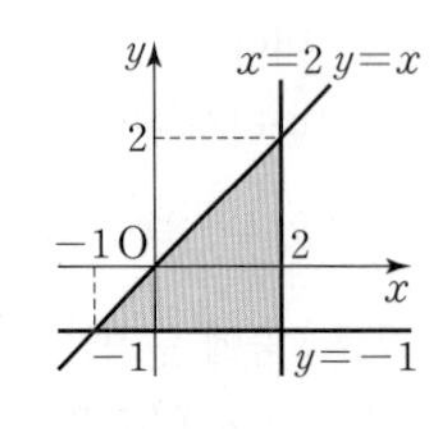

$\frac{1}{2}\times\{2-(-1)\}\times\{2-(-1)\}=\frac{1}{2}\times3\times3=\frac{9}{2}$ 답 ④

0948 두 직선 $x=a$와 $y=\frac{3}{4}x$의 교점의 좌표는 $B\left(a, \frac{3}{4}a\right)$

이때 $\overline{AB}=12$이므로 $\frac{3}{4}a=12$ $\quad\therefore a=16$

따라서 삼각형 OAB의 넓이는

$\frac{1}{2}\times16\times12=96$ 답 ④

0949 직선 $x+y-3=0$이 두 직선 $x=1$, $x=-4$와 만나는 점의 좌표는 각각 $(1, 2)$, $(-4, 7)$

따라서 구하는 넓이는

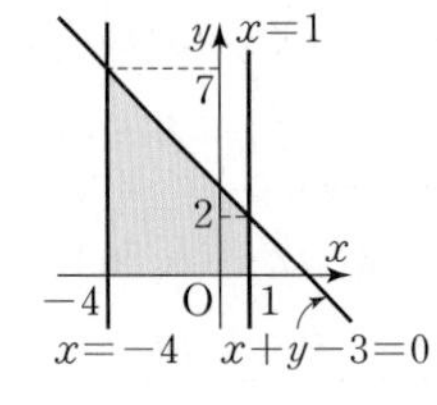

$\frac{1}{2}\times(2+7)\times\{1-(-4)\}$

$=\frac{1}{2}\times9\times5=\frac{45}{2}$ 답 ③

0950 두 직선 $y=\frac{2}{3}x$와 $y=4$의 교점의 좌표는 $A(6, 4)$

$\therefore \triangle OAD=\frac{1}{2}\times6\times4=12$

두 직선 $y=\frac{2}{3}x$와 $x=9$의 교점의 좌표는 $C(9, 6)$

또, $B(9, 4)$이므로

$\triangle ABC=\frac{1}{2}\times(9-6)\times(6-4)$

$=\frac{1}{2}\times3\times2=3$

따라서 $a=3$, $b=12$이므로

$b-a=12-3=9$ 답 ④

Theme 23 연립방정식의 해와 일차함수의 그래프 139~143쪽

0951 연립방정식 $\begin{cases}x-2y+5=0\\2x+3y-4=0\end{cases}$을 풀면 $x=-1$, $y=2$

따라서 두 그래프의 교점의 좌표는 $(-1, 2)$이고, 이 점이 직선 $y=ax-1$ 위의 점이므로

$2=-a-1$ $\quad\therefore a=-3$ 답 ①

0952 연립방정식 $\begin{cases}3x-y-5=0\\-2x+y+3=0\end{cases}$을 풀면 $x=2$, $y=1$

따라서 $a=2$, $b=1$이므로

$a-b=2-1=1$ 답 ④

0953 $3x-y=8$에서 $y=3x-8$

이 그래프와 평행한 직선의 방정식을 $y=3x+b$라 하자.

이 직선이 점 $(-2, -4)$를 지나므로

$-4=-6+b$ $\quad\therefore b=2$

$\therefore y=3x+2$

따라서 연립방정식 $\begin{cases}y=3x+2\\y=-x-2\end{cases}$를 풀면 $x=-1$, $y=-1$

이므로 교점의 좌표는 $(-1, -1)$ 답 $(-1, -1)$

0954 직선 l은 두 점 $(0, 3)$, $(6, 0)$을 지나므로

$(기울기)=\frac{0-3}{6-0}=-\frac{1}{2}$

$\therefore y=-\frac{1}{2}x+3$, 즉 $x+2y=6$

직선 m은 두 점 $(1, -2)$, $(0, -4)$를 지나므로

$(기울기)=\frac{-4-(-2)}{0-1}=2$

$\therefore y=2x-4$, 즉 $2x-y=4$

연립방정식 $\begin{cases}x+2y=6\\2x-y=4\end{cases}$를 풀면 $x=\frac{14}{5}$, $y=\frac{8}{5}$이므로

두 직선의 교점의 좌표는 $\left(\frac{14}{5}, \frac{8}{5}\right)$

따라서 $a=\frac{14}{5}$, $b=\frac{8}{5}$이므로

$a+b=\frac{14}{5}+\frac{8}{5}=\frac{22}{5}$ 답 $\frac{22}{5}$

0955 주어진 두 그래프의 교점의 좌표가 $(3, 4)$이므로 연립방정식의 해는 $x=3$, $y=4$

$ax+2y=2$에 $x=3$, $y=4$를 대입하면

$3a+8=2$ $\quad\therefore a=-2$

$x-by=7$에 $x=3$, $y=4$를 대입하면

$3-4b=7$ $\quad\therefore b=-1$

$\therefore b-a=-1-(-2)=1$ 답 ③

0956 $x-y=6$에 $x=2$, $y=b$를 대입하면

$2-b=6$ $\quad\therefore b=-4$

$(a+1)x-2y=2$에 $x=2$, $y=-4$를 대입하면

$(a+1)\times2-2\times(-4)=2$

$2a=-8$ $\quad\therefore a=-4$

$\therefore ab=(-4)\times(-4)=16$ 답 16

0957 직선 $2x-3y+6=0$, 즉 $y=\frac{2}{3}x+2$의 x절편은

$0=\frac{2}{3}x+2$에서 $x=-3$이므로 -3이다.

이때 두 직선의 교점의 좌표가 $(-3, 0)$이므로

$3x+y-a=0$, 즉 $y=-3x+a$에 $x=-3$, $y=0$을 대입하면 $0=9+a$ $\quad\therefore a=-9$

따라서 두 직선 $y=\frac{2}{3}x+2$, $y=-3x-9$가 y축과 만나는

점의 좌표는 각각 (0, 2), (0, -9)이므로 두 점 사이의 거리는 $2-(-9)=11$ 답 ⑤

0958 연립방정식 $\begin{cases} x-2y+2=0 \\ 2x-y-2=0 \end{cases}$을 풀면 $x=2$, $y=2$

직선 $ax+by-3=0$이 두 점 (2, 2), (4, -1)을 지나므로

$\begin{cases} 2a+2b-3=0 \\ 4a-b-3=0 \end{cases}$을 풀면 $a=\frac{9}{10}$, $b=\frac{3}{5}$

$\therefore 2ab=2\times\frac{9}{10}\times\frac{3}{5}=\frac{27}{25}$ 답 $\frac{27}{25}$

0959 연립방정식 $\begin{cases} 2x+y-4=0 \\ 3x-2y-13=0 \end{cases}$의 해는 $x=3$, $y=-2$이므로 두 직선의 교점의 좌표는 (3, -2)이다.

또, 직선 $4x+y=3$, 즉 $y=-4x+3$과 평행하므로 구하는 직선은 기울기가 -4이고, 점 (3, -2)를 지난다.

따라서 구하는 직선의 방정식을 $y=-4x+b$라 하고 $x=3$, $y=-2$를 대입하면 $b=10$

$\therefore y=-4x+10$, 즉 $4x+y-10=0$ 답 ④

0960 연립방정식 $\begin{cases} x+2y-5=0 \\ 2x+y+2=0 \end{cases}$의 해는 $x=-3$, $y=4$

따라서 두 점 (-3, 4), (0, 3)을 지나는 직선의 기울기는

$\frac{3-4}{0-(-3)}=-\frac{1}{3}$ $\therefore y=-\frac{1}{3}x+3$

$0=-\frac{1}{3}x+3$에서 $x=9$이므로

이 직선의 x절편은 9이다. 답 ⑤

0961 연립방정식 $\begin{cases} -5x+y-8=0 \\ 3x+y-16=0 \end{cases}$의 해는 $x=1$, $y=13$이므로

점 (1, 13)을 지나고, x축에 평행한 직선의 방정식은 $y=13$

따라서 이 직선 위의 점의 y좌표는 13이므로

$a=13$ 답 ⑤

0962 연립방정식 $\begin{cases} -x-2y=5 \\ 3x+2y=1 \end{cases}$의 해는 $x=3$, $y=-4$이므로

직선 $2ax-ay=-20$도 점 (3, -4)를 지난다.

$6a+4a=-20$ $\therefore a=-2$ 답 ④

0963 직선 l은 두 점 (8, 0), (0, 4)를 지나므로

(기울기)$=\frac{4-0}{0-8}=-\frac{1}{2}$, ($y$절편)$=4$

즉, 직선 l의 방정식은 $y=-\frac{1}{2}x+4$, 즉 $x+2y-8=0$

직선 m은 두 점 (-2, 0), (0, 2)를 지나므로

(기울기)$=\frac{2-0}{0-(-2)}=1$, (y절편)$=2$

즉, 직선 m의 방정식은 $y=x+2$, 즉 $x-y+2=0$

연립방정식 $\begin{cases} x+2y-8=0 \\ x-y+2=0 \end{cases}$의 해는 $x=\frac{4}{3}$, $y=\frac{10}{3}$이므로

직선 $y=ax-6$도 점 $\left(\frac{4}{3}, \frac{10}{3}\right)$을 지난다.

$\frac{10}{3}=\frac{4}{3}a-6$ $\therefore a=7$ 답 ②

0964 연립방정식 $\begin{cases} 3x-2y=13 \\ 5x+4y=7 \end{cases}$의 해는 $x=3$, $y=-2$

직선 $ax+y=7$도 점 (3, -2)를 지나므로

$3a-2=7$ $\therefore a=3$

또, 직선 $bx+2ay=3$, 즉 $bx+6y=3$도 점 (3, -2)를 지나므로 $3b-12=3$ $\therefore b=5$

$\therefore ab=3\times5=15$ 답 15

0965 세 직선 중 어느 두 직선도 평행하지 않으므로 세 직선에 의해 삼각형이 만들어지지 않으려면 세 직선이 한 점에서 만나야 한다.

이때 연립방정식 $\begin{cases} 2x-y=-7 \\ 3x+y=-3 \end{cases}$의 해는 $x=-2$, $y=3$이므로 직선 $x-3y=a$도 점 (-2, 3)을 지난다.

$\therefore a=-2-9=-11$ 답 -11

0966 $2x-y-5=0$에서 $y=2x-5$

$ax-2y+b=0$에서 $y=\frac{a}{2}x+\frac{b}{2}$

연립방정식의 해가 무수히 많으려면 두 그래프가 일치해야 하므로

$\frac{a}{2}=2$, $\frac{b}{2}=-5$ $\therefore a=4$, $b=-10$

$\therefore a+b=4+(-10)=-6$ 답 ①

다른 풀이 연립방정식의 해가 무수히 많으려면

$\frac{2}{a}=\frac{-1}{-2}=\frac{-5}{b}$ $\therefore a=4$, $b=-10$

$\therefore a+b=4+(-10)=-6$

0967 $ax-2y+1=0$에서 $y=\frac{a}{2}x+\frac{1}{2}$

$-3x+y+b=0$에서 $y=3x-b$

두 직선의 교점이 오직 한 개 존재하려면 두 직선의 기울기가 달라야 하므로

$\frac{a}{2}\neq3$ $\therefore a\neq6$ 답 ④

0968 $2x-y=3$에서 $y=2x-3$

$ax+4y=8$에서 $y=-\frac{a}{4}x+2$

연립방정식의 해가 없으려면 두 그래프가 평행해야 하므로

$2=-\frac{a}{4}$ $\therefore a=-8$

직선 $y=-8x+b$가 점 (1, -5)를 지나므로

$-5=-8+b$ $\therefore b=3$

$\therefore a-b=-8-3=-11$ 답 -11

0969 (i) 직선 $y=ax+2$가 점 A(3, 5)를 지날 때,

$5=3a+2$ $\therefore a=1$

(ii) 직선 $y=ax+2$가 점 B(6, 3)을 지날 때,

$3=6a+2$ $\therefore a=\frac{1}{6}$

(i), (ii)에서 $\frac{1}{6}\leq a\leq1$ 답 ④

0970 (i) 직선 $y=-2x+b$가 점 A$(1, -3)$을 지날 때,
$-3=-2+b \quad \therefore b=-1$

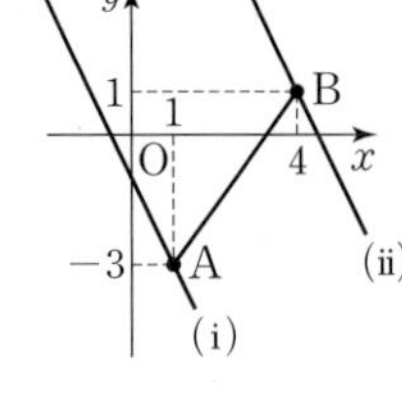

(ii) 직선 $y=-2x+b$가 점 B$(4, 1)$을 지날 때,
$1=-8+b \quad \therefore b=9$

(i), (ii)에서 $-1 \le b \le 9$
따라서 b의 값이 될 수 없는 것은 ① -3이다. 답 ①

0971 (1) (i) 직선 $y=2x+k$가 점 A$(2, 5)$를 지날 때,
$5=4+k \quad \therefore k=1$

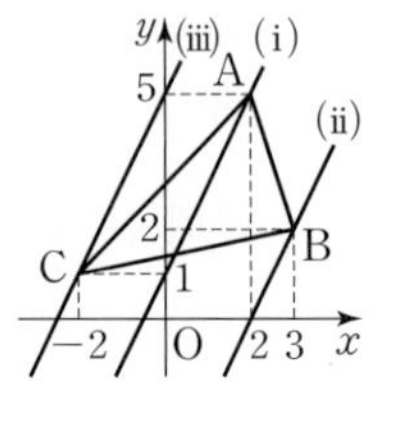

(ii) 직선 $y=2x+k$가 점 B$(3, 2)$를 지날 때,
$2=6+k \quad \therefore k=-4$

(iii) 직선 $y=2x+k$가 점 C$(-2, 1)$을 지날 때,
$1=-4+k \quad \therefore k=5$

(2) (i), (ii), (iii)에서 $-4 \le k \le 5$

답 (1) 점 A를 지날 때 : 1, 점 B를 지날 때 : -4, 점 C를 지날 때 : 5
(2) $-4 \le k \le 5$

0972 연립방정식 $\begin{cases} x-2y+1=0 \\ 2x+3y-12=0 \end{cases}$의 해는 $x=3$, $y=2$이고
직선 $x-2y+1=0$의 x절편은 -1, $2x+3y-12=0$의 x절편은 6이므로 구하는 도형의 넓이는
$\frac{1}{2} \times 7 \times 2=7$ 답 ③

0973 두 직선 $x+y=4$, $y=-2$의 교점의 좌표는 $(6, -2)$
두 직선 $2x-y=2$, $y=-2$의 교점의 좌표는 $(0, -2)$

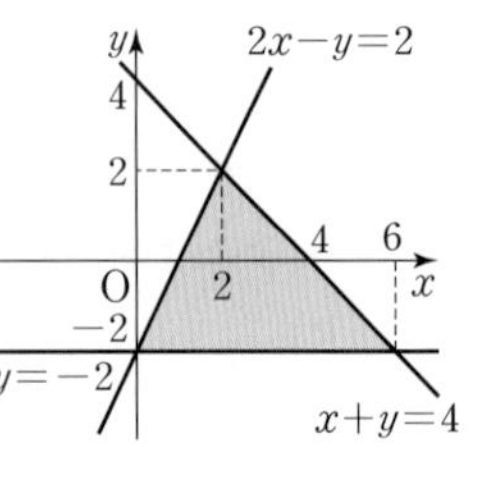

연립방정식 $\begin{cases} x+y=4 \\ 2x-y=2 \end{cases}$의 해는
$x=2$, $y=2$이므로 두 직선 $x+y=4$, $2x-y=2$의 교점의 좌표는 $(2, 2)$
따라서 구하는 도형의 넓이는
$\frac{1}{2} \times 6 \times 4=12$ 답 ②

0974 네 직선은 오른쪽 그림과 같고, 두 직선 $y=x$, $y=-x-4$의 교점의 좌표는 $(-2, -2)$
두 직선 $y=-x$, $y=x+4$의 교점의 좌표는 $(-2, 2)$
따라서 구하는 도형의 넓이는
$\left(\frac{1}{2} \times 4 \times 2\right) \times 2=8$ 답 8

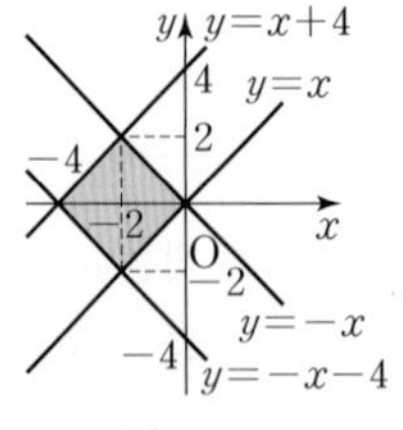

0975 두 직선 $y=-\frac{1}{3}x+4$, $y=x-a$의 교점의 y좌표가 2이므로 $2=-\frac{1}{3}x+4 \quad \therefore x=6$

즉, 두 직선의 교점의 좌표는 $(6, 2)$
이때 직선 $y=x-a$가 점 $(6, 2)$를 지나므로
$2=6-a \quad \therefore a=4$
따라서 직선 $y=-\frac{1}{3}x+4$의 y절편은 4, 직선 $y=x-4$의 y절편은 -4이므로 구하는 도형의 넓이는
$\frac{1}{2} \times 8 \times 6=24$ 답 24

0976 x축과 두 직선 $y=x-6$, $y=ax-6$의 교점을 각각 A, B라 하고, 두 직선 $y=x-6$과 $y=ax-6$의 교점을 C라 하면
A$(6, 0)$, C$(0, -6)$

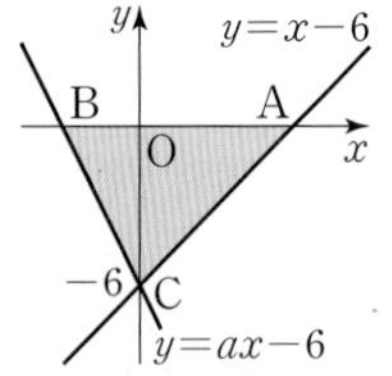

△ABC의 넓이가 27이므로
$\frac{1}{2} \times \overline{AB} \times 6=27 \quad \therefore \overline{AB}=9$
$6-9=-3$이므로 B$(-3, 0)$
$x=-3$, $y=0$을 $y=ax-6$에 대입하면
$0=-3a-6$, $3a=-6$
$\therefore a=-2$ 답 ③

0977 (1) 일차방정식 $y=x+6$의 그래프의 x절편은 -6, y절편은 6이므로
A$(-6, 0)$, B$(0, 6)$
△ACB의 넓이가 15이므로
$\triangle ACB=\frac{1}{2} \times \overline{AC} \times 6=15 \quad \therefore \overline{AC}=5$
$-6+5=-1$이므로 C$(-1, 0)$
(2) 두 점 B$(0, 6)$, C$(-1, 0)$을 지나는 직선의 방정식은
$y=6x+6$, 즉 $6x-y+6=0$
$\therefore a=6, b=-1$
$\therefore ab=6 \times (-1)=-6$
답 (1) A$(-6, 0)$, B$(0, 6)$, C$(-1, 0)$ (2) -6

0978 오른쪽 그림과 같이 일차방정식 $4x+3y-12=0$의 그래프와 y축, x축의 교점을 각각 A, B라 하면
일차방정식 $4x+3y-12=0$의 그래프의 x절편은 3, y절편은 4이므로
A$(0, 4)$, B$(3, 0)$

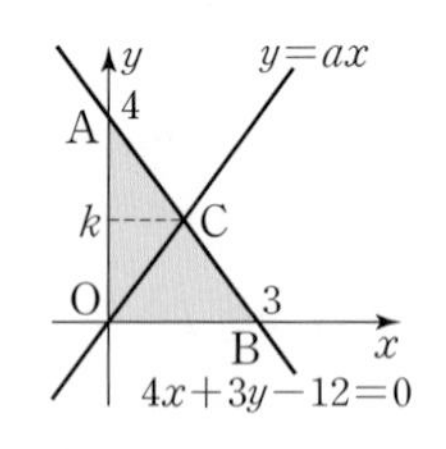

$\therefore \triangle AOB=\frac{1}{2} \times 3 \times 4=6$
또, 일차방정식 $4x+3y-12=0$의 그래프와 직선 $y=ax$의 교점을 C라 하면
$\triangle COB=\frac{1}{2}\triangle AOB=3$
이때 점 C의 y좌표를 k라 하면
$\frac{1}{2} \times 3 \times k=3 \quad \therefore k=2$
$y=2$를 $4x+3y-12=0$에 대입하면
$4x=6 \quad \therefore x=\frac{3}{2}$

따라서 직선 $y=ax$는 점 $C\left(\frac{3}{2}, 2\right)$를 지나므로

$2=\frac{3}{2}a \quad \therefore a=\frac{4}{3}$ 답 ④

0979 두 직선 $2x-y+2=0$, $2x+3y-14=0$의 교점을 A라 하고, 세 직선 $2x-y+2=0$, $2x+3y-14=0$, $y=ax+b$가 x축과 만나는 점을 각각 B, C, D라 하자.

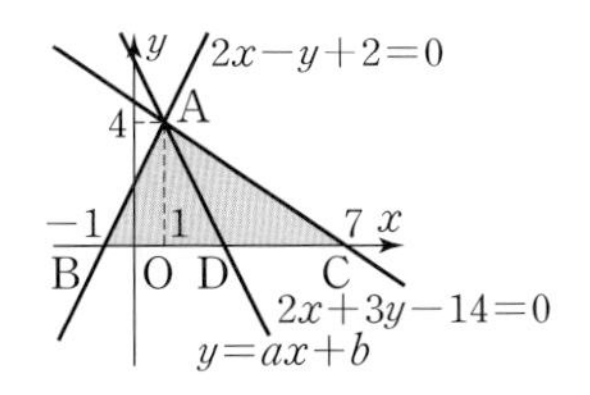

연립방정식 $\begin{cases} 2x-y+2=0 \\ 2x+3y-14=0 \end{cases}$의 해는 $x=1$, $y=4$

$\therefore A(1, 4)$

직선 $2x-y+2=0$과 x축의 교점의 좌표는

$B(-1, 0)$

직선 $2x+3y-14=0$과 x축의 교점의 좌표는

$C(7, 0)$

$\therefore \triangle ABC=\frac{1}{2}\times 8\times 4=16$

$\therefore \triangle ADC=\frac{1}{2}\triangle ABC=8$

이때 점 D의 x좌표를 k라 하면

$\frac{1}{2}\times(7-k)\times 4=8 \quad \therefore k=3$

즉, 직선 $y=ax+b$가 두 점 $(1, 4)$, $(3, 0)$을 지나므로

$4=a+b$, $0=3a+b$

두 식을 연립하여 풀면 $a=-2$, $b=6$

$\therefore b-a=6-(-2)=8$ 답 ⑤

0980 A 공장의 제품의 총개수를 나타낸 직선의 방정식을 $y=ax+6000$이라 하면 이 직선이 점 $(6, 24000)$을 지나므로

$24000=6a+6000 \quad \therefore a=3000$

$\therefore y=3000x+6000$ ······ ㉠

B 공장의 제품의 총개수를 나타낸 직선의 방정식을 $y=bx$라 하면 이 직선이 점 $(6, 30000)$을 지나므로

$30000=6b \quad \therefore b=5000$

$\therefore y=5000x$ ······ ㉡

㉠, ㉡을 연립하여 풀면 $x=3$, $y=15000$

따라서 두 공장에서 만들어 낸 제품의 총개수가 같아지는 것은 3월 1일로부터 3개월 후이다. 답 3개월 후

0981 물체 A의 그래프는 두 점 $(0, 800)$, $(40, 0)$을 지나므로

$y=-20x+800$, 즉 $20x+y-800=0$

물체 B의 그래프는 두 점 $(0, 600)$, $(50, 0)$을 지나므로

$y=-12x+600$, 즉 $12x+y-600=0$

연립방정식 $\begin{cases} 20x+y-800=0 \\ 12x+y-600=0 \end{cases}$을 풀면 $x=25$, $y=300$

따라서 두 물체의 높이가 처음으로 같을 때는 출발한 지 25초 후이다. 답 25초 후

유형모아 Theme 22 일차함수와 일차방정식 1회 144쪽

0982 x, y가 자연수일 때, 일차방정식 $x+2y=10$의 해는 $(2, 4)$, $(4, 3)$, $(6, 2)$, $(8, 1)$의 4쌍이고 그래프는 점으로 이루어져 있다. 답 ①, ④

참고 • x, y의 값이 정수일 때 ⇨ 점
• x, y의 값의 범위가 수 전체일 때 ⇨ 직선

0983 $ax-3y+2=0$의 그래프가 점 $(-2, 4)$를 지나므로

$-2a-12+2=0 \quad \therefore a=-5$

즉, $-5x-3y+2=0$에서 $y=-\frac{5}{3}x+\frac{2}{3}$ 답 ②

0984 $2x+my-5=0$에서 $y=-\frac{2}{m}x+\frac{5}{m}$이고 주어진 직선의 기울기가 $-\frac{3}{2}$이므로

$-\frac{2}{m}=-\frac{3}{2} \quad \therefore m=\frac{4}{3}$ 답 $\frac{4}{3}$

0985 y축에 수직인 직선은 $y=k$ (k는 상수) 꼴로 두 점의 y좌표가 같아야 하므로 $2a=-2a+8$

$\therefore a=2$ 답 ④

0986 네 직선 $x=-1$, $x=7$, $y=5$, $y=3$으로 둘러싸인 도형은 오른쪽 그림과 같으므로 구하는 넓이는 $8\times 2=16$ 답 16

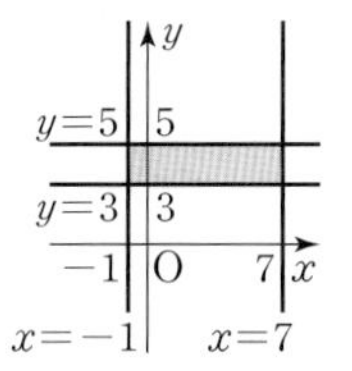

0987 $ax+by+6=0$에서 $y=-\frac{a}{b}x-\frac{6}{b}$

주어진 그래프에서

$-\frac{a}{b}<0$, $-\frac{6}{b}<0 \quad \therefore a>0$, $b>0$ 답 ①

0988 두 점 $(-7, 3)$, $(-3, 1)$을 지나므로

$(\text{기울기})=\frac{1-3}{-3-(-7)}=-\frac{1}{2}$

이 직선과 평행한 직선의 기울기는 $-\frac{1}{2}$이다.

직선의 방정식을 $y=-\frac{1}{2}x+k$라 하면

이 직선이 점 $(-4, 6)$을 지나므로

$6=2+k \quad \therefore k=4$

$\therefore y=-\frac{1}{2}x+4$, 즉 $x+2y-8=0$

따라서 $a=1$, $b=2$이므로

$a+b=1+2=3$ 답 3

유형모아 Theme 22 일차함수와 일차방정식 2회 145쪽

0989 $y=\frac{1}{2}x-2$에서 $2y=x-4$

$\therefore x-2y-4=0$ 답 ⑤

0990 $4x-2y=3$의 그래프가 점 $(a, 3a+3)$을 지나므로

$4a-2(3a+3)=3$, $-2a-6=3 \quad \therefore a=-\frac{9}{2}$ 답 ③

0991 $2x-3y+3a=0$의 그래프가 점 $\left(-\frac{3}{2},\ 0\right)$을 지나므로

$2\times\left(-\frac{3}{2}\right)-3\times0+3a=0$

$-3+3a=0,\ 3a=3$

$\therefore\ a=1$ 답 1

0992 $(b-2)x+y+a=3$에서 $y=(-b+2)x-a+3$

$-b+2=-2,\ -a+3=-5$이므로

$a=8,\ b=4$

$\therefore\ a-b=8-4=4$ 답 4

다른 풀이 기울기가 -2, y절편이 -5인 직선을 그래프로 하는 일차함수의 식은

$y=-2x-5\qquad \therefore\ 2x+y+5=0$

이 식이 $(b-2)x+y+(a-3)=0$과 같으므로

$b-2=2,\ a-3=5$

$\therefore\ a=8,\ b=4$

$\therefore\ a-b=8-4=4$

0993 $3x=-6$에서 $x=-2$

ㄱ. y축에 평행한 직선이다.

ㄴ. x축에 수직인 직선이다.

ㄹ. 제2, 3사분면을 지난다.

따라서 옳은 것은 ㄷ, ㅁ이다. 답 ⑤

0994 두 직선 $y=2$, $y=-2x-2$의 교점의 좌표는 $(-2,\ 2)$

두 직선 $x=1$, $y=-2x-2$의 교점의 좌표는 $(1,\ -4)$

따라서 구하는 도형의 넓이는

$\frac{1}{2}\times\{1-(-2)\}\times\{2-(-4)\}$

$=\frac{1}{2}\times3\times6=9$ 답 ⑤

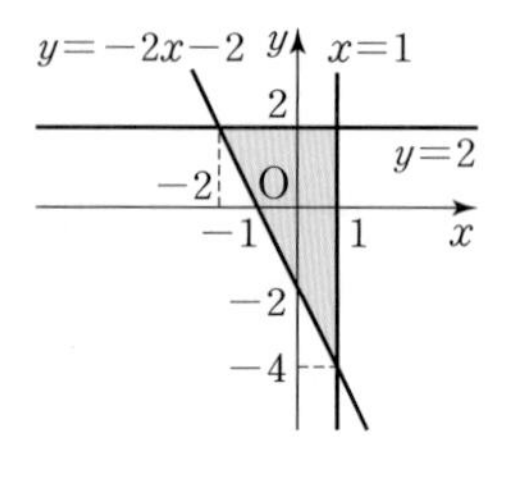

0995 점 $(a+b,\ ab)$가 제2사분면 위의 점이므로

$a+b<0,\ ab>0$

$\therefore\ a<0,\ b<0$

$ax+by+1=0$에서 $y=-\frac{a}{b}x-\frac{1}{b}$

따라서 $-\frac{a}{b}<0,\ -\frac{1}{b}>0$이므로 그래프로 알맞은 것은 ③이다. 답 ③

유형 모아 Theme 23 연립방정식의 해와 일차함수의 그래프  146쪽

0996 주어진 연립방정식의 해를 나타내는 점은 두 직선 $x+y=-1$, $3y-x=1$의 교점이므로 구하는 점은 $\mathrm{A}(-1,\ 0)$ 답 ①

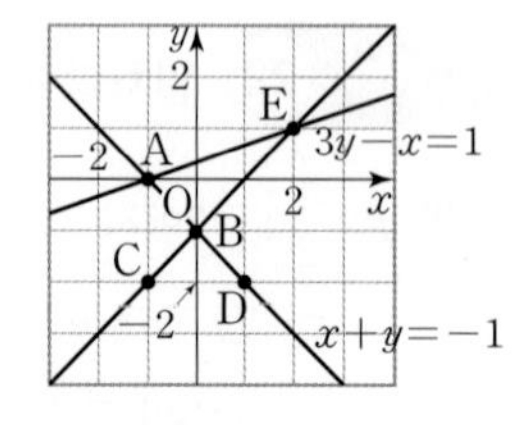

0997 주어진 두 그래프의 교점의 좌표가 $(5,\ b)$이므로

$x-2y-11=0$에 $x=5,\ y=b$를 대입하면

$5-2b-11=0\qquad \therefore\ b=-3$

$ax+2y-4=0$에 $x=5,\ y=-3$을 대입하면

$5a-6-4=0\qquad \therefore\ a=2$

$\therefore\ a+b=2+(-3)=-1$ 답 -1

0998 연립방정식 $\begin{cases}-x+y=-2\\3x+4y=6\end{cases}$의 해는 $x=2,\ y=0$이므로

두 직선 $-x+y=-2$, $3x+4y=6$의 교점의 좌표는 $(2,\ 0)$

직선 $ax-2y=8$도 점 $(2,\ 0)$을 지나므로

$2a=8\qquad \therefore\ a=4$ 답 ④

0999 $x+ay=2$에서 $y=-\frac{1}{a}x+\frac{2}{a}$

$3x-4y=-3$에서 $y=\frac{3}{4}x+\frac{3}{4}$

두 직선의 교점이 없으려면 두 직선이 평행해야 하므로

$-\frac{1}{a}=\frac{3}{4},\ \frac{2}{a}\neq\frac{3}{4}$

$\therefore\ a=-\frac{4}{3}$ 답 $-\frac{4}{3}$

1000 (i) $y=ax-2$의 그래프가 점 $\mathrm{A}(1,\ 5)$를 지날 때

$5=a-2\qquad \therefore\ a=7$

(ii) $y=ax-2$의 그래프가 점 $\mathrm{B}(3,\ 2)$를 지날 때

$2=3a-2\qquad \therefore\ a=\frac{4}{3}$

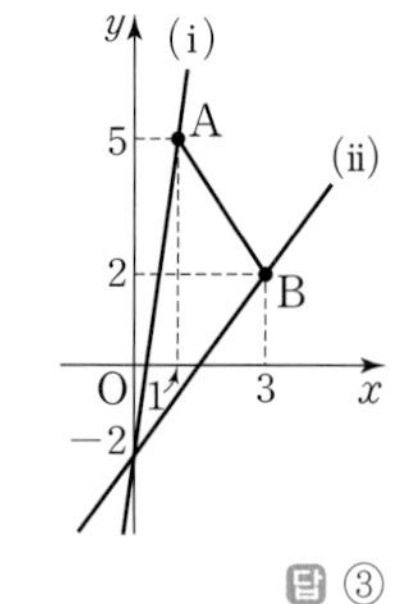

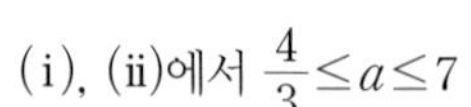

(i), (ii)에서 $\frac{4}{3}\le a\le7$ 답 ③

1001 연립방정식 $\begin{cases}x+y-1=0\\x-y+5=0\end{cases}$의 해는 $x=-2,\ y=3$이므로 두 직선의 교점의 좌표는 $(-2,\ 3)$

두 직선 $x+y-1=0$, $x-y+5=0$이 x축과 만나는 점의 좌표는 각각 $(1,\ 0)$, $(-5,\ 0)$

따라서 구하는 도형의 넓이는

$\frac{1}{2}\times6\times3=9$ 답 ④

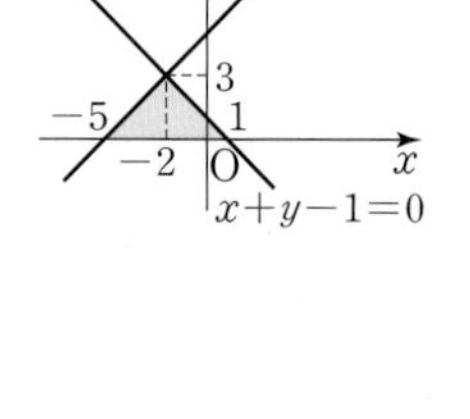

1002 손익 분기점은 두 그래프의 교점이다.

매출액의 그래프는 두 점 $(0,\ 0)$, $(100,\ 40)$을 지나므로

$y=\frac{2}{5}x\qquad \cdots\cdots ㉠$

비용의 그래프는 두 점 $(0,\ 6)$, $(40,\ 18)$을 지나므로

$y=\frac{3}{10}x+6\qquad \cdots\cdots ㉡$

㉠, ㉡을 연립하여 풀면

$x=60,\ y=24$

따라서 이 가게에서 손익 분기점을 달성하기 위한 매출액은 24만 원이다. 답 24만 원

참고 두 직선의 방정식을 구한 후 두 직선의 교점의 y좌표를 구한다.

유형 모아 Theme 23 연립방정식의 해와 일차함수의 그래프  147쪽

1003 연립방정식 $\begin{cases} 2x-y=5 \\ x-2y=1 \end{cases}$의 해는 $x=3$, $y=1$

따라서 $a=3$, $b=1$이므로

$ab=3\times1=3$ 답 3

1004 $x+y=2$의 그래프가 점 $(3,\ b)$를 지나므로

$3+b=2$ $\therefore b=-1$

$x-y=-a$의 그래프가 점 $(3,\ -1)$을 지나므로

$3+1=-a$ $\therefore a=-4$

$\therefore a+b=(-4)+(-1)=-5$ 답 -5

1005 연립방정식 $\begin{cases} 2x+3y-3=0 \\ x-y+1=0 \end{cases}$의 해는 $x=0$, $y=1$이므로 두 직선의 교점의 좌표는 $(0,\ 1)$

주어진 직선은 두 점 $(0,\ -6)$, $(3,\ 0)$을 지나므로

$(\text{기울기})=\dfrac{0-(-6)}{3-0}=2$

따라서 구하는 직선의 방정식은

$y=2x+1$ 답 ③

1006 연립방정식 $\begin{cases} x-2y=4 \\ -x-4y=2 \end{cases}$의 해는 $x=2$, $y=-1$이므로

두 직선 $x-2y=4$, $-x-4y=2$의 교점의 좌표는 $(2,\ -1)$

$y=2x-b$의 그래프가 점 $(2,\ -1)$을 지나므로

$-1=4-b$ $\therefore b=5$ 답 5

1007 연립방정식 $\begin{cases} 2x-y+4=0 \\ 3x+y+1=0 \end{cases}$의 해는 $x=-1$, $y=2$이므로

두 직선 $2x-y+4=0$, $3x+y+1=0$의 교점의 좌표는 $(-1,\ 2)$

기울기가 서로 다른 세 직선에 의해 삼각형이 만들어지지 않으려면 세 직선이 한 점에서 만나야 하므로

직선 $x-5y+a=0$이 점 $(-1,\ 2)$를 지나야 한다.

$-1-10+a=0$ $\therefore a=11$ 답 ④

1008 연립방정식의 해가 무수히 많으려면 두 일차방정식의 그래프가 일치해야 한다.

④ $-3x+y=-1$에서 $y=3x-1$

$6x-2y=2$에서 $y=3x-1$

따라서 기울기와 y절편이 각각 같은 것은 ④이다. 답 ④

1009 오른쪽 그림과 같이 일차방정식 $3x-y+6=0$의 그래프와 x축, y축의 교점을 각각 A, B라 하면

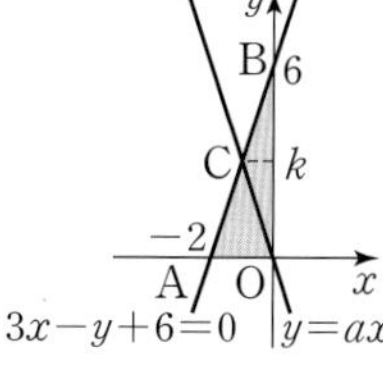

일차방정식 $3x-y+6=0$의 그래프의 x절편은 -2, y절편은 6이므로

$\mathrm{A}(-2,\ 0)$, $\mathrm{B}(0,\ 6)$

$\therefore \triangle\mathrm{AOB}=\dfrac{1}{2}\times2\times6=6$

또, 일차방정식 $3x-y+6=0$의 그래프와 직선 $y=ax$의 교점을 C라 하면

$\triangle\mathrm{CAO}=\dfrac{1}{2}\triangle\mathrm{AOB}=3$

이때 점 C의 y좌표를 k라 하면

$\dfrac{1}{2}\times2\times k=3$ $\therefore k=3$

$y=3$을 $3x-y+6=0$에 대입하면

$3x-3+6=0$ $\therefore x=-1$

따라서 구하는 교점의 좌표는

$(-1,\ 3)$이다. 답 $(-1,\ 3)$

Theme 모아 중단원 마무리 148~149쪽

1010 $x-3y-12=0$에서 $y=\dfrac{1}{3}x-4$이므로

그래프는 오른쪽 그림과 같다.

① x절편은 12이다.

② y절편은 -4이다.

③ 점 $(3,\ -3)$을 지난다.

⑤ $-2x-6y+2=0$에서 $y=-\dfrac{1}{3}x+\dfrac{1}{3}$이므로 평행하지 않다. 답 ④

1011 $3x-2y=4$에서 $y=\dfrac{3}{2}x-2$이므로 기울기가 $\dfrac{3}{2}$이고, x절편이 4인 직선의 방정식은

$y=\dfrac{3}{2}x-6$, 즉 $3x-2y-12=0$ 답 ④

1012 $x+(a+2)y+2=0$의 그래프가 점 $(-1,\ 1)$을 지나므로

$-1+a+2+2=0$ $\therefore a=-3$

즉, $x-y+2=0$의 그래프가 점 $(b,\ -2)$를 지나므로

$b+2+2=0$ $\therefore b=-4$

$\therefore ab=(-3)\times(-4)=12$ 답 12

1013 $ax+by=-2$의 그래프가 x축에 평행하므로

$a=0$

이때 $by=-2$에서 $y=-\dfrac{2}{b}=2$이므로

$b=-1$

$\therefore a+b=0+(-1)=-1$ 답 ②

1014 $ax+by+c=0$에서 $b=0$이므로

$ax+c=0$

$\therefore x=-\dfrac{c}{a}$

$a>0$, $c<0$에서 $-\dfrac{c}{a}>0$이므로

직선 $x=-\dfrac{c}{a}$는 오른쪽 그림과 같다.

따라서 옳은 것은 ③, ④이다. 답 ③, ④

1015 주어진 두 그래프의 교점의 x좌표가 2이므로 $x+y=5$에 $x=2$를 대입하면 $2+y=5$

$y=5-2=3$ $\therefore y=3$

즉, 두 그래프의 교점의 좌표가 $(2, 3)$이므로 $ax-y=-2$에 $x=2$, $y=3$을 대입하면

$2a-3=-2$ $\therefore a=\frac{1}{2}$ 답 $\frac{1}{2}$

1016 연립방정식 $\begin{cases} 3x+y-10=0 \\ y=2x \end{cases}$의 해는 $x=2$, $y=4$이므로

두 직선 $3x+y-10=0$, $y=2x$의 교점의 좌표는 $(2, 4)$

직선 $x+3y-15=a$도 점 $(2, 4)$를 지나므로

$2+12-15=a$ $\therefore a=-1$ 답 -1

1017 두 그래프가 서로 만나지 않으려면 평행해야 하므로 기울기는 같고, y절편은 다르다.

즉, $y=ax-3$과 $y=-2x+b$에서

$a=-2$, $b\neq-3$ 답 ②

1018 $ax+by+c=0$에서 $y=-\frac{a}{b}x-\frac{c}{b}$

(기울기)$=-\frac{a}{b}>0$, (y절편)$=-\frac{c}{b}>0$이므로

$ab<0$, $bc<0$

$\therefore a>0$, $b<0$, $c>0$ 또는 $a<0$, $b>0$, $c<0$ 답 ③

1019 연립방정식 $\begin{cases} x+y-3=0 \\ x-2y-6=0 \end{cases}$의 해는 $x=4$, $y=-1$이므로

두 직선의 교점의 좌표는 $(4, -1)$

또, 두 그래프가 y축과 만나는 점의 좌표는 각각

$(0, 3)$, $(0, -3)$

따라서 구하는 도형의 넓이는

$\frac{1}{2}\times6\times4=12$ 답 12

1020 자동차 A의 그래프는 두 점 $(0, 52)$, $(416, 0)$을 지나므로

$y=-\frac{1}{8}x+52$, 즉 $x+8y-416=0$ ······ ㉠

자동차 B의 그래프는 두 점 $(0, 37)$, $(592, 0)$을 지나므로

$y=-\frac{1}{16}x+37$, 즉 $x+16y-592=0$ ······ ㉡

㉠, ㉡을 연립하여 풀면

$x=240$, $y=22$

따라서 남아 있는 휘발유의 양이 같아지는 때의 주행거리는 240 km이다. 답 240 km

1021 보물 A, B를 모두 가지고 있는 사람은

두 일차방정식 $3x+y+9=0$, $2x-3y-5=0$의 그래프의 교점에 있다. ···❶

연립방정식 $\begin{cases} 3x+y+9=0 \\ 2x-3y-5=0 \end{cases}$을 풀면

$x=-2$, $y=-3$ ···❷

따라서 두 그래프의 교점의 좌표는 $(-2, -3)$이므로 보물 A, B를 모두 가지고 있는 사람은 지훈이다. ···❸

답 지훈

채점 기준	배점
❶ 찾는 사람이 두 그래프의 교점에 있음을 알기	40 %
❷ 연립방정식 풀기	40 %
❸ 보물 A, B를 모두 가지고 있는 사람 찾기	20 %

1022 $2x+ay=4$에서 $y=-\frac{2}{a}x+\frac{4}{a}$이고, 주어진 연립방정식의 해가 무수히 많으므로 $y=-\frac{2}{a}x+\frac{4}{a}$와 $y=-\frac{2}{5}x+b$는 같다.

즉, $-\frac{2}{a}=-\frac{2}{5}$, $\frac{4}{a}=b$에서 $a=5$, $b=\frac{4}{5}$ ···❶

또, $ax+y-b=0$에서 $y=-5x+\frac{4}{5}$

$x-ky=4$에서 $y=\frac{1}{k}x-\frac{4}{k}$

두 그래프가 평행하므로 $-5=\frac{1}{k}$, $\frac{4}{5}\neq-\frac{4}{k}$ ···❷

$\therefore k=-\frac{1}{5}$ ···❸

답 $-\frac{1}{5}$

채점 기준	배점
❶ a, b의 값 구하기	40 %
❷ 두 그래프가 평행할 조건을 이용하여 식 세우기	40 %
❸ k의 값 구하기	20 %

MEMO